# 일반 해양관리론
一般 海洋管理論
General Ocean Management

## 일반 해양관리론

초판 1쇄 발행 2016년 8월 18일

지은이 | 김성귀
발행인 | 김은희
발행처 | 블루앤노트

편집주간| 김명기
편　　집| 이경남 · 김지현 · 심상보 · 임현지

등　록 | 제313-2009-201호(2009.9.11)
주　소 | 서울시 마포구 마포대로 4다길 4 곳마루 B/D 1층
전　화 | 02)718-6258　　팩스 | 02)718-6253
E-mail | bluenote09@chol.com

ISBN　979-11-85485-06-5　　93450

정가 38,000원

저자와의 협의에 의해 인지는 생략합니다. 잘못된 책은 바꿔드립니다.

해양정책 시리즈 1

# 일반 해양관리론
## 一般 海洋管理論
### General Ocean Management

김성귀

블루&노트

# 머리말

우여곡절 끝에 1996년에 해양수산부가 만들어진 지도 20년이 되었다. 그동안 해양수산부는 해운항만청, 수산청의 통합에 따른 물리적 결합에 주력하면서 다양하고 새로운 정책을 만들어 시행하는 데 노력하였다. 그러는 가운데 이명박 대통령 시절에는 정부조직 개편에 따라 다른 부처에 통합되기도 하였지만 2013년 다시 부활하면서 해양 분야의 영역을 넓히고 새로운 정책을 개발하기 위하여 많은 노력을 해 왔다. 특히 해양정책, 연안관리, 연안환경, 해양영토 개척, 해양 관광, 해양신산업 개발과 해양 R&D 등 다양한 분야에서 새로운 정책의 개발이 이루어져 왔다.

이러한 가운데 각 해양 분야에서 새로운 정책을 개발하기 위하여 많은 국내외 정책 자료와 동향 자료 등의 수집과 분류, 정리, 종합하는 작업이 부분적으로 이루어져 왔다. 특히 이러한 작업이 학계를 중심으로 이루어지면서 해양정책 관련 교재가 다수 발간되기도 하였다. 그러나 이는 주로 해운항만, 수산업 등 산업정책 위주의 교재이었고 해양환경, 연안관리 등 일부 새로운 분야에 대해서는 일부 연구와 더불어 다소의 외국 이론 도입이 시도되었다. 그러나 저술들이 부분적으로만 작업이 이루어져 전체 정책 중 그 일부만을 파악하는 데 그쳐 아쉬움이 많았다. 그동안 1982년 유엔해양법 타결 이후 1992년 리우회의, 두 번의 리우환경회의 개최, 생물다양성협약과 기후변화협약 등의 발효, 국제해양법재판소 등 유엔 해양기구들의 설립 등 해양 분야의 발전은 눈부신 바 있다. 이에 비하여 아직도 이를 전체적으로 조망할 수 있는 해양정책의 교재 개발이나 대학(원) 내의 과정은 만들어지지 못하고 있다.

즉, 그동안 기존의 해운항만계나 수산계 대학에서 나온 해양산업 중심의 대학 교재들 외에 이러한 국제 환경 변화를 감안한 종합적인 해양정책 분야의 교재는 거의 나오지 못했다. 해양수산부가 다시 부활하면서 정책 수요는 더욱 늘어나고 있고 해양수산계 대학들도 이제는 과거의 산업계 교재나 가르치던 시절에서 벗어나 최근의 해양정책 변화를 조감할 수 있는 종합적인 교재나 저술의 필요성이 절감되고 있는 바이다.

이러한 배경하에서 필자는 2009년에 제2차 해양수산발전계획의 연구 책임을 맡아 연구를 주도했고 그 후 3년간 해양주도권 연구 사업을 수행하며 많은 자료와 논문을 접하면서 이를 바탕으로 종합적인 해양 정책서 작성을 계획하였다. 그러나 해양 분야는 산업뿐만 아니라 환경 변화, 기후 변화, 경제 여건 변화, 기술 여건 변화 등 우리 인류 사회의 각종 생활과 관련되어 있어 워낙 그 범위가 광범위하다. 그래서 이를 종합하면서 때로는 새로이 공부를 해야 하는 등 많은 우여곡절을 겪어야 했다. 어쨌든 과거부터 모아오던 자료를 취합하고 7-8년간의 관련 문헌 독서와 정리를 통해 드디어 종합적인 해양정책서의 발간에 이르게 되었다. 필자는 수많은 해양정책 자료와 논문을 보고 정리하면서 과거 경제학에 쉽게 접하게 하던 조순의 경제학원론과 같이 입문자들이 쉽게 해양 정책학에 접할 수 있게 하는 서적을 만들려고 노력하였다.

본서는 해양정책 분야 중에서 해운항만산업이나 수산업 등의 해양산업 정책을 제외하고 일반적인 해양 관리에 필요한 해양환경, 연안공간관리, 해양 R&D와 해양신산업, 해저광물·생물자원·해양기장비 등 해양자원 개발, 기후변화와 해양, 국내외 해양 거버넌스 등 해양을 관리하는 데 필요한 일반적인 사항을 다루고 있다. 그리고 해양정책 중에서도 해양 역사·문화·전략·영토 등 해양을 전략적으로 활용하는 데 필요한 내용은 향후에 저술하는 것으로 계획하였다.

일반 해양관리론에서는 5부로 나누어 서술이 이루어진다. 먼저 제Ⅰ부에서는 해양에 대하여 개관과 그 중요성을 부각하고(제1장), 해양의 과학적 관측과 발견, 그리고 해양 조사 등 그동안의 해양에 대한 이해와 발전 방안에 대하여 설명하게 되며(제2장) 이런 시도는 아마 국내 해양학계에서도 첫 시도되는 분야라고 본다.

제Ⅱ부에서는 해양의 과학적 이해와 관리에 대하여 다루는데 특히 해양환경(제3장)과 해양생태계(제4장)를 먼저 살펴보고, 이후에는 해양 및 연안 공간을 중심으로 하는 연안관리 중심의 해양공간 관리(제5장)가 다루어진다. 제Ⅲ부에서는 해양자원에 대하여 다루는데 해양 광물자원 개발(제6장), 해양에너지·생물·수자원 개발(제7장), 해양 플랜트·해양기장비·공간 자원 개발(제8장), 해양 R&D와 해양신산업 진흥 방안(제9장)을 다루게 된다.

최근에는 기후변화가 심각해지면서 해양 변화가 크게 이루어지고 있어 Ⅳ부에서는 기후와 해양에 대하여 다루게 된다. 먼저, 제10장에서는 기후변화와 해양과의 관련성을 살펴보고 제11장에서는 기후변화에 따른 해양 분야 대책을 검토하고, 제12장에서는 기후변화로 생긴 연안재해와 그 대처 방안을 중심으로 살펴보고자 한다.

해양관리 체계에 대해 검토하기 위해 제Ⅴ부에서는 해양 거버넌스에 대하여 다루게 된다. 먼저, 제13장에서는 해양 거버넌스와 국가 해양정책에 대한 원리를 살펴보고 이에 입각하여 제14장에서는 한국 해양 거버넌스와 그 평가를 하게 되며 제15장에서는 글로벌 해양 레짐과 해양 관련 국제기구에 대하여 살펴보고자 한다.

그동안 필자는 KMI 원장 취임을 전후하여 많은 해양 행사에 참여하고, 해양정책과 관련되는 다양하고 폭넓은 책과 자료를 접할 수 있었다. 이 자리를 빌려 해양에 대하여 많은 공부를 하게 해 준 수많은 국내외 저자들과 발표자들에게 경의를 표하는 바이다. 이들이 없었으면 이 책은 나올 수 없었을 것이다. 특히 해양의 다양한 분야를 쉽게 설명하기 위해 다양한 표나 그림 등 많은 보조 자료들이 동원되었고 따라서 이를 인용하면서 어떤 부분은 원저자들의 양해를 구하였지만 어떤 것들은 시간이 부족하여 미처 연락을 드리지 못한 부분도 있다. 나중에라도 연락이 되면 사후에라도 후사를 하고자 한다. 그동안 해양 분야의 연구를 필가가 많이 수행해 왔지만 여러 가지 해양 관련 지식상의 한계로 인해 잘못된 기술이나 오류도 있을 수 있으며 이는 전적으로 필자의 식견이 짧은 탓이므로 널리 혜량하여 주시기 바란다.

아울러 이 책이 나오기까지 해양 전문 출판사 블루앤노트 윤관백 사장의 배려에 깊은 감사를 드리고, 용이하지 않은 편집 과정을 말끔하게 처리해준

김명기 주간 이하 편집진들께도 심심한 사의를 표한다. 그리고 방대한 규모의 작업을 하느라 주말, 휴일 등에 잘 챙기지 못한 부인과 가족들에 대하여 미안함을 금치 못하고, 많은 자료를 정리하는 데 큰 도움을 준 아들 성호에게도 깊이 고마움을 표하고자 한다. 끝으로 처음부터 이 책을 쓰도록 지혜를 주시고 인내를 주신 하나님께 모든 영광을 돌리고자 한다.

2016. 8.
저자 김성귀

# 차례

머리말

## I부 해양 개관

### 제1장 해양의 잠재력

1. 해양의 개요와 기능 ············································· 19
   1) 해양의 제원과 잠재력 ········································ 19
   2) 해양과 기후조절 기능 ········································ 22
   3) 해양생태와 해양생물자원 ···································· 23
   4) 해수 성분과 광물자원 ········································ 29
   5) 연안 운송 ······················································ 32
   6) 해양의 새로운 자원 개발과 해양신산업 ··················· 35
   7) 해양에 대한 평가 ············································· 35
   8) 우리나라의 해양 여건 ········································ 36
2. 해양자원의 중요성 ·············································· 38
   1) 자원의 수요와 향후 추세 ···································· 38
   2) 해양자원의 잠재력 ············································ 39
3. 해양 역사·문화 분야 ··········································· 44
4. 해양정책(해양 거버넌스 시스템) 변화 ····················· 45
5. 해양정책의 분야와 특성 ······································· 50
   1) 해양정책의 내용과 특성 ····································· 50
   2) 해양정책의 내용 ··············································· 52
6. 결언 ································································ 54

### 제2장 해양탐사와 해양연구의 발전

1. 해양탐사의 역사와 실적 ······································· 59
   1) 해양에 대한 근대적 연구 ···································· 59
   2) 현대의 해양 연구 ············································· 65

3. 해양과학 조사 방법과 도구들·················································· 84
   1) 해양과학 조사 방법············································································ 84
   2) 주요 관측 장비 및 관측 시스템의 활용···························································· 87
   3) 관측 선박 및 관측점············································································ 92
   4) 해저 통신···················································································· 95
4. 국가해양관측망·················································································· 96
5. 해양학(oceanography)의 분야와 활용·························································· 100

## II부 해양환경 및 공간

## 제3장 해양환경 관리

1. 해양환경의 현황과 관리········································································ 107
   1) 서언························································································ 107
   2) 오염원의 종류와 정책의 발전····································································111
   3) 오염 현황···················································································· 124
2. 해양환경 관리 거버넌스········································································ 129
   1) 연안환경 개선 정책의 효과···································································· 129
   2) 연안환경 정책 발전 과정······································································ 132
   3) 해양환경 거버넌스 체계········································································ 133
3. 국제적인 해양환경 관리 개념과 원칙들························································ 136
   1) 해양환경관리 원칙들·········································································· 136
   2) 지속가능한 개발(Sustainable Development, SD)·············································· 137
4. 결언·························································································· 142

## 제4장 해양생태계 관리

1. 해양생태계 기초 개념·········································································· 147
2. 해양생태계 서비스 가치와 평가································································ 153
   1) 해양생태계 서비스와 그 특성·································································· 153
   2) 해양생태계 서비스의 종류와 가치 평가·························································· 155
3. 생태계의 주요 속성············································································ 163
   1) 생물다양성(biodiversity)······································································ 163
   2) 레질리언스(resilience)········································································ 164
   3) 상호연계성(interconnectedness)································································ 165

4) 경쟁(competition) ················································································· 165
 4. 생태계기반관리(Ecosystem-Based Management) ···················································· 166
  1) 정의 ············································································································· 166
  2) 생태적 접근법(Ecosystem Approach, EA) ························································· 168
  3) 생태계기반관리(EBM) 목표와 원칙 ····································································· 170
  4) 해양생태계의 관리 범위 ··················································································· 173
  5) 해양생태계기반관리 절차 ················································································· 176
  6) 생태계기반관리의 수립 및 레질리언스 확보 ························································ 177
 5. 생태계자원 관리 ································································································ 178
  1) 생태계자원 관리 거버넌스 체계 ········································································· 178
  2) 해양보호구역(Marine Protected Area, MPA) 관리 ············································· 179
  3) 해양 생물다양성(Marine Biological Diversity) 관리 ············································ 186
  4) 갯벌 생태계 관리 ···························································································· 191
  5) 국제적인 습지 및 매립 관리 추세 변화 ······························································· 197

# 제5장 연안 공간관리

 1. 연안관리(Coastal Zone Management) ································································· 203
  1) 연안의 기능과 관리 필요성 ··············································································· 203
  2) 연안관리의 도입과 발전 모델 ············································································ 207
  3) 연안관리의 통합과 관리 원칙 ············································································ 210
  4) 연안관리의 범위 ······························································································· 213
  5) 연안관리의 기법 ······························································································· 214
  6) 연안관리의 절차 ······························································································· 215
  7) 타 프로그램과의 연계 ······················································································· 217
  8) 연안 관리의 광역적 및 국제적 활용 ··································································· 218
  9) 우리나라의 연안관리 제도 ················································································· 219
 2. 연안 정비 및 보존 ····························································································· 223
  1) 직접적인 침식 대처 방안 ·················································································· 226
  2) 연안침식 및 재해관리 제도 ··············································································· 228
  3) 우리나라에서의 연안 정비 ················································································· 232
 3. 신개념 해양공간계획(Marine Spatial Planning, MSP) 제도 ···································· 234
  1) 개념 ············································································································· 234
  2) 발전 과정 ········································································································ 236
 4. 국제적 지역 해양관리(regional ocean management) ············································ 241
  1) 지역해 프로그램(RSP) ······················································································· 242
  2) 광역해양생태계(LME) ······················································································· 243

3) 관리 도구······················································································ 244

## Ⅲ부 해양자원

### 제6장 해양 광물자원 개발

1. 서 ······························································································ 251
2. 세계 해양광물자원 산업 현황 ···················································· 254
   1) 망간단괴(Manganese nodule) ················································ 256
   2) 망간크러스트(망간각, Manganese crust, 혹은 Cobalt-rich crust) ········ 258
   3) 해저 열수광상(혹은 다금속 황화광, Polymetallic sulfides) ············· 258
   4) 가스하이드레이트(Gas Hydrate, GH) ······································ 262
   5) 국제적 개발 동향 ································································ 263
3. 세계 해저석유·가스 자원 개발 ··················································· 268
4. 우리나라의 개발 현황 ································································ 271
   1) 해저 석유·가스 및 가스하이드레이트 개발 ···························· 271
   2) 심해저 해양광물자원 개발 ···················································· 274
5. 기타 해수용존물 추출 및 이용 ·················································· 280
   1) 리튬 ······················································································ 281
   2) 소금(천일염) ·········································································· 283
   3) 마그네슘 ·············································································· 287
   4) 희소금속 ·············································································· 287

### 제7장 해양에너지·생물·수자원 개발

1. 해양에너지(Ocean Energy) 자원 ················································· 291
   1) 일반 해양에너지 ··································································· 291
   2) 해상풍력발전 ········································································ 300
2. 해양바이오 자원 ········································································· 312
   1) 해양바이오산업의 종류와 발전 ············································ 312
   2) 해양바이오매스(해조류 등) 자원 ·········································· 323
3. 해양 수자원 개발 ······································································· 329
   1) 해수 담수화 ········································································· 329
   2) 심층수 ·················································································· 335
4. 해양테라피 자원 ········································································· 339

## 제8장 해양플랜트 · 해양기장비 · 공간자원 개발

1. 해양자원 개발 구조물 ··········· 343
   1) 해양플랜트 및 해양 이용 설비 개발 동향 ··········· 343
   2) 해양플랜트 산업 규모와 구조 ··········· 349
2. 기타 해양기장비 개발 ··········· 359
   1) 조사연구용 잠수정 및 조사선 ··········· 359
   2) 위그선 ··········· 367
3. 연안공간 이용 및 개발 사업 ··········· 368
   1) 대규모 해양공간 이용 시설 ··········· 368
   2) 해양주거 및 관광시설 ··········· 369

## 제9장 해양 R&D와 해양신산업 진흥 방안

1. 해양산업 분류와 해양신산업 도입 ··········· 375
   1) 해양산업 현황과 Blue Economy ··········· 375
   2) 세계 및 EU와 국내 해양산업 비교 ··········· 379
   3) 해양신산업 도입 ··········· 380
   4) 해양산업 발전 방안 ··········· 383
2. 해양과학 연구 및 기술 개발 ··········· 384
   1) 배경 및 문제점 ··········· 384
   2) 역할 분담 및 진흥 방안 ··········· 387
   3) 외국과의 협력 방안 ··········· 390
3. 해양신산업의 진흥 방안 ··········· 392
   1) 최근의 기술 개발 성과 ··········· 392
   2) 해양신산업의 현황 및 문제점 ··········· 393
   3) 해양신산업 기술개발 단계 ··········· 396
   4) 해양신산업 사례 ··········· 398
   5) 해양신산업 평가와 지원 방안 ··········· 401
4. 해양 인력 개발 강화 ··········· 403
   1) 배경 및 문제점 ··········· 403
   2) 해양산업 인력 교육 현황 및 향후 방향 ··········· 405
   3) 씨그랜트(SEA Grant) 사업 ··········· 405
   4) 해양인력 개발을 위한 정책 제언 ··········· 407

# IV부 기후와 해양

## 제10장 기후변화와 해양

1. 기후변화와 해양 · · · · · · · · · · · · · · · · · · · · · · · · · · · · · · · · · · · · · · · · · · · · · 413
    1) 기후변화와 해양의 역할 · · · · · · · · · · · · · · · · · · · · · · · · · · · · · · · · · · 413
    2) 기후변화와 해양의 역할 · · · · · · · · · · · · · · · · · · · · · · · · · · · · · · · · · 421
2. 온난화의 전망과 영향 · · · · · · · · · · · · · · · · · · · · · · · · · · · · · · · · · · · · · · 428
    1) 기후변화 전망 · · · · · · · · · · · · · · · · · · · · · · · · · · · · · · · · · · · · · · · · · · · 428
    2) 기후변화가 해양에 미치는 영향 · · · · · · · · · · · · · · · · · · · · · · · · · · 435
    3) 우리나라에 대한 영향 · · · · · · · · · · · · · · · · · · · · · · · · · · · · · · · · · · · · 449

## 제11장 기후변화에 따른 해양 분야 대책

1. 국제적 대응 정책 · · · · · · · · · · · · · · · · · · · · · · · · · · · · · · · · · · · · · · · · · · 463
2. 우리나라의 정책 · · · · · · · · · · · · · · · · · · · · · · · · · · · · · · · · · · · · · · · · · · · 468
3. 기후변화 대응 해양 분야 사업들 · · · · · · · · · · · · · · · · · · · · · · · · · · · 469
    1) 개요 · · · · · · · · · · · · · · · · · · · · · · · · · · · · · · · · · · · · · · · · · · · · · · · · · · · · 469
    2) 기후변화 대응 해양저장 시설 건설 · · · · · · · · · · · · · · · · · · · · · · · 472
    3) 해양 시비(ocean fertilization) · · · · · · · · · · · · · · · · · · · · · · · · · · · · 477

## 제12장 연안재해와 대처 방안

1. 연안재해의 종류 · · · · · · · · · · · · · · · · · · · · · · · · · · · · · · · · · · · · · · · · · · · 483
2. 재해관리(hazards management) 기본 틀 및 접근법들 · · · · · · · · · · 486
    1) 재해계획 수립 요인들 · · · · · · · · · · · · · · · · · · · · · · · · · · · · · · · · · · · · 486
    2) 재해 위험 평가 · · · · · · · · · · · · · · · · · · · · · · · · · · · · · · · · · · · · · · · · · · 489
    3) 재해계획의 수립과 시행 · · · · · · · · · · · · · · · · · · · · · · · · · · · · · · · · · 491
    4) 연안재해 방호 대책 · · · · · · · · · · · · · · · · · · · · · · · · · · · · · · · · · · · · · 496
3. 해외 사례 · · · · · · · · · · · · · · · · · · · · · · · · · · · · · · · · · · · · · · · · · · · · · · · · · 506
    1) 유럽과 영국의 사례 · · · · · · · · · · · · · · · · · · · · · · · · · · · · · · · · · · · · · 506
    2) 미국 사례 · · · · · · · · · · · · · · · · · · · · · · · · · · · · · · · · · · · · · · · · · · · · · · 508
4. 우리나라의 해양재해와 관련 정책 · · · · · · · · · · · · · · · · · · · · · · · · · · 510
    1) 우리나라 해양재해 현황과 대비 방안 · · · · · · · · · · · · · · · · · · · · 510
    2) 제도 현황 및 개선 방안 · · · · · · · · · · · · · · · · · · · · · · · · · · · · · · · · · 516

# V부 해양 거버넌스

## 제13장 해양 거버넌스와 국가 해양정책

1. 새로운 통합 해양 거버넌스의 필요······523
   1) 필요성······523
   2) 해양 시스템의 특성······525
2. 해양 거버넌스······526
   1) 정의······526
   2) 해양 거버넌스의 법적 구성 과정······528
   3) 해양 거버넌스 구성 요소들······533
   4) 해양관리 조직화 유형······539
3. 각국의 해양 거버넌스 체계 및 내용······545
   1) 일본······545
   2) 미국······548
   3) 캐나다······551
   4) 호주······552
   5) EU······554
   6) 영국······557
   7) 기타 유럽국······560
   8) 중국······560
   9) 러시아······564
   10) 인도네시아······564
   11) 필리핀 등 기타 국가······565

## 제14장 한국 해양 거버넌스와 평가

1. 해양 거버넌스 시스템······569
   1) 해양 거버넌스 시스템 구조······569
   2) 해양정책 요소 변화와 평가······572
2. 한국의 시기별 해양 거버넌스 평가······575
   1) 기구 통합 시기······575
   2) 해양수산부(MOMAF) 해체 시기(2008~2012)의 평가······578
3. 해양수산발전계획의 내용과 평가······583
   1) 국가별 해양수산계획의 유형과 특성······583
   2) 우리나라 해양수산발전계획의 기본 성격과 제1·2차 계획······585
4. 해양 거버넌스 추진을 위한 인재 및 전문가 양성······597

## 제15장 글로벌 해양 레짐과 해양 관련 국제기구

1. 글로벌 해양 레짐과 운영 메커니즘·················· 603
   1) 레짐(regime)·········································· 603
   2) 글로벌 해양 레짐···································· 605
2. 해양관리에 관한 국제적인 추세 변화············· 613
   1) UN에서의 전체적 해양 거버넌스 레짐········· 613
   2) 최근 추세의 함의···································· 632
3. 해양관리 국제기구들과 활동 내역················· 634
   1) UN 관련················································ 634
   2) UN 이외의 해양 관련 기구들···················· 644
   3) 동북아 및 동남아에서의 해양환경 협력······· 647

참고문헌············································· 655
찾아보기············································· 671

# I부 해양 개관

# 01

해양의 잠재력

# 제1장
해양의 잠재력

## 1. 해양의 개요와 기능

### 1) 해양의 제원과 잠재력

지구의 표면적은 5억 1천만㎢이고 그중 해양의 면적은 전체의 71%인 3억 6,200만㎢에 달한다.[1] 바닷물의 총량은 약 13억 7천만㎢이고[2] 바다 전체의 평균 수심은 3,800m이다. 바다의 평균 수심은 육지의 평균 높이 840m보다 3,000m 정도 깊은 것으로서 그 영역의 깊이와 넓이가 짐작하기 쉽지 않을 정도다.[3] 만약 육지의 흙으로 바다를 메워 지구 표면을 고르게 한다면 육지는 평균 수심 2,440m의 바닷물 속에 잠겨버리게 된다.[4] 뿐만 아니라 바다의 깊은 곳은 1만m가 넘는 수심과 1천 기압이 넘는 압력을 갖고 있다. 지금까지 인류의 역사상 30명 이상의 우주인이 달나라를 방문한 것에 비해 1만m 이상 깊이의 심해저에는 불과 3명 정도만 다녀왔다.[5] 따라서 바다는 아직도 태고

---

[1] Daum 백과사전(브리태니커), http://100.daum.net/encyclopedia/view.do?docid=b24h3654b(2013. 10. 30). 연간 125조 톤이 증발됨. 총면적 3억 6,105만㎢에 이르고, 해수의 부피는 13억 7,030만㎢, 해양의 깊이를 평균하면 4,117m가 되며, 최대 깊이는 11,034m임(한국 위키백과).
[2] 제종길, 『바다와 생태 이야기』, 각, 서울, 2007. 8, p.147.
[3] 지구의 반지름이 6,371km이고 바다의 평균 수심 3,800m는 지구 반지름의 0.058%여서, 지구 반지름 대비 바다의 깊이를 비율로 보면 사과 껍질보다 더 얇다(Geoff Holland, David Pugh, *Troubled Waters*, 2010, Cambridge, p.13).
[4] 김웅서, 「인류에게 바다란?」, 『해양과 인간』 3판, 한국해양과학기술원(KIOST), 최형태·김웅서 엮음, 안산, 2012. 7, p.16.
[5] 1960년에 '트리에스테'라는 미국 유인잠수정으로 쟈크 피카르와 돈 왈쉬가 세계에서 최고 깊은 수심 10,916m의 필리핀 마리아나 해구의 챌린저 딥(Challenger Deep)에 도달한 후 2012년 3월 26일 영화감독 제임스 카메론(James Cameron)이 이보다 8m 짧은 10,908m 지역에 도달하였다. http://fishillust.com/submarine_3 (2016. 1. 18)

의 신비를 간직하고 있어 탐험의 여지가 높고 앞으로 이를 활용하기 위해서는 고도의 기술이 요구된다.

〈표 1-1〉 대양의 주요 제원

| 대양 및 주변해역 | 면적(천km²) | 비고 |
|---|---|---|
| 태평양 | 165,240 | - 전체 해양(3억 6,200만km²)의 90%(3억 2,124만km²) <br> * 육지 면적: 1억 4,900만km² |
| 대서양 | 82,440 | |
| 인도양 | 73,556 | |
| 북극해 | 14,090 | |
| 남극해 | 36,000 | 남위 60도 이상 |

자료: 한국 위키백과, http://www.oceanlife.or.kr/jsp/01eclolgy/environment/environment03.jsp (2014. 4. 8) 등

해양에는 전 세계 생물종의 80%가 살고 있어 종 다양성이 육지에 비해 훨씬 뛰어나다. 바다는 인류에게 단백질 등 각종 영양소를 제공하고 있고, 기존에 채취하던 소금, 오일 및 가스 외에도 망간단괴, 가스하이드레이트 등 각종 비생물 자원이 부존되어 개발을 기다리고 있다. 또한 바다는 기후변화의 조절자 역할 등 다양한 기능을 갖고 있다. 바다는 지구 전체가 보유한 물의 97.5%를 지니고 있어 이 바닷물이 증발하여 비나 눈이 되어 우리의 생활용수로도 공급되고 있다.[6] 또한 바다는 이산화탄소를 흡수하여 지구온난화를 막아주고 적도의 뜨거운 바다에서 해류나 바람을 통하여 열기를 고위도로 전달함으로써 기상변화에도 큰 역할을 하고 있다.[7]

아울러 해저의 '열염분 컨베이어벨트(thermohaline conveyor belt)'가 작동하여 열과 염분의 대순환이 이루어지고 이러한 대순환은 수천 년에 걸쳐 대서양-태평양-인도양-대서양 순으로 이루어지는 것으로 알려지고 있다.[8] 1912년 베그너(Alfred L. Wegner, 1880-1930)가 주장한 '대륙이동설'에 기초한 해저 확장(seafloor spreading)도 진행되고 있는 것으로 확인되었다.[9]

---

[6] 김재철, "해양한국의 국가전략", 『신해양시대 신국부론』, 2008. 1, p.97.
[7] 제2장, 제10장의 열·염분 순환 부문 참고 요망.
[8] John G. Field, Gotthilf Hempel, Colins P. Summerhayes, *OCEANS 2020: Science, Trends, and the Challenge of the Sustainability*, Island Press, 2002, p.12; McNEeil, Ben, "Global Ecology of the Oceans and Coasts", *Ecological Economics of the Oceans and Coasts*, 2008, pp.29-30; 김경렬, 『화학이 안내하는 바다탐구』, 자유아카데미, 2009. 12, pp.32-33; 한국해양연구원 블로그(http://blog.naver.com/PostView.nhn?blogId=kordipr&logNo=90121460489)(2012. 4. 30); Adalberto Vallega, *Sustainable Ocean Governance: a Geographical Perspective*, Routledge, London, 2001, p.35. 자세한 내용은 제2장, 제10장의 열·염분 순환 부문 참조.

〈표 1-2〉 전체 해양의 잠재력

| 해양의 잠재력 | |
|---|---|
| • 지구 표면적의 약 71%<br>• 바다 전체의 평균 수심 3,800m<br>  (육지 평균 높이 840m)<br>• 산소 공급량 : 약 50-75%<br>• 이산화탄소 정화 : 약 50% 흡수<br>• 기후조절 기능 : 열의 이동 및 수급<br>• 해양에너지 자원 : 150억 Kw 추정 | • 석유 부존량 : 1.6조 배럴<br>• 메탄수화물 : 10조 톤, 망간, 크롬 등<br>• 지구생물의 80% 이상이 해양에 서식<br>• 동물의 단백질 공급원<br>  : 세계 평균 동물성 단백질의 16% 이상<br>• 염 함유: 4조 6000억 톤, 마그네슘, 우라늄, 중수 등 활용 중 |

자료: 국토해양부, 『제2차 해양수산발전계획(2011-2020)』, 2010. 12, p.33; 김은수 등, 「해양일반 및 환경」, 『KMI 해양아카데미 2010(제5기 교재)』, KMI, 2010, p.4; 박성욱, 「해양과학기술과 에너지 개발」, 『해양의 국제법과 정치』, 한국해로연구회 편, 서울, 2011, p.165; Tom Garrison 저, 강효진 등 역, 『해양학(Oceanography)』, ㈜시그마프레스, 서울, 2002. 1, p.3.

물로 이루어진 바다는 모든 것을 받아들이기에 많은 육상의 쓰레기가 들어가도 이를 받아들이고 정화하는 환경 수용력이 크고 산업화로 넘쳐나는 이산화탄소를 받아들이고 열기를 흡수하여 육지를 식혀줌으로써 기후변화에 의한 온난화 효과를 줄여준다. 그리고 이를 토대로 물고기 등 많은 생명을 길러내는 인류의 '자궁' 역할을 하고 각종 해양 산업의 토대를 만들어 주며 이곳을 바탕으로 사는 사람들에게 육상과는 다른 새로운 문화의 기틀을 만들어 주기도 한다.

연안을 중심으로 발전한 각종 산업과 도시는 세계 경제의 주축을 이루고 있다. 이는 간척, 매립 등 연안의 공간 활용이 용이하고 항만, 도로, 철도 건설로 교통과 소통이 용이하기 때문이다. 현재 183개 연안 국가의 약 절반에 해당하는 인구가 연안에 살고 있고, 세계 20대 거대 도시 중 13개가 연안에 위치해 있다. 세계 GNP의 61%는 해안가로부터 100km 이내 지역에서 발생한다.[10) 연안생태계는 물을 정화시키고, 연안 오염, 영양 부하의 효과를 줄여주고 극심한 기후변화와 침식의 영향을 줄여 준다.

아래 〈그림 1-1〉은 해양의 역할을 간략히 요약한 도표이고, 이하에서는 해양의 역할에 대하여 좀 더 자세히 살펴보고자 한다.

---

9) 자세한 내용은 제2장 참조
10) Patil Pawan, "World Bank's Engagement in the Ocean as a Member of the Global Partnership", *2014 Korea Ocean Week proceedings*, Las Palmas Spain, July 16. 2014, p.62.

〈그림 1-1〉 해양의 역할

| 영양 및 생계 | 생태 및 환경 |
|---|---|
| • 수산물은 동물성 단백질의 16% 공급<br>• 개도국의 10억 명의 인구는 주요 단백질을 수산물에 의존<br>• 어업 및 양식 등의 97%가 개발도상국에서 발생 | • 해양의 생태계 능력 유지<br>• 오염물질 흡수 등 적정환경 정화능력 유지<br>• 해수 순환: 열·염분 컨베이어 벨트<br>• 대륙이동설에 따른 해저 확장 |
| 경제 | 기후변화 영향 |
| • 세계 GNP의 61%가 연안 100km 이내에서 발생(공간, 교통 소통능력 등 활용)<br>• 석유·가스 등 자원 개발<br>• 수산물 생산·유통·가공 산업<br>• 관광업은 주요 도서국들의 5대 산업 중 하나 | • 저위도의 열을 고위도 전달로 지구의 적정 기후 유지<br>• 연안 서식지가 연안도시들과 촌락들을 폭우, 홍수 및 해수면 상승으로부터 보호<br>• 광합성 이용 $CO_2$의 50%를 바다식물이 흡수 |

자료: Patil Pawan, "World Bank's Engagement in the Ocean as a Member of the Global Partnership", *2014 Korea Ocean Week proceedings*, Las Palmas Spain, July 16. 2014, p.62.

## 2) 해양과 기후조절 기능

바다는 태양에너지의 80%를 흡수하여 생존환경을 유지하는 거대한 열에너지 저장고이다. 바닷물의 이동 등을 통해 지표의 온도와 기후까지 조절해 주는 기능을 함으로써[11] 급격한 기후변화를 방지하고 이를 통해 인류를 포함한 모든 생물의 생존을 가능케 한다.

물은 비열이 높기 때문에 다량의 열을 받아들여도 온도가 쉽게 올라가지 않는다. 그래서 바다는 태양에서 오는 복사에너지를 바닷물 속에 저장하였다가 해류를 통해 지구에 골고루 전달해 주는 기능을 한다. 복사에너지의 경우 북반구에서는 북위 38도를 기준으로 북쪽은 에너지를 잃고 남쪽은 에너지를 얻는데, 저위도로부터 대기 이동과 해류에 의해 에너지를 공급받기 때문에 북쪽 지역의 기온이 더 낮아지지 않게 되는 것이다.[12] 만약 저위도에서

---

[11] 김웅서, 「인류에게 바다란?」, 『해양과 인간』, KIOST, 2012, p.15. 바닷물 이동에 의한 지구 기후변화에 대해서는 본서 제2장, 제10장 참조.

고위도로 흐르는 해류가 없었다면 고위도 지역은 너무 추워져 지금보다 사람이 살기에 훨씬 더 부적절한 곳이 되었을 것이다.

바다는 지구 산소 공급의 75%를 담당하는데, 이는 해양식물이 전체 이산화탄소 흡수량의 50여%를 흡수하여 광합성을 하면서 다량의 산소를 방출하기 때문이다.[13] 바닷속 식물성 플랑크톤들이 광합성을 통하여 만들어 내는 산소량이 지구상의 모든 육지에 존재하는 산림과 식물이 만드는 산소량을 다 합친 것보다도 더 많은 양이다.[14] 그리고 해양의 $CO_2$ 함량은 대기의 50-60배에 달한다. 이와 같이 $CO_2$ 저장고로서 역할을 하는 바다의 기능을 모르면 기후변화에 제대로 대비할 수가 없다.

### 3) 해양생태와 해양생물자원

Constanza(1997) 등은 해양생태계의 총괄 가치가 연간 22조 6천억 달러에 달하여 육상의 가치 10조 7천여 억 원에 비하여 2배 이상이고, 이는 당시 세계 GDP의 90%에 해당하는 것으로 추정되었다.[15] 최근에는 건강한 해양생태계의 경제적 가치가 연간 약 250조 달러로 추정된다는 보고도 있다.[16]

---

12) 최태진, 「지구기후시스템과 북극의 기후변화」, 『북극해를 말하다』, KMI 및 극지연구소(KOPRI) 편, 2012. 12.
13) 광합성활동을 통해 식물이 연간 흡수하는 이산화탄소의 55%는 육상 식물 총량의 0.05%에 불과한 해양 식물 총량에 의한 것이라고 한다. 2009년 10월 UNEP 및 FAO 공동보고서(재인용: 이종철, 「글로컬라이제이션, 지속가능한 발전 그리고 해양의 역할」, 2012 EASC 총회 기조연설 원고). Nicole Glineur, "Healthy Oceans, Adaptation to Climate Change and Blue Forests Conservation", Ocean 101: Current Issues and Our Future(WOF Series 1), World Ocean Forum, 2010-, p.47.
14) 남성현, 『바다에서 희망을 보다』, 이담, 2012, p.69
15) Constanza(1997) 등은 생물종의 80%가 서식하는 해양생태계의 총가치가 $22조 6천억 달러('94년 기준)이며, 식량과 에너지를 포함한 직접적인 해양자원의 가치는 $1조 6천억 달러('94 기준)인 것으로 추정하고 있다. 1994년 당시 세계 GDP는 25조 달러였다. Robert Constanza et al: "The value of world ecosystem services and natural capital,", Nature, 387, 253-260, 1997. 재인용: Murray Patterson, Garry McDonald, Keith Probert & Nicola Smith, "Biodiversity of the Oceans", Ecological Economics of the Oceans and Coasts, 2008, pp.55-57.
16) Nicole Glineur, op. cit., p.47: 박광서, 「리우+20 해양선언의 내용과 시사점」, 『KMI 해양산업동향』, 제68호, 2012. 7. 3, p.3.

〈표 1-3〉 해양과 육지의 자원 부존량 비교

| 구 분 | 해 양 | 육 지 | 비 고 |
|---|---|---|---|
| 연간 총생태 가치 | 22조 5,970억 달러 | 10조 6,710억 달러 | Constanza('97) |
| 금속 매장량 | 200-10,000년<br>망간(60억 톤), 니켈(2.9억 톤), 구리(2.4억 톤), 코발트(6천만 톤), 백금(20만 톤) | 대부분 110년 이내<br>(석탄만 470년) | |
| 석유 매장량 | 1.6조 배럴 중 미개발 62%<br>10조 톤의 메탄하이드레이트 | 1.6조 배럴 중<br>미개발 19% | |

자료: 국토해양부(2007)을 참조하여 작성, 『해양기반 신국부 창출전략』(KMI, 2009)에서 재인용. 금속매장량: 해양수산부, 『해양수산 업무편람』, 2013. 8, p.59, 생태 가치에 대한 원전: Robert Constanza et al.

약 14억km³에 이르는 해양 공간은 육지 생물이 이용가능한 육지 공간보다 무려 300배나 넓고,[17] 생산성도 대단히 높아 단위면적당 식량 생산능력은 육지의 20배가 넘으며 양식 포함, 연간 1.5억 톤 이상의 어류자원을 지속적으로 어획하는 것이 가능하다. 생산능력으로 보면 육지에서 50g의 달걀이 5개월이 지나면 1,500g의 닭(30배 성장)이 되나, 바다에서는 0.01g의 물고기 알이 5개월이 지나면 500g의 성어(5만 배 성장)가 된다.[18] 더욱이 이러한 물고기 성장은 닭의 경우와는 달리 사료를 주지 않아도 이루어지는 것이니 더욱 놀라울 수밖에 없다.

또한 바다에는 부력이 있어 해저 식물은 육상의 나무처럼 지구 중력에 대한 부담감을 이겨내기 위한 에너지를 쓸 필요가 없다. 북미 연안 해저에서 자라는 케일이라는 해조류는 하루에도 60cm씩 자라는 놀라운 성장력을 보이기도 하고[19] 미역, 우뭇가사리 등 일반 해조류도 단기간에 육상 식물보다 훨씬 더 높은 성장력을 보인다. 따라서 수산자원은 인구 폭발에 대비하여 미래 세대를 위한 식량 및 에너지 자원으로서 앞으로도 개발 잠재력이 풍부하고, 식품 이외에 의약품, 해양바이오 연료 등으로도 이미 상용화가 시작되고 있다.

물고기는 평균 10만 개의 알을 낳는 만큼[20] 자원의 증식이나 회복 능력이

---

[17] 박성쾌, 『바다의 SOS』, ㈜수협문화사, 2007. 9, p.48.
[18] 염기대, 「해양과학기술의 미래」, 『신해양시대; 신국부론』, 나남, 서울, 2008. 1, pp.385-386.
[19] 김재철, 전게서, p.97.
[20] Ibid.

뛰어나기 때문에 지속적으로 잘 관리하면 인류의 먹거리로 영원히 유지될 수 있다. 바다를 통해 연간 1.91억 톤(2013)의 어류 생산이 이루어지고 연간 1,293억 달러(2012, 약 59백만 톤)의 수산물 국제 거래가 이루어진다.21) 바다에서의 추가적인 자원 가용량은 최소 2억 4천만 톤에서 최대 4억 5천만 톤에 달하는 것으로 평가되어 식량난이 더욱 심해지는 미래에 지구를 구할 마지막 식량의 보고가 될 전망이다.22) 해양이 제공하는 수산물은 인류에게 제공되는 전체 식품 소비의 2% 밖에 안 되지만23) 연간 평균 17% 이상(19.7kg/인, 2013)의 필수 동물성 단백질을 공급하고 있고24) 31억 명에게 20% 이상, 특히 최빈국 4억 명에게는 50% 이상의 단백질을 제공하고 있다.25)

세계적으로 대표적 수산 소비국 일본은 1인당 연간 64.7kg(2012)을 소비하였다가 후쿠시마 원전 사고 이후 최근에는 20kg/인 수준으로 줄었고, 우리나라는 56.3kg/인(2014)으로 선진국 평균 26.8kg/인(2014)보다도 2배 이상 높

---

21) FAO 통계, ftp://ftp.fao.org/FI/STAT/summary/YB_Overview.pdf (2014. 7. 22); KMI, 『해외수산정보』, 2014, pp.2-3. 대체로 최근 어선어업 약 9,246만 톤, 양식어업 9,043만 톤 이상을 유지하고 있다.
22) 52%가 최대 지속가능한 어획량에 도달한 반면 23%만이 어획량 증대에 여유가 있고 이밖에 16%는 남획 상태에 있고, 7%는 완전히 고갈됐으며 1%가 고갈 상태에서 자원이 회복되고 있다. 최근 20년 동안 어업 생산량 증가는 해면과 내수면 양식어업의 급속한 성장에 힘입은 것으로 바다어획량(포획 어업 생산량)은 1980년대 후반 8천만 톤에 도달한 이후 현재까지 7,700만 톤과 9,300만 톤 사이에 머물러 있다(2012년 어획량 9,246만 톤, 양식 9,043만 톤). 양식어업을 포함한 전체 어업 생산량은 1950년에 1,930만 톤에서 계속 늘어나 1989년 1억 톤을 돌파했고 2002년에 1억 3,400만 톤, 2012년 1억 8,300만 톤.
   http://cafe.daum.net/mfsp/H8w/21?docid=EZ1E|H8w|21|20050601155406&q=%BC%BC%B0%E8+%BE%EE%C8%B9%B7%AE (2012. 8. 31); KMI, 『수산·해양환경 통계』, 2010; 고철환(「해양환경과 생태계 보전」, 『신해양시대 신국부론』, 2008. 1, p.373; KMI, 『해외수산정보』, Vol. 1, 2014. 4. 20, p.1).
23) Torgeir Edvardsen, "Cooperation for Growth; The Case of the European Aquaculture Technology and Innovation Platform", *2014 Korea Ocean Week proceedings*, Las Palmas Spain, July 16 2014, p.46. 2008년에 수산물 142백만 톤(2%), 육류 10억 톤(13%), 야채 및 곡류 등 65억 톤(85%)으로 구성됨.
24) FAO statistics, 2015 & ftp://ftp.fao.org/FI/STAT/summary/YB_Overview.pdf (2014. 7. 22); Moenieba Isaacs, "Understanding Small Scale Fisheries Contribution to Food Security and Nutrition in Africa", 6th KORAFF proceedings, Las Palmas Spain, July 17 2014, p.58; Murray Patterson,, "Towards an Ecological Economics of the Oceans and Coasts", *Ecological Economics of the Oceans and Coasts*, p.3: Gunnar Kullenberg, "The Coast and Beyond; Multiple Use, Conflicts and Management Challenge", *Securing the Oceans: Essays on the Ocean Governance*, Chua Thia-Eng, Gunnar Kullenberg, and Danilo Bonga (eds.), Jan. 2008, GEF/UNDP/IMO, p.132)는 수산물이 동아시아, 아시아 및 아프리카 빈국들에서 20-30%의 동물성단백질을 공급하고 있다고 한다. FAO 통계에 따르면 세계 수산물 연간 1인당 소비량은 1970년대 11.0kg에서 2012년 19.1kg으로 증가 (원전: FAO, 재인용: 안재현, 「양식어패류 생산량, 2011년부터 소고기 생산량 추월」, 『KMI 글로벌수산포커스』 Vol. 65, 2012. 7. 11), 2011년에는 18.8kg(Arif Satrina, "Prospects and Issues on Southeast Asian Fisherie Market", 『2013 KMI 수산전망대회 자료집』, 2013. 1, p.44). 우리나라 통계: 해양수산부, 해양수산 주요 용어 및 통계, 2014. 3, p.56.
25) Nicole Glineur, *op. cit.*, p.47 ; FAO statistics, 2015.

다.26) 수산물에는 고혈압 등 성인병 예방 물질인 오메가3 지방산(DHA-EPA) 등이 들어 있어 많이 먹을수록 평균수명도 높아지는 것으로 알려져 있다. 따라서 수산물은 웰빙 식품의 대명사인 것이다.27)

〈그림 1-2〉 FAO 수산물 관련 통계

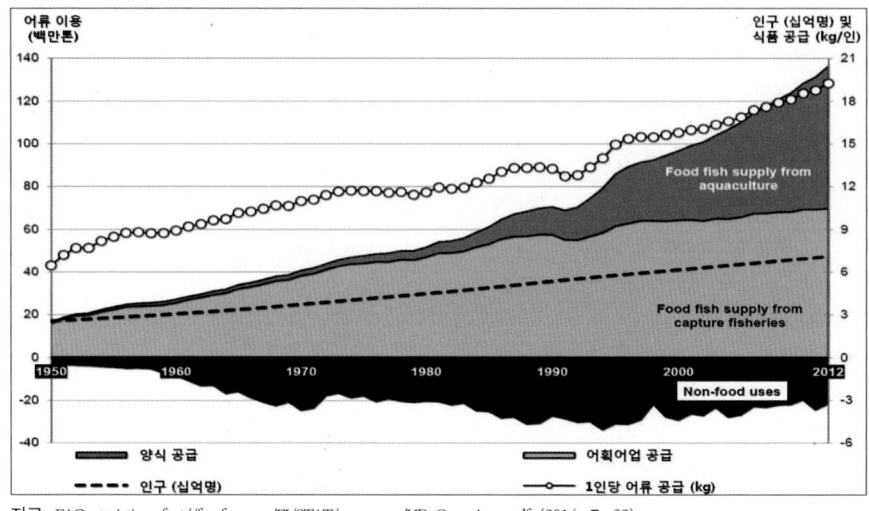

자료: FAO statistics, ftp://ftp.fao.org/FI/STAT/summary/YB_Overview.pdf (2014. 7. 22)

그러나 어업 기술의 발달로 현재 30% 이상의 어류가 과도 이용(overly exploited)되거나, 고갈되었거나 혹은 고갈에서 회복 중이고 50%가 완전 이용(fully exploited)되고 있다.28) 그래서 잡는 어업량은 9,385만 톤(2013)으로 1994

---

26) YTN, 2016. 2. 14; 해양수산부 홈페이지, 「2015 해양수산 주요 통계」, 2015. 기타 통계; FAO 2012년: 54.9kg/인(한국), 2013년: 53.8kg/인(한국)으로 후쿠시마 원전 사고 영향을 받았음.
27) 전중균·변회국, 「바다의 먹거리와 건강」, 최형태·김웅서 엮음, 『해양과 인간』, KIOST, 2012, p.156. 등푸른 생선인 정어리 1마리(150g)에는 오메가3 지방산인 DHA-EPA가 최소 1.5g(1주일 소요) 들어 있고 이는 피를 맑게 하여 콜레스테롤을 줄이고 심장병을 예방하는 기능이 있음(Moenieba Isaacs, op. cit., p.58; 박성쾌, 전게서, pp.125-127).
28) 1970년대의 과도 이용 10% 수준(Elizabeth R. Desombre and J. Samuel Barkin, "International Trade and Ocean Governance", Securing the Oceans: Essays on the Ocean Governance, Chua Thia-Eng, Gunnar Kullenberg, and Danilo Bonga (eds.), Jan. 2008, GEF/UNDP/IMO, p.167)에서 크게 증가하였다(Jiasan Jia, "Contribution of Fisheries and Aquaculture to Food Security", 6th Korea International Conference on Cooperation in Oceans and Fisheries proceedings, Las Palmas Spain, July 17. 2014). 그래서 매년 이러한 잘못된 관리로 500억 내지 1,000억 달러의 손실이 발생 중이다(Patil Pawan, "World Bank's Engagement in the Ocean as a Member of the Global Partnership", 2014 Korea Ocean Week proceedings, Las Palmas Spain, July 16 2014, p.64). 세계 어족자원의 47%가 과잉 어획, 28%가 고갈 상태라는 글도 있음(오광석, 「글로벌 수산 리더! FAO 세계 수산대학을 그린다」, 『세계 식품과 농수산』, 제58권 2월호, 2016. 2, p. 7).

년 이래 9,000만 톤 전후에서 계속 정체되고 있다. 반면 양식어업은 1980년 450만 톤, 1990년 1,638만 톤(전체의 16%) 수준에서 2013년에는 전체 생산의 절반 수준인 총 9,716만 톤(해조류 등 포함)으로 급속한 증가율을 보이고 있다.29) 미국의 환경 보호 싱크탱크인 '지구정책연구소(Earth Policy Institute, EPI)'가 최근 발표한 자료에 따르면 2012년 전 세계 소고기 생산량은 6,300만 톤인데 비해 양식기술 발전으로 어패류 등 수산동물 양식 생산량은 6,650만 톤으로 유사 이래 최초로 소고기 생산량을 넘어 섰다고 한다.30) 40년간의 FAO 자료에 의하면 육상 가축류의 1인당 소비량은 줄고 수산물 소비량은 꾸준히 늘어왔다.

〈표 1-4〉 세계 소고기와 양식수산물의 년도별 생산 추이

(단위: 만 톤)

| 년도 | 1950 | 1980 | 2012 | 비고 |
|---|---|---|---|---|
| 소고기 | 1,930 | 4,560 | 6,300 | |
| 양식수산물 | 50 | 450 | 6,650 | 해조류 제외 |

자료: 조선일보, 2013. 6. 27, 원전: 유엔식량농업기구(FAO)

새로운 양식의 대부분은 연어, 광어 같은 어류와 해수면에서의 패류 양식이다. 미국 캘리포니아 주립대의 발표에 따르면 돼지 1kg 생산에 사료 3.5kg가 요구되며, 소의 경우에는 5.5kg의 사료가 소비된다.31) 따라서 남미, 호주, 유럽 등에서 옥수수 등 사료를 위한 목초지 개발에 따른 대규모 산림 훼손이 이루어져 목축업은 이산화탄소 흡수 가능 산림 훼손의 주요 원인이라는 비

---

29) 인포메이션 코리아, 『오션 21』제293호, 2015. 8. 30, pp.10-13. 2013sus 양식수산물의 대부분이 식용 목적으로 생산되었고, 이 중 수산동물은 7,019만 톤으로 전체의 72%를 차지하며, 해조류는 2,698만 톤으로 27%를 기록했다.
30) 안재현, 전게 자료, 2012. 7. 11. 450g의 소고기를 생산하기 위해 3kg 이상의 곡물을 소비한다. 이는 돼지의 2배에 해당하는 수치이고, 가금류의 3배에 이르는 양이다. 어류는 훨씬 효율적이어서, 보통 450g을 얻기 위해 900g 미만의 사료가 든다. 지난 5년 동안 연간 평균 성장률은 사료 이용의 상대적인 효율성을 반영하듯, 세계의 양식 어류 생산은 1년에 거의 6%씩 늘어나 가금류의 4%, 돼지의 1.7%를 넘어선다. 돼지고기 소비량은 108만 1,900톤(이하 2012년 기준, 21.6 kg/인)으로 가장 많았고, 닭고기 소비량은 60만 8,000톤(12.2 kg/인), 쇠고기는 48만8000톤( 9.8 kg/인), 오리 3.1kg(/1인, 2011) 소비하여 이들은 총 43.7kg(2012)으로 4년 만에 22.3% 증가했다(MBN 뉴스, 2013. 6. 24). 2012년 선진국의 육류 소비량은 1인당 79.0kg를 기록했고 개발도상국에서는 1인당 32.7kg로 전년 대비 1% 증가(YTN뉴스, 2012. 1. 14).
31) 오정규, 미래 식량산업, 수산양식,http://www.korea.kr/policy/actuallyView.do?newsId=148736877&call_from=extlink, (2013. 10. 30)

판을 받아 왔다.32) 반면 연어 양식에서는 1kg 생산에 약 1.2kg의 사료만이 요구되고33) 국내에서 개발한 광어는 1.3kg만 먹이면 된다. 심지어 치어 시기에는 사료 0.8kg으로 1kg을 생산하기도 한다. 특히 중국의 내수면 잉어인 백련어(白鰱魚, silver carp)나 대부분의 패류 등은 수역에서 나는 수초나 플랑크톤을 먹고 자라 별도로 먹이를 줄 필요가 없다. 최근에는 양식 사료를 미생물이나 바닷말에서 얻는 연구도 활발하여 이러한 기술이 발전하면 바다 양식은 인류의 지속가능한 단백질 공급원으로 자리 잡을 것으로 예상된다.

더욱이 중국인 1인당 수산물 소비량은 1998년 11kg에서 2010년에는 33.1kg로 늘었고34) 2020년에는 중국인 1인당 수산물 소비량이 40kg 이상으로 증가할 것으로 전망되어 수산물 수요는 폭발적으로 늘어날 것으로 예상된다.35) 월드뱅크의 글로벌 수산업 생산 전망 결과 세계 총 수산물 공급은 2012년 158백만 톤에서 2030년에는 186백만 톤으로 증가할 것으로 전망되었으나36) 이미 2013년에 이를 넘어, 실제로 빠른 양식 생산 증가로 훨씬 더 많은 생산 증가가 전망된다. 인구증가에 따라 중국 이외의 국가들에서도 수산물 수요 증가가 클 것으로 기대되어 지속적인 생산 증대가 요망된다.

참고로 늘 바다 물고기를 먹는 에스키모인은 관상동맥경화증 발병률이 가장 낮고, 일본인은 수산물 소비가 높아 평균 수명이 세계적으로도 높은 편이다. 특히 이들은 고지혈증, 관상동맥경화증으로 인한 사망률이 유럽과 미주로 이주한 일본인들에 비해 낮아 성인병 예방에 수산물이 탁월하다는 점을 추정케 한다.37) 과거부터 '십장생(十長生)'이란 개념을 통해 바다와 관련이

---

32) 박성쾌, 전게서, pp.113-117. 최근 미국립과학원회보(PNAS)에 발표된 한 논문에 따르면, 붉은 쇠고기를 생산하기 위해서는 돼지고기 또는 닭고기 생산보다 28배의 토지와 11배의 물을 필요로 한다. 온실가스 배출량은 5배가량 많다. 감자, 밀, 쌀과 같은 작물과 비교하면 쇠고기가 환경에 미치는 영향은 기하급수적으로 증가한다. 같은 칼로리를 생산한다고 가정했을 때 쇠고기 생산은 작물보다 160배나 넓은 토지를 필요로 하며 11배 많은 온실가스를 배출하는 것으로 조사되었다(기후변화행동연구소, http://climateaction.re.kr/index.php?mid=news02&document_srl=162363, 2014. 8. 11).
33) Ibid.
34) 김대영, 「세계 수산업 현황과 2030 전망: World Bank 보고서를 중심으로」, 계간 『수산관측 리뷰』 June 2014. Vol.1 No.1, p.43. 원전: World Bank, Fish to 2030, 2014. 2. 또 다른 자료에 의하면 2001년 29.5kg(해조류 포함)에서 2011년 41.3kg(해조류 포함)으로 연간 3.4% 증가(한국해양수산개발원, 행복한 바다 포럼 프로시딩, 2014. 9. 30, p.2).
35) 오정규, 전게 자료. 중국의 세계 수산 생산 점유율은 1961년 7%에서 2011년 35%로 성장하고 34%를 소비. 중국인이 수산물 소비 1kg을 늘리면 우리나라 연근해어업 총 생산량인 130만 톤이 필요하다(저자 주).
36) 김대영, 전게 자료, p.43.

깊은 거북과 학이 장수 동물로 알려져 왔고 최근에 나온 최장수 동물 10위를 보면 모두 바다에 사는 것들이다. 열거하자면 해저 깊은 곳에 사는 대합조개(400년), 북극 수염고래(211년), 한볼락(205년), 붉은 바다성게(200년), 갈라파고스 거북(177년), 쇼트래커 볼락(157년), 호수 철갑상어 및 알다부라자이언트 거북(모두 152년), 오렌지 라피(149년), 와티 오레오(140년) 등이다.[38] 이들은 바다에서 '느림'의 철학을 가지고 사는 것들로 몸속에서 암과 노화를 가져오는 유전자 변이가 천천히 일어난다고 한다.

바다 동식물을 통해 인간의 뇌 진화에 필수적인 DHA와 생명유지에 필수인 리튬(Li), 요드(I), 인(P), 아연(Zn), 철(Fe), 망간(Mn), 납(Pb), 수은(Hg), 금(Au) 등 미량원소(trace elements)들이 공급되고 있다.[39] 특히 등푸른 생선에 많은 DHA는 오직 생선기름에만 존재하며 일부 식물성 유지의 알파-리놀렌산으로부터 전환되는데, 생선기름 속 DHA가 뇌 성장에 30배 이상 더 효과적이다.[40] 과거 약 6억 년 동안 육지의 미량원소는 비로 인해 바다로 흘러 들어가 육상에서는 대부분 고갈되어 있는 상태다.

### 4) 해수 성분과 광물자원

해수의 성분은 덤핑, 사고, 강물 방류, 제조업, 농업 등 각종 산업 및 인간 활동 요인 등에 의해 영향을 받아 지역적 여건에 따라 다소 다르다. 그러나 해양 열염분 순환(ocean thermohaline circulation)이나 바람에 의한 물 순환으로 전체적으로 일정 성분비의 법칙이 작용하여 동질화하는 경향이 강하다.[41] 해수에는 다음 표와 같이 염분(NaCl) 외에 마그네슘, 황산염, 칼슘, 칼륨 등

---

37) 곡금량(曲金良)/김태만·안승웅·최낙민 역, 『바다가 어떻게 문화를 만드는가: 21세기 중국의 해양문화 전략』, 산지니, 부산, 2008. 9. 1, p.484.
38) 한국경제, 2015. 4. 8.
39) Tom Garrison / 강효진 등 역, 『해양학(Oceanography)』, ㈜시그마프레스, 서울, 2002, pp.139-140. 미량원소는 백만분의 일 꼴로 들어있는 14종의 원소들.
40) 영광신문,. 2013. 8. 9. "5억 년 전 바다에서 진화한 시력과 뇌는 아직도 똑 같은 바다 식량에 의존하고 있다"(마이클 크로포드)-뇌전문가(동 신문), http://ygnews.co.kr/news/articleView.html?idxno=280250 (2015. 6. 30)
41) Adalberto Vallega, *op. cit*, pp.30-31.

총 60여 종의 다양한 물질이 녹아 있는데 염분이 85%이고 이들 주요 6개 성분이 차지하는 비율은 99%이다.[42] 바닷물에서는 주로 소금이 많이 추출되어 이용되고 전 세계 생산량의 약 절반의 마그네슘화합물 혹은 금속마그네슘이 추출되며, 브롬의 30%가 바닷물에서 추출되어 사용되고 있다.[43] 최근에는 우라늄 등 희귀 금속의 추출 기술 개발이 진행되고 있다. 중동 등 물 부족국들에서는 바닷물에서 이러한 성분들을 제거하고 담수화하여 바닷물을 식수, 농업용수, 생활용수 등 다양한 용도로 이용하여 왔다.

〈표 1-5〉 해수 성분의 구성

| 이온 성분 | 농도(g/kg) | 상대적 농도 | 무게 백분율(%) |
|---|---|---|---|
| 염화물 Chloride Cl- | 19.162 | 1.0000 | 1.9 |
| 나트륨 Sodium Na+ | 10.679 | 0.8593 | 1.1 |
| 마그네슘 Magnesium Mg2+ | 1.278 | 0.0974 | 0.1 |
| 황산염 Sulfate SO42- | 2.680 | 0.0517 | 0.3 |
| 칼슘 Calcium Ca2+ | 0.4096 | 0.0189 | 0.04 |
| 칼륨 Potassium K+ | 0.3953 | 0.0187 | 0.04 |
| 탄소 (inorganic) | 0.0276 | 0.0043 | 0.003 |

자료: Adalberto Vallega, op. cit., London, 2001, p.30; Tom Garrison/강효진 등 역, 『해양학(Oceanography)』, ㈜시그마프레스, 서울, 2002. 1, p.139.

이외에도 해양은 전 세계 석유·가스의 30% 이상을 제공하고 있다. 해양 유전 개발도 과거 수심 500m 이하에 주로 이루어지던 것이 현재는 수심 500m 이상~1,500m 미만이 전체의 83% 차지하고 있으며, 수심 1,500m 이상도 17%에 이른다. 2020년에는 수심 1,500m 이상에 해양플랜트의 47%가 설치될 예정이다. 현재 해저 3,000m를 내려간 뒤 여기서 지각을 뚫고 10km를 더 내려가 원유를 캐는 광구도 속속 나오는 등 심해 자원 개발이 가속화되고 있다.

현재 태평양 심해저에는 망간 60억 톤, 니켈 2.9억 톤, 구리(2.4억 톤), 코발트(6천만 톤), 백금(20만 톤) 등 다양한 이용가능한 자원이 부존되어 있다.[44]

---

42) 한국해양수산개발원, 『바다 이야기』, 서울, 2014. 1. 2, p.38.
43) 한국해양수산개발원, 전게서, 2014. 1. 2, p.162.
44) 해양수산부, 『해양수산 업무편람』, 2013. 8, p.59. 원전: 해양수산개발원, 『글로벌 해양전략 수립 연구』, 2009; 국토해양부, 『제2차 해양수산발전계획(2011-2020)』, 2010; 장항석, "21세기 동북아 해양문제와 한국의 해양정책 방향", 정치·정보 연구, 10(1), pp.43-67.

따라서 육상 자원의 고갈과 수요 증대, 과학기술의 발전에 따라 실생활에 이용할 수 있는 해양 자원의 종류가 급속히 늘어나고 있다. 현재 전 세계 230개소 이상에서 '불타는 얼음'이라고 불리는, 천연가스와 유사한 해저 가스하이드레이트(gas-hydrate)가 천해와 300-800m 해저에서 10조 톤(인류가 5,000년 이용 가능한 분량)이 발견되었으며 이것의 17~20%만 개발되어도 200년간 전 세계 에너지 수요에 대응할 수 있다.[45] 따라서 향후 기술 발전에 따라 우주개발과 더불어 해양 개발의 활성화도 기대된다.

<표 1-6> 대양의 해역별 특성과 현황

| 대양 해역 | 자연 및 인문적 여건 |
|---|---|
| 북태평양 | • 서쪽: 온대성 기후, 수많은 거의 폐쇄 및 반폐쇄 바다가 있고 동물플랑크톤, 석유·가스 자원 풍부, 세계적인 항만과 거대 연안도시 밀집<br>• 동쪽: 개방적인 해역 풍부한 동물플랑크톤 및 석유·가스 자원 부존, 인근에 심해저 광물자원이 풍부한 C-C zone이 있음. 광물자원에 관한한, 동측에 알라스카만, 베링해에서 관리가 확장되고 서측으로 오호츠크 해로 확장 중, 대부분이 지진활동의 영향으로 지진 및 해일 피해가 예상되어 모니터링 및 예측시스템이 필요함. |
| 열대성 해역 (아시아) | 벵갈 만에서 남지나해의 지역으로 대륙붕이 넓고 석유·가스, 생물자원이 풍부, 항만이 발달하고 해양 무역 및 해군 통로로 중요. 따라서 각종 만, 해협, 군도들의 중요성이 더해지고 있음. |
| 열대성 해역 (걸프만, 카리브) | 파나마 운하로 해양 무역 및 해군 통로로서 중요. 세계 최고의 기술력으로 석유·가스 채굴하는 테스트의 장. 세계적으로 크루즈 관광 및 도서 관광의 중심지로서 지역 및 세계 경제에 크게 기여 |
| 열대성 해역 (태평양, 관련군도들) | 관광·레저, 수산업, 산호 채취 등으로 시장이 열리고 있고 세계화 과정에 세계경제에 편입 중. 넓은 EEZ로 심해광물 채굴을 위한 심해저 거버넌스의 전주가 됨. |
| 열대성 해역 (아프리카 서부, 남미 대서양측) | 최근 심해 석유자원 개발로 새로운 세계의 에너지 자원 공급처로 부상 |
| 북대서양 | 석유·가스가 풍부한 대륙붕 해역(특히 북해), 경제적으로 중요한 만(북해, 메인만 등) 발달. 심해저단괴는 없지만 가스하이드레이트 부존. 고위도에 동물성 플랑크톤을 포함한 생물자원이 발달하여 풍부한 어장으로 개발, 양안 간 교류가 활발. |
| 남반구 해역 | 남극 인근에서는 보호주의적 국제협약들이 있고 주로 대서양의 리오그란데 해역, 인도양에서는 아프리카에서 마다가스카르 사이 해역, 호주와 뉴질랜드 남동, 남서 해역들이 해양관리의 대상임. |

자료: Vallega, Adalberto, *op. cit.*, 2001, pp.111-114.

---

45) Tai-Sup Lee et al., "Marine Environmental and Resources: Critical Moment of the Earth's Energy and the Role of Marine Resources", *Ocean 101: Current Issues and Our Future* (WOF Series 1), World Ocean Forum, 2010-, p.18.

## 5) 연안 운송

과거부터 물을 지배하는 자는 부를 얻게 된다고 하였는데 이는 바다가 대량 수송이 가능하고 바다에서 각종 수자원 및 환경자원의 이용도 가능하기 때문이다. 특히 인류는 해양 교통수단으로서 선박을 노선(櫓船)-범선(帆船)-동력선(動力船) 순으로 발전시켜왔다.

먼저 과거 이집트 문명 시기에 나일강 등에 선단을 만든 이후, 해상 문명인 크레타(Creta) 섬 주민들이 항해를 하였고, 기원전 1200년경 이들 크레타 문명의 몰락에 이어 페니키아(Pheonicia)인들이 항해를 시작하였다.[46] 이 당시는 주로 노선 등 소규모의 선박이 이용되었을 것으로 추정된다. 기원전 900년에서 700년 전 사이에 그리스인들은 대서양을 탐험하였다.[47] 초기 그리스 항해자들은 지중해 바깥에서 해류가 북쪽에서 남쪽으로 흐르는 것을 알아냈으나 주로 지중해 지역에서만 항해와 교역을 하였다.

아시아-유럽 일부 초원 지역에서는 낙타와 말 등을 이용하여 화물을 운반하고 교역을 하던 실크로드 시대가 열렸다. 이후 예전에 비해 수십 배, 수백 배를 더 실을 수 있는 범선이 중세 말에 발명되면서 실크로드는 쇠하고 해운은 크게 성하기 시작하였다. 이는 여러 교통수단 중 선박이 가장 많은 짐을 적재하여 단위당 수송 효율이 뛰어나고 따라서 운송원가가 가장 싸기 때문이었다. 이를 이용하여 항해술이 뛰어났던 스페인, 포르투갈, 네덜란드, 영국 등은 대서양, 인도양, 태평양을 누비면서 교역을 하고 국부를 창출하며 나아가 식민지 경영에도 몰두하였다.

다시 19세기 중엽부터 돛을 이용하는 목선에서 철갑을 두르고 증기로 추진하는 선박을 개발하려는 노력이 마침내 성공을 거두고, 이에 이어 정기선으로 대서양을 건너는 변화가 일어났다. 즉 아프리카 남단 희망봉(Cape of Good Hope)과 남미의 남단 케이프 혼(Cape of Horn)을 가로지르는 범선들이 인상적인 대양 운항 단축 기록을 내고 있을 때 첫 산화물선(bulk carrier)이 운

---

46) Tom Garrison/강효진 등 역, 『해양학(Oceanography)』, ㈜시그마프레스, 서울, 2002. 1월, p.25.
47) *Ibid.*

항을 시작하면서 국제적 노동분업에서 커다란 변화가 생기게 되었다. 1872년 영국에서 처음으로 증기기관으로 움직이는 액체산화물 운반선인 Vaderland호가 건조되었고, 1884년에는 처음으로 증기기관 엔진이 개발된데 이어 1919년 첫 디젤 추진 유조선인 Vulcanus호가 진수되었다.[48] 더욱이 이 시기에 개통된 수에즈 운하(1869)와 파나마 운하(1911)는 기존에 오랫동안 수립되었던 무역에 커다란 변화를 일으켰고 대양 사이에 새롭게 단축된 연결선을 형성하고 세계의 지정학적 모습을 재편하였다.

이러한 중요한 단계를 넘어 20세기 중반에는 상업적 항해와 교통을 위해 추진 기술의 발전, 선체 설계, 항해 보조 기구 및 통신시스템에도 관심을 갖게 되었다. 선박의 발전은 1950년대까지 해운 여객 운송을 발전시켰으나, 국제 항공망의 발달로 이것도 급격히 쇠퇴하게 되었다. 1970-80년대 이후 운항과 선박 기술 발전으로 초대형 크루즈선이 등장하여 풍광이 수려한 카리브해와 지중해에서 운항하기 시작하였다.

1950-1960년 초에 처음으로 격벽이 있는 선박의 운영은 컨테이너화를 촉진하고 해상과 육상에서 표준화된 운송 수단과 화물취급 시스템을 도입케 하였다. 이와 같이 컨테이너선이 도입된 이래 1970년대에 3,000 TEU급 대형 컨테이너선이 개발·이용되기 시작하였다. 반면에 석유, 가스, 석탄, 철광 등 원재료 수송에 거대 산화물선의 도입도 개도국과 선진국 사이에 촉진되었다. 1970년대에는 주요한 유류 수송로가 페르시아 만에서 유럽, 극동과 미주로 향하는 루트였으나, 최근에는 새로운 석유자원의 개발로 베네수엘라와 서부 아프리카 등으로 새로운 운항 루트가 생겨났다. 그러나 석유 값의 상승으로 연료가 많이 드는 초대형 산화물선 건조 추세는 중단되었다.

1970년대 3,000 TEU급이던 컨테이너선은 90년대 말에는 6,000 TEU급 신세대 초대형 컨테이너선으로 진화하여 전 세계 일주 루트를 운항하였다. 최근에는 18,000 TEU급 이상의 컨테이너선이 등장하면서 수심 20m 이상의 초대형 항만에만 기항하기 시작하였다. 이에 따라 이를 수용할 수 있는 주요 루

---

[48] Adalberto Vallega, op. cit., p.5.

트 상의 허브 항만 간에 초대형 컨테이너선을 끌어들이기 위한 항만 경쟁이 치열해지고 있다.

이러한 변화 가운데 전혀 새로운 운항 선사의 형태가 출현하였는데 이는 세계화 과정에서 가능한 한 많은 이익을 얻을 목적으로 컨테이너 운송에 특화한 것이다. 1970-80년대에는 새로이 산업화된 동아시아 지역을 중심으로 총합 운송사(Through Transport Operator)라고 하는 선사가 전체 컨테이너 사이클을 관리하고 중간 상품(혹은 원료)이 운반된 공장에서 다시 상품화되어 컨테이너에 재적치 되는 과정, 그리고 다시 컨테이너를 푸는 곳에서 최종 목적지로 가는 전 과정이 관리되었다.[49] 이것이 소위 말하는 문전 운송(door-to-door transportation)으로 운송사가 전통적으로 컨테이너화 된 부문에서 부가가치를 얻는 것이었다.

2000년 이후에는 이것이 글로벌 물류운항선사(Global Logistic Operators, GLO)라고 불리는 주요 해운선사들로 변하였고 이들은 주로 동아시아 항구(싱가포르, 상하이, 홍콩, 부산)에 위치하며 '세계의 슈퍼스타(global superstar)'라고 불린다.[50] 이 경우 주로 해운선사들은 배후 육지 하역센터(inland load center)에 기지를 두고 전체 운송 체계를 관리하고 두 가지 다른 기능–한 가지는 제조 과정(라벨링, 품질관리, 인증, 포장 등)이고 다른 한 가지는 상품의 최종 목적지(도매상, 판매자, 혹은 소비자)로 배송(distribution)하는 기능–을 포괄하는 것이다. 물리적으로 이것들은 항만 터미널에 위치한 물류 플랫폼 내에서 일어나고 공장, 서비스, 컨테이너 이동 기지, 다른 유용한 장비 및 복잡한 수송 기능 망으로 구성되어 수송 단계, 제조 기능 및 배송 등을 연계한다.

아무튼 값싸게 대량운송이 가능한 해운 물류가 현재 지구상 국제 교역의 90% 이상[51]을 지원한다. 그동안 각종 산업적 변화와 기술의 변화로 해양 운송 이용 증대가 일어났고 이러한 변화는 앞으로도 지속될 것이다. 이러한 가운데 수출입 의존도가 높은 우리나라는 대외교역량의 99.7%를 해운에 의지

---

49) Adalberto Vallega, op. cit., p.101.
50) Ibid.
51) Chua Thia-Eng, Gunnar Kullenberg, and Danilo Bonga (eds.), Securing the Oceans: Essays on the Ocean Governance, Jan. 2008, GEF/UNDP/IMO, p.25, p.59; Tom Garrison/강효진 등 역, 전게서, p.2.

하고 있어 이러한 추세 변화에 적절하게 대응해 나가야 할 것이다.

### 6) 해양의 새로운 자원 개발과 해양신산업

해양에서도 과학 기술의 눈부신 발전은 해양자원과 해양공간의 개발을 가능케 하고 있다. 즉 해양과학기술의 발전에 따라 식품 이외의 해양의약품, 해양 물질 개발 등 해양바이오, 해상 풍력, 조력, 파력 등 해양신에너지 개발, 해양심층수 활용, ROV 등 해저개발 장비 및 해양플랜트 시장 개척, 기후 온난화에 따른 해저 이산화탄소 저장 산업 등의 새로운 산업이 부상하고 있다. 이에 대한 시장 규모는 다음 표와 같다.

〈표 1-7〉 세계 해양신산업 시장 규모 예측

| 분야 | 시장 규모 | 비고 |
|---|---|---|
| 해양바이오 산업 | 41억 달러(2015년) | Global Industry Analyst, 2010.12 |
| 해양에너지(파력,조력) 시장 | 1조 달러 | Frost&Sullivan, 2010 |
| ROV 해저장비 시장 | 97억 달러(2014-2019) | Douglas-Westwood, 2013 |
| 해수담수화 시장 / 심층수 | 270억 달러(2020년) / 3조 원(일본) | KMI, 2011(대만, 7천 억원) |
| 해양플랜트 | 3,275억 달러(2020년) | |
| 해상풍력 시장 | 679억 달러(2020년)<br>2,237억 달러(2030년) | Carbon Trust, 영국 신재생에너지협회 자료 토대, 2011 |
| 이산화탄소 해중저장 시장 | 45억 달러(2020년) | IEA 자료 참조 |

자료: KMI, 해양수산정책 Paper 『이슈와 진단』, 2014. 10. 심층수는 현재의 일본, 대만 시장 규모임.

### 7) 해양에 대한 평가

산업적 측면에서 바다가 지니고 있는 이러한 잠재력과 이를 개발·이용할 수 있는 기술적인 여건 변화 등으로 인해 앨빈 토플러, 폴 케네디 등 세계의 저명한 학자들은 가까운 미래에 해양 개발이 크게 이루어질 것으로 전망하고 있다. 아래의 〈표 1-8〉은 세계적 미래학자들이 갖고 있는 해양에 관한 시각과 한국의 미래 전망에 대한 의견들을 간단히 정리한 것이다.

〈표 1-8〉 주요 미래 학자들의 해양에 대한 의견

| 학자 | 의견 | 비고 |
|---|---|---|
| 앨빈 토플러<br>Alvin Toffler | 정보통신, 우주개발, 생명공학 등과 함께 혁신의 물결을 해양이 주도한다고 주장. 해양생물 및 자원과 심해기술 등의 중요성 역설 | 제3의 물결에서 |
| 폴 케네디<br>Paul Kennedy | 해양의 중요성 강조: 21세기 3M 시대로 규정 | 3M :<br>Multi-national capital, Mass Media, Marines |
| 자크 아탈리<br>Jacque Attali | - 2025년 한국은 세계 11강으로 부상<br>- 그간 한국이 시계경제를 지배하지 못한 3요인: 농업기반 관료형 전통, 해양산업 소홀, 창조적 계급 육성 실태 등 지적 | |
| 엘리너 오스트롬 | 한국은 매우 긴 해안선을 갖고 있고 상당한 연안자원을 보유하고 있어 이를 잘 보호하는 것이 미래를 위해 중요함 | 2009년 노벨경제학상 수상자(연합뉴스 2009. 10. 25) |

자료: 2008년 홍승용 등, 『신해양시대 신국부론』, 2008. 1; 박광서, 「국내해양산업 육성전략과 과제」, 항만산업 CEO포럼 발표자료, 2012. 11. 23.

## 8) 우리나라의 해양 여건

우리나라의 해양여건을 보면 연간 100조 원으로 추정되는 해양생태계 생산력을 보유하고 있고 해양광물·에너지 자원도 풍부하여 해양과학기술의 발전 수준에 따라 그 개발 잠재력은 매우 크다.[52]

우리의 해양산업 능력을 나타내는 해양력은 세계 12위 권(2006)으로 평가되었다. 조선산업은 선박 건조량, 수주량 등에서 중국과 세계 1위를 다투고, 해운·항만산업은 수출입 물동량(99.7%)을 처리하는 기간산업으로서 선복량

---

52) 국토해양부, 『제2차 해양수산발전계획(2011-2020)』, 2010. 12, p.27.

세계 5위(2014, 81.5백만 DWT), 컨테이너 처리량 세계 4위(2014, 2,479.8만 TEU)이고, 수산어획량은 2014년 330.5만 톤을 생산하여 세계 13위(2012 기준)를 기록하고 있다.[53] 한 연구조사에 의하면 전 세계 해양산업의 규모는 2008년도 기준으로 약 7.6조 달러에 달하며, 2020년에는 14조 달러에 달할 것으로 예측되었다.[54] 우리나라 해양산업은 2020년 그 4.5%인 1,165억 달러로 추산되었고,[55] 현재는 국내 GDP의 약 5.5~7.1% 수준이다.[56]

〈표 1-9〉 **우리나라의 해양 잠재력**

| 해양자원 | 해양산업 | 비고 |
|---|---|---|
| • 남한 육지 면적의 4.5배에 달하는 443천 km² 해양관할권 보유<br>• 연간 100조 원에 달하는 해양생태계 생산력 보유<br>• 역동적인 동북아의 중심에 위치하고 천혜의 항만 조건을 보유<br>• 도서 3,358개, 해안선 12,733km<br>• 세계 5대 갯벌중의 하나인 서남해안 갯벌 2,489km²(2008)<br>• 해양에너지 부존량 총 14,000천 KW 이상(조력, 조류, 파력 등)<br>• 가스하이드레이트 8억 톤(동해), 하와이 심해저 7.5만km² 등 | • 세계 12위권의 해양력을 보유*<br>• 조선 1-2위, 컨테이너 처리량 세계4위(2014)<br>• 선복량 세계 5위(2014)<br>• 수산물 생산량 330.5만 톤(2014)으로 세계 13위(2012기준) 수준<br>• 해양관광 지출액: 연간 8조 4천억 원(2010), 총 관광수입의 59%<br>• 해양산업 국내 비중 5.6~7.1% (GDP 대비, 2009-2011 기준) | *2006년 Arthur D. Little의 평가 |

자료: 국토해양부, 『제2차 해양수산발전계획(2011-2020)』, 2010. 12.

---

53) 국토해양부, 상게서, p.42; 해양수산부 홈페이지, 『2015 해양수산 주요 용어 및 통계』, 2015.
54) 원자료: Southeast England Development Agency, 재인용: 박광서, 전게서, 2012. 11. 23, p.5. 타 자료에서는 2010년도에 약 2.6조 달러에 달하며, 2020년에는 4조 달러에 달할 것으로 예측(한국해양과학기술진흥원, 『해양산업 분류체계 수립 및 해양산업의 역할과 성장전망 분석을 위한 기획연구』, 2011, p.234).
55) 한국해양과학기술진흥원, Ibid. 자세한 내용은 본서 제9장 참조 요망.
56) 본서 제9장 참조.

## 2. 해양자원의 중요성

### 1) 자원의 수요와 향후 추세

최근 에너지·광물·식량·물 등의 자원이 기업과 국가의 미래를 좌우할 중요 변수로 떠오르고 있다. 1970년대 자원과 환경 문제로 인한 경제성장의 한계를 지적한 '로마클럽 보고서'도 어두운 미래를 전망했다.

특히 1970년대 오일쇼크 이후에, 그리고 21세기 들어 BRICs 등 신흥국에서 진행되고 있는 도시화로 인해 농경지는 축소되고 도시인을 먹여 살릴 자원 수요가 급증하면서 자원을 둘러싼 상황이 바뀌고, 글로벌 경제는 자원 가격 폭등과 심한 변동성(volatility)의 시대를 경험하게 되었다. 개발을 하더라도 기후변화를 고려하여 이산화탄소 감축이라는 시대적 조류에 따라 이를 고려한 새로운 대체에너지원을 개발할 것이 또한 요구되고 있다.

이러한 대안이 〈그림 1-3〉과 같이 해양에서 추구되고 있다. 이하에서는 이러한 해양자원의 잠재력을 세부적으로 살펴보고자 한다.

〈그림 1-3〉 향후 해양의 중요성

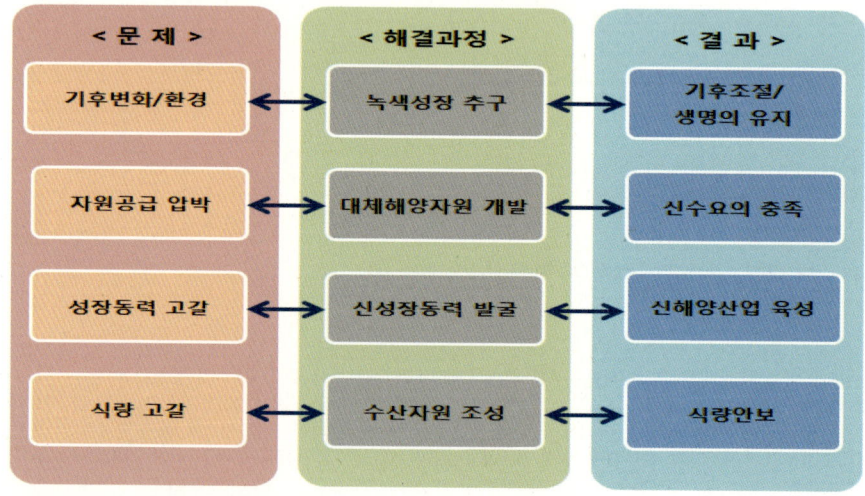

자료: 박광서(「국내해양산업 육성전략과 과제」, 항만산업CEO포럼 발표자료, 2012. 11. 23, p.4), 발표 자료를 필자가 현실에 맞게 재정리한 것임

## 2) 해양자원의 잠재력

해양자원은 크게 해양 생물자원과 광물, 에너지 등 해양 비생물자원으로 나누어진다. 해양 비생물자원은 해수자원, 해저광물자원, 해양에너지자원, 해양신재생에너지자원, 해양공간자원으로 구분되는데, 이하에서는 이를 분야별로 살펴보고자 한다.

〈표 1-10〉 활용가능한 해양자원의 종류

| 구분 | | 자원 또는 기술 |
|---|---|---|
| 해양 생물자원 | | 어업, 양식, 해양생명공학, |
| 해양 비생물자원 | 해수자원 | 해양심층수, 해수담수화, 해수용존광물 |
| | 해저광물자원 | 망간각, 망간단괴, 해저 열수광상 |
| | 해양에너지자원 | 석유·가스, 가스하이드레이트 |
| | 해양신재생에너지자원 | 조류, 조력, 파력, 온도차, 염도차, 해상풍력 |
| | 해양공간자원 | 간척·매립, 부유식 인공섬, 이산화탄소 저장소 (CCS) 등 |

자료: 필자 작성

### (1) 해양생물자원

바다를 통해 연간 1.91억 톤(2013)의 수산물 생산량과 연간 1,290억 달러 (2012, 약 59백만 톤)의 수산물 국제 거래가 이루어진다.[57] 바다에서의 추가적인 자원 가용량은 최소 2억 4천만 톤에서 최대 4억 5천만 톤에 달하는 것으로 평가되어 식량난이 더욱 심해지는 지구에서 바다는 앞으로 식량의 마지막 보고로 등장할 전망이다.[58] 앞에서 언급된 대로 해양이 제공하는 수산물은 인류에게 제공되는 전체 식품 소비의 2%밖에 안 되지만[59] 평균 17%

---

57) FAO 통계, 2015 & ftp://ftp.fao.org/FI/STAT/summary/YB_Overview.pdf (2014. 7. 22); KMI, 『해외수산정보』Vol. 1, 2014. 4. 20, p.1.
58) KMI, 『수산·해양환경 통계』, 2010; 고철환(「해양환경과 생태계 보전」, 『신해양시대 신국부론』, 2008. 1, p.373; KMI, 『해외수산정보』Vol. 1, 2014. 4. 20, p.1).
59) Torgeir Edvardsen, "Cooperation for Growth: The Case of the European Aquaculture Technology and Innovation Platform", *2014 Korea Ocean Week Proceedings*, Las Palmas Spain, July 16. 2014, p.46. 2008년에 수산물 142백만 톤(2%), 육류 10억 톤(13%), 야채 및 곡류 등 65억 톤(85%)으로 구성됨.

(19.7 kg/인, 2013)의 필수 동물성 단백질을 공급하고 있다.[60] 2020년대가 되면 인류의 인구가 80억 명을 넘어설 것으로 예상되고 중진국에서 육류 수요가 급증하는 가운데 가까운 장래에 양식 기술의 발달이 인류의 식량문제 해결에 큰 도움을 줄 것으로 미래학자들은 전망하고 있다.

바다의 생물자원을 활용한 해양바이오 기술은 현재 유전체 등의 생물정보를 통해 해양생체기능 활용기술을 바탕으로 산업신소재, 식량자원, 에너지, 환경보호, 건강 및 보건 분야에 이르기까지 그 범위를 확대해 나가고 있다. 특히 최근 삼성경제연구소 자료[61]에 따르면 바이오기술을 응용한 사례는 미래의 청정에너지로서 바이오 에탄올, 해양미생물을 이용한 대기 및 수질 오염물질 제거장치인 바이오 필터, 미생물을 이용한 토양 및 해양의 기름오염을 제거하는 기름오염 복구제, 피부친화적 생체물질을 함유한 바이오 화장품, 그 외 바이오 디스플레이, 바이오센서 등 매우 다양해지고 있다. 미국의 Elan사가 청자고둥에서 말기암용 마취제 '해양프리알트(prialt)'를 개발한 이래 당료치료제, 항암제, 지방간, 동맥경화 등 다양한 치료 약제가 해양동식물에서 개발되고 있다.[62]

해양에는 전 세계 생물의 80%가 살고 있어 육지보다 생물종 다양성도 4배 이상 높다. 이러한 종 다양성으로 인하여 이들이 보유하는 각종 유전자원이나 물질은 항암제 등 다양한 치료, 산업 이용 재료 등으로 응용될 수 있어 이들의 생체 물질이나 유전자원에 대한 관심과 수요도 커지고 있다. 현재 1992년 생물다양성협약과 2010년 나고야 협약(Nagoya Protocol)이 타결되어 발효됨으로써 생물 유전자원 주권이 이를 보유한 각국에 부여되어 생물주권 시대가 되고 있다. 또한 2020년에는 BT산업이 지금 융성하고 있는 IT산업을 능가할 것으로 예상되는데 이때쯤 되면 해양생물이 BT산업의 소재로서 상당히 많이 사용될 것으로 전망되고 있다. 이와 같이 바다의 생물자원은 가까운 미

---

[60] FAO statistics, ftp://ftp.fao.org/FI/STAT/summary/YB_Overview.pdf (2014. 7. 22); Moenieba Isaacs, "Understanding Small Scale Fisheries Contribution to Food Security and Nutrition in Africa", *6th KORAFF proceedings*, Las Palmas Spain, July 17, 2014, p.58.
[61] 삼성경제연구소, 「활동영역을 넓혀가는 바이오기술」, 『CEO Information』, 652, 2008. 4.
[62] 강헌중, 「해양천연물신약이 천연물신약을 재편한다」, 『해양과학기술』, KIMST, 2012 봄호, pp.42-45.

래 세대의 총아로서 각광받을 것으로 예상된다. 따라서 이를 고려한 전략을 갖지 못하면 세계적인 해양 생물자원 이용 개발 추세에 크게 뒤지게 될 것이다.

(2) 비생물자원

앞에서 보았듯이 해양에는 다양한 자원이 부존되어 있다. 특히 육지의 화석연료의 경우 그 이용가능 연수는 석유 약 40년, 천연가스 60년, 석탄 470년 등으로 추정되고 구리, 망간, 니켈 등 전략금속의 육지 매장량도 이용가능 연수가 40~110년 정도에 불과한 것으로 평가되고 있다. 반면 해양에는 금속자원의 98.9%가 있고 해양 매장량은 종류마다 다소 차이가 있으나 200년~1만년의 이용이 가능할 정도로 추정되고 있다.[63] 특히 석유의 경우는 육상 미개발 자원이 19%밖에 안 되나 해상에서는 아직도 62%가 부존되어 있어 향후에는 해양 에너지 공급에 의존할 수밖에 없는 실정이다. 다행히 최근에 해빙이 급속하게 이루어지는 북극해에 세계 매장량의 30%에 달하는 천연가스 그리고 세계매장량의 15% 정도에 이르는 석유자원이 있는 것으로 추정되고 있다. 또한 앞에서 언급한대로 천연가스와 유사한 성격으로서 천연가스보다 100배 많은 10조 톤(인류가 5,000년 사용 가능) 규모의 메탄 하이드레이트가 북극해 등 전 세계 해저에서 발견되고 있다. 특히 우리나라 동해에서도 추정 매장량 8억 톤에 달하는 해저광상이 발견되어 향후 이러한 해저자원의 개발이 더욱 늘어날 것으로 전망된다.[64]

최근에는 수심 2천~5천 미터에 부존하는 태평양의 망간단괴, 해저 열수광상 등 해저 광물자원 개발이 적극적으로 추진되고 있다. 해저 열수광상 등은 남태평양 국가들에서 다국적 컨소시엄을 통해 이미 상업적 개발이 추진되고 있다. 우리나라 역시 태평양 클라리온-클리퍼톤 해역에 75,000km$^2$의 망간단괴 광권을 획득하였고 통가 제국(2만 km$^2$), 피지, 인도양 등지에서 해저 열수

---

[63] 국토해양부, 제1회 한·중남미 해양과학기술 협력 워크숍 자료, 2008. 9. 24.
[64] 현재 해양의존도가 석유 30%, 지르콘 77%, 주석 66%, 다이아몬드 30% 정도인 것으로 나타나고 있다. 자료: 염기대, 전게서, p.396, pp.400-401.

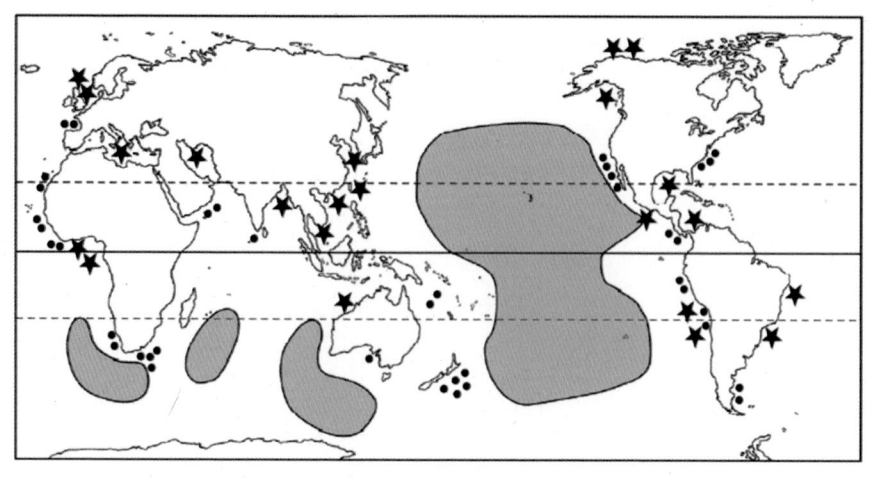

〈그림 1-4〉 세계 주요 해양자원의 분포도

1) ▨ 망간 노듈   2) ★ 석유 및 가스(탐사 중)   3) ● 인산염

자료 : Adalberto Vallega., op. cit., 2001. p.233.

광상 탐사권을 획득한 바 있어 해저자원 개발에 속도를 내게 될 전망이다.

2010년 미국 멕시코만 원유 유출사고로 인해 심해유전 개발의 안전 문제가 제기되고 있으나 영국 정부는 북해의 스코틀랜드 앞바다 심해유전 개발을 계속해 나갈 것이라는 등 각국의 심해 개발 추세는 지속되고 있다.[65] 따라서 앞으로 기술적인 문제와 더불어 환경, 경제성 등의 문제가 해결되면 해저자원은 보다 더 촉진될 전망이다.

$CO_2$ 과잉 배출이 전 지구적인 문제가 되고 있는 오늘날, $CO_2$의 배출이 없는 150억Kw 정도로 추정되는 조류·조력·파력·해상풍력 등의 청정 해양에너지 자원에 대해서도 각국은 개발에 박차를 가하고 있고 이에 따라 실용화된 시설들이 속속 들어 서기 시작하고 있다.

또한 앞으로 기후변화로 인해 세계 각국의 많은 지역이 건조화 되거나 사막화로 기갈이 심해져 물 부족국가가 많이 늘어날 것으로 예상되는 가운데 최근에는 해수 담수화 사업이 활발히 전개되고 있다. 또한 광물질이 풍부하

---

[65] YTN, 2010. 6. 25, http://www.yonhapnews.co.kr/international/2010/06/25/0606000000AKR20100625080500009.HTML

게 함유된 해양심층수는 생수, 의약품, 화장품 등 다양한 용도로 이용 가능하여 각광을 받고 있다.

해수에 용존되어 있는 원소는 60여 종에 이르고 그 양도 막대하지만 현재 이용되고 있는 것은 나트륨, 마그네슘, 우라늄, 중수 등 수 개의 원소에 불과하다.[66] 미국 등 일부 국가에서는 마그네슘, 브롬을 생산하여 이용하고 있고 우라늄, 리튬, 중수소의 추출 기술 개발도 진행되고 있다. 우리나라에서도 POSCO가 바다에서 전기자동차 등에 쓰일 차세대 전지 원료인 리튬 추출기술 개발을 추진하여 상당한 결실을 거두고 있다.

사람들은 예로부터 대외 거래와 수산물 등 식량 획득에 유리한 바다 곁에 살면서 연안에 다양한 시설을 개발하여 왔다. 최근에는 산업 발전과 더불어 산업 및 주거 등의 다양한 공간 수요를 위하여 간척·매립 등을 통하여 연안 공간 자원을 개발하고 있다. 기술이 발전하면서 바다 위에 집을 짓는 것은 물론 이제는 바다 속에도 집을 짓는다. 미국 시애틀에는 해상의 부두 창고 등을 이용한 해상 주거 건물이 있고, 영국에는 바다 위에 극장, 콘서트홀 등이 있으며, 동남아 해변리조트에는 호텔이 바다 위에 떠 있다. 인도양의 몰디브와 이스라엘 홍해에는 해저에 고급 레스토랑이 있고, 미국 플로리다와 남태평양 피지에는 바다 속에 개발된 호텔도 있다.[67]

바다는 이러한 다양한 자원의 개발 잠재력을 갖고 있지만 해저 속은 육상과 달리 10m에 1기압씩 높아져 가는 높은 압력, 100m 이하에는 태양 빛이 도달하지 못하는 상황, 소리 전달이 육상과 달리 쉽지 않다는 점 등 개발에 많은 장애 요인들이 있다. 최근 기술 발전이 이러한 장애 요인들을 하나하나씩 제거하면서 바다의 자원 개발이 더욱 용이해지고 있다. 2010년 원유 유출 사고가 일어난 멕시코 만은 해저 1,500m에서 지각을 뚫고 10km까지 내려가 석유와 가스를 채취하는 첨단 기술의 현장이었다. 앞으로 이러한 기술 개발 덕분에 해양의 자원 개발은 더욱 더 용이해지고 경제성도 향상될 것으로 전망되어 해양자원 개발이 육상자원 이상으로 가속화될 전망이다.

---

66) 김은수 등, '해양일반 및 환경', 『KMI 해양아카데미 2010(제5기교재)』, KMI, 2010, p.7.
67) 자세한 해저 공간 이용 내용은 제8장 제3절을 참고하기 바람.

## 3. 해양 역사·문화 분야

 서구의 시각에서 바라본 해양사에 의하면 해양의 패권은 지중해, 대서양, 인도양·태평양의 순서로 바뀌었다. 고대 그리스와 로마 시대는 물론 베니스와 나폴리로 대표되는 지중해 도시국가 시대까지 지중해는 문명의 중심이었다. 그러나 대서양을 통한 탐사와 탐험을 통해 신대륙이 발견되고 새로운 인도양 항로가 발견되면서 대서양 시대가 활짝 개막되었다. 포르투갈·스페인 등 새로운 해양 강국이 나오면서 이 나라들은 신대륙을 개척하고 금·은·향료 등의 교역에 앞장섰다. 뒤이어 네덜란드와 영국이라는 새로운 해양강국이 등장하면서 태평양 권역까지 해양 활동이 확대되었다. 20세기 들어 제1,2차 세계대전을 거치면서 대서양과 태평양의 양안을 아우르는 통제 능력을 갖춘 미국이 일본을 누르고 태평양의 패권을 갖게 되면서 새로운 해양강국으로 부상하였다. 최근에는 지난 200여 년간의 해양력 부재로 치욕을 당하면서 살아오던 중국이 태평양과 인도양에서 세력을 넓히면서 새로운 해양 강자로 떠오르고 있다.
 이러한 해양강국의 역사를 돌이켜 보면 그동안 대륙세력에 안주하거나 대륙세력으로 남아있던 독일, 러시아, 과거의 중국 등은 해양세력과의 싸움에서 부침을 거듭해 왔다. 그러나 역사적으로 해양을 상대적으로 잘 활용하여 무역을 장악한 해양강국이 세계를 지배해 오던 패턴에는 큰 변화가 없다. 중세까지 대륙의 육상 실크로드가 동서 간 교역의 기간 루트였다면, 15세기 이후 새로운 해양 루트 개척 이후 해양력이 가지는 파급력은 특히 더 커지게 되었다. 또한 근대 시대 들어 일본이 메이지 시대에 서구의 해양 중시 모델을 급속히 받아들여 강국으로 성장한 반면, 중국과 조선은 쇄국정책, 해금정책을 고수하여 해양력을 제때에 키우지 못하다가 국력이 쇠하거나 식민지로 전락한 역사도 이를 잘 증명해 주고 있다.
 최근 바다를 잘 활용한 일본, 싱가포르, 한국 등이 해상 교역을 통하여 부강한 나라로 성장하였고 G2로 부상한 중국도 이 모델을 그대로 따르고 있다.

1950-60년대까지만 해도 아시아의 선도 국가였던 필리핀, 북한, 미얀마 등의 경우, 이러한 노선을 따르지 못하였고 독재, 사회주의 등 폐쇄 체제로 일관하면서 이 나라들의 성장은 지체되거나 후퇴하였다.

  미국의 해양전략가 알프레드 마한이 말한 바처럼 지리적인 위치를 활용할 수 있는 능력을 갖추고 해상 상업 등 해양을 중시하는 국가의 전략과 국민의식 수준 정도가 해당 국가의 운명을 좌우하였다.68) 이러한 점을 상기해 볼 때, 우리나라도 국민 해양의식 제고를 통해 새로운 해양강국으로 거듭나야 할 것이다.

## 4. 해양정책(해양 거버넌스 시스템) 변화

  기원후 2세기 경 로마가 "바다는 모든 인류에게 공동의 것(common to all mankinds)"이라고 선언하면서69) 해양의 인류공영화와 항해 자유 등의 개념이 출발하였다. 중세에 들어 상업도시인 베니스가 1269년 아드리아해를 통과하는 모든 배에 대하여 통항세(tolls)를 매긴 것을 계기로 각국은 연안바다 통제를 전략화하며 자기들의 이익 보호와 영향력 증대를 위해 바다에 대한 영유권을 주장하기 시작하였다.70) 한편 14-15세기에 해양력에서 가장 앞서 나가던 포르투갈과 스페인은 교황의 재가를 얻어 토르데시야스 조약(Tordesillas, 1494)을 체결하여 대서양의 서경 47도 선을 중심으로 식민지 영토를 나누었고71) 사라고사 조약(Saragoça, 1529)을 통해 동경 142도 선을 중심으로 태평양도 양국이 분할하여 지역을 선점하였다.72)

---

68) 이창주,「변방이 중심이 되는 동북아 신네트워크」, 산지리, 부산, 2014. 4, pp.36-37, 원전; 알프레드 세이어 마한,『해양력이 역사에 미치는 영향』, 1890.
69) Geoff Holland, David Pugh, op. cit., p.16.
70) Ibid.
71) Ibid., 이 결과로 남미에서 브라질은 포르투갈로, 나머지 지역은 스페인 관리 지역으로 전환되었다.
72) 1529년 사라고사 조약. 일본해양정책연구재단/김연빈 역,『해양문제 입문』, 서울, 2010, 청어, p.209.

17세기 초 해양력이 우세해진 네덜란드와 영국이 스페인, 포르투갈을 누르고 세계의 해양 패권을 잡았다. 이후 해양 질서에 대한 논쟁은 네덜란드에서는 그로티우스(Hugo Grotius, 1583-1645)가 『해양자유론(Mare Liberum)』을, 영국에서는 셀든(John Seldon)이 『폐쇄해론(Mare Clausum)』을 저술하여 양국의 입장을 대변하면서 본격화되었다.[73] 즉 1602년 네덜란드의 동인도회사가 말라카 해협의 포르투갈 배(galleon)를 억류하면서 그로티우스에게 이 행위를 합법화하는 논문을 쓰도록 하여 『해양자유론(Mare Liberum)』이 저술되었고, 반면 영국은 그린란드 근해에서 네덜란드 화물을 나포하면서 제임스 I 세(King James I)의 명으로 셀던이 『폐쇄해론(Mare Clausum)』을 저술하여 네덜란드의 해양자유론에 대항하였다. 그러나 당시의 강대국들은 식민지 경영을 위해 그로티우스의 주장대로 해상 통상·교통의 자유가 필요하다고 보아 해양의 자유가 유지되었다.

18세기에 들어서는 착탄거리설(着彈距離說) 등에 의해 영해 3해리 제도와 기국주의(旗國主義) 등이 재정착되면서 해양 체제가 유지되었다. 그 후 20세기 중반인 1958년, 제1차 해양법 회의가 열려 유엔기관인 국제법위원회(ILC, International Law Commission)이 기초한 초안에 따라 1) 영해 및 접속수역, 2) 공해, 3) 공해상의 어업 및 생물자원 보존, 4) 대륙붕 등에 관한 4개의 협약이 체결되어 해양질서와 관련하여 관습법상 확립된 3해리 영해와 공해라는 2원적 구조로 나아가게 되었다.[74] 그러나 1982년 타결되고 1994년 발효된 유엔해양법협약(UNCLOS)을 통해 영해 폭을 12해리로 합의하고, 군도수역제, 200해리 배타적경제수역(EEZ, Exclusive Economic Zone) 제도 등을 도입하게 되었다. 아울러 국제해협 통항의 자유, 심해저 제도를 명문화하고 해양오염 방지를 위한 법규를 정비하며, 분쟁 해결 절차를 제도화하게 되었다. 이에 따

---

이 협정으로 스페인은 몰루카 제도에 대한 그들의 소유권을 포기했지만, 그 대가로 포르투갈에서 위약금을 받았으며, 태평양에서 포르투갈과 스페인의 세력권의 경계선은 몰루카 제도의 동쪽 동경 144도 30분의 자오선(子午線)으로 결정되었다(위키 백과). 이로써 포르투갈의 마카오, 인도의 후추에 대한 권리가 인정되었으나 이 선의 서쪽에 있던 스페인의 필리핀 보유는 이곳으로 남미의 금, 은을 가져와 포르투갈의 마카오를 돕는다는 점에서 묵인되었다.

73) 일본해양정책연구재단/김연빈 역, Ibid.
74) 신창훈, 『국제해양법』, 해양정책실무과정 교재, 국토해양인재개발원, 2009, p.46.

라 새로이 도입된 12해리 영해와 200해리 배타적경제수역으로 인해 전 세계 해양의 약 40%[75]가 국가관할권으로 편입되었다. 따라서 이용가능한 어류자원의 90%, 해저원유 매장량의 87%가 이에 포함되어 국가관할권이 크게 늘어나게 되었다.[76]

이로써 300여 년에 걸친 해양의 지배적 이데올로기인 '자유해 원칙'에서 많은 나라들이 독립하면서 이들이 영해, 200해리 배타적경제수역을 선포하여 인접 해양 통제를 강화함에 따라 새로운 '폐쇄해'의 시대로 변모하였다.[77]

〈그림 1-5〉 **세계 각국의 EEZ 현황**

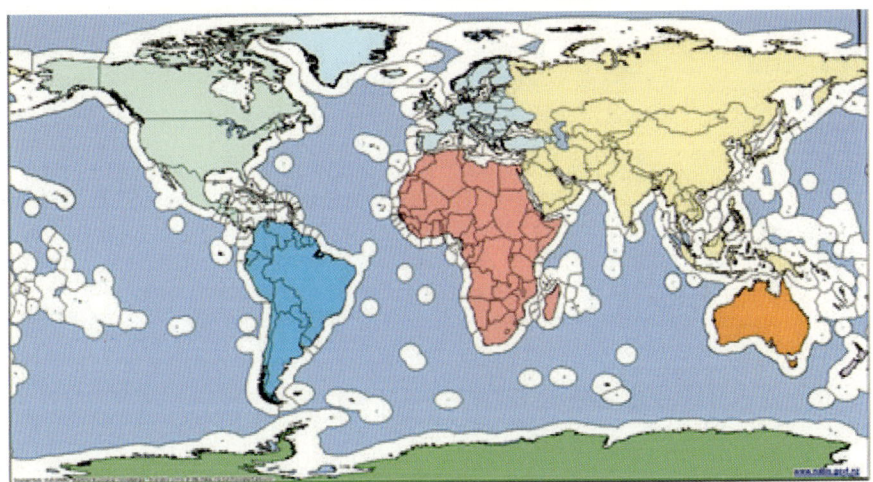

자료 : KMI, 『국제 해양문제 주도권 확대 방안 연구(Ⅰ)』, 2009, p.49, 원전: 뉴질랜드 수산부(http://www.fish.govt.nz)

앞에서 본 바와 같이 바다는 21세기 마지막 프런티어로서 각국의 관할권도 보다 넓어지고 자원에 대한 수요도 대폭적으로 늘어나면서 세계 각국의 해양 개발 경쟁이 심화되고 있다. 특히 1994년 유엔해양법협약의 발효로 영해 이외에 200해리 배타적경제수역(EEZ) 제도 도입, 한계 대륙붕 연장 등의 가능성 등이 열리면서 해양자원 개발을 둘러싼 연안국 간의 마찰이 더욱 늘어나고 있다. 현재 세계에는 152개 연안국이 있으며 2011년까지 125개국이

---

75) Ibid., 정확히 36%로 보는 견해도 있음(Geoff Holland, David Pugh, op. cit., p.15).
76) Geoff Holland, David Pugh, op. cit., p.18. 그리고 이용가능한 어류자원의 90%가 EEZ 내에, 70%가 연안에 서식하고 있다고 한다(Gunnar Kullenberg, op. cit., pp.132, 152).
77) 백진현, 「한국해로연구의 현황과 의의」, 『해양의 국제법과 정치』, 한국해로연구회 편, 서울, 2011, pp.17-24.

배타적경제수역(EEZ)를 선포하였거나 주장하고 있다.[78] 관할 해역으로 보면 중국은 135만km$^2$(한반도의 6배)로 세계 12위권인데 비해 태평양의 초미니 도서국들 중에서 키리바시(Kiribati)는 육지 면적이 690km$^2$에 불과하지만 해양면적은 350만 km$^2$(한반도 16배)에 달하고, 마셜 군도는 18km$^2$의 육지에 210만km$^2$(한반도 약 10배)에 이르는 광활한 해양의 관할권을 가지게 되었다.[79] 따라서 각국은 관할 해역 관리를 위한 해양 거버넌스 정비에 주력하고 있다.

〈표 1-11〉 세계의 유명한 분쟁 해역들

| 지역 | 주요 분쟁 내용 |
|---|---|
| 북극해 | 지구상의 미개발 석유·가스 매장량의 25%가 묻혀 있을 것으로 추정되는 지역. 러시아와 캐나다 미국 덴마크 노르웨이 등이 경쟁. 지구온난화로 얼음이 녹으면 자원 개발 가능성이 높아지고, 북극해를 관통하는 북서항로가 열릴 경우 수백 억 달러의 물류비 절약 가능. |
| 동중국해 댜오위다오<br>(일본명 센카쿠 열도)<br>/남중국해 | -센카쿠 열도는 1895년부터 일본이 관할하고 있으나 1970년 이후 천연가스 매장지임이 확인되면서 중국과 일본의 영유권 분쟁이 가열. 중국은 댜오위다오가 명 왕조 때부터 자국 영역이었다고 주장하면서 2004년 일방적으로 가스전 개발에 돌입. 현재 양국은 가스전 공동개발을 위한 협상을 벌이고 있으나 견해 차가 커서 타결에 이르지 못함.<br>-남중국해에서는 중국이 서사군도, 남사군도를 중심으로 구 단선의 영해와 EEZ를 선포한 이래 베트남, 필리핀 등 인접국들과 분쟁 가열 중. |
| 베네수엘라<br>오리노코강 유역 | 단일 지역으로는 세계 최대 원유 매장지로 다국적 거대 석유업체들이 몰림. 그러나 석유산업 국유화 정책을 추진 중인 우고 차베스 정권은 유전 지분 60%를 베네수엘라 정부에 넘겨준다는 협약에 동의하지 않은 미국 기업 엑손모빌과 코노코필립스를 오리노코강 유역에서 쫓아냈고, 협약을 수락한 미국 셰브론, 영국 BP, 프랑스 토탈 등은 유전 개발에 참여 중. |
| 호르무즈해협 입구<br>아부무사섬 | 이란과 아랍에미리트연합이 서로 영유권을 주장하는 곳. 섬 자체는 경제적 가치가 없지만 매일 세계 원유 수송량의 20%가 지나는 곳으로 전략적 가치 막대. 이란은 1971년부터 이곳을 점령하고 미사일 기지와 전투선단을 배치 중. |
| 서부 아프리카<br>기니만 | 1990년대 대규모 유전이 발견된 이후 '새로운 중동'으로 각광. 하지만 해상 국경이 분명하게 구획되지 않아 앙골라, 카메룬, 콩고, 가봉, 적도기니, 나이지리아, 민주콩고, 상투메프린시페 등 기니만 연안국가들 사이에 분쟁 중. |

자료: 국민일보 2007. 8. 7, 원전: 미국 Foreign Policy, 2007. 8.

---

78) UN 해양법사무국(DOALOS) 홈페이지, 2016년 1월 현재 유엔해양법 협약 당사국은 167개국이고 미국 같은 비당사자국들도 EEZ를 주장 중이다.
79) Geoffrey Till 저, 배형수 역, 전게서 p.384.

이러한 가운데 세계에 427개의 잠재적 국제 해양경계 획정 분쟁이 존재하고[80] 이 중 36%인 168건 정도만 해결된 반면 나머지 259개가 미해결되어 여전히 갈등이 존재하는 것으로 나타나고 있다.[81] 현재 국제적으로 영유권이나 자원을 둘러싸고 분쟁이 일어나고 있는 곳도 육상 지역보다 주로 해역들이다. 특히 동아시아에서는 쿠릴 열도, 독도 문제, 센카쿠 문제, 남중국해 문제 등의 해역 분쟁[82]으로 국가 간 갈등의 골이 더욱 깊어지고 있다.

최근에 유엔 대륙붕한계위원회(CLCS)[83]의 심사에 의해 200해리 EEZ 이원의 150해리 등 해안선에서 총 350해리까지 대륙붕 관할권 연장이 가능하여 이에 따라 접속대륙붕의 서류 신청 및 심사가 이루어지고 있다.[84] 이미 70여 개국 이상이 이를 신청하여 심사가 이루어지고 있어[85] 바야흐로 350해리까지로 자국의 경제적 관할권이 미칠 수 있는 시대로 돌입하고 있다.

따라서 전 지구촌은 해양영토를 한 뼘이라도 더 얻으려고 치열한 각축전을 벌이고 있다. 이러한 추세에 따라 각국은 과거의 소극적인 바다 정책에서 탈피하여 영해 및 EEZ 자원관리, 더 나아가 350해리까지 접속대륙붕 확대를 고려하는 등 새로이 강화된 해양 거버넌스와 해양정책 도입을 시도하고 있다. 즉 이와 같이 국가 간 해양 영역 경쟁 증대와 경제 발전을 위한 해양 자원 개발의 중요성 증대로 각국의 해양정책 구조와 행정시스템에도 상당한 변화가 오고 있다.

---

80) 권문상, 「신해양질서와 해양관할권 분쟁, 어떻게 풀어야 할 것인가?」, 『신해양시대 신국부론』, 2008. 1, p.122.
81) 권문상, 「해양경계 획정과 우리의 대응」, 해양과학기술 Vol. 3, 한국해양과학기술진흥원(KIMST), 2012 봄, p.9.
82) Geoffrey Till/배형수 역, 전게서, p.383.
83) 국제연합대륙붕한계위원회(國際聯合大陸棚限界委員會 Commission on the Limits of the Continental Shelf)는 국제연합 해양법조약 제76조 8항 및 같은 조약 부속서Ⅱ의 규정에 따라 설치된 위원회이다. 연안국은 자기나라의 대륙붕을 조사하여 200해리 배타적경제수역 외에도 지형적·지질적으로 이어진 대륙붕에 대해서는 2009년 5월까지 증거자료를 이 위원회에 신고하여 승인을 받도록 했다. 이에 따라 연안국은 설정된 대륙붕의 범위에 대하여 경제상의 권리를 주장할 수 있다(자료: 야후 백과사전).
84) 1982년 비준된 유엔해양법협약(156개국 가입)은 자국 연안으로부터 200해리(370.4km)를 EEZ로 정해 이 수역 내 자원에 대한 주권적 권리를 인정해 주고 있다. 또 자국의 대륙붕과 연결되어 있다는 사실을 증명할 수 있을 경우 기존 EEZ를 넘어 150해리를 더 인정하여 최대 350해리까지 석유나 가스, 기타 광물을 채취할 수 있도록 하고 있다. 우리나라(2009/2012), 일본(2008), 중국(2009)은 이것을 신청하여 심사를 기다리고 있었으나 최근 일본의 문제 제기로 한중의 제안은 심사가 보류되었다. 자세한 것은 제2권 해양법과 해양영토 관련 장을 참조하기 바란다.
85) 홍승용, 「해양강국 실현을 위한 대한민국의 선택」, 차기 정부의 해양강국 실현을 위한 정책 토론회(프로시딩), 2012. 7. 17, p.17.

## 5. 해양정책의 분야와 특성

### 1) 해양정책의 내용과 특성

해양정책은 바다로부터 이익을 확보하기 위하여 국가가 바다에 대한 거버넌스를 통해 행하는 일련의 행위이다. 해양정책은 국가의 이익과 국민의 공공복리 증진을 위하여 해양을 중심으로 발생하는 다양한 문제를 해결하고자 하는 국가적 노력이다. 경제적 측면에서 보면 해양정책은 국가적 관할 해역의 범위 내에서 해양과학과 기술을 토대로, 장기간의 지속가능한 해양 이익과 가치를 확보하여 국민의 공공복리를 증진시키기 위해 정부가 채택한 일련의 목표나 방향이다. 정치적 측면에서 보면 해양정책이란 관할 해역 내에서 국가가 해양으로부터의 장기적인 이익과 가치를 확보하고, 해양의 갈등을 조절하기 위한 해양자원과 해양공간의 통합 관리를 추구하며 발전 계획을 수립·집행하는 정부 차원의 일련의 결정 체계이다.[86]

해양정책의 구성은 넓게 보면 해운 정책, 항만 정책, 수산 정책, 해양과학기술 정책, 해양자원 정책(광물, 에너지, 수자원, 공간자원 등), 연안관리 등 해양공간·환경 정책, 해양안전 정책, 해양역사문화 정책, 해양관광 정책, 해양군사 정책, 해양환경과 해양관리에 관한 해양국제협력 정책, 독도 및 이어도 등 해양영토 정책, 해양관련 법·제도 및 계획 수립 등의 다양한 분야가 있을 수 있다.

이러한 해양정책의 특성은 공공성, 국제성, 과학기술성, 경제성, 통합성, 종합학문성 등 다양한 측면이 존재한다.[87] 이를 살펴보면 다음과 같다.

---

[86] 이경호·정승건, 『바다와 국가의 정책』, 학현사, 서울, 2001, pp.34-35; 정승건, 『해양정책론』, 1999, p.31, 원전: 홍승용 등(1994, 1995)
[87] 이하 특성은 다음 자료에 의거하여 필자가 보완 정리함. 최희정, 국토해양인재개발원 강의자료, 2011, 원전: 정승건, 『해양정책론』, 1999, pp.32-33.

(1) 공공성

해양은 광물자원, 공간자원, 수자원, 어류자원, 환경자원 등 다양한 자원이 존재한다. 그리고 이것들은 주인이 없는 무주물(無主物)이라고 한다. 따라서 바다의 자원은 대중 모두가 주인이다. 따라서 해양정책은 바다의 공공적 자원의 주인인 대중을 위해 관리하는 정책으로 공공성을 띠게 된다.

(2) 광역성, 국제성

바다는 유동적이고 끊임없이 이동한다. 그래서 해류가 지구를 한 바퀴 도는데 수천 년이 걸리기도 한다. 2011년에 일어난 일본 쓰나미로 많은 쓰레기가 하와이 근해를 거쳐 미국 서부에 1년여 만에 도착하기도 하였다. 즉 해양에서 발생한 사건이나 활동이나 정책의 결과는 다른 지역이나 나라에 시차를 두고 영향을 미치게 된다. 그래서 해양정책은 다른 나라의 입장을 고려하고, 또한 문제 해결을 위해 공동으로 대처해야 하는 국제성을 띠기도 한다.

(3) 과학기술성

해양의 관리에 있어서는 자원 관리, 환경 관리, 어업자원 관리, 바다영토적 관리 등 많은 관리가 수반된다. 그러나 바다의 대수심과 이동성, 광역성 등 다양한 요인이 작용하므로 이러한 바다를 둘러싼 메커니즘의 이해가 없이는 이를 잘 관리할 수 없다. 끝없이 과학적으로나 기술적으로 조사하고 연구하고 규명해야 이를 바탕으로 효과적인 관리와 개발이 이루어질 수 있다.

(4) 경제성

과거와 달리 200해리 배타적경제수역 시대의 도래로 연안국은 해양의 자원을 자국의 이익에 맞게 관리하고 개발하며 이용할 수 있는 권한이 전보다 많이 주어지게 되었다. 이를 통해 모자라는 육상의 자원을 대체할 수 있는 자원을 바다에서 얻으려고 노력하고 있다.

(5) 통합성

해양을 관리함에 있어서 과거에는 분파적 관리(sectoral management)로 부처 간의 갈등과 문제 발생이 많았다. 이를 극복하기 위해 2002년 리우회의 때 지속가능한 개발을 위하여 해양과 연안의 통합적 관리가 주창되었다. 이에 따라 세계 각국은 해양의 관리를 위한 정책과 거버넌스 체제의 통합에 힘을 기울이고 있다.

(6) 종합학문성(다학제성)

해양은 물리적 요인, 화학적 요인, 생물학적 요인, 지구과학적 요인 등 다양한 요인이 작용하는 분야이다. 따라서 연구와 관리에 있어서도 이러한 다학제적인 특성을 이해하고 접근해야 바른 해결책을 얻고 합리적 관리가 이루어질 수 있게 된다.

2) 해양정책의 내용

〈그림 1-6〉 해양 정책의 구성과 특성

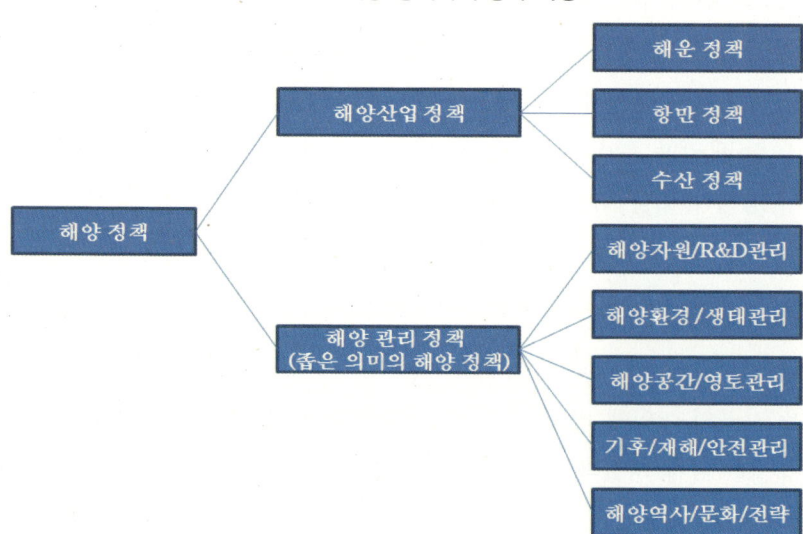

자료: 필자가 다음 문헌과 기타 자료를 취합하여 보완함: 정승건, 『해양정책론』, 1999.

해양산업 정책 분야를 제외하면 좁은 의미에서의 해양정책은 주로 해양에 대한 관리를 하는 분야이다. 여기에서 '관리'란 사람을 통솔·지휘·감독하거나 시설이나 물건, 자원을 유지하고 개량하는 것을 의미한다.[88] 해양관리도 환경, 공간, 광물 등 해양자원을 관리하는 분야이다. 그래서 본서에서는 산업을 제외한 해양관리 각 영역의 현황을 파악하고 이를 선도하는 정책 방안을 살펴보고자 한다.

일반 해양관리를 다루는 본서에서는 이러한 성격을 감안하여 현실적 문제와 그 대책을 다루고자 하였다. 특히 해운·항만이나 수산업 등 기존의 해양산업 정책 분야를 제외하고 그 이외의 중요 해양관리 분야를 중심으로 구성하였다. 특히 일반적인 해양관리 이론을 다루되, 해양관리를 위한 자원·환경·공간·R&D·기후 등의 측면에서 접근토록 한다. 즉 해양 잠재력 및 해양 탐구, 해양자원 및 산업 관리, 해양환경·공간 관리, 기후변화와 해양재난 관리, 해양 거버넌스 및 해양정책, 국제협력 등을 주로 다루도록 한다.

국가의 전략적인 해양관리를 위한 정책들로는 해양역사·문화·인문, 유엔해양법과 도서와 독도 등 해양영토 관리, 해양외교·군사 전략, 북극·유라시아·환동해 등 해양 신영역 개척, 기타 해양관리 등이다. 이와 같이 전략적 해양관리 차원의 내용은 별도의 책자에서 다루고자 한다. 위에서 제시된 해양관리의 세부적인 내용들은 몇 개의 장들로 구성되게 된다.

〈표 1-12〉 주요 부문 구성 내용

| 본서: 일반 해양관리론 | 기타: 전략적 해양관리론 |
|---|---|
| 해양 잠재력과 해양 연구 | 해양역사·문화·인물 |
| 해양환경·생태·공간관리 | 해양법과 해양영토 |
| 해양자원 및 해양 산업 전략 | 해양외교·군사 전략 |
| 기후변화와 해양재난 | 신해양 영역 개척(북극, 유라시아 등) |
| 해양 거버넌스 및 관리정책 | 기타 해양관리 |
| 해양 국제협력 | |

---

88) Daum백과

## 6. 결언

앞에서 본 바와 같이 바다는 지구의 71%를 차지하고 기후변화와 지구 전체 환경의 조절자의 역할을 하고 있으며 바다의 자원은 고갈되어 가고 있는 육상자원을 대체할 만큼 풍부하다. 그러나 BRICs 국가들이 경제 개발을 맹렬하게 추진하고 있고 인구 증가도 급속히 이루어져 자원 수요가 팽창하면서 이제는 자원 확보가 경제 개발의 관건이 되는 시대가 되었다. 2020-2030년 즈음에 인류의 인구가 90억 명에 이르면 육상 식량 자원의 한계로 해양 수산자원이 그 유일한 대안으로 떠오르고 있다. 앞으로도 기술이 발전되고 생산성이 증가되면서 값 싼 자원의 확보는 계속 경제 개발의 전제가 될 것이고 그래서 바다 자원의 중요성은 더욱 높아지게 될 것이다. 그래서 우리 인류는 이제 바다로 눈을 돌려야 할 때이다. 과거 17세기에 영국의 월터 롤리(Walter Raleigh) 경은 "바다를 지배하는 자가 무역을 지배하고 무역을 지배하는 자가 세계를 지배한다"고 말하였으나 현 시대에는 "바다를 알지 못하고 개발하지 못하면 나라가 망한다"고 할 수밖에 없다.

해양자원을 개발하여 활용할 수 있게 하는 것이 해양과학기술이다. 현재의 해양과학기술로 세계는 3,000m 이하의 심해 석유도 개발하고 있고 각종 첨단 해양 연구개발 결과가 봇물처럼 쏟아져 나오고 있다. 우리나라에서도 수산양식 기술, 해양조사 기술, 세계 최대 시화 조력발전소(254Mw) 등의 해양에너지 기술 개발 등 국내적으로 크게 해양과학기술이 발전하고 있다. 그러나 우리나라는 아직 선진국에 비해 해양과학기술이 많이 부족하여 이에 대한 진흥 방안이 적극적으로 고려되어야 할 것이다. 그리고 바다 확보 전쟁에서 한 치의 바다라도 더 우리의 것으로 만들고 이러한 우리의 바다를 지키기 위한 방안도 세부적으로 수립·시행되어야 한다. 또한 이를 잘 이용하고 개발할 수 있는 정책의 수립과 효과적인 시행도 필요한데 이를 위해서는 정부의 적극적인 해양 개발 의지와 국민들의 해양 인식 수준 제고가 관건이라고 할 수 있다.

 이러한 차원에서 국가적으로 관련 법, 제도, 계획, 조직 구조 등의 종합적인 해양개발 체제 구비와 효율적인 해양정책 시행 방안이 시급히 요구된다. 그래서 이하에서는 각 분야별로 우리의 해양 관련 상황을 살펴보고 그 이용·개발·보전 방안에 대해 다루고자 한다.

# 02

해양탐사와 해양연구의 발전

# 제2장
# 해양탐사와 해양연구의 발전

## 1. 해양탐사의 역사와 실적

### 1) 해양에 대한 근대적 연구

불과 수백 년 전까지만 해도 사람들은 바다에는 끝이 있을 것이라 생각했다. 그래서 멀리 항해하면 바다의 끝에 있는 낭떠러지로 떨어져 영영 헤어나올 수 없을 거라고 생각했다. 또 바닷속에는 온갖 귀신과 요괴가 있거나 용왕이 사는 또 다른 세계가 있을 거라는 상상도 하였다. 바다의 실체가 파악되기 이전의 시대에 바다는 두려움과 신비의 대상이었다. 그러나 중세 말 이후 항해술과 과학이 차츰 발달하면서 바다는 신비의 베일을 벗기 시작했다. 바다가 둥글다는 것을 깨닫게 되자 과거에는 엄두를 내지 못했던 먼 바다로의 항해가 이루어지고 대서양, 인도양, 태평양 등에 새 항로가 개척되면서 소위 '대항해 시대'가 열렸다. 이에 따라 바다에 대한 탐험과 조사도 활성화되기 시작하였다.

근대 과학의 발전은 가설(hypothesis)의 설정과 이에 대한 실험으로 이루어졌다. 가설이 실증적으로 입증되면 다른 이론들이나 가설을 세우는 데 재이용되었다. 해양과학 역시 물리학 분야의 이론들을 응용하여 해양 분야 고유의 과학적인 법칙들을 수립하며 발전하였다. 예를 들어 물리학자인 독일의 케플러의 연구와 뉴턴(John Newton, 1643-1727)의 운동법칙(law of motion)은 바람, 대기압, 및 밀도 차이에 의해 이루어지는 바다의 물리적 반응을 예측하는 데 활용되었다. 즉, 뉴턴이 1687년에 프린시피아(Principia)를 발간했을 때

왜 달의 중력에 의하여서 하루에 두 번의 조석이 발생하는지를 해양 조석(ocean tides)을 도입하여 증명하였다.[89] 이어 할리(Edmond Halley, 1656-1742)라는 뉴턴의 동시대인은 이 뉴턴이 알아낸 조석(潮汐)의 중요성에 대하여 당시 영국왕 제임스 Ⅱ세(King James Ⅱ)에게 설명하고 1701년 스스로 영국 해협(The England Channel)의 조석을 지도화하려 하였으며 1699-1670년에는 대서양의 지자기적(geomagnatic) 측정을 위해 최초의 해양탐사를 실시하였다.[90]

당시 제임스 쿡(James Cook, 1728-1779)이나 극지 탐험가 제임스 로스(James Ross, 1800-1862) 같은 탐험가들은 그들 탐험 프로그램의 일부로서 해양관측을 포함하였다. 또한 영국왕립협회(The Royal Society)와 각 위원회는 해군 탐험대로 하여금 해양 탐험에서 어떠한 자료를 획득하여야 하는가를 자문하면서 해양관측을 진행시켰다. 특히 18세기 후반 제임스 쿡 선장(1728-1779)은 위도와 경도를 측정할 수 있는 장비를 가지고 3차례 항해(1차 1768-1771년, 2차 1772-1775년, 3차 1776-1779)에 걸쳐 전 세계 고위도의 바다를 항해하여 조사함으로써 남극해를 제외한 전 세계 바다의 경계선을 비교적 정확하게 파악해냈고, 해양생물, 육상 동식물, 해저와 지질 층서에 대한 시료를 채취하기도 했다.[91]

19세기는 세계의 주요 바다와 육지가 거의 알려진 시기였던 만큼, 발견을 위한 탐험보다는 기상·지질·생물 등 학술조사를 위한 탐험에 힘을 쏟게 된 시기였다.[92] 발틱해 독일 제독이며 최초로 러시아 세계일주 탐험을 한 러시아인 크루센스턴(Adam Johann Ritter von Krusenstern, 1770-1846)은 1804년에 처음으로 믹스식 최고온도계(1782년 발명)로 대서양 7개 지점에서 각 층의 수온을 측정하여 수온의 수직분포를 측정했고, 또 렌즈의 법칙을 발견한 발트 독일계 러시아 물리학자 에밀 렌즈(Emil Lenz, 1804-1865)는 프레드훼리야

---

89) David Pugh, "UK marine science at the millennium", *Managing Britain's Marine and Coastal Environment*, 2005, pp.25-26: 신홍렬, 「바다, 발견과 탐험」, 『해양과 인간』 3판, KIOST, 2012, p.34.
90) David Pugh, *op. cit.*, p.26. 그는 천문학, 지구물리학, 수학, 기상학 등을 연구하고 헬리 혜성에 대하여 연구한 영국의 과학자(위키백과)
91) Tom Garrison/강효진 등 역, 『해양학(Oceanography)』, ㈜시그마프레스, 서울, 2002. 1, pp.34-36; 김웅서, 「해양과학」, 『KMI 해양아카데미 2010(제4기교재)』, KMI, 2010, pp.52-53.
92) 신홍렬, 전게서, p.35.

드호의 세계 일주(1823-1826)에서 각 층에서 채수를 하고, 수온 및 해수의 비중을 측정하였다.93) 그는 내압 해수온도계를 발명, 수심 2,000m까지 수온을 측정하고 현재도 인정받는 해양 남북단면도를 그려 처음으로 연직대순환을 명확히 밝혀냈다.94)

특히 찰스 다윈(Charles Darwin, 1809-1882)은 1831-1836년에 비글호(The Beagle)를 타고 항해 중 갈라파고스 등에 기착하여 동·식물을 채집하고 광물을 관찰하는 등 자세한 기록을 남겼고95) 1859년에는 진화와 적자생존(natural selection)에 관한 아이디어를 만들어『종의 기원』을 저술하였다.96) 다윈은 따개비의 생물학, 산호섬의 발달, 안데스 산맥 고지에서의 해양퇴적물 화석을 관찰하여 지질 시대에 대규모 수직 지각 운동이 있었음을 입증하고97) 1835년 칠레 연안의 지진 이후에 일어나는 쓰나미를 관찰하는 등98) 그의 관찰 기록은 이후에 활발한 해양 탐험의 계기가 되었다.

〈그림 2-1〉 다윈의 비글호 항로도

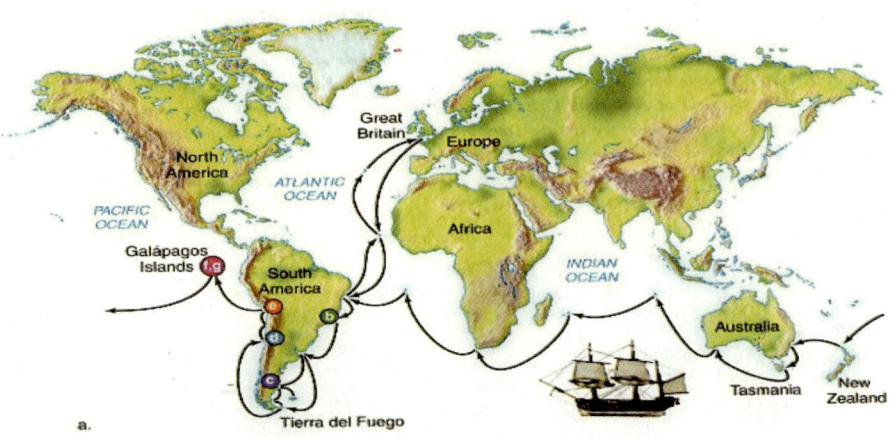

자료: http://www.desertbruchid.net/4_GB1_LearnRes_fa10_f/4_GB1_LearnRes_Web_Ch15.html (2015. 12. 17), 원전: S. S. Mader, Biology, Ed. 10, McGrawHill Higher Education, Boston.

---

93) Ibid.
94) Ibid.
95) 김웅서, 전게서, pp.53-54.
96) 다윈은 핀치새가 환경에 따라 새부리 모양이 다른 것에 주의했다. 진화의 기본 이론인 '자연선택설'을 주장했으나 '왜 이런 일이 일어나는지는 알 수 없다'고 적었다(매일경제, 2015. 2. 12).
97) Tom Garrison/강효진 등 역, 전게서, p.40.
98) David Pugh, op. cit., p.26.

이후 1845년 영국 런던 왕립지리학회가 대양과 바다들의 용어 정립을 추진하였고, 1853년에 세계 최초로 해도가 발간된 이후에는 항해 목적으로, 그리고 해저 특성이나 생물자원의 위치와 종류, 그리고 풍도를 알기 위하여 수중과 해저에 대한 조사가 활발하게 진행되기 시작하였다.99)

1851년에 세계 최초로 영국과 프랑스 도버 해저로 장거리 해저 전신망(telegraph cable)이 깔렸고 이어 1865년에는 미국과 유럽 사이에도 장거리 해저통신망 시대가 열렸다.100) 미 해군의 매튜 머리(Matthew F. Maury, 1806-1873)는 상업과 군사적인 목적으로 바람과 해류를 관측하는 데 관심을 가져 1855년『바다의 물리지리학(The Physical Geography of the Sea)』이라는 책을 발간하여 물리해양학의 시조로 불리고 이 책에는 북대서양의 수심을 측정하여 그린 최초의 해저지형도가 수록되어 있다.101)

19세기 후반 들어 과학기술의 진보와 사회적 요청에 의해 대탐험 항해가 잇달아 이루어졌는데 본격적인 근대적 심해 연구는 1872-1876년에 이루어진 챌린저(the Challenger)호 탐사로부터 시작되었다고 할 수 있다.

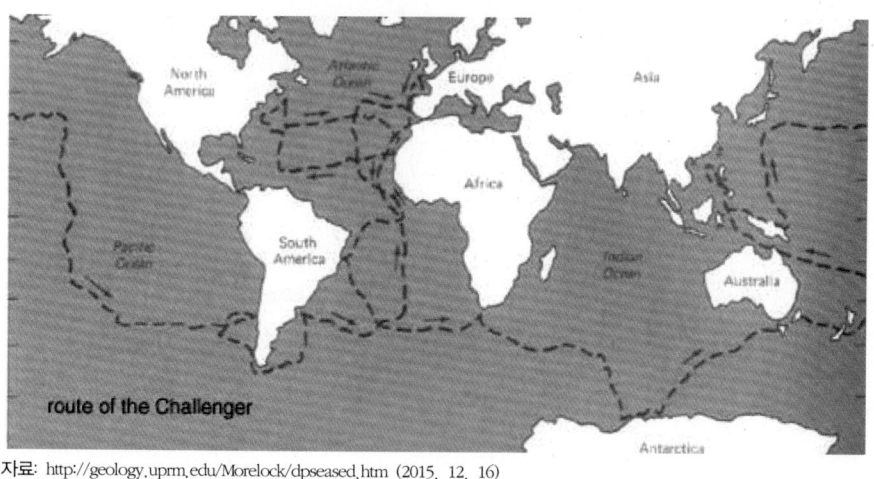

〈그림 2-2〉 챌린저호의 항해 궤적도

자료: http://geology.uprm.edu/Morelock/dpseased.htm (2015. 12. 16)

---

99) Adalberto Vallega, *Sustainable Ocean Governance: a Geographical Perspective*, Routledge, London, 2001, p.4.
100) Adalberto Vallega, *op. cit.*, 2001, p.4: 신홍렬, 전게서, p.36.
101) Tom Garrison/강효진 등 역, 전게서, pp.39-40; 김웅서, 전게서, p.54.; 신홍렬, 전게서, p.37.

영군 해군부와 영국왕립학회(The Royal Society)에 의해 진행된 이 연구는 톰슨 경(Sir Charles W. Thompson, 1830-1882)의 주도로 200여 명의 과학자를 태우고 수행된 127,000㎞에 달하는 항해 탐사를 통하여[102] 생물학적, 화학적 및 물리학적 연구를 체계적으로 수행하였다. 이 결과 492곳의 수심을 측량하였고, 133곳의 해저에서 해양생물을 채집하여 4,700종의 새로운 해양생물을 발견하였으며, 362개 정점에서 바다 표면온도와 수직 온도분포 등의 수온 측정 등 해양조사를 실시하였다. 이러한 조사로 새롭게 바뀐 사실은 없으나 이 탐험의 영역 및 내용의 정확성으로 해저탐사의 신기원을 이루었다. 예를 들어 1850년대 에딘버러대 포브스(Edward Forbes, 1815-1854)가 주장한 "549m 이하에선 빛이 없어 동물이 살지 않는다"는 학설이 틀린 것으로 검증되었고[103] 해저에서 망간단괴(maganese nodule)와 인산노듈(phosphorite nodule) 등을 최초로 발견하였다.[104] 조사 자료는 동승한 John Maury(1841-1914)에 의해 23년의 분석 기간을 거쳐 29,500쪽에 달하는 50권 분량의 보고서(Challenger Report)로 출간되었고[105] 12,000여 개의 저질표본을 분석하여 고전적 지질분야 업적을 완성하였다. 또한 해수화학적 측면에서 디트마(William Dittmar, 1833-1894)가 1880년 염분의 화학적 성분 상호비가 총량에 관계없이 전 세계 해양에서 일정하다는 것을 실증하는 등,[106] 해양 연구가 촉진되어 처음으로 해양학(oceanography)이라는 어휘가 만들어졌고[107] 이후 크고 작은 해양탐사가 뒤를 이었다.

이후 노르웨이 난센의 프램(the Fram)호에 의한 북극해 탐사(1893-1896)가 있었고 미국은 카네기(1909-1920)호로 지자기를 중심으로 해양조사를 하였는데 스베드럽(Herald U. Svedrup, 1888-1957)의 유명한 해양대순환설도 이를 바탕으로 나왔다.[108] 이어, 독일의 메테오르호(the Meteor)호는 1925-1927년 사이

---

[102] 김웅서, ibid ; 신홍렬, ibid ; Adalberto Vallega, op. cit., 2001, p.4.
[103] Tom Garrison/강효진 등 역, 전게서, p.42.
[104] Gunnar Kullenberg, "Other Ocean Resources", Securing the Oceans: Essays on the Ocean Governance, Chua Thia-Eng, Gunnar Kullenberg & Danilo Bonga (eds.), Jan. 2008, GEF/UNDP/IMO, p.89.
[105] 이로써 Report on the Scientific Results of the Voyage of H.M.S Challenger(1880-1895)을 발간. David Pugh, op. cit., 2005, p.26; 김경렬, 해양교재: 바다이야기(중학생용, 해양환경/과학편), KMI, 2010, p.15.
[106] 신홍렬, 전게서, p.37.
[107] Tom Garrison/강효진 등 역, 전게서, p.41.

에 수중음향장비(echo sounder)를 이용하여 바닥에 반사되는 음파로 수심을 재고 해저 수심도를 작성하였는데 특히 남대서양 횡단 수심 측량(14번, 7만회 측량)에 의한 현대적인 해저 지형 탐사가 이루어졌다.[109] 그리고 1930년대에 영국의 조지 데콘(George Deacon, 1906-1984)은 남극해에서의 해류 흐름과 수렴(convergence) 등에 대하여 조사하였다.[110]

〈표 2-1〉 년도별 주요 해양이벤트 일지

| 년 도 | 내 용 | 비 고 |
|---|---|---|
| 1831-1836 | 비글호(The Beagle) | 갈라파고스 항해, 다윈의 종의 기원 |
| 1855 | 미 해군 머리(Matthew F. Maury) | 최초 해저 지도 |
| 1872-1876 | Challenger호 | 1880-1895 보고서 발간 |
| 1912 | Wegener | 대륙이동설 |
| 1949 | 바티스카프 호(FNRS 시리즈) 해저 탐험 | 해저 2,100m(1953), 4,050m(1954) 탐험 |
| 1958 | UNCLOS I | |
| 1960 | UNCLOS II | |
| 1960년대 | Plate Techtonics | 대륙이동설 검증 |
| 1968 | DSDP* 시작 | UN총회 지정 '국제적 해양 탐사의 해' |
| 1972 | UN Conference on the Human Environment (리우회의)/Landsat 발사 | |
| 1978 | Seasat 발사 | 미국 |
| 1973-1982 | UNCLOS III 채택 | |
| 1983 | ODP* 시작 | |
| 1992 | UNCED/GOOS(Rio Conference) | |
| 1994 | UNCLOS 발효 | |
| 2002 | UN Rio+10 회의(WSSD) | |
| 2003 | IODP* 시작 | |
| 2007 | IPCC 4차 보고서 | 기후변화 |
| 2012 | Rio+20 회의 | |

자료: Adalberto Vallega, op. cit., 2001, p.3; 전승민, 「심해잠수정 얼마나 깊이 내려가야 하나?」, 『해양과학기술』 Vol. 5, 한국해양과학기술진흥원(KIMST), 2012 가을호, pp.6-9.
* 대양 굴착 프로그램들

---

108) 신홍렬, 전게서, p.38.
109) Tom Garrison/강효진 등 역, 전게서, p.44; 김웅서, 전게서, p.55; 신홍렬, 전게서, p.38.
110) David Pugh, op. cit., p.26.

1919년에는 세계적인 자연과학의 발전을 위한 국제적인 협력이 필요하여 임의 가맹제의 비정부·비영리 학술단체로서 국제학술연합(International Council of Scientific Union, ICSU)가 창설되었고, 그 하부 기구에 국제해양지학·지구물리연합(International Union of Geodesy and Geophysics, IUGG)이 설립되었으며 그 내부에 1921년 국제해양물리학협회(IAPO)가 설치되었다.[111] 이것은 1967년 14회 총회에서 국제해양과학협회(IAPSO)로 개칭되었고 해양화학, 해양지질학, 해양물리학 등의 분과가 설치되었다.[112]

## 2) 현대의 해양 연구

### (1) 대양 조사·연구

현대의 해양 연구는 1949년도에 해저 잠수정 바티스카프호 등이 진수되어 해저탐사를 하면서 시작되었다. 그 전에는 해양학에서 음향학을 이용한 해수층과 해저에 대한 간접적인 연구가 주류를 이루었으나 다음 세 가지 요인으로 인해 현대적인 해양 연구가 가능하게 되었다.[113] 첫째, 탐사 방법과 기술이 발달하였고 특히 각종 장비와 최첨단 조사선의 발전으로 해저와 해수층을 직접적으로 조사할 수 있었다. 둘째, UNESCO 산하 정부간해양위원회(Intergovernmental Oceanographic Commission, IOC)의 국제적 지원과 주도로 해양조사가 대단한 발전을 이루었다. 셋째, 연구와 해양 탐사 사이의 연계가 강화되었다. 해양학은 지식을 제공할 뿐만 아니라 해양생물, 연안 및 심해저 유류·가스·광물자원 등의 탐사·개발·이용 등을 지원함으로써 유용한 조사가 이루어지게 되었다.

먼저 제2차 세계대전 이후 미국과 독일 등 선진 해양국가들을 중심으로 수준 높은 해양과학 탐사 프로그램과 연구를 경쟁적으로 수행함으로써 해양

---
111) 신홍렬, 전게서, p.39.
112) *Ibid.*
113) Adalberto Vallega, *op. cit.*, p.7.

의 신비들이 본격적으로 규명되기 시작했다.

국제 공동관측의 경우, 1955년 여름 미국, 일본, 캐나다 등 3국의 참여로 국제 북태평양 공동조사(NORPAC)가 이루어졌고, 1956년 여름 미국, 일본, 프랑스 3국의 참여하에 국제 적도 태평양 공동조사(EQUAPAC)가 성공리에 완수되었다.[114] 또한 IUGG 중심으로 국제기구관측년(International Geophysical Year, IGY)인 1957-1958년에 실시한 전 지구적 규모의 관측사업이 성공하고, 이에 동반하여 세계해양학자료센터(WODC)가 발족됨으로써[115] 해양학 연구는 새로운 경지에 이르게 되었다. 이러한 세계 공동 대관측과 더불어 세계 해양연구를 선도할 국제해양연구위원회(Scientific Committee on Ocean Research, SCOR)가 1955년 국제학술연합총회 하부기구로 설치되었고, 그 후 SCOR은 유네스코의 해양자문기관으로 국제협력 발전에 기여하였다.[116]

정부간해양위원회(Intergovernemntal Oceanographic Commission, IOC)의 제1차 회의가 1961년에 열린데 이어 1962년 제2차 회의에서 쿠로시오 및 인접수역 공동조사(CSK)가 승인되고 이에 따라 1965-1979년 사이에 북서태평양과 동중국해, 남중국해 및 동해 관측이 이루어짐으로써 지역 해양학 발전에 크게 기여했다. 1959년 미국은 해양물리학자 스톰웰(Henry H. M. Stommel, 1920-1992)이 예측한 심층류 대순환을 확인하기 위해 중립부이 관측을 실시하여 해양에 직경 100-200km의 중규모 소용돌이(eddy)가 많이 존재한다는 것을 밝혀냈고, 이어 1970-1973년 사이에 미국(MODE 관측), 소련(POLYGON 관측), 프랑스, 영국, 캐나다, 독일 등이 이에 대한 후속 연구를 실시하였다.[117]

1968년 UN총회는 '국제적 해양탐사의 10년(International Decade of Ocean Exploration)'을 채택하였다.[118] 이에 따라 해양시추 사업은 1968년 Deep Sea Drilling Project(DSDP, 1968~1983)를 시작으로 Ocean Drilling Program(ODP, 1983~2003), Integrated Ocean Drilling Program(IODP, 2003~2013)으로 명명되면

---

114) 신홍렬, 전게서, p.39.
115) *Ibid.*
116) 신홍렬, 전게서, pp.39-40.
117) 신홍렬, 전게서, p.40.
118) Gunnar Kullenberg, "Ocean science: an overview", *Troubled Waters*, Geoff Holland, David Pugh ed., 2010, Cambridge, p.81.

서 현재까지 진행되고 있다.[119]

〈그림 2-3〉 Glomar Challenger호

자료: 미 지질조사국(USGS), http://pubs.usgs.gov/gip/dynamic/glomar.html (2015. 12. 16)

즉 1968-1983년 사이에는 6,000m 심해 굴착 기능을 갖춘 글로마 챌린저호(Glomar Challenger)[120]를 이용하여 대서양, 태평양, 인도양 해저지각 137개소에서 1,000개 이상의 구멍을 뚫는 심해 굴착 프로젝트(Deep Sea Drilling Project, DSDP)를 통해 지각구조 조사를 실시하여 대양저 연구의 혁명을 이루었다. 특히 이 배가 채집한 코어(core) 시료들은 해저 확장설의 신빙성을 높여 각 대륙은 판들로 구성되어 있고 이러한 판들의 이동에 의해 대륙과 해저가 형성되어졌다는 판구조론(板構造論, Plate Techtonics) 발전에 중요한 역할을 하였다.[121] 당시 혁신적인 가설인 해저 확장에 의한 대륙이동설을 검증하는 데

---

[119] 김길영, 「21세기 최첨단 시추선을 이용한 해양탐사로 바다 밑 지각의 비밀을 캐고 인간의 생명과 재산을 보호한다」, 『해양과학기술』 Vol.4, KIMST, 2012 여름호, pp.40-43.

[120] 길이 122m, 너비 20m, 흘수(吃水) 6m, 배수량 1만 500t이다. 1968년 이래 심해저(深海底) 굴착계획에 종사하였고, 1975년부터는 국제해양저 굴착계획에 종사하였다. 미국 글로벌머린사(社) 소유이며, 미국 스크립스 해양연구소가 운영하였다. 수면 아래 7,000m까지 굴착할 수 있는 능력이 있다. 1968-1983 사이에 세계의 바다 137곳 굴착 조사(네이버/위키디피아 백과사전).

[121] http://a308501.blog.me/10092891881 (2012. 4. 30). 판구조론은 "암석권(lithosphere)이라 불리는 약 100km 정도 두께의 지구 표면이 10여 개의 판으로 쪼개져 있으며, 이 판들은 서로 상대적으로 운동하고 있다"는 이론이다. 판구조론은 지구 내부가 '단단한 고체'로만 되어 있다고 생각한 과학자들에게 지구 내부에 '움직일 수 있는' 연약권(asthenosphere)이 있다는 새로운 사실을 알려주었다. 이는 인류에게 지구를 보는 새로운 눈을 갖게 했으며, 대륙이동설, 지진 발생의 이유, 해저확장설을 증명하며 20세기 이후 지구 환경을 이해하는데 결정적인 기여를 한 대표적인 이

목적을 두고 진행한 이 프로젝트를 통하여 해저확장설이 사실임을 입증한 것이다.122)

이와 같이 1970년대 초기에 이르러 대양의 기원(origin)을 규명하고, 1912년 베그너(Alfred Lothar Wegener, 1880~1930)가 주장한 '대륙이동설'123)에 기초한 해저 확장(seafloor spreading)의 이론을 실제적으로 증명했을 뿐만 아니라 지구 지각의 판(plate)구조 운동 및 대륙붕-심해저-심해 열수구(hydrothermal vent)의 자원 부존 여부를 규명할 수 있게 되었다.

이후에 해저 8,100m까지 굴착 가능한 미국의 JOIDES Resolution호124)는 글로마 챌린저호보다 거친 해양환경에서도 굴착이 용이한 좀 더 개선된 조사선으로 1985년부터 ODP(The Ocean Drilling Program)125)을 수행하였다. 미국

---

론이다. 이는 1912년 독일의 베게너(Alfred Wegener)가 그의 저서 『대륙 이동(Continental Drift)』에서 "아주 오랜 과거(2억 3천만년~2억 8천만 년 전)에 판게아(Pangea: all lands)라는 거대 대륙으로 함께 붙어있던 아메리카 대륙과 유럽, 아프리카 대륙이 나뉘기 시작하고 이들이 계속 더 작은 대륙들로 쪼개지면서 대륙이 되고, 판셀라사(panthalassa)라는 큰 바다도 5대양으로 나뉘어져 오늘날의 지구 모습이 되었다"는 대륙이동설을 발표하면서 시작되었다. 1960년대 초에는 바인, 매튜스(Fred Vine and Drummond Matthews, 영국) 등이 중앙해령산맥(mid-ocean ridge)로부터 퍼져 나오는 해저판(sea floor)으로부터 대양(the ocean)이 형성된다는 것을 입증. 김경렬 판구조론(http://navercast.naver.com/contents.nhn?contents_id=5299, 2012. 4. 30); Adalberto Vallega, *op. cit.*, p.6; David Pugh, *op. cit.*, p.26; 박성쾌, 『바다의 SOS』, (주)수협문화사, 2007. 9, pp.24-25.
122) Tom Garrison/강효진 등 역, 전게서, p.46.
123) 대륙 이동설(大陸 移動說, Continental drift theory)은 독일의 기상학자인 알프레트 베게너가 제창한 학설로, 원래 하나의 초대륙으로 이뤄져 있던 대륙들이 점차 갈라져 이동하면서 현재와 같은 대륙들이 만들어졌다는 이론이다. 1912년에 그의 저서『대륙의 기원』(Die Entstehung der Kontinente)에서 베게너는 지질, 고생물, 고기후 등의 자료를 바탕으로 태고에는 대서양의 양쪽의 대륙이 각각의 방향으로 표류했다는 대륙이동설을 주장하였다. 1915년에는『대륙과 해양의 기원』(Die Entstehung der Kontinente und Ozeane)에서 '판게아'라는 초대륙(거대한 육괴)이 존재하였고 약 2억 년 전에 분열된 뒤 표류하여 현재의 위치와 모습을 가지게 되었다고 발표하였다. 그러나 베게너는 대륙 이동의 원동력을 설명할 수 없어 그의 학설은 학계로부터 인정받지 못했다. 대륙을 이동시키는 힘은 베게너 이후 다른 학자들에 의해 맨틀의 대류로 제시되었으며, 대륙 이동설은 판 구조론으로 발전된다( 위키 백과).
124) 배수량 1만 8600t. 전체길이 143m. 너비 21m. 굴착용탑의 수면으로부터 높이 61m. 굴착 파이프 길이 9,100m. 미국 사우스 이스턴 드릴링사(社) 소유이나, 미국 ·일본 ·프랑스 ·독일 등 세계 18개국이 심해굴착계획(ODP)에 투자하고, 이 계획의 주체인 미국 텍사스농공대학에서 용선하였다, 1985년 1월 바하마 해역에서의 굴착작업을 시작으로 세계 도처에서 작업을 계속해 왔다. 이 굴착선은 대륙의 이동, 해저의 확대, 기후변동 및 지진, 화산의 원인이 되는 지각 내부의 응력, 마그마의 활동 등 지구의 신비를 밝히는 데 결정적인 역할을 해왔다(네이버/위키디피아 백과사전).
125) 해저지각 시추 프로그램은 ODP로 약칭된다. DSDP에 이어 1985년부터 시작하여 2003년에 마지막 조사 항해를 마친 과학적 심해저 연구사업이다. 미국 해양연구소들이 중심이 되어 시추선 '조이데스 리솔루션(Joides Resolution)호'로 심해저를 굴삭하여 대양 해저의 지각구조나 그 성립 경위를 해명하는 데 커다란 공헌을 했다. 해저지각 시추 프로그램(ODP: Ocean Drilling Program)은 지구과학 분야에서는 세계에서 가장 규모가 크고 성공적인 연구사업으로 해저 분지 연구를 통해서 지구의 진화와 구조를 밝히기 위해서 조직되었다. 이 프로그램은 지구과학자에게 다양한 해저 자료 및 시추 시료를 제공하여 지구 지각과 해저 분지의 기원과 진화 및 구조에 대한 연구에 매우 커다란 도

이 주도한 이 연구를 통해 지금까지 수심이 깊은 바다에서 표층생물권, 지하 생물권, 원시자연생물권(심해저) 등에 대한 연구를 해 왔다.

최근 2005년부터는 IODP(Integrated Ocean Drilling Program) 프로그램에 미국의 JOIDES Resolution호, 일본의 지구호(지큐호, 地球號),[126] 유럽의 'Mission Specific Platform'이라는 조사선이 투입되어 1)심해 해저생태계와 해저 바닥, 2) 환경 변화, 과정, 및 효과들, 3) 고체지구 사이클 및 지구동학(geo-dynamics) 등에 관한 연구 작업을 수행하고 있다. 주로 지진대의 특성, 분지 형성에서 대륙분할의 역할, 가스 하이드레이트, 탄소 보관, 해저 크러스트의 굴착과 구조의 조사들이 핵심을 이루고 있다. 이 프로그램은 2013-2023년 사이에 'International Ocean Discovery Program(IODP)'으로 영문이 개칭되어 지구의 기후, 심해 생물, 지구동학, 지구재난 등 지구의 현안을 연구할 예정이라고 하며 한국도 이에 참여하고 있다.[127]

1964년부터 시작하여 18년간 전 세계 대양의 96개 지점에서 국제공동해저시추사업(DSDP, Deep Sea Drilling Project, 초록색 원)이 수행된 후, 1985년부터 2003년까지 약 110개 지점에서 해양시추프로그램(ODP, Ocean Drilling Program, 파란 원)을 통해 해저지층이 시추되었다.[128] 2004년부터 국제공동해저시추프로그램(IODP, Integrated Ocean Drilling Program)을 통해 약 45회의 해저시추가 추진되었다.[129]

---

움을 준다(네이버/위키디피아 백과사전).
[126] 5만 7,000t급의 연구조사선 지큐호(*Chikyu*)는 전체 길이 210m, 폭 38m, 배 밑에서 시설물 꼭대기까지의 높이가 130m나 되는 바다 위의 종합연구소이다. 선내 9층의 시설에는 연구실, 의료실, 도서실 등이 갖추어져 있다. 배에서 1만m 아래의 심해저까지 첨단기술로 구멍을 뚫어 시료들을 끌어올려 각종 연구를 한다. 일본은 2005년 이 조사선 건조로 국제 심해지구물리 연구(IODP)를 주도 중이다 (서울신문, 2005. 12. 17).
[127] Tai-Sup Lee *et al.* "Marine Environmental and Resources: Critical Moment of the Earth's Energy and the Role of Marine Resources", *Ocean 101: Current Issues and Our Future* (WOF Series 1), World Ocean Forum, 2010-, pp. 20-21.
[128] 극지진흥연구회, http://www.kosap.or.kr/1031/ (2015. 12. 17)
[129] *Ibid.*

〈그림 2-4〉 DSDP, ODP, IODP 등 전세계 대양지역 시추지점들

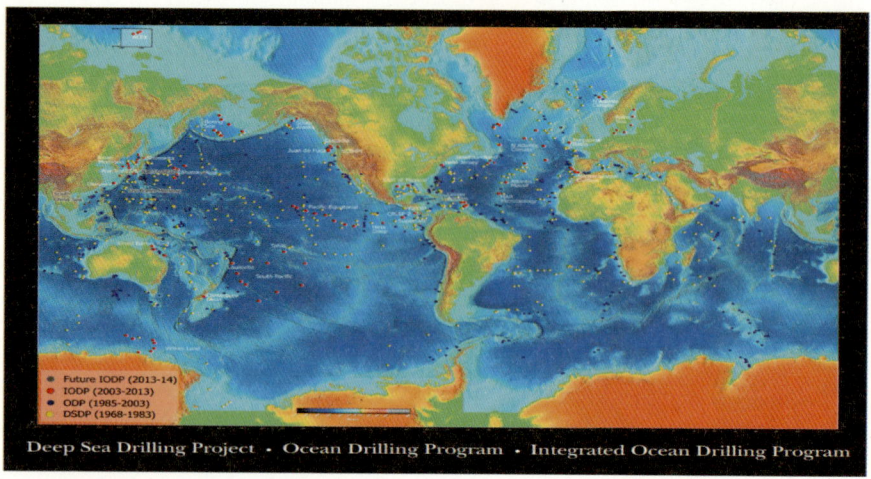

자료: IODP홈페이지, http://www.iodp.org/informational-materials (2015. 12. 17)

〈그림 2-5〉 IODP에 참여중인 JOIDES Resolution호(좌)와 지큐호(地球號, 우)

자료: IODP홈페이지, http://www.iodp.org/ships/platforms (2015. 12. 17)

    이와 같이 1970년대 초반부터 각국이 대양 조사에 이어 경쟁적으로 심해 조사에 착수한 가운데 미국의 심해 유인잠수정 앨빈(Alvin)호는 1977년 동태평양 심해에서 350℃의 뜨거운 열수분출공(Hydrothermal vents) 주변의 생태계를 발견하는 개가를 올렸다.[130] 1850년대 영국의 해양생물학자 에드워드 포브스(Edward Forbes, 1815-1854)는 수심이 약 500m보다 깊은 곳에는 생물이 살지 않는다는 무생물설(Azoic theory)을 주장하기도 하였는데[131] 이를 뒤엎는 발견이었다. 태양의 빛이 미치지 못해 광합성(Photo-systhesis)이 불가능한

---

130) 김웅서, *The Science Times*, 2015. 11. 3.
131) Tom Garrison/강효진 등 역, 전게서, p.42; 김웅서, 전게서, 2010, p.53.

심해저 생물이 메탄이나 황화수소 등을 이용한 화학합성(Chemo-synthesis)[132] 등을 통하여 영양분을 만들어 내는 것을 밝혀 또 한 번 세상을 놀라게 하기도 하였다. 즉 심해 300m 이하 열수광상(hydrothermal vents) 근처에는 황화물 속의 황화수소(hydrogen sulfide)가 바닷물 속의 화합물들과 상호작용하면서 방출된 에너지를 이용하여 이산화탄소로부터 유기물을 만드는 화학합성(Chemo-synthesis)을 한다. 이후 1985년 시작된 ODP 연구에서도 심해저 미생물 연구는 지속되었다.

〈그림 2-6〉 해저 지형도

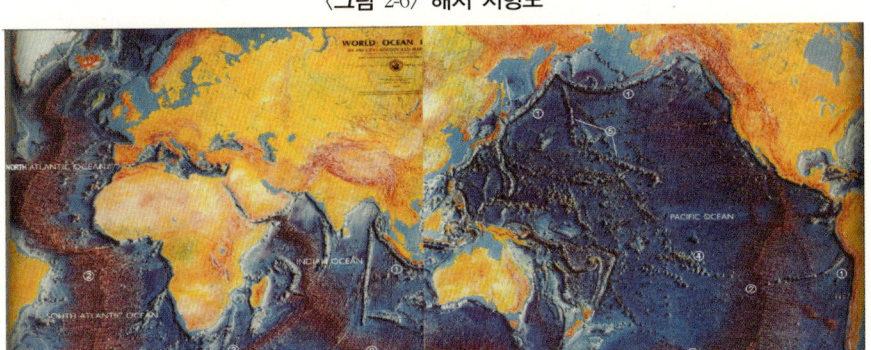

자료: 국립해양조사원 홈페이지, 『해양지명 표준화편람』, http://www.khoa.go.kr/kcom/cnt/selectContentsPage.do? cntId= 45702000 (2015. 11. 9), 제3장(해구), 원자료: F. Press & R. Siever (1994), Understanding Earth의 Fig. 17, 26, pp.388-389.

심해 지역에 따라 크게 차이가 나지만 튜브형 벌레(tubeworms), 자이언트 클램(jaint clams), 홍합(mussels), 게(crabs), 새우(shrimp) 등 300여 종 이상의 많은 심해 생물종들이 발견되어 세계의 주목을 끌었다.[133] 이 종들에 대한 연구와 특수 환경에 사는 이들의 생물학적 성질을 활용한 의학적, 생물학적

---

132) 1970년대 말부터 1980년대 초에 걸쳐 광합성 생태계가 형성되지 않는 이런 깊은 바다 속에서 심해 생물군집이 잇따라 발견되었다. 태양의 빛이 도달하지 않는 깊은 바다 밑에서 심해저의 박테리아를 제1차 생산자로 하는 생태계인데, 이들 박테리아는 메탄 황화수소 등과 화학반응을 통하여 에너지를 얻는다. 현재까지 발견된 생물군집으로는 열수분출공 생물군집, 냉수용출대 생물군집, 경골 생물군집의 3종류가 있다. 열수분출공 생물군집은 300℃가 넘는 뜨거운 열수가 뿜어 나오는 심해저의 환경 등에서 볼 수 있는 것으로, 미국의 잠수조사선 앨빈호에 의해 갈라파고스해령의 2,500m 깊이에서 세계 최초로 발견되었다. 냉수용출대 생물군집은 플레이트(판)가 다른 플레이트 밑으로 밀려들어가는 해저지대에서 볼 수 있는 것으로, 미국 플로리다해협과 일본 난카이 심해분지의 해저 골짜기 출구에서 발견되었다. 경골 생물군집은 심해저에 가라앉은 고래의 시체에서 영양을 섭취하고 있는 것으로 보이는 생물군집으로, 1987년에 미국 로스앤젤레스 서쪽 산타카타리나 해분에서 발견되었다(출처: 화학합성생태계 [化學合成生態系, chemosynthetic ecosystem ] 네이버 백과사전).
133) Gunnar Kullenberg, op. cit., pp.90-91.

응용 등 각종 연구가 활기를 띠어 왔다. 이러한 심해 연구는 심해 유인잠수정(deep-sea manned submersible), 지원 모선(surface mother vessel), 각종 탐사 장비, 특별히 훈련된 인력 등이 갖추어져야 하므로 해양학이 상당히 발전된 해양 선진국에서만 가능하다.[134]

물이 덮인 해저를 보는 것은 아주 얇은 표층에만 국한되고 행성 탐사에 사용하는 전자파에 의한 탐사도 해양에서는 곤란하다고 한다.[135] 그래서 현재도 지구 전체의 해저지형도보다도 화성 전체의 지형도 쪽이 더 정밀도가 높다. 해저지형도 대부분은 인공위성이 관측한 중력 이상을 기본으로 추정된 지형이고, 해저조사선으로부터 음파를 사용하여 측량하면 보다 상세한 지형이나 구조를 알 수 있지만 이와 같이 조사된 해역은 세계 해저 중 극히 일부분에 불과하다.[136]

최근에 해양 연구를 위해 첫 번째로 활용된 위성은 1978년 미국 NASA에서 발사된 Seasat[137]이고 이외에도 미국 NOAA의 해양관측위성과 Landsat 등 다양한 위성들에서 해양 자료를 얻고 있다.

〈그림 2-7〉 최신 인공위성 자료로 만든 해저지형도

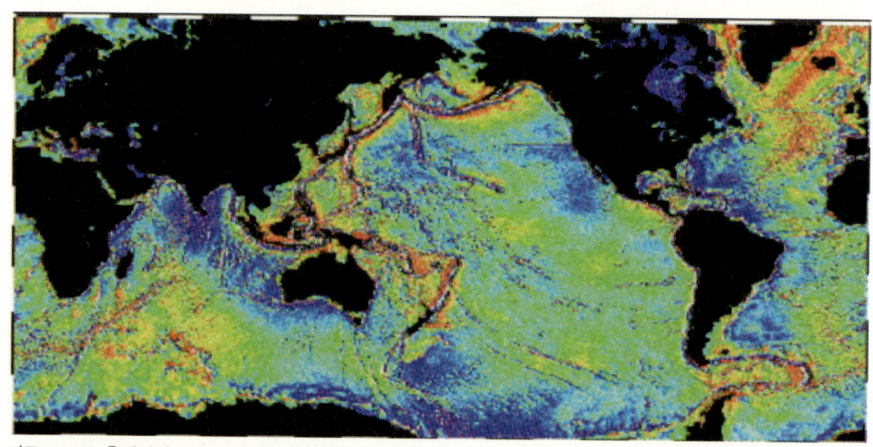

자료: NOAA 홈페이지, https://www.ngdc.noaa.gov/mgg/bathymetry/predicted/explore.HTML (2015. 12. 17)

---

134) Gunnar Kullenberg, op. cit., p.91.
135) 일본 해양정책연구재단/김연빈 역, 『해양 문제 입문』, 2010. 6, 서울, p.29.
136) 일본 해양정책연구재단/김연빈 역, 상게서, p.28.
137) 활용 기간: 1978. 6. 28 – 1978. 10. 10. 최초의 해양 관측용 위성(위키백과).

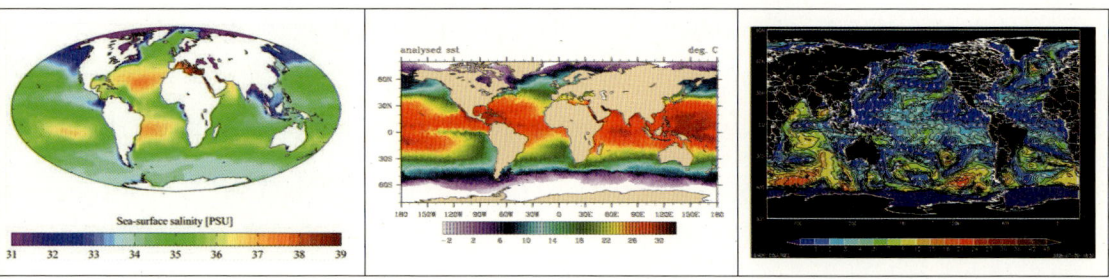

〈그림 2-8〉 **염분도(좌), 표면 온도(중), 바람-파도(우)**

자료: http://tommytoy.typepad.com/tommy-toy-pbt-consultin/weather/(좌), http://www.subsim.com/radioroom/showpost.php?p=1662143&postcount=379(중) http://www.see.murdoch.edu.au/resources/info/Res/wave/ (우, 모두 2015. 12. 17)

    이러한 과학적 연구들의 결과로 표층 수온이나 염분 분포, 심해 해수 순환 등에 대한 다양한 발견이 이루어지고 있다. 특히 대서양 심해 해수 순환의 경우, 걸프 해류(Gulf Stream)에서 시작된 따뜻한 해수가 북대서양 그린란드 등의 인근에서 차가운 바람에 의해 식으면서 바닷물 일부가 얼어 바닷물 밀도가 높아져 가라앉은 해수가 북미대륙을 따라 남하하여 해저 2000-4000m 깊이로 적도를 흐른다.[138] 유럽에서는 이러한 영향으로 표면으로는 오히려 따뜻한 물이 많이 흘러 기후가 온난해진다. 대서양 심해로 내려간 물은 이후 남극해를 돌아[139] 태평양, 인도양으로 이동하다가 다시 대서양으로 재이동하는 거대한 순환 구조, 소위 말하는 '열염분 컨베이어벨트(thermohaline conveyor belt)' 혹은 '심층 해류순환'이라고 불리는 순환을 하고 있음이 밝혀졌다.[140] 최근의 연구들은 이 컨베이어벨트가 저위도 지역의 남은 열, 염분

---

[138] Gunnar Kullenberg, "Weather, Climate, Forecasting and Climate Change", *Securing the Oceans: Essays on the Ocean Governance*, Chua Thia-Eng, Gunnar Kullenberg, and Danilo Bonga (eds.), Jan. 2008, GEF/UNDP/IMO, p.105.

[139] 이 과정에서는 일부 차가워진 남극 해수가 하강하여 그린란드에서 온 심해수와 함께 인도양, 태평양으로 돌게 된다. 남성현, 『바다에서 희망을 보다』, 이담, 2012, p.73.

[140] John G. Field, Gotthilf Hempel, Colins P. Summerhayes, *OCEANS2020: Science, Trends, and the Challenge of the Sustainability*, Island Press, 2002, p.12; Ben McNEeil, "Global Ecology of the Oceans and Coasts", *Ecological Economics of the Oceans and Coasts*, 2008, pp.29-30; 김경렬, 전게서, 2009, pp.32-33; 해양연구원 블로그, (http://blog.naver.com/PostView.nhn?blogId=kordipr&logNo=90121460489)(2012. 4. 30); Adalberto Vallega, *op. cit*, 2001, p.35. 북대서양은 센 바람과 지형학적 구조에 의해 강수량보다 증발량이 많아 바닷물의 염분이 다른 대양에 비해 높다. 특히, 겨울철의 염분은 더 높아 바닷물이 얼게 되면 물만 얼고 염(소금)은 방출하게 되어 바닷물의 밀도가 더 커져서 무거운 바닷물이 되어 침강함에 따라 북대서양 표층 해류가 라브라도해, 노르웨이 근해, 북쪽 그린란드 외해까지 흐르면서 침강한다. 이와 같이 온도 하강과 염분도 차이로 하강한 이후 심해까지 가라앉은 후 지구 자전효과에 의하여 대서양 서쪽 경계를 따라 남쪽으로 흐르면서 소위 말하는 '열염분 컨

등을 고위도 지역으로 운반, 공급해 줌으로써 북극 지방도 인간의 거주가 가능하게 하는 등 지구 기후변화에 미치는 해양의 중요성을 더욱 인식시켜 주고 있다.

실제로 동중국해를 북상하여 남해, 동해와 쿠릴열도로 들어가는 서태평양의 쿠로시오(kuroshio, 黑潮)는 앞에서 언급한 북대서양에서 북쪽으로 순환되는 열의 65%에 불과하여[141] 넓은 태평양보다는 대서양쪽에서 적도 열의 북쪽 전달이 더 효과적으로 이루어지고 있다.

특히 동해장기연구계획인 EAST-1 조사를 통해 앞에서 말한 '열염분 컨베이어벨트'와 유사한 순환이 우리나라 동해에서도 관측이 되고 있어 세계의 주목을 받기도 하였다.[142]

(2) 국제기구와 국제적 해양 연구

지구를 하나의 커다란 하나의 시스템으로 이해하여 전 지구적 시스템을 관측하고 이해할 필요성을 자각한 선진국들은 제2차 세계대전 이후 전지구적 차원에서 해양관측 정보의 공유·통합·활용을 모색하기 시작하였다.

근원적인 해양의 변화 모니터링의 필요성을 느낀 유네스코의 정부간해양위원회(IOC)는 1980년대 중반부터 남태평양에서 엘니뇨를 연구하던 전지구 상호작용 연구(TOGA), 전 세계 기후연구프로그램(The World Climate Research Program, WCRP)의 한 요소인 전지구 '해양 열염분 순환(ocean thermohaline circulation)'을 밝혀낸 세계해양대순환실험(WOCE), 기후변화와 관련된 열·탄소의 해수순환을 연구하는 전 지구 해양유동연구(JGOFS) 등을 세계기상기구(WMO) 등 관련 기관들과 협력하여 실시하였다.[143] 이들 연구를 통하여 실시

---

베이어벨트(thermohaline conveyor belt)' 또는 '심층 해류순환(thermohaline circulation)'이 시작되게 되고 다시 원위치로 돌아오는 데 약 2,000년이 걸린다.
141) Gunnar Kullenberg, op. cit., p.105.
142) 김경렬, 「과학으로 동해를 지키는 EAST-I 연구: 동해가 빠르게 변하고 있다」, 『해양과학기술』 Vol.1, KIMST, 2011년 10월호, pp.16-19. 김경렬, 전게서, 2009. 12, pp.436-459. 동해의 해수 순환은 약 100년 정도 걸리는 것으로 보고되고 있다.
143) Elizabeth Cross, "Non-governmental international marine science organizations", Troubled Waters, Geoff Holland & David Pugh ed. Cambridge, 2010, pp.141, 155. WMO/IOC의 Technical Commission for Oceanography and Marine Meteorology(JCOMM)이 GOOS의 실행체임(Elizabeth Cross, 상게서, p.155).

간(real-time) 및 현장(in situ)의 해양학적 데이터의 자유로운 접근과 상호 교환이 중요하다는 것을 깨닫게 되었고 이를 통해 이후에 이루어지는 대양 연구의 초석을 다지는 계기가 되었다. WOCE 계획은 수십 년간의 기후 변동에 대하여 해양대순환이 어떤 역할을 하고 있는가를 조사하는 것을 목적으로 1990년부터 2002년까지 13년간 실시되었다. 이 계획의 중심 과제는 1)전 지구 규모의 해양에 관한 기술, 2)남반구의 해양연구, 3)해양순환 기작 등이며, 전 지구 규모의 해양 자료 작성이 중요한 목적이었다.[144] 특히 해양이 대기보다 50배 이상의 이산화탄소를 보유한다는 사실과 해양에서의 사소한 변화도 대기에 큰 영향을 미칠 수 있다는 것을 깨달으면서 전 지구 해양유동연구(JGOFS)가 이루어졌다. 이 프로그램의 목적은 전 지구적 규모에서 탄소의 시간적 흐름을 통제하는 과정과 해양에서의 관련 생물학적 과정을 이해하고 대기와, 해저 및 대륙 경계에서 관련된 탄소 교환을 평가하고자 하는 것이었다.

보다 더 상시적인 해양관측의 필요성을 느낀 IOC와 SCOR(해양과학위원회)[145]은 1980년대 말 당시 프로그램이 끝나가거나 진행 중이던 전 지구 상호작용 연구(TOGA), 세계해양대순환실험(WOCE), 전 지구 해양유동연구(JGOFS) 등을 이어받아 1991년부터 전지구해양관측시스템(GOOS, Global Ocean Observing System)을 구축하기 시작하였다. GOOS는 UNESCO 산하 정부간해양위원회(IOC, Intergovernmental Oceanographic Commission)가 세계기상기구(WMO)와 공동 주도하에 공동위원회(Joint Technical Commission for Oceanography and Marine Meteorology, JCOMM)를 만들어 전 세계의 지역별로 나누어 시행되고 있다.[146] 1992년 당시 전지구기후관측시스템(Global Climate Observing System)을 시작한 세계기상기구(WMO)를 중심으로 기상예측을 위한 해수표면의 변화를 관측하는 데 IOC가 참여하면서 구축된 것이다.[147]

---

144) 신홍렬, 전게서, p.40.
145) Scientific Committee on Oceanic Research로 ICSU(International Council for Science) 해양분과위원회임. 1960년 설립된 IOC보다 3년 앞서 1957년 설립되어 IOC와 함께 해양학 발전에 크게 기여한 위원회임.
146) Peter Dexter, Colins P. Summerhayes, "Ocean observations: the Global Ocean Observing System", *Troubled Waters*, Geoff Holland & David Pugh ed., Cambridge 2010, p.155.
147) Gunnar Kullenberg, *op. cit.,* p.125.

즉 전지구해양관측시스템(GOOS, Global Ocean Observing System)은 전지구 육지관측시스템(GTOS: Global Terrestrial Observing System)의 해양모듈이었다.

〈표 2-2〉 세계적인 해양 관측 조사 내용

| 관측명 | 년도 | 참여국 | 연구 내용 | 비고 |
|---|---|---|---|---|
| 국제북태평양 공동조사(NORPAC) | 1955 | 미국, 일본 캐나다 | | |
| 국제 적도 태평양 공동조사(EQUAPAC) | 1956 | 미국, 일본, 프랑스 | | |
| 국제지구관측년 관측사업 | 1957-1958 | 전 세계 | 전 세계 대상, 세계해양학 자료센터(WODC) 발족 | International Geophysics Year: 1957. 7-1959 |
| 쿠로시오 및 인접수역 공동조사(CSK) | 1965-1979 | 한국, 일본, 소련, 미국, 대만, 홍콩 등 | 쿠로시오 | 1967년부터 인니, 태국 참여 |
| 중규모 소용돌이 집중 관측 | 1970-1973 | 미국, 소련, 프랑스, 캐나다, 영국, 독일 등 | 중규모 소용돌이 특성, 연직 구조, 시공간 규모 확인 | |
| 전지구 상호작용 연구(TOGA) | 1986-1995 | 미국, 일본, 우리나라(기상청, KIOST, 서울대 등 참여) 등 세계가 참여 | 열대 해양순환, 해면운동 이상 현상 및 대기대순환과 상수분포 변동과의 관계 규명(ENSO 엘니뇨 등) | 세계기후연구계획(WCRP)의 일환, SCOR 및 IOC 협력 |
| 세계해양대순환실험 (WOCE) | 1990-2002 | | 1)전지구 규모의 대양에 관한 기술 2)남반구의 해양연구, 3)해양순환 기작 등 | |
| 전지구해양유동연구 (JGOFS) | 1987-2003 | 20개국 이상 | 해양에서의 탄소, 영양염 순환, 생물학적 생산성, 대기 및 해저와의 탄소 교환, 기후변화와 관련성 등 | 해양과학위원회 (SCOR) 주관 |
| Global Ocean Ecosystem Dynamics (GLOBEC) | 1999-2010 | | JGOFS의 후속조치로서 기후변화에 따른 생태계의 중위 및 상위포식자의 반응에 대한 연구 | SCOR, IOC의 후원 |

자료: 신홍렬, 「바다, 발견과 탐험」, 『해양과 인간』, KIOST, 2012, pp.39-40; 영국해양자료센터, John G. Field, Gotthilf Hempel, Colins P. Summerhayes, *OCEANS2020: Science, Trends, and the Challenge of the Sustainability*, Island Press, 2002, p.30.

1997년부터 이들의 공동위원회(JCOMM)는 기존에 이용 가능한 위성 데이터들이 가져다주는 과학기술적 기회를 이용하여 전 지구 해양자료 동화실험(Global Ocean Assimilation Experiment, GODAE)을 2008년까지 주도하여 세계의 운용해양학(Global Operational Oceanography)을 선도하였다.[148]

2005년 2월 전 세계 해양선진국들이 벨기에 브뤼셀에서 개최된 제3차 지구관측정상회의에서 새로이 개명된 전지구관측시스템(GEOSS: Global Earth Observation System of Systems)의 10년 실행계획이 채택된 이후 GOOS는 이 GEOSS의 해양모듈이 되었다.[149]

이와 같이 GOOS는 해양관측, 모델링 및 각종 해양변수들을 분석하여 국가 간 해양정보기술의 상호 공유와 해양정보 및 해양예보의 실시간 서비스를 목적으로 운영되고 있는 국제 프로그램이다. GOOS의 관측 장비들과 관측 기술은 세계 최고의 첨단 IT기술과 세계적인 해양과학기술이 어우러져 이루어진 것이다. 이 시스템은 선박들, 부이들, 연안 관측소, 그리고 인공위성으로부터의 자료 등을 종합적으로 포괄하고 있다.[150]

〈표 2-3〉 GOOS 시스템의 목표들

| 구 분 | 내 용 |
| --- | --- |
| 대양 | -대양 순환과 이것이 기후변화와 탄소순환에 미치는 물리적, 생지화학적 관측, 분석 및 이해<br>-해양관측을 포함하는 해양 및 기후 예측에 필요한 정보의 수집<br>-관측 요건들의 제공<br>-관측 설계 및 이행스케줄이 일관되고 상호 보완적이고 계획대로 이루어지게 확인<br>-시스템이 연구와 기술적 진보를 통해 이익을 누리도록 유도 |
| 연안 | -전 지구적 기후변화가 연안 생태계에 미치는 영향을 탐색하고 예측하는 능력 배양<br>-해양 운용의 안전과 효율성 제고<br>-해양재난의 효과를 보다 효과적으로 제어하고 줄임<br>-대중의 건강 위험을 줄임<br>-건강한 해양생태계를 보다 효과적으로 보호하고 재생함<br>-해양생물자원을 보다 효과적으로 재생하고 유지시킴 |

자료: Peter Dexter, Colins P. Summerhayes, op. cit., p.153.

---

148) Peter Dexter et al., "The World Meteorological Organization need for ocean science", Troubled Waters, Geoff Holland & David Pugh ed., 2010, Cambridge, p.280.
149) Peter Dexter, Colins P. Summerhayes, op. cit., p.152, 161; 박광순 등, 「해양과학기술 및 예보기술의 결정체」, 『해양과학기술』 Vol. 4, 한국해양과학기술진흥원(KIMST), 2012 여름호, p.31.
150) John G. Field, Gotthilf Hempel, Colins P. Summerhayes, op. cit., p.202.

전지구해양관측시스템(GOOS)은 두 가지 요소로 구성되어 있는데 하나는 기후변화와 개방성의 대양을 관측하는 전 지구적인 해양 모듈(Global Ocean Module)이고 또 하나는 연안 모듈(Coastal Module)로서, 연안시스템에의 영향들에 관련된 모듈이다.151)

실제로 GOOS는 국가적, 지역적(regional), 세계적 측면으로 나누어 실시되고 있다. 특히 국가별로 이루어진 자료가 전 세계적으로 상호 교환되어 활용되고 이용되어야 전지구해양관측시스템인 GOOS가 이루어질 수 있다. 이를 위해 각국은 IOC의 권고에 따라 국가해양데이터센터(National Oceanographic Data Center, NODC)를 설치하고 있다.152) 이것들을 모아 지역적인 해양데이터의 수집·교환이 이루어지는데 이는 특히 1902년에 설립된 ICES(International Council of Exploration of the Sea, 국제해양탐구위원회)를 통해 이루어지게 된다.153) IOC에서는 IODE(International Oceanographic Data and Information Exchange, 1987)를 설치하여 이러한 업무를 관장하도록 하고 있다.154)

〈그림 2-9〉 GOOS의 지역 프로그램들

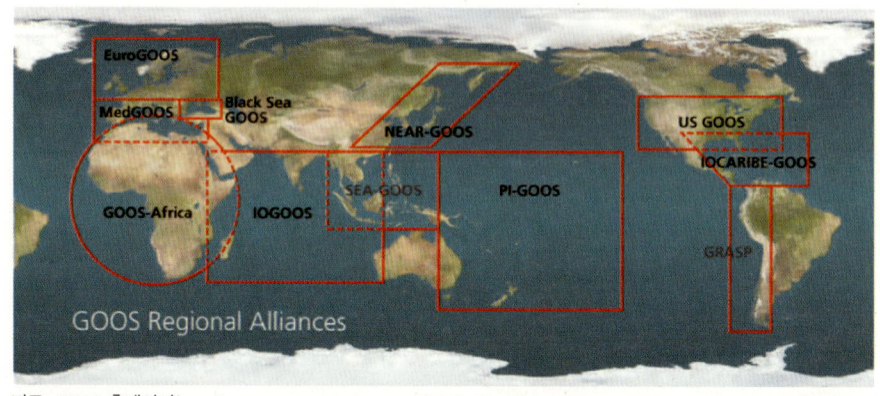

자료: GOOS 홈페이지(http://www.mongoos.eu/goos-gras(2015. 12. 17)

---

151) Gunnar Kullenberg, op. cit., p.125.
152) Geoff Holland, David Pugh, op. cit., p.168. 우리나라에서는 한국해양과학기술원(KIOST)이 NODC의 역할을 하고 있다. 전 세계적으로 80개의 센터들이 설치되어 있다고 한다(남성현, 전게서, p.175).
153) Geoff Holland, David Pugh, op. cit. p.169. 해양생물·어족자원 연구 조사 촉진·장려.
154) Geoff Holland, David Pugh, op. cit., p.170. IODE(The International Oceanic Data and Information Exchange)는 1961년 해양자료 교환을 촉진하고, 자료의 표준 포맷과 양식을 설정하며 회원국들의 자료정보의 관리능력을 키워주고 자료교환이 가능하도록 하는 일을 맡는 IOC의 한 워킹그룹으로 시작하여 위원회로 개칭되었다가 1987년에 현재의 이름으로 조직되었다. 현재는 WMO/IOC의 공동 위원회인 JCOMM 등과 협력하여 '해양데이터 표준 파일럿트 작업'을 하고 있다(상게서, p.175).

우리나라도 주변 지역을 관측하는 NEAR-GOOS라는 북동아시아 지역 관측(Northeast Asia Regional GOOS)에 참여하고 있다. 또한 자체적으로 한국해양관측시스템(KOOS: The Korea Ocean Observing System) 구축에 나서고 있다.

해양관측을 위하여 세계기상기구(WMO)에서 전 세계 상업용 선박에 센서를 달아 여기에서 나오는 실시간 데이터를 이용하는 VOS(Volunteer Observing Ship)도 1860년 영국에서 시작한 이래로 49개 국 이상에서 7,000여 선박이 참여하여 이루어져 왔다.155) 이외에 다양한 해양관측 자료도 GOOS와 연계되어 활용되고 있다.156) 이러한 시스템의 발달로 예를 들어 엘니뇨와 같은 현상도 대략 9개월 전에 예측이 가능하여 관련 국가들의 양식장 등 농수산업이나 기후변화의 영향을 받는 산업들은 미리 대비할 수 있게 되었다.157)

이외에 해양생물센서스(CoML, Census of Marine Life) 프로그램은 IOC가 채택하여 주도한 정부 간 초대형 해양생물 프로그램으로158) 여기에는 2000년부터 2010년까지 지난 10년간 전 세계 25개 바다에서 80여 개 국의 2,700여 과학자들이 참여해 해양생물의 과거와 현재를 파악하고 미래 상황을 예측하고 있다. 이 결과 전 세계적으로 23만 종의 해양생물 목록을 작성하고 5,600여 종의 신종을 찾았다. 이 CoML을 통해 3,000만 건의 해양생물 지리정보 데이터베이스 및 국제 해양생물다양성 기준이 최초로 확립되었다. 한국은 배타적경제수역에서 9,900여 종이 발견되어 종 수는 전체 바다 평균보다 낮았지만 단위 면적($km^2$)당 생물 종은 32.3개로 조사 지역 중 가장 풍부했다고 한다. 연안생물은 인도네시아를 중심으로 하는 동남아시아와 한국(특히 동해), 일본 해역에서 많이 서식하는 한편, 원양생물은 중위도 바다에서 다양하게 분포하는 것으로 나타났다.159) 이 자료는 전 세계 해양자료센터인 IODE에

---

155) 박광순, 「해양시대의 동반자, 한국과 중국」, 『해양과학기술』, KIMST, 2012 봄호, p.51. 한국에서는 한중 간을 오가는 한중페리를 이용하여 이러한 공동연구 사업을 하고 있다.
156) John G. Field, Gotthilf Hempel, Colins P. Summerhayes, op. cit., p.166.
157) John G. Field, Gotthilf Hempel, Colins P. Summerhayes, op. cit., pp.198, 274.
158) Gunnar Kullenberg, "Ocean science: an overview", Troubled Waters, (Geoff Holland & David Pugh, ed.), 2010, Cambridge, p.143; 박진선, 「바다를 통해 미래를 보다」, 『해양과학기술』, KIMST, 2012년 1월호, p.44; 김윤미, 「바다의 인구조사 해양생물 센서스 나왔다」, 『해양과학기술』, KIMST, 2012년 여름호, p.18; 남성현, 전게서, p.78.
159) 김윤미, 상게서, p.20.

Ocean Biodiversity Data System(OBIS)으로 구축·보관되어 전 세계 해양생물 다양성의 귀한 자료로서 쓰이게 될 예정이다.160)

최근 미국에서는 NSF(National Science Foundation) 주도로 총 투자액 2억 3,900만 달러를 투입하여 앞으로 25-30년간 기후변화, 해양순환, 생태계 변동, 대기-해양순환, 해저 지자기 변동 등을 다루는 해양 측정망인 OOI(The Ocean Observatories Initiative)라는 프로젝트를 추진하고 있다.161) 이는 북미 및 남미 해저의 6개 지역 대양 해저에서의 물리적, 화학적, 생물학적, 지질학적 자료를 측정하기 위해 센서들의 네트워크를 구축하는 프로젝트다. 이 570마일의 네트워크는 인터넷으로 연결되어 있으며 지속적으로 전력을 공급받아야 한다. 수중 로봇, 센서가 달린 해저케이블과 관측 장비 등 49개 이상의 첨단 인프라를 통하여 해양의 각종 데이터를 실시간으로 관측하는 이 프로젝트로 과학자들뿐만 아니라 일반인도 직접 고화질 영상을 통해 해저 현상을 관찰하고 자료를 수집할 수 있을 것으로 기대되며, 실시간 모니터링은 2013년부터 시작하여 2015년 초부터 본격적으로 가능케 되었다.162)

〈그림 2-10〉 세계 및 연안 OOI 망과 관련 복합 무어링(mooring) 및 글라이더들(gliders)

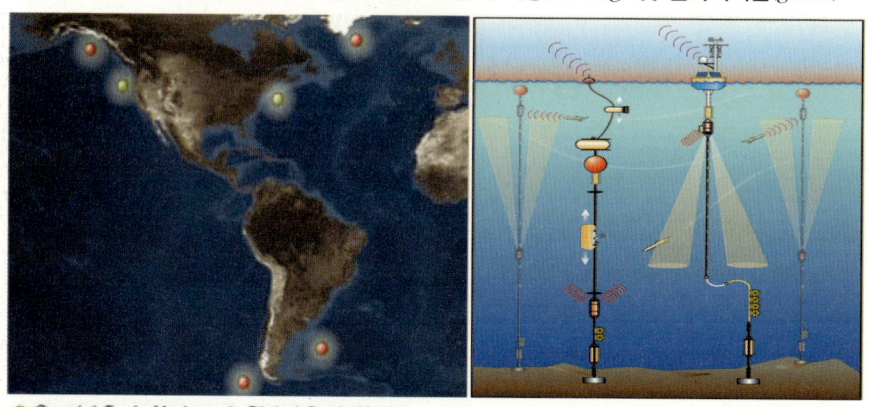

자료: 우즈홀 해양연구소(WHOI) 홈페이지, http://www.whoi.edu/ooi_cgsn/design 등(2015. 12. 17)

---

160) Iouri Oliounine et al., "Oceanographic data: from paper to pixels", Troubled Waters, (Geoff Holland & David Pugh, ed.), 2010, Cambridge, pp.180-181.
161) WHOI 홈페이지; 남성현, 전게서, pp.92-94; http://interactiveoceans.washington.edu/story/The+OOI +Cabled+Network (2013. 6. 11); KMI, 『해양산업동향』제94호, 2013. 7. 9, p.7.
162) 한국해양과학기술진흥원, 『Ocean Insight』, 2015. 1, p.4.

여기에는 현재 미국의 우즈홀 연구소(WHOI), UC 샌디에고의 스크립스 연구소(Scripps Oceanographic Institute), 오레곤 주립대학, 뉴저지 루쳐스 주립대학(Rutgers) 등이 참여하고 있다.[163] OOI는 실시간 자료를 바로 연구자, 대중들이 받아 볼 수 있도록 하는 혁신적인 관측시스템이 될 것으로 예상된다.

이들 센서 관측을 통해 수집한 데이터는 화산, 폭발, 지진, 폭풍, 쓰나미 등의 자연 현상과 해양의 물리·화학적 상태 변화, 해양생물 등의 중요한 자료들로[164] 이를 통해 단기적인 활동들(대륙판, 화산, 생물학적 및 기상학적)과 미묘하고 장기적인 변화와 해양 현상들(해류 순환, 기후변화, 해양산성화, 생태계 추세)을 밝힐 수 있게 된다.

### (3) 운용해양학과 기타 관측 자료 활용

해양의 효율적인 개발과 보존을 위해 시시각각으로 변화하는 파랑, 수온, 해류, 조석 등 해양현상을 실시간으로 관측하고 예보하는 것이 운용해양시스템(Operational Oceanographic System)이다. 해양을 연구하는 데 있어 이러한 시스템 구축이 필수적이라는 것이 세계적으로 인식되고 있다. 특히 다양한 재해, 재난이나 유류오염 사고, 해난 사고 시 수색 구조, 적조, 해양오염 등의 현안 문제 해결 지원을 위해서 이러한 해양예측시스템은 필수적이다. 다시 말해, 파도, 조석, 조류, 해류, 수온, 염분 등 다양한 해양 환경에 대한 현재 상황과 미래의 예측 정보로 다양한 문제 해결을 위한 정보를 생산 및 지원하는 것이 운용해양예측시스템이다. 이는 3가지로 구성되는데 첫째, 실시간으로 여러 해양환경 요소들을 관측하는 실시간 해양관측시스템과 둘째, 컴퓨터와 수치모델링(Numerical Modelling) 기술을 이용해 예측정보를 만들어내는 수치해양모델링시스템, 셋째, 실제 활용을 위한 활용시스템이 그것이다.[165]

예를 들어 포항 앞바다에서 가스를 개발하는 두성호를 설치·운영하려면

---

163) WHOI 홈페이지, http://www.whoi.edu/ (2013. 7. 1)
164) KMI, 전게서, p.7.
165) 박광순 등, 「해양과학기술 및 예보기술의 결정체」, 『해양과학기술』 Vol.4, 한국해양과학기술진흥원 (KIMST), 2012 여름호, pp.30-31.

설치 시부터 인근 지역의 쿠로시오나 북한 한류 등 해류의 세기 등에 대한 동태 파악, 태풍에 대한 정보, 작업을 위한 눈, 비 등 기후 여건 변화, 해수 수온 변화를 시시각각으로 전달받거나 예측 사항을 미리 알아 이에 대처하는 운영 방안을 결정할 수 있게 된다. 이러한 해양관측시스템의 수요처는 기존의 석유·가스업, 해운업 외에 연안관리나 해양오염을 관리하는 지방자치단체, 수산업계, 해양관광업계 등 다양한 수요처가 있다. 미국, 유럽 등 선진국에서는 현장에서의 실시간 관측과 수치예측모델, 원격탐사 등 각 기술을 상호 연계·결합하여 체계적인 해양정보를 생산하는 운용해양예측시스템을 개발·구축해 현업에 활용하는 단계에 와 있다.

〈표 2-4〉 해양관측시스템의 수요처(기존의 석유·가스업, 해운업 제외)

| 분 야 | 이용 분야 | 비 고 |
|---|---|---|
| 특정해양생물에의 영향을 평가하여 오염 모니터링 | 지역정부, 여행업, 어업, 양식 등 | 지역정부는 연안관리 및 오염 통제자 |
| 플랑크톤의 양과 종류의 변화, 현장 화학물 조사를 통한 적조 모니터링 | 지역 정부, 수산업 | |
| 비디오 등 광학기구를 이용한 저서생태 변화 등 연안 모니터링 | 지역 정부, 수산업, 여행업 | |
| 개선된 음향법을 활용한 어업자원 모니터링 | 수산단체, 어촌사회 | |
| 개선된 유해 생물조사 및 예측을 통한 적조 모니터링 | 양식업, 수산단체, 여행업, 건강업계 등 | |

자료: John G. Field, Gotthilf Hempel, Colins P. Summerhayes, op. cit., pp.191-192.

우리나라는 2007년 12월에 운용해양예측시스템 단계별 구축 계획을 수립했고 정부 연구 사업으로 2018년을 목표로 단계별 연구를 수행하고 있다.[166] 정부에서는 이를 통해 실시간 해양관측, 자료통신 및 관리, 수치모델링(Numerical Modelling)의 종합 시스템인 운용해양시스템을 구축하고 있다. 이 GOOS의 한국판인 한국 운용해양시스템(KOOS)의 운용을 통해 선박의 안전항해, 연안재해의 방지, 해양 유류오염 확산 예보, 수색구조 지원, 적조 확산 예측 등 해양에서 이루어지는 다양한 활동을 지원할 수 있게 될 것이다. 해양정보를 정밀하

---

[166] 국토해양부 홈페이지, http://www.mltm.go.kr/USR/WPGE0201/m_23874/DTL.jsp (2012. 11. 13)

게 파악하기 위하여 KOOS에서는 이어도, 가거도 등 종합해양과학기지부터 해상의 각종 관측부이, 인공위성, 조사선 등 현재 운영하고 있는 각종 해양관측 시스템들이 총동원된다.

〈표 2-5〉 해양 모니터링 시스템의 구성 요소들과 조사 내용

| 표 면 | 원 거 리 |
|---|---|
| • 기압<br>• 온도<br>• 상대습도<br>• 바람<br>• 해표면 온도<br>• 염분도<br>• 강우<br>• 조석에 의한 바람 등 | 레이더 산출물 :<br>• 폭풍 해일<br>• 바람<br>• 강우 |
| 조사 선박 :<br>• 염분도<br>• 온도 프로파일<br>• XBT<br>• 라디오존데(대기 상층 관측장비) 등 | 위성 :<br>• 해표면 칼라<br>• 조석파<br>• 해표 바람<br>• SST<br>• 수분 증발<br>• 강우 |
| 상선을 이용한 해표면 변수들 :<br>ARGO에 의한 변수들<br>• 해양 조류<br>• 온도<br>• 염분도 | |

자료: S. K. Krivastav, "Managing Natural Disasters in Coastal Areas-an overview", India Meterological Department, 연도 미상

우리나라의 이어도, 가거도, 새만금에 설치된 종합해양과학기지는 대형 해양관측 구조물로서 40여 종의 관측 장비를 갖추고 있고[167] 여기서 관측된 정보 중 일부는 위성과 통신을 통해 실시간으로 전송된다. 따라서 태풍 등을 감지하고 예방하는 데 큰 도움을 주고 있다. 또한, 전 세계적인 기후변화 연구 등 국제적인 연구 활동에도 크게 기여할 수 있을 것으로 기대된다.

현재 기업 차원에서도 이와 같은 각종 자료들을 수집하여 해양, 기상, 파랑 수치모델을 이용한 지구환경예측시스템을 구축하여 제공하는 기업들도 나타나고 있다.[168] 자세한 것은 후술하는 국가해양관측망 부분을 참고하기 바란다.

---

[167] 동아사이언스팀, 「태풍의 실체는 바다가 알고 있다」, 『해양과학기술』 Vol. 4, 한국해양과학기술진흥원(KIMST), 2012 여름호, p.85.

## 3. 해양과학 조사 방법과 도구들

### 1) 해양과학 조사 방법

해양과학기술의 발전과 더불어 각종 해양 탐사 장비와 조사 방법도 크게 발전하였다. 다양한 바다의 현상을 규명하기 위해서는 많은 배를 동시에 사용하거나, 항공기, 잠수정, 자동관측계기를 설치하기도 한다.

〈표 2-6〉 해양과학조사 방법의 내용

| 분야 | 조사 내용 | 장비 등 |
|---|---|---|
| 직접관측 분야 | 관측기기를 수중에 설치하거나 시료를 채취하여 물의 제반 성질과 움직임, 이에 수반하는 퇴적물, 수질, 저질의 시·공간적 분포와 변동을 직접 관측 또는 실험실에서 분석하는 가장 기본적이면서 전통적인 분야 | 조위·파랑·파고·유향·유속·수온·염분·부유사·해수 채취 등 다양한 관측 장비 |
| 원격 모니터링 사업분야 | 고정식 플랫폼 또는 무인자동운항 선박에 설치된 각종 센서를 이용함. 이로써 물의 제반 성질과 움직임 및 수질의 시·공간적 분포와 변동을 측정한 후, 무선통신으로 실시간으로 측정자료를 전송하여 악천후에도 연속적인 측정이 가능한 조사 분야. 원격모니터링 시스템의 구축 필요 | 백사장 등을 비디오 카메라 등을 이용한 실시간 모니터링 |
| 측량 및 탐사분야 | 조사 시 장비를 선박에 탑재, 발사한 음향신호가 저면 또는 지층경계면에서 반사·굴절되어 돌아오는 시간과 신호를 분석하여 수심 분포, 지면 영상, 지층 구조를 정밀하게 파악함. | 다중빔 음향측심기, 사이드스캔소나, 지층탐사기, RTK GPS 등 다양한 최첨단 장비와 축적된 기술력을 활용. |
| 수치모형 실험 | 해양, 하천, 호소 등에서의 물의 흐름, 물질의 이동과 확산 및 상호작용을 표현하는 미분방정식의 수치해석컴퓨터프로그램을 이용해 관측한 결과를 재현하고 장래 변화 또는 과거 현상을 시뮬레이션함. | 태풍 내습, 해안역 침수·범람 등을 예보 |

자료: 지오시스템, 「해양과학조사 및 수치모형실험분야를 선도하다」, 『해양과학기술』, KIMST, 2012년 1월호, pp.64-65.

---

168) 한국해양과학기술진흥원(KIMST), 「핵심기술 브리핑: 해양환경 조사, 분석 및 예측의 선두 주자」, 『해양과학기술』 Vol.5, 2012 가을호, pp.64-65.

또한 최근 원격탐사에 많이 이용되는 인공위성도 넓은 범위를 신속히 조사할 수 있어 해양학 연구에 크게 기여하고 있다. 위성에 적외선 방사온도계를 적재하여 해면의 온도를 측정하거나, 해수의 색깔 차이에서 해류의 위치를 구하거나, 위성에서 바로 밑의 바다 밑까지의 거리를 정확히 측정하여 해저의 굴곡을 알 수 있다.[169]

관측을 방법별로 구분해 보면 연구선, 관측 부이, 수중 글라이더(glider), 표층뜰개(일명 드리프터, drifter) 등에 의한 직접 관측과 인공위성, 항공기, 레이다를 이용한 간접 관측이 있다. 또한 과거에는 배를 타고 나가 관측하는 직접 관측이 주류를 이루었으나 최근에는 다양한 무인 관측 장비가 나와 세계 도처의 각종 무인 센서에서 수집되는 자료들을 실시간으로 전송받는 일이 가능해졌다. 이러한 무인 관측 장비도 측정 방식에 따라 두 가지로 나누어진다. 하나는 바다에 띄워 둔 장비들이 스스로 표류하거나 또는 정해진 경로를 따라 이동하면서 자동으로 그 위치 정보와 함께 관측자료를 수집하여 인공위성에게 보내주는 방식이다. 표층에서 해류를 따라 이동하면서 자료를 수집하는 표층뜰개(일명 드리프터, drifter)와 표층과 심층을 오가며 자료를 수집, 전송하는 연직관측용뜰개(profiling floats), 정해진 경로를 따라서 이동하면서 표층과 심층을 관측하는 수중 글라이더(glider) 등이 이에 해당된다.

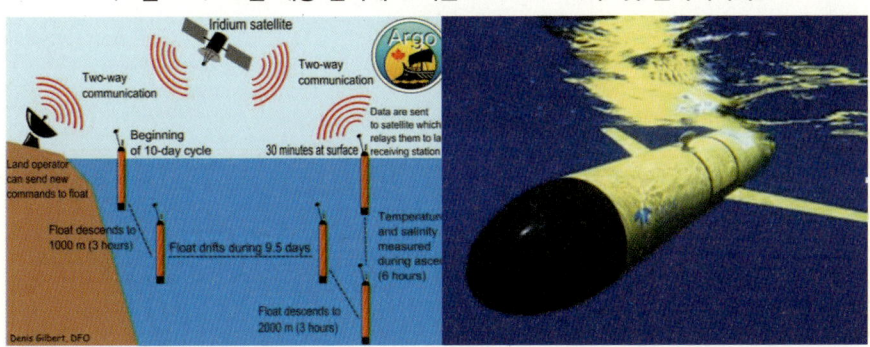

〈그림 2-11〉 그림 해양 탐사에 쓰이는 ARGO floats(좌) 및 글라이더(우)

자료: http://www.dfo-mpo.gc.ca/science/publications/article/2012/12-13-12-eng.html (좌), http://www.whoi.edu/ooi_cgsn/page.do?pid=54156&tid=2862&cid=93909 (2015. 12. 17)

---

169) 신홍렬, 전게서, p.38.

또 다른 직접적인 무인 해양관측 방식으로는 이동하지 않고 특정한 위치에 고정해 둔 센서들로부터 장기간 연속적으로 시간에 따라 변하는 시계열 자료를 인공위성 등을 통하여 받는 것이다. 여기에는 계류선(mooring line)의 정해진 수심마다 부착해 둔 센서들을 통해 지속적으로 자료를 수집하거나 음파를 이용해 수직적인 유속 구조들을 측정하는 계류 장비, 해저 면에 안착시키거나 해저케이블 망으로 연결하는 장비, 특정 단면을 통과하는 해수 수송량 감시 등이 포함된다. 22개국 60여 개 기관이 참여하고 있는 전 세계 해양 시계열 관측 네트워크인 GOOS의 OceansSITES에 따르면 중단되거나 새로 계획 중인 33개소를 제외하고도 2010년 9월 기준으로 전 세계 바다의 89개 고정점들과 19개 단면들의 계류 장치로부터 장기적인 해양 시계열 자료를 수집 중에 있다. 이들은 인공위성 영상과 ARGO 뜰개 자료를 보완하여 GOOS 체계를 구축하게 된다.

〈표 2-7〉 GOOS 초기에 연계된 자료들

| 분 야 | 모델 명 | 비 고 |
|---|---|---|
| 상부 해양 관측<br>(Upper ocean measurements) | -the Ship of Opportunity Programme<br>-the Global Temperature and Salinity Profile Programme | |
| 해양 기상 관측 | Voluntary Observing Ship(VOS) programme | WMO |
| 해수면 상승 | the Global Sea Level Observing System | |
| 고정 및 이동 부이 관측 | the Data Buoy Cooperation Programme | |
| 엘니뇨 관측 | 열대 태평양의 엘니뇨관측시스템 및 the Tropical Atmosphere-Ocean and TRITON arrays of buoys | |
| -해양 표면/해양기상 관측<br>-해양 자료 | -미국 NOAA의 위성들<br>-일반 NOAA Global Data Center 자료 | |
| 플랑크톤 자료 | Continuous Plankton Recorder Survey(Sir Alister Hardy Foundation for Ocean Science가 관리하는 자료) | |
| 실시간 자료 | 실시간 관측소인 S(Bermuda) 및 Bravo(Labrador Sea) | |
| 물리, 화학, 생물자료 | International Bottom Trawl Survey(ICES) | 북해 |
| 산호초 | Global Coral Reef Monitoring Network | |
| 정보자료의 이동 | Global Telecommunications System of the WMO<br>(세계기상기구) | |

자료: John G. Field, Gotthilf Hempel, Colins P. Summerhayes, op. cit., p.202.

이와 같이 개별 장비로부터 모아진 개별 관측 정보들은 이를 종합하는 종합적인 해양관측망에 통합되어야 비로소 지역적으로, 분야별로 통합된 정보로서 제대로 작동될 수 있다. 그래서 지역적으로나 국가적으로 이러한 정보들의 통합이 이루어지고 이를 중심으로 '전지구해양관측시스템(GOOS)'이 구축되고 있다.[170]

### 2) 주요 관측 장비 및 관측 시스템의 활용

전지구해양관측시스템인 GOOS에서 전 세계적인 해양조사·관측시스템의 하나로 구축된 ARGO(Array for Real-time Geostrophic Oceanography) 프로그램은 ARGO 뜰개(float)를 이용한 세계기상기구(WMO)/정부간해양위원회(IOC)의 국제공동 프로그램이다. 이는 전 지구 기후/해양 관측 시스템(GCOS/GOOS)과 기후변동 및 예측실험(CLIVAR), 전 지구 해양 자료동화 실험(GODAE) 사업과 연계하여 시공간적인 해양의 수온, 염분 및 해류의 준 실시간 감시 및 체계적인 관측을 수행하는 사업이다.[171]

2000년 이래 전 세계에 띄운 약 4,000여 개의 ARGO 뜰개(floats)는 해저 2,000m의 깊이에서부터 매 10일마다 떠오르면서 정기적 간격으로 염분도와 수온의 수직적 분포를 측정하여 인공위성으로 전송하고 있다.[172] 이는 다시 중앙데이터 관리소와 자료처리실로 바로 연계되어 이것이 전 지구 해양자료동화실험(GODAE, Global Ocean Data Assimiliation Experiment)의 필수적 부분으로서 운용해양학의 기초 자료가 되고 있다.[173]

---

170) 남성현, 전게서, p.90.
171) ARGO 홈페이지. 2015년 9월 전 세계 해양에 3°X 3°의 수평해상도를 유지하기 위한 약 4,000대의 ARGO 플로트 관측이 이루어졌고 이를 유지, 확대시키기 위한 노력을 지속하고 있으며 우리나라 동해에서도 이루어지고 있다. 이때 이용되는 ARGO 플로트는 1,000m에서 9일 동안 체류하면서 해류를 따라 표류하다가 이후 수직 관측을 위해 2,000m까지 하강했다가 다시 내부의 동력에 의해 표층으로 부상하면서 수온과 염분을 연속적으로 관측하고, 기록된 모든 정보를 ARGOS 위성에 송신하고 이러한 활동을 반복한다. ARGO 플로트 자료는 해양예측모델 및 해양 관련 모델의 기본자료로 활용되고 또한 수온 모니터링 등에 활용된다.
172) 2015년 9월 현재 전 세계에서 3,918개의 ARGO Floats가 운용중임(ARGO 홈페이지)
173) David Pugh, "UK marine science at the millennium", *Managing Britain's Marine and Coastal Environment*,

ARGO에 의해 구축된 이 해양관측시스템은 기존에 해양을 관측해 오던 인공위성 자료와 현장 실측자료를 보완하는 데 유용하게 사용될 수 있다. 이 뜰개(float)의 활용이 해양 상층부를 연구하는 데 혁명적인 결과를 가져왔고 이를 통해 해양에서의 기후변화 이해와 운용해양관측시스템(operational ocean observing system)의 구축에 획기적 기여를 한 것으로 평가되고 있다.[174]

〈그림 2-12〉 전세계 ARGO 사이트들

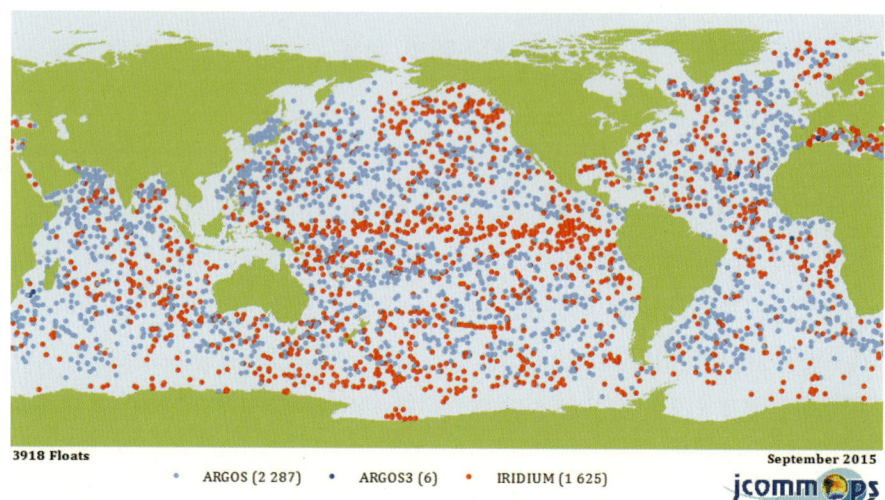

자료: https://picasaweb.google.com/112615107763535351524 (2015. 9. 20); Argo 홈페이지, http://www.argo.ucsd.edu/ (2015. 12. 17).

이외에도 해양관측 장비로서 글라이더, 부이[175] 등이 해양관측에 많이 이용되고 있다. 또한 해양위성 등을 활용하여 표층 온도와 표층의 클로로필 조사로 엘니뇨 현상의 연구들이 활발히 진행되는 등 이러한 첨단 장비들의 사용으로 해양에 대한 연구와 관측이 보다 효과적으로 이루어지고 있다.

1978년 최초로 미국 NASA의 해양 인공위성(Seasat)이 발사되어 해양을 전체

---

2005, p.32.
174) Geoff Holland, David Pugh, op. cit., p.288.
175) 어뢰 모양으로 소용돌이, 해상의 기상전선 등 특정한 위치에서의 현상 자료를 수집하는 데 탁월한 기능을 하는 관측 장비로서 날개와 방향타를 통해 회전과 위치 조정이 가능함. 부이는 동그란 우주선 모양으로 태양전지를 통해 자체 전력 충전으로 아르고 글라이더보다 더 빈번히 관측에 활용되고 수온, 염도, 조류 등 종류에 따라 다양한 관측 장비를 부착하여 GPS와 ARGO위성을 통해 위치와 관측정보를 실시간으로 전송함.

적으로 볼 수 있게 되었으며 해표면에서 바람의 움직임, 파도의 높이, 해수층의 물리적 속성 등이 파악될 수 있게 되었다.[176] 이로써 해양을 전체적 관점(holistic perspective)에서 조사·관측할 수 있는 계기가 만들어졌다. 특히 새로운 위성 네트워크는 1992년 리우회의 추천에 의해 기존의 전통적인 위성시스템에서 전 세계 해양을 동시에 관측하는 시스템으로 변화하도록 하였다.[177] 이와 같이 현대 사회에서는 기술적 인풋(input)에 의해 해양 연구가 전 세계적으로 동시에 일어나면서 이것이 하나로 통합되는 체계로 나아가고 있다.

〈표 2-8〉 국내외 인공위성 해색 센서

| 구분 | 극궤도 | | | 정지궤도 |
|---|---|---|---|---|
| 해색센서 | SeaWiFS | MODIS | MERIS | |
| 위성 | OrbView-2 | Aqua | ENVISAT | COMS |
| 운영기관 | NASA/OSC | NASA | EAS | KIOST |
| 운영국 | 미국 | 미국 | 유럽연합 | 한국 |
| 해상도(km) | 1.1 | 1 | 0.3-1.2 | 0.5 |

자료: KMI, 『해양학술 SOC 중장기 확충방안(안)』, 2012. 8, p.59.

우리나라에서 2010년 6월 발사에 성공한 천리안 위성은 세계 최초로 정지궤도 해양위성으로 한반도 주변 해양환경과 수산정보를 24시간 실시간 관측하였다. 이를 통해 해양자원 관리, 해양환경 보전 등 해양영토 관리를 효과적으로 지원함으로써 세계의 해양관측 정지궤도 위성 분야를 선도하고[178] 주변국으로부터 많은 자료 요청도 받고 있다.[179] 다만 인공위성의 단점은 이용되는 전자기파 방사선(electromagnetic radiation)이 얕은 바다 지역까지만

---

176) Adalberto Vallega, op. cit., p.13.
177) Adalberto Vallega, op. cit., pp.85-86.
178) 안유환, 「위성의 눈으로 해양을 관측한다」, 『해양과학기술』 Vol.1, KIMST, 2011. 10월호, pp.32-36. 천리안 위성의 기상탑재체와 해양탑재체는 매일 170여 장의 기상영상과 8장의 해양영상(주간 1시간당 1장씩)을 촬영하여 지상으로 전송하고 있으며, 이는 국민 생활에 필수적인 일기 예보 등 기상서비스, 통신 서비스, 한반도 연안 해양환경 연구 등에 활용. 저위도(800km 고도) 위성은 하루 한 차례 밖에 해양을 관측할 수 없다. 고위도 위성은 3만 6천km 상공이라 최소 52배 고성능 망원경, 방사선 증가에 따른 장비의 견인성 등을 극복하고 세계 최초로 성공적인 운항 중임. 실시간 관측이 가능하고 고해상도로서 해양의 미세 변화를 감지 가능. NASA 등 타국의 극궤도 위성은 고도 약 700km에서 지구를 선회하면서 하루에 한번 씩만 자료 전송함.
179) 해양연구원 담당자와의 인터뷰 결과임.

투과하므로 수온, 클로로필, 해양오염 등 해수 표면만 관측할 수 있어 보다 완벽한 이용을 위해 다른 관측 자료 등의 보완이 필요하다.[180]

〈그림 2-13〉 천리안 위성을 이용한 GOCI 클로로필a 농도 분석

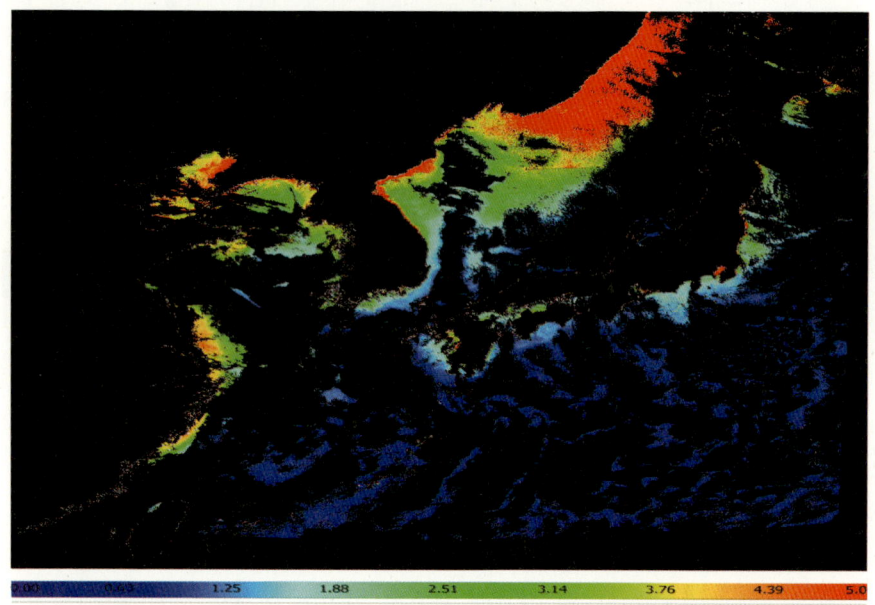

자료: 국립수산과학원, 2015. 12. 19. 검은 색은 구름 부분. [ GOCI : Geostationary Ocean Color Imager ]

각 해역별로 종합 해역 관측기지가 운영되기도 한다. 참고로 우리나라 외해 지역에서 해양과학 조사를 실시하고 있는 종합해양과학기지 현황은 다음 〈표 2-9〉와 같다. 이어도 해양과학기지에서는 태풍에 대한 실시간 관측이 가능하고 태풍 예보에 커다란 기여를 하고 있다. 참고로 2003년 이어도 종합해양과학기지의 완공 후 우리의 해양관측 능력도 한 단계 상승했다는 평가도 있다. 현재 계획하고 있는 독도 해양과학기지는 아직 설치되지 못하였으나 이것이 설치되면 일본 연안에서 일어난 지진해일 등의 사전 탐지 등이 가능하다.[181]

---

180) John G. Field, Gotthilf Hempel, Colins P. Summerhayes, op. cit., p.224.
181) 김윤미, 「우리 땅 독도: 과학으로 지킨다」, 『해양과학기술』 Vol.1, KIMST, 2011. 10월호, pp.21-22. 일본 서해안에서 지진해일이 일어난 경우 동해안 도달에 1시간이 걸리며 이를 독도 기지에서 먼저

〈표 2-9〉 우리나라 종합해양과학 기지 현황

| 명칭 | 준공년도 | 위치 | 크기 | 특징 |
|---|---|---|---|---|
| 황해 중부 부이 | 2007. 9 | 군산 앞바다 약 200km 지점 수심 약 80m | 지름 10m, 무게 약 50t | 한국과 중국의 협력 연구, 6종의 관측 장비 탑재, 인공위성을 통해 데이터 실시간으로 전달 |
| 가거초 종합해양과학 기지 | 2009. 10 | 가거도 서쪽 47km 해상, 수심 14m | 286km² | 크기가 이어도과학기지의 1/4 수준, 31종의 관측장비 탑재 |
| 이어도 종합해양과학 기지 | 2003. 6 | 마라도 남서쪽 149km 해상, 수심 4m | 1,345km² | 8명이 15일간 임시 거주 가능, 태풍 길목에 위치, 황사 같은 대기 오염 물질 이동 및 분포의 파악 가능 |
| 독도 종합해양과학 기지(계획) | 향후 설치 예정 | 독도 서도 북서쪽 1km 해상, 수심 50m | 2,700m² | 40종의 관측장비 탑재, 일반인 홍보관 마련, 대양 특성 연구기능, 지진 및 지진해일 모니터링 실시 |

자료: 김윤미, 전게서, pp.20-23.

우리나라 기상청, 국립수산과학원, 한국해양과학기술원, 서울대학교 등에서는 국제해양관측프로그램인 ARGO 프로그램의 일환으로, 동해 수심 800m까지 약 10일 간격으로 오르내리며 수온, 염분, 용존산소 등을 관측하여 인공위성으로 전송하는 무인 ARGO 뜰개(floats)를 이용한 관측을 활발히 진행해 왔다.[182]

또한 우리나라 해양과학자들은 바닷물의 수온, 염분, 용존산소량 등의 특성을 조사하기 위해 1970년대에 개발된 CTD(Conductivity-Temperature-Depth)라는 해양조사 장비를 사용해 오고 있다.[183] 이는 수온, 염분 및 용존산소의

---

탐지하면 우리나라 동해안 주민들이 대피하는 데 30분 정도의 시간을 벌 수 있다고 한다.
182) 남성현·김윤배, 『동해, 바다의 미래를 묻다』, 푸른행성지구시리즈, 이담, 파주, 2013. 3, pp.51-52.
183) 남성현·김윤배, 상게서, pp.60-61. 이들은 연구선의 윈치(Winch)에 부착한 CTD 장비를 바닷속 깊숙한 곳까지 내렸다가 올리는 방식으로 수심에 따라 바닷물의 특성이 어떻게 분포하고 있는지를 알아낸다. 바닷물 속에 녹아있는 이온 양에 비례하는 전기 전도도의 성질을 이용하여 조사선박의 항적에 따라 센서를 통하여 염분, 온도, 압력, 수심 등을 정밀하고 연속적으로 측정 가능한 장비이다.

세밀한 구조를 매우 정밀하게 측정할 수 있어 오늘날에도 전 세계 각국에서 지속적으로 사용되고 있다.

이러한 기구들을 통해 얻은 막대한 자료 처리에는 컴퓨터가 필요하게 되었고 이에 의한 수학적인 수치 해석 및 수치 실험은 해류순환 등 많은 해양 현상의 물리적인 파악을 가능하게 해주고 있다.[184] 이와 같은 해양모델 분야에서는 기상청을 비롯하여 국립해양조사원, 국립수산과학원, 한국해양과학기술원(구 한국해양연구원), 국방과학연구소 등이 참여하고 있다. 이들 유관기관들에서는 고유 업무의 성격에 맞도록 자체 해양모델들을 개발하고 있거나 이미 일부 현업에 활용하고 있는 등 해양 예측·예보 개발을 위해 노력 중이다.[185] 특히 기상청은 2012년 7월부터 기상청 홈페이지를 통해 한반도 주변 해역과 동북아시아 해역의 3차원 해류, 수온, 염분에 대한 3일 해양 예측정보를 서비스[186]하고 있다. 이러한 해양 예측·예보 노력은 한반도에서 해무, 폭우, 폭설과 같은 해양기인성 기상재해에 대응하는 단기예보나 기후변화에 대응하는 중장기 기후예측의 정확도를 높이는 데 도움이 될 것이다.

### 3) 관측 선박 및 관측정

미국의 경우, 정부가 효율적인 해양조사를 위한 선대 규모와 적합한 선박을 확보하기 위하여 미해군조사실(Office of Naval Research), 해양경비대(Coast Guard), 국가해양대기청(NOAA) 등이 운영하고 있는 모든 해양관측조사선에 대해 종합적으로 관리하고 정보를 공유하고 있다.[187] 이를 바탕으로 다양한 이해관계자들의 시각, 의견, 경험 등을 반영한 장기적인 해양과학조사 정책

---

해수 탐사 시 CTD와 해수를 채취할 수 있는 채수기들이 함께 부착된 로젯(Rosette)이라는 장비가 이용된다. (한국해양수산개발원, 『바다 이야기』, 서울, 2014. 12, pp.34, 44).
[184] 신홍렬, 전게서, p.38.
[185] 남성현·김윤배, 상게서, p.120.
[186] 기상연구소 해양기상과 혹은 지구환경시스템연구과.
[187] 최용석, 「미국, 해양관측조사선 공동협력 및 관리 확대」, 『KMI 독도연구 저널』, Summer 2013, Vol.22, pp.41-42.

이 마련되고 있다. 미국도 해양관측조사선의 평균 선령이 23년이라서 노후화가 빠르게 진행되어 선령 30년을 교체 주기 목표로 하여 선박 현대화를 서두르고 있다.[188]

〈표 2-10〉 미국 해양관측조사선 현황

| 비고 \ 등급(CLASS) | 글로벌 | 해양 | 지역 | 현지 |
|---|---|---|---|---|
| 척수 | 16 | 23 | 6 | 6 |
| 항해기간(일) | 50 | 40 | 30 | 20 |
| 운항거리(nm) | 13,500 | 10,800 | 8,100 | 5,400 |
| 길이(m) | 230 이상 | 180-230 | 130-180 | 130 이하 |
| 과학실험실 | 30-35 | 20-25 | 15-20 | 15 이하 |

자료: 최용석, 「미국, 해양관측조사선 공동협력 및 관리 확대」, 『KMI 독도연구 저널』, Summer 2013, Vol.22, p.41.
원전: US Federal Oceanographic Fleet Status Report, 2013.

전 세계적으로 해양 선진국들은 주로 3,000톤급 이상의 해양 조사선 선박을 투입하여 대양 연구를 실시하고 있고 우리나라는 최근 5,900톤급 이사부호가 2015년 10월 진수되어, 극지 조사에 쓰이고 있는 7,500톤급 아라온호(쇄빙선)와 더불어 대양 및 극지 연구에 투입되고 있다.

〈표 2-11〉 각국의 3,000톤급 이상 조사선 현황

| 국 명 | 3,000톤급 이상 조사선 수(척) | 비고 |
|---|---|---|
| 미국 | 11척 | |
| 영국 | 8척 | |
| 프랑스 | 6척 | |
| 독일 | 4척 | |
| 일본 | 8척 | 2005년 56,700톤급 조사선 지큐(Chikyu)호로 IODP 주도 |
| 인도 | 2척 | |
| 중국 | 10척 | |
| 한국 | 2척(쇄빙선 아라온호 7,487톤, 이사부호 5,900톤) 천 톤 이상은 온누리호, 지구물리탐사선 등 포함시 4척 | KIOST 온누리호: 1,422톤, 국립해양조사원(KHOA) 해양2000호: 2,533톤 등 |

자료: KMI, 『해양학술 SOC 중장기 확충방안(안)』, 2012. 8, pp.39-45; YTN, 2015. 10. 22(이사부호)

---

188) 최용석, 상게서, p.41.

심해를 탐사하는 데 쓰이는 심해잠수정은 1970년대 초반부터 쓰이기 시작하였는데 사람이 탈 수 있는 유인잠수정과 무인잠수정으로 구분할 수 있다. 유인잠수정은 사람이 타고 현장에서 직접 상황 판단을 하며 탐사하므로 작업의 정밀성을 높일 수 있다는 장점이 있는 반면, 무인잠수정은 사람이 타지 않으므로 안전사고에 대한 부담감이 적고, 더 오랜 시간 수중탐사를 할 수 있다는 장점이 있다.[189] 1964년 미국이 4,500m급 유인잠수정 앨빈호를 만들어[190] 운용한 이래 심해 유인잠수정이 바다 탐색에 이용되기 시작하였다. 미국 이외에 프랑스(6,000m급, 노틸호, 1984), 러시아(6,000m급, 미르1,2호, 1987), 일본(6,500m급 신카이, 1989), 중국(7,000m급 쟈오룽, 2010) 등의 국가에서 유인잠수정을 성공적으로 개발하여 이용해오고 있다.

유인잠수정의 탐사 범위는 대륙붕, 해산, 해령, 화산분출구 등으로 대개 6,500m 정도까지의 해저 탐사를 목표로 하고 있다. 이는 지구상에서 수심이 6,500m를 넘는 바다는 2%에 불과하기 때문이다. 최근에는 이러한 유인잠수정의 중요성이 더욱 높아지면서 선진 각국의 유인잠수정 건조는 물론 가항 깊이 등 기술적 우수성의 경쟁이 가속화되고 있다.

또 다른 장비로서 해양 연구를 위한 무인잠수정이나 로봇과 같은 장비로는 원격제어 무인잠수정(ROV, Remotely Operated Vehicle)과 무인자율잠수정(AUV, Automatic Underwater Vehicle)이 있다. 원격제어 무인잠수정(ROV)은 수상 오퍼레이터와 케이블로 연결되어 경험 많은 과학자가 선상에서 원격으로 조종할 수 있다. 이러한 원격제어 무인잠수정(일명 잠수로봇 ROV)은 1970년대부터 개발되기 시작하였다. 현재 전 세계적으로 사용되고 있는 것은 30대 정도로 이 중 12대만이 4,000m 이상을 잠수할 수 있다.[191]

---

[189] 현재 심해유인잠수정을 이용해 심해 연구를 할 수 있는 유인잠수정을 보유하고 있는 나라는 미국, 프랑스, 일본, 러시아 등이다. 최근 중국이 수심 7,000m까지 잠수할 수 있는 심해유인잠수정을 개발하였다고 발표하였다. 김웅서, 「해양과학」 『KMI 해양아카데미 2010(제4기교재)』, KMI, 2010.

[190] 미국은 2012년까지 6,500m급 앨빈 2호를 만들기 위해 노력하고 있다. 머리에 트럭을 이고 있는 듯한 수압을 견디기 위해 통구조 모양으로 이음매 없이 두들겨 만든 특수합금으로 만들고 선장 1인, 과학자 2인 등 3인 탑승 12시간 정도(앨빈호 10시간) 운항 가능하다. 미국은 앨빈 1호로 타이타닉호, 심해열수공 탐사로 수많은 신종 해양생물 발견했다. 미국 유인잠수정 트리에스테가 1960년 세계 최고 깊이 마리아나 해구(깊이11,034m)의 1만 918m까지 내려가 유인잠수 최고 수심 기록을 달성함(중앙일보, 2011. 12. 5; 사라 치룰/김미화 역, 『심해전쟁(Der Kamp Um Die Tief Zee)』, p.41).

[191] 이 중 프랑스, 영국, 한국(해미래 6000), 노르웨이, 포르투갈, 러시아, 일본, 한국, 캐나다, 호주, 미국

반면 무인자율잠수정(AUV)은 활용시 수상 과학자와 정보 소통수단으로 수중 무선 통신이 유일하게 활용된다. 수중에서는 수중 무선 통신이 원활치 못하므로 스스로 판단하고 행동해야 하므로 정보를 수집하고 정확하게 처리하는 능력과 높은 지능을 필요로 한다. 우리나라에서는 한국해양연구원이 2007년 6,000m급 무인잠수정 '해미래'를 개발하였고 천해용 AUV인 '이심이 100'을 개발하여 운용 중이다.[192]

### 4) 해저 통신

해양조사와 관련은 없으나 해양을 이용한 통신 혁명도 상업적인 해양 이용에 한 몫을 하고 있다. 1851년에 프랑스 캐레이항과 영국 도버해협 사이에 첫 해저 전신망(telegraph cable)이 깔리고, 곧이어 1865년 대서양 양안 간(2,500마일)에 설치되었으나[193] 1920년 무선통신(radio communication) 시스템이 나오면서 쇠퇴하였다. 1956년에는 새로이 첫 해저 전화선 케이블이 대서양 양안 간에 깔리면서 잘 이용되었으나 1960년에 인공위성이 처음 발사되면서 해저케이블을 대체하기 시작하였다.

그러나 광케이블이 발명되면서 통화의 다용량성, 이에 따른 경제성, 넓은 망의 보유 등의 장점 때문에 최근에는 유선통신이 다시 전체 통신망의 70%를 차지하고 위성이 30%를 차지하고 있다.[194] 이와 같이 대기와 수중에서는 활발한 유선통신망이 깔리고 있으나 수중에서는 수km 이상의 중장거리 무선통신이 어려워 이를 극복하기 위한 연구가 활발히 이루어지고 있다. 현재 육지 해안에서 해상 50km까지만 4세대무선통신(LTE)이 가능했는데 최근 국내 통신사(KT)가 200km까지 무선도달가능 기술을 개발하여 해양 조난, 해상 통신에 활용하게 되었다.[195]

---

은 수심 6,000m 이상 잠수할 수 있는 ROV를 확보하고 있다. 사라 치룰/김미화 역, 전게서, p.43.
192) 이판묵, 「해저세계를 정밀 탐사하는 수중 로봇」, 『해양과학기술』 Vol.4, 한국해양과학기술진흥원(KIMST), 2012 여름호, p.57; 황기형, 『해양산업 분류체계 및 해양산업의 역할과 성장전망 분석을 위한 기획 연구(중간보고자료)』, 2011. 6, p.97.
193) 신홍렬, 전게서, p.36.
194) Adalberto Vallega, op. cit., pp.102-103.

〈표 2-12〉 전송 매체 비교

| 유형 | 특성 | 전형적인 용량<br>Bits per second(b/s) | 한계: 동시적인<br>음성/데이터 통신 |
|---|---|---|---|
| 구리선 | 음성 혹은 느린 데이터 속도만 | 1.5 Mlb/s | 24 |
| 마이크로웨이브 | 포인트 대 포인트 적용:<br>시각 경로 필요 | 135 Mlb/s | 2,160 |
| 위성 | 방송이나 광대역에 적합 | 45 Mlb/s | 720 |
| 광섬유 | 고속 용량: 낮은 전송 지체 | 280 Mlb/s | 20,000 ** |
| 광섬유 | 반복(ditto) | 5.0 Glb/s | 320,000 ** |

자료: Adalberto Vallega, op. cit., 2001, p.103. ** : fibre pair(광섬유 쌍 당 채널수)

## 4. 국가해양관측망

국내에서는 일제강점기인 1915년 해양 수온 등에 대한 해양조사 사업이 처음 시작된 이후 1917년에는 시험조사선이 건조되었고, 1921년에는 부산에 수산시험장이 건립되었으며 그 후신인 국립수산과학원(당시 국립수산진흥원)이 지금까지 연근해에서 정기적인 해양조사 사업을 해 왔다. 1960년대 이후 수로국(현 국립해양조사원)에서 항해 안전을 위하여 조석, 조류 관측, 수로 측량과 해저지형 조사를 하고 해양수산부에서는 주요 항구에서 파랑조사를, 기상청에서는 우리나라 주변 해역에서 파랑과 해양관측을 하고 있다.[196]

이러한 체계적인 해양관측과 조사를 위해 국가에서는 국가해양관측망을 운영 중인데 이는 조석, 수온, 파랑, 해류 및 해상기상 등의 해양변화 현상을 체계적이고 연속적으로 관측하여 실시간으로 서비스하기 위한 것이다.[197] 그 법적 근거는 해양수산발전기본법 제17조 ①항으로서 "정부는 해양 및 해양자원의 합리적인 관리·보전 및 개발·이용을 위하여 해양에 대한 과학조

---

195) 국민일보, 2016. 7. 6.
196) 신홍렬, 전게서, p.42.
197) 국립해양조사원, 「우리바다 실시간 정보 제공」(해양수산 정부 3.0 민관토론회 프로시딩), 2013. 10. 8, p.64.

사 및 관측을 실시하여야 하며, 이의 효율적인 수행을 위하여 국가해양관측망을 구축·운영할 수 있다"고 되어 있다. 그동안 변화되어 온 국가해양관측망은 〈표 2-13〉과 같다.

〈표 2-13〉 국가해양관측망의 변천

| 기간 | 내용 |
|---|---|
| 2001. 2 | 국가해양관측망에 대한 기본계획 수립 |
| 2006. 4 | 이어도를 해양과학기지를 포함한 국가해양관측망 이관 |
| 2007. 12 | 63개소 국가해양관측망 운영 |
| 2011. 11 | 77개소 국가해양관측망 운영 |
| 2014. 2. 현재 | 현재 91개소 국가해양관측망을 운영(2015년까지 161개소 운영)<br>• 조위관측소: 50개소(인천, 부산, 속초 등)<br>• 해양관측소: 6개소(속초, 쌍정초, 왕돌초 등)<br>• 광역해수유동관측소: 8개소(부산신항, 여수해만 등)<br>• 해양관측 부이: 대형 9(이어도, 남해연안 등), 소형 16개소(입파도, 아산만, 대천 등)<br>• 종합해양과학기지: 2개소(이어도, 가거초) |

자료: 국립해양조사원, 「우리바다 실시간 정보 제공」(해양수산 정부 3.0 민관토론회 프로시딩), 2013. 10. 8, p.64; 해양수산부, 『해양수산 업무편람』, 2014. 3, p.170.

〈표 2-14〉 국가해양관측망/해양예보, 해양정책의 연계성

| 기능 | 실시간 관측 자료의 수집 및 관리 | 관측 자료의 통계 분석/모델링 시뮬레이션을 통한 해양 예측 | 예측된 해양정보를 필요한 곳에 실시간 배포 | 기후변화와 해양재해에 적절한 대응 |
|---|---|---|---|---|
| 활동 | 해양정보 전송·저장·융합 | 통계분석 모델링, 예측 | 예보 | 대응 |
| 대책 | 중장기 예보에 근거한 대응 전략 수립 ||||

자료: 국립해양조사원, 상게서, p.65.

해양관측은 운용해양학과 해양통계 분석의 기초 자료를 제공하는 기본 인프라이다. 이를 통해 현재 조위관측(조위관측소, 50개소), 해류관측(buoy, 25개소), 해양기상위성, 레이다 등의 관측을 통해 해양기상 예보, 해류 예보, 유류확산 예측, 파랑 예보, 항만 안전관리시스템(실시간 해양정보, 해양/기상 수치모델, 융합서비스) 등을 시행하고 있다.[198]

---

[198] 국립해양조사원, 「우리바다 실시간 정보 제공」, 해양수산 정부 3.0 민관토론회 프로시딩, 2013. 10.

<표 2-15> 국가해양관측망 시설 변화

| 시설 명칭 | 시설 변화 | | 비 고 |
|---|---|---|---|
| | 현재 | 미래 | |
| 조위 관측소 | 47 | 50 | |
| 해양 관측소 | 6 | 6 | |
| 해양관측 부이 | 6 | 8 | |
| 기상 및 해일 관측용 부이 | 9 | 9 | 일명 KOGA buoy |
| 해수유동 관측소 | 16 | 16 | |
| 종합해양과학기지 | 1 | 1 | |
| 기타 | 2 | 2 | 정기여객선(부산-제주, 완도-제주)* |
| 계 | 87 | 92 | |

자료: 국립해양조사원, 전게서, p.64; 국토해양부, 국토해양 관측망 자료
(*,http://mltm.go.kr/USR/policyData/m_34681/dtl?id=598, 2013. 10. 15)

<그림 2-14> 국가해양관측시스템

자료: 국립해양조사원(KHOA) 홈페이지

8, p.71; 해양수산부, 『해양수산 업무편람』, 2014. 3, p.170.

우리나라에서는 2007년 12월에 운용해양예측시스템의 단계별 구축 계획을 수립하고 이를 위해 2018년까지를 목표로 단계별 연구를 수행하고 있다. 이를 통해 실시간 해양관측, 자료통신 및 관리, 수치모델링(Numerical Modelling)의 종합 시스템인 운용해양시스템을 구축해 나가고 있다.[199] 특히 해양 사고 등이 일어난 해역에서 여러 해양모델이 상시 운영될 수 있도록 한국해양과학기술원(KIOST)에서 2009년부터 '운용해양예보시스템'(KOOS, Korea Operational Oceanographic System) 연구를 수행하여 연안재해, 유류오염, 해난사고, 해양오염 사고 등에 대비하고 있다. 1단계로 (2009. 8-2015. 6)까지는 기상 외력에서부터 활용예측까지 체계적으로 연계되는 해양예측시스템을 구축하였고, 현재 예측 정확도 향상 등 성능 고도화를 위해 2단계 연구(2013. 10-2019. 9)를 하고 있다.[200]

우리나라에는 해양관측 자료를 종합적으로 서비스할 수 있는 국가해양정보시스템(Korea Ocean Observing and Forecasting System, KOOFS)이 있다. 이는 해양 GIS를 기반으로 조석, 조류, 해류예측 정보와 실시간 관측 정보, 위성 수온 정보 등을 분석하여 서비스하는 시스템이다.[201] 또한 동해 해류도 및 생활 해양정보 서비스를 제공하는 기능과 국내외 관측 및 예측 자료의 메타데이터를 제공하는 기능뿐만 아니라 NEAR-GOOS, m-GOOS, GLOSS, I-GOOS, KHOA(Korea Hydrographic and Oceanographic Administration) 등과 연계하여 해양관측 자료를 서비스하고 국제기구 등과의 자료 공유로 전 지구적인 해양 문제에도 공동 대처하고 있다.

---

[199] 국토해양부 홈페이지, http://www.mltm.go.kr/USR/WPGE0201/m_23874/DTL.jsp (2012. 11. 13)
[200] 박광순, 최진용 등, 「세월호 침몰사고 수색구조작업 지원을 위한 해양환경예측: 운용해양예보시스템」, 『한국연안방재학회지』 Vol.1 No.3, 2014. 7, pp.135-136.
[201] 국립해양조사원 홈페이지, http://www.khoa.go.kr/koofs/kor/introduce/observer.asp (2013. 10. 15)

## 5. 해양학(oceanography)의 분야와 활용202)

해양과학은 다양한 기본 전공으로부터 파생하는 것이다. 얼마 전까지만 해도 물리학, 화학, 생물학 등에서 전공하던 해양학이 최근에는 해양물리학 (physical oceanography), 해양화학(chemical oceanography), 해양생물학(marine biology), 지질해양학(geological oceanography) 등으로 나누어졌다.

전통적으로, 해양물리학자(physical oceanographers)들은 바다의 파도, 조석, 조류, 대기와 해양 간의 상호작용 및 전 지구 규모의 해양순환 등과 같이 바닷물의 운동과 관련된 분야에 대하여 연구를 하고 있다.203) 대양은 지구의 기후를 안정화 시키는 데 있어 지대한 역할을 하고 열대의 열을 흡수하여 고위도로 운반한다. $CO_2$ 배출과 공해로 인한 기후변화에 따라 장기 기후 변동 예측의 중요성이 높아져 가고 있다. 관측의 주요 장비로서는 과거의 선박에 의한 관측이 인공위성 관측으로 바뀌고 있다.

해양화학자(chemical oceanogrphers)들은 해수와 물, 그리고 해수에 용해되어 있는 염분 등 각종 성분의 변화를 지도화하고 그들의 상호작용이나 지질학 및 생물학과의 관련성에 대하여 연구한다. 최근에는 대양에서 어떻게 이산화탄소가 흡수되고 분포하고 남아 있는지를 연구하고 있다. 특히 인위적으로 이산화탄소를 대기에서 제거하여 해저에 저장하는 해저 탄소저장(suequestration이라고 함)을 연구하여 이산화탄소 절감 방안을 연구하기도 한다.

해양생물학자(marine biologists)들은 해양동식물 등의 분포와 특성, 해양과 대기의 해양생태의 영향 요인, 해양생물에서의 유용 성분 추출, 수산업 분야 활용 등에 대하여 연구를 한다. 연안 근처에서 광합성을 하는 해양 식물들뿐만 아니라 최근에는 해저 1,000m 이하의 심해에서 화학합성으로 살아가는 생물에 대해서도 많이 연구를 하고 있다.

지질해양학(geological oceanography)을 연구하는 것은 모든 지질학의 기본이

---

202) 본 내용은 David Pugh(*Managing Britain's Marine and Coastal Environment*, 2005) 및 Tom Garrison (강효진 등 역, 『해양학(Oceanography)』, ㈜시그마프레스, 서울, 2002. 1월, p.5-6)의 내용을 중심으로 필자가 재정리한 것임.
203) 박성욱, 「해양과학기술과 에너지 개발」, 『해양의 국제법과 정치』, 한국해로연구회 편, 서울, 2011, p.166.

지만 최근에는 플레이트 판구조(plate tectonics), 대륙 표류·이동설(continental drift), 중앙해령(mid-ocean ridge)에서의 해저판(sea floor)의 확장 과정 등이 주요 관심이 되고 있다. 대양 해저의 지각 판(crust)이 더욱 얇아지고 있다거나 대륙 기저보다 더 젊다거나 이들이 계속적으로 중앙해령에서 재생산되고 있는 중이라고 한다. 주로 지구 내부의 성분, 지각의 변동, 해저 퇴적물의 특징, 고기후 등에 초점을 맞추고 지진 예측이나 유용 지하자원의 분포와 같이 실용적인 연구 분야도 포괄한다.

이외에 해양공학자들은 석유플랫폼, 선박, 항만 그리고 해양의 이용을 가능케 해주는 구조물의 설계 및 건조 분야에서 일한다. 또 기후 예측, 항행의 안정성 제고 방법, 해양에너지 발전 방법 등 여러 분야에 종사하는 해양 전문가들도 있다. 여러 가지 복합적인 일이나 연구를 해야 할 경우에는 타 분야에도 친숙해지거나 학문 영역 간 연계를 통한 통합적인 연구가 이루어져야 할 때도 많다.

해양과학(marine science)은 '관측적 활동이요 실험적 활동은 아니다'고 하면 실험실에서 일하는 과학자들이 이에 잘 동의하려 하지 않는다. 하지만 해양은 너무 크고 방대해서 한 가지 요인을 변화시켜 가설을 검증할 수 있는 실험적 접근법을 쓰기에는 너무 많은 요인들이 작용한다. 따라서 실험실에서의 실험 대신에 컴퓨터 모델에 의존하여 가설을 검정한다. 먼저 기본 이론과 관측이 하나의 모델로 통합되어 특정 바다의 전체 움직임을 재생산하는데 이용된다. 이 모델이 가능한 것으로 판명되면 새로운 관측에 대해 검증하고 이러한 과학적 과정들을 나타내는 이론이 유효하면, 이 모델은 미래 조건들을 예측하는 데 이용될 수 있게 된다. 이런 방식으로 많은 복잡한 전 지구 해양모델들을 기후변화 연구, 해양순환 변동 연구, 해수면 상승 등에서 개발해 왔다.

해양과학기술을 통해 미래의 해양을 예측하는 모델의 개발 능력은 아직도 매우 제한적이지만, 지속적으로 개선되어 왔다. 특히 앞에서 본 GOOS 시스템 등의 개발, 위성으로부터의 자료 전달 등과 같은 새로운 도구들과 체계적 관측이 이루어져 실제 자료의 입수와 모델의 활용이 용이하게 되어가고 있다. 이러한 모델들의 개발로 지구의 열전달 체계 변화, 이의 기후변화에의 영향 등 인류에게 중요한 연구와 예측이 가능하게 되었고, 기수역 관리(management of estuaries), 오염물질의 통제, 홍수 방어 설계, 어획자원의 연도별 변화, 연안 토사 채취의 최적화 모델 등 다양한 분야에서 이용이 가능하게 되어가고 있다.[204]

---

204) David Pugh, op. cit., p.24. 여기에서 기수역(estuaries)은 바닷물과 민물이 섞이는 강 하구역, 연안 석호(lagoons) 등을 말하며 민물 생물종, 바다 생물종들이 섞여 생물다양성이 높다.

## II부 해양환경 및 공간

# 03

## 해양환경 관리

# 제3장
# 해양환경 관리

## 1. 해양환경의 현황과 관리

### 1) 서언

연안환경과 생태계의 건강은, 해양의 건강을 지켜주고 여기에서 수산물을 공급받고 바다를 이용하는 우리 인간의 건강을 유지시켜 주는 근간이 된다. 최근 연안생태계는 각종 인간 활동으로 여러 가지 위험에 처해 있는데 특히 연안에서의 개발 수요 증대로 인한 주거, 공단, 관광, 인프라 개발 등 인간의 다양한 연안 활동들이 연안 환경을 위협하는 주요 요인들로 꼽히고 있다.[205] 이러한 활동들에 의하여 침식, 부영양화, 적조 등 오염 문제, 남획, 서식지 상실 등 생태계 훼손이 늘어나고 있다. 이와 같이 해양환경 문제는 해양환경 오염과 해양생태계 파괴라는 두 가지 큰 유형으로 나눌 수 있다.[206] 먼저 이 장에서 다룰 해양환경 오염은 인간이 사용한 후 버려진 폐기물 등이 해양에 유입되어 일어나는 현상으로 인류가 직간접적으로 물질·에너지를 해양환경 속으로 끌어들인 것이기도 한데, 홍기훈(2011)은 해양환경 오염에 대해 다음과 같이 언급하고 있다.[207]

"일반적으로 '보호(protection)'란 공격으로부터 (자신을) 방어하는 행위이고 '보존(preservation)'이란 (자신의) 생존을 유지하게 하는 행위이다. 따라서 해양환경 보호란

---

[205] 고철환, 「해양환경과 생태계 보전」, 『신해양시대 신국부론』, 2008. 1, pp.359-366.
[206] 곡금량(曲金良)/김태만·안승웅·최낙민 역, 『바다가 어떻게 문화를 만드는가: 21세기 중국의 해양문화 전략』, 산자니, 부산, 2008. 9. 1, p.495.
[207] 홍기훈, 「해양환경 보호」, 『해양의 국제법과 정치』, 한국해로연구회 편, 서울, 2011.

저조면 아래에 위치한 바다와 바다를 둘러싸고 있는 대기와 하부 지층을 포함한 해저면과 육지에 대한 공격으로부터 방어하는 행위이다. 이 공격 행위는 해양환경 오염 행위를 구성한다. 구체적으로 해양환경 오염 행위란 인간에 의해 직간접적으로 해양 생물자원이나 해양생물에 대한 손상....감소 등과 같은 해로운 결과를 가져 올 가능성이 있는 물질이나 에너지를 강어귀를 포함한 해양환경에 들여오는 행위를 말한다. 즉, 유엔해양법협약은 오염을 상태가 아닌 행위로 규정하고, 이 오염 행위를 방지(prevent)하고 줄이고(reduce), 통제하기(control) 위한 조치들을 규율하고 있다."

환경오염을 구체적으로 보면 하구의 만을 포함하여 해양생물 자원을 해치는 것, 인류의 건강을 위협하는 것, 어업과 기타 각종 해양활동을 방해하는 것, 해수 사용의 질을 훼손하는 것, 그리고 환경의 아름다움을 감소시키는 것 등 유해한 영향을 초래하거나 초래할 수 있다.

이러한 환경에 영향을 미치는 과정과 요인들은 다음 그림과 표에 나타난 바와 같이 매우 다양하다. 연안의 인구 증가, 도시화 및 산업화가 이루어지는 과정에서 다양한 영향 요인들이 연안의 오염 부하를 늘림으로써 수질 악화, 산란·서식지 등 다양한 문제들을 유발하게 된다. 따라서 이에 따른 대책도 다양하게 수립되어야 한다.

〈그림 3-1〉 해양환경과 영향을 미치는 요인들과의 관계

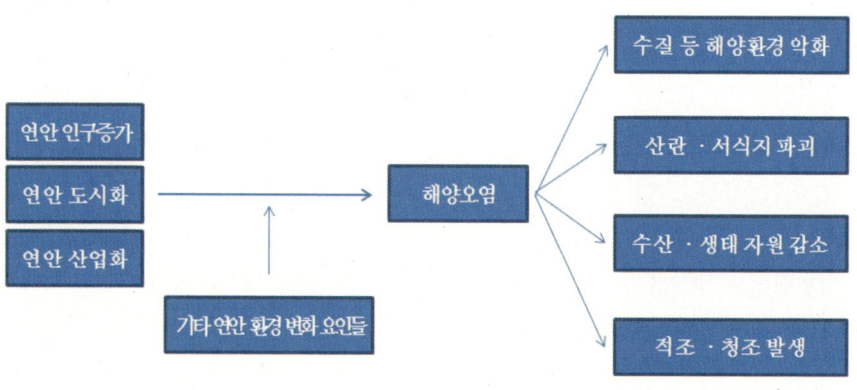

자료: 필자가 여러 자료를 검토하여 작성.

〈표 3-1〉 연안 환경 변화 요인들

| 활동 | 영향 | 비고 |
|---|---|---|
| 인구 증가 | 장소와 자원의 소비 | 갈등 유발 |
| 화석 연료 사용 | 온난화와 해수면 상승을 유발하는 대기층 성분 변화 | |
| 하수 방류 | 수질, 질병 유발 | |
| 석유, 가스 개발 | 토지 이용, 환경 악화 | |
| 해운 | 준설 및 준설토 처리 | |
| 서식지 보전 | 연안 습지 지역 | |
| 연안 개발 | 토지 변형 | 간척·매립 등 |
| 농업 및 토지 개발 | 방류량 및 방류 수질 | |
| 어업 | 생태계, 인간 공동체 | 남획 등 자원 관리 문제 |

자료: Richard Burroughs, *Coastal Governance*, Island Press, 2011, p.4.

    전 지구적 차원에서 해양환경에 대한 인간의 활동에 관한 누적영향 평가 결과 현재 전 세계 바다의 4%를 제외하고 모두 영향을 받는데 특히 약 41%가 인간의 활동으로 심각하게 영향을 받고 있다고 한다.[208] 특히 해양오염이 심한 바다 3곳은 영국 주변의 북해, 미국 남쪽에 위치한 멕시코만 및 카리브 동쪽 바다, 우리나라 주변의 동북아시아 바다라고 한다.[209] 이러한 해양오염과 해양생태계의 훼손, 그리고 해양에서의 갈등 증대는 전적으로 해양의 활용 증대와 연안에서 각종 활동이 늘어난 때문이라고 할 수 있다.

    우리나라에서도 과거 1970년대 말 1980년대 초 마산만의 오염과 빈발하는 적조로 인해 인근 가포 해수욕장(1976)과 리조트의 폐쇄를 가져왔고 인근에서 어패류 등 수산물 어획이 금지되는 등(1979) 어업에 직접적인 피해를 주었다.[210] 또 이웃 진해만에서도 적조가 빈발하여 대구가 거의 멸종됨으로써 바다 생태계의 직접적 가치 감소와 미래세대를 위한 비사용가치의 하나인 상속가치(bequest value, 4장 2절)가 소멸될 뻔한 적도 있다. 그러나 다행히 꾸준한 육상 환경처리 시설개선과 마산만 연안오염 총량관리제 도입 등 다

---

[208] PopNews, 2008. 2.15. 전체 해양을 1km씩 분할하여 17개 인간 활동 항목으로 평가한 결과라 함. http://blog.joins.com/media/folderlistslide.asp?uid=gangbk&folder=79&list_id=9056611
[209] 최희정, 「해양정책 강의 교재」, 국토해양인재개발원, 2011, 원전: http://www.nceas.ucsb.edu/globalmarine (2013. 5. 31)
[210] 국토해양부, 『해양환경종합계획(2011-2020)』(최종보고안), 2010. 10.

양한 환경개선 사업, 대구 등의 자원 방류 사업 등을 통해 진해만의 수질 개선이 어느 정도 이루어지고 사라졌던 대구의 어획량도 늘어나고 있다.[211]

〈그림 3-2〉 인간이 해양에 끼친 영향 지도

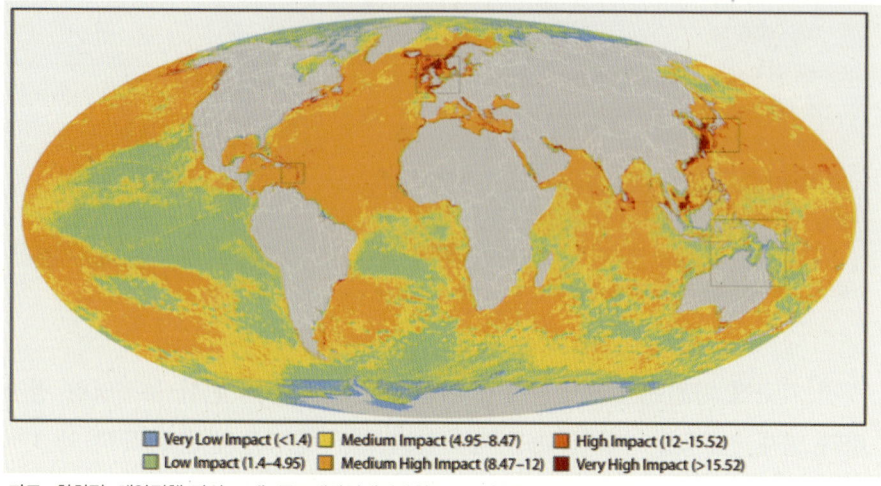

자료: 최희정, 해양정책 강의 교재, 국토해양인재개발원, 2011. 원전: http://www.nceas.ucsb.edu/globalmarine (2013. 5. 31); NASA, 2009: B.S. Halpern, Science.

〈그림 3-3〉 우리나라 주변 해역 오염도

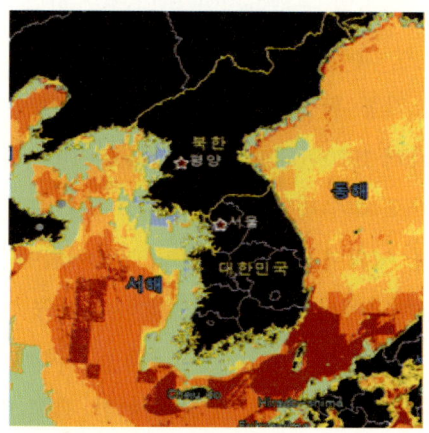

자료: 최희정, 전게서, 2011.
원전: http://www.nceas.ucsb.edu/globalmarine(2013. 5. 31)

---

[211] 대구는 1990년대부터 2000년대 초까지 우리나라에서 연간 수백~수천 마리밖에 잡히지 않았다. 80년대 중반 거제수협 등이 진해만에서 대구의 정자와 난자를 채취, 인공수정을 시킨 뒤 방류한 덕에 돌아오는 대구가 늘어났다. 2007년부터 10만 마리 이상 잡히면서 2008년 겨울 진해만 가덕도 일대에서 12만 마리 이상의 대구가 잡혔다. (조인즈중앙, 2008. 2. 2) http://article.joins.com/article/article.asp?Total_ID=3031056. 90년대에 연간 200~600톤 정도 잡히다가 2010년에 5,124톤 어획으로 회복됨(국립수산과학원, 해양수산연구정보포털, http://portal.nfrd.re.kr)

## 2) 오염원의 종류와 정책의 발전

해양오염 중에서 가장 중요한 것은 육상기인(陸上起因) 오염, 해양기인(海上起因) 오염, 대기기인(大氣起因) 오염 등이 있는데, 육상기인 오염은 생활하수, 공단 폐수, 농업용수 오염 등이고 해양오염은 선박 기인, 양식장 기인 등 해양 자체에서 생기는 것이다. 대기기인 오염은 대기 중의 물질이 해양에 들어감으로써 오염이 이루어지는 것이다.

〈표 3-2〉 우리나라의 해양오염 주요 발생원

| 발생원 | | | 구체적 발생 원인 |
|---|---|---|---|
| 육상<br>기인 | 강·하천 기인 | | · 육상 투기(특히 장마철) 쓰레기의 하천을 통한 유입<br>· 비처리 생활하수나 공장 폐수 유입 |
| | 해변·관광 기인 | | · 해변을 출입하는 관광객 또는 연안 거주자의 무단 투기 또는 방치로 인해 발생<br>· 해안휴양지, 상업·주거지역에서의 불법 투기 |
| 해상<br>기인 | 선박·해양활동<br>기인 | | · 선원 및 승객의 음식물 찌꺼기, 종이류, 폐비닐 등 투기<br>· 운항과정에서 발생하는 기름 걸레, 플라스틱 등 투기<br>· 선박 운항 중의 밸러스트(선박의 중심을 잡는 해수) 유출<br>· 해저자원 개발활동이나 해난사고로 인한 폐기물<br>· 대기에 대한 부하: 엔진 배기가스의 부하, 화물 중 유해 휘발성분 누출 |
| | 어업<br>기인 | 어구<br>방치 | · 어로 활동시 손망실된 그물, 어구, 로프, 부자 등 폐기<br>· 정치망, 양식어장의 어구 교체시 애향 폐기 |
| | | 패각류 | · 패류(조개, 굴 등) 양식시 자연탈락 또는 폐기된 패각 방치 |
| | | 양식장 | · 김양식장 산처리제, 양식장 사료 및 약제, 적조 구제물질, 양식장 자가 오염 |
| | 기타 | 해양배치<br>시설 | · 인공어초(구조물 또는 폐선박 등), 해저케이블, 해양발전설비, 해상 유전플랫폼, 해상 계류장치(돌핀 등은 sea berth), 해양관측용 물질 투입 및 장비계류 |
| | | 해안배치<br>시설 | · 매립, 항만 안벽 공사, 파일, 방조제, 방파제 등 |

자료: 강창구, 「해양쓰레기 실태 및 대책」, 『해양환경교육』, 해양수산부, 2002; 목진용, 「해양쓰레기 관리 정책」, 해양환경정책과정 교재, 국토인재개발원, 2012, p.127; 국토해양부, 『제2차 해양수산발전계획 수립 연구』, 2009. 11, p.94; 일본해양정책연구재단/김연빈 역, 전게서, p.149-151.

1998년 국제적인 환경단체인 Green Peace의 "Report on the World's Oceans"에 의하면 전 세계 해양 오염의 주 발생원은 인간의 육상 활동에서의 기인이

77%(육상으로부터의 유입 44%, 대기 유입 33%), 해상수송(선박) 기인 12%, 해양 투기 10% 등으로 조사되고 있다.212) 우리나라에서 해양폐기물의 경우 주요 발생원은 해양 투기 부분을 제외하면 크게 육상으로부터의 유입에 의한 육상기인과 해상 작업과 어업 활동을 통해서 발생하는 해상기인으로 분류할 수 있으며, 해상기인은 다시 선박 기인(해상수송)과 어업 기인(어업폐기물)으로 분류할 수 있다.213)

〈표 3-3〉 해양쓰레기의 분해 속도

| 구분 | 종류 | 분해 속도 | 세계 평균 | 한국 | 일본 | 미국 | 서유럽 |
|---|---|---|---|---|---|---|---|
| 합계 | | | 100.0 | 100.0 | 100.0 | 100.0 | 100.0 |
| 기타** | | | 4.7 | 1.6 | 2.3 | 11.1 | 8.2 |
| 부유성 | 종이류 | 1개월 | 1.6 | 2.3 | 1.0 | 0 | 4.4 |
| | 의류 및 천 | 1-12개월 | 4.2 | 1.9 | 0.6 | 15.0 | 3.0 |
| | 나무 | 13년 | 1.8 | 6.2 | 0 | 0 | 2.9 |
| | 고무 | 100-500년 | 5.6 | 0.4 | 0.7 | 3.7 | 1.5 |
| | 플라스틱 | 500년 | 68.0* | 75.8 | 92.2 | 22.9 | 75.0 |
| 침적성 | 금속 | 100-500년 | 8.4 | 2.8 | 1.0 | 34.7 | 2.9 |
| | 로프 | 500년 | | | | | |
| | 유리 | 500년 이상 | 5.8 | 9.0 | 2.2 | 12.6 | 2.1 |

자료: 한국해양수산개발원, 『바다 이야기』, 서울, 2014. 12, p.212, 217. *: 스티로폼 포함, **: 로프도 포함한 통계임.

바다에 떠돌아다니거나 쌓이는 해양쓰레기는 부유성과 침적성으로 나누어지는데 특히 고무, 플라스틱 등은 쉽게 분해되지 않고 떠다니며 이런 난분해성 폐기물은 해류를 따라 이동하기도 한다. 이들은 서서히 미세 조각으로 나누어지는데, 완전히 분해되지 않은 이것을 해양생물이 섭취하여 몸에 축적되어 이를 섭취하는 인간에게도 문제가 될 수 있어 해결이 시급히 요구된다. 해양쓰레기는 일반쓰레기보다 처리 비용이 3배 이상 더 들고 염분이 많고 재활

---

212) 육상오염물질이 해양환경 오염과 생태계 훼손에 가장 큰 영향을 미치고 있는 오염원(77%)이라는 사실이 '해양환경보호를 위한 전문가그룹(GESAMP)의 보고서(1990)'를 통해 알려짐. 남정호, 「육상활동으로부터 해양환경보호를 위한 국가실천전략 수립 연구」, 2006, 요약. 강창구, 「해양쓰레기 실태 및 대책」, 『해양환경교육』, 해양수산부, 2002, pp.314-315. 또 다른 자료에 의하면 해양오염의 80%는 육상기인(강 등 44%, 대기 33%), 유출(spills) 20% 등으로 구성된다고도 함(Nicole Glineur, "Healthy Oceans, Adaptation to Climate Change and Blue Forests Conservation", Ocean 101; Current Issues and Our Future(WOF Series 1), World Ocean Forum, 2010-, p.47). 최근 대기 유입 비중이 높아지고 이를 통해 산성도가 높아지며 해양오염과 남획이 이루어지고 있다.
213) 강창구, 상게서, p.315.

용이 어려워 처리하는 곳도 많지 않으므로 사후관리가 어렵다.[214] 〈표 3-3〉과 같이 전 세계의 해양쓰레기 종류별 분포를 보면 플라스틱류가 전체의 70%에 해당하며 그 다음으로 금속, 유리, 고무, 의류가 많이 발생되고 있다. 우리나라에서는 플라스틱류, 유리, 나무가 합쳐서 90%를 넘어 이들에 대한 대책이 필요하다. 이들을 다시 육상, 해상 등 오염원별로 살펴보면 다음과 같다.

① 육상기인 오염원

육상기인 오염이 전체의 해양 오염의 약 80%를 차지하는 가장 중요한 오염이다. 육상기인 오염은 점오염원과 비점오염원 등으로 나뉘며 점오염원은 통상 생활하수, 산업폐수, 축산폐수로 생활하수는 하수처리장, 공단폐수는 오폐수처리장 등의 건설을 통하여 줄일 수 있으나 이를 위해서는 상당한 투자가 광범위한 지역에 이루어져야 한다. 현재 우리나라의 공단폐수 처리를 위한 시설은 거의 100% 되어 있고 생활하수에 대한 오폐수 처리 시설은 1995년 23%에서 2012년 현재 91.0%로[215] 높아졌으나 농어촌 지역에 대한 보급률은 다소 낮아 이에 대한 투자 확대가 요망된다.

전 세계적으로 보면 이러한 투자는 선진국에서 높게 나타난다. UNEP의 18개 전 세계 지역해 프로그램이 있는 지역의 인구 47억 명 중 21억 명이 이러한 위생 처리시설(Sanitation)에 접근하지 못하고 있다. 이에 유엔환경계획(UNEP)에서는 육상기인 오염 등을 해양 환경과 관련하여 중요한 문제로 제기하고 산하기구인 GPA 회의[216](Global Programme of Action for the Protection of the Marine Environment from the Land-based Activities)를 통해 육상기인 오

---

214) 한국해양수산개발원, 『바다 이야기』, 서울, 2014. 12, p.215.
215) 수출입은행 경제연구소, 「국내 물산업 해외진출 전략 보고서」, 2014. 11. 7, 원자료: 「워터저널」, 하나금융 경영연구소.
216) Global Programme of Action for the Protection of the Marine Environment from the Land-based Activities. GPA는 UNEP의 산하기구로 사무국은 네덜란드 헤이그에 있으며, UNEP 지역해 프로그램뿐만 아니라 2002년 지속가능 세계정상회의(WSSD)에서 채택한 '이행계획'에서도 GPA를 주요 해양환경관리 수단으로 설정하고 있다. 해상오염의 80% 정도는 육상 활동에서 기인하기 때문에 GPA회의(Global Programme of Action for the Protection of the Marine Environment from the Land-based Activities. GPA)를 통하여 육상오염들을 관리하도록 1995년의 워싱턴(DC) 컨퍼런스(Washington Declaration)를 통하여 결론이 이루어졌고 UNEP가 책임이행기관이 되었다. GPA의 9가지 관리항목은 하수, 영양염류, 지속성 유기오염물질, 중금속, 유류, 폐기물, 서식지의 물리적 변형, 방사성물질, 퇴적물 이동임. 자료: 남정호, 「NOWPAP 해양환경보전 활동에서 우리나라의 주도적 위치 확보 필요」, 『월간 해양수산』, 제1165호, 2004. 12. 31, pp.2-8.

염이 해양환경에 미치는 영향을 저감하기 위한 문제들을 다루어 오고 있다. 2006년에는 부적절한 오폐수 처리에 의한 위협과 이를 위한 적절한 자금 투자를 위해 "도시, 산업 및 농어업의 오폐수 처리를 포함한 점원 및 비점원 오염(point and non-point pollution)에 대처하기 위한 자금 조달과 추가적인 노력에 매진할 것"을 다짐하는 북경 선언(Beijing Declaration)이 채택되었다.[217]

점오염원은 일정한 배출경로를 갖고 있는 오염원으로 따라서 통제가 쉬운 편이다. 반면 비점오염원은 도시, 농지, 산지 등에서 불특정하게 오염물질을 발생시키는 장소 또는 지역을 의미하며 강수, 바람이나 지표 유출수를 통해 오염 물질이 유출되거나 직접 수계에 유입되는 특성을 가지고 있다. 그리고 이런 비점오염 물질에는 TSS 고형물질, 농약류, COD, T-N, T-P, Oil & Grease, 기타 유독물질, 중금속류가 있다. 이들은 상당히 통제하기 어려운 관계로 앞으로 이에 대한 관리 대책의 수립과 시행이 잘 이루어져야 해양에서의 육상기인 오염 관리 효과가 극대화될 수 있을 것이다.

② 해양기인 오염원

해양기인 오염은 해양기인 오염원이 다양하게 분포되어 이에 대한 정의를 재정립하는 것이 필요한데, 앞에서 언급한대로 기본적으로 어구의 방치, 양식장 오염물, 기타 해안 시설 등과 주로 선박과 육상 폐기물의 해상 덤핑 등이 원인이 된다. 육상이나 해상에서 오염물질이 해양 환경에 투입되면 해수의 흐름에 따라 넓은 지역으로 확산된다. 한 나라의 관할 해역에서 일어난 오염 행위가 해수의 흐름을 타고 다른 나라의 관할 해역으로 넘어 갈 수도 있다. 또한 일국의 선박이 여러 나라의 관할 해역과 항만을 넘나들므로 해양에 하수, 배기가스, 선박평형수를 배출하여 해양 환경을 오염시키고 선박 사고로 기름이나 다른 유해물질이 해역으로 배출되기도 한다.

더욱이 우리나라는 서해, 동해 등 반폐쇄적인 바다와 공업지대에 둘러싸여 있어 앞에서 언급한대로 세계 3대 해양 오염 지구에 속하여 적조가 빈발하고

---

[217] David L. VanderZwaag, op. cit., p.215.

해양 오염도가 높은 곳이다. 따라서 기본적으로 기존의 해양 유류오염 사고 위주의 환경 관리 체계에서 보다 다양한 해양 오염 행위를 종합적으로 관리하고 규제할 수 있는 방안이 요망되었다. 이와 같은 해양오염 방지 관련법들의 모태가 되었던 것은 기존의 국제 협약들이었다. 또한 과거에 영해에서나 공해 등, 국가나 해역에 관계없이 오염이 발생하였으므로 이러한 해양오염 방지를 위한 국제 조약이 일찍부터 발달하여 왔다.

해양의 자정 능력을 이용하여 육상의 오염물질을 해양에 덤핑하여 처리하고자 하는 활동도 많이 있었으나 이를 국제적인 차원에서 규제하기 위해 1972년에는 「런던 덤핑협약(The London Dumping Convention)」이 체결되었다. 우리나라의 연안에서는 멀리 떨어진 영해 밖 3곳(동해 2곳, 서해 1곳)을 지정하여 육상에서 처리가 곤란한 하수슬러지 등 폐기물들이 1990년 (1,069m$^3$) 이후부터 해양 투기가 이루어져 왔으며 그 사이 그 양도 10배 가까이 늘어났다. 그러나 정부는 이에 따른 해양오염 영향을 줄일 수 있도록 해양 투기를 규제하기 위해 제정된 「런던 덤핑협약(The London Dumping Convention)」[218]의 후속인 「96의정서」에 2006년에 가입하면서 2015년까지 하수슬러지 등의 해양 투기를 점차 줄여 2016년에 완전 금지하기로 결정했다.[219] 1973년에는 과거의 유류오염방지협약(OILPOL)을 대체하기 위한 '선박으로부터의 해양오염을 방지하기 위한 협약(International Convention for the Prevention of Pollution from Ships)'이 체결되었는데 이 협약은 1978년 의정서에 의하여 개정된 후 발효되었기 때문에 흔히 'MARPOL 73/78'이라고 불린다. 이를 근거로 우리나라에서는 유류방제 위주의 「해양오염방지법」이 만들어졌으나 각종 해양오염 을 통제하고 관리하기 위하여 2007년 「해양환경관리법」

---

[218] 런던협약은 국내수역(internal waters) 밖에 있는 모든 해양지역에 각종 폐기물을 투기하는 것을 방지함으로서 해양오염을 막기 위한 목적에서 채택되었으며, 미국, 프랑스, 독일, 영국, 러시아, 우리나라 등 70여 개 국이 가입한 다자협약이다. 이 협약은 지역협정과 달리 해양투기 문제를 전 지구적 차원에서 규율하는 다자협약이라는 데 의의가 있다. 1972년 체결, 1975년에 발효하였고, 그 목적은 방사성폐기물과 기타 폐기물의 해양으로의 고의적인 투기를 제한하는 데 있다. http://ec.or.kr/home/board.php?board=env03&command=body&no=6 (2013. 4. 17)

[219] 1980년대 후반 이래 시행된 육상 산업폐기물 해양투기로 인하여 해양환경 오염과 국민건강을 해치고 주변국(일본 · 중국)과의 환경분쟁 등 국제적 신뢰 문제가 되어 2012년 12월 육상폐기물 해양 배출 규칙에 의거 다른 처리 방법이 없는 산업폐수 · 오니만 2015년 말까지 한시적으로 허용하였으나 2016년 1월 1일부터는 전면 금지함. 자료: 한겨레신문, 2014. 3. 15, 뉴시스, 2015. 12. 28.

으로 전면 개정되어 종합적인 해양환경관리를 가능하게 하였다. 이외에 「바젤협약」은 국제적으로 문제가 되는 유해 폐기물의 수출입과 그 처리를 규제하려는 목적으로 1989년 3월 스위스 바젤에서 제정된 협약으로 유해폐기물의 국가 간 교역을 규제하는 국제협약이다.

〈표 3-4〉 해양오염원별 및 관련 국내외 법제도 현황

| 유형 | | 국내법 | 국제 협약(채택 년도/발효 년도) | 비고 |
|---|---|---|---|---|
| 육상기인 오염 | | 수질 및 수생태계 보전에 관한 법률 등 환경관련법 | · UNEP의 GPA 회의(1995) | 워싱톤 선언 |
| 해양 기인 오염 | 선박 | 해양환경관리법 | · OILPOL 및 MARPOL 협약(1973/1978)<br>· 선박 밸러스트 수 배출규제협약(2004 채택)<br>· 선박 대기오염물질 배출규제 협약(2005 발효)<br>· 선박 유해방오도료시스템 사용규제 국제협약(2001/2008)<br>· 단일선체 유조선 운항규제 협약(2003 채택)<br>· 선박 재활용 협약(2009 채택)<br>· 유류오염 손해보상 국제보충기금협약(2005 발효) | 주로 IMO 관련 협약 |
| | 해양 덤핑 | | 런던 덤핑협약: 폐기물의 해양투기로 인한 해양오염을 방지(1972/1975) | |
| 기타 주요 환경 협약 | | 해양생태계의 보전 및 관리에 관한 법률, 습지보전법, 야생물 보호 및 관리에 관한 법률, 각종 폐기물처리법, 유전자변형 생물체의 국가간 이동 등에 관한 법률 등 | · 바젤 협약: 유해 폐기물의 수출입과 그 처리를 규제하려는 목적(1989/92)<br>· 몬트리올 의정서: 오존층 파괴 물질인 염화불화탄소(CFCs)의 생산과 사용 규제(1987/89, 1997/99개정)<br>· 생물다양성 보존협약: 지구상의 생물종을 보호(1992/93)<br>· 기후변화 방지협약(UNFCCC): 지구온난화를 일으키는 온실 기체 배출량을 억제(1992/94)<br>· CITES(멸종위기에 처한 동식물종의 국제거래에 관한 협약)(1973/75)<br>· 람사협약(The Ramsar Convention on Wetlands): 물새서식지로서 국제적으로 중요한 습지에 관한 협약(1971/75)<br>· 이동성 해양동물종 보전 협약(CMS)(1979/83)<br>· 바이오안전성의정서(Cartagena Protocol on Biosafety) | |
| 동아시아권 철새보호를 위한 국제협력 | | 야생동물 보호 및 관리에 관한 법률 등 철새관련법 | · 아시아·태평양 철새보전 전략(1996년 제6차 람사협약 회의시 수립)<br>· 동북아시아 두루미보호 국제네트워크(1997)<br>· 동아시아·태평양 도요새보호 국제네트워크(1996)<br>· 동아시아 수금류(오리, 기러기류) 보호 국제네트워크((1999)<br>· EAAF(동아시아·대양주 철새 이동경로 파트너십): 국제적으로 25개 파트너 참여, 환경부 참여 | |

자료: 배성환, "람사협약 및 국제협약의 동향", 『해양환경교육』, 해양수산부, 2002; 최재선 등, 『국제해사기구(IMO)의 해양환경 오염규제 대응 방안 연구』, KMI기본과제, 2004. 12; 김진한, "바다와 새", 『해양환경교육』, 해양수산부, 2002; 박수진, "해양생태계 보전 및 관리에 관한 법률", 국토인재개발원, 해양환경정책과정 교재, 2012, p.101; 국토해양부, 『보호대상 해양생물 지정·관리 방안 수립 연구』, 2012. 4, p.52 등.
*(/) 안은 채택/발효 년도 표시

이외에도 선박의 외장 도료에 있어 유기주석화합물 등의 유해도료를 선박 표면에 바르거나 외부에 노출시키는 것을 금하여 환경 유해성을 줄이기 위한 「유해 방오 도료 규제협약(Anti-Fouling System Convention, AFS Convention 2008)」 발효, 유류오염 대비 관련하여 「OPRC(유류 오염 대비, 대응 및 협력에 관한 협약)」 등이 있고 최근에는 국제협약에 따라 선박 밸러스트 수 배출에 따른 생물종 이동을 막기 위한 규제인 「선박평형수 협약(Ballast Water Management Convention, BWM, 2004)」 채택, 「선박에서 질소산화물(NOx), 황산화물(SOx) 등의 선박 대기오염물질 배출규제(2005)」 발효, 「유류오염 피해 저감을 위한 단일선체 유조선 운항규제(2003)」 채택 등 다양한 국제적 규제가 강화되고 있다.[220)]

〈표 3-5〉 IMO MARPOL의 특별관리해역의 요약 (IMO, 2012)

| 부속서 (Annex) | 규제 내역 | 해역 | 개소 수 |
|---|---|---|---|
| Annex I | 유류(Oil) | Mediterranean Sea, Baltic Sea, Black Sea, Red Sea, 'Gulfs' Area, Gulf of Aden, Antarctic Area*, North West European Waters, Oman Area of the Arabian Sea, and Southern South African Waters | 10개소 |
| Annex II | 해로운 액체 물질 (Noxious Liquid Substances) | Antarctic Area* | 1개소 |
| Annex IV | 하수(Sewage) | Baltic Sea (1 January 2013 발효) | 1개소 |
| Annex V | 쓰레기 (Garbage) | Mediterranean Sea, Baltic Sea, Black Sea, Red Sea, 'Gulfs'Area, North Sea, Antarctic Area*, and the Wider Caribbean Region including the Gulf of Mexico and the Caribbean Sea | 8개소 |
| Annex VI | 대기 오염 (Emission Control Areas, ECA) | Baltic Sea (SOx), North Sea(SOx), North American (SOx, NOx and PM), and United states, Caribbean Sea (SOx, NOx and PM) | 4개소 |

자료: Lawson W. Brigham, op. cit., p.130.

또한 국제해사기구(IMO)에서는 발틱해, 지중해, 흑해, 남극해 및 기타 지역에서 '생태적으로 민감한 지역들(sensitive marine areas)'을 지정하여 유류, 해로운 액체 물질, 쓰레기 및 폐기물 등의 배출을 금지하거나 가스 배출을 금지하는 구역(ECA, Emission Control Area) 지정 등 'MARPOL 특별관리해역

---

220) 봉영식, "글로벌 해양레짐과 거버넌스", 『해양의 국제법과 정치』, 한국해로연구회 편, 서울, 2011, p.47; SNN 쉬핑뉴스넷, 2014. 5. 27.

(Special Areas)'을 지정하여 운영하고 있다.[221]

③ 기타

(a) 해양 대기의 질

최근 국제해사기구(IMO)는 선박으로부터 기후변화 대비 온실가스 배출을 2005년 기준으로 2020년까지 20%, 2050년까지 50%를 줄이기로 목표를 설정하고, 2013년 1월부터 건조되는 신규 건조 선박에는 EEDI(선박제조연비지수, Energy Efficiency Index: 1t의 화물을 1해상마일 운송하는 데 나오는 이산화탄소 배출량) 규정을 준수한 선박만이 건조·운영되도록 온실가스 배출 규제를 강화하고 있다.[222]

〈표 3-6〉 최근의 IMO(국제해사기구) 친환경 선박 관련 규제 강화 사례

| 제목 | 내용 |
|---|---|
| 에너지효율설계지수(EEDI) | -조선사들이 선박설계 과정에서 온실가스 감축 목표 반영하도록 요구<br>-2013년 1월 발효, 2017년까지 유예 중 |
| 선박에너지효율관리계획(SEEMP) | -해운사들이 선박관리 과정에서 온실가스 배출량 관리 요구<br>-2013년 1월 발효, 2017년까지 유예 중 |
| 선박재활용협약 | -선박자재에 들어가는 인체 유해물질 관리 요구<br>-2009년 5월 채택, 발효시점 미확정 |
| 선박평형수 협약 | -선박 내 평형수를 타 지역에 배출할 때 정화 후 배출 요구<br>-이르면 2017년 중으로 발효 예상 |

자료: 한국경제, 2014. 5. 21; KR 내부 자료, 2014.

이러한 국제 해양배기가스 규제 강화 여건에 맞추면서 해운산업의 경기 하강에 대응하기 위해 세계의 주요 선사들과 조선소들은 연료 소모를 줄이면서 대기 오염물질 배출 등 운영에 효율적인 친환경 선박의 건조에 열을 올리고 있다. 특히 머스크(덴마크) 등의 해외 선사들은 규모의 경제(Economy), 친환경(Environment), 에너지 효율성(Efficiency) 등 세 가지 조건을 충족시켜 triple-E급으로 불리는 18,000TEU급의 초대형 컨테이너선을 건조·운항함으로

---

[221] Lawson W. Brigham, "International Cooperation in Artic Marine Transportation, Safety and Environmental Protection", *The Arctic in the World Affairs* (North Pacific Artic Conference Proceedings edited by Oran R. Young, Jong Deog Kim, Yoon Hyung Kim), 2013, pp.129-130.
[222] 코리아쉬핑가젯트, 2014. 8. 21.

써 운임과 적재 능력은 16% 늘리면서, 연료를 하루 10%(하루 50톤) 절감하는 성과를 거두기도 하고 있고[223] 최근에는 초대형 유조선(VLCC)급 이상 분야에서도 이러한 에코쉽(eco-ship)이 건조되고 있다.[224]

또한 유럽(북해, 발틱해)과 카리브 해안을 포함한 북미에서는 2015년 1월부터, 그리고 홍콩(기 시행), 중국 주강 삼각주, 장강 삼각주, 보하이만 등에서는 2019년부터[225] 선박 배출가스 규제지역(Emission Control Area, ECA) 제도가 시행된다. 이곳에서 선박들은 연료로 쓰는 Bunker-C油 속의 최대 허용 황(S) 함유량을 기존 1.0%에서 0.1%(미주, 유럽), 0.5%(중국)로 낮춰야 한다. IMO는 오는 2020년에는 ECA 외 지역에서도 0.5%까지 낮출 계획이다. 이는 해운선사들로 하여금 연료를 벙커유 등에서 보다 친환경적인 디젤이나 LNG를 사용하거나 아니면 배출가스 정화 장치를 설치하도록[226] 유도하고 있다. 특히 LNG는 이산화탄소를 20%, 유황 배출량을 80%, 질소산화물을 90~95% 줄여주는 대표적인 친환경 연료로 많이 권장되고 있다.

〈표 3-7〉 항만·선박에서의 녹색 규제안들

| 자율적 방안 | 지역/국가 규제<br>(현재/제안된 것) | 국제 규제 |
|---|---|---|
| · 항만에서 LNG & ULSD*<br>· 복합연료 운송장비<br>· 항만 전기 이용 장비<br>· 저속 운영<br>· 항만에서 비상시 효율성<br>· 개조된 선박<br>· 지역 예선: 해변 전기 | · 연료 교체<br>· 여객선<br>· 해변 전력<br>· 주차된 선박<br>· 복합 운송 전환(Modal Shift) | · IMO: MARPOL Annex Ⅵ<br>  (대기오염방지협약)<br>· 북미 ECA<br>  (Emission Control Area)<br>· 온실가스(GHG) post-2012 |

*: Ultra-low-sulfur diesel의 약자, 자료: PEMSEA, *Tropical Coasts*, Vol. 16 No. 2, Dec. 2010, p.16

IMO는 2016년부터 ECA에서 질소 배출을 규제(tier Ⅲ 규제, 대기오염방지 3차 규제라고 함)하는 방안도 시행하고 있다. 선박의 운항비용에서 유류비 비

---

[223] 한국경제, 2014. 5. 21; SNN 쉬핑뉴스넷, 2014. 5. 27. 동 선박들은 한국의 ㈜대우조선해양에서 건조함.
[224] SNN 쉬핑뉴스넷, 2014. 5. 27. VLCC: 20-30만 중량톤, ULCC: 30만 중량톤 이상.
[225] KMI, 국제물류위클리 제342호, 2016. 1. 27.
[226] 부산대 조선해양 글로벌 핵심연구센터
http://gcrc.pointweb.kr/bbs/board.php?board=TB_bbs5&load=read&page=1&no=93&md=&sk=&ik=&chk_codea=&chk_codeb= (2014. 7. 8)

율이 60%인 점과 배출가스 규제 강화를 감안하면 LNG가 새로운 미래 선박 연료로 받아들여지고 있다. 선사들에게는 위에서 언급한 Bunker-C油, 디젤, LNG 등 세 가지 대안 가운데 하나를 조기에 선택해야 할 것이다. 이 때문에 해운선사와 주요 선급들은 특히 LNG 추진 선박을 조금씩 늘려 나가고 선진국 항만들에서의 LNG 선박 급유(Bankering) 및 계류 시설 확보 등 관련 기술과 시설 개발에 본격적으로 나서고 있다.

(b) 적조

바다에서 플랑크톤이나 미생물들의 발흥, 독성 해조류(toxic algae)나 적조(red tides) 발생 등은 일반적으로 자연 해양에서 빈발하는 현상들에 대하여 언급하는 것이다. 특히 적조는 수계의 일정 구역에서 색을 띤 플랑크톤이 대량 증식하여 물 색깔이 녹슨 철같이 붉은 색으로 바뀌는 현상으로, 보통 와편모조류(일명 코클로디니움)가 원인생물이다.[227] 주로 내만 등에서 생활하수나 농업용 비료 등이 많이 흘러들어 영양염류(N, P 등의 요소)가 많이 있는 경우에 이들이 대량 발생하면서 산소 부족 현상을 일어나 대량 사멸하므로 생기는 것이다. 즉 육상의 오염물질 유입이 주원인이다. 적조는 이와 같이 빈번하게 미세 조류들이 대량으로 발생하여 산소 부족으로 죽은 뒤 어류 아가미 등에 붙어 호흡곤란을 일으켜 어류의 대량 폐사를 일으킨다. 때로는 물빛이 변하지는 않아도 대단히 해롭고 위험한 것이 다량 발생하는 경우도 늘고 있다. 이들 종들은 독극 물질(toxins)을 생산하는 것으로 알려지고 있는데 그래서 일반적인 용어로 '해로운 조류의 발생(harmful algae bloom)'이라고 불리고 HAB로 표기한다.

이는 대개 두 가지 그룹으로 나뉘는데 첫째는 독극물 생산자로서 이를 통해 해조류를 오염시키거나 어류를 죽이는 것이고, 둘째는 대량의 바이오매스 생산자로 집중적 발생 후에 무산소증(anoxia)을 일으켜 해양생물들을 무차별적으로 죽게 하는 것들이다.[228] 어떤 HAB는 이 둘을 겸하기도 한다. 지난 수

---

[227] Tom Garrison/ 강효진 등 역, 『해양학(Oceanography)』, ㈜시그마프레스, 서울, 2002. 1월, p.344.
[228] Henrik Enevoldsen, "Harmful algae: a natural phenomenon that became a societal problem", Geoff

십 년간 이러한 HAB의 발생이 크게 증가하고 있으며 최근에 더욱 널리 퍼지고 있다. HAB는 연안 자원들을 오염시키고 파괴하므로 연안 경제적인 자원들과 연안생태계 건강에 악영향을 미치며 연안 주민들의 생계에도 위협을 준다. 어장의 물고기들을 죽이고 어류 조직에도 독성물질이 축적되어 인간에게 2차 오염이 되어 건강에 심한 위협을 주기도 한다. 우리나라 남해안 연안에서도 매년 이와 같은 적조가 발생하여 특히 어업에 많은 피해를 주고 있다.

(c) 청조 및 기타 연안 환경 변화

최근 연안에서 인간 활동이 급격하게 증가하면서 하수, 비료 사용, 화석 연료 사용이 늘어나 질소(nitrogen) 농도가 올라감으로써 저산소증(hypoxia)으로 인해 소위 청조(靑潮)라 불리는 데드 존(dead zone)[229]도 많이 발생되고 있다. 연안 해역에서의 질소 부하량 증가는 식물성 플랑크톤(phytoplankton)이나 어류의 증가를 초래하여, 특히 질소 증가로 급격히 늘어난 식물성 플랑크톤이 광합성을 중지하고 호흡만 하는 밤에는 산소를 많이 소비하게 된다. 산소 부족으로 이들이 다시 죽으면서 호기성 세균(aerobic bacteria)의 먹이가 되고 이들이 부패하면서 또 다시 산소 수준을 낮춘다.[230]

이와 같이 질소의 증가는 연안의 산소를 줄여 저산소증(hypoxia)을 일으키거나 심하면 무산소증(anoxia)를 일으켜 데드 존(dead zone)을 만든다. 또한 여름에는 태양의 열기와 조용한 바람으로 인해 해수 표면의 온도가 올라가면서 이것으로 인해 해수층이 상·하층으로 분리되어 순환이 잘 이루어지지 않아 심해저에서는 산소 부족으로 저산소증(hypoxia)이 되기도 한다.[231] 전

---

Holland & David Pugh (ed.), *Troubled Waters*, Cambridge, 2010, p.125.

229) 데드존은 질소 증가로 유발된, 산소가 부족한 해역으로 '청조'라고 불리기도 함. 저층의 저산소 수괴가 용승 현상에 의해 해안 가까운 해면에 상승함으로써 해수가 청색으로 바뀌는 청조 현상이 발생한다(일본해양정책연구재단/김연빈 역, 『해양 문제 입문』, 2010. 6, 서울. p.61, p.161). 질소 등의 증가로 산소가 고갈된 해역을 모두 포함하는 개념으로 저산소해역(hypoxia), 무산소해역(anoxia)으로도 불림. 일반적으로 용존산소 농도가 2mg/L 이하를 기준으로 사용함(Burroughs, Richard, Coastal Governance, Island Press, 2011, pp.125-129; 남정호, 「데드존(dead zones)의 현황과 우리나라 해양환경 관리 시사점」, 『월간 해양수산』 2004년 4월호, pp.96~106). 자세한 사항은 UNEP가 2004년 발간한 『세계환경연감(Global Environment Outlook Year Book 2003)』 참조.

230) Richard Burroughs, *Coastal Governance*, Island Press, 2011, pp.125-129.

231) Richard Burroughs, *op. cit.*, p.127.

세계적으로 1980년대에 120개소, 1990년대에 300개소에 이어 2000-2008년 사이에 400개소 이상의 데드 존(dead zone)이 발생하였다.[232]

세계적으로 북해, 멕시코만과 함께 황해가 3대 해양오염 해역이면서 아울러 3대 'dead zone'으로 평가되기도 하였다.[233] 우리나라에서는 마산만(진해만 포함), 시화호, 통영 북신만, 여수 가막만, 충남 천수만 등에서 여름에 자주 발생한다.[234]

〈그림 3-4〉 부영양화와 관련된 세계의 dead zone 분포

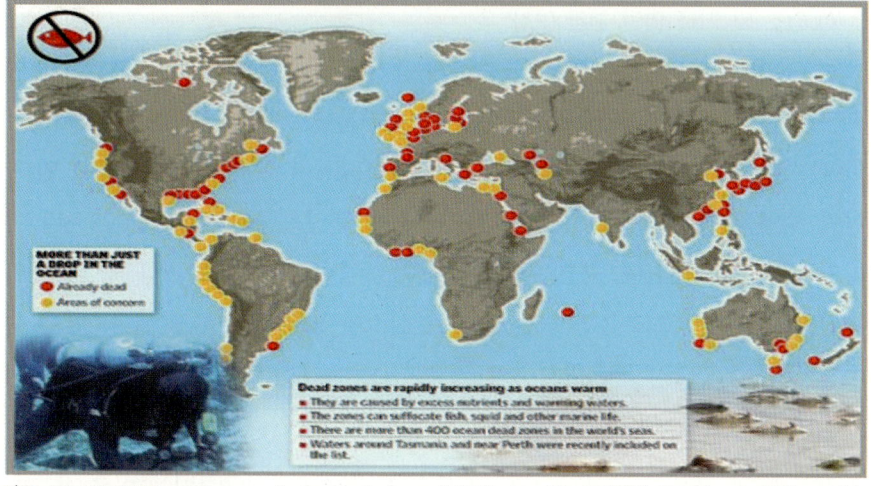

자료: https://nofishleft.wordpress.com/tag/marine-dead-zones/ (2015. 11. 10). 1980년대 120개소, 1990년대 300개소, 2000-2008년 사이 400개소 이상의 dead zone 발생. 원전: ABC 뉴스.

최근에는 황해에서 가시파래와 노무리입깃해파리 등 유독성 해파리의 번식이 크게 늘어 어업과 해수욕 등에 문제를 일으키고 있다. 황해해역의 생태계 교란으로 가시파래나 유독성 해파리가 여름철에 과다 출현하여 해수욕장 방문객에게 독성 피해를 일으키고 어업에도 매년 수백 억 원의 직접적인 피해를 입혔다. 이것은 중국 본토로부터 내려오는 다량의 육상기인 오염 물질로 인하여 황해에서 일어나는 현상이다.[235] 따라서 이러한 문제의 해결을 위

---

232) http://nofishleft.wordpress.com/tag/marine-dead-zone, 원전: ABC 뉴스.
233) 황기형, 「해양의 보호와 이용을 통한 신국부 창출」, 신국토 해양정책 방향 세미나 프로시딩, 2012. 11. 5.
234) 국토해양부 홈페이지.
235) 홍순배, 「해양환경 국제협약」, 『해양정책실무과정 교재』, 국토해양인재개발원, 2009, p.95.

해 중국과의 해양 협력도 요긴해지고 있다.

(d) 유류 오염

2007년 12월 태안 기름 유출 사건에서 보듯이 기름의 유출은 수산양식장을 폐쇄시키고 해수욕장과 해양레저 시설의 폐쇄를 유발하기도 하여 막대한 직간접적 피해를 유발한다. 이러한 선박에 의한 유류 오염이 일어나면 해양경찰이 긴급 방제를 하게 되고 나머지 방제는 지방자치단체에서 맡아 하게 되어 있다. 그리고 오염에 따른 수산물 등의 피해 보상이 원인 행위자에 의해 이루어지게 된다. 대개는 오염을 일으킨 선사들은 보험에 들어 있어 이를 통해 어업인 피해 보상을 하게 되나 피해액이 큰 경우에는 선주가 가입한 국제적인 Oil Fund 등에 의해 보상이 이루어지게 되기도 한다.

이러한 유류 오염을 효과적으로 통제하기 위해서는 다음 4개 분야로 나누어 관리가 되어야 한다.[236] 첫째, 유류 오염 사고 예방 및 사전 대비이며, 둘째는 유류 오염 방제 및 방제원 기술 구축이고, 셋째는 방제 장비의 개발 및 성능평가 기술 구축이며 마지막으로, 오염 지역의 환경 영향 평가 및 환경 회복 기술 구축 등이 요구된다. 유류 오염 사고는 필연적으로 어업 피해와 생태계에 대한 장단기 영향을 수반하므로 사고를 예방하는 것이 무엇보다 우선 되어야 하며 관련 기술 개발 및 적용, 그리고 피해지역 환경 회복이 따라야 한다.

(e) 해양쓰레기

해양수산부는 전국 연근해 주요 해역 내의 항만과 어장을 중심으로 해양쓰레기 수거, 처리 사업을 해양환경관리공단(KOEM)과 한국어촌어항협회를 통해 하고 있다. 여기에서는 청항선, 전용 수거선 등을 활용하여 무역항, 국가어항, 주요 어장 등에서 부유 및 침적 쓰레기 수거를 하고 있다. 2007-2013년 사이에 총 23.4만 톤이 수거되었고, 2007년에 4,507톤을 시작으로 2013년에 3.97만 톤이 수거되어, 매년 4-5만 톤의 해양쓰레기가 수거되고 있다.[237]

---

[236] 김석구, 『해양환경정책론』, 서울, 서울기획문화사, 2002. 7, p.398.
[237] 해양수산부, 「한눈에 보는 우리의 연안」, 2015. 4, p.56.

## 3) 오염 현황

### (1) 수질

전국 해양환경의 수질을 특정하는 대표지수인 화학적 산소요구량(COD) 기준으로 보면, 최근 10년간(2003-2012) 당시 Ⅰ등급 수준인 0.8-1.6 mg/ℓ이고 2012년에 전국 평균은 1.1mg/ℓ(동해안 0.7mg/ℓ, 서해안 1.5mg/ℓ, 남해안 1.1mg/ℓ)이다.[238] 우리나라 연안은 중국, 일본, 러시아 등으로 둘러싸여 있어 오염압력이 높은 편이나 동해, 남해의 깊은 수심과 활발한 해수순환 및 서해의 넓은 갯벌과 조수간만의 차이 등의 영향으로 전반적으로 양호한 상태이다.

2013년에는 기존의 COD 기준의 해수 수질 등급에서 생태기반 해수 수질 기준이 변경 고시되었고 이에 따라 해수 수질 평가지수(Water Quality Index, WQI)를 개발하여 Ⅰ등급(매우 좋음, 23 이하), Ⅱ등급(23-33), Ⅲ등급(보통 34-46), Ⅳ(나쁨, 47-59), Ⅴ(아주 나쁨, 60 이상) 등으로 해수 수질을 분류하고 있다.[239] 이에 따르면 Ⅰ·Ⅱ 등급은 2007년 77.6%에서 2012년 84.0%까지 증가하였고 Ⅲ등급이 동기간 17.9%(2007)에서 13.3%(2012)로 줄었고 Ⅳ·Ⅴ등급은 감소(4.5%→2.8%)로 나타나 다소 개선된 상태를 나타내고 있다.

---

[238] 해양수산부, 『해양수산 업무편람』, 2013. 8, p.94; 해양수산부, 『해양수산 주요 용어 및 통계』, 2014. 3, p.55. COD는 물의 오염정도를 나타내는 기준으로 해수수질의 오염상태를 나타내는 대표적인 지표임. 유기물 등의 오염물질을 산화제로 산화 분해시켜 정화하는 데 소비되는 산소량을 ppm(part per million 백만분율) 또는 mg/ℓ로 나타낸 것이다. 물속에 들어 있는 유기물, 아질산염, 제1철염, 황화물 등은 물속에 녹아 있는 산소를 소비하는데, 이런 물질이 많이 들어 있으면 물속의 산소가 없어져 물고기와 미생물이 살 수 없게 되고 물이 썩어 고약한 냄새가 나고 물 색깔이 검게 변하여 물이 죽게 된다. 이런 유기 물질이 들어 있는 물에 과망간산칼륨이나 중크롬산칼륨 등의 수용액을 산화제로 넣으면 유기물질이 산화된다. 이때 쓰인 산화제의 양에 상당하는 산소의 양을 COD값이라고 한다. 물이 많이 오염될수록 유기물이 많으므로 그만큼 산화 분해에 필요한 산소량도 증가한다. 따라서 COD가 클수록 그 하천 등의 물은 오염이 심하다. 따라서 COD 수치가 높을수록 오염도가 높다. 과거 수질 기준으로 보면 현재의 각 해역 현황은 3개 등급 중 Ⅰ등급(COD 2mgℓ 이하)로 낮은 편이다. 현재 전국 374개 정점의 표층수 중에서 COD 수치를 측정하는 중이다(나라 지표; 국토해양부, 『한국해양조사연보』, 각 년도).

[239] 해양수산부, 『연안기본조사』, 2015. 1, pp.346-349. 수질평가지수(WQI)=10×(저층산소포화도(DOD)]+6×[식물플랑크톤 농도(chℓ-a)+투명도(SD)/2]+4×[용존 무기질소 농도(DIP)/2]로 표시된다. 즉 이는 부영양화를 일으키는 원인 항목(표층 DIN, 표층 DIP), 일차 반응항목(클로로필, Secchi depth), 이차반응 항목(저층 용존산소 포화도)으로 구성되었으며, 수질 평가 항목의 해역별 기준값은 5개 생태구(동해생태구, 대한해협 생태구, 서남해역 생태, 서해중부 생태구, 제주생태구)별 해양 환경 특성에 따라 적합한 기준을 설정하였음. 2013년에 오염이 심화된 마산만 내측, 온산 연안측 정점이 추가(60개→95개)되어 '12년 이전끼리 비교하여야 추세를 알 수 있어 본문 그림에서는 '07년과 '12년 자료를 비교함(상게서, p.350)

이와 같이 최근 전국의 해양 수질은 2000년대 중반 이후 점차 개선되고 있는 것으로 나타나고 있다. 이는 그동안 해양오염의 80% 정도를 차지하는 육상기인 오염원을 차단하기 위하여 연안 지역의 하수도 보급률이 2004년도 말의 68.5%에서 2013년 말 92.1%로 향상되고[240] 하수종말처리시설이나 각종 폐수처리시설 등에 대한 투자가 증가하고 해양 수질 개선을 위한 정부의 각종 투자에 힘입은 바 크다고 할 수 있다.

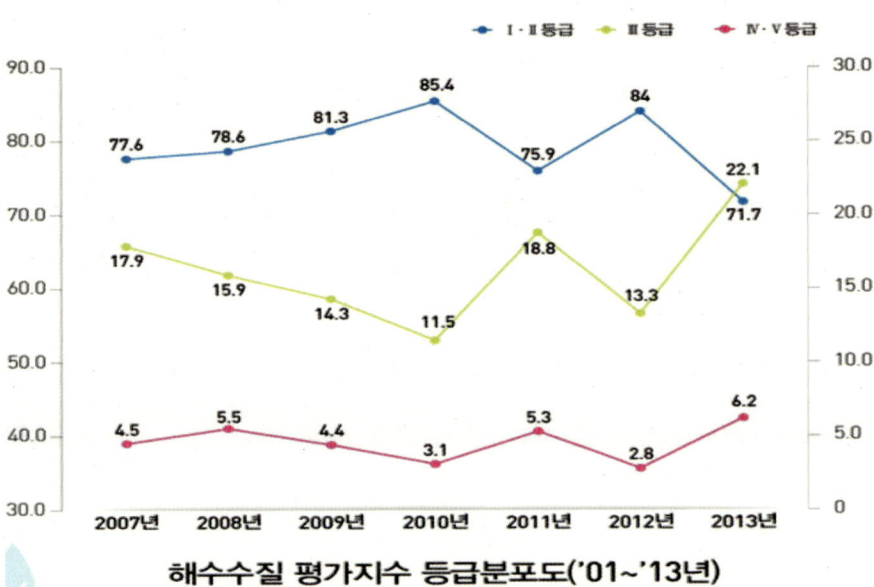

〈그림 3-5〉 해수 수질 평가지수(WQI)에 의한 전국 연안 수질 현황

자료: 해양수산부 연안기본조사 자료, http://112.171.36.179:2000/SOC/index.jsp (2015. 12. 17)

　화학적 산소요구량(COD) 외에도 우리나라 연안해역의 최근 10년간 총질소(TN), 총인(TP)의 농도는 조금씩 감소하는 경향을 보여주고 있다. 그러나 일부 만이나 반폐쇄해 등의 연안에서는 조사 시기에 따라 높은 농도를 보이고 있어 연안역 환경기초시설의 확충, 질소·인의 고차처리 기술개발 및 비점오염원 등에 대한 대책을 강구하여야 할 것이다.

---
[240] 국토해양부, 『제4차 해양환경종합계획』, 2011. 9, p.13; 환경부, 보도·해명자료, 2014. 12. 31.

〈표 3-8〉 연안의 오염 추세

| 연도별 | 수온<br>Temp<br>(℃) | 염분<br>Sal | 수소이온<br>농도<br>pH | 용존<br>산소량<br>DO<br>(mg/L) | 화학적산<br>소요구량<br>COD<br>(mg/L) | 총질소<br>T-N<br>(mg/L) | 총인<br>T-P<br>(mg/L) | 부유물질<br>SS<br>(mg/L) | 투명도<br>(m) |
|---|---|---|---|---|---|---|---|---|---|
| 1997 | 14.7 | 31.8 | 8.1 | 8.3 | 1.3 | 0.21 | 0.02 | 20.8 | 4 |
| 1999 | 16.3 | 31.1 | 8.1 | 8.5 | 1.4 | 0.21 | 0.02 | 11.1 | 4 |
| 2001 | 16.6 | 32.3 | 8.1 | 8.1 | 1.5 | 0.59 | 0.08 | 12.6 | 5 |
| 2003 | 15.9 | 31.5 | 8.1 | 9.1 | 1.6 | 0.44 | 0.04 | 12.3 | 5 |
| 2005 | 16.1 | 32.2 | 8.1 | 8.4 | 1.2 | 0.50 | 0.04 | 10.6 | 5 |
| 2007 | 15.3 | 31.6 | 8.8 | 9.0 | 1.3 | 0.59 | 0.05 | 9.9 | 5 |
| 2009 | 15.6 | 32.7 | 8.1 | 8.4 | 0.8 | 0.31 | 0.03 | 14.2 | 5 |
| 2010 | 15.0 | 32.0 | 8.1 | 9.1 | 1.2 | 0.34 | 0.03 | 17.9 | 4 |
| 2011 | 14.4 | 32.2 | 8.1 | 8.6 | 1.1 | 0.31 | 0.03 | 13.1 | 5 |
| 2012 | 15.0 | 32.4 | 8.1 | 8.6 | 1.1 | 0.26 | 0.03 | 12.5 | 5 |
| 2013 | 15.3 | 32.4 | 8.1 | 8.4 | 1.1 | 0.26 | 0.02 | 13.0 | 5 |
| 2014 | 15.2 | 31.9 | 8.1 | 8.5 | 1.2 | 0.38 | 0.29 | 10.4 | 4 |

자료: 해양수산부, 『한국해양조사연보』 및 『해양수산 주요 통계』 각 년도.

〈표 3-9〉 오염원별 투자 내역

(단위: 백만 원)

| 분야별 | 합계 | 2006 | 2007 | 2008 | 2009 | 2010 |
|---|---|---|---|---|---|---|
| 1. 해양생태계 보전 및 관리 | 3,056 | 617 | 523 | 577 | 632 | 707 |
| 2. 육상기인 오염원 관리 | 55,339 | 10,284 | 12,317 | 11,107 | 11,124 | 10,507 |
| 3. 해양기인 오염원 관리 | 5,028 | 865 | 947 | 1,005 | 1,073 | 1,138 |
| 4. 정책인프라 강화 | 969 | 148 | 204 | 215 | 221 | 181 |
| 계 | 64,392 | 11,914 | 13,991 | 12,904 | 13,050 | 12,533 |

자료: 국토해양부, 『제4차 해양환경종합계획』, 2011. 9, p.11; 국토해양인재개발원, 『해양정책실무과정』, 2009, p.133.

〈표 3-10〉 연도별 적조발생 현황

(단위: 억 원)

| 구분 | 1993 | 1995 | 1998 | 2000 | 2006 | 2007 | 2008 | 2009 | 2010 | 2011 | 2012 | 2013 | 2014 | 2015 |
|---|---|---|---|---|---|---|---|---|---|---|---|---|---|---|
| 발생건수 | 38 | 65 | 122 | 69 | 28 | 33 | 38 | 32 | 21 | - | 17 | | | |
| 피해액<br>(어업인신고액) | 84 | 764 | 1.6 | 2.6 | 0.7 | 115 | .. | | | | 44 | 247 | 53 | 56 |

자료: KMI, 『수산·해양환경통계』, 2009-2013년도; 해양수산부 보도자료, 2014. 10. 14(2012-2014); 연합뉴스, 2015. 12. 14.

2012년 이후 적조 발생은 과거보다 많이 늘어나고 있는 것으로 나타나고 있다. 과거에 해양오염이나 적조가 크게 문제가 되었던 곳은 생활하수나 공단 폐수가 집중적이 방출되던 곳으로서 반폐쇄 해역이었다. 이 해역들은 대개 육상에서 발생하는 오폐수 자정 능력이 떨어지는, 폐쇄이거나 반폐쇄 해역이어서 오염 물질들이 확산·희석되는 데 문제가 있기 때문이다. 그래서 질소, 인 등 영양염류가 풍부해져 이를 먹고 사는 적조 원인 생물인 코클로디니움(Cochlodinium)[241]이 일시에 대량 발생하면서 산소 부족 현상이 일어나고 따라서 이들이 갑자기 폐사하면서 붉은 색을 띠는 적조가 발생하게 된다. 이들이 폐사한 뒤 떠다니다가 어류의 아가미 등에 부착하여 호흡 곤란으로 인근의 많은 수생 생물들이 죽게 되어 피해가 많이 일어나게 된다.

이러한 반폐쇄해에서는 저층의 저산소(hypoxia) 혹은 무산소 수괴가 용승 현상에 의해 해안 가까운 해면에 상승함으로써 해수가 청색으로 바뀌는 청조(青潮)가 발생하기도 한다. 이러한 적조, 청조 발생으로 반폐쇄해에서 어패류가 몰사하기도 한다. 그래서 국제적으로는 세계 폐쇄성해역 환경보전회의(EMECS '90)가 개최된 이래, 폐쇄성 해역에 대한 정보와 기술을 교환하고 환경보전과 적정한 이용에 대해 토의가 지속적으로 이루어지고 있다.[242]

이러한 해역들의 반폐쇄성 관리를 위하여 「해양환경관리법」 제15-16조에 의거하여 환경보전해역 및 특별관리해역('환경보전해역'이라고 총칭)을 지정·관리하고 있다. 환경보전해역은 수산자원 보전지구, 보호수면 등 해양환경 및 생태계의 지속적인 보존이 필요한 지역을 대상으로 하며, 현재 득량만, 완도·도암만, 함평만 해역의 총 4개 해역이 지정되어 있다.[243] 반면 특별관

---

241) 코클로디니움의 특성

| 생리 | 생태 |
|---|---|
| -크기: 길이 30~40㎛<br>-세포: 단독, 군체형성, 점액질에 의한 어류 질식사<br>-증식속도: 1.3~1.8일에 2배 증식 | -최적성장 수온 24~26°C, 염분 32~33‰<br>-주야수직운동<br>주간: 표층에서 4m 이내에 존재,<br>야간: 저층에 고르게 분포 |

자료: 국립수산과학원 적조 정보 홈페이지.
242) 일본해양정책연구재단/ 김연빈 역, 전게서, p.163.
243) 해양환경관리법 제15조 및 16조 의거. 환경보전 해역 지정: 가막만, 득량만, 완도-도암만, 함평만, 특별관리해역: 부산·울산·시화호-인천 연안, 마산만, 광양만 등. 노재옥, 「해양환경 정책」, 해양정책 실무과정 교재, 국토해양인재개발원, 2009, p.136. 특별관리해역은 해역별 환경기준의 유지가 곤란하

리해역은 육상기인 등 다양한 오염원의 유입으로 해역환경기준의 유지가 곤란한 해역 또는 해양환경 및 생태계 보전에 현저한 장애가 발생할 우려가 있는 해역이다. 현재 부산 연안, 울산 연안, 광양만, 마산만, 시화호·인천 연안 등 5개 해역이 지정되어 있다.

일본에서는 적조 등 오염 현상이 잦은 도쿄만, 이세만, 오사카만, 세토내해 등에서 심각한 수질오염에 대처하기 위해 해역별 오염부하량 총량 규제가 이루어지고 있다.244) 특별관리해역인 마산만에서는 COD 위주로 1단계 오염총량관리제 도입(2007-2011)이 이루어져 큰 성과를 보았고245) 2단계(2012-2016)에서는 질소(N), 인(P)을 추가하여 시행하며 추가적으로 부산연안, 시화호 연안, 광양만 등 다른 특별관리해역으로 오염총량관리제가 확대 추진되고 있다.

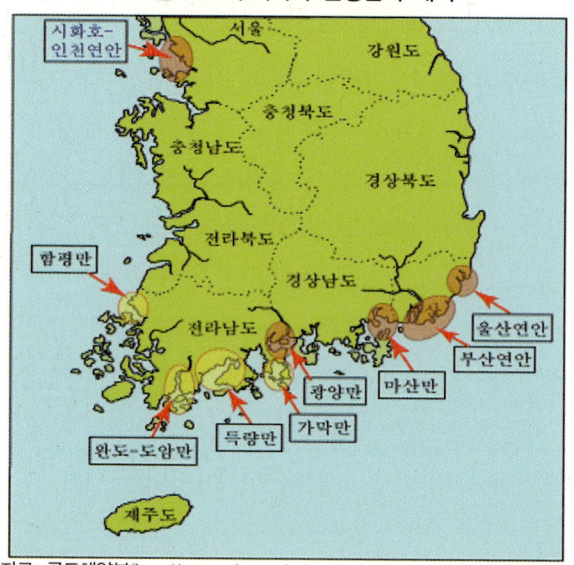

〈그림 3-6〉 **우리나라 환경관리 해역**

자료: 국토해양부(http://www.mltm.go.kr/USR/policyData/m_34681/dtl.jsp?id=508, 2015. 12. 22)

---

고, 해양환경의 보전에 현저한 장애가 있거나 장해를 미칠 우려가 있는 해역(도시, 산업단지주변해역)을 말한다.
244) 일본해양정책연구재단/김연빈 역, 전게서, p.173. 일본은 도쿄만, 이세만, 오사카만은 수질오염법, 세토내해는 이 법과 세토내해 환경보전특별조치법에 의해 이루어지고 있다. 이러한 총량규제 방식은 1978년에 세토내해에 COD 위주로 규제하다가 나중에 도쿄만, 이세만 등에도 동일하게 적용되었고 2001년에는 내만 부영양화의 주요인인 질소, 인이 추가되어 관리된다(일본해양정책연구재단/김연빈 역, 전게서, pp.198-199).
245) 2005년에 연안오염 총량관리제를 도입하여 총 2,534억 원을 투자, 화학적 산소요구량(COD)에서 2005년 3등급(2.59mg/L)이던 수질이 2014년 2등급(1.7mg/L)으로 개선되었다. 연합뉴스, 2015. 12. 17.

〈표 3-11〉 **특별관리해역 연안오염 총량관리제 확대 계획**

| 구분 | 제1단계 확대 (2015년 이전) | 제2단계 확대 (2015년 이후) |
|---|---|---|
| 해양환경 현안 | •수질환경 악화<br>(적조, 부영양화, 저층 무산소 환경) | •수질환경 악화 (적조, 부영양화, 저층 무산소 환경)<br>•저질환경 개선 (중금속, 유해화학물질 등) |
| 관리대상물질(안) | •COD, TN, TP | •COD, TN, TP<br>•중금속(Cu 등 7종)<br>•유해화학물질(PCB, 다이옥신 등) |
| 대상 해역 | •시화호, 부산연안 | •울산연안, 광양만 |

자료: 국토해양부, 『제4차 해양환경종합계획』, 2010, p.80.
주 : 연안오염 총량관리제 도입 여건
    i ) 오염원 처리시설 구비(하수처리율 90% 이상 등)
    ii ) 지역 협의체 운영
    iii) 관련 연구조사 결과(유역·해역 모니터링 등)

## 2. 해양환경 관리 거버넌스

### 1) 연안환경 개선 정책의 효과

해양환경은 인간에게 각종 유익한 서비스를 제공하므로 보호되어야 한다. 해양환경보호는 '저조면 아래 위치한 바다와 바다를 둘러싼 대기와… 해저면과 육지로부터의 공격에서 방어하는 행위'로 보고 있다.[246] 이렇게 이루어진 해양환경의 개선은 수산자원 증대에 큰 도움을 주고 수산물의 중금속 축적 등 오염을 줄이며 이것이 국민 식생활의 질을 개선시키고 국민 건강을 지켜준다. 아울러 해양경관을 개선시키는 등 다양한 가치와 혜택들을 가져다주기도 한다.

우리나라는 현재 연간 100조 원으로 추정되는 해양생태계 생산력을 보유하고 있는 것으로 평가되고 있다.[247] 이러한 여러 가지 가치와 서비스가 제

---

[246] 홍기훈, 전게서, p.198. '보호(protection)'란 공격으로부터 (자신)을 방어하는 행위이고, '보존(preservation)' 이란 (자신의) 생존을 유지하게 하는 행위, 그리고 '보전(conservation)'은 보호나 보존보다 더 넓은 의미로 국내법에서는 (자연환경을) 보존, 보호, 또는 복원하는 행위이다(자연환경보전법 제2조의 2).
[247] 홍승용, 「해양강국 실현을 위한 대한민국의 선택」, 차기정부의 해양강국 실현을 위한 정책 토론회 (프로시딩), 2012. 7. 17, p.21. 다른 연구에서는 갯벌, 하구, 해수욕장·국립공원, 해면 등 대상 연안해역의 연간 경제적 가치는 32조 8억-33조 8,662억 원으로 추정된다고 한다. 국토해양부, 『해양생태

공됨에도 불구하고 해양환경 개선사업이나 생태계 보전사업은 많은 투자가 필요하고 그 효과는 서서히 나타나므로 투자 기피와 투자에 대한 불신이 높은 것이 사실이다. 그러므로 이로 인한 다양한 가치와 혜택들을 검토하고 평가하여 투자에 대한 정부의 인식 변화와 국민들에 대한 설득이 필요하다. 아무래도 환경 투자는 국민소득 증대, 투자 재원의 규모화 등과 연관이 되므로 소득과 수준에 맞게 적절히 환경 투자를 하고 있는지 점검해 보아야 한다.

실제로 경제 발전과 환경생태 등과의 관계에서 1995년 Grossman과 Krueger는 환경 문제와 경제 발전과 관련하여 1인당 국민소득이 증가함에 따라 변화하는 사항을 조사하였다.[248] 그리하여 경제 발전 초기에는 환경 악화가 심화되다가, 경제 발전이 어느 정도 이루어진 시점부터는 환경의 질을 개선하기 위하여 제도, 기술, 투자 등을 도입하면서 다시 환경오염이 둔화된다는 발표를 하였다. 이와 같은 현상은 환경이 사치재(奢侈材)이고 일정 소득에 이르러야 투자를 시작하는 소득효과를 보이기 때문이라고 한다.[249]

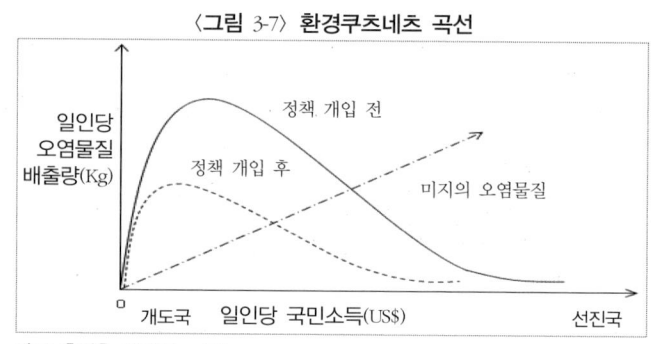

〈그림 3-7〉 환경쿠즈네츠 곡선

자료: 홍기훈, 전게서, p.190.

이것을 그래프로 나타낸 것이 〈그림 3-7〉과 같은 환경쿠즈네츠 곡선이다.[250] 이 곡선은 역 U자 형인데, 가로축은 경제 성장(혹은 1인당 GDP), 세로축은 환경오염(오염물질 배출량)으로, 평균 GDP가 증가할수록 사회의 오염

---

산업 체제 구축 방안』, 2012. 4, p.93. 원전; 남정호 등, 『연안 공공이익 침해 방지를 위한 공유수면 관리체제 개선 방안』, 한국해양수산개발원, 2010.
248) 한국의 환경쿠즈네츠 곡선에 관한 고찰(요약), http://blog.naver.com/PostView.nhn?blogId=nomac74&logNo =100196225453 (2015. 2. 2)
249) Ibid.
250) 홍기훈, 「해양환경 보호」, 『해양의 국제법과 정치』, 한국해로연구회 편, 서울, 2011, p.190; 상게 자료.

물질 배출량은 따라서 증가하다가, 일정 시점에 이르면 1인당 GDP가 계속 성장해도 오염물질 배출량은 오히려 줄어든다. 일정 소득에 도달한 이후에는 더 이상 오염이 증가하지 않고 소득 증가에 따라 오히려 줄어든다. 결과적으로 환경 투자가 높아진 선진국에서는 개도국들보다 물, 공기, 식품의 안정성이 더 높아지게 된다.

이와 같이 소득 증가와 더불어 과학 기술의 발전에 따라 환경 투자를 늘리게 되어 환경의 질, 여가 생활의 증대, 웰빙산업의 번창, 해양 경관의 증진 등이 이루어지고 각종 원인과 증상이 밝혀지면서 오염 감축 투자가 이루어지게 된다. 결국 산업화 초기에 오염된 환경은 소득 증가와 더불어 오염 감축을 위한 투자가 증대되면서 서서히 개선되게 된다.

이외에도 오염을 막기 위한 정책도 시행되어야 하는데 초기에는 환경 피해가 부적절한 행위에서 비롯되므로 이를 수정하면 환경 피해를 해결할 수 있다는 행위관(behavioral lens)과 부적합한 기술의 적용을 막고 적합한 기술이나 당해 기술을 적용하여 이를 해결할 수 있다는 기술적 견해(technological lens)가 전통적으로 우세하였다.[251] 1970년대에는 이러한 환경 피해는 시장의 실패로 인해 일어난 것이므로 환경 피해를 포함한 비용을 내부화함으로써 해결하자는 경제관(economical lens)이 출현하였다.[252] 행위관에 의거, 배출 행위를 금지하거나 또는 그 양이나 비율을 정하여 통제하거나 면허하는 명령통제제도(command and control), 그리고 경제관에 의거, 배출하지 않을 시의 인센티브를 세금이나 상한거래제(배출권 거래제, cap and trade) 또는 생태 세금(ecological tax) 등을 통해 강제하는 시장유인제도(market based instruction) 등의 제도가 채택·시행되고 있다.[253]

1980년대 이후에는 서식처인 생태계에 대한 이해가 부족하여 환경 훼손이 많이 이루어지므로 생태계를 우선적으로 환경관리하에 두어야 이를 해결할 수 있다는 생태관(ecological lens)이 등장하였다.[254] 이에 의거하여 일부 대상

---

[251] 홍기훈, 상게서, p.191.
[252] 홍기훈, 상게서, p.192.
[253] 김석구, 전게서, pp.108-122; 홍기훈, *Ibid.*
[254] 홍기훈, 상게서, p.192.

생물만 대상으로 하지 않고, 그들 간의 상호 의존성을 고려하여 생태계 전반을 대상으로 예방적인 차원에서 접근하는 생태계기반관리(EBM: ecosystem-based management)가 1990년 이후 환경관리나 해양생태계 관리 개념에 많이 도입되어 오고 있다.

### 2) 연안환경 정책 발전 과정

세계적으로도 해양 환경오염이 심각한 곳 중의 하나가 우리나라, 중국, 일본이 위치한 동북아의 바다이다.[255] 우리나라에서 이러한 환경과 생태계 분야에 대한 정책적 관심은 1980년 말부터 시작되었다. 특히 각종 개발 사업에 따른 환경영향평가는 1990년 「환경정책기본법」 제정으로부터 출발하였다. 이후 해양 분야나 간척 매립 등에서도 이러한 환경영향평가가 이루어졌으나 그 이전부터 계획되었던 시화호 및 새만금 매립 사업은 당시 환경영향평가가 없던 시절에 시작되었기 때문에 나중에 크게 문제가 되었다.

특히 시화호 매립 시행 과정에서 시민환경단체에서 문제를 제기하고 시행사, 정부 등과 공방을 벌이면서 상당한 사회적 반향을 일으켰다. 시민들도 이러한 사회적인 갈등을 통하여 해양환경의 중요성을 인식하기 시작하였다. 당시 이러한 사업들이 주로 농경지 개발을 염두에 두고 사업이 이루어졌던 까닭에 쌀 자급이 이미 이루어졌던 시기라 사업의 당위성은 상당히 저하되고 있었다. 이러한 갈등 가운데 갯벌의 중요성에 대하여 상당한 공감대가 형성되어 가게 되었다. 시화호 문제가 제기되었던 1996년부터 새만금 사업에 대한 찬반의 열기를 더해 가던 2005년까지 격렬했던 해양환경운동으로 새로운 해양환경 관리의 틀을 짜는 계기가 되기도 하였다.

또한 1995년을 전후하여 당시 동남해안 지역에 생활하수가 많이 유입되어 인과 질소의 과다로 적조가 자주 발생하였고, 또한 1995년 여수 앞바다 씨프린스호 기름 유출 사건으로 1996년 해양수산부 창설을 이루는 계기가 되어

---

255) 최희정, 해양정책 강의 교재, 국토해양인재개발원, 2011.

다양한 연안환경 정책 수립의 모티브를 제공하였다.

### 3) 해양환경 거버넌스 체계

우리나라의 해양환경 거버넌스 체계를 분야별로 보면 다음과 같다. 우리나라의 해양환경관리는 1977년 해양오염방지협약(MARPOL 73/78)의 국내 입법 체계로서 「해양오염방지법」이 제정되면서 시작되었다. 이 법은 주로 해양환경 오염 행위를 폐기물 관리와 유류 유출에 국한함으로써, 해양환경에 영향을 미치는 다른 오염원에 대한 관리 수단은 미흡했다. 1980년 이후 연안 이용 개발이 급격히 진전되면서 1995년경에는 전국 단위의 대규모 유해성 적조가 발생되어 사회적 문제가 되었고, 1992년 및 2002년 리우회의 이후의 국제적 경향에 따라 해양환경의 통합적·사전예방적 관리의 필요성도 대두되었다. 이에 맞추어 2007년 「해양오염방지법」이 「해양환경관리법」으로 전면 개정되어 해양환경측정망 구축, 해양환경관리계획의 수립, 폐기물의 해양배출제도의 규제 강화, 국가긴급방제계획의 근거 마련, 환경관리해역제도의 강화, 연안오염 총량관리제도 도입, 해양환경영향평가제도 신설, 해양환경관리공단(KOEM)의 설립 등이 명시되어 시행되게 되었다.

〈표 3-12〉 우리나라 해양 환경 관련 정책의 시대별 주요 변화

| 구분 | 1960년대 | 1970년대 | 1980년대 | 1990년대 | 2000년대 | 2010년대 |
|---|---|---|---|---|---|---|
| 국제 | UNESCO('60)<br>-반개발, 생태적 개념 | -런던협약('72)<br>-MARPOL협약('76/78) | -환경법회의<br>-몬트리올 가이드라인('85) | -리우 UN환경개발회의('92)<br>-해양법협약발효('94) | -리우+10회의(WSSD) | -리우+20회의 |
| 국토 | 국토개발 초기 | 거점개발 | 국토 균형개발 | 분산형 국토개발 | U자형 개발 | U자형 개발 |
| 연안 | 대단위<br>농업용 간척 | 대단위<br>농업용 간척/<br>연안 공단개발 | 대단위<br>농업용 간척/<br>연안 공단개발 | 시화, 새만금 연안 간척 | 다목적 연안<br>간척(소형 전환) | 다목적 연안<br>간척(소형 전환)/연안관리제 |
| 주요 정책 | 공유수면관리법 및 공유수면매립법 | 해양오염방지법 제정 | 연안관리 연구 | 연안관리법 입법 추진, 장기매립계획 추진 | 연안관리제, 환경관리해역제 도입, 해양환경관리법/공유수면관리 및 매립법 제정 | 연안관리제, 환경관리해역제/마산만 오염총량제 |

자료: 권문상, 「과학적 연안관리를 통한 해양창조경제 실현」, 연안가치 창조를 위한 스마트 연안관리(프로시딩), 2013. 6. 7, p. 5)의 내용을 필자가 본문 내용에 맞게 수정함.

제1차 해양수산발전계획(2001-2010) 시에는 연안 및 기후변화 포함하여 환경부문 세부 하위 계획이 5개였으나 시행 중에 6개의 하위 계획이 추가 수립되었고 제2차 해양수산발전계획(2011-2020) 시에는 총 12개로 늘어났다.

〈표 3-13〉 해양환경 분야 하위계획 현황

| 해양 분야 | 하위계획의 구조 (계획 명, 시행기간) | 하위계획 수 | |
|---|---|---|---|
| | | 1차 해양수산발전계획 (2001-2010) | 2차 해양수산발전계획 (2011-2020) |
| 해양환경(Marine environment) | • 해양환경종합계획 (10)<br>• 해양환경관리해역기본계획 (5)<br>• 습지보전기본계획 (5)<br>• 해양쓰레기관리 국가기본계획 (5)<br>• 해양생태계 보전·관리 국가기본계획 (10) | 1(4)* | 5 |
| 해양 및 연안 정책(Ocean and coastal policy) | • 연안통합관리계획 (10)<br>• 연안정비계획 (10)<br>• 공유수면매립기본계획 (10)<br>• 무인도서종합관리계획 (10)<br>• 독도의 지속가능이용을 위한 기본계획(5) | 3(1)* | 5 |
| 기후변화(Climate change) | • 기후변화대응 국토 및 해양 계획 (13)<br>• 국가 CCS 종합추진계획 (10) | 1(1)* | 2 |
| 총 계 | | 5(6) | 12 |

*( ): 제1차 해양수산발전계획(2001-2010, 해양수산부)의 시행령 중간에 만들어진 해양환경 부문 계획의 수

이에 근거하여 만들어져 시행되는 해양환경 분야의 기본 계획인 해양환경종합계획은 이미 3차에 걸쳐 수립·시행되었다. 2011년부터 시행되는 「제4차 해양환경종합계획(2011-2020)」은 향후 10년간 총 10조 9,363억 원을 투입, 육상 및 해상기인 오염원들에 대한 관리를 하고 있다.

〈표 3-14〉 제4차 해양환경종합계획(2011-2020)의 내용

| 구분 | 주요 과제 | 투자비 | 주요 내용 | 지표 변화 |
|---|---|---|---|---|
| 계획 주요 내용 | 5대 분야, 22개 중점과제, 63개 세부 사업 | 총 10조 9,363억 원<br><br>환경부:<br>-7조 5,000억 원, 68.9%<br>해양수산부(구 국토해양부):<br>-2조 1,000억 원, 18.8%<br>농림수산식품부:<br>-1조 2,000억 원, 10.7%<br>해양경찰청:<br>-1,000억 원, 1.1% | • 육상오염원 국가관리체계 확립: 연안유입 오염물질 및 해양쓰레기 관리 강화 등<br>• 해양오염 대응능력 강화: 해양사고 예방적 관리 강화, 유류오염물질 오염대비대응제도 강화, 해양오염 대비 대응의 과학화, 어장환경 보전, 환경위해성 저감<br>• 해양생태계 유지보전: 해양생태계 조사 확대, 보전 및 복원 조치 등<br>• 기후변화 대비: 온실가스 저감, 기후변화 대응기반 강화 등<br>• 해양정책 인프라: 해양환경법의 체계적 정비, 과학적 정책기반 강화, 해양환경 민간 전문가 양성 등 | • 해양쓰레기 연간수거율: 38%←60%<br>• 해양보호구역 지정: '10 4곳→'20 10곳<br>• 습지보호구역: 10개소(218.15km²) 전체 갯벌의 8.8%→20개소(600km²) 25% |

자료: 해양수산부(구 국토해양부), 환경부 등, 『제4차 해양환경종합계획』, 2011. 9, pp.60-61.

<표 3-15> 제4차 해양환경종합계획 주요 지표별 목표치

| 분야 | 주요 지표 | 2010년 | 2020년 |
|---|---|---|---|
| 육상기인 오염원 국가관리 체계 확립 | 전국 해역 수질(COD 기준) | 연평균 II등급 | 하계 II등급 |
| | 목표 수질 달성 해역 (총 67개 해역) | 41개소(61%) | 50개소(75%) |
| | 해양쓰레기 연간 수거율 | 38% | 60% |
| | 연안오염 총량관리제 | 1개소 | 5개소(특별관리해역) |
| | 민관산학협의회 운영 | 3개소 | 5개소(특별관리해역) |
| 해양기인오염 대비·대응 실효성 확보 | 항만국 통제 점검률 | 35.1% | 95% |
| | 해상 기름 회수 용량 | 18,800톤 | 22,500톤 |
| | NOx 배출량 저감 | | 2010년 기준 80% 저감 ('16년 달성) |
| 해양생태계 건강성 유지·보전 | 해양보호구역 지정·관리 | 4개소(70.37km$^2$) | 10개소(200km$^2$) |
| | 습지보호구역(갯벌) | 10개소(218.15km$^2$), 전체의 8.8% | 20개소(600km$^2$), 전체의 25% |
| 기후친화적 해양환경관리 강화/해양환경정책 인프라 강화 | 해양환경 예산 확대 | 국토해양부 예산('10년 약 39조)의 0.45% -기후변화 예산:0.03% | 국토해양부 예산('20년)의 2% -기후변화 예산:0.1% |

자료: 해양수산부(구 국토해양부), 환경부 등, 전게서, 관련 페이지 참조하여 필자 종합 작성

앞으로의 관리 방식은 육상기인 오염의 지천·지류 및 비점오염원 관리, 오염 총량관리, TP/TN, 중금속 등의 관리로 정책의 중점도 변화될 예정이다.

<표 3-16> 제4차 해양환경종합계획에서 현안·대상·관리방식의 변화

| 기 존 | | 향 후 |
|---|---|---|
| 본 류 | ⇨ | 지류·지천·하구 관리 |
| 점오염원 | ⇨ | 비점오염원 관리 |
| 농도관리 | ⇨ | 총량관리 |
| COD | ⇨ | TN, TP, 중금속, 유해화학물질 |

자료: 정부부처 합동, 전게서, p.68.

이외에도 우리나라에서는 「연안관리법」이 1998년도에 제정되어 「제1차 국가 연안관리계획」 주도하에 시군 지역마다 제1차 연안지역관리계획이 수립되어 시행되고 있다.256) 2009년 말 현재 76개 연안시군구 중 63개에서 연안관리지역계획 수립·완료되어 시행 중에 있다. 현재 2011년부터 「제2단계 국가 연안관리계획」이 수립되어 이에 맞춰 지역계획 수립이 이루어지고 있다.

또한 해양생태계와 관련하여 「해양생태계의 보전 및 관리에 관한 법률」(2006), 그리고 해양생물다양성 협약과 관련한 「생명자원의 확보·관리 및 이용 등에 관한 법률」(2012), 그리고 「습지보전법」(1999), 「공유수면의 관리 및 매립에 관한 법률」(2010), 「무인도서의 보전 및 관리에 관한 법률」(2007) 등의 법률과 제도가 시행되고 있다. 이러한 생태계 관련 내용은 다음 장을 참고하기 바란다.

## 3. 국제적인 해양환경 관리 개념과 원칙들

### 1) 해양환경관리 원칙들

국제적으로 해양환경 오염 방지와 건전한 생태계의 육성을 위하여 해양환경 오염행위 사전 방지 혹은 예방적 접근법(precautionary approach),257) 오염자 부담 원칙(polluters pay principle),258) 오염 전가 금지,259) 지속가능한 개발, 공통 및 차별적 책임,260) 생태계 서비스에 대한 고려 등의 개념이 구현되고

---

256) 국토해양부, 『제2차 해양수산발전계획 수립 연구』, 2009. 11, p.100.
257) 과학적 지식의 한계를 인정하고, 환경 피해가 일어나기 전에 비록 원인과 결과 간의 관계성이 완전히 입증되지 못하였더라도 환경 피해를 방지하려는 규제적 조치의 근거를 제공한다. 김석구, 전게서, pp.86-90; 홍기훈, 전게서, pp.193-194.
258) 폐기물 처분 비용을 생산가(生産價)에 반영하도록(內部化) 규정을 강제화하여 폐기물 발생을 감소·방지하거나, 재활용을 촉진하는 정책이다. 김석구, 전게서, pp.103-105; 홍기훈, 전게서, p.194.
259) 폐기물관리의 원칙이 환경보호인데 특정 환경을 보호하기 위해 다른 환경을 희생시키면 원래 목적을 달성하지 못하므로 이를 금지하는 원칙이다. 특히 육상, 대기, 해양환경관리 행정청이 나누어져 있는 경우에 유용하다. 홍기훈, 전게서, p.195.
260) 선진국이 환경오염 배출이 많고 처리 재원이나 기술 역량은 높으나 개도국은 그렇지 못하므로 국

있다. 이와 관련하여 홍기훈(2011)은 다음과 같이 지적하고 있다.

"대체로 선진국들은 유해 화학물질의 환경 처분에 관해 엄격한 국내법을 먼저 개발한……선진국들이 개도국들을 조약에 이끌어 들이기 위한 교섭의 도구로서 '지속성', '추가성(additionality)', '공통 및 차별적 책임', '오염자 부담' 등의 환경 관리 원칙들이 이용되고 있다. 지속성은 개도국들이 선진국들의 환경 염려는 자국의 성장에 장애가 된다고 보는 관점을 해소하기 위해 개도국들의 지속적인 성장을 보장해 주고, 추가성은 기존 자원을 사용하기 보다는 개도국들의 추가적인 개발을 지원하고, 지구적 공동재(global commons)에 대한 국가 책임을 공통으로 부담하되 선진국에 더 지우고"[261]

이러한 개념들은 주로 선진국에서 1970년대 이후 출현하였고 특히 생태계 서비스 원칙은 2000년대 이후 출현하였다.[262] 생태계기반관리 개념들은 1992년 리우회의 이후 국제적인 주제가 되고 있는 지속가능한 개발을 기저에 깔고 있어 이하에서는 이를 중심으로 살펴보고자 한다.

### 2) 지속가능한 개발(Sustainable Development, SD)

연안 자원관리에서 '지속가능한 개발(sustainable development)'은 하나의 목표로서 최근에 널리 활용되어 오고 있다. 이 말의 근원은 1970년 초에 제안된 로마클럽 보고서 『성장의 한계(Limits of Growth)』에서 발견할 수 있다.[263] 이것은 또한 1980년 초 UNESCO의 Man and Biosphere Programme(MAB)의 구조 속에도 제시되어 있다.[264] 이후 WCED(World Commission on Environment and Development)에 의해 1987년에 발표된 영향력 있는 Bruntland 보고서(United

---

제조약이나 협약에서 선진국이 개도국들보다 책임을 더 지는 방식으로 개별 국가들의 역사적 책임과 역량을 고려한 환경적 정의나 공정성을 담보하면서 모든 국가들의 조약 가입 등을 용이하게 하여 국제조약들의 지구적 포괄성을 제고해 주는 제도이다. 1972년 런던협약 등을 필두로 기후변화 협약 등 각종 협약에서 이러한 개념이 활용되고 있다(홍기훈, 전게서, pp.195-196). 일반적으로 원인 행위자를 찾지 못할 경우에는 공공에서 공동으로 부담하기도 한다(김석구, 전게서, pp.101-102).

261) 홍기훈, 전게서, p.197.
262) Ibid.
263) Adalberto Vallega, *Sustainable Ocean Governance: a Geographical Perspective*, Routledge, London, 2001, p.126.
264) Ibid.

Nations World Commission on Environment and Development, UNWCED)인 『Our Common Future』에서 지속가능한 개발(SD)을 "현재의 수요를 충족시키기 위하여 미래 세대의 능력에 훼손을 주지 않으면서 현재의 수요를 충족시키는 개발"로 정의하고 있다.[265]

따라서 지속가능성은 "무한히 유지될 수 있는 과정이나 상태의 특성"으로서 정의된다. 지속가능한 이용은 "재생가능한 범위 내에서 일정률로 유기체, 생태계, 기타 다른 자원들의 활용"으로 정의된다. 다시 1992년 리우정상회의에서 환경보존과 개발을 조화시켜 환경을 파괴시키지 않는 '지속가능한 개발(Environmentally Sound and Sustainable Development, ESSD)'을 주창하여 '환경과 개발에 관한 리우선언'[266]이 발표되었고 이것을 달성하기 위한 행동계획인 「어젠다21」을 채택하였다. 이후 '지속가능한 해양 및 연안 통합개발(Integrated Ocean and Coastal Development)'이 해양 분야에서 화두가 되어 왔다.[267] 이 리우회의는 그 후속으로 「기후변화협약」, 「생물다양성협약」, 「사막화방지협약」 등 국제협약들을 탄생시키는 계기도 되었다. 특히 이때에 핵심적으로 바다와 연안의 지속가능한 개발과 관리가 주창되었고 이때의 지속가능성(Sustainability) 혹은 지속가능한 개발(Sustainable Development, SD)은 환경적으로 지속가능하여야 하고(Environmentally Sustainable), 경제적으로도 지속가능하여야 하며(Economically Sustainable), 사회적 시스템을 유지 가능하게 할 수 있는 사회적 지속가능성(Socially Sustainable)도 함께 포괄하고 있다.

1987년 WCED(World Commission on Environment and Development)의 「브룬트란트 보고서(Bruntland Report)」와 「Agenda 21」 등을 통하여 공동 비전으로서 지속가능한 개발(SD)과 더불어 통합(integration), 부문 간 융합(intersectoral work)

---

[265] J. G. Field, *et al.,* *OCEANS 2020*, Island Press, WA, D.C. USA, 2002, p.4; Gunnar Kullenberg and Ulf Lie, "Sustainable Development and the Ocean", *Securing the Oceans: Essays on the Ocean Governance*, Chua Thia-Eng, Gunnar Kullenberg, and Danilo Bonga (eds.), Jan. 2008, GEF/UNDP/IMO, p.23.

[266] Adalberto Vallega, *op. cit.*, p.126. 유엔환경개발회의 (United Nations Conference on Environment and Development)라고도 하는 리우회의는 1992년 6월에 브라질의 리우데자네이로에서 114개국 정상이 모여 개최된 지구환경보호 및 개발에 관한 환경정상회의이다. 이 회의에서는 지구환경의 지역적 상호의존성의 성격을 강조하는 '리우선언'과 환경보호를 위한 '어젠다21', '지구온실화방지협약(기후협약)', '생물다양성협약' 등을 발표하였다.

[267] 조정제, 이지현, 「연안통합관리를 통한 연안의 지속가능한 개발」, 『해양 21세기』, p.447.

및 제도적 재배치(institutional reorientation) 등이 요구되었다.268) 이 두 보고서는 특히 지속가능 개발(SD)을 달성하기 위해 필요한 제도들에 대한 가이드라인(guideline)을 제시하고 있고 이러한 필요성들은 다음 4가지 제목하에 포함될 수 있다. 이의 제도적인 구조(institutional framework)는 ①종합적이어야 하고(comprehensive), ②일관성이 있어야 하고(consistent), ③다학제적이어야 하고(trans-sectoral and multidisciplinary), ④톱다운(top-down) 방식보다는 참여지향적이고 하의상달식(participatory and bottom-up) 방식이어야 한다고 하고 있다.269)

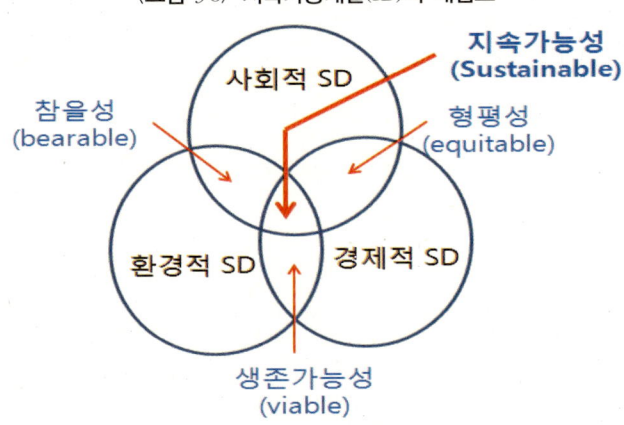

〈그림 3-8〉 지속가능개발(SD)의 개념도

자료: Sam, Smith, "A Private Sector Perspective on the Future for Deep Seaebd Mining(Ⅰ)", Proceedings of Global Challenges and Freedom of Navigation(2013) Seoul Conference on the Law of the Sea by GOLF, Univ. of Virginia & KMI), May 2013, Seoul, p.28.

지속가능한 개발은 자연이나 문화자원을 고갈시키거나 환경을 훼손하지 않고 개발 목적을 달성하는 접근 방법으로서 경제성장과 환경정책을 통합시킨 개념이며, 생태계를 파괴하지 않고 환경을 훼손하지 않는 범위 내에서 경제의 지속적 성장을 보장하는 개발 방식이라 할 수 있다. 지속가능한 개발은 현세대뿐만 아니라 미래세대의 이용과 향유를 위해서 자원을 보전하는 것을 의미하며, 생태적·사회문화적·경제적 지속가능성에 기반하고, 전 지구적 차원에

---
268) Gunnar Kullenberg and Ulf Lie, op. cit., p.32.
269) Gunnar Kullenberg and Ulf Lie, op. cit., pp.32-33. 원전: E. Mann Borgese, Sustainable development in the oceans. International Ocean Institute. Canada and Dalhousie Univ., Halifax, N,S., Canada, 1997.

서 인간사회의 지속성을 확보하기 위한 패러다임이다. 지속가능성의 영역 구분에 따라 지속가능한 개발의 원칙과 조건을 정리한 것이 〈표 3-17〉이다.

지속가능성(Sustainability) 혹은 지속가능한 개발(Sustainable Development, SD)의 주요한 원칙 두 가지로 예방적 접근법(precautionary approach)과 생태계 접근법(ecosystem approach)이 있다.270) 그러나 이들을 실제로 실행시키는 데에는 상당한 어려움이 따른다. 예방적 접근법(the precautionary approach)은 1992년 리우선언 시에 "…심각한 위협이나 불가역적인(irreversible) 피해가 우려되는 경우에 과학적 자료나 지식이 불확실하다고 하여 환경 피해를 방지하기 위한 비용효과적인 조치들을 지연해서는 안 된다"고 선언한 것이 대표적이다.271) '강한' 예방적 접근법(precautionary approach)은 개발자 혹은 그 옹호자가 '아무런 큰 위해(no significant harm)'가 없거나 혹은 '심각하거나 가역적인 위해(no serious or irreversible harm)'가 해양환경에 미치지 않는 것을 입증하는 등의 여러 가지 조치를 취하도록 하고 있다.

이러한 조치들에는, 예를 들어, 유전자 이식 어류(transgenic fish) 수입 혹은 생산의 금지 규칙 수립, (최소한도 유해물질의) 무배출(zero discharge) 혹은 가상적인 제거 기준 등의 부가, 안전한 것으로 인정된 물질들만 생산될 수 있는 'reverse listing' 제도의 도입 등과 같은 것들이 있다. '약한' 예방적 접근법의 경우에는 부분적 금지(예를 들어 유전적으로 변형된 어류를 육상 시설에서만 생산)나 '순응적 관리(adaptive management, 즉 배우면서 익히는 learn-by-doing 법)'가 포함된다. 순응적 관리는 변화하는 환경에 대한 탄력적인 대응(resilient response)이 더욱 가능토록 하고 실험적인 교육에 의한 습득법(learn-by-doing)에 의하여 생태계의 움직임에 대한 지식을 더욱 늘어나게 한다.272)

---

270) David L. VanderZwaag, op. cit., p.211. Lowry(2008) 등은 지속가능성(Sustainability)의 4원칙으로 ①생태계 기반접근법(EBM), ②순응적 관리(Adaptive Management), ③세대간 형평(inter- and intra- generational equity), ④상호통합원칙 (integration and interrelationship principles) 등을 주장하고 있다(Kem Lowry & Chua Thia-Eng, "Building Vision, Awareness and Commitment: The PEMSEA Strategy for Strengthening Regional Cooperation in Coastal and Ocean Governance", *Securing the Oceans: Essays on the Ocean Governance*, Chua Thia-Eng, Gunnar Kullenberg, and Danilo Bonga (eds.), Jan. 2008, GEF/UNDP/IMO, p.375).

271) Janis Searles Jones & Steve Ganey, "Building the Legal and Institutional Framework", *Ecosystem-Based Management for the Oceans*, (ed. by Karen Mcleod & Heather Leslie), Island Press, 2009, pp.164-165. 유사한 언급은 UNFCCC(1994), UN(1995)에서도 발견된다.

272) Bruce Galvovic, "Ocean and Coastal Governance for Sustainability: Imperatives for Integrating Ecology

〈표 3-17〉 지속가능한 개발의 원칙과 조건

| 구분 | 원칙 | 목표 | 지속가능한 개발의 조건 |
|---|---|---|---|
| 경제적 측면 | 효율성 (efficiency) | 지역경제 활성화 및 지역주민 삶의 질 향상 | • 지역사회의 특성을 반영하는 사업의 활성화<br>• 외부투자자들에 의한 사업보다는 지역민 투자사업 활성화<br>• 새로운 개발을 통한 급속한 성장보다는 기존자원·시설을 활용한 개발촉진<br>• 지역주민의 소득 및 고용의 증진<br>• 지역사회 전반에 걸친 수익배분(수익배분의 형평성)<br>• 이러한 활동을 위한 공공정책의 실시·추진<br>• 투자영향에 대한 지속적인 감독·평가 |
| 사회적 측면 | 형평성 (equity) | 개발의 형평성 촉진 | • 지역주민의 요구를 지속적으로 수렴<br>• 의사결정 과정에 지역주민의 참여 보장<br>• 지역사회의 전통 유지<br>• 지역 간 교류의 증진 및 개발 도모<br>• 자원이용과 환경관리의 비용·편익 형평성 배분<br>• 사업영향에 대한 지역주민과의 지속적인 의사소통 |
| 환경적 측면 | 보전 혹은 생태적 온전성 (conservation or ecosystem integrity) | 생물다양성 보전 | • 지속가능한 방식으로 자연환경을 활용<br>• 자연자원 및 생태계 적정수용력 유지<br>• 개발 사업에 생태 시스템 도입<br>• 자연환경 보호·보전활동을 촉진하기 위한 제도의 도입<br>• 환경에 대한 영향 및 변화에 대한 감시·평가<br>• 환경에 대한 인식고양을 위한 교육 |

〈표 3-18〉 지속가능성 단계별 관리 전략

| 지속가능성 | 관리전략(프로젝트, 정책 또는 행동 과정) | 정책 수단 (가장 선호하는 수단) |
|---|---|---|
| 아주 약한 지속가능성 | -전통적 비용-편익 분석<br>-효율적 가격 책정을 통한 시장 및 정부 간섭 실패의 시정<br>-잠재적 파레토 기준<br>- 소비자 주권<br>- 무한 대체 | -오염세<br>-보조금 배제<br>-재산권 부여 |
| 약한 지속가능성 | -확대된 비용-편익 분석<br>-화폐가치 평가법의 확대 적용<br>-실질 보상, 잠재 프로젝트 등<br>-약한 최소 안전 기준 | -오염세<br>-배출권<br>-예치금 반환<br>-환경 기준 |
| 강한 지속가능성 | -고정 기준 기법<br>-예방적 원칙<br>-자연자본의 1차 및 2차 가치<br>-일정 자연자본의 원칙<br>-사회선호도 가치<br>-강한 최소안전기준 | -환경기준<br>-보존지역 설정<br>-공정기술에 의한 배출기준<br>-배출권<br>-소비세<br>-보험보증 |
| 아주 강한 지속가능성 | -비용편익 분석법의 포기 또는 극히 제한적인 비용-편익분석법의 적용<br>-생명윤리 | |

자료: 표희동, 「지속가능한 글로벌 해양거버넌스」, 해양정책 및 해양과학기술의 환경변화와 Rio+20회의 결과 및 향후 대책(2차 세미나 자료), 2012. 12. 3, p.4.

and Economics", *Ecological Economics of the Oceans and Coasts*, 2008, p.322.

이외에 생태계기반관리(ecosystem-based management)는 지속가능한 개발(SD)의 개념에서 하나의 보조적인 개념으로 인정되며 1992년 리우회의(UNCED)에서 나온 Agenda 21 Chapter 17이나 2002년의 제2차 리우회의(World Summit on Sustainable Development, WSSD)에서 인정된 개념이다. 이것이 생태적 접근법(ecosystem approach)과 동일한 개념인지에 대하여는 논란이 있지만 이러한 생태적 접근법의 가이드라인은 FAO나 생물다양성협약(CBD)에 의한 것들을 포함하여 다양하게 제시되고 있다.273) 예를 들어 수산 분야에서는 어떤 취약한 지역에서의 파괴적 어업 활동 금지, 선택적 어구어법 및 환경친화적 어구의 개발, 어선대 감축, 예방적 참고 사항 수립, 어류 서식지 복원, 어업에 대한 생태영향평가 실시, 해양보호구역(MPA)들의 설치, 에코-라벨(eco-label)의 이용 촉진 등이 이러한 접근법에 속한다.

## 4. 결언

바다에 대한 환경 투자는 그 실적이 눈에 보이지 않으므로 간과되기 쉽고 투자자나 예산 배정자에게 어필하기 어렵다. 따라서 해양환경 개선의 효과에 대한 검토가 필요하다. 이러한 개선 효과 요인들을 보면 먼저 한국산 수산물은 중국의 그것보다 몇 배나 비싸도 잘 팔린다는 것이다. 중국산보다 환경적으로 안전하다는 것이 주된 이유이다. 생산과정, 유통과정에서 생길 수 있는 여러 가지 비위생적이고 환경친화적이지 못한 처리에 대한 의심이 중국산에 대한 불신으로 이어지고 있다. 반면 국내산은 깨끗한 해양환경에서 자라고 위생적 유통과정 등의 이유로 가격이 중국산보다 비싼데 특히 해양

---

273) David L. VanderZwaag, "Overview of Regional Cooperation in Coastal and Ocean Governance", *Securing the Oceans: Essays on the Ocean Governance*, Chua Thia-Eng, Gunnar Kullenberg, and Danilo Bonga (eds.), Jan. 2008, GEF/UNDP/IMO, pp.211-212.

환경 개선 요인이 가장 크게 영향을 미친다고 할 수 있다. 즉 해양환경 개선에 따른 환경 프리미엄의 효과가 그만큼 크다는 것을 입증해 주는 것이다. 앞으로 소득이 늘어나면 늘어날수록 이러한 환경 프리미엄은 더욱 커질 것으로 예상된다.

아울러 해양환경 투자는 앞에서 본 것처럼 해수 수질 환경을 개선시키고, 적조 발생 등을 줄이며 나아가 수산자원의 풍도를 높여 준다. 따라서 우리나라 같은 어식국가(수산물 다소비 국가)에서는 안정적인 식량 공급을 가능케 해 주기도 한다. 우리나라에서는 과거 환경오염이나 남획으로 2000년에 790만 톤으로 크게 줄었던 어업 자원량이 최근 2012-2013년에 860만 톤[274]으로 늘고 어획량도 함께 늘어나고 있어 해양환경 투자의 성과가 서서히 나타나고 있다.

이러한 해양환경 보전과 개선을 위해서 국민들의 환경의식 개선도 크게 요망된다. 다행히 2007년 말 발생한 태안 기름 유출 사건 시 1개월이라는 단시일 내에 100만 명이 넘는 국민들이 참여했던 상황을 고려해 볼 때 국민들의 환경의식은 전보다 상당히 개선된 것으로 보인다. 그래도 대부분의 해양오염은 육상기인이고 이 중 상당 부분을 책임지고 있는 것이 개별 국민들이므로 앞으로 더욱 쓰레기를 줄이고 잘 처리할 수 있도록 국민 환경의식을 고양시켜야 할 것이다.

---

[274] 수산인 신문, 2014. 10. 31.

# 04

해양생태계 관리

# 제4장
# 해양생태계 관리

영국의 과학자 제임스 러브록(James E. Loverock, 1919-)은 1979년 『가이아, 지구상의 생명체를 보는 새로운 관점(Gaia: a new look at life on Earth)』이란 책에서 지구 자체가 하나의 거대한 생명체라는 가이아 이론(Gaia theory)을 주장하였다.275) "그리스 신화에 나오는 대지를 관장하는 여신인 가이아의 이름을 붙인 이 가설의 요지는 지구는 생물적, 무생물적 요인이 상호작용을 하는 복잡한 계를 이루고 있는 생명체와 같다는 것이다. 다시 말해 지구도 뭇 생명체들처럼 최적 생활 조건을 유지하며 생존하도록 자기 스스로 변화하고 조절할 수 있는 거대한 생명체라는 설명이다."276) 이하에서는 이러한 설명에 따라 해양생태계의 개념과 그 관리방안에 대하여 검토하고자 한다.

## 1. 해양생태계 기초 개념

대부분의 학자들은 생태학에 대해 '생태계의 구조와 기능에 관한 학문'이라고 간단히 정의하는데, 이때 생태계란 어떤 지역에 살고 있는 생물을 포함한 환경 요소들이 서로 영향을 주고받으면서 일정한 기능을 수행하는 환경의 작은 단위를 말한다.277) 이는 '일정 공간에 서식하는 생물군집과 비생물적 환경이 서로 밀접한 관계를 맺으면서 조화를 이루는 자연의 단위'로서, 물질 순환이나 에너지 흐름이 일어나는 하나의 기능적인 계(系: system)로 정의한다.278)

---
275) 김웅서, 「인류에게 바다란?」, 『해양과 인간』 3판, 최형태·김웅서 엮음, KIOST, 안산, 2012. 7, p.17.
276) Ibid.
277) 김남원, 「해양생태계 보전 및 관리」, 해양정책실무과정 교재, 국토해양인재개발원, 2009, p.157.

따라서 생태계는 생물과 환경이 구성한 하나의 임의 단위이고 생태계 구조란 주로 종 조성, 즉 군집 내용을, 기능이란 군집 간의 생물적 상호작용, 특히 일차 생산, 소비, 분해 등의 작용을 말한다.279) 과거에 많이 연구된 진화생태학, 군집생태학에서 한층 발전하여 최근 연구의 중심이 되는 생태계생태학은 생태계가 생물과 무생물환경으로 구성되어 있고 이들 구성원의 상호 간, 즉 생물과 생물, 생물과 환경, 각 환경요인 간의 관계 등을 다룬다.

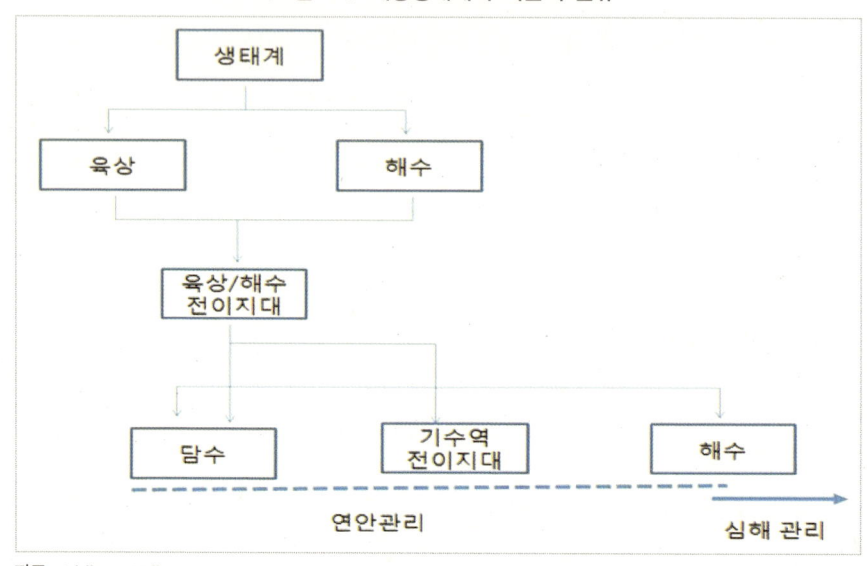

〈그림 4-1〉 해양생태계의 기본적 분류

자료: Adalberto Vallega, *op. cit*, p.50.

특히 우리나라에서 2006년에 제정된 「해양생태계의 보전 및 관리에 관한 법」(이하 해양생태계보전법)에서는 '해양생태계'를 일정한 해역의 생물공동체와 이를 둘러싼 무기적 또는 유기적 환경이 결합된 물질계 또는 기능계로 정의하고 있다.

해양의 생물계는 영양의 생산자인 식물성 플랑크톤으로부터 시작하여 1차 소비자인 동물성 플랑크톤, 그 위의 소비자, 그리고 이들이 죽은 뒤 이를 분해

278) *Ibid.*
279) 고철환, 전게서, 2008, p.370.

하는 분해자로 구분되는 생태계로 구분되어진다. 개별적인 생태계는 이와 같은 개별 생태계 나름의 특성을 가지면서 독특한 먹이사슬(trophic webs)과 생물적 집단을 이루고 있다. 그래서 지속가능한 개발(SD, Sustainable Development)은 이러한 먹이 사슬을 변경시키거나 깨뜨리는 인간의 영향을 방지 혹은 저감시키려는 노력이다.[280] 그러므로, 그 관리 과정도 생태계 자체만을 대상으로 하는 것이 아니라 이러한 생태계의 속성까지도 다루어야 한다.

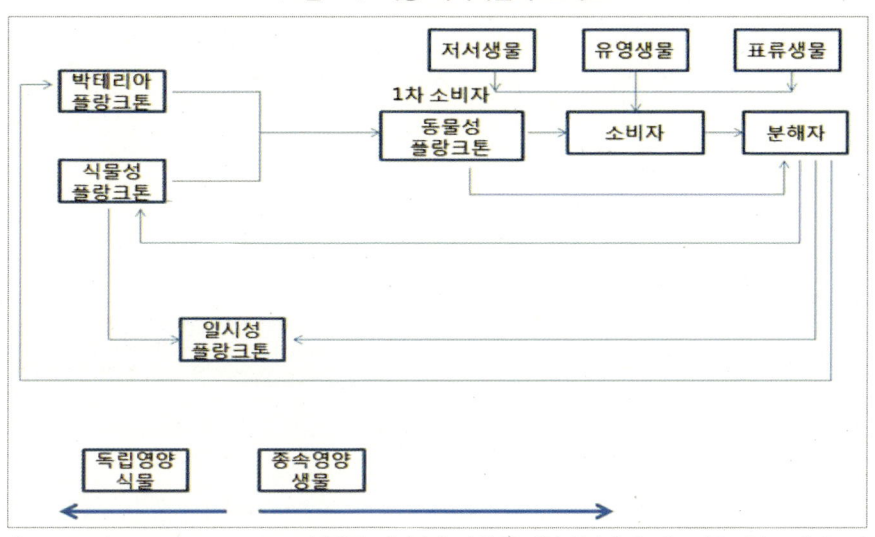

〈그림 4-2〉 해양 먹이사슬의 조직도

자료: Adalberto Vallega, op. cit., p.45. 저서생물: 해저바닥, 바위 등 기질 위나 속에 사는 것들(전복, 조개 등), 유영생물: 해양을 자신의 의지대로 자유로이 헤엄 다니는 생물(어류, 포유류, 고래 등), 표류생물: 물 위에 떠돌아다니는 생물(주로 플랑크톤 등)

최근 수산업계에서는 예전보다 적은 크기의 성어가 주로 잡힌다는 이야기들을 하고 있다. 이는 오염과 남획 등으로 인하여 전체 생태계가 변화하면서 유전적인 변이를 통해 성어의 성숙 단계의 변화 등 생태계 전체의 변화가 진행 중이라는 것을 의미하는 것으로 해석할 수도 있다. 이러한 현상의 원인을 정확히 파악하여 전체 생태계를 관리할 필요가 있다.

---

280) Adalberto Vallega, op. cit, p.45.

〈그림 4-3〉 해양생태계 시스템의 지리적 규모

자료: Adalberto Vallega, op. cit., p.52.

생태계의 생산성(productivity)은 해양생태계에서 생물 집단에게 에너지원을 주고 비생물적 재료들을 생물적 복합물로 바꾸는 과정을 나타내는 광합성의 역할과 관련된다. 이들의 생산성을 평가하는 여러 가지 방법들이 있지만 해양관리와 관련하여 두 가지가 중요하다. 이는 1차생산성과 2차생산성인데 1차생산성은 광합성에 의한 화학적 유기물로 변환된 에너지의 양으로 표현되거나 혹은 생산된 유기물의 건중량(dry weight)으로 표현되기도 한다.[281]

2차생산성은 1차 먹이사슬의 조직 수준과 다른 수준 사이의 비율(ratio)에 관련된 것이다. 먹이사슬은 인간의 투입(input)에 의해 어느 정도 변화되면서 악영향을 미치기도 한다. 두 가지 예를 들면 첫째, 인간이 고형 폐기물을 바다에 투입하면 연안의 투명도가 떨어지고 탁도가 증가한다. 결과적으로 바다로의 햇

〈표 4-1〉 여러가지 생태계의 생산성 (에너지 기준)

| 생태계 | 1차 총생산량 ($kcal/m^2/년$) |
|---|---|
| 기수구역, 산호초 | 20,000 |
| 열대우림 | 20,000 |
| 비옥한 농지 | 12,000 |
| 부영화된 호수 | 10,000 |
| 부영화된 습지 | 10,000 |
| 토박한 농지 | 8,000 |
| 용승산지 | 6,000 |
| 초원 | 2,500 |
| 빈영양성 호수 | 1,000 |
| 원양 | 1,000 |
| 사막, 툰드라 | 200 |

자료: 김일회, 「동해안 기수호의 생태」, 『해양환경교육』, 해양수산부, 2002.

---
281) Adalberto Vallega, op. cit., p.45.

빛 침투력이 떨어지고 광합성이 약해지고 결국 생산성이 떨어지게 된다. 둘째로는, 연안제조 플랜트나 생활 하수도로부터 배출된 영양이 높은 물은 적조(eutrophication)와 생산성 증대를 초래하여 나머지 생태계에 연쇄적으로 생산성을 높이게 되면서 기존 생태계에 악영향을 미칠 수 있게 된다. 이러한 예들은 원칙적으로 인간의 투입으로 연안 생산성을 바꾼 사례들로서 지양되어야 한다.

〈표 4-2〉 해양 먹이사슬: 기초생산성(건중량 기준)

| 순수 일차생산성($gr/m^2$의 해표면적): 순 건중량 기준 | 주요 특성 | 사례 |
|---|---|---|
| 3,000 혹은 그 이상 | 매우 높은 생산성-물이나 영양 이용 가능성이 아주 높은 조건에서 발견 | 염습지(salt marshes), 산호초 지역 등 |
| 1,000-3,000 | 높은 생산성-일반적으로 좋은 조건에서 발견 | 영양염이 풍부한 기수역(estuary) |
| 200-1,000 | 중간정도의 생산성-제한적인 영양과 썩 좋지는 않은 물리적 환경 조건에서 발견 | 특히 고위도의 연안 수역 |
| 200 이하 | 낮은 생산성-어떤 면에서 극히 제약을 받는 환경 조건에서 발견 | 많은 심해 바다들 |

자료: Adalberto Vallega, op. cit., p.46.

여러 가지 생태계 중 생산성이 제일 높은 곳은 연안의 기수역이나 산호초, 맹그로브 등이 서식하는 지역으로 원양에 비해 20배 정도 생산성이 높은 것으로 나타나고 있다. 여기에서 연안 생태계의 생산성이 높은 이유가 있다.[282] 첫째는 연안지역이 육상에서 나오는 질소, 인, 실리카 등 영양원이 풍부한 지역이라는 점, 둘째는 바다가 얕아 연안의 파도와 조류가 바다 층의 영양분을 위로 오르게 하여 영양의 순환이 잘 된다는 점이다. 반면에 대양의 깊은 바다는 영양원에서 멀고 영양의 순환도 안 되기 때문에 연안에 비하면 거의 사막에 가깝다고 할 수 있다. 반면 연안 해역은 반폐쇄만이나 강하구, 반도 등으로 둘러싸여 오염물질의 순환이 어려운 경우가 많아 오염에 취약하다. 그래서 연안오염 관련 대응조치나 연안관리 등의 도입에 의한 적절한 관리가 요망된다.

[282] Ulf Lie, "Food from the Ocean: Will it Be Enough?", Securing the Oceans: Essays on the Ocean Governance, Chua Thia-Eng, Gunnar Kullenberg, and Danilo Bonga (eds.), Jan. 2008, GEF/UNDP/IMO, p.67.

〈표 4-3〉 해양생태계별 기초생산력 추정치

| 환경 | 생태계 | 면적(106km²) | 기초생산력 평균(gC/m²/yr) | 기초생산력양(inventory) (PgC/yr) |
|---|---|---|---|---|
| 연안(Coastal) | 기수역(Estuaries) | 1.4 | 260 | 0.4 |
| | 산호초(Coral Reefs) | 0.6 | 1,700 | 1.0 |
| | 맹그로브/염생습지 (Mangroves/Salt Marshes) | 0.6 | 2,400 | 1.4 |
| | 대륙붕 (Continental Shelf) | 23.4 | 300 | 7.0 |
| | 용승지역 (Upwelling Zone) | 0.2 | 800 | 0.2 |
| | 총계(Total) | 26.0 | ~350 | 10.0 |
| 대양 (Open Ocean) | | 334 | ~110 | 40-48 |
| 계(Total) | | 361 | ~140 | 50-58 |

자료: Ben McNEeil, "Global Ecology of the Oceans and Coasts", *Ecological Economics of the Oceans and Coasts*, 2008, p.39. 원전: Gattuso *et al*, 1998: Falkowski *et al*, 2003.

〈그림 4-4〉는 세계의 생물자원 밀도가 높은 곳(주로 주요 어장)을 표시하는데 북서태평양, 북해, 뉴펀들랜드, 알래스카, 남미 서안 등이 높게 나타나고 있다.

〈그림 4-4〉 해양 바이오매스와 생물자원

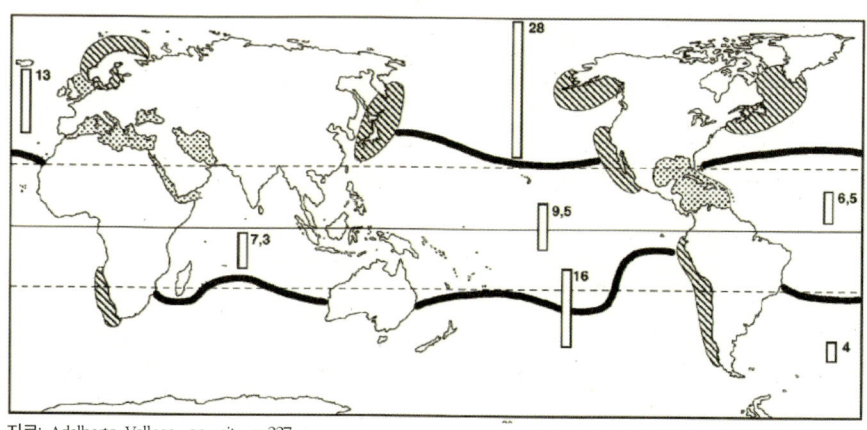

자료: Adalberto Vallega, op. cit., p.227.

## 2. 해양생태계 서비스 가치와 평가

### 1) 해양생태계 서비스와 그 특성

'생태계 서비스(ecosystem service)'라는 개념이 최근 생태학에서 중요한 주제로 대두되고 있다. 특히 유엔이 주도한 '새천년생태계 평가(Millennium Ecosystem Assessment)'를 통하여 인류사회가 지구 생태계에 대한 종합적인 평가를 하면서 더욱 중요해지고 있다.[283]

생태계 서비스(ecosystem services)란 "생태계와 이를 이루는 종들(species)이 인간 생활을 지탱하고 채우는 조건들과 과정들"로 정의된다.[284] 반면, 생태계 상품들(ecosystem goods)이란 "인간이 사용하기 위하여 자연계로부터 얻는 물질적 생산물들"을 나타낸다.[285]

연안에서는 어류 산란, 산호초 시스템, 습지(wetlands), 기수역(estuary), 모래사장(sandy beaches) 등이 인간사회에 많은 생태적 상품과 서비스를 제공한다. 특히 해양에서는 생태계의 생물 다양성을 통하여 인간에게 이득을 주고 생태계의 기능을 조절하는 상품 및 서비스를 제공하는 중요한 역할을 한다.

〈그림 4-5〉는 연안과 바다에서 이루어지는 해양생태계 서비스를 통합적으로 평가하는 구조를 나타낸다. 이것은 생태계의 구조와 과정, 물리생물학적 동인들,[286] 연안 및 해양관리와 정책들, 인간 복지의 목표들, 해양생태계 서비스들과 이들 사이의 피드백을 나타내 주고 있다. 생태계의 상품과 서비스는 인간

---

[283] 여기에서 생태계가 주는 효용은 크게 4가지 범주인데 이 네 가지 범주 안에서 24가지 세부적인 서비스를 기술하고 있다. 24가지 서비스 중 60퍼센트 이상을 차지하는 15가지 서비스의 기능은 감소하고 있으며, 오직 4가지 서비스만 증가하고 있다. 15가지 서비스 감소는 인류의 삶과 밀접한 기후 조절, 수질 및 대기 질 조절, 그리고 식량 공급 등에 막대한 영향을 끼친다. 이 중 가장 큰 범주의 서비스는 기본적으로 생태계를 지원하는 효용(supporting service)인데 이 서비스로부터 인간에게 제공하는 효용(provisioning services), 조절하는 효용(regulating services), 그리고 문화적 효용(cultural services)이 각각 나온다고 제시하였다.

[284] Basil Sharp & Chris Batstone, "Neoclassical Frameworks for Optimizing the Value of Marine Resources", *Ecological Economics of the Oceans and Coasts*, 2008, p.120.

[285] *Ibid.*

[286] 텍토닉 압력, 지구의 기후변화 등을 의미함.

과 생태계 사이의 핵심적 연결고리를 형성한다. 생태계의 구조와 과정들은 중장기적이고 대규모 물리생물학적 동인들에 의해 영향을 받고 이것은 다시 인간에게 가치 있는 상품과 서비스를 제공하는 조건들을 만들어낸다.

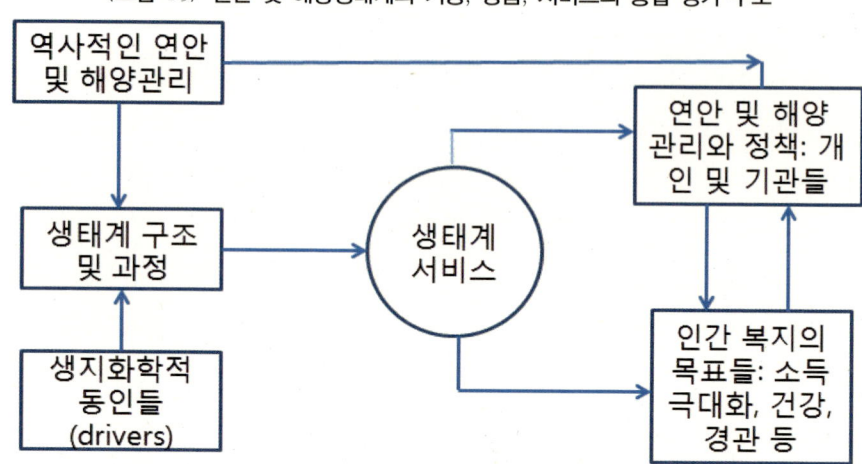

〈그림 4-5〉 연안 및 해양생태계의 기능, 상품, 서비스의 통합 평가 구조

자료: Matthew Wilson, & Shuang Liu, "Non-Market Value of Ecosystem Services Provided by Coastal and Nearshore Marine Systems", *Ecological Economics of the Oceans and Coasts*, 2008, p.121. 원전: Wilson et al., "Integrated assessment and valuation of ecosystem goods and services provided by coastal systems", *The Intertidal Ecosystem*, (eds. by James G. Wilson), Dublin, Ireland: Royal Irish Academy Press, 2005, pp.1-24.

이와 같은 다양한 서비스를 제공하는 해양과 연안생태 시스템은 대중의 이익이 걸린 자산들이고 인류 공영의 자산이다. 그러나 해양생태계도 대중 공동의 자산이고 자유로이 누릴 수 있는 공유재(public good) 성격 때문에 Harding(1960)이 언급한 것처럼 '공유재의 비극(tragedy of commons)'을 겪을 수 있다.[287] 공유재로서 '비배제성(non-excludability)'이 있어 물리적·제도적인 장치로 외부인(outsider)를 배제하기 어렵거나 이에 비용이 많이 든다. 감소성(subtractability)이 있어 각 이용자들은 타인의 이익을 줄일 수 있다. 특히 해양에서 어류자원의 남획, 해양 환경오염이 이러한 이유로 늘어나게 된다. 이와 같은 비극을 줄이고 관리를 강화하기 위하여 관리의식(stewardship)을 가진 기

---

287) Bruce Galvovic, "Ocean and Coastal Governance for Sustainability: Imperatives for Integrating Ecology and Economics", *Ecological Economics of the Oceans and Coasts*, 2008, pp.331-332.

관이나 기구에 개인적 소유권(private property rights)을 부여하거나 법제도 등을 강화하여 강력한 국가 관리 및 규제 조치를 가하기도 한다. 또한 수세기에 걸쳐 공유재를 관리하는 다양한 사회적 제도나 기관이 발전해 오기도 하였다. 그래서 이러한 노력들로부터 다양한 해법들이 모색될 수도 있다.

## 2) 해양생태계 서비스의 종류와 가치 평가

새천년생태계 평가에서는 이러한 서비스를 4가지로 나누어 공급적 서비스(provisioning service), 조절적 서비스(regulating service), 문화적 서비스(cultural service), 지원적 서비스(supporting service)로 구분하고 있다.[288]

〈표 4-4〉 생태계가 인류에게 제공하는 서비스의 종류

| 서비스 명칭 | 주요 내용 | 재화 성격 |
|---|---|---|
| 공급적 서비스<br>(Provisioning service) | 다양한 생태계의 상품들을 시장에 제공하는 기능. 식량, 연료 물, 목재, 유전자 자원, 천연약재, 담수 및 섬유 등. 그 지속성은 시기에 따라 변하고, 이는 생물적 생산에 따라 측정 | 시장재 |
| 조절적 서비스<br>(Regulating service) | 생태계가 지구사의 기후를 조절하고, 홍수, 질병, 물의 흐름과 수지를 조절하는 역할을 수행하는 것, 대기 질 유지, 기후 조절, 물 및 침식 조절, 수질 개선, 하수 처리, 질병 조절, 생물학적 조절, 수분 및 폭풍 조절 등 | 비시장재 |
| 문화적 서비스<br>(Cultural service) | 자연을 보면서 느끼는 심미적 감정, 정신적·교육적·휴양적 혜택, 종교적 가치, 다양한 문화적 지식기반시스템, 사회적 연대감, 문화유산의 가치, 여가 및 에코 관광 등 | 〃 |
| 지원적 서비스<br>(Supporting service) | 상기 3가지 서비스 제공에 필요한 서비스 제공하는 기능으로 간접적으로 지구를 지원하는 기능, 토양의 형성, 생태계의 1차 생산, 대기 중의 산소 생산, 영양소 및 물의 순환 등을 지원하는 혜택이 인류에게 제공됨. | 〃 |

자료: Matthew Wilson & Shuang Liu, op. cit., pp.122-124. 원전: Millenium Ecosystem Assessment, *Ecosystems and Human Well-Being: A Framework for Assessment*, Washington DC, Island Press, 2005; KMI, 『주요국의 해양정책 동향 및 해양관리 체제 분석』, 2011.

---

[288] Matthew Wilson & Shuang Liu, "Non-Market Value of Ecosystem Services Provided by Coastal and Nearshore Marine Systems", *Ecological Economics of the Oceans and Coasts*, 2008, p.121. 원전: Millenium Ecosystem Assessment, *Ecosystems and Human Well-Being: A Framework for Assessment*, Washington DC, Island Press, 2005.

실제로 환경과 생태계가 인간에게 제공하는 각종 서비스 가치는 크게 사용가치(use value)와 비사용가치(non-use value)로 나눌 수 있다.[289] 스쿠버 다이버가 바닷속을 탐험하며, 주말 낚시를 통해 월척을 낚는 기쁨은 모두 생물다양성이 우리들에게 제공하는 직접적인 사용가치이다. 이것은 인간과 자연의 '상호작용(interaction)'의 가치인 반면, 비사용가치는 자기 자신이 직접 도움을 얻는 것은 아니지만 주위 사람이나 후손들이 자연으로부터 얻게 될 혜택에 대해 부여하는 가치라고 할 수 있다. 전 세계 관광객들이 고래 떼를 구경하는 것은 자연을 보전했기 때문에 가능하다. 조류학자가 되고 싶은 어린 자식을 위해 철새 도래지를 보호해야 한다고 생각하는 것은 상속가치(bequest value)이다. 여기에 모든 생물은 그 나름의 특별한 존재 이유를 갖고 있다고 믿는 고유가치(existence value)까지 포함시킨다면 생물 다양성의 가치는 지대하다고 할 수 있다.

〈표 4-5〉 생태계 가치

| | 사용 가치 (use value) | | | 비사용가치 (non-use value) |
|---|---|---|---|---|
| | 직접(direct) | 간접적(indirect) | 옵션/준옵션적 (option) | 실존(고유)가치 (existence/bequest value) |
| 소모적 | ·어류<br>·농업<br>·연료목재<br>·야생동식물<br>·수확<br>·에너지자원 | ·영양염 보유<br>·홍수 통제<br>·폭우로부터 보호<br>·육상수 공급<br>·수질 재충전<br>·외부 생태계 유지<br>·미세 기후 안정화<br>·해안선 보호 | ·잠재적 미래가치<br>(직접 및 간접)<br>용도<br>·미래 정보 가치 | ·생물다양성<br>·문화, 역사적 유적<br>·상속가치 |
| 비소모적 | ·레크리에이션<br>·수송 | | | |

자료: ARSU(The Regional Planning and Environmental Research Group), *Guideline on sustainable wetlands tourism* (funded by EU), May 2001, p.68.

현재 나와 있는 의약품의 20% 정도가 지구에 살고 있는 식물로부터 얻은 것이라고 한다. 설사 지금 당장 이용되지는 않더라도 미래에는 의학 기술의 발전으로 인해 해양의 해조류나 동물로부터 난치병을 치료할 수 있는 핵심 물질

---

[289] 이하 생태가치는 http://kmcmapo.net/neboard/show.asp?id=pds_01&level=0&ref=24&step=1 (2014. 1. 11)의 내용을 필자가 수정·정리한 것임.

을 추출하게 될지 모른다. 따라서 충분한 정보가 확보될 때까지는 생태계를 개발하지 않고 보전하는 것이 미래에 큰 도움을 줄 수 있는데, 경제학에서는 이를 두고 준옵션 가치(quasi-option value)라고 한다. 준옵션 가치가 크면 클수록 경제적 이익을 위해 개발보다는 보전을 선택하는 것이 합리적이다.

이러한 분류에 따라 해양의 자원은 다음 그림과 같이 각 사용 및 비사용 가치를 평가하여 총 경제적 가치가 산출될 수 있다.

〈그림 4-6〉 해양자원과 그 경제적 가치 평가

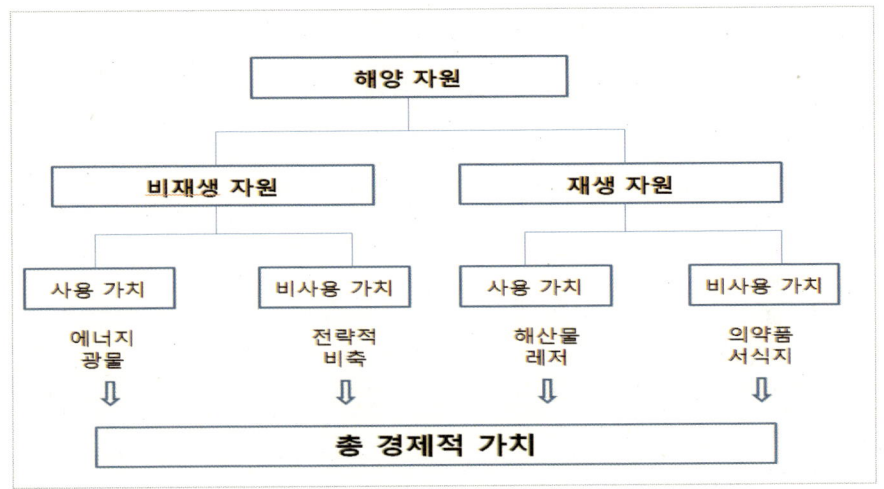

자료: Basil Sharp & Chris Batstone, "Neoclassical Frameworks for Optimizing the Value of Marine Resources", *Ecological Economics of the Oceans and Coasts*, 2008, p.97.

해양오염으로 인하여 생태계가 파괴되면 기본적으로 해양생태계의 직간접 사용가치(use value)가 떨어지게 되고 더 심해지면 개체군의 파괴,[290] 생물종의 멸종 등으로 이어져 비사용가치(non-use value)도 떨어지게 된다. 해양오염은 인간이 사용한 후의 폐기물이 해양에 유입되어 일어나는 현상으로 '해양생물이 피해를 입거나' 또는 이 '해양생물을 이용하는 인간이 피해를 입는 경우'이다.[291] 해수 이용에 있어 제한을 받기도 하고 해수욕과 휴양과 같은

---

[290] 개체군의 파괴란 어느 종이 일정 지역에서 더 이상 서식하지 못할 정도로 없어짐을 의미하여 오염물질의 유입으로 생물이 받는 피해 정도가 매우 큰 경우에 해당된다. 고철환, "해양생태계 보전과 갯벌 관리", 『해양21세기』(김진현·홍승용 공편), 나남출판, 서울, 1998, p.458.
[291] 고철환, 전게서, 1998, pp.455-476.

공공 이용이 어려워지기도 하며 수산물 생산 감소 등 구체적인 피해가 발생하게 된다.

실제로 이러한 각종 가치와 서비스가 존재함에도 실제 생태계를 파괴하면서 이루어지는 각종 사업들의 경제 평가에서는 시장가치로 측정되는 것들만 일부 비용으로 평가되고 다수의 많은 비시장적 가치나 서비스는 비용으로 계산이 안 되거나 제외되어 전체 평가를 왜곡시킨다. 따라서 전체 비용을 따지면 타당성을 갖지 못하나, 비시장 가치를 갖고 있거나 서비스의 가치 측정이 어렵다는 이유로 이런 부분들이 비용 평가에서 빠짐으로써 개발에 대한 평가가 왜곡된다. 따라서 시행되어서는 안 되는 사업들이 개발 시의 비용 추정 축소로 타당성이 있는 것으로 나타나는 경우가 많다. 따라서 앞으로 환경과 생태계를 지키기 위해서는 이러한 비시장 재화에 대한 평가 기법을 개발하여 개발 사업에 대해 평가를 제대로 할 수 있도록 해야 할 것이다.

특히 이러한 평가 도구 개발이 해양에서 어려운 이유는 다음과 같다.[292] 첫째, 해양이 지닌 부의 대부분은 비자산적 및 비주권적(non property and non sovereignty) 속성에 기반을 두고 있다는 점이다. 그러므로 해양생명자원들이 가지는 속성들을 해양자원 관리에 도입하는 데 실패하였다. 둘째, 해양생명자원들은 실제로 인간의 생명지원시스템(life-support system)의 일부분으로서 실제로 시장가치로 계량화할 수는 없다. 즉, 대부분의 해양자원은 시장가치(market evaluation)로 평가할 수 없다는 것이다. 그래서 이를 대체하는 비시장 평가기법(non-market evaluation methods)들이 개발되고 있다. 셋째, 육상보다 해상에서의 위험이 더 크다는 것이다. 그래서 이것을 고려한 해상 보험의 개발도 어려움이 많다. 같은 투자라도 육상보다 수익이 높지 않으면 투자하기 어렵고 투자 평가 자체가 쉽지 않다.

현재까지 생태계 서비스와 같이 시장에서 유통되지 않는 비시장 재화 평가를 위하여 여행비용을 평가하는 기법(Travel Method), 시장조건부 가치평가법(CVM, Contingent Valuation Method), 헤도닉법(Hedonic Valuation), 기능을

---

[292] Gunnar Kullenberg and Ulf Lie, *op. cit.*, p.25.

평가하여 그 기능을 시설하기 위한 투자비를 산정하여 추정하는 대체비용 방법론(Cost-Based Method), 회피비용법(Avoided Cost), 요소소득법(Factor Income) 등 다양한 평가 방법의 개발이 이루어지고 있으나[293] 평가 기법의 안정적 적용 등 여러 가지 문제가 있어 전면적으로 이용되는 데는 한계를 갖고 있다. 실제로 설문조사로 피조사자의 지불하고자 하는 액수, 즉 지불의사(Willingness to Pay, WTP)나 생태계의 손실에 대한 보상을 받아들이고자 하는 의지(Willingness to Accept, WTA)를 조사하여 추정하는 CVM법(Contingent Valuation Method) 등이 많이 쓰인다.

〈표 4-6〉 생태계의 비시장 재화 가치 측정법

| 경제적 가치추정법 | 내용 |
|---|---|
| 회피비용법 | 서비스가 없을 경우에 발생하는 비용을 회피하게 하는 서비스. 홍수 통제는 연안의 재산 손실을 회피케 함. |
| 대체비용법 | 서비스가 인간이 만든 시스템으로 교체 가능한 경우. 영양염 사이클링에 의한 환경 처리가 비용이 드는 폐기물 처리 장소 설치로 대체 가능 |
| 요소소득법 | 제공되는 서비스로 소득 제고. 수질 개선은 어업량과 소득 증대 |
| 여행비용법 | 서비스 수요가 여행을 요구하는 경우 그 가격에 비용이 담김. 연안레저는 장거리 여행을 요하는데 그 비용이 가치로 평가됨. |
| 헤도닉가격법 | 서비스 수요가 지불하고자 하는 가격 반영. 연안 거주지는 경관 등 여러 이유로 내륙보다 더 높은 가격을 반영 |
| 한계생산 추계법 | 입력재에 대응하여 산출재 가치 추정에 생산함수를 사용해야 하는 환경에서 나오는 서비스(marginal product estimation) |
| CVM법 | 대안들의 가치를 수반하는 가상적 시나리오에 대한 응답으로 서비스 수요를 추정하는 법. 개선된 비치에 대해 지불하고자 하는 가격 등 |
| 집단가치법 (group valuation) | 공적인 의사결정은 개별로 추정된 가격의 합이 아닌 개방된 공개 토론(open public debate)에서 나오는 것이라는 가정에 입각한 방법 |

자료: Matthew Wilson & Shuang Liu, op. cit., p.126

---

[293] 한국해양수산개발원, 『해양총생산(GOP) 추계 및 증대 방안 연구』, 2011. 12, p.53.

이러한 방법론들은 모두 장단점이 있으므로 연안 서비스 특성에 따라 쓰이게 된다. 예를 들어 여행비용법은 레크리에이션 비용 추정에 적합하고 헤도닉가격법은 연안재산의 가치 평가에 적합하다. 그래서 연안의 상품과 서비스의 총괄 가치 추정에는 이러한 방법들이 총동원되어 각 상품 서비스별로 가치 추정을 한 후 합산하여야 비로소 연안생태계의 총 경제적 가치가 산출된다. 예를 들어 연안의 자연자산들은 직접적인 시장재(어업 등)와 간접적인 비시장 서비스(영양염 사이클링 등) 등의 사용가치과 비사용가치(희귀종의 보존 등) 등을 산출하여야 하므로 이를 모두 추정하여 합하면 총 가치가 추정될 수 있다.

이러한 방법들에 의해 Constanza(1997)는 해양생태계의 총괄 가치가 전체 생태계 가치의 68%인 연간 20조 9천억 달러로, 육상의 가치인 12조 3천여 억 달러에 비해 거의 2배의 가치를 갖는 것으로 추정하였다.[294] 또한 해양생태계 가치 중 대양생태계의 가치가 약 8조 4천억 달러인데 반해, 면적이 대양의 8%에 불과한 연안생태계의 가치는 약 12조 6천억 달러로서 해양생태계 가치의 약 60%에 달하는 높은 비중을 갖는 것으로 평가하였다.

〈표 4-7〉 생태계 서비스 가치 추정 결과

| 생태계 유형 | 면적(백만ha) | 면적당 생태계 서비스 가치(달러/ha·년) | 년간 생태계 서비스 총가치(십억 달러/년) |
|---|---|---|---|
| 해양 | 36,302 | 577 | 20,949 |
| - 외해 | 33,200 | 252 | 8,381 |
| - 연안 | 3,102 | 4,052 | 12,568 |
| 육지 | 15,323 | 804 | 12,319 |
| 합계 | 51,625 | 644 | 33,268 |

원자료: Robert Constanza, et. al, "The Value of the World's Ecosystem Services and Natural Capita"", *Nature* Vol. 387 No.15, 1997, p.256. 재인용: 한국해양수산개발원, 『해양총생산(GOP) 추계 및 증대 방안 연구』, 2011. 12, p.33.

---

[294] Constanza(1997) 등은 생물종의 80%가 서식하는 해양생태계의 총 가치는 21조 달러이며, 식량과 에너지를 포함한 해양자원의 가치는 1조 달러를 상회할 것으로 추정하고 있다. R. Constanza et al., "The value of world ecosystem services and natural capital", *Nature*, 387, 1997, pp.253-260.

<그림 4-7> 연안-해양생태계 상품과 서비스의 경제적 가치와 측정법들

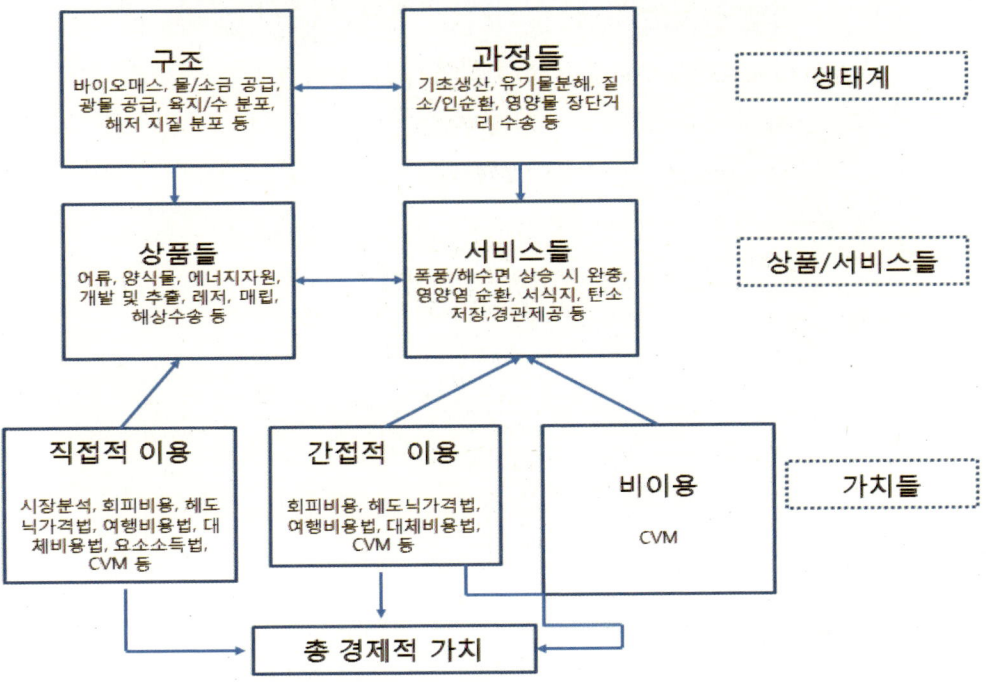

자료: Matthew Wilson & Shuang Liu, op. cit., p.128. 원전: Wilson et al., op. cit., 2005, pp.1-24.

실제로 이런 가치 평가 기법들은 주로 미국, 유럽 등에서 제한된 범위에서 많이 사용되고 있는데 주로 레크리에이션, 수자원 공급, 서식지, 경관 등의 분야에서 이용이 높고 공간적으로는 연안 50m 이내, 염생습지, 비치, 기수역, 연안근접 해역 등에서 많이 활용되고 있는 것으로 나타나고 있다.[295] 이러한 방법론들을 채용하여 다음 표와 같이 우리나라 연안 습지나 연안 해역 생태계 가치 측정을 한 경우도 있으나 육상생태계 가치 평가처럼 아직까지 연안에서의 이용률은 낮은 편이다.

우리나라 연안 해역의 가치도 최근 이와 유사한 방법들로 추정되었는데 총 약 47조 원의 경제적 가치를 가진 것으로 보고되고 있다.[296]

---
[295] Matthew Wilson & Shuang Liu, op. cit., pp.129-133.
[296] KMI, 『연안 공공이익 침해방지를 위한 공유수면 관리체제 개선 방안』, 2010. 12.

〈표 4-8〉 갯벌의 생태가치 평가 사례

| 구분 | 사례1 | | 사례2 | |
|---|---|---|---|---|
| 발표자 | 신철오 | | 이창근 | |
| 발표년도 | 2007 | | 2009 | |
| 평가대상 | 영종도 갯벌 | | 인천 갯벌 | |
| 추정기법 | 조건부선택결정법(CVM법) | | 대체비용법: 갯벌의 저서생물에 의한 정화기능의 시장가치를 대체 비용으로 추정 | |
| 지불수단 | 소득세 또는 환경세 | | | |
| 설문대상 | 전국 6개 광역시 주민 | | | |
| 표본크기 | 1,033명 | | | |
| 추정결과 | 단위 | 년/가구/원 | 단위 | 년/ha/만원 |
| | 서식지 기능 | 1,879 | 추정액 | 3,400 |
| | 교육 및 이용 기능 | 2,215 | | |

자료: 국토해양부, 『보호대상해양생물 지정·관리 방안 수립 연구』, 2012. 4, pp.175-176.

〈표 4-9〉 우리나라 연안해역의 연간 경제적 가치 추정

| 구분 | 연안 경제적 가치 |
|---|---|
| 수산물 | 3조 8,650억 원 |
| 골재 | 2,693억 원 |
| 지하자원 | 2,272억 원 |
| 심층수 | 13억 7,800만 원 |
| 해수욕장 | 13조 2,940억 원 |
| 국립공원 | 5,358억 원 |
| 갯벌 | 13조 4,054억 원 |
| 하구(하구 갯벌 미포함) | 1조 1,027억~2조 681억 원 |
| 합계 | 46조 7,271억~47조 9,095억 원 |

자료: KMI, 『연안 공공이익 침해방지를 위한 공유수면 관리체제 개선 방안』, 2010. 12.

## 3. 생태계의 주요 속성

### 1) 생물다양성(biodiversity)

생물다양성(biodiversity)의 단순한 의미는 '지구상의 생명체들(Lives on earth)' 즉, 종 다양성(species diversity)을 지칭하나 넓은 의미로 유전적 다양성(genetic diversity), 종 다양성(species diversity), 그리고 서식지 혹은 생태계 다양성(habitat/ecosystem diversity)까지 포함하고 있다.[297] UN이 2005년 3월 발표한 『새천년생태계 평가보고서』에서는 생물다양성을 "지구의 생명 다양성으로 웰빙에 영향을 미치는 생태계 예비적 서비스로서 생태계 유지의 필수 버팀목"이라고 정의하였다. 그리고 이는 기존의 유전자다양성, 종 다양성, 생태계다양성이라는 다양성 개념을 생태계서비스와 웰빙으로 확장한 개념이다.[298]

해양관리 측면에서 종 다양성(species diversity)은 '어떤 생태계가 포함하는 집단과 종의 수', 그리고 종 내에서의 유전적인 변동의 정도를 나타내는 것으로, 생태계의 복잡성의 정도'라는 점에서 가장 주요한 개념이다.[299]

생태계의 종은 보통 두 가지 범주로 분류된다. 하나는 우월종(dominant species)으로 이들은 개체 수가 가장 많은 것들이고, 반면 희귀종(rare species)은 제한된 개체 수만을 가지고 있다. 우월종이 생태계에 물질과 에너지 대사에서 주요한 기여를 하여 생산성의 특징 등을 발현하게 되지만, 희귀종은 숫자가 어느 정도 되면 생태계의 종 다양성에 기여를 하게 된다. 종 다양성의 예비적인 접근법은 전체 종의 수와 이들 종에 속한 개체들 간의 숫자의 비를 나타내는 다이아그램으로 구성된다.

---

[297] Alberto Vallega, op. cit., p.46; 이정현, 「해양생명공학 현재와 미래」, Bioin 스페셜Zine, (www.bioin.or.kr, 2009). 12; 국토해양부, 『보호대상해양생물 지정·관리 방안 수립 연구』, 2012. 4, p.156. 미국 펜실베니아 주립대 김계중 교수(곤충학교실)은 생물다양성이 중요성과 가치를 1)생물자원으로서의 경제적 가치, 2)생태학적 가치, 3)문화적 가치 등으로 세분화하여 설명하고 있다(국토해양부, 상게서, p.158).
[298] 고철환, 「해양환경과 생태계 보전」, 『신해양시대 신국부론』, 2008, p.379. 여기에 중요한 것은 다양성에 다양한 수준이 있다고 하는 것이다. 일반적으로 종의 다양성이 중요하지만, 종 내의 유전적 다양성을 보전하는 것, 또 해양에 존재하는 다양한 생태계를 보전하는 것은 멸종 위기종을 보전하는 것과 같이 중요하다(일본해양정책연구재단/김연빈 역, 전게서, p.42).
[299] Alberto Vallega, op. cit., p.46.

생물다양성의 개념은, 먼저 개별 종 간의 유전자 파괴를 방지하고, 그리고 개별 생태계 내에서 종 다양성 감소를 막는 것으로서 지속가능한 개발(SD, Sustainable Development)을 추구하는 해양관리에서 중요한 역할을 할 수 있게 된다.[300] 과거에는 해양생태계의 의미가 학술적인 의미만 있었는데 최근 「생물다양성협약(Convention on Biological Diversity, CBD)」과 「Agenda 21」의 영향으로 해양생태계의 보전을 위하여 연안과 심해 등 공간에 따라 생태계 특성이 다르므로 이를 고려하여 관리 방안을 설계할 필요성이 커졌다. 이러한 차원에서 개별 생태계의 공간적인 특성에 따라 생태계를 관리할 능력을 키우고 개별 생태계 시스템의 규모에 따라 설계할 수 있는 능력의 배양이 요구되고 있다. 이러한 설계가 제대로 될수록 해양생태계에 대한 관리와 의사결정도 바로 될 수 있을 것이다.

### 2) 레질리언스(resilience)

레질리언스(resilience)란 말은 '외부의 환경으로부터의 투입(input)에도 불구하고 생태계가 그의 조직을 유지할 수 있는 능력'을 나타낸다.[301] 이는 환경변화 요인의 발생에도 불구하고 기존의 체계를 유지시킬 수 있는 한계 능력을 의미하여 생산성, 생물 다양성과 함께 환경의 순수성(integrity)을 유지하기 위한 해양관리의 주요 개념이다. 이 개념이 때로 중요한 것은 시간에 따라 변화하는 레질리언스 한계점(threshold)가 있다는 점 때문이다. 외부에서 들어오는 투입이 어느 한계에 이르면 생태계의 먹이 사슬망은 구조적으로 변화하거나 붕괴하기도 한다. 이 경우 생태계는 새로운 형태의 발생 또는 변형(morphogenesis)이 있게 된다. 앞에서 본 바와 같이 어느 지역에서는 수산물 남획으로 인하여 전체 생태계가 변화하면서 이루어지는 유전적인 변이를 통한 성어의 성숙 단계 변화 등은 이러한 생태계 전체의 유전적 변화로 해석할 수 있다. 이와 같이 해양관리로 인간의 투입에 의한 변형에 대처하기 위하여 연

---

300) Alberto Vallega, *op. cit.*, p.47.
301) *Ibid.*

안과 심해저 생태계의 레질리언스 한계를 높일 수 있어야 한다.

### 3) 상호연계성(interconnectedness)

이 속성은 에너지, 영양물질 및 물질 경로 등에 의하여 자체 생태계를 세우고, 유지하고, 다른 이웃 생태계와 연계를 강화할 수 있는 능력에 관한 것이다. 해양은 하나의 연속된 생태계 시스템으로서 간주되어 수평적 및 수직적 순환 과정들과 같은 과정들에 의해 상호 연계되어 있다. 더욱이 해양은 여러 다른 생태계와 연계되어 있어 이들에게 유기물질과 비유기물질을 주고 받는 외부 환경으로서 역할을 하기도 한다. 이러한 관계는 극지와 준극지에서 아열대 및 열대로 옮기게 됨에 따라 복잡하게 변하는데, 따라서 해양 자연의 풍요로움의 표현으로 간주되어야 하고, 효과적인 관리를 통하여 보호될 필요성이 있다.

### 4) 경쟁(competition)

이 속성은 1)제한된 자원의 소비, 2)이들이 의존하는 자원의 상호 접근 과정 시 서로 간에 영향을 주는 관계에 관하여 말하는 것이다.[302] 이러한 관계는 인간의 간섭이 없을 때에만 성공적으로 이루어질 수 있다. 따라서 생태계 순수성 유지와 지속가능한 개발(SD)의 일차적인 요소는 이 속성의 중요성이 적절히 이해되어야 한다는 것이다.

생태계는 환경에 충격이 있으면 그 다양성 등이 감소한다. 특히 생물종 다양성을 보전하는 의미로 1)미발견 생물유래 물질을 보유할 가능성이 있는 점, 2)다양성 변화는 생태계 건전성의 반영인 점, 3)다양성은 생태계 기능의 열쇠이며 다양성은 ①생물군집이 생산력과 안정성에 기여하고 ②침입종에 대한 대항성의 기초가 되게 된다.[303]

---

302) Alberto Vallega, op. cit., pp.47-48.
303) 일본해양정책연구재단/김연빈 역, 전게서, pp.43-44.

## 4. 생태계기반관리(Ecosystem-Based Management)

### 1) 정의

1990년대 중반 이후에는 생태계를 중심으로 하는 '생태계기반관리(EBM, Ecosystem-Based Management)'가 생태계 관리의 주도적인 관리 개념이 되어 가고 있다.[304] 생태계기반관리(Ecosystem-Based Management)는 앞 장에서 본 지속가능한 개발(SD)의 하나의 보조적인 개념으로 인정되며 1992년 리우회의(UNCED)에서 나온 Agenda 21의 Chapter 17이나 2002년 리우회의(WSSD)에서 인정된 개념이다.

유엔의 2005년 『새천년생태계 평가보고서』에서는 앞에서 제시된 생태계 서비스와 인간의 웰빙의 관계를 주로 다루었는데 여기에서 시도된 생태계 서비스 역시 생태계의 구조와 기능에 기초한 것이었다. 현재 각종 요인들에 의해 지구 생태계의 구조와 기능이 훼손되고 있고 이로 인해 다시 생태계 서비스가 저하되고 인간 웰빙에의 공헌도가 낮아진다는 것이다. 지구생태계와 인간의 이러한 순환고리를 관리의 관점에서 개선하고자 제안된 방법이 바로 '생태계기반관리(Ecosystem-Based Management, EBM)'인 것이다.[305]

현재 생태계기반관리(EBM)는 많은 국가들과 국제기구들(WSSD 2002;POC 2003;USCOP 2004)에 의하여 요청되는 바대로 생태계에 영향을 미치는 다양

---

[304] EBM은 그 내재적인 복잡성과 항구적인 불완전성으로 인해 '사전예방의 원칙(precautionary principle)' 및 '거증책임 전환의 원칙'과 궤를 같이 한다. '사전예방의 원칙'이란 말 그대로 어떤 사안의 영향이 명확히 분석되고, 그 영향의 저감 방안이 과학적으로 예측되지 않을 경우, 그 사안을 그대로 진행하는 것보다 보다 체계적인 분석이 이루어질 때까지 그 사안을 정지하도록 하는 것이 바람직하다는 원칙이다. 런던협약의정서 제3조 1항에 나오며 위험성에 판단에 기초하여 명확한 과학적 입증자료가 존재하지 않더라도 규제적 조치를 취하는 것을 정당화시켜 주는 원칙으로도 기능하고 있다. 예를 들어 해조류 성장을 위해 이산화탄소를 투입하는 경우 해양환경을 오염시킬 개연성이 있으므로 명확한 입증 자료가 없음에도 규제의 대상이 될 수 있다. '거증책임 전환의 원칙'이란 이러한 복잡한 생태계의 피해와 영향, 그리고 저감 방안의 유효성을 생태계를 보호하려는 자가 아닌, 이를 훼손(개발)하려고 하는 자가 입증하도록 하는 원칙이다. 윤진숙(2006) 등은 생태계기반관리의 원칙으로 지속가능 발전의 원칙, 생태계기반관리의 원칙, 사전예방의 원칙, 협력·순응관리의 원칙의 4대 원칙을 해양생태계 보전·관리의 기본 원칙으로 설정하고 있다(윤진숙 등, 『해양생태계 관리 방안 연구』, KMI 기본과제, 2006, 요약).
[305] 고철환, 전게서, 2008. 1, p.374.

한 인간 행동을 관리하려는 새로운 접근법이다.

2005년 미국의 전문가들이 모여서 생태계기반관리(EBM)를 간단하게 '인간을 포함하여 생태계를 고려하는 통합적인 관리 접근법(Eco-based management is an integrated approach to management that considers the entire ecosystem, including humans)'이라고 정의하였다.[306] 또 다른 정의는 '생태계가 장기간의 지속성을 유지하면서 건강하고 완벽하게 기능을 하면서 인간과 공존할 수 있도록 인간의 활동을 생태학적, 사회경제적, 제도적, 기술적 측면을 모두 고려해서 관리하는 전략적인 방법'이라고 할 수 있다.[307] 이때 생태계기반관리(EBM)의 목표는 인간이 바라고 원하는 서비스를 제공할 수 있도록 건강하고, 생산적이고, 복원력(resilient)있는 상태로 생태계를 유지하려는 것이다. 그래서 EBM 접근법은 기존의 단일 종이나, 한 분야나 활동에 역점을 두는 방식과는 전적으로 다른, 보다 통합적인 것이다.[308]

생태계기반관리는 기존의 생태계 정의, 또는 새천년생태계 서비스 정의와 비교해 보면 생태계의 구조와 기능을 핵심관리 대상으로 하여 생태계서비스와 웰빙이 반영되도록 관리하는 기법이라 할 수 있다. 즉 모든 환경관리의 목표와 중심이 생태계의 유지, 보전에 기반하고 있어야 한다는 것으로 해양생태계 관리도 이러한 개념에 입각하여야 한다는 것이다.

이와 같이 생태계기반관리는 생태계뿐만 아니라 인간도 포함하여 통합적으로 관리하는 것을 특징으로 한다. EBM은 생태계를 건강하고, 생산적이며 자생력이 있는 상태가 되도록 인간의 행동을 관리하여 생태계가 다양한 생태계 서비스들을 인간에게 제공할 수 있도록 하는 것을 의미한다.

이러한 개념은 1990년대 후반에 등장한 뒤 MPA 관리, 생물다양성 관리, ICM, MSP 등 이하에 나오는 각종 개념과 관리 기법들의 기본적인 바탕이 되었고 이를 각 관리 방식에 접목하려는 노력이 많이 이루어져 왔다.

---

[306] L. Karen McLean and Heather M. Leslie, "Why Ecosystem-Based Management?", *Ecosystem-Based Management for the Oceans*, (ed. by Karen L. McLean and Heather Leslie), Washington, Island Press, 2009, p.4.
[307] 국토해양부, 『연안통합관리 이행 체제 연구』, 2012. 11, p.338.
[308] David Lincoln Fluharty, "Eco-Based Management of the Ocean", *Ocean 101: Current Issues and Our Future*(WOF Series 1), World Ocean Forum, 2010-, p.26.

## 2) 생태적 접근법(Ecosystem Approach, EA)

　EBM과 유사한 개념으로 생태적 접근법(Ecosystem Approach, EA)이 있는데 이것은 '공평한 방식으로 보전과 지속가능한 이용을 촉진하는 육지, 수자원 및 생물자원의 통합적인 관리 전략'을 의미한다. 따라서 EA를 따르는 통합관리 전략은 '생물학적 유기체들의 수준에 따른 적절한 과학적 기법의 응용으로, 필수적인 구조, 과정들, 기능들과 유기체들 간과 그들의 환경과의 상호작용들을 포괄하되, 문화적 다양성을 갖는 인간을 그들 생태계의 주요 부분으로 인식하는 것(The application of appropriate scientific methodologies focussed upon levels of biological organization, which encompass the essential structure, processes, functions and interactions among organism and their environment... recogniz(ing) that humans, with their cultural diversity, are an integral component of many ecosystems'[309])이다.

　이것이 EBM과 동일한 개념인지에 대하여는 논란이 있지만[310] EBM은 생태계관리를 위해 인간의 관리에, EA는 생태계관리를 위해 과학에 초점을 맞추되 인간적인 것을 고려하여 실행하는 것이다. 즉 전자가 인간 관리에, 후자가 과학에 관점을 두고 있어 다소 차이가 난다. 이러한 관점을 이해하면서 EBM은 주로 인간 중심의 환경 관리에서 많이 쓰이고 EA는 CBD[311]나 FAO(지역수산기구 포함)[312] 등에서 주로 생물다양성, 어족자원 관리에 많이 쓰이는 개념으로 이해하면 될 것이다. 예를 들어 수산 분야에서는 어떤 취약한 지역에서의 파괴적 어업 활동 금지, 선택적 어구어법 및 환경친화적 어구 개발, 어선대 감축, 예방적 참고 사항 수립, 어류 서식지 복원, 어업에 대한 생태영향평가 실시, MPA들의 설치, 에코-라벨(eco-label)의 이용 촉진 등이 쓰이

---

309) Kidd Sue. et. al, "The Ecosystem Approach and Planning Management of the Marine Environment", *The Ecosystem Approach to Marine Planning and Management*, 2011, MPG Books, UK London, p.7. 원전: CBD COP, 2000, V/6.
310) EBS는 생태계에 대한 통합관리하여 생태계에 대한 인간의 간섭을 최소화시키려는 것이고 EA는 생태계 그 자체의 자연과학적이고 통합인 관리에 초점을 두는 편으로 본다.
311) Kidd Sue., et. al, op. cit., pp.1-33; David L. VanderZwaag, op. cit., pp.211-212.
312) Ray C. Griffiths, "The Food and Agriculture Organization", *Troubled Waters*, Geoff Holland & David Pugh (eds.), Cambridge, 2010, p.249; David L. VanderZwaag, op. cit., pp.211-212.

는데 이러한 것들이 EA 접근법에 속한다.

〈표 4-10〉 **전통적 관리법과 생태적 접근법(EA)의 특성 비교**

| 특성 | 전통적인 방법 | 생태계 접근법(EA) | EA의 효과 |
|---|---|---|---|
| 관리 구조 | 독자주의적 | 수평적/포함적 | 보다 전체적 관점 (다중문제 접근) |
| 관리목적들 | 단일 문제에 초점 | 생태계에 초점 | 누적효과 및 반대되는 효과의 기회 감소 |
| 전체적인 목표 | 경제/환경 상층 | 생태계의 순수성(integrity) 유지 | 보다 더 과학적인 의사결정 |
| 관리 범위 | 헌법에 정한 범위 | 생태계가 정한 범위 | 다중 관할권의 중첩을 줄임 |
| 관리접근법 | 하나로 전체에 맞춤 | 장소에 맞게 맞춤형 | 목적들이 특정시스템에 관련하여 맞춤 |
| 시민 참여 | 제한된 자문 참여 | 확대된 협력 | 지역이해자에게 의사결정이 투명하고 더욱 지속적인 지지를 받을 수 있음 |
| 의사결정 과정 | 직선적, 톱다운 방식 | 통합적 (톱다운 및 바텀업) | 합의의 가능성을 늘리게 다중 가치를 잘 통합 |
| 후속 조치 | 제한적 | 순응적 관리 | 경험으로부터 배울 기회 증대 |

자료: Kidd Sue., et al, "The Ecosystem Approach and Planning Management of the Marine Environment", *The Ecosystem Approach to Marine Planning and Management*, MPG Books, UK London, 2011, p.5.

국제적으로는 1982년 발효한 남극해양생물자원보존협약(The Convention on the Conservation of Antarctic Marine Living Resources, CCAMLR)이 생태적으로 넓은 지역을 관리하는 개념을 선도했다는 견지에서 최초로 공해상의 해양생물 관리에 대한 해양생태계 접근법에 따른 협약으로 보고 있다.[313]

최근에는 다음 표와 같이 해양 환경자원뿐만 아니라 어업자원에 대하여도 기존의 단일종 관리, MSY 어획 등 전통적인 방식에 의한 관리에서 벗어나 사회적이고 생물학적인 건강성에 기반을 두면서 어촌 공동체 등의 자율적 어족자원 관리(일명 co-management), 전체 생태계 사슬 상의 다중 어종의 지속성을 고려한 어획 등 생태계 차원의 접근법(EA)이 요구되기도 한다.[314] 그러

---

[313] Murray Patterson, Garry McDonald, Keith Probert & Nicola Smith, "Biodiversity of the Oceans", *Ecological Economics of the Oceans and Coasts*, 2008, p.69.
[314] Richard Burroughs, *Coastal Governance*, Island Press, 2011, pp.173-176.

나 아직도 어업자원 관리가 전통적 접근법에 치우쳐 있다는 것이 대부분의 평가이다.315)

〈표 4-11〉 수산관리에서의 요소와 생태계 접근법(EA) 활용

| 정책 과정 | 전통적인 접근법 | 생태계 접근법(EA) |
|---|---|---|
| 문제 인식 | 단일 어종 관리 및 어획 | 지속가능한 시스템에 초점 |
| 이상적 해결책 | 최적 어획(optimum fish harvest) | 경제, 사회 및 자연 시스템의 건강성 등을 고려한 최적(optimum) 생산 |
| 시행 | 정부에 의한 규제 | 이해관계자 관리계획: 새로운 관리도구와 어촌 마을 등 새로운 시행체들 |
| 평가 | MSY(maximum sustainable yield) 내에서 어획: 생물학적 최적(optimum)만 고려 | 사회적으로 생물학적으로 지속가능한 연안 시스템들 동시 고려 |

자료: Richard Burroughs, *Coastal Governance*, Island Press, 2011, p.175.

### 3) 생태계기반관리(EBM) 목표와 원칙

생태계기반관리(EBM)는 기존의 부문별 접근, 생물종별 접근 또는 관련 활동별 접근 방식과 달리 여러 다양한 부문의 상호 관련된 영향을 고려하면서 생태계가 파괴되지 않도록 하는 것을 특징으로 한다. 생태계기반관리의 목표는 다음과 같다.316)

- 지속가능성 유지(Maintain system sustainability)
- 자연과정과 일치하는 생물다양성(Biodiversity) 유지
- 어류 및 먹이생물의 서식처(Habitat) 보호
- 사회적 및 경제적 편익 유지

생태계기반관리(EBM)에서 관리의 기준으로는 과학에 근거한 관리, 사전예방적 관리, 통합적 관리, 감시와 보완의 피드백 등 8가지 요소가 있다.317) 생

---
315) Richard Burroughs, *op. cit.*, p.176(이것은 미국의 여러 수산위원회의 프로그램들의 평가 결과임).
316) Chang Ik Zhang, "Ecosystem-based Assessment and Management for Sustainable Fisheries", 해양정책 및 해양과학기술의 환경변화와 Rio+20회의 결과 및 향후 대책(2차 세미나 자료), 2012. 12. 3, p.11.
317) 고철환, 전게서, 2008, p.376.

태계기반관리의 목적을 달성하기 위한 중요 요소는 ①해양생태계의 보호와 회복, ②종 다양성과 상호작용에 대한 다른 활동의 누적 영향, ③생태계 연결성 촉진, ④생태계기반관리에서 내재된 불확실성을 인식할 수 있는 수단의 통합과 생태계의 동적인 변화를 설명, ⑤전 지구적, 국제적, 국가적, 지역적 차원에서 조정할 수 있는 정책 마련, ⑥생태계 내 토착종 다양성 유지, ⑦어떤 행위가 생태계에 악영향을 미치지 않을 것이라는 근거 요구, ⑧생태계 기능, 서비스 제공, 관리 효과의 상태를 측정할 수 있는 다양한 지표 개발, ⑨관련 이해관계자의 참여 등이다.[318]

이외에도 생태계기반관리(EBM)의 시행에 있어 12가지 원칙(소위 Malawee 원칙)은 다음 표와 같이 보다 구체적으로 표현된다.[319]

〈표 4-12〉 **생태계기반관리의 12가지 주요 원칙들**

| 단계별 | 주요 키워드 | 원칙 | | 내용 |
|---|---|---|---|---|
| 단계A | 주요 이해관계자 참여 | 이해관계자 | 원칙1 | 관리의 목적은 사회적인 선택의 문제임 |
| | | | 원칙12 | 사회와 과학의 모든 원리를 포괄함 |
| | | 공간 분석 | 원칙7 | 적정한 공간 규모에서 시행 |
| | | | 원칙11 | 모든 형태의 관련 정보 고려 |
| | | | 원칙12 | 사회/과학 모든 원리들의 관련부문 포괄 |
| 단계B | 생태 구조, 기능 및 관리 | 구조/기능 | 원칙5 | 구조/기능 유지가 최우선 순위 |
| | | | 원칙6 | 그 구조의 한계 내에서 생태계 관리 |
| | | | 원칙10 | 생태계 다양성의 보존. 이용의 균형/통합, |
| | | 관리 | 원칙2 | 최저수준까지 관리의 분권화 |
| 단계C | 경제적 문제 | | 원칙4 | 경제적 관점에서 생태계를 이해하고 관리 |
| 단계D | 공간에 대한 순응관리 | | 원칙3 | 인접 생태계에 대한 활동의 효과를 고려 |
| | | | 원칙4 | 적정한 공간 규모에서 관리 시행 |
| 단계E | 시간에 대한 순응관리 | | 원칙7 | 적정한 시간 규모에서 생태계 관리 시행 |
| | | | 원칙8 | 가변적 시간규모 및 시차효과를 고려하여 장기적 관리 목표 수립 |
| | | | 원칙9 | 변화가 불가피하다는 것을 관리자가 인식 |

**자료**: Kidd Sue, *et. al, op. cit*, p.9; Laurence Mee, "Life on the edge; managing our coastal zones", *Troubled Waters*, Geoff Holland & David Pugh (eds.), Cambridge, 2010, p.196; Richard Burroughs, *op. cit.*, p.139.

---

318) 최희정, 국토해양인재개발원 강의자료, 2011.
319) CBD가 만든 소위 Malawee 원칙이라 함. Kidd Sue, *et al*, p.9; Burroughs, Richard, *op. cit.*, p.139.

생태계기반관리(EBM)는 기존의 단일한 종(single species)이나 단일한 부문의 활동이나 관심거리 등에 초점을 둔 현재까지의 접근법과 달리 종과 부문들의 누적적인 영향을 고려하려는 것이다. 이러한 관점에서 본 주요 요인들은 다음과 같다.320)

① 연계성(connections)

생태계기반관리는 그 중심에 해양환경과 인간사회시스템 사이의 정교한 연계성을 포함하고 있다. 특히, 인간은 개인(소비자, 해양레저자, 어업인 등), 기구들(지역 수산시장들 혹은 가공업체 등), 기관들(무역 조직들, 어업관리위원회, 보존 조직들)이 각각 특정한 문화적 상황하에서 연안이나 해양과 상호작용을 하고 있다. 이러한 동적인 인간-자연의 연계 시스템은 사회적-생태적 동반시스템(coupled social-ecological systems)이다. EBM은 기본적으로 장소기반 접근법(place-based approach)으로서 동반시스템은 개별 기수역과 같은 소지역적 생태계에서부터 규모가 큰 LME(Large Marine Ecosystem)와 같이 다양한 공간 규모에서 일어난다. 이와 같이 단일의 '적정한' 규모는 없으며 다만 다양한 규모로 시행되며 규모들 사이에 연계성과 누출되는 경계를 인정하고 있다.

〈그림 4-8〉 사회적-생태적 동반 시스템의 구조

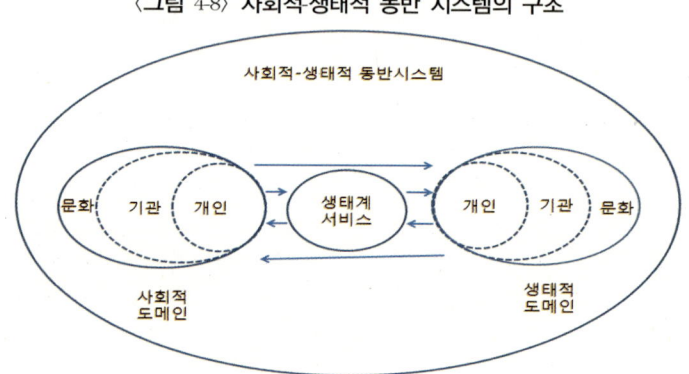

자료: L. Karen McLean and Heather M. Leslie, op. cit., p.5.

---

320) L. Karen McLean and Heather M. Leslie, op. cit., pp.3-5.

②누적적 효과(cumulative effects)

EBM은 이러한 동반시스템으로부터 나오는 생태계서비스에 개별 행동들이 어떻게 영향을 미치는지에 초점을 두고 있다. 다중 활동들의 누적적인 효과는 무엇인가? 이를 확인해야 하고, 누적적인 영향의 효과는 관리 규모보다 커서 크거나 작은 규모 내에서도 변화 요인들(drivers) 간의 상호 작용을 인정하는 것이 중요하다. 누적적인 효과의 종합적인 평가로 반드시 각 부문들이 공통의 목표들을 향하여 작용할 것을 요구하고 있다.

③다양한 목적들

EBM은 생태계시스템으로부터 단일 생태계 서비스보다는 상업적이거나 관광적 어업, 다양성 보존, 풍력, 파력 등 신에너지, 연안 방어, 다이빙과 같은 해양레저 등 다양한 혜택들에 주목한다. 따라서 EBM을 충분히 시행하기 위하여 이러한 서비스 사이의 연계성이나 이들의 생산과 전달에 영향을 미치는 요인들을 이해할 필요가 있다. 이를 통해 다양한 목적들 사이의 상호 상충관계(trade-off)에 대한 선택을 잘 할 수 있게 된다. 이러한 다양한 목적들 사이의 상충관계를 명백하게 하는 것이 EBM의 중요한 요소이다. 서비스들과 부문들 사이의 상충관계에 대한 의사결정은 현재에도 대부분 은밀하게 일어나므로 이 과정을 명확히 해야 한다.

앞에서 본 바와 같이 EBM의 개념은 생태계 자체보다는 궁극적으로 '생태계에 대한 인간의 영향'을 관리한다는 관점에 기초하고 있다. 생태시스템 그 자체의 관리보다는 이들에 영향을 미치는 인간행동들의 관리가 되도록 EBM을 발전시켜야 한다.

4) 해양생태계의 관리 범위

EBM 접근법의 요소들이 육지와 해상에서 활용되지만, 현재의 EBM에서 혁신적인 것은 다양한 생태계 서비스를 지속하기 위하여 장기간의 시스템 잠재력을 보전하는 데 초점을 맞추는 것이다. 이와 같이 인간 활동들(어업, 연안개발, 관광 등)은 이것들이 어떻게 생태계 구조, 기능 및 주요 과정들에 영향을 미치는가를 고려해야 하고 모든 부문들이 모두 생태계 건강 요소들의 유지라는 공통의 목표를 향해 함께 작동해야 한다. 이것은 단일 서비스들의 공급과 단일 부문들이 상호 공통되는 목적들에 대하여 각기 작동하는 현재의 접근법과 크게 대조가 된다.

〈표 4-13〉 각 서식지별 생태계 서비스의 범위

| 생태계 서비스 | 연안 시스템 | | | | | | | | 해양 시스템 | | | |
|---|---|---|---|---|---|---|---|---|---|---|---|---|
| | 기수역및 습지 | 맹그로브 | 라군/염수호 | 조간대 | 켈프 | 바위 및 조개초 | 시그라스 | 산호초 | 내만 대륙붕 | 외연 대륙붕 | 해령/대양중간 | 심해저 |
| 〈상품제공〉 | | | | | | | | | | | | |
| 식품 | O | O | O | O | O | O | O | O | O | O | O | O |
| 섬유/목재/연료 | O | O | O | | | | | | O | O | | O |
| 의약품 | O | O | O | | | | | O | | | | |
| 〈조절〉 | | | | | | | | | | | | |
| 생물학적조절 | O | O | O | O | O | O | O | O | O | O | O | O |
| 물저장/보유 | O | O | O | O | O | O | O | O | O | O | O | O |
| 기후조절 | O | O | O | O | O | O | O | O | O | O | O | O |
| 인간질병통제 | O | O | O | O | O | O | O | O | O | O | O | O |
| 폐기물처리 | O | O | O | O | O | O | O | O | O | O | O | O |
| 홍수/폭우에서보호 | O | O | O | O | O | O | O | O | | | | |
| 침식통제 | O | O | O | O | O | O | O | O | | | | |
| 〈문화〉 | | | | | | | | | | | | |
| 문화/어메니티 | O | O | O | O | O | O | | O | | | | |
| 레크리에이션 | O | O | O | O | O | | | O | | | | |
| 경관 | O | | | | | | | O | | | | |
| 교육/훈련 | O | O | O | O | O | O | O | O | O | O | O | O |
| 〈지원〉 | | | | | | | | | | | | |
| 생물/화학적작용 | O | O | | | O | | | O | O | | | |
| 영양분사이클링 | O | O | O | O | | | | O | O | O | O | O |

자료: L. Karen McLean and Heather M. Leslie, *op. cit.*, p.7 원전: UNEP, 2006.

'생태계 서비스 지역(ecosystem service district)'은 생태계 서비스를 유지하면서 다양한 생태계 문제들을 달성하기 위하여 설정되는 지리적 단위로서 앞에서 보는 해양보호구역(MPA, Marine Protected Area)과 유사하다고 할 수 있다. 미국의 경우 현재까지 Marine Sanctuary Program으로 13개소(48,018km$^2$)

가 설정되어 있으며 이는 전체 지정 가능 해역의 약 1%에 해당한다고 한다.321) 그 외에 연방정부에서 해양보호를 위하여 20개 이상의 법률과 규정 등 다양한 형태에 의하여, 200 곳 이상의 해양보호구역(MPA, Marine Protected Area)이 지정되어 있으며 이는 미국 해역의 10%에 달하며 연안선에서 233마일(322km) 사이의 해역에 존재한다고 한다.322) 종들과 서식지 다양성을 지키고 생태계를 건강하게 유지하려면 기존의 MPA 개념보다 더 넓은 지역으로 설정되어야 한다고 하는데 이는 각 종들이 보다 넓은 지역으로 이동이 가능하고 기후변화 등에 따라 넓은 공간상에서 적절히 순응해 갈 수 있기 때문이다.323)

구체적으로 해양보호구역(MPA), 해양 및 연안관리, 그리고 하천유역관리 등을 통한 해양환경 보호의 경우 격리된 지역 단위별 해양환경 보호만을 위한 정책을 시행하면 남획, 서식지의 변화 및 파괴, 그리고 수질 오염 등 자연자원의 보존에 취약하게 될 것이다. 따라서 생물종, 서식지, 해양경관 등을 시간, 공간, 생태, 사회적 소통 등 종합적으로 고려하여 통합 해양관리 및 공간관리 계획을 함께 시행할 필요가 있다. 이러한 생태계 기반 통합 해양관리를 위해서는 이에 관련된 다양한 관계자들을 효과적으로 참여시켜 이들 간 소통과 협력이 가능하도록 하는 것도 중요하다. 이러한 해양생태계 기반 통합 해양정책은 이미 유럽, 미국에서는 구축이 되고 있거나 구축에 착수하고 있다.

이러한 해양생태계기반관리 체제의 완성은 궁극적으로 효과적인 법적·제도적 거버넌스 구축을 통하여 완성될 것이다. 생태계기반관리 체제를 구축하기 위하여 해양 및 육지의 지리적 연관성을 이해하고 보전과 개발 사이의 정치적 관계도 고려하면서, 어업, 관광, 지적재산권 등 경제학적 요소도 함께 고려하여야 한다.

---

321) Richard Burroughs, *op. cit.*, p.135.
322) Richard Burroughs, *op. cit.*, pp.110-117.
323) Janis Searles Jones & Steve Ganey, "Building the Legal and Institutional Framework", *Ecosystem-Based Management for the Oceans*, (ed. by Karen Mcleod & Heather Leslie), Island Press, 2009, p.177.

## 5) 해양생태계기반관리 절차

시행 시에는 가장 최적의 자연과학적 지식에 입각하여 문제의 인식과 목표 설정, 해결책들 검토, 대안의 선택, 이의 시행, 평가 및 피드백 등의 통상적인 정책적 절차를 거쳐 생태계기반관리가 시행된다. 시행 시 자세한 절차와 관점들은 다음 그림과 같다.

〈그림 4-9〉 EBM 운영 절차 개념도

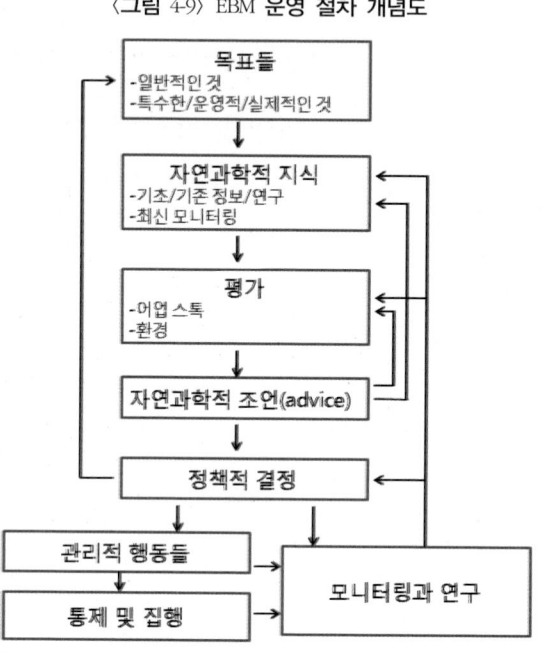

자료: Ronan Long, "EU Ecosystem-based Management and Navigational Rights", *Proceedings of Global Challenges and Freedom of Navigation* (2013 Seoul Conference on the Law of the Sea by GOLF, Univ. of Virginia & KMI), May 2013, Seoul, p.39. 원전: ICES Cooperative Research Report no 273.

이러한 생태계기반관리 체제의 제도적 확립을 위해서는 우선 해양환경 모니터링 체제가 효과적으로 구축될 필요가 있다. 즉 해양의 복잡한 상호 작용과 해양 환경 변화 추세의 복잡성에 대한 이해를 높이면서 효과적으로 관리하기 위해서는 방대한 정보를 확보하고 이들 정보의 분석이 필요하다. 이러한 요구에 따라서 지구 전체 해양에 대한 모니터링 메커니즘을 구축해야 한다는 필요성이 전부터 있어 왔다.

〈표 4-14〉 생태계기반관리와 정책 과정

| 정책 가정 단계 | EBM 관점들 |
|---|---|
| 문제 인식/목표 설정 | • 건강하고, 생산적이고, 복원력 있는 생태계<br>• 생태계 서비스의 보호 및 복원<br>• 인간 이용의 지속가능성 확보 |
| 해결책들 | • 이해관계자 참여<br>• 공동의 계획 수립<br>• 생태계 경계와 지역적인 규모<br>• 복원력(resilience)<br>• 누적적인 영향 평가 |
| 선택 | • 공동의 의사결정<br>• 예방적인 접근법 |
| 시행 | • 조직들과 관할 부서들과의 협조<br>• 새로운 기법들의 응용 |
| 평가 | • 전후를 비교하는 모니터링 실시<br>• 순응적 접근법 채용<br>• 이해관계자 협력 |

자료: Richard Burroughs, op. cit., p.158

## 6) 생태계기반관리의 수립 및 레질리언스 확보

연안 및 해양관리 시스템에 영향을 미치는 인간 활동의 관리는 여러 가지 이유로 육상의 토지 관리보다 뒤진다. 그 이유로는 첫째로, 토지에 대한 인식과 지식은 바다의 그것보다 높은데 토지는 현재 우리의 거주지이므로 이를 이해하는 데 해양보다 더 많은 노력을 기울여 왔기 때문이다. 둘째로, 연안과 해양생태계를 주도하는 해수층에 관해 그 생태계를 이해하고 그 움직임이 어떻게 생태계 서비스 제공에 영향을 미치는가를 이해하는 데 있어 기술적인 면과 시간과 비용 측면에서 많은 노력이 요구된다. 더욱이, 해양자원의 배분과 이용에 대한 정부의 구조와 기능이 토지의 그것과 크게 다르고, 해양에서는 개인 소유가 적고 공동의 관리와 개방적 접근 구조가 규범화되어 있다는 점이다. 이러한 이유로 토지의 관리와 보존 경험을 해양에서도 어느 정도는 이용할 수는 있으나 반드시 똑같이 할 수는 없다. 특히 오래 동안

발전되어 온 산림 등에서의 생태계 접근법과 토지 보존 및 관리는 해양 EMB 의 적용을 위한 통찰력을 제공할 수 있다. 특히 육상에서 사용된 생태계기반 관리 기법 중 용도 지정(zoning), 보호구역 설정, 경제적 인센티브, 토지관리 법과 규정 등이 연안 및 해양관리에 적용될 수 있다.

인간의 사회나 자연은 어떤 교란(disturbance)에 따라 끊임없이 변화하는데 이것은 또한 새로운 도전의 기회가 된다. 이러한 수용을 통해 교란의 정도에 따라 무엇이 시스템에 영향을 주는 지를 이해할 수 있게 해 준다. 시스템은 교란에 저항하고, 재빨리 반응하고, 서서히 질적으로 저하되기도 하며 완전히 새로운 상태로 변하기도 한다. 일단 한계선(threshold)을 넘어서면 시스템이 기존의 상태로 돌아갈 수 있는가, 환언하면, 이전 상태로 돌아가는 가역성 (reversible)이 있는가 하는 점이 관건이다. 교란에 대하여 시스템의 구조, 기능 및 정체성이 유지될 수 있는 정도가 앞서 언급된 레질리언스(resilience, 복원력)라고 하는데 이를 잘 이해하면, 늘어나는 다양한 교란과 관리 대안들에 대하여 시스템이 어떻게 대처하는가를 잘 예측할 수 있게 해 준다.

뉴밀레니엄 생태계 평가에서는 세계 생태계 상태, 그들이 주는 서비스, 지구환경 변화의 인간 복리에 대한 영향을 평가한 뒤 생태계 서비스의 60%가 점차적으로 저하한다고 하여 레질리언스 능력 확대를 요망했다.[324]

## 5. 생태계자원 관리

### 1) 생태계자원 관리 거버넌스 체계

국내에서는 2006년 10월 해양생태계를 체계적으로 보전하고 관리하기 위

---

[324] Millenium Ecosystem Assessment, 2005a, *Ecosystem and human-welling being: Synthesis*. Washington, DC: Island Press.

하여 「해양생태계의 보전 및 관리에 관한 법률」을 제정하였고, 2009년에 「제1차 해양생태계 보전·관리 기본계획(2009-2018)」을 수립하였다. 이에 따라 2006년부터 10년 주기로 해양생태계 기본조사를 실시하고, 각종 해양보호구역 지정·관리, '보호대상 해양생물'을 지정하여 관리하고 있다. 또한 2015년에 '국립해양생물자원관'을 개관하고 보호구역 이행 평가, 해양생태계 복원사업 등을 펴나가고 있다.

국제사회에서는 1992년에 「생물다양성협약(Convention on Biological Diversity, CBD)」의 채택이 이루어지고 2010년 유전자원의 투명한 접근, 공평한 이용에 따른 이익의 공평한 공유를 위한 「나고야 의정서(Nagoya Protocol)」 채택을 계기로 생물자원에 대한 국가주권 체계가 확립되기 시작하였다. 이에 부응하여 우리나라도 2012년 5월에 「해양생명자원의 확보·관리 및 이용 등에 관한 법률」이 제정되었고 2013년 해양수산부의 재설립으로 수산자원을 포함, 「해양수산생명자원법」으로 통합되어 체계적인 정책이 추진되고 있다.

그 외에 환경부와 해양수산부가 공동 입법한 「습지보전법」(1999년), 「공유수면관리법」과 「공유수면매립법」이 통합된 「공유수면의 관리 및 매립에 관한 법률」(2010년), 「무인도서의 보전 및 관리에 관한 법률」(2007년), 해양에서의 기후변화 관련 제도 등이 해양생태계 관리와 관련하여 제정되어 시행되고 있다.

2) **해양보호구역**(Marine Protected Area, MPA) **관리**

국제적으로 보면 해양생태계의 효율적인 보전을 위하여 다양한 해역보호관리 도구가 활용되고 있다. 이 중에는 통합연안관리(Integrated Coastal Management, ICM)를 포함하는 해양공간계획(MSP, Marine Spatial Planning), 해양보호구역제(MPA), MARPOL의 '특별해역 및 특별히 민감한 해역(special areas and particularly sensitive sea areas(PSSAs)' 및 세계유산등록지(world heritage sites) 등이 있다.[325]

---

[325] Donald R. Rothwell & Tim Stephans, *The International Law of the Sea*, 2010, Oxford UK, Hart Publishing, 2010, p.465.

특히 MPA는 해양공간계획(MSP)에 통합되어 관리되기도 한다.

MSP는 '정의된 해양공간에서 원하는 수준의 생태적, 경제적 및 사회적 목적을 달성하기 위하여, 통상의 생태계 규모에서, 인간이 활동을 평가하고 배분하는 공적 과정'으로 이해되고 있다.326) 이는 해양 공간에 따라 여러 가지 실제적인 혹은 잠재적인 다양한 인간 활동에 의한 경쟁적인 해양환경의 이용을 고려하여, 하나 혹은 여러 기관에 의하여 수행되고 점진적인 계획에 의하여 이루어진다. 또한 GIS나 다른 도구를 활용하여 정보를 모으고 해양환경의 건강을 위하여 체계적인 계획 수립 과정을 통하여 이루어진다. 이에 대해서는 제5장 3절을 자세히 참고하기 바란다.

1962년 UN 산하 세계자연보존연맹(The International Union for Conservation of Nature and Natural Resources, IUCN)에 의해 미국의 시애틀에서 개최된 제1회 세계국립공원회의는 위기에 직면한 천혜의 생물서식지를 보호하기 위해 해중에 공원 또는 보호구를 설정하도록 각국 정부에 권고할 것을 결의한 이후 호주의 대산호초 공원 지정 등 각국별로 해양보호구역(Marine Protected Area, MPA) 제도가 발달해 오고 있다.

특히 1988년에도 세계자연보존연맹(IUCN)에서는 해양보호구역(MPA)을 "폐쇄된 일부 혹은 전부를 법이나 제도적인 수단으로 보호하기 위한, 다양한 생태계를 갖는 조간대(intertidal) 혹은 조하대(subtidal)의 지역"으로 정의하고 이러한 보호구역의 설정과 적극적인 관리를 권고하고 있다.327) 앞으로 지정률을 지금의 1%대에서 10%까지 올리도록 생물다양성협약(CBD), 야생동물보호기금(WWF) 등 다른 국제기구들에서도 권고하고 있다.328)

이러한 국제적 추세에 맞추어 많은 멸종위기 해양생물 종들을 잘 보호하기 위한 해양보호구역(Marine Protected Area, MPA) 제도의 확대 시행이 요망되고 있다.329) 현재 전 세계의 육상 보호구역은 전체 육상의 13-14%를 차지

---

326) Donald R. Rothwell & Tim Stephans, op. cit., pp.465-466.
327) Carl Cater, Erlet Cater, *Marine Ecotourism*, Cabi Publishing Co., MA USA, 2007, p.224. CBD협약에서는 2010년까지 총 해양 면적의 10%를 해양보호구역으로 지정하도록 목표하고 있다.
328) WWF는 2012년까지 해양보호구역을 10%로 늘릴 것을 목표로 삼고 있다. Murray Patternson, Garry McDonald, Keith Probert & Nicola Smith, op. cit., p.68.
329) 1962년 세계자연보존연맹 (The International Union for Conservation of Nature and Natural Resources,

하고 있으나 해양은 전체의 약 1%정도만 보호되고 있다.[330] 또 세계적으로 해양에서 보호구역이 늘어나는 추세이나 실제로 잘 관리되는 구역은 많지 않아 보호구역에 대한 실효성이 의문시되고 있다.[331]

1968년 IUCN이 국립공원에 대해 정의한 이후 1994년 IUCN에서 설정한 6개 유형의 보호지구의 성격은 〈표 4-15〉와 같다.[332] 이들 중에는 개발도 금지되고 아무것도 잡거나 채취할 수 없는 지역('no take' zone)에서부터 수산 활동, 석유가스 개발, 여행상의 접근, 건설 및 개발 등을 배제하는 지역, 나아가서는 기술의 활용이나 채취/포획 등의 단순한 제한 등을 두는 지역 등 특성에 따라 다양한 공간 관리가 이루어진다.[333] 어떤 전문가들은 보호구역의 실효성을 위해서는 반드시 채취불가 지역('no take' zone), 혹은 금어(禁漁) 구역이 구역 내에 설치되어야 할 것을 주장하기도 한다.[334] Marine Reserve와 같이 완전히 어업이 금지되면 될수록 레저어업이나 상업 어획이 허용된 구역보다 후에 훨씬 더 높은 자원 증대 효과가 있는 것으로 나타나고 있다.[335]

---

IUCN에 의해 미국의 시애틀에서 개최된 제1회 세계국립공원회의는 위기에 직면한 천해의 생물서식지를 보호하기 위해 해중에 공원 또는 보호구를 설정하도록 각국 정부에 권고할 것을 결의하였다. 이후 각국별로 해양보호구역 제도가 발달해 오고 있다. 현재 전 세계 영해의 1.2%가 보호구역인데 이는 육지보호구역이 12%인 것에 비해 상당히 빈약한 것이다(사라 치룰/박미화 옮김, 『심해전쟁』, 2011, p.342).

[330] Nicole Glineur, "Healthy Oceans, Adaptation to Climate Change and Blue Forests Conservation", *Ocean 101: Current Issues and Our Future* (WOF Series 1), World Ocean Forum, 2010-, p.47; Cousteau Jean-Michel, "The Great Ocean Adventure", World Ocean Forum Proceedings, June 2012, p.3; Murray Patterson, Garry McDonald, Keith Probert & Nicola Smith, *op. cit.*, p.68에서는 WWF의 자료를 인용하여 세계 해양의 0.6%로 언급.

[331] Carl Cater, Erlet Cater, *op. cit.*, p. 236. 주로 문제는 재무적인 뒷받침이 없어 실효성이 떨어지는 것으로 보고되고 있다. 반면에 해양보전지역을 지정하고 나서 1-2 년 안에 개체수의 밀도가 90% 증가했고, 크기는 31%, 종다양성은 20% 증가한다고 하는 보고도 있다(임진수, 「인류의 미래, 해양에 있다」, 『미래정책 포커스』, 2011. 7. 8, pp.108-109).

[332] 강미희, 「생태관광과 보호구역」, 『해양환경교육』, 해양수산부, 2002, p.626.

[333] Murray Patterson, Garry McDonald, Keith Probert & Nicola Smith, *op. cit.*, p.68.

[334] 제종길, 『바다와 생태 이야기』, 각, 서울, 2007. 8, pp.341-341. 금어 구역은 생물의 도피 장소로서 자원의 유지, 새로운 자원 가입 등의 효과가 있다고 한다.

[335] 박원규, 「수산자원조성사업 발전 방안」, 2015 국회 수산자원 심포지엄 프로시딩, 2015. 2. 3, pp.65-67.
· Marine Reserve: 해양보호구역의 한 범주로 어떠한 경우라도 보호구역 내에서 외부로 반출이 금지된 해역.
· Marine Sanctuary: 특별한 경우 법에 의해 행위나 자원 반출이 허용되는 해역.

〈표 4-15〉 IUCN 보호구역의 범주 및 관리 목표

| 구분 | | 명칭 | 주요 관리목표 | 비고 |
|---|---|---|---|---|
| 유형 Ⅰ | A | 자연보존지역 | 과학적 연구 | 보호<br>↕<br>이용 |
| | B | 원생지역(primitive area) | 원시성의 보호 | |
| 유형 Ⅱ | | 국립공원 | 생태계 보호 및 휴양 | |
| 유형 Ⅲ | | 천연물 보호구역 | 자연특성의 보호(문화재 보호구역) | |
| 유형 Ⅳ | | 서식지/종 관리지역 | 관리활동을 통한 서식지/종의 보전<br>(해양생태계 보호구역, Marine Sanctuary) | |
| 유형 Ⅴ | | 경관보호구역 | 경관의 보전 및 휴양(해양경관 지구) | |
| 유형 Ⅵ | | 자원관리보호구역 | 자연자원의 지속가능한 이용 (수산자원 보호구역) | |

자료: 강미희, 「생태관광과 보호구역」, 『해양환경교육』, 해양수산부, 2002, 원자료: IUCN, 1994.

해양환경을 보호하려는 MPA 강화를 위해 2009년 인도네시아 마나도(Manado)에서는 MPA의 중요성을 강조하여 이를 확대·관리하자는 마나도 선언(Manado Declaration, 비구속적인 선언)이 79개 국가들의 지지를 받아 채택되기도 하였다.[336] MPA의 국제적인 네트워크의 구축을 촉진하기 위하여 2008년 파리의 CBD 당사국 회의에서는 보호해야 할 지역들을 확인하기 위한 자연과학적 기준(scientific criteria)을 도출하려는 '해양 및 연안 다양성에 대한 결정(a decision on marine and coastal diversity)'이 채택되었다. 이러한 네트워크들이 여러 국가나 국가군들에 의해 국가적 혹은 지역적으로 결성되기 시작하고 있다. 이러한 국가적인 사례들로는 호주와 EU Directive를 이용하여 2009년 제정된 해양연안접근법(Marine and Coastal Access Act)에 의해 해양보전구역(Marine Conservation Zones)을 구축하려는 영국 등이 있다.[337] 미국은 1972년부터 해양보호구역에 관한 법률(National Marine Sanctuary Act)을 제정하여 지정하고 있고[338] 캐나다의 경우도 연방법에 의해 해양보호구역을 지정하여 운용하고 있다.[339] 지역적인 경우로는 2010년까지 EU국가들과 북동

---
[336] Donald R. Rothwell & Tim Stephans, op. cit., p.463.
[337] Donald R. Rothwell & Tim Stephans, op. cit., p.466.
[338] 김성귀, 『해양관광론』(개정판), 2012. 8, p.414.
[339] 제종길, 전게서, p.377.

대서양에서 생태적으로 일관되고 잘 관리된 MPA 네트워크를 수립하려는 협약(commitment) 등이 있다.340)

국제해사기구(IMO)의 지도하에 MARPOL 협약에 따라 선박기인 오염으로부터의 보호를 위하여 많은 '특별해역' 및 '특별히 민감한 해역'(special areas and particularly sensitive sea areas, PSSAs) 등이 지정 운영되고 있다. '특별히 민감한 해역(PSSA)'은 IMO의 PSSA 수정 가이드라인에 의해 국제적인 선박 활동에 상당히 취약하여 특별한 보호가 필요한 구역이며 이런 구역에서는 선박 운항요건이나 오염물 배출 등이 까다롭게 적용된다. 특히 MARPOL 협약 부속서Ⅰ(선박기인 유류 오염 관련), 부속서Ⅱ(타 유해독성물질들), 부속서Ⅴ(쓰레기) 등에 의거하여 특별해역 지정이 가능한데 지중해, 발틱해, 흑해, 홍해, 걸프만, 남극해, 호주 그레이트배리어리프 해역, 카나리 군도, 갈라파고스군도, 플로리다 키(Key) 해역 등 오염에 취약한 해역들이 지정 관리되고 있다.341) 특히 MARPOL 부속서 Ⅵ(선박기인 대기오염)에 의해 발틱해와 북해 등 2곳이 대기 배출 규제가 강하게 적용되고 있다.342)

우리나라에서의 해양보호구역제도를 살펴보면 1999년에 도입된 「습지보전법」에 의한 습지보호지역, 해양생태계보전법에 의한 해양보호구역 등이다. 그런데 각 보전구역의 개소 당 지정 면적이 약 19km²에 불과하여 너무 좁아 지정 효과가 의문시 되고 있다. 생태계의 특성상 각종 해양생물들은 부단히 그리고 광역적으로 움직이게 된다. 특히 보호구역 내에서 보호되는 어족이 이동성인 경우에는 상당한 지역을 왕래하므로 해양보호구역을 넓게 잡아야 효율적으로 보전할 수 있어343) 향후에는 이러한 개별 보호구역 단위면적을 보다 더 확대해야 할 것이다.

---

340) Donald R. Rothwell & Tim Stephans, op. cit., p.466.
341) Donald R. Rothwell & Tim Stephans, op. cit., p.467.
342) Ibid.
343) 고철환, 전게서, 1998, p.456. 해외 연구사례를 보면 해양보호구역 대상 어족 중 Dory Snapper(케냐), Whitespotted Rabbitfish(케냐), Spotted Seatrout(플로리다) 등 정착성 어종은 10마일 이내에서 움직이고 Lingcod,(알라스카), Black Drum(플로리다) 등 100마일 전후에서, 그리고 Common Snook(플로리다)는 수백마일을 왕래하며 움직였다고 한다(박원규, 「수산자원조성사업 발전 방안」, 2015 국회 수산자원 심포지엄 프로시딩, 2015. 2. 3, p.68).

〈표 4-16〉 연안·해양보호구역 현황(2014년 기준, 육상 포함)

| 구분 | 개소 | 면적(㎢) | |
|---|---|---|---|
| | | 전체 | 해역 |
| 해양 보호구역 | 11 | 253.73 | 253.73 |
| 습지 보호구역 | 13 | 231.28 | 231.28 |
| 수산자원 보호구역 | 10 | 3,034.7 | 2,587.5 |
| 해상·해안 국립공원 | 4 | 3,332.9 | 2,753.7 |
| 환경보전해역 | 4 | 1,882.1 | 949.1 |
| 합계 | 42 | 8,734.7 | 6,775.3 |

자료: 해양수산부, 「한눈에 보는 우리의 연안」, 2015. 4, p.52; 해양수산부 보도자료, 2015. 12. 28.

〈그림 4-10〉 해양보호구역 지정 현황도

자료: 해양수산부 보도자료, 2015. 12. 28.

윤진숙 등(2006)은 다음과 같이 해양보호구역 지정 목적에 따른 보호구역 유형과 관리 방안도 세분화하여 관리할 것을 주장하고 있다.[344]

"즉 절대보전구역(no-access), 생물보호, 자원관리, 경관 감상 등 보호구역 유형별로 규제 수준과 자원 활용 방안이 상이한 입체적 관리 정책을 수립·시행하여야 할 것이다. 또한 기능적으로는 조사·연구사업, 해양생물자원, 서식처 연구, 영향 및 평가 연구, 생태계 변화, 정책 연구의 6가지 방향으로 설정하여 시행하여야 한다."

〈표 4-17〉 우리나라 해양생물의 서식 환경조사 현황

| 구분 | | 목적 | 법적 근거(담당) | 조사기간 | 조사대상 |
|---|---|---|---|---|---|
| 해양생태계 종합조사 (2006년부터 통합하여 조사 중) | 해양생태계 기본조사 | 해양생태계 현황과 장기 변동 특성 파악 | 해양생태계보전법 (해양수산부) | 2006-2014 | 전 해역(8개 권역), 415정점 |
| | 제2차 연안습지(갯벌) 기초조사 | 연안습지의 지속가능한 이용과 보전 | 습지보전법 (해양수산부) | 2008-2012 | 갯벌 9개 지역 |
| | 하구역 조사사업 | 하구의 관리체계 구축을 위한 기반 조성 | (해양수산부) | 2008- | 하구 |
| 국가해양환경측정망 | | 연안과 근해의 해양환경을 위한 모니터링(매년) | 해양환경관리법 (해양수산부) | 1997- | 전 해역 |
| 무인도서 실태조사 | | 무인도서의 효과적인 보전 및 이용 | 무인도서의 보전 및 이용에관한 법 (해양수산부) | 2006-2014 | 전국 무인도서 2,678개 |
| 제2차 무인도서 자연환경조사 | | 무인도서의 보전, 관리 | 독도 등 도서지역의 생태계보전에 관한 법률(환경부) | 2006-2014 | 〃 |
| 하구역생태계 정밀조사 | | 생태·경관보전지역 및 습지보호지역으로 지정 | 습지보전법 (환경부) | 2004-2010 | 하구 |
| 제3차 전국 자연환경조사 | | 국토 보전 및 개발계획의 지침으로 활용 | 자연환경보전법(환경부) | 2006-2010 | 석호, 해안선 145개 |
| 전국 해안사구 정밀조사 | | 우수한 해안사구 보전지역 지정 | 자연환경보전법(환경부) | 2003-2007 | 23개 해안 사구 |
| 연안어장 환경조사 | | 어장의 효율적인 보전 및 이용 | 어장관리법(해양수산부) | 2008-2010 | 388개 정점, 2008부터 확대 |

자료: 김남원, 「해양생태계 보전 및 관리」, 해양정책실무과정 교재, 국토해양인재개발원, 2009, p.164; 박수진, 「해양생태계 보전 및 관리에 관한 법률」, 해양환경정책과정 교재, 국토인재개발원, 2012, p.108.

---

344) 윤진숙 등, 전게서, 요약.

### 3) 해양 생물다양성(Marine Biological Diversity) 관리

(1) 현황

생물다양성 감소에 대해서는 1972년 스톡홀름 유엔 인간환경회의(United Nations Conference on the Human Environment)에서 관심이 표명된 이후에 강화되고 있으며 최근 바이오테크놀로지와 유전자 이용 및 다른 생물학적 재료로의 이용 등에 대한 관심이 급속히 늘고 있다. 이러한 것이 생물다양성에는 위협 요인들로 작용하고 있지만 각 '생물에 대한 특허(patent on life)'와 같은 개념의 도입으로 지금까지의 경제적 불균형을 심화시킬 수 있다. 그래서 2010년에는 이러한 유전자원을 가진 후진국과 이용자인 선진국 간의 이용에 따른 이익을 공유하기 위해 나고야 의정서(Nagoya Protocol)가 타결되었다.

1992년에 타결된 생물다양성협약(CBD)에 따르면 생물다양성(Biological Diversity)이란 "육상, 해상 및 기타 수계 생태시스템과 그들이 일부가 되는 복합적 생태계를 포함하여 모든 근원의 생명체들 중에서의 변동성(variability)을 뜻한다. 이것은 앞에서도 언급되었지만 종 내에서의 다양성(diversity within species), 종간 다양성(diversity between species), 생태계의 다양성(diversity of ecosystem)을 의미한다".[345] 여기에서 종 내에서의 다양성(diversity within species)은 종(species)이나 개체군(population)의 유전자에 포함된 유전적 다양성(genetic diversity)을, 종간 다양성(diversity between species)은 박테리아에서 동식물까지 다양한 생물을 언급하는 것이다.[346] 또한 생물자원(Biological resources)이란 "인류를 위해 실질적 혹은 잠재적 이용이나 가치를 갖는 유전자원, 유기체와 그로부터의 일부분들, 개체군들(populations) 혹은 생태계의 다른 생물적(biotic) 요소들"로 정의된다.[347] 이러한 포괄적인 정의는 한편으로는 어떠한 생태계의 변화 측면(aspects of the biological variability)도 무시되어서는 안 되며 반면 이것이 협약 위반 시 일어나

---

345) Gunnar Kullenberg and Ulf Lie, op. cit., pp.30-31; Murray Patternson Garry McDonald, Keith Probert & Nicola Smith, op. cit., p.51. 원전: Article 2 of CBD.
346) Murray Patternson, Garry McDonald, Keith Probert & Nicola Smith, op. cit., pp.51-52.
347) Gunnar Kullenberg and Ulf Lie, op. cit., p.31.

는 가능한 결과들에 대한 복합적인 확인(identification)과 해석들을 가능케 해 줄 것이다.

지구상의 생물종은 약 175만 종348)으로 보고되고 있으나 바다에서는 25만 종이 존재하여 전체의 14%를 차지하고 있다.349) 이 중 2-8%는 다음 25년간에 멸종될 것으로 추정되고 있다.350) 특히 해양바이오의 다양성은 지구의 생지화학적 사이클(biological cycle)에서 큰 중요성을 가져 생태계의 안정성(stability)과 변동을 규제하고 풍부한 '유전자 풀(gene pool)'을 유지하는 데 큰 기여를 하고 있다. 특히 이러한 역할을 하는 것은 고래 등과 같은 거대 동물 보다는 이러한 사이클에 중요한 미생물들(micro-organisms)이다. 이들은 외부의 에너지를 이용하여 이를 통해 비유기물을 유기물로 변환시킨다.

연안 해양생물은 해양생물 다양성으로 전 세계에서 이용되는 해양에너지 생산의 46%를 차지하고, 이 중 90%의 기초생산성(primary production, photosynthesis 기준)을 많은 종의 해양식물성 플랑크톤이 담당한다.351) 특히 시아노박테리움(cyanobacterium, Trichodesmium) 같이 체내에 질소를 고정하는 더 많은 다양한 해양질소 고정자들이 있는 것이 확인되기도 하였다.352)

특히 바다의 생물다양성이 육상보다 해상에서 분자 구조의 변이(variation)가 더 커서 풍부한 유전자 풀(gene pool)을 통하여 인류에게 각종 경제적인 혜택과 서비스를 줄 수 있다. 이것은 바다에서 생물들이 더 오래 살아 왔고 넓은 바다의 연속성과 높은 확산 능력 등이 유전적인 흐름(flow)을 높게 할 수 있었기 때문인 것으로 해석되고 있다.353) 특히 유전적 다양성(genetic diversity)은 매우 중요성을 띠며 이것이 자연적인 변이(variation)를 제공하여

---

348) Murray Patternson, Garry McDonald, Keith Probert & Nicola Smith, op. cit., p.56. 원전: R. M. May, "Biological diversity: difference between land and sea", Philosophical Transactions of the Royal Society of London B: Biological Sciences, 343, 1994, pp.105-111.
349) Murray Patternson, "Towards an Ecological Economics of the Oceans and Coasts", Ecological Economics of the Oceans and Coasts, pp.30, 56. 원전: R. M., May, op. cit., pp.105-111.
350) Gunnar Kullenberg and Ulf Lie, op. cit., p.30.
351) Murray Patternson, Garry McDonald, Keith Probert & Nicola Smith, op. cit., p.53. 원전: C.B. Field, et. al, "Primary production of the bioshere: integrating terrestrial and oceanic components", Science, 281, pp.237-240.
352) Murray Patternson, Garry McDonald, Keith Probert & Nicola Smith, op. cit., p.54.
353) Murray Patternson, Garry McDonald, Keith Probert & Nicola Smith, op. cit., p.55. 원전: R. M. May, op. cit., pp.105-111.

진화와 발전의 기초를 제공한다.354) 현재까지 미발견종들이 빠른 속도로 확인되고 있으나 육상에 비해 확인의 속도가 바다에서는 대단히 느린 편으로 미확인된 생물까지 포함시킨다면 바다에 1,000만 종 이상이 있을 것으로 추정된다.355) 또한 해저의 바이러스, 박테리아 등 심해저의 수많은 확인되지 않은 미생물들은 지구상에서 아직도 탐험되지 않은 가장 큰 유전적 '연결체 공간'(one of the largest unexplored 'sequence space', 혹은 DNA 연결체)으로 부르자고 제안하는 학자들도 있다.356) 미생물종들은 인류에게 의약물질과 산업적 복합물(compounds) 등을 만들 수 있게 하여 각종 생태계 서비스 등 직간접적인 혜택을 주기도 한다.

현재 국내 해양생태계는 도시화·산업화로 인한 육상오염원의 해양 유입 증가, 매립·간척, 바다골재 채취, 자원 남획 등으로 해안 침식, 수산자원 감소 등 해양생물자원 및 해양경관의 파괴·훼손 현상이 급속히 진행되고 있다. 또한 선박의 밸러스트 수 등에 의한 외래 생물종의 유입으로 해양생태계의 이상 현상이나 교란이 빈번하게 발생하고 있다. 적조는 물론 최근 출현이 잦아지는 유독성 해파리 등 유해 해양생물의 급격한 출현에 대응하기 위한 방제 체제 확보도 요망된다.

이에 따라 우리 정부는 2006년 제정된 「해양생태계보전법」에 따라 해양생태계보전·관리기본계획을 매 10년마다 수립하여 생물종 보호, 서식지 보호 등 다양한 해양생태계 보전 정책 시행에 앞장서고 있다.

국내에서 확인된 국내 해양동물은 9,574종으로 이 중 무척추동물이 4,941종 (51.6%)인 것으로 확인되었다.357) 그러나 국내 해양생물종 중 많은 종들이 확인되어도 이미 대부분 해외로 반출되어 유럽이나 일본의 주요 표본관·자

---

354) Ibid.
355) 국토해양부, 『보호대상해양생물 지정·관리 방안 수립 연구』, 2012. 4, p.157.
356) Murray Patterson, Garry McDonald, Keith Probert & Nicola Smith, op. cit., p.59. 원전: M. Breitbart, B. Felts, et al., "Diversity and population of a near-shore marine sediment viral community", Proceedings of the Royal Society of London B: Biological Sciences, 271, pp.565-574.
357) 국토해양부, 환경부 등, 『제4차 해양환경종합계획(2011-2020)』, 2011. 9, p.41. 원전: 해양생물다양성 정보시스템(KOMIS, Korea Maritime Biodiversity Information System). 이 중 보호대상 해양생물 46종, 회유성 해양동물 4종, 유해해양생물 13종을 법에 의거 지정함. 이전의 국토해양부『해양정책실무과정』 (2009, p.159)에서는 해양저서동물 5,008종, 어류 977종, 해양포유류 128종으로 총 6,114종이고 해양식물은 총 1,052종 중 해산 규조류가 667종으로 가장 많았다.

원관 등에 소장되고 있는 경우가 많다. 국내 소장 생물 표본 규모는 극히 적어 이들 표본들이 잘 보호되도록 하는 조치를 취하여야 한다. 해양생물 종들 중에서 많은 멸종위기 종들도 있어 생물다양성을 확보하고 이를 잘 보호하기 위해서는 앞에서 본 바와 같이 해양공간계획(MSP), 해양보호구역 제도 등의 확대 시행도 요망되고 있다.

〈표 4-18〉 우리나라 해양생물종 및 연근해 해양 외래종

| 해양생물종 | | 연근해 외래종 | |
|---|---|---|---|
| 식물플랑크톤 | 2,227 | 정착성 외래종 | 9 |
| 동물플랑크톤 | 236 | | |
| 염생식물 | 46 | | |
| 해조류 | 1,002 | | |
| 무척추동물 | 4,941 | | |
| 미삭동물 | 97 | 일시적 외래종 | 16 |
| 어류 | 987 | | |
| 해양포유류 | 38 | | |
| 계 | 9,574 | 계 | 25 |

자료: 국토해양부, 환경부 등, 『제4차 해양환경종합계획』, 2011. 9.
**참고: 해양생명자원 확보(2013. 7): 13,808종, 92,433점 확보(해외해양생명자원: 3,126종, 13,329점, 국내해양생명자원: 10,682, 79,104점 등(해양수산부, 『해양수산편람』, 2013. 8, p.94)

(2) 국제동향

생물다양성을 복원하고 유지하고 보존·관리하는 전략은 기후변화로 인한 생물종 감소 등 부정적인 영향을 일정 부분 감소시킬 수 있다고 한다.[358] 그래서 국제기구(UNEP)에서는 이러한 생물종 다양성을 보존하기 위하여 1992년에 「생물다양성협약(Convention on Biological Diversity, CBD)」[359]을 채택하

---

358) 박수진, 「해양환경부문 기후변화 대응 방안에 관한 연구」(요약), 『2010 기본과제 중간보고(요약집)』, 한국해양수산개발원, 2010. 7. 13, p.70. 이 중 해양동물이 6,110종(64.1%, 이 중 무척추동물 4,941종으로 51.6%), 해양식물 1,048종(11.0%), 식물플랑크톤 2,172종(22.8%) 등이라고 한다. 구 해양수산부가 실시한 '해양생물다양성보전대책 연구 사업'에서 12,611종을 수집하고 유의한 종으로 약 9,530종명이 유의함을 밝혔다 함. 상기 사업에서는 유입된 외래종으로 25종이 확인됨.
359) 유엔환경계획(UNEP)은 야생생물 보호의 범위를 넓혀, 생물의 다양성을 전체적으로 보전하기 위한 국제협약을 위한 정부 간 교섭을 1990년부터 시작했다. 이 협약은 생태계, 종, 유전자 등 각 레벨에서 생물 전체의 보전을 도모하고 생물다양성을 잃지 않는 범위에서 지속적으로 이용하기 위한 협약, 곧 생물다양성협약이다. 1992년 5월 케냐의 나이로비에서 채택되었고 1993년 발효된 이 협약은 체약국에 생물다양성 보전을 위한 국가전략의 책정, 보전상 중요한 지역이나 종의 선정과 정보수집, 평가

여 1993년에 발효시켰다. 이 협약은 생물자원의 '보전', '지속가능한 이용', '공정한 이익 공유'를 3대 핵심 목표로 삼고 있다.360) CBD에 따라 생물유전자원의 이용에 따른 이익 공유를 위하여 2010년 10월 나고야 의정서(Nagoya Protocol)361)가 서명되어 50개국 서명 후 90일 지나 발효될 예정인데 이미 우루과이가 50번째로 기탁하여 2014년 10월 12일 발효되었다.362)

나고야 의정서는 협약의 세 가지 목표 중 '공정한 이익 공유'를 달성하기 위한 국제 규범적 성격을 가지며 이에 대한 국내의 대비도 요망된다. 이로써 유전자 자원 제공국의 권리 등에 대해 보유국(대부분은 발전도상국)의 주권을 인정하고, 그것을 이용하는 이익에 대해서는 각국 간에 서로 공유한다고 규정하며 이를 위하여 다양한 사업들에 대하여 논의를 진행시키고 있다. 특히 전 세계 생물자원의 80%를 보유하고 있는 중남미, 아프리카, 동남아시아 등 생물다양성이 높은 유전자 보유 국가들과 우리나라를 비롯한 EU, 캐나다, 일본 등 유전자원 이용국가 간의 보이지 않는 대립이 이루어지고 있다.

생물자원 및 그 파생물(Derivatives)은 1kg의 가치는 금(1만 달러/kg)이나 휘발유(1달러/kg)에 비해 약 1,200~2,000 배 이상의 가치를 가진다고 평가될363) 정도로 생명공학 연구와 생명공학 산업에서 생물자원 및 유전자원은 원천 소재로서 매우 중요하다. 향후 나고야 의정서 발효 후 농업·의약품 등 생물유전자원의 세계 시장규모는 약 500~800조 규모로 추정된다.364) 우리나

---

제도의 도입 등을 요구하고 있다. 또한 발전도상국이 주장해 온 유전자 자원 제공국의 권리 등에 대해서는 보유국(대부분은 발전도상국)의 주권을 인정하고, 그것을 이용하는 이익에 대해서는 서로 공유한다고 규정하였고, 또한 생명공학의 안전성 확보 등도 규정했다(자료: 야후 백과사전).
360) KMI, 『해양생물관련 국제협약의 체계적 대응방안 연구』, 2012. 6, p.10.
361) 나고야 의정서(Nagoya Protocol)는 생물자원을 활용하며 생기는 이익을 공유하기 위한 지침을 담은 국제협약으로 30개 조문과 2개 부속서로 이루어졌다. 나고야 의정서는 생물 유전자원을 이용하는 국가는 그 자원을 제공하는 국가에 사전 통보와 승인을 받아야 하며 유전자원의 이용으로 발생한 금전적, 비금전적 이익은 상호 합의된 계약조건에 따라 공유해야 한다는 내용을 담고 있다. 그 내용은 1)생물유전자원, 2)생물유전자원으로부터 생기는 이익, 3)유전자원과 관련된 전통지식, 4)유전자원과 관련된 전통지식의 이용으로 발생하는 이익에 적용됨(제3조) 등이다. 나고야 의정서는 2011년 2월 1일부터 2012년 2월 1일까지 각국의 서명 기간을 거쳐 50개국이 비준서를 유엔 사무총장에 기탁하면 90일째 되는 날부터 발효된다. 우리나라는 국립생물자원관과 2012년 설립되는 국립생태원을 중심으로, 10만여 종의 국내 생물 유전자원을 발굴하고 자원 이용을 위한 데이터베이스를 만들어 나고야 의정서에 대비하고 있다. KMI, 상게서, p.14.
362) 한겨레신문, 2014. 10. 12.
363) 국토해양부, 『나고야 의정서 대응 및 지원 연구』, 2012. 10, p.101.
364) 매일경제, 2014. 9. 12. 환경부 자료 인용.

라는 2014년 바이오산업 시장규모가 9조 3,435억 원인데 원산지 국가와의 이익 공유율을 5%로 추정할 경우 연간 최대 5,069억 원의 국내 부담이 있을 것으로 추정되고 있다.365) 우리나라 생명공학 연구개발 분야는 해외 유전자원에 대한 의존도가 높기 때문에 새롭게 만들어지는 국제 레짐에 능동적으로 대처해야 할 것이며 국내 고유의 해양자원 발굴에도 더욱 힘써야 할 것이다.

우리나라에서는 2015년 국립해양생물자원관을 충남 서천에 건립하여 국내 해양생물 유전자원의 보존과 관리에 노력하고 있다.

### 4) 갯벌 생태계 관리

#### (1) 기능

우리나라 생태계 중 서남해안에 발달한 연안 갯벌같은 곳은 동식물 플랑크톤과 저서생물의 생태계가 뒤섞여 있고 따라서 생물 생산이 활발함과 동시에 생물다양성이 높은 곳이다.366) 갯벌 가치 차원에서 보면 집단(population) 차원, 생태계(ecosystem) 차원, 바이오계(bioshere) 차원으로 나누어 검토될 수 있다.367)

첫째, 집단 차원에서 보면 건초, 조류, 어류, 조개류, 파충류 및 포유류 등의 수확은 개인들에게 많은 혜택을 준다. 또한 멸종 위기인 철새의 보금자리 역할을 하는 갯벌의 소실은 생태계의 파괴는 물론 연안어업에 직접 영향을 미친다. 우리나라 연안은 아시아 대륙을 따라 남반구와 북반구를 가로 지르는 동아시아-호주 철새 이동경로 상에 위치하여 하구와 도서, 갯벌이 철새의 중요한 중간 기착지이자 월동지 역할을 하고 있다. 2008년 겨울철 조류 동시

---

365) *Ibid.*, 원전: 한국환경정책평가연구원 및 김기현, 『나고야 의정서(ABS) 채택에 따른 산업계 파급효과 및 경쟁력 강화방안 마련을 위한 연구』, 2014.
366) 일본해양정책연구재단/김연빈 역, 전게서, pp.157-158.
367) Richard Burroughs, *op. cit.*, pp.89-92. 연구자와 환경단체는 ①종다양성, ②갯벌의 생산성, ③오염물질의 정화 능력, ④철새 보호, ⑤자연재해 조절, ⑥경관의 관점에서 갯벌을 보전해야 한다고 주장한다. 자료: 고철환, 전게서, 1998, pp.469-471.

센서스에 따르면 우리나라에서 종 수 및 개체 수 기준 상위 10위의 조류 중 8종이 연안 지역에 서식한다고 한다.[368] 멸종위기에 처한 물새의 47%가 우리나라 갯벌을 주요 서식지로 활용하고 있다.

둘째, 생태계 차원에서는 저생(底生) 미세조류를 포함한 다양한 생물군집이 있어 해양오염과 수질정화 능력이 뛰어나 오염물질의 필터 역할을 하고 각종 치자어의 산란·성육장, 영양분을 공급하는 중요한 역할을 하고 있다.[369] 또한 홍수조절, 해안선의 안정화, 재해방지(buffer zone) 등 다양한 기능을 수행하고 있다. 실제 오염 정화기능과 관련하여 국내의 연구에 의하면 갯벌의 경제적 가치는 농지의 3배 이상 되는 것으로 추정된 바 있다.[370]

셋째로, 바이오계 차원에서 보면, 질소(nitrogen), 황(sulfur), 탄소(carbon) 등의 순환을 관장하는 자연의 한 순환계로서 중요한 역할을 한다. 건강한 연안습지는 질소 연안 방류를 줄여 과도한 질소에 의한 연안의 청조(dead zone)나 적조 발생을 줄인다. 또한 이산화탄소를 흡수하거나 방출하여 결과적으로 기후변화 적응수단으로 그 가치가 더욱 강조되고 있다.

〈표 4-19〉 갯벌 환경의 경제적 가치의 종류

| 가치의 종류 | | 항목 |
|---|---|---|
| 사용 가치 | | 어민이나 해안 거주민들의 생계활동(어업 등), 레크리에이션 활동(해수욕, 낚시, 철새 관광, 산책 등) 또는 오염 정화 기능과 홍수 조절 기능을 위하여 |
| 비사용 가치 | 선택 가치 | 비록 현재 당장은 갯벌을 이용할 계획이 없어도 앞으로 이용할 가능성이 있으므로 일종의 보험금 또는 예약금을 내기 위해(기회가 되면 가보기 위하여) |
| | 존재 가치 | 비록 내가 앞으로 갯벌을 이용할 가능성이 없어도 단지 갯벌이 잘 보존되어 갯벌의 동물, 식물, 어류 등이 보호되는 것이 좋아서 |
| | 유산 가치 | 우리 후손들에게 우리가 갯벌로부터 누리는 혜택을 똑같이 받게 하기 위해서 |

자료: 국토해양부, 『보호대상해양생물 지정·관리 방안 수립 연구』, 2012. 4, p.154.

---

368) 국토해양부, 환경부 등, 전게서, 2011. 9, p.44.
369) 먹이원이 풍부하고 은신처가 많아 연안생물의 60%가 여기에 연관되어 있고, 갯벌 10㎢는 인구 10만 명이 살아가는 도시 25㎢에서 배출하는 오염물질을 정화하며, 태풍이나 해일 등을 1차적으로 흡수하는 재해방지 기능 등 갯벌이 인간에 미치는 가치는 매우 높다.
http://tourtalker.co.kr/TalkerQuestViewNew.asp?Idx=6798&Qry=PgNum%3D0 (2012. 7. 19)
370) 권개경, 「우리나라 갯벌의 미생물」, 『해양환경교육』, 해양수산부, 2002, p.167.

〈표 4-20〉 연안에서의 인간 활동과 연안 습지 변화

| 분류 | 활동 사례들 |
|---|---|
| 자원 이용 | 석유·가스, 광물, 표층수, 소금; 어자원, 야생동식물, 맹그로브 획득; 농업 |
| 토지로 전환 | 교통 회랑; 산업, 도시, 농업 및 주거지 개발; 고형폐기물 처리 |
| 개방적 수역 전환 | 해운로; 농업 용수; 댐, 도랑 등 |
| 오염 처리 | 도시, 산업 및 농업용 등 오폐수 및 고형폐기물 등 처리 |
| 간접적 이용 | 화석류 연소 및 해수면 상승; 상류층 댐화로 퇴적물 생성; 수자원 추출로 지반 침하; 수리적 변화 |
| 자연 변화 | 침하 및 상대적 해수면 상승; 폭풍우; 침식 |
| 선박 운항 | 침입종 도래 |

자료: Richard Burroughs, op. cit., p.93

특히 갯벌은 수산생물의 주요 생산지이며, 생태체험학습 및 생태탐방 등 주요 관광지로도 이용되고 있으며, 국민이 가장 접근하기 쉬운 해양환경 교육의 장이다.

(2) 현황

세계 5대 습지의 하나로서 1987년 3203.5㎢이던 서남해안 해안습지는 농경지, 공단 등의 간척·매립에 의한 개발로 2013년도에는 2,487㎢(남한 면적의 2.5%)로 22%나 줄어들었다.[371] 미국 루이지애나에서는 해수면 상승과 인간의 연안 이용으로 1956-2050년 사이에 2,038평방마일(5,278km$^2$)의 습지가 없어질 것으로 예상되어 시간당 평균 미식축구장 하나 이상이 없어지는 것으로 예측되기도 한다.[372]

〈표 4-21〉 우리나라의 갯벌 면적 변화

| 년도 | 갯벌 면적(km$^2$) | | | | 변화(km$^2$) | | 변화(%) |
|---|---|---|---|---|---|---|---|
| | 1987 | 2003 | 2008 | 2013 | 1987-2003 | 2003-2013 | 1987-2013 |
| 면적(km$^2$) | 3,203.5 | 2,550.2 | 2,489.4 | 2,487.2 | -653.3 | -63.0 | -716.3 |

자료: 국토해양부, 환경부 등, 『제4차 해양환경종합계획』, 2011. 9, p.43; 박수진, "해양생태계 보전 및 관리에 관한 법률", 해양환경정책과정 교재, 국토인재개발원, 2012, p.111, 해양수산부, 『한눈에 보는 우리의 연안』, 2015. 4, p.11.

---

371) 국토해양부, 환경부 등, 전계서, 2011. 6, p.43.
372) Richard Burroughs, op. cit., p. 94. 원전: J. Barras, et. al., Historical and projected coastal Louisiana land change: 1978-2050, Washington DC: United States Geological Survey, USGS Open File Report 03-334, 2004.

그러나 최근 국내에서는 미곡의 자급으로 인한 농지 확대 수요 축소, 해외 투자 러시로 인한 공단 수요의 정체 등으로 간척·매립 대상지의 축소 등 여건에 큰 변화가 생기고 있다.

과거에는 주로 미곡 생산을 위한 농업용 간척이 주류를 이루다가 1980년대 미곡 자급이 이루어지면서 농업용 간척은 크게 줄어들게 되었다. 또한 중국 등 해외 이주 투자가 러시를 이루면서 공업용 연안 토지 수요가 줄었다. 이에 따라 농산물 생산을 위한 개발로 계획된 영산강 3단계 매립 사업 등을 비롯하여 여러 지역의 매립 사업도 중단되었다. 그동안 연간 갯벌 생태계의 경제적 가치만 해도 다음 표와 같이 약 13조 4천억 원[373]이라고 하는데 이 가치가 간척·매립을 통하여 그만큼 줄어든 셈이다. 실제로 1988년 미국의 The Conservation Foundation이라는 곳에서 습지의 중요성을 고려하여 '습지의 순 손실 금지(no net loss of wetland)'라는 정책을 제안하였는데 이는 한 곳에서 갯벌을 손실하면 다른 유사한 생태 능력만큼을 되살려야 하는 환경영향 완화(mitigation) 원칙[374]이었다. 하지만 미국에서도 연안습지는 개발과 이용 과정에서 조금씩 더 훼손되고 있다고 한다.[375]

〈표 4-22〉 갯벌의 기능별 연간 가치 추정(2009. 12월 기준)

| 기능 | 수산물 생산 | 수질 정화 | 여가 기능 | 서식지 제공 | 재해 방지 | 보존 가치 | 합계 | 비고 |
|---|---|---|---|---|---|---|---|---|
| 경제적 가치 ($km^2$당) | 1,608 | 608 | 234 | 1,308 | 235 | 1,393 | 5,386 (A) | 백만원/$km^2$/년 |
| 총면적 | | | | | | | 2,489.4 (B) | $km^2$ |
| 총가치 (A×B) | | | | | | | 13,408 | 십억 원 |

자료: 남정호 등, 『연안 공공이익 침해 방지를 위한 공유수면 관리 체제 개선 방안』, 한국해양수산개발원, 2010.
재인용: 국토해양부, 『해양생태산업 체제 구축 방안』, 2012. 4, p.93.

[373] 목진용, 「해양환경정책 및 관리」, 해양환경정책과정 교재, 국토인재개발원, 2012, p.43.
[374] 여기에는 사업자의 돈을 받아 갯벌 복원사업을 대신하는 mitigation bank, 매립허가를 받으면서 매립 신청자가 피해만큼의 복원, 창출, 개선 사업 등을 관련 기관(미 육군공병단, EPA 등)에 자금을 지원하여 실시하는 in lieu fee mitigation, 면허자가 매립할 지역의 인근이나 같은 유역 등에서 직접 복원사업을 실시하는 방법 등이 있다(Richard Burroughs, op. cit, pp.99-100). 또한 캐나다도 바다 매립 시 반드시 배후지에 일정 면적의 대체 습지를 개발하도록 하는 의무가 수산법으로 규정되어 있다 한다(제종길, 전게서, p.367).
[375] Richard Burroughs, op. cit., p.101. 개척시대부터 1980년대까지 알라스카는 전체 습지의 0.1%, 캘리포니아는 전체 습지의 91%가 상실되는 등 동기간에 평균적으로 미국 전체 갯벌의 53%가 상실되었다고 한다.

(3) 습지관리 거버넌스

먼저 습지 서식 철새와 관련하여 1971년에 「람사협약(The Ramsar Convention)」,[376] 즉 '물새의 서식지로서 국제적으로 중요한 습지에 관한 협약(The Convention on Wetlands of International Importance Especially As Waterfowl Habitat)이 체결되었으며, 1972년에는 UNESCO의 주관하에 '세계 문화 및 자연 유산의 보호에 관한 협약(The UNESCO Convention Concerning the Protection of the world Cultural and Natural Heritage)이 체결되었다. 1973년에는 '멸종위기에 처한 야생동식물종의 국제거래에 관한 협약(The Convention on International Trade in Endangered Species of Wild Fauna and Flora, 약칭 CITES)이 체결되었고, 1979년에는 본 협약이라고 통칭되는 '이동성 야생동물종 보전 협약(The Convention on the Conservation of Migratory Species of Wild Animals, 약칭 CMS)이 체결되었다. 이들 4개의 조약은 이후에 철새 등 야생동식물의 보호를 위한 중요한 국제 협약이 되었다.[377]

이에 따라 우리나라에서는 1999년에 「습지보호법」이 제정되어 2014년 초까지 전국 12개소에 갯벌 습지 보호구역(218.15km$^2$)이 지정되었고 이 중 6개소는 「람사협약(The Ramsar Convention)」에 의한 습지로 지정되어 국제적인 기준에 따라 관리가 되는 등 예전에 비해 갯벌습지 훼손 방지와 보호를 위한 제도적인 장치가 한층 강화되고 있다.

〈표 4-23〉 연안습지보호지역 및 람사 사이트 등록 현황

| | Total | 2001 | 2002 | 2003 | 2006 | 2007 | 2008 | 2009 | 2010 | 2011 | 2012 | 2016 |
|---|---|---|---|---|---|---|---|---|---|---|---|---|
| | 13개 | 1개 | 1개 | 3개 | 1개 | 1개 | 1개 | 1개 | 1개 | 1개 | 1개 | 1개 |
| 연안습지 보호지역 | | 무안갯벌 | 진도갯벌 | 순천·보성· 장봉도갯벌 | 부안 줄포갯벌 | 고창 갯벌 | 서천 갯벌 | 송도 | 증도 | 마산 봉암 | 시흥 | 도초·비금 |
| 람사 사이트 | | | | | 순천만· 보성갯벌 | | 무안 | | 고창· 부안·증도 | | | |

자료: 국토해양부 및 환경부, 상게서, 2011. 6; 해양수산부 홈페이지, http://www.mof.go.kr/policydata.do (2013. 5. 6); 해양수산부, 해양수산 주요 용어 및 통계, 2014. 3, p.136; 해양수산부 보도자료, 2015. 12. 28.

---

[376] 1971년에 이란 람사에서 체결된 '물새의 서식지로서 국제적으로 중요한 습지에 관한 협약(The Convention on Wetlands of International Importance Especially As Waterfowl Habitat)임, Daum지식.
[377] Daum 지식, http://k.daum.net/qna/openknowledge/view.html?category_id=QJ&qid=2ff7g&q=OILPOL&srchid =NKS2ff7g (2012. 11. 29)

그래서 우리나라도 주요 간척 매립사업 계획을 사전 검증을 통해 수립·시행하여 무분별한 간척·매립이 통제되고 있다. 따라서 농경지, 공업용지 등의 개발수요 감소로 해안습지 개발계획 면적도 점차 감소되어 가고 있는 추세이다.

〈표 4-24〉 시기별 간척매립 계획

| 1960 - 1990 | 1991 - 2001 | 2001 - 2011 | 2012 - 2021 |
|---|---|---|---|
| 계획 이전 시기 | 제1차 계획 | 제2차 및 수정 계획 | 제3차 계획 |
| -공유수면매립법 (1961)<br>-매립간척의 주요인: 농업, 제조업, 항만 개발 등<br>-주로 한국농업기반공사 (KARICO)가 주도하고 일부 민간기업 참여 | -공유수면매립법 수정(1986)으로 매립계획 시행하여 집행토록 제도 변경<br>-제1차계획 수립(1991);계획에 의한 수요 통제<br>·매립간척 주 요인: 농업<br>·전체: 459개 지구/960.67 km² | -제2차계획 수립(2001-2011): 186 cases/38.23km²<br>-제2차수정계획 수립(2007-2011): ·46 개 지구/7.3 km² | -52개 지구<br>-1,694 km² |
|  | -사업 평가의 툴: 경제성 평가 | -사업 평가의 툴:<br>· 1차: 환경성 평가, 경제성 평가<br>· 2차: 환경성 및 경제성 평가 | -신청 지구 144개 지구(86.27km²)<br>-선정: 52개소(1,195km²) |

자료: KMI, 『공유수면관리제도 개선에 관한 연구』, 2008; 국토해양부, 『제3차 공유수면매립기본계획(2011-2020)』, 2011. 1.

갯벌의 가치를 제대로 이해하고, 갯벌을 현명하게 이용하기 위해서는 갯벌에 대한 대국민 인식 제고와 지속적인 갯벌 교육이 필요하다. 이에 따라 해양수산부는 연안습지보호지역(coastal wetland protected area, tidal flat protected area)을 갯벌 체험학습의 장으로 활용하고 있으며, 무안 갯벌, 순천만 갯벌, 신안증도 갯벌, 강화 갯벌 등에서는 각 습지 보호지역에 만들어진 갯벌센터를 이용하여 갯벌 교육프로그램을 운영하고 있다. 또한 2010년 8월 27일에 당시 국토해양부는 환경부와 공동으로 '전국 습지방문자센터 네트워크'를 발족한 바 있으며, 이를 통해 대국민 갯벌 보전 인식 제고, 갯벌 교육기관 역량 강화, 갯벌 교육서비스 개선을 위한 정책을 펼쳐나가고 있다.[378] 또한 2010년부터 이미 간척·매립된 지역을 습지로 되돌리는 복원 사업을 사

---

[378] KMI, 영문뉴스레터, 2010. 10월호.

<표 4-25> 생태계 및 습지 관리 관련 용어 풀이

| 구분 | 용어 | | 설명 | 비고 |
|---|---|---|---|---|
| 보전 | Preservation(보존) | | 자연의 섭리에 맡기고 일체 인적관리를 하지 않는 것 | |
| | Protection(보호) | | 위협의 요인을 제거하는 행위 | |
| | Conservation(보전) | | 생태계의 건강성을 유지하기 위해서 최소한의 관리를 하는 것 | |
| 복원 | Restoration | | 한번 손실된 자연을 이전상태에 가깝게 복원하는 것 (원래 습지를 다시 되돌리는 것은 재생 즉 Re-establishment) | 협의의 복원 |
| | Enhancement (기능 개선) | Remediation | 오염된 습지에서 오염물질의 정화를 통한 개선 | 주로 오염물의 개선 |
| | | Rehabilitation | 손상을 입어 제한되어 있는 생태계의 기능을 인간의 손으로 회복하는 것 | |
| | | Improvement | 습지의 기능이나 질(Quality)을 개선 또는 증진하는 행위 | |
| 창출 | Creation(또는 Establishment) | | 예) 습지가 아니었던 장소를 사람이 새롭게 습지로 조성하는 것 | 인공갯벌, 인공어초 등 |

자료: 조찬연, 「해양생태계의 중요성」, 해양환경정책과정 교재, 국토인재개발원, 2012, p.206.

천, 고창 등 8개소에서 먼저 시행하고 2016년부터 강화 동검도, 태안 근소만 등 2개소에서 실시하고 있다.[379] 이것은 선진국들에서 많이 시행하는 생태복원(Restoration)의 일환으로서, 이렇게 복구된 연안의 환경을 통해 갯벌 생태계의 재활성화가 이루어질 것으로 기대된다.

### 5) 국제적인 습지 및 매립 관리 추세 변화[380]

세계적인 선진국들에서는 갯벌의 매립과 관련하여 관점의 변화가 있어 왔다. 즉 초기에는 갯벌에 대한 이해가 부족한 가운데 경제적인 관점에서 갯벌의 매립을 통한 산업, 주거, 기타 수요를 충족시키기 위한 경제적 관점

---
[379] 해양수산부 보도자료, 2016. 4. 4. 우리나라 갯벌에서 수산생산 기능, 서식 기능, 수질 정화 등 연간 63억 원/km²의 경제적 가치 보임(2013, 서울과학기술대).
[380] 다음 논문을 축약하여 필자 정리: Sung Gwi Kim, "The evolution of coastal wetland policy in developed countries and Korea", *Ocean & Coastal Management* Vol.53 No.10, Sept. 2010, pp.562-569.

(economic focus)에서 개발(The Era of Exploitation)에 주력하여 왔다. 구미에서는 주로 1970년 말 이전의 시대로서 갯벌의 개발과 이용이 주류를 이룬다.

2단계에서는 환경을 중시하는 관점이 서서히 나타나고 갯벌의 기능에 대한 연구가 촉진되어 갯벌 환경의 중요성에 대한 인식이 깊어지면서 정책의 전환기(The Era of Transition)가 있게 된다. 이는 구미에서는 주로 1970년 말-1990년대 초 사이에 이루어지며 갯벌 환경의 중요성을 고려한 많은 정책적인 전환이 이루어지게 된다. 이 시기에서는 그동안 갯벌 매립 등에 대한 제도를 재정비하고 새로운 갯벌 보호 정책들이 나오게 된다.

〈표 4-26〉 각 국의 습지 정책들의 단계별 변화

| 단계 | 미국 | 독일 | 네덜란드 | 한국 |
|---|---|---|---|---|
| 갯벌 이용단계 (The Era of Exploitation) | -농업적인 전환에 대한 직간접적인 인센티브<br>-농업, 주거, 기타 용도로 전환 | 연안방어, 농업, 관광, 군사 등으로 습지 매립 활동 | 연안 방어, 농업, 관광, 어업, 포트, 군사 등으로 매립 | 60년대말~90년대 말까지 농업용, 공단용, 주거용, 기타 매립 |
| 정책전환 단계 (The Era of Transition) | -70-80년대: 사적인 매립에 대한 강한 공청회<br>-갯벌 복구에 대한 연방정책 출현<br>-정책 전환:수질청정법 404조, 주별 습지법 등 | -연안 방어계획(63) 중지('90년초)<br>-환경보호법('76)으로 보존지 증대<br>-'80년초부터 연안 폴더들 통합 | -60년대 말부터 80년대까지 여러 매립사업 중지<br>-와덴해 메모랜덤('82), 자연보존법으로 매립 억제 | -시화, 새만금 매립 갈등에 의한 분규(2000년 전후)<br>-각종 해양 환경 정책 수립하여 습지 보호 |
| 습지보존 단계 (The Era of Conservation) | -습지순손실 방지정책<br>-습지보존프로그램 확산<br>-습지완화뱅크 설치 | -환경보호법(76) 확립으로 통합된 폴더들을 국립공원화<br>-바이오스피어 리저브, 람사 지역 확대,<br>-2000ha를 바다로 환원 | -안전과 자원보존위한 '다이나믹 보존'책 채택<br>-매립지 바다 환원 정책<br>-바이오스피어 리저브, 람사 지역 확대, | -2005년 이후 불필요한 매립을 억제하고 최소한의 매립만 허용<br>-습지보호지구 확대<br>-기존 매립지의 재습지화 정책 시행 |

자료: Sung Gwi Kim, "The evolution of coastal wetland policy in developed countries and Korea", Ocean & Coastal Management Vol.53 No.10, Sept 2010, pp.564-565.

3단계에서는 과학의 발전에 따라 갯벌의 기능을 충분히 이해하고 그 중요성이 인식되어 생태적인 관점(ecological focus)에서 갯벌 보존을 위한 각종 보존적인 정책(The Era of Conservation)이 나타나게 된다. 이러한 패턴은 한국에서도 나타나 1995년대 이전에는 현대 A·B지구, 시화, 새만금 등 농업·공업용지 확보를 위한 경제적 이용 중심의 갯벌 매립 정책이 시행된다. 그리고 2000년을 전후하여 갯벌 환경에 대한 인식 제고와 더불어 매립에 따른 갈등이 촉발되면서 정책적 전환이 이루어지게 된다. 2010년 이후에는 매립을 억제하고 새로이 기존 매립지를 갯벌로 전환하는 복원 정책을 수립하는 등 각종 갯벌 보존적 정책이 수립되어 추진되기 시작하고 있다. 이러한 측면에서 볼 때 우리나라의 갯벌 정책도 여타 선진국들의 정책 패턴 변화를 어느 정도 뒤따르는 것으로 판단된다.

# 05

연안 공간관리

# 제5장
# 연안 공간관리

## 1. 연안관리(Coastal Zone Management)

### 1) 연안의 기능과 관리 필요성

소위 바닷가로 불리는 연안지역(Coastal Zone or Coastal Area)[381]에는 수산자원[382], 관광자원, 생태자원, 모래 등 광물자원 등 많은 자원이 존재한다. 전 세계 연안 바다는 지구 표면의 1.2%에 불과하지만 전지구 생산의 4.1%(광합성 기준)를 차지하여 지구 생태계시스템에서는 대단히 중요한 의미를 갖는다.[383] 연안생태계는 기수역(estuaries), 맹그로브(mangrove, 열대지역), 조간대 습지대(tidal marshes), 씨그래스(seagrass beds), 켈프 숲(kelp forests), 산호초(coral reefs), 조간대(intertidal areas), 그리고 비치(beaches) 등 각종 생태계가 존재하며 이들은 상호 연계하여 다양한 생태계 서비스를 인류에게 제공한다.

예를 들어 조간대 습지(tidal wetlands)는 바다와 육지 사이에 자연적이고

---

[381] Coastal Area는 주로 '지구(zone)로 정의되지 않은 지리적 공간'으로 평지의 일부(part of level ground)를 말하며 Coastal Zone은 일정 용도로 쓰기로 하여 구획된 '벨트'의 의미를 갖는다. 후자는 미국의 연안관리법(Coastal Zone Management Act)에 의해 많이 쓰이고 전자는 주로 미국 이외에서 많이 쓰인다. Adalberto Vallega, *Sustainable Ocean Governance: a Geographical Perspective*, Routledge, London, 2001, pp.132-133.
[382] 이용가능한 어류자원의 70%가 연안에 서식하고 있다고 한다(Gunnar Kullenberg, "The Coast and Beyond: Multiple Use, Conflicts and Management Challenge", *Securing the Oceans: Essays on the Ocean Governance,* Chua Thia-Eng, Gunnar Kullenberg, and Danilo Bonga (eds.), Jan. 2008, GEF/UNDP/IMO, p.132).
[383] Murray Patternson, "Towards an Ecological Economics of the Oceans and Coasts", *Ecological Economics of the Oceans and Coasts*, p.2.

생태적인 완충공간(buffer zone)이 되어 홍수 시 물을 흡수하고 바다에서 오는 해일이나 태풍 등을 분산시키는 역할을 하기도 한다. 또한 연안 해역은 영양분들(nutrients)의 순환(cycling)에 중요한 역할을 하여 질소화합물 등 육상에서 오는 오염물들을 받아들여 저장하고 이를 처리하는 역할을 하기도 한다. 중요한 서식 종들의 산란 및 성육장이 되기도 하고 육상의 오염물질이 걸러지는 여과 기능(filtering)을 하기도 하며 산호초의 경우는 육상생태계 못지않은 생산성을 보유하는 것으로 알려지기도 한다.[384] 연안의 생태계와 기수역(Estuarine ecosystem)은 독특한 생물다양성을 갖고 각종 물리적, 화학적 조건에 따라 그 변동성도 대단히 크다. 연안의 생산성은 큰데 연안 하구역(Estuary)의 식물 총생산량이 ha당 12.5-25톤으로 육상 식물군을 초과하고, 수심이 얕은 연안지역은 2.5-3.75톤, 심해는 0.75톤 등으로 나타나고 있다.[385]

그러나 산업의 성장으로 인한 용지 수요, 어류 등의 수요 증대로 인한 남획, 연안의 경제 집중으로 인한 연안 오염 심화 및 오염물질 축적, 연안 자원 수요 증대 등 다양한 연안 문제와 이용 간 상충(conflicts)이 늘어나고 있다. 세계 인구의 44%[386]가 연안 150km 이내에 거주하고 있어 공간 이용의 과밀화와 이용 간 상충(conflicts) 현상이 크게 증대하고 있다. 특히 연안재해 등에 따라 취약성도 크고 따라서 연안의 경제적 가치 상실도 크게 나타나고 있다.

해변 지역을 차지한 호텔과 사람들이 붐비는 연안 레저로 인해 연안 환경오염이 이루어져 인근 수산 양식장 등에 영향을 미치기도 하고, 인구 증가로 인해 늘어난 오염물의 연안 방류는 연안 환경의 질을 저하시킨다. 연안의 모래 채취업은 물고기 산란장을 없앰으로써 어획자원의 감소와 더불어 늘어난 부유물 증가로 연안 수질을 악화시키고 해변지역의 침식을 유발하기도 한다.

최근 세계적으로 연안의 서비스 가치는 연간 12조 달러에 달한다고 평가된다.[387] 그러나 기후변화로 인한 자연재해나 인간의 연안 활동 증대에 따른

---

384) *Ibid.*, 원전: D. Hindrisen, *Coastal Waters of the World: Trends, Threats, and Strategies*, Washington DC, 1998, Island Press.
385) 제종길,『바다와 생태 이야기』, (주)각, 서울, 2007. 8, p.369.
386) Gunnar Kullenberg, *op. cit.*, p.137.
387) Gunnar Kullenberg, *op. cit.*, p.135.

압력 증대로 인해 매년 연안의 경제적 손실이 1960년대 50억 달러, 1980년대 100억 달러이던 것이, 1990년대에는 매년 250~300억 달러에 이르는 것으로 추정되었다고 한다.[388] 이러한 문제들의 해결에 부문 중심적 관리(sector-based management) 방식이 많이 활용되고 있어 다양한 갈등과 악영향이 표출되기도 한다.

〈표 5-1〉 통합적인 연안관리를 촉발하는 요인들과 사례

| 유발 요인 | 사례 |
|---|---|
| **인간적 활동으로부터의 압력** | |
| 연안 토지 이용 및 수자원 관리 | 지역 용량을 넘어서는 관광개발의 영향 |
| 특정 활동들 | 항만이나 저장 공간을 만들기 위한 간척매립이 초래한 영향들 |
| 환경 여건의 변화 | 항해를 위한 개발이 초래한 기수역 생태계의 유전형태적 변화 |
| 사회적 관심의 영향 | 수산 수익율의 감소 |
| **연안재해의 영향** | |
| 해안선 침식 | 기후변화, 방파제 등의 구조물 건설로 인한 침식 등 영향 |
| 연안 강 범람 | 강바닥의 시멘트 정비로 인한 홍수 유발 |
| 해양이 가져 온 폭풍우 | 기후변화 빈도, 강도 증가 |
| **개발 수요 증대** | |
| 수산업 | 고기술 어업방법 도입이 필요 |
| 보호구역과 보호종들 | 해양공원과 보호종을 늘려 관광도 육성 |
| 물 공급 | 연안 수자원 염수화로 신규 수자원 개발 |
| 관광 개발 | 비치와 여러 관광지 개발 |
| 항구 개발 | 신규 컨테이너 항 개발 등 |
| 에너지 개발 | 공해나 온수 유발을 막는 신재생 해양에너지 개발 |
| 산업 입지 | 기존 연안공업 구역 재개발 |
| 양식 개발 | 자원 고갈로 인한 식량 자원 확보를 위해 대체 양식 개발 |
| **조직 과정상의 문제** | |
| 공공기관의 조정 미흡 | 다양한 해양관련기관 간의 대화 부족과 협의 부족 |
| 계획 규제기관의 미흡 | 통합적인 연안관리 계획의 부재 |
| 부족한 연안 자료 관리 및 의사결정 정보 미흡 | 각종 연안의 변화를 모니터링하고 감시하는 자료의 축적 미흡과 정보제공/이용시스템 부족 |
| 경제개발과 환경보호 간 갈등 | 자원 이용의 배분에 대한 전체적인 조정 매커니즘 부족 |

자료: Adalberto Vallega, *Sustainable Ocean Governance: a Geographical Perspective*, Routledge, London, 2001, pp. 179-180.

---

[388] *Ibid.*

과거의 부문적 관리(sector-based management)는 다음과 같은 과정에 의존하고 있다.[389] 첫째, 사회가 한 번에 한 이용 활동을 규제함으로써 문제를 해결할 수 있다고 가정한다. 둘째, 한 활동의 해결책은 다른 부문에 새로운 문제가 되지 않는다고 가정한다. 셋째, 사회적 가치가 시간에 관계없이 유효하다고 본다. 이용자가 적고 이용 강도가 제한된 경우에는 부문별 접근법(sector by sector approach)은 힘을 발휘한다. 그러나 이용자와 이용강도가 늘어나면 이와 같은 전통적인 부문 관리 접근법은 가치를 상실한다. 일부의 이용들은 배타적이라서 타 이용과 양립하여 존재할 수 없는 경우가 많다. 그래서 아래 〈표 5-2〉와 같이 이용 간 갈등이 생기며 따라서 다중 이용이 가능하도록 이를 종합적인 관점에서 조정하고 통제할 수 있는 통합적(integrative) 메커니즘이 요구된다. 특히 갈등의 종류와 이를 유발하는 비양립적인 조건과 사례들은 다음과 같다.

〈표 5-2〉 연안 갈등의 종류들

| 갈등의 원천들 | 문제들 |
| --- | --- |
| 이용 특성 | 이용되는 공간이나 영향을 받는 환경들에서 직접적 혹은 간접적 중복 |
| 참여자들 | 개인들, 이익 집단들, 정부기관들은 서로 다른 결과(outcomes) 추구 |
| 정보 | 개별적 시각에서 소통되는 불확실한 과학(부정확한 지식이나 정보) |
| 기구들의 구조 | 명확하지 못한 권리 및 의무들로 이루어진 편린적 법규제 구조 / 권리나 책임들이 부적절하게 부여되고, 단편화되고 이기적인 법·규제 조직 |
| 자원 할당 | 접근로, 공간 그리고/혹은 환경의 질에 대한 상충하는 수요들 |

사례: Adalberto Vallega, op. cit., p.159.

〈표 5-3〉 갈등을 유발하는 비양립적인 조건과 사례들

| 비양립성 | 조건 | 예 |
| --- | --- | --- |
| 지리적 위치 | 두세 가지 이용이 도시에 한 장소를 요구하나 충분한 공간 부족 | 해군 훈련지역 vs 상업적 항해 |
| 조직적 문제 | 한 이용이 다른 이용에 타격을 줌 | 석유리그를 지원하는 서비스선박 항해 vs 요트, 크루즈 |
| 환경적 문제 | 한 이용이 지역 생태계에 영향을 미쳐 다른 이용들에 위해를 가함 | 해양보호구역 vs 온수를 배출하는 열발전소 |
| 시각적 문제 | 다른 용도에서 참을 수 없는 정도로 경관을 훼손 | 철이나 강재플랜트 등 중공업체 vs 연안관광업체들 |

자료: Richard Burroughs, op. cit., p.108.

[389] Richard Burroughs, Coastal Governance, Island Press, 2011, pp.105-106.

이와 같이 연안지역에서 각종 활동들 간에 자원 이용에 대한 상충(conflicts)을 줄이고 우선순위가 낮은 이용에 의한 이들 자원의 선점을 줄여 중요한 자원이 훼손되고 손상되는 폐해를 막아 지속가능한 연안을 구축하기 위한 제도가 통합연안관리시스템(이하 연안관리)이다. 즉 통합적인 연안관리제도는 1)연안의 자원의 합리적 이용을 도모하고 2)공간적인 혹은 자원 이용간의 상충(conflicts)을 해소하여 지속가능한 연안자원 이용을 도모하는 제도이다.[390]

1992년 리우회의 이후 강조되고 있는 연안관리에서 갈등을 조정하고 합리적 이용을 위한 통합의 방법으로는 다음과 같은 것들이 제시되고 있다.[391]

- 부문간: 서로 다른 부문들로부터 부서나 그룹들을 함께 합치는 것
- 정부간: 연안역과 대양에 대한 중앙정부, 지역정부, 지방정부 관할권 통합
- 공간적: 육지와 해양 기반 관리의 결합
- 과학관리: 모든 학문 원리들로부터 관련 과학의 최적 이용을 만드는 것
- 국제적: 국경을 넘어서는 문제 등 국제간 문제가 있을 경우

## 2) 연안관리의 도입과 발전 모델

통합연안관리(Integrated Coastal Management, ICM)는 1972년에 미국에 도입된 이래로 호주 등 선진 각국들에서 서식지 보호와 해양자원 보존을 위해 도입하였고 1980년대에 동남아, 남미 등에서도 국제기구 등을 통하여 도입하였다.[392] 1993년 75개국 217개 프로그램이 도입되었고 2002년 145개국에 698개 프로그램이 도입되었다.[393] 특히 1995년에 UNEP가 지역해 프로그램(Regional

---

[390] Laurence Mee, op. cit., p.188.
[391] Laurence Mee, "Life on the edge: managing our coastal zones", Troubled Waters, Geoff Holland, (eds. by David Pugh), 2010, Cambridge, p.189, 원전: Biliana Cicin-Sain
[392] Kem Lowry & Chua Thia-Eng, "Building Vision, Awareness and Commitment: The PEMSEA Strategy for Strengthening Regional Cooperation in Coastal and Ocean Governance", Securing the Oceans: Essays on the Ocean Governance, Chua Thia-Eng, Gunnar Kullenberg, and Danilo Bonga (eds.), Jan. 2008, GEF/UNDP/IMO, p.384.
[393] Murray Patternson, op. cit., p.6. 원전: Sorensen, J., Baseline 2000 Background Report: The Status of Integrated Coastal Management as an International Practices, Second Iteration, 26 August 2002, Urban Habours Institute, University of Massachusetts, Massachusetts, USA, 2002; Sorensen, J., "The international Proliferation of integrated coastal zone management efforts", Ocean & Coastal Management Vol. 21 No. 1-3, 1993, pp.45-80. 여기에서는 86개국의 연안관리 프로그램(42개국 참여) 확인. 재인용: Adalberto

Sea Programme)에서 시행될 통합연안관리 가이드라인을 마련하였고 이어서 1996년 이 가이드라인에 따라 지중해행동프로그램(Mediterranean Action Plan)이 마련되어 시행되었다.394) EU도 이를 본받아 가이드라인을 만들고 1996-1999년간에 35개의 ICM 시범 지역 프로그램을 수행하고 2000년에 평가하였다.395) 이러한 가이드라인은 강제적인 것은 아니지만 연안관리에 대한 인식 확산에 크게 기여하였다. 유럽에서는 이후 2002년 연안관리에 관한 유럽공동체 강령(European Community Directives on the Integrated Coastal Management)과 EC 국가들이 시행해야 할 지역 ICM 전략들을 개발하였다.396)

우리나라도 1996년에 해양수산부(MLTM, Ministry of Maritime Affairs and Fishery)가 설립된 직후인 1999년, 「연안관리법」을 제정하여 연안관리제도를 아시아 최초로 국가 시스템으로 도입하였다. 이때 중국은 이와 유사한 해역 용도관리법(1997, Sea Area Use Management Law)을 제정하였고, 이후 인도네시아는 연안관리법(ICM Act of Indonesia, 2007), 필리핀은 연안관리를 가능케 하는 '행정령 533'(2006) 등을 제정하였다.397)

〈표 5-4〉 연안관리 프로그램의 성격

| 프로그램의 성격 | 내용 |
| --- | --- |
| 물리적 환경에 중점 | 연안 침식, 홍수, 연안 지하수(aquifer) 등에 중점을 둔 것. 대부분. 연안관리 초기단계의 프로그램으로 1970년에 성행하였고 현재도 많음. |
| 생태적 환경에 중점 | 생태계의 생물학적 특성에 중점을 두고 경관관리에도 관점을 둠. 생태계보존지역, 공원, 보호구역, 서식 및 종 보호, 먹이사슬 등의 보호에 관심. UNESCO 등 국제기구의 관심을 받고 1980년 및 1990년대에 성행. |
| 경제와 환경에 중점 | 리우회의 이전에 가장 성행한 프로그램으로 경제 개발을 하면서 환경 보호를 겸하여 수행. 이러한 접근법이 현재의 핵심적 프로그램임. |
| 통합적 관리에 중점 | 개념적으로만 이해되고 있음. 일부 통합적 시각이 적용되고 있으나 완전한 통합은 안 됨. 세계적으로도 거의 찾아보기 어렵고 아직까지는 미래지향적인 프로그램으로 보여짐. |

자료: Adalberto Vallega, *op. cit.*, pp.170-172.

---

Vallega, *op. cit.*, p.167.
394) Adalberto Vallega, *op. cit.*, p.168.
395) *Ibid.*
396) Kem Lowry & Chua Thia-Eng, *op. cit.*, p.388.
397) *Ibid.*

특히 앞에서 언급한 바와 같이 바다는 육지와 달리 매체의 유동성, 오염물질의 이동성이 강하고 효과가 광역적이어서 연안관리를 시행할 때에 이를 통합적으로 고려해야 한다. 예를 들어 연안 리조트의 개발 결정은 하수량을 증가시킴으로써 인근 연안에 오염을 유발하여 어업자원 감소와 양식장들에 피해를 주고 리조트 개발에 따른 구조물 설치로 광범위한 연안 침식 등을 초래할 수도 있다. 아울러 개발로 인한 연안 비치 등의 손실, 사구나 수질 생태계가 파괴될 수 있다. 이러한 결정을 통합적으로 관리하여 연안에서의 위험과 환경 파괴를 최소화시키고 지속가능한 개발·이용을 하려는 것이 통합연안관리의 목적이다.

〈표 5-5〉 연안관리의 발전 모델

| 단계 | 목적 | 관리 하의 연안 이용 | 지리적 범위 |
|---|---|---|---|
| 1960년대 말 | 사회적으로 중요하게 여기는 환경문제를 다루기 위해 이용 관리 | 한두 가지 (예, 항만, 레저 이용자들) | 해안선 |
| 1970년대 | 용도 관리 및 환경 보호 | 두세 가지 (예, 항만, 낚시, 제조기업들, 레저 이용자들) | ·해안선<br>·임의적 기준에 따라 연안 경계<br>·행정적 기준에 따른 확인 |
| 1980년대 | 〃 | 다양한 용도들 (종합적인 접근법) | 상기와 같이 해역 쪽: 일부 국가 관할권까지 확대 |
| 1990년대 | 1992년 리우회의 시 통합적인 관리 제시 | 연안관리에 대한 전체주의적 접근: 중심 임무로 연안생태계 관리 | 범위:<br>·육지: 여러 기준<br>·해역 쪽: 가장 넓게는 국가관할권까지 |
| 2000년대 이후 | 생태계기반관리(EBM)가 접합하고 MSP가 접합된 통합적인 관리 | MSP에 EEZ 이용도 포함하여 계획, 생태계기반관리에 의거 인간 이용의 영향 최소화 지향 | 국가 관할권 해역 포함 |

자료: Adalberto Vallega, op. cit., p.122.

초기에 이루어진 연안관리 제도는 다분히 분파주의적 관리(sector-based management)에 입각하여 시행 후에도 갈등이 남게 되고 이에 따라 연안자원의 이용·관리 목적 달성에 상당히 어려움을 겪어 왔다. 최근까지도 미국, 네덜란드 등을 포함하여 세계적으로도 연안 정책은 잘 통합되지 못하였고 그 내용은 부문적이고 단편적이었다. 그래서 해양과 연안지역들을 고려할 때 다른 부문들 간의 상호 작용과 의존도를 고려하여 시스템적 사고방식의 도입이 권고되기 시작하였다.

해양 및 연안에서의 통합관리 (Integrated Ocean and Coastal Management)는 1992년 리우회의 때의 'Agenda 21'과 'Chapter 17'에서 제시된 개념이다. 여기에서의 통합(integration)은 육상과 해양의 공간적 통합, 육상관리와 해양관리 주체의 통합, 법률-정책-계획-이행의 관련 수단의 통합, 과학과 정책의 통합, 거버넌스 통합 등을 의미하며 이것이 진정한 통합을 가능케 할 것이다.398)

### 3) 연안관리의 통합과 관리 원칙

연안관리에서 통합의 대상에는 이같이 여러 부문이 있지만 그 핵심은 '관리주체'의 통합에 있다. 다시 관리주체의 통합은 법률, 정책, 계획, 인사, 예산 등의 기능 부문 간 통합(functional integration)을 의미하기도 하고 유역 관리(inland catchment), 연안지역관리(coastal management), 해양환경관리(marine environment) 등의 연계에 의한 종합적 관리(holistic approach)가 이루어지기도 한다.399) 연안 관련 부처 간(vertical) 혹은 수평적(between sectors) 조직의 통합(integration of organization)도 이루어지게 된다. 또한 정책의 통합(integration of policy)으로서 계획수립(planning)이나 의사결정 과정(decision making process)의 통합이 있다. 현실적으로 통합의 정도에는 조직 간 협의 수준이 약한 통합, 조직 간 강한 통합, 위원회, 자문단, 거버넌스 등의 매개적인 통합 등 현실에서는 여러 가지 통합의 단계가 있다.400)

여러 분산된 법들을 종합 관리하는 기본법을 만들게 되는 법률적 통합도 있다. 이러한 이해 관계자의 통합이나 조직, 정책이나 계획, 법제도적 통합이 조화되게 이루어져야 실질적인 통합이 이루어지게 된다.

---

398) 고철환, 전게서, 2008. 1, pp.377-378.
399) Bruce Galvovic, op. cit., p.328.
400) 고철환, 전게서, pp.377-378.

앞에서 언급된 바대로 1992년 리우 유엔환경회의에서 해양과 연안의 통합적 관리(Integrated Management of Ocean and Coasts)가 주창된 이래로 통합적 연안관리의 시행을 위한 노력들이 크게 강화되고 있다. 특히 관계 기관들, 이해관계자, 지역 주민, NGO, 행정가, 전문가 등 각계각층의 참여를 통한 수직적(vertical)이고도 수평적인(horizontal) 통합을 통하여 연안관리 제도를 시행할 필요가 있다. 따라서 최근의 연안관리에는 굳이 통합이라는 말을 생략하여도 이러한 통합의 개념이 내재되어 있다고 보아야 한다.

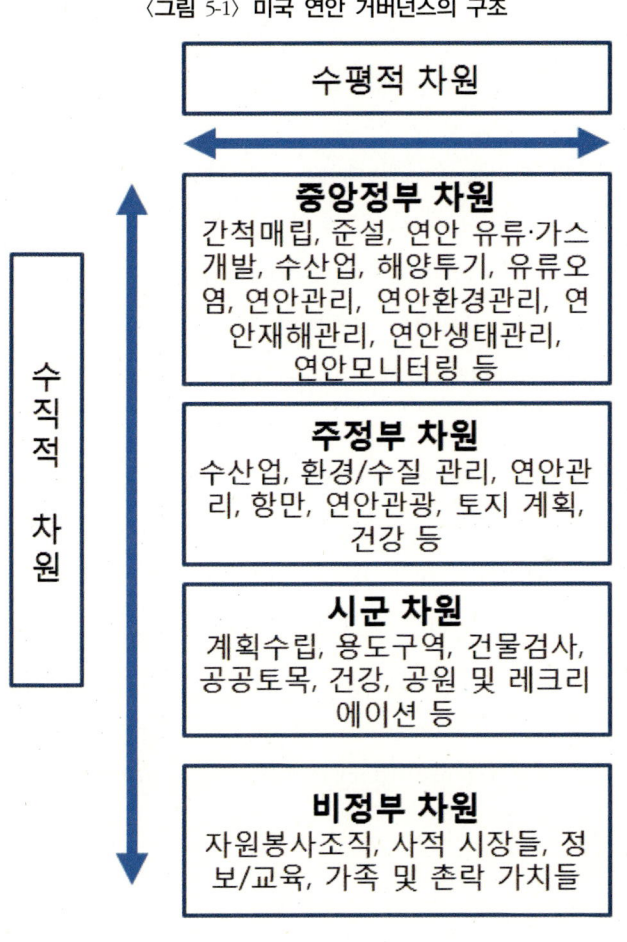

〈그림 5-1〉 미국 연안 거버넌스의 구조

자료: Richard Burroughs, op. cit., p.113.

제5장 연안공간 관리 211

이러한 통합연안관리(Integrated Coastal Management, ICM)를 합리적으로 하기 위하여 법률적 제도 구비와 역량 강화(capacity building)의 두 가지 도구가 필수적이고 또 다음의 원칙을 따라야 한다고 주장되고 있다.[401]

- 사전예방적 원칙(the precautionary principle)
- 방제적 조치 원칙(the principle of preventive action)
- 오염자 부담 원칙(polluters pay principle)
- 월경성 환경 영향 방지 원칙(the principle to avoid transboundary environmental damage)
- 합리적이고 형평한 자연자원 이용 원칙(the principle of precautionary principle)
- 대중 참여 원칙(the principle of public involvement)

실제로 연안관리 계획을 수립할 때에는 개발과 보존의 조화를 고려하여야 한다. 또한 연안 개발의 질서 유지를 위하여 토지와 같이 용도구역제(Zoning System) 도입도 고려될 수 있다. 그리고 이루어진 계획에 대하여는 지역의 사회적 합의가 요구된다. 최근에는 기후변화 등으로 인해 재해가 빈발하므로 연안재해 평가 및 연안재해 관리 등이 연안관리계획의 일부로 편입되어야 할 필요성이 크게 증가하고 있다.

대부분의 유럽에서는 연안의 밀도가 높고 과밀하게 개발되어서 ICM 접근법도 공간계획(spatial planning)이나 용도구역제(zoning) 등을 통한 연안 자원의 상충적 이용을 해소하는 데 주안점을 두고 있다.[402] 반면에 미국이나 호주 등은, 일부 과밀한 도시 연안을 제외하고는 인구가 과소하고 막대한 연안 저지대가 있으므로 ICM 접근법도 서식지(habitat) 보호나 보전, 혹은 미래 이용을 위한 계획(planning for future use) 등에 초점을 맞추고 있다.[403] 아시아에서는 한국이나 중국같이 연안 용도구역제 위주로 연안 공간관리를 실시하는 경우도 나타나고 있다.

---

401) John G. Field, Gotthilf Hempel, Colins P. Summerhayes, *OCEANS2020: Science, Trends, and the Challenge of the Sustainability*, Island Press, 2002, p.88.
402) Kem Lowry & Chua Thia-Eng, *op. cit.*, p.372.
403) *Ibid.*

## 4) 연안관리의 범위

연안의 범위는 육역과 해역이 상호작용하는 공간으로서 이의 설정에는 편의상 임의 기준, 물리적 기준, 행정 구역 혹은 관할권 기준 등이 있다.[404] 먼저 임의의 기준은 연안선(coastline)이나 기준선(baseline)으로부터의 거리 개념이다. 예를 들어 어떤 나라에서는 연안 육지는 평균고조선(平均(高潮線)으로부터 300~500m이고 해역으로는 연안선으로부터 3해리(nautical miles)인 경우가 있다. 연안의 구분을 위한 물리적 기준(physical criteria)으로는 평균고조선(mean high tide)이나 평균저조선(mean low tide)이 이용되기도 한다. 지중해의 경우에는 육지 경계로 바다로 흘러드는 강과 배후에서 흘러드는 유역이 포함되기도 한다. 행정적, 혹은 관할권 기준은 육지는 행정적 경계 기준, 그리고 해역은 영해나 EEZ의 경계 등 관할권이 경계 기준이 되기도 한다. 예컨대 미국 오레곤 주의 경우 관할하는 대륙붕 한계까지를 해역 기준으로 택하기도 하였다.

〈표 5-6〉 국가별 연안의 범위

| 연안국이나 관련 주 | 연안의 경계 | |
|---|---|---|
| | 육지쪽 | 해양쪽 |
| 브라질 | 평균고조선(mean high tide, mht)에서 2km | mht에서 12 km |
| 캘리포니아 1972-76<br>계획 1972-76<br>1997년 이후 규제 | 가까운 산지에서 가장 높은 점<br>연안 베이스라인(coastal baseline, cb)에서 10000야드<br>사안에 따라 변경되는 선 | cb에서 3nm<br>〃<br>〃 |
| 코스타리카 | mht에서 200m | 평균저조선(mean low tide, mlt) |
| 중국 | mht에서 10km | 15m 등심선(혹은 깊이) |
| 에쿠아도르 | 사안에 따라 변경되는 선 | - |
| 이스라엘 | 자원과 환경에 따라 1~2km | mlt에서 500m |
| 남아프리카 | mht에서 1,000m | - |
| 남 호주(호주) | mht에서 100m | cb에서 3nm |
| 퀸즈랜드( 〃 ) | mht에서 400m | 〃 |
| 스페인 | 폭우선이나 조류선으로부터 500m | 12nm(영해 외부 한계) |
| 스리랑카 | mht에서 300m | mlt에서 2km |
| 미 워싱톤 주 -계획<br>-규제 | 연안 군의 육지 경계<br>mht에서 200ft | cb에서 3nm<br>- |

자료: Adalberto Vallega, op. cit., p.140. 평균고조선: mean high tide, mht. 평균저조선: mean low tide, mlt. 연안 베이스라인: coastal baseline, cb. nm: nautical mile.

[404] Adalberto Vallega, op. cit., pp.140-141.

연안관리는 지역에 관계없이 지속가능한 개발(sustainable development, SD)의 5요소인 재해(hazard), 수자원(water), 식량(food), 환경오염(pollution)을 포함시켜 모든 지역 정부와 지역사회의 공동관심사를 포괄하여야 한다.405) 그래야 지역의 각계각층이 참여하기 쉽고 관리의 혜택도 골고루 돌아갈 수 있다. 이러한 공동의 관심사를 적절한 정책과 라인 조직들의 통합, 대중과 이해관계자 참여로 풀어 나가야 다중 이용의 상충, 환경과 생물다양성 보전 및 개선, 기후변화 대응, 수자원 보존과 효과적인 관개 등의 제공, 가난의 소멸과 식량안보 지원 등 생활환경 개선 효과를 거둘 수 있게 될 것이다. 다만 앞에서 본 지역들과 같이 당면한 문제들을 고려하여 주안점을 다소 달리 할 수 있는 유연성도 가져야 할 것이다.

연안관리 방법도 과거에는 구조물들을 이용한 전통적인 공학적 접근법(engineering approach)과 같은 '경성적 접근법(hard approach)'에서 최근에는 인간행동 변화를 위한 교육, 헌신적인 대중이나 이해관계자 형성, 이용 인센티브제 등 보다 '연성적 접근법(soft approach)'이 많이 활용되고 있다.406)


### 5) 연안관리의 기법

연안공간 관리를 위하여 미국에서도 다양한 기법들이 활용되고 있다. 첫째는 입법 조치인데 1972년에 연안관리법(The Coastal Zone Management Act)이 시행되었고 이에 따른 각종 행정적인 절차를 통하여 특정 목적들의 지리적 공간이 확인될 수 있고 기수역 연구 보호지(estuarine research reserves) 등 각종 행정 조치들의 이행 기반이 마련될 수 있었다.407) 주별로도 관련 주법이나 기구들이 설치되기도 하였다.408) 이외에도 다음 표와 같이 다양한 기법들이

---

405) Kem Lowry & Chua Thia-Eng, op. cit. p.377.
406) Kem Lowry & Chua Thia-Eng, op. cit., p.373.
407) Richard Burroughs, op. cit., pp.115-116. 기수역 연구 보호(estuarine research reserves)는 자연과정과 인간 활동이 어떻게 연안에 영향을 미치는가 등에 관한 연안관리 기법 개발을 위해 보전하면서 연구하는 부지로서 미국 연안법에 의해 24개소 이상에서 지정되어 운영되고 있다.
408) Richard Burroughs, op. cit., p.112. 플로리다 주는 기존 법들의 네트워크화를 통해 연안관리 프로그램

연안공간관리(coastal spatial management)를 위해 이용되고 있다.

〈표 5-7〉 미국의 연안 공간 이용 관리를 위한 기법들

| 기법 | 운영 | 사례 |
|---|---|---|
| 입법화 | 의회가 육상 및 해상의 지리적 지역에 대해 용도를 지정한다. | 해양구역을 보호구역(sanctuaries) 으로 지정 |
| 대통령 포고 | 국가 해양기념물 (marine national monument) | 하와이 Papahanaumokuakea 국가 해양기념물 |
| 행정적 조치 | 집행기구가 연방해역을 특정 목적으로 분류 | 투기 혹은 오일 개발 |
| 용도구역화(zoning) | 규제에 설정한 용도들과 지도들을 구비하고 이에 맞게 이용 인허가 | 주별 해역의 용도들 지정 |
| 후퇴(setback) | 해안선으로부터 일정 거리에 개발 제한 연안 공간 지정 | 많은 주별 프로그램들 |
| 토지 취득 (fee simple acquisition) | 연안 공간과 이와 관련된 권리의 구입 | 일부 국가 연안 지역 |
| 개발권의 구입 | 연안을 개발할 권리만 취득하여 미개발로 남겨 둠 | 영구 보존을 위해 연안 인접 농장 부지 개발권 구입 |
| 조세 인센티브들 | 일정 용도를 촉진하기 위한 조세 수준의 조정 | 메인 주에서 활용되고 있는 워터프런트의 재산세 감세 |
| 공공 구조물 | 미개발 지역 보존을 위하여 기반시설의 공공 기금 지원 중지 | 연안을 보호하는 외곽 섬의 교량 연결 건설 금지 |

자료: Richard Burroughs, *op. cit.*, p.116.

## 6) 연안관리의 절차

일반적으로 연안관리의 절차는 문제 확인(Problem Identification), 프로그램 형성(Program Formulation), 제도적 조정(Institutional Arrangement), 이익관계자 참여(Stakeholder Participation), 역량 개발(Capacity Development), 환경 모니터링(Environmental Monitoring), 프로그램 지속성(Program Sustainability) 등의 순으로 이루어진다.[409] 동아시아해양환경협력기구(PEMSEA)에서는 준비, 착수,

을 수행하고 있고 로드아일랜드 주는 주 법에 의해 연안자원관리위원회(Coastal Resources Management Council)를 만들어 주 프로그램을 운영하고 있다.

프로그램 개발, 채택, 시행, 재조정 등 7단계[410]로 통합연안관리(ICM) 프로그램을 운영 중이기도 한데 이것을 순서별로 비교하면 다음과 같다

〈표 5-8〉 연안통합관리의 과정 순서

| 과정 | 업무 | 사회적 참여 |
|---|---|---|
| 준비(preparing) | 문제 확인 및 착수 준비 | ★★★ |
| 착수(initiating) |  | ★★ |
| 프로그램 개발 (developing, planning) | 프로그램 형성, 이익관계자 참여, 제도적 조정 | ★★★ |
| 채택(adopting) | 제도적 조정, 이익관계자 참여 | ★★★ |
| 시행(implementing) | 이익관계자 참여 | ★★★ |
| 피드백/재조정 (monitoring, refining & consolidating) | 프로그램 수정, 지속적 시행, 시행 평가보고서 제출 | ★★★★ |

자료: Chua Thia-Eng, Gunnar Kullenberg, and Danilo Bonga (eds.), *Securing the Oceans: Essays on the Ocean Governance*, Jan. 2008, GEF/UNDP/IMO; Adalberto Vallega, p.170.

그리고 이러한 프로그램을 운영할 때 다음과 같은 원칙도 필요하다.[411]

① 한 기관이 연안관리의 모든 것을 책임지는 통합된 제도적 접근이 필요하다. 예를 들어 호주의 대산호초 관리공원(The Great Barrier Reef Marine Park Authority, GBRMPA) 같은 기관의 설치와 운용이 필요하다.
② 한 기관이 전체 계획과 다른 기관들의 작업을 통합적으로 지휘·조정할 수 있어야 한다. 예를 들어 오염이 많이 된 만(灣) 연안관리를 위한 미국 체사피크만 프로그램(Chesapeake Bay Programme)과 같은 것이다.
③ 제도적 범위 내에서 자문을 통해 이루어지는 기관 간 조정·협력 프로그램이 필요하다. 예를 들어 지중해 국가들 간에 국가 간, 주 간, 소지역 간에 유사한 프로그램이 상호 협조하에 운영된다.

위의 세 가지 원칙이 모든 운영되면 좋지만 이들 중 일부 원칙을 지역의 현황에 맞게 운영함으로써 연안관리의 통합성이 더욱 고양될 수 있을 것이

---
409) Gunnar Kullenberg, *op. cit.*, p.150.
410) Kem Lowry & Chua Thia-Eng, *op. cit.*, p.376. PEMSEA에 대해서는 본서 15장 참조 바람.
411) Gunnar Kullenberg, *op. cit.*, p.149.

다. 이들 연안관리 프로그램 평가는 다음과 같은 지표들의 평가를 통해 이루어질 수 있다.412)

① 과정 지표(process indicator): 국가 혹은 지역적 정책에서의 변화
② 스트레스 감소 지표(stress reduction indicator): 오염물 유입 감소, 서식지 복원 및 생태계 보전, 파괴적 어구·어업 감소 등 자원 이용 관습의 변경
③ 환경 상태 지표(environmental status indicator): 관련 연안지역 수질 변화, 즉 생산성, 오염 수준이나 적조 감소, 사회경제적 생계 개선 여부 등

NOAA에서는 연안관리 평가측정 시스템 항목으로서 환경 특성(수질, 서식지, 위험도), 이용들(대중 접근성, 개발들), 정부 활동들(재정적 조치들, 정부의 조정) 등을 연안관리 실적 평가를 위한 지표들로서 제시하고 있다.413)

### 7) 타 프로그램과의 연계

통합연안관리(ICM)의 효율성을 높이기 위하여 최근 선진 각국에서는 해양보호구역(Marine Protected Area, MPA) 관리, 해양·하구역 관리(Marine Estuary Management) 등 기존에 있는 유사정책이나 프로그램과 연계시켜 시너지 효과를 높이기도 한다. 즉, 중앙정부 차원의 연안관리법은 없지만 호주(Marine bio-region), 뉴질랜드(Bio-geographic region), 캐나다(19개 Marine eco-region) 등에서는 주로 연안 생태계를 중심으로 지침 등을 통해 주나 지역별로 통합연안관리를 해 오고 있다.414) 아울러 해양 및 연안 조사, 지역민들의 교육 및 홍보를 통한 적극적 참여 유도와 인식 제고, 관리자의 기술적인 능력의 배양,

---

412) Gunnar Kullenberg, *op. cit.*, p.151. 이것은 GEF에서 제시한 평가 기준임. IOC 등에서는 거버넌스 시행 지표(governance performance indicator), 생태적 지표(ecological indicator), 환경상태지표(environmental status indicator) 등을 제시하기도 함(Kem Lowry & Chua Thia-Eng, *op. cit.*, p.383).
413) Richard Burroughs, *op. cit.*, p.120.
414) 미국과 달리 영국의 경우 Department of Environment(DOE)에 의해 대표적으로 Coastal Planning(1992) 이라는 지침 등에 의해 연안관리를 하고 있다. Rhoda C. Ballinger, "A sea change at the coast: The contemporary context and future prospects of integrated coastal management in the UK", *Managing Britain's Marine and Coastal Environment*, 2005, pp.194-195.

지역위원회 설치와 지역 NGO의 주도 등이 ICM의 성공을 위한 요소가 되고 있다.

### 8) 연안 관리의 광역적 및 국제적 활용

통합연안관리(ICM)는 최근 연안과 해양관리를 위한 국제적인 접근법으로서 많이 인정되고 받아들여지고 있다. UNCED, WSSD, UNICPOLOS, CBD, IPCC, Agenda 21, GPA, FAO(Code of Conduct for Sustainable Fisheries) 등 여러 UN 컨퍼런스나 협약 그리고 행동계획에서 추천되고 있다.[415] 이외에도 ICM은 MPA, 생물다양성 보전, 기후변화 대응 등 연안의 지속가능한 개발(SD)을 위한 효과적인 거버넌스 방안으로 IUCN, GEF, UNDP, UNEP, UNIDO 등에서도 채택되고 있다.[416]

EU에서는 2002년에 유럽의 연안관리계획의 권고 지침(Recommendation 2002/413/EC Concerning the Implementation of Integral Coastal Zone Management in Europe)을 채택하고 이를 각국에 하달하여 유럽 국가들이 따르고 있다.[417] 최근 EU에서는 2013년에 해양공간 계획 방향(Directive Marine Spatial Planning & ICZM)을 제정하여 서로 다른 목적의 다양한 활동들을 해양공간에서 수용하기 위해 계획 수립을 통하여 전체적인 통합관리(integrated and holistic management)와 갈등 해결을 하되 그 규범적 지침은 생태계기반관리(EBM)에 의하도록 하고 있다.[418]

동아시아 해양환경협력기구인 PEMSEA에서도 현재 동아시아에서 2% 이하에 불과한 연안관리 시행률을 앞으로 2020년까지는 20%로 높일 것을 추진하고 있다.[419]

---

415) Kem Lowry & Chua Thia-Eng, op. cit., p.373.
416) Ibid.
417) John Gibson, "Coastal zone law in the UK: Lessons for the new millenium", *Managing Britain's Marine and Coastal Environment*, 2005, p.179: Rhoda C. Ballinger, op. cit., p.188.
418) Ronan Long, "EU Ecosystem-based Management and Navigational Rights", Proceedings of Global Challenges and Freedom of Navigation(2013 Seoul Conference on the Law of the Sea by GOLF, Univ. of Virginia & KMI), May 2013, Seoul, p.39.

ICM과 유사하게 육상에서는 통합적인 유역관리계획(Integrated Catchment Area Management, ICAM)이나 바다 쪽에서는 지역해 프로그램(Regional Sea Program)이나 광역해양생태계(Large Marine Ecosystem Concept, LME) 개념들이 관리에 이용되고 있다. 바다 쪽에서 전자는 실용적인 정치적 경계에 기반하고 후자는 주로 생태계 경계에 각각 기반하고 있다. 그러나 대부분의 접근법들이 유사한 거버넌스의 문제에 직면해 있고 상호간에 전혀 연계되어 있지 못하고 있어[420] 관련프로그램 간 상호연계가 중요한 성공요인 중 하나가 되고 있다.

아울러 해양 및 연안 조사, 지역민들의 교육 및 홍보를 통한 적극적 참여 유도와 인식 제고, 관리자의 기술적인 능력의 배양, 지역위원회 설치와 지역 NGO의 주도 등이 ICM의 성공을 위한 중요한 요소가 되고 있다.

### 9) 우리나라의 연안관리 제도

우리나라에서는 「연안관리법」이 1998년도에 제정되어 제1차 국가연안관리계획(2000-2010) 주도하에 시군 지역마다 제1차 연안관리지역계획이 수립되어 시행되고 있다.[421] 2009년 말 현재 76개 연안시군구 중 63개(91.5%)에서 연안관리지역계획이 수립·완료되어 시행 중에 있다. 1단계 연안관리계획 기간(2000-2010) 중에는 개발, 개발 유도, 보전, 준보전, 유보 등 5개 권역으로 나누어 연안 공간을 나누어 관리하도록 하고 있다.

현재 2011년부터는 개정된 「연안관리법」에 따라 제2단계 국가연안관리계획이 수립되어 4개 연안 용도해역제 및 19개 연안 기능구 제도, 자연해안 관리목표제, 연안해역 적성평가, 연안 정비사업 등이 시행되며 이에 따라 제2차 연안관리지역계획의 수립이 지역별로 이루어지고 있다.

우리나라 연안관리법에 명시된 연안관리 제도를 통해 각 시군 지자체는 해

---
[419] Kem Lowry & Chua Thia-Eng, op. cit., p.394.
[420] Laurence Mee, op. cit., p.194.
[421] 국토해양부, 『제2차 해양수산발전계획 수립 연구』, 2009. 11, p.100.

안선 인접 500미터에서 1km(산업단지, 항만, 국가어항)의 육역과 영해까지의 해역을 합리적으로 관리·이용할 수 있게 관리계획을 수립하도록 되어 있다.

〈그림 5-2〉 우리나라 연안관리법상 연안공간의 범위

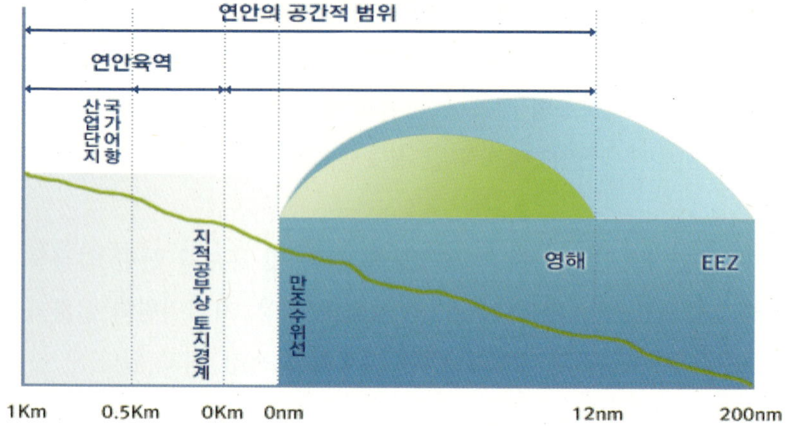

자료: 해양수산부, http://www.coast.kr/CoastKnowledge/Contents/CoastCommonSense.aspx (2016. 1. 2)

〈표 5-9〉 우리나라 연안의 현황(2014)

| 구 분 | 현 황 | 비 고 |
|---|---|---|
| 연안 | 91,000km² | 연안육역: 4,000km²<br>연안해역: 87,000km² |
| 해안선 길이 | 14,962.8km | 육지부 해안선 중<br>인공해안선 51.4% |
| 무인도서 | 2,876개소 | 유·무인도서 3,358개소<br>특정도서 183개소 |
| 연안습지 면적 | 2,487.2km² | 서해안 83.5%, 남해안 16.2% |
| 바닷가 면적* | 23.8km² | 자연바닷가 11.1km²<br>이용바닷가 12.7km² |
| 연안 침식 우심지역<br>개소 및 비율 | 109개소, 43.6% | 전국 연안 침식 모니터링 250개소 |
| 항만·어항 | 항만 60개소<br>국가어항 109개소 | |
| 면허어업권수 및 면적 | 8,825건, 1,293.7km² | |
| 해수욕장 | 358개소 | |
| 연안생물종 | 연안육역 6,999종<br>연안해역 4,832종 | |
| 연안·해양보호구역 | 40개소, 8,721.2km² | 해역 6,761.8km² |

자료: 해양수산부, 『한눈에 보는 우리의 연안』, 2015. 4. 5. *: 만조위선-지적공부 사이 토지이용가능 공유수면

2011년에 개정된 연안관리법에 따라 새로이 수립·시행되는 제2차 연안관리계획에서는 〈표 5-10〉과 같이 연안해역이 기존 5개 용도해역에서 4개 해역[422]으로 재개편하되 토지처럼 해역 적성평가를 통해 한 권역 내에서도 세부 연안 기능 공간으로 나눌 수 있도록 하였다. 예를 들어 '이용연안 해역'에서는 항만구, 항로구, 어항구, 레저관광구, 해수욕장구, 광물자원구, 해중문화시설구 등이 설치 가능하다.[423]

〈표 5-10〉 **연안 용도해역의 유형**

| 연안 용도해역 | 기준 | 연안해역기능구 |
| --- | --- | --- |
| 이용 연안해역 | -이용 또는 개발이 확정 또는 예상되는 해역<br>-해양환경의 영향을 최소화하는 범위에서 이용 개발을 우선적으로 실시할 수 있는 해역 | 항만구, 항로구, 어항구, 레저관광구, 해수욕장구, 광물자원구, 해중문화시설구 |
| 특수 연안해역 | -군사시설 및 국가 중요시설의 보호를 위하여 특별한 관리가 필요한 해역<br>-해양의 환경 및 생태계가 훼손되었거나 훼손될 우려가 있어 특별한 관리가 필요한 해역 | 해양수질관리구, 해양조사구, 재해관리구, 군사시설구, 산업시설구, 해양환경복원구 |
| 보호 연안해역 | -연안환경 및 자원의 보호, 해양문화의 보전 등을 위하여 관리가 필요한 해역 | 수산생물자원보호구, 해양생태보호구, 경관보호구, 공원구, 어장구, 해양문화자원보존구 |
| 관리 연안해역 | -연안해역 중 제1호부터 제3호까지의 어느 하나에 해당하지 아니한 해역<br>-둘 이상에 해당되어 용도 구분이 곤란한 해역 | |

자료: 국토해양부, 우리의 바다, 우리의 미래: 연안·해양환경 관리 주요정책과 활동들(홍보 팜플렛), 2012. 7, p.12.

제2차 연안관리제에 처음으로 도입된 자연해안 관리목표제는 자연해안의 효과적인 보전과 연안환경의 기능 증진 등을 위하여 자연해안선의 길이 등 자연해안에 대한 관리목표를 설정하는 것이다.[424] 이 제도의 목적은 연안의 무분별한 개발을 지양하고, 지속적인 자연해안을 보전하기 위함이고 아울러 훼손된 해안은 복원하되 개발 수요를 조정하여 일정 수준 이상의 자연해안을 유지하자는 것이다.

---

422) 이용연안 해역, 보전연안해역, 관리연안해역, 특수연안해역 등.
423) 국토해양부, 『선진연안관리제도』, 정책설명회 자료, 2010. 10, p.59.
424) 최희정, 「국가자연해안관리목표(2011~2016) 설정 추진」, KMI 영문뉴스레터 자료, 2011. 10.

자연해안의 관리범위는 바닷가로부터 조간대까지의 자연해안이다. 정부가 자연해안 관리목표를 설정하는 절차는 다음과 같다. 첫 번째 단계는 해안을 자연해안과 인공해안으로 분류(해안현황도 작성)한 후, 두 번째 단계로 향후 5년간의 개발 및 복원 수요를 조사·반영하여 목표(안)를 설정하고, 세 번째 단계로 중앙연안관리심의회를 거쳐 국가 자연해안 관리목표를 확정하게 된다. 이에 따라 지역의 자연해안 관리목표도 설정되게 된다. 그러나 처음 도입된 자연해안 관리에 대해 지자체의 인식 부족, 자료 부족, 자연해안 관리 역량 부족 등으로 계획 수립 시 난항이 예상된다.[425]

'기후변화에 관한 정부간 협의체(IPCC)'에서는 2013년 이 협의체 내 연안관리 소그룹에서 앞으로 2100년까지 해수면이 48cm(RCP6.0) 더 상승할 것으로 예측하고[426] 이와 같이 예상되는 해수면 상승(sea level rise)에 대처하기 위하여 연안취약지역 평가(Coastal Vulnerability Assessment)법을 도출하였다.[427] 그리고 이를 연안관리계획에 반영하여 예상되는 해수면 상승에 대비할 것을 권고하고 있다. 우리나라에서는 연안관리계획에서 계획의 목표와 추진전략에 이러한 것을 일부 반영하고 있고 연안정비계획에서 일부 연안 침수와 연안 침식 등의 차원에서만 대비하고 있다.[428] 2013년에는 침식관리계획을 별도로 수립하여 침식 우심지역을 관리할 수 있게 제도화하였다. 앞으로 각종 해안 재해도 연안관리계획에서 보다 세밀하게 포함하여 통합적으로 관리할 필요가 있다.

〈표 5-11〉 연안침식 관리구역의 구분

| 공간구분 | 제한원칙 | 제한되는 행위 |
| --- | --- | --- |
| 연안침식 관리구역 中 핵심관리구역 | 각종 행위의 원칙적 금지(예외적 허용*) *연안정비사업에 해당하는 경우 | - 건축물, 공작물의 신축·증축(구역 지정 당시의 건축연면적의 2배 이상 증축에 한함)<br>- 공유수면 또는 토지의 형질변경 행위<br>- 바다모래, 규사, 토석 채취행위 |
| 연안침식 관리구역 中 완충관리구역 | 필요한 경우 행위 제한 | - 완충구역에서의 상기행위가 핵심구역의 침식에 중대한 영향을 미치는 경우 그 행위를 제한 |

자료: 해양수산부 보도자료, 2013. 8. 12; 해양수산부, 『해양수산업무편람』, 2013. 8, p.17.

[425] 「제2차 연안통합관리계획(2011-2021)」, 2011.10, pp.55-56, 전국 해안선 길이 13,509km 중 자연해안선은 9,476km(70%)이고 나머지 인공해안선의 92%는 육지부에 분포함.
[426] IPCC/기상청 역, 제5차 평가보고서 요약, 2013. 9. 6. 자세한 내용은 제10장 제2절을 참조 바람.
[427] John G. Field, Gotthilf Hempel, Colins P. Summerhayes, op. cit., p.63.
[428] 국토해양부 전게서, 2011.10, pp.54, 59, 80-89.

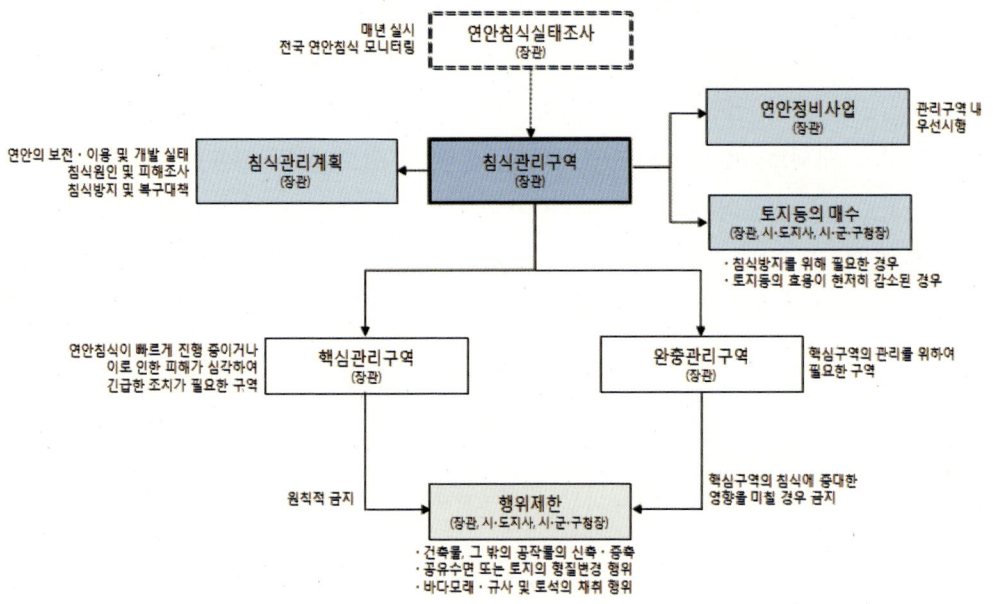

〈그림 5-3〉 침식관리구역 지정에 따른 연안관리체계

자료: 해양수산부 보도자료, 2013. 8. 12; 해양수산부, 『해양수산업무편람』, 2013. 8, p.17.

## 2. 연안 정비 및 보존

세계적으로 연안의 인구는 1990년 18억 명에서 경제발전에 따라 더욱 증가할 것으로 예측된다. 기후변화 영향으로 인한 해수온도 상승은 해수의 양적 팽창을 일으키고 육상 빙하의 해빙을 촉진하며 이는 해수면 상승을 일으킨다.[429] 연안에서 해수면 상승으로 연안 침식이 가중되고[430] 태풍, 너울 등의 대형화로 파랑이 커지면서 연안의 침식과 침수는 더욱 빈번해질 것으로 예상된다. 또한 인구 증가로 물 수요나 홍수에 대비하여 연안 하구역 등에 댐

---

[429] Gunnar Kullenberg and Ulf Lie, op. cit., p.30.
[430] 오거돈 등, 『글로벌물류시장과 국부 창출』, 블루&노트, 2012, 서울, p.40.

건설 등이 많아지고 항만·어항 건설, 매립 등이 연안에 증가하여 연안 침식·퇴적의 변화가 심해지고 있다. 이러한 영향과 사람의 이용·개발에 의한 영향을 동시에 받는 지역 중 가장 취약한 공간은 주로 대형 삼각주의 인구밀집 지역이나 연안저지대의 도서 지역, 그리고 산호섬 등이다.431) 이러한 지역은 대체로 서태평양, 오세아니아, 동남아, 인도양 등 아프리카 동해안, 군소도서에 집중되는데 이들은 대부분 개발도상국들이다. 따라서 이들 국가들에서는 기후변화에 따른 연안 침식에 대비하기 위한 연안관리의 필요성이 더 크게 대두되고 있다.

〈그림 5-4〉 지구온난화와 연안침식의 관계

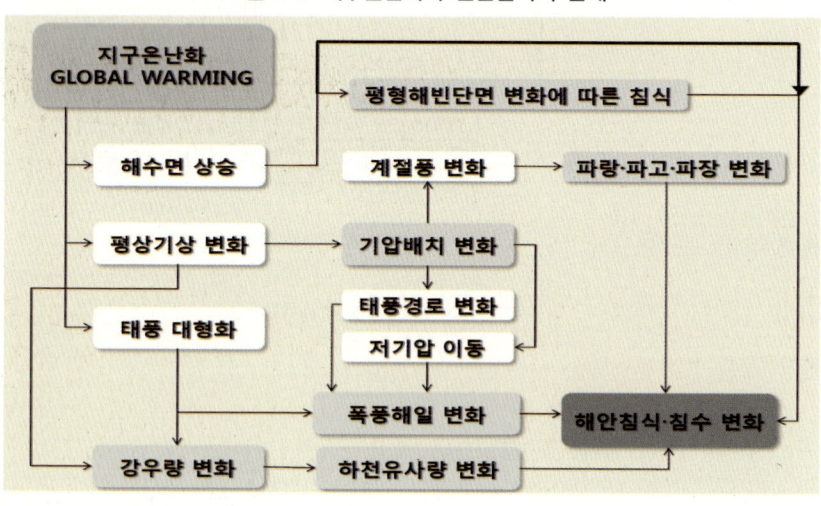

자료: 진재율, 「연안정비사업 선진화 방안」, 「안전한 연안, 활력있는 동해: 제4회 연안발전포럼 프로시딩」, 2014. 9. 3, 속초, p.68.

우리나라에서는 전국 연안의 연안모니터링 결과 연안 표본 지역 중 침식 우려·심각 지역이 2005년의 44%에서 2010년에 58%, 2012년에 73%로 대폭 증가하였고- 2013년에 표본 지역 증가로 63%로, 2014년에 109개소 약 43.6%로 줄었으나 특히 동해안은 더욱 심각한 것으로 나타나432) 이에 대한 대비가

---

431) *Ibid*.; 육근형, 「연안, 해양 부분 기후변화 영향과 적응 전략」, 『해양국토21』, KMI, 2009. 5월, p.65.
432) 목진용, 「해양환경정책 및 관리」, 국토인재개발원 해양환경정책과정 교재, 2012, p.43; 해양수산부, 국정보고자료, 2013. 5; 윤종호, 「안전한 연안조성을 위한 정책 방향」, 안전한 연안, 활력있는 동해:

더욱 필요하다. 해수욕장 145개 대하여 조사한 결과 2009-2012년 사이에 평균 해빈 폭이 1.5m 감소하고 매년 축구장 7개 이상의 백사장이 소실되는 것으로 나타나고 있다.433)

〈표 5-12〉 우리나라 해빈의 침식 현황

| 구분(년) | 합계 | 양호 | 보통 | 우려 | 심각 | 비율(우려+심각,%) |
|---|---|---|---|---|---|---|
| 2014 | 250 | 10 | 131 | 94 | 15 | 43.6 |
| 2013 | 225 | 2 | 81 | 129 | 13 | 63 |
| 2012 | 172 | 2 | 44 | 102 | 24 | 73 |
| 2011 | 160 | 3 | 53 | 78 | 26 | 104(65%) |
| 2010 | 157 | 10 | 55 | 65 | 27 | 92(58%) |

자료: 윤성순 등, 「연안침식관리를 위한 관리구역 도입 방안」, 2012 해양환경관리학회 추계학술대회발표논문집, 2012. 11; 윤종호, 전게서, 2014. 9. 3, 속초, p.34; 해양수산부, 「연안 기본조사」, 2015. 1. p.190.

〈그림 5-5〉 연안의 침식 모습들

백사장 침식(강릉시)   사구 포락(태안군)
토사 포락(무안군)   호안 유실(통영시)

자료: 국토해양부 홈페이지, 제2차 연안정비계획(2010~2019년), 2009. 5. 28, p.2.

---

제4회 연안발전포럼 프로시딩, 2014. 9. 3, 속초, p.35; 해양수산부, 「한눈으로 보는 우리의 연안」, 2015. 4, p.12.
433) 윤종호, 상게서, p.28.

### 1) 직접적인 침식 대처 방안

연안 침식에 대하여는 다양한 대처방안이 있으나 주로 1)해안에 중요한 사구가 침식되는 경우에 대한 대처 2)일반적인 해안에서 적극적인 방재를 위하여 공학적인 방법을 동원한 대처가 주를 이루며, 사정에 따라 다소 대응 방법이 달라질 수 있다. 전자의 경우처럼 해변 생태계의 평형을 유지하고 이를 지키는 데 중요한 역할을 하는 사구가 침식되는 경우에는 식재를 통한 자연식생 회복, 인위적 간섭이 있는 사구 내 인공 구조물 설치 제한, 성토지역의 외부 반입토 제거, 훼손된 지역에 모래를 쌓이게 하는 샌드트랩(sand trap)을 통한 사구 형성 유도 등을 해야 한다.[434]

이를 자세히 살펴보면, 먼저 식생은 해빈에서 사구로 이동한 모래를 퇴적시키고 고정시키는 역할을 하여 사구를 발달시키는 중요한 역할을 한다. 따라서 복원을 위하여 대상지에 생육하고 있는 종을 훼손된 지역에 식재하는 것이 한 방안이 될 수 있다. 성토 지역은 육상식물의 침입과 지형 변형이 이루어지는 곳이므로 외부 반입토를 넣은 경우 이를 제거하고 기존 사구 모래를 반입하여 사구열 지형으로 복원해야 한다. 훼손된 사구 지역은 목재로 펜스 등을 설치하여 샌드트랩(sand trap)을 통해 사구 형성을 유도하고, 사구가 안정될 때까지 인간의 출입을 제한하거나 또는 정해진 통로로만 출입하게 하여 자연적 식생 도입 및 천이를 촉진하고 지형을 보호해야 한다.

신규 구조물을 도입하는 공학적인 방법은 각종 인공 연안 구조물이 설치되어 이것이 연안의 해류 변화를 유발하여 각종 해빈침식이 일어날 경우에 쓰인다. 그러나 이것이 또 다른 침식을 유발시킬 수 있어 사전에 정확히 검토한 후에 도입되어야 한다. 앞으로 기후변화에 따른 연안의 해수면 상승을 고려하여 연안 각종 시설물의 보호를 위한 조치도 요망된다. 특히 변화하는 지역에 대한 조사를 통하여 시설물을 뒤로 후퇴(Set-back, 혹은 realignment)시키거나, 적극적인 보호물의 설치 또는 해안사구(coastal dunes) 설치, 생태적 완충지대(Buffer zone, limited intervention) 등의 설치를 고려할 수 있다.

---

[434] 우한준, 「해안사구」, 『해양환경교육』, 해양수산부, 2002, pp.124-125.

과거에는 연안 정비나 방호를 위하여 주로 방파제(breakwaters and dikes)를 설치하거나, 파랑을 막고 모래 등의 침식을 막도록 해안선과 평행하게 바다에 연달아 이안제(離岸堤)를 설치하였다.[435] 또는 모래 퇴적을 유도하도록 해안선에서 직각이 되게 바다 쪽으로 일정한 간격의 돌제(突堤)를 설치하는 등 공학적인 방법을 통해 경성의 연안 방호 구조물을 설치하였다. 그러나 이러한 방식은 타 지역에 추가적인 침식을 일으키거나 연안 경관가치 훼손, 재난 예방 기능 저하 등 부작용이 심하여 최근에는 해안 침식에 대비한 새로운 연성 공학적인 방안이 많이 나오고 있다.[436] 새로운 연성적인 방안으로는 1)나무을 묶어 쌓는 방법(wooden stacks), 2)모래를 추가로 부설하여 주는 양빈(beach nourishment), 3)석재 등의 돌망태 쌓기(gabions of stones), 4)지오튜브(geo-tubes) 설치 등을 들 수 있다.[437]

〈그림 5-6〉 다양한 연성의 해안 침식 방지법

자료: 상좌(http://netcomanage.com/our-services/construction-management/ ),
상우(http://www.oxfam.org.nz/what-we-do/issues/climate-change/adapting-to-climate-change ),
하좌(http://www.thaiembassyuk.org.uk/20/sea-defences-gabions ),
하우(http://www.databuild.co.za/index.php/gallery/envirorock/ ) (모두 2016. 1. 2)

---

435) 이안제의 배후는 정온 수역이 되고 모래 퇴적이 일어나나 이안제 양측은 침식된다(일본해양정책연구재단/김연빈 역,『해양 문제 입문』, 2010. 6, 서울, p.160).
436) 전승수,「해양과 퇴적환경」,『해양환경교육』, 해양수산부, 2002.
437) 여수 Expo 재단 등,『필리핀 기마라스 연안재해 예방 및 대응 역량 강화 사업』, 2011. 11, p.167.

과거 우리나라에서는 침식 등에 대비한 연안정비 사업에서 주로 방파제, 호안 등 경성 구조물 설치 위주로 시행하여 왔으나 앞으로는 획일화된 경성공법(hard-engineering)에서 점차 연성공법(eco-friendly soft-engineering)을 병행해 나아가야 할 것이다.

### 2) 연안침식 및 재해관리 제도

해안침식을 조절하고 해안선을 보호하는 또 다른 방안으로 관련 구역을 여러 가지로 관리하는 방안이 다음 〈그림 5-7〉에 제시되어 있다.[438] 이 중에서 해수면 상승에 대처하는 주목할 만한 방식이 해안을 그대로 두는 것(Do nothing)이다. 이 방식은 극단적인 방법처럼 보이나 점점 더 많은 선진국들이 이러한 방법을 채택하고 있다. 각종 해안선 보호책이 때로는 해안 주변에 분포하는 주택과 다른 구조물들을 보호하는 데 일시적으로 성공적일 수 있지만, 장기적으로 볼 때 해빈시스템 그 자체를 보호할 수는 없다는 인식이 반영된 것으로 볼 수 있다.

일부 선진국들에서는 특별한 연안정책에 의거하여 "연안에 흩어져 있는 사주섬(barrier islands)의 미개발된 해빈 전면에 구조물을 세우고 안정화 작업을 하는 대신 이것을 자연 상태로 남겨 두어야 한다"고 명시하고 있다. 건축이 허가된 해빈 전면 지역에 대해서도 특정한 구역설정법에 의해 특정 위치에 맞는 구조적 설계만을 활용하도록 지도하기도 한다. 만일 건축물이 특정 구역설정법보다 먼저 세워졌다면 보험 프로그램에 의해 건물을 다른 곳으로 옮기도록 비용을 지불해 주거나 혹은 해빈침식을 위협받는 지역에서는 재건축을 불허하기도 한다. 그리고 이러한 지역에는 도로 등 인프라 지원을 하지 않음으로써 인구의 유입을 막기도 한다. 참고로 각국의 연안 침식 대비 정책 현황을 보면 〈표 5-13〉과 같다.

---

438) 전승수, 전게서, pp.98-99.

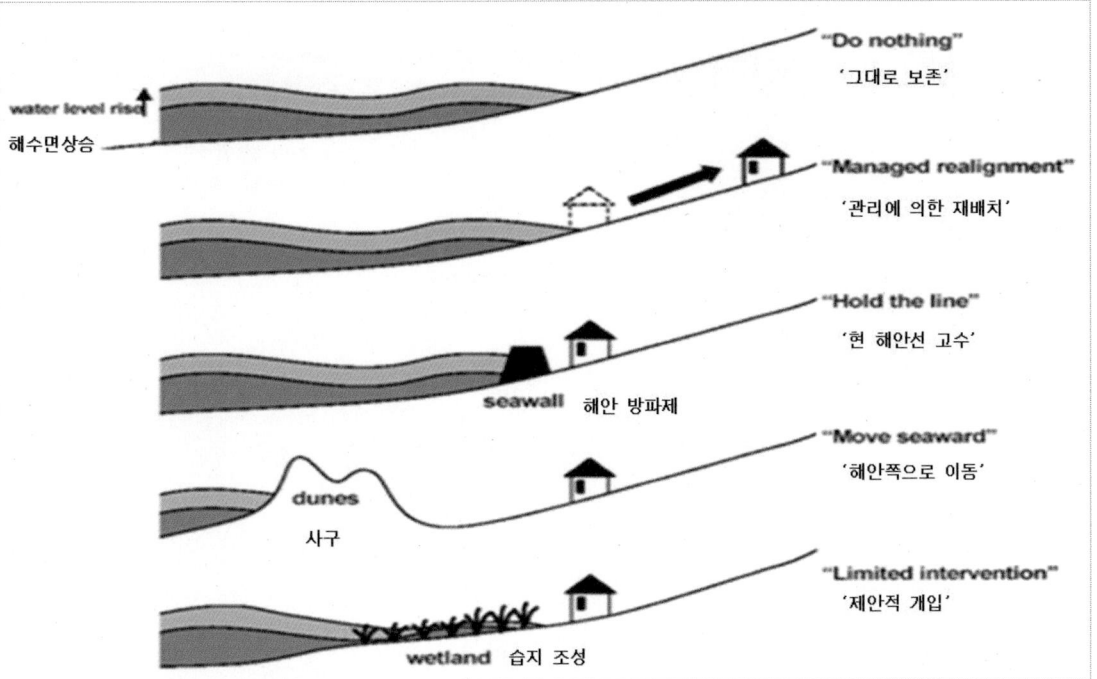

〈그림 5-7〉 연안 사구 관리 방안들

자료: 여수 Expo 재단 등, 전게서, 2011. 11, p.165. 원자료: *The National Flood Emergency Framework for England*, DEFRA, 2010.

　미국의 경우 연안관리 주(州) ⅔ 이상이 연간침식률을 고려하여 일정 범위 내 건축물 개발을 규제하는 연안건설제어선(CCCL)*을 채택·시행하고 있으며, 일본도 해안보전구역을 지정하고 보전구역 내 해안침식 예방을 위한 직접적인 규제를 실시하고 있다.[439]

　프랑스의 경우 자연해안 보전을 위해 해안선으로부터 최소 100m 내에 건축물 신축을 규제하고 재해위험도가 높은 해안재산은 강제수용(Barmier Act, 1995)도 가능하게 하는 등 각국은 해안선 관리를 위한 강력한 정책수단을 마련하여 시행하고 있다.[440]

　영국은 해안선관리계획(Shoreline Management Plan, SMP)을 수립하였는데

---

[439] 해양수산부 보도자료, 2014. 8. 13, p.2. * Coastal Construction Control Line : {침식률(m/년)×(30~60년)}의 범위 내에서 설정.
[440] 해양수산부 보도자료, 2014. 8. 13, pp.2-9.

〈표 5-13〉 국가별 해안침식 대응 정책

| 국가 | | 침식 대응 주요 정책 |
|---|---|---|
| 미국 | 전체 주 | -연안건설 제어선(CCCL): 침식률을 고려한 건축물 개발 규제<br>-침식관리지역권(Erosion Control Easement): 인센티브를 활용한 이용행위 제한 |
| | 뉴욕주 | 연안침식위험구역법(Coastal erosion hazard areas act)』에 따라 '침식위험구역'을 지정하고 건축, 채굴, 준설 행위 등을 규제<br>* 연안침식위험구역이란, 지난 40년간 침식 피해를 받은 구역 |
| | 메릴랜드 | 자연자원법(Natural Resource Act)』에 따라 '해변침식규제지구(Beach Erosion Control District)'를 지정하여 토지 개간, 구조물 건축 등 규제 |
| | 사우스캐롤라이나 | 침식·퇴적 저감법(Erosion And Sediment Reduction Act)에 따라 '보전지구(Conservation district)'를 지정하고, 연간 침식률 40배 이내 거리에 건축물 규제 |
| 영국 | | -단위 표사계별 해안선관리계획 수립(해안선관리법 Shoreline Management Act에 의거)<br>-4대 전략: 무간섭, 후퇴방호, 유지, 전진 |
| 네덜란드 | | -목표 유지 해안선 설정(동적보존 정책): 10년 변화기준 목표유지 해안선 설정 |
| 프랑스 | | -해안의 흥인 자연해안 보전을 위해 미개발 해안선으로부터 최소한 전체 100m 내에서의 건축물 신축 규제(해안법)<br>-자연재해지도 작성 및 위험도 예측을 통해 재해위험도가 높은 해안 재산은 정부 강제 수용 가능(Barnier Act, 1995)<br>-해안의 자연환경, 문화유산 보호를 위하여 연안지역 토지 매입<br>-프랑스는 국가 선매권 등을 활용하여 해안가 토지 800㎢를 매입하였고, 2030년까지 연안토지의 25%를 국유화할 예정 |
| 일본 | | -종합토사관리정책: 하천과 연안모래 통합관리<br>-선적 방호에서 면적 방호로 전환(1999 해안법 개정): 해일, 고조, 파랑 기타 해수 또는 지반의 변동 대비하여 '해안보전구역'을 지정하고, 해안보전시설 설치와 각종 해안 이용·개발 행위 제한 |
| 호주 퀸즐랜드 주 | | 침식이나 해수범람이 발생하는 연안을 '침식취약구역(Erosion Prone Area)'으로 지정하여 관리<br>*근거: 퀸즐랜드 연안보호·관리법(Coastal Protection and Management Act): 침식취약구역 내에서 자연적 변화과정에 대한 인위적 간섭 최소화 원칙<br>-연안의 구조물 및 백사장이 위험받는 곳에 대해 '해안선침식관리계획(SEMP)' 수립, 시행 |

자료: 윤성순 등, 전게서, 2012. 11; 해양수산부, 연안관리법 일부개정법률안 자료, 2013. 2. 4.

영국 전반에 7개소의 SMP가 있으며 이들은 주로 연안 침수(flooding)와 연안 침식(erosion)의 문제를 취급하기 위하여 만들어진 것이다.[441] 이들 각국 정책들은 침식·침수에 종합적으로 대응하며 다음 항목들을 포함한다.[442]

---

[441] Richard Kenchington, Bob Pokrant and John Glasson, "International approaches to sustainable coastal management and climate change", *Sustainable Coastal Management and Climate Adaptation*, 2012, CSIRO Publishing Co., Australia Collingwood VIC 3068, p.63.
[442] 해양수산부, 연안관리법 일부개정법률안 자료, 2013. 2. 4.

- 계획구역 내 침식·침수 위험 원인 규명
- 침식·침수 위험을 관리하기 위한 적절한 정책 선택
- 선택한 침식·침수 대응 정책의 결과 예측
- 침식·침수 대응정책의 효과를 검증하는 모니터링 과정 규정
- 침식·침수 위험이 있는 해안선과 관련한 미래 토지 이용, 계획 및 개발에 관한 공지
- 침식·침수 위험이 높은 지역에서 부적절한 개발 제한 등

〈그림 5-8〉 선진국 연안 방호관련 주요 법·제도 변천사

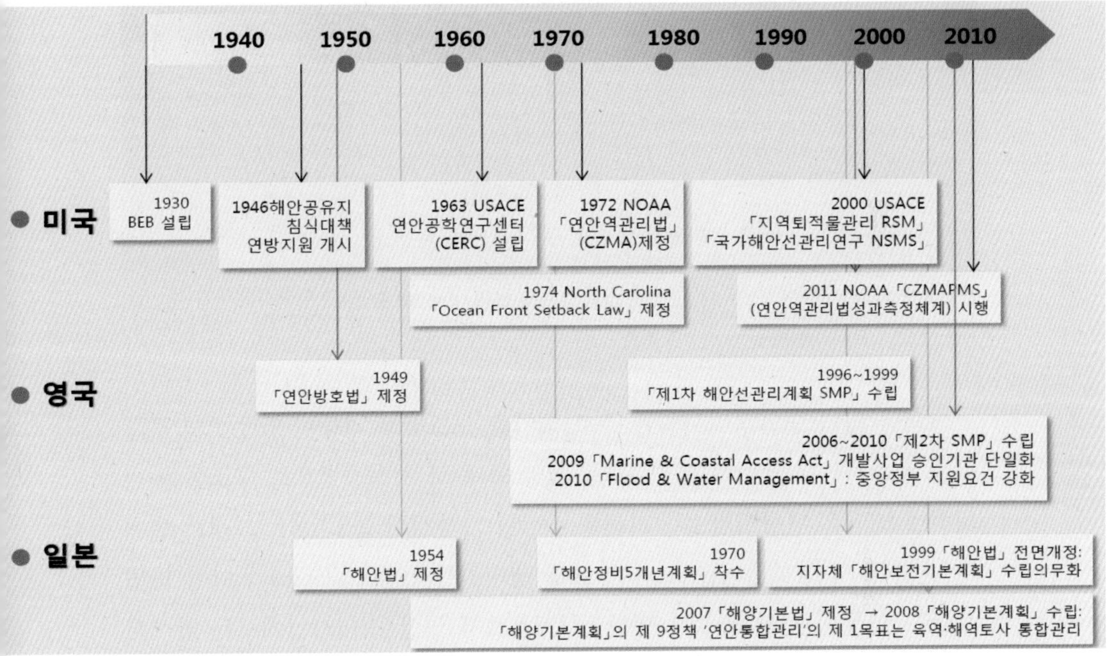

| 연도 | 1940 | 1950 | 1960 | 1970 | 1980 | 1990 | 2000 | 2010 |
|---|---|---|---|---|---|---|---|---|
| 미국 | 1930 BEB 설립 | 1946 해안공유지 침식대책 연방지원 개시 | 1963 USACE 연안공학연구센터(CERC) 설립 | 1972 NOAA 「연안역관리법」(CZMA)제정 / 1974 North Carolina 「Ocean Front Setback Law」 제정 | | | 2000 USACE 「지역퇴적물관리 RSM」 「국가해안선관리연구 NSMS」 | 2011 NOAA 「CZMAPMS」(연안역관리법성과측정체계) 시행 |
| 영국 | | 1949 「연안방호법」 제정 | | | | 1996~1999 「제1차 해안선관리계획 SMP」 수립 | 2006~2010 「제2차 SMP」 수립 / 2009 「Marine & Coastal Access Act」 개발사업 승인기관 단일화 | 2010 「Flood & Water Management」: 중앙정부 지원요건 강화 |
| 일본 | | 1954 「해안법」 제정 | | 1970 「해안정비5개년계획」 착수 | | 1999 「해안법」 전면개정: 지자체 「해안보전기본계획」 수립의무화 | 2007 「해양기본법」 제정 → 2008 「해양기본계획」 수립: 「해양기본계획」의 제 9정책 '연안통합관리'의 제 1목표는 육역·해역토사 통합관리 | |

자료: 진재율, 전게서, 2014. 9. 3, 속초, p.67.

### 3) 우리나라에서의 연안 정비

현재 우리나라에서는 연안의 체계적 관리를 위해 1998년 「연안관리법」을 제정하고 여기에 명시된 바에 따라 1차 연안정비계획(2000~2009)에 이어 현재 2차 연안정비계획이 시행 중(2010~2019)이다.[443] 다음 표와 같이 해수면 상승이나 해난 재해의 예방 등을 위한 연안보전 사업, 연안 해역의 개선 사업, 친수공원 등 연안 친수공간 조성이 주 사업이다.

〈표 5-14〉 **연안정비사업의 유형**

| 구분 | 사업 목적 | 대상 사업 | 비고 |
|---|---|---|---|
| 연안보전 사업 | 해일, 파랑, 해수 또는 지반의 침식 등으로부터 연안을 보호하고 훼손된 연안을 정비하는 사업 | 호안, 잠제, 돌제, 도류제, 양빈, 항내보전 | -1차 정비사업: 2000~2009, 총631사업, 7,832억 원 -2차 정비사업: 2010~2019, 총 323개소(연안보전 242, 연안친수 81), 15,288억 원 (계획), 국비 70% |
| 해역개선 사업 | 연안을 보전 또는 개선하는 사업 | 통수 시설, 해역 복원 등 | |
| 친수연안 조성사업 | 국민이 연안을 쾌적하게 이용할 수 있도록 친수공간을 조성하는 사업 | 친수공원, 해안산책로 | |

자료: 한국해양수산개발원, 『연안·해양관리 통합시스템 구축 연구』, 2012. 12; 윤성순, 「연안정비를 통한 연안가치 제고」, 「연안가치 창조를 위한 스마트 연안관리 포럼(프로시딩)」, 2013. 6. 7, p.115; 해양수산부, 『해양수산편람』, 2013. 8, p.54; 윤종호, 전게서, 2014. 9. 3, 속초, p.31.

그러나 과거 연안정비사업은 주로 해안을 보호하는 기능이 있는 인공구조물을 설치하는 사업이고 특히 호안, 제방 등 주로 경성공법으로 구조물을 설치하여 해안을 변형시켜 2차 피해를 유발할 가능성이 높았다. 그래서 현재는 사업 후의 영향까지를 고려한 보다 생태친화적인(eco-friendly) 연성 방법으로 사업을 실시할 필요가 있다. 실제로 2차 연안 정비사업에서는 앞에서 언급된 여러 가지 생태적이고 환경친화적 기법을 채택하는 방향으로 사업이 수정되어 추진되고 있다.

특히 2013년 8월 「연안관리법」을 개정하여, 기후변화에 따른 연안 취약지역 전체를 하나의 시스템으로 보아 침식이 진행 중이거나 심각한 연안의 육·해역을 하나의 '연안침식 관리구역'으로 지정하고, 관리계획 수립을 의무화하고 있

---

[443] 제2차연안정비변경계획(2015-2019): 5년간 151개 사업, 9,480억 원 예산 계획(해수부, 2014. 9)

다.444) 특히 지형특성 등을 고려해 건설 제어선을 설정하고, 이에 따른 행위 제한과 지원 대책을 마련하고, 침식관리구역이 있는 지역에서 도시계획 등의 기본계획을 수립할 때에 침식영향 및 침식관리계획을 반영하도록 하고 있다.

〈그림 5-9〉 해안 침식에 대비한 연안관리 방안

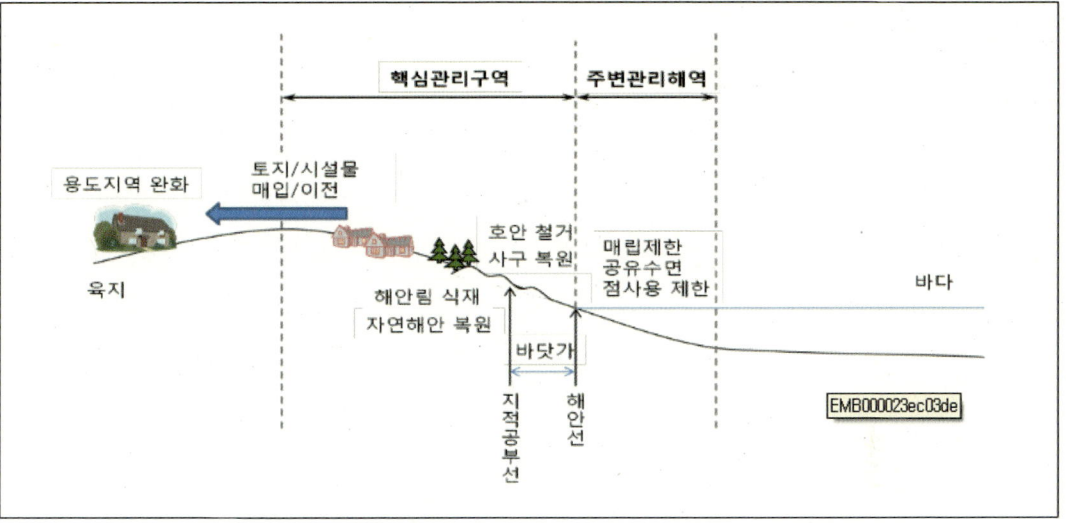

자료: 윤성순 등, 전게서, 2012. 11; 황기형, 「해양의 보호와 이용을 통한 신국부 창출」, 신국토해양 정책방향 세미나, 2012. 11. 5.

침식관리 구역 중 '핵심 구역'이나 이 주위에 설정되는 '완충관리 구역'에서는 건축물·공작물의 신증축, 공유수면·토지의 형질 변경, 규사·바다모래 채취 금지, 입목·대나무의 벌채 혹은 훼손, 사구식생 훼손·변형 등 개발행위가 금지 혹은 제한된다. 또한 국가나 지자체 등에서는 침식 방지에 필요한 토지를 매수할 수 있는 매수청구권, 연안정비사업의 우선 시행 등을 할 수 있게 되었다.445)

이와 같이 우리나라의 연안관리는 기존의 연안관리계획, 연안정비계획 외에 연안침식 관리계획이 추가되어 연안관리의 실효성이 더욱 높아질 수 있는 제도적 틀이 갖추어지게 되었다.

---

444) 해양수산부, 「해양수산 업무편람」, 2014. 3, p.17; 황기형, 「연안침식 해양의 보호와 이용을 통한 신국부 창출」, 「신국토해양 정책 방향 세미나 프로시딩」, 2012. 11. 5.
445) 윤종호, 전게서, pp.40-41.

## 3. 신개념 해양공간계획(Marine Spatial Planning, MSP) 제도

### 1) 개념

2000년대 들어 유럽과 미국 등에서는 연안 및 해양을 통합적인 생태계기반관리 측면에서 지속가능한 이용을 도모하기 위해 해양공간계획(Marine Spatial Planning) 제도를 도입하고 있다.446) 그 정의는 "3차원의 해양 공간을 분석하여 정치적 과정을 통해 특정 목적에 배분하고 특정화된 경제적, 사회적, 생태적 목적들을 달성하는 과정"으로 보고 있다. UNESCO에서도 해양공간계획(MSP)을 "정치적 과정을 거쳐 도출한 생태적, 경제적, 사회적 목표를 달성하기 위해 해양에서 인간 활동의 공간적, 시간적, 분포를 분석하고 결정하는 공공 과정"으로 정의하고 〈표 5-15〉와 같이 해외의 사례들을 소개하고 있다.447)

특히 이것은 관련 해양 지역에 대한 종합해양계획이나 비전 수립에 의해 달성된다고 보고 있다.448) 이는 기존의 연안관리계획에서 한발 더 나아가 생태계기반관리(EBM) 관점에 입각하여 3D의 입체적인 공간 측면에서 해저까지, 그리고 영해에서 EEZ, 한계 대륙붕 등 전보다 훨씬 포괄적인 부분까지 계획에 포함시키려는 것이다.

이미 유네스코 정부간해양위원회(IOC)는 2006년부터 영해와 EEZ의 지속가능한 이용을 위해 해양공간계획(MSP)을 수립하도록 권장하고 있다.449) 결국 해양공간계획(MSP)은 장기적이고 지속적인 방식으로 해양에 접근케 하고 해

---

446) 독일 등 유럽에서는 이미 시행이 되고 있고 미국의 오바마 정부에서는 최근 이의 시행을 국가계획으로 선언하고 있다.
447) 최희정 등, 『해양자원의 최적이용을 위한 해양공간계획 수립 연구: 해양공간계획 체계 정비방향을 중심으로』, KMI 기본연구과제, 2011. 12, p.18; 남정호, 「연안·해양관리 효율화를 위한 지원체계 구축 방안」, 해양수산부 연안관리아카데미, 2013. 5. 2. 원전: UNESCO IOC, MARINE SPATIAL PLANNING - A Step-by-Step Approach toward Ecosystem-based Management, 2009.
448) Frank Maes, "The international legal framework for marine spatial planning", Marine Policy 32, 2008, p.798.
449) 해사신문, 2009. 11. 24, 해양공간계획은 본래 유네스코에서 제창했는데, 생태계 보호에 기반을 둔, 미래 지향적인 해양관리의 기본 틀이라고 할 수 있다.

양서비스를 수용하기 위하여 연안과 해양공간의 이용을 계획하는 기본 틀이라고 볼 수 있다.[450]

〈표 5-15〉 국제연구 동향 및 국가별 MSP 수립 내용

| 구 분 | 연구목적 | 주요 연구내용 |
| --- | --- | --- |
| UNESCO IOC | - UNESCO IOC(2009), MARINE SPATIAL PLANNING: A Step-by-Step Approach toward Ecosystem-based Management | 해양생계기반의 해양공간 관리를 위한 지침 |
| UNESCO IOC | • 호주: 해양 생태지역 계획(Marine Bioregional Plans), 대산호초 해양공원(Great Barrier Reef Marine Park)<br>• 벨기에: 북해 마스터플랜(Master Plan for the North Sea)<br>• 독일: 북해 및 발트 해 공간계획(Spatial Plan for the North Sea and Baltic Sea)<br>• 노르웨이: 바렌츠해 생태계 관리 계획(Ecosystem Management Plan for the Barents Sea)<br>• 네덜란드: 북해 통합관리계획 2015(Integrated Management Plan for the North Sea 2015)<br>• 영국: 영국의 해양계획 체계 설명(A description of the marine planning system for England), 해양 연안 접근법(Marine and Coastal Access Act)<br>• 캐나다: 대양관리지역 통합관리계획(Large Ocean Management Area Integrated Management Plans), 동부 Scotian Shelf 통합관리계획(Eastern Scotian Shelf Integrated Management Plan)<br>• 미국: 플로리다 키 국립해양보호구역(Florida Keys National Marine Sanctuary), 매사추세츠 해양 계획(Massachusetts Ocean Plan)<br>• 중국: 해양 기능구역제(Marine Functional Zoning) | |
| 유럽위원회 | - EC(2008), Roadmap for Maritime Spatial Planning: Achieving Common Principles in the EU<br>- EC(2010a), Maritime Spatial Planning in the EU: Achievements and Development<br>- EC(2010b), MARINE KNOWLEDGE 2020: marine data and observation for smart and sustainable growth<br>- EC(2010c), Study on the economic effects of Maritime Spatial Planning | - 유럽의 MSP 수립의 원칙<br>- MSP의 발전 및 추진사항에 관한 내용<br>- 공간계획과 통합된 해양의 점검을 위한 해양지식 관리<br>- MSP의 경제성에 관한 연구 |

자료: 최희정 등, 「해양자원의 최적이용을 위한 해양공간계획 수립 연구: 해양공간계획 체계 정비방향을 중심으로」, KMI 기본연구과제, 2011. 12, p.9. 원전: UNESCO IOC(2009), EC(2008), EC(2010a), EC(2010b), EC(2010c), DEFRA(2011).

1995년 이래로 지구환경기금(Global Environmental Facility, GEF)[451]의 국제수역 프로그램(International Waters Programme)은 생태계기반관리(EBM)나 광

---

450) World Ocean Council, "International Ocean Governance: Marine Planning Brief", 2014, p.2.
451) 1991년 설립되어 국제기구, 시민단체, 민간단체들과 함께 세계 환경문제 해결을 위해 환경Fund를 제공하는 UNDP 산하 국제기구, 자료: GEF 홈페이지.

역해양생태계(Large Marine Ecosystem, LME)들의 관리를 도입하려는 국가들 사업에 자금을 지원해 왔다.452) 이러한 LME 사업들은 1992년 유엔환경회의(UNCED)에서 채택된 Agenda 21, Chapter 17의 목표들을 지원하지만 호주의 Great Barrier Reef Marine Park처럼 광역적이어서 한 국가의 경계를 넘는 경우, 인접하는 연안국가들의 협력을 요구하고 있다.453) 생태계 경계도 국가의 행정 경계와 일치하지 않아 경계의 문제가 효과적인 관리에 제약요인이 되고 있다. 오늘날 연안국들은 자국의 경계 내에서 다양한 형태의 해양 및 연안관리 관리 틀을 이용하고 있다. 해양 자연의 보존과 보호가 MSP의 일부로서 생태계로 정의된 범위보다는 보다 작은 범위에서 정치적으로 결정되고 있다. 유엔해양법협약(UNCLOS) 123조에서는 폐쇄해나 반폐쇄해의 인접국들은 상호 협력을 하도록 하고 있으나 강제 사항은 아니므로 이러한 MSP를 위한 상호 협력도 이제 유아기에 불과하다. 그리고 바다 이용과 이에 따른 환경 영향 자료 수집이 발전된 국가들에서조차 이제야 MSP 이행을 위한 최선의 가이드라인 개발을 하는 정도이다.

이 MSP 개념은 초기에 MPA를 잘 관리하기 위하여 이용되다가 다목적의 갈등이 생기는 유럽에서 EEZ를 포함한 해역의 갈등과 조정 목적의 해양공간관리로 진화되었으며 최근에는 EBM시스템에 입각한 해양공간계획으로서 새로이 시도되는 추세이다.454)


## 2) 발전 과정

UNEP와 GEF의 자문위원회와 기술자문위원회(GEF/STAP)의 보고서는 전 세계 97개 해양 지역의 사례 조사 중 응답이 된 79개소에 대하여 분석한 결

---

452) Kenneth Sherman, "The Large Marine Ecosystem network approach to WSSD targets", *Ocean and Coastal Management 49*, 2006, p.640(pp.640-648). GEF/LME 사업은 1999년에 전 세계 45%의 해양바이오매스 생산에 기여하는 국가들에 지원되고 있다.
453) Frank Maes, *op. cit.*, p.799.
454) 최희정 등, 전게서, p.30.

과, 30개소에서 해양공간계획(MSP)이 실행되고(implemented), 41개소에서 계획 수립 중이거나 준비단계이며 8개소의 경우는 그 단계가 확인되지 못하였다고 하였다.455) 이를 실시하는 주요 동기로는 해양생태계의 건강성 유지(66%), 지속가능한 방식으로 해양생태계 경제가치 극대화(52%), 지역적이고, 소규모 및 전통성 이용들을 유지·개발(33%), 다른 경제적 계획들의 해양인프라 구축을 용이하게 하려는 목적(25%) 등으로 나타났다.

이 보고서에 나타난 주요 시행 지역은 남중국해(15개소), 북동대서양(14개소), 카리브해(12개소), 북동태평양(11개소), 남서태평양(8개소) 및 북서대서양(7개소), 북서태평양(5개소), 발틱해(4개소) 등의 순으로 나타났다.456) 그러나 시행 중인 계획들도 시작된 지 15년이 안 되어 계획의 성공이나 실패, 혹은 벤치마킹이 아직은 어려운 상황이다. 여기에서 제시된 국가 사례로서는 호주 4곳의 Bioregional Marine Planning(Southwest, Northwest, North and Temperate East), 캐나다의 Beaufort Sea Integrated Ocean Management Plan, 중국의 Marine Functional Zoning(해양기능구역제도) 등이 있고, 그리고 미국에서는 지역계획위원회(Regional Planning Body, RPB)를 수립하여 4개 지역 즉 북동(Northeast), 중앙대서양(Mid-Atlantic), 태평양도서(Pacific Islands) 및 미국 카리브해 등의 계획이 거론되고 있고 기타 지역들도 지역계획위원회(RPB)가 설치되어 계획 수립이 진행 중이다.457)

원래 미국은 2010년부터 해양뿐만 아니라 연안, 5대호까지 포함하는 '연안 및 해양공간계획(Coastal and Marine Spatial Planning, CMSP)'이라는 새로운 제도를 도입함으로써458) 해양의 이용과 보존에 관한 기존 정책의 획기적인 변화를 시도하고 있다. 그리고 미국 국가해양위원회(The National Ocean Council)에서 이를 지원하기 위하여 해양계획 핸드북(Marine Planning Handbook)을 발간하기도 하였다.459) 미국의 주단위에서는 로드아일랜드 주의 Rhode Island

---

455) World Ocean Council, op. cit., 2014, p.4.
456) Ibid.
457) World Ocean Council, op. cit., 2014, pp.6-7.
458) 최희정, 「미국의 해양공간계획(MSP) 정책방향과 시사점」, 『해양국토21』, 2010, Vol. 1, pp.27-41.
459) World Ocean Council, op. cit., 2014, p.7.

Ocean Special Area Management Plan(Ocean SAMP), 지역 단위에서는 캘리포니아 샌디에이고에서 Marine Alliance라는 이름으로 시행 준비가 이루어지고 있다.460)

유럽에서는 지난 10여 년간 여러 가지 해양환경 및 해양 관련 계획들이 유럽의 해양정책 프레임에 부가되었다. 특히 MSP와 관련하여 중요한 것은 2014년에 Marine Spatial Planning Directive를 제정하여 MSP 관련 계획 시 필요한 최소한의 새 요건들을 제시하고 있다.461) 이외에 '유럽에서의 ICZM 이행에 관한 권고안(2002/413/EC)', The Marine Strategy Directives(2008/56/EC), The Integrated Maritime Policy of European Union(COM(2007) 575 final) 등이 있다.462) 법적인 규제가 강하진 않지만 전자는 유럽의 연안관리에 유효하며, 공간개발 관점에서 지원되고 있다. 후자는 다양한 해양 비즈니스 기회의 거버넌스 틀이 되며, 해양교통, 연안에서의 기후변화 대비, 선박의 이산화탄소 저감 방안 및 각국에 대한 MSP의 로드맵 제공 등 종합적인 해양 거버넌스를 제공해 주고 있다. 기존의 오염이 심하거나 취약한 북해 등이 통합적이지 못한 상태로 관리되자 EU는 2007년 Green Paper와 The Marine Strategy Framework Directive를 발표하고 Marine Region 개념을 도입하며 생태계기반관리를 활용하여 유럽의 바다를 환경적으로 통합 관리하도록 유도하였다.463) 이를 통해 영국이 Marine and Coastal Access Act(2009), The Marine Act(Scotland, 2010)에 의거하여, 그 외에 네덜란드, 벨기에, 독일 등에서, MSP 관련 계획들을 세워 시행해 나가고 있다.464)

EU는 2013년에 Directive Marine Spatial Planning & ICZM 초안을 제정하여 MSP와 ICZM을 통합하여 서로 다른 목적의 다양한 활동들을 해양공간에서 수용하기 위한 계획 수립을 하도록 하고 있다.465) 이를 통하여 전체적인 통

---

460) World Ocean Council, op. cit., 2014, p.8.
461) World Ocean Council, op. cit., 2014, p.6.
462) Greg Llyoid et al., "EU Maritime Policy and Economic Development of the European Seas", *The Ecosystem Approach to Marine Planning and Management*, MPG Books, UK London, 2011, p.79.
463) 최희정 등, 전게서, p.34.
464) Greg Llyoid et. al, op. cit., p.88.
465) Ronan Long, op. cit., p.39; KMI, 『해양산업동향』 제86호, 2013. 3. 19, p.5.

합 관리(Integrated and Holistic Management)와 갈등 해결을 하되 그 규범적 지침은 생태계기반관리(EBM)에 의하도록 하고 있다.

이외에 스웨덴과 핀란드 간에 공유되는 발틱해의 일부 해양분지에 대하여 Bothnian Sea Trans-boundary Pilot Project가 이루어졌고, 이는 보스니아 (Bothnia)해의 용도를 계획하여 양국 간 해양 이용의 갈등을 줄이기 위한 EU (Integrated Maritime Policy)의 한 준비 활동(preparatory action)이었다.[466]

호주는 자국의 관할해역을 앞에서 언급한 대로 4개의 해양생태계획(Marine Bioregional Plan, MBP)으로, 뉴질랜드는 Bio-geographic Region을, 그리고 캐나다는 생태계 패턴, 경향, 특성 등을 고려하여 19개 생태계 단위(Marine Eco-Region)로 나누어 해양공간계획(MSP)을 수립해 나가고 있다.[467]

이들이 실시하고 있는 MSP는 영해만 다루던 기존의 ICM을 뛰어 넘어 EEZ 까지도 포함하여 자원을 이용하는 수요의 시간적·공간적 갈등 관리와 생태환경의 지속가능성 유지를 기반으로 하는 공공정책이라 할 수 있다.[468] 따라서 그 주요 특징으로는 첫째, 해양 공간 구역화(zoning)를 도입하여 해양공간을 기능별로 나눠 관리하고 있다는 점, 둘째, 환경평가 등을 통한 환경과 개발의 조화를 꾀하고 있다는 점으로, 앞에서 언급된 생태계기반관리(EBM)의 도입을 통한 통합관리라 볼 수 있다. 셋째 새로운 이용 수요에 대처하려는 것으로 특히 EU에서는 해상 풍력단지 조성, 해양 광물자원 개발 등 산업적 수요에 대처하려는 것으로 요약할 수 있다. 생태계기반관리를 위해 해양공간계획에서 각국은 무엇보다 정치적인 경계보다는 물리적·생태적·수문학적·해양학적·생물학적 특성을 고려하여 공간을 정의하는 작업을 진행하고 있다. 이러한 측면에서 해양생태계에 대한 구조·기능·상태 등에 대한 조사와 모니터링도 병행하고 있다. 이러한 작업을 하면서 각 구역에 대한 해양서식지 지도화 작업(marine habitat mapping), 생태계평가 시뮬레이션 모델 구성, 공간자료와 지리정보시스템(GIS) 작업, 평가를 위한 지표(사회적, 경제적,

---

466) *Ibid.*
467) 최희정 등, 전게서, pp.35-36.
468) UNESCO, 2009.

생태적) 작성, Marxan(공간계획 의사결정 툴) 등과 같은 각종 MSP 지원 툴(tool)의 개발이 이어지고 있다.[469]

〈표 5-16〉 Marine Spatial Plan의 진화

| 개념 진화 | 주요 개념 | 관련 국가 | 내용 |
|---|---|---|---|
| 1단계 | 해양보호구역 관리를 위한 해양공간관리 | 호주와 미국 | ·주로 보전의 대상이 인간 활동에 의해서 훼손될 우려가 있을 때 이루어짐.<br>·호주 해양공원 관리(Great Barrier Reef Marine Park, GBRMP)가 대표적: 8개 용도구역 |
| 2단계 | 다목적 해양 이용을 효율적으로 하기 위해 해양공간관리 | 북서 유럽(영국, 벨기에, 독일, 네덜란드)과 중국 | 환경과 보전의 갈등이 뚜렷한 유럽 북해와 같은 고밀도 이용해역의 경우에 해양공간의 다목적 이용에 초점을 두고 있음 |
| 3단계 | 생태계 기반관리 해양공간관리 | 호주(Marine bio-region), 뉴질랜드(Bio-geographic region), 캐나다(19개 Marine eco-region) | 최근에 해양공간계획 수립에 있어서 생태계기반관리 요소를 포함하여 생태계 기반의 체계적 접근이 이루어지고 있음 |

자료: 최희정, 국토해양인재개발원 강의자료, 2010.

우리나라의 경우 영해까지가 통합연안관리계획이 이루어지는 공간으로 해양 용도구역 지정이 이루어지고, EEZ에 대해서는 아직 한·중·일 간 경계획정이 다 이루어지지 않아 확대하기 어려운 상황이다. 또한 연안을 따라 일부 정점에서 해수 수질이나 기초 생산력에 대한 정기 조사가 이루어지고 있고 이동성 수산 어족자원, 해저의 광물자원 조사, 해양의 풍력 등 에너지 자원 등의 기초적인 탐사·조사 정도만 이루어지고 있는 등 구역별 세부 해양 생태계 자료의 축적이 이루어지지 않은 상태이다. 이러한 관계로 본격적인 생태계기반 해양공간계획(MSP)을 도입하기에는 아직 시기상조이다. 따라서 연안관리, 해양환경관리, 해양생태계관리 등의 기반을 다지고 그 위에 단계별

---

[469] Andrew J. Plater, et. al, "Review of Existing International Approaches to Fisheries Management: The Role of Science in Underpinninging the Ecosystem Approach and Marine Spatial Planning", *The Ecosystem Approach to Marine Planning and Management*, 2011, MPG Books, UK London, pp.131-204.

로, 앞으로 설정될 EEZ와 대륙붕을 포괄하는 해양생태계 기반 해양공간계획(Ecosystem-Based Marine Spatial Planning) 체계를 갖추어 나가야 한다. 다만 먼저 자료가 풍부한 연안 인근 해역부터 도입하면서 향후 해양조사 강화 등으로 원해 자료 축적과 더불어 점차 계획을 확대해 나갈 필요가 있다.

## 4. 국제적 지역 해양관리(regional ocean management)

1982년 UNCLOS의 채택과 국가별 EEZ 설치의 가능성으로 해양의 지역주의(Ocean Regionalism)가 가능케 되었고 이에 따라 지역별로 해양에 관하여 자원과 환경을 어떻게 관리해야 할 것인가를 고심하게 되었다. 오늘날, 다양한 지역해 프로그램이 존재하고 있다. 여기에는 UNEP의 지역해 프로그램(Regional Sea Programme, RSP) 및 LME 등이 있다.

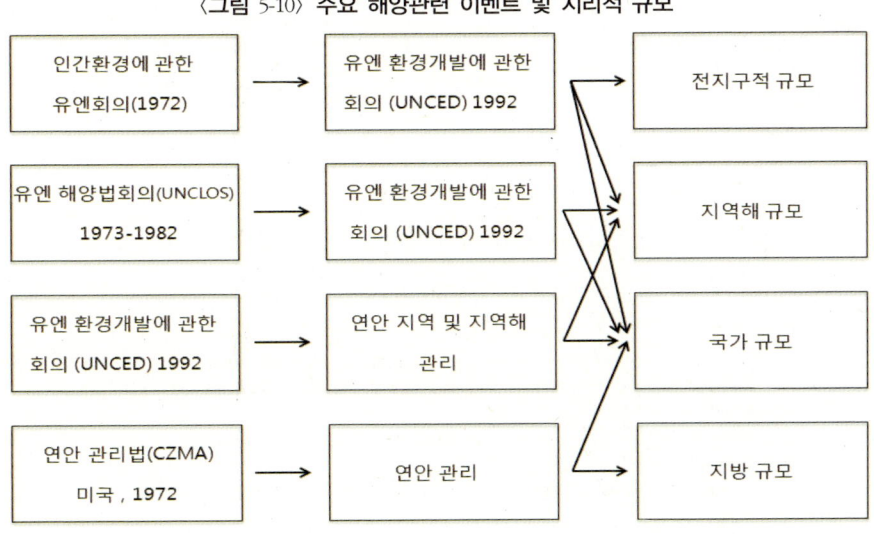

〈그림 5-10〉 주요 해양관련 이벤트 및 지리적 규모

자료: Adalberto Vallega, op. cit., p.10.

## 1) 지역해 프로그램(RSP)

UNEP는 1972년 열린 인간환경에 관한 UN회의(UN Conference on the Human Environment, 일명 Stockholm Conference)에서 지역적인 해양 보전을 위해 세계적으로 지역해 프로그램(Regional Sea Programme, RSP)을 만들었다.[470] 이를 통하여 UNEP는 1974년부터 점진적으로 시작하여 2009년 4월 기준 전 세계 13개 지역해 프로그램(RSP)과 5개의 파트너 프로그램[471]을 포함하여 총 18개 프로그램을 운영 중이며 세계의 143개 국가가 이에 참여하고 있다.[472]

1994년부터 한·중·일·러 간에 진행하고 있는 북서태평양보전실천계획(Northwest Pacific Action Plan, NOWPAP)은 이러한 13개 지역해 프로그램 중 하나로 북서태평양을 대상으로 하는 사업이다. 반면에 동아시아지역해조정기구(Coordinating Body on the Seas of East Asia, COBSEA)는 13개 지역 중 하나인 동아시아해를 대상으로 하는 사업으로서 주로 동아시아 연안·해양환경 보호 및 지속가능한 발전을 목적으로 1994년 설립되었다.[473] UNEP는 이런 지역해 사업을 통하여 연안관리, 해양생태계 관리, 해양 오염관리 등 다양한 활동과 사업들을 하고 있다. 지역해 프로그램은 프로그램, 실행계획(action plan), 정치적 수준에서의 이행(Implementation) 등으로 구성된다. 그리고 지역 실행계획은 지역 관련 UN기구들의 협력하에 지역 기구들에 의해 시행된다.

이러한 지역 프로그램들이나 여타 협약들의 효과적인 시발점으로 적정한 관리 규모의 확인이 필요한데 이러한 관점에서 생태계 패러다임(ecosystem paradigm)이 가장 우월한 준거의 틀(frame of reference)이 되고 있다. 그래서

---

[470] Terttu Melvasalo, "Perspectives and Experience of the UNEP Regional Seas Programme", *Securing the Oceans: Essays on the Ocean Governance*, Chua Thia-Eng, Gunnar Kullenberg, and Danilo Bonga (eds.), Jan. 2008, GEF/UNDP/IMO, p.230.

[471] Terttu Melvasalo, *op. cit.*, p.231. Baltic Sea, North Sea, Caspian Sea, Antartic, Artic Sea 같은 경우는 UNEP의 파트너 프로그램으로 분류됨.

[472] 2009년 4월 기준, KMI, 『국제 해양문제 주도권 확대방안 연구(Ⅰ)』, 2009. 12, p.187; Terttu Melvasalo, *op. cit.*, p.231.

[473] 호주, 중국, 한국 등 10개국이 참여하고 있다. 중점 사업으로 '해양 및 육상기인 오염원 관리', '연안해양 서식지 보존', '연안재해 대응 및 관리' 분야의 사업을 수행 중이다. 자료: 국토해양부, 『동아시아 다자간 해양환경 국제협력사업(제1차)』, 2012. 3.

생태계 접근법(ecosystem approach)이 1980년 남극해양생물자원보존협약(The Convention on the Conservation of Antartic Marine Living Resources) 타결 이후로 수산업이나 다른 유엔해양법협약들에 많이 쓰이고 있다. 이러한 생태계 접근법은 생물 및 비생물 자원이 상호 긴밀히 연계되는 지역이라고 할 수 있는 생물지리적 지역(biogeographic area)이 확정된 후에야 그 기능을 잘 할 수 있다.474)

### 2) 광역해양생태계(LME)

먼저 미국의 NOAA와 다른 기관들은 전 세계의 해양을 특이한 수심(bathymetry), 수로(hydrography), 및 해양 생산성(productivity), 영양 의존 개체군(trophic-dependent populations) 등의 차원으로 분석하여 전 세계에 약 64개의 광역해양생태계(Large Marine Ecosystem, LME)가 있음을 확인하였다.475) 이들 광역해양생태계(LME)의 면적은 200,000$km^2$ 정도 혹은 그 이상의 크기인데 강 하구역부터 대륙붕이나 주요 해류의 외곽 한계 해역까지 포함된다. 이러한 광역해양생태계(Large Marine Ecosystem, LME)의 확인은 특히 중요한 발전으로 여겨지는데 이는 LME가 전 세계 어획량의 80% 정도를 차지할 만큼 중요하기 때문이다.

실제로 인도네시아 마나도에서 2009년 열린 세계해양컨퍼런스에서 광역해양생태계(LME)에 관하여 '2009년 마나도 선언(Manado Declaration, 비구속적인 선언)'이 79개 국가들의 지지를 받아 채택되었다.476) 이는 광역해양생태계(LME)의 지속가능한 발전(Sustainable Development)을 위하여 생태계의 온전성(integrity)

---

474) Donald R. Rothwell & Tim Stephans, *The International Law of the Sea*, 2010, Oxford UK, Hart Publishing, 2010, p.463.
475) David L. VanderZwaag, *op. cit.*, p.203, p.228(LME 목록 있음); Shih-Ming Kao, *et. al.*, "Regional Cooperation in the South China Sea: Analysis of Existing Practices and Prospects", *Ocean Development & International Law*, 43, 2012, p.287. 미국에는 10개의 LME(그중 북극해 3개), 황해도 그중 하나의 LME로 관리 중임.
476) Donald R. Rothwell & Tim Stephans, *op. cit.*, p.463.

이, 경제적 효율성(efficiency)과 사회적 형평(equity) 달성을 위한 전제조건으로 되어가고 있기 때문이다.[477]

한편 UNDP 지구환경기금(GEF)은 LME 사업에 간여하여 왔다. 특히 생태계 어족 자원의 월경성 관리 문제(transboudary management problems)에 대처하기 위하여 관련 문제를 확인하고 사업을 우선순위화 하며 전략적 행동계획(SAPs)을 세우기 위하여 각 LME지역에서 월경성 대증분석(Transboundary Diagnostic Analysis)을 실시하도록 도와왔다.[478]

우리나라 인근에서는 '황해광역해양생태계보전사업(YSLME, Yellow Sea Large Marine Ecosystem)', 그리고 해양환경관리와 ICM을 중심으로 하는 동아시아해양환경협력기구(PEMSEA)의 '동아시아 해양환경 보호 및 관리를 위한 파트너십(Building Partnership in Environmental Protection and Management of the Sea of East Asia)' 사업이 UNDP 지구환경기금(GEF)에 의해 지원되고 있다.

세계의 LME 중 일부는 지중해, 홍해, 흑해, 발틱해 등 기존의 UNEP 지역해 프로그램(RSP)과 정확히 일치되지만 일부 LME와 지역해 프로그램은 상호 구역이 달라 국제적으로 조정이 크게 이루어져야 할 문제로 남아 있다. 가능한 대안으로는 1)LME를 커버하기 위하여 지역해 프로그램의 지리적 범위를 넓히는 안, 2)지역해 프로그램의 하위 단위로 LME를 넣는 방안, 3)지역해와 같이 특별한 관리 프로그램이 없는 LME를 위해 특별한 거버넌스 방안을 마련하는 것, 4)LME를 관리 영역으로 끌어들이지 않고 그냥 놔두는 방안 등이 있다.[479]

### 3) 관리 도구

효과적인 지역해 프로그램이나 LME 관리를 위해서는 강력한 의사결정 도구

---

[477] Jannelle Kennedy, Arthur J. Hanson, and Jack Mathias, "Ocean Governance in the Artic: A Canadian Perspective", *Securing the Oceans: Essays on the Ocean Governance*, Chua Thia-Eng, Gunnar Kullenberg, and Danilo Bonga (eds.), Jan. 2008, GEF/UNDP/IMO, p.650.
[478] David L. VanderZwaag, *op. cit.*, p.203.
[479] David L. VanderZwaag, *op. cit.*, p.204.

들이 필요하며 이에 의거하는 것이 종합적이고도 정확하다. 이 중 가장 탁월한 것이 제2장에서 나온 전지구해양관측시스템(Global Ocean Observing System, GOOS)으로, 이는 하나의 통합된 해양정보시스템으로서 현재의 상태를 측정하고 미래에 어떻게 변할지에 대한 예측 기반이 된다. GOOS는 범위 상으로 전지구를 커버하는 지식망(knowledge network)이고, 지역해 프로그램들을 도우며 생태계기반관리(EBM)를 향상시키면서, 지방과 국제간을 연결하여 국제적인 협력을 촉진시킨다. GOOS는 지역 단위를 가지고 있어 특정 지역의 국내적 프로그램들과 연계되어 있다. 예를 들면, GOOS-Africa, GOOS-South Pacific, MedGOOS(지중해), Black Sea GOOS, NEAR GOOS(극동 지역) 등이 있다.

넓은 바다의 영역을 가진 미국은 2004년에 해양 행동프로그램(Ocean Action Programme)을 발표하였다. 이때 자국 내의 지역해 계획을 LME 개념과 일치시키려고 하였는데 미국은 10개의 LME를 자국 내 해역에 가지고 있기 때문이었다.[480] 특히 북극해에는 3개의 LME가 있어 이들을 5개 항목(생산성, 어자원, 오염과 생태 건강성, 사회경제지표, 거버넌스 등)에서 어떻게 변화하는지를 평가하였다. 그러나 미국에서 주 지역 차원에서 수행되는 ICM 프로그램이 LME와 연계되어 피드백 되는지는 아직 명확하지 않다.

캐나다는 미국의 ICM과 같이 아직 단일의 종합적인 연안해양관리 지역 프로그램은 없고 다만 동스코시안 대륙붕 통합관리(The Eastern Scotian Shelf Integrated Management), 뷰포트 해양통합관리(Beaufort Sea Integrated Management Planning Initiative) 및 국가 해양보전구역(National Marine Conservation), 해양환경에 관한 메인만 위원회(The Gulf of Main Council on the Marine Environment) 등 보다 작은 계획안(initiatives)들이 있을 뿐이다.[481] 그러나 이러한 관리계획들은 국가단위의 지역계획이나 보다 넓은 국제적 노력(예를 들어 LME)들과 연계되지 않았었다.

최근 캐나다의 수산해양부(Department of Fishery and Ocean, DFO)는 생태계기반관리(EBM) 등을 넘어 대양관리지구 프로그램(Large Ocean Management

---

480) David L. VanderZwaag, op. cit., p.652.
481) Jannelle Kennedy, op. cit., pp.652-653.

Area Program, LOMA)482)을 만들고 있는데 이는 캐나다의 해양관리를 위한 새로운 개념으로서, 보다 작은 국가계획들(initiatives)을 묶어 국제적인 노력들과 연계 가능한 보다 큰 광역 관리 단위를 제공하려는 것이다.483) 이러한 개념은 위에서 본 바와 같이 보다 광역적으로 해양 및 연안통합관리(ICOM)을 하려는 노력과 유사한 것으로 평가될 수 있을 것이다. 캐나다 자연자원 및 공원부 (Ministry of Natural Resource and Park)도 국립공원 경계에 더 넓은 해양 환경을 포괄하도록 하고, 효과적인 해양 보전을 위해 대규모 국가 해양단위를 포괄하여 시행하려고 하고 있다.

---

482) Jannelle Kennedy, *op. cit.*, p.641.
483) Jannelle Kennedy, *op. cit.*, p.654

derivative
# Ⅲ부 해양자원

# 06

## 해양 광물자원 개발

# 제6장
# 해양 광물자원 개발

## 1. 서

1982년에 타결되고 1994년에 발효된 유엔해양법협약에 따라 각 연안국은 영해(12해리 이내 수역), 접속수역(24해리 내 수역), 배타적 경제수역(200해리 내 수역), 연장 대륙붕(350해리까지)을 가질 수 있게 되었다. 유엔 자료에 따르면 현재 배타적경제수역을 선포한 국가는 152개 연안 국가 가운데 125개국이다.[484] 만일 모든 연안국이 EEZ를 선포할 경우, 해양의 약 36%와 해저석유 부존량의 약 90%가 연안국에 귀속된다.[485] 과거 세계적으로 개발된 대부분의 해저 유전은 수심 200m까지의 대륙붕에서 발견되었는데, 최근에는 수심 3,000m 이상의 심해저에서도 석유개발이 이루어지고 있으며, 현재 소비되는 석유의 30%가량[486]이 해양에서 생산되고 있다.

한편 최근 주요 해양자원으로 석유·가스의 65%, 금속의 99%, 모든 화석연료의 2배가 되는 약 10조 톤(5,000년간 사용 가능 양)의 가스하이드레이트가 해저에서 발견되어 각광을 받고 있다.[487] 앞으로 자원개발 기술이 더욱 고도화되고, 국가들이 해양자원 개발을 위한 자금 지원 및 인프라 확충에 더욱 노력할 경우 지금의 매장 추정량보다 더 많은 자원개발이 가능할 것으로 전망되고 있다.

---

484) 유엔 자료 참조(www.un.org/Depts/los/LEGISLATIONANDTREATIES/claims.htm), 2009년 5월 27일 검색, 단 유엔 자료는 2008년 5월 28일 업데이트된 된 자료이며, 152개국에 대한 해양경계 획정 현황이 정리되어 있다.
485) 한국해양수산개발원, 『국제 해양문제 주도권, 확대 방안 연구(Ⅰ)』, 2009, p.53.
486) 캠브리지에너지연구협회(CERA)에 따르면 2009년 석유의 33%, 가스의 31%를 바다에서 생산하며 2020년에는 각 35%, 41%를 차지할 것으로 전망하고 있다. 박광서, 『해양플랜트 Subsea Tree의 개발동향과 전망』, 2012.
487) 홍승용, 「해양강국 실현을 위한 대한민국의 선택」, 차기 정부의 해양강국 실현을 위한 정책 토론회(프로시딩), 2012. 7. 17, p.16.

그러나 현재 세계 에너지 소비량은 1950년 소비량의 4.7배로 증가하였고, 대부분의 에너지 소비는 석탄·석유 등 화석에너지에 집중되고 있다. 현재의 화석연료 소비량으로 미뤄볼 때 총에너지의 40%를 차지하는 석유자원의 채광 연수는 41년, 천연가스는 62년, 석탄 114년 등으로 전망되어[488] 각국은 신재생에너지와 해양청정에너지 개발을 통해 기후변화와 자원고갈 문제 해결에 나서고 있다.

〈표 6-1〉 해양자원의 잠재 가치

| 자원 | 매장량 | 비고 |
| --- | --- | --- |
| 석유 | 1.6조 배럴 이상(세계 매장량의 32.5%) | LNG는 매장량의 15% |
| 구리, 망간, 니켈 | 해양 전체: 전 세계가 200~1만년 동안 사용할 수 있는 양<br>심해저: 망간 40년, 니켈 46년, 코발트 182년간 사용할 수 있는 양 | 심해저에는 망간(60억 톤), 니켈(2.9억 톤), 구리(2.4억 톤), 코발트(6천만 톤), 백금(20만 톤) 부존 |
| 금, 아연 | 금 17년치(4만 톤), 아연 32년치(2억 톤) | 해양 열수광상에 함유 |
| 가스(하이드레이트) | 수천 조m³(화석연료의 2배)→ 10조 톤(기존 LNG 매장량의 100배, 전 세계가 5,000년 동안 사용할 수 있는 양) | 해저 300m 이하에 부존, 고압/저온 환경+가스+물(일명 '불타는 얼음') |
| 해양 에너지 | -총 해양 가용 에너지: 15,000Gw<br>-해양발전 잠재량*: 연간 82,950TWh(2008년 세계 전력 소비의 5배) | |

자료: SERI, 「해양자원 개발의 현재와 미래」, SERI 경영노트, 2011. 12. 8, p.2; 「한국 해양개발산업 경쟁력 제고방안」, SERI 경영노트, 2012. 5. 24(제151호). *: 해양 발전 잠재량은 IEA-OES 추산(풍력, 파력, 조력, 해수온도차, 염도차 발전) 및 IEA-OES, An International vision for Ocean energy, 2011; 해양수산부, 『해양수산 업무편람』, 2013. 8, p.59. 원자료: 해양수산개발원, 『글로벌 해양전략 수립 연구』, 2009. 12; 국토해양부, 『제2차 해양수산발전계획 (2011-2020)』, 2010; 장항석, 「21세기 동북아 해양문제와 한국의 해양정책 방향」, 정치·정보 연구, 10(1), pp.43-67.

해저유전 개발의 평균 손익점은 배럴당 50~60달러인데 유가가 배럴당 50달러 이상을 상회한 2005년 이후 해양자원 개발이 늘면서 해양플랜트 수주량도 늘어났다.[489] 육상자원의 고갈로 해양자원 개발에 대한 요구도 점증할 것으로 예상되었으나 최근 미국에서 셰일가스가 새로이 개발되면서 유가가 하락하여 해양자원 개발에 대한 투자는 다소 주춤거리고 있다. 그러나 자원 시

---

[488] 한국해양수산개발원, 전게서, 2009, p.54. 석탄은 홍승용(상게 자료, 2012. 7. 17, p.16) 인용.
[489] 지식경제부, 「해양플랜트산업 현황과 발전전략」(세미나 발표 자료), 2010. 10.

장 여건이 개선되면 다시 해양 개발 투자가 이어질 것으로 보인다.

여러 선진국과 같이 우리나라 정부에서도 국내 자원이 빈약하여 해외 자원개발의 중요성에 대해 높은 관심과 자급률 개선 노력을 보이고 있다. 정부는 현재 연근해 해저자원을 개발하기 위한 「제1차 해저광물자원개발 기본계획(2009-2018)」 외에 「제4차 해외자원개발 기본계획(2010-2019)」을 수립·추진하는 등 자원 확보에 노력하고 있다.

우리나라의 해외 자원개발[490] 현황을 살펴보면 가장 많은 비중을 차지하는 것은 석유와 가스 등 에너지·광물자원 분야이며, 특히 2000년대 중반 이후 개발사업 수가 급속도로 증가하고 있다. 특히 우리나라의 전체 광물자원 자주개발률은 2007년 4.7%에서 최근의 해외 자원개발에 힘입어 2011년 현재 13.2%까지[491] 늘어 4년 사이에 두 배 이상 상승했다. 유연탄, 우라늄, 철광, 동, 아연, 니켈 등 6대 전략광물 자주개발률도 18.5%에서 27%로 상승했다.[492] 정부는 「제4차 해외자원개발 기본계획」에 의해 석유·가스 자주개발률을 2011년 14%에서 2019년까지 30%로 설정하고 6대 전략 광물은 42%로 잡아 이를 지속적으로 높인다는 계획을 세워놓고 있다.[493] 육상자원의 고갈로 해양자원 탐사가 지속되면서 해양자원의 경제적 가치는 지속적으로 증가할 것으로 보인다. 해저 광물자원 개발계획에 대해서는 본장 4절을 참고하기 바란다.

---

[490] 일반적으로 해외자원개발이라 함은 「해외자원개발 사업법」에서 규정하는 광물자원, 농·축산물 및 임산물자원을 일정한 방법과 절차에 따라 개발하는 것을 의미한다. 「해외자원개발 사업법」제3조에서는 1.대한민국 국민이 단독 또는 외국인과 합작으로 해외자원을 개발하는 방법(해외현지법인을 통하여 개발하는 경우 포함), 2.대한민국 국민이 해외자원을 개발하는 외국인에게 기술용역을 제공하여 개발하는 방법, 3.대한민국 국민이 해외자원을 개발하는 외국인에게 개발자금을 융자하여 개발된 자원의 전부 또는 일부를 수입하는 방법 등으로 규정.

[491] 매일경제, 2012. 4. 16.

[492] 비(非)산유국으로 10%가 넘는 자주개발 물량을 확보하는 성과는 거뒀지만 풀어야 할 과제가 많다. 대형화 추진에도 불구하고 석유공사의 자기자본 규모는 2010년 기준 88억 달러에 머물고 있고 이는 엑손모빌(2875억달러)의 3%, 세계 40위권 석유회사인 미국 아나다코(214억 달러)의 41%에 불과한 수준이다. 자원 분야 기술인력 부족도 문제로서 전체 자원개발 관련 인력은 1,300명 내외로 3,000여 명 이상의 자체 인력을 가진 브리티시 페트롤리엄(BP)의 인력 규모에도 못 미친다. 정부 및 국책 금융기관의 금융 지원, 자원개발 펀드 활성화 등 민간 부문의 투자재원을 확충해야 하고 공기업과 민간기업 간 협력채널을 늘리고 금융·세제 지원을 강화해 민간기업의 자원개발 사업 참여를 유도해야 한다. 한국경제, 2011. 12. 06.

[493] 노컷뉴스, 2014. 10. 26.

## 2. 세계 해양광물자원 산업 현황

지구상에 존재하는 광물의 80%가 해양에 부존되어 있으나 현재 세계적으로 개발되는 해양광물은 아프리카 나미비아의 다이아몬드 광상[494] 등 극히 일부에 지나지 않는다. 특히 해양광업은 현재 연간 매출액이 약 30억 달러로 추정된다.[495]

〈표 6-2〉 해양 광물자원 종류 및 개발 현황

| 광종 | 부존형태 | 개발현황 | 개발 가능성 |
|---|---|---|---|
| 골재 | 해변 및 천해 | 개발 중 | 높음 |
| 코발트 | 망간단괴 | 미개발 | 보통 |
| 코발트 | 망간각 | 미개발 | 낮음 |
| 구리 | 열수광상 | 미개발 | 높음 |
| 구리 | 망간단괴 | 미개발 | 보통 |
| 다이아몬드 | 천해 | 개발 중 | 높음 |
| 금 | 천해 | 미개발 | 보통 |
| 중금속(크롬,티타늄 등) | 해변 및 천해 | 개발 중 | 보통 |
| 납 | 열수광상 | 미개발 | 높음 |
| 석회석 | 해변 및 천해 | 개발 중 | 보통 |
| 가스하이드레이트 | 천해/공해 | 미개발 | 보통(기술적 장애) |
| 니켈 | 망간단괴 | 미개발 | 보통 |
| 니켈 | 망간각 | 미개발 | 낮음 |
| 인산염 | 천해/해산 | 미개발 | 보통 |
| 플라티늄 | 망간각 | 미개발 | 낮음 |
| 희토류 | 망간각 | 미개발 | 낮음 |
| 은 | 열수광상 | 미개발 | 높음 |
| 주석 | 천해 | 개발 중 | 높음 |
| 아연 | 열수광상 | 미개발 | 높음 |

자료: ISA, 2008.

---

[494] Steve Raavymakers, "Deep seabed Mining in the South Pacific: Opportunity and Challenges for Island", World Ocean Forum Proceedings, June 2012, pp.154-155.
[495] 한국해양과학기술진흥원(KIMST), 『해양 분류체계 수립 및 해양산업의 역할과 성장 전망 분석을 위한 기획연구』, 한국해양과학기술진흥원, 2011. 10, 요약 p. xii; ISA 자료.

육상에서의 광업은 해상보다 품위가 낮아 채취 톤 단위 금속당 암석 처리비용은 해양에서보다 $75이나 더 들고 더 많은 암반 및 폐기물의 생성과 처리, 산림 파괴 등의 문제가 수반된다. 반면 고품위의 해양광물자원은 개발 시 이러한 각종 환경 문제를 덜 유발하게 한다.[496] 그리고 최근에 중국 등 신흥국들의 경제개발 가속화로 광물자원 가격이 급등하는 등 육상광물의 고갈로 심해저 자원 개발 수요가 더욱 높아져왔다.

현재 대양을 포함한 해저에는 1970년 이래 석유·가스 외에 심해저 망간단괴, 해저 열수광상 등 다양한 해양광물이 매장되어 있음이 확인되어 왔다. 이들 금속 침전물은 기본적으로 3종류로 분류된다. 즉 서로 밀접하게 관련되어 있는 심해 망간단괴, 해저산(sea mountain) 상에 분포하는 다금속성 코발트 크러스트(일명 망간크러스트), 화산 활동이 활발한 해령·파쇄대에 인접해 분포하는 다금속 황화광물의 해저 열수광상 등이다.[497]

〈그림 6-1〉 심해저 광물분포도

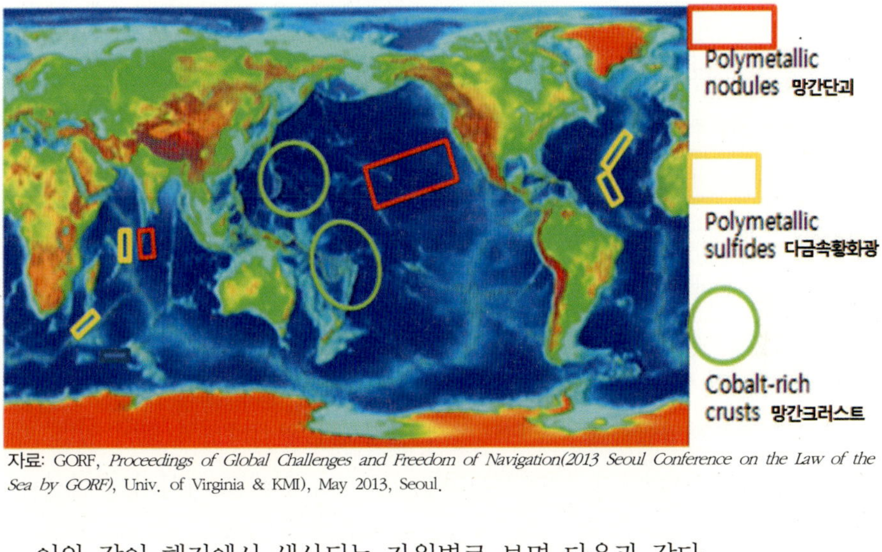

자료: GORF, *Proceedings of Global Challenges and Freedom of Navigation(2013 Seoul Conference on the Law of the Sea by GORF)*, Univ. of Virginia & KMI), May 2013, Seoul.

이와 같이 해저에서 생산되는 자원별로 보면 다음과 같다.

---

[496] Mike Johnston, "A Private sector perspective on the future for deep seabed mining", Proceedings of Global Challenges and Freedom of Navigation(2013 Seoul Conference on the Law of the Sea by GOLF, Univ. of Virginia & KMI), May 2013, Seoul, p.30.
[497] Daum 지식, 위키백과.

1) **망간단괴**(Manganese nodule)

　망간단괴(－團塊, Manganese nodule)는 평탄한 심해저에 분포하는 흑갈색 단괴로 1874년 세계의 해양을 탐험하던 영국의 군함 챌린저호에 의해 발견되었다. 망간단괴는 심해저에서 발견되는 망간을 주성분으로 하는 덩어리로 모양은 둥글고 흑갈색이며, 크기는 주로 1-25cm이며 보통 수심 4,000m~6,000m의 심해저 바닥에서 발견된다. 망간단괴 속에는 망간·구리·니켈·코발트 등 40여 종의 유용 원소가 있어 미래의 자원으로 주목받고 있다. 만약 현재의 소비 패턴대로 망간단괴를 소비할 경우, 망간은 24,000년, 구리는 640년, 니켈은 16,000년간 사용할 수 있는 엄청난 양이라고 한다.

　망간단괴의 품질·분포밀도는 하층 퇴적물의 특성, 퇴적속도, 심해수의 화학적 성질, 심해류, 단괴 속의 핵의 유무(해수 속의 금속 이온이 이 핵에 붙어 수백 년에 걸쳐 단괴를 형성한다고 여겨짐) 등에 관계된다. 망간단괴의 대부분은 북위 6°30'-16°, 서경 114°-155° 사이의 지역, 즉 하와이 동남방으로 1,000km 떨어진 C-C(Clarion-Cliperton)해역 등 200해리 배타적경제수역 외의 국제해양수역(공해)에서 많이 발견된다.[498] 이 지역의 총 매장량은 약 124억~540억 톤이 부존되어 있는 것으로 알려지고 있다.[499]

　모든 공해상의 심해저 광물자원 개발은 유엔해양법협약에 따라 인류공동의 자산으로 인정되어 UN 산하 국제해저기구(International Seabed Authority, ISA)에서 국가 관할권 밖에 있는 공해상의 심해저 자원 개발에 관한 문제를 다루고 있다. 현재 이러한 인류 공동의 유산인 심해저 망간단괴 개발에 대해서는 선진국과 개도국 등 각 나라 그룹들 사이에 의견이 서로 대립되어 왔기 때문에 유엔해양법협약에 따라 ISA에서 공정하게 관리하도록 되어 있다. 망간단괴와 관련하여 ISA와 선행 투자가(pioneer investors)로 계약이 되어 있는 국가는 우리나라를 비롯하여, 중국(China Ocean Mineral Resources Research and Development Associations(COMRA), 일본(Deep Ocean Resources Development

---

498) 박정기, 「해양자원개발」, 국토해양인재개발원, 해양정책실무과정 교재, 2009, p.81.
499) *Ibid.*

〈표 6-3〉 C-C Zone에 있는 우리나라 심해저 망간단괴 광구 현황 및 가치

| 구분 | 내용 | 비고 |
|---|---|---|
| 부존율 | 6.8kg/m² | |
| 해양영토 개척 | 7.5만 km² | |
| 추정 매장량 | 5.1억 톤 | 망간: 107.24백만 톤, 구리: 4.57만 톤, 니켈: 5.56백만 톤, 코발트: 0.98백만 톤 |
| 경제적 가치 | 연간 300만 톤 생산 시, 100년간 15억 달러/년 | |

자료: 박정기, 「해양자원개발」, 해양정책실무과정 교재, 국토해양인재개발원, 2009, p.85.

Company, DORD), 인도 정부(Government of India), 프랑스(L'Institut Fraxais de Recherche pour l'Exploitation de la Mer, IFREMER), 러시아(Yuzhmorgeologiya), 국제컨소시엄(불가리아, 체코, 쿠바, 폴란드, 러시아 등, Interoceanmetal Joint Organization, IOM), 독일(The Federal Institute for Geoscience and Natural Resources of Germany, BGR) 등이다.[500] 이들은 선행 투자가로 분류되어 광구 확보와 기술개발에 나서고 있다.

선행 투자가인 우리나라도 하와이 남방 C-C zone에서 2000년에 유엔해양법 협약에 따라 상기 표와 같이 7.5만km²의 배타적으로 개발 가능한 해역을 확보하여 개발 기술 확보 등 상업화 연구에 힘쓰고 있다.[501]

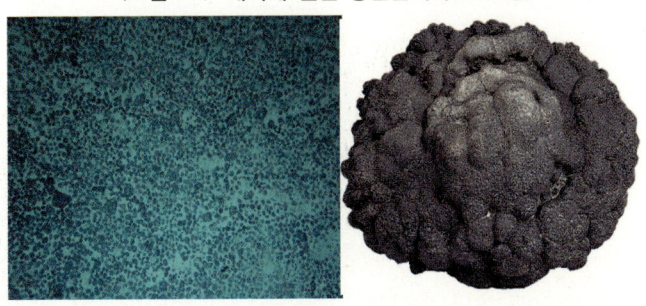

〈그림 6-2〉 해저에 깔린 망간단괴와 그 모습

자료: 국토해양부 보도자료, 2011. 10. 27; 한국해양과학기술진흥원(KIMST) 홈페이지.

---

500) Donald R. Rothwell & Tim Stephans, *The International Law of the Sea*, 2010, Oxford UK, Hart Publishing, 2010, p.121.
501) 현재 선박플랜트연구소가 20년간 연구하여 2012년 개발한 미내로(MineRo)라는 수심 5,000m 광물 채집 로봇으로 동해 수심 130m 해저에서 모조단괴(집광성능) 시험에 성공했고 2013년에 동해 수심 1,370m 해저에서 주행 경로 추정시험에 성공했고 2016년 1월 수심 1,200m에서 양광실험에도 성공했다. 내일신문, 2014. 11. 19; 서울신문, 2016. 1. 18.

## 2) 망간크러스트(망간각, Manganese crust, 혹은 Cobalt-rich crust)

망간단괴를 형성시키는 물리적·화학적 작용은 해산이나 해사면에 망간크러스트를 부착시키는 원인으로도 작용한다. 망간단괴와 망간크러스트의 성인은 유사하지만 양자 사이에는 중요한 차이가 있다. 망간크러스트는 망간단괴보다 코발트의 함량이 많고 또 소량이긴 하지만 백금 등의 귀금속도 포함하고 있다. 망간크러스트는 수심 1,100~3,000m인 천해(淺海)의 해산사면 또는 산꼭대기(volcanic seamounts)에서 25cm까지의 두께로 형성되며, 때로는 단괴와 함께 해대(海臺) 위에 생기기도 한다. 태평양과 남극해와 경계를 이루고 있는 Circum-Antartic Ridge로부터 북쪽으로는 알류샨 해구에 이르기까지 6,600여 개나 되는 해저산과 인도양, 대서양 등의 약 50,000여 개 해저산 지역 등 세계 해양의 1.7%[502]에 부존한다. 특히 태평양에서는 중앙태평양에 위치한 존스톤제도(미국령), 미크로네시아, 마셜제도 등 남서태평양 도서 국가들의 배타적경제수역과 북서태평양 공해상에 위치하는 해저산에 많이 부존하는 것으로 나타나고 있다.[503] 세계 각국의 탐사와 더불어 우리나라도 마셜제도, 미크로네시아 및 팔라우 등에서 탐사한 실적이 있고 2016년 서태평양 마젤란 해역에 3,000km²의 망간각 광구를 신청, ISA로부터 승인을 받았다(매장량 4천만 톤 추정).

## 3) 해저 열수광상(혹은 다금속 황화광, Polymetallic sulfides)

해수가 해저 지각의 틈새를 통해 지하로 스며들면 마그마의 영향으로 압력과 온도가 상승하여 유용금속을 다량 함유한 열수 광화 용액(mineralised water)으로 변화된다. 이렇게 변화된 용액은 더 이상 지하 깊숙이 갇혀있지 못하고 다시 해저면으로 상승 분출된다. 열수광화 용액이 해저면으로 분출

---

[502] Donald R. Rothwell & Tim Stephans, op. cit., p.124.
[503] 박정기, 전게서, p.89.

되면서 차가운 해수와 혼합되어 압력과 온도가 낮아진다. 이때 열수광화 용액에 함유돼 있던 동, 연, 아연, 금, 은 등의 유용금속이 계속 분출하여 검은 굴뚝연기 형태의 유화물을 형성한다. 이와 같이 마그마의 영향으로 열수광화 용액이 만들어지고 순환되는 과정에 의해 형성되는 광상을 해저 열수광상(hydrothermal sulfide minerals)이라 한다.

1977년에는 미국 우즈홀(Woods Hole) 연구소의 유인잠수정 앨빈(Alvin)호가 갈라파고스 해령을 조사하면서[504] 수심 2,640m의 해저 열수분기공(일명 블랙스모커(Black Smoker), 검은 연기가 치솟는 열수광상을 발견하였고, 동태평양 해령 및 아메리카 근해의 후앙 드 후카(Juan de Fuca) 해령[505] 등 태평양, 대서양, 인도양 등지에서도 발견되었다. 이러한 2,000m 이상의 심해 열수광상이 있는 지역이 전 세계의 200여 곳에서 발견되었다.[506]

이와 같이 해저의 화산활동이 왕성한 곳에서는 황화광물(sulfide deposits)에서 다량의 금속이 산출된다. 다금속 황화광물(Polymetalic Sulfide)에는 니상(泥狀)·괴상(塊狀)이 있으며, 세계의 중앙 해령계와 확장되는 판(tectonic plate) 경계에 인접해 단속적으로 분포해 있다. 금속이 풍부한 니상의 황화점토(Metalliferous muds)는 홍해와 태평양 판 경계에 존재하는 고온 열수 분출구 주변 등 여러 곳에서 발견되고 있다.[507] 현재 관심이 집중되는 것은 이들 황화물에 함유되어 있는 철·구리·아연 및 소량의 금·은·몰리브덴·주석 등이다. 현재까지 알려진 열수광상(hydrothermal sulfide minerals)은 두 가지 유형으로 첫 번째는 갈라파고스 지역에서 발견된 것으로서 동 함유량이 5%

---

[504] 박정기, 전게서, p.90.
[505] 일본해양정책연구재단/김연빈 역, 『해양 문제 입문』, 2010. 6, 서울, p.84.
[506] 사라 치률/김미화역, 『심해전쟁(Der Kamp Um Die Tief Zee)』, 2011. 11, p.64. 마그마와 연결된 해저에서 검은 연기 같이 냉각수가 솟아나오는 유황화물이 해저 침적하여 각종 금속이 굴뚝 모양으로 집적되어 생겨 블랙스모커라 불리고 이것 주위에 화학 합성을 하는 많은 미생물이 발견되고 있다. 통가 해저 등에서 열수광상 해저토 1톤에서 20g 전후의 금이 발견되고 은, 아연, 주석 등이 육상보다 10배 이상 더 풍부하게 발견되어 주목을 받고 있다. 이 지역 외에도 심해저에서는 몇 해 전에 골드 시프(Cold Seep, 해저에서 냉각수가 뿜어져 나오는 일종의 샘으로 황화수소나 메탄, 탄화수소가 풍부한 지역에 발생하며 해저분지의 모양이다, 전게서 p.165)가 발견되어 유기체의 분해 산물에서 발생된 메탄이나 해저의 유정, 가스전이 있고 근처의 생태계는 열대우림보다 더 풍부한 생물이 살고 있고 이들은 화학합성을 해 살아가는 미생물에 기반을 두고 있다(전게서, p.231).
[507] Gunnar Kullenberg, "Other Ocean Resources", *Securing the Oceans: Essays on the Ocean Governance*, Chua Thia-Eng, Gunnar Kullenberg, and Danilo Bonga (eds.), Jan. 2008, GEF/UNDP/IMO, p.89.

혹은 그 이상으로 높으나 기타 금속함유량은 낮다. 이 지역은 활동하지 않는 굴뚝모양의 광상들이 단층을 따라 약 1km마다 형성되어 있으며 대개 20m에서 200m의 폭을 가진다. 두 번째는 후앙 드 후카 및 가이마스 지역에서 발견되는 유형으로 은(300g/t), 아연(30%)의 함유량은 높으나 동의 함유량은 낮다. 열수광상은 영해의 낮은 해저에서도 많이 발견되고 함유금속의 경제성도 높아 여러 곳에서 상업 개발이 시도되고 있다.508)

〈그림 6-3〉 **열수광상의 모습**

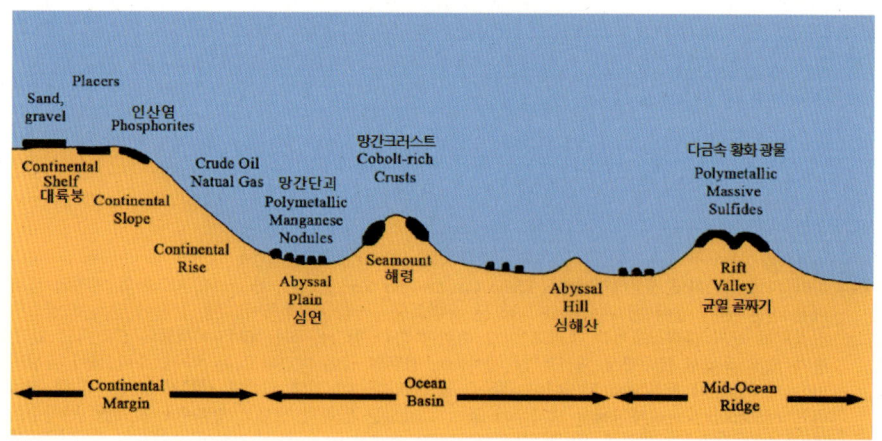

자료: 국토해양부 보도자료, 2008. 4. 1.

〈그림 6-4〉 **해저광물 생성 위치**

자료: EPS, Northern Territory, Australia, Interim Report: Seabed Mining in the Northern Territory, November 2012, p.16.

---

508) Donald R. Rothwell & Tim Stephans, *op. cit.*, pp.124-125.

<표 6-4> 심해저 광물의 개요

| 종별 | | 성분(%)/성분사례지역 | 분포지역 | 해저 깊이(m) | 비고 |
|---|---|---|---|---|---|
| 망간단괴 (Polymetalic Nodule) | | Ni+Cu+Co가 3% 이상(망간(27%), 철(8%), 니켈(1.4%), 구리(1.3%), 코발트(0.2%), 희토류(0.12%)) 등 약 40여종 | 중앙 태평양, 페루 해저분지, 북인도양 등 | 3,000-6,000 | 영국 챌린저호 발견 |
| 망간크러스트 (Polymetalic Crusts) | | Mn 10-34, Fe 7-24, Co 0.2-2.0, Ni 0.2-1.3, Cu 0.1-1.0/북태평양 알루샨 남부 해령 사례 | 중서북 태평양 등, 남태평양 도서국 주변 해역 등 | 일반적으로 1,100-3,000 | 일반적으로 백금 0-40g/t(이하kg/t), 구리 1-4, 니켈 2-9, 망간 170-270, 코발트 5-12 |
| 열수광상 | 다금속광상(Polymetalic Sulfide) | Cu 7.5, Au 7.2(g/t), Ag 37(g/t), Zn 0.8/(Nautilus의 Solawa)광구의 평균 추정치 | 세계 해저화산 활동 지대(중앙해저판의 갈라진 정상 틈새(crest)에 발달) | 300-3,700 | 갈라파고스와 유사 유형 일본의 외측 태평양 해저 등 |
| | 황화점토(Metalliferous muds) | 홍해(Red Sea)에서 Zn 2.0, Cu 0.5, Ag 39g/t, Au 0.5g/t | 태평양판 경계에 존재하는 고온 열수 분출구 주변, 홍해 등 | 300-3,700 | 후앙 드 후카 및 가이마스 지역 유형 |

자료: Steve Raavymakers, op. cit.: Peter Micheal Herzig, "Metals from the Deepsea: Risks and Opportunity", World Ocean Forum Proceedings, June 2012; 해양과학 2010. 11. 27, http://seapower.or.kr/xe/index.php?document_srl=4263 (해양연맹 홈페이지 게재, 2011. 9. 7, 한국지질연구소 윤지호 글): 기타 Daum 지식, 위키백과 등.

현재 상업성이 높은 열수광상은 인도-오스트렐리아판이 접하는 뉴질랜드에서 뉴기니까지의 서태평양 해저 지역 등에 많이 분포하나 아직 1~2% 정도밖에 탐사되지 않아 더 많은 열수광상(블랙스모커)의 발견이 예견되고 있다.

<표 6-5> 남태평양 도서국가들의 심해광물 부존 현황

| 국가 | 다금속 노듈 (Polymetalic Nodules) | 열수광상(Sulfides) |
|---|---|---|
| Kiribati | √ | |
| Cook Island | √ | |
| Tuvalu | √ | |
| Niue | √ | |
| Samoa | | |
| Tonga | | √ |
| PNG | | √ |
| Solomon Island | | √ |
| Vanatu | | √ |
| Fiji | | √ |
| Marshall Island | | |
| Federal States of Micronesia | | |

자료: Steve Raavymakers, op. cit., June 2012, p.162.

그래서 남태평양 해역에서는 캐나다의 노틸러스(Nautilus Minerals)사 등 국제적인 민간 기업이 해저 열수광상 채굴에 나서고 있는 등 그동안의 탐사 위주의 시험적 활동에서 바야흐로 채광, 개발을 위한 상업화에 시동이 걸리고 있다.

### 4) 가스하이드레이트(Gas Hydrate, GH)

세계의 가스(메탄)하이드레이트(GH) 추정량은 육지에서 수십 조$m^3$, 해양에서 수천 조$m^3$로 천연 가스, 원유, 석탄을 합친 총 매장량의 2배라고 하거나[509] 현재 발견된 셰일가스의 2배라고도 한다.[510] 그러나 메탄이 주성분인 가스하이드레이트가 존재하는 곳은 육상의 경우 남북극 지하 수백 미터, 해양에서는 수심 500m(약 1,500피트)보다 깊은 것으로 알려져 있다. 가스하이드레이트는 해양층의 침전물로부터 확산되는 메탄으로 형성되며, 차가운 물과 섞여 있다. 해저 심층수는 일반적으로 4℃로 빙점 바로 위이고 메탄이 이와 같은 물과 혼합되면, 메탄 분자가 주위의 물 결정의 성장을 성숙시키며, 견고하게 결합된다.[511] 보통 50기압 이상의 고압과 저온 상태에서 만들어지므로 최소 500m의 심해이어야 한다. 메탄은 이산화탄소보다 온실효과가 23배 큰 가스로 알려져 학자들 간에 가스하이드레이트 개발에 대해 회의적인 측면도 부각되고 있으나 미래의 지속적이고 잠재적인 에너지 원으로 평가되고 있다.[512]

가스하이드레이트는 우리나라에서는 동해안에 8억$m^3$가 있는 것으로 추정되고 있다. 가스하이드레이트의 경우 4℃까지만 고체 상태를 유지하고 그 이상에서는 기화되어 해저에서 해리되면 바닷물의 화학적 균형을 깨고 지구온난화 가스인 엄청난 양의 메탄가스로 해리되어 대기 중에 분출되면서 해일로 인한 피해뿐만 아니라 지구온난화를 가속화할 것이라는 우려가 있다. 이

---

[509] 박광서, 「일본, 해저 메탄하이드레이트 상업화 박차」, KMI 해양 산업동향, 제79호, 2012. 12. 4, p.7.
[510] Richard A. Muller/장종훈 역, 『대통령을 위한 에너지 강의(Energy for Future President)』, 살림, 2014. 8. 5, p.136.
[511] Ibid.
[512] Richard A. Muller/장종훈 역, 상게서, p.139.

러한 결과를 초래하지 않으면서 개발하는 것이 관건이다. 그래서 일부 과학자들은 가스하이드레이트 채굴 후, 대신 지구온난화 가스인 모아진 이산화탄소(고온에서도 고체 상태 유지 가능)를 주입하여 자원 개발과 지구온난화를 동시에 해결하는 방안을 모색하는 중이다.513)

이 분야에서는 자국 내에 100년분의 가스하이드레이트를 보유한 일본이 2020년 상업화를 목표로 기술 개발을 하는 등 앞서 가고 있다. 최근 일본은 육지로부터 30~50km 떨어진 얕은 바다인 홋카이도 아바시리시 앞바다의 오호츠크 해와 아키타, 야마가다, 니가타 등 각 현의 앞바다에서 가스하이드레이트를 발견하였다.514) 개발 방법으로 해저에 부존하는 고체의 가스 하이드레이트를 가열하여 가스화한 뒤 채취하는 가열법과 압력을 줄여 가스화한 뒤 회수하는 감압법이 있는데 상업화를 위한 국가 프로젝트를 수행중인 일본에서는 감압법에 관심이 있으나 아직은 비용이 높아 개발에 적합하지 않은 것으로 보인다.515) 일본은 국영 행정법인인 석유·천연가스 금속광물자원기구(JOGMEC)를 설치하여 2018년 이후 상업화를 목표로 본격적으로 가스하이드레이트나 해저 열수광상 등 심해저자원 개발 사업을 실시하고 있다.516) 2012년부터는 일본과 미국이 반반씩 부담하여 알래스카의 가스하이드레이트 공동 채굴 시험에 나서기도 했다.

### 5) 국제적 개발 동향

(1) 열수광상

세계적으로 2010년 10건에 불과하였던 공해 탐사 면허 발급이 2013년에는

---

513) 사라 치롤/김미화 역, 전게서, p.29.
514) 박광서, 전게 자료, 2012. 12. 4, p.7.
515) *Ibid.*
516) SERI, 전게 자료, SERI 경영노트, 2011. 12. 8, p.8. 일본은 JOGMEC를 통해 근해 매장된 가스하이드레이트(일본 소비의 100년치), 열수광상, 코발트리치크러스트, 망간단괴 등의 개발을 준비하고 이를 위해 해양자원조사선 白嶺호를 200억 엔 들여 건조, 2018년 이후 상업화를 목표로 굴착, 탐사, 운반 기술 개발 중.

17건으로 늘어났고 개별 국가 영해 내에서는 탐사 면허 숫자는 많으나 집계가 잘 되지 않는다고 한다.[517] 남태평양 바누아투에서는 자국 영해에서 최근 145건의 탐사 면허를 내줬다고 한다.[518]

일부 전략광물의 수급 불균형, 해양과학기술 등의 발달로 세계 굴지의 광업회사들이 해양광업, 특히 상업성이 가장 높은 해저 열수광상 개발 진출을 표명하고 있다. 앞에서 언급된 것처럼 캐나다의 노틸러스(Nautilus Minerals)사는 파푸아뉴기니 EEZ, 솔로몬, 통가 등에서 51만 $km^2$의 탐사권을 획득하여 활동 중이고 런던과 시드니에 본부가 있는 넵튠 미네랄(Neptune Mineral)은 뉴질랜드 인근해에서 열수광상 개발을 추진 중이다.[519]

특히, 노틸러스 사는 2012년 4월에 파푸아뉴기니 해역에서 생산된 해저 광물을 중국의 비철금속그룹인 Tongling사에 판매하는 계약을 체결하였다. 즉 파푸아뉴기니 솔라와(Solawa) 1광구에서 생산하는 황화물(Sulfides)을 매년 110만 톤씩 향후 3년 동안 판매하기로 하고 있어[520] 세계 최초로 상업적인 심해저 해저광업 매출이 이루어질 것으로 기대된다. 아울러 노틸러스 사는 그동안 환경영향평가 결과 때문에 지연되었던 솔라와 1광구의 채광면허를 2012년 8월 초 파푸아뉴기니 정부로부터 세계 최초로 받았으며 그동안 분쟁이 있었던 부분도 해결되어 생산 착수가 기대된다.[521] 실제로 2013년 노틸러스 사는 그동안 이사회에서 승인만 되면 30개월 내에 생산이 가능할 정도로 준비하여 왔다고[522] 한다. 그러나 세계의 환경단체들은 해저 열수광상 채광 시 침전물에 의한 해양 오염이나 해저 광산 개발에 의한 여타 환경 변화 대책 등에서 사전 예방적인 조치를 요구하고 있다.[523]

---

517) 서울신문, 2014. 5. 13.
518) 상게 신문.
519) 사라 치룰/김미화 역, 전게서, p.71.
520) 박광서, 「노틸러스 사, 세계 최초로 해저광물 상업생산 계약 체결」, KMI 웹진, 2012년 6월호.
521) KMI, 『해양산업동향』 제72호, 2012. 8. 28, p.7. 솔와라 1광구 개발에는 노틸러스사 외에 MB Holdings, Metalloinvest, Anglo American, 그리고 파푸아뉴기니 정부(30%지분)가 참여한다고 한다. 2014년 4월 25일 파푸아뉴기니 정부로부터 자국 연안에서 30km 떨어진 50만$km^2$ 해역에서 세계 최초로 20년짜리 채광 허가를 받았다는 뉴스도 있다(서울신문, 2014. 5. 13).
522) Peter Micheal Herzig, "Metals from the Deepsea: Risks and Opportunity", *World Ocean Forum Proceedings*, June 2012, p.22.
523) 서울신문, 2014. 5. 13.

〈표 6-6〉 솔라와1 해역 연간 채광 규모, 폐석·폐수 현황 및 지역도

| 구분 | 규모 | 비고 |
|---|---|---|
| 구리 | 80,000톤 | 5억 6,400만 달러 |
| 금 | 200,000온스 | 2억 9,400만 달러 |
| 폐석 | 245,000톤 | 심해 생물 파괴 |
| 폐수 | 1,000만 톤 | 바다 오염 |

자료: 서울신문, 2014. 5. 13.

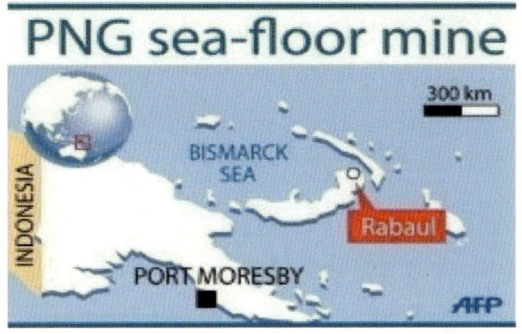

자료: KMI 웹진, 2012. 6월호 및 Peter Micheal Herzig, "Metals from the Deepsea: Risks and Opportunity", World Ocean Forum Proceedings, June 2012, p.22.

(2) 기타 광상

중국은 2001년 북동태평양에서 망간단괴 탐사권을, 2011년 남서인도양의 열수광상 탐사권을 확보한 데 이어 최근에는 서태평양 망간각탐사권(3,000km$^2$)을 확보하였다.524) 일본은 1987년 하와이 남동쪽 해저탐사권에 이어 석유가스·금속광물자원기구(JOGMEC)가 미나미토리(南鳥) 섬 약 600km 떨어진 공해상에서 망간각 탐사권을 ISA로부터 받았다.525) 일본은 이외에 자국 EEZ 내 해저 열수광상이 발견된 곳이 10개소이며 추정 매장량은 5천만 톤인 것으로 보고되고 있다.526)

---

524) KMI, 『해양산업동향』, 2013. 7. 23, p.6: 서울신문, 2014. 5. 13. 중국해양광물자원연구개발협회(COMRA)는 국제해저기구(ISA)에서 15번째로 서태평양 3,000km$^2$에서 15년간의 탐사 면허를 취득함.
525) KMI, *Ibid.*
526) KMI, 상게서, p.5.

또한 세계 최대 다이아몬드 생산기업인 DeBeer 사는 남아프리카 금 생산 기업인 앵글로골드 아샨티(AngloGold Ashanti)와 합작회사를 설립하여 2009년 석유·가스 산업에서 개발된 기술을 응용하여 귀금속과 비철금속 등의 광물 개발을 위한 대규모 해저탐사사업 추진을 발표하였다.527) 미국 NOAA에 의하면 해저 열수광상 등의 개발 시 금이 지구인 한 사람당 9파운드(4kg)가 돌아갈 정도이고 돈으로 총 150조 달러라고 하니528) 마지막 남은 광물 보고라고 할 수 있다. 캐나다의 DFI 사도 2010년 3월에 다이아몬드 이외의 해저광물자원 개발 추진을 발표하였다.

최근 중국은 센카쿠 열도 분쟁 초기에 희토류 금속(rare earth metals)529) 수출 금지로 일본을 굴복시켰다. 이 후 일본 등 세계 각국은 첨단 제품을 만드는 희유금속을 심해저에서 찾는 방안을 적극 강구하고 있는 중인데 일본에서는 일부 해양에서 발견했다는 보도도 있다.530) 이들은 현재 자석, 광섬유, 컴퓨터디스크 드라이브, 촉매변환기(Catalytic converter), 형광 램프, 재충전배터리, 컴퓨터 메모리 칩, X-레이 튜브, 고온 슈퍼컨덕터, TV나 컴퓨터 수정액상 등에 쓰이고 있다.531) 이들 자원들에 대해서는 육상에서도 계속 탐광이 이루어지겠으나 심해저 개발도 크게 요구되고 있다. 그런데 최근 심해저 개발은 여러 금속 중에서는 특히 수요가 높은 구리가 개발 추진에 동력을 줄 것으로 기대하고 있는데, 구리 함량은 육상보다 높아 2010년에 지하 인명 매몰 사고가 난 칠레의 경우 품위가 0.5%에 불과하나 심해저 광물자원은 거의 2배인 1%의 품위로 개발 당위성이 상당히 높다.532)

---

527) 사라치룰/김미화 역, 전게서.
528) 서울신문, 2014. 5. 13.
529) 스칸듐(원자번호 21), 이트륨(원자번호 39)과 란탄에서 루테튬에 이르는(원자번호 57~71, 희유금속이라고 불림) 15개의 원소를 포함해 총 17개의 원소로 이루어진 원소의 총칭. Daum 백과사전.
530) 일본 도쿄대학교 연구팀은 일본의 최동단에 위치한 미나미토리 섬 인근의 배타적경제수역(EEZ)에서 대규모 희유금속 광상을 발견했다고 발표했다. 미나미토리 섬은 도쿄에서 동쪽으로 약 1,800km 떨어져 있으며, 일본의 영토 중에는 유일하게 일본 해구의 동쪽에 속하는 태평양판 위에 있다. 이번에 발견된 해저 광상은 전자제품과 자동차 부품 제조에 필수적인 희유금속 소비를 200년 이상 충당할 수 있을 정도로 대규모 자원량을 보유한 것으로 추정함. KMI, 『해양산업동향』, 제68호, 2012. 7. 3.
531) New York Times, November 9, 2010,
   http://www.nytimes.com/2010/11/09/science/09seafloor.html?_r=1&scp=1&sq=manganese%20nodule&st=cse (2010. 2. 15).
532) 상게 자료.

### (3) ISA 동향

이러한 해저광물 개발에 따른 해저 생태계의 보존도 유엔 산하 국제해저기구(ISA) 등 여러 국제기구에서 요구하고 있다. 즉 개발에 앞서 해저 생태계 보존 등 환경 문제의 해결이 이러한 광업 개발의 전제 조건으로 떠오르고 있다.

특히, 국제해저기구(ISA)에서는 유엔해양법 등에 따라 현재 심해저 광업 활동의 환경 관리를 위해 7개의 규약인 채광 코드(Mining Code)를 개발하였

〈표 6-7〉 **위치별 해양자원과 환경영향**

| 유형 | 대륙붕 가장자리(margin) | | | 심해 | 환경 영향 | | |
|---|---|---|---|---|---|---|---|
| | 대륙붕 | 사면 | 돌출부(rise) | | 없음 | 비생물적 요소 | 먹이사슬(trophic web) |
| **에너지 원** | | | | | | | |
| 해양풍력 | ● | | | | ● | | |
| 조력발전 | ● | | | | | ● | ● |
| 파력발전 | ● | | | | | ● | ● |
| 온도차발전 | | | ● | ● | | ● | ● |
| 염분도차발전 | | | ● | ● | | ● | ● |
| 밀도차 발전 | | | ● | ● | | ● | ● |
| 바이오매스 에너지 | ● | | | | | | ● |
| 수소 | ● | | | | | ● | ● |
| **광물자원: 해중** | | | | | | | |
| 소금 | | | | | | ● | ● |
| 브롬, 마그네슘 | | | | | | ● | ● |
| **광물자원: 해저** | | | | | | | |
| 모래 및 자갈 | ● | | | | | ● | ● |
| 중광물모래 | ● | | | | | ● | ● |
| 산호 | ● | | | | ● | ● | ● |
| 열수광상 | | | ● | ● | | ● | ● |
| 인광산 | | | ● | ● | | ● | ● |
| 하드록(hard rock)* | | | ● | ● | | ● | ● |
| 망간노듈 | | | | ● | | ● | ● |
| 크러스트 | | | | ● | | ● | ● |
| 마운드&스택스(mounds&stacks) | | | | ● | | ● | ● |
| 가스하이드레이트 | | | | ● | | ● | ● |
| **광물자원: 해저토** | | | | | | | |
| 석유 및 가스 | ● | ● | | | | ● | |
| 석탄 | ● | ● | | | | ● | ● |

자료: Adalberto Vallega, *op. cit.*, p.235, *: 대륙붕 돌출부(rise)에 있어 석탄, 인산염(phosporite), 탄산염(carbonite), 칼륨(potash), 철광, 석회(limestone), 황화철, 철염분화합물 등이 풍부함.

다.[533] 이들 규정에 따르면 탐사와 채광 단계에서 각각 해양환경을 보호하고 보존하는 조치를 취하고 만약 환경 악영향이 큰 경우에는 탐사와 채광 신청서를 기각하게 되어 있다. 따라서 이러한 규칙에 따라 개발도 이루어져야 한다. 국제해저기구는 2015년까지 심해저 탐사계약을 만료하고 개발규칙을 만들어 개발권을 부여하는 단계로 넘어갈 예정이었다.[534]

그리고 탐사 대상 국가들에서도 EEZ 내에서의 개발 규칙이 마련되어야 개발에 착수할 수 있는데 개발이 유망한 태평양 국가들 중 파푸아뉴기니 등은 호주법 등을 따라 잘 정비되어 있다고 하나 우리나라가 탐사하는 통가 등은 2013년까지도 제대로 법체계가 갖추어지지 못한 것으로 평가되었다.[535] 이에 따라 향후 각국의 국내법 정비 동향을 보아가며 탐사와 개발이 추진되어야 할 것이다.

〈표 6-8〉 **국제해저기구(ISA)에서의 심해저 광업 규칙 제정 여부**

| 탐사단계 규칙 | | 개발단계 규칙 | |
|---|---|---|---|
| 광물 형태 | 현재 상황 | 광물 형태 | 현재 상황 |
| 망간단괴 | 완료 | 망간단괴 | 미제정 |
| 해저 열수광상 | 〃 (2010) | 해저 열수광상 | 〃 |
| 망간각 | 〃 (2012. 7) | 망간각 | 〃 |

자료: 양희철, 「해양영토 확보와 국가 해양정책」, 미래창조과학으로서 해양과학기술의 역할(프로시딩), 2013. 2. 6, p.11; 한국해양수산개발원, 『바다 이야기』, 서울, 2014. 12, p.158.

## 3. 세계 해저석유·가스 자원 개발

1800년대 중반에 가정과 사업장에서 사용한 최상의 조명 연료는 고래 기름이었고 가장 많이 공급된 해는 1845년에 1만 5,000갤런이라고 한다.[536] 고

---

533) 홍기훈, 「해양환경 보호」, 『해양의 국제법과 정치』, 한국해로연구회 편, 서울, 2011, p.218: 내일신문, 2014. 11. 19.
534) 내일신문, 2014. 11. 19.
535) Se-Jong Ju, "Environmental Consideration for Seafloor Massive Sulfide Mining: A Case Study of Tonga EEZ", Proceedings of Global Challenges and Freedom of Navigation(2013 Seoul Conference on the Law of the Sea by GOLF), Univ. of Virginia & KMI, May 2013, Seoul. p.29.

래 기름은 당시 공급 부족으로 가격이 치솟았고 1852년에는 가격이 2배가 되었다. 그러자 대체연료를 찾게 되었고 이에 1859년에 바위에서 찾은 기름이라는 뜻의 바위 기름(rock oil, 원유를 의미)이 이를 대체하기 시작하면서 석유에 의한 연료 혁명이 일어나기 시작했다.[537]

최근에는 육상 석유자원의 고갈과 가격 상승으로 해저 석유·가스 산업이 고성장을 이루고 있다. 특히 해양공학기술의 발전으로 해저유전 및 가스전 개발이 확대되었다. 이에 따라 1990년에 세계 유류의 25%, 가스의 17%가 해양에서 생산되었고 현재는 전 세계 석유·가스의 30%[538] 이상(8,531억 달러)[539]이 바다에서 공급되고 있다. 향후 이 비율은 2020년에 40% 전후에 달하고 약 1조 9천억 달러의 규모가 될 것으로 추정되었으나[540] 최근 유가 하락으로 그 달성이 어려워 보인다. 현재 전 세계 미발견 유정의 90%가 해양에 있는 것으로 보여[541] 앞으로 유류 가격이 다시 상승하면 해양 생산 비율이 늘 수도 있을 것이다. 이에 따라 해저 석유·가스 자본지출은 2010년-2014년간 1,670억 달러로 그 전의 5년 대비 37% 증가할 것으로 전망되었다.[542]

과거에는 지상과 수심 500m 사이에서 유전 개발이 많이 이루어져 왔으나 최근에는 1,500m의 심해저에서 많은 개발이 진행되고 있다. 2000년 원유·가스 평균 필드 수심은 400m였으나 이것이 2009년에 원유 1,200m, 천연가스는 1,000m로 깊어졌다.[543]

최근 생산되는 해저석유 생산의 평균수심은 계속 깊어져 2011년에 2,300m

---

536) Richard A. Muller/장종훈 역, 전게서, p.142.
537) Ibid.
538) Murray Patternson, "Towards an Ecological Economics of the Oceans and Coasts", *Ecological Economics of the Oceans and Coats*, p.3. 해양에서 석유의 30%, 천연가스의 50% 생산 중: 캠브리지 에너지 연구협회(CERA)에 따르면 2009년 석유의 33%, 가스의 31%를 생산하며 2020년에는 각 35%, 41%를 차지할 것으로 전망하고 있다. 박광서, 『해양플랜트 Subsea Tree의 개발동향과 전망』, 2012.
539) 한국해양과학기술진흥원(KIMST), 『해양산업 분류체계 및 해양산업의 역할과 성장전망 분석을 위한 기획 연구』, 2011. 10, p.197.
540) Ibid. 또한 캠브리지 에너지연구소(CERA, Cambridge Energy Research Institute)에 따르면 2009년 해양 석유·가스는 각각 세계 총생산량의 33%, 31%에서 2020년 각각 35%, 41%로 증가할 것으로 전망함 (SERI보고서, 급부상하는 중국해양플랜트산업, 2011. 5. 10. 재인용).
541) KMI, 『동남아지역 한계유정 현황 및 해양플랜트 운영사업 진출 방안』, 2011. 8. 10, p. 6.
542) 원전: Douglas-Westwood, 재인용: SERI보고서, 「급부상하는 중국 해양플랜트산업」, 2011. 5. 10.
543) 한국선진화포럼 및 KMI, 미래 국부 창출을 위한 '북극해' 전략 토론회 프로시딩, 2011. 11, p.67. 『원전: 심해지역 설비 투자 현황 및 전망』, Douglas-Westwood, 2009.

이상이라고 한다.544) 수심 300m 이상에서는 고정식 설비보다는 부유식 설비가 생산에 필수적이다.545) 탐사 및 시추 기술 발전으로 2000년 이후 초심해 개발도 가능해져 2003년 셰브론이 10,011피트(3.05km) 초심해저 개발에 성공했고 2008년 이후에는 40,000피트(12.1km) 깊이에서 작업이 가능한 시추선을 개발하였다.546)

Douglas-Westwood 사의 전망에 따르면, 심해원유 생산 비율은 2000년 2%, 2002년 3%, 2007년 6%, 2010년 8.5%에서 2015년 12%, 2025년 13%로 증가할 것으로 전망하고 있다.547) 특히 2015년 이후에는 유일하게 심해원유 생산만 증가할 것으로 전망되고 있으나 이 역시 유가와 셰일가스 생산량에 따라 바뀔 수 있다. 유전 개발의 평균 손익분기점은 배럴당 50~60달러인데 유가가 배럴당 50달러 이상을 상회한 2005년 이후 해양플랜트 수주량도 늘어났다.548) 심해유정 개발 비용(1개당 1억 달러 이상)은 천해(대륙붕)의 10배 이상이지만 탐사성공률(30%) 제고로 그동안 심해 개발이 증가하였다.549)

심해에는 석유 315억 배럴, 천연가스 75조 8,350억 입방피트가 매장되어 있는 것으로 확인되었고 서아프리카, 남중국해, 남미, 북극해 등에서 활발히 개발 중이다.550) 특히 멕시코만, 남아메리카 연안, 서아프리카 해안 등이 소위 말하는 '황금의 삼각지대'가 되고 있다. 전문가들은 앙골라 인근 서아프리카 지역 앞바다의 수심 500m 이상 해저에서 1,000억~1,200억 배럴의 원유를 채취할 수 있을 것으로 예측하고 있다.551) 앙골라뿐만 아니라 나이지리아, 가봉, 콩고, 카메룬, 가나 앞바다에도 석유가 매장되어 있어 이들까지 합치면 추측 매장량이 1,200억 배럴에서 2,000억 배럴로 증가하여 전 세계 매장량의 17%를 차지하고 있다.552)

---

544) 지식경제부, 전게 자료.
545) 안요한, 전게 자료, p.3.
546) SERI, 「해양자원 개발의 현재와 미래」, SERI 경영노트, 2011. 12. 8, p.5.
547) 박광서 등, 『OSV 시장전망과 국부 창출 연계 방안』(KMI 2012 기본보고서), 2012. 12, p.133; SERI, 「해양자원 개발의 현재와 미래」, SERI경영 노트, 2011. 12. 8, p.6; 안요한, 「세계 부유식 생산설비 시장 전망」, KMI Offshore Business, 2012. 12. 3, p.2(2010년 8%, 2025년 12%로 전망).
548) 지식경제부, 해양플랜트산업 현황과 발전전략(세미나 발표 자료), 2010. 10.
549) SERI, 「해양자원 개발의 현재와 미래」, SERI경영 노트, 2011. 12. 8, p.6.
550) 지식경제부, 전게 자료.
551) 사라 치룰/김미화 역, 전게서, p.210.

특히 1960년대만 해도 전 세계 석유 생산의 85%를 차지하여 '빅오일'이라 일컫던 BP와 엑손 모빌과 같은 대기업들의 비중은 현지 자매회사들의 국유화와 중동, 남미 등 기존 유전 고갈로 현재는 그 비중이 15%에 불과하다.553) 따라서 각국과 관련 회사들은 초심해저 유전 개발로 눈을 돌릴 수밖에 없었다.

〈그림 6-5〉 세계의 해저유전 개발 지역

SERI, 「해양자원 개발의 현재와 미래」, SERI 경영노트, 2011. 12. 8, p.5. 원전: Energyfiles (www.energyfiles.com) (삼성중공업, 2011. 10, IR 자료에서 재인용)

## 4. 우리나라의 개발 현황

### 1) 해저 석유·가스 및 가스하이드레이트 개발

우리나라도 1970년대 해저자원 개발을 위하여 「남해 대륙붕 7광구」를 한일 간에 설정한 이후 대륙붕 광구 탐사를 해 왔고 특히 1997년부터 EEZ에 대한 종합 자원 탐사를 수행하여 왔다. 그 결과, 동해에는 주로 석유·가스, 메탄 수화물(일명 가스하이드레이트), 인산염 광물, 해저 석탄이 분포하고 있을 가능성이 확인되었으며, 남해에는 석유·가스의 주성분인 탄화수소의 부존

---

552) Ibid.
553) 사라 치룰/김미화 역, 전게서, p.211.

가능성[554]이 높은 것으로 나타났다. 또한 수심이 낮은 서해는 군산 분지와 흑산 분지를 중심으로 탄화수소의 부존 가능성이 높을 뿐만 아니라 상업적 개발 가능성까지도 기대되고 있다.

특히 우리나라는 2004년 동해-1 가스전 시설의 준공으로 세계 95번째 산유국이 되었으나 상업적 개발은 기대에 미흡한 실정이다. 채굴량은 우리나라 LNG 소비량의 2%인 하루 1,000톤(연간 40만 톤)이며, 향후 15년간 34만 가구의 사용량이다. 동해-1 가스전 주변인 8광구/6-1광구에서 기존 동해-1 가스전의 8-9배에 해당하는 매장량이 확인되는 등[555] 아직 미발견 가스 자원이 많이 있을 것으로 보인다.[556]

정부는 향후 10년간 국내 대륙붕 20공 시추, 동해 가스하이드레이트 본격 생산 추진, 주변국과의 대륙붕 개발 협력 강화 등을 주요 골자로 하는「제1차 해저광물자원개발 기본계획(2009~2018)」을 시행 중이다.[557] 기본계획의 주요 내용으로는 먼저 3개 퇴적분지별 전략적 대륙붕 개발을 적극 추진하여 2008년 말 현재 29만 1천L-㎞(필요 물리 탐사량의 49%)를 획득한 물리탐사를 2018년까지 50만 8천L-㎞(85%) 수준까지 끌어올리고 2018년까지 서해, 제주, 울릉분지에서 총 20공의 추가 시추를 통해 1억 배럴 이상의 석유·가스 신규 매장량을 확보한다는 것이다.

〈표 6-9〉 해저광물자원 개발 내용

| 분 지 | 광 구 | 물리탐사량(L-km) | | 시추공 수 | |
|---|---|---|---|---|---|
| | | 1970-2008 | 2009-2018 | 1970-2008 | 2009-2018 |
| 서 해 | 1, 2, 3, 1-2, 1-3, 2-2 | 57,951 | 67,000 | 6 | 6 |
| 제 주 | 4, 5, 6-2, JDZ | 95,802 | 74,000 | 14 | 6 |
| 울 릉 | 6-1, 8 | 137,711 | 76,000 | 23 | 8 |
| 계 | 12개 광구 | 291,464 | 217,000 | 43 | 20 |
| 합계 | | 508,464 | | 64 | |

자료: 지경부(2009)
* 향후 3년간 시추계획 : (2009) 6-2광구 1공, (2010) 8광구 1공, (2011) 2광구 1공
** 국내 대륙붕에서 1970년부터 2008년 현재까지 총 43공을 시추하여 12개 공에서 가스 징후, 1개 공에서 석유 징후를 발견하였으나 그중 가스 징후 4개 공만 상업적 개발로 이어져 동해-1 가스전을 통해 생산.

---

554) 유해수,「우리나라 EEZ 자원개발 현황 및 정책」,『독도연구저널』, Vol 6, 2009, pp.72-74.
555)『투데이 에너지』, 2014. 12. 10.
556) 한국해양수산개발원,『글로벌 해양전략 수립 연구』, 2009, p.140.
557) 지식경제부, 보도자료(2009년 2월 26일), 동 일자 조선일보 인용.

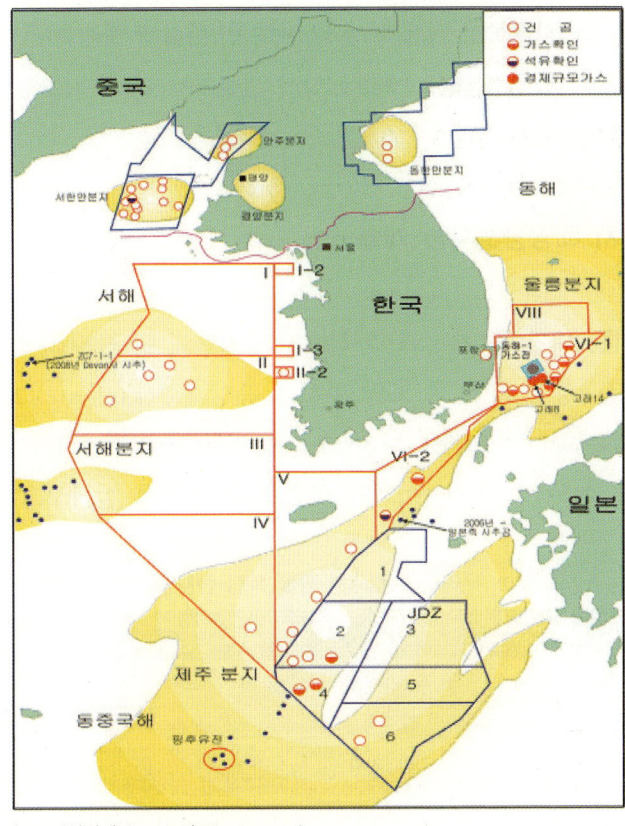

〈그림 6-6〉 국내 대륙붕 광구 현황 및 탐사 실적

자료: 지식경제부, 보도자료(2009. 2. 26)

또한 2010년 이후 가스하이드레이트(GH)[558] 상업화에 총력을 기울여 2010년 울릉분지 10개 유망지역 추가 시추, 2012년 해상 생산시험을 위한 시추, 2013~2014년도 생산시험 및 생산량 평가 등을 통하여 최적 GH 생산기술을 도출해 왔다. 최근 울릉분지 GH 매장량 재평가 결과 당초 발표된 6억 톤보다 많은 8~10억 톤의 매장량이 추정되었다. 이에 대해서 개발 시 생길 수 있는 환경적 부작용도 예상되어 개발 시 이에 적극 대응해야 할 것이다.[559]

[558] GH : 천연가스가 영구동토 또는 심해저의 저온·고압상태에서 물과 결합하여 얼음처럼 형성된 고체 에너지원(일명 "불타는 얼음")이다. 사라 치롤/김미화 역, 전게서, p.29.
[559] 현재 가스하이드레이트의 경우에는 개발 시 해저퇴적층의 붕괴, 이산화탄소보다 강력한 온실가스인 고체 메탄의 가스로의 해리 시 대기 중에 노출되어 온난화가 가중되는 문제, 열수광상의 개발 대상 광물덩어리인 과상유화물이나 기타 심해저 광물의 채취 시 관련 심해생물 생태계에의 영향 등이

앞으로 우리 영해 내의 개발은 그다지 문제가 되지 않으나 독도, 이어도 등 동서남해의 미타결된 EEZ 경계 협상 및 남해 먼 바다에 대해 기존 7광구 대륙붕 경계 획정 등이 앞으로 자원 개발에 앞서 선결해야 할 과제로 남아 있다.560)

### 2) 심해저 해양광물자원 개발

우리나라는 태평양 C-C zone의 심해저 망간단괴 광구(2002) 7.5만km²를 확보한 후, 서태평양(2016), 인도양 공해상 중앙해령(1.0만km²)(2012), 타국가 EEZ 내에서는 통가561)(2008), 피지(2011) 등의 해저 열수광상 등 총면적 11만 5,000km²를 확보하고 있다. 이하 광물별로 그 현황을 살펴보고자 한다.

〈표 6-10〉 우리나라 심해저 광물 독점 탐사광구 확보 현황

| 위 치 | 광종 | 관할기관 | 면적(km²) | | 비고 |
|---|---|---|---|---|---|
| 태평양 공해상 C-C 해역 | 망간단괴 | 국제해저기구 (ISA) | 7.5만 | | -근거: Regulations on Exploration of Manganese Nodule |
| 서태평양 | 망간각 | 국제해저기구 (ISA) | 0.3만 | | -근거: Regulations on Exploration of Manganese Nodule |
| 통가 EEZ | 해저 열수광상 | 통가 국토자원부 | 2.4만 | 총 3.5만 | 2008.04, 근거: Tongan Minerals Acts |
| 피지 EEZ | | 피지 토지자원부 | 0.3만 | | 근거: Fijian Minerals Acts (2011. 11- 6년 유효) |
| 인도양 공해상 중앙해령 | | 국제해저기구 (ISA) | 1.0만 | | 2009부터 탐사, 2012년 획득(근거: Regulations on Exploration of Hydrothermal deposits) |
| 총계 | | | 11.5만 | | 5개소 |

자료: 황기형, 「해양의 보호와 이용을 통한 신국부 창출」, 신국토해양 정책방향 세미나, 2012. 11. 5; 중앙일보, 2013. 2. 7; Yungsok Choi, "Recent Development in Exploitation of Deep Seabed Resources and Directions of Korean Policies", *Dokdo Research Journal* Vol. 24, Autumn 2013, p.74; YTN, 2016. 7. 20.

---

풀어야 할 과제로 남아 있다. 일본해양정책연구재단/김연빈 역, 전게서, pp.142-145.
560) 기존 7광구 한·일 공동개발 광구는 2028년 시한이 종료되어 그 후에는 한일 간에 새로운 EEZ 경계 협상 등이 필요하다.
561) 남성현, 『바다에서 희망을 보다』, 이담, 2012, p.78. 통가 EEZ의 한국 광구에 300만 톤 이상의 열수광상이 부존하는 것으로 예측되고 개발 시 30억 달러 수입 대체 효과 발생한다고 추정된다.

<그림 6-7> 우리나라 심해저 광구 현황

자료: 해양수산부

(1) 망간단괴/망간각

심해저 광물자원은 유엔해양법에 의해 인류의 공동자원으로 규정되어 유엔해양법에 의해 만들어진 국제해저기구(International Seabed Authority, ISA)가 관리를 하고 있다. 그래서 우리나라는 심해저 광물자원 분야에서 국제해저기구(International Seabed Authority, ISA)로부터 태평양 공해상의 C-C zone에 15만km²에 이르는 망간단괴 광구를 1994년 등록하여 인준을 받았다. 이후 2002년 8월에 국제해저기구(ISA)에서 동 C-C zone상에 우리나라 독점개발광구 7만 5,000km²를 광권으로 인정받았고 나머지는 유보광구로 남겨졌다. 이곳 C-C zone에는 감자모양의 망간단괴가 약 5.6억 톤가량 부존되어 있는 것으로 추정된다.[562] 망간단괴에는 망간, 니켈, 코발트, 구리 등 4대 전략금속을 함유하여 매년 300만 톤씩 100년간 채광하면 연간 1조 원 이상의 수입대체 효과가 생긴다.[563] 2016년에는 서태평양에서 ISA의 승인에 의해 3,000km²의 망간각 광구를 취득케 되었다.

---

562) 서울신문, 2016. 1. 18.
563) 아시아경제, 「해저광물자원을 개발하라」, 2009. 6. 7; 서울신문, 2016. 1. 18.

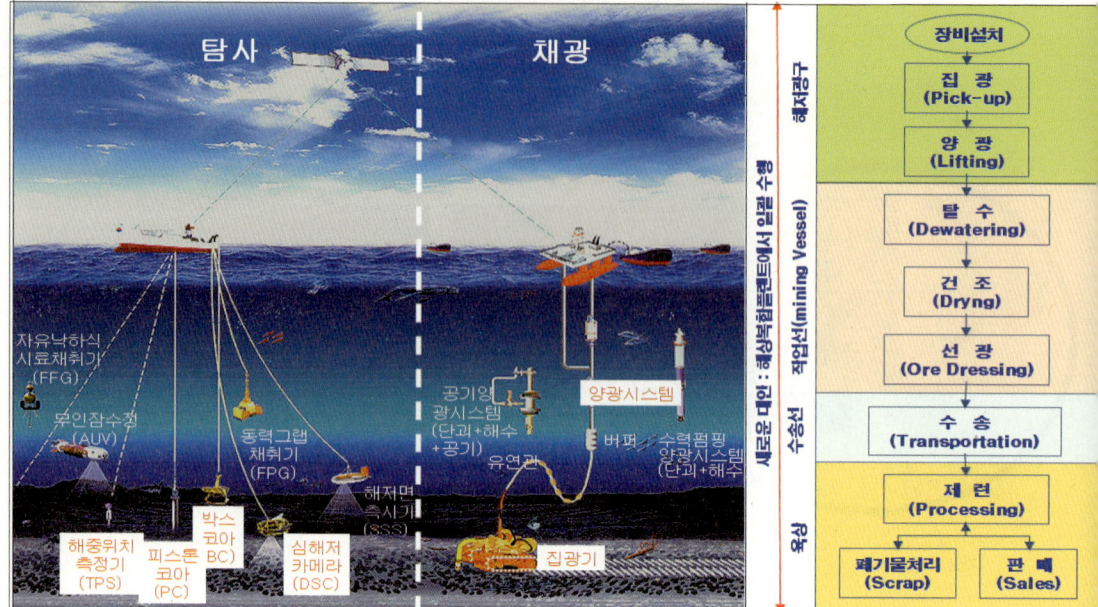

〈그림 6-8〉 심해저광물자원 개발 구상도

자료: 배재류, 이수호, 해양구조물 기자재 국산화 개발 방향, (주)대우조선해양; 자원연구소, 대덕넷(hellodd.com), 2007. 4.18.

현재 탐사 및 집광 분야 연구는 한국해양과학기술원(KIOST)에서, 양광 및 제련분야 연구는 한국지질자원연구원(KIGAM)에서 담당하고 있다. 태평양 심해저에 있는 망간단괴를 끌어올리기 위한 채광시스템은 심해저를 주행하면서 해저 지표층의 망간단괴들을 채집하는 집광(集鑛)시스템과 수거된 망간단괴를 해상까지 뿜어 올리는 펌프 등의 양광(揚鑛)시스템으로 구성되어 있다.564) 현재 우리 광구 지역에 대한 각종 탐사와 아울러 향후 개발에 대비하여 해저 5,000m에서 광물을 모아 올릴 수 있는 집광 및 양광기가 이미 개발되어 있고, 현재 우리나라 근해에서 시험 중에 있다.565)

첫 단계에서는 일단 채광시스템의 개발이 전제가 되며, 두 번째 개발 사업에서는 개발선에 채광시스템을 투입하고 양광시스템을 갖춤으로써 개발이 마

---

564) 동해의 실해역(수심 100m)에서 2009년 6월 경 통합 채광 실험을 하였으며 이를 앞두고 이루어진 사전 점검의 모의실험으로 당시 국토해양부와 한국해양연구원은 지난 1996년 채광장비 개념 설계에 착수한 뒤 2007년 4월 거제도 앞 바다 수심 30m에서 성능 시험을 실시한 바 있다. http://hellodd.com/K (2010. 4. 13).
565) 일간 NTN, 2009. 1. 8, http://www.intn.co.kr/list_view.php?mode=view&select2=12103&no=20407 (2013. 3. 13)

무리된다. 이에 따라 2007년 30m, 2009년 100m 깊이에서 실제 시험에서 성공하였고, 2013년 7월 해양수산부는 경북 포항시 동동남 방향 130㎞ 해역, 수심 1,380m 지점에서 정부 R&D 사업으로 개발된 순수 국내 기술 로봇인 심해저 채광로봇 '미내로'의 성능시험을 하였다.[566] 이것이 성공하여 집광과 양광시스템을 통합한 채광 기술을 자체 개발하고 있고[567] 이런 것이 이차적으로 진일보하면 1,000m~2,000m 깊이의 열수광상 등에서부터 적용이 가능해지게 된다.[568] 2016년 1월에는 포항 앞바다에서 망간단괴를 1,200m 해저에서 선박으로 양광하는 시험에도 성공하였다.[569] 한편 망간단괴를 녹여 유용한 광물을 뽑아내는 제련 기술 시험이 2013년 11월 성공적으로 시행되었다.[570]

〈그림 6-9〉 **채광로봇 '미내로'의 모습**

자료: 국토해양부 보도자료, 2011. 10. 27.

---

[566] 한겨레 뉴스, 2013. 7. 19. 미내로는 길이 6m, 폭 5m, 높이 4m의 육면체 모양이다. 무게는 지상에서는 25t, 수중에서는 9t 정도로 수심 5,000m 수압에서도 형체를 유지하며, 망간단괴를 수집해 지상으로 밀어 올릴 수 있도록 설계되었다. 이번 실험에서 물 위에서 원격조종하는 미내로가 심해저에서 제대로 작동하는지 여부를 중점적으로 분석할 예정이고 태평양 바다 밑에서도 이동할 수 있는지 확인하는 해저주행 시험과 심해 항해, 경로제어 시험 등이 주로 이루어졌다.
[567] 한국해양수산개발원, 『바다 이야기』, 서울, 2014. 12, p.156.
[568] 파푸아뉴기니 EEZ 내 열수광상 개발을 추진 중인 Nautilus Minerals사는 이러한 고수익이 기대된다고 한다. 황기형, 「해양신산업의 정의 및 특징」, 2011 해양산업 전망과 정책 대응 세미나자료, 2011. 1. 20, p.31.
[569] 서울신문, 2016. 1. 18.
[570] 한국해양수산개발원, 전게서, 2014. 12, p.157.

(2) 열수광상

이미 국제 컨소시엄이 형성되어 개발에 착수할 정도로 가장 상업화가 빠를 것으로 기대되는 해저 열수광상 개발사업은[571] 국내에서는 2000년 개최된 제5회 국가과학기술위원회에서 의결된 '심해저 광물자원 개발사업 추진계획'에 의해 수행되어 왔다. 이 추진계획에 따라 남서 태평양, 인도양 등에 대한 광역 탐사 실시로 독점적 탐사권을 확보하였다. 특히 인도양에서 해저 열수광상 탐사광구를 확보하기 위해 2009년부터 탐사를 진행하여 그동안의 탐사 성과를 기초로 국제해저기구(ISA)에 탐사권을 신청하여 2012년 7월 중국, 러시아에 이어 1만㎢의 해저 열수광상 탐사광구를 확보하였다.[572] 향후 15년간 조사를 하면서 광구 포기 과정을 거쳐 최종적으로 25%만 개발할 광구로 재설정하게 된다.[573]

정부의 계획에 의하면 앞으로 2015년까지 2,000미터급 심해저 채광장비 개발 실해역 실험 결과 확보 및 상용화 플랜트 공정 확립 기술 개발, 그리고 2020년까지 민간 참여를 통한 사업 채광시스템 설계 완료 등 국가 계획이 지속적으로 추진되고 있다.[574] 따라서 앞으로 상업 생산을 위해서는 정부 주도에서 벗어나 민간이 공동 참여하기 위한 방안과 절차, 그리고 각종 참여 혜택에 대한 검토가 필요하다. 이외에 심해저 광물자원을 개발할 경우에는 이에 따른 환경 영향 문제를 고려한 개발이 이루어져야 하므로 이에 대한 검토와 연구도 같이 수행되어야 한다.

---

[571] 캐나다의 노틸러스(Nautilus Minerals)사는 파푸아뉴기니 비스마르크 해역의 열수광상 개발권을 따서 2010년 이후 상업생산을 하려고 노력하고 있다(염기대, 「해양과학기술의 미래」, 『신해양시대: 신국부론』, 나남, 서울, 2008. 1, p.399). 최근 파푸아뉴기니 정부는 채굴에 대한 30%의 이익권이 파푸아뉴기니 정부에 있다는 조건으로 2011년 1월 그동안의 평가를 통하여 노틸러스社에 채굴허가를 해주었고 채굴은 2013년 하반기에 시작될 예정이었음(Michael Johnston, "Archipelagic Metaliferous Resources in South East Asia Region", 인도네시아 발리 해양법 국제 컨퍼런스: Maritime Border Diplomacy, 2011년 6월, 출장복명서). 노틸러스(Nautilus Minerals)사는 중국과 최근 상업 생산물을 판매하기로 계약하여 본격 생산이 기대됨(박광서, 전게 자료, KMI 웹진, 2012. 6).
[572] 경제풍월, 2012. 9월호, http://www.econotalking.kr/xe/index.php?document_srl=65755 (2015. 2. 28)
[573] 한국해양수산개발원, 『바다 이야기』, 서울, 2014. 12, p.159.
[574] 국토해양부, 전게서, 2009. 11, p.189.

〈표 6-11〉 우리나라 국가관할권 이원해역(심해저)에서의 해양광구 확보 방안

| 구분 | 망간단괴 | 해저 열수광상 | | 망간각 | |
|---|---|---|---|---|---|
| 계약기간 | 15년(+5년 연장) | 15년(+5년 연장) | | 15년(+5년 연장) | |
| 광구신청 방식 | 유보광구 | 선택 | 유보광구 / 지분참여 | 선택 | 유보광구 / 지분참여 |
| block 설정 | × | 10km×10km(100km$^2$)× 100 block=1만km$^2$ *최소 5개 cluster로 광구형성(1개 클러스터는 최소 5개 block) | | (20km$^2$, 형태제한 없음)× 150 block=3,000km$^2$ *최소 5개 cluster로 광구형성 (1개 클러스터는 최소 5개 block) | |
| 광구설정 형태 | × | 모든 block은 한변 길이 1,000km+30만km$^2$ 직사각형 범위에 위치 | | 모든 block은 550km×550km 범위에 위치 | |
| 광구포기 시기 | 3년(20%)→5년(30%) →8년(50%) | 8년(50%)→10년(75%) | | 8년(최초 할당구역의 1/3)→ 10년(최초 할당구역의 2/3) | |
| 최종 할당 | 15만km$^2$→75,000km$^2$ | 1만km$^2$→2,500km$^2$ | | 3,000km$^2$→1,000km$^2$ | |
| 우리나라 참여 | 광구 확보 (C·C zone) | 광구 확보 (인도양 공해상 중앙해령) | | 3년 후(계획) | |

자료: 양희철, 「양영토 확보와 국가 해양정책」, 『미래창조과학으로서 해양과학기술의 역할(프로시딩)』, 2013. 2. 6, p.11.

이러한 심해저 자원 개발을 위해서는 해양 관련 학문, 전자, 토목, 조선, 기상 등 융복합적인 지식이 소요되며 다양한 탐사채굴 등에 적합한 관련 기반 기술과 인력 등을 개발하는 것이 중요하다. 이를 위해 정부 주도의 시범 사업을 전개해 나감으로써 관련 기업의 기술 축적과 인력 개발이 가능할 것이다. 나아가 장기적으로는 일본 국영 행정법인인 석유·천연가스 금속광물자원기구(JOGMEC)와 같이 전담 조직의 설치도 필요하다고 본다.

(3) 기타

동해에는 가스하이드레이트 외에도 망간단괴나 인산염암도 부존하는 있는 것으로 추정된다.[575] "특히 해저화산, 해저산, 해양대지, 대륙붕 인접 대륙사면 등에서 발견되는 인산염암은 동해 수심 500~1,000m 해저에 국내 수요의

---

575) 남성현·김윤배, 『동해, 바다의 미래를 묻다』, 푸른행성지구시리즈, 이담, 파주, 2013. 3, p.108.

50년분 이상을 공급할 수 있는 2억 톤 이상이 부존된 것으로 추산된다. 또 독도 북쪽 사면에는 인산염암이 해저면에 노출되어 있는데, 오산화인($P_2O_5$) 함량이 30%에 이르고 층상으로 형성된 인산염암의 두께가 약 20m에 이르러 경제적 가치도 충분히 있는 것으로 평가되고 있다. 인산염광물은 무공해 천연비료의 원료나 기초소재로 활용될 수 있는데, 국내 인광석 수요는 연간 152만 톤으로 현재 전량을 수입에 의존하고 있다."[576]

## 5. 기타 해수용존물 추출 및 이용

해수에는 다양한 유용 물질들이 녹아 있어 이하에서는 이에 대하여 알아보고자 한다.

〈표 6-12〉 해수의 성분 내용

| chemical ion | 농도 (mg/L) |
|---|---|
| 염화물 Chloride Cl | 19,345.00 |
| 나트륨 Sodium Na | 10,752.00 |
| 황산염 Sulfate $SO_4$ | 2,701.00 |
| 마그네슘 Magnesium Mg | 1,295.00 |
| 칼슘 Calcium Ca | 416.00 |
| 칼륨 Potassium K | 390.00 |
| 중탄산 Bicarbonate $HCO_3$ | 145.00 |
| 브롬화물 Bromide Br | 66.00 |
| 붕산염 Borate $BO_3$ | 27.00 |
| 스트론튬 Strontium Sr | 13.00 |
| 불소 Fluoride F | 1.00 |
| 리튬 Litium Li | 0.17 |

자료: 권문상, 「해양과학기술과 주요 과제 추진 제안」(토론회 발표자료), 한국해양연구원, 2010. 11. 1.

---

[576] *Ibid.*

## 1) 리튬

지금 세계의 자동차 업계는 녹색 기술의 하나인 하이브리드 차 개발이 치열하고 전기와 휘발유 엔진의 복합적인 동력이 이용되고 있다. 그러나 현재 하이브리드 차의 이용도 일시적일 것으로 예상되고 따라서 차세대에 주축이 될 전기차 개발 전쟁이 치열해지고 있다. 전기차는 차세대 차량으로서 배터리를 이용하여 여기에 충전된 전기력을 이용하여 구동되는 차이다. 이산화탄소를 전혀 발생하지 않으며 따라서 친환경 차로서 미래 세대에 적합한 차라고 할 수 있다. 10년 내에 이러한 차의 개발이 실현될 것으로 전문가들은 전망하고 있다. 리튬은 이러한 전기차 배터리 제작의 주원료로서 이용되고 이외에도 휴대전화, 노트북 등의 전지, 그리고 세라믹스, 냉매흡수제, 촉매, 의약품 등에 다양하게 쓰이고 미래 핵융합발전용 연료 등 전략적 녹색연료로도 지목되고 있다.[577]

현재 세계 배터리 시장점유율 1위를 차지하는 우리나라로서는 미래의 전기차 개발을 위해 기존 이용되던 것보다 우수한 배터리 확보가 중요하다. 즉 충전 시간이 짧고 오랜 시간을 운행할 수 있게 하는 것이 중요하다고 할 수 있다. 특히 지금 많이 쓰이는 니켈수소 전지에서 리튬이온 전지로 전환되면 짧은 충전에 상당한 배터리 이용 시간 연장을 할 수 있다.

그런데 문제는 전기차 배터리의 차세대 원료인 리튬 자원이 육상에 희소하여 이를 확보하고자 하는 경쟁이 전기차 개발과 더불어 서서히 가열되고 있다는 사실이다. 특히 전 세계 매장량이 1,400여 만 톤(상업적 가채량 410만 톤) 밖에 되지 않으며, 매장량이 많은 것으로 알려진 볼리비아 '우유니' 호수에 540만 톤[578]의 리튬이 녹아 있으나 그 양이 적은 편이다. 때문에 이를 둘러싸고 전기차를 선도하려는 일본과 더불어 치열한 리튬 확보 전쟁 등 자원 외교를 펼친 바 있고, 2011년 7월 우리나라는 한국-볼리비아 리튬배터리 공동개발 MOU를 체결했고 2014년 아르헨티나 후후이주 카우차리 염호 인근에

---

[577] 한국해양수산개발원, 『바다 이야기』, 서울, 2014. 12, pp.162-163.
[578] 중앙일보, 2010. 2. 13; 국토해양부 내부 자료.

세계 최초로 개발한 리튬 직접 추출기술 대용량 실증 플랜트(연간 200톤의 탄산리튬 생산)의 준공으로 전기차 시대에 대비할 수 있게 되었다.[579]

실제로 이러한 육상 염호 개발 외에도 전 세계 리튬 가채 매장량(410만 톤)은 10년 내 고갈이 예상되므로 해수에 용존된 리튬(ℓ당 0.17㎎, 2,300억 톤) 추출이 절대적으로 필요하다. 리튬은 희소 광물자원으로 육지의 지각 중 평균 30ppm 정도가 부존돼 있고 해수에는 0.18ppm, 천일염 함수에는 3.2ppm이 용존되어 있다. 우리나라에서는 2010년 기준으로 3만 2000톤을 수입하는 등 소요량의 전량을 수입에 의존하고 있다.[580] 이를 대체하기 위해 당시 국토해양부 지원으로 2010년 해양에서 일본보다 약 30% 싸게 리튬을 추출하는 기초 기술을 개발하였다.[581] 리튬이온 전지는 니켈수소 전지에 비해 같은 부피나 무게에 훨씬 많은 에너지를 저장할 수 있어 효율적이지만 단가가 높다는 것이 단점이었다. 리튬 추출 원가를 크게 낮출 수 있는 상용화 작업이 성공하면 전기차에 쓰일 2차 전지시장의 판도[582]가 완전히 뒤바뀔 것에 착안하여 개발을 한 것이라고 한다.

〈표 6-13〉 한일 간 해양 용존 리튬 추출 사업 경쟁력 분석

| 구 분 | 한국 | 일본 |
| --- | --- | --- |
| 연구기간 | 2009년 ~ 2014년 | 1980년 ~ 2010년 |
| 연구비용 | 연평균 23억 원 | 연 83억 엔(2003년 기준) |
| 흡착속도 | 17.75mg/6day | 16mg/30day |
| 흡착제 내구성 | 30회(실증 데이터 보유) | 50회(추정치) |
| 실증분석결과 | 1kg/6day | 150g/42day |
| 제조단가 | 6300 USD/ton | 32000 USD/ton |

자료: 해양수산부, 『해양수산 신산업 창출을 위한 투자 유치 설명회』, 2014. 9. 29, p.25.

---

579) 포스코와 한국광물자원공사는 7월 30일 볼리비아 국영 광업회사 코미볼과 리튬배터리 사업 추진을 위한 양해각서(MOU)를 체결. 아르헨티나 자료: 경북도민일보, 2015. 10. 14.
http://www.posco.co.kr/homepage/docs/kor2/jsp/news/posco/s91fnews003v.jsp?idx=226419 (2011. 8. 10)구
580) 국제뉴스, 「천일염 함수에서 2차 전지원료 리튬 추출을」, 2013. 12. 12. 참고로 2008년에 국내 1.1만 톤(6억 달러)을 수입하여 사용.
581) 상게 자료; 일본해양정책연구재단/김연빈 역, 전게서, pp.89-90. 개발은 한국지질자원연구원이 담당함.
582) 2차전지의 동인은 주로 전기차이며 얼마 전까지 전 세계 전기차 시장은 2020년 500억 달러로 전망되었으나 최근에는 무려 1,000억 달러로 예상하고 있다. 정강성, 「바닷물에서 '21C 노다지를 캔다」, 해양과학기술원, 『해양과학기술』 Vol. 1, 2011. 10, p.43.

<그림 6-10> 리튬 추출 실증 플랜트

자료: 국토교통부 보도자료, 2010. 2. 2, http://www.molit.go.kr/USR/NEWS/m_71/dtl.jsp?id=155432596, 2016. 1. 6), 원전: 한국지질자원연구원(KIGAM)

해수 추출 리튬을 상용화하기 위해 포스코 등과 기술 개발을 지원한 정부가 보조를 맞추어 강릉에 2014년까지 실증 공장을 짓고 상용화 공정 개발에 착수하였다.[583] 이렇게 추출 공정이 상용화되면 2020년 이후 연간 10만 규모의 리튬을 대량 생산할 수 있는 공장을 가동하게 되어[584] 리튬 전지 개발에 선도적 역할을 하게 될 것이다. 염전이 많은 전남 지역에서도 리튬 농도가 높은 천일염 함수에서 리튬을 추출하는 연구를 한국기초과학연구원과 공동으로 추진 중이다.[585]

## 2) 소금(천일염)

해수에는 대략 3.5%의 화학물질이 용해되어 있고 이 중 3/4은 소금(salt, sodium chloride)다.[586] 소금은 음식의 맛을 내기 위하여 그리고 음식물을 장

---

[583] 중앙일보, 2010. 2. 2, 동일자 YTN 뉴스 인용. 현재 한국지질자원연구소와 협동으로 강릉시 옥계면 해안에 연간 10톤 규모를 제조할 수 있는 실증플랜트 건설을 2014년까지 추진 중(한국해양과학기술진흥원(KIMST), 상게서, p.45). 300억 원을 들여 해수용존 리튬 추출 연구센터가 2011년 11월 준공, 연구센터는 18,000㎡ 부지에 연구동 961㎡와 실험동 1,165㎡ 등을 갖춘 건축 연면적 2,126㎡ 규모(YTN, 2011. 4. 5; 화학저널, 2011. 7. 4). 최근 포스코 산하 연구기관인 포항산업과학연구원은 세계 최초로 소금물에서 리튬을 직접 추출하는 신기술을 개발해 1,000리터의 소금물에서 리튬 5Kg을 뽑아내는데 성공했다(YTN, 2012. 2. 23). 종전의 자연 증발 방식은 리튬 추출에 12개월이나 걸리는 반면, 신기술은 최장 한 달, 최소 8시간이면 추출이 가능하고, 리튬 회수율도 종전 50%에서 80% 이상으로 끌어올릴 수 있는 것으로 나타났다. 이것은 우리가 합작 개발하려는 볼리비아 '우유니' 호수나 칠레, 아르헨티나의 염호와 바다에서 바로 적용 가능할 것으로 보인다.
[584] 중앙일보, 2010. 2. 2; 한국해양과학기술진흥원(KIMST), 상게서, p.88.
[585] 국제뉴스, 「천일염 함수에서 2차 전지원료 리튬 추출을」, 2013. 12. 12.

기 보존하기 위하여 꼭 필요한 물자였다. 고대로부터 소금(salt)을 바닷물에서 채취하여 이용하여 왔다. 고대 켈트인들은 돼지 뒷다리를 소금에 절여 햄(ham)으로 만들었고 로마인들은 생선을 우리나라의 젓갈과 비슷하게 소금에 절여 발효시킨 '갈룸'이라는 소스를 음식에 넣어 먹었다. 로마에서 병정들에게 소금(salt)을 봉급의 일부로 지급하여 후에 봉급을 'salary'라고 한다고 할 정도였고[587] 그래서 군인을 'soldier'라고 부르기까지 하였다.[588] 고대 로마에서는 연안 항구인 오스티아의 소금을 내륙으로 나르기 위하여 최초의 로마길 '살라리아 가도(via Salaria)', 즉 '소금길'을 만들었다고도 한다.[589] 그래서 소금은 매우 비싼 음식 재료로 이용되어 왔고 돈과 권력의 상징이었다. 프랑스 왕실에서는 소금에 높은 세금을 부과하여 왕실의 사치스런 생활을 유지하는 데 쓰기도 했고 이러한 높은 세금이 프랑스 혁명을 유발하는 요인의 하나가 되었다.[590] 영국은 '소금법'을 만들어 인도인들에게 영국산 소금만을 쓰게 강압하다가 간디의 '소금 행진'[591]을 유발하기도 하였다. 이처럼 어느 나라에서나 소금은 과거부터 전략 물자요 중요한 경제 자원이었다.

중국에서도 기원 전 7세기 제나라 때부터 부가가치가 높은 소금에 대하여 국가 통제가 시작되었고 기원전 119년 한나라 왕조가 공격적인 팽창 정책에 필요한 자금의 확보 수단으로 소금 전매제를 시행하기 시작하였다.[592] 그 이후 2~3세기에 이르자 일부 중국 왕조는 국가 재정 수입 중 80-90%를 소금 전매에서 얻었다. 진시황(BC. 259-210)의 통일 사업과 만리장성 축조, 한 무제(BC. 156-87)의 영토 확장 등은 모두 소금과 철 전매 덕분이었다.[593] 당나라

---

586) Gunnar Kullenberg, op. cit., p.84.
587) Gunnar Kullenberg, op. cit., p.84; 조선일보, 2013. 2. 22.
588) 조선일보, 2013. 2. 22.
589) 한국해양수산개발원, 전게서, 2014. 12, p.120.
590) 조선일보, 2013. 2. 22. 1789년 프랑스 절대왕정에 항거, 변호사, 판사, 상인 등 시민들이 주도한 혁명
591) 1930년대 영국이 대공황을 타개하기 위하여 대공황 시 간디가 영국의 소금법에 반대하여 사바르마티 '아쉬람'에서 약 390km 떨어진 '단디 바닷가'까지 24일 동안 '인도인의 소금은 당연히 인도인의 것'이라고 매일 연설하며 행진하였다. 초기에 78명이던 군중이 나중에 수만 명으로 늘어났고 후에 간디와 6만 명이 투옥되고 간디의 '비폭력 무저항' 운동의 본보기가 되었다(조선일보, 2013. 2. 22).
592) 매일경제 및 한국경제, 2014. 11. 24.
593) 한국경제, 2014. 11. 24. 기원전 81년, 중국 한나라 조정에서 벌어진 '염철론(鹽鐵論)' 논쟁이 대표적이다. 한 무제가 시행한 소금, 철, 술 전매제를 그의 사후에도 지속할 것인지가 쟁점이었다. 유가사상을 앞세운 젊은 학자들은 백성의 이익에 반한다며 철폐를 주장했다. 반면 고위 관리들은 부국강병의 법가사상을 내세워 필요성을 역설했다. 시대는 다르지만 국가가 직접 시장에 개입해 간섭과

때에도 염 수입이 재정 수입의 절반 이상을 차지하였다고 한다.[594] 중국 공산당은 20세기 전반 국민당의 큰 수익원이던 소금 사업을 국가 독점 사업으로 유지하다가 최근에야 풀었다.

현재 전 세계 소금은 연간 약 2.6억 톤(75억 달러)이 생산되고 이 중 16.2%(4,200만 톤)이 국제적으로 식용 형태로 교역되고 있다.[595]

우리나라도 과거부터 서해안에서 천일염을 생산해 왔고[596] 최근 값싼 수입염의 비중이 늘고 있으나 우리 소금은 세계적으로도 미네랄 함량이 제일 높을 정도로 우수한 품질을 갖고 있어 많이 애용되어 왔다. 고려 충선왕(1275-1325) 때 각염법(榷鹽法)이라는 소금 전매제를 실시하였는데 이는 당시 12~13세기에 걸쳐 이루어진 소금 생산의 발전을 배경으로 한 것이었다.[597] 또한 일제에서 독립 후 한 때 염업을 국가 전매 사업으로 하여 재정에서 활용하다가 관영 및 민영 염전을 활성화시켰고 1955년 이후 소금의 자급자족이 이루어지면서 1960년 전매제를 폐지하였다.[598] 1979년 기계염을 도입하고 1997년 시장을 개방하여 호주나 멕시코 천일염을 도입하면서 국내산 소금은 경쟁력을 잃게 되었다.[599] 품질이 우수한 국내 천일염 산업을 보호하기 위해 1963년 제정된 「염업법」 시행 이래 2011년 11월에는 「소금산업진흥법」으로 바뀌어 시행되고 있다. 전국 전체 소비량 324만 톤 중 화학공업용(주로 수지원료로 사용) 268만 톤은 전량 수입에 의존하고, 약 57만 톤의 일반 식용 사용 분량도 국내 생산 천일염 32만 톤 내외와 정제염(기계염)으로 생산되는 20만 톤을 제외한 나머지를 수입에 의존하고 있는 실정이다.[600]

우리나라 소금 생산 규모는 연간 20-30만 톤 수준이고 그 시장 규모는 약

---

규제를 해야 하는지, 아니면 가급적 개입을 최소화해야 하는지를 둘러싼 오늘의 논쟁과 많았다.
594) 한국해양수산개발원, 전게서, 2014. 12, p.120.
595) 농림수산식품부, 「천일염 산업 육성 종합대책」, 2011. 9. 염업은 2009년 3월 지경부에서 농림수산식품부(현 해양수산부)로 이관됨.
596) 최근 국내 총수요 3,244천 톤, 대부분 공업용(2,676천 톤, 82%), 나머지 식용은 56.8만 톤(천일염 32만 톤+정제염 20만 톤+수입 4.8만 톤) 등. 자료: 해양수산부, 『해양수산업무편람』, 2014. 3, p.199.
597) Daum 브리태니커, http://100.daum.net/encyclopedia/view.do?docid=b01g0819a (2014. 11. 24).
598) 하기옥 지음, 『패키지 디자인 레시피』, 다산북스, 2014. 1. 3, p.84. 여기에서는 1961년 폐지로 말함.
599) Ibid.
600) 해양수산부, 『해양수산 업무 편람』, 2014. 3, p.199.
http://good-salt.com/gnuboard4/bbs/board.php?bo_table=hyundae_bodo&wr_id=24(2015. 2. 28)

2,214억 원으로 천일염 1,254억 원(3,741ha), 정제염 510억 원, 죽염 200억 원, 구운소금 200억 원, 기타 50억 원 등으로 구분된다.[601]

〈표 6-14〉 각국 소금 중의 미네랄 함량

| 구분 | 미네랄(단위: mg/kg) | | |
|---|---|---|---|
| | 칼슘 | 칼륨 | 마그네슘 |
| 한국 | 1,429 | 3,067 | 9,797 |
| 프랑스(게랑드) | 1,493 | 1,073 | 3,975 |
| 중국 | 920 | 1,042 | 4,490 |
| 베트남·일본 | 761 | 837 | 3,106 |
| 호주·멕시코 | 349 | 182 | 100 |

자료: 전라남도 보건환경연구원.

우리나라 천일염은 염분이 80%, 나머지 20%는 미네랄과 수분 등으로 구성되어 미네랄 성분은 세계 최고이고 풍미가 있어 고품질로 인정된다고 한다.[602] 그러나 우리나라 소금은 불순물이 없어야 하는 공업용에는 적합지 않다. 세계적으로 유명한 프랑스 대서양 연안의 게랑드 소금도 우리나라 소금과 같이 염분 외에 미네랄 특히 마그네슘이 많이 포함되어 있는 것이 특징이다. 다른 나라의 천일염은 염분이 약 98~99%로 실제로 순수 정제염(기계염)[603]과 같아 맛이 떨어진다.

우리나라 천일염은 미량의 염화마그네슘(일명 간수) 때문에 쓴 맛이 나고 이를 제거하기 위한 과정을 거쳐야 맛이 더 좋아진다.[604] 천일염은 일제시대에 대만에서 활용되던 방법을 도입한 것이고 그 이전에는 바닷물을 끓여 소금을 생산하던 자염법(煮鹽法)을 활용하여 왔다.[605]

---

[601] 해양수산부, 전게서, 2014. 3, p.199.
[602] 한국해양수산개발원, 전게서, 2014. 12, p.113-115; 해양수산부, 전게서, 2014. 3, p.199. 프랑스 게랑드 소금에 비해 마그네슘은 20% 적고, 칼슘 등 미네랄은 3배 이상임.
[603] 일본에서 이온교환수지법이라는 방법을 써서 만들어 염화나트륨이 99% 이상으로 정제염(기계염)이라고도 한다. 한국해양수산개발원, 전게서, 2014. 12, p.115.
[604] 한국해양수산개발원, 전게서, 2014. 12, pp.114-115.
[605] 한국해양수산개발원, 전게서, 2014. 12, p.113. 그래서 99% 염분으로만 이루어진 정제염에 글루타민산나트륨(MSG)를 첨가하면 맛소금이 되고, 굵은 소금을 고온에서 태워 불순물을 제거하면 입자가 고와지는데 대표적인 것이 죽염(9번 정도 태움)이다.

### 3) 마그네슘

해수에서는 마그네슘(magnesium) 20%[606]와 브롬(bromine)의 30%[607]가 추출되어 대규모로 상용화되고 있다. 마그네슘은 산업원료로서 마그네슘 합금, 노트북 케이스, 자동차·항공기 외관 및 부품 등에 이용되는데, 육상 생산 시 고비용·저효율의 생산 구조를 가지고 있다. 마그네슘의 톤당 가격은 약 $2,000로서 중국은 2007년 세계 생산량 860kt 중 70%를 공급하였고, 2007년 중국 소비는 60% 증가(250kt)하였으며 세계 수요도 30% 증가하였다. 이외에 미국(20%), 일본, 캐나다, 이탈리아, 독일 등이 주요 마그네슘 시장이다.

현재 영국은 북동 해안에 공장을 건립, 해양에서 연 25만 톤의 마그네슘을 생산 중이다. 우리나라에서도 순천 해룡산단에 마그네슘 판재공장(포스코 계열사)이 가동되고 있는 등 마그네슘 잉곳(Ingot) 산업 등이 구축되어 마그네슘 추출을 통한 경제 활성화 도모가 요망된다. 현재는 일반해수 이용 전극법으로 생산하므로 생산단가가 높은 편이라서 고농도의 해수 마그네슘 농축물 생산 기술이 필요하다. 이를 위해 저비용·고효율 구조의 해수 유래 고농도 마그네슘 추출 기술 개발이 필요하다. 추출 기술 실용화가 이루어지면 해수 1ℓ당 마그네슘 1g 생산이 기대된다고 한다.

### 4) 희소금속

이외에도 최근에는 반도체 등 첨단 소재들에 희소금속들이 많이 활용됨에 따라 국제적인 희소금속 확보 전쟁이 가열되고 있다. 따라서 해수 중에 녹아 있는 각종 용존물 추출 기술의 확보가 첨단 산업 경쟁력 확보에 커다란 요인으로 등장하고 있다. 특히 이산화탄소 방출이 없는 원자력 발전의 증대와 육상 우라늄 부존의 한계로 인한 우라늄 수요 증대로 해수 중 우라늄 추출이

---

606) Gunnar Kullenberg, op. cit., p.84. 50%라고 하는 곳도 있다(한국해양수산개발원, 상게서, p.162).
607) 한국해양수산개발원, 『바다 이야기』, 서울, 2014. 12, p.162.

본격화되고 있다.

특히 일본은 1960년대부터 해수 우라늄 추출기술 개발을 추진하였고, 1980년대에 해수 우라늄 생산공장을 건립·운영 중이다. 최근에는 육상보다 더 많은 우라늄을 갖는 해수에서 우라늄을 추출하는 새 기술이 미국에서도 개발되었다. 1990년대에 일본이 개발한 기술이 파운드당 560달러인데 이는 아직 육상보다는 5배 정도 높은 비용으로 실용화를 위해 지속적인 개선이 요망된다.[608] 해수 1ℓ당 우라늄 0.003mg이 존재하므로 우라늄 원료의 안정적인 공급을 위해 우리나라도 해수 우라늄 추출기술이 필요하다.

이외에도 2020년 이후에는 청정 수소에너지가 에너지원으로 쓰이는 소위 수소에너지 사회가 도래할 것으로 예상되며, 이에 대비하여 물에서 수소를 얻을 수 있는 값싼 기술 개발이 진행 중이다. 특히 해수를 이용하여 전기분해를 통해 수소를 분리하거나 해조류나 해저 열수광상 근처의 균주 배양으로 수소를 추출하는 기술 등의 상업화가 2020년경에는 가능할 것으로 예상된다.

최근에는 바닷물에서 코발트를 고효율로 그리고 선택적으로 추출할 수 있는 기술이 국내 연구진에 의해 개발되고 있는 중이다.[609] 중·일 간의 센카쿠 열도 분쟁 이후 현재 희소금속의 국제적 수급 문제가 심화될 여지가 있어 향후 바닷물 속 리튬, 마그네슘, 코발트, 우라늄, 붕소 등 희소금속의 추출 기술 실용화로 국가산업 보호책 마련이 필요하다.

---

608) KMI, 『해양산업동향』 제72호, 2012. 8. 28, p.4.
609) 기존 흡착제는 바닷물의 코발트를 78%까지 흡착하였으나 부산대 하창식 교수팀은 코발트를 96%까지 선택적으로 추출하는 다공성 나노물질을 개발하여 특허 출원 중이라 한다. 코발트는 이차전지 제조에 중요하게 사용된다고 한다(해사신문, 2012. 8. 2).

# 07

해양에너지 · 생물 · 수자원 개발

# 제7장
# 해양에너지 · 생물 · 수자원 개발

## 1. 해양에너지(Ocean Energy) 자원

### 1) 일반 해양에너지

 국제에너지기구(IEA)의 세계 에너지 전망(World Energy Outlook 2013)에서는 중국과 개발도상국의 수요 증가로 인해 2011년에 비해 2035년까지 전 세계 에너지 수요가 35% 증가할 것으로 전망하였다. 또한 기후변화에 따른 영향을 감소시키기 위해 현재 전체 에너지원의 82%인 화석연료 저감을 위하여 최근 대체에너지에 대한 관심이 부쩍 높아지고 있다. 현재 신·재생에너지 생산량은 기술적 잠재량의 약 0.35% 수준(폐기물 포함)이다. 신·재생에너지 원별 기술적 잠재량은 지열 > 태양 > 풍력 > 수력 > 해양 > 바이오매스 순이다. 참고로 2011년 전체 발전량의 3%인 신재생에너지 시장 규모는 1,620억 달러(2009)로서 풍력(635억 달러), 바이오연료(449억 달러), 태양광(307억 달러) 순이나 2035년에는 전체 에너지의 18%를 신재생에너지가 차지할 것으로 전망된다.[610] 국내에서는 전체 발전량 중 2014년 3.4%, 2020년 5.0%, 2030년 9.7%, 2035년 11%를 차지할 것으로 전망된다.[611]
 최근 부각되는 차세대 신재생 에너지원으로서 해상풍력은 현재 성장기 진입, 파력 및 조류에너지는 2020년 성장기 진입이 예상되고 있다. 전 세계 해양에너지는 82,950Twh(2008년 세계 전력 소비의 5배)로 추정되고 2050년까지

---
610) 한국에너지공단, 『신재생에너지 백서』, 2014. 12, p.26. 총 6.5조 달러로 풍력(2조 달러), 수력(1.7조 달러), 태양광(1.3조 달러) 순.
611) 한국에너지공단, 상게서, p.106.

현재 세계 발전시설 총량의 19%에 해당하는 최대 784MW 규모가 시설되어 이산화탄소 배출 절감량이 520억 톤에 이를 것으로 전망된다.[612] 해외 전문기관들은 전 세계 해양에너지 시장(조력 제외 시 발전시설 용량) 기준이 2020년 28억 달러(4GW), 2030년 322억 달러(50GW), 2050년 1,456억 달러(303GW)로 늘어날 것으로 예상하고 있다.[613] 특히 2050년 기준으로 세계 해양에너지(파력, 조류) 발전 용량을 303~748GW로 전망하고 있다.[614]

현재 최소 25개국에서 해양에너지 개발을 추진 중이고 영국을 중심으로 유럽 국가들이 기술개발을 선도하고 있다. 조력발전의 경우 프랑스 랑스 조력발전소(240MW, 1967), 캐나다 펀디만 조력발전소(20MW, 1968),[615] 러시아 키슬라야 조력발전소(800kW, 1968), 중국 지앙시아발전소(3,000kW, 1980)가[616] 그리고 한국에는 시화화 조력발전소(254MW, 2011)가 운영 중이다.

표층과 심해저의 수온 차이로 발전을 하는 해양온도차발전의 경우에는 미국 하와이에 50kW급 상용 해양온도차발전[617]이 이루어지고 있으며 열대 및 아열대 지역에서 많이 시험 발전이 되고 있다. 해양온도차발전(Ocean Thermal Energy Conversion, OTEC)은 표층(예: 25-30℃)과 심층(예: 5-7℃) 간에 17℃ 이상의 수온 차이가 나야 한다. 이를 이용하여 표층의 온수로 암모니아, 프레온 등의 저비점 매체를 증발시킨 후 심층의 냉각수로 응축시켜 그 압력으로 터빈을 돌려 발전하는 방식이다.[618] 미국, 일본이 실험 발전에 성공하여 이를 열대나 아열대 국가들로 이전하려 계획하고 있다. 우리나라의 경우 쿠로시오(黑潮) 해류가 남해안과 동해안을 지나가므로 해양온도차발전의 가능성이 있어 정부에서 이의 기술개발을 추진하고 있다.

---

(612) 한국에너지공단, 전게서, p.374.
(613) 한국해양과학기술진흥원, 『해양산업 분류체계 및 해양산업의 역할과 성장전망 분석을 위한 기획 연구』, 2011. 10, p.227.
(614) 한국해양과학기술진흥원, 상게서, p.226.
(615) Richard A. Muller/장종훈 역, 『대통령을 위한 에너지 강의(Energy for Future President)』, 살림, 2014. 8. 5, pp.324-325.
(616) 한국해양수산개발원, 『바다 이야기』, 서울, 2014. 12, p.126.
(617) 남성현, 전게서, p.82.
(618) 박성욱, 「해양과학기술과 에너지 개발」, 『해양의 국제법과 정치』, 한국해로연구회 편, 서울, 2011, p.171.

<표 7-1> 해양에너지의 분류

| 종류 | 에너지 형태 | 최적지 | 세계 잠재자원량 (Twh/yr) | 우리나라 부존량 |
|---|---|---|---|---|
| 조력 | 해면의 상하운동에 따른 위치에너지 | 조석이 큰 지점 | 1,200 | 650만kW |
| 해류 및 조류 | 해수의 유동에 의한 운동에너지 | 흐름이 강한 지점 | 470 | 조류 100만kW |
| 파력 | 파랑의 위치·운동에너지 | 파고의 평균치가 높은 지점 | 29,500 | 650만kW(동해) |
| 해수면 온도차(OTEC) | 해수온도의 연직방향의 온도차 | 표면 해수온도가 높은 해역 | 4,400 (열대/아열대) | |
| 염분 | 염분의 위치에 의한 농도차 | 담수가 있는 하구역 | 1,650 | |
| 계 | | - | 82,950 | 1,400만kW |

** 우리나라 총 부존량: 총 1,400만kW 이상으로 추정되고 이 중 개발 가능 에너지: 조력 약 650만kW, 조류 약 100만kW, 파력 약 650만kW(자료: 이광수, 「해양에너지 개발 현황과 전망」, 제2회 연안발전포럼 프로시딩스, 2012. 4. 4, p.100, 세계 통계: 「Marine & Ocean Energy Development」, APEC Energy Working Group, 2013.)

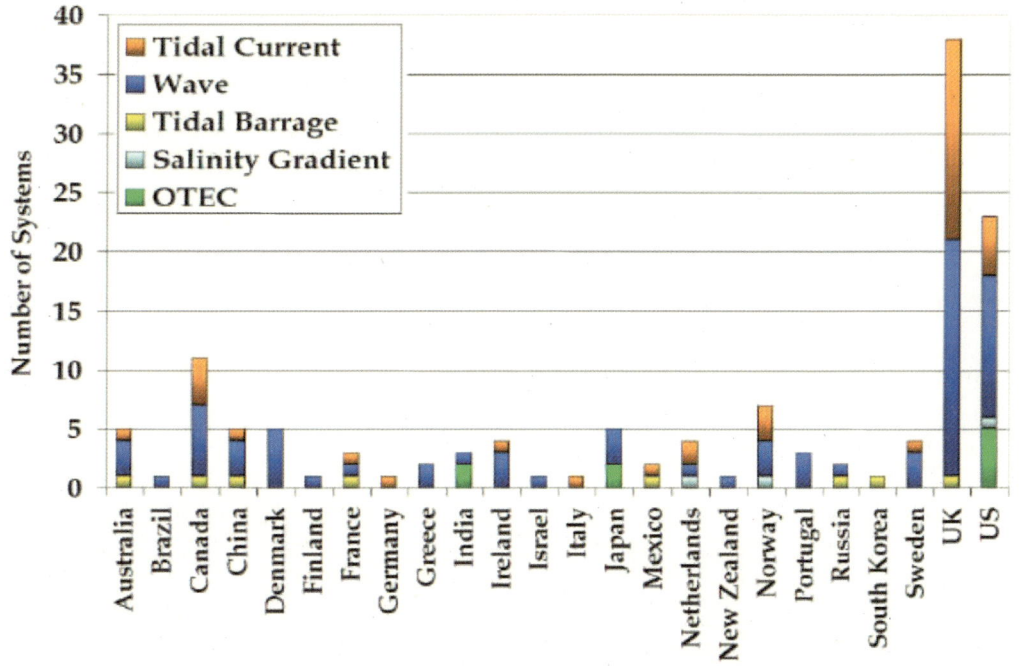

<그림 7-1> 각국의 해양에너지 연구개발 및 실용화 건 수

자료: 한국에너지공단, 「신재생에너지 백서 2014」, 2014, p.384, 원전: 「해양에너지의 미래전망과 국가적 발전전략 연구」, KAIST, 2012.

이외에 조류와 파력발전은 영국이 대표적인 나라로 현재 EMEC(European Marine Energy Centre)를 중심으로 조류 및 파력에너지가 풍부한 오크니(Orkney)섬에 시험 현장을 개설하고 가장 활발한 실증적인 연구를 해오고 있다.[619] 이를 통해 전체 수요의 20%를 해양에너지에서 얻되 이 중 5%를 조류에너지, 나머지 15%를 파력에너지, 그중에서도 심해파력에서 얻을 예정이다.620) 포르투갈에서는 해상 140m에 설치된 파력발전 장치인 펠라미스 파력 컨버터(Pelamis Wave Energy Converter)를 활용하여 시험적으로 750kW를 얻고 있다.621)

현재 발전단가(¢/kWh)는 신형 석탄가스화복합발전(IGCC, 6.3-8.9¢/kWh)에 비해 해상풍력(24.3¢/kWh)은 3배, 조력은 3배, 조류는 3.5배, 파력은 6배 수준이다. 그러나 기술 개발 속도가 높아 파력, 조류 발전은 발전 설비 용량이 1GW에 이르는 시점에 그리드 패리티(grid parity)622)에 도달할 것으로 전망된다.

연간 2,000억 달러의 에너지를 수입623)해야 하는 우리나라에서는 태양열, 풍력 이외에 해양 신 재생에너지 자원이 주목받고 있고, 상용화와 기술 확보에 박차를 가하고 있다. 앞의 표와 산업통상부(구 지식경제부) 발표에 따르면 우리나라 연안에는 파력 650만kW, 조력 650만kW, 조류 100만kW를 포함해 총 1,400만kW의 에너지 자원이 존재하는 것으로 조사되었다.624)

산업통상부(구 지식경제부)는 2014년 '제4차 신재생에너지 개발 기술 및 이용 보급 기본계획'과 2012년 4월 신재생에너지 생산을 활성화하기 위한 '폐기물에너지 기술개발 전략로드맵'을 각각 수립하였다. 이에 따르면 2010년 현재 국내 신재생에너지 비중은 2.61%, 2020년 6.2%, 2027년 7%, 2035년에는 신재생에너지 비중 11% 달성을 계획하고 있다.625)

이러한 전체 신재생에너지 가운데 해양 신재생에너지의 비율은 2014년 현재 1.1% 수준에서 2020년 2.5%, 2027년에는 피크 시 기여도가 2.1%가 될 것으로 전망되고 있다.626) 또 2027년까지 시화 조력(254MW), 울돌목 조류(50.5MW), 가로림 조력(520MW), 인천만 조력(1,320MW), 강화 조력(840MW), 완도 조력(53MW)

---

619) 고광오 등, 「초대형 부유식 구조물을 활용한 에너지 아일랜드」, 『물과 미래』, Vol.43 No.1, p.29.
620) 한국에너지공단, 상게서, p.375.
621) Richard A. Muller/장종훈 역, 전게서, p.326. 파력은 100미터 길이에서 단지 1MW만 얻을 수 있어 풍력 1기에서 5-7MW를 얻는 것에 비해 효율이 떨어진다.
622) 석탄가스화복합발전(IGCC) 등과 같은 생산원가를 시현하는 점.
623) 2012년 1,848억 달러의 에너지를 수입함. 한국해양수산개발원, 『바다 이야기』, 서울, 2014. 12, p.123.
624) 이 같은 양은 원자력 발전소 14기가 생산하는 전력량과 맞먹는 엄청난 규모다. 자료: 에너지관리공단, 『신재생 에너지 R&D 전략 2030보고서』, 2008.
625) 이투뉴스, 2012. 4. 30; 에너지경제, 2014. 9. 5, 현재 OECD 기준으로 1%, 비재생 폐기물까지 합쳐야 2.1%라고 한다(산업일보, 2015. 10. 7).
626) 지식경제부, 『제6차 전력수급기본계획(2013~2027)』, 2013. 2, p.27. 2010년도는 전체 발전 용량 기준임.

등이 완공된다고 가정하면 총 시설용량 3,033.5MW로 전체 신재생에너지의 약 10.9%까지도 점할 수 있는 것으로도 평가되고 있으나 일부 발전소는 환경 문제로 개발이 쉽지 않을 것이다.

〈표 7-2〉 신규 신재생에너지실효용량 (2027년 기준)

(단위 : MW)

| 구분 | 수력 | 태양광 | 풍력 | 해양 | 바이오폐기물 | 연료전지 | 부생가스 | IGCC | 소계 |
|---|---|---|---|---|---|---|---|---|---|
| 정격용량 | 119 | 4,724 | 16,679 | 1,190 | 1,726 | 1,693 | 300 | 1,500 | 27,929 |
| 피크기여도(%) | 23.6 | 13.0 | 1.5 | 2.1 | 8.7 | 100 | 100 | 100 | - |
| 실효용량 | 28 | 615 | 249 | 25 | 150 | 1,693 | 300 | 1,500 | 4,560 |

자료: 지식경제부, 『제6차 전력수급기본계획(2013~2027)』, 2013. 2, p.27.

정부는 재정 부담과 가격경쟁 메커니즘 도입, 국산 제품 양성 등을 위해 과거에는 발전차액보조(Feed-In Tariff)를 시행하다가 2012년부터 신·재생에너지 공급의무화제도(Renewable Portfolio Standards, RPS)로 변경하였다.[627] 우리나라에서는 2012년부터 이러한 RPS제도[628] 시행에 따라 국내 발전사들은 조력발전을 중심으로 해양에너지 개발을 위한 대규모 투자계획을 세워 추진하고 있으나 최근 저유가, 경기후퇴, 개발에 따른 환경 영향으로 반대 여론이 급증하여 개발이 다소 주춤거리고 있다.

〈표 7-3〉 국내의 해양에너지 대규모 투자계획

| A 발전사 | 2016년 100MW 조류발전단지 조성 |
|---|---|
| B 발전사 | 840MW 강화조력발전단지 투자 |
| C 발전사 | 2,520MW 가로림조력발전단지 투자 |
| D 발전사 | 3MW 파력발전단지 추진 |
| E 발전사 | 2013년 조류 발전 90MW 증설, 2015년 450MW급 건설 |

자료: 황기형, 전게서, 2011. 1, p.76.

[627] RPS(신재생에너지 의무할당제) 제도는 삼천포 화력 및 화력발전소 등 현재 전력을 생산하는 발전사 업자에게 총 발전량의 일정 비율을 신재생에너지로 공급하도록 의무화한 제도로서 총 전력생산량 중 신재생에너지에 의한 비중을 2012년에 2%를 시작으로 2024년까지 10%까지 확대하는 것을 목표로 한다. 즉 공급의무할당제는 발전사업자에게 발전량의 일정량 이상을 신재생에너지로 공급하도록 양을 고정하는 정책이다. 2002년 도입된 신·재생에너지 발전차액지원제도(Feed-In Tariff)는 신·재생에너지로 생산한 전력에 대해 기준 가격과 계통한계가격의 차액을 지원해줌으로써 신·재생에너지의 보급 확대의 기반을 마련하려는 것이었다.
[628] 정부는 신재생에너지 의무할당제(RPS) 도입으로 정부는 2015년까지 태양력, 풍력, 수력 등의 신재생에너지 개발에 40조 원을 투자할 계획으로 신재생에너지 산업 부문에서 세계 5위 강국으로 도약한다는 비전이었다. 이데일리뉴스, 2011. 1. 14.

무공해 해양에너지를 실생활에 이용하려면 가장 먼저 바다에 광범위하게 분포해 있는 파랑이나 조류, 조석, 수온 등의 물리적 에너지를 전기 에너지로 바꿀 수 있는 최첨단 기술이 필요하다. 이를 통해 파력발전, 조류발전, 조력발전, 해수온도차 냉난방이 가능해지는 것이다. 국내에서는 이미 세계 최대 시화 조력발전소(254 MW)[629]가 2011년 시화호에 완공되었고, 조력발전 잠재력이 높은 가로림만(태안), 인천·강화 연안 등에서도 또 다른 조력발전소 건설이 추진되고 있다. 그러나 저유가, 경기후퇴, 특히 개발에 따른 환경문제로 조력발전소 추가 건설에 대한 반대가 심한 편이다. 이 때문에 외국에서는 최근 환경 친화적이고 규모가 작은, 바닷속 기둥의 날개를 조류로 돌려 발전하는 조류발전 방식이 개발되고 있다.[630]

〈표 7-4〉 **우리나라 신재생에너지 설비 건설 전망**(2010-2020)

| 구분 | 소수력 | 풍력 | 태양에너지 | 바이오 | 폐기물소각 | 부생가스 | 연료전지 | 해양에너지 | 지열 | IGCC/CCT | 계 |
|---|---|---|---|---|---|---|---|---|---|---|---|
| 사업자 의향 | 128.7 | 2,309.7 | 472.7 | 240.9 | 42.6 | 1,134 | 80.0 | 3,037.5 | - | 900 | 8,346 |
| RPS 고려 | 103.8 | 6,318.4 | 3,340.4 | 108.0 | 320.0 | - | 580.5 | - | 31.2 | - | 10,811 |
| 합계 | 232.5 (1.2%) | 8,626.1 (45.0%) | 3,813.1 (19.9%) | 348.9 (1.8%) | 371.6 (1.9%) | 1,134 THGUD (5.9%) | 660.5 (3.4%) | 3,037.5 (15.9%) | 31.2 (0.2%) | 900 (4.7%) | 19,157 (100%) |

*건설 가정: 2011. 6: 시화조력(254MW) 2014. 6: 울돌목조류(50.5MW), 2015. 12: 가로림조력(520MW), 2017. 6: 인천만조력(1,320MW), 2017. 12: 강화조력(840MW), 2017. 12: 완도조력(53MW) 등 설비 가동을 가정함. 자료: 이광수, "해양에너지 개발 현황과 전망", 제2회 연안발전포럼 프로시딩스, 2012. 4. 4, p.114.

진도 울돌목[631]에는 1MW급 조류발전 시설이 완공되어 시험 가동 중이며 2단계로 90MW급 확장이 계획되어 있다.[632] 조류발전은 일반적으로 조류속이 2m~4m/초 이상 되어야 하는데 이곳은 7m/초로 대단히 좋은 입지를 갖고 있다.[633] 이외에 4m/초 이상 되는 장죽수도 15만(kW), 횡간수도, 대방수도, 신안군, 인천해역 등에서도 조류발전이 추진되고 있다. 제주도에서는 2013년

---

629) 조차(tidal difference)는 약 5.5m이다. Richard A. Muller/장종훈 역, 『대통령을 위한 에너지 강의 (Energy for Future President)』, 살림, 2014. 8. 5, p.325.
630) 남성현, 『바다에서 희망을 보다』, 이담, 2012, p.80.
631) 이순신 장군의 조류를 이용한 명량대첩이 있었던 곳으로 시속 13노트의 조류가 흐른다. 염기대, 「해양과학기술의 미래」, 『신해양시대; 신국부론』, 나남, 서울, 2008. 1, p.405.
632) 2단계에서는 최대 9만KW(90MW)급으로 2013년도까지 개발 추진 중. 국토해양부 내부자료, 2010. 3.
633) 고광오 등, 「해양신재생에너지, 에너지 아일랜드로 효율성 문제 풀다」, 『해양과학기술』, KIMST, 2012. 1월호, p.26; 한국해양과학기술진흥원, 『Ocean Insight』, 2015. 1.

〈그림 7-2〉 시화호 조력발전소(254MW) 및 울돌목 조류발전 시스템(1MW) 전경

자료: (좌) 한국에너지자원공단 신재생에너지센터 홈페이지 (http://www.knrec.or.kr/knrec/14/KNREC140410.asp?idx=239&page=4&num=192&Search=&SearchString, 2015. 12. 17); 동 공단, 『신재생에너지백서』, 2014, p.392(우)

기술개발이 완료된 진동수주형 파력발전시스템(500kW급)을 이용하여 한경면 용수리 해안에 시험용 파력발전소를 건설하고 2016년 7월부터 전력 생산에 들어갔다.[634] 그 외에 「능동형 조류발전기술개발」(2011-2017, 총사업비 200억 원), 「부유식 파력-해상풍력 연계형 발전시스템」(2013-2015, 총사업비 152억 원, 10MW급)이 개발 중이고,[635] 심해형 파력발전, 해양온도차 발전 및 냉난방 연구가 진행되었다.[636] 또한 2014년 3월 한국전력은 강릉 화력발전소에 10kW급 '해양복합온도차 실증 발전소'의 준공식을 하였다.[637]

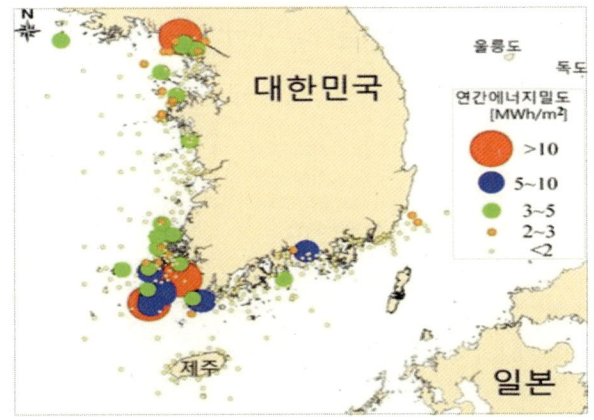

〈그림 7-3〉 우리나라 조류 에너지 밀도 분포

자료: 연합뉴스, 2009. 7. 2, 원전: 국토해양부.

---

[634] 이광수, 「해양에너지 개발 현황과 전망」, 제2회 연안발전포럼 프로시딩스, 2012. 4. 4, p.109; 한국해양과학기술진흥원, 『Ocean Insight』, 2015. 1, p.2; 제주도민일보, 2016. 6. 30.
[635] 한국해양과학기술진흥원, 『Ocean Insight』, 2015. 1, p.2.
[636] 이광수, 전게자료, 2012. 4. 4, pp.110-112.
[637] 한국해양수산개발원, 『바다 이야기』, 서울, 2014. 12, p.130.

해양에너지 개발 추세를 보면 현재까지는 주로 천해역에서 고정식 방식에 의해 많이 이루어지고 있으나 향후 심해역에서 부유식으로, 그리고 복합적인 모양으로 이루어질 것으로 전망되고 있다. 러시아와 중국은 해상 부유식 소형 원자력발전소를 2019년 시운전을 목표로 건설 중이다.[638]

〈그림 7-4〉 러시아가 추진하는 소형 부유식 원자력 발전소의 모습

자료: 한중해양과학공동연구센터, 뉴스레터, 2008. 10. 27.

이러한 해양신재생 에너지는 몇 가지 문제점들이 있다.[639] 첫째는 발전시스템 설치 시 높은 시공비용이 든다는 점이다. 울돌목 시험조류발전소의 경

---

638) 러시아 로사톰(Rosatom)의 해상 원전은 용량 70메가와트(MW)로, 작은 도시 전체에 전력을 공급할 수 있는 규모다. 로사톰은 해상 원전을 2016년 완공할 예정이다. 이 해상 원전은 북극해 등 러시아의 해상 석유·천연가스 개발 현장에 투입돼 시추 플랜트에 전력을 공급할 용도인 것으로 알려졌다(아시아경제, 2014. 5. 2). 중국도 남중국해 도서에 쓰일 부유식 원전 건설을 2020년 목표로 추진 중. -한중해양과학공동연구센터 소식(2008. 10. 27): 2004년부터 러시아가 시작한 이 소형 부유식 원자력 발전소는 200만 달러가 소요되고 70MW의 핵반응로를 보유하며 러시아는 2015년까지 7개의 부유식 핵발전소를 지을 계획이다. 10만 인구를 가진 한 도시의 전력 수요를 완전히 충족시킬 수 있다고 한다. 만약 이를 해수 담수화 처리에 사용한다면 매일 24만㎥의 담수를 처리할 수 있고 매년 20만 톤의 석탄과 연료를 절약할 수 있다고 한다. 부유식 핵발전소의 예상 수명은 40~50년 이상이다. 10~12년 운행 후 특정 정비기지에서 장비를 점검하고 새로운 핵연료를 주입하는데, 이전 위치에는 다른 부유식 핵발전소가 대체 투입된다. 외형적으로는 하나의 작은 섬과 비슷한데, 약 3만~5만㎡ 수역 면적을 차지한다. 부유식 핵발전소는 핵 동력선, 육지 핵발전소, 발전과 수송 장치 등을 포함하는데, 러시아 여러 지방의 에너지 부족과 불균형 현상을 완화하고 원동지역 국가와 북극에 가까운 일부 국가를 지원하여 에너지 위기에서 탈피할 수 있도록 하는 중요한 의미를 갖는다. 제일 처음 건조되는 부유식 핵발전소는 발틱해역에 설치될 것이며, 중소파워의 원자로를 이용하여 러시아 북서지역에 열과 전기를 공급하게 된다. 부유식 핵발전소는 에너지 방면의 위기를 완화할 수 있을 뿐 아니라 바다에서 전력 수요가 많은 해수 담수화 장치를 운행할 수 있어 물 부족에 대비하여 향후 매우 중요한 역할을 하게 될 것이다. http://www.ckjorc.org/ka/view.asp?id=609 (2011. 8. 11); http://kr.blog.yahoo.com/kadesh5631/4 (2011. 8. 11)
639) 이광수, 「해양에너지 개발 현황과 전망」, 제2회 연안발전포럼 프로시딩스, 2012. 4. 4, p.115.

우 총 건설비 127억 원 가운데 구조물 비용이 92억 원으로 72%를 차지한다. 둘째, 송전을 위해 해저케이블을 설치해야 하므로 발전 용량 대비 송전 비용이 과다하게 든다. 송전 비용은 총 건설비용의 약 25%가 들고 케이블 연장이 길어질수록 비용이 증가한다. 셋째, 풍력, 파력의 경우 불규칙적이고 발전량 예측이 불가능하며 따라서 전력 수급 조절이 어려워 고급 전력 생산이 어렵다는 단점이 있다.

〈표 7-5〉 해양에너지 개발을 위한 기술 개발 방향

| 구분 | 현재 | 향후 방향 |
|---|---|---|
| 위치 | 천해역 | 심해역 |
| 설치 방식 | 고정식 | 부유식 |
| 발전 방법 | 단일 발전 | 복합발전 |
| 발전 규모 | 소규모 | 대규모 |

자료: 다양한 자료를 중심으로 필자 작성

이러한 단점을 극복하고자 하는 노력이 많이 이루어지고 있는데 대표적인 것이 복합단지화하여 다양한 전력을 같이 생산하는 방식이다.[640] 특히 파력과 해상 풍력이 유사한 발전환경에서 이루어지므로 이를 복합단지화하면 초기 건설비와 운영비를 절감할 수 있다. 또한 발전 후 송전 비용을 고려하여 발전된 전기로, 현장에서 직접 바닷물을 이용해 수소를 생산·저장·운반하고 담수화까지 함으로써 경제성을 높이는 방안도 연구되고 있다. 또한 해상공원, 외해가두리 양식시스템, 해양관측시스템 등과 연계하여 다목적화하여 경제성을 높일 수 있는 방안도 강구되고 있다. 이러한 다목적인 발전의 경우 부유식으로 만들어서 활용하는 방안들이 많이 제시되고 있다. 이하에서는 다음 표와 같이 가장 산업화 진전이 빨라 국내외에서 각광을 받는 해상풍력 발전에 대하여 알아보고자 한다.

---

[640] 이광수, 상게서, pp.115-117.

<표 7-6> 세계의 해상풍력 및 기타 해양에너지 발전 단지 실적 및 계획

| 종류 | 나라 | 내용 |
|---|---|---|
| 해상풍력 | 벨기에 | -노스윈드 해상풍력 프로젝트<br>(Northwind Offshore Wind Project)에 3억 3,300만 유로 투자 계획(유럽투자은행(EIB) 투자), 216MW |
| | 독일 | 북해 지역 최대 해상풍력단지 조성계획인 'Trianel Borkum WestⅡ'에 2011년부터 3억 200만 유로 투자 |
| | 영국 | -영국 전체: 2020년까지 17개 단지, 총 48GW(2,000억 파운드 투자)<br>-스코틀랜드: Fife 연안 15km 해상, 450MW(터빈 125기), 2016년 말까지 건설하여 운영(수심 45-55m, 약 105km2), 약 22억 달러 투자 계획 |
| | 프랑스 | -2011년 7월 첫 단지 건설, 2020년까지 1,200대의 해양풍력 터빈 건설, |
| | 노르웨이 | -실적: 2009년, 수심 220m, 2.3MW, 하이윈드(Hywind), 부유식, 노르웨이 에너지기업 스타토일 하이드로(Statoil-Hydro)사 |
| | 포르투갈 | -실적: 2MW 부유식 실증발전기, 주관 덴마크 베스타스(Vestas)사(미국업체와 공동) |
| | 일본 | -실적: 나가사키현 고도열도 인근 해상, 1,000kW 부유식 실증발전기 기설치<br>-계획: 후쿠시마 앞 16km 해상, 2020년까지 143기 설치, 1,000MW(원전 대체용) |
| | 아프리카 | -아프리카 카보베르데(Cape Verde)에 총 4,500만 유로를 투자해 네 개의 섬에 총 28MW 규모의 연안 풍력단지 건설을 지원 (유럽투자은행 + 아프리카개발은행(AfDB) 공동) |
| 파력 | 아일랜드 | -아일랜드 서부 연안에서의 파력 발전 계획인 West Wave<br>-EC에서 1,980만 유로(약 2,609만 달러) 지원 결정<br>-6기의 파력에너지 변환기(CONVERTER) 설치를 포함, 2015년까지 5MW의 전력 생산 목표<br>-아일랜드전력공사(ESB) 주도, 스코틀랜드 Orkney의 유럽 해양에너지 센터(EMEC)에서 시제품 시험 |

자료: KMI, 『해양산업동향』 제68호(2012. 7. 3), 제72호(2012. 8. 28), 제81호(2013. 1. 8) 등; 한국경제, 2012. 8. 28; 남성현, 전게서, p.107.

## 2) 해상풍력발전[641]

### (1) 세계

풍력발전 산업은 녹색산업이면서 동시에 신성장 산업에 해당한다. 기후변화 대응, 에너지 자급률 확보, 일자리 창출 등 국가적 현안 극복에 유리하고, 발전 잠재력도 크기 때문이다. 해외에서는 풍력발전이 원자력 발전소나 태

---

641) 박광서, 「해상풍력발전 개발 동향과 과제」, KMI-해사신문 공동기획 '글로벌 해양 포커스'(71), 해사신문, 2010. 11. 15.

양력발전에 비해 건설하거나 설치하는 데 비교적 비용이 덜 들어 석탄발전소와 비슷하고, 설치하는 시간도 적게 걸린다. 특히 유럽에서는 에너지 밀도가 높은 많은 해상 풍력을 중심으로 개발이 이루어지고 있다.[642]

특히 해상풍력은 육상풍력에 비해 초기 투자비용은 높지만 풍부한 풍량으로 발전효율이 높고, 육상풍력의 소음, 공간적 한계, 경관 훼손 등의 한계 극복이 가능하여 미래의 新성장동력으로 주목받고 있다. 육상 풍력발전의 한계점으로는 민원 등에 의해 입지에 제한이 많고, 블레이드의 대형화로 인해 육상운송 등의 제약이 있으나, 해양풍력의 경우 대규모 풍력단지 조성이 가능하고, 풍부한 고품질 풍력자원 개발이 가능하다는 장점이 있어 향후 급속한 증가가 예상된다.

〈표 7-7〉 육상풍력과 해상풍력 비교

| 구분 | 육상풍력 | 해상풍력 | 비고 |
|---|---|---|---|
| 건설단가($/kW) | 1,224 ~ 1,707 | 2,225 ~ 2,970 | |
| 발전단가(cents/kWh) | 6.5 ~ 13.5 | 7.0 ~ 11.0 | |
| 풍속(m/s) | 4 ~ 8 | 8 ~ 12 | |
| 설치장소 | 제한 多 | 제한 少 | |
| 소음, 시각적인 위압감 | 大 | 小 | |
| 평균단지 규모(MW) | 15 | 300 | |
| 발전 효율(%) | 29 | 40 | |

주: 육상 풍력 보다는 해상 풍력의 발전 비용이 조금 더 높은데, 이는 풍력 터빈을 해상에 설치하고 전력 계통에 연계하는 부분의 비용이 추가되기 때문임. 자료 : SERI, 산업전망대, 2009. 04.

2013년 기준 전 세계의 풍력발전 설비량은 약 318GW로, 2009년 159GW에 비해 거의 두 배로 증가했다.[643] 풍력발전 누적 설비량의 국가별 순위는 중국, 미국, 독일, 스페인 순으로 나타나고 있다.[644] 특히 상위 10개국이 전 세계 풍력발전의 85%(2012)를 점유하는 것으로 나타났다.[645] 발전 시설 제작업체로 보면 덴마크 Vestas(13.1%), 중국 Goldwind(11.0%) 등의 순이다.[646]

---
642) Richard A. Muller/장종훈 역, 전게서, p.215.
643) 안요한, 「세계 풍력발전 설비량 급증」, 『해양산업동향』, 2011. 8. 9. p.12.
644) 에너지관리공단, 전게서, p.27.
645) 에너지관리공단, 전게서, p.48.

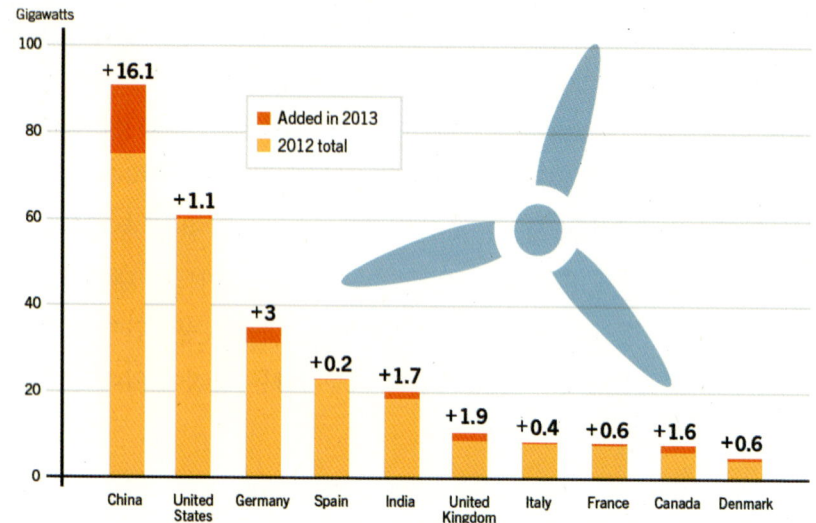

〈그림 7-5〉 세계 풍력 발전 누적 설비 10대국

자료: 한국에너지공단, 『신재생에너지백서 2014』, p.27, 원전: REN21, *Renewables 2014*, Global Status Report

    세계 풍력 시장 투자 규모는 2012년 830억 달러로 거의 조선업과 비슷한 규모로 성장하였고[646] 2019년에 1,145억 달러로 예상되어 크게 늘어날 전망이다.[647] 후쿠시마 원전 사고 이후 원자력 발전 폐지 국가들이 풍력발전을 대체원으로 많이 고려하고 있고, 발전 원가가 이미 그리드 패리티(grid parity)에 근접하여 신재생에너지 성장을 견인할 전망이다.[648]

    특히 최근에 유럽·미국·중국을 중심으로 해상풍력이 급속히 확산 중이다. 해상풍력 설치 용량은 2010년 2.9GW, 건설 중 2.6GW, 계획 승인 24GW 등이었는데, 2011년 총 설비량이 4.0GW로 늘었고 2013년에는 1.6GW 증설이 이루어져 14개국에서 총 설비량이 6.83GW로 전체 풍력의 4.4%를 차지한

---

646) 『해양산업동향』, 2013. 10. 29, p.5; 에너지관리공단, 전게서, p.50. 최근 덴마크 Vestas(49%)와 일본 미쯔비시(51%) 지분 합작하여 공동 사업을 시행하여 3MW와 8MW급을 상품화 한다고 한다.
647) 매일경제, 2014. 3. 7.
648) 문채주, KMI 세미나 자료, 2011. 8. 10. 영국 Carbon Trust사 전망에 의하면 2020년 연간 679억 달러, 2030년 2,237억 달러, 2050년 5,838억 달러로 예상된다(한국해양과학기술진흥원, 전게서, 2011. 10, p.230). 또한 해사신문(2012. 7. 11)에 의하면 세계 해상풍력 시장은 연 평균 30% 이상 성장이 예상되며 누적 설치용량은 2011년 4GW에서 오는 2025년 99GW로 커질 것으로 전망되고 있다.
649) 기술발전으로 인한 풍력발전 단가 하락: 석탄화력이 60유로/MWh, 원자력이 38유로/MWh임에 비해 지상 풍력이 54유로/MWh, 해상 풍력이 79유로/MWh로 해상은 고가의 초기 설치비로 다소 비싼 편이다.

다.[650] 우리나라는 아직 5MW(2012)의 해양풍력 시설만 보유하고 있는 초기 단계이다.[651] 국가별 계획을 보면 EU 40GW(2020)/150GW(2030), 미국 54GW (2030), 중국 35GW(2030) 등으로 2011년의 4.0GW에서 2030년에는 239GW로 늘어날 전망이다.[652] 앞으로 해상풍력의 전 세계 시장규모는 2020년 679억 달러, 2030년 2,237억 달러로 예상되고 있다.[653]

덴마크가 1991년에 처음으로 해상풍력 단지를 개발하는 등 해상풍력 개발은 주로 유럽이 주도해 왔고 따라서 2010년까지 전 세계의 95.4%를 유럽이 차지하고 있다. 그러나 최근 미국, 중국, 한국, 일본 등이 설비량을 늘리고 있어 2021년에는 유럽이 전체 시장의 63.4%에 머물 것으로 전망되고 있다.[654] 특히 영국은 1,041MW로 43.7%를 차지해 해상풍력 시장에서 독보적인 위치를 차지하고 있다.[655] 유럽은 앞에서 본 것처럼 2020년까지 40GW, 2030년까지 150GW를 건설하여 세계 해상풍력 시장을 주도하겠다는 계획이다. 유럽풍력에너지협회(EWEA)는 세계 해상풍력발전 규모가 2013년 기준으로 전체 풍력발전의 4.4%에 불과하고, 해상풍력발전이 앞선 유럽에서도 역내 풍력발전 규모의 2.3%에 불과한 것으로 평가했다. 그러나 EU 27개국이 2020년까지 연간 170억 유로를 투자(예산의 절반 정도를 해상풍력발전에 투자)하여 전체 전력의 15.7%[656]를 차지할 것으로 전망했다. 또한 이후 2030년까지 연간 약 200억 유로를 투자(해상풍력발전에 대한 투자가 60%를 차지)해 육상풍력발전보다 더 많아질 것으로 예측하고 있다.[657]

국가별로 보면 미국은 그동안 육상풍력 개발에 치중하였으나 2010년 4월

---

650) 에너지관리공단, 전게서, pp.49, 348.
651) REN21 steering committee, 『2013 재생에너지 현황 보고서』(한국판), 신재생에너지학회 역, 2013, p.73.
652) 헤럴드경제, 2011. 11. 11.
653) KMI, 현황대응 회의 자료, 2014. 10, 원전: Carbon Trust, 영국 신재생에너지협회 자료, 2011.
654) 김민수, 「유럽, 2021년에 세계 해상풍력시정 점유율 63.4% 예상」, 『해양산업동향』 제79호, KMI, 2012. 12. 4, p.6.
655) 영국 해상풍력의 경우 2020년까지 7,000기 정도의 발전기를 건설해 전체 가구 소비량의 40%를 대체한다는 계획을 수립하고, 특히 2007년 10월 베아트리스 풍력단지 프로젝트(Beatrice Wind Farm Project)를 통해 연근해에 집중되어 있던 해상풍력을 배타적 경제수역으로 확대하는 전기를 마련했다. 2010년 3월에 2030년까지의 해양에너지 개발, 특히 조력과 파력발전 개발을 중심으로 한 해양에너지 실천계획('Marine Energy Action Plan 2010')을 발표했다. 해사신문(김민수), 2010. 3. 29.
656) 남성현, 전게서, p.82.
657) 박광서, 「해상풍력개발, 유럽에서 배우자」, 해사신문, 2009. 10. 6.

연방 차원에서 최초로 매사추세츠 해안에 468MW급 해상풍력단지 건설을 승인하여 새로이 해상풍력 시장에 뛰어 들었다.658) 또한 2030년에 미국 전체 전력 소비량의 20%(54GW)를 풍력발전으로 충당한다는 목표를 세우고, 해상풍력발전에 대한 지원을 더욱 강화해 나갈 예정이다. 미국 에너지부(DOE)에 따르면, 미국은 해상풍력 자원량이 현재 4,000GW 이상으로 추정되며, 향후 해상풍력 개발이 활성화될 경우 2,000억 달러의 경제적 효과가 발생할 것으로 예상하고 있다.

중국은 상하이의 둥하이 대교 근처에 100MW급의 해상풍력단지를 조성하고, 2010년 7월부터 상하이 박람회장에 전력을 공급하고 있다. 비유럽권에서는 처음으로 설치된 해상풍력 그리드이다. 이로써 중국은 이미 독자적인 해상풍력단지 개발 능력을 갖춘 것으로 평가받고 있다. 아울러 2020년경 10GW, 2030년경 35GW를 넘어설 것으로 예측되고 있다.

〈그림 7-6〉 국가별 해상풍력 도입 현황

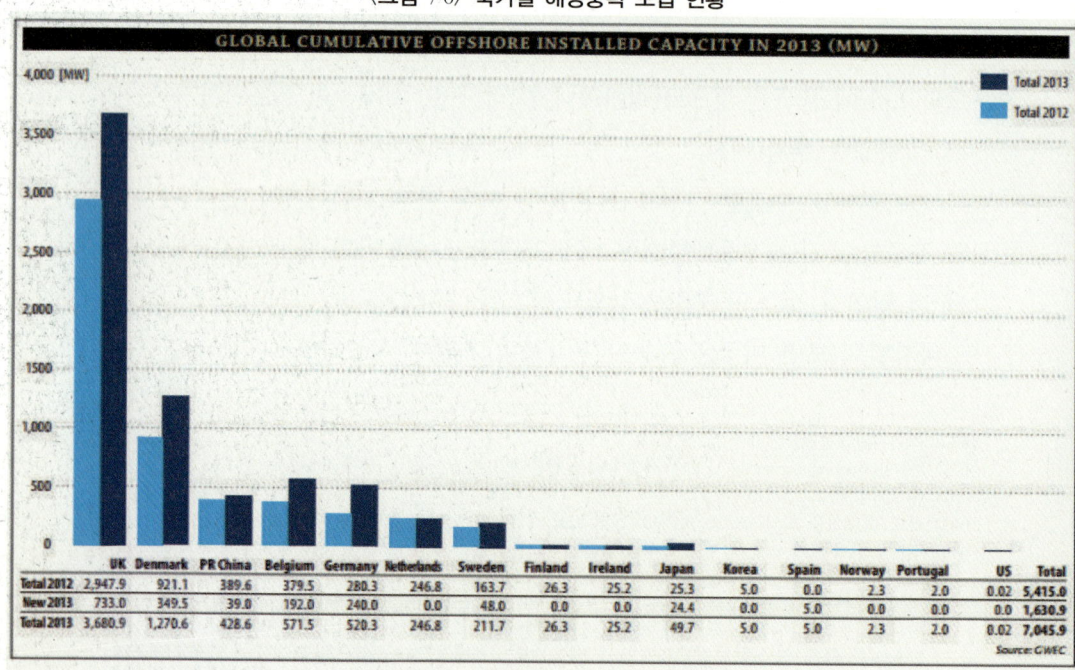

자료: 한국에너지공단, 『신재생에너지백서 2014』, p.349, 원전: GWEC GLOBAL WIND REPORT 2013.

658) 해사신문(박광서), 2010. 11. 15.

해상풍력발전의 누적 설비용량은 영국, 덴마크, 중국, 벨기에, 독일 순으로 유럽 국가들이 선두를 차지하고 있다. 10개국 31개 단지이고 주력으로는 0.75~7MW급으로 특히 2MW가 많았고 2013년 말 건설 중인 해상풍력 실증단지는 8개국 28개 단지로 총 설치용량은 6,686MW로 3MW가 주력이다.[659] 풍력 터빈은 덴마크, 미국, 중국, 독일, 스페인 등의 제품이 대다수를 차지하고 있다.

외국에서는 5MW급이 개발되어 시연되면서 향후 해상풍력을 중심으로 설비 규모는 더 커지고 비용은 감소할 전망이다. 특히 대규모 해상풍력 단지를 추진하고 있는 EU에서는 이미 5MW급 풍력발전 설비도 사용되고 있다. 해상풍력발전의 수심은 3~108m에 이르며, 해안에서 거리가 0.1~30km에 이르고 있다.

(2) 한국

국내 풍력에너지 잠재력은 육·해상 포함하여 466백만 toe/년이며 이 중 가용 풍력자원은 50백만 toe/년으로 육상풍력 잠재량은 3.6GW, 해상풍력 잠재량은 8.8GW이다.[660] 2013년 기준 우리나라 풍력발전 설비용량은 전체의 0.51%이고 발전량은 전체의 0.19%로 약 980.2GWh의 전력을 생산하였다.[661]

한국은 2013년 말 기준으로 풍력설비가 312기(534MW) 설치되어 있고 해상풍력은 아직 5MW(2012)에 불과하다. 국내 설치된 제품들은 덴마크 Vestas사와 스페인 Acciona사의 제품이 국내 보급 용량의 98%를 차지하고 있다.[662] 현재 국내 육상풍력 단지에서는 1.5~3MW 발전 설비도 사용되고 있고 향후 개발될 해상풍력에서는 5-7MW급이 주력으로 사용될 것이다. 두산중공업은 3MW급 풍력발전 시스템을 개발해 국제 인증을 받았고, 효성은 2013년 초 5MW급 풍력발전 시스템의 시제품을 설치할 계획이었다. 또 대우조선해양, 삼성중공업이 7MW급 풍력터빈을 개발 중이고, 현대중공업은 5.5MW급을 개발 중에 있다.[663]

---

659) 한국에너지공단, 전게서, p.349.
660) 한국에너지공단, 전게서, p.335.
661) Ibid.
662) 지식경제부·에너지기술평가원, 그린에너지 전략로드맵 2011: 풍력, 2011, pp.28-29.

〈표 7-8〉 제4차 신재생에너지 계획상의 발전원별 구성 목표

| 구분 | 2014 | 2020 | 2025 | 2035 | 증가율 |
|---|---|---|---|---|---|
| 태양열 | 0.5 | 1.4 | 3.7 | 7.9 | 21.2 |
| 태양광 | 4.9 | 11.7 | 12.9 | 14.1 | 11.7 |
| 풍력 | 2.6 | 6.3 | 15.6 | 18.2 | 16.5 |
| 바이오 | 13.3 | 18.8 | 19.0 | 18.0 | 7.7 |
| 수력 | 9.7 | 6.6 | 4.1 | 2.9 | 0.3 |
| 지열 | 0.9 | 2.7 | 4.4 | 8.5 | 18.0 |
| 해양 | 1.1 | 2.5 | 1.6 | 1.3 | 6.7 |
| 폐기물 | 67.0 | 49.8 | 38.8 | 29.2 | 2.0 |

자료: 에너지경제, 2014.09.05; 솔라투데이 (http://www.solartodaymag.com/, 2016. 2. 15)

현재 국내 조선업계도 최근 풍력발전에 참여하고 있는데 이들의 움직임은 특허청에 제출한 특허 건수에서도 나타난다.[663] 특허청에 따르면 조선 3사는 2010년 처음으로 해상풍력발전에 대해 6건을 출원했다. 해상풍력은 육상풍력보다 발전효율이 두 배 가까이 좋지만 설치비가 40% 더 든다. 하지만 해양플랜트에서 뛰어난 경쟁력을 갖춘 국내 조선업체들은 해상풍력기 설치 부문에서 글로벌 선두기업을 머지않아 따라잡을 수 있을 것으로 예상된다. 문제는 아직까지 국내 해상풍력 시스템이 국제적으로 신뢰성을 확보하지 못하고 있다는 점이다.

특히 세계 시장에서 입찰 자격을 갖추려면 2MW짜리 발전기 기준으로 50기(100MW) 이상의 규모에서 2-3년 운영 경험이 필수적이다. 현재 국내 실적이 가장 많은 기업도 이 기준을 넘지 못하고 있어[665] 기술수준도 최고 기술 보유국인 유럽 대비 83.3%로[666] 기술수준 차이가 있어 아직 완전한 국제 경쟁력을 갖추지 못하고 있다. 그래서 앞으로 조기에 실적(트랙 레코드, Track Record)을 구비할 필요가 있다.[667]

663) 지식경제부·에너지기술평가원, 상게서, p.52; 남성현, 전게서, p.107.
664) 조선일보, 2011. 7. 12.
665) 국내에서는 현대가 36기(71MW)로 수위를 달리고 있다. 매일경제, 2014. 3. 7.
666) 한국에너지공단, 전게서, p.343.
667) 아이씨엔 뉴스, 2010. 12. 24. 실제로는 국내 사업을 계기로 국산 해상풍력 발전기 개발·인증·설치, 시공 등을 통한 트랙 레코드를 확보하여 해외시장 진출이 될 수 있게 하려는 것이 정부 해상풍력 사업의 목적 중 하나이다(한국에너지신문, 2011. 11. 11).

〈표 7-9〉 정부 및 민간 주도하의 3~7MW급 해상 풍력터빈 상용화 노력

| 회사명 | 사 업 내 용 |
|---|---|
| 두산중공업 | 2012년 7월 제주 월정리 해상에서 3MW 해상풍력터빈 시험운전 성공 |
| (주)효성 | 2009~2012 동안 정부지원으로 5MW 해상풍력터빈 개발 중이며 서해 해상풍력 Phase 1 사업참여 계획, 2MW 독자 개발 상용화 |
| 유니슨 | 3.6MW 해상풍력발전기를 개발 중 |
| 현대중공업 | 5.5MW 해상풍력터빈 개발 중이며, 2012년 개발 완료 후 2013년부터 실증시험 착수 예정, 1.65MW, 2MW, 2.5MW 개발 완료 |
| 삼성중공업 | 7MW 해상풍력터빈 개발 중이며, 2014년부터 스코틀랜드 해상에서 시험운전 계획 |
| 대우조선해양 | 2010년 독일의 Dewind 사 인수 후 7MW 해상풍력터빈을 개발 중(750kW, 1.5MW, 2MW 모델 상용화) |
| STX | 2009년 하라코산 인수, 2MW 개발 |

자료: 김만응, 풍력산업의 시장 전망과 발전 전략, 선급 자료, 2012; 한국에너지공단, 전게서, p.342.

우리나라의 해상풍력 개발은 총 시설용량 5MW(2012)로 이제 시작 단계라고 할 수 있다. 2009년 현재까지 풍력 발전은 주로 육상풍력만 가동되고 있지만, 향후 정부는 공급 잠재량, 민원 발생 여부 등을 고려하여 육상풍력보다 해상풍력 위주로 더욱 육성할 계획이다(앞의 〈표 7-8〉 참고).

〈그림 7-7〉 우리나라 풍력의 세기

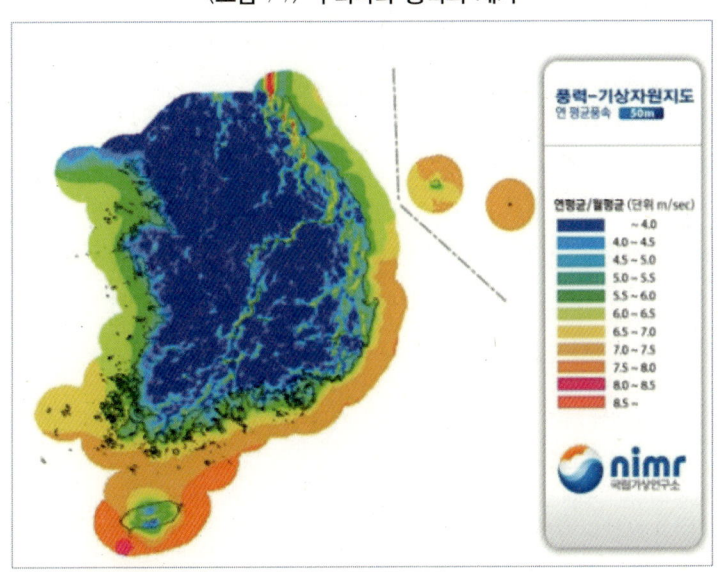

자료: 국립기상연구소

타워와 날개 운송 제약 때문에 육상풍력기 1대의 최대 발전용량은 3MW 정도이나 해상은 1개당 7MW까지 발전용량이 가능하다.668) 바람이 불어오면 에너지의 50%가 발전기에 흡수되고 발전기는 상호 에너지 간섭을 막기 위해 600~700m 거리를 두어야 한다. 따라서 1기당 1km$^2$는 필요하여 정부 계획대로 500기를 설치하려면 500km$^2$(8.4km$^2$인 여의도 60배)가 필요하다. 결국 수심이 깊어 공사비가 많이 드는 동해나 섬이 많은 남해보다는 서해가 유리하다. 특히 서남 해안의 계획 입지인 부안·영광 앞바다는 바람 여건이 좋고 수심이 10~20m로 적당하고 육지와의 거리도 15km 정도로 가까워 최적의 조건을 가졌다.

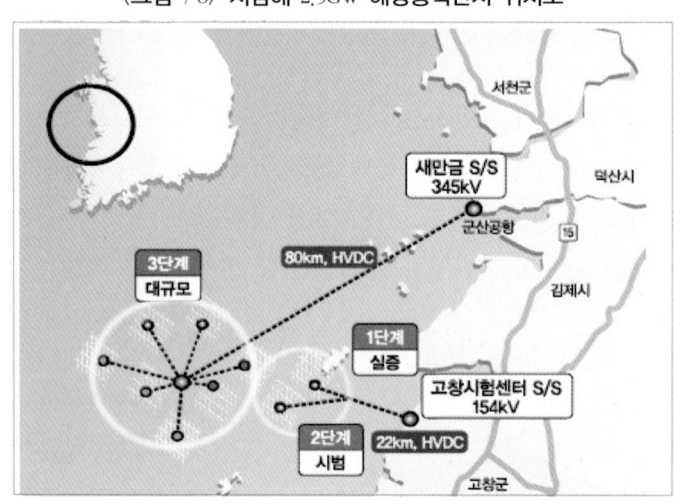

〈그림 7-8〉 서남해 2.5GW 해상풍력단지 위치도

자료: 한국에너지공단, 『신재생에너지 백서 2014』, 2014, p.336; 한국해상풍력(주) 홈페이지(http://www.kowp.co.kr)

따라서 지식경제부는 2011년 11월 서남해 부안·영광 인근 해상에 2020년까지 2.5GW(2,500MW)급 해상풍력단지를 조성하겠다고 밝히고 있다.669) 이를 위해 2012년 한국해상풍력(주)를 설립하고, 1단계로 2013년까지 100MW

---

668) 최근 현대중공업이 제주 김녕에 5.5MW급(높이 100m, 날개 길이 70m, 최대 설계 풍속 62.5m/s) 해상풍력발전기 시제품을 설치하였고 이를 2016년 하반기에 서남해 해상풍력 단지에 3기 설치할 예정. 문화일보, 2014. 2. 18.
669) 헤럴드경제, 2011. 11. 11. 2014년까지 100MW 규모의 실증단지를 구축하는 1단계 사업에 4,000억 원, 2016년까지 400MW 규모의 시범단지를 조성하는 2단계 사업에 1조 6,000억 원이 투입되며, 8조 1934억 원을 투자해 2019년까지 2GW 규모의 단지를 추가로 건설하게 된다. 두산중공업, 대우조선해양, 삼성중공업, 유니슨, 현대중공업, 효성중공업, DMS, STX중공업 등 풍력시스템 공급사들은 2013년 중반부터 2014년까지 1단계 사업에 설치될 3~7MW급 발전기 각각 2~3기를 개발해 설치할 계획이다.

실증단지를 조성하고, 2단계로 2016년까지 400MW 시범단지를 조성하는 데 이어 2020년까지 2,000MW를 추가로 건설할 계획이다. 투자비만도 10조 2천억 원에 달하는 대규모 해양 개발사업이다. 이 계획대로 기술개발이 이뤄지면 선진국 대비 우리나라 해양에너지 기술 수준은 2007년 73.3%에서 2020년에는 92.3%에 이를 것으로 전망된다.

앞서 해상풍력의 잠재력이 높은 것으로 거론된 전남 서해안 이외에 지자체들에 의해 제주도 해상풍력단지(2GW), 풍력산업 클러스터 시범단지(40MW), 전남 서남해안 육해상 5GW 풍력발전단지[670] 등에도 해상풍력단지 계획이 속속 진행되어 왔다(다음 표 참조). 특히 민간 기업체 중에서는 제주도에서 STX 2MW, 두산 3MW급 실증 시설을 제주 월정리에 설치하여 가장 먼저 실증시험에 성공하였고, 해상 모델은 효성 5MW, 현대중공업 5.5MW 모델을 김녕 실증단지에서 실증 중이다.[671] 제주에서는 세계 최초로 수중 가두리양식과 관광을 겸한 150MW급 '복합형 발전'사업[672]도 진행 중이다. 또한 2009년 12월 경기도 탄도 갯벌에 연간 3,695MWh(1,300여 가구가 1년간 사용 가능)를 생산하는 시험적인 해상 풍력발전기 3기(750kW급)가 설치되어 운영 중이다.[673]

〈표 7-10〉 제주지역 해상풍력 계획

| 단지명 | 위치 | 단지 용량 | 추진회사 | 비고 |
|---|---|---|---|---|
| 대정 해상 | 대정읍 무릉, 영락, 일과2, 동일리 | 200MW | 한국남부발전 | |
| 삼무 해상 | 한경면 판포리, 금동리, 두모리 | 30MW | NEC, 두산중공업 | 인허가 완료 |
| 동부 해상 | 구좌읍 평대리, 한동리 | 100MW | 한라풍력 | |
| 한림 해상 | 한림읍 수원리 | 102MW | 한국전력기술(주) | |
| 행원 해상 | 구좌읍 행원리 | 60MW | 두산중공업, 한국남동발전 | |
| 합 계 | | 492MW | | |

자료: 여러 문헌의 자료를 필자가 정리함.

[670] 한국에너지공단, 전게서, p.336.
[671] 한국에너지공단, 전게서, p.353.
[672] 남성현, 「바다에서 희망을 보다」, 이담, 2012.
[673] 문채주, 전게서, p.93.

'2020년 세계 3대 해상 풍력 강국'이라는 목표를 실현하기 위해서는 지속적인 기술개발과 지원 등 아직은 극복해야 할 과제들이 남아 있다. 가장 큰 걸림돌은 역시 투자비용인데[674] 해상에서는 육상보다 설치비가 3배 정도 더 들고 운영 및 유지관

〈그림 7-9〉 제주 월정 해상풍력발전기(3MW)

자료: 두산중공업 제공

리 비용도 또한 육상풍력발전에 비해 2~3배 더 든다. 반면 기술 향상과 경험 축적으로 절대적인 비용이 감소하는데다,[675] 상대적인 비용도 감소하기 때문에 점차 경제성을 갖출 것으로 예상된다.

그러나 기술적 불확실성은 선결과제이다. 해상풍력발전은 육상풍력발전과 발전원리가 동일하지만 요구되는 기술 수준이 완전히 다르다. 해류, 파도, 해저 구조 및 지질, 조석 등 해양환경을 극복할 수 있는 고도의 기술이 요구된다. 특히 우리나라의 경우 연중 편서풍이 부는 유럽과 달리 계절에 따라 풍향이 바뀌는 계절풍 지대라는 난점이 있다.[676] 게다가 연중 3~4개 태풍의 영향도 받아 유럽에 비해 더 높은 수준의 기술을 필요로 한다.

환경적, 사회적 논란 역시 넘어야 할 과제로서 육상풍력발전에 비해 장소 확보의 용이성, 환경 파괴나 민원 발생이 적다는 장점을 갖고 있지만, 해양동물에 미치는 악영향, 경관 훼손, 해역 이용자 간 갈등, 소음 문제, 관광에 미치는 영향, 해상 안전 등은 여전히 논란 중이다.

---

[674] DOE의 분석에 따르면, 해상풍력발전 설치비용이 2007년 기준으로 $4,250/kW였는데, 이는 2005년 대비 약 55% 증가한 것이다.
[675] 현재 1MW당 설치비용은 육지의 2.5배인 43억 원인데 2015년에는 40억 원, 2020년에는 35억 원으로 낮아질 것으로 전망된다. 조선일보, 2011. 11. 12.
[676] 풍력단지는 입지의 바람 여건에 따라서 발전량이 시간대별로 가변적인 특성을 보이고 있다. 따라서 풍력 발전의 간헐성(Intermittency)을 보완하기 위하여 예측 가능성 제고, 전력 저장 설비, 계통 연계 보장 등이 중요 이슈이다.

⟨그림 7-10⟩ 세계 최대의 덴마크 니스테드(Nysted) 해상풍력 시설

자료: 덴마크 니스테드 홈페이지, http://www.nystedwindfarm.com/en/about-us/photo-archive (2015. 12. 22) 니스테드(Nysted) 해상풍력단지(off shore windfarm)는 덴마크 발틱해상에 위치한 세계 최대의 규모로 발전기 한 개의 용량이 2.3MW로 전체 72개 발전기의 총 발전량은 165.6MW에 달한다. 타워 높이는 70m에 이르며 블레이드 길이는 40m이다. 발전기들을 연결하는 케이블 길이는 72km에 달한다.

해양풍력 발전의 개발 추세를 보면 현재는 주로 천해역에서 고정식 방식에 의해 많이 이루어지고 있으나 덴마크, 노르웨이 등 EU 국가들에서 부유식 풍력 발전이 개발 중이며[677] 향후에는 심해역에서 부유식 개발이 많이 이루어질 것으로 전망되고 있다.

⟨그림 7-11⟩ 수심에 따른 해상풍력 발전기의 모양

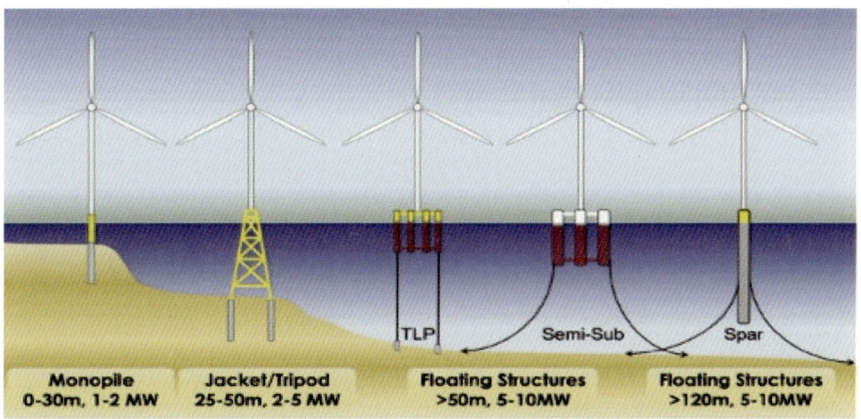

자료: http://www.yachtingmonthly.com/news/sailors-face-new-threat-from-wind-turbines-1685 (2015. 12. 23)

[677] 한경, 2012. 8. 28. 2009년 6월부터 덴마크 Siemens Wind Power는 노르웨이 남서해안에서 10km 떨어진 해상에서 세계 최초로 2.3MW급 해면 부유식 풍력발전기를 실증 중에 있고, 덴마크 Vestas사가 포르투갈 연안에서 2MW급 모델을 실증 중이다(한국에너지공단, 전게서, p.339).

〈그림 7-12〉 덴마크 Vestas사, 2MW급 부유식 플랫폼

자료: 2012. 12월, 덴마크의 Vestas사는 2MW급 대규모 해상풍력 터빈을 포르투갈 아퀴케도루아(Agucadoura) 연안 217마일 떨어진 해상에 설치해 1년간 시험가동에 진입. 중화물 운반선(heavy lift vessel)의 도움 없이 조선소에서 바로 보트로 견인되어 해상에 설치, 터빈은 미국의 Principle Power사가 제작한 삼각 부유식 플랫폼에 설치 됨(KMI, SEA&, 2012. 4. 12).

## 2. 해양바이오 자원

### 1) 해양바이오산업의 종류와 발전

#### (1) 종류와 활용

해양바이오산업은 해양생물의 시스템, 구성성분, 과정, 기능 등을 규명하여 유용한 물질과 서비스를 제공하는 산업을 총칭한다.[678] 매년 지구상에서 생산되는 2,000억 톤에 달하는 광합성량의 90%가 해양에서 이루어지므로,[679]

---

[678] 협의의 해양바이오산업이라 할 있는 해양생명공학이란 '해양생물이나 그들의 구성성분, 공정, 생명 기능 등을 연구하여 궁극적으로 인류 복지를 위한 상품과 서비스를 제공하는 학문 혹은 산업'임. 이정현(한국해양연구원 해양바이오연구센터), 「해양생명공학의 현재와 미래」, 『Bioin special zine』, 2009. 12, p.1.
[679] 한국해양수산개발원, 『바다 이야기』, 서울, 2014. 12, p.138.

바다의 중요성은 매우 크다 할 수 있다. Constanza(1997) 등은 생물 종의 80%가 서식하는 해양생태계의 연간 총 가치는 22조 6천억 달러라고 추산하였다.[680] 해양생물종 중에서는 산업적 이용에 동물류도 많이 활용되나 특히 해조류가 많이 활용된다. 해조류는 둘로 나뉘는데 대체로 현미경으로만 관찰될 수 있는 미세 조류(micro-algae)의 식물성 플랑크톤이 있고, 육안으로 볼 수 있는 미역, 다시마, 감태, 톳 등 일반 대형 해조류(macro-algae)가 있다.[681] 이들을 활용해 크게는 에탄올 등 연료가 개발되거나 신약 등 각종 기능성 물질이 개발되고 있다.

해양바이오산업 초기에는 해양생물자원을 이용하기 위해 단순 채집기술을 바탕으로 한 이용기술을 중심으로 주로 가공을 거치지 않은 생산에 초점을 맞추었다. 이후 산업화 시대에 접어들면서 기계를 이용해 가공 과정을 거쳐 기능성 물질을 추출하는 기술을 개발하여 사용하기 시작했다. 이러한 과정을 거쳐 최근 해양바이오산업은 최신의 바이오기술(Biotechnology: BT)과 정보통신기술(Information Technology: IT)을 접목하는 시대로 접어들고 있다.

〈그림 7-13〉 생명공학 발전에 따른 핵심 생명자원의 변화

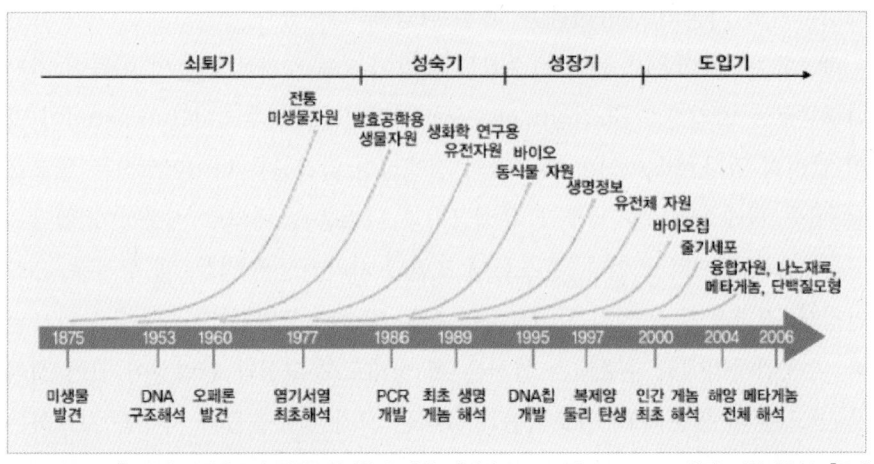

자료: 박수진, 「21세기 신성장동력 해양유전자원의 개발」, 『해양국토21』1권, 2009, p.61. 원전: 과학기술부, 「국가생명자원 확보·관리 및 활용 마스터플랜」, 2007.

---

680) R. Constanza et al., "The value of world ecosystem services and natural capital", Nature, 387, 1997, pp.253-260.
681) 한국해양수산개발원, 전게서, 2014. 12, p.132.

해양바이오산업의 근간이 되는 해양생명공학은 다학제적 특성을 지니고 있어, 다양한 전통적 해양학 분야에 바탕을 두고 분자생물학, 생리생화학, 약학, 생물공학 등의 생물학적 탐구가 수반되며 최근에는 유전체학, 단백질체학, 대사체학, 생물정보학 등의 첨단기법이 적용되고 있다.[682] 세부적으로 연구 목적에 따른 영역을 살펴보면 생물다양성, 생리·생태, 적조, 생물정화, 천연물(생리활성물질)화학, 조류, 해양미생물, 극한생태계 및 생물, 해양유전체, 해양생물공정, 생물오손, 양식, 형질전환 수산생물, 수산식품 안전성 및 정책 등 매우 다양한 분야에 걸쳐 있다.

해양바이오기술은 현재 유전체 등의 생물정보를 통해 해양생체기능 활용 기술을 바탕으로 산업신소재, 식량자원, 에너지, 환경보호, 건강 및 보건 분야에 이르기까지 그 범위를 확대해 나가고 있다. 특히 최근 자료[683]에 따르면 바이오기술을 응용한 사례는 미래의 청정에너지로서 바이오 에탄올, 해양미생물을 이용한 대기 및 수질 오염물질 제거장치인 바이오 필터, 미생물을 이용한 토양 및 해양의 기름오염을 제거하는 기름오염 복구제, 피부친화적 생체물질을 함유한 바이오 화장품, 그 외 바이오 디스플레이, 바이오센서 등 해양바이오 기술의 응용사례는 매우 다양해지고 있다.

해조류는 당 함유가 높아 탄수화물 함량이 50% 가까이 되는데 이들이 가진 다당류로는 알긴산, 카라긴산(carrageenan), 한천(agar), 후코이단(fucoidan)이 많이 알려져 있다.[684] 미역과 다시마의 점액질인 알긴산은 다이어트식품 원료로서 혈중 콜레스테롤을 낮추고 유해금속과 나트륨을 체외로 배출하며 혈압을 낮추어 의약품으로 쓰인다. 홍조류에 포함된 카라긴산은 점성, 겔 형성능, 유화안정성, 결착성 등의 성질을 이용하여 식품 및 화장품의 점도 증강제로 활용된다. 우뭇가사리에서 추출되는 한천은 겔 형태로 응고성과 탄력성이 있어 젤리를 만드는 데 활용되고, 아토피를 치료하는 모자반 추출물과 치매를 치료하는 감태의 에클로탄닌과 호모타우린 성분 등도 해조류에서 추출되는 신약이다.

---

[682] 이정현, 전게서, p.1.
[683] 삼성경제연구소, 「활동영역을 넓혀가는 바이오기술」, 『CEO Information』, 652, 2008. 4.
[684] 한국해양수산개발원, 『바다 이야기』, 서울, 2014. 12, p.137.

<그림 7-14> 해양생물 연구 분야

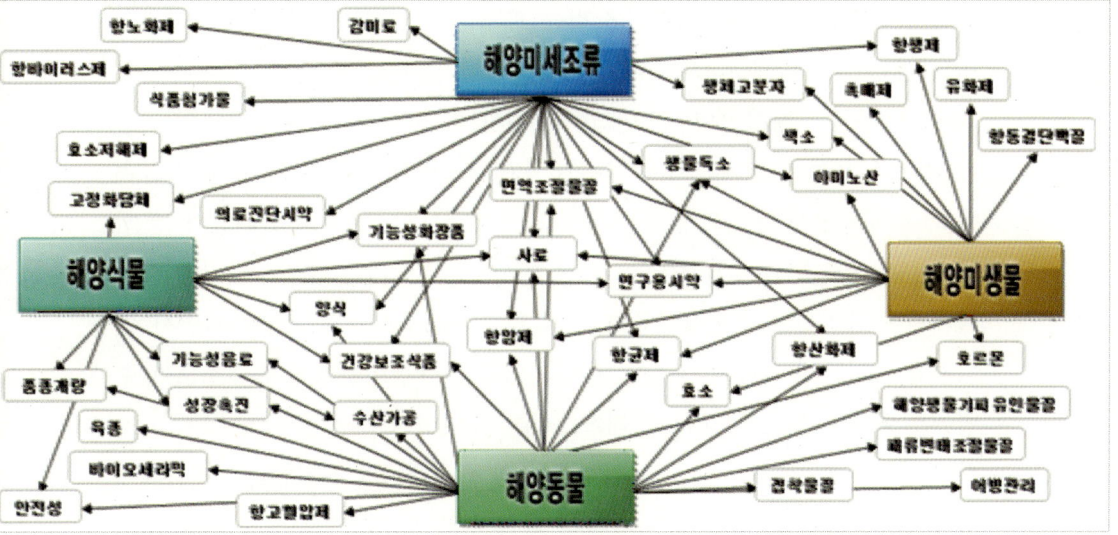

자료: 국토해양부, 『제2차해양수산발전계획(2011-2020)』, 2010.

해양동물에서도 많은 신약이 개발 중인데 미국의 Elan사가 청자고둥에서 말기암용 마취제 '해양프리알트(prialt)'를 개발한 이래로 당뇨치료제, 항암제, 지방간, 동맥경화 등 다양한 치료 약제가 해양동식물에서 개발되고 있다.[685] 스페인 화학기업 파르마마르(PharmaMar)는 해초강(바다물총류, 미색동물의 한 종류)에서 욘델리스라는 항암제를 만들었고 또 산호초에 서식하는 엑시나시디 터비나타에서 암세포 억제물질을 얻어 특허 출원했다. 파르마마르는 현재 유럽에서만 2010년 1.4억 달러의 매출을 올리고 있고 앞으로 연간 10억 유로의 매출을 목표로 하고 있고[686] 현재는 해양유기체를 이용하여 피부암, 백혈병, 폐암에 효과가 있는 약품을 개발 중이다.[687] 일본의 Eisai 사가 해면동물에서 추출하여 개발한 항암제 Eribulin은 향후 연간 매출액이 6억 8천만 달러로 예측되고,[688] 생화학자들은 호주 앞바다에 서식하는 해면류 동물에서 심바스텔라 후페리라는 말라리아 치료제를 얻어 연평균 100만 명의 발병

---

[685] 강헌중, 「해양천연물신약이 천연물신약을 재편한다」, 『해양과학기술』, KIMST, 2012 봄호, pp.42-45.
[686] 강헌중, 상게서, p.43.
[687] 사라 치룰/김미화 역, 전게서, p.301.
[688] 강헌중, 전게서, p.43.

자들에게 희망을 안겨주고 있다.[689] 이와 같이 전 세계 여러 해양연구소 실험실에서 '블루 바이오테크놀로지'라는 새로운 산업 분야를 개척하고 있다. 이 분야는 앞으로 눈부시게 성장할 것으로 전망된다.

1977년경의 심해저 탐사 결과 2,000m 이상 해저에는 지구의 마그마와 연결된 해저에서 검은 연기같이 냉각수가 솟아나오면서 유황화물 등 각종 금속이 굴뚝 모양으로 집적되어 생긴 '블랙스모커'가 있는 것으로 알려졌다. 특히 이것 주위에서 화학 합성을 하는 많은 미생물이 발견되었다.[690] 여기에 사는 심해저 박테리아는 화학합성을 일으켜 황화수소를 탄소로 전환시키면서 에너지가 생기는데 심해저 생물이 이들을 먹고 산다.[691] 해저의 블랙스모커 주변에는 90%가 진균, 세균, 바이러스, 조류 등 다양한 생물질(biomass)로 존재하고 이들은 다른 동식물의 먹이가 되어 심해 생태계가 유지된다.[692] 심해에서 발광을 일으키는 생물과 박테리아 역시 치료 효과가 있는지에 대한 연구도 진행 중이다. 이처럼 심해 열수광상 근처나 북극해 등에서 살며 고온·고압·저온에 견디는 극한성 균주나 박테리아 등의 미세 바이오생물들은 다양한 물질을 만들어 낸다.

또한 심해 미생물에 포함된 효소는 중합체(화학적 합성에 의해 생성된 고분자)를 만드는데 이를 이용하여 성질이 그 전과는 전혀 다른 플라스틱(일명 바이오플라스틱)을 가공하는 연구도 활발히 이루어지고 있다. 즉 이를 이용하여 단단하거나 부드럽거나, 투명하거나, 열에 강하거나, 잘 깨지지 않는 플라스틱을 만들 수 있어 볼펜, 음료수 병, 랩, 화장품, 접착제, 장난감, 자동차 내장재, 컴퓨터 부품 등을 만드는 데 쓰인다.[693] 이 성분은 강력한 유분 분해 능력을 가져 세제 등으로 상품화하여 폭발적인 매출을 거두기도 한다.[694] 따

---

689) 사라 치룰/김미화 역, 전게서 pp.300-301.
690) 사라 치룰/김미화 역, 전게서, p.64.
691) 일례로 지렁이 같은 Giant Tube Worms는 산소와 황화물(sulfide)를 결합하는 능력의 헤모글로빈을 보유하고 있어 화학합성이 가능하고 이를 통해 양분을 얻는다고 한다. Steve Raavymakers, "Deep seabed Mining in the South Pacific: Opportunity and Challenges for Island", World Ocean Forum Proceedings, June 2012, p.164.
692) 사라 치룰/김미화 역, 전게서, p.294.
693) 사라 치룰/김미화 역, 전게서, pp.297-298.
694) 일본해양정책연구재단/김연빈역, 전게서, p.94.

라서 이러한 것을 연구하여 육상의 유사한 조건에서 필요한 물질을 만들어 내는 '심해 바이오 사업 추진계획' 등이 각국에서 이루어지고 있다.[695]

이외에 몇몇 병원에서는 홍합이나 해저 미생물에서 추출한 성분으로 수술용 봉합실을 만드는데, 이 봉합실은 스스로 분해되어 나중에 실밥을 뽑을 필요가 없다. 정형외과 수술에서 뼈를 고정하기 위해 쓰는 나사나 판도 해저 미생물을 이용하여 생산하고 이용하면 따로 제거 수술을 하지 않아도 된다. 바다달팽이, 산호, 그리고 심해저 미생물의 독성 물질이나 여러 가지 성분도 인간에게 항바이러스, 항균, 항염증 효과를 발휘하고 있어 이에 대해서도 활발히 연구되고 있다.[696] 어떤 미생물에서는 이미 200종이 넘는 성분을 채취했다고도 하고 특히 독일 바이오테크마린(BiotecMarin)에서는 해면에서 2,000여 종의 물질을 발견했다고 발표했다.[697] 이와 같이 새로운 항생제, 진통제, 항암제, 치료제를 개발하는 데 있어 깊은 바다 속은 보물 창고와 같은 역할을 한다.

〈표 7-11〉 **미세조류의 특성**

| 특성 | 내용 |
|---|---|
| 에너지 분야 | 모든 바이오디젤 생산 작물 중 오일 생산성이 가장 우수하다. 또한 식량자원의 에너지화라는 비판에서 자유로운 생명자원으로, 석유계 디젤과 유사한 물성을 가진 바이오연료 생산 가능함 |
| 화학 분야 | 다양한 유용물질을 생산할 수 있으며, 현재 식품 분야를 중심으로 산업화되어 있지만, 향후 바이오케미컬 및 바이오플라스틱 분야로 산업화 확대 전망. 최근 화학 분야 연구가 확대되고 있으며, 화장품이나 플라스틱 제품 등을 개발하여 화학산업으로 진출중임. |
| 환경 분야 | 자기 무게 2배 정도의 이산화탄소를 흡수하며 특정토양이나 수질을 가리지 않고 배양이 가능하다. 이에 기업들은 이산화탄소 저감 및 공장폐수 정화사업에 활용하려는 시도를 확대하고 있음. |

자료: SERI, 「미래의 자원으로 각광받는 미세조류」, SERI 경영 노트 제170호, 2012. 11. 8.

특히 높은 염도에서 성장할 수 있는 호염성 생물(halophile), 산도(pH)에 따라 호산성(acidophile), 호염기성 생물(alkaliphile), 건조 환경에서 성장할 수

---

[695] 일본해양정책연구재단/김연빈 역, 전게서, p.94.
[696] 사라 치룰/김미화 역, 전게서, pp.298-299.
[697] 사라 치룰/김미화 역, 전게서, p.302.

있는 극한 생물(xerophile), 심해저 고압에서 성장할 수 있는 미생물(barophile 혹은 piezophile) 등 다양한 생물이 있어 이들이 갖는 유전정보 등을 조사하고 지놈뱅크(genome bank)를 만들어 이들의 유용성을 활용하고자 하는 계획도 추진 중이다. 이미 선진국에서는 이러한 사업으로 강력한 세제나 재료, 의약품 등 다양한 상품을 만들고 판매하여 성공한 기업들이 속속 생겨날 정도로 연구를 통한 산업화에 박차를 가하고 있다. 특히 미세조류는 일반적으로 다양한 성질을 가지고 있어 미래의 신산업 소재로서 각국 주요 기업들의 연구개발이 집중되고 있다.

〈표 7-12〉 주요 기업별 미세조류 관련 투자 및 개발 활동

| 기관명 | 국가 | 연도 | 협력회사 | 주요 내용 |
|---|---|---|---|---|
| 엑슨 모빌 | 미국 | 2009 | 신세틱지노믹스 | 바이오 연료개발(5년간 6억 달러 투자) |
| BP | 영국 | 2009 | 마텍 | 바이오 연료 |
| 바스프 | 독일 | 2010 | 솔릭스 | 정밀화학 제품 개발 |
| 유니레버 | 영국 | 2010 | 솔라자임 | 비누, 위생용품 개발 |
| 히타치플랜트 | 일본 | 2010 | 유글레나 | 미세조류 기반 항공유 개발 |
| 몬산토 | 미국 | 2011 | 사파이어 에너지 | 유용한 미세조류 유전자 발굴 |

자료: SERI, 상게 자료, p.3.

미세조류 연구 초기에는 클로렐라, 각종 아미노산, 항산화물질, 지방산 보충 건강기능 식품, 각종 사료 소재 등으로 사용되어 왔다. 최근에는 바이오 플라스틱이나 각종 소재의 일부로 개발되기 시작하였으며 바이오디젤 생산과 공장 폐수, 중금속 제거 등 다양한 분야에서 폭넓게 쓰이기 시작하였다. 미국의 오바마 대통령도 미세조류를 미래의 유망자원으로 언급하고 있을 정도로 각광을 받고 있다.[698] 미세조류 중에는 에탄올로 전환되는 전분 함량이 50%나 되는 종류도 있어 다른 식물보다 30배 정도 많은 에탄올을 추출할 수 있는 것도 있다.[699]

---

[698] SERI, 「미래의 자원으로 각광받는 미세조류」, SERI 『경영 노트』 제170호, 2012. 11. 8.
[699] 한국해양수산개발원, 전게서, 2014. 12, p.138.

〈표 7-13〉 대표적인 미세조류 활용 분야

| 대표 분야 | | 식품 | 사료/비료 | 화학제품 | 약품 |
|---|---|---|---|---|---|
| 현재 대표 제품 | | 클로렐라, DHA, 오메가-3 | 새우/어패류/치어 양식용 사료 | 색소, 염료, 보존제 | |
| 미래 분야 | 화학적 활용 | 베타카로틴, 토코페롤 등 항산화물질, 각종 아미노산, 지방산 보충 건강식품 등 | | -솔라자임: 조류기반 안티에이징 제품 출시('11)<br>-미 일리노이대: 조류의 당류를 추출 후 바이오케미컬이나 바이오플라스틱 제품 생산<br>-알직스 조류기반 플라스틱 제조 | -파이코로직스사: 백신이나 항체 사용 단백질 생산에 성공<br>-세레플라스트: 2009년 조류 플라스틱 제품 출시<br>-다우케미칼: 변압기 사용 절연제 |
| | 폐수 처리 | -폐수로 미세조류를 배양하여 항공유 생산: 미항공우주국(NASA)<br>-블루마블에너지: 공장폐수로 조류 배양하여 폐수 정화하고 이 조류로 보일러용 펠렛 생산<br>-심바이오틱: 발전소의 이산화탄소로 미세조류를 배양하여 바이오디젤 생산<br>-향후 중금속 및 방사능 제거 등에도 활용 기대됨. | | | |

자료: SERI, 상게 자료, pp.7-10.

### (2) 시장 규모와 투자 분야

현재 세계 BT시장 규모는 IT시장의 1/2인 8,000억 달러(2008년 기준), 1조 1,180억 달러(2012)[700]인데, 2020년경에는 현재의 IT시장 규모 이상으로 성장할 것으로 전망된다. 따라서 유용한 생물자원을 활용하여 BT산업을 육성하기 위한 각국의 경쟁이 치열하다. 최근에는 육상자원의 소재 고갈로 육상 소재보다 제품화 성공률이 약 2배 높고 원천소재 확보가 용이한 해양생물 소재로 BT산업의 중심이 이동하는 추세에 있다.

**제품화 성공률 : 해양소재 1/6,000, 육상소재 1/13,000**

해양바이오 산업에 대한 정의에 따라 시장 규모는 다소 다르게 평가되고 있는 것 같다. 2011년 현재 전 세계 해양바이오산업의 규모는, 그 범위를 생명공학으로 다소 좁게 보아 약 37-38억 달러 수준이나 향후 매년 10% 이상의 고성장이 기대되고 있다고 EU에서 전망하고 있다.[701] 전체적으로 보아 2020년에는

---

700) 산업통상자원부 홈페이지, http://blog.naver.com/PostView.nhn?blogId=mocienews&logNo=100207055525 (2016. 2. 13), 원전: 스위스 시장분석기관 데이터 모니터. 바이오산업에는 의약품을 개발하고 생산하는 의약 바이오, 식물체를 원료로 화학제품을 만드는 산업 바이오, 정보기술(IT)과 융합해 유전체를 분석하고 다양한 질환 예측을 돕는 융합 바이오 등이 있다.

세계 해양바이오산업 규모가 72억 달러, 2030년 110억 달러 정도로 추정되고 있다.[702] 또 해양바이오를 보다 폭넓게 보는 다른 자료에 의하면 세계 해양바이오 시장은 2010년 219.7억 달러로 추정되며, 2024년에는 769억 달러 수준으로 연평균 약 9%씩 성장할 것으로 전망되기도 한다.[703]

〈표 7-14〉 해양생명공학 관련 생산물 시장 금액 현황

(단위: million $)

| 국가\년도 | 2003 | 2004 | 2005 | 2006 | 2007 | 2008 | 2009 | 2010 | 2011 | 2012 |
|---|---|---|---|---|---|---|---|---|---|---|
| 미국 | 819.2 | 865.0 | 907.5 | 947.9 | 987 | 1,025.9 | 1,064.4 | 1,102.3 | 1,139.0 | 1,175.4 |
| 세계 | 1,639.3 | 1,745.9 | 1,850.1 | 1,979.4 | 2,054.0 | 2,154.4 | 2,256.5 | 2,361.7 | 2,466.9 | 2,575.1 |
| 한국 (비중%) | 32.24 (1.3) | 35.55 (1.35) | 38.95 (1.4) | 44.29 (1.5) | 49.07 (1.6) | 52.92 (1.6) | 56.93 (1.7) | 62.87 (1.8) | 69.07 (1.9) | 73.73 (1.95) |
| 합계 | 2,480.0 | 2,633.7 | 2,781.8 | 2,952.4 | 3,066.8 | 3,207.3 | 3,348.7 | 3,492.6 | 3,635.3 | 3,781.1 |
| 용도 (백만달러, %) | 산업용 | | | | | | | 63(1.8%) | | |
| | 의료용 | | | | | | | 1,771(50.8%) | | |
| | 소비자 제품 | | | | | | | 1,141(32.7%) | | |
| | 공공서비스/인프라 | | | | | | | 304(8.7%) | | |
| | 기타 | | | | | | | 73(2.1%) | | |

자료: SEA&, 2011. 11월호, p.32. 원전: Marine Biotechnology, A Global Strategic Business Report, Mar. 2008, Mcp-1612; marine Biotechnology, Biz Acumen, 2009(인용: 한국해양과학기술진흥원, 전게서, 2011. 10, p.232(2010년 자료만)).

해양생물의 경우 지구상 전체 생물의 80% 이상을 점유하나 그 상업적 이용은 1% 미만에 그쳐 미래세대 BT산업의 무궁한 원천으로 간주되고 있다. 즉 현재 알려진 미생물은 전체 수백만 미생물 종의 1% 미만에 불과한 8천여 종에 불과하다. 따라서 생명공학 분야 국가 경쟁력 제고에 있어 미지의 해양 미생물을 포함한 자원의 적극적인 확보를 통해 오믹스(Omics) 즉, 유전체학(Genomics), 단백질체학(Proteomics), 대사체학(Metabolomics), 생물정보학(Bioinfomatics) 등 다양한 최신 기법을 활용하여 기반기술을 확보한다면 생명공학 분야 경쟁력 제고에 크게 기여를 할 수 있다.[704] 이에 따라 미국, 일본 등 해양바이오 선진국들은 해양 관련 BT산업을 육성하기 위한 국가전략을 수립하여 추진하고 있다.

---

701) 한국해양과학기술진흥원, 『해양산업 분류체계 및 해양산업의 역할과 성장전망 분석을 위한 기획 연구』, p.232-233. EU 성장률은 유럽과학재단의 추정이라 함.
702) 한국해양과학기술진흥원, 전게서, 2011. 10, p.233. EU과학재단, BizAcumen사 등의 연구를 종합한 결과임.
703) 해양수산부, 『해양수산편람』, 2013. 8, p.89. 원전: KIOST, 2013. 6.
704) 오태광(한국생명공학연구원), 「해양생물기반기술」, 『Bioin Special Zine』, 2009년 12호, p.2.

〈표 7-15〉 해외 해양생명공학 분야별 공통 연구주제 및 내용

| 주제 | 목적 및 내용 | 대표적 국가 |
|---|---|---|
| 생물 발견 및 탐사 | 해양생물의 추출물로부터 유용화합물 탐색 | 호주, 일본, 독일 |
| 생물종의 유전체 연구 | 양식종의 유전적 신진대사를 이해하는 연구를 통한 건강, 증양식, 수확량 제고 및 형질의 개선 | 프랑스, 호주, 노르웨이 |
| 해양생물의 유전체 연구 | 해양생물의 분포, 이동, 집단적 유전을 이해하려는 목적 혹은 침입종의 방지와 어류 등과 같은 제품의 특성을 검증하는 데 필요한 유전자 마커를 제공하는 연구 | 캐나다, 미국, 영국, 노르웨이 |
| 식품안정성 | 패류, 어류 유래의 인체 병원균과 기타 위해성 검출 및 발생 제어 방법 개발 등 | 미국, 호주 |
| 환경연구 | 환경의 질, 생산총량, 어류와 인간의 안전성을 모니터링할 수 있는 진단방법 및 해양환경을 이해 | 미국, 호주 |

자료: 오태광(한국생명공학연구원), 「해양생물기반기술」, 『Bioin Special Zine』, 2009년 12호, p.3. 원전: 『2007 생명공학백서』, Opportunities for marine biotechnology application in Ireland, 2005.

    해양생명자원에 대한 유전체/오믹스 수준의 연구는 다른 바이오 분야에 비해 상대적으로 뒤늦게 착수하였지만, 최근 들어 해양생물 유전체 해독(미국 등), 구조유전체 해석(일본 Protein 3000 등), 환경유전체(메타게놈) 해독(미국) 등에서 대규모 연구가 진행 중이다.[705] 또한 생물다양성협약에서 생물자원에 대한 국가주권을 인정함에 따라 미국, 일본, EU, 영국, 러시아, 중국 등은 체계적인 해양생물자원 탐색과 대량 수집 및 유전체 기반의 대규모 오믹스 연구개발을 추진 중이다. 특히 미국, 일본, EU, 러시아, 중국 등은 체계적 생태계·생물자원 탐사를 위하여 대형 연구조사선과 첨단 유·무인잠수정 등을 활용하고 있다. 특히 전 세계 지구탐사를 수행하고 있는 미국, 일본, EU 등은 전 세계적인 생물 시료 확보와 분석에 주력하고 있어 이 분야를 선도해 나가고 있다.

    우리나라도 2004년도에 해양수산부가 시작한 해양생명공학사업(구 마린바이오21 사업)에 이어 2008년 10월에서 2016년까지 6.7조 원의 부가가치를 창출하여 세계일류 해양강국을 달성하기 위한 「제1차 해양생명공학육성기본계획」(일명 'Blue-Bio 2016' 계획)을 확정하여 시행 중이다. 2011년 현재 선진국

---

[705] 오태광, 전게서, p.3.

대비 70%인 기술 수준도 2016년경 84% 수준으로 끌어올린다는 계획이다.

이 계획에서 현재 생명공학 연구의 3% 수준인 연구비를 6%까지 끌어올려 다학제적인 연구를 통하여 파생기술보다 원천 기술 개발에 주력함으로써 전체 생명공학 생산의 10% 비중을 차지하겠다는 계획이다.[706] 이외에도 바이오플라스틱 등 바이오화학제품, 세라믹 등 고부가가치 산업 신소재, 섬유소재 등을 개발할 신소재 기술개발 연구단을 신설하는 한편, 기존 사업단에 대한 투자도 대폭 확대할 계획으로 추진되었다.

〈표 7-16〉 해양바이오 4대 중점 육성기술 분야

| 구분 | 주 대상 분야 (선진국 대비 기술 수준, '07/'11, %) |
|---|---|
| 해양생물기반기술 | 해양생명자원 확보 및 활용 기반 기술, 해양생물 유전자 활용기술, 해양생물체 오믹스 활용기술, 해양생물체 메커니즘 규명기술(58/71) |
| 해양생물생산기술 | 해양생물 신품종기술개발, 해양생물 질병제어 및 모니터링기술, 해양생물자원 대량생산기술, 해양생물 바이오안전성 확보기술(56/70) |
| 해양신소재개발 기술 | 해양신의학 소재개발기술, 생체기능 조절물질 개발기술, 산업용신소재 개발기술(59/81) |
| 해양생태환경보전기술 | 환경변화 감시·예측기술, 해양오염제거기술, 종다양성 확보 및 생태계 복원기술(44/56) |

자료: 국토해양부, 『해양생명공학육성 기본계획』, 2008년 및 2011년.

2012년 5월 국회를 통과한 「해양생명자원의 확보·관리 및 이용에 관한 법률」(이하 해양생명자원법)은 1993년 생물다양성협약의 발효에 따라 생물유전자원의 보호와 이용을 기하고 특히 2011년 발효한 「나고야 협약」에 따라 각국의 유전자원 보호와 이익 공유 체제가 구체화함에 따라 국내 해양생명자원의 유전자원 보호와 그 이용을 활성화 하는 데 역점을 두고 만들어진 것이다. 즉 해양생명자원법은 국내 해양생명자원에 대한 외국인의 무분별한 접근 및 해외 유출을 막고, 국내외 해양생명자원을 종합적으로 관리하고 이용할 수 있는 제도적 근거를 마련해 해양생명자원의 효율적인 관리 및 이용을 촉진하자는 것이다. 또한 현재 국립수산과학원에서는 '해양생물종다양성정보센터'를

---

706) 최명범, "Policy Direction for Marine Biotechnology in Korea", *World Ocean Forum Proceedings*, June 2012, p.364.

구축하여 국내외에 산재되어 있는 해양생물다양성 정보를 통합하여 서비스하고 있다.[707] 또한 2015년 초 충남 서천에 국립해양생물자원관이 설립되어 해양생물자원의 보존과 이용에 앞장서고 있다. 이하에서는 기후변화 차원에서 주목받는 해양바이오매스 자원 개발에 대해 알아보고자 한다.

## 2) 해양바이오매스(해조류 등) 자원

해조류는 그 자체의 이산화탄소 흡수력이 산림보다 1.5~2배 정도 효과가 있고 제주도, 동해 등에서 많은 갯녹음현상 방지에 우수한 효과가 있으며 어류 서식처 제공으로 자원 증강에도 효과가 높은 것으로 보고되고 있다.[708] 이에 따라 전 세계적으로 해조류 양식에 대한 관심이 부쩍 고조되고 있다.

〈표 7-17〉 바이오매스의 세대별 분류 및 비교

| 세대 | 주요 작물 | 특징 |
| --- | --- | --- |
| 1세대 | 옥수수, 사탕수수, 콩 등(식용자원) | 곡물가격 상승 등의 부작용 초래, 곡물가격 상승 시 바이오 연료 사업 수익성 악화 |
| 2세대 | 식물줄기, 목재 등(비식용자원) | 줄기 성분인 셀룰로오스를 분해하는 데 고비용 소요, 넓은 경작 면적 및 높은 수집 비용 필요 |
| 3세대 | 미세조류, 해조류 등(비식용자원) | 대량생산 기술 및 경제성 확보 미흡 |

자료: SERI, 전게 자료, 2012. 11. 8, p.4.

이외에도 해조류는 에탄올 생산에도 이용되어 옥수수, 사탕수수 등 1세대 바이오연료의 문제점을 극복할 수 있다. 1세대 바이오연료는 이산화탄소 감축 효과가 적고 곡물 가격을 상승시키기 때문에, 비식용작물인 목질계 섬유소를 이용한 2세대 바이오연료와 물속에서 재배되는 조류(藻類)를 활용한 3세대 바이오연료의 연구가 활발히 진행 중이다. 특히 우뭇가사리와 같은 해조류는 바이오 에탄올 생산 시 수율이 최대 45%까지 가능하여 20~25%인 2세대 목질계

---
[707] 남성현, 전게서, p.103.
[708] 류정곤 등, 『기후변화대비 해조류 바이오 산업화를 위한 전략 및 정책 방향』, 2009. 12, p.4, pp.93-94.

바이오연료보다 뛰어나다. 또한 생산속도가 빠르고 넓은 재배 지역을 필요로 하지 않는다는 장점도 갖고 있다.

3세대 바이오연료인 해조류 중 특히 미세조류는 육상에서도 못 쓰는 땅을 연못으로 만들어 얼마든지 생산 가능하다는 장점이 있다. 또한 해조류는 바다에서도 직접 채취할 수 있기 때문에 식량작물과 경쟁할 필요도 없다. 단위면적당 생산성이 식량 작물에 비해 월등히 높다는 점도 큰 장점으로 꼽힌다.[709] 즉 다른 바이오매스에 비해 생장성이 우수하고 가용 재배면적이 넓고 비료 및 농약을 사용하지 않는다. 게다가 전처리 과정이나 당화 공정이 간단하고 총에너지 전환율이 높으며 대기 중 이산화탄소를 저감할 수 있는 부가효과도 기대할 수 있다. 바이오에너지는 수송, 저장 및 생산 방법도 용이해 석유의존도를 낮출 수 있는 부가적인 효과도 기대할 수 있다.

바이오에탄올은 주로 홍조류, 갈조류, 녹조류 등 대형 조류를 이용하여 생산한다. 산이나 효소로 조류를 단당으로 바꾸는 당화 공정, 효모나 박테리아에 의한 발효 공정, 생산된 에탄올과 부탄올 등 알코올의 분리 및 정제 공정을 거치면서 생산된다.

최근 앞에서 언급한 미세조류를 활용하여 바이오디젤을 생산하는 방법들도 많이 개발되고 있는데 미세조류는 크기가 30μm 이하로 매우 작으나 육상식물과 같이 광합성을 한다.[710] 육상식물에 비하여 증식 속도가 엄청나게 빠르고 유전자 조작이 쉬우며 다양한 종류의 유용물질을 생산하는데다 식용작물의 범위에서 벗어나 바이오매스로서 장점이 있다. 실제로 미세조류는 단위면적당 바이오디젤 생산 효율이 대두의 130배에 달하여 'Green Gold'로 불리기도 한다.[711] 지구 전체 광합성의 절반을 해양 미세조류가 담당하기도 하여[712] 대규

---

[709] 미국에서 연간 소모되는 자동차용 경유를 바이오디젤로 대체할 경우 연간 141조 갤런이 필요하다. 이를 위해서는 가로, 세로 100km의 해조류 바이오연료 생산시설을 확보해야 한다.
[710] 최근에 하버드연구진에 의해서 발견된 이산화탄소를 에너지를 전환시키는 해양박테리아의 내부 메커니즘 역시 주목받고 있다. 이들 박테리아 내부에 탄소를 연료로 전환할 수 있는 일종의 축소형 공장을 스스로 구축하고 있는데, 이에 대한 이해를 통해서 바이오디젤과 수소와 같은 이산화탄소를 배출하지 않는 연료를 생산하기 위한 유전공학적 박테리아의 설계 효율성을 향상시켜 줄 것으로 기대되고 있다. 자료: 정서영, 『주요국의 해양정책 동향 및 해양관리 체제 분석』, KMI, 2011, p.17. 원전: David F. Savage et al., "Spatially Ordered Dynamics of the Bacterial Carbon Fixation Machinery", Science, Vol. 327, 2010, pp.1258-1261.
[711] 김병우, SEA&, 2011년 7월호, p. 32; SERI, 전게 자료, 2012. 11. 8, p.2.

모 재배 시 이산화탄소 제거 효과도 월등하다.[713] 미세조류 1리터에서 약 100g 의 기름을 추출할 수 있어 해바라기나 유채 등 식물성 균주의 경우보다 30배 정도 높은 효율을 나타내 최근에 많은 연구가 이루어지고 있다. 즉 대규모 연소 배출가스(이산화탄소)를 넣어주어 미세조류를 대량 배양하면 지구온난화 방지에 기여하면서(Green), 다량의 바이오디젤(Gold)도 생산 가능하다.

바이오디젤의 주요 생산 공정은 대규모 연소 배출가스(이산화탄소)의 이용, 균주 개량에 의한 미세조류 기능 강화, 대량 배양에 의한 이산화탄소 저감, 미세조류 고밀도 배양, 바이오디젤 생산단계 등을 포함한다. 따라서 바이오디젤 산업은 대규모 이산화탄소 소비산업(Carbon-neutral industry)으로 녹색산업의 한 종류라 할 수 있다. 현재 한국해양과학기술원(KIOST) 등과 여러 기업이 합심하여 10ha 면적에서 3,000억 원의 수익을 창출하기 위하여 기술 개발을 하고 있다.[714]

〈표 7-18〉 주요 에너지 자원별 특징 비교

| 구분 | 미세조류 | 석유 | 석탄 | 천연가스 | 원자력 | 태양광 | 풍력 |
|---|---|---|---|---|---|---|---|
| 산업소재 생산 | 가능 | 가능 | 가능 | 가능 | 불가능 | 불가능 | 불가능 |
| 온실가스 배출량 | 저 | 고 | 고 | 중 | 저 | 저 | 저 |
| 가채 연수 | 무제한 | 54년 | 112년 | 64년 | 79년 | 무제한 | 무제한 |
| 경제성 확보시기 | 2020년 | 현재 | 현재 | 현재 | 현재 | 2020년 | 현재 |

자료: SERI, 전게 자료, 2012. 11. 8, p. 1.

〈표 7-19〉 주요 작물별 연간 오일 생산성 (ℓ/ha)

| 작물 | 옥수수 | 대두 | 자트로파 | 오일팜 | 미세조류(잠재) |
|---|---|---|---|---|---|
| 디젤 오일 생산성 | 172 | 636 | 741 | 5,368 | 58,700-136,900 |

자료: SERI, 전게 자료, 2012. 11. 8, p.3.

현재 이러한 해양조류를 이용한 에너지 생산 분야는 유럽, 미국, 일본 등 선진국 정부들이 앞장서서 연구를 진행해 왔는데, 미국에서는 이미 1970년대

---

712) SERI, 전게 자료, 2012. 11. 8, p.2.
713) 한국해양수산개발원, 『바다 이야기』, 서울, 2014. 12, p.139.
714) 한국해양과학기술진흥원(KIMST), 「핵심기술 브리핑: 미세조류를 이용한 바이오연료 생산」, 『해양과학기술』 Vol. 5, 2012 가을호, pp.62-63. KIOST와 함께 롯데건설, 애경유화, 호남석유화학 등 공동으로 개발 추진.

석유파동 직후 이 연구를 시작해 기술적인 타당성을 검증했지만 경제적인 채산이 맞지 않아 1998년에 중단한 바 있었다.[715] 하지만 최근 미국은 석유 가격 급등과 기후변화에 대응하기 위해 다시 연구에 박차를 가하고 있다. 미국은 2009년 3세대 바이오연료에 대한 로드맵을 발표하고 5,000만 달러를 투자할 예정이다.[716] 미 에너지부는 최근 2020년까지는 1리터당 가격을 1.5달러 수준으로 낮추는 기술개발 계획을 제시하고 있다.[717] 이와 같이 조류를 활용한 바이오연료가 상업성을 가지기 위해서는 아직 넘어야 할 기술적인 장벽이 많지만 다른 선진국과 오일 메이저들도 이러한 장벽을 넘기 위한 기술 개발에 대규모 투자를 하고 있다.[718]

〈표 7-20〉 미세조류 기반 디젤의 생산방식별 투자비 및 가격 비교

| 생산방식 | 초기 투자비 (달러) | 디젤 가격 (달러/리터) | 장단점 |
|---|---|---|---|
| 개방형 연못 | 2억 4,300만 | 2.8 | -투자비 적고, 규모 확대가 용이<br>-단위면적당 생산성이 낮으며, 오염에 취약 |
| 광생물 반응기 | 6억 3,700만 | 5.3 | -단위면적당 생산성이 높으며 해양환경 조절이 용이<br>-초기 투자비가 많이 소요되고, 규모 확대가 어려움 |
| 미국의 석유디젤 가격 | | 1.1 | |

자료: SERI, 전게 자료, 2012. 11. 8, p.6.

이외에도 열수광상 등에서 나오는 미세조류를 활용하여 바이오 수소를 생산하기도 한다. 현재는 주로 화석연료인 천연가스의 수증기 변성(steam reforming) 방식을 이용해 전지에 쓰이는 수소를 만들고 있으나[719] 한국해양과학기술원(KIOST) 팀에서는 심해저 열수광상에서 나오는 해양미생물의 우

---

[715] 「해조류, 차세대 바이오연료 되나? 쟁점과 이슈」, 2010. 11. 9 | Posted by 기후변화행동연구소. http://climateaction.tistory.com/656. 미국 재생가능에너지 연구소가 발간한 보고서는 해조류를 이용한 바이오연료 생산비는 갤런 당 2.5달러로 당시 경유 값의 2배였고 〈표 7-20〉과 같이 2.8-5.3달러/리터로 나타나 경제성이 낮음.
[716] http://www.hanyang.ac.kr/home_news/H5EAAQ/0010/101/2009/12/LG-sea.pdf(2011. 11. 21).
[717] SERI, 전게 자료, 2012. 11. 8, p.6.
[718] KMI, 『해양산업동향』 제94호, 2013. 7. 9, p.6. 일례로 ExxonMobil은 2019년을 목표로 조류를 이용한 바이오연료 개발 프로그램에 약 6억 달러를 투입했으며, 그 외에도 NASA, 빌 게이츠가 1억 달러를 투자한 사파이어에너지, 듀퐁, BP 등도 미세조류 배양시설을 건설하거나 관련 기술 보유기업에 대한 투자를 진행 중임.
[719] 강성균 등, 「해양바이오수소가 새로운 에너지 시대를 연다」, 『해양과학기술』, KIMST, 2012. 1월호, p.30.

수 균주를 개발하여 혐기발효720)를 통하여 바이오수소를 발생시키는 연구를 하고 있다.721) 참고로 국내 전기 배터리 등에 쓰이는 수소생산 규모는 연간 250만 톤(2008년 기준, 3-4조원 가치)이고 순수 판매용 수소생산량이 약 12만 톤(시장 규모 1,800억 원)으로 추산되며, 고순도 수소시장 규모는 연간 8,000억 원 수준(2011년 기준)이라고 하는데 향후 수소를 이용한 전기차 개발 등으로 인해 더욱 확대될 전망이다. 따라서 이러한 바이오수소 생산 기술은 앞에서 언급된 바이오디젤 및 에탄올 등과 더불어 향후 '수소 사회'를 조기에 구현시킬 중요한 연구라고 볼 수 있다.722)

이외에도 최근 국내 P사는 홍조류 바다 식물인 인도네시아산 우뭇가사리에서 펄프를 만드는 공정을 개발하였다.723) 2세대 바이오연료인 목재보다 해조류는 성장이 빠르고 제조 공정에서 이산화탄소 배출이 적다. 특히 해조류 펄프 공정은 간단하고 투자비용 및 제조경비가 저렴하며 에너지 소모도 적고724) 나아가 고급 종이 생산 가능하여 크게 각광을 받을 것으로 전망된다.

우리나라는 세계 해조류 생산 4위국이므로 식용 해조류 생산 기술을 응용한 바이오에탄올, 펄프 등의 제조 기술에서 상당한 경쟁력을 갖추어가고 있다. 앞으로 관련 공정 기술 개발을 이루면서 동시에 대규모 근해 생산기술과 시스템을 조속히 확보할 필요가 있다. 따라서 현재의 연안 어장 위주의 양식 면허 시스템에서 근해에서의 해조류 숲 조성을 위한 인허가 제도 등 각종 법제 등의 검토도 뒤따라야 할 것이다.725) 현재 우리나라 연근해 해조류 양식

---

720) 광합성 미생물에 의한 방법과 빛을 이용하지 않는 미생물에 의한 혐기 발효가 있는데 여기서는 후자 활용. 강성균 등, 전게서, p.30.
721) 한국해양과학기술진흥원(KIMST), 「핵심기술 브리핑: 해양미생물의 수소화효소 및 바이오 수소 생산」, 『해양과학기술』 Vol. 5, 2012 가을호, pp.60-61.
722) 수소는 산소와 결합하여 물을 내며 전기를 발생시켜 공해 없는 첨단 전기 원료로 각광받아 이것이 보편화된 사회를 '수소사회'라고 하는데 "바이오디젤(2010년까지)→바이오에탄올(2020년까지)→수소(2030년까지)"로 바뀌어 갈 것으로 2006년 아시아태평양경제협력체(APEC)가 그 에너지기술 로드맵에서 전망하고 있다. 강성균 등, 전게서, p.32.
723) 류정곤 등, 전게서, pp.81-82.
724) 목조펄프는 이산화탄소 대량 발생 업종으로 알려지고 있고 홍조류를 이용하면 그 배출량이 20-30%에 불과하여 청정개발체제(CDM)로도 인정받을 수 있다고 한다. 김종규, 「해조류를 이용한 펄프 제조 공정에서의 청정개발체제(CDM) 적용 방안」, 『녹색기술로 여는 저탄소 녹색성장(제3회 기후변화 대응 연구개발 사업 범부처 합동 워크숍) 프로시딩』, 2009, 1, p.106; 유학철, 「지속가능한 대규모 홍조류 양식 기술 개발 및 해외양식장 적용」, 전게서, p.107.
725) 유정곤 등, 전게서, p.135, 현행 양식어업권은 60ha 미만으로 법에 의해 규제되고 해안선에서 4천 미터가 넘는 근해의 경우에는 시군에서 양식면허를 받기 어려운 등 해조류 대량 양식 산업화를 위

어장 면적은 약 7만 ha정도이므로726) 앞으로 경제성 있는 규모로 바이오에탄올 및 펄프가 생산되려면 근해어장 이용 기술 개발 등이 선행되어야 하고, 연중 2-3모작을 할 수 있는 동남아 등 해외어장의 이용도 활발히 이루어져야 할 것이다.727) 앞으로 연안 어장 포화로 인한 근해어장 개발, 해외어장 개발을 통한 대규모 해조류 양식 시스템 개발과 관련 에너지 개발 기술의 조기 상용화가 요망된다.

현재는 우리나라를 비롯해 많은 나라들이 해조류에서 바이오연료를 추출하는 기술을 확보하고 있으나 주로 전분(Starch)만을 에너지 전환하여 활용하고 나머지 성분(단백질, 지방, 섬유소 등)은 버리게 되어 환경 문제가 발생한다. 따라서 원유가 성분별로 모두 활용되듯이 바이오자원의 나머지 성분에 대한 활용 방안도 같이 검토되어야 한다. 이처럼 3세대 바이오연료가 상용화되기까지는 넘어야 할 벽이 많다.728) 지금까지 진행된 연구는 기술적인 측면에 국한되어 있으며, 환경에 미치는 영향, 생산과정에서 폐기물 발생, 유전자 변형, 외래종 유입에 따른 부작용이 예상되는데, 이를 생산비용에 포함시켜 연구한 사례는 없었다. 따라서 3세대 바이오연료가 진정한 대안이 되려면 과학기술, 경제, 환경 측면을 모두 고려해 그 효과를 검증해야 한다. 해조류 바이오 연구가 잘 되면 에너지 안보, 온실가스 감축, 성장동력 발굴 등 세 가지를 한꺼번에 이룰 수 있는 만큼 연구개발을 지속적으로 진행해야 할 것이다. 산업통상자원부에서는 2012년부터 경유에 일정 비율의 바이오디젤 혼합을 의무화하는 제도(RFS)를 시행하고 있어 앞으로 다양한 해양바이오매스를 활용한 에너지 개발이 촉진되어야 할 것이다.729)

---

한 새로운 제도적 검토가 요망된다.
726) 류정곤 등, 전게서, p.98.
727) 현재 일부에서는 인도네시아, 필리핀 등의 어장 확보로 해외 어장 이용이 시험적으로 이루어지고 있으나 국내로의 수송 등 여러 가지 문제가 해결되어야 할 것이다.
728) 단점으로서는 넓은 면적의 토지가 필요하다는 점, 토지 이용 면에서 농업과 경합한다는 점, 자원 부존량의 지역차가 크다는 점, 비료, 토양, 물, 그리고 에너지의 투입이 필요하다는 점, 문란하게 개발하면 환경파괴를 초래한다는 점 등을 들 수 있다. 또 바이오매스의 생산, 수집, 운반, 변환에 관련한 기술적 문제, 경제성과 에너지 밸런스(투입에너지에 대한 산출에너지의 비율)에 대한 문제도 있다.
    http://cafe.daum.net/sinelmo/6Tim/11?docid=1HqFg|6Tim|11|20090622164922&q=%C7%D8%C1%B6%20%BF%A1%B3%CA%C1%F6%20%B9%D9%C0%CC%BF%C0%20%B9%AE%C1%A6 (2011. 10. 3)
729) 에너지경제, 2013. 12. 23. 정유정제업자, 수입업자에게 일정비율 이상의 신재생연료를 혼합토록 의

## 3. 해양 수자원 개발

### 1) 해수 담수화

해수 담수화와 하수 및 폐수 처리 등 '물 사업'은 21세기의 '블루 골드(Blue Gold)'로 불리며[730] 인류의 물 사용량이 늘어날수록 규모가 커지고 있다.

현재 지구에 있는 물의 양은 13억 8,600만$km^3$ 정도인데, 이 중 97%는 바닷물이고 사람이 마실 수 있는 담수는 3,500만$km^3$에 불과하다. 이마저도 70%가량이 빙산과 빙하 등으로 갇혀 있고 나머지 3분의 1의 대부분도 지하 호수 형태로 존재한다. 따라서 지구 전체의 2.5%에 불과한 담수의 0.03%만이 지표면에 존재하고 실제로 0.0075%만 수자원으로 활용되고 있어[731] 인구의 증가와 함께 인류의 물 부족 현상은 심화할 것으로 보인다. 1인당 민물 이용 가능량도 1950년 50,068$m^3$, 1990년 28,662$m^3$, 2025년 24,795$m^3$로 감소할 것으로 전망된다.[732]

역사상 모든 사회의 운명은 대개 물 자원을 공급하고 관리하는 능력에 달려 있었다. 중국과 인도가 받고 있는 '물의 압박'이 세계적인 물 위기를 촉발할 수도 있는 큰 문제라고 한다.[733] 유엔에서도 기후변화와 물 부족 문제를 2대 과제로 꼽고 있을 정도이다.[734] 유엔의 2006년 '세계 물 개발 보고서'에 따르면 전 세계적으로 약 11억 명의 사람들이 안전한 물을 마시지 못하고 있으며, 26억 명의 사람들이 물 부족으로 위생적인 생활을 하지 못하는 곳에서 살고 있다.[735] UN은 세계 (먹는) 물 부족 인구가 현재의 10억 명에서 2025년

---

무화한 제도인 신재생연료혼합의무화제도(RFS)가 2015년 7월31일부터 시행이 예정된 가운데 경유에 혼합하는 바이오디젤(BD) 현행 2%의 혼합비율을 2015년 7월30일까지 유지하되 그 이후 이를 단계적으로 늘림.
730) 동아일보, 2011. 2. 11. 기존의 Black Gold(석유)에 비하여 비유한 것임.
731) 제종길, 『바다와 생태 이야기』, ㈜각, 서울, 2007. 8, p.63. 빙설과 지하수 제외하고 담수호 및 하천은 전체 물의 0.01% 이하인 10$km^3$이다(한국해양수산개발원, 『바다 이야기』, 서울, 2014. 12, p.93).
732) Ibid.
733) 주경철 역, 스티브 솔로몬 저, 『물의 세계사: 물을 지배하는 자가 역사의 주인공이 된다』, 2013. 4. 25, 한국경제 서평.
734) 남성현, 전게서, p.61. 원전: UNEP, 『지구환경 제5차보고서』, 2012.
735) 남성현, 전게서, p.36.

에는 30억 명, 2050년에는 50억 명에 이를 것으로 전망하고 있다.[736]

Global Water Intelligence(GWI, 영국)에 따르면 2014년 현재 물 산업의 세계 시장 규모는 약 5,730억 달러(2013년 우리나라 91억 달러, 이 중 생수시장 18억 달러)에 이르는 것으로 추산되고 있으며,[737] 연평균 4.9% 내외의 성장을 통해 2018년 6,890억 달러(2018년 우리나라 106억 달러, 이 중 생수시장 18억 달러), 2025년에는 8,650억 달러의 시장이 전 세계적으로 형성될 것으로 전망된다.[738]

OECD에 따르면 우리나라의 1인당 연간 사용가능한 수자원량은 1,453$m^3$로, 세계 153개국 중 129위의 대표적 물 부족 국가로서, 우리 정부 역시 2025년까지 전국 66개 시군에서 하루 평균 382만$m^3$의 수돗물이 부족할 것으로 전망하고 있다.[739] 우리나라의 연간 강수량은 1,277mm(1978~2007년, 세계 평균 강수량의 1.6배)로 수자원총량은 1,297억$m^3$이지만 높은 인구밀도로 인해 1인당 연 강수총량은 2,660$m^3$로 세계 평균의 1/6에 불과하다.[740] 이와 같이 인구 대비 수자원이 부족하고 7~8월에 연간 강수량의 70%가 집중되며 평상시 물을 저장하는 댐 인프라도 부족하여 전체 수자원의 8%(180억$m^3$)만 댐 용수로 활용되는 등 우리나라의 수자원 총량 1,297억$m^3$ 중 실제로 가용한 수자원은 26%인 333억$m^3$에 불과하다.

이런 물 부족 현상을 줄이기 위한 대안의 하나가 해수 담수화이다. 그래서 인류는 수십 년 전부터 해수 담수화 기술을 개발하기 위해 노력하였다. 그 결과 현재 1억 명 이상의 인구가 매일 마실 수 있는 물이 해수 담수화 기술로 생산되고 있다.[741] 이스라엘은 생활용수의 40~50%를 해수 담수화로 해결

---

[736] 홍승용, 「해양강국 실현을 위한 대한민국의 선택」, 차기 정부의 해양강국 실현을 위한 정책 토론회 (프로시딩), 2012. 7. 17, p.16; 남성현, 전게서, p.75. 원전: UN 세계수자원개발 보고서.
[737] 한국해양수산개발원, 『바다 이야기』, 서울, 2014. 12, p.94; 한국경제, 2015. 4. 8.
[738] 이종석, 김종욱, 『창조경제와 물 산업』, 한국과학기술평가기획연구원(KISTEP), 2013, p.14; 한국경제, 2015. 4. 8. 우리나라 자료: 수출입은행 경제연구소, 「국내 물 산업 해외 진출 전략보고서」, 2014. 2. 우리나라 생수 시장은 2013년 18억 달러에서 2018년까지 그대로 유지될 전망.
[739] 한국경제, 2015. 4. 8. ※ '물 스트레스 국가' 혹은 '물 부족 국가'란 1인당 이용 가능한 수자원량이 1,700$m^3$ 이하, 1,000$m^3$ 이하이면 '물 기근 국가'로, 전자는 수자원 개발이 없는 자연 하천수에 물 공급을 의존하는 경우 광범위한 지역에서 만성적인 물 공급 문제가 발생하는 국가.
[740] Ibid.
[741] 물에서 희망 찾기 '4大 프로젝트' (아리수사랑), http://cafe.naver.com/arisusarang.cafe?iframe_url=/ArticleRead.nhn%3Farticleid=11990(2011. 11. 4)

하고 있다.742)

해수 담수화란 바닷물에 녹아있는 염분을 제거하여 사람이 먹고 사용할 수 있는 담수로 바꾸어 주는 기술로 가장 간편하고 오래된 방법은 바닷물을 끓여 생긴 수증기를 응축시켜 담수를 얻는 증발법이다. 이는 과거 신대륙 장기 항해 시 바닷물을 놋쇠에 끓인 후 그 증기를 스펀지에 모아 짜서 해수를 담수화한 것이 그 시초이며, 본격적인 해수 담수화 시설은 1956년 중동의 쿠웨이트에 설치한 하루 4,200㎥ 용량의 플랜트였다.743) 이후 증발법을 포함하여 역삼투압법, 전기투석법, 냉동법 등 다양한 해수 담수화 기술들이 개발되어 왔다. 역삼투압법(Reverse Osmosis Desalinzation, RO)은 삼투압이 작용하는 반대 방향으로 큰 압력을 가하면 물이 삼투막을 통과하여 원하는 수준까지 염분을 제거하는 방식으로 도서 지역 등 소수 주거 지역 식수난 해소 등에 많이 이용되고 있다.

현재 우리나라 두산중공업은 세계 해수 담수화 플랜트 시장의 40%를 차지하면서 시장을 주도하고 있다. 두산중공업은 주로 다단계 증발 방식(MSF), 역삼투압(RO) 방식 등을 활용해 왔고 2011년부터 다단계 효용 방식(MED) 등을 도입하고 있다. MSF나 MED 방식은 증발법을 응용한 기술로 가열 과정에서 역삼투압법에 비해 3배의 에너지 소비가 많다는 단점이 있어 주로 에너지 자원이 풍부한 중동에서 많이 이용되어 왔다.744) 1995년 이후 증발법 비율을 뛰어 넘은 역삼투압법은 에너지 소비가 증발법보다 적으나 여과필터(역삼투막)745) 교체에 따른 유지비용이 높다는 점과 미국, 일본, 프랑스 등 기술 선점 국가들과의 기술격차 해소가 과제로 남아 있다.746)

특히 하이브리드 방식의 담수화 기법은 기존의 역삼투압법과 증발법을 조합해 담수를 생산하는 방식이다. 우리나라 두산중공업이 개발한 이 하이브

---

742) 한국해양수산개발원, 『바다 이야기』, 서울, 2014. 12, p.95; 한국경제, 3015. 4. 8.
743) http://jjy0501.blocpost.kt/20121041/1_25.htm/?m=1 (2015. 11. 19)
744) *Ibid*. 세계시장은 증발법 45%, 역삼투법 50%. 세계 시장의 40%를 두산이 차지: 한국해양수산개발원, 전게서, 서울, 2014. 12, p.96; 한국건설신문, 2014. 7. 29.
745) 이 역투막은 멤브레인 필터(membrane filter)로 액체 또는 기체의 특정 성분만 선별적으로 통과시키는 핵심 기술로 우리나라가 핵심 기술을 보유 중임. 한국해양수산개발원, 전게서, 서울, 2014. 12, p.97.
746) 국토해양부 홈페이지, http://blog.daum.net/mltm2008/8558555 (2012. 6. 24)

리드 기법은 초기 투자비용과 에너지 운용비용을 줄이는 등 경제성과 효율 면에서 세계 최고의 경쟁력을 갖춘 한 단계 더 진보된 기술이다. 이 방식은 전기 수요가 많은 여름철에는 발전소에서 나오는 열로 담수를 만드는 증발법을 활용하고 반대로 겨울철에는 발전소 가동을 줄여도 되는 역삼투압법을 사용, 계절에 따른 전기와 생산단가를 줄여 경제적인 운용이 가능하도록 개발되었다.[747] 최근에는 일정한 압력과 온도에서 가스와 바닷물을 결합시킬 때 염분과 불순물이 분리되면서 얼음과 유사한 형태의 고체수화물(Hydrate)이 만들어지는 원리를 이용한 방법이 개발되기도 하였다.[748] 이렇게 만들어진 가스하이드레이트에서 가스를 제거하면 순수한 물을 얻을 수 있다. 이 방법은 다른 방법에 비해 담수 가격이 30~50% 저렴해지는 등 경제성과 효율성이 탁월한 세계 최초의 기술이므로 조기 상용화를 서두르고 있다.

〈그림 7-15〉 **아랍에미리트 후자이라 발전담수 플랜트**

두산중공업이 2004년 완공. 이곳은 하루에 바닷물 50만㎥ 식수로 바꿔 160만 명에게 공급/두산중공업 제공.

현재 세계 담수화 설비는 1990년 이후 연평균 7.9%의 빠른 성장을 보여 왔고 그 생산규모는 약 70백만 톤/일이며, 이 중 해수 담수화 시장 규모가 43백만 톤/일로 전체의 63%를 차지한다. Global Water Intelligence(GWI, 영국)에 따르면 물 산업 중에서도 해수 담수화 시장은 2010년 126억 달러(설비투자

---

[747] 우리나라의 3L 역삼투압 및 정삼투압 해수 담수화 기술 개발. *3L: 저에너지(Low Energy), 대형화(Large Scale), 안정성(Low Fouling)
[748] 『해양과학기술』, KIMST, 2012. 1월호, p.80. 당시 국토해양부가 원천기술을 개발한 생산기술연구원을 통해 5년간 110억 원 들여 상업화 기술을 개발하고 있었다.

60억 달러, 운영비용 66억 달러, 전 세계 물 시장의 2.5%)에서 2020년 270억 달러, 2025년 440억 달러(약 49조 4,560억 원)로 커질 전망이다.[749]

앞으로 담수화 시장의 추세와 성장의 주요 요인은 크게 네 가지로 볼 수 있다.[750]

첫째, 세계적인 물 부족 현상과 지구온난화에 따른 기후변화라는 요인으로 중동 이외의 지역에서도 시장 수요가 크게 증가하고 있다는 점이다. 물 부족 현상은 지리적으로 물 공급이 불가능한 지역인 섬 지역이나 중동 지역, 남부 스페인 지역, 미국 남서부 지역 등과 같이 불리한 조건을 갖고 있는 지역에서는 물론, 인구 증가에 따라 물 부족이 심화되는 지역도 계속 증가하고 있다. 현재 중동의 비율이 46%(2010)에서 점차 감소하고 중국, 미국, 인도 등의 증가가 예상된다. 또 다른 원인으로 지구온난화에 따른 가뭄과 홍수 발생 및 산업 발달로 2025년까지 인구 증가 속도보다 물 수요 증가가 1.5배 빠를 것으로 예상된다.[751]

둘째, 물 생산 단가가 인하되고 있다는 점이다. 담수화 산업은, 물 생산 단가가 과거 40년간 $10/톤에서 현재는 $0.47/톤까지 떨어짐으로써 재래식 수자원 공급 방법 못지않게 차츰 경쟁력을 갖추게 되었다. 이 같은 생산 단가 인하 추세는 앞으로 계속 진행될 것으로 보이며 에너지 소비 전력도 4.5kWh/톤 정도 이하로 계속 감소할 것으로 보인다.

셋째, 기술이 발전하고 있다는 점이다. 현재 미 해군은 담수화 설비 경량화, 효율 향상, 에너지 경감을 위한 차세대 시스템 개발에 착수하였다. IBM사는 사우디아라비아 정부와 공동으로 태양광발전을 이용한 1일 용량 3만$m^3$의 실증 플랜트를 건설 중이며 이는 농업용수로 사용가능한 저렴한 해수 담수화 기술 개발을 목표로 하고 있다.[752] 영국의 시워터 그린하우스(Seawater

---

749) 홍승용, 전게서, 2012. 7. 17, p.16. 원전: UN 세계수자원개발 보고서; 남성현, 전게서, p.100. 다른 연구에서는 2010년 시장 규모 92억 달러, 2020년 270억 달러로 시장규모 추정(한국해양과학기술진흥원, 『해양산업 분류체계 및 해양산업의 역할과 성장전망 분석을 위한 기획 연구』, 2011. 10, p.222).
750) http://roplant.org/Colist/bbs_read.php?no=10 (2011. 2. 11)
751) 남성현, 전게서, p.75.
752) 해수를 담수화하려면 역삼투압 방식 등이 모두 전기를 필요로 하므로 발전 설비와 결합하여 하는 것이 실용적이고 경제적임. 황기형, 전게서, 2011. 1. 20, p.35.

Greenhouse)는 사막에서 태양열을 이용하여 발전하고 이를 2만ha 온실에 투입하여 100만 톤의 바다 물을 증발시켜 상추, 피망, 오이 토마토 등 각종 채소를 키워 사막을 녹화하는 8천만 유로 규모의 '사하라 포레스트 프로젝트(Sahara Forest Project)'를 추진 중이다.753) 아예 바닷물을 이용하여 사막을 녹지로 만들려는 기술('해수 온실' 기술)까지 생겨나고 있다.754)

넷째, 증발식보다 역삼투압(RO) 방식의 설비가 증가할 전망이다. RO 방식은 현재 전체 담수화 시장의 50-60%를 점유하고 있으나 향후 2015년에는 65%까지 증가될 것으로 예상된다.755) 또한 RO 설비의 대형화 추세가 예상된다. RO 방식 담수화 설비도 고성능막의 개발, 전처리 기술, fouling 저감 등 핵심 요소기술의 발달756)과 시장의 요구에 따라 증발식과 같이 대형화가 이루어질 것으로 전망된다.

국내에서는 해수 담수화 시설이 주로 도서 지방에 설치되어 있고 하루 생산량 1천 톤 이하의 소규모 시설들로 2010년 기준 72개소에 총 6,333톤/일 시설 규모이고, 공업용수용 담수시설은 석유화학단지 등에 사용되는 시설로 총 137,420톤/일의 시설 규모이다.757)

현재 국내에서 규모가 큰 시설로는 제주시 우도에 설치된 1일 용량 1,000톤 급의 시설758)에 이어, 2013년에 준공된 부산시 기장군 대변리 일대 4만 6,000$m^2$에 하루 4만 5,000톤의 수돗물을 생산하는 해수 담수화 시설 단지가 있다.759) 이 시설은 현재 역삼투압 방식으로는 세계 최대 규모로, 생산하는 수돗물은 동부산권에 공급된다.

---

753) 남성현, 전게서, p.102.
754) 남성현, 전게서, p.75.
755) http://roplant.org/Colist/bbs_read.php?no=10 (2011. 2. 11)
756) 손진식, 「차세대 해수 담수화 플랜트 산업 및 기술동향 브리프」, 『한국건설교통기술평가원(KICTEP) 이슈 리포트』, 2013. 3, p.12. LG화학이 역삼투압 기능을 30% 개선한 첨단 필터를 2015년 개발.
757) 손진식, 전게서, p.8.
758) 현재 제주시 우도와 추자도에서 운영 중인 국내 최대 규모의 해수 담수화 시설이 1,000t(1일 기준) 규모인 사실을 감안하면 부산시 기장군 담수화 시설 건설은 초청정 대체 수자원 확보 기술 개발 이상의 의미를 갖는다. 현재 국내 16개 시·군 68개 도서지역에 설치된 해수 담수화 시설에서 생산되는 물은 다 합해도 하루 평균 5,000t 미만이다. 1만 7000명의 해당 지자체 주민에게 공급하기에는 턱없이 부족한 양이다. [출처] 물에서 희망 찾기 '4大 프로젝트' (아리수사랑) |작성자 이혜진 http://cafe.naver.com/arisusarang.cafe?iframe_url=/ArticleRead.nhn%3Farticleid=11990
759) 인터넷 환경일보, 2013. 8. 2. 국비 823억 원, 시비 300억 원, 민자 706억 원 등 총 1,829억 원 소요.

## 2) 심층수

해양심층수는 그린란드 근처의 빙하가 녹으면서 밀도가 커진 물이 해저로 가라앉아 대서양, 인도양, 태평양을 2000년 이상에 걸쳐 순환하는 것으로 알려져 있다.[760] 해양심층수는 2℃의 찬 온도와 깊은 수심으로 유기물이나 오염물질이 없어 청정성이 뛰어나고 미네랄과 영양염류가 풍부하다. 일례로 미국 우즈홀(Woods Hole) 해양연구소 소속 심해 유인잠수정 앨빈호가 사고로 해저 1,540m에 침몰했다가 1년 뒤에 인양되었는데, 배 안에서 먹다 남은 음식이 썩지 않고 발견되어 심층수의 청결성을 잘 보여줬다.[761]

〈표 7-21〉 해양심층수의 특성

| 구분 | 특성 |
| --- | --- |
| 저온안정성 | • 태양이 도달하지 않는 심해저에 위치하고 있어 수온이 안정되어 있음 |
| 부영양성 | • 해양 생산력의 기본인 초산염, 인산염 등 무기영양염이 풍부함 |
| 청정성 | • 대장균 및 일반세균에 오염되어 있지 않음<br>• 해양성세균수도 표층수와 비교해 아주 적으며, 육지수 및 대기로부터 화학물질에 의한 오염에 노출될 기회도 적음 |
| 숙성성 | • 수압 20~30기압 이하에서 오랜 기간 형성되어 성질이 안정됨 |
| 미네랄 특성 | • 필수 미량원소 및 다양한 미네랄이 균형적으로 포함되어 있으며, 해양심층수 특유의 용존 상태에 원소도 규명되어 있음 |

자료: 한국해양수산개발원, 『국제 해양문제 주도권 확대 방안 연구(Ⅰ)』, 2009. 12, p.59.

우리나라의 경우 동해는 표면적이 30만 km²에 달하고 평균 수심이 1,500미터로 깊은 반면 대양과 연결된 곳은 좁은 그릇 모양의 바다로, 북태평양으로부터 해양심층수가 유입되어 동해 내부에서 시계 반대 방향으로 순환하는 형태를 띠고 있다.[762] 동해에서 연간 3조 9,700억 톤이 생성되는[763] 해양심층수의 근원은 블라디보스토크 남동쪽 해역이며 이곳에서 침강한 물이 약 300~400년에 걸쳐 반시계 방향으로 순환해 울릉도나 울진 주변 해역의 해저

---

[760] 이를 '브로커의 컨베이어 벨트'라고 부른다. 김경렬, 『화학이 안내하는 바다탐구』, 자유아카데미, 2009. 12 ; 일본해양정책연구재단/김연빈 역, 전게서, p.85.
[761] 매일경제, 2015. 2. 12; 위키백과.
[762] 2007년 상반기 물 종합기술 연찬회 발표자료.
[763] 한국경제, 2015. 12. 31.

산맥인 왕돌초 근처에서 용승한다.764) 해양심층수는 〈표 7-21〉과 같이 표층수에 비해 비교적 저온으로 안정적이며 영양이 풍부하고 청정한 해수로서의 특성을 지니고 있다.

해양심층수 이용은 원래 미국이 하와이 등에서 온도차발전을 하면서 남은 심해수를 부산물로 활용하면서 증대되었다. 미국은 해양심층수의 미네랄 추출물을 통해 건강보조식품과 보드카 등 주류, 건강 음료 등을 개발해 판매하고 있으며, 대만에서도 해양심층수를 활용한 만두, 푸딩, 아이스크림 등 250여 개의 연관 상품들이 인기를 끌고 있어765) 연간 7,000억 원의 산업으로 성장하였다.766) 일본에서는 음료 활용이 대중화되었고 최근에는 심층수를 취수하여 표층수와 섞어 주위 360도 방향으로 방출하여 해역을 비옥하게 하는 실험도 하고 있다.767) 우리나라에서 인기를 얻고 있는 일본의 아사히 맥주는 해양심층수를 이용, 일본 최대의 맥주회사로 발전하는 등 1,000여 종의 연관 상품이 개발된 일본의 해양심층수 산업은 시장규모가 연간 약 3조 원에 달한다.768) 이와 같이 일본에서는 2009년까지 전국 10개소에 해양심층수 취수관이 부설되어 각종 산업적 이용이 이루어지고 있다.769)

아울러 해양심층수는 먹거리 활용 외에도 건강보조식품, 화장품, 관광·휴양, 수산양식과 냉난방 자원으로도 이용이 가능해 새로운 블루오션으로 주목을 받고 있다. 그 활용 분야도 다양하여 물 자체로는 수산, 에너지, 농업, 미용 및 의료 분야에 사용될 수 있고 해양심층수 추출물을 통해 식품, 미용, 의료, 건강식품 등에 활용되고 있다. 일본에서는 이로써 아토피 환자의 50%가 치료되고, 대만에서는 심혈관질환, 치주염 등에 좋다는 보고도 있다.770)

해양심층수의 취수는, 육상에서 해저로 취수관을 부설하여 취수하는 육상 취수 방식이 있고 해상 부유식 구조물에서 수직으로 취수관을 내려 심층수

---

764) 이준권, 「해양심층수의 비밀」, 『해양과학기술』, KIMST, 2012 봄호, p.89.
765) 데일리안, 2015. 1. 27.
766) 한국경제, 2015. 12. 16.
767) 일본해양정책연구재단/김연빈 역, 전게서, p.89.
768) 한국경제, 2015. 12. 16.
769) 일본해양정책연구재단/김연빈 역, 전게서, p.87. 일본 고지(高知)현에는 심층수 기업이 100개 사, 연간 매출액이 100억 엔 규모.
770) 한국경제, 2015. 12. 31.

를 취수하는 해상 취수 방식도 있으나 우리나라 동해안에서는 전자의 방식이 취수 시 활용되고 있다.

〈그림 7-16〉 고성 심층수 개발단지 모형도

자료: 경동대 심층수학과 홈페이지, 원전: 해양수산부 제공

국내 해양심층수 산업은 향후 물 산업이 발전하면서 시장 규모가 더욱 확대될 것으로 예상된다. 이에 따라 2007년 '해양심층수 개발 및 관리에 관한 법률 심층수법'을 제정하고 이 법률에 근거해 매년 5년마다 해양심층수기본계획 수립을 규정하고 있다. 제1차 기본계획(2009-2013)에 이어 최근 제2차 기본계획(2014-2018)이 수립되어 시행 중이다.[771] 상기 법에서는 200m 이하에서 뽑은 해수를 심층수로 정의하고 있다. 특히 2005년에 강원도 고성에 500억 원을 들여 한국해양과학기술원 해양심층수센터를 설치하고[772] 해양심층수를 취수하여 국가 R&D를 시행하여 산업화를 시도하고 있다.[773] 기타 민

---

771) 해양수산부, 『해양수산 업무편람』, 2013. 8, p.34.
772) 매일경제, 20115. 2. 12.
773) 해양수산부는 고성 지역에 있는 농공단지 등 관련 인프라를 활용해 해양심층수 연구·개발과 제조 공정작업을 진행, 2016~2018년에는 농공단지 내에 해양심층수 미네랄 가공, 수질분석 시설 등을 갖추고 판매·홍보를 지원하는 산업지원센터를 설립할 계획이다. 또한 2010년부터 2015년까지 총 250억 원을 투자, 섭씨 2도 내외의 저온인 해양심층수를 활용한 온도차발전과 냉난방시스템 개발과 보급도 적극 추진된다. 데일리안, 2015. 1. 27. 원전: 해양수산부 제공.

간회사를 중심으로 울릉도, 울진 등에서 해양 심층수의 산업화를 추진하고 있다.

현재 심층수법에 의해 개발 면허를 받은 10개 회사 중 (주)워터비스 등 3개 업체가 해양심층수를 생산 중인데, 음료수 위주로 연간 110억 원 정도의 시장을 형성하고 있고[774] 일부 화장품 등에도 활용되고 있는 등 연간 120억 원 정도의 산업 규모이다.[775] 따라서 다른 나라에 비해 우리나라 해양심층수 산업은 아직 활성화되지 못하고 있다. 외국의 경우 국가나 지자체 등의 자금 지원으로 심층수 취수를 하여 이를 바탕으로 민간 기업의 사업이 이루어지기 때문에 원가가 저렴하여 일반 물과 비교해도 시장경쟁력이 있다. 반면, 우리나라에서는 처음부터 민간 기업이 자체 비용으로 취수하여 초기 단가를 높게 설정하는 등 심층수 가격이 높아 활성화에 어려움이 있었다. 따라서 앞으로 심층수의 원가경쟁력 강화나 수요 증대 방안이 요구된다.

한편 최근에는 심층수를 이용한 해수온도차 냉난방 시스템이 개발되었는데, 이는 냉난방 모두 상온의 온도보다 높거나 낮은 심층수를 파이프로 끌어올려 히트펌프를 이용해 희망온도로 조절한 뒤 건물에 설치된 파이프로 공급하는 방식이다.[776] 이때 보조 냉온방기를 작동시키면 기존보다 54~56%까지 에너지 절감효과를 올릴 수 있어 효율이 높은 편이다.

해양심층수를 취수하는 파이프는 보통 심층 해역(200m 이하)까지 설치해야 하지만, 심해수와 표면 해수 온도 및 대기 온도의 차가 크고 해저가 깨끗한 곳이라면 100m 지역에서도 취수가 가능하다. 앞으로 심층 해수는 식품, 화장품, 양식장 용수, 농업 용수 등 다양한 이용이 가능할 것으로 예상된다.

---

[774] 상게 자료.
[775] 해양수산부, 『해양수산 업무편람』, 2014. 3, p.36; 한국경제, 2015. 12. 16. 해수부가 집계한 2015년 직접 매출 기준임.
[776] 부산일보, 2008. 5. 3.

## 4. 해양테라피 자원

최근에는 해양의 자원을 이용하는 각종 테라피(치료요법)도 활용되고 있는데 이미 해양 기후 요법, 팡고테라피, 식사요법인 해조요법 등의 다양한 방식이 소개되고 있다. 해양테라피는 유럽 등 선진국들에서 많이 활용되고 있고 앞으로 우리나라에서도 미래산업으로 각광받을 것으로 전망된다.

〈표 7-22〉 해양테라피의 종류와 내용

| 요법 | 내용 | 비고 |
|---|---|---|
| 해양기후요법<br>(Sea Climatetheraphy) | 반복되는 아토피나 고질적인 건선 피부질환 환자 | 이스라엘 사해 등으로 보냄 |
| 팡고테라피<br>(Fangotheraphy) 또는<br>무어테라피(Moortherapy) | 머드, 모래, 개펄 등 물리적, 화학적 작용을 이용해 국부 통증을 완화시키는 보조 치료 | |
| 해조요법(Argotheraphy) | 해양치유센터나 산림에서 휴양하며 신선한 해조류, 해수산물 중심의 식단 | 고지혈증, 고혈압, 비만 대사증후군환자에게 식이영양요법 실시 |
| 기타 보조요법 | - 천식환자 등 만성폐질환환자들이 해양치유센터 등과 연계하여 일정기간 체류케 한 다음, 해변 산책, 호흡 요법이나 흡입 요법을 통해 치유를 도움<br>- 해양배후자원을 활용한 운동 치료, 트레킹, 바다의 풍경을 활용한 심신 이완, 명상, 자율신경 훈련, 점진적 근육 이완 등을 통한 스트레스 관련 질환이나 정신 건강 질환의 치유나 웰빙 | -바다의 해수와 염분 성분을 이용한 치료 |

자료: 한국해양과학기술신흥원(KIMST), 『해양과학기술』 Vol. 8, 2013, p.67.

우리나라의 경우 설악산과 동해안 등은 해양테라피를 적용하기에 적당한 장소이다. 세포의 부활작용, 혈액의 정화작용, 저항력의 증진 작용 등에 좋은데 이는 대도시보다 산소가 1~1.5% 더 많고, 쾌적 이온이라 불리는 음이온 발생 수가 1,000~2,000개/cc로 높아 쾌적하기 때문이다. 이외에도 조용한 도서나 연안에는 이러한 해양테라피로 활용하기에 적합한 장소들이 많이 있다.

아울러 이러한 곳에서 해양심층수, 머드 등을 활용하여 테라피 센터를 만들려는 계획도 구상되고 있다.

〈표 7-23〉 지역별 음이온 분포도

| 구 분 | 실내(시내 중심) | 실외(변두리) | 도심 이외 | 산, 들 | 산 속, 바닷가 |
|---|---|---|---|---|---|
| 1cc당 음이온 발생 수 | 30-70 | 80-150 | 200-300 | 700-800 | 1,000-2,000 |

자료: 전상덕, 「해양자원을 활용한 동해연안 발전 방안」, 안전한 연안, 활력 있는 동해: 제4회 연안발전포럼 프로시딩, 2014. 9. 3, 속초, p.109.

# 08

해양플랜트 · 해양기장비 · 공간자원 개발

# 제8장
# 해양플랜트 · 해양기장비 · 공간자원 개발

## 1. 해양자원 개발 구조물

### 1) 해양플랜트 및 해양 이용 설비 개발 동향

20세기 초반까지만 해도 해양에서 인공시설물을 활용한 활동을 대표하는 것은 사람이나 물자의 수송과 어획 작업에 이용되던 선박이 전부였다. 그러나 해양개발 기술의 발전, 육상 부존자원의 부족, 해양공간에 대한 의식 전환에 따른 새로운 수요의 발생 등으로 오늘날 새로이 해양구조물과 기장비 수요는 폭발적으로 증가하고 있다.[777] 특히 우리나라의 조선산업은 기존 선박 건조에서 새로운 고부가가치 선박, 해양구조물(해상플랜트)로 수요가 이전되어 해양플랜트와 환경친화적인 에코쉽(eco-ship)을 주무기로 세계 조선시장을 개척해 왔다. 현재 해양구조물은 선박에서 확대 발전하여 해상 또는 해저에서 자원개발과 이용(생산) 등 전수심 영역을 대상으로 발전하고 있어 이에 대해 먼저 살펴보고자 한다(〈그림 8-1〉 참조).

수요가 그리 크지는 않지만 메가플로트(Mega Float) 또는 VLFS(Very Large Floating Structure)라 불리는 초대형 부유식 해양구조물(해상공항, 공장, 저장시설 등으로 활용), 해상호텔, 해양레저시설 등에 대한 수요도 점차 늘어날 것으로 예상된다. 또한 대수심화 등 극한 영역으로의 이용 확대, 자원 개발·보관·하역 등을 종합적으로 수행하기 위해 기장비들의 다기능화·대형화가 새로운 트렌드로 나타나고 있다.

---

[777] 배재류, 이수호, 『해양구조물 기자재 국산화 개발 방향 자료』, (주)대우조선해양, 발간 년도 미상.

〈그림 8-1〉 해양구조물의 의미 확장

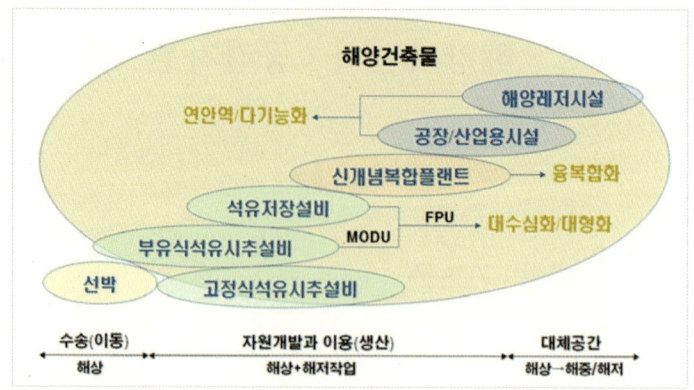

자료: 배재류, 이수호, 「해양구조물 기자재 국산화 개발 방향」, (주)대우조선해양
http://oceanlove.ehomp.com/data/database/D0018/1202287201084.pdf

〈그림 8-2〉 구조물 3대 메가트렌드

자료 : 배재류, 이수호, 상게 자료.

　이 중에서도 산업적으로 중요성이 커진 해양플랜트는 광의로 정의하면 해양에서 자원을 생산하거나 이용하기 위한 산업설비를 말한다. 협의로 정의하면 해양자원 중 석유와 가스 중심으로 해양에너지 자원 개발에 목적을 두고 석유나 가스를 탐사하고, 굴착 및 생산하는 시설이라고 할 수 있다. 본서에서는 주로 협의의 정의로 내용을 전개하겠으나 시장 규모 등에서는 일부 나누어 검토해 보고자 한다.

이러한 해양플랜트 시장은 사업의 범위와 사업의 본질, 핵심 고객 및 핵심 역량 등에서 조선산업과 상이한 부분이 많다. 해양플랜트를 이용한 해양자원 개발·운영 시 우주 개발 못지않은 악조건[778]이 많아 극한의 온도, 고압에서 견딜 수 있는 장비의 내구성과 신뢰성, 사업자의 경험과 명성 등을 중시하는 분위기가 보편화되어 차별화된 대응이 필요하다.

〈표 8-1〉 조선산업과 해양플랜트 산업과의 차이

| 구분 | 조선산업 | 해양플랜트산업 |
|---|---|---|
| 사업 범위 | 선박 제작 | 해양 개발 |
| 사업의 본질 | 제조(제작) | 엔지니어링 |
| 주요 고객 | 해운사<br>(머스크, MSC, COSSO 등) | 정유사, 자원 개발회사<br>(BP, 엑스모빌, 페트로브라스) |
| 고객 핵심 요구 | 운송비 절감, 높은 중고선 가격 | 안전성, 내구성, |
| 핵심 역량 | 제조 역량(생산성, 품질, 원가) | 제조(작)+기본 설계 역량, 사업 경험(Track Record) |
| 기술 해석 | 수리 모형<br>(건조경험 기반, 계산 방식) | 확률적, 실험 기반(모형 부재)<br>(개발 현장에 따라 상이) |

자료: SERI, 「한국 해양개발산업 경쟁력 제고 방안」, 『SERI 경영노트』 제151호, 2012. 5. 24.
주: 해양플랜트 설비는 설치 장소와 형태에 따라 수심이 비교적 깊지 않은 연근해 지역에 설치되는 고정식 설비와 심해저 자원개발에 사용되는 부유식 설비로 나뉜다. 전자는 잭업리그, 해양플랫폼이 대표적이며, 부유식에는 드릴십, FPSO와 LNG-FPSO, TLP, 반잠수식 설비(Semi-submersible) 등이 있다.

〈그림 8-3〉 용도별 해양플랜트 종류

자료: 구 지식경제부 보도자료, 「해양플랜트 제2의 조선산업으로 키운다!」, 2012. 5. 9.

778) -40℃, 초속 40m 강풍, 10m 이상 파고, 300기압(해저 3,000m) 등.

〈표 8-2〉 해양구조물의 종류와 구조 특징

| | 종류 | 특징 | 비고 |
|---|---|---|---|
| 심해 해양 구조물 | SEMI (Semi-Submersible) | - 반잠수식 시추선으로 갑판, lower hull, column으로 구성<br>- 위치유지에 방사형 계류시스템 사용 | 시추용에서 생산용으로 용도가 전환되면서 대형화 |
| | TLP (Tension Leg Platform) | - 반잠수식과 유사<br>- 인장각 (tension leg)식 계류시스템 채용<br>- 제한적 영역에서 Mini-TLP 활용 | SPAR, FPSO 출현으로 경쟁력 상실 |
| | SPAR | - 하나의 column으로 형성된 구조물로 거동특성 상 반잠수식과 유사<br>- 방사형의 taut mooring, VLA 채용<br>- Classic S. → Truss S. → Cell S.로 진화 | 멕시코만에 주로 설치 |
| | FPSO (Floating, Production, Storage and Off-loading) | - 부유식 생산/저장/하역 시설<br>- hull 구조물이 있어 저장용량 최대<br>- turret 계류시스템 채용<br>- LPG FPSO(건조중), LNG FPSO 연구 활발 | - 심해 생산 플랫폼 가운데 가장 주목받는 구조물<br>- 멕시코 만 투입 예상 등 시장 확대 전망 |
| 연안 해양 구조물 | Jack-up | - 갑판 승강형 구조물 (데크 구조물, 다리로 구성)<br>- 작업수심 150m 정도 | - 통상 시추용<br>(생산 플랫폼 기능도 가능) |
| | Jacket | - 원통형 강관으로 제작된 타워형 truss 구조<br>- 수심 300~412m까지 설치 | - 해저부의 skirt file을 깊이 관입하여 안정적 |
| | GBS (Gravity Base Structure) | - 자중 이용, 파랑외력에 견디도록 설계된 콘크리트 구조물<br>- column형 구조가 일반적, 박스형 가능 | - 북해, 노르웨이 유전에 많이 투입 |
| | FSRU (Floating Storage and Regasification Unit) | - 천해용 부유식 LNG 저장/재기화 플랜트<br>- 시장 잠재력 풍부 | - 개념설계 수행 단계 |
| | VLFS (Very Large Floating Structures) | - 해상항만, 공항 등 해상공간 활용 목적으로 개발<br>- 일본의 경우 실증구조물의 설계, 건조 및 운용 경험 축적 | - 상업적 실용화 전 단계 |

자료: 홍성인, 『해양구조물분야의 시장 확대와 대응전략』, 산업연구원, 2006. 7, 원전: 자료 : IETP, 「차세대 부유식 해양구조물」, 2005. 11 참조.

해양플랜트는 해저에 매장된 석유를 탐사 및 발굴하는 대단위 설비로 많이 이용되며 따라서 일명 '바다 위의 정유공장'으로도 불린다. 해양플랜트에는 1)바다 속에 드릴과 파이프를 연결해 해저에 매장된 석유를 뽑아내는 드릴쉽(drillship), 2)드릴쉽이 뚫어놓은 파이프를 해상 구조물에 연결해주는 서브시(Subsea) 설비, 3)해저에서 시추된 원유·가스를 뽑아 올리고, 이를 석유·가스 형태로 가공한 뒤 유조선·LNG 등에 옮겨주는 원유·가스 생산저장하역설비(FPSO, 부유식 및 고정식이 있음) 등이 있다.[779] 특히 해양플랜트

---

[779] ※ Drill Ship(시추선): 선체중앙부에서 시추설비와 드릴을 정착해 부유식으로 작동하는 원유 탐사용 시추선(수심 300m, 해저면으로부터 8,000m 등 수면으로부터 1만 1,000m깊이의 유정까지 원유 및 천

는 해상 또는 해저에 설치되는 구조물을 통칭하여 해양구조물이라 하며, 수심에 따라 고정식·반잠수식·부유식으로 분류한다. 주로 석유 및 천연가스 등 에너지 자원의 탐사와 채취에 이용된다.

〈그림 8-4〉 해저 석유 생산 시스템

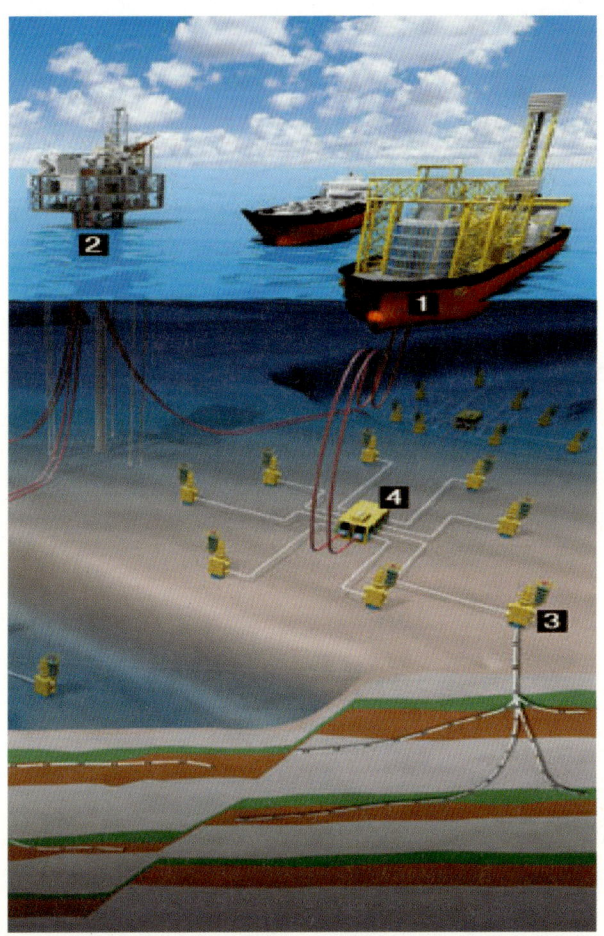

해양플랜트의 구조 ① 해양원유 생산·저장 설비(FPSO). 과거엔 원유 채취만 했으나 요즘엔 원유에서 휘발유·경유 등을 뽑아내는 정제도 한다. ② 고정식 원유 생산설비. ③ 원유시추공. 해저 유전을 뚫은 뒤, 원유가 마구 분출되는 걸 막기 위해 '크리스마스 트리'라는 덮개를 씌운다. ④ 집유시설. 여러 시추공에서 뽑은 원유를 모아 FPSO로 보낸다. [자료:한국가스공사 LNG사업단, http://lngplant.or.kr/bbs/index.php?document_srl=5016&mid=news (2015. 12. 22), 원전: 현대중공업]

연가스 시추 가능).
※ FPSO(Floating Production Storage Offloading Vessel): 해양플랜트나 드릴쉽에서 뽑아낸 석유·가스의 시추와 생산, 저장 및 하역을 해상에서 하면서 이동할 수 있는 기동력과 경제성이 강한 다기능 석유생산 선박으로, 고유가시대에 맞추어 등장.

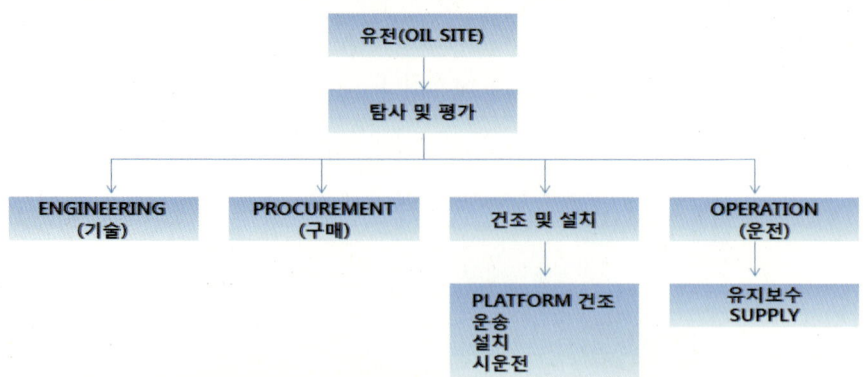

〈그림 8-5〉 해저 석유·가스 개발 체계도

자료: 유기준 「해양플랜트서비스산업」, 제2차 해양비전포럼 프로시딩, 2011. 9, p.53

일반적으로 석유 및 가스 생산을 위한 과정은 탐사→시추→제작·건조→생산→철거로 구분된다. 탐사(Exploration)는 해양조사선을 이용해 해저의 석유·가스를 찾아내는 단계이다. 시추(Drilling)는 탐사를 통해 석유 및 가스가 매장된 곳으로 추정되는 해저에 시추공을 굴착하여 지질 구조, 성분, 매장량 등을 평가하는 단계로, Jack-up 식이 가장 많이 쓰이나 수심이 깊어지면서 Drill ship, Semi-submersible도 널리 사용되고 있다. 제작 및 건조(System Development) 단계는 해양자원을 개발할 해양플랜트 시스템을 결정하고 건조 및 설치하는 단계로 우리나라가 이 분야에 특화되어 있다. 생산(Production)은 시운전, 운영 및 유지보수, 석유·가스의 운송을 하는 단계로 Jacket, Semi-submersible, FPSO가 대표적으로 많이 사용되고 있다.

1990년에 세계 유류의 25%, 가스의 17%가 해양에서 생산되었고 이것이 2012년에는 전 세계 석유·가스의 30%[780] 이상으로 늘었으며 2020년에는 40% 전후에 달할 것으로 추정된다. 이에 따라서 세계의 전체 해양 설비 시장 규모는 해상풍력을 포함하여, 탐사·설치·해체에 이르기까지 2010년 1,450억 달러에서 2020년에는 3,200억 달러, 2030년 5,000억 달러 규모까지 성장이 예상된

---

780) Patterson, Murray, "Towards an Ecological Economics of the Oceans and Coasts", *Ecological Economics of the Oceans and Coasts*, p.3. 해양에서 석유의 30%, 천연가스의 50% 생산 중: 캠브리지 에너지 연구협회(CERA)에 따르면 2009년 석유의 33%, 가스의 31%를 생산하며 2020년에는 각 35%, 41%를 차지할 것으로 전망하고 있다. 박광서, 『해양플랜트 Subsea Tree의 개발동향과 전망』, 2012.

다.[781] 이 중 한국 기업이 주로 참여하고 있는 시추 및 생산 설비 시장은 2010년 372억 달러에서 2020년 749억 달러 규모로 늘어날 것으로 예상되나[782] 이는 유가가 하락하기 전의 예측이라 다소 차질이 생길 것으로 보인다.

〈표 8-3〉 해양개발 사업 단계 구분

| 구분 | 탐사 | 시추(설비, 건설) | 제작(설비,건설) | 생산(운영,서비스) |
|---|---|---|---|---|
| 사업 내용 | 유망지역에서 자원의 부존 여부 조사 | 탐사완료 지역에서 시추공·생산공 굴착 | 생산설비의 유정 설치 및 플랫폼 연결 | 생산을 수행, 관련 장비 유지·보수 |
| 핵심 역량 | ·지질학·유체역학 지식<br>·해저탐사 장비<br>·탐사정보 분석력 | ·시추설비 보유<br>·유전 특성에 맞는 시추 기법 적용<br>·친환경 시추 시설 | ·유전 특성에 맞는 설계 및 설치 능력<br>·대규모 설치 선단의 개발·보유 | ·해상·육상간 효율적 자원 운송<br>·제반 기기의 꾸준한 관리 능력 |
| 제조/제작(설치) | ·탐사선<br>·탐사장비 | ·시추장비(부품)<br>·시추 설비 | ·해상 설비<br>·Subsea기자재<br>·EPCI* | ·운영장비<br>·하역설비<br>·수송설비 |
| 서비스 | ·탐사선, 탐사장비 (리스)<br>·탐사, 해석 | ·리스<br>·시추 대행 | ·리스 | ·생산/운영<br>·수송(해운)<br>·설비 리스 |
| 선도 업체 | ·PGS<br>·CGG Veritas | ·Transocean<br>·Schlumberger<br>·삼성중공업 | ·Technip  ·Aker<br>·Saipem  ·FMC<br>·현대중공업 | ·Tidewater<br>·Wood Group |

* 주: EPCI(Engineering, Procurement, Construction, Installation)는 설계, 조달, 건설, 설치를 의미. 자료: SERI, 전게자료, 2012. 5. 24; SERI, "해양자원 개발의 현재와 미래", SERI경영 노트, 2011. 12. 8, p.7.

## 2) 해양플랜트 산업 규모와 구조

최근 생산되는 유전의 평균 수심은 계속 깊어지고 있는 추세로 석유생산 평균수심은 1960년 100m 이하, 1990년 400m, 2000년 1,000m, 그리고 2011년에는 2,300m 이상이라고 한다.[783] 수심 300m 이상에서는 고정식 설비보다는 부유식 설비가 생산에 필수적이다.[784] 탐사 및 시추 기술 발전에 따라 2000년 이후에는 초심해 개발도 가능해져 2003년 셰브론이 10,011피트(3.05 km) 초심해저 개

---

781) 지식경제부 보도자료, 「해양플랜트 제2의 조선산업으로 키운다!」, 2012. 5. 9; KIOST, 해양플랜트산업지원센터 구축 및 운영계획(안), 2012, 원자료: Douglas-Westwood, 2011. 이 시장은 탐사·설치에서 해체까지 해양플랜트 생애 전주기에 걸친 시장 규모임.
782) 지경부, 전게 보도자료; Adalberto Vallega, *Sustainable Ocean Governance: a Geographical Perspective*, Routledge, London, 2001, p.105
783) 지경부, 상계 보도자료.
784) 안요한, 「세계 부유식 생산설비 시장 전망」, KMI, 『Offshore Business』, 2012. 12. 3, p.3.

발에 성공했고 2008년 이후에는 40,000피트(12.1km)에서 작업이 가능한 시추선이 개발되었다.[785] 세계 원유 시장 중 심해에서 생산되는 것은 2000년 2%에서 2010년에는 8.5%로 늘어났고 2025년에는 13%가 될 것으로 전망된다.[786]

〈표 8-4〉 세계의 해양플랜트 시장 규모

(단위: $억)

| 구분 | 해상플랫폼 | Subsea | URF* | 해상풍력 | 기타 | 전체 |
|---|---|---|---|---|---|---|
| 2010 | 372 | 450 | 479 | 26 | 125 | 1,452 |
| 2015 | 547 | 793 | 737 | 52 | 175 | 2,304 |
| 2020 | 749 | 1,165 | 1,034 | 92 | 235 | 3,275 |
| 2030 | 1,056 | 1,898 | 1,530 | 239 | 315 | 5,039 |
| 비고 | Fixed type, Floating type, 개조시장 포함 | 생산시스템 100억, 프로세싱 10억, 엔지니어링 70억 달러 등 | Umbilicals, Risers & Flowlines | 전체 풍력시장규모는 520억 달러 | 파력, 조력, 해상발전 등 | |

자료: Douglas Westwood, WWEA(World Wind Energy Report 2010) 등
* URF(Umbilicals, Risers & Flowlines) : 생산된 원유와 가스를 해상플랫폼에 이송하는 장비.

〈표 8-5〉 해양플랜트 설치 수심 현황 및 전망

| 구분 | | 500-999 | 1000-1499 | 1500-1999 | 2000-2499 | 2500+ | 계 |
|---|---|---|---|---|---|---|---|
| 기설치 | FPSO | 19(18) | 28(27) | 4(4) | 2(2) | 1(1) | 54 |
| | FPSS | 7(7) | 3(3) | 4(4) | 2(2) | 1(1) | 17 |
| | TLP | 11(10) | 7(7) | 0 | 0 | 0 | 18 |
| | SPAR | 4(4) | 8(8) | 3(3) | 1(1) | 0 | 16 |
| | 계 | 41(39) | 46(44) | 11(10) | 5(5) | 2(2) | 105 |
| 설치예정 | 아프리카 | 4(11) | 6(17) | 4(11) | 1(3) | 0 | 15 |
| | 남아메리카 | 1(3) | 2(6) | 1(3) | 2(6) | 0 | 6 |
| | 북아메리카 | 1(3) | 5(14) | 4(11) | 3(8) | 2(6) | 15 |
| | 계 | 6(17) | 13(36) | 9(25) | 6(17) | 2(6) | 36 |

주): 1) 기설치, 설치예정은 기준 시점 다소 모호함(생산 시작 시점: 2009-2015년까지 다양)
   2) 설치 예정 해양플랜트는 대표적인 사례임.
자료: 박광서 등, 『OSV 시장전망과 국부 창출 연계 방안』, KMI 2012 기본보고서, 2012. 12. 원전: Douglas-Westwood.

우리 정부는 1인당 국민소득 4만 달러 시대를 열고 창조경제 생태계 구축에 기여할 미래 성장 동력 13개 산업을 2014년 2월에 선정했는데 그중에 하나로 해양플랜트가 선정되었다.[787] 특히 산업통산부는 2013년 5월 '해양플랜

---

[785] SERI, 「해양자원 개발의 현재와 미래」, 『SERI 경영노트』, 2011. 12. 8, p.5.
[786] 한국해양수산개발원, 『바다 이야기』, 서울, 2014. 12, p.102.
[787] 조선일보, 2014. 3. 7.

트 산업발전전략'을 발표하고 이어서 100대 전략 기술과 이를 체계적으로 확보하기 위한 기술 로드맵을 밝혔다.788) 해양플랜트산업 발전 전략의 주요 내용으로 해양플랜트를 ①드릴쉽·드릴리그, ②FPSO, ③LNG FPSO·FSRU, ④Subsea·OSV 등 4대 분야로 나누고 개발난이도에 따라 단기(3년 이내, 30개), 중기(5년 이내, 57개), 장기(5년 초과, 14개) 등으로 구분해 200대 전략 기술과제를 선정하였다.

〈표 8-6〉 해양플랜트 발전 전략

| 분야 | 2011 | 2020 | 비고 |
|---|---|---|---|
| 해양플랜트 수주액 | 257억 달러 | 800억 달러 | |
| 기자재 국산화율 | 20% | 50% | |
| 엔지니어링 국내 수행 비율(5) | 40 | 60 | |

자료: KMI, *Offshore Business*, Vol. 9, 2013. 6, p.37.

2010년 현재 해양플랜트는 전 세계에 약 7,500개가 설치되어 있는 것으로 추정되고 있고 고정식이 7,250개로 압도적이나 심해유전 개발이 증가하면서 부유식(250개)이 늘고 있다. 용도별로는 시추용이 약 700개이고 나머지는 생산용으로 추정된다. 지역별로는 멕시코 만에 3,450개, 아태지역에 1,733개, 북해에 630개 등이 설치되어 있고 최근 서아프리카, 브라질 등 남미지역에서도 설치되는 숫자가 빠르게 늘어났다. 해양플랜트 설비 시장은 고유가와 세계 석유 소비량 증대로 신규 유전 개발이 연 6~8%씩 증가하여, 연평균 160억 달러에 달하는 시추설비 10기와 생산설비 20기 등 약 30기의 해양 프로젝트가 매년 발주될 전망이었으나789) 최근 유가 하락으로 이보다는 발주가 줄어들 것으로 전망된다.

국내 해양플랜트 건조 시장을 보면 전체 건조비용의 10~20%를 차지하는 설계 엔지니어링은 전적으로 선진 외국에 의존하고 있는 실정이다. 그동안 국내 대형 조선소들은 전 세계 해양플랜트 발주 물량의 85% 이상을 독식해 왔지만, 기자재는 물론 설계, 검사, 감독까지 외국 인력과 기업에 의존해 전

---

788) KMI, *Offshore Business* Vol. 9, 2013. 6, p.37.
789) NEWSPIM, http://www.newspim.com/view.jsp?newsId=20071111000042 (2011. 6. 7)

체 부가가치의 50% 이상이 국외로 유출되고 있다.[790]

〈표 8-7〉 최고 선진국 대비 우리나라 해양플랜트 기술 수준

| 기술 항목 | 최고 선진국 대비(%) | 비고 |
|---|---|---|
| 설계 및 엔지니어링 | 55 | 최고 선진국: 미국, 노르웨이 |
| 시추시스템 | 10 | 시추선의 핵심 기술 |
| 무인잠수정을 통한 수중작업 | 44~65 | |

자료: 신승식, 「해양플랜트 개발, 선택이 아닌 필수」, 『해양과학기술』 Vol. 5, 한국해양과학기술진흥원(KIMST), 2012 가을호, p.32.

〈그림 8-6〉 우리나라의 해양플랜트 산업 경쟁력

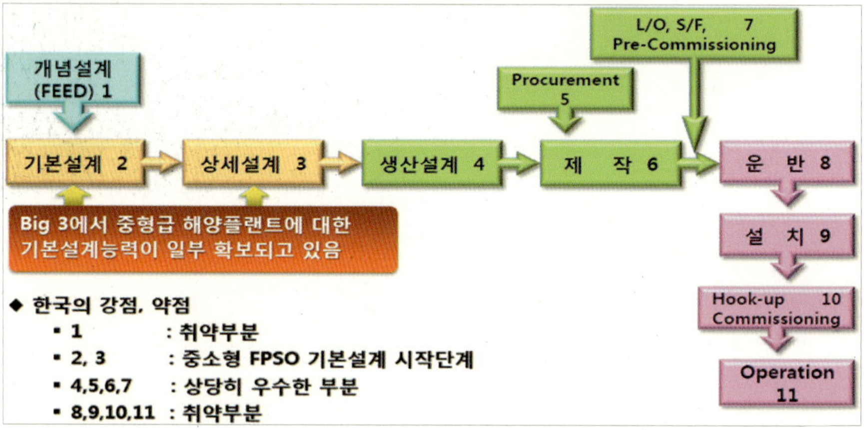

◆ 한국의 강점, 약점
- 1 : 취약부분
- 2, 3 : 중소형 FPSO 기본설계 시작단계
- 4,5,6,7 : 상당히 우수한 부분
- 8,9,10,11 : 취약부분

자료 : KIOST, 해양플랜트산업지원센터 구축 및 운영계획(안), 2012, 원자료: 안충승(2010).

해양플랜트 기자재는 미국·유럽·일본의 장비 메이커 등이 오랫동안 과점해온데다 안전성·신뢰성 기준이 까다롭고 납품 실적이 있어야 발주자인 석유 메이저나 모듈업체 등에 접근할 수 있다. 석유 메이저들이 조선사에 해양플랜트를 발주할 때 특정 기자재·모듈을 쓰도록 옵션을 달거나 인증을 받게 하는 경우도 많다.[791] 특히 고부가가치의 핵심인 핵심 부품은 주로 해외 해양플랜트 발주자가 지정한, 인증된 외제를 이용하므로 국내 기자재 활용률이 20%에 못미쳐 외화가득률이 떨어지고 국내에서의 부가가치가 낮았

---
790) 부산일보, http://wurinet.co.kr/b_news_view.html?code=news_03&no=6577&page=2&s_code=news (2010. 8. 16)
791) 서울경제, 2011. 7. 18.

다. 따라서 조기에 부품 국산화를 위해 주요 핵심 부품의 제조 능력 제고가 시급히 요망된다. 다행히 최근 국내에서도 이 비율을 늘리기 위하여 하동에 해양플랜트 기자재 인증센터를 설립하는 등 국산화 증대에 노력하고 있다.

건조 이후의 운영 등 서비스산업도 해양플랜트 산업 총부가가치 창출액의 약 50%를 차지한다.[792]

〈표 8-8〉 **해양플랜트 산업의 부가가치 창출 비중**

| 구분 | 탐사 | 설계 | 건조 | 운송 | 설치 | 시운전 | 운영&보수 | 기타 |
|---|---|---|---|---|---|---|---|---|
| 비중(%) | 7 | 8 | 35 | 2 | 3 | 1 | 40 | 4 |

주 : 박광서, 해양플랜트 서비스산업 자료, 2012, 원전: 안충승 자문 결과. 2010.

따라서 앞으로 제품을 현장에 맞게 설계할 수 있는 엔지니어링 능력뿐만 아니라 시험용 현장 운용 능력을 키우는 등 설계(엔지니어링)와 운용 부문의 확장이 조속히 이루어져야 전체적인 해양플랜트 산업의 경쟁력이 키워질 것이다.

발해만, 동중국해, 남지나해 등 자주개발 유전이 많은 경쟁국 중국은 정부의 적극적인 지원 아래 대규모 선진업체들과의 제휴 등을 통해 해양플랜트를 설계·제작하고 발 빠르게 기자재를 국산화해 납품 실적을 쌓고 있다. 최근에는 '해양플랜트 제조업 중장기 발전계획(2012)' 등 계획적인 해양플랜트 육성책을 내놓고 있다.[793] 반면 국내에 개발 유전이 없는 우리나라는 훨씬 불리한 여건이다.

이와 같이 중국은 기자재 국산화 작업 촉진책을 추진하고 있고 개발 현장이 많은 브라질은 기술력은 약하나 자국 건조 원칙을 고수하고 있다. 따라서 중국과 브라질은 자국의 개발 현장이 많아 기술 개발 경쟁력이 대단히 빨리 높

---

[792] 탐사·설계를 포함하면 65% 수준. 설치의 경우만 봐도 수심 600m에서는 해저장비 비용:설치 비용이 1:1이지만, 이것이 2,00m, 3,000m가 되면 1:2, 1:3 등으로 변해 설치가 훨씬 더 고부가가치 분야임을 알 수 있어 현재의 제조 위주에서 설치·운용 등 운영 서비스 분야로의 다각화가 요망된다. 실제로 이러한 운영 서비스 분야가 전체 해양플랜트 산업의 60%를 차지하며 설계까지 고려하면 70%를 차지하게 된다. 따라서 이 분야에 대한 전략적인 진입이 요망된다.

[793] 중국은 최근 '해양공정 장비산업 혁신발전전략(2011~2020)에 대한 통지' 계획을 발표하고 향후 10년 간 해양플랜트 산업체들을 지원하기로 결정했다. 중국은 유전과 시추선을 가진 산유국으로 최근에는 시추선 제작에도 발 빠르게 접근하고 있는 토털 오프쇼어 산업국가다. 중국 정부가 집중 지원할 분야는 주력 해양플랜트, 신규 해양플랜트, 유망 해양플랜트 및 핵심 기자재와 시스템 등인 것으로 알려졌다. 특히 중국 정부는 2015년까지 기본적인 해양플랜트 산업의 설계제조 시스템을 개발하고 자체적인 설계 및 건조 기술과 일부 신규 해양플랜트의 제조 기술, 주요 기자재 설비 핵심 기술 등을 확보하고 2020년에는 과학연구개발, 조립 및 제조, 설비 공급, 기술서비스 산업시스템 등을 완성해 국제 수준의 해양플랜트 기업을 육성한다는 방침인 것으로 알려졌다. 파이낸셜뉴스, 2011. 11. 14.

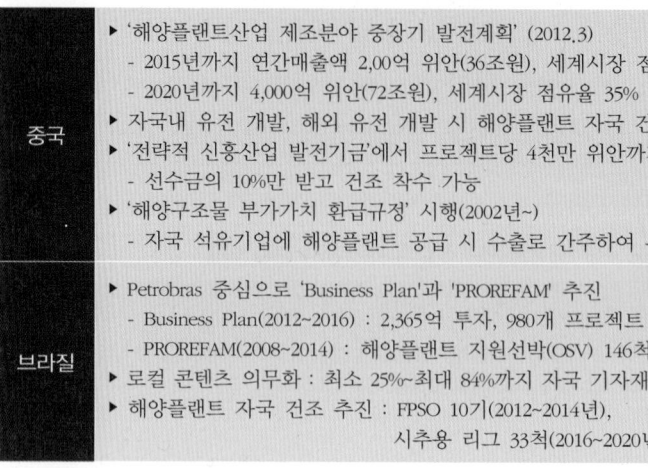

〈표 8-9〉 중국과 브라질의 해양플랜트 산업 육성 전략

| | |
|---|---|
| 중국 | ▶ '해양플랜트산업 제조분야 중장기 발전계획' (2012.3)<br>　- 2015년까지 연간매출액 2,00억 위안(36조원), 세계시장 점유율 20% 달성<br>　- 2020년까지 4,000억 위안(72조원), 세계시장 점유율 35% 확대<br>▶ 자국내 유전 개발, 해외 유전 개발 시 해양플랜트 자국 건조 의무화<br>▶ '전략적 신흥산업 발전기금'에서 프로젝트당 4천만 위안까지 지원<br>　- 선수금의 10%만 받고 건조 착수 가능<br>▶ '해양구조물 부가가치 환급규정' 시행(2002년~)<br>　- 자국 석유기업에 해양플랜트 공급 시 수출로 간주하여 부가세 환급 |
| 브라질 | ▶ Petrobras 중심으로 'Business Plan'과 'PROREFAM' 추진<br>　- Business Plan(2012~2016) : 2,365억 투자, 980개 프로젝트 추진<br>　- PROREFAM(2008~2014) : 해양플랜트 지원선박(OSV) 146척 인도<br>▶ 로컬 콘텐츠 의무화 : 최소 25%~최대 84%까지 자국 기자재와 서비스 사용 의무화<br>▶ 해양플랜트 자국 건조 추진 : FPSO 10기(2012~2014년),<br>　　　　　　　　　　　　　시추용 리그 33척(2016~2020년) |

자료: 박광서, 「국내해양산업 육성전략과 과제」, 항만산업CEO포럼 발표자료, 2012. 11. 23, p.12.

아질 것으로 보인다. 우리나라도 해외 현장을 많이 개발하여 이를 통해 직접 기술을 운용할 수 있는 능력을 조속히 갖추어 경쟁력을 강화해야 할 것이다.

또한 〈표 8-10〉에서 보듯이 우리나라는 현재 해양플랜트 건조에만 치중하는 4번째 계층(Tier4)에 속하여 계층(Tier) 1-3기업들의 발주만 수행하는 구조로 되어 있다. 따라서 앞으로 해양플랜트 주도권을 행사하기 위해서는 FPS 등 해양플랜트 시장에서 실질적인 권한을 행사하는 계층(Tier) 1-3에 진입해야 한다.[794] 특히 자원 개발을 하는 한국석유공사, 한국가스공사나 민간기업인 SK이노베이션 등 국내 기업들과 연합하여 독자적으로 국내외 광구를 개발·운영하여야 할 것이다. 이때에 국내 해양플랜트 제조업과도 연계 진출하여 해양플랜트의 전 과정이 국내 기술과 능력에 의해 이루어지도록 해야 한다. 또한 국내 기업이 해양플랜트를 소유·임대해서 국내 기업들의 자원 개발 현장과 연계하여 운영되도록 해야 한다. 이들 기업이 이런 개발을 통해 유류를 직접 도입하기도 하는데, 2단계 계층(Tier 2)에 속하는 일본의 Modec은 FPSO 임대사업으로 일본 석유 사용량의 20%를 충당하는 일본의 대표적인 해양플랜트 사업자다.[795]

---

794) 안요한, 상게서, p.12.

〈표 8-10〉 해양플랜트 계층별 선도 기업들

| 계층<br>(Tier) | 주 기능 | 선도 기업 | 구성 ||
|---|---|---|---|---|
| | | | 자본 | 기술 |
| 1 | 광구 운영권자 | 석유메이저 및 국가별 광구운영권자<br>(national oil company, NOC) | 대 | 대 |
| 2 | FPS 등 리스업체<br>(설비 보유) | GRM, Modec(17기), bluewater, SBM Offshore(30기), Prosafe(43기) | ↕ | ↕ |
| 3 | EPC 업체 | Technip, Akersolution, KBR, Saipem 등<br>(설계, 조달, 건조) | | |
| 4 | FPS 등 건조사 | 현대중공업, 삼성중공업, 대우조선해양, Keppel, Sino Pacific 등 | | |
| 5 | FPS topside와<br>mooring 시스템<br>공급업자 | ABB, KANFA, EXPRO(이상 Topside sub-contractor),<br>bluewater, SOFEC, GRM(이상 Mooring sub-contractor) | 소 | 소 |

자료: 안요한, 「세계 부유식생산설비 시장 전망」, KMI, 『Offshore Business』, 2012. 12. 3, p.5.

또한 기존 빅4의 조선사들이 설계 엔지니어링(engineering) 부문을 강화하여 계층(Tier) 3 이상에 진입할 수 있어야 할 것이다.

해양플랜트는 생애 전 주기에 걸쳐 오일메이저(IOCs) 중심의 독과점 체제가 형성되어 진입이 매우 어려웠는데 최근에는 브라질, 서아프리카 등 신흥자원부국을 중심으로 국영석유회사(NOCs)들이 급부상하고 있어 이들과의 협력관계도 더욱 중요해지고 있다.

〈표 8-11〉 해양플랜트 시장 전략

| 시장 진입 요구사항 | 세부사업 | 내용 |
|---|---|---|
| Package 단위의 제품 개발 | 연구개발 사업 | 시스템 통합기술, 부품 기술<br>안정화 기술, 요소 기술 |
| 납품 실적 및 안전성 요구 | 시험 평가 인프라 | 통합 구축, 자원 연계 활용 |
| 기술적 서류 및 PQ 요구사항 | 인력 양성 사업 | 상대적 비교 우위 분야 역할 분담 |
| 공급 산업의 연속성(기술 인력) | 기술지원사업 | 지원기관(연구소, 대학)별 전문기술 분야 담당 |
| 기술 신인도 제고 | 국제협력사업 | 지원기관(연구소, 대학) 및 참여 기업별 특화분야 담당 |
| 국제적 A/S망 요구 | 해외마케팅사업 | KOMEA & KOSHIPA 주도, 기자재 업체 및 조선소 참여 |

자료: 지식경제부, 해양플랜트산업 현황과 발전전략(세미나 발표 자료), 2010. 10.

795) 안요한, 상게서, p.13. 1968년 설립, 일본 미쓰이상사의 계열사, FPSO 임대사업으로 일본 석유사용량의 10~20% 충당, 약 2천 명 고용, 2010년 말 기준 총 26기 해양플랜트 보유(2기 건조 중), 2010년 순이익 27억 엔(박광서, 「해양플랜트와 해양플랜트 산업」, KIOST발표 자료, 2012. 11).

〈표 8-12〉 해양플랜트 분야별 세계의 선도 기업들

| 생애 주기 | 선도 기업 |
|---|---|
| 탐사·시추 | Transocean, Saipem, Parker Drilling, PRIDE, ENSCO, NOBLE 등 |
| 설계 | Technip, FMC, Aker Solution, GE Oil&Gas, Cameron 등 |
| 건조 | 현대중공업, 삼성중공업, 대우조선해양, Keppel, Sino Pacific 등 |
| 설치 | McDermott, Technip, FMC, Aker Solution, Cameron, Schlumberger 등 |
| 운영 | Shell, ExxonMobile, BP, Sinopec, CNOC, Petrobras, Modec 등 |
| 기타 | (운송) Dockwise, (부대사업) Tidewater, Burbon 등 |

자료: KIOST, 「해양플랜트산업지원센터 구축 및 운영계획(안)」, 2012.

해양플랜트 수주는 대형 조선업체의 몫으로서 기술력은 물론 이를 제조할 수 있는 능력이 주로 대형업체에만 있다.[796] 중소형 조선업체는 건조 경험이 없기 때문에 작은 해양 프로젝트에도 참여할 수 없는 게 현실이다. 따라서 중소 조선사, 중소기업 등을 부품 개발과 운용 서비스 인력 개발에 참여시켜 대기업과 중소 업체 등의 협업 체제가 이루어지게 해야 한다.[797] 그래야 건전하고 부가가치 높은 해양플랜트 산업이 육성될 것이다.

〈표 8-13〉 선박의 종류와 가격

| 선박의 종류 | 가격(환율 1달러=1050원) |
|---|---|
| 유조선 | 1억 달러(1050억 원) |
| 벌크선 | 5500만 달러(580억 원) |
| 드릴쉽 | 5억~6억 달러(5,200-6,300억 원), 심해나 심한 파도해상의 시추 설비 |
| 반잠수식 시추선 | 7억 달러(7,700억 원 전후), 해상에 떠있는 상태의 시추 설비 |
| 대형 잭업 리그 | 6억 달러(6,600억 원 전후), 해저에 철제 기둥 고정시킨 시추 설비 |
| 컨테이너선 | 1억 달러(1,050억 원) |
| 자동차운반선 | 6,000만 달러(633억 원) |
| LNG선 | 2억 달러(2,100억 원), LNG-FSRU 2억 8000만 달러* |
| FPSO | 5억~20억 달러(5,200억~2조 2,200억 원) |
| 크루즈선 | 17억 달러(1조 8,000억 원) |
| 이지스함 | 9억 달러(9,500억 원) |

자료: 중앙일보, 2011. 7. 19, E14. * 현대중 수주 자료: 한경, 2013. 5. 6; 매경, 2013. 7. 15

796) 해사신문, 2011. 10. 31.
797) SEA&, 2011. 7, p.19.

현재 현대중공업, 삼성중공업, 대우조선해양 등 빅3에서 추진하고 있는 심해 저용 해양구조물, 신개념 LNG 운반선, 드릴쉽, 선박형 해양구조물 등은 대체로 1기당 가격이 5천억 원 대에서 2조 원 대에 육박하는 고부가가치 설비이다. 원유의 대체에너지원으로 확대되고 있는 LNG 운반 선박 또한 국내 조선업계의 전략 사업 중의 하나다. LNG운반선은 천연가스를 액화시켜 운반한 뒤 현지 기화시설에 공급하는 LNG선 뿐만 아니라 LNG를 압축한 뒤 기화시설 없이 바로 공급하는 CNG선 등이 각광받고 있다. 아울러 LNG 수송 목적의 LNG선과 해양구조물 기능이 결합되어 생산·하역·저장이 가능한 LNG-FPSO, LNG-FSRU 등 선박형 해양구조물 또한 국내 조선업계가 계속 개척해야 할 블루오션 분야이다.[798]

〈그림 8-7〉 고부가가치 선박 가운데 하나인 드릴쉽의 모습

자료: 정책 브리핑(http://www.korea.kr/policy/economyView.do?newsId=148715316, 2015. 12. 17), 원전: 지식경제부

[798] 특히 LNG-FPSO는 심해에서 LNG를 직접 추출하고 생산, 액화, 저장한 뒤 LNG선에 액화가스를 곧바로 옮기는 부유식 액화천연가스 생산·저장·하역설비(LNG FPSO)로서 새로운 개념의 해양설비이다. 즉 심해 가스전에서 기체 상태의 가스를 추출하고 이를 액화시켜 FPSO가 직접 LNG선박에 직접 가스를 인도하는 설비다. 그동안 LNG를 생산하기 위해서는 기체 상태의 가스를 인근 육지의 액화설비에 파이프로 이동시킨 뒤, 액화설비가 기체를 액화시킨 다음 LNG선에 인도했다. 문제는 육지의 가스액화설비 건설에만도 2조~3조 원의 투자비용이 들어가는데다 심해 가스전에서는 파이프로 가스를 이동시키기 어려워 생산이 어려웠다. 하지만 LNG FPSO가 건조되면 심해에서 직접 가스를 추출하고 현장에서 LNG선에 인도해 물류비 절감은 물론 액화설비 투자금액을 줄일 수 있게 되어 앞으로는 LNG FPSO의 발주가 이어질 것으로 예상된다.

해저 12km 밑까지 원유 탐사 및 시추가 가능한 석유시추선인 드릴쉽은 고유가 시대에 새로운 성장엔진으로 급부상하였다. 즉 고수심의 해역이나 파도가 심한 해상에서 원유와 가스를 시추할 수 있는 선박 형태의 시추 설비로 선박의 기동성과 심해 시추능력을 겸비함으로써 조선과 해양플랜트 기술이 복합된 고기술의 고부가가치 선박이다. 현재 전체 드릴 장비는 주로 천해용이 주류를 이루고 이 중 심해용은 9.0%(2010)이나 2015년에는 25%로 증가가 예상되었다.[799]

위에서 언급된 각종 해양플랜트 건조 사업 이외에도 각종 해양 개발 관련 장비를 임대해 주는 장비임대업도 육성해야 할 분야이다. 이에는 우리가 제조에서 강점을 갖는 드릴쉽, FPSO, FPSU 등과 해양플랜트 지원선(OSV) 등도 있어 이들의 제조와 임대·운용·해체를 잘 연계할 수 있는 방안을 강구하여 진출해야 할 것이다. 이를 종합적으로 검토해 보면 〈표 8-14〉와 같다.

〈표 8-14〉 해양플랜트 관련 장비 임대 사업 평가

| 임대 사업명 | | 사업 개요 | 해외 동향 | 국내 여건 | 우선 검토대상 지역 |
|---|---|---|---|---|---|
| FPSO | | 중고 유조선을 개조한 임대 | 세계 총 186척 운영중 | 세계 1위의 건조 기술, 중소조선소도 개조 능력 보유 | 동남아, 브라질, 서아프리카 |
| FRSU | | 부유식 액화천연가스 저장·재기화 설비인 FRSU를 국내 발주하여 직접 운영하는 사업 | 세계 14척의 장비가 10여 곳에서 운영 중 | 건조는 우리나라 기술력 확고(전 세계 수주잔량 5척 전량 확보) | 동남아, 중동, 호주, 서아프리카 |
| Drill ship | | 시추용 드릴쉽 운영 | 전 세계 49기(2010)에서 86기(2014)로 증가 예상 | 국내 반잠수식 시추선 두성호 운영, 전 세계 107공(2011말) 시추 실적 | 동·서 아프리카, 브라질, 동남아 |
| 해양플랜트 | 운송 사업 | 해양플랜트 등 초중량물 운송사업 진입 | Dockwise 등 소수 선도기업 독과점 | 일반 해상운송은 경험 풍부, 그러나 프로젝트 참여 실적 전무 | 한국, 동남아 |
| | 해체 사업 | 해양플랜트(플랫폼, 해저설비 등) 해체 시장 진출 | 1990년 이후 본격화, 아태지역 2.5%만 철거로 시장 수요 풍부 | 해체 실적 및 경험 전무 | 동남아, 북해 |
| | 부대 사업 | 해양플랜트 지원선(OSV)를 통한 서비스 제공 사업 | 전 세계 7,000여 척 운영 중, 2016년까지 세계시장 770억 달러 예상 | 건조는 중소선사 실적, 일부 운영 사업 진출중 | 동남아, 북해, 브라질 |

자료: 다음의 내용을 필자가 요약함: 국토해양부, 해양플랜트 서비스산업 육성을 위한 선도사업 추진 방안(안), 2012. 10; 안요한, 「해양플랜트 서비스산업 활성화 방안」, KMI 제4차 해양수산비전 포럼, 2012. 10. 31.

---

[799] 유기준, 전게서, pp.52-60.

또한 현재 해빙이 빨라지고 있는 극지 자원 개발의 필요성이 더욱 높아져 쇄빙 선박과 빙해 구조물의 수요 증가도 예상되어 이에 대한 대비도 필요하다.[800]

〈표 8-15〉 조선소 극지용 선박 개발 현황

| 조선소 | 사업 추진 내용 |
|---|---|
| 현대중공업 | -세계 최대 규모 쇄빙상선 개발<br>-북극해 유전 개발 해양플랜트 수주 |
| 삼성중공업 | -세계 최초 쇄빙유조선 건조<br>-극지용 드릴십 수주 강화 |
| 대우조선해양 | -LNG선 극지 운항 인증 및 야말 LNG선 발주<br>-극동 지역에 극지용 해양플랜트 기지 건설 |
| STX조선 | -세계 최초 쇄빙컨테이너선, 쇄빙LNG선 개발<br>-러시아 국영조선소와 조인트벤처 설립 |

자료: 매일경제, 2012. 7. 19.

이외에 미국과 유럽 국가 등은 오일메이저들과 제휴하여 심해저 광물자원 개발과 조류 및 조력, 해상풍력 발전설비 등 재생가능 에너지원을 활용한 해상 발전설비에 대해서도 시험 설비를 설치하는 등 적극 개발에 나서고 있다.

## 2. 기타 해양기장비 개발

### 1) 조사연구용 잠수정 및 조사선

해양연구용 잠수정은 군사용 잠수함에 비해 크기나 속도에서는 그에 미치지 못하지만, 바닷속을 탐사하며 연구나 석유오일 탐사, 해저 광케이블 매설 등에 특화되어 활용되는 장비다. 잠수정은 다음 표에서처럼 유인과 무인용으로 나뉘며 용도도 다소 상이하다.

---

800) 유기준, 전게서, p.37.

〈표 8-16〉 ROV 및 AUV 현황과 전망

| 구분 | | 용도 | 세계 보유/<br>현 시장 | 미래 전망 | 비고 |
|---|---|---|---|---|---|
| 유인잠수정<br>(DSV) | | 해저 탐사 | 5개 국<br>(미, 불, 중, 러, 일) | 심해저 광물 및<br>생물자원 탐사 | Deep<br>Submergence<br>Vehicle) |
| 무인<br>잠수정 | 원격제어<br>무인잠수정<br>혹은<br>해저무인탐사기<br>(ROV) | -모선과 케이블 연결하여<br>원격 조정·활용<br>-석유·가스산업 활용 | -747개<br>(Oceaneering 241개<br>등 21사 보유)<br>-9.76억 달러 시장<br>(2011) | -15.46억 달러<br>예상(2015), 221<br>개 추가<br>필요 예상 | 개발국:<br>프랑스, 일본, 영<br>국, 미국, 독일, 중<br>국, 인도 등 |
| | 무인<br>자율잠수정<br>(AUV) | -컴퓨터,동력원 자체 내장:<br>자체적으로 활동<br>-주로 연구, 군사 목적 | -550여개(2012),<br>연구, 군사목적(89%),<br>상업적 이용(11%) | 930개(2016)로<br>증가 | 향후 성장률<br>연구:12%, 군사:8%,<br>상업:11%<br>-개발국:미국,일본,독<br>일,호주,영국,인도네<br>시아,아이슬란드 등 |

자료: KMI, 『해양산업동향』 제72호, 2012. 8. 28, p.5.

　해양 연구를 위한 원격제어 무인잠수정(일명 잠수로봇 ROV, Remotely Operated Vehicle)은 1970년대부터 개발되기 시작하였다. 2011년 현재 전 세계적으로 470개 정도의 ROV가 있다.[801] 그 가운데 해양 연구에 사용되고 있는 것은 30대 정도이고 이 중에서도 12대만이 4,000m 이상을 잠수할 수 있다.[802] 특히 해저 석유 개발이 심해로 이행하면서 잠수정의 중요성이 더욱 높아지고 있다. 영국 DW사는 해저 설비 시장은 연간 250억 달러이고, 원격제어 무인잠수정(로봇)인 ROV[803] 및 해저 무인자율잠수정인 AUV[804] 등 심해 탐사

---

801) 한국해양수산개발원, 『바다 이야기』, 서울, 2014. 12, p.175.
802) 이 중 프랑스, 영국, 한국(해미래 6000), 노르웨이, 포르투갈, 러시아, 일본, 한국, 캐나다, 호주, 미국은 수심 6,000m 이상 잠수할 수 있는 ROV를 확보하고 있다. 사라 치룰 저/김미화 역, 전게서, p.43.
803) 한국해양과학기술진흥원(KIMST), 전게서(중간보고서), 2011. 6, p.97. 원격제어 무인잠수정(ROV, Remotely operated underwater vehicle), AUV: Autonomous underwater vehicle. ROV는 매년 5억 달러씩 증가하여 2015년에 40억 달러, AUV는 2015년에 23억 달러에 이를 것으로 추정(SEA&, 2011. 7, p.21, 서주노의 글). 박광서는 Douglas-Westwood의 「World ROV Market Forecast 2011-2015」에서 ROV 시장이 향후 5년간 급속도로 성장할 전망으로 ROV에 대한 연간 총 자본지출 규모가 2010년 8억 9,100만 달러에서 2015년 16억 9,200만 달러로 약 2배 성장할 것이라고 전망(「수중작업용 ROV, 2015년 시장 규모 약17억 달러 전망」, KMI, 『해양산업동향』, 2011. 12. 13, p.7).
804) 한국해양과학기술진흥원(KIMST), 전게서(중간보고서), 2011. 6, p.97. AUV: Autonomous underwater vehicle. AUV는 2015년에 23억 달러에 이를 것으로 추정하기도 한다(자료: SEA&, 2011. 7, p.21, 서주노 박사의 글). 2004년에 발간된 Douglas Westwood의 보고서에 따르면 당시 92대의 AUV가 있었으나, 최근 출간된 보고서에 따르면 현재까지 약 560대의 AUV가 제작되었고, 2016년까지 370대가 추가 가동될 것으로 예측된다. AUV는 그동안 연평균 약 50대 정도 제작되었으나, 2012~2016년 동안 2배 확대된 연간 100대의 생산량을 달성할 것이며 5년 후에는 약 930대의 AUV가 운영될 것으로 전망. 또 Douglas Westwood 사의 John Westwood 회장은 "방위비 삭감 추세와 더불어 함대의 축소 및

및 작업용 장비 시장을 2010년 현재 연간 20억 달러 규모로 추정하고 2020년에는 37억 달러에 이를 것으로 예측하고 있다.[805]

해저 30m 이상의 수중에서 해양플랜트, 자원 탐사, 해저터널 공사, 해저케이블 매설 등 수중 시공 사업에 주로 쓰이는 원격제어 무인잠수정(ROV) 시장은 크게 성장할 전망이다. 2013년 발표된 Douglas-Westwood사의 보고서에 따르면, 향후 5년간 세계 ROV 운영 시장 규모가 약 97억 달러에 달할 전망으로 이는 직전 5년 지출 규모(54억 달러) 대비 약 80%나 증가한 것이다.[806] 운영사들이 해저유전 개발 시 수익성과 효율성을 중시함에 따라 새로운 기술과 공정을 효과적으로 수행할 수 있는 세계적인 수준의 ROV에 대한 수요가 증가할 전망이다. 특히 유전 개발이 심해로 이동함에 따라 세계 수준의 ROV 수요가 발생하고, 이는 다시 제작사로 하여금 고도로 특화된 ROV 개발을 유도하고 있다.[807]

〈표 8-17〉 수중건설 로봇(ROV) 종류

| 구분 | 용도 |
| --- | --- |
| 유영식 경작업용 ROV | 연결나사 조립, 용접 등 간단한 작업을 하며 수중 구조물을 유지·보수 |
| 유영식 중작업용 ROV | 해저케이블 매설, 수중 구조물 설치 |
| 트랙기반 ROV | 비교적 단단한 지반조건에서 파이프라인 등 중작업보다 더 어려운 작업 |

자료: KIOST, 「R&D」 제10호, 2014. 8, p.5.

주로 군사용, 과학용으로 사용되는 AUV는 2010년에서 2019년까지 10년간 23억 달러의 매출을 올릴 것으로 전망되고 있다.[808] 이러한 무인잠수정을 포함하는 광의의 수중 로봇은 해저 지질 탐사, 해저 자원 개발, 해양바이오 개발, 풍력·조력·원자력발전소, 첨단 시공, 해양플랜트 등 많은 분야에서 활

---

성능 향상, 비전형적인 임무의 증가 등은 군사 및 조사용 AUV와 같은 무인 시스템에 엄청난 수요를 가져왔다"고 말하며, "2012년 이후 해양 신재생에너지 생산 프로젝트의 실해역 조사, 해양 석유·가스 FEED(Front End Engineering Design) 시스템 등 AUV의 새로운 응용 분야 부상 전망(『KMI해양산업동향 전망』 제161호, 2012. 3. 27, p.6).

[805] 한국해양과학기술진흥원(KIMST), 전게서, 2011. 10, pp.203-205. 2014년도 ROV 및 AUV 세계시장 규모는 12억 달러, 45억 달러로 추정되며 2019년까지 연평균 성장률이 20%와 32%로 빠르게 시장이 확대될 전망이라고 한다(한국해양과학기술진흥원, 『Ocean Insight』, 2015. 1, p.3).
[806] 원전: Douglas-Westwood, *World ROV Operations Market Forecast 2013-2017*, 2013.10, 재인용: KMI, 『Offshore Business』 Vol. 14, 2013. 11. 1, p.15.
[807] *Ibid*.
[808] 한국해양과학기술진흥원(KIMST), 전게서(중간보고서), 2011. 6, p.97.

용되는데809) 특히 해양 석유·가스 산업이 가장 큰 상업적 이용 분야이다. 수중 로봇은 둘로 나뉘는데 먼저, 유영식 ROV 기반 로봇은 수중 용접, 수중 구조물 설치 등 다양한 수중 작업이 가능하고, 트랙기반 로봇은 해상 풍력발전, CCS, 해양플랜트 등 해양구조물 시공 시 기반 조성 및 케이블 매설 작업이 가능하다.810)

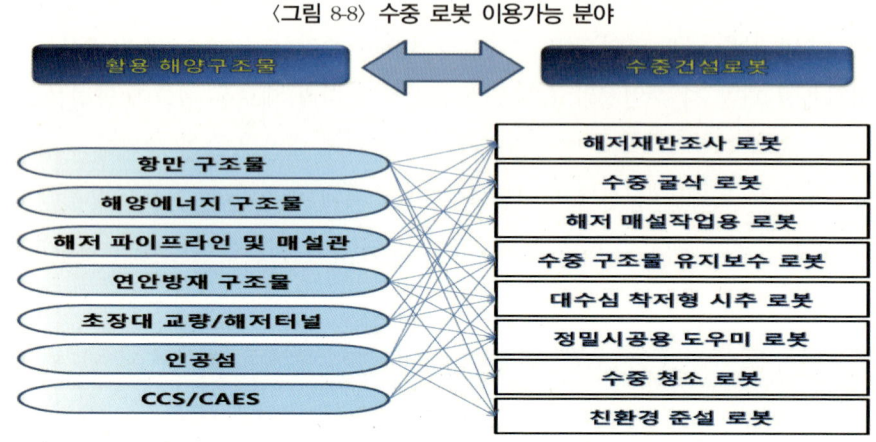

〈그림 8-8〉 수중 로봇 이용가능 분야

자료: 한국해양과학기술진흥원(KIMST), 『해양과학기술』 Vol. 1, 2011. 10, p.48.

해양 로봇은 영국의 선박 청소 로봇 및 대형케이블 설치(UMC사, SMD사) 로봇, 일본의 북극 빙산 탐사 로봇(우라시마Ⅱ) 등 미국, 영국, 독일, 스웨덴, 노르웨이, 일본 등에서 개발에 열을 올리고 있다. 국내에서는 서울대(항법 연구용 SUUV-1), 창원대(수중 항만공사용 로봇), 국방연구소(AUV, UUV자율 시뮬레이터), 생산기술연구원(수질환경 모니터링 로봇물고기) 등의 연구가 있다.811) 2010년 3월에 일어난 천안함 사태 시 수색·인양 작업과 2012년 4월 13일에 북한이 발사한 은하 3호 로켓 잔해 인양 작업 등에 국내 기술로 제작된 무인자율잠수정(AUV)이 투입되는 등 다양한 수요 가능성도 있어 주목된다.812)

---

809) SEA&, 2011. 7, p.21.
810) 한국해양수산개발원, 『바다 이야기』, 서울, 2014. 12, p.176.
811) Ibid.
812) 동아일보, 2012. 4. 16.

<그림 8-9> 중국 유인 잠수정 자오룽(蛟龍)

자료: 한중해양공동연구센터(KCJORC), 2013. 4. 26, 출처: 중국해양보

    선진국의 과학조사용 유인잠수정 보유는 국가의 종합 해양과학기술 능력을 나타내고 선진 해양과학기술의 보유를 의미한다. 벨기에 피카르 교수가 바티스카프호로 1954년에 해저 4,000m를 탐사하였고, 미국은 과학자 2인이 1960년 트리에스테 2호를 타고 세계 최고 수심인 11,022m 잠수에 성공한 이래[813] 1964년 4,500m급 앨빈호를 만들어 스페인 해저의 수소폭탄 회수(1968), 열수광상 발견(1979), 타이타닉호 발견(1985) 등에 투입되었다. 2013년에는 이를 개량한 6,500m급 앨빈 2호를 만들었다.[814] 이외에 프랑스(6,000m, 노틸호), 러시아(6,000m, 미르 1,2호), 일본(신카이 6500, 1989) 등의 국가에서 5척의 과학조사용 유인잠수정을 성공적으로 개발하였다. 대개 이들 유인잠수정의 탐사 범위는 대륙붕, 해산, 해령, 화산분출구 및 6,500m까지의 해저를 포함하고 있다. 지구상에서 수심이 6,500m를 넘는 바다는 2% 이내에 불과하기 때문이다. 이들 4개국 외에 중국은 최근 독자적으로 개발한 '자오룽(蛟龍)'을 이용,

---

813) Tom Garrison/강효진 등 역, 『해양학(Oceanography)』, ㈜시그마프레스, 서울, 2002. 1월, p.108.
814) 미국은 앨빈2호를 머리에 트럭을 이고 있는 듯한 수압을 견디기 위해 통구조 모양으로 이음매 없이 두들겨 만든 특수합금으로 만들었고, 앨빈2호는 선장 1인, 과학자 2인 등 3인이 탑승하여 12시간 정도(앨빈호 10시간) 운항 가능하다. 중앙일보 2011. 12. 5: 사라 치룰 저, 김미화역, 『심해전쟁(Der Kamp Um Die Tief Zee)』, p.41). 한국해양수산개발원, 『바다 이야기』, 서울, 2014. 12, p.171.

전 세계 바다의 99.8%를 잠수하여 탐사할 수 있는 실력을 보유하기 위하여 2012년 6월, 12월 태평양 7,000여m 깊이까지 들어가 탐사에 성공했다.[815] 이를 건조한 중국선박중공그룹은 '자오룽'의 연구개발 경험을 토대로, 보다 더 얕은 해역에서 작업할 수 있는 유인잠수정 및 10,000m급 유인잠수정을 다시 개발할 계획이다.[816]

〈표 8-18〉 유인 잠수정의 발전 현황

| | 명칭 | 국가/개발년도/ | 운항 실적 등 | 비고 |
|---|---|---|---|---|
| 재래식 | 바티스카프 호 (FNRS 시리즈) | 벨기에 피카르 교수 | 2,100m(1953), 4,050m(1954) | 트리에스테 1호로 발전 |
| | 트리에스테 2호 | 미국 해군연구소에서 트리에스테 1호를 구입하여 발전시킴 | 10,916m(1960) 잠수 성공 | 세계 최고 수심 잠수 |
| 현대식 (4,500 이상급) | 앨빈 1호 | 미국/1964 | 4,500m 잠수 가능, 5,000여회 심해 잠수 운항 | 10시간 운항 가능, 새로이 2호 건조중 |
| | 신카이 6500 | 일본/1989 | 6,492m 잠수 기록, 1,200여 차례 잠수 실적 | 기존 신카이2000 개조 |
| | 미르호 | 러시아/1987 | 6,000m 잠수가능, | 20여 시간 추가 보급없이 활동 가능 |
| | 노틸호 | 프랑스/1984 | 6,000m 잠수가능, | 최장 5시간 잠항 가능 |
| | 자오룽호 | 중국/2011 | 2012년 6월 7,062m 잠수 | 현대식 유인잠수정 중 세계 최고 수심 잠수 |

자료: 전승민, 「심해잠수정 얼마나 깊이 내려가야 하나?」, 『해양과학기술』 Vol. 5, 한국해양과학기술진흥원(KIMST), 2012 가을, pp.6-9; 한국일보, 2016. 1. 28. 모두 3인 탑승(조종사 1, 과학자 2).

이들 선진 해양국가들은 현재 심해 유인잠수정을 통해 지질, 지구화학, 지구물리 및 해양생물 등의 다양한 분야에서 많은 성과를 얻고 있다. 우리나라의 경우 현재 6,000m급 원격제어 무인잠수정(ROV) '해미래'(2006) 및 AUV '이심이'(2010)를 보유하고 있으나 향후 태평양의 심해저광구나 열수광상 탐사 등 심해저 개발을 위해 2022년 완성을 목표로 6,000급 심해저 유인잠수정 개발을 위한 R&D에 착수하였다.[817]

---

[815] 한중해양과학연구센터, 뉴스레터, 2012. 7. 20.
 http://www.widechina.net/bbs/view.php?id=network&no=3643 (2011. 8. 10). 중국이 2010년 3,000m에 이어 2011년 4,027m, 그리고 2012년 6월, 12월에는 각각 7,015m, 7,062m 해저에 유인잠수정을 보냈다고 한다. 중국의 대양협회, 중선(中船)중공업그룹 등 100여 개 기업이 공동 개발하였다고 함.
[816] 한중해양과학연구센터, 『뉴스레터』, 2014. 3. 7.
[817] 한국해양과학기술진흥원(KIMST), 『Ocean Insight』, 2015. 1, p.3; 한국일보, 2016. 1. 28.

선진국의 경우에는 원격제어 무인잠수정(ROV) 등을 탑재한 대양 종합 해양탐사가 가능한 대형 해양탐사선을 〈표 8-19〉와 같이 운영 중이다. 최근 미국은 극지탐사선 시쿨리아크 호(3,600톤, 45일간 운항 가능, 1m 쇄빙 가능, 알래스카대 관리, 26명 탑승, 북극 등 국제공동연구), 닐암스트롱 호(3,200톤, 40일간 운항 가능, 24명 탑승, 대서양 등 생태계 및 기후변화 연구) 등을 운영하기 시작하였고, 독일은 새로운 해양탐사선 '조네' 호(태양을 의미, 8,500톤, 40명 탑승, 태평양 및 인도양 해양생태계 및 자원 탐사 연구)를 취항시켜 운항 중이다.[818] 최근에는 중국도 이에 가세하여 2008년 스엔1호(實驗1호), 하이양6호(海洋6호) 등 해양탐사선을 건조한 데 이어 4,864톤급 커쉐호(과학호, 2011)를 건조하였다.[819] 우리나라도 최근 총 톤수 5,900톤급 해양과학조사선 이사부호를 2016년 취항시켜, 기존의 온누리호(1992년 건조, 1,422톤)를 대체함으로써 본격적인 대양탐사 시대가 개막될 것으로 기대된다.

〈표 8-19〉 세계의 주요 해양탐사선 제원 비교

| 구분 | 노르웨이<br>G.O. SARS | 독일<br>MARIA S.M ERIAN | 영국<br>JAMES COOK | 인도<br>SAGAR NIDHI | 한국<br>온누리호 |
|---|---|---|---|---|---|
| 주요 기능 | 종합탐사 | 고위도탐사 | 종합탐사 | 종합탐사 | 종합탐사 |
| 건조 년도 | 2003 | 2005 | 2006 | 2006 | 1992 |
| 총 톤수 | 4,000 | 5,300 | 5,300 | 5,000 | 1422 |
| 추진 방식 | 전기 | 전기 | 전기 | 전기 | |
| 주요 장비 | ROV AGLANTHA | 수중 촬영 | ROV | ROV | |
| 데이터 처리 | 가능 | 가능 | 가능 | 가능 | |

자료: (사)해양산업협회, SEA&, 2012. 1월호(Vol. 55호), p.29.

최근에는 억만장자들이 심해 탐사에 관심을 가져 영국의 억만장자인 리차드 브랜슨이 버진 그룹의 'Virgin Oceanic' 프로젝트에서 탄소 섬유와 티타늄 등 특수소재를 사용하여 개발한 1인용 잠수함(딥플라이트 챌린저호, 모선 포함 1,700만 달러)으로 분당 약 100m 속도로 약 1만 1천m 이상의 해저인 태평양 마리아나 해구 등 각 대양의 심해를 잠항하며 탐사할 계획이라고 한

---
818) 전게서, p.4.
819) 중국은 2020년까지 15척 이상의 해양과학탐사선대를 확보하고 4,000-6,000톤급 조사선 3척의 운영 계획에 따라 노후선박 교체, 신규첨단 조사선 건조에 박차를 가하며, 커쉐호는 영국의 제임스 쿡 호나 노르웨이의 G.O. SARS호를 모델로 함. (사)해양산업협회, 『SEA&』, 2012. 1월호(Vol. 55호), pp. 28-29.

다.820) 또한 2012년 3월 25일 영화 '타이타닉'과 '아바타'로 유명한 제임스 카메론 감독이 훨씬 진보된 기술로 심해잠수정($700만~800만)을 제작해 마리아나 해구의 가장 깊은 수심을 자랑하는 '챌린저 딥'까지 내려갔던 것으로 알려지고 있다.821)

〈그림 8-10〉 10,908m까지 내려간 카메론 감독의 딥씨 챌린저호 모습

주: http://fishillust.com/silent_world_9_3 (2016. 2. 20), 원전: AP 뉴스.

최근에는 미국의 잠수정 회사인 트라이튼 서브머린사가 세계에서 가장 깊은 바다인 마리아나 해저 1만 800m까지 내려갈 수 있는, 기존의 합성 유리보다 강력한 붕규산 유리를 활용하여 돔형의 일체형 유리를 사용한 3인용 상업 유인 잠수정 기술을 개발했다.822) 현재 설계 단계에 있는 트라이튼 36000은 조종사와 승객 2명 등 3명이 탈 수 있게 제작된다. 구글의 슈미트 회장도 잠수정 '딥서치(Deepsearch)'(4,000만 달러) 개발에 재정을 후원하고 있다고 한다.823)

---

820) 남성현, 『바다에서 희망을 보다』, 이담, 2012, p.105. 딥플라이트 챌린저호, 모선 포함 1,700만 달러 분당 약 100미터 속도 허용.
821) YTN, http://www.yonhapnews.co.kr/bulletin/2012/03/26/0200000000AKR20120326025600009.HTML?did=1179m (2012. 3. 26)
822) http://bbs1.agora.media.daum.net/gaia/do/debate/read?articleId=4318248&bbsId=D003 (2013. 1. 4). 원전: 디스커버리 뉴스. 대당 가격은 $1,500만이라고 한다.
823) 동아일보, 2011. 8. 3.

## 2) 위그선

구소련에서 처음 개발한 위그선(WIG船) 또는 지면 효과익선(Wing In Ground effect ship)은 비행기를 닮은 모양에, 바다 위를 5m 정도 떠서 고속으로 이동할 수 있는 항공기형의 선박이다. 1990년대 후반 국제해사기구(IMO)에 의해 선박으로 분류되었는데 국제해사기구는 바다에서 고도 150m 이하로 움직이는 기기를 모두 선박으로 분류하기 때문이다.[824]

〈그림 8-11〉 C&S AMT社(좌) 및 윙쉽테크놀로지(50인승)가 개발한 위그선(우)

자료: 국토교통부(http://www.mltm.go.kr/USR/policyData/m_34681/dtl.jsp?id=1856, 좌, 2015. 12. 17), 우: 윙쉽테크놀로지 제공)

국내에서는 과거 국토해양부 자금으로 당시 한국해양연구원(KORDI)에서 위그선의 연구개발이 이루어졌다. 이 연구진들이 최근 '윙쉽테크놀로지'라는 업체를 만들어 군산 지역에서 50인승 위그선을 개발 중이다. 또한 경남의 C&S AMT에서는 5인승 위그선을 개발 완료하고 현재 8인승을 개발 중이다. 이 업체는 최근 인도네시아에서 시연회를 갖는 등 마케팅을 적극 추진해 미국 수출 계약 성사 등 각국과의 마케팅이 진행 중이라고 한다.[825] 현재는 여객용이 우선 개발되고 있으나 앞으로 화물 위그선 연구개발도 진행되고 있다. 최근에 윙쉽테크놀로지가 개발한 50인승 위그선이 군산-제주 등 10여개 노선에 취항을 준비하여 왔으나 아직 안전관리 문제 해결과 테스트 운항실적 미흡 등으로 크게 진전되지는 못하고 있다.

---

824) Daum백과사전.
825) 해사신문, 2012. 4. 11.

## 3. 연안공간 이용 및 개발 사업

### 1) 대규모 해양공간 이용 시설

앞에서는 주로 산업용 해양구조물을 보았으나 인구의 증가와 생활수준 향상으로 인하여 연안공간 자원이 부족해짐에 따라 초대형 해상구조물을 통해 부족한 공간 자원을 확보하는 방안도 고려되고 있다. 이러한 초대형 해상구조물은 기존 매립식에 비하여 경제적이고 환경친화적인 해양공간을 창출할 수 있으며 국내 산업 및 도시 입지난을 해소할 수 있는 수단으로도 활용된다. 현재 일본에서는 해상공항이나 에너지 저장기지, 해상 레저타운 등으로 활용하기 위해 1995년부터 길이 1km의 해상구조물인 Mega-Float의 개발을 추진하였고 2001년 중형비행기의 이착륙실험도 이루어졌다.[826] 미국은 1997년부터 초대형 반잠수식·이동식 해상기지(Mobile Offshore Base)에 대한 연구를 진행하고 있다.[827] 우리나라에서도 부산 신공항을 VLFS(Very Large Floating Structure) 방식으로 건설하자는 제안이 나온 바 있다.[828]

〈그림 8-12〉 동경만 해상공항용 1,000m 메가플로트

자료: 일본 국토교통부, http://www.mlit.go.jp/english/maritime/mega_float.html (2015. 12. 22)

---

826) 일본해양정책연구재단/김연빈 역, 전게서, p.118. 일본은 1995년부터 연구개발에 2000억 원을 투자해 1,000㎡ 규모 비행장을 건조하는 메가플로트 프로젝트를 수행하고 있다고 한다(오임상, 「해양플랜트, 왜 머뭇거리나」, 매일경제, 2012. 11. 29).
827) 미국은 1997년부터 반잠수식·이동식 해상기지(Mobile Offshore Base)를 개발하고 있음(오임상, 상게 신문).
828) 연합뉴스, 2010. 12. 21.

초대형 해상구조물 설치 추진과 관련된 국내 사례로서, 대우조선해양이 한국남부발전과 해외 부유식 화력발전소(BMPP, Barge Mounted Power Plant) 구축 사업을 위한 공동 협력 양해각서(MOU)를 체결한 사실이 있다.[829] BMPP는 복합화력발전소를 바지선 위에 제작하는 신개념 플랜트이다. 생산, 건설, 관리가 용이한 조선소에서 플랜트 제작을 끝낸 뒤 이를 해상으로 운송해 현장 설치와 시운전을 거치게 된다. 해외 육상플랜트 건설에 비해 품질과 납기를 개선할 수 있는 장점이 있고, 플랜트 제작이 완료된 상태에서 운송하기 때문에 전력망 연결이 어려운 동남아시아 등 도서지역에서 탄력적 운용이 가능하다. 또 기동성을 활용하여 노후화 등으로 인해 기존 발전소를 폐기하고 신규 플랜트를 건설할 때 발생하는 단기적인 전력 공백을 메울 수 있다. 해상에서 운용되기 때문에 주민 반대와 테러 위험 등으로부터 상대적으로 자유로운 편이다.

〈그림 8-13〉 대우해양조선이 추진하는 부유식 화력발전소 조감도

자료: ㈜대우조선해양 제공

## 2) 해양주거 및 관광시설[830]

사람들은 바다에서 살고 싶어 한다. 예로부터 인간은 주로 물과 식량이 풍부한 바닷가에 살았으며 기술이 발전하면서 바다 위에 집을 지었고 이제는

---

829) 매일경제, 2013. 6. 3.
830) 본 내용 중 일부는 다음 서적 참조: 김성귀 『해양관광론』(개정판), 2013, pp.78-121.

바닷속에도 집을 짓는다. 미국 시애틀에는 해상의 부두 창고 등을 이용한 해상 주거 건물이 있고, 영국에는 바다 위에 극장 콘서트홀 등이 있으며, 동남아 해변리조트에는 호텔 방들이 바다 위에 떠 있다. 인도양의 몰디브와 이스라엘 홍해에는 해저에 고급 레스토랑이 있고, 미국 플로리다와 남태평양 피지의 바다 속에도 호텔이 있다.

미국 플로리다의 키 라르고(Key Largo) 지역 해중에는 과거에 실험실로 이용되던 해중 시설을 호텔로 개조하여 10m 해중에 설치한 Jules Under Sea Lodge라는 해중호텔이 있다.[831] 이 해중 시설은 두 개의 침실, 두 개의 화장실을 갖는 600 평방피트(16.7평) 정도의 스위트룸으로 구성되어 있다.

〈그림 8-14〉 호주 그레이트배리어리프 지역의 해중호텔 계획도

자료: http://www.ausbt.com.au/photos-underwater-hotel-casino-concept-for-great-barrier-reef (2014. 3. 28)

이외에 바하마의 유레테라(Elethera) 섬에 2006년 개설된 포세이돈 해중리조트는 50피트(15미터) 해저에서 물고기와 함께 5성급 호텔에서 잘 수 있는 기회를 주기 위해 시도되었다.[832] 포세이돈 해중리조트는 해중을 들여다 볼 수 있게 아크릴로 선저 창을 부착한 550평방피트(15.3평)의 룸으로 구성되며 터널 형식의 육상 리셉션데스크로부터 들어갈 수 있다. 각 방들은 자쿠치(Jacuzzi, 물치료 시설)들이 부착되어 있다. 이외에 감압실을 겸한 해중 레스토랑이 있어 고기가 헤엄치거나 바위에 서식하는 조개류를 눈앞에서 가까이 보면서 식사를 할 수 있는 구상도 시도되고 있다.[833]

---

831) Boating, Sept. 2005, p.109.
832) *Ibid.*

〈그림 8-15〉 세계적인 해저 레스토랑들

6m 해저 Ithaa 레스토랑(몰디브)

7m 해저 The Red Sea Star 레스토랑(이스라엘)

자료: 김성귀, 『해양관광론』(개정판), 2013, p.120.

　세계적으로 해저에 레스토랑이 운영되는 곳은 몰디브와 이스라엘 등 2개소가 있다. 이 가운데 몰디브의 진주라는 뜻의 이타 해저 레스토랑(Ithaa Underwater Restaurant)이 운영 중인데 바다 속 깊이 6m에 위치하고 두께 12.5cm의 투명 아크릴판으로 지붕과 벽을 만들어 270도 각도에서 해저 전망이 가능토록 되어 있다. 최근 국내에서도 휴가철에 해상에 거주하면서 낚시 등 해상 관광을 즐길 수 있는 다목적 해상 주거관광 시설이 지역적으로 개발되어 많이 이용되고 있다.

〈그림 8-16〉 국내의 다양한 해상 펜션

자료 : 각 시군 홈페이지.

833) 정석중 외, 『해양관광론』, 2004, p.275.

제8장 해양플랜트·해양기장비·공간자원 개발　371

# 09

해양 R&D와 해양신산업 진흥 방안

# 제9장
# 해양 R&D와 해양신산업 진흥 방안

## 1. 해양산업 분류와 해양신산업 도입

### 1) 해양산업 현황과 Blue Economy

최근 10년간 국내 해양산업의 규모와 역할을 연구한 문헌들을 검토한 결과 우리나라 해양산업은 전통산업인 수산, 조선, 해운, 항만산업을 주축으로 발전해 오면서 해양관광산업과 해양광업 분야가 점차 확대되고 있다. 그 밖에 해양 관련 장비 및 건설, 해양방위 및 공공행정, 해양 R&D 및 교육 등의 분야가 해양산업의 신영역으로 정의되어 확대되어 가고 있다.

세계 해양산업의 발전 단계를 살펴보면, 〈그림 9-1〉과 같이 전통적 해양산업인 수산업, 해운업, 항만운영, 조선 등은 성숙기와 포화기에 진입했다. 해양 조사·관측, R&D, 연안 및 해양 공간 이용 등은 성장 단계에, 해양생명공학, 해양 신재생에너지 및 심해 광물자원 개발 등은 도입기 및 초기 성장기에, $CO_2$ 해중저장, 가스하이드레이트 및 일부 심해저 광물자원 개발은 태동 단계에 들어선 것으로 평가된다.[834]

이러한 해양산업의 생산량 추계 시에는 해양산업 분류, 국가나 단체마다 계산하는 방식의 상이 등 일률적으로 비교하기에는 여러 가지 어려운 문제가 많다. 예를 들어, 해상 자원 개발은 육상사업과도 긴밀히 연계되어 어디까지 육상이고 어디까지 해상 사업인지 구분이 어렵다. 예를 들어 해상에서 원료를 공급받는 어류 통조림 공장이나 정유나 어분 공장들이 어느 정도까지 해양산업인지 구분하기 어려운 경우도 많다.

---

[834] 임진수 외, 『해양기반 신국부 창출 전략(I)』, 한국해양수산개발원, 2009, p.51.

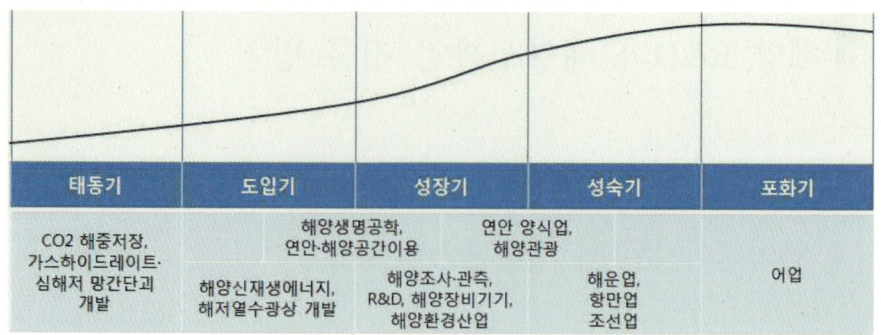

〈그림 9-1〉 세계 해양산업의 발전 단계

자료 : 임진수 외, 『해양기반 신국부 창출 전략(I)』, 한국해양수산개발원, 2009, p.51

1998년 '독립적인 세계해양위원회(The Independent World Commission on the Oceans, IWCO)'는 세계의 해양이 전 세계 GDP에 1조 달러의 기여를 한다고 하였고 Mann Borgese(1997)는 여기에다 바다에서 운송되는 상품의 부가가치 5.2조 달러, 해저케이블에 의한 1조 달러 등을 추가로 포함하여, 해양산업의 부가가치를 총 7조 달러로 평가하였다.[835] 따라서 산업 분류나 포함 방식에 따라 해양산업의 내역은 엄청난 차이가 난다. 2006년 OECD의 해양산업 보고서에 따르면 연간 1.5조 달러(2010)의 부가가치 기여를 하고 2030년에 3조 달러에 달할 것으로 전망하였다.[836]

최근 세계의 해양산업을 매출액 기준으로 한 또 다른 추론에 의하면 2010년 약 2.6조 달러이지만 연평균 4.7% 성장을 하여 2020년에는 4.1조 달러에 이를 것으로 전망하고 있다.[837] 특히 2008년 현재 우리나라의 해양산업 산출액은 총 134.3조 원(1,165.9억 달러), 2011년에 143.7조 원(1,247.4억 달러)로, 세계 해양산업 매출액 대비 4 - 5% 정도인 것으로 추정된다.[838] 또한 우리나

---

835) Gunnar Kullenberg and Ulf Lie, "Sustainable Development and the Ocean", *Securing the Oceans: Essays on the Ocean Governance*, Chua Thia-Eng, Gunnar Kulleberg, and Danilo Bonga (eds.), Jan. 2008, GEF/UNDP/IMO, p.26. 원전: *The Independent World Commission on the Oceans*, IWCO, The Oceans: our Future, (edited by M. Soares), Cambridge Univ. Press, NewYork, 1998, p.248; Mann Borgese, E., *Sustainable development in the oceans*. International Ocean Institute. Canada and Dalhousie Univ., Halifax, N, S., Canada, 1997. 최근 세계야생동식물기금(WWF)은 2015년 보고서에서 세계의 연간 해양생산 총규모를 약 2.5조 달러로 추정했다(한국경제, 2015. 12. 21).
836) OECD, *The Ocean Economy in 2030*, OECD Publishing, Paris, 2016, p.13.
837) 해양과학기술진흥원, 『해양산업 분류체계 수립 및 해양산업의 역할과 성장전망 분석을 위한 기획 연구』, 2011, p.234.

라 해양산업은 향후에도 연간 4.3% 대의 성장을 지속하여 2020년에는 약 223.3조원으로 세계 해양산업의 4.7%를 차지할 것으로 전망되고 있다. 특히 이 기간 중 해양광업, 해양식품·의약·바이오, 해양에너지 등 해양신산업에서 발전이 크게 기대되고 있다.

〈표 9-1〉 세계와 우리나라의 해양산업 현황
(단위: 억 달러)

| 부문 | | 세계 (2010, A) | 2020 | 국내 (2008, B) | 국내산업의 세계 점유율 (B/A×100) | 점유율 향후 방향 |
|---|---|---|---|---|---|---|
| 기존 산업 | 해운산업 | 4,602 | 6,857 | 360.9 | 7.8 | 하락 |
| | 해양관광 | 2,322 | 2,322 | 59.1 | 2.5 | 상승 |
| | 해저석유가스산업 | 8,531 | 15,662 | 3.7 | 0.04 | 정체 내지 증대 |
| | 수산업 | 4,743 | 5,734 | 119.3 | 2.5 | 하락 |
| | 해양장비기기산업 | 812 | 1,260 | 70.0 | 8.6 | 정체 내지 증대 |
| | 조선해양플랜트산업 | 1,530 | 1,530 | 444.1 | 29.0 | 하락 |
| | 항만산업 | 462 | 688 | 27.2 | 5.9 | 하락 |
| | 해양 연구개발(R&D) | 218 | 301 | 4.3 | 2.0 | 증대 |
| | 해양토목건축 | 2,200 | 3,585 | 26.4 | 1.2 | 정체 내지 증대 |
| 신산업 | 해양광물자원산업 | 30 | 70 | 3.7 | 12.3 | 증대 |
| | 해수담수화산업 | 92 | 270 | - | - | 증대 |
| | 해양에너지산업 | 1 | 30 | - | - | 정체 내지 증대 |
| | 해상풍력산업 | 22 | 679 | - | - | 증대 |
| | 해양바이오산업 | 36 | 72 | - | - | 정체 내지 증대 |
| | 이산화탄소 해중저장 | 0 | 45 | - | - | 정체 내지 증대 |
| | 계 | 26,131 | 41,400 | 1,165.9 | 4.5 | 정체 내지 증대 |

자료: 한국해양과학기술진흥원, 『해양산업 분류체계 수립 및 해양산업의 역할과 성장전망 분석을 위한 기획연구』, 2011, p.234.

한 연구에 따르면 우리나라 해양수산업이 창출하는 부가가치액은 약 76조 원(2011년 기준)으로 전체 GDP(약 1,214조 원)의 6.3%를 차지하는 것으로 나타났다.[839] 특히 2011년 해양산업 산출액은 143.7조 원(전체 산업의 4.2%), 취업자는 총 54만 6천 명(산업 전체의 2.6%)으로 나타났다.[840] 〈표 9-2〉에서 보면 해양산업의 GDP 기여도(부가가치 기준)는 5~7% 수준으로 나타나고 있다.

---
838) Ibid.
839) 해양수산부, 「창조경제 실현을 위한 해양수산 신산업 육성 종합대책(안)」, 2013. 12. 원전; 한국해양과학기술진흥원(KIMST), 2013.
840) KMI, 행복한 바다 포럼 프로시딩, 2014. 2, p.22.

<표 9-2> 해양산업의 국민경제 기여도 평가 현황

| 보고서 명 | 연구수행기관 (연구수행 시점) | 분석 기준 연도 | 해양산업의 GDP 비중(%) | | |
|---|---|---|---|---|---|
| | | | 직접 기여도 | 간접 기여도 | 계 |
| 해양기반 신국부 창출 전략 | KMI(2009) | 2005 | 2.46 | 4.04 | 6.50 |
| 제2차 해양수산발전계획 | KMI(2010) | 2007 | 2.9 | 2.7 | 5.6 |
| 해양산업분류체계 수립 및 해양산업 전망 분석 연구 | KIMST(2011) | 2008 | 3.75 | 3.39 | 7.14 |

자료: 노영재, 「해양과학기술의 발전과 해양서비스 강화」, 미래창조과학으로서 해양과학기술의 역할, 해양정책학회 등 6개 학회 연합 심포지엄 프로시딩, 2013. 2. 6, p.31.

특히 2000년대 들어 자원 수요 폭등으로 육상자원 가격이 급증하여 이를 충족시켜 줄 수 있는 공간으로 해양이 부각되면서 해양산업의 발전이 가속화되었다. 그래서 바다를 상징하는 블루(blue)와 산업을 의미하는 이코노미(economy)를 합성하여 해양산업을 의미하는 '블루이코노미(Blue Economy)'가 국제적으로 유행하게 되었다. 한편 국제적으로 쓰이는 블루이코노미에 대한 정의는 사람마다, 쓰이는 영역마다 다소 다르게 나타나고 있다. 그러나 기본적으로 경제적으로나 환경적으로 지속가능한 해양기반 경제를 의미하며 특히 해양자원을 개발하여 이용하되 지속가능하게 활용하자는 의미가 저변에 깔려 있다.[841]

<표 9-3> 해양 분야 전문가들의 Blue Economy에 대한 소견

| 발표자 | 발표 장소 및 시기 | Blue Economy에 대한 설명(정의) |
|---|---|---|
| Anthony Townsend (미래연구소 소장) | www.blueeconomy.com (2005) | 인류의 미래에 대한 해법으로서 바다 자원을 지속적으로 개발할 수 있는 모델 |
| Michael Joroff (MIT 교수) | Blue Economy 포럼, 서울 (2009. 5.7) | 지속가능한 방식에 의한 해양의 상업적 개발로서 생태적, 경제적으로 지속가능한 해양 이용 모델 |
| Jane Lubchenco (미국 NOAA 청장) | Blue Economy 심포지움, 미국(2009. 6. 9~11) | 해양과 호수, 연안자원으로부터 출현하는 일자리와 경제적 기회 |
| Maria Cantwell | 상원 공청회, 미국 (2009. 6. 9) | 해양과 호수, 연안자원으로부터 출현하는 일자리와 경제적 기회 |
| Jiang Daming (중국 산동성 성장) | Blue Economy 포럼, 중국 (2009. 8. 10~11) | 전통적인 해양산업에서 새로운 기술을 바탕으로 진일보한 해양 경제체제 |

자료: 박광서, 황기형, 「세계 각국의 해양정책과 Blue Economy에 관한 소고」, 『해양정책연구』 제4권 2호, 2009 겨울, p.33.

841) 박광서, 황기형, 「세계 각국의 해양정책과 Blue Economy에 관한 소고」, 『해양정책연구』 제4권 2호, p.32.

## 2) 세계 및 EU와 국내 해양산업 비교

황기형(2012)은 해양산업을 해양연관형(후방 연관), 해양기반형, 해양연관형(전방 연관)으로 나누고 이를 통해 세계와 한국의 해양산업을 비교하였다.

〈표 9-4〉 해양산업의 유형별 분류

| 유형 | 기능 | 관련 산업 |
|---|---|---|
| 해양연관형 (후방 연관) | 해양기반형 산업에 전문화된 생산 요소 제공 | 해양기기·장비업, 선박·해양플랜트업, 해양기술서비스산업 |
| 해양기반형 | 해양환경 보호, 해양자원 및 공간 이용을 위해 해역에서 경제활동 수행 | 어업, 해양석유·가스업, 해양광업, 해운산업, 해양토목·건축업, 해양조사, 해양기술서비스업 |
| 해양연관형 (전방 연관) | 해양기반형 산업의 산출물을 대체불가능한 생산 요소로 사용 | 수산물 가공·유통업, 해양바이오산업, 항만산업 |

자료: 황기형, 『해양부문 신산업 발전을 위한 기반 구축 연구』, KMI 수시연구과제, 2012. 12. p.15.

〈표 9-5〉 우리나라와 세계의 해양산업의 유형별 비교

| 산업 유형 | 비중(%) | | 산업 유형 | 비중(%) | |
|---|---|---|---|---|---|
| | 국내 | 세계 | | 국내 | 세계 |
| 해양기반형 산업 | 45.3 | 77.4(66.3) | 제1차산업(채취산업) | 10.9 | 51.2(27.2) |
| 해양연관형 산업 | 54.7 | 22.6(33.7) | 제2차산업(제조업) | 45.6 | 9.0(13.4) |
| 합계 | 100.0 | 100.0 | 제3차산업(서비스업) | 43.4 | 39.8(59.4) |
| | | | 합계 | 100.0 | 100.0 |

자료: 황기형, 전게서, 2012. 12. p.23.

〈표 9-5〉에서 보면 세계적으로 해양기반형이 우세하나 우리나라에서는 2차산업인 선박·해양플랜트제조업(해양연관형)과 서비스 산업(해양기반형)인 해운산업이 해양산업 총산출의 약 70% 이상을 점유하여 우리나라 해양산업이 주로 '선박의 제조 및 운영(해양연관형)'을 중심으로 발전하여 왔다는 것을 알 수 있다.[842]

최근 유럽집행위원회(European Commission: EC)는 2012년 유럽 의회에 제출한 청색 성장(Blue Growth)에 관한 보고서에서 연안·해양 석유·가스산업, 연안관광, 해운·조선산업 등 3개 산업이 창출하는 부가가치가 461억 유로에

---
[842] 황기형, 전게서, 2012. 12. p.23.

달하여 전체 EU 청색경제(해양경제)의 94%를 차지하는 것으로 나타나고 그 성장률 전망은 다음 표와 같다고 하였다.[843)]

〈표 9-6〉 유럽 해양산업의 성장 잠재력 평가

| 활동 분야 | 현재 시장 규모 (10억 유로) | 연평균 성장률(%) | 미래 발전 잠재력 |
|---|---|---|---|
| 〈성숙단계 활동〉 | | | |
| 단거리 해운 | 57 | 5.8 | 2 |
| 해양 석유·가스산업 | 107-133 | -4.8 | 1 |
| 연안관광 및 요트관광 | 144 | 3-5 | 4 |
| 연안보호 | 1.0-5.4 | 4.0 | 6 |
| 〈성장단계 활동〉 | | | |
| 해상풍력발전 | 2.4 | 21.7 | 6 |
| 크루즈관광 | 14.1 | 12.3 | 5 |
| 해양생물산업 | 0.5 | 4.6 | 4 |
| 해양관측 및 감시 | 5.6-10.0 | + | 5 |
| 〈태동 및 개발단계 산업〉 | | | |
| 해양 바이오산업 | 0.8 | 4.6 | 5 |
| 해양 신재생에너지 | 0.25 | + | 5 |
| 해양광물자원 개발 | 0.25 | + | 4 |

KMI 『해양산업동향』, 제79호, 2012. 12. 4, p.3, 원전: ECORYS et al, 2012. 8.

앞에서 본 한국과 EU의 해양산업 구조와 비교해 보면 한국은 연안·해양 석유·가스산업, 연안관광 등이 상당히 취약한 것으로 평가된다. 따라서 앞으로 해양에너지, 해양생물, 해양플랜트, 해양관광 서비스 등 해양신산업 분야로 발전 방향을 잡아나가야 할 것이다.

### 3) 해양신산업 도입

앞에서 나타난 바와 같이 우리나라 해양산업의 구조적 취약점을 개선하기 위하여 해양신산업의 도입이 요망된다. 〈표 9-7〉에서는 국내 해양산업 분류 체계와 해양과학기술 분류 체계를 토대로 해양신산업을 분류하였다. 공간, 생물, 광물, 해수, 에너지 자원 등을 기반으로 현재 진행 중인 해양개발사업

---

843) 황기형, 「성장과 고용 창출을 위한 유럽 연합의 해양 부문 의제」, KMI 『해양산업동향』, 제79호, 2012. 12. 4, p.2.

과 관련 과학기술의 연계성을 고려하여 최근 태동하고 있는 해양신산업 분야를 도출하였다.

첫째, 해양공간과 광물자원을 기반으로 이루어지는 산업으로 해양장비산업, 플랜트 제조업, 해양환경 정화 및 복원업, 해양광업 등이 있다. 둘째, 해양생물자원과 해수자원을 활용한 신산업으로는 해양성분 화학·의약물질 제조업, 해양성분 음료 제조업 등이 있다. 마지막으로, 해상풍력, 파력, 조력, 조류, 해수온도차 등의 해양에너지 자원을 기반으로 한 해양에너지 산업이 있다.

〈표 9-7〉 국내 해양개발 산업 및 신산업 분류

| 자원 | 개발 사업 | 해양신산업 |
|---|---|---|
| 공간 자원 | ■ 이산화탄소 해중저장<br>■ 초대형 부유식 구조물 개발<br>■ 해양환경 정화 및 복원<br>■ 극지자원개발 | ▶ 해양기장비산업<br>- 해양정밀기기<br>- 해양 조사, 탐사장비<br>- 해양관측장비 |
| 광물 자원 | ■ 심해저 망간단괴 개발사업<br>■ 코발트각 개발사업<br>■ 해저 열수광상 개발사업<br>■ 가스하이드레이트 개발사업 | ▶ 해양플랜트 제조업<br>▶ 해양환경 정화 및 복원업<br>(일부 해양토목업 포함)<br>▶ 해양광업 |
| 생물 자원 | ■ 해양생물공학 산업<br>■ 해양바이오연료 개발사업 | ▶ 해양성분 화학, 의약물질 제조업<br>- 기능성식품소재 개발<br>- 향장소재 개발<br>- 바이오 의약소재 개발<br>- 바이오화학·에너지소재 개발 |
| 해수 자원 | ■ 심층수 개발사업<br>■ 해수용존 희유원소 추출사업<br>■ 해수담수화 사업 | ▶ 해양성분 음료 제조업<br>- 소주, 맥주 제조업<br>- 생수제조업<br>- 기타 비알콜음료 제조업 |
| 에너지 자원 | ■ 해상풍력발전사업<br>■ 파력발전사업<br>■ 조력발전사업<br>■ 조류발전사업<br>■ 해수온도차발전사업 | ▶ 해양에너지 산업<br>- $CO_2$ 대체 에너지 산업<br>- 이산화탄소관련 산업(CCS) 등 |
| 기타 | | ▶ 기타<br>- 해양방위 및 공공행정<br>- 해양기술서비스<br>- 해양연구개발<br>- 해양수산교육 |

자료 : 임진수 외, 전게서, p.86; 정봉민, 「해양산업 부가가치 생산 전망」, 월간 『해양수산』, 제188호, 한국해양수산개발원, 2000, p.84; 곽승준, 유승훈, 장정인, 「산업연관분석을 이용한 해양산업의 국민경제적 파급효과 분석」, 『해양정책연구』, 제17권 제1호, 한국해양수산개발원, 2002.

해양신산업의 발전 동인을 보면 먼저 수요 측면에서 지속가능성, 녹색경제 등 성장 패러다임의 변화, 이산화탄소 무배출의 해양신에너지 등 기후변화 대응, 전 세계의 경제 성장과 육상자원 고갈에 따른 자원 공급의 압박, IMO의 선박환경 규제에 따른 선박평형수(벨러스트) 사업, e-내비게이션 사업 등이 있다. 반면에 해양과학기술의 발달로 과거보다 해양 개발의 여건이 급속히 개선되고 있는 것도 하나의 해양신산업 발전 요인이라 볼 수 있다.

〈그림 9-2〉 해양신산업의 분류 계통도

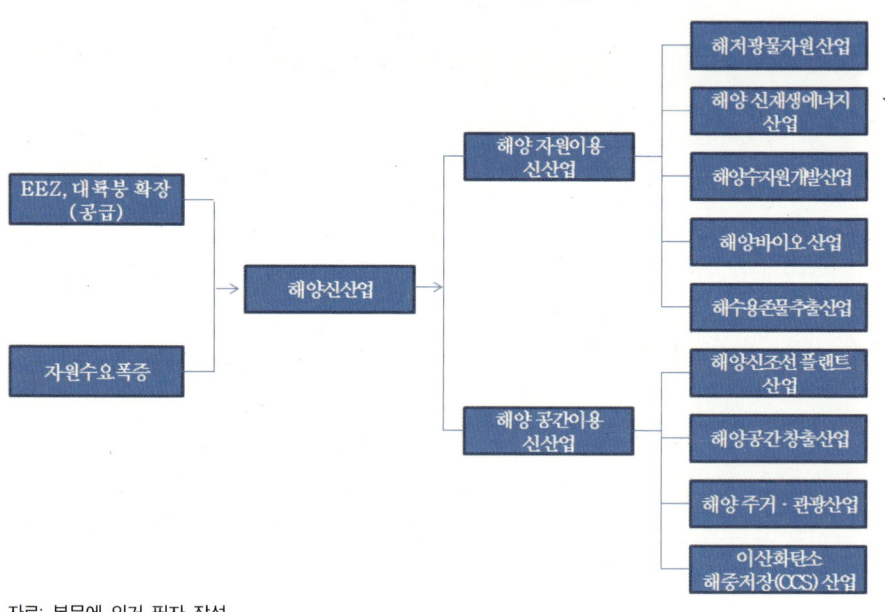

자료: 본문에 의거 필자 작성.

이러한 해양신산업의 특징은 높은 불확실성과 위험(risks)이 있고 우주 산업과 같이 투자 규모가 방대하고 개발에 긴 주기가 필요하다는 것이다. 따라서 이러한 위험과 투자 규모를 감내할 주체로서 국가나 국제적인 거대 기업의 참여가 요망된다. 또한 시장과 연계하여 바로 현금화 가능한 사업이 되어야 투자비를 회수할 수 있다. 지금까지는 거대 투자와 긴 개발 주기로 민간의 참여 등 상업화가 어려웠다. 그러나 최근 심해 석유개발처럼 현실적 수요가 많아 바로 현금화가 가능한 사업으로 많이 전환되어 가고 있다.

특히 해양신산업은 기술의 조기 상용화 및 산업의 국제적 리더십을 확보하기 위해 도입 초기 단계나 태동 단계에 있는 R&D에서 상업화 과정까지의 전 과정 관리가 중요한 관건이므로 이를 고려하여 진흥 방안을 검토해야 한다.

### 4) 해양산업 발전 방안

미국의 Arthur D. Little사는 2006년 이러한 해양력 요소들을 바탕으로 세계 국가들과 우리나라 해양력을 평가하였다.[844] 평가 결과에 따르면 현재 우리나라의 해양력은 해운(10위), 항만(9위), 수산(13위) 등은 높은 평가를 받았으나 해양환경(30위), 해양관광(22위), 해양과학기술(15위) 등은 낮은 순위를 받았다. 따라서 낙후된 산업별 혹은 분야별 발전 대책이 수립되어야 할 것으로 보인다.

특히 최근의 「제2차 해양수산발전계획(2011-2020)」에서는 2020년에 해양 분야에서 해양G5(세계 5위)을 지향하고 있다.[845] 따라서 해양산업 분야에서 G5로서의 해양 리더십을 갖기 위해서는 다음과 같은 전략이 요망된다.

첫째, 조선업, 해운항만업, 수산업 등 기존 전통산업은 향후 세계 해양산업 상의 점유율 하락이 예상되어 구조조정 등을 통해 경쟁력을 강화하고 고부가가치 산업으로 전환을 유도해야 한다. 특히 전통 해양산업의 지식산업화, 융복합화, 녹색산업화를 통하여 첨단 해양산업으로 진화되도록 산업 구조 개편이 요망된다.

둘째, 해양환경산업, 해양관광, 해양과학기술 등 낙후된 분야나 해양신산업 분야는 새로운 연구개발이나 진흥계획 등을 통해 선진국 수준으로 경쟁력 제고가 요망된다. 이와 같이 향후 해양산업 전략으로서 기존 해양산업은 산업

---

844) 해양수산부, 『미래국가해양전략』, 2007, pp.33-52.
845) 국토해양부, 제2차 해양수산발전계획 공청회 자료, 2009. 11. 세계 최고기술대비 2008년 44.7%, 2010년 52.7%이며 2015년 67.1%로 상승할 것으로 전망하기도 함(KIMST, 2020) 해양과학기술 로드맵 (MTRM), 2011. 12. 22).

구조를 고도화하고, 해양신산업은 기술개발을 강화하는 한편 전 과정 관리에 유의하여 상업화를 조기에 유도하여야 한다. 특히 해양신산업의 조기 진흥을 위해 다음 분야들이 강화되어야 한다.
- 해양신산업 탄생의 원천인 해양과학기술 강화
- 개발된 해양신산업 기술의 조기 상용화 방안 강화 등
- 해양신산업 관련 전문 인력 양성

이하에서는 이들 분야별로 검토하고자 한다.

## 2. 해양과학 연구 및 기술 개발

### 1) 배경 및 문제점

해양과학기술(Marine Technology, MT)은 '해양산업의 경쟁력 확보 및 해양국토의 관리 강화, 나아가 21세기 인류공동의 과제인 자원 고갈과 지구 환경 변화 문제를 해결하기 위한 미래 과학기술'로 정의된다.[846] 그리고 이의 기술 분류체계에 의하면 해양과학기술을 해양자원, 해양환경, 해양생명공학, 해양관측 및 예보, 해양공학, 해안공학 및 물류, 해사안전, 극지해양, 해양연구 인프라로 분류하고 있다.

해양과학기술은 해양을 대상으로 하지만 어느 특정 분야에 한정되지 않고 여러 분야가 함께 어우러져서 바다에서 일어나는 자연 현상을 이해하고 이를 통해 인류에게 이익을 주는 거대과학 분야이다. 또한 지구의 기상 등 환경 변화를 이해하는 데 있어 해양이 아주 중요한 역할을 한다는 점도 인식하여야 한다.

해양신산업을 만들어 내는 해양과학기술은 수익성 기술이라기보다는 우주

---

846) 박성욱, 「해양과학기술과 에너지 개발」, 『해양의 국제법과 정치』, 한국해로연구회 편, 서울, 2011, p.167.

기술과 같이 기업이 수행하기 어려운 공공적 성격의 기술이라는 점에서 정부가 이를 주도하게 된다. 따라서 세계적으로 이 분야를 선도하려면 정부의 과감한 해양과학기술 투자가 요망된다. 또한 해양과학기술은 미래지향적 거대과학의 성격을 띠기 때문에 조사선, 조사장비 등 인프라 비용이 많이 들어간다. 따라서 투자자본의 회임 기간도 길게 된다.

연구의 성격상 물리화학적 조사, 해로조사 등의 해양 조사적 성격이 강하여 미국 등 선진국에서도 해양조사 연구가 연구를 주도하고 있다. 또한 해양과학기술의 전체 특성을 세부적으로 보면 타 기술과의 융합성, 연구 지역에 대한 접근의 어려움으로 인한 위험성, 해로 운용 등 국가안보와 직결된 방위성, 집적된 자료를 요구하는 장기성, 해양의 유동성·일체성에 의한 국제성, 대규모 투자가 소요되는 거대성의 특징을 가지고 있다.[847] 전체 연구의 64.8%가 공공성, 기초 기반 성격의 과제로 타 분야의 18%에 비해 훨씬 높아 정부 주도의 연구개발이 절대적으로 필요하다.[848] 천안함 사태에서 보듯이 해저조사 등 전략적 차원의 해양연구가 상당히 필요하고 그래서 선진국들이 해양연구 투자에 힘을 쏟고 있다. 우리나라의 해양과학기술 분야의 경우 세계 최고 기술보유국 수준인 47%(2008)에서 57%(2013)로 향상되었다.[849]

과거의 국가 해양과학기술(MT) 개발계획에 따른 투자 실적을 보더라도 1단계(2004~2008년) 기간 동안 계획 대비 54% 투자(1조 5,000억 원 중 8,000억 원 투자)로 타 분야에 비해 상당히 미약한 편이다. 따라서 정부 총예산 대비 정부 R&D예산의 비율은 4.2%로 한국이 가장 높아 보이나, 이 가운데 전체 R&D예산 중 해양 R&D예산의 비율은 2.9%(2013)로 미국 7.3%, 일본 5.0%, 중국 7.0%(2010)보다 현저히 낮은 수준이다. 또한 주요국의 해양 R&D예산 규모를 한국과 비교했을 때 미국 32배(정부지출 예산 14배), 일본 6배(정부지출 예산 4배), 중국 4배(정부지출 예산 5배)로 나타나고 있어 한국의 해양과학기술 투자가 상대적으로 열세에 처해 있다.

---

847) KMI, 행복한 바다 포럼 프로시딩, 2014. 2, p.12.
848) *Ibid.*
849) 해양수산부, 「해양수산 R&D 중장기 계획(2014-2020)(안)」, 2014. 4, p.7.

〈표 9-8〉 년도별 해양수산부 해양수산 R&D 예산 규모

(단위 : 억 원)

| 연도 | 2008 | 2009 | 2010 | 2011 | 2012 | 2013 | 2014 | 2017 | 2020 |
|---|---|---|---|---|---|---|---|---|---|
| 해수부 (정부) R&D 예산 | 1,271 (2,781) | 1,689 (3,498) | 1,658 (3,547) | 1,851 (4,025) | 2,037 (4,452) | 2,361 (5,184) | 2,947 (5,526) | 6,710 (8,747) | 11,260 (13,863) |

KMI, 「해양수산 연구개발 정책」, 행복한 바다 포럼 프로시딩, 2014. 2, pp.16, 32; R&D, KIOST, 제10호, 2014. 8, p.3, 2014년 이후는 계획, ( )안은 타부처 포함.

〈표 9-9〉 2009년(2010년) 각국의 예산대비 R/D 비교표

| 구 분 | 한국 | 일본 | 미국 | 중국 |
|---|---|---|---|---|
| 정부 예산 | 285조 원 | 1,175조 원 | 3,869조 원 | 1,335조 원 |
| 정부 R&D예산 | 12조 원 | 48조 원 | 154조 원 | 24조 원 |
| 정부 R&D예산/정부예산 | 4.20% | 4.09% | 3.98% | 1.80% |
| 해양 R&D예산 | 0.4조 원 (0.39조 원) | 2.4조 원 (2.2조 원) | 13.0조 원 (10.4조 원) | 1.7조 원 (1.9조 원) |
| 해양 R&D예산/정부예산 | 0.14%(0.13%) | 0.20%(0.17%) | 0.34%(0.27%) | 0.13%(0.13%) |
| 해양 R&D예산/정부R&D예산 | 3.36%(2.85%) | 4.98%(4.45%) | 8.46%(6.70%) | 7.22%(7.14%) |
| 추진전략 | 2020해양과학기술 로드맵 | 해양자원에너지확보전략(2010) | 해양과학R&D기반 조성전략(2011) | 12.5('11-'15)해양과학기술개발계획 |
| 주요 내용 | MT투자방향 및 운영전략 수립, 해양공학 등 응용분야 투자 위주 | 탐사구역 확대 및 2020 해양자원상업화, 해양에너지, 생태환경 등 | R&D기반시설 확보 및 정비, 해양관측 및 예보, 환경 및 생태계분야, 해저광물자원 순 | 중점사업 정비, 해수면 상승, 해양산성화 등 |

주: 해양 R&D의 ( )안은 2010년 자료
자료: KIMST, 주요국의 해양 R&D 투자동향 분석(내부 자료), 2012. 1; 최정인, 「미·중·일 및 한국의 해양과학 R&D 투자동향」, 『해양과학기술』, KIMST, 2012. 1월호.

〈표 9-10〉 기술분야별 투자현황(사업분류체계 기준)

(억 원)

| 분 야 | 2004 | 2005 | 2006 | 2007 | 2008 | 2009 | 2010 | 2011 | 계 | 비율(%) |
|---|---|---|---|---|---|---|---|---|---|---|
| 해양자원 및 에너지 | 11,080 | 10,800 | 11,000 | 11,758 | 10,935 | 20,310 | 25,132 | 41,510 | 142,525 | 19 |
| 해양생명공학 | 10,381 | 8,793 | 8,793 | 9,750 | 11,735 | 18,159 | 23,880 | 29,431 | 120,922 | 16 |
| 해양환경기술 | 7,730 | 7,939 | 7,905 | 10,514 | 13,714 | 17,064 | 22,778 | 21,382 | 109,026 | 15 |
| 해양과학조사 및 예보 | 8,745 | 11,010 | 9,708 | 15,280 | 29,000 | 50,386 | 23,700 | 27,550 | 175,379 | 24 |
| 해양장비인프라 | 6,666 | 6,000 | 19,494 | 31,600 | 32,300 | 37,500 | 24,644 | 19,529 | 177,733 | 24 |
| 국제공동 | 500 | 700 | 460 | 300 | 970 | 970 | 1,548 | 1,750 | 7,198 | 1 |

자료: KIMST, 상계 자료.

분야별로 보면 최근 우리나라 해양 과학조사, 장비 인프라, 해양자원 및 에너지 분야에서 투자가 증대하였으나 해양환경 기술 분야 등의 투자는 상대적으로 떨어지는 편이다.

〈표 9-11〉 해양과학 분야별 향후 기술 과제 현황

| 기술개발 분야 | 20대 Quick-Win 기술 |
|---|---|
| 1. 영토주권 강화 | ①극한환경 융복합 플랜트 건설 기술, ②해양 예측·예보 시스템 구축 기술, ③국가해양영토 광역 감시망 구축 및 활용 |
| 2. 해양수산 산업진흥 | ④해저지원 탐사 및 개발 기술, ⑤수중로봇 개발 및 시스템 활용 기술, ⑥마리나 등 해양레저산업 관련 기술, ⑦초대형 해양·항만 구조물 구축 및 활용 기술, ⑧U기반 해운물류 시스템 구축 기술, ⑨해양바이오에너지 생산 기술, ⑩수산식품 안전 및 유통 선진화 기술, ⑪친환경 고부가 양식 기술, ⑫선박해양플랜트 기자재 기술, ⑬선박평형수 관리 기술 |
| 3. 생활환경 개선 | ⑭유류·위험유해물질 해양유출사고 신속 대응 기술, ⑮적도·해파리 등 해양위협생물 관리 기술, ⑯$CO_2$ 해양지중저장 기술, ⑰연안재해관리 기술, ⑱e-Navigation 기술, ⑲유무인 도서관리 및 활용 기술, ⑳해양 헬스케어 기반구축 기술 |

자료: KMI, 「해양수산 연구개발정책」, 행복한 바다 포럼 프로시딩, 2014. 2, p.31.

## 2) 역할 분담 및 진흥 방안

해양기술은 주로 공공 기술이므로 주로 공공기관과 국가에서 많이 수행하고 있다. 그래서 이들 국가 및 공공 해양 R&D 수행 주체인 한국해양과학기술원(KIOST), 국립수산과학원, 대학, 산업체 등의 역할을 명확히 분담하거나 차별화시킬 필요가 있다.

〈그림 9-3〉 해양관련 기관별 R&D 역할 분담 방안

| 대학 | 연구기관 | 산업계 |
|---|---|---|
| ·인력양성<br>·기초과학연구 | ·국가기본조사<br>·목적기초 연구<br>·첨단·응용기술 개발 | ·해양산업 핵심기술 수요창출<br>·산업화 추진 |

자료: 국토해양부, 『제2차 해양수산발전계획 수립연구(2011-2020)』, 2009. 11, p.202

이외에 관련 대학 및 연구소의 연구 기능을 강화하고 미국 씨그랜트사업과 같이 지역별로 조직된 한국 씨그랜트 사업을 보다 활성화시켜 지역 특성화 연구와 함께 관련 인재 양성이 이루어지도록 할 필요가 있다. 또한 〈표 9-12〉에서 보는 바와 같이 각국의 해양과학기술 정책을 고려하여 해양과학 선진국들과의 공동 연구나 연구 협력을 통하여 기술 격차를 줄여 나가도록 노력하여야 할 것이다.

〈표 9-12〉 주요국의 해양과학기술 정책 동향

| 국가 | 해양과학기술 정책 | 비고 |
|---|---|---|
| 일본 | - 해양기본계획 수립(2008년 1차, 2013년 2차)<br>- 국가에너지기본계획 분야에 해양에너지, 해양광물자원개발 강화 등을 포함<br>- EEZ 및 대륙붕 확보를 위한 공세적 법률 제정(2010): EEZ 기점을 보유한 낙도 조사 및 고정밀 해양관측 조사(2011)<br>- 일본해양연구개발기구(JAMSTEC)는 심해시추선(Chikyu호), 잠수정 Shinkai 6500을 이용한 심해 연구와 지구시뮬레이션을 이용한 지구환경변화, 지진/지진해일(쓰나미) 관련연구 | 2030년까지 화석에너지 자주 개발률을 현재 (26%)의 2배 수준 증가 |
| 미국 | - 해역의 보전과 지속가능한 활용에 대한 통합적 국가해양정책 수립(2010. 7)<br>- 2030년 대비 해양연구와 사회적 니즈를 위한 인프라 구축 수립(2011) : 국가과학기술위원회(NSTC), 해양과학기술 R&D 수요대비 전략 추진<br>- 국립과학재단(NSF)의 후원으로 Woodshole, Scipps 해양연구소, 오레곤대학 등은 2008-2011년간 6,000억 원 투입하는 대규모 해양관측프로그램 OOI 수행중 | OOI: Ocean Observatories Initiative |
| EU | - 유럽해양에너지로드맵 2050(2010)을 통해 달성가능한 목표치 제시 : 총전력 수요의 15%(645Twh)를 해양에너지로 대체, 연간 약 1억 3,630만 톤 $CO_2$ 저감<br>- 영국의 PML(폴리머스해양연구소)은 생태모델링, 생물종다양성, 해양신재생에너지 개발 분야에서 첨단연구 주도<br>- 프랑스 IFREMER(국립해양개발연구소), 독일 GEOMAR(해양과학연구소)는 대양 및 심해연구, 해양생명공학 분야에 두각 | 3대 위험요소(기후 변화, 해양산성화, 외래종 유입), 3대 전략(오믹스 연구, 대양연구, 생물자원 관리) 선정 |
| 중국 | - 해양과학기술 2050 로드맵(2010)을 통해 3대 목표 추진<br>· 3대 목표: 지속가능한 해양자원 이용, 해양건강성과 안전 확보, 해양력 강화 추진<br>- 해양자원 선점을 위한 해양과학거점기지 구축: 인도네시아에 공동해양연구센터 설립(2010)<br>- 해양정보실시간 모니터링, 지진과 해일 등에 관련한 자료 수집, 항해 및 군사분야에 활용하기 위한 '동중국해 해저관측 네트워크'를 5년 내에 구축할 예정: 2단계로 남중국해로 확대 설치 계획<br>- 국가해양국(SOA) : 전략적 해양신산업 육성 구상(2010) : 해양·생물·바이오, 해수 이용, 심해장비 제도, 해양관측 기기, 신재생 에너지 등 | 해양생물자원 및 해양생명공학, 해양석유·가스 및 광물자원, 해양수자원 등을 전략적 우선 추진 대상분야로 선정 |

자료: 이희일, 「우리나라 해양과학기술의 현주소와 발전을 위한 제언」, 차기정부의 해양강국 실현을 위한 정책 토론회(프로시딩), 2012. 7. 17, pp.100-102.

변상경(2011)은 현재 해양과학기술의 국제 추세를 고려하여 다음과 같이 해양R&D를 해야 한다고 주장하였다.

"첫째, 해양 R&D 주무부서를 두어 독립적으로 운영할 필요가 있다. 해양은 넓고 해양R&D 예산은 제약이 있기 때문에 해양 관련 업무를 집중하여 추진함으로써 효율성을 높여야 한다는 것이다. 둘째, 현재 전 세계적으로 천해에서 차차 심해 연구로 발전하여 왔으나 최근에는 대양 연구로 추세가 발전하고 있어 이에 우리도 보조를 맞추되 관련 조사선이나 관련 장비도 대폭 개선·정비하여야 한다. 셋째, 국제 공동 연구가 활성화되어 GOOS, IODP 등 해양관측, 지역해 연구 및 관리 등에서 국제적인 공동보조를 맞추어 나가야 한다. 여기에다가 유엔해양법협약 등에 따라 과거 자유로이 진행하던 EEZ, 공해에 대한 해양과학조사는 국제협력을 통하여 이루어질 수밖에 없는 추세이다. 넷째, 해양 분야는 거대과학이라는 특성으로 인해 융·복합화를 통하여 분야 간의 상호협력을 통한 연구 추진이 필요하다. 부문 간 협력 연구를 통하여 상호보완과 결과 도출이 보다 용이해 질 수 있을 것이다."[850]

앞에서 본 것처럼 해양산업이 국민경제에서 차지하는 비중이 5%-7% 정도이므로[851] 해양과학기술 예산이 적어도 지금의 전체 공공 R&D의 3% 내외 수준에서 적어도 5% 이상이 되도록 늘려야 할 것이다.

해양조사선, 해양조사 기장비 등 우리나라의 해양과학 인프라는 사실 상 미국, 일본 등 해양 선진국들에 비해 상당히 열악하고 이를 인접국 중국과 비교하여도 여러 가지로 미약한 것으로 나타나고 있다.[852] 따라서 앞으로 이에 대한 투자 증대도 꾸준히 증대되어야 할 것이다.

참고로 우리나라 해양연구 인프라를 중국과 비교해 보면 〈표 9-13〉과 같으며, 중국은 최근 해양과학 선진국에 진입하기 위해 7,000m급 유인잠수정 운용, 대형 과학조사선 확대 등을 통해 해양연구를 가속화시키고 있다. 특히 중국은 2006년부터 2009년까지 해양R&D 예산을 약 350% 증가시켜 국가예산(180%)이나

---
850) 변상경, 「해양강국으로 도약할 계기를 마련하고 싶습니다」, 『해양과학기술』 Vol.1, 해양과학기술원, 2011. 10, pp.58-61.
851) 국토해양부, 전게서, p.28, p.51.
852) 자세한 내용은 제2장의 관련 내용을 참고할 것.

국가 R&D 예산 증가율(190%)의 두 배로 늘렸다.[853] 앞으로 우리나라 해양 R&D가 중국을 포함하여 선진국들과 대등한 수준이 되기 위해서는 연구 기장비, 대양 연구, 극지 연구 인프라를 지속적으로 확대해 나가야 할 것이다.

〈표 9-13〉 한중 해양 인프라 비교

| 구분 | 한국 | 중국 |
|---|---|---|
| 해양연구선 | 7천톤급 쇄빙선 '아라온호' 등 2천톤급 이상 5척. 5천톤급 '장보고호'(2016) | 大洋1號, 大洋2號, 向陽紅5號, 向陽紅9號 등 3천톤급 이상 10척 |
| 잠수정 | 유인잠수정 미보유<br>6천m급 심해 무인잠수정 '해미래' | 7,000m급 유인잠수정 '蛟龍號'(미, 프, 일, 러에 이은 세계 5번째) |
| 해양위성 | 해양위성 '천리안' 1개 운영(2010. 6)<br>(2017년 제2호 발사계획) | 해양위성 '해양1호' A'(2002), '해양2호' B'(2007) 2개 운영(2015년까지 최대 5개 발사계획) |

자료: 최재선, 「대한민국 해양산업 미래비전」, 해양정책 및 해양과학기술의 환경변화와 Rio+20회의 결과 및 향후 대책(2차 세미나 자료), 2012. 12. 3, p.30; 박광서, 「국내해양산업 육성전략과 과제」, 항만산업CEO포럼 발표자료, 2012. 11. 23.

이외에도 주로 공공기관에서 주도되는 해양기술이 개발 완료 후 민간에 조기 이전되어 상용화가 촉진될 수 있도록 해야 한다.

### 3) 외국과의 협력 방안

과거 2006-2007년에 이루어진 해양력 평가 시 해양과학기술 평가에서 우리나라는 세계 15위 수준이었다.

〈표 9-14〉 국가별 해양과학기술력 순위 비교

| 구분 | | 국가 |
|---|---|---|
| 1위-5위 국가(Ⅰ군) | 전체 해양력 순위 | 미국→중국→일본→영국→호주 |
| | 해양과학기술순위 | 미국→영국→일본→프랑스→호주 |
| 6위-10위 국가(Ⅱ군) | 전체 해양력 순위 | 프랑스→캐나다→독일→러시아→노르웨이 |
| | 해양과학기술순위 | 노르웨이→캐나다→독일→스웨덴→덴마크 |
| 11위-15위 국가(Ⅲ군) | 전체 해양력 순위 | 스페인→한국→이탈리아→싱가포르→그리스 |
| | 해양과학기술 순위 | 싱가포르→네덜란드→아이슬랜드→홍콩→한국 |

자료: 해양수산부 및 Arthur D. Little사, 『「미래 국가해양전략」 연구용역 최종보고(안)』, 2006, pp.37-38.

---

[853] 최정인, 전게서, p.24.

앞으로 우리나라의 해양과학 부문이 해외에서 리더십을 가지고 나가려면 위의 표처럼 지금의 11위~15위권인 Ⅲ군 정도 수준에서 적어도 6위~10위권의 Ⅱ군 국가 정도가 되어야 가능할 것이다. 따라서 1차적으로 지속적으로 R&D 예산을 증대하고 해양과학기술 인원의 양성, 해양 선진국과의 협력 등을 통하여 이러한 목표에 이르도록 노력하여야 할 것이다.

〈표 9-15〉 우리나라와 각국의 해양과학기술, 해양자원, 해양 안보력 세계 순위 비교

| 국별 | 해양과학 | 해양자원** | 해양안보 |
|---|---|---|---|
| 미국 | 1 | 1 | 1 |
| 캐나다 | 7 | 2 | 14 |
| 호주 | 5 | 5 | 19 |
| 일본 | 3 | 14 | 4 |
| 중국 | 16 | 6 | 3 |
| 영국 | 2 | 9 | 5 |
| 베트남 | - | - | - |
| 프랑스 | 4 | 11 | 7 |
| 러시아 | 27 | 3 | 2 |
| 한국 | 16 | 21 | 9 |

주: 1) ADL 평가 : 미국 Arthur D. Little사, 「미래국가해양전략」(2006년)의 평가 결과.
2) 해양자원 : 각국의 부존 해양 자원 및 외교력으로 추가 확보한 자원.

그리고 이를 바탕으로 2단계에서는 러시아, 캐나다, 기타 개도국 등 우리나라와 지리적으로 가까우면서 해양자원은 많으나 해양과학기술 수준이 다소 처지는 나라와 적극적으로 협력하여 공동 연구와 자원 개발 참여가 가능하도록 해야 할 것이다. 그래서 이런 나라들과는 관련 포럼이나 정기적인 상호 교류세미나 등을 통하여 지속적인 협력 기반을 쌓을 필요가 있다.[854]

이외에도 저개발 연안국들과의 교류를 통해 상호 해양과학기술 수준을 높이면서 해양자원 확보 노력도 병행하여야 한다. 특히 이들은 해양과학기술도 우리보다 저위에 있는 만큼 우리가 조금만 지원하더라도 성과는 다른 선진국들보다 훨씬 클 수 있다.

---

854) 실제로 이러한 측면에서 어떤 인사들은 캐나다 러시아 등과 친밀한 관계 유지를 주문하기도 하고 있다.

## 3. 해양신산업의 진흥 방안

### 1) 최근의 기술 개발 성과

현재 해양 연구 및 기술 개발을 통하여 다양한 성과들이 이루어지고 있다. 2010년에는 한국지질연구원에서 주관한 2010년 해수용존자원(리튬) 기술에 성공하여 추출의 2단계 사업 실시를 위해 (주)포스코에 대한 기술 이전(40억 원)이 체결되었고 연이어 수중무선통신시스템 기술이 (주)LIG넥스원과 컨소시엄으로 기술 이전되었다. 또한 연구·개발 탐사가 주목적이었던 수중 무인잠수정 사업 및 기술이 75억에 (주)한화에 기술이전 되었다.[855] 아울러 수중 데이터 다중 송수신네트워크 기술은 2010년 1차 기술 실시계약과 함께 2차 기술실시 계약이 총액 90억 원에 체결되며 당시 해양과학기술 연구개발 사업 중 최고 계약액을 기록하였다.[856]

2004년부터 '마린바이오21사업'으로부터 해양생명공학 연구개발 투자가 별도로 이루어져 총 857억 원이 투자되었다.[857] 이를 통해 2005년부터 개발된 기술의 이전은 총 15건 내외가 발생하였다. 특히 최근 5년간 생산 공정, 천연향료, 폐자원 활용 등 수산자원의 고차 가공과 관련된 분야에서 기술이전이 다수 발생했으며, 연구개발사업의 투자가 진행됨에 따라서 유전자원을 활용한 효소 제품, 기능성 소재 및 제품에 대한 기술 이전이 발생했다.

산업통상부(구 지식경제부) 사업으로 (주)마린디지텍은 IT기반의 선박제어시스템인 발전제어관리시스템(Power Control & Management System), 기관·화물감시시스템(Integrated Control & Monitoring System), 항해감시장비시스템(Bridge Alarm Monitoring System) 등의 국산화를 수행하여 실적을 올리기도 하였다.[858] 2011년 이 회사의 발전제어관리시스템은 연간 700세트 이상, 기

---

[855] 한국해양과학기술진흥원(KIMST), 「노동집약이 아닌 지식경영으로 바다를 개척한다」, 『해양과학기술』, KIMST, 2012년 1월호, p.63 및 2013, Vol.8, p.8.
[856] 한국해양과학기술진흥원(KIMST), 상게서, 2012년 1월호, p.65.
[857] KIMST, 전게서, 2012년 1월호, p.52.
[858] 마린디지텍, 「기술사업화 사업 수행으로 경쟁력을 강화한 강자가 되다」, 『해양과학기술』, KIMST,

관·화물감시시스템은 연간 100척 이상, 항해감시장비시스템은 연간 400척 이상의 매출을 올렸다.

최근 해양 분야 실용화 성과를 종합하면 2010~2013년까지 기술이전 115건, 기술료 273억을 달성하였다.[859] 기존의 연구개발 사업별로 R&D사업 중 개발이 완료되어 기술 이전된 것의 사례를 보면 <표 9-16>과 같다. 이외에도 최근에는 기업이 스스로 연구개발한 중소 벤처사업에서도 기술산업화 사례가 발생하고 있다. 하지만 기술은 개발되었지만 시장 미성숙 등으로 여러 가지 어려움을 가지고 있어 해양신산업 진흥 정책을 통해 상용화 촉진을 유도해야 한다.

<표 9-16> 해양바이오 R&D사업 중 기술 이전 현황(2005-2011)

| 사업별 | 건수 | 내용 | 비고(사례) |
|---|---|---|---|
| 해양·극한생물분자 유전체 연구 | 5건 | 최근 기능성 물질 및 생리활성물질을 활용한 기능성 제품 및 식품, 화장품 제조 기술 등에 기술 이전 | 연구단에서 만든 '열수계생물에서 추출된 DNA중합효소생산기술'(바이오니아, 2007) |
| 해양바이오 프로세스 연구 | 6건 | 화장품조성물, 피부질환 개선 기능성 물질 3건 등 총 6건(2억 원대 총 6억 원) | |
| 해양환경 분야 | 4건 | 개발초기로 사례는 소수 | · 해양폐기물 수거처리실용화(2003, (주)금륜ENG)<br>· (주)환경과학기술의 전자해도를 활용한 해양자료 도시 라이브러리 개발사업(2003)<br>· 리엔텍엔지니어링의 공기이송 건조를 이용한 하수슬러지 해양배출 검량화 기술(2010)<br>· (주)네오비즈의 발광미생물을 이용한 해양환경독성평가기기개발사업(2011) |

자료: KIMST, 「노동집약이 아닌 지식경영으로 바다를 개척한다」, 『해양과학기술』, KIMST, 2012년 1월호, pp.52-53.

### 2) 해양신산업의 현황 및 문제점

이하에서는 해양신산업 R&D의 현주소를 파악하고 연구개발이 상업화되어 가는 과정에서의 문제점들을 파악하여 산업화 촉진 방안을 제시하고자 한다. 먼저 해양신산업에 대한 문제점 파악하기 위하여 2009년 한국해양과학기술

---

2012년 1월호, pp.61-62.
859) KMI, 행복한 바다 포럼 프로시딩, 2014. 2.

진흥원(KIMST)에서 전국 해양신산업을 대상으로 설문조사하여 나온 내용860)을 검토해 보면 다음 그림과 같다. 여기서 먼저 해양신산업에 대한 현재의 문제점으로는 자금 문제의 어려움, 기능 및 생산인력의 부족, 국내 유통·판매망 부족, 해외 마케팅 루트의 취약 등으로 나타나고 있다.

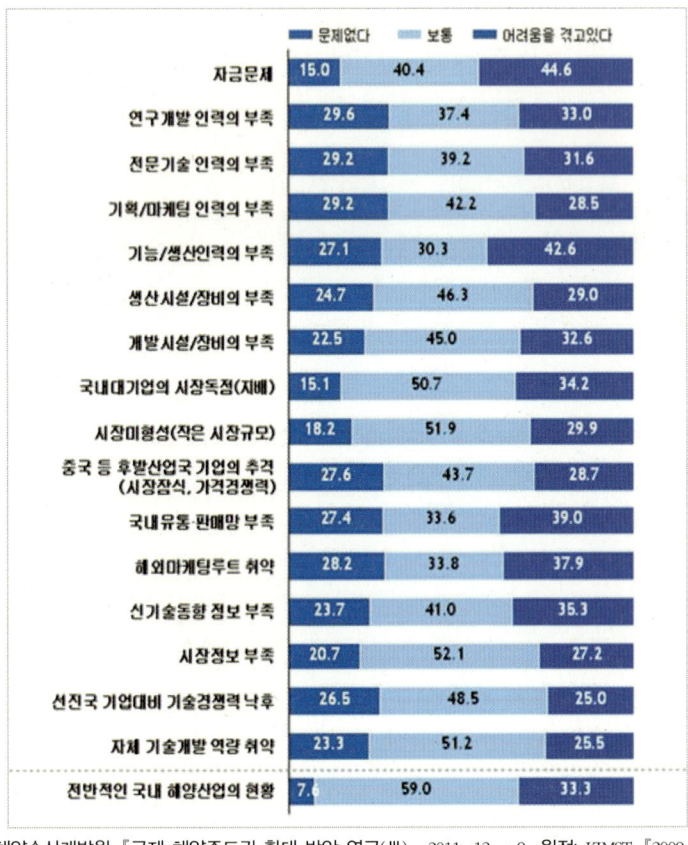

〈그림 9-4〉 해양산업의 문제점

자료: 한국해양수산개발원, 『국제 해양주도권 확대 방안 연구(III)』, 2011. 12, p.9. 원전: KIMST, 『2009 MT산업동향보고』, 2010. 2. (대상: 5인 이상 500개 기업)

또한 해양산업 활성화를 위한 과제로서는 자금문제(23.0%), 연구개발 인력 부족 (15.2%), 기능/생산인력 부족(15.1%), 국내 유통망 부족/시장 부족/시장 미형성 등 시장 문제 순으로 나타났다. 따라서 전체 해양산업은 자금, 연구

---

860) KIMST, 「2009 MT산업 동향보고」, 2010. 2, 5인 이상 500개 기업에 대하여 설문조사를 실시함.

개발, 인력 확보, 시장 확보 등이 가장 큰 문제로 대두되고 있다. 그리고 해양에 관련된 시장이 좁은 관계로 해양에 특화된 기업은 별로 많지 않고 따라서 자사 제품 중 해양에서만 전적으로 활용되는 제품의 구성도가 낮아 기업들의 해양 전업률은 낮을 수밖에 없다.

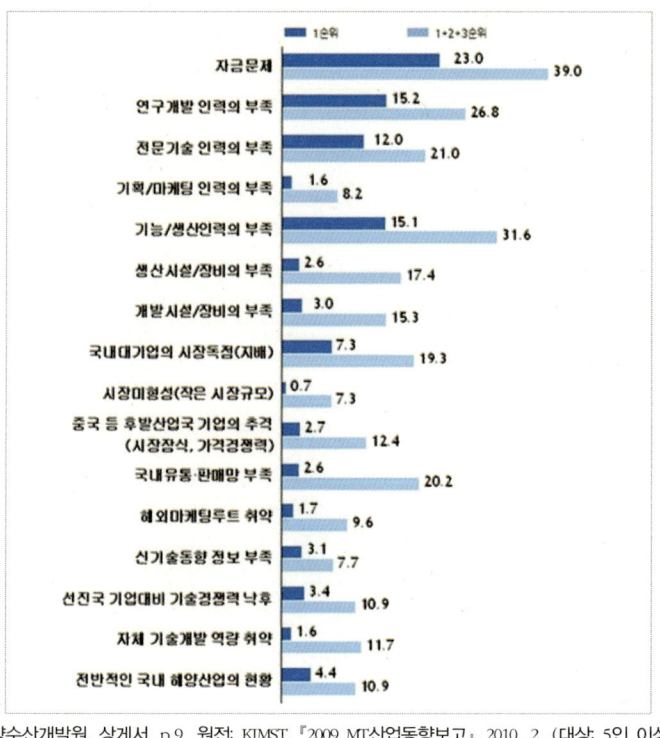

〈그림 9-5〉 해양산업 활성화를 위한 과제

자료: 한국해양수산개발원, 상게서, p.9. 원전: KIMST, 『2009 MT산업동향보고』, 2010. 2. (대상: 5인 이상 500개 기업)

대기업이 추구하는 차세대 신성장 동력 사업은 주로 연료전지, 에너지, 플랜트 등으로 따라서 이들이 해양에서 참여 가능한 분야도 해양신재생에너지, 해양바이오 연료, 연료전지 원료(리튬 회수), 해양플랜트, 열수광상, 수중로봇 등이다. 또한 해양바이오를 이용한 상품, 일부 첨단 의약품 개발 등에도 참여하고 있다. 이들은 막대한 자금 동원 능력을 가지고 있어, 이를 통해 연구기술력, 인력 확보 등의 문제 해결 능력을 보유하고 있고 미래 시장의 잠재력만 확보되면 언제든지 관련 R&D와 관련 산업에 진입할 태세를 유지하고 있다고 볼 수 있다. 그러나 앞에서 본 바와 같이 독자적인 해양 관련 기업들은 대개 중소·중견기업에 속하므로 이들에 대한 공공 부문의 적극적인 지원이 요망된다.

### 3) 해양신산업 기술개발 단계

해양신산업은 대개 연구개발을 통하여 기술이 개발되면 이를 시제품으로 만들어 개발 테스트와 이를 통한 상용화 가능성 탐색을 하게 된다. 이를 통해 시장이 확인되면 상용화를 추구하게 된다.

〈그림 9-6〉 해양신산업 기술개발 단계

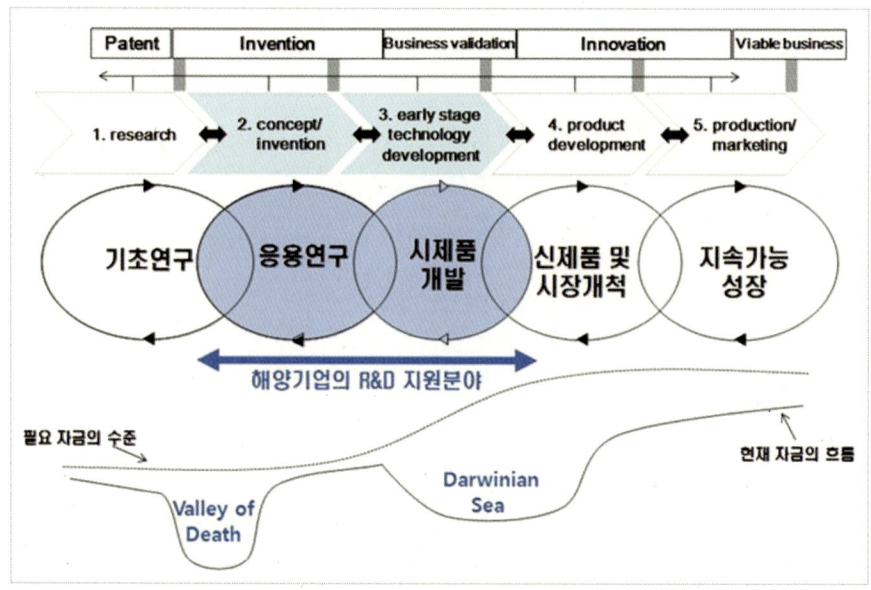

자료: 한국해양수산개발원, 전게서, 2011, p.14. 원전: KIMST, 전게서.

R&D 단계에서 보면 R&D 중에 시간이 걸리면서 많은 자금이 필요하게 되며 이때 자금 여력이 부족한 중소기업들은 도산 위기(Valley of Death)에 처하게 된다. 이를 빠져 나와도 R&D 이후의 기획과 상용화 준비에 따른 시간 지체로 자금 소요는 더 늘어나 기업을 압박하게 되어 도산하기도 한다. 따라서

국가에서는 이러한 점과 아울러 해양기술 개발의 거대 자금 소요, 기술의 높은 공공성, 장기간의 R&D 기간 소요 등을 고려하여 단계별로 적절한 지원이 필요하다. 그리고 이것이 국가 해양과학기술개발계획에 잘 반영되어 단계별로 지원이 잘 이루어지게 해야 할 것이다. 특히 연구자금은 앞에서 나온 바와 같이 해양신산업의 연구 개발, 개발된 기술의 상용화 촉진 등에 조화있게 사용되어야 할 것이다. R&D 자금의 규모를 늘리는 것도 중요하지만 어느 과정에서 어떻게 지원하느냐도 해양신산업을 육성하는 데 중요한 관건이라고 할 수 있다.

정부는 해양신산업 지원 시 이러한 연구 자금 확보, 연구 능력 확보, 시장 확보, 법제도 개선 등 각 단계별 지원 전략을 수립하여 과정별로 애로 요인들을 해소시켜야 할 것이다.

〈그림 9-7〉 단계별 해양신산업 지원 체계

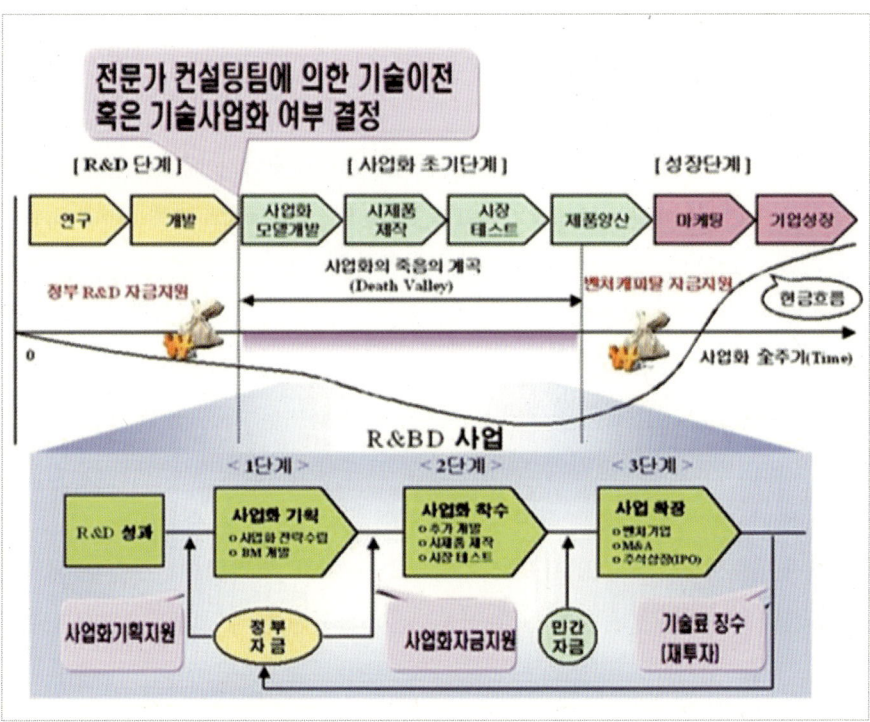

자료: 한국해양수산개발원, 상게서, 2011, p.15. 원전: KIMST, 전게서.

4) 해양신산업 사례[861]

(1) 해양바이오 에너지

현재 이산화탄소 배출에 의한 기후변화를 막기 위하여 세계 각국은 신재생에너지 개발과 바이오 에너지 개발에 노력 중이다. 우리나라에서도 바이오 에너지 개발이 활성화되고 있는데 특히 SK케미칼이 유채유, 대두 등의 유지식물을 원료로 바이오디젤을 생산, 공급하고 있고 SK에너지도 촉매기술을 활용하여 바이오부탄올 생산에 필요한 기초 기술을 개발하였다. 아울러 GS칼텍스도 폐목재 및 폐식물 등을 활용한 바이오부탄올 개발을 진행 중이다. 이러한 가운데 해양바이오 분야에서는 각종 해조류를 이용한 바이오 에너지 개발이 진행 중이다. 먼저 ㈜바이올시스템즈는 생산기술원의 연구개발을 토대로 해조류를 이용하여 바이오에탄올 생산 실증시험을 하였다. 한국해양과학기술원(KIOST)에서는 미세조류를 이용한 바이오디젤 개발을 연구 중이고,[862] 부경대 등 기타 대학들도 해조류를 이용한 바이오연료 개발과 관련하여 연구 중이다.

그러나 우리나라에서는 미국, 브라질 등 바이오에너지 대국처럼 바이오에너지 의무사용비율(RFS)이 2015~2017년에 2.5%, 2018~2020년에 3.0% 적용이 될 예정으로 아직 국내 수요가 적은 편이다.[863] 또 에너지로 이용하기 위한 각종 법률 등 개정/보완도 필요한 것으로 나타나고 있어 R&D와 더불어 상용화를 위한 여건이 보다 더 조성되어야 할 것으로 나타나고 있다.

이러한 중에도 앞에서 언급된 ㈜바이올시스템즈는 자본금 37.4억 원의 중소기업이지만 생산기술원의 연구개발을 토대로 착실히 상용화를 추진하고 있어 R&D 상용화를 위한 하나의 모델케이스로 제시하고자 한다.

㈜바이올시스템즈는 먼저 생산기술연구원(이하 생기원)의 기술 특허 5건을 도입하여 10년간(10년간 연장 가능) 전용실시권을 계약하였다. 다만 추후

---

861) 본 사례는 한국해양수산개발원(『국제 해양문제 주도권 확대 방안 연구(Ⅲ)』, 2011. 12) 자료의 일부를 활용한 것임을 밝힌다.
862) 40톤급 바이오연료 실증실험장을 준공, 롯데건설, 애경유화, 호남화학 등과 MOU 체결.
863) 신재생에너지 연료 혼합 의무화 제도를 RFS제라 한다.

생기원이 기술매각 시 우선인수권을 확보하였다. 현재 전남 고흥에서 4,000L의 시범플랜트를 설치해 설계기술을 확보한 후 40만L 상용화플랜트 건설 계획을 추진 중이다. 이를 위해 금호석유화학, 현대자동차와 MOU(2009. 6)를 체결하였고 필리핀 보홀 주 및 팔라와 주와 원료공급 MOU를 체결하여 원료인 해조류 4모작이 가능한 20만ha의 해수면을 확보하였다.[864]

이어 전남 고흥군 도양읍에 2010년 5월 연간 120만 리터의 바이오에탄올을 생산할 수 있는 파일럿플랜트를 준공하였다. 이를 위해 국책과제(구 지경부 지원)로서 2009년 12월에 3년 연구를 시작하였으며, 총사업비 150억 원(제1세부과제 108억 원)에 대해서는 정부(90억 원 지원)와 고흥군청, SK에너지, 퓨어테크피엔티, 태양중공업, 현대자동차 등이 참여하고 있다. 이 자금은 대부분 설비 자금으로 쓰여야 하므로 추가적으로 부지, 공장동, 운영비 등 추가 자금이 필요하다. 이를 위해 벤처투자가인 삼호그린인베스트먼트, 포스텍기술투자에서 총 24억 5천만 원의 투자금(2010. 11)을 조달하여 이에 충당할 수 있었다. 중소기업으로서 자금 조달의 문제를 시장성을 보고 투자하는 벤처업체에 의해 해결한 것이다. 그러나 인근 해조류 어장 확보 시 어업인들과의 갈등, 에너지 개발 시 시장 확대를 위한 법제도 보완 등이 추가적으로 요망된다. 이와 같이 ㈜바이올시스템즈는 아직까지는 기술 및 연구 개발, 자금 등에서 상용화가 잘 진척되고 있다.

(2) 해수리튬

리튬은 전기자동차에 쓰이는 배터리 즉 2차전지를 위해 쓰이는 고급 소재이나 전 세계에 부존량은 1,400만 톤 정도밖에 안 된다. 이것마저도 남미 볼리비아, 아르헨티나 등에만 부존되어 있어 최근에 한·중·일의 볼리비아 리튬 쟁탈전이 벌어졌다. 그래서 해양수산부(구 국토해양부)의 연구 자금 지원에 의해 한국지질자원연구원이 저렴한 가격으로 해수에서 리튬을 개발하는 기술을 개발하였다. 이에 해양수산부는 R&D 성공 후 미래에 종합소재 회사를 지향하는 포스코

---

864) 수산신문, 2013. 7. 13.

(POSCO)에 기술이전을 하고, POSCO는 한국지질자원연구원과 공동으로 강릉연구센터를 2011년 7월에 준공, 실증시험에 들어가는 등 상용화에 착수하였다.

〈그림 9-8〉 해수중 리튬의 흡착, 탈착, 분리·정제, 생산 과정

자료: 국토해양부 보도자료, 2011. 7. 14, (http://www.molit.go.kr/USR/NEWS/m_71/dtl.jsp?id=95068532, 2016. 1. 6),
원전: 한국지질자원연구원(KIGAM)

현재 전량 수입에 의존하고 있는 리튬은 국내 연간 리튬 수요가 연간 약 5,000 톤이나 본 사업을 통해 상용화에 성공하면 앞으로 2만 톤 수준까지 생산 증가가 기대되고 있다.

POSCO는 현재 철강제조회사에서 향후 첨단신소재, 전기차용 배터리 등의 소재 전문회사로의 전환을 시도하고 있어 대기업으로서 상당한 자금을 이 분야에 지속적으로 투입할 것으로 예상되는 만큼, 해양에서 리튬 추출 상용화가 무리 없이 진행되는 좋은 사례가 될 것으로 기대된다.

(3) (주)네오앤비즈

이 회사는 사업 초기에 환경 분석, 생태독성평가, 위해성평가 등 환경 연구 용역 분야에 진출하였다. 당시 관련 전문가도 많지 않고 시장도 형성되어 있

지 않았다. 아예 환경 분야에 필요한 시험법 제정, 제도 도입, 기술이전 및 인프라 구축 등에 힘쓰고 시장을 새로 만들어 가면서 사업을 수행했다. 대표적으로 2003년 해양수산부의 해양벤처지원사업 '발광박테리아를 이용한 해양환경독성평가기기 개발' 과제을 통해 발광박테리아 독성시험법이 공정시험법으로 입안되고 상용화제품인 N-Tox가 나오기까지 6년의 세월이 걸렸다.[865]

또 최근에야 매출이 본격적으로 발생하여 기술개발에서 상용화까지 얼마나 걸리고 어려운지를 잘 대변해 주고 있다. 이후 수온/유기수은분석기기(NOMA 1000), 물벼룩 독성측정기기(NDI 100)도 자체 기술개발을 통해 제품화하고 관련 시약, 소모품을 제조하여 판매하고 있다.

### 5) 해양신산업 평가와 지원 방안

우리나라 해양기술의 신산업화를 평가해 보면 현재 먹는 심층수 등 일부 제품 외에는 대부분 R&D 단계이거나 상용화 전단계인 실증플랜트 테스트 수준이다. 실증테스트도 주로 대기업 참여 과제가 주를 이루고 있고 이들은 자금력, 연구력 등이 있어 추진이 용이하나 대부분의 중소기업이나 벤처기업은 자금 유치가 안 되면 중간에 자금이 고갈되어 사업 진행이 어렵게 된다.

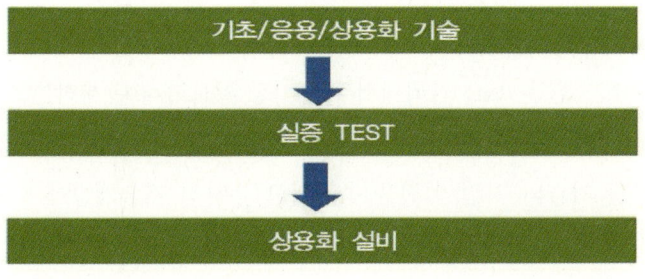

〈그림 9-9〉 R&D 단계에서 상업화 단계

자료: 한국해양수산개발원, 전게서, 2011. 12, p.25.

---

[865] 네오앤비즈, 「해양환경기술개발로 국내 독보적 벤처기업이 되다」, 『해양과학기술』, KIMST, 2012년 1월호, pp.62-63.

〈표 9-17〉 해양신산업 분야별 개발 단계

| 분야 | 단계 | 비 고 |
|---|---|---|
| 해양바이오(신물질, 신약) | R&D 단계 | 일부 상용화 |
| 해양바이오 에너지 | 실증 테스트 / R&D | 바이오에탄올/바이오디젤 |
| 해수 리튬 추출 | 실증 테스트 | 포스코 참여 |
| 열수광상/심해 자원 | R&D 단계 | 통가, 피지, 태평양 CC zone |
| 해양심층수 | 상용화 / R&D | 먹는 물 등 /식품, 화장품 등 일부 연구개발 |
| 위그선 | 실증 테스트 단계 | 실용화 단계 |
| 해양 장비/수중로봇 | R&D 단계 | 해미래 등 일부 실용화 |
| 조류 발전 | 실증 테스트 단계 | |
| 파력 발전 | 실증 테스트 단계 | |
| 조력 발전 | 상용화 단계 | 시화호 조력 발전 완전 가동, 나머지 계획 중 |
| 해상풍력 | 실증 테스트 단계 | 고창, 영광 해양풍력단지 조성 계획 |

자료: 한국해양수산개발원, 전게서, 2011. 12, p.25.

    자금이나 연구개발 등에서 대기업은 유리한 편이나 해양 분야의 중소기업은 대단히 불리한 편이다. 따라서 앞으로 이러한 부분을 고려하여 해양 벤처기금 조성 등 정책적인 지원이 요망된다.

    해상풍력, 해양신재생에너지, 위그선 개발 등 다른 신산업 부문도 해역 이용, 보상, 전력 연계 등에서 범부처적인 협력이 요구되기는 마찬가지이다. 다만 이 경우 실증실험, 제도 개선 등에 시간이 너무 걸려 상용화를 추진하던 기업이 제도 미비, 자금난 등으로 중도하차 하는 일이 없도록 지속적이고 적극적인 지원이 필요하다.

    향후 정부의 지원은 R&D 기획에서부터 시장 확보까지 단계적이고 체계적으로 이루어져야 할 것이다. 즉 사업화 기획 지원(1단계)을 통해 대학 및 연구기관에서 개발된 기술의 기업 이전을 촉진하고 추가적 기술개발에 필요한 자금을 지원해야 한다. 또한 사업화 자금 지원(2, 3단계)을 통해 전문 기업 및 중핵기업으로 성장하기 위한 마케팅, M&A 등을 알선해야 할 것이다. 특히 앞에서 언급된 것처럼 자금에 취약한 유망 해양 중소기업 위주로 집중적이고 적극적인 지원이 요망된다.

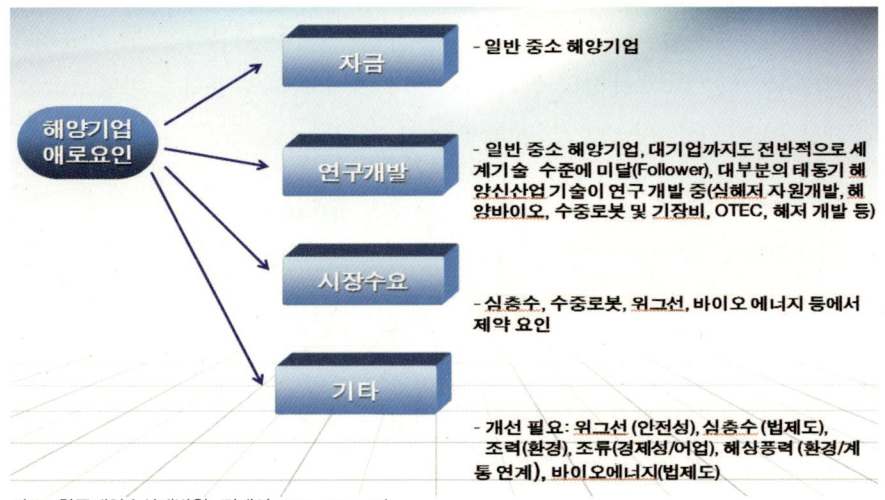

〈그림 9-10〉 해양신산업 기업들의 애로 요인

자료: 한국해양수산개발원, 전게서, 2011. 12, p.26.

## 4. 해양인력 개발 강화

### 1) 배경 및 문제점

산업 구조 차원에서 보아 전통 해양산업인 수산업, 해운업, 조선업의 구조 고도화 조치를 취하면서 미래를 대비한 해양플랜트, 해양기장비, 해양바이오 등 산업 수요가 커지는 분야에 대한 기술, 자금 이외에 인력 공급 등의 지원책도 필요하다.

특히 사회 변화도 고려해야 하는데 최근 사회가 컨버전스(convergence), 하이브리드(hybrid), 혼합(Mashup) 등 이종 기술 간 결합을 통한 다양한 서비스를 제공하여 새로운 부가가치를 찾으려는 노력이 진행되고 있다. 현재는 IT 등을 이용하던 제3차 산업혁명에서 제4차 산업혁명이 일어나는 단계로 접어

들어 드론, 3D프린터, IOT, 빅데이터, 로봇, 인공지능(AI) 등 각종 신기술이 산업에 접목되고 있다. 따라서 미래 교육 패러다임은 전통적 학문 분류체계에 기초한 개별 학문 중심의 인력 양성에서 여러 학문의 융합을 바탕으로 한 복합적 인력양성 시스템으로 변화해야 할 것이다.

〈표 9-18〉 해양 분야별 인력 양성 방안

| 구분 | 분야 | | 미래 발전 분야 | 관련 학문 분야 해양 | 관련 학문 분야 비해양 | 양성방식 |
|---|---|---|---|---|---|---|
| 해양 산업 | 해양 신산업 | | 해양생물(생명공학, 바이오연료) 산업<br>신재생에너지(조류, 조력, 파력, 해상풍력 등)개발<br>해양공간(해양플랜트, $CO_2$해저지중저장(CCS))이용<br>해수(해수담수화, 해수용존광물) 이용<br>해저광물(망간각, 망간단괴, 가스하이드레이트 등) 확보<br>기타(AUV·ROV, 수중무선통신 등) | 해양생물<br>해양공학<br>해양지질<br>해양화학<br>조선공학<br>해양플랜트운영<br>(신설) | 생물학<br>약학<br>조선공학<br>지구과학<br>지질학<br>화학<br>광물학<br>토목공학<br>건축학<br>경영학<br>전자통신 | 기존: 기존학교교육 외에 산·학·연 연계강화<br><br>신산업: 필요시 신과정 개설 |
| | 기존 | 수산업 | 자원관리·바다목장화<br>근해양식업 | 해양생물<br>수산학<br>수산경영<br>양식학 | 생물학 | |
| | | 해운 항만 | 화물운송, 해운중개업, 선박관리업, 기술R&D, 교육훈련, 선박금융, 정보통신 | 조선해양공학<br>선박운항<br>해사수송<br>항해학<br>항만물류 | 기계공학<br>산업공학<br>전기제어공학<br>경영학 | |
| | | 해양 관광 | 크루즈/요트내장, 연안공학, 요트설계, 마리나 운영 | 해양레저선박<br>해양레포츠학과 | 기계공학<br>산업공학<br>경영학 | |
| 해양 정책 및 서비스 | 해양정책/해양법 | | EEZ협상·관리, 독도, 대해적, 해양행정 및 해양전략 등 | 해사법무정책 | 법학, 행정학, 지리학 등 | 단기: 학·연 협동과정<br>장기: 해양정책대학원 설립 |
| | 연안관리 | | 연안관리(ICZM)·용도해역제, 해양공간계획(MSP), 무인도서 관리, 해양공간정보 | 해양학<br>해양공학 | 경영학, 행정학, 지역계획학, 지리학 등 | |
| | 해양환경 | | 해양오염물질 저감<br>해양생태계 복원<br>해역이용협의·환경영향평가<br>연안재해 회복력 증대<br>해양청정기술 | 해양화학<br>해양생물<br>해양공학 | 화학, 생물학, 지질학, 물리학<br>환경공학<br>지구과학 | |
| | 국제 해양협력 | | 해양환경, 해양안전, 해양안보 | 해양화학<br>해양생물<br>해양경찰학 | | |
| 해양 과학 및 조사 | | | 기후변화대응·적응<br>해양탐사 및 관측<br>해양정보 및 예보/해양운용 증진<br>극지연구 | 해양지질<br>해양화학<br>해양생물<br>해양물리<br>해양공학 | - | -순수기초: 일반대학<br>-응용과학: 해양과학기술원 등 |

자료: 한국해양수산개발원, 전게서, 2010. 12, p.184.

## 2) 해양산업 인력 교육 현황 및 향후 방향

우리나라 전체 대학원 석사 중 해양 관련 석사 비중은 전체의 0.6%, 박사 비중은 전체의 1%에 불과한 것으로 나타났다. 해양산업의 비중이 GDP 기준 5.0% 이상임을 감안하면[866] 해양 관련 학위 소유자가 1%에 불과하여[867] 기여 비율상으로만 보면 매우 부족한 것으로 판단된다. 반면 현실적으로 보면 대학 해양학 전공자들이 줄어들고 취업도 곤란한 편이다. 또한 전체 해양 인력에 대한 비전과 체계적인 양성계획 등의 국가 계획이 부재하여 새로운 여건 변화에 따른 해양인력 양성 계획의 수립이 필요하다.

해양 분야 인력 양성 현황과 방향을 보면 대개 해양과학 및 조사 분야는 일반 대학 해양학과 등에서 많이 이루어지고 해양산업 분야는 공학, 이학 등 다양한 이공학 분야에서 교육을 받고 있다. 해양정책은 거의 정규과정에서 이루어지지 않고 있어 새로운 학과 신설(해양정책대학원 등), 새로운 교육·연수 체제를 통한 교육이 이루어져야 할 것으로 보인다. 최근 해양수산부에서 씨그랜트 사업으로 인재 양성 등 지역 해양 문제를 해결해 가고 있어 이에 대하여 살펴보고 전체 해양 인재 양성 방안을 살펴보고자 한다.

## 3) 씨그랜트(SEA Grant) 사업[868]

씨그랜트란 '바다에 대한 보조금'으로 지역 현안을 발굴하여 연구함은 물론 연구 결과의 기술이전·교육 홍보·정보 제공을 통해 지역 현안을 해결하는 것을 말한다. 30여 년의 역사를 가진 미국 씨그랜트는 해양자원과 그 경제적 가치에 대한 국민적 이해와 인식을 증진시키고 해양과학기술 연구를 적극 지원하고자 하는 연방정부, 주정부, 연구기관, 산업계의 파트너십으로 정의되며 32개 씨그랜트 대학 프로그램이 진행 중이다.

---

866) 국토해양부, 『제2차 해양수산발전계획 연구』, 2010, p.51.
867) 한국해양수산개발원, 『국제 해양주도권 확대 방안 연구(Ⅱ)』, 2010. 12, p.163.
868) 김성귀, 해양정책 교재, 국토인재개발원, 2012; 한국해양과학기술진흥원(KIMST) 내부 자료.

미국이나 한국에서 도입한 씨그랜트 활동 내용은 연구(research) 및 지역 인재 양성, 교육(education), 대민활동(outreach) 등으로 구성되어 있다.

- 연구 및 인재양성 : 연구는 자연과학과 사회과학 및 양자를 연계한 학제적 연구를 말하며, 연구 결과는 해양자원 및 생태계의 지속성을 촉진하고 생태계의 기반을 둔 해양환경 및 해양자원 관리를 수행하는 공공, 민간 부문의 관리 및 의사 결정에 활용하고 연구를 통해 지역인력 양성
- 교육은 해양·연안환경 지도자, 자원관리자, 해양·연안환경을 충분히 인식하는 일반 대중을 양성하는 것을 목적으로 하며, 해양 및 연안환경에 관한 평생학습의 장으로서 역할을 담당
- 대민활동은 해양 및 연안 정보를 지역사회 구성원들에게 알리는 모든 활동

우리나라에서 씨그랜트 프로그램은 2000년 들어 지역의 해양 관련 전문인력 양성을 통한 지역 현안 해결을 목적으로 도입된 것이다. 당시 우리나라 씨그랜트 프로그램은 두 단계로 나누어 진행되었다.

〈표 9-19〉 **씨그랜트의 내용**

| 구 분 | | 내 용 |
|---|---|---|
| 사업내용 | 지역현안 연구 | 지역 현안문제 발굴을 위한 수요조사<br>지역 해양 관련 인프라를 활용한 연구 수행 |
| | 대민활동 | 해양체험프로그램 개설을 통한 지역민의 해양의식 고취<br>연구조사로 확보한 결과를 지역민에 전파 |
| | 인력양성 | 해양 분야 지역 전문가 양성을 위한 해양교육프로그램 운영 |

자료 : 한국해양과학기술진흥원(KIMST) 내부자료

첫 단계로 해양 관련 대학이나 학과를 가진 대학을 대상으로 연구 자금을 지원하여 해양수산 분야 과학기술 인력의 육성에 중점을 두었다. 이에 따라 2000년부터 2004년까지 118개 해양수산 연구개발 과제에 약 52억 원이 지원되었다. 두 번째 단계로 2004년부터 지역별로 씨그랜트 대학 프로그램을 지정하여 실질적인 미국식 씨그랜트의 도입 확산을 추진하였다. 이리하여 2004년 영남 씨그랜트사업단이 발족했고, 호남, 경기, 충남, 경북, 제주, 경인사업단 등 7개 지역 사업단으로 확대되었다. 현재 연안관리, 수산자원 이용, 해양

관광 및 레저스포츠 육성 등에서 많은 성과를 거두었고 지역의 현안 연구, 관련 인재의 양성, 그리고 지역민의 해양 관련 교육, 그리고 지역 현장의 해양 문제 해결에 많은 기여를 하고 있다.

### 4) 해양인력 개발을 위한 정책 제언

향후 주요 해양 발전 분야를 해양산업, 해양정책·서비스, 해양과학·조사로 크게 구분하고, 이에 해당하는 세부 분야별로 인력 양성 방안을 보면 다음과 같다.

먼저 해양산업분야는 해양신산업을 활성화하고 기존 산업을 고도화하는 방향으로 인력양성 체계를 재편해야 할 것이다. 기존 산업의 경우 해양을 이용하는 범위가 다양화, 원양화, 심해화 됨에 따라 산업의 고도화가 필요하며, 이에 맞는 학과 구조 및 교육 과정 개편이 필요하다. 반면 해양신산업은 기존 학과정으로 부족한 경우가 많아 필요시 신(新)과정을 개설하여야 할 것이다. 해양신산업 분야의 경우 특히, 해양플랜트, 해양에너지 분야에서 관련 학과 신설·학과 구조 개편, 정부 지원 등으로 산업에 맞는 인력을 배출하기 위한 발빠른 움직임을 보이고 있다. 해양신산업의 경우 신과정 개설 혹은 기존 과정 강화를 통해 전문지식 습득과 핵심 원천기술 확보가 무엇보다 중요하기 때문이다.

해양과학 및 조사 분야(기후변화 대응·적응, 해양탐사 및 관측, 해양 정보 및 예보, 극지연구 등)의 경우, 순수 기초 해양 분야에도 적용할 수 있는 기초 역량을 축적하는 데 더욱 집중하여야 할 것이다. 연구와 교육을 겸하도록 개편된 한국해양과학기술원(KIOST)의 경우 순수한 해양 연구에 더하여 국가의 다양한 해양과학기술의 응용에 소요되는 전문가도 학·연 연계사업 등을 통해 양성되도록 해야 할 것이다.[869] 이러한 교육과정에는 다음과 같은 해외 유사 사례도 참고해야 할 것이다.

---

869) 기존에 연구를 주 임무로 하는 KIOST와 대학 등 학·연이 공동 협동으로 개설한 연구 중심의 새로운 석박사 과정이 설치되어 과학산업 인력 양성을 목적으로 함. 해양정책 관련 등의 학과는 없어 이 분야의 인력 양성이 포함되어야 하고 기타 전공으로 해양기후변화 조사, 해양구조물 건설·운용, 해양재난 대비, 북극해 등 극지 개발 관련 등의 포함이 요망됨.

예) 미국 스크립스 해양연구소—캘리포니아주립대학 샌디에고분교와의 학연협동 과정, 우즈홀 해양연구소--메사추세츠 공과대학과 학연협동 과정 등

해양정책 · 서비스 분야는 비해양계 전공자들이 체계적인 교육을 통해 해양 전문 인력으로 거듭날 수 있는 기회를 마련하고, 분명한 비전을 갖도록 하는 등 고급 인력들을 해양 부문으로 유도하는 전략이 필요하다. 아울러 해양 분야 국제기구 진출을 강화하기 위한 전문가 양성에도 주력하여야 할 것이다. 최근 일본은 요코하마대학(석사), 동경대학(박사) 등에 해양정책대학원을 설치하였고 중국은 청도해양대학을 중국해양대학으로 개칭하여 관련 인력을 양성 중이며, 미국도 델라웨어대학, 로드아일랜드대학 등에서 해양 정책 등 관련 인력을 양성 중이다.[870] 특히 우리나라에서는 IMO 사무총장 배출과 관련된 지원, 그리고 연안관리, 해양관리, 유엔해양법에 따른 EEZ 및 대륙붕 관리, 북극해 관련 정책, 해양 ODA 사업 등 새로운 정책 수립과 시행에 따른 해양정책 인력 양성을 위한「해양정책대학원」의 설립이 조속히 이루어져야 할 것이다.

앞에서 언급한 대로 21세기 교육 패러다임은 전통적 학문 분류체계에 기초한 개별 학문 중심의 인력 양성에서 여러 학문의 융합을 바탕으로 한 인력 양성 시스템으로 변화하고 있다. 해양 분야에서도 경쟁력 강화를 위하여 기술융합형 해양탐사 기술, 해양-IT융합 기술, 해운-금융 융합, 해양과학-자원경영 통합, 조선-첨단기술 접목, 신개념의 해양구조물(해양플랜트 등) 시장 창출을 위해서 노력하고 있다. 이러한 시대적, 기술적 환경을 감안하여 해양융합인력 양성을 위한 사업 및 지원 범위를 확대해야 할 것이다. 새로운 전문성과 융합적인 사고가 가능한 인재를 육성하기 위해서는 대학원 등에 전문 심화교육 과정을 설치하고 관련 커리큘럼을 도입하거나, 전공 간 융합 교육이 필요하다.

산학연 협력 분야는 산업체의 수요와 미래의 산업 발전에 부응하는 인력의 양성, 새로운 지식 및 기술의 창출 및 확산을 위한 연구개발, 그리고 산업체 등으로의 기술이전 및 산업 자문 등이 있다.[871] 이러한 산학연 협력을 통

---

[870] 한국해양수산개발원, 전게서, 2010. 12, pp.190-191.

해서 연구 및 기술개발의 촉진과 기업 수요에 맞는 해양 전문 인력 양성 등의 목적을 달성할 수 있는데 이미 산학연 협력과 정부의 사업 및 추진전략은 법에 의해 마련되어 있다.[872] 그러나 해양 분야에서 해양 전문 인력 양성을 위한 각 주체들의 부족한 역량을 점검하고 해결책을 마련하거나 보완할 수 있게 추진 주체 간 역할 분담이 다음의 표와 같이 이루어져야 한다.

〈표 9-20〉 해양 인력 양성을 위한 분야별 역할 분담 방안

| 구분 | 내용 |
| --- | --- |
| 정부 | • 전체 해양 인력 양성의 추진 주체로서의 역할<br>• 해양 신성장동력과 기술 로드맵과 연계한 해양 전문인력 양성계획 수립<br>• 글로벌 해양 전문 인력 양성 프로그램 마련 및 지원<br>• 산학연 활성화 및 지원 정책 마련 |
| 산업 | • 현장 교육(OJT) 실시<br>• 해양신산업화 및 고용 창출 /기존 산업의 고도화<br>• 원천기술 및 공공기술의 산업화를 통한 부가가치 창출<br>• 전문교육기관의 업무 연수 기회 확대 및 재교육<br>• 기업 요구를 충족시키는 연구 프로젝트 공동수행 및 대학의 연구인력 양성 집중 지원 |
| 대학 | • 패러다임(창의성, 응용성, 학제성, 국제성) 변화에 적합한 기초연구 역량강화<br>• 학내 교육 인프라를 통합한 기술 융합형 교과과정 개발 및 운영<br>• 해양 분야 연구중심 교육 강화: KIOST 등과 협력 |
| 연구 기관 | • 핵심원천기술 선점을 위한 전략 발굴<br>• 국가수요와 글로벌 이슈에 효과적으로 대응할 수 있는 해양기술 도출 |

자료: 한국해양수산개발원, 전게서, 2010. 12, p.188.

아울러 해양산업 인력 양성 및 지원은 국내 해양산업 인력을 양성하는 대학을 중심으로 하되 연구기관들도 관련 연수 기능을 강화하여 해양산업 인력 양성을 주도하도록 해야 한다. 새로이 복합 해양플랜트, 크루즈, 요트, 해양심층수, 해저 광물자원, 신재생에너지 등 각종 신해양산업 정책 분야에 맞는 인재 양성을 위한 프로그램도 지속적으로 발굴해 시행하여야 할 것이다.

---

871) 「산업교육진흥 및 산학협력촉진에 관한 법률」 제2조(정의) 참고.
872) 기술이전촉진법, 산업교육 진흥 및 산학협력 촉진에 관한 법률 등.

# IV부 기후와 해양

# 10

## 기후변화와 해양

# 제10장
# 기후변화와 해양

## 1. 기후변화와 해양

### 1) 기후변화와 해양의 역할

#### (1) 기후변화

기후의 정의는 특정 지역의 장기간에 걸친 대기상태로서, 단기간 동안에 나타나는 기상요소와 그들의 변화를 장기간에 걸쳐 모아놓은 것이다.[873] 기후의 구성요소로는 태양의 복사, 기온, 습도, 강수(형태·빈도·양), 기압, 풍속, 풍향 등이 있다. 대규모 변화에 의해 새롭고 뚜렷한 기후 상태가 오랫동안 지속되는 것을 기후변화라 한다. 계절적인 기후변화는 외적으로 야기된 변화 그리고 기후시스템 요소의 변화와 요소간의 상호 작용에 의해서 발생한다.[874] 이러한 변화는 특히 기후시스템의 5가지 주요 구성요소인 대기권, 수권, 빙권, 지권, 생물권 등의 각 요소들이 각기 상호작용하여 끊임없이 변화하기 때문에 일어난다.

세계 각지의 기후는 지구의 대기 순환과 바다의 해수 순환이 있어 이 두 가지 순환계의 상호작용에도 크게 지배받고 있다.[875] 기본적으로 대기의 순환은 태양 복사열의 지역적 차이, 즉 태양 복사 에너지의 편재(偏在)로 인해 발생한다. 적도 부근에서 뜨거워진 대기는 상승하고, 극지 부근에서 차가워진 대기는 하강하여 양 지역 사이에 대기의 대순환이 일어난다.

---

[873] Daum 백과사전.
[874] 한국환경공단 기후변화홍보포털, http://www.gihoo.or.kr/portal/01_General_Info/01_Warming.jsp(2013. 11. 1)
[875] 남송우, 「해양 인문학의 모색과 해양문화콘텐츠의 방향」, 『해안과 해양』(2013. 9 Vol.6 No.2), 한국해안·해양공학회, 2013. 9, p.26.

〈그림 10-1〉 기후변화 요인

원자료: 기상청 기후변화정보센터(2005), 한국환경공단 기후변화 홍보사이트,
http://www.gihoo.or.kr/portal/01_General_Info/01_Warming.jsp (2012. 4. 16)

 즉 물에서 대류현상이 일어나는 것과 마찬가지로 공기도 가열되면 상승하며 대류현상이 일어난다.[876] 적도지방에 태양에너지가 집중되어 공기가 가열되고 온도가 상승하면, 밀도는 감소하여 상승기류가 형성된다. 이렇게 상승한 기류는 북위 30도 인근에서 냉각되어 하강기류가 형성되고 이렇게 하강한 기류는 지면에서 나뉘어 적도와 고위도 지역으로 향한다.[877] 이때 지구의 자전의 영향으로 북반구에서는 공기가 시계 방향으로 휘면서 불어나가기 때문에 중위도 지역에서는 서풍이, 저위도 지역에서는 동풍이 불게 된다.
 또한 극지방의 저온으로 인하여 공기가 냉각되면 하강 기류가 생기게 되고, 이 흐름은 지면에서 남쪽의 중위도를 향하게 된다.[878] 북위 60도 인근에서는 극지방에서 내려온 기류와 북위 30도 지역에서 올라온 기류가 만나서 상공으로 상승하는 흐름이 만들어지게 되어 상층부에 도달하게 되면 이 공기의 흐름은 다시 극지방(소위 Polar Cell)과 중위도 지역(Ferrel Cell)로 나뉘

---

[876] 한국해양수산개발원, 『바다 이야기』(고등학교·일반용 해양교재), 서울, 2014. 12, p.29.
[877] 이를 발견자 Hadley의 이름을 붙여 Hadley cell이라 한다. 위키백과.
[878] Ibid.

어 다시 공기의 큰 대류 세포를 형성하게 되는 것이다.[879] 이렇게 지구 전체에 이루어지는 공기 대순환의 원동력은 적도와 극지방의 태양에너지의 불균형이라 할 수 있다. 이렇게 발생한 공기의 흐름은 적도 지방에 남는 태양에너지를 극지방으로 이동시키는 효과를 일으킨다. 바로 이 효과에 의해서 지구의 위도별 에너지 불균형이 어느 정도 해소된다고 할 수 있다.

또한 중위도 지방의 날씨에 영향을 미치는 제트기류는 북극과 적도의 온도 차이로 인해 발생하는데, 그 온도 차이가 해빙 면적과 함께 줄어들고 있어 제트기류도 약해지고 있다.[880]

반면 해류는 자전에 의해 발생하는 '코리올리 효과(Coriolis effect)'에 의존하고[881] 표층 해류는 바람이 부는 방향을 따라서 움직이지는 않는다. 즉, 저위도에서 서쪽으로 부는 무역풍과 중위도에서 동쪽으로 부는 편서풍으로 인해, 북반구에서는 시계 방향, 남반구에서는 시계 반대 방향으로 표층 해류의 큰 흐름이 생긴다.[882] 또한 위도마다 바닷물이 햇빛을 받는 정도가 달라 적도를 중심으로 저위도에서 바닷물이 가열되면 비중이 낮아지며, 비중이 낮아진 해수는 고위도를 향하여 표층으로 퍼지게 된다.[883] 해류는 대기의 순환 시스템과 연동할 뿐만 아니라 각지의 해양환경도 결정짓는다. 이 바다의 순환 시스템이 기후와 각지의 해양 환경을 지배하고 있는데, 태평양에서 보면, 아시아 최대의 해류는 태평양 서안으로 북상하는 난류성의 쿠로시오(黑潮) 해류이다. 이것이 적도의 에너지를 중위도 지역으로 전달하면서 기후에 영향을 미친다. 또한 급격히 발생한 태풍에 의해서도 적도 지역의 열에너지가 중위도 이상으로 전달되어 지구 남북 간의 에너지 평형이 이루어지게 된다.[884]

---

879) 위키백과.
880) KMI, 『북극해 소식』 제6호, 2013. 8. 31, p.6.
881) 이 효과에 의해 북반구의 표면 상층 해류는 바람 부는 방향의 오른쪽 90° 방향, 남반구에서는 바람 부는 방향의 왼쪽 90° 방향으로 흐른다. 박성쾌, 『바다의 SOS』, ㈜수협문화사, 2007. 9, p.62.
882) 남송우, 전게서, p.27.
883) 박성쾌, 전게서, p.61.
884) 지구는 '구(球)' 형태로 되어 있어 태양에서 도달하는 열에너지가 위도와 경도에 따라 다르게 나타난다. 이처럼 적도 지방에 에너지가 쌓이면 온도는 계속 상승하고 에너지가 부족한 극지방은 점점 추워진다. 지구와 비슷한 행성인 화성의 적도 지역 온도가 영상 7도, 극지역 온도가 영하 68도까지 떨어지는 것과 같은 원리다. 태풍은 이처럼 지구의 위도 차이에서 발생하는 에너지 불균형을 해소

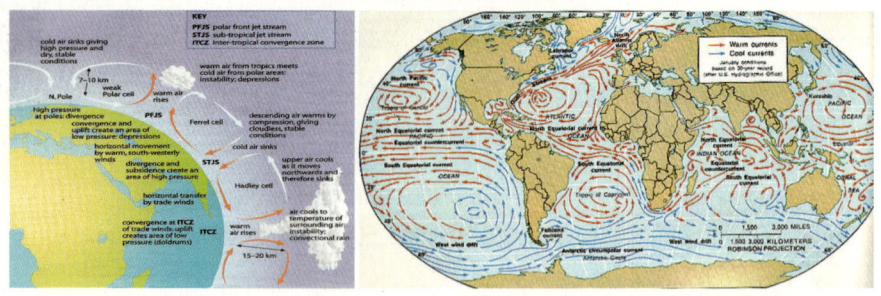

〈그림 10-2〉 지구의 에너지 평형을 돕는 대기 흐름(좌) 및 해류 흐름도(우)

자료: 좌: http://www.geogonline.org.uk/g3a_ki1_3.htm, 우:http://www.indiana.edu/~geol105/1425chap4.htm (모두 2015. 12. 23)

　이와 같이 대기와 해수에 의한 열교환 시스템이 지구 에너지 균형의 핵심인데 둘 중 하나가 멈추게 되면 다른 쪽에서 그만큼 더 큰 역할을 하게 된다.[885] 다르게 표현하면 해수에 의한 열교환이 멈추면, 적도와 극지방의 온도차가 더 커지게 되고 그러면 대기에 의한 열교환 시스템이 강해지게 된다. 적도 지방의 온도가 상승하면 더욱 더워진 바다에서 열에너지를 공급받아 발생하는 태풍과 사이클론이 더 많이, 더 강력하게 열을 중위도 지역으로 실어 나르게 되는 것이다.

　대기 순환 세포가 강력해져 더 강한 편서풍, 무역풍이 불고 제트기류가 지구 전체에 형성되면서 그 세력권이 남쪽으로 내려와 극지방의 차가운 기단이 중위도 지역으로 확장하게 된다. 온난화가 계속되면 해수에 의한 열교환 시스템이 약해지면서 슈퍼태풍과 같은 다양한 기상이변이 발생할 수 있다는 사실은 이미 오래전부터 지적되었으며, 최근의 기상 변화 추이는 이런 예측이 옳다는 것을 보여주고 있다.[886]

　온실가스가 배출되어 지구의 온도가 상승하면 극지방의 얼음의 면적이 줄어들게 된다. 얼음의 경우 빛의 반사율이 높아 태양에너지의 흡수율이 낮으나 해수의 경우 흡수율이 높아 얼음이 줄어들수록 더 많은 태양에너지를 흡수하여 얼음이 녹는 속도는 더 빨라지게 된다.

---

해 한 쪽이 너무 뜨거워지거나 추워지는 것을 막는 역할을 한다. 매일경제, 2012. 8. 29.
885) 한국해양수산개발원, 전게서, 2014, pp.31-32.
886) Ibid.

(2) 지구온난화의 원인

과거 빙하기(glacial periods)와 우리가 살고 있는 간빙기(inter-glacial periods)는 반복되어 이루어진다.[887] 앞에서 언급된 바와 같이 기후변화는 태양 주위의 궤도 수정(orbital variation)에 따른 밀란코비치 사이클(Milankovitch cycle)이라고 하는 지구상의 방사열 수지(radiation budget) 때문에 일어난다.[888] 이때의 이산화탄소 농도는 각각 200ppm과 280ppm으로 80ppm의 차이가 난다. 이러한 궤도 수정 이외에 간빙기에 이산화탄소 농도 강화로 적외선 장파 방출(long-wave radiation)이 차단되어 온난화현상이 일어나게 된다.

과거에는 이와 같이 주로 자연적인 요인에 의해 기후변화가 발생하였으나 최근 들어 산업화와 더불어 인위적인 원인에 의해서도 지구온난화와 같은 기후변화가 일어나기도 한다. 태양으로부터 지구로의 일사에너지는 대부분 가시광선이지만 대기를 통하여 먼지와 구름에 의해 반사되고 나머지 49%가 지표면에 도달하여 그 곳을 가열한다. 가열된 지구표면으로부터 방사되는 에너지는 파장이 극히 짧은 원적외선[889]이며 그것은 대기 중의 수증기와 이산화탄소에 의해 강하게 흡수된다. 이 때문에 지구표면으로부터 적외선으로 방출된 에너지는 직접 우주공간에 유출되지 않고 지구의 온도를 유지한다. 대기층(즉 그 속에 있는 수증기와 이산화탄소)에 의한 이 효과를 온실효과(Greenhouse Effect)라고 부른다.

이 에너지로 인하여 지구가 일정한 (약 15℃) 온도를 유지할 수 있고 이러한 온실효과(Greenhouse Effect)가 없다면 지구의 평균온도는 -18℃까지 내려가 생명체의 생존이 불가능하게 된다.[890] 따라서 우리가 쾌적하게 살 수 있게 만드는 요인 중 하나가 이산화탄소와 같은 온실가스이다. 이와 같이 지구 전체의 평균 온도는 태양에서 들어오는 단파복사열과 지구에서 내보내는 복

---

887) 약 100,000년 주기라는 설이 있다.
888) Ben McNEeil, *op. cit.*, pp.42-43.
889) 10㎛정도의 전자파.
890) Ben McNEeil, "Global Ecology of the Oceans and Coasts", *Ecological Economics of the Oceans and Coasts*, 2008, p.41. 달 표면 온도는 태양이 비칠 때 130℃ 이상이 된다. 하지만 해가 진 후 달 표면은 영하 170℃ 이하가 된다. 대기가 존재하지 않아 지구처럼 온실효과가 전혀 나타나지 않기 때문이다.

사열 차이로 결정되기 때문에 기후변화도 이 둘의 변화에 의해 생긴다.[891] 특히 태양에서 오는 복사열의 변화량은 매우 작기 때문에 대기 중 이산화탄소 등의 온실가스 농도가 늘어나 지구가 우주로 내보내는 지구의 복사열이 줄므로 온실효과가 더 크게 생겨난다.

대기 중에서 열을 흡수하여 저장하는 온난화 기체는 주로 4~5가지로서 앞에서 언급한 자연 상태의 수증기(water)와 이산화탄소($CO_2$) 외에, 메탄($CH_4$), 이산화질소($N_2O$), CFC(염화할로겐탄소 혹은 프레온가스) 등이다.[892] 이러한 기체는 수증기가 흡수하지 않는 파장의 적외선 흡수대를 가지고 있다. 그러므로 이러한 기체가 증가하면 당연히 우주로 빠져 나갈 열이 대기에 유보되어 온도가 상승하여 온실효과가 더 크게 나타난다.

〈그림 10-3〉 온실효과(기후변화 2007 과학적 근거)

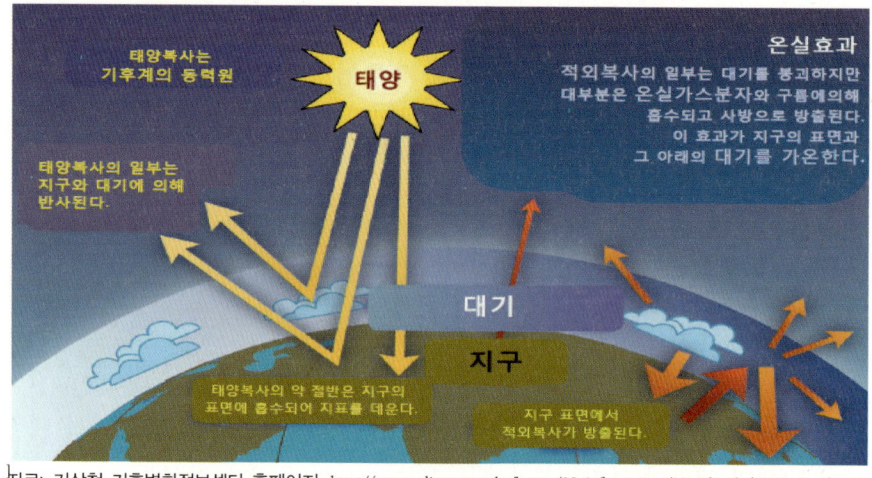

자료: 기상청 기후변화정보센터 홈페이지, http://www.climate.go.kr/home/02_information/03_2.html (2015. 2. 9)

이러한 여러 온실가스 중에서도 이산화탄소 기여도가 90%에 가까워 향후 이의 통제 여부가 지구온난화 저지의 중요한 관건이다. 또한 온난화 가스 발생으로 태양에서 오는 자외선을 차단하는 지구의 오존층이 감소하여 자외선

[891] 박영규, 「바다와 기후는 어떻게 연결되나?」, 『해양과학기술』, KIMST, 2012 봄호, p.30.
[892] Ben McNEeil, op. cit., p.41. 지구온난화현상을 일으키는 온실가스(Greenhouse Gas, GHG)는 기후변화에 관한 정부간 협의체(IPCC) 제3차 당사국총회(COP: Conference of the Parties)에서 이산화탄소($CO_2$), 메탄($CH_4$), 이산화질소($N_2O$), 수소화불화탄소(HFCs), 불화탄소(PFCs), 불화유황($SF_6$)을 6대 온실가스로 지정하였다.

(특히 UV-B)에 대한 노출이 심해지면 식물성 플랑크톤 등 해양식물들의 탄소 동화 능력이 떨어지고 이들이 광범위한 손상을 입어 다양한 악영향을 받기 시작한다.[893] 그래서 1987년 이러한 지구온난화 유발 물질들의 사용을 줄이거나 금지하는 몬트리올 의정서가 채택되었다.

<표 10-1> 주요 지구온난화 가스와 그 영향

|  | $CO_2$ | $CH_4$ | $N_2O$ | HFCs, PFCs, $SF_6$ |
|---|---|---|---|---|
| 배출원 | 에너지사용/산업공정 | 폐기물/농업/축산 | 산업공정/비료사용 | 냉매/세척용 |
| 지구온난화지수($CO_{2-1}$) | 1 | 21 | 310 | 1,300~23,900 |
| 온난화 기여도(%) | 55 | 15 | 6 | 24 |
| 국내 총배출량(%) | 88.6 | 4.8 | 2.8 | 3.8 |

자료: 한국수력원자력 홈페이지,
https://cms.khnp.co.kr/management/%EC%A7%80%EA%B5%AC%EC%98%A8%EB%82%9C%ED%99%94/ (2015. 2. 9)

간빙기 중에서도 산업 이전에는 이러한 이산화탄소의 저장고가 육지와 바다였을 것으로 추측이 되지만 특히 바다가 이산화탄소 저장의 기본 장소로 보인다.

기후변화에 관한 정부간 협의체(IPCC: Intergovernmental Panel on Climate Change)[894]가 추정한 평균 연간 이산화탄소 수치에 따르면 인간의 활동으로 발생하는 전체 이산화탄소 양은 화석 연료 사용으로 인한 54억 톤에, 산림 벌채 등 토지 이용으로 인한 16억 톤으로 총 70억 톤에 달한다고 한다.[895] 반면에 대기로 방출된 이산화탄소 중 대기에 잔류하는 양은 32억 톤, 해양에 녹는 양은 20억 톤(28.5%)으로 약 30%를 차지하고, 그리고 18억 톤은 육상 식물에 흡수되는 것으로 추정된다고 한다.[896]

산업혁명 이후 화석연료 즉 석탄, 석유, 천연가스 등의 사용으로 대기 중

---

893) 박성쾌, 『바다의 SOS』, ㈜수협문화사, 2007. 9.
894) 기후온난화와 관련하여 1990년에 1차, 1995년에 2차, 2001년에 3차보고서, 2007년 4차보고서, 2014년 5차보고서를 각각 발표했다. IPCC는 세계기상기구(WMO)와 유엔환경계획(UNEP)이 1988년 공동으로 설립하여 유엔기후변화협약(UNFCCC)과 당사국 총회에 중요한 정보를 제공하는 역할을 담당한다.
895) 이기택, 「동해에서 지구와 해양의 운명을 가늠한다」, 한국해양과학기술원, 『해양과학기술』 Vol. 1, 2011. 10, p.38.
896) *Ibid.*; 한겨레신문, 2014, p. 23.

온실기체의 농도가 증가하고 있으며, 자동차 등 각종 교통기관에 의한 배기가스 증가, 도시화, 산림 채취, 토지 개발 등도 이들 기체의 증가에 한몫을 하고 있다. 이산화탄소의 양은 1750년경에는 277ppm이었던 것이 1990년에는 358ppm, 2013년에는 395ppm을 나타내고 있다.[897] 인간 활동이 대규모적으로 기후에 영향을 미치기 시작한 것은 산업혁명 초기인 18세기 중엽 이후로 특히 1970년부터 2004년 사이에 이산화탄소 등 지구 온실가스 배출량은 70%나 증가하였다.[898] 이와 같이 이 기간 중 이산화탄소 증가는 동 기간 중의 기온 상승과 잘 부합되고 있다. 해양은 화석연료로 발생한 이산화탄소 발생량의 약 30%를 흡수하여 상당 부분의 이산화탄소 제거를 전담해 왔다. 그래서 만약 해양이 없었다면 이산화탄소 농도가 현재보다 높은 430ppm 정도가 되었을 것이라고 한다.[899]

〈그림 10-4〉 미국 하와이 마우나 로아(Mauna Loa) 관측소의 월별 이산화탄소 평균 농도 변화

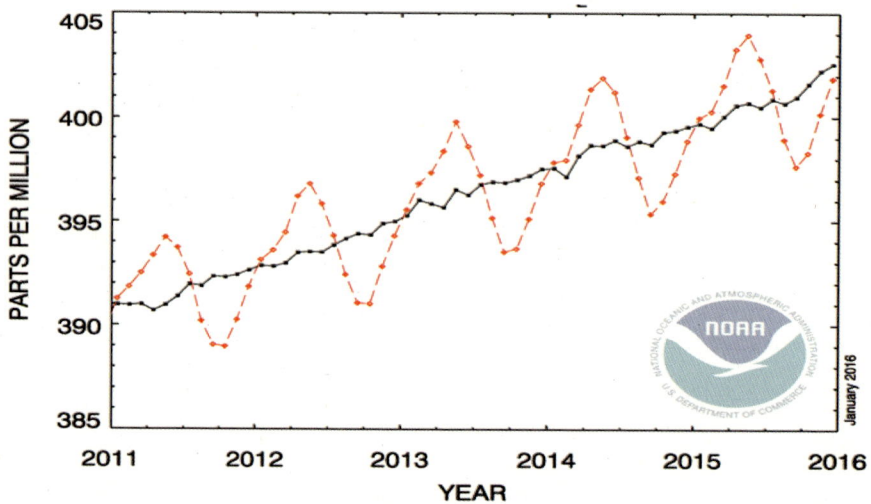

자료: NOAA, http://www.esrl.noaa.gov/gmd/ccgg/trends/ (2016. 1. 7), 자료 설명: 이산화탄소 농도 2014년 12월, 398.85ppm, 2015년 12월 401.85ppm.

---

[897] 1800년, 1990년 자료: 한국해양과학기술원, 『해양과학기술』 Vol. 1, 2011. 10, p.38. 2013년 자료: 한겨레, 2014. 9, p.23.
[898] 한국환경공단 기후변화홍보포털, 원전; IPCC, 2007. http://www.gihoo.or.kr/portal/01_General_Info/01_Definition.jsp (2013. 11. 1)
[899] Ibid.

## 2) 기후변화와 해양의 역할

### (1) 해양의 이산화탄소 흡수 원리 개요

기후변화는 대기에서 온실가스 증가에 의하기도 하나 해양에서 이산화탄소가 흡수되는 양의 변화에 의존하기도 한다. 이산화탄소가 해양에 흡수되는 양은 물리적인 '용해도 탄소펌프(solubility carbon pump)'와 '생물학적 탄소펌프(biological carbon pump)'에 의한다고 한다.[900] 용해도 탄소펌프(solubility carbon pump)는 그린란드 인근 북대서양에서 수온 하강과 염분도 상승에 의해 높은 밀도의 바닷물이 해저로 가라앉을 때 대기 중에서 찬 바닷물에 더 녹아 격리된 다량의 이탄화탄소를 수천 년간 해저로 운반하여 이산화탄소의 장기 해중 저장이 일어나게 되는 것을 말한다.

생물학적 탄소펌프(biological carbon pump)는 식물성 플랑크톤이 $CO_2$를 흡수하여 체내에서 유기물을 만들고 이것이 나중에 죽어 해저에 내려가 쌓이는 과정(일명 탄소 수출, carbon export라고 불림)을 통하여 $CO_2$를 격리하는 과정을 말한다.[901] 생물학적 이산화탄소 수출이 늘수록 대기 중 이산화탄소는 줄어들게 된다.

해양에는 플랑크톤, 해조, 산호 등 여러 가지 생물이 있는데, 이러한 생물의 생화학적 작용을 이용하여 생물학적 탄소 펌프라는 기제를 통해 해수의 이산화탄소를 흡수하여 고정할 수 있다. 해양에서 생물체의 광합성 생산량은 탄소 환산으로 연간 290억 톤으로 추산되고 있다. 해양에서는 식물성 플랑크톤에 의해 고정된 이산화탄소가 해양 깊이 운반되어 평균 수심 3,800m의 해양 중에 막대한 양이 골고루 흡수, 고정되게 된다.

해양의 생물학적 탄소펌프(biological carbon pump)의 강도 차이가 빙하기와 간빙기 사이의 $CO_2$ 차이를 통제하는 중요한 요인 중의 하나이다.

---

900) Ben McNEeil, *op. cit.*, pp.43-44.
901) Ben McNEeil, *op. cit.*, p.44.

〈그림 10-5〉 탄소순환 개념도

(단위: 수치는 연간 탄소 이동량, 10억 톤)

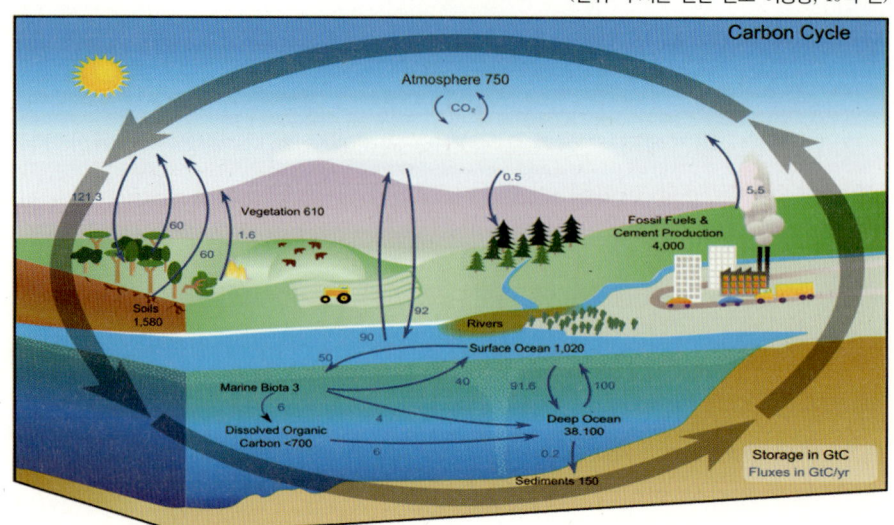

자료: KIMST, 『해양과학기술』 Vol.4, 2012 여름호, p.26: 위키백과(검색어: 탄소의 순환)

    이와 같이 해양은 대기 중 이산화탄소의 제거, 고정의 잠재적 능력이 있다.[902] 대기 중에는 탄소환산으로 약 7,000억 톤의 이산화탄소가 존재하고 있으나, 대기 용량의 55배에 달하는 해양에는 위에 언급된 두 요인들에 의해 그 약 50배나 되는 양의 이산화탄소가 화학적으로 용해되어 있다. 지구 표면의 71%를 점하는 해양은 증대하고 있는 대기 중의 이산화탄소를 충분히 흡수할 수 있는 능력이 있다.

(2) 해양의 이산화탄소 세부 흡수 능력

  가. 물리학적 능력

    지구의 71%를 차지하는 해양은 내리쬐는 태양 에너지를 취하여 전 지구 구석구석에 이 에너지를 재분배하고 있다. 해양의 거대한 저장 능력과 엄청난 순환 과정은 기후에 대한 완충기능으로 작용하여 지구 대기의 갑작스런

---

[902] 크리스토퍼 플래빈(Christopher Flavin), http://www.greenhomeforum.co.kr/entry/지구온난화-이산화탄소-제거대책 (2012. 4. 16)

온도 변화를 막아준다.

전 세계 해양의 해류 흐름은 그린란드 인근 북대서양에서 북극의 해빙 등을 만나 차가워지고 일부 빙하가 형성되어 해수 염분도가 높아지면서 밀도가 높아져 대서양 해저 깊이 침강하고 이것이 남극해-태평양-인도양 등을 거쳐 다시 대서양으로 돌아오게 된다.903) 이 과정에서 열(heat)과 염분(salt)를 운반하는 '해류의 컨베이어벨트'라는 '해양 열염분 순환(ocean thermohaline circulation)' 시스템을 형성한다. 이와 같이 극지방의 빙하는 녹아서 해양 순환에 영향을 미치고 이를 통해 열과 염분을 재분배시키면서 지역적으로 기후를 변하게 하고 육상의 생태를 변화시킨다. 특히 이때에 이산화탄소가 해저에 수천 년간 저장되는 물리적인 '용해도 탄소펌프'가 작동된다.904)

〈그림 10-6〉 전체 바다를 연결하는 심층의 해양 열염분 순환도

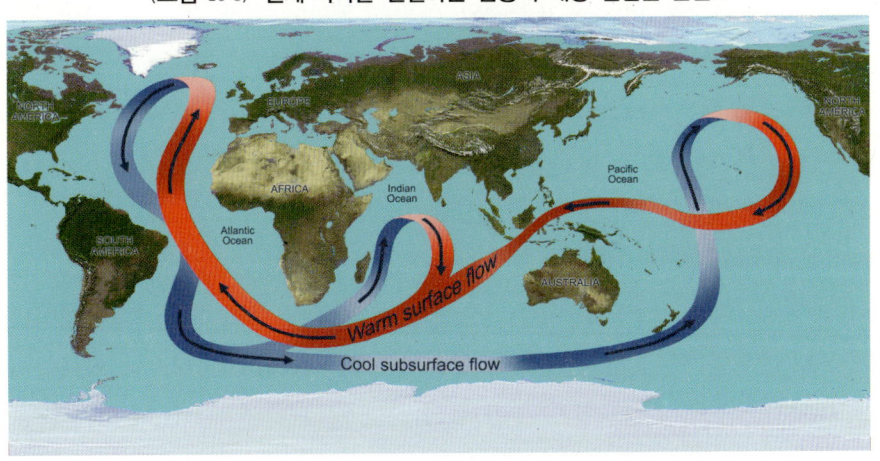

자료: NASA, http://www.nasa.gov/topics/earth/features/atlantic20100325.html (2015. 12. 15)

그러나 최근 북극 지방이 지구온난화로 북대서양에 빙하가 녹은 담수의 유입이 늘어 염분 농도가 옅어져 밀도가 전만큼 높아지지 못하고 있다. 그 결과 더 따뜻해진 냉수가 해저로 침강하는 비율이 떨어져 '해양 열염분 순환(ocean thermohaline circulation)'905)이 지연되면서 적도의 중부 대서양 쪽으로

---

903) 박성쾌, 전게서, p.189.
904) 니콜라스 스턴, 『스턴 보고서』, 2006.
905) Elizabeth R. Desombre and J. Samuel Barkin, "International Trade and Ocean Governance", *Securing the*

의 심층수 이동도 적어지고 있다.906) 연안은 지속적으로 해수 온도가 상승하여 이산화탄소의 저장 능력이 떨어지고 연안 환경과 어장이 교란되고 해수면에서 수증기 증발이 많아져 태풍과 허리케인 등이 자주 발생하게 된다.

특히 앞에서 본 바와 같이 이산화탄소의 용해도는 해양의 수온과 밀접하고 온난화에 의한 해수온도 상승에 따라서 바다에서의 이산화탄소 흡수가 현저하게 저하될 수 있다. 즉 물리적인 용해도 펌프로서 한냉한 해양은 이산화탄소에 대해서는 흡수원이 되어 해저의 해수 교환과 해저의 이산화탄소 저장을 촉진하나 보다 온난해진 해양은 그 용출원이 되면서 해수의 교환이나 이산화탄소 저장을 방해하게 되어 온난화가 더 촉진된다.

우리나라 동해의 경우 1990년대에 비해 2000년대에 이산화탄소 흡수력이 반으로 줄었다고 하는 충격적인 연구 결과가 있는데, 이는 표층수 온도가 올라가 이산화탄소를 머금은 표층수와 심층수 교환이 전과 같이 잘 일어나지 않아 해양의 이산화탄소 저장력이 떨어졌기 때문이다.907) 즉, 우리나라와 일본 사이의 동해는 1992~1999년 사이 매년 약 800만 탄소톤(이산화탄소에 함유된 탄소를 기준으로 환산한 톤)의 이산화탄소를 흡수하고 있는데 1999-2007년 사이엔 그 양이 절반 이하로 줄어든 것이다.908)

따라서 대기 중 이산화탄소 농도가 높아지면서 해수온도가 상승하고 이로써 해양에서의 이산화탄소 흡수력도 떨어져 기후 온난화 현상이 더 일어나게 된다고 한다.909) 10m 두께의 바다 온도를 1℃ 올리는 데 필요한 열에너지는 대기의 온도를 2.7℃ 정도 높일 수 있다고 하니 평균 3,800m의 바다 온도가 올라가면 대기 온도는 몇 배 더 빠르게 올라갈 수 있다.910) 앞으로 이산화탄소의 해양 흡수(sink)는 해양 수온 상승, 해양산성화와 더불어 우리 인류

---

*Oceans: Essays on the Ocean Governance*, Chua Thia-Eng, Gunnar Kulleberg, and Danilo Bonga (eds.), Jan. 2008, GEF/UNDP/IMO, p.118. 열염분순환(熱鹽循環, thermohaline circulation)은 밀도 차이에 의한 해류의 순환을 말한다. 심층순환(深層盾環, deep sea current) 또는 대순환(大循環)이라고도 한다. 그린란드 부근에서 남쪽으로 내려와 대서양에서 인도양과 태평양으로 가는 거대한 열염분순환 해류를 대양 대순환 해류(大洋大循環海流, Oceanic Conveyor Belt)라고도 부른다(위키백과).

906) Elizabeth R. Desombre and J. Samuel Barkin, *op. cit.*, p.116.
907) 이기택, 전게서, p.40; 박영규, 전게서, pp.32-33.
908) 포항공대 환경공학부 이기택 교수의 연구 결과, http://blog.daum.net/psr1380/13756877 (2015. 3. 19)
909) 박영규, 전게서, pp.32-33.
910) 박영규, 전게서, p.33.

의 중대한 관심사가 아닐 수 없다. 따라서 지구온난화로 인해 동해 바닷물의 이산화탄소 흡수량이 1990년대에 비해 절반으로 줄어들었다는 연구결과는 충격적인 것이다.

〈그림 10-7〉 동해의 시기별 이산화탄소 흡수 변화

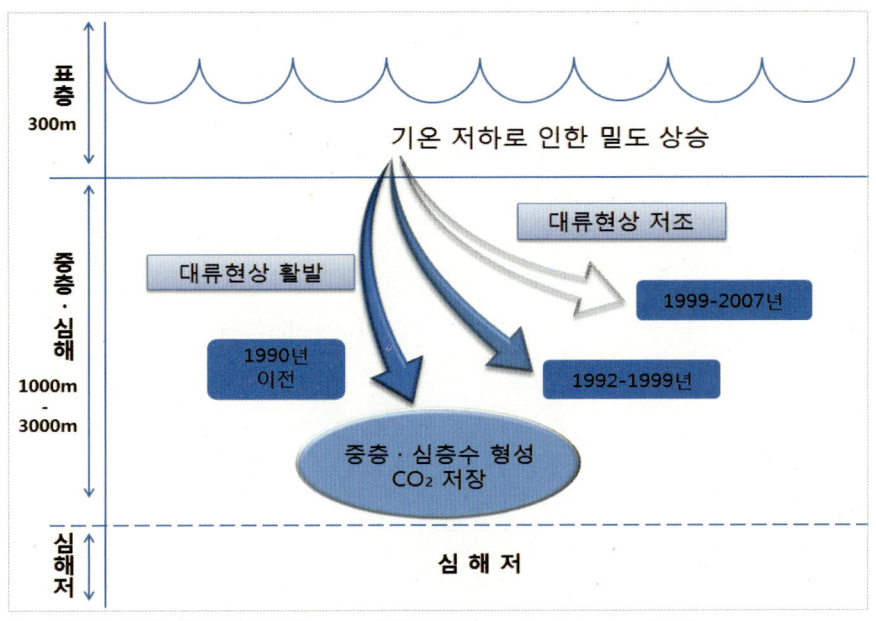

자료: 관련 논문에 의거하여 필자 작성(KIMST, 『해양과학기술』 Vol.1, 2011. 10, p.41 등)

    기후변화로 대기 중 이산화탄소가 늘어나면 해수면에서도 이산화탄소가 더 많이 녹게 되어 PH가 떨어져 해양산성화(ocean acidification)가 심화된다. 특히 이러한 산성화로 중요한 플랑크톤 종들이나 산호, 조개와 같이 골격을 만들 때 산성에 녹기 쉬운 칼슘카보네이트와 같은 물질을 쓰는 생물에는 상당한 악영향을 주게 된다. 아울러 고위도 해양에서는 수온 상승과 산성화로 인하여 어종의 변화와 자원의 풍도(fish abundance)에도 변화가 일어나게 된다.[911]

---

[911] Nicole Glineur, "Healthy Oceans, Adaptation to Climate Change and Blue Forests Conservation", *Ocean 101: Current Issues and Our Future(WOF Series 1)*, World Ocean Forum, 2010-, p.49.

나. 생물학적 능력

해양의 '블루카본 싱크'에 대비하여 대기에서 육상 식물로 흡수되는 탄소를 '그린카본(Green Carbon)'이라고 부른다. 후자가 전체 방출된 이산화탄소의 45%를 식물이나 흙 속의 유기물로 흡수하고, 블루카본은 나머지 55%를, 앞에 언급된 바와 같이 물리적으로 순환하는 해수층 외에도 맹그로브(mangroves), 염생습지(salt-marshes), 해조류 등 씨그래스(seagrass) 등에 의해 생물학적 퇴적물(sediments) 형태로 저장하게 된다. 특히 이러한 막대한 양의 카본 흡수가 주로 육지 식물 총량의 불과 0.05%에 해당하는 해양식물 총량에 의해 이루어진다.912) 즉, 카본 싱크(Carbon Sink)의 측면에서 해양생물이 육지생물과 비교할 수 없는 탁월한 효율성을 보여 주는 것이다.

즉 연안 바다는 육상에서 홍수림(rain forests)에 버금가는 높은 생물다양성을 보유하는 것으로 알려져 있고 이들의 탄소 저장 능력은 일반적인 개발 해역에서보다 180배나 더 높은 산소 저장 능력을 가지고 있어 생물학적 탄소 펌프 즉 '블루카본 싱크(Blue Carbon Sink)'로서의 역할을 크게 하고 있다. 실제로 기수역, 맹그로브 및 염생습지 등은 전체 해양에서 차지하는 공간 면적이 0.2% 이하이지만 전체 해양 탄소수지의 6%를 담당하고 있고, 연안역 전체로는 전체 해양 탄소수지의 20%(면적은 6%)를 차지하여913) 기후변화에서 중요한 역할을 하고 있다.

〈그림 10-8〉 동아시아해의 산호초, 맹그로브, 씨그래스(해초)의 분포도

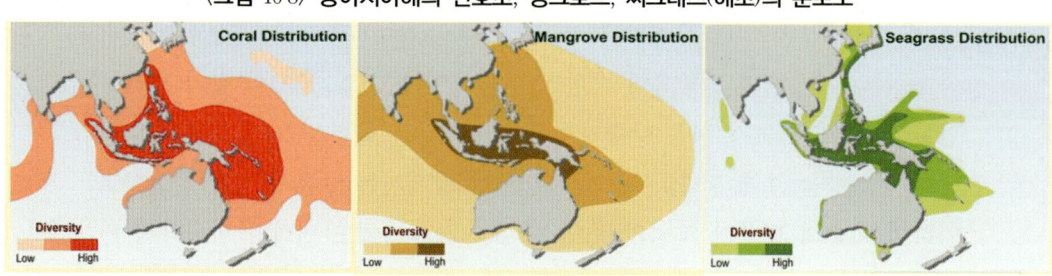

자료: PEMSEA, "Coastal Diversity in the East Asian Seas", *Tropical Coasts* Vol. 17 No. 1, July 2011, p.100, 원전: UNEP/GRID-Arendal, 2002(From UNEP-WCMC, 2001)

912) 박성준, 「그린 카본에서 블루 카본으로」, 해사신문, 2009. 12.
913) Ben McNEeil, *op. cit.*, pp.3-27.

육상의 그린카본이 수십 년(decades)에서 수세기(centuries) 동안 이산화탄소를 보관하는 데 비하여 블루카본은 수천 년간(millennia) 해중이나 해저에 보관되어 자연적으로나 지구 전체적으로나 그 중요성이 대단히 크다고 할 수 있다.

가스 교환 과정을 통하여 이산화탄소는 해수에 녹게 되며 용해된 무기탄소(dissolved inorganic carbon, DIC) 형태로 저장된다. 이것이 해양에서 대량으로 일어나는 이산화탄소 흡수 과정이며 흡수된 이산화탄소는 식물성 플랑크톤의 광합성 시 흡수되어 상위포식자들이 이를 다시 이용하게 된다. 특히 이산화탄소는 찬 물에서 많이 흡수되어 앞서 언급된 '해양 열염분 순환'에 의해 심해저로 서서히 이동하면서 심해저에 수천 년간 저장되게 된다.[914] 그리고 이러한 해수는 해저에 막대한 이산화탄소 함유층을 형성한다. 그러면서 옅어진 이산화탄소 농도를 갖는 해저 해수는 다시 서서히 부상하고 이러한 과정을 반복하면서 막대한 이산화탄소의 해저 보관과 순환에 기여하게 된다.

이것이 앞에서 언급한 이산화탄소의 물리적 및 생물학적 펌프(Physical and Biological Pump)이다. 실제로 해저층은 대기 이산화탄소의 50배, 생물계에 있는 그것의 15배에 달하는 실로 막대한 양의 이산화탄소를 포함하고 있다.[915] 그런데 최근의 발표에 의하면 이러한 맹그로브, 씨그래스, 산호초의 30-35%가 훼손되었고 해양의 주요 생태계의 60%가 질적으로 저하되고 지속 가능하지 못한 방법으로 이용되고 있어 인식 개선과 연안관리 체계화가 요망된다.[916] 또한 앞서 언급한 대로 이산화탄소를 해저에 저장하는 '해양 열염분 순환'이 지연되어 전 지구적 대책이 요망된다.

---

914) 일본해양정책연구재단/김연빈 역, 『해양문제 입문』, 서울, 2010, 청어, p.46. 평균적으로 심해 무기탄산은 2,000년, 심해 용존유기탄소는 5,000년을 체류한다고 함.
915) Gunnar Kullenberg, "Weather, Climate, Forecasting and Climate Change", *Securing the Oceans: Essays on the Ocean Governance*, Chua Thia-Eng, Gunnar Kullenberg, and Danilo Bonga (eds.), Jan. 2008, GEF/UNDP/IMO, pp.105-106; 앞의 그림 1 자료 참조.
916) Patil Pawan, "World Bank's Engagement in the Ocean as a Member of the Global Partnership", *2014 Korea Ocean Week proceedings*, Las Palmas Spain, July 16 2014, p.64, 원전: UNEP, 2012.

## 2. 온난화의 전망과 영향

### 1) 기후변화 전망

1750년 산업화 시대부터 대기 내 탄소농도는 277ppm에서 2013년 395ppm으로[917] 매년 2ppm씩 증가하였고, 지구온도는 최근 기상재해, 해수면 상승, 사라진 빙하 등의 영향으로 지난 132년간(1880-2012) 0.85(0.65~1.06)℃ 상승하였다.[918] 지난 150년간 유럽은 1℃ 이상 상승하는 등, 한국을 포함한 북반구의 상승이 더욱 높다고 한다.[919] 실제로 각 온도 변화 시 예상되는 환경 재앙은 다음 그림과 같다. 3℃만 상승되어도 20억 가까운 사람들이 물 부족으로 곤란을 겪고 300만 명이 홍수 위험에 처하며 산호초의 대부분은 멸종하고 이와 더불어 기존 생물종 30% 정도가 멸종하게 된다고 한다. 또한 이러한 기후변화로 인한 경제적 손실은 매년 세계 GDP의 5~20%에 달할 것으로 전망되고 있다.

〈그림 10-9〉 지구온난화로 예고되는 환경 재앙

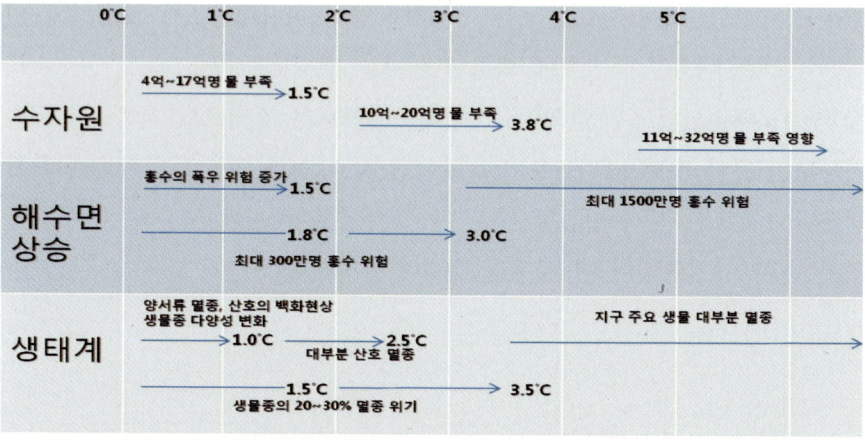

* 6℃ 상승 시 해양환경 변화: 해류 순환과 흐름 중단, 해저 메탄하이드레이트 폭발, 황화수소 대량 유출 등. 자료: 주세종, 「기후변화의 남행권역 해양생태계 영향 및 기능 평가: 해수 온난화와 산성화가 남해 및 제주도 연안 생태계에 미칠 영향」, 『해양 부문 기후변화 대응 능력 강화를 위한 워크숍 프로시딩』, 2010. 1. 20. p. 113. 원전: IPCC.

---

917) 한겨레, 2014. 9. 23.
918) IPCC/기상청 역, 제5차 평가보고서(요약), op. cit. p.3. 4차 보고서는 1900-2000년간 0.75℃ 상승 추정.
919) 남성현, 『바다에서 희망을 보다』, 이담, 2012, p.17.

이산화탄소는 2008년에만도 1990년보다 40% 높은 배출률을 보였고 2010년의 배출률은 그 전년보다 5.9% 높았다.[920] 앞으로 전 지구적 배출이 현 수준에서 안정화되어 향후 20년 동안 유지되면, 2100년에 지구온난화가 2℃ 이루어질 가능성은--2030년 이후에 배출이 안 이루어져도-- 약 25%의 확률이 있다고 한다.[921] 따라서 온난화 저지를 위한 이산화탄소 저감 대책을 늦추면 늦출수록 이러한 확률은 더욱 높아지게 될 것이다.

또한 1990년부터 그동안 4차의 기후변화 보고서를 발표했던 '기후변화에 관한 정부간 협의체(IPCC)'[922]도 2013년 9월 스웨덴 스톡홀름에서 「제5차 기후평가보고서」를 발표하여 기후변화가 인간과 동식물에 어떤 영향을 미칠지를 분석했다. 특히 지난 132년간(1880-2012) 지구 온도가 0.85℃ 올랐다는 분석 결과를 발표했다.[923]

⟨표 10-2⟩ 지구 평균온도 및 해수면 상승 현황 및 전망

| 구분 | 현황 | 전망(~2100) |
|---|---|---|
| 지구 평균온도 | · 1880~2012년 : 0.85℃(선형경향성에 의해 산출) 상승<br>· 1850-1900년보다 0.78℃ 이상 상승 | · 1850-1900년보다 1.5℃ 이상 상승 |
| 해수면 | 1901~2010년 : 0.19m 상승(매년 1.8mm 상승) | 최대 63cm 상승(RCP6.0 가정) |

자료 : IPCC/기상청 역, 「제5차 평가보고서」(요약), 스웨덴 스톡홀름, 2013. 9, p.3-9.

지난 11,000년간 간빙기 시기의 극단값을 제외하면 지구 기온이 평균적으로 1-2℃ 정도의 변화[924]가 있었고, 1,000년 사이에 0.5℃ 범위 내에서 변하였다는 것을 고려한다면 엄청난 기후변화가 130여 년 사이에 일어나게 된 것

---

920) Robert W. Corell, "Artic Transformation: Introduction and Overview", *The Arctic in the World Affairs*(2011 North Pacific Artic Conference Proceedings edited by Robert W. Corell, James Seong-Cheol Kang, Yoon Hyung Kim), 2013, p.28.
921) *Ibid.*
922) 기후변화에 관한 정부간 협의체(IPCC, Intergovenmental Panel on Climate Change)는 기후변화 문제에 과학적·체계적으로 대처하고자 1988년 11월 세계기상기구(WMO), 유엔환경계획(UNEP)이 공동으로 주관하여 설립한 정부간 협의체임. 기후변화를 평가하는 3개 실무그룹과 1개 태스크포스로 구성(1992)되며 1차(1990), 2차(1995), 3차(2001), 4차(2007), 5차(2013)등 이미 5차의 보고서를 낸 바 있음.
923) IPCC/기상청 역, *op. cit.*, p.3.
924) Gunnar Kullenberg, *op. cit.*, p.124; 이희일, 「한반도와 주변해양의 기후 및 환경변화가 해양산업에 미치는 영향」, 『해양한국』, 2007. 11, p.133.

이다. 그러나 18세기 이후 지구가 따뜻해지고 있어 이러한 변화의 일부 혹은 전체는 자연적인 태양광 세기의 변화일 뿐이라고 하고 인간에 의한 변화, 즉 온실가스의 배출에 의한 것인지에 대해서는 부정적인 시선이나 이 분석에 대한 회의론자도 많았다. 최근 회의론자들 중 일부는 새로운 분석을 통하여 이러한 분석에 동조하는 변화된 입장을 제시하기도 한다.[925] 즉 전체적으로 인간의 활동에 의해 온실가스가 많이 배출되어 지구온난화가 이루어지고 있다는 데 의견이 모아지고 있다.

〈표 10-3〉 1986~2005년을 기준으로 한 21세기 중반 및 후반 전지구 평균 지표 온도와 평균 해수면 상승의 변화 전망

| 변수 | 시나리오 | 2046-2065 | | 2081-2100 | |
|---|---|---|---|---|---|
| | | 평균 | 가능성이 높은 범위 | 평균 | 가능성이 높은 범위 |
| 전지구 평균지표 온도 변화(℃) | RCP2.6 | 1.0 | 0.4 - 1.6 | 1.0 | 0.3 - 1.7 |
| | RCP4.5 | 1.4 | 0.9 - 2.0 | 1.8 | 1.1 - 2.6 |
| | RCP6.0 | 1.3 | 0.8 - 1.8 | 2.2 | 1.4 - 3.1 |
| | RCP8.5 | 2.0 | 1.4 - 2.6 | 3.7 | 2.6 - 4.8 |
| | 시나리오 | 평균 | 가능성이 높은 범위 | 평균 | 가능성이 높은 범위 |
| 전지구 평균 해수면 상승(m) | RCP2.6 | 0.24 | 0.17 - 0.32 | 0.40 | 0.26 - 0.55 |
| | RCP4.5 | 0.26 | 0.19 - 0.33 | 0.47 | 0.32 - 0.63 |
| | RCP6.0 | 0.25 | 0.18 - 0.32 | 0.48 | 0.33 - 0.63 |
| | RCP8.5 | 0.30 | 0.22 - 0.38 | 0.63 | 0.45 - 0.82 |

자료 : IPCC/기상청 역, 상게서, p.21.

2013년 제5차 평가보고서에서 해수면 온난화는 표층부 부근에서 가장 크며, 1971-2010년에 수심 75m 상층부는 매 10년마다 0.11(0.09~0.13)℃씩 더 더워졌던 것으로 발표되었다.[926] 이에 따라 1901년-2010년 사이에 평균 해수면이 0.19m 상승하여, 연간 기준으로 매년 1.8mm씩 높아졌다.[927] 1971-2010년 이후에는 년 2.0mm씩 높아졌고 최근 1993-2010년에는 년 3.2mm씩 크게 상승

---

925) 대표적인 이가 『대통령을 위한 에너지 강의』를 쓴 Richard A. Muller이다(Richard A. Muller/장종훈 역, 『대통령을 위한 에너지 강의(Energy for Future President)』, 살림, 2014. 8. 5.
926) IPCC/기상청 역, *op. cit.*, p.6.
927) *Ibid.*

했을 가능성이 높은 것으로 나타나고 있다.[928] 동 보고서는 2081-2100년까지 해수면은 1986-2005년보다 약 0.33-0.63m 상승하고(RCP6.0 가정) 해수온도 최적치는 해양 상층부 약 100m에서 약 0.6(RCP2.6)~ 2.0(RCP8.5)℃ 가까이 상승하여 태풍 등 열대성 저기압이 더욱 강력해지고 높은 해일과 파도의 발생가능성도 증가하게 된다고 하였다.

지난 2001년 IPCC 3차 평가 보고서에서는 기후변화의 영향으로 '해양 열염분 순환(ocean thermohaline circulation)'이 약해져서 오히려 북반구로의 열 전달이 감소되기도 한다고 하였으나 그렇더라도 그린하우스 가스 방출이 더 늘어나게 되어 유럽과 동북아시아의 경우에도 기온은 더 올라갈 것으로 전망되고 있다.[929]

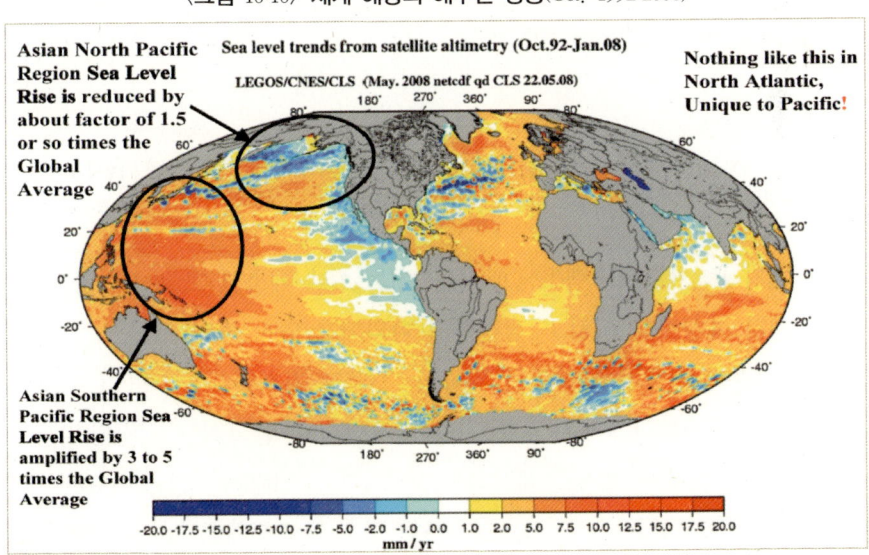

〈그림 10-10〉 세계 해양의 해수면 상승(Oct. 1992-2008)

자료: Robert W. Corell, "Consequences of the Changes across the Artic on World Order, the North Pacific Nations and Regional and Global Governance", *The Arctic in the World Affairs*(2011 North Pacific Artic Conference Proceedings edited by Robert W. Corell, James Seong-Cheol Kang, Yoon Hyung Kim), 2013, p.27; Robert W. Corell, "Our Common Future: The Artic in Global Perspectives", *Artic Policy* 세미나 자료, 2013. 4. 30. 동아시아 지역이 동태평양보다 두세 배 정도 해수면 상승이 높게 나타남.

---

928) *Ibid.*
929) Gunnar Kullenberg, *op. cit.*, p.125.

또한 최근의 연구930)에서는 육상과 비교해 해양에서의 기후변화 속도가 느리다는 기존의 인식을 깨고 해양에서의 기후변화도 육상과 동일한 속도로 진행되고 있다고 밝혔다. 심지어 1960년부터 육상온도는 1.2℃ 상승한 반면에 해양온도는 그 3분의 1 수준에 불과했지만, 지금은 봄, 여름의 경우 육상보다 해양에서의 기온상승이 더욱 빠르게 진행된다고 한다. 해양은 증가된 열기의 90% 이상을 흡수하여 이러한 열기는 주로 해저의 700m 깊이에 보유함으로써 열팽창이 일어나 해수면 상승에도 크게 기여하고 있다.931)

〈표 10-4〉 지구온난화에 따른 3대 주요 변화

| 기상 이변 | 생태계 교란 | 해수면 상승 |
|---|---|---|
| • 기온변화<br> - 이산화탄소: 대기중 농도 540 ppm<br>  (2011년 391ppm)<br> - 기온 상승: 1.5℃~이상<br>• 이상기후 다발<br> - 폭염, 폭설<br> - 집중강우 | • 열대성 종의 북상<br>• 해수의 산성화<br>• 식물 생장기간 연장<br>• 식생대의 100~550km 북상 예상<br>• 제주도 지역 아열대성 식생 증가 | • 2100년 까지 최대 82cm 해수면 상승 예상<br>• 도서국가·저지대 국가 침수 우려(RCP8.5)<br>• 2050년 쯤 알프스 빙하 75% 소실가능 |

자료: 임관창, 「해양재해와 기후변화 감시를 위한 국가해양관측망 구축 및 운영」, 『해양 부문 기후변화 대응 능력 강화를 위한 워크숍』, 2010. 1. 20, p.68.; IPCC/기상청 역, 『제5차 평가보고서(요약)』, 스톡홀름, 2013. 9.

세계해양생태계프로그램(IPSO)932)은 2011 UN에 제출한 보고서를 통해 "해양생태계가 예상보다 빠르고 심각하게 파괴되고 있어 해양 생물이 인류 역사상 유례없는 멸종기에 진입할 위험이 크다"고 지적했다.933) 또 IPSO는 전세계 산호초의 4분의 3이 급감할 위기에 처했으며, 물고기는 시간당 1만 톤씩 줄고 있다는 조사 결과를 제시하고, 지구온난화, 해양산성화, 과도한 고기잡이와 오염이 복합적·누적적으로 작용하면서 해양생태계 파괴를 가속화시키고 있다고 밝혔다. 그 결과 이상 고온을 기록했던 1998년 한 해에만 '바닷

---

930) Michael T. Burrows, David S. Schoeman, et al., "The Pace of Shifting Climate in Marine and Terrestrial Ecosystems", Science, 4 November 2011, pp.652-655; B Sandel, L. Arge, B. Dalsgaard, R. G. Davies, K. J. Gaston, W. J. Sutherland, and J.-C. Svenning, "The Influence of Late Quaternary Climate-Change Velocity on Species Endemism", Science, 4 November 2011, pp.660-664. 『해양산업동향』 15호(KMI, 2011. 11. 15, p.10)에서 재인용.
931) Robert W. Corell, Yoon Hyung Kim & James Seong-Cheol Kang, op. cit. p.4.
932) IPSO는 전 지구적 수준에서 해양의 이해를 개선하기 위하여 설립된 기관(www.stateoftheocean.org).
933) 조선일보, 2011. 6. 22.

속 열대우림'이라 불리는 산호초의 16%가 자취를 감췄고, 전 세계 수산자원의 63%가 고갈 위험에 처한 것으로 보고하고 있다.

〈그림 10-11〉 세계의 해수 표면 온도(SST) 변화(1901-2014)

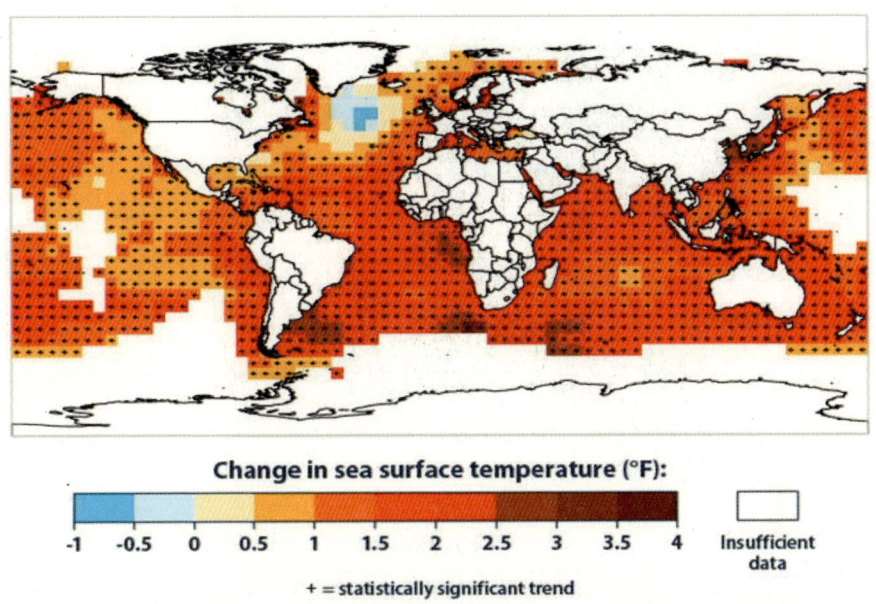

자료: IPCC(2013)과 NOAA의 그림 합성.
원전: US EPA( http://www3.epa.gov/climatechange/science/indicators/oceans/sea-surface-temp.html, 2015. 12. 15)

IPSO는 해양생태계 파괴가 지금과 같은 속도와 규모로 지속된다면 지구 역사상 6번째 대멸망기가 찾아올 수 있다고 경고했다. 선사시대에 있었던 5번의 대멸종기에 공통적으로 발견되는 '지구온난화·해양산성화·해수산소 결핍' 현상이 현재 바다에서도 나타나고 있기 때문이다. 현재 바다는 심해 생물의 절반 정도가 사라졌던 5,500만 년 전의 대멸망기 당시보다 더 많은 양의 이산화탄소를 흡수하고 있다고 IPSO는 밝혔다.

이와 같이 최근 기후변화로 인해 해수온도 상승(warming up), 해양산성화(turning sour), 해수면 상승(rising high) 등의 영향이 해양에 나타나고 있어[934] IPSO에서 제기한 바와 같이 해양생태계도 급속히 파괴되고 있다. 일례로 동

---
934) 독일 기후변화연구소의 람스토르프(Ramstorf) 교수의 언급. 김민수, 「해양기상 융합정책 필요성 및 가치 확산」, 『기상기술정책』, 2012 하반기.

남아시아 산호초 삼각지대(Coral Triangle) 등 주요 해양보호구역이 해수면 온도상승으로 인해 심각한 생태계 파괴 위험에 처해 있다. 해양생태계 파괴에 따른 해양생물종 감소는 지구 생태계 균형을 붕괴시키고 해양유전자원 활용을 통한 생명공학 발전 기회를 박탈하게 된다. 해양생물자원은 차세대 신물질 개발을 위한 가치가 약 26조 달러에 이르는 것으로 조사되고 있어 이러한 해양생물종 감소로 막대한 경제적인 손실을 야기할 수 있다.

2009년 EU 보고서에 따르면 생태계 파괴에 따른 손실이 매년 500억 유로에 달할 것으로 예측되고 있다.[935] 유럽의 바다는 기후변화 영향으로 날로 해수온도가 상승하고 있다. 이로 인해 어집단의 구성이 변화하고 특히 해표면의 온도 변화로 인해 생태계의 구성이 변화하여 과거 경제적으로 중요했던 종들이 사라지고 먹이사슬 상 하위의 집단이 생태계의 우위를 차지하고 있다.[936] 지난 40여 년간 바다 수온이 상승하면서 어류의 몸집이 29%가량 감소했다는 연구 결과도 나왔다.[937]

〈표 10-5〉 기후변화와 해양에의 영향

| 해양 온난화 |
|---|
| • 1950년대 이래 해양 온도 평균 0.6도 상승<br>• 산호초는 온도 4도 상승 시 생존 불가 |
| 해양 변화가 기후변화 촉진 |
| • 현재의 속도라면 20년 경과 후 대부분의 연안 Carbon Sink 능력 훼손<br>　(전체 $CO_2$ 흡수 능력 4~8% 상실)<br>• 현재 수준 유지를 위해 4~8%(2030년 까지) 혹은 10%(2050년까지)의 $CO_2$ 감축 필요 |
| 해양 산성화 |
| • 대기 $CO_2$의 해양 흡수로 PH 8.2에서 8.1로 감소 : 현재 속도라면 2100년까지 7.7~7.8로 감소 예상<br>• 따라서 해양의 화학적 조성이 근본적으로 변해 커다란 생태 교란 효과 예상 |

자료: Patil Pawan, "World Bank's Engagement in the Ocean as a Member of the Global Partnership", *2014 Korea Ocean Week proceedings*, Las Palmas Spain, July 16. 2014, p.63.

---

935) 해사신문(김민수), 2010. 2. 9.
936) Richard Kenchington, Bob Pokrant and John Glasson, "International approaches to sustainable coastal management and climate change", *Sustainable Coastal Management and Climate Adaptation*, 2012, CSIRO Publishing Co., Australia Collingwood VIC 3068, p.60.
937) 기후변화행동연구소 홈페이지, http://climateaction.re.kr/index.php?document_srl=157790&mid=news02 (2014. 4. 28), 저명 학술지 Global Change Biology에 발표된 논문의 분석 자료 인용.

## 2) 기후변화가 해양에 미치는 영향

### (1) 해수면 상승

　기후의 온난화는 첫째로, 극지방 빙하나 내륙 빙하 그리고 대륙 빙하를 녹게 한다. 북극해의 빙하는 녹아도 해수면 상승에는 그다지 영향을 미치지 못하나 특별히 남극이나 그린란드 등 육상에서 녹아내린 빙하는 해수면 상승을 크게 유발시킨다.[938] 둘째로, 이것이 태양이 빛을 반사하는 지구의 능력을 떨어뜨리고 반면에 어두운 해양(dark-ocean) 표면을 더 노출시켜 더 많은 열기를 흡수할 수 있게 한다. 이러한 시스템이 가속화되어 해양 표면을 통과한 더 많은 열기는 서서히 해저로 내려가고 해저 바닥층을 덥혀[939] 해양이 팽창하여 부풀어 오르도록 하여 결국은 해수면이 상승하게 된다. 이로 인해 연안 침식(coastal erosion)도 가속화시킨다.

　현재 해수면은 전 세계적으로 과거 1901-2010년간에는 연평균 1.8mm씩 증가하였다고 하나 1993년 이후에는 1년에 3.2mm 정도씩 상승하고 있으며[940] 따라서 그 상승속도는 점점 가속화되고 있다. 해수면 상승(Sea Level Rise, 이하 SLR)의 원인은 여러 가지가 있겠으나 기후변화와 관련해서는 그린란드나 남극 등의 육상 빙하가 녹아 바다로 들어오는 것, 기온 상승에 의한 표층 해수의 온도 상승에 따른 열팽창, 영구동토 해빙, 육상 빙하 및 빙모의 해빙 등이 주요 요인으로[941] 거론되고 있으나 특히 앞에서 두 번째 요인으로 언급한 열팽창이 주요인인 것으로 보고 있다.[942] 그래서 앞에서 본 2013년 제5차 IPCC 보고서에서는 2100년까지 평균적으로 보아 48cm(RCP6.0 가정) 정도 해수면 상승이 이루어진다고 보고 있으나 각국이 온실가스를 적절히 통제할 경우에는(RCP2.6

---

938) Robert W. Corell, *op. cit.*, p.26. 육상 빙하가 녹아내린 것이 해수면 상승에 크게 영향을 미침.
939) *Ibid.* 특히 해수 표면에서 700m까지의 층에서 1969년 이래 0.302°F 상승한 것으로 보고되고 있다.
940) IPCC/기상청 역, *op. cit.*, p.6.
941) 박한산, 「해수면 상승과 태평양도서국가」, 제5차 해성국제윤리문제연구소 세미나 자료집, 2011. 12. 23 ; 조광우 등, 「우리나라 해수면 상승 대응방향에 대한 소고」, 『한국해양환경공학회지』, Nov. 2007, p.228; 남성현, 전게서, p.47.
942) USA Government, *Coastal Impacts, Adaptation, and Vulnerability: 2012 Technical Input Report to the 2013 National Climate Assessment(Revised Version)*, 13 Dec. 2012, p.24. 약 23% 전후의 기여를 한다고 보고 있음(국토해양부, 「기후변화 대응국토해양분야 종합대책」, 2008. 5, p.3).

가정) 평균 40cm 상승할 것으로 예상했다.943) 최근에는 앞에서 언급된 첫 번째 요인인 빙하 해빙(ice sheet loss)의 영향이 가장 중요한 요인으로 작용하여 전보다 더 큰 해수면 상승이 있으리라는 연구결과도 나오고 있다.944)

또 '북극과학위원회' 산하 단체인 '북극 감시 및 평가 프로그램(AMAP)'은 북극권의 얼음이 녹으면서 해수면 높이가 2100년까지 0.9m에서 최고 1.6m까지 높아질 것으로 예측하고 있다.945) 이러한 해수면 상승은 온실가스 감축이 성공적으로 이루어진다고 하더라도 수백 년 이상 상당 기간 지속된다고 하는데 이는 해양이 갖는 매우 큰 관성에 기인한다고 한다.946)

특히 북극에서는 영구빙(permafrost)에 메탄(methane)이나 산화 가능 카본(oxidizable carbon) 등 온난화 가스(greenhouse gas)가 많이 갇혀 있는데 이것들이 기후변화로 온도가 올라가면서 해빙되고 해수면 상승이 이루어지면서 대기로 유출되어 온난화를 부채질하고 있다고 한다.947) 북극해와 러시아 북쪽 연안를 포함하는 북반구(northern hemisphere)의 24%가 영구빙이라는 사실을 고려하면 이러한 온난화 가스(greenhouse gas)가 녹아서 유출되면 재차 지구온난화를 부채질 할 것으로 전망된다. 지구온난화로 시베리아의 영구동토대가 녹아서 여기에 갇혔던 온실가스인 메탄(methane)이 대기 중으로 방출되면서, 온난화로 인한 전 세계의 피해액이 60조 달러에 이를 것으로도 전망되고 있다.948)

해수면 상승은 연쇄적인 반응을 일으키게 되어 연안의 모든 생지화학적(biogeochemical) 사이클을 포함하여 연쇄적인 영향을 일으키고 인접한 연안에 잠재적인 영향을 준다.949) 첫째로 연안수면 상승은 연안 침식을 가속화시키고 이는 다시 퇴적물의 움직임에 영향을 미쳐 퇴적화 과정을 변화시키면서 육상과 내수면과 해양생태계에 영향을 미친다. 둘째로 많은 지역에서 연

---
943) IPCC/기상청 역, 제5차 평가보고서(요약), op. cit., p.21.
944) USA Government, op. cit., p.24. 원전: Parris et. al, 2012(NRC보고서).
945) 오거돈 등, 『글로벌물류시장과 국부 창출』, 블루&노트, 2012, 서울, p.40.
946) 조광우 등, 전게서, Nov. 2007, p.231(원전:IPCC); Nicole Glineur, op. cit., p.49.
947) Jannelle Kennedy, Arthur J. Hanson, and Jack Mathias, "Ocean Governance in the Artic: A Canadian Perspective", Securing the Oceans: Essays on the Ocean Governance, Chua Thia-Eng, Gunnar Kullenberg, and Danilo Bonga (eds.), Jan. 2008, GEF/UNDP/IMO, p.633. 특히 멘탄은 이산화탄소보다 2~30배 높은 온난화 효과가 있다고 한다(Robert W. Corell, op. cit., 2013, p.24).
948) KMI, 『북극해 소식』 제6호, 2013. 8. 31, p.8.
949) Adalberto Vallega, Sustainable Ocean Governance: a Geographical Perspective, Routledge, London, 2001, p.38.

안 침식의 결과로 연안 대수층(aquifers)에 염수층이 침투하고 이것은 담수 이용의 증가 추세와 더불어 더욱 악화되게 된다.950)

해수면이 1m 상승하면 남태평양이 섬나라 바누아투의 저지대 도서들의 75%가 물에 잠기고, 마셜 군도의 마주로 환초는 80%가 물에 잠기게 되며 이들 국민의 거주지 절반이 침수되게 된다.951) 인도양의 몰디브는 해수면 상승 등으로 인한 수몰 피해를 줄이기 위해 해안에 방파제를 쌓는 한편, 인근 국가에 주민 이주단지를 물색하는 등 대응책 마련에 골몰하고 있다. 최근 이곳에서 대안으로 부유식 해상 구조물을 건설하는 사업도 추진하고 있는데 이는 부유식 인공섬을 만들어 직면한 위기를 극복하자는 아이디어다.952) 기리바시 등 태평양의 조그만 소도서 국가들에서는 현재 기후변화로 인한 해수면 상승으로 주택지까지 침수가 되어 뉴질랜드 등으로 주민들을 대피시키는 등 각종 대책을 수립해 오고 있다. 아울러 해일로 인한 식수 오염과 메마른 건기 증가에 따른 식수 부족 등의 어려움을 겪고 있다.953)

〈그림 10-12〉 해수면 상승으로 침식하는 연안 주택지 및 연안 지역(몰디브)

자료: 좌; UNEP CLIMATE CHANGE 홈페이지, http://www.unep.org/climatechange/ (2015. 12. 25), 우; 연안관리기구 홈페이지(http://coastalcare.org/2014/10/sea-level-rise-over-past-century-unmatched-in-6000-years-says-study/, 2015. 12. 25)

17,500개의 섬을 갖고 있는 인도네시아는 이미 24개 섬이 해수면 상승으로 사라졌고 앞으로 2050년까지 1,500여 개의 섬이 사라질 것으로 전망되고 있다.954) 또한 자카르타 시는 전체 면적의 40%가 해수면보다 낮고 강이 자주

---

950) *Ibid.*
951) 해사신문(김자영), 2009. 12. 9.
952) 해사신문(최재선), 2010. 6. 7.
953) 한국일보 및 서울신문, 2015. 12. 5.
954) 조선일보, 2014. 10. 17.

범람하여 2013년에만 33만 명이 대피하였고 수해 피해액과 복구액이 6억 달러에 달하였으며, 30년 후에는 도시 면적의 25%가 바다에 잠길 것으로 예상되어 32km의 거대한 방조제 건설을 계획하고 있다.955)

〈그림 10-13〉 인도네시아 자카르타의 해수면 상승 대비 거대 방파제 건설 계획

자료: http://floodlist.com/asia/plans-reduce-jakarta-flooding (2015. 12. 15), 원전: Waterfront NL 제공.

이러한 기후변화로 대기의 온도 상승, 해수면 상승, 연안 침식의 가속이 탄소, 질소 및 인에 기반한 영양염의 사이클뿐만 화학적 사이클(예를 들어, 칼슘, 나트륨 관련)에 영향을 미칠 수도 있다. 이것이 다시 연안 지역에 건조 증가, 토양 오염 및 침식 가능성, 개천 침식의 확산, 강 채널(river channel)의 변화 등을 유발할 수 있다.956) 이렇게 하여 연안 지역이 급속히 변화를 겪게 된다. 아무튼 전 지구의 인구의 1/3이 연안에 살고 있는 만큼 이것은 인류에게 커다란 재앙으로 다가올 것임에 틀림없다.

(2) 해양산성화

대기 중의 이산화탄소 등 온실가스 증가로 기후변화가 이루어지면서 대기 중 농도가 짙어진 이산화탄소의 일부는 바다로 들어가957) 중탄산염($HCO_3^-$)이

---

955) Ibid.
956) Ibid.
957) 해양은 기후변화에서 중요한 역할을 하는 바 인류가 만들어 낸 이산화탄소의 20~30%가 해양에 의해 흡수된다. 한중해양과학공동연구센터, 「해양의 이산화탄소 저장 능력 이미 한계 넘어」, 『뉴스레

되어 바다는 산성화가 된다.958) 이렇게 되면 각종 해양생태계에 영향을 미치는데 직접적으로 성장, 신진대사, 생식 등에 영향을 미치고 간접적으로는 서식지, 먹이 관계, 질병 등의 유발이 이루어지게 된다. 이와 같이 해양생태계의 구조와 기능이 변화하게 되면서 해양 생산력 및 수산자원에도 변화가 생긴다.

유엔환경계획(UNEP)의 최근 보고서에959) 따르면 바다의 평균 수소이온농도(pH)960)가 산업화 이전인 1750년대 8.2에서 2000년대 8.1로 0.1 낮아지면서 산성도가 30%가량 증가한 것으로 나타났다. 지난 200여 년간 배출된 온실가스의 25%, 즉 500기가 톤을 바다가 흡수해 이산화탄산 농도가 높아졌기 때문이다. 현재의 온실가스 증가 추세가 지속될 경우 현세기 말에 바다 수소이온농도는 0.3이 더 떨어져 7.8이 되고 총 산성도는 150% 증가할 것으로 전망된다.961) 해양의 pH는 오랜 기간 일정했기 때문에 이에 적응한 해양생물에게 이러한 변화는 큰 충격이 될 수 있다. UNEP는 이 같은 바다 산성화가 "공룡이 멸종한 6,500만 년 전 이후 가장 빠른 속도"라고 표현했다.

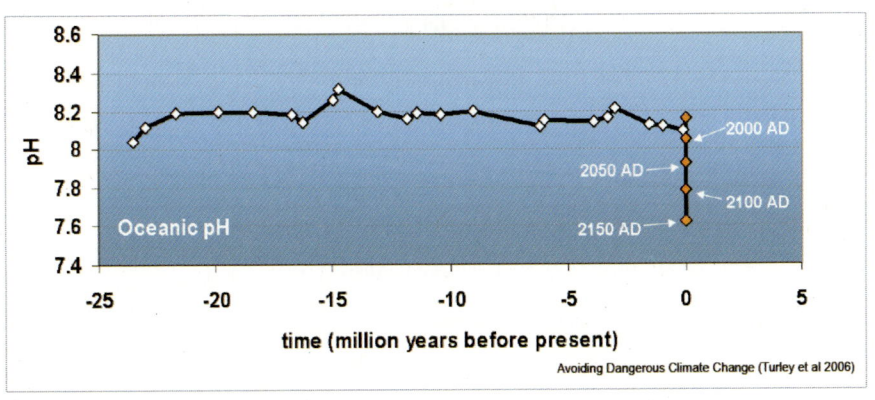

〈그림 10-14〉 해양산성화 예측

자료: Robert W. Correll, op. cit., 2013. 4. 30.

---

터』, 2009. 12. 15.
958) 이기택, 「질소순환 변화로부터 바다 지키는 파수꾼, 해양환경 연구, 장기적이고 종합적인 지원 필요」, 『해양과학기술』, KIMST, 2012. 1월호, p.50.
959) 유엔환경계획(UNEP)은 2010년 10월 10일 이 같은 내용의 『바다 산성화가 환경에 미치는 결과: 식량위기』 보고서를 제16차 유엔기후변화협약 당사국 총회가 열리고 있는 멕시코 칸쿤에서 발표. Robert W. Corell, Yoon Hyung Kim & James Seong-Cheol Kang, op. cit., 2013, pp.1-14, 경향신문 2010. 12. 11. 수소이온농도가 26% 상승(IPCC, op. cit., p.10).
960) 낮은 pH는 높은 H+농도를 의미한다.
961) 이기택, 전게 논문, 2011. 10, p.40. McNEeil(2008, op. cit., p.48)은 2100년 7.6까지 떨어질 것으로 전망함.

$$CO_2 + H_2O \Leftrightarrow H_2CO_3 \Leftrightarrow HCO_3^- + H^+ \Leftrightarrow CO_3^{2-} + 2H^+$$

그 원리를 살펴보면 이산화탄소($CO_2$)가 해수($H_2O$) 중에 녹아 탄산염(carbonic acid)을 만들기 위하여 물과 반응한다. 이 과정에서 발생된 수소이온(H+)이 탄산염이온($CO_3^{2-}$)과 결합하여 중탄산염이온($HCO_3^-$)이 늘어나면서 어류, 패류 등 생물의 뼈 등의 탄산염 골격 형성에 중요한 탄산염이온($CO_3^{2-}$) 농도가 옅어진다.[962] 즉, 탄산염이온($CO_3^{2-}$)으로부터 만들어진 탄산칼슘(calcium carbonate, $CaCO_3$)은 어류, 패류 등 생물의 뼈 등의 탄산염 골격을 이루는데 산성화로 탄산염이온($CO_3^{2-}$)이 부족해져 오히려 골격을 용해시킨다. 이러한 영향으로 많은 생물종들의 멸종, 나아가 종 다양성 감소를 부채질하게 된다. 2007년 IPCC 제4차 보고서 모델 예측으로는 탄산칼슘($CaCO_3$) 농도가 앞으로 60% 감소할 것으로 예측했다.[963] 탄산칼슘은 해양생물의 껍데기 형성에 중요한 성분이며 주로 탄산칼슘으로 구성되는 규조류는 해양생태계의 주요 생산자로서 대부분의 바다생물이 이에 의존한다. 앞으로 2100년까지 150% 증가될 것으로 예상되는 바다의 산성화로 어류나 갑각류는 물론, 각종 물고기의 서식지가 되는 산호 등 모든 해양 유기체가 뼈를 만들거나 껍질을 만드는 기능이 약화되고 약알카리성의 물이 필요한 패류와 갑각류의 생존이 위협받고 있다.[964] 이로 인해 자신에게 적합한 서식지로 어종의 이동이 증가하는 등 바다동물의 먹이사슬 전체가 위험에 빠질 수 있다.

기후변화로 인한 해양산성화가 해수의 화학환경도 변화시켜 연안과 인접한 해수 상층 부분의 산소 감소, 외해에서의 산소 감소로 저산소증(hypoxia)[965]으로 이어져 해양생태계에 심각한 영향과 피해를 줄 수 있다. 또한 연안지역의 질소 증가, 수온 및 오염물 증가가 이루어지게 된다.[966] 이러한 해양산성

---

962) Donald R. Rothwell & Tim Stephans, *The International Law of the Sea*, 2010, Oxford UK, Hart Publishing, 2010, p.381.
963) 이기택, 「동해에서 지구와 해양의 운명을 가늠한다」, 『해양과학기술』 Vol. 1, 한국해양과학기술원, 2011. 10, p.40.
964) 사라 치룰/김미화 역, 『심해전쟁(Der Kamp Um Die Tief Zee)』, 2011. 11, 엘도라도. p.187.
965) 일명 데드 존(dead zone)이라고도 불린다.
966) 정서영, 『주요국의 해양정책 동향 및 해양관리 체제 분석』 최종보고서, KMI, 2011, p.17. 원전: 한국해양연구원 정책본부, 『해양과학기술 정책동향, 연구정책·지원 사업 과제「2010년 해양과학기술 정

화 문제에 대하여 최근 발표된 연구 결과에 따르면, 특히 북태평양이 다른 해역보다 더욱 민감한데 이는 이 해역에 다른 해역보다 이산화탄소가 약 10% 많이 존재하기 때문인 것으로 나타났다. 서태평양 지역도 인구의 70%가 연안에 인접하여 살고 전 세계 산호초의 70%가 이곳에 서식하고 있어 지구 온난화에 의해 가장 큰 영향을 받고 있다.[967]

이러한 해양산성화 위협에 대응하기 위하여 미국은 2009년 5월 해양산성화 연구에 2,000억 원을 지원하는 해양산성화 모니터링 법안을 통과시켰다.[968] 최근 유럽에서도 해양산성화에 관한 협력 프로젝트 EPOCA(European Project on Ocean Acidification)가 활발히 진행되고 있다.

물고기 서식처 감소도 문제인데 산호초나 조개 껍데기가 줄어들면서 물고기의 보금자리가 사라지기 때문이다. 열대 산호초 군락은 전 세계 해양 생물 종의 25%에 은신처를 제공한다. 그러나 산성도 증가로 산호초가 부식되거나, 해수면 기온 상승에 따른 백화(bleaching) 현상으로 산호초가 계속 줄어들고 있다. 산호는 높은 한계온도대에 서식하고 있는데 1~2℃만 높은 날씨가 계속되어도 백화현상이 일어나고, 정상온도에서 4℃가 높은 기온이 2~3일 지속되면 산호군의 90~95%가 백화병에 걸려 죽는다.[969] 산호초는 반드시 그 내부에 산호를 탄화시켜서 골격을 형성시키는 산호식물(micro coralline algea)과 같이 공생하며 살아가는데 기후변화로 대략 2℃ 정도 수온이 올라가 이 식물이 죽거나 대체되면서 하얗게 백화현상이 나게 된다.[970] 해수 중에 용해되어 있는 풍부한 탄산칼슘($CaCO_3$)이 복잡한 원인에 의하여 고체 상태로 변하여 해수 중에 부유하거나(빛의 산란에 의해 흰색으로 보인다) 차차 바닥에 부착하게 되면 마치 눈이 내린 것처럼 보이게 되는 것도 백화현상이다.[971] 대기 중 이산화탄소가 2013년 395ppm에서 나중에 450ppm을 초과하여 더 산

---

보 분석을 통한 미래 연구수요개발」의 정책 자료 10-03 해양과학기술 정책동향 모음집』(2010), p.48.
967) Wenxi Zhu,, "Advancing Marine Science Cooperation for Sustainability in the Northwestern Pacific and Adjacent Regions", *The 8th World Ocean Forum Proceedings(Summary)*, Busan, 2014. 9, pp.121-125.
968) 이기택, 전게 논문, 2012. 1, pp.50-51.
969) 박성쾌, 전게서, p.191.
970) Ben McNEeil, *op. cit.*, pp.48-49.
971) 남성현·김윤배,『동해, 바다의 미래를 묻다』, 푸른행성지구시리즈, 이담, 파주, 2013. 3. pp.103-104.

성화되면 산호초의 생존이 어려울 것으로 보고 있다.972)

이외에 산성화된 바닷물에서는 물고기가 포식자의 냄새를 맡지 못하거나 잘 움직이지 못하고 산성화가 계속되면 물고기의 생존 능력도 떨어진다. 반면 물고기 알이나 동물성 플랑크톤을 먹는 해파리는 개체 수가 늘어나는 것으로 나타났다.973) UNEP는 "해파리 증가는 물고기 개체 수를 감소시키고 연안 생태계의 균형을 파괴할 수 있다"고 우려하고 있다.

(3) 기온 및 해수 온도 상승

전 세계 해류 흐름은 북대서양에서 북극의 해빙 등을 만나 차가워지면서 밀도 차이에 의해 해저 깊이 침강하고 이것이 남극해-태평양-인도양 등을 거쳐 다시 대서양으로 돌아오는 '해류의 컨베이어벨트'라는 '해양 열염분 순환(ocean thermohaline circulation)'을 형성한다고 하였다.

〈그림 10-15〉 그린란드 인근 해수의 온난화(좌) 및 저 염도화(중)로 해양 컨베이어벨트가 작동하지 않는 모습(우)

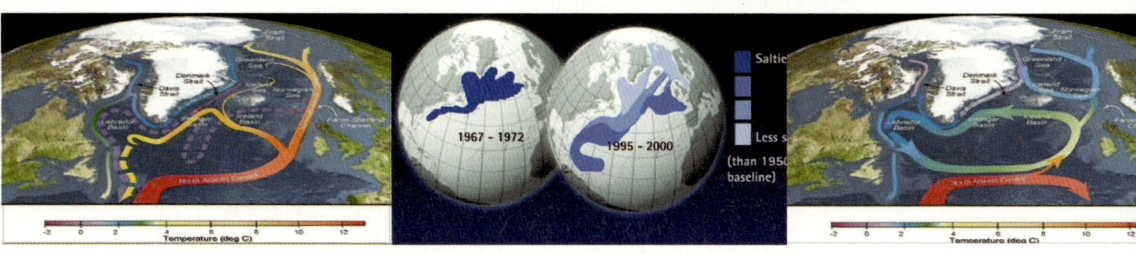

자료: Robert W. Correll, op. cit., 2013. 4. 30.

그러나 최근 수치모델로 조사해 보면 기후온난화로 인해 금세기 후반 '열염분 컨베이어벨트(thermohaline conveyor belt)'가 중간 정도의 깊이밖에 가라앉지 않을 것으로 예측되고 있다.974) 이와 같이 해양 벨트라인이 중간 정도의 깊이밖에 가라앉지 않을 경우 해양 표면은 계속 더워지고 용승(upwelling)

---

972) 니콜라스 스턴, 전게서, 2006.
973) 기후변화행동연구소 홈페이지, http://climateaction.re.kr/index.php?document_srl=157790&mid=news02(2014. 4. 28), 저명 학술지 Global Change Biology에 발표된 논문의 분석 자료 인용.
974) 김경렬, 「과학으로 동해를 지키는 EAST-I 연구: 동해가 빠르게 변하고 있다」, 『해양과학기술』 Vol.1, KIMST, 2011. 10월호, pp.18, 118; Elizabeth R. Desombre and J. Samuel Barkin, op. cit., pp.116-118.

이 일어나지 않아 10~30%의 생물학적 생산성 감소가 예상된다.[975]

전반적인 기상 변화 중에 중요한 것의 하나는 해수 온도 변화이다. 전 세계 대양의 평균 수온은 약 3.5℃이며 그중 75%가 0~6℃ 범위에 있고 주로 표층에서 변화가 크고 수심이 깊은 곳에서는 그 변화가 작게 나타난다. 특히 북서태평양은 지구온난화가 가장 빠르게 이루어지고 있는 곳의 하나로 생태적으로나 사회적으로 영향이 큰 지역이다. 1982-2006년 사이에 이곳 해양의 해면 온도(SST)은 약 0.67~1.35℃가량 상승하였고 이곳에 주로 정어리, 멸치 등 소형표층어류(SPF)가 서식하고 있는데 이들의 북상을 유발할 것으로 보인다.[976] 우리나라에서 1981년에 16.6만 톤[977] 잡히던 명태 등의 어종은 이미 자취를 감춘 지 오래되었다. 우리나라의 경우 표층 바닷물 평균 수온은 서해안 11~15℃, 남해안 16~19℃, 동해안 9~16℃로 나타난다.

수온에 의한 기상 변화가 세계적인 피해를 발생시켜 이에 대한 연구가 많이 이루어지고 있으며 이 중 가장 대표적으로 많이 알려진 것이 엘니뇨와 라니냐이다.

열대 태평양의 바닷물의 온도는 대체로 서쪽이 고온이고 동쪽은 저온이다. 그래서 온도에 의한 대기 밀도 차이에 의해 태평양 동쪽에서 서쪽으로 부는 무역풍이 발생하고 따뜻한 해류도 같은 방향으로 흐르게 된다. 원래 페루 서부 연안에는 심층의 해수가 용승(upwelling)하는 곳이다. 그러나 엘니뇨는 적도 무역풍(동풍)이 약해지면서[978] 남아메리카 서해안에서 용승(upwelling)하여 솟아오르는 차가운 페루 해류 속에, 약해진 무역풍 때문에, 미처 서쪽으로 이동하지 못한 따뜻한 바닷물이 침입하여 찬물의 용승을 막아 일어난다. 열대 태평양 적도 부근에서 남아메리카 해안으로부터 중태평양에 이르는 광범

---

975) Ben McNEeil, op. cit., p.48.
976) Suam Kim, "Effects of Climate Change an fishery in the Northwestern Pacific and suggestion for its Sustainability", The 8th World Ocean Forum Proceedings(Summary), Busan, 2014. 9, pp.91-92.
977) 인사이트 저널, 2014. 2. 21, 원전: 해양수산부.
978) 적도 지역에서 서쪽으로 부는 무역풍이, 해수면이 따뜻한 물을 태평양 서쪽으로 운반하기 때문에 난수 층의 두께는 서쪽에서 두껍고 동쪽에서 얇아지고 해면 수위는 동쪽보다 서쪽이 40cm 정도 높아진다. 이 무역풍이 약해지면 서태평양 쪽의 난수 층은 보통 때보다 얇아지고 동태평양 쪽의 난수 층은 두꺼워지는 엘니뇨, 반대로 무역풍이 강해지면 남미 등 동태평양 쪽에 난수 층은 얇아져 차가운 물이 침입하는 라니냐가 발생한다. 그림 참조.

위한 지역에서 일어나는 현상이다. 발생 간격은 불규칙적으로 2~10년 주기로 발생하고 동부태평양 인근 육상에서는 더운 물이 증발하여 큰 홍수가 일어나 상당한 피해를 입는다. 반면 해수 온도가 올라가면서 식물성 플랑크톤이 늘어나 어획량이 증가하게 된다.979) 반대로 수온이 높아지지 못한 서태평양은 흉어와 가뭄, 혹한과 폭설을 겪게 된다.980) 이와 같이 엘니뇨(El Nino)는 적도의 칠레 근처 동남 태평양의 해수 온도가 더 올라가 일어나는 해양 현상(Ocean Component)이다.

기상으로 보면 동남 태평양의 저기압 발달과 강수 증가, 반대로 인도네시아, 호주 등 적도 아래 서태평양의 고기압과 강수 감소 등을 의미하는 남반구 진동(Southern Oscillation)이라는 대기 현상이고 해양-대기의 복합 과정(Ocean-Atmosphere Process)이라고 하여 ENSO(El Nino Southern Oscillation) 현상이라고 불리기도 한다.981)

〈그림 10-16〉 엘니뇨 때의 기상 현상

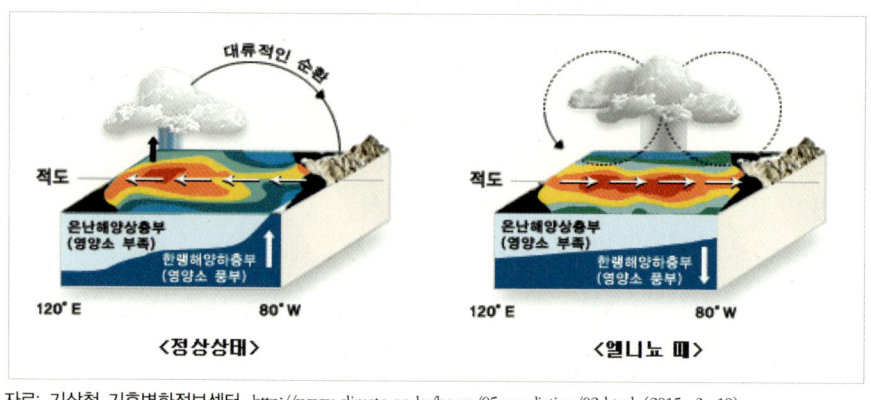

자료: 기상청 기후변화정보센터, http://www.climate.go.kr/home/05_prediction/02.html (2015. 3. 19)

반면 라니냐는 적도 무역풍이 강해지면서 서태평양 해수 온도가 더 상승하고 동태평양에서는 용승이 활발해져 낮은 수온 현상이 일어나는 현상이다.982)

---

979) NASA의 조사 결과, http://blog.naver.com/PostView.nhn?blogId=jsyck7925&logNo=110108142834 (2012. 8. 31)
980) 1842년 나폴레옹 군대와 1941년 히틀러 군대의 잇단 러시아 침공 실패는 모두 엘니뇨에 의한 폭설과 혹한 등 기상이변 때문이라고도 한다. 전남일보, 2015. 12. 28.
981) Gunnar Kullenberg, op. cit., p.111.
982) 일본해양정책연구재단/김연빈 역, 전게서, p.28.

동태평양의 해수면 온도가 5개월 이상 평년보다 0.5℃ 이상 낮아져 원래 찬 동태평양의 바닷물은 더욱 차가워지게 된다. 특히, 인도네시아, 필리핀 등의 동남아에서는 극심한 장마, 페루 등 남아메리카에서는 가뭄이 발생하고, 북아메리카에서는 강추위가 찾아오는 경우가 있다. 서태평양에서는 해수 온도가 올라가면서 식물성 플랑크톤이 증가하여 어획량이 많아지고 동태평양은 흉어를 겪게 된다. 이러한 라니냐 현상으로 동아시아 지역에는 홍수 빈발 외에도 수온이 높아져 태풍이나 적조 발생을 높이는 효과를 가져온다.

1980년 이후에는 기후온난화로 라니냐의 발달은 약해지고 엘니뇨가 빈발해졌으며 때로는 세력이 커진 슈퍼 엘니뇨의 발생으로 강한 홍수나 가뭄, 폭설, 기상 이변 등이 빈발했다.[983]

〈표 10-6〉 엘니뇨와 라니냐의 내용

| 명칭 | 뜻 | 발생 내역 |
|---|---|---|
| 엘니뇨 | 아기 예수(페루 어민, 풍어를 가져다 주는 하늘에 감사하여 붙인 이름) | 적도 무역풍(동풍)이 약해지면서 서태평양 해수 온도가 하강하고 동태평양에서 높은 수온 현상이 일어나는 현상. 남아메리카 서해안을 따라 흐르는 차가운 페루 해류 속에 갑자기 따뜻한 바닷물이 침입하는 현상. 열대 태평양 적도 부근에서 남아메리카 해안으로부터 중태평양에 이르는 광범위한 지역에서 일어나는 현상. 발생 간격은 불규칙적으로 2~10년 주기. |
| 라니냐 | 여자 아이 | 적도 무역풍(동풍)이 강해지면서 서태평양 해수 온도 상승으로 동태평양에서 낮은 수온 현상이 일어나는 현상. 동태평양의 해수면 온도가 5개월 이상 평년보다 0.5℃ 이상 낮아지는 현상으로 원래 찬 동태평양의 바닷물은 더욱 차가워짐. 특히, 인도네시아, 필리핀 등의 동남아시아에서는 극심한 장마, 페루 등 남아메리카에서는 가뭄, 북아메리카에서는 강추위 발생. |

자료: 사단법인 이어도 연구회, 『이어도 바로알기』, 2011. 11. 29, pp.200-201.

(4) 해양기상 이변 및 재난

해수층의 운동은 파도(waves), 조석(tides), 조류(currents)[984] 등의 세 가지로 대별된다. 기후변화 관점에서 해양의 물리적 요소 운동으로 파도와 조류

---

983) 엘니뇨는 2-10년 주기로 오는데 특히 1982-1983년, 1997-1998년도에 강력한 슈퍼엘니뇨가 태평양에 발생하여 많은 피해를 주었다. 문화일보, 2014. 7. 2.
984) Adalberto Vallega, op. cit., pp.32-34.

에 관심이 집중되고 있는데 대기-해양 상호작용에서 이들이 기후변화 영향에도 민감하다.

파도의 세 가지 유형은 바람에 의한 파도(wind waves) 및 스웰(swell), 바람에 의한 상승된 파도(wind surge), 지진 기인 파도(일명 쓰나미) 등으로 나뉜다. 바람에 의한 파도(wind waves)는 해표면에서 바람이 불어 생기는 파도이고, 스웰(swell)은 바람이 멈춘 후에도 진행되는 파도로서985) 여건에 따라 광범위한 지역으로 움직이면서 전파되어 간다. 바람에 의한 상승된 파도(wind surge)는 연안이나 해변에서 기압장(pressure field)이나 바람에 의해 수위(water level)가 올라가면서 넓은 지역에 해수가 쌓이며 일어나는 장파로, 만조와 겹치면 연안에 큰 홍수 등의 피해를 준다.986) 쓰나미는 해저 화산의 분출, 해저 지진, 해저 산사태 등으로 일어날 수 있다.

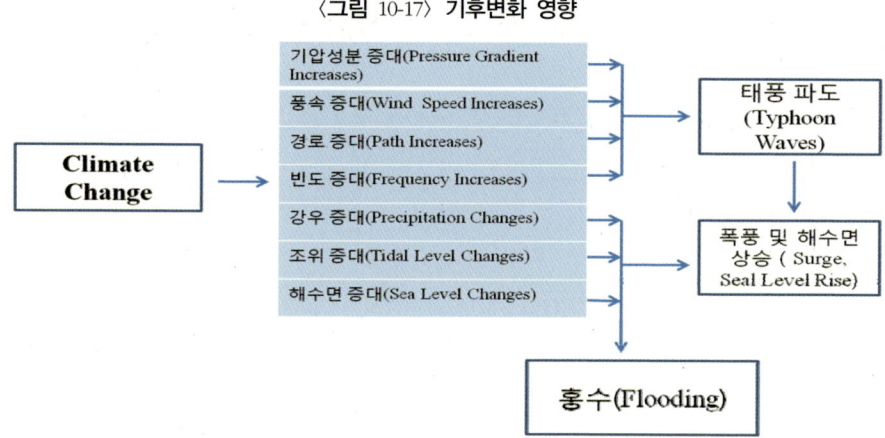

〈그림 10-17〉 기후변화 영향

자료: IPCC 등 여러 자료에 의해 필자 정리.

특히 피해를 많이 일으키는 것은 폭풍(storms)이 일으키는 파도(storm surge)로서 이들은 56~65노트의 바람이나 117노트 이상의 태풍 등에 의해 나타나며 때로는 서로 다른 파장의 파도가 겹치며 일어나는 '비정상적 파도'로, 광범위한 피해를 유발한다.987) 이러한 것들은 바람 유형 및 속도, 그리고 이들의 해

---
985) 위키백과(영어). 지역 통과 당시 그 지역 바람의 영향을 받지 않음. 지진·폭풍우로 인한 큰 파도.
986) Collins English Dictionary. 폭풍해일이라 함.

수면에 대한 물리적 영향에 따라, 12계급으로 바람의 세기를 나타내는 뷰포트 척도(Beaufort scale)988)에 의해 분류된다. 앞으로 대기 온난화와 이에 따른 바람의 순환이 파도 에너지를 늘리고 재난에 해당하는 사건을 더 자주 일으킬 수 있어 이를 주목할 필요가 있다.

일반적으로 태풍은 위도가 북위 5~20도인 열대 바다에서 표층 수온이 26℃ 이상인 경우에 만들어진다.989) 지구온난화가 진행되면 뜨거워진 바닷물이 많아지고 이는 구름을 많이 생성케 한다. 기체인 수증기가 액체와 고체인 물방울과 얼음 알갱이로 변하면서 열을 방출하여 여기서 생긴 에너지가 태풍을 만들게 한다. 즉 이 열로 대기가 뜨거워지고 더 많은 수증기가 상승하면서 비구름 규모가 더욱 커지게 되고 이것이 지구 자전으로 돌면서 태풍이 만들어진다. 태풍은 저위도 지역에서 갖고 온 수증기를 고위도에서 뿌려 주는데 이 수증기는 100℃에서 끓을 때 정도의 에너지를 함유하여 이동함으로써 상당한 양의 에너지를 중위도 지역으로 옮기는 역할을 하게 된다. 이를 통해 에너지가 많은 적도에서 에너지가 적은 극지방으로 자연스런 에너지 이동이 이루어져 지구의 에너지 균형이 달성된다.

지구온난화를 통해 바닷물은 더 뜨거워지고 에너지 함유량은 더 많아져서 태풍도 더 강력하게 되고 더 자주 발생하게 된다.990) 실제로 태풍은 900~950 hPa로 열대성저기압인데 태풍발생 시 기압이 낮아지면서 해수면은 상승하게 되며 특히 세력이 센 태풍일수록 해수면은 더욱 상승한다. 태풍으로 1hPa이 낮아지면 해수면은 1cm가 높아진다고 한다.991) 이것이 태풍 중앙에 고조(高潮, storm surge)를 일으켜 연안으로 이동하면서 범람하여 피해를 입히게 되고 아울러 강한 비와 바람이 동반된다. 그동안 기후 온난화로 열대성 저기압인 태

---

987) Adalberto Vallega, op. cit., pp.32-34.
988) 풍력을 풍속도에 따라 0(정온)-12(29.1㎧ 이상)의 13단계로 분류한 표, Daum 백과사전.
989) 남성현, 전게서, p.57.
990) 이에 대하여는 태풍이 그리 늘어나지 않는 경향을 이야기하기도 한다. 실제로 〈10-7〉과 같이 우리나라 인근에서의 연간 태풍 발생 횟수가 줄어드는 대신 고강도 슈퍼태풍은 늘어나는 경향이 보인다. 미국에서도 슈퍼태풍은 늘어나나 일반 태풍의 발생 빈도는 줄어들었다는 보고가 있다(Richard A. Muller/장종훈 역, 전게서, p.86).
991) 남정호 등, 『기후변화대응을 위한 연안지역 레질리언스(Resilience) 강화 방안』, KMI기본연구보고, 2009. 12, p.22, 원전: McGinns, A.P., Safeguarding the Health of Oceans, 1988.

평양의 태풍(인도양의 사이클론, 대서양 허리케인 포함)이 지난 수십 년간 50% 정도 늘어난 것으로 보고되고 있다.[992]

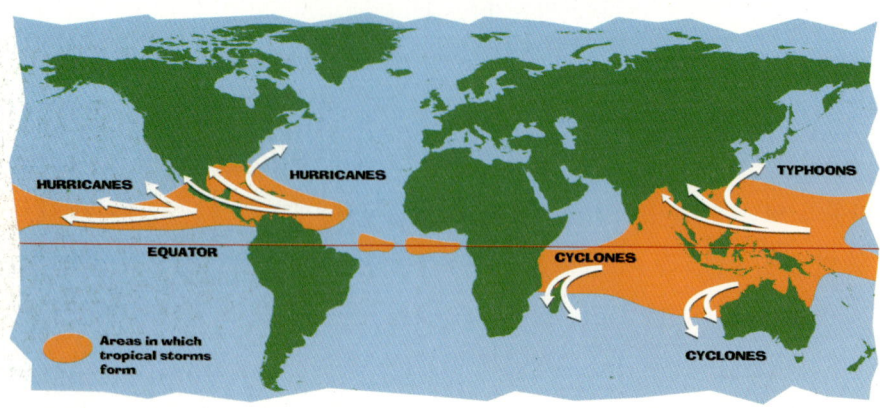

〈그림 10-18〉 태풍의 발생 지역과 방향

자료: 기후변화연구소 홈페이지,http://climateaction.re.kr/index.php?mid=news01&document_srl=158270 (2014. 5. 22).
원전: www.learnnc.org.

최근의 인공위성 영상에는 동시에 3개의 허리케인 나타나기도 하여 화제가 되고 있다.[993] 과학자들은 앞으로 지구온난화로 인해 강력한 '슈퍼태풍'의 도래도 예상하고 있고[994] 지구온난화로 태풍이 지금보다 18% 더 세 진다는 발표도 있다.[995] 최근 미국 해양대기청(NOAA) 과학자들이 네이처(Nature)지에 발표한 논문에 따르면, 과거 30년 동안 열대 사이클론 발생지는 10년마다 평균 50km 이상 극지방을 향해 이동했다.[996] 특히 열대 사이클론 발생지는 북반구에서는 북극을 향해 약 53km, 남반구에서는 남극을 향해 약 62km 움직인 것으로 조사되었다. 특이한 것은 이러한 경향이 태평양과 남인도양에서 두드러진 반면, 대서양에서는 관찰되지 않았다는 점이다. 북서태평양 지

---

992) Robert W. Corell, Yoon Hyung Kim & James Seong-Cheol Kang, *op. cit.*, p.5.
993) 남성현, 전게서, p.57.
994) 남성현, 전게서, p.47. 원주장자: 제주대 문일주 교수. 슈퍼태풍은 최소 65㎧ 이상, 순간 최대 풍속이 85㎧, 1일 강우량 1,000~1,400㎜, 바다 파도 높이 15~33m, 강풍 반경 850~1,200km에 이르는 정도의 태풍이다. Daum 백과사전.
995) 한국해양과학원(KIOST) 권민호 연구원의 발표 결과라 함. 남성현, 전게서, p.55.
996) 기후변화연구소 홈페이지, http://climateaction.re.kr/index.php?mid=news01&document_srl=158270 (2014. 5. 22). 원전: James P. Kossin, Kerry A. Emanuel, & Gabriel A. Vecchi, "The poleward migration of the location of tropical cyclone maximum intensity", *Nature* 509, 15 May 2014, pp.349-352.

역에서 슈퍼태풍은 지난 38년간 52% 증가했으며 한반도에 영향을 미친 슈퍼태풍의 숫자도 1975~1993년 사이 연평균 0.58개였으나 1994~2012년에는 0.68개로 늘어났다.[997]

〈표 10-7〉 슈퍼태풍의 발생 빈도와 도달지점 위도

| 기간 | 일반 태풍 발생 총 횟수(년 횟수) | 슈퍼태풍 연평균 발생 횟수(총 횟수) | 슈퍼태풍 연평균 한반도 영향빈도(총횟수) | 도달 위도 (북위) |
|---|---|---|---|---|
| 1975-1993 | 477(25.1) | 2.9(55) | 0.58(11) | 28도 |
| 1994-2012 | 468(24.6) | 4.4(84) | 0.68(13) | 34도(6도 북상) |

자료: 경향신문, 2013. 12. 11: 윤종호, 「안전한 연안조성을 위한 정책 방향」, 안전한 연안, 활력 있는 동해: 제4회 연안발전포럼 프로시딩, 2014. 9. 3, 속초, p.6. 원전: 기후변화센터 및 문일주, 「제주지역 슈퍼태풍의 접근가능성과 대응」, 제주미래포럼, 2013. 12.

북극 해빙과 기후변화의 직접적인 영향 관계에 대한 논쟁은 오랜 기간 지속되었다. 그래서 미국에서는 북극 지방의 기상 변화와 온난화 관련성 연구를 위해 NSF(National Science Foundation)에 의해 OOI(The Ocean Observatories Initiative)라는 프로젝트를 2015년 초부터 본격적으로 진행할 전망이다.[998] 특히 수중로봇, 센서가 달린 해저케이블과 관측 장비 등 49개 이상의 첨단 인프라를 통하여 해양의 각종 데이터를 실시간으로 관측하는 이 프로젝트로 북극 해빙이 전 세계 기후변화에 영향을 미치는지에 대한 연구가 진행될 예정이다. 최근에는 '로스비파'라는 극지방의 제트기류를 통하여 북극의 해빙이 전 세계 기후변화에 직접적인 영향을 미친다는 주장이 제기되어 이에 대한 연구가 OOI를 통해 진행될 예정이다.[999]

## 3) 우리나라에 대한 영향

### (1) 한반도 해수면 상승

2013년 기준, 우리나라의 온실가스 총 배출량은 616백만t$CO_2$로 세계 7위의

---

[997] 목진용, 「우리나라 슈퍼태풍 내습 가능성과 해양 분야 대응」, 행복한 바다 포럼, 한국해양수산개발원, 2014. 6. 17, pp.6-9, 원전: 문일주, 「제주지역 슈퍼태풍의 접근 가능성과 대응」, 제주미래포럼, 2013. 12.
[998] 한국해양과학기술진흥원, 『Ocean Insight』, 2015. 1, p.4. 자세한 내용은 제2장 제2절 참조.
[999] Ibid.

배출국이었으며, 부문별로는 산업공정 부문(9.8%), 농업 부문(3.0%), 항만 (0.50%), 어업 부문(0.55%) 순이었다.1000) 우리나라는 지난 100년간 기온이 1.5℃ 상승하였고 해수온도도 동기간 0.93℃ 상승한 것으로 나타나 전 세계 상승의 약 2배에 달하였다. 이에 따라 해수면 상승도 크게 이루어지고 있다.

〈표 10-8〉 지구 및 우리나라 온난화 현상

| 구분 | 기온 상승<br>(100년간) | 해수온도상승<br>(100년간) | 해수면 상승<br>('63-'03) |
|---|---|---|---|
| 전 세계 | 0.74℃ | 0.5℃ | 1.7mm/년 |
| 우리나라 | 1.5℃<br>(6대도시 평균기온 대비) | 0.93℃<br>(1968-2006) | 0.1~0.2cm/년<br>(1960-2006) |

자료: 국토해양부, 『기후변화 대응 국토해양분야 종합대책』, 2008. 5 등 종합.

국립수산과학원에 의하면 1968-2014년간 해수 온도는 평균 1.18℃ 상승했고, 동해는 1.34℃, 남해 1℃, 서해는 1.18℃ 상승했다고 한다.1001) 같은 자료에 따라 우리나라의 해수면 상승은 지난 40년간(1964-2006) 남해안(매년 평균 3.4mm)이 동해안(1.4mm/yr)・서해안(1.0mm/yr)에 비해 3배 정도로 높게 나타났다.1002) 또한 최근 40년간 평균 10cm의 해수면 상승이 있었다고 한다.1003) 특히 서귀포 6mm/yr, 거문도 5.9mm/yr, 제주 5.1mm/yr로1004) 남해안의 제주 연안이 제일 높고 고위도로 갈수록 낮아지나 서해안보다 동해안이 다소 높게 나타나고 있다. 이것은 남쪽에서 올라오는 난류인 쿠로시오 해류의 온도가 더 높아져(28℃ 이상) 열팽창에 의해 더 높은 해수면을 형성하면서 올라오기 때문에 쿠로시오 지류인 쓰시마 난류의 영향을 가장 많이 받는 남해안

---

1000) 한겨레신문, 2014. 9. 23 및 환경뉴스, 2014. 9. 23, 원전: Global Carbon Project. 부문별 구성비는 2012년 기준.
1001) 부산일보, 2015. 12. 2, 원전: 국립수산과학원 조사연보 제63권.
1002) 경향신문, 2008. 1. 7.
1003) 경향신문, 2015. 12. 17, 원전: 국립해양조사원 조사연보 분석 자료.
1004) 문일주(제주대 해양학과) 분석 자료, 2011. 6. 그러나 조광우(2009, 『해수면 상승에 따른 취약성 분석 및 효과적인 대응 정책 수립 I : 해안침식 영향 평가』, 한국환경정책평가연구원)에 의하면 우리나라 주변 해역의 평균 해수면 상승률은 지난 16년간(1993-2008) 평균 4.02mm/년으로 세계 평균 3.16mm/년보다 30% 높고, 국립해양조사원(2009)에 따르면 1993-2008년(16년간) 동해 3.6mm/년, 서해 2.4mm/년, 남해 4.2mm/년, 제주 6.1mm/년으로 남해가 높게 나타났다고 한다. 최근 중국 자료에 의하면 동지나해는 지난 30년간 연평균 2.9mm 속도로 상승해 왔는데, 2012년에는 무려 66mm 상승하여 많은 인명과 재산피해(150억 위안, 약 2조 7천억 원)과 사상자 68명이 났다고 한다(KMI, 『해양산업동향』 제86호, 2013. 3. 19, p.5).

이 더 높은 것으로 풀이된다.[1005]

이로 인해 2000~2007년간 연안재해 피해 규모는 2조 1천억 원(전국 재해 대비 58.4%)이었고, 연안관리 모니터링 결과 침식지역은 2005년 44%에서 2013년에는 63%로 확대되었다.[1006] IPCC 5차 보고서에 의하면 기후변화로 인한 전 세계 해수면 상승은 향후 2100년까지 평균 48cm(RCP6.0)이고[1007] 한반도는 이보다 2배 높은 해수면 상승률을 보여 이에 따른 한반도 침수 가능 면적도 증가할 것으로 예측되고 있다.[1008] 이에 따라 정부나 지자체는 해안선 유실과 침수, 해수 범람 등 자연재해 예방에 관심을 가져야 할 것이다.

〈그림 10-19〉 한반도 해수면 연간 상승률
(단위:mm/yr)

자료: 국립해양조사원

우리나라의 해수면 상승은 전 세계 평균보다 2배 정도 높게 나타나고 있어 2100년에 1.33m 해수면 상승을 전제로 한 경우 남한 연안의 총 침수 예상 지역의 면적은 4,149.3km²로 나타나 전 국토 면적의 4.1%를 차지하게 된

---

1005) 문일주, 전게자료; 조광우 등, 「우리나라 해수면 상승 대응방향에 대한 소고」, 『한국해양환경공학회지』, Nov. 2007, p.229.
1006) 해양수산부, 『해양수산 업무편람』, 2014. 3. p.63; KMI, 2011. 9, 국감보고 자료. 일본의 경우 해수면이 30cm, 65cm, 100cm 각각 상승하는 경우 일본 모래사장의 56.6%, 81.7%, 90.3%가 각각 침해에 의해 손실될 것으로 나타났고 해수면 상승에 의해 2080년까지 세계의 28%의 연안습지가 손실될 것으로 전망되고 있다(조광우 등, 전게서, 2007).
1007) IPCC/기상청 역, op. cit., pp.21-23.
1008) 장경일, 「해양기인 중장기 기후 변동의 역학적 연구와 예측 기술 개발」, 『해양 부문 기후변화 대응 능력 강화를 위한 워크숍 프로시딩』, 2010. 1. 20. p.164.

다.1009) 지역별로는 전남(1,433.9km²), 충남 848.9(km²), 전북(613.3km²), 인천광역시(467.8km²), 경기도(304.1km²), 경남(224.9km²), 제주(88.0km²), 강원(59.7km²), 경북(41.6km²), 부산(39.7km²), 울산(27.4km²) 등의 순으로 나타난다.1010) 이 경우 다음 표와 같이 침수지역 인구도 거의 150만 명에 달하여 침수 취약지역에 대해서는 지역별 특성에 따라 갖가지 침수 방지 대책 수립·시행이 요망된다.

〈표 10-9〉 우리나라 시도별 침수지역 인구(해수면 1.33m 상승 시)

(단위: m², 명)

| 시·도 | 총주거지 면적 | 침수 주거지 면적 | 면적 대비(%) | 총인구(2010) | 침수지역 인구 |
|---|---|---|---|---|---|
| 서울특별시 | 59,881,150 | - | - | 9,794,304 | - |
| 부산광역시 | 25,932,193 | 686,595 | 2.4 | 3,414,950 | 88,789 |
| 대구광역시 | 22,343,079 | - | - | 2,446,418 | - |
| 인천광역시 | 17,930,558 | 1,867,213 | 10.4 | 2,662,509 | 276,901 |
| 광주광역시 | 11,608,175 | - | - | 1,475,745 | - |
| 대전광역시 | 13,110,391 | - | - | 1,501,859 | - |
| 울산광역시 | 12,741,999 | 429,171 | 3.4 | 1,082,567 | 36,807 |
| 경기도 | 90,583,038 | 1,723,788 | 1.9 | 11,379,459 | 216,210 |
| 강원도 | 30,346,011 | 673,813 | 2.2 | 1,471,513 | 32,373 |
| 충청북도 | 30,726,119 | - | - | 1,512,157 | - |
| 충청남도 | 50,667,237 | 2,729,518 | 5.4 | 2,028,002 | 109,512 |
| 전라북도 | 47,140,916 | 5,409,320 | 11.5 | 1,777,220 | 204,380 |
| 전라남도 | 52,919,578 | 6,704,964 | 12.7 | 1,741,499 | 221,170 |
| 경상북도 | 56,570,957 | 959,027 | 1.7 | 2,600,032 | 44,201 |
| 경상남도 | 61,579,351 | 3,699,785 | 6.0 | 3,160,154 | 189,609 |
| 제주특별자치도 | 11,652,365 | 1,453,336 | 12.5 | 531,905 | 66,488 |
| 합 계 | 585,733,117 | 26,336,530 | - | 48,580,293 | 1,486,441 |

자료: 통계청, 「e-나라지표」; 행정안전부, 「도로명주소 안내시스템」; 조광우, 상게서, 환경정책평가연구원, 상게서, 환경정책평가연구원, 2011, p.130.

---

1009) 조광우, 「국가 해수면 상승: 사회·경제적 영향 평가」, 한국환경정책평가연구원(KEI), 2011, p.129.
1010) 조광우 등, 전게서, p.130; 문화일보, 2013. 2. 4. 해수면 1m 상승 시 범람 면적 2,643km², 피해인구 1,255천 명으로 추정(노재옥, 『해양환경정책』, 해양정책실무과정 교재, 국토해양인재개발원, 2009, p.140).

### (2) 해수 온도 변화와 그 영향

1981년의 16.6만 톤의 어획고를 올리던 저어류인 명태는 2005년에 64톤 정도 잡히다가 이제는 거의 안 잡히고 온난화에 따라 해수면 표층을 따라 올라온 난류성 부어류인 오징어 등이 동해안의 주력 어종이 되고 있다.[1011] 해수 온도 상승으로 제주도의 경우, 저어류로 한류성 어종인 명태, 대구는 어획이 거의 없어질 정도로 사라졌고 대신 오징어, 멸치, 참치 등 난류성 어종이 크게 증가하였다. 그리고 열대 유해생물인 열대성 해파리가 출현하여 해수욕객들을 괴롭히고, 적조가 빈번히 발생하고 있다.

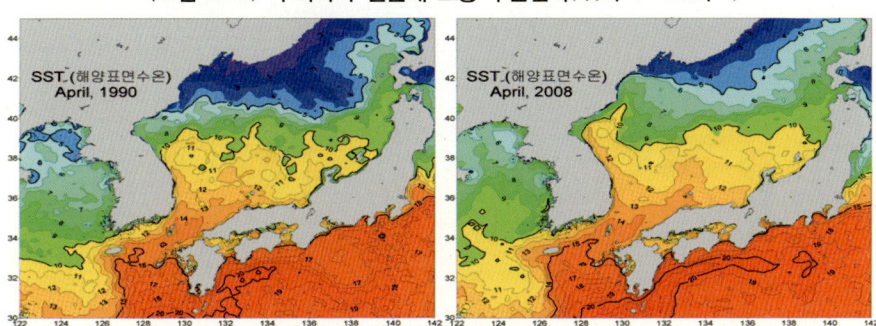

〈그림 10-20〉 **우리나라 연근해 표층 수온변화**(1990. 4 - 2008. 4)

자료: KMI, 『99회 KMI 해양정책 포럼 자료집』, 2009. 6; 기상청 홈페이지, 기상백과, 원전: NOAA 위성자료.

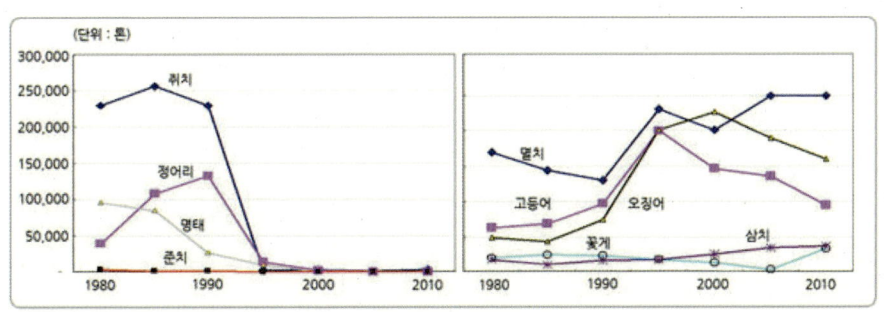

〈그림 10-21〉 **30년간 어종별 어획량 변화**

자료: http://gsinews.co.kr/Mobile/board_contents/001012/13109 (2015. 12. 18)

---

[1011] 주간조선, 2006. 5. 4, http://kr.blog.yahoo.com/parkijs/29 (2013. 3. 12); 인사이드저널, 2014. 2. 21, 원전: 해양수산부.

최근 연구에 따르면 지구온난화로 인한 이상 기후와 무더운 날씨가 이어지면서 서해안 등에서 플랑크톤이 점점 더 바다 속 깊은 곳으로 내려가고 있는 것으로 나타났다.1012)

〈그림 10-22〉 한반도 주변 어종 변화

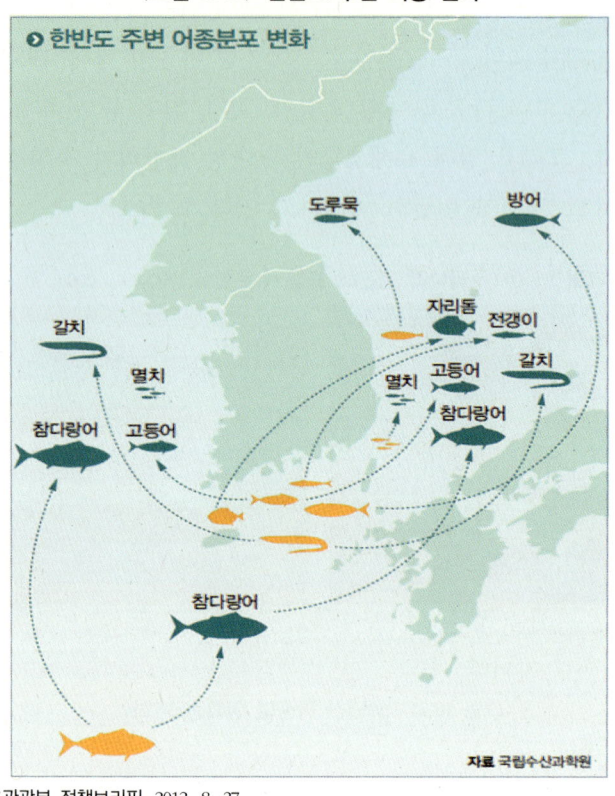

자료: 문화체육관광부 정책브리핑, 2012. 8. 27, http://www.korea.kr/policy/graphicsView.do?newsId=148737935&pageIndex=1&chkDateType=&startDate=2006-08-01&endDate=2012-12-11&srchSectId=graphic_sec_02&srchWord= (2016. 1. 7), 원전: 국립수산과학원.

서해와 달리 동해에서는 해양생물종 다양성이 증가하고 있는 등 종별, 해역별, 시기별로 서로 다른 변화가 감지되고 있다.1013) 예를 들면 난류성 어종으로 제주도의 대표적인 어종이던 자리돔, 파랑돔이나 원래 제주도와 남해안에 서식하는 붉은색 해변 말미잘들도 울릉도-독도 인근에서 집단 서식하고

---

1012) 매일경제, 2013. 8. 20.
1013) 남성현·김윤배, 전게서, p.102.

있다. 과거 동중국해에서나 주로 잡히던 삼치가 최근 동해에서 다량으로 잡히고, 울릉도-독도 근해의 수온이 높아지면서 난류성 어종인 고등어류와 전갱이류, 살오징어 등의 어군 밀도가 높아져 어획량이 늘어나는 반면 멸치류와 갈치, 젓새우류, 굴류 등의 생산은 크게 줄어들고 있다.[1014] 중서부 태평양과 인도양 등에서만 잡히는 참치(참다랑어, 가다랑어 등)의 경우 지구온난화로 이제 우리나라 제주도 연근해까지 올라와 잡히고 있다.

### (3) 해수의 산성화

한반도에서도 해양의 산성화 징후가 많이 나타나고 있다. 즉 동해의 경우 지난 100년간 수온이 1.5-2℃ 상승하였고 pH는 낮아져 산성화되었다.[1015] 동해의 산도는 10년간 0.04씩 떨어져 전 세계 평균인 0.02에 비해 두 배나 빨리 산성화하고 있다.[1016]

우리나라에서는 해수산성화로 전복과 제주도 오분자기의 생산량도 급속히 줄고 있고[1017] 10년 전부터 전남의 특산물인 꼬막 씨조개가 생기지 않고 피조개 종패가 자라지 못하는 현상이 일어나고 있다.[1018] 또한 동해안에서는 가리비 종패들이 피해를 입고 바지락, 굴, 홍합 등도 폐사하거나 종패가 잘 하지 못하는 현상이 일어나 이것도 산성화의 결과로 추정되고 있다.[1019]

해양산성화로 우리나라 동해안, 제주 근해에서 일어나는 백화현상, 갯녹음 현상도 원인은 여러 가지나 우선 대기 중의 이산화탄소 증가를 들 수 있다. 대기 중의 이산화탄소가 증가하면 바다로 유입되는 양이 많아져 해수의 탄산이온 농도를 높여서 탄산칼슘($CaCO_3$) 합성을 늘려 이것이 백화현상을 촉진한다. 해수 중에 용해되어있는 풍부한 탄산칼슘이 기후변화에 의한 해수 내 이산화

---

[1014] 남성현·김윤배, 전게서, p.104.
[1015] 주세종, 「기후변화의 남행권역 해양생태계 영향 및 기능 평가: 해수 온난화와 산성화가 남해 및 제주도 연안 생태계에 미칠 영향」, 『해양부문 기후변화 대응능력 강화를 위한 워크숍』, 2010. 1. 20. p. 115.
[1016] 매일경제, 2012. 7. 3.
[1017] 남성현, 전게서, p.54. 제주 전복: 96톤(1996) →36톤(2009), 오분자기: 159톤(1995) →13톤(2005), 기타 바지락·가리비·홍합 등도 잘 자라지 못하거나 종패에 큰 피해 중.
[1018] 매일경제, 2012. 7. 3; 남성현, 전게서, p.54.
[1019] KIMST, 『해양과학기술』, 2012. 1월호, p.50.

탄소 증가, 수온상승 등 여러 원인에 의하여 고체 상태로 석출되어진 것이다. 해수 중에 부유하게 되면 입사광의 산란에 의하여 (심하면 우유를 뿌린 것처럼) 백색 상태로 보이게 되고 시간이 지남에 따라 서서히 침전하여 해저생물, 해저의 바닥 그리고 해저바위에 부착하여 꼭 눈이 내린 것처럼 보이는 백화현상이 나타난다. 이 용출현상은 해수 중으로 바로 석출되기도 하고 혹은 해양생물의 표면이나 해저바위를 중심으로 직접 침착 결정화되기도 한다. 이어서 침착된 탄산칼슘의 표면에 석회조류가 번식하기도 한다.[1020]

〈그림 10-23〉 **백화현상(일명 갯녹음, 좌)과 바다숲 조성 사업으로 복원된 모습(우)**

자료: 해양수산부 보도 자료, 2015. 1. 8.

해수 수온이 증가하면 다시마, 미역 같은 갈조류가 녹거나 혹은 해수 중의 칼슘이온이 고체인 석회질, 즉 탄산칼슘으로 바뀌는 과정을 강화시키는 역할을 한다. 이때 탄산칼슘의 표면에 부유 석회조류(Coccolitophore의 일종인 H. Emiliania라고 불리는 식물성 플랑크톤)가 번식하게 되며, 석회질로 구성된 무절산호조류가 흰색을 띠며 암반을 덮어버려-연안 암반에서 자라는 미역, 다시마 같은 엽상체가 넓은 해조류가 사라져-바다가 사막화되는 '갯녹음' 현상이 동시에 발생하게 된다.[1021]

이와 같이 바다의 사막화가 진행되면 해조류의 엽상체 위에 알을 낳는 어류나 해조류를 먹고사는 부착생물인 전복, 해삼 등이 먹이와 서식처를 잃게 되어 해양생태계가 급격히 파괴된다. 우리나라에서도 바닷물에 녹은 석회수들이 탄산칼슘 가루로 석출되어 어장이 황폐화 되는 백화현상이 2004년도에

---

1020) 안유환, 동해의 '白花현상' 원인에 대한 고찰, http://ocrl.kordi.re.kr/directory/paper/white-4.html (2015. 3. 29). 백화현상을 갯녹음현상이라고 부르기도 한다(위키백과).
1021) UNEP 한국위원회 홈페이지 자료실, 2015. 11. 30.

6,954ha 정도 발생하였으나 제주 남부 연안에서 시작하여 남해, 동해안으로 확산되어 2010년에 14,317ha로 크게 증가하였다.[1022] 따라서 이러한 해수 산성화에 의한 백화 및 갯녹음현상에 대비하여 2009-2014년 사이에 5,909ha의 '바다숲 조성 사업'을 실시하고 2030년까지 총 35,000ha의 바다숲 조성이 계획되어[1023] 해양생태계를 재생시키는 노력이 이루어지고 있다.

### (4) 한반도 기후변화

미 국립빙설데이터센터(NSIDC)는 1979년부터 인공위성으로 북극해 얼음 면적의 변화를 관측한 결과 연도별 최소 면적 1~6위가 모두 2007~2013년에 나타나 지구온난화로 인해 북극 얼음이 감소하고 있음을 강조하였다.[1024] 북극해의 얼음이 태양 복사에너지의 80%를 반사시켰으나 이 얼음이 많이 녹아 5-10%만 반사하고 나머지를 흡수하여 온도가 올라가 수증기가 증가하면 이것이 증발하여 시베리아에 많은 눈이 내리게 된다. 이 눈이 햇빛을 반사시켜 찬 공기를 만들어 시베리아 고기압을 강화시킨다. 결국 북극과 시베리아 중위도 사이의 기압 차이가 줄면 북위 30~40도 사이 중위도 상공에서 동서로 빠르게 돌던 제트기류(polar vortex, 냉와류)가 약화되면서, 갇혀 있던 북극의 찬 공기가 남쪽으로 쏟아져 내려오게 되어 동북아시아에 혹한이 찾아온다.[1025]

최근 우리나라의 겨울에 극심한 한파가 닥친 데 대해 기상학자들은 지구온난화로 북극해 얼음이 크게 줄었기 때문이라고 설명한다.[1026] 그러나 이러한 겨울

---

1022) 해양수산부, 『해양수산 업무편람』, 2013. 8, p.215; UNEP 한국위원회 홈페이지 자료실, 2015. 11. 30.
1023) 국민일보, 2015. 11. 10. 바다숲 조성을 위해 바닷속 해저에 해조류를 심은 콘크리트를 설치하거나 고압 분사기로 석회조류를 제거하여 해조류의 자생을 돕게 함.
1024) 중앙일보 2012. 8. 30; 한겨레신문, 2013. 9. 12; 조선일보, 2016. 2. 6.
http://media.daum.net/society/others/view.html?cateid=1067&newsid=20120830014404828&p=joongang&d=y&RIGHT_COMM=R9 (2012. 8. 30)
1025) 이러한 중위도 한파의 원인을 미국 빙설자료센터나 기상학자들은 '북극진동(Arctic Oscillation)'으로 설명한다. 북극진동은 북극지방과 북반구 중위도 지방 사이의 기압 차이가 주기적으로 줄었다 커졌다 하는 현상을 말한다. 기압 차이가 줄면 북극의 찬 공기를 에워싸고 있는 제트기류가 약해지면서 찬 공기가 북반구 중위도 지역으로 쏟아져 내려온다. 제트기류란 보통 위도 30~40도 사이 중위도 지방의 상공에서 부는 강한 바람으로 겨울에는 최대 풍속이 초속 100m에 달한다. 제트기류는 북극의 찬 공기가 남하하는 것을 막는 역할을 하는데, 제트기류가 약해지면 우리나라를 포함한 중위도 지역까지 북극 공기가 밀려와 한파가 몰아치는 것이다. 이와 같이 앞으로 지구온난화가 계속되면 한반도에서 여름은 갈수록 더워지겠지만 겨울철에는 오히려 더 심한 한파가 나타날 가능성이 있다고 한다. 경향신문, 2008. 1. 7; 국민일보, 2012. 10. 23; 중앙일보, 2011. 6. 22.

의 기상이변 외에도 향후에는 여름 기간이 증가하고, 열대야 기간이 길어질 것으로 예상된다. 2013년 하계에는 동해안의 해수 수온이 23℃를 넘어 적조가 두 달 가까이 지속됨으로써 수산업과 생태계에 크게 영향을 미치기도 하였다.

〈그림 10-24〉 빙하 감소의 영향

자료: 기상청 홈페이지, http://web.kma.go.kr/notify/focus/list.jsp?mode=view&num=663 (2016. 1. 7)

〈표 10-10〉 우리나라의 새로운 기후변화 예측치

| 구분 | | 2010 | 2020 | 2050 | 비고 |
|---|---|---|---|---|---|
| 계절 길이 | 봄 | | | +10 | |
| | 여름 | | | +19 | |
| | 가을 | | | -2 | |
| | 겨울 | | | -27 | |
| 평균 기온(℃) | | 12.3 | 13.5(+1.5) | 16(+3.7) | 10.5(1912), 2050년 기존 상승 예상 폭 +2 |
| 폭염(일) | | 8.8일 | 10.3일 | 25.1일 | 일 최고 기온이 33℃ 이상 |
| 열대야 (일) | | 7.8일 | 10.3일, | 25.1일 | 일몰 후 최저 기온이 25℃ 이상 |
| 해수면 상승(cm) | | | 해수면이 평균 4cm 상승(여의도 면적의 7.7배인 65km² 범람 위험) | 평균 27cm; 동해안(34.9 cm), 남해안(23.4cm), 서해안(22.8cm) 모두 20cm 이상 대폭 상승 | 전국 22개 항만(15개 무역항, 7개 연안항)과 51개 지자체의 141개 지역을 해수면 상승에 따른 침수 피해 위험지역으로 잠정 분류 |
| 연평균강수량(mm) | | 1,254 | 1,378(+9%) | 1,461(+15.6%) | 1,912~2,010 사이 +19% |

자료: 조선일보, 2011. 11. 29.

---

1026) 중앙일보, 2011. 6. 22, http://media.daum.net/digital/view.html?cateid=1067&newsid=20110622005707486&p=joongang

(5) 태풍 영향 증대

태풍은 처음 열대 해양에서 발생하며 이때 많은 양의 수증기를 빨아들이고 따라서 해면으로부터 많은 열을 흡수한다. 대기에서 수증기로 응축되는 과정에서 방출되는 열에너지는 폭풍을 강하게 만드는 에너지로 작용하는데, 초강력 태풍의 에너지는 핵폭탄의 위력도 능가한다.[1027] 태풍의 강도는 주로 바람과 강수량으로 나타내지는데 최근 우리나라 태풍은 빈도는 다소 줄어드나 강도는 더욱 커지고 있다.[1028] 북서태평양 지역에서 슈퍼태풍은 지난 38년간 52% 증가했고 한반도에 영향을 미친 슈퍼태풍의 수도 1975~1993년 사이 연평균 0.58개였으나 1994~2012년에는 0.68개로 늘어났다.[1029] 1975년부터 2005년까지의 자료를 바탕으로 매년 최대 강풍만을 평균적으로 보면 우리나라는 22m/초(30년간 태풍 시 기압은 19haPa 감소)나 증가하여 일본(9.7m/초), 중국(7.3m/초), 베트남/필리핀 등 저위도 지역의 5.9m/초, 서태평양 국가군 1.9m/초 등에 비해 현저히 높은 증가 수준을 보여 주고 있어[1030] 대책이 요망된다.

또한 최대 강수량도 과거의 400~500mm 수준에서 최근에는 태풍 시 800mm/일의 엄청나게 높은 강수량이 기록되기도 한다. 특히 빈도는 적으나 서해로 태풍이 지나가는 경우, 통상 태풍이 황해의 찬물과 섞이며 다소 약해지나 최근에는 서해 바닷물이 따뜻해져 곤파스(2010), 볼라벤(2012) 등의 태풍처럼 세력이 더욱 강해지기도 하였다. 제주도 동측으로 지나가는 경우에도 마찬가지이고[1031] 특히 동측으로 진행한 사라(1959), 루사(2002), 매미(2003) 등의 경우 우리나라에 피해가 심하였다. 2008년-2012년 사이 5년간 연안 자연재해 피해액은 4,315억 원으로 이 중 77.6%가 태풍에 의한 것이다.[1032] 최근에는

---

[1027] 박성쾌, 전게서, p.52.
[1028] 강기룡, 「태풍의 한반도 위협과 대책」, KMI 제7차 해양비전포럼 자료집, 2014. 7, p.17.
[1029] 목진용, 전게서, pp.6-9, 원전: 문일주, 「제주지역 슈퍼태풍의 접근 가능성과 대응」, 제주미래포럼, 2013. 12.
[1030] 문일주(제주대 해양학과) 분석 자료, 2011. 6.
[1031] 문일주, 전계 자료. 최근에는 황해의 수온이 높아져 태풍 통과 시 더 세력이 강해지기도 한다.
[1032] 해양수산부, 『한눈으로 보는 우리의 연안』, 2015. 4, p.12. 특히 곤파스(2010), 무이파(2011), 볼라벤(2012)에 의한 영향이 컸다.

태풍 등과 동반하는 해일고도 점진적으로 증가하였고 특히 남해안에 위치한 통영, 여수는 과거 30년간 30㎝ 이상 해일고가 증가하였다.

실제로 국토서남단에 의치한 가거도의 대규모 방파제는 50년 빈도의 설계기준으로 2008년 완공된 이래 태풍 등에 의해 2012년까지 다섯 번이나 무너졌다.[1033] 특히 2013년 국가어항 외곽시설 설계파 검토 및 안전성 평가에서는 49개 항의 설계파가 증가하였으며, 가거도항의 경우는 최대 3.7m가 상승하였고 동해안 평균 1.1m, 서남해안 평균 1.3m가 상승한 것으로 나타나고 있다.[1034] 따라서 이에 따른 대책이 시급히 요구되고 있다.

---

1033) 남성현, 전게서, 이담, 2012, p.55.
1034) 해양수산부, 전게서, 2013. 8, p.277.

# 11

## 기후변화에 따른 해양 분야 대책

# 제11장
# 기후변화에 따른 해양 분야 대책

## 1. 국제적 대응 정책

기후변화에 대처하기 위한 국제적인 노력으로는 기후변화 문제에 과학적·체계적으로 대처하고자 1988년 11월 세계기상기구(WMO), 유엔환경계획(UNEP)이 공동으로 주관하여 정부 간 협의체인 '기후변화에 관한 정부간 협의체(IPCC, Intergovenmental Panel on Climate Change)'를 설치하였다. 여기에서 1990년도에 최초로 2100년까지 지구 온도가 약 3℃ 상승하는 것으로 예측된다고 발표하자 국제사회의 움직임도 빨라졌다.[1035] 즉 1992년 브라질 리우환경회의에서 기후변화협약(United Nations Framework Convention on Climate Change: UNFCCC)이 채택되었으며 이후 교토의정서, IMO협약, '96런던의정서, 생물다양성협약(CBD) 등 다수의 국제협약 및 기후변화 대응 논의가 이루어지고 있다.

1992년 브라질 리우환경회의에서 채택된 기후변화협약(United Nations Framework Convention on Climate Change: UNFCCC)에서는 공동의 차별화된 책임 및 능력에 입각한 의무부담의 원칙, 개발도상국의 특수사정 배려의 원칙, 기후변화의 예측 방지를 위한 예방적 조치 시행의 원칙 및 모든 국가의 지속가능한 성장의 보장 원칙을 협약서 제3조에 규정하고 있다. 이 협약은 1994년 3월에 공식 발효되었다. 기후변화협약에 규정된 의무부담 원칙은 다음 〈표 11-1〉과 같이 국가 그룹별로 나누어 각기 다른 의무 사항을 규정하고 있다.

---

1035) Gunnar Kullenberg, op. cit., p.124.

〈표 11-1〉 **기후변화협약의 부속서별 국가 이행 의무**

| 구분 | Annex I | Annex II | Non-Annex I |
|---|---|---|---|
| 국가 | 협약 체결 당시 OECD 24개국, EU와 동구 국가 등 40개국 | Annex I 국가에서 동구권 국가가 제외된 OECD 24개국 및 EU | 우리나라 등 |
| 의무 | 온실가스 배출량을 1990년 수준으로 감축 노력, 강제성은 없음 | 개발도상국에 재정 지원 및 기술이전 의무를 가함 | 국가보고서 제출 등의 협약 상 일반적 의무만 수행 |

자료: 관련 자료에 의거 필자 정리.

1995년 베를린에서 개최된 제1차 당사국총회에서 협약상의 감축의무만으로는 지구온난화 방지가 불충분하기 때문에 이산화탄소 감축 목표에 관한 의정서를 1997년 일본 교토에서 열린 총회에서 채택하였다. 이 교토의정서는 선진 38개국(Annex I)의 구속력 있는 감축 목표 설정, 공동이행제도, 청정개발체제(CDM: Clean Development Mechanism)[1036] 및 배출권 거래제[1037] 등 시장원리에 입각한 새로운 온실가스 감축 수단의 도입 등을 명시하고 있다. 이 협약은 선진국(Annex I)의 배출량 55%를 차지하는 국가들이 비준하여야 발효되는데 이의 비준이 2005년으로 늦어졌다. 이는 전 세계에서 가장 많은 이산화탄소를 배출하는 미국(36.1%)이 당시 교토의정서 비준을 거부했기 때문이다. 그 후 2004년 이산화탄소 배출량이 당시 전 세계의 17.4%인 러시아가 교토의정서를 비준함으로써 2005년 2월 교토의정서가 정식 발효되었다.

새로운 기후변화 체제(POST-2012)를 출범시키기 위해 2007년 채택된 '발리 로드맵'에 따른 협상이 진행되었으나, 감축 의무·투명성·재원 등 주요 쟁점을 둘러싼 선진국과 개도국 간 대립으로 인해 2009년 제15차 코펜하겐 당사국 회의(COP15)에서 POST-2012 체제 출범이 좌초되었다. 이후 2010년 제16차 당사국 총회 시 '칸쿤 합의' 및 제18차 당사국 총회(COP18) 시 '도하 개정안'에 따라 새로운 기후 체제 출범 전까지 부속서I 국가들은 교토의정서를 2020

---

[1036] 교토의정서 제12조에 규정된 것으로 선진국이 개도국과 공동이행(JI)을 통하여 발생되는 온실가스 배출감축분을 자국의 감축 실적에 반영할 수 있도록 하는 동시에 부담금(User Fee)을 납부하도록 하여, 이를 청정개발 체제 운영비 및 개도국의 기후변화에의 적응비용에 충당하는 제도.
[1037] 교토의정서 제17조에 규정된 제도로서 온실가스 감축 의무가 있는 국가에 배출 쿼터를 부여한 후, 동 쿼터를 초과한 경우 배출권을 구매하고, 미달하는 경우 잉여분을 판매하도록 하는 제도.

년까지 연장 적용하고 비부속서I 국가들은 자발적 감축 공약을 이행하기로 하였다.[1038]

2011년 11월 남아공 더반(Durban)에서 열린 유엔기후변화협약 당사국 총회(UNFCCC COP17)에서 협약 시한은 2017년까지 5년 연장되었으나 미국 외에 개도국으로 분류된 중국, 인도 등 주요 대상국이 빠져 참여국의 $CO_2$ 배출량이 15% 정도 밖에 안 되고 최근 일본, 러시아, 캐나다 등 주요 배출국들이 탈퇴하여 협약의 실효성이 다소 의문시되고 있었다.

〈표 11-2〉 국제 기후변화 논의 경과

| 연도 | 협약 | 주요 내용 |
| --- | --- | --- |
| 1992 | 리우 유엔 환경개발회의 | - 기후변화협약(UNFCCC) 채택, 1994 발효 |
| 1997 | 교토의정서 채택(COP3) | - 37개 선진국과 EU 대상으로 온실가스 배출량 감축 협의, 2005 발효 |
| 2001 | 마라케쉬 합의문 채택(COP7) | - 교토의정서 구체적인 이행방안 마련<br>- 경제성장 감축목표 방안 제시 |
| 2005 | 교토의정서 발효 | - 온실가스 감축 1차 의무공약기간('08~'12) 이행 준비 및 교토메커니즘 활용 |
| 2007 | 발리로드맵(COP13) | - 2009년 말까지 2013년 이후 온실가스 감축목표 설정 |
| 2009 | 코펜하겐 합의문(COP15) | - 포스트 교토체제의 기후변화 대응 방향 설정 |
| 2010 | 칸쿤 합의문(COP16) | - '녹색기후기금(GCF)' 조성에 합의 |
| 2015년 | 파리 신 기후체제 논의(COP21) | - 5년 혹은 8년 연장 토의 중 |
| 2020년 이후 | 협약가입국 모두가 참여하는 신 협정 발효 | - 선진국, 개도국 모두 참여 " |

자료: 국토해양부, 제4차 해양환경종합계획, 2010, p.48; 오거돈·김학소 외, 『글로벌물류시장과 국부 창출』, 블루&노트, 2012, 서울, p.77; http://blog.daum.net/shbaik6850/16541836 (2012. 8. 17)

2015년 7월 파리 기후변화 당사국회의(COP21)에서는 지구 산업화 이전 대비, 1.5℃ 감축에 목표를 두고 파리협정서(Paris Agreement)를 체결하였다. 이에 따라 〈표 11-3〉과 같이 각국은 감축계획을 수립·제출하고 이를 이행하기로 하였다.[1039] 이 파리협약에 따라 미국은 2025년까지 온실가스 배출량을

---

[1038] 외교부, 「기후변화 바로 알기」, 2015. 3, pp.20-21.
[1039] 서울신문, 2015. 9. 16.

2005년 대비 26~28% 줄이기로 했고 유럽연합(EU)은 2030년까지 1990년 대비 최소 40% 감축하겠다는 안을 발표했고 한국도 2015년 6월, 2030년에 온실가스 배출전망치(BAU)보다 37% 감축한 온실가스를 배출하는 내용을 골자로 하는 감축 목표를 확정 발표했다.[1040]

앞으로 가장 배출이 많이 이루어질 지역은 주로 BRICs 등 중진국들일 것으로 보이며 온실가스 배출을 줄이려면 이들 국가들이 연간 8~10%로 배출 농도를 줄여 나가야 한다. 1인당 배출량이 미국의 65%인 중국의 경우 경제성장을 위하여 연간 50GW 이상의 석탄발전소가 설치되고 있는데, 이는 매주 기가와트 규모의 석탄발전소가 새로 생겨나는 셈이다.[1041] 중국의 총 배출량은 2014년에 29.5%로 미국(14.9%), EU(9.5%)를 합친 것보다 더 많았고,[1042] 배출 농도는 미국의 5배이며 매년 6% 증가 시 2025년에는 미국의 1인당 배출량도 초월하게 될 것이라고 한다. 지난 20년간 중국은 10% 이상의 성장을 해 왔고 앞으로 경제성장에 따라 1인당 배출량도 늘어날 것으로 보여 중국을 포함한 이들 개발도상국들이 앞으로 연간 8~10%로 배출 농도를 축소한다는 것은 사실상 불가능할 것으로 예측되고 있다.[1043]

그러나 기후변화는 인류 앞에 닥친 재앙이기에 이를 극복하고자 하는 국제적 노력이 지속될 전망이며 특히 개발도상국들을 지원하기 위해 앞으로 2020년까지 매년 1천억 달러의 녹색기후기금(GCF)[1044]을 설치하여 운영하고 있다. 우리나라도 2030년까지 이산화탄소 감축 목표 설정을 하고 녹색기후기금(GCF) 사무국을 인천 송도에 유치하는 등 이 분야를 주도해왔다.

해운 분야에서는 국제해사기구(IMO)를 통하여 각국에 감축을 요청하고 있다. 국제해사기구(IMO)에서는 새로이 건조되는 400톤 이상 선박에 대해 일정한 수준의 에너지효율 설계지수(EEDI: Energy Efficiency Design index)를 확보하도

---

1040) 데일리한국, 2015. 9. 14
1041) Richard A. Muller/장종훈 역, 『대통령을 위한 에너지 강의(Energy for Future President)』, 살림, 2014. 8. 5, p.100. 현재 뉴욕시 총 설비 10기가와트와 비교해 볼 수 있다(同書, p.102).
1042) 경향신문, 2015. 11. 29. 인도는 6.5%.
1043) Richard A. Muller/장종훈 역, op. cit., p.100.
1044) 개발도상국 산림자원 보호조치를 지원하고 청정에너지 기술을 개도국에 이전하는 용도 등으로 사용될 것임. 2013년 협약 체결을 하고, 인천에 사무국 설치.

록 요구하고, 선박 운항에서 에너지 효율을 극대화하기 위해 에너지효율 운항지수(EEOI: Energy Efficiency Operational Indicator) 및 선박효율관리계획(Ship Efficiency Management Plan)을 2013년 2월부터 수립·시행하도록 함으로써 현재의 이산화탄소 배출량을 감축하려는 계획을 추진해오고 있다.[1045]

〈표 11-3〉 **교토의정서와 파리협정 비교**

| | 교토의정서 | 파리 협정 |
|---|---|---|
| 개최국 | • 일본 교토<br>• 제3차 당사국 총회 | • 프랑스 파리<br>• 제21차 유엔 기후변화협약 당사국 총회(COP21) |
| 채택 | • 1997년 12월 채택<br>• 2005년 발효 | • 2015년 12월 12일 채택<br>• 55개국 이상 비준, 세계 온실가스 배출량 55% 이상 해당 국가 비준 시 발효 |
| 대상 국가 | 주요 선진국 37개국 | 196개 협약 당사국 |
| 적용 시기 | 2020년까지 기후변화 대응방식 규정 | 2020년 이후 '신(新) 기후체제' |
| 목표 및 주요 내용 | • 기후변화의 주범인 주요 온실가스 정의<br>• 온실가스 총배출량을 1990년 수준보다 평균 5.2% 감축<br>• 온실가스 감축 목표치 차별적 부여(선진국에만 온실가스 감축 의무 부여)<br>• 미국의 비준 거부, 캐나다의 탈퇴, 일본·러시아의 기간 연장 불참 등 한계점이 드러남 | • 지구 평균온도의 상승 폭을 산업화 이전과 비교해 2도 보다 '훨씬 작게' 제한하며 1.5도까지 제한하는 데 노력<br>• 선진국은 2020년부터 개도국의 기후변화 대처 사업에 매년 최소 1,000억 달러(약 118조 1,500억 원) 지원<br>• 협정은 구속력이 있으며 2023년부터 5년마다 당사국이 탄소 감축 약속을 지키는지 검토<br>• 2050년 이후 탄소 중립 추구<br>• 선진국엔 의무사항, 개도국들은 장려사항<br>• 당사국들 간 자발적 공동 감축 인정 등 근거 마련 후속 절차 |
| 한국 | 감축 의무 부과되지 않음 | 2030년 배출전망치(BAU) 대비 37% 감축안 발표 |

자료: 서울신문 및 한겨레신문, 2015. 12. 14.

---

[1045] 홍기훈, 「해양환경 보호」, 『해양의 국제법과 정치』, 한국해로연구회 편, 서울, 2011, p.236; (사)한국선급, 녹색산업기술원 뉴스레터 2013-1호, 2013. 1.

## 2. 우리나라의 정책

우리나라의 기후변화 대응 정책은 제3차 기후변화협약 당사국 회의(1997년)에서 의결한 교토의정서에 대응하기 위한 '기후변화협약 대응 종합대책'에서 시작되었다.[1046] 이후 '기후협약 대응 제2-3차 종합대책'이 수립되었다. 이에 맞추어 해양 부문에서도 1999년 해양수산부에서 작성한 '제1차 해양수산분야 종합대책'이, 이어 '제2차 기후변화 대응 해양수산분야 종합대책(2007)'이 수립되었다. 이에 따라 '기후변화 대응 국토해양분야 종합대책(2008)'이 수립되었다.[1047] 제4차 정부 종합대책이 2008년 수립되고 이어 '기후변화 대응 종합기본계획'이 확정 발표되어[1048] 2009년 코펜하겐 기후정상회의 때는 우리나라도 이산화탄소 저감을 위해 2009년 비의무대상국(Annex Ⅱ)에서 요구하는 최대치인 2020년 BAU(Business As Usual) 대비 30% 감축 목표를 제시하였다가 2015년 파리의 UN IPCC회의 21차 당사국회의에서 2030년까지 37% 삭감을 발표하였다.[1049] 우리나라는 지난 2013년 온실가스 배출량이 6.16억 톤($tCO_2$)로 1990년 대비 2배가량 증가했고, 이 중 발전 업종의 배출량이 전체의 35%, 이 중에서도 석탄화력이 77%를 차지해 석탄발전이 상당한 배출량을 차지하고 있다.[1050]

따라서 우리나라의 각종 산업들도 이러한 감축량에 대응한 구체적 조치가 요망되었던 만큼 수산업, 해운항만업 등 각 산업 분야별 감축 대책이 성안되었다. 이러한 대책들이 신해양에너지 개발 등과 더불어 이산화탄소 저감(mitigation) 정책의 주류를 이룬다. 우리나라의 기후변화 대응 제4차 정부종합 대책(2008-2012)에서는 3개 부문에 〈표 11-4〉와 같이 해양수산 관련 연구가 포함되어 있다.

---

1046) 박수진 등, 『해양환경부문 기후변화 대응 방안에 관한 연구』, 한국해양수산개발원, 2010. 12, p.33. 이외에도 우리나라에서는 기후변화협약 대응 종합대책, 기후변화 대응 종합기본계획, 국가기후변화적응 종합계획, 녹색성장 5개년계획 등 중장기 기후변화 정책이 수립되었다.
1047) 박수진 등, 상게서, 2010. 12, p.46.
1048) 남정호 등, 전게서, 2009. 12, pp.30-31.
1049) 관계부처 합동, 보도자료, 2015. 6. 29. 정부 3안(25.7%)를 채택하되, 나머지는 국제시장을 통해 감축함.
1050) 데일리한국, 2015. 9. 14; 한겨레, 2014. 9.23.

〈표 11-4〉 기후변화 대응 제4차 정부종합 대책 중 해양 부문

| 제4차 정부종합 대책 사업 명 | 주요 내용 |
| --- | --- |
| 4-1-3 기후변화에 따른 한반도 주변 해역 해양관측 및 예측 | 한반도 주변해역 기후변화 모니터링 |
| | 기후변화 연관 주요 해양과정 변동 분석 및 예측 |
| | 국가 수직기준면 감시망 구축 및 해수면 변화 정밀 분석 |
| 4-2-1 국가 차원의 종합적 영향평가 및 적응대책 수립 | 해양 부문 국가표준 시나리오 구축 |
| | 수산·양식 자원 변동 파악과 대응 방안 수립 |
| | 연안 적응 대책 수립 |
| 5-3-1 이산화탄소 저감 및 처리 기술 개발 사업 | $CO_2$ 저장기술(해양지중 저장) |

자료: 이재영, "기후변화와 해양환경", 해양정책 실무과정 교재, 국토해양인재개발원, 2009, p.203.

## 3. 기후변화 대응 해양 분야 사업들

### 1) 개요

 기후변화에 대응하기 위한 정책은 크게 '완화정책(Mitigation Policy)'과 '적응정책(Adaptation Policy)'으로 구분할 수 있다.[1051] 즉, 완화정책(Mitigation Policy)은 그야말로 이산화탄소의 배출을 감소시켜 기후변화를 지연시키는 정책[1052]이며 온실가스 감축, 교통, 건설, 산업별 등 감축 방안 수립, 에너지 수급 체계 개편 및 신재생 에너지 생산, 탄소 흡수원 확대 등을 통해서 이루어진다. 반면 기후변화에 효과적으로 적응하기 위한 방안으로는 부문별 적응 로드맵 마련, 사회적 역량 강화 등을 통한 적응정책(Adaptation Policy)이 있다. 그밖에 온실가스 감축, 예측, 영향력 평가, 모니터링, 취약성 평가 등 기후변화와 적응을 위한 연구개발 정책과 국제협약 대응 정책, 거버넌스 체

---

[1051] 박수진, 「해양환경부문 기후변화 대응 방안에 관한 연구」(요약), 『2010 기본과제 중간보고(요약집)』, 한국해양수산개발원, 2010. 7. 13, p.64.
[1052] 이산화탄소가 발생하는 원인 행위를 변화시켜 발생량을 줄이는 활동을 말한다.

계 및 제도 기반 구축과 같은 인프라 정책이 포함된다.

기후변화에 따른 적응정책(Adaptation Policy) 중 특히 연안과 해양에서의 분야별 적응 대책은 다음 〈표 11-5〉의 내용들과 같다고 보면 된다.

이러한 기후변화에 대하여 각종 대비와 피해 저감을 위한 향후의 과제로는 ①해수면 상승 현황 및 예측 관련한 과학적 정보 증진, ②효과적인 대응을 위한 적응대책 검토 및 수립, ③국민 의식 증진 및 대응 필요성에 대한 합의 형성, ④위의 과제를 종합적이며 지속적으로 다룰 수 있는 대응시스템 구축이 필요하다.[1053]

먼저 수요자 중심의 종합적인 해양 기후변화 정보의 제공이 필요한데 즉, 국민들에게 웹기반 통합서비스 시스템 구축, 해양 기후변화 단일 포털 사이트 운영, 나아가 해수면 상승, 해수온도 변화, 연안 취약지구 현황, 해양생태계 변화 등에 관한 실시간 데이터와 최신 기후변화 연구자료, 홍보자료, 교육자료 제공 등이 요망된다. 그리고 연안재해 취약지구와 관련하여 다음과 같은 대책 수립이 필요하다.

"이와 같이 체계적인 자연 관찰을 통한 자료의 축적과 기후변화에 대한 정확한 예측이 요망된다. 이러한 정밀한 관측을 바탕으로 정확한 예측을 실시하여 이 결과를 바탕으로 인간의 사회경제활동과 연계하여 기후변화에 따른 사회 시스템의 취약성 평가, 즉 연안환경의 취약성을 평가하여야 한다. 이러한 과정을 거쳐 취약성이 평가되면 시간과 연안 공간에 따라 적절한 적응 정책을 수립하면 된다. 취약성 평가에 따라 각종 입지가 제한되고 필요한 시설물이 입지하게 된다."[1054] 여기에 경보시스템과 비상탈출계획 등 방재적 대책, 연안 배후지 보호 및 관리 기법과 기술 등 소프트한 정책과 아울러 해안 보호나 배수 체제 개선 등과 같은 기술적이고 하드웨어적인 적응 정책이 함께 이루어져야 한다.[1055]

이러한 여러 적응대책 중 상당 부분이 연안재해와 관련되므로 이에 대해

---

[1053] 조광우 등, 전게서, 2007. 11, p.231.
[1054] 육근형, 「연안,해양 부분 기후변화 영향과 적응 전략」, 『해양국토21』 제2권, KMI, 2009. 5, pp.70-71.
[1055] Ibid.

서는 다음 제12장을 참고하기 바란다.

〈표 11-5〉 **기후변화에 따른 연안 및 해양에서의 영향과 적응대책**

| 원인 | 분야 | 영향 | 대책 |
|---|---|---|---|
| 해수면 상승 | 연안 | 국토&해양 축소(침식, 지반약화 등)<br>연안 구조물 취약성 증가<br>연안지하수 수위상승으로 염수 오염 | 정확한 해수면 상승 분석 및 예측<br>관리형 해안선 후퇴정책 개발<br>구조물 보강 대책 수립 |
| | 항만 | 기존 구조물 보강(신규 항만 포함) | 구조물 보강 대책 수립 |
| | 수산 | 육상 축양장 취배수구 시설 개수<br>서식지 파괴로 인한 어획감소 예상 | 축양장 설계기준 변경<br>서식지 복원(인공서식지) |
| | 해양 | 염습지 감소로 인한 해양생태계 파괴 | 대체 습지 조성 |
| 태풍 및 해일 | 연안 | 구조물 파괴<br>산업시설물 및 인명손실 | 구조물 보강 대책 수립, 해양기인 자연재해 보험 개발, 조기경보시스템 구축 |
| | 항만 | 구조물 파괴<br>수출입 물동량 감소 | 구조물 보강 대책 수립<br>수출입 물동량 예측 및 대책수립 |
| | 수산 | 양식장 파괴 | 양식장 시설 내구성 강화, 외해가두리로 대체 |
| | 해양 | 선박좌초 증가로 인한 해양오염 증가 | 조기경보시스템 구축, 외해가두리로 대체 |
| 해수온 상승 | 연안 | 해수욕장 개장 일수 증가<br>해파리떼 증가<br>태풍 강도의 약화 기능에 영향 | 다양한 해양체험 프로그램의 개발<br>해양오염물에 이용 불가능 생물자원 추가<br>외해 심층수를 활용한 태풍 조절체계 구축 |
| | 항만 | 해양산성화 가속화로 안정성 영향 | 부식에 대응할 수 있는 설계기준의 변경 |
| | 수산 | 연안 어종 및 양식생물 변화<br>어병 증가 | 어종변화 예측 및 대체 수산어종/양식품종 개발<br>어병 질병예보 및 관리 기술개발 |
| | 해양 | 생물종 감소 예상<br>해양생태계 구조/생산력 변화 | 생물종 연구 및 예측<br>해양생태계 변화 관측/예측 및 대책 수립 |
| 해양 산성화 | 연안 | 구조물 안정성에 영향(부식 증가 등) | 해안구조물의 산성 완충능력 평가 |
| | 항만 | 구조물 안정성 영향 | 선체 방오도료의 산성 완충능력 조사평가 |
| | 수산 | 어종 및 분포 변화 | 주요수산생물의 완충능력 평가<br>수산자원 변화 예측 및 대책 수립 |
| | 해양 | 이산화탄소 흡수능력 감소<br>해양생태계 변화 | 흡수능력 평가 및 예측<br>산성화 영향 평가 및 대책 수립 |

자료: 임관창, 「해양재해와 기후변화 감시를 위한 국가해양관측망 구축 및 운영」, 『해양 부문 기후변화 대응 능력 강화를 위한 워크숍』, 2010. 1. 20, p.68.

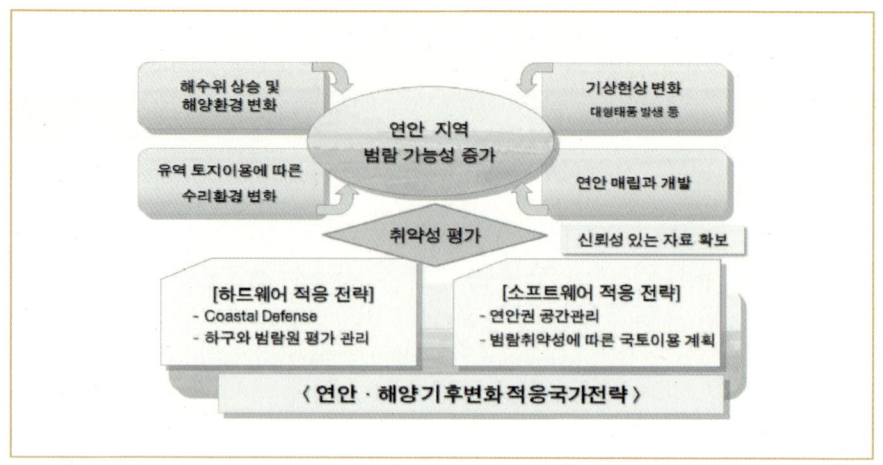

〈그림 11-1〉 연안·해양 분야 적응 정책 수립 전략

자료: 육근형, 「연안, 해양 부분 기후변화 영향과 적응 전략」, 『해양국토21』 제2권, KMI, 2009. 5, p.71.

## 2) 기후변화 대응 해양 저장시설 건설

기후변화에 대비한 이산화탄소 증가에 대처하기 위하여 온실가스인 이산화탄소($CO_2$) 감축 방안이 국제적으로 심도 있게 논의되고 있다. 세계에너지기구(IEA)는 2050년경 전 세계 온실가스 감축량의 19%(약 91억 톤)를 이산화탄소의 포집 및 저장 통합시스템(일명 CCS, $CO_2$ Capture and Storage)[1056]이 담당할 것으로 예측하고 특히 2030년경까지 전체 감축분의 10%를 CCS로 절감하여야 한다고 한다.[1057] 발전소, 대형 제철소 등의 대형 $CO_2$ 발생지에서 $CO_2$를 포집하여 이에 압력을 가하면 액체가 되고 이를 수송하여 육지의 지하나 해저 지중에 압력을 가해 묻으면 암반 사이에 저장이 되어 물, 칼슘 등과 섞여 20여 년이 지나면 결국 고체 광물화하는 것으로 검증되었다.[1058]

---

[1056] 보다 장기적으로 이산화탄소를 저장하는 방법으로서 $CO_2$를 해저 밑 1,000m 정도의 지하수로 채워져 있는 퇴적암층(대수층: aquifier)에 압입하는 방법이다. 심해역이면서 또 해저 1,000m 정도의 지중에서는, $CO_2$는 물질 고유의 상태점인 기체 임계점을 넘는 온도·압력이 만족되어 미응축성 고밀도 유체로서 존재한다. 일본해양정책연구재단/김연빈 역, 전게서; p.146. 문화일보, 2014. 7. 1; 원전: 세계에너지기구(IEA).

[1057] 강성길, 「기후변화 대응을 위한 해양 CCS 실용화 방안」, 『해양환경 부문 기후변화 대응정책 마련을 위한 전문가 세미나』, 2010. 5. 13, pp.47-48, IEA Action Plan, 2008. 8에 의거한 것임.

〈표 11-6〉 세계의 Blue 시나리오 목표 달성을 위한 온실가스 감축 수단 기여율

|  |  | 2020년 | 2030년 | 2050년 |
|---|---|---|---|---|
| Blue 시나리오상의 감축목표량($CO_2$/년) | | 38억 톤 | 138억 톤 | 480억 톤 |
| 감축수단별 기여율 | 에너지 이용효율 | 65% | 57% | 54% |
| | 재생 에너지 | 19% | 23% | 21% |
| | 핵 발전 | 13% | 10% | 6% |
| | CCS | 3%(1.14억 톤) | 10%(13.8억 톤) | 19%(91억 톤) |

자료 : 강성길, 전게서, 2010. 5. 13, p.58; 강성길, 「국내 $CO_2$ 해양지중 저장 기술개발 현황 및 실용화 계획」, 2010년도 한국해양과학기술협의회 공동학술대회 프로시딩, 2010. 6, p.353.

따라서 향후 각 국가마다 중요한 포집 및 저장 통합시스템 구축을 위해 $CO_2$ 정제 및 주입 부유식 플랜트, $CO_2$ 임시 저장 및 주입 해저 플랜트, 해저 $CO_2$ 수송 파이프라인 이송 설비 구축이 필요하다. $CO_2$ 감축 의무를 이행하지 못하면 생산과 수출 등에서 경제활동에 제약을 받고 $CO_2$를 줄이면 그만큼 다른 기업이나 나라에 배출권을 팔아 거래 우위에 서므로 각국의 기술개발 노력도 뜨겁게 진행되고 있다. 이에 따라 이산화탄소 창고를 포함한 세계의 CCS플랜트는 2015년 18기에서 2020년 100기, 2030년 850기, 2050년 3,400기로 늘어날 전망이다.

현재 EU, 미국, 캐나다, 일본 등 주요 선진국이 CCS 상용화를 위해 대규모 실증 프로젝트를 수행하고 있어 2020년경에는 CCS사업이 본격 성장기에 돌입할 것으로 전망된다. 이때의 세계 이산화탄소 해중 저장 시장 규모는 약 3,300억 달러(한화 약 396조 원)에 달할 것으로 전망하고[1059] 국내 시장도 약 44억 달러(5.2조 원)에 달하고, 그리고 2050년까지 전 세계적으로 약 3,400개의 CCS프로젝트에 약 5조 달러가 투자될 것으로 예상하고 있다.[1060]

노르웨이 등은 해양의 폐유전공(廢油田孔) 등을 CCS기지로 이용하여 이미 기술 실용화에 착수하였다. EU의 경우에는 근자에 신규로 건설되는 모든 화력발전소는 이산화탄소를 포집하여 북해 해저에 해중 저장하는 것으로 방

---

1058) 국제일보, 2012. 4. 5. (http://blog.daum.net/newbubble/527)
1059) 한국과학기술기획평가원(KISTEP), 「온실가스 대응 및 저탄소 녹색성장을 위한 중점 녹색기술로서의 이산화탄소 포집저장(CCS) 기술 현황과 정책동향」, 『동향브리프』, 2010. 1, p.1.
1060) 한국해양과학기술진흥원, 『해양산업 분류체계 및 해양산업의 역할과 성장전망 분석을 위한 기획 연구』, 2011. 10, p.231; 이홍원, 「이산화탄소($CO_2$) 포집 및 장치 기술」, Machinery Industry, 2014.12, p.80.

침이 결정되었다고 한다. 일본의 경우에는 최근 연안 해저에 1,460억 톤(약 100~1,000년 정도의 저장 가능 공간)의 이산화탄소 저장 공간이 있음을 확인하고 이를 중심으로 CCS계획을 추진하고 있다. 이외에 해외에서는[1061] 아래 〈표 11-6〉과 같이 이산화탄소 포집을 하여 이를 육지 지중이나 해저 지중에 저장하는 대책(CCS)이 나오고 있다.

〈표 11-7〉 외국의 이산화탄소 해저 지중저장(CCS) 프로젝트

| 국가 | 프로젝트 | 프로젝트 완성 | 저장소 위치 | 저장소 타입 |
|---|---|---|---|---|
| 노르웨이 | Sleipner | 1996 | 북해 | 대염수층 |
| | Snohbit | 2007 | Tubasen Sandstone | 대염수층 |
| | Bergen | 2014 | — | 가스전 |
| | Rogaland | 2012 | - | 가스전 |
| 네덜란드 | K12B | 2004 | 북해 | 가스전 |
| | Rotterdam climate Initiative | - | - | - |
| 독일 | Janschwalde | 2015 | - | 대염수층 |
| 호주 | Gorgon | 2014 | Dupuy aquife | 대염수층 |
| | Monash | 2016 | Bass Strait, Gippsland | |
| | Kwinana | 2014 | 대서양 | 대염수층 |
| | Brisbane | 2017 | Northem Dension Trough | - |
| 미국 | SCS Energy | - | 대서양 | 사암층 |
| 덴마크 | CENS(다국적 프로젝트) | 현재 중지상태 | 북해 | 유전 |
| 영국 | Blyh | 2014 | 북해 | 유전, 가스전 |
| | Teesside | 2012 | | |
| | Killingholme | 2011 | | |
| | Yorkshire | 2013 | | |
| | tilbury | 2016 | | |
| | Longannet | 2014 | | |
| | Peterhead | | | |
| | Onllwyn | | | |

자료: 김정은, 「한반도 주변 수역에서의 이산화탄소 해저지중 저장에 대한 국제법적 규제에 관한 소고」, 『2009 지해 해양학술상 논문 수상집』, 한국해양수산개발원 간, 2010. 10, pp.57-58.

[1061] 2009년 현재 전 세계에 이산화탄소 포집 및 저장 사업이 209개소 이상에서 이루어지고 있고 20여 개 국가(미국, 호주 외 주로 EU국가)에서 프로젝트가 시행 중이다. 김정은, 「한반도 주변 수역에서의 이산화탄소 해저지중 저장에 대한 국제법적 규제에 관한 소고」, 『2009 지해 해양학술상 논문 수상집』, 한국해양수산개발원 간, 2010. 10, p. 57.

현재 우리나라 이산화탄소 배출량은 2013년 기준 6.16억 톤(tCO₂)으로 세계 7위이며[1062] 대부분이 발전소, 제철소에서 배출되어 CCS의 적용이 요망된다.[1063] 이와 관련하여 정부에서는 2010년 「국가 CCS 종합추진계획」을 발표하여 미래창조부(원천기술 개발), 산업통상자원부(상용화), 국토교통부·환경부·해양수산부(환경관리)로 역할을 나누어 시행하고 특히 미래창조부는 오는 2020년까지 1,727억 원을 투입하여 세계 정상의 3세대 $CO_2$ 포집·전환(CCS) 기술을 개발하고 있다.[1064] 소규모 포집/저장 실험부터 시작하여 2020년까지는 포집 500MW, 저장 100만 톤급 실증 시설을 목표로 추진하고 있다.[1065] 포집된 이산화탄소는 주로 육상이나 해저의 폐유전 지대 등에 많이 저장될 예정이나 우리나라 일본과 같이 육상 유전이 없는 나라들은 부득이 해저의 지중 공간을 많이 이용할 수밖에 없는 게 현실이다.

〈그림 11-2〉 이산화탄소 해양지중저장 기술개념도

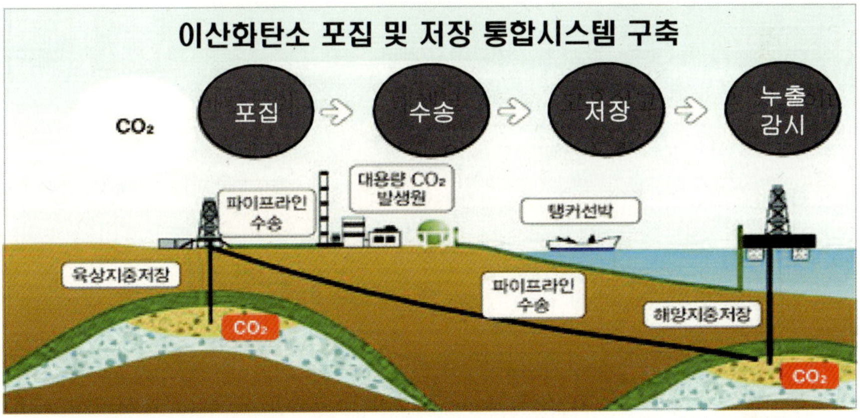

자료: (구)국토해양부, 『제2차 해양수산발전계획 수립 연구』, 김성귀 등, 2009. 11, p.196, 원전: 국토해양부.

특히 2010년 6월 초에 확정된 CCS 사업 실용화를 위한 종합추진 계획에서 미래창조부, 산업통상부(구 지식경제부)는 포집 위주의 기술 개발과 실증을,

---

[1062] 한겨레, 2014. 9. 23.
[1063] 주로 화력발전소가 약 2.3억 톤(우리나라 전체 배출 중 37%), 그 다음이 제철소로서 72백만 톤(POSCO 등, 전체 배출의 약 12%), 그 다음이 시멘트 공장이 차지하고 있다. 강성길, 「포스트교토 체제하의 온실가스 감축을 위한 $CO_2$ 해양 지중 저장 기술개발」, KMI 세미나 자료, 2011. 7. 20.
[1064] 문화일보, 2014. 7. 1. Korea CCS 2020 사업을 CCS R&D센터(KCRC) 주도로 수행 중이다.
[1065] 강성길, 전게서, 2010. 5. 13, pp.56-57.

해양수산부는 국내 CCS 실용화를 위한 대규모 저장소 확보와 관련하여 해양 환경 관리 기술 분야를 담당토록 하고 있다.[1066] 아래의 표는 CCS 관련 해양수산부(구 국토해양부)의 사업별 추진 일정이다.[1067]

〈표 11-8〉 CCS 관련 해양수산부(구 국토해양부) 주요 추진계획(안)

| 주요 추진 과제안 | 일정 |
|---|---|
| 1. 국내 $CO_2$ 해양지중저장 후보지 선정<br>○ 국내 저장소 DB 구축(2010-2013)<br>○ 울릉분지 등 실증부지 확보(`15년까지 완료) | 2010 -2015 |
| 2. 대규모 CCS 실증 및 보급사업 추진<br>○ 100만 톤급 CCS 실증 실행(지경부와 공동, 2016-2020)<br>○ 대규모 해양 CCS 보급사업 추진(저장분야 담당, 2020년 이후) | 2016 - 계속 |
| 3. 해양 내 대규모 $CO_2$ 수송체제 정립<br>○ (단기) 선박 활용(`20년 이전 실증단계, 민간투자)<br>○ (장기) 파이프라인 활용(`20년 이후 보급 단계) | 2016 - 계속 |
| 4. 해양 CCS 실용화 기반 구축<br>○ 관련 법/제도 정비(해양환경관리법 의거)<br>○ $CO_2$ 폐기물 해양배출 관리 전담기관 설치 운영<br>○ 사회적 인식 제고, 국제협력 강화(IMO) 등 | 2010 - 계속 |
| 5. $CO_2$ 해양 지중저장 R&D 선진화<br>○ 국가 $CO_2$ 폐기물 해양저장 잠재량 지도 작성<br>○ $CO_2$ 폐기물 해양지중저장 유출 방지기술 확보<br>○ 해양지중저장 $CO_2$ 환경관리 및 모니터링 기술개발 | 2005 - 2015 |

해양 탐사, 저장 등에 국토해양부/지경부 공동, 육상 포집, 탐사, 저장 등에 교과부, 지경부, 환경부 등이 공동 참여하고 있음. 자료: 강성길, 전게서, 2010. 5. 13, p.58.

최근 우리나라에서는 정부 관계기관의 합동 조사를 통해 동해 울릉분지, 동해가스전 인근에서 연간 3,200만 톤씩 150년간(총 50억 톤 저장 가능) 저장할 수 있는 공간을 확인하였다. 정부의 CCS 사업은 해양저장소 선정, 해양안전 관리, 운송 및 해상 작업을 위한 특수 운반선과 해양플랜트, 누출 등을 감시하기 위한 모니터링 시스템 등 상당히 다양한 사업들을 포함하고 있어 최소 4만 개 이상의 일자리 창출과[1068] 새로운 녹색 산업으로 각광 받을 것으로 보인다.

---

1066) 강성길, 「국내 $CO_2$ 해양지중 저장 기술개발 현황 및 실용화 계획」, 2010년도 한국해양과학기술협의회 공동학술대회 프로시딩, 2010. 6, p.353.
1067) Ibid.

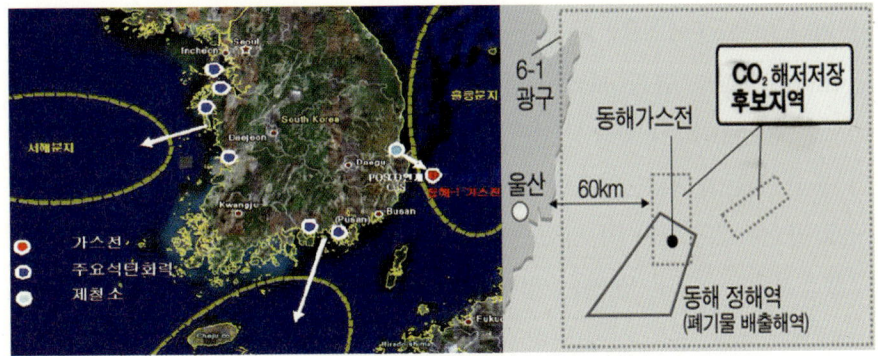

〈그림 11-3〉 국내 $CO_2$ 해양 지중 저장 후보지

자료: 국제신문, 2012. 4. 5 (http://blog.daum.net/newbubble/527), 원전: 국토해양부.

   이러한 사업은 이산화탄소를 응축시켜 해양에 저장하므로 해양 투기의 일종으로 IMO의 「해양 투기에 관한 런던협약 및 의정서」, UNFCCC, EU Directive 등 국제법적 프레임워크에서도 합리적인 것으로 인정되었다. 이 경우 국제수역인 공해 또는 월경성 해양환경에 대한 국가 책임 또는 월경성 관련 문제가 발생할 수 있어 국가 경계와 환경 문제에 대한 국제법적 근거를 제공하는 유엔해양법협약과의 부합성도 고려되어야 한다.[1069]

### 3) 해양 시비(ocean fertilization)

   철(iron), 인(phosphorus), 질소(nitrogen) 등의 영양염을 해양에 투입하면 식물성 플랑크톤의 바이러스형 질병이 감소하고 성장이 빨라져 생물학적 탄소 펌프의 효율성을 높일 수 있다. 따라서 이러한 투입 방식은 대기 중 이산화탄소를 심해로 격리시키는 데 활용될 수 있기 때문에 주목받고 있다.[1070]

---

[1068] 강성길, 전게서, 2010. 5. 13, p.59.
[1069] 정서영, 『주요국의 해양정책 동향 및 해양관리 체제 분석』최종보고서, 2011, p.33. 원전: 허철 등, 「이산화탄소 포집 및 지중저장 기술의 청정개발체제로의 수용 여부에 대한 정책적 고찰」, 『한국해양환경공학회지』제4권 1호, 2011, p.51.
[1070] 정서영, 전게서, p.17. 원전: 한국해양연구원 정책본부, 『해양과학기술정책동향, 연구정책·지원 사업 과제; 2010년 해양과학기술 정보 분석을 통한 미래 연구수요개발의 정책 자료 10-03 해양과학기술정책동향모음집』(2010), p.48; 박수진 등, 전게서, 2010. 12, pp.107-111.

남위 60°를 넘는 남빙양은 북대서양에서 심해로 가라앉은 물이 적도 심해를 지나 바람 등에 의해 다시 용승(upwelling)되어 올라옴으로써 질소(nitrate), 인산(phosphate), 규산(silicate) 등 영양염과 탄소가 풍부하지만 육지에서 들어오는 철분이 적어 식물성 플랑크톤이 잘 자라지 않는 곳이다. 이곳에 영양염 특히 철분을 뿌려 비옥하게 만들면 일시적으로 식물성 플랑크톤이 번성하게 될 수 있다.[1071] 이 사실은 이미 1930년대부터 과학계에서 논의되기 시작했으며, 1980년대 말에는 철분 비옥화(Ocean Iron Fertilization, OIF 혹은 bioprospecting, '철분 시비(施肥)'라고도 함)를 이용해 기후변화에 따른 이산화탄소를 줄이자는 구체적인 아이디어가 등장했다. 이는 농경지에 비료를 살포하는 것과 마찬가지로 철분이라는 영양분이 결핍된 해양에 인위적으로 철분을 첨가함으로써 식물성 플랑크톤의 대량 번식과 이를 통해 대기 중의 이산화탄소를 흡수시키고 이를 해저에 고정시키려는 것이다.

'기후변화에 관한 정부간 협의체(IPCC)'에서도 영양이 과소한 바다에 철분 시비(Iron Fertilization)를 통해 식물성 플랑크톤의 성장을 활성화시켜 $CO_2$를 '유기탄소 미립자(Particulate Organic Carbon)' 형태로 격리시켜 제거할 수 있어 기후변화 대응을 위한 검토 가능한 전략이라고 제안하였으나 다양한 환경적 부작용도 지적되고 있다.[1072]

실제로 1999년 South Ocean Iron Release Experiment(SOIREE)로 실험을 하여 30여 일 간 식물성 플랑크톤이 대폭 번성한다는 것은 입증되었다.[1073] 하지만 이것이 이산화탄소 저감에 기여하기 위해서는 생성된 탄소입자가 해저로 가라앉아 퇴적되는지 확인되어야만 했으나 실험 대상 면적이 최대 수십㎢에 불과하고 철분을 투입한 후 관측 기간도 짧아 이 실험이 탄소 격리에 효과가 있다는 결과는 나오지 않았다. 연구비가 부족한 탓에 실험 규모가 작았기 때문이다.

최근 Nature지에는 OIF에 대한 새로운 연구 결과가 발표됐는데[1074] 지난

---

1071) Ben McNEeil, op. cit., p.36.
1072) 박수진 등, 전게서, 2010. 12, p.107.
1073) Ben McNEeil, op. cit., p.36, 원전: Boyd, P. W. et. al., "A Mesoscale phytoplankton bloom in the polar Southern Ocean stimulated by iron fertilization", Nature, 407, 2000, pp.695-702.
1074) KIOST, 주간 세계 주요저널 해양기사 제55호, 2012년 7월 4주; 류종성, 기후변화행동연구소, http://climateaction.re.kr/index.php?document_srl=28232&mid=ne (2012. 7. 27); Smetacek et al., 2012.

2004년 남빙양의 소용돌이성 해류 중심부에서 167㎢가 넘는 면적에 황산철을 뿌려 37일간 해양생태계의 변화를 관측한 결과 생성된 식물성 플랑크톤 생물량의 절반 이상이 해저 1,000m까지 가라앉았다고 한다. 이 연구 결과로 OIF가 탄소 저감 효과가 있다는 사실만은 확인된 셈이다. 하지만 식물성 플랑크톤의 번식을 인위적으로 유도할 때 발생하는 산소 결핍과 독성물질 분비의 영향과 같은 부작용에 대한 평가는 아직 충분히 이루어지지 않았다. 따라서 OIF를 이산화탄소 저감의 대안으로 선택하기에는 불확실성이 너무 크기 때문에 많은 연구자들이 이런 연구에 대한 필요성을 계속 제기할 것으로 보인다.[1075] 이 해양철분 시비법 실험은 실제로 2009년 3월에도 인도와 독일 과학자들에 의해 남극해에서 공동으로 실시된 바 있다.[1076]

런던협정 및 협약(London Convention and Protocol) 당사국들은 2008년 해양 비옥화(ocean fertilization)에 대하여 구속적이지는 않지만 이러한 부작용 때문에 이를 규제하려는 결의안(LC-LP.1(2008))을 채택하기도 하였다.[1077]

이외에도 구름의 양을 2%만 증가시켜도 이산화탄소가 2배로 증가하는 만큼의 온도 저하 효과가 있다고 알려지면서 '구름씨 뿌리기(cloud-seeding)'라는 프로젝트도 시도되었다.[1078] 또한 성층권에 수백 만의 황산염 분자를 분출하여 태양광선을 반사하는 연무를 만들자는 아이디어도 나오고 있다.[1079] 이는 지구상 가장 큰 화산 폭발인 1815년 인도네시아 탐보라 화산 등의 분출로 '여름 없는 해'를 초래했던 역사적인 사실에 근거한 아이디어이다.[1080] 그러나 이러한 방법들이 기타 환경에 어떠한 영향을 미치는가에 대한 검토가 미흡하여 아이디어 수준에 머물고 있다.

기후변화에 대응하기 위하여 바이오연료 개발이나 신재생에너지의 개발도 필요한데 이들에 대해서는 관련 장들을 참고하기 바란다.

---

1075) 류종성, 전게 자료.
1076) 해사신문(박성준), 2010. 6. 28.
1077) Renè Coenen, "Ocean Science and shipping: IMO's contribution", *Troubled Waters*, 2010, Cambridge, p.268.
1078) Richard A. Muller/장종훈 역, 전게서, p.105.
1079) *Ibid*.
1080) 위키백과. 당시 92,000명 사망.

# 12

## 연안재해와 대처 방안

# 제12장
# 연안재해와 대처 방안

## 1. 연안재해의 종류

수십 년 동안 돌이킬 수 없는 아주 빠른 온난화 추세를 겪는 동안 지구온난화에 대한 관심은 늘어나고 있다. 연안 산호, 비치들, 사구와 맹그로브 등 연안과 해양의 생태계는 만성적인 오염에 의해 약해지거나 모두 없어지기도 하였고, 토지 개발이나 지속불가능한 이용들에 의해 없어지기도 하였다. 이 결과 연안의 생태계는 기후가 유발하는 재난에 더욱 취약해졌다. 한편 연안의 재해는 기후변화 요인 등에 의한 해수면 상승, 연안 침식, 염수해 침투 등 일상적으로 일어나는 재해와 태풍에 의한 파도, 바람, 강우 등의 피해, 지진에 의한 쓰나미(tsunamis) 등 간헐적이지만 연안에 막대한 영향을 미치는 재난 등을 언급한다. 그리고 다음 표와 같이 다양한 요인에 의해 지속적으로 발생하기도 한다.

〈표 12-1〉 **연안재해의 종류**

| 간헐적으로 일어나는 재해(재난) | 연속적으로 일어나는 재해 |
|---|---|
| · 극심한 파도<br>· 폭풍 해일(storm surge)<br>· 쓰나미<br>· 연안 지진 등 | · 장기간의 지속적인 변화<br>· 상대적인 해수면 상승<br>· 연안 침식<br>· 염수층 침입 등 |

자료: ISDR/UNEP et al., Regional Training Manual on Disaster Risk Reduction for Coastal Zone Management, 2008, p.15.

용어상 재해(hazards)는 일상적으로 생기는 것이고 재난(disaster)은 간헐적으로 일어나는 것이다. 최근에는 다양한 요인들에 의하여 연안재해가 지속적으로 일어나고 있다. 따라서 연안재해를 관리하기 위해서는 다양한 재해 요인들을 관리하기 위한 방안들이 필요하다. 구체적인 재해의 유형별 종류로는 다음과 같은 것들이 있다.

- 생물학적 재해

유기물 및 생물학적 기원의 현상이나 과정에서 병적인 미세유기물, 독극물 및 생리활성물질 등에 노출되어 인명의 상실, 부상, 질병이나 기타 영향, 소유물의 피해, 생계나 서비스의 손실, 사회경제적 질서 파괴, 환경적 영향 등이 유발되는 것을 가리킨다. 주로 전염병 발생, 동식물 감염, 곤충과 다른 동물의 질병 감염 등이다.

- 지질학적 재해

지질학적 과정이나 현상에서 생명의 손상이나 부상, 건강의 악화, 소유물 피해, 생계나 서비스의 손실, 사회경제적 질서 파괴, 환경적 영향 등이 유발되는 경우를 가리킨다. 이 재해는 지진, 화산 활동과 분출 등 지구의 내부 운동 및 지각 운동, 사태, 표면 침하 등 지질학적 활동과등 지구 표면의 변화 등에 기인한다. 쓰나미도 주로 해저의 지진 활동에 의해 일어나는 것이다.

- 수리 및 기상학적 재해

대기 또는 수역학적 혹은 해양학적 성격으로 인해 각종 재해가 발생하는 경우이다. 태풍, 폭풍, 우박, 토네이도, 눈보라, 눈사태, 산사태, 연안 폭풍 해일, 홍수, 범람 등이 이러한 재해들이다.

- 사회-자연적 재해

과도한 토지 이용, 질적으로 저하된 토지 및 환경 이용이 자연재해와 같이 연계되어 일어나는 경우로서 산사태, 홍수, 토지 침하, 가뭄 등과 같은 것들이다. 특히 자연의 확률을 넘어 인간이 유발하는 요인들에 의해 재해의 발생을 일으키는 경우로서 토지와 환경의 지혜로운 이용으로 줄일 수 있다.

- 기술적인 재해

기술적이고 산업적인 조건, 즉 사고, 위험한 과정, 기반시설 실패, 특정 인간 등이 재해를 일으키는 경우이다. 예로서, 산업 기인 오염, 핵 방사능 오염, 유해 쓰레기, 댐의 붕괴, 수송 시 사고, 공장 폭발, 화재, 화학물질 유출 등이다. 이러한 것들은 자연재해의 직접적인 결과로서 생겨나기도 한다.

이러한 유형별 재해 중 많이 발생하는 연안재해는 다음과 같다.

- 쓰나미((tsunami)

해저의 지진 등에 의해 일어나는 해상의 높은 파도를 말한다. 심해에서는 파고가 낮지만 연안에 들어오면서 10m 이상의 높이로 다가와 연안에 엄청난 타격으로 피해를 준다. 지진 탐지 후 장거리를 오는 사이에 예보를 잘 하면 피할 수 있다.

- 폭풍(storm)

기상 현상의 하나로 심한 폭풍우, 태풍과 같은 열대성 저기압 등으로 높은 파도, 폭우, 센 바람으로 연안 지역 사회에 엄청난 피해를 줄 수 있다.

- 폭풍 해일(storm surge)

폭풍 주변에서 휘몰아치는 바람의 힘에 의하여 연안 가까이로 달려드는 큰 파도로서 태풍에 의해 일어나는 경우 고조와 겹치면 5m 이상을 능가하여 연안에 큰 피해를 준다.

- 홍수

과도한 강수로 일어나는 지역적인 재해로서 강, 연안, 도시의 범람을 가져온다. 짧은 시간에 순간적으로 일어나는 홍수의 피해가 크고 그 크기는 지형 여건, 강수 패턴, 토양 조건, 식생의 조건 등에 의해 차이가 나며 며칠씩 장기간 지속되기도 한다.

- 유출 사고 및 만성 오염

유류를 싣고 가던 선박이나 파이프라인, 탱크 등에서 유독성 물질의 유출 등으로 인해 연안 환경이 갑자기 오염되는 현상이다. 또한 반폐쇄 만 등에서 생활하수나 공장 폐수가 잘 처리되지 못하고 흘러들어 인근 바다가 오염되고 심해지면 적조 등이 발생하는 경우도 있다.

- 연안 침식

단기간 홍수와 폭풍 혹은 장기간에 여러 이유로 연안 토사의 유실, 바위 암반의 파괴 등이 일어나는 것이다. 또한 기후변화에 의한 해수면 상승이나 바람, 물 및 다른 지질학적 과정에 의해 토사가 과도하게 없어지기도 한다. 이러한 침식의 결과로 인근 다른 지역에는 심한 퇴적이 일어나게 되기도 한다. 특히 해수욕장 비치의 손상이 심해지거나 비치의 형상, 구조 등에 심각한 변화를 가져와 해수욕장이 기능을 상실하기도 한다. 또한 항만·어항 등에서 침식이나 퇴적이 심해져 연안 구조물의 이용이 불가능해지기도 한다.

• 해수면 상승

여러 가지 요인으로 평균 해수면의 변화가 일어나는데 최근의 해수면 상승은 주로 기후변화에 의한 해수의 팽창으로 일어나게 된다. 이로 인해 서식지 손상, 연안 침식, 염수의 지하수대 침입, 식생 한계의 변화 등이 일어나게 된다.

• 연안자원의 질적 저하

연안에는 다양한 종이 서식하는 등 생산성이 높은 생태계가 형성되어 있고 폭풍이나 침식의 방어를 위한 완충지대의 역할을 한다. 그러나 인간이 연안 내에서 다양한 활동을 함으로써 이러한 연안의 중요 자원들이 상실되기도 한다.

## 2. 재해관리(hazards management) 기본 틀 및 접근법들

### 1) 재해계획 수립 요인들

우리나라 「재난관리법」에는 태풍, 해일, 지진, 적조 등을 자연재해로, 해난 사고, 유류오염 사고 등은 사회적 재해로 분류하여 대응하고 있다.

이러한 재해는 단일하게 발생하거나 연속적이거나 복합적으로 발생하여 피해가 가중되기도 한다. 때로는 인간의 활동에 의해 더욱 심각해지고 있다. 이러한 재해들은 각각의 성격에 따라 다양한 해결법이 강구되어야 한다.

〈표 12-2〉 연안재해의 성격과 대책

| 구분 | 성격 | 성격 | 해법 | 비고 |
|---|---|---|---|---|
| 재난 | 이산적 발생 | 인적, 물적 피해, 생태계 피해 | 연안재해 대비계획 | 태풍, 폭풍, 쓰나미, 홍수 |
| 재해 | 지속적 발생 | | | 연안 침식, 해수면 상승 |
| 해양환경/ 생태계 변화 | 지속적 발생 | 생태계 손상으로 인한 생태계 서비스 저하 | · 통합연안관리<br>· 생태계기반관리<br>· 기름유출 대비 컨틴전시 플랜<br>· 해양환경계획 등 | 환경오염, 유류 유출, 적조, 청조 등 |

자료: Adalberto Vallega, *Sustainable Ocean Governance: a Geographical Perspective*, Routledge, London, 2001.

이러한 재해도 빈도와 강도에 따라 여러 가지로 나누어질 수 있어 이에 맞추어 대비 계획 등을 수립하여 대처해야 한다.

〈그림 12-1〉 재해의 빈도와 강도

자료: ISDR/UNEP *et al.*, *op. cit.*, p.35. 원전: *How is your Coastal Community?, A guide for evaluating coastal community resilience to tsunamis and other hazards*, US IOTWS.

 연안의 좁은 범위 내에 있는 인구 집중지, 취약한 공동체들, 항만·도로·철도 등 여러 인프라들은 현재 해수면 상승, 빈발하는 태풍, 변화하는 기후로 인하여 여러 가지 위험에 처해 있다. 연안과 도서들은 이러한 재해로 인하여 생길 수 있는 대체 생계 수단들, 피난처, 식량 공급 및 먹는 물의 부족 등 제한된 옵션들로 애를 먹고 있는데 이 모두가 지역 산업 운영의 비용도 높이게 한다.
 이러한 문제들의 해결을 위해 재난 준비계획의 수립이 요망된다. 연안재해에는 〈표 12-3〉과 같이 기후변화 및 비(非)기후변화 요인들에 의한 재해들이 있다. 특히 기후변화에 의해 각종 재해의 강도가 강해지는 경우가 많아 기후변화에 대한 적응 및 완화 전략들의 시행을 통해 이러한 강도를 줄여나가야 한다. 기후온난화 가스 방출을 줄일 목적으로, 기술적인, 경제적인 및 사회적 변화, 에너지 대안들의 이용, 관광객들의 행동 변화들이 요구되기도 한다. 기후변화에 대한 적응과 완화 전략은 상호 보완적이며 국가적 차원에서 지역 주민들에게 개선된 개발 옵션들을 제공해 주어야 한다. 취약한 연안 지역들은 기후변화 등에 의한 재해 위험에 더욱 잘 대처하기 위한 효과적인 정책, 계획 및 법제도들을 계획하고 이들이 잘 수행되도록 해야 한다.

〈표 12-3〉 기후변화 및 비(非)기후변화 요인들에 의한 연안재해

| 기후변화 요인들 | 비 기후변화 요인들 |
|---|---|
| · 해수면 상승<br>· 파랑과 조류<br>· 바람<br>· 폭풍우(빈도, 강도, 궤적)<br>· 대기의 이산화탄소 축적<br>· 대기의 온도<br>· 물의 속성(기온, 염분도, pH, 탁도 등)<br>· 퇴적물 공급<br>· 지하수 이용가능성 등 | · 조석(tides)<br>· 수직적 육지 운동(지각운동, 빙하, 퇴적물 압축, 유동체(fluid) 변동 등)<br>· 지진 연계 상승 혹은 하강<br>· 쓰나미<br>· 인간의 개발 및 관리 행위 |

자료: USA Government, *Coastal Impacts, Adaptation, and Vulnerability*: 2012 Technical Input Report to the 2013 National Climate Assessment(Revised Version), 13 Dec. 2012, p.86.

이러한 요인들은 정적인 것들이 아니고 여건에 따라 탄력적으로 대응해야 한다. 또한 책임 있는 협력기관들 간의 모임과 대화가 계속되어야 하며 공통의 목표로 연대체계를 구축하여 재해 발생 확률을 줄여야 한다. 또한 위협과 재해에 대한 분석을 심화시키고 축적된 지식과 이전 경험을 통해 위험을 줄이고, 지역을 뛰어 넘어 대비의 비용 부담과 책임을 공유해야 한다.

즉, 각종 재해 위협 요인들과 자연 여건 분석을 통해 위험 요인들을 확인하고, 연안 취약성과 역량 평가가 이루어지며 이에 대비하는 완화책의 개발이 요구되어 실제 집행으로 이어져야 한다. 그리고 연안 리스크 확인이나 영향 평가를 통해 각종 경보시스템, 리스크 경감 대책, 관련 지식 개발과 전파, 인식 제고, 복구/재건계획, 정책 개발 등 적절한 분야별 관리 대책이 수립되어야 한다.

〈그림 12-2〉 연안재난 관리 방안

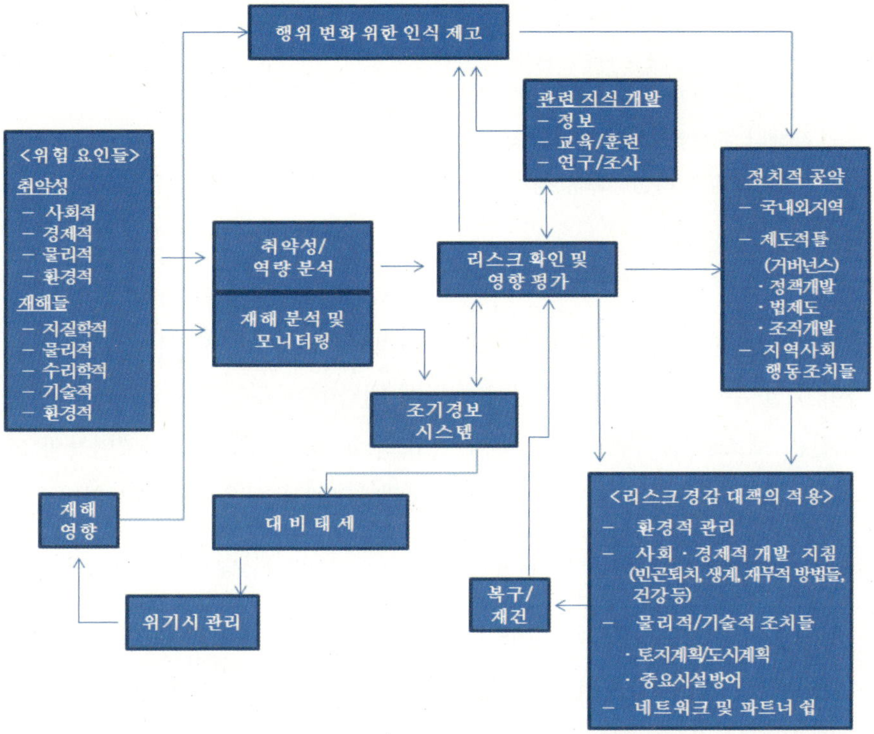

자료: 필자가 다음 자료에 의거 정리; UN/ISDR, Living with Risk: A global review of disaster reduction initiative, UN, Geneva, 2004, p.15(수정 및 보완)

## 2) 재해 위험 평가

위험(risk)은 일반적으로 피해야 할 것을 의미하는데 이는 일상적으로 볼 때 손실의 확률(probability of a loss)과 관련되어 있다. 재해 위험관리에서, 위험은 '자연 혹은 인간이 유발한 재해 사이의 상호작용 그리고 취약한 조건들로부터 발생한 해로운 결과 혹은 기대 손실(죽음, 부상, 속성, 생계, 경제 활동 등이 와해되고 환경에의 손상)의 확률'로 정의된다.[1081]

위험(risk)과 관련하여 사람마다 인식에 차이가 난다. 이러한 위험의 인식

---

[1081] UNEP ISDR(International Strategy for Disaster Reduction) & CAST, *Disaster Risk Management For Coastal Tourism Destinations Responding To Climate Change: A Practical Guide for Decision Makers*, 2008, p.16.

에 차이가 나는 이유는 다음과 같다.

- 사회경제적 특성- 연령, 성별, 세대, 인종, 소득, 교육, 고용, 건강
- 지역적인 대처 전략들을 채택하게 하는 환경에 대한 지식의 여부
- 재해나 위협에 대한 지식과 경험의 부족
- 기술, 재정적 특성, 교육, 정치적 힘과 목소리 등을 통해 재해와 위험들에 대처하는 능력
- 외부로부터 도움에 접근하는 능력

위험에 대한 인식의 차이가 있고 주관성이 있어 회피하려는 행동에서도 차이가 날 수 있다. 그러나 심각한 재난에 대하여는 동일하게 위험을 인지하고 같은 보조로 움직이고 대비할 수 있도록 하며, 이에 대한 지역민들의 인식도 적절히 제고시켜야 한다. 위험은 재해관리에서 다음처럼 표시된다.[1082]

위험(risk)=재난의 확률(probability of a disaster) × 취약성(vulnerability)/역량(capability)

재해가 일어나도 위험에 대한 노출도를 나타내는 취약성이 없으면 위험 요인이 없게 된다. 따라서 기본적으로 재해 가능성과 취약성이 동시에 존재할 때 위험이 발생하게 된다. 따라서 취약성의 감소가 절대적으로 필요하다. 추가적으로 해당 지역의 역량이 커지면 위험도 낮아지게 된다. 그러므로 위험(risk)을 줄이는 두 가지 주요한 접근법은 크게 취약성을 줄이는 것, 관계자들과 지역민들의 역량을 높이는 것으로 귀결된다.

재난 위험의 감소를 위한 종합적인 체계는 국제적으로 UN이 지원하는 2005년의 「효고 행동 프레임워크(Hyogo Framework for Action, HFA)」[1083]가 있는데 이를 통해 '생명과 공동체와 국가의 사회, 경제, 환경적 자산에서의 위험의 실질적인 감소'를 추구하고 있다. 특히 ISDR(International Strategy for Disaster Reduction) 시스템이 효고(Hyogo) 프레임워크를 수행하기 위한 정부, 국제기구 및 시민사회들 간의 협력의 도구를 제공하고 있다.[1084]

---

1082) UNEP ISDR(International Strategy for Disaster Reduction) & CAST, op. cit., p.16. '위험(risk)=위해(Hazard) × 노출도(Exposure) × 취약성(vulnerability)'으로 표시되기도 한다(ISDR, UNEP et al., op. cit., p.46).
1083) ISDR/UNEP et al., op. cit., pp.52-54.
1084) ISDR/UNEP et al., op. cit., 원전: UNISDR, 2009.

〈표 12-4〉 기후변화가 연안의 사회경제에 미치는 영향

| 구분 | 잦은 홍수 | 연안 침식 | 해수의 연안 범람 | 해수면 상승 | 염수대 침입 | 생물학적 과정 변화 |
|---|---|---|---|---|---|---|
| 수자원 |  |  | √ | √ | √ | √ |
| 농업 | √ |  | √ | √ | √ |  |
| 인간 건강 | √ |  | √ |  |  |  |
| 어업 | √ | √ | √ |  | √ | √ |
| 관광업 | √ | √ | √ |  |  | √ |
| 인간 정주 | √ | √ | √ | √ |  | √ |

자료: ISDR/UNEP et al., op. cit., p.35. 원전: UNFCCC, 2006.

## 3) 재해계획의 수립과 시행

연안 지역에서 효과적인 재해 대비를 촉진하기 위해서는 지역에서 모든 이들의 참여가 필요하다. 재해관리는 시스템적 접근법이 요구되고 공적, 사적 및 지역 이해자들의 협력을 촉진해야 하며 인지된 위협들에 대하여 사전 방어적인 대응들을 추구해야 한다. 이 계획의 수립·시행 단계는 5단계 과정으로 1)위해 및 위험의 확인, 2)위험에 대한 지역의 취약성 평가 및 역량 강화, 3)대비 및 완화책의 개발, 4)이들 계획의 시행, 5)계획이 제대로 시행되는지 모니터링, 평가 및 수정 등이다. 재해계획 사이클은 발생까지 포함하면 다음 6단계의 과정을 거치게 된다.

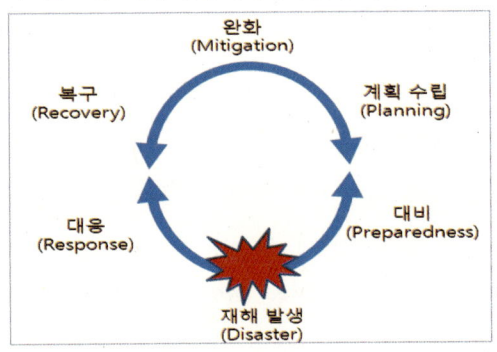

〈그림 12-3〉 재해 대비 계획의 수립과 계획의 사이클

자료: USA Government, Coastal Impacts, Adaptation, and Vulnerability: 2012 Technical Input Report to the 2013 National Climate Assessment(Revised Version), 13 Dec. 2012, p.86.

### (1) 지역의 위험 확인, 취약성 평가 및 역량 강화

재해 시 취약성(vulnerability)에 미치는 요인들은 〈표 12-5〉와 같다. 취약성은 위험도에의 노출도(exposure)와 관련되며 이는 다시 잠재적 위험에 처해 있는 취약한 지역에 있는 사람, 재산, 시스템, 기타 다른 요소들을 말한다.

〈표 12-5〉 **취약성의 요인들**

| 범주 | 취약성 요인들 |
|---|---|
| 지리적 요인 | 기울기, 고도, 해안선 특성 등 연안의 물리형상적 특성들 |
| 기후 요인 | 온도 증가 |
| 사회적 요인 | 인구, 성별, 나이, 밀도 등 인구요인들, 문맹율 및 교육, 보험, 건강 등 |
| 경제적 요인 | 생계, 빈곤, 교통차량, 통신 등 경제적 지표들 |
| 물리적 요인 | 주택, 도로, 교량, 피난처, 수송과 통신시스템, 기타 인프라 |
| 환경 요인 | 자연자원의 접근성, 이용가능성과 질, 생태계 서비스의 질 |
| 개발 관련 | 개발 활동 유형, 위치, 후속하는 과정 |

자료: ISDR/UNEP et al., op. cit., p.38.

재해와 취약성은 특정 지역에 존재하여 위험을 생기게 하고 재난을 일으키게 된다. 한 사회가 홍수에는 취약하여도 지진에는 취약하지 않을 수 있다. 취약성은 구체적인 재난의 유형과 관련되어야 확인되고 연구될 수 있다. 구체적인 유형의 취약성은 섹터와 상황에 따라 변하게 된다. 예를 들어, 주택에서 취약성은 빈약한 질의 주택이나 기본 인프라에서 발생하고, 건강 측면에서는 의약품의 보관량, 응급조치 기구의 부족에서 나올 수 있고, 농업과 같은 경제 활동에서는 재고의 부족 등에서 생길 수 있다. 그러나 취약성의 상당 부분은 자기보호를 위한 인간 역량 증대를 통하여 감소될 수 있다. 일본의 지진 취약성은 평소의 적극적인 대처로 상당히 감소되고 있다.

현재 연안의 재해 취약성 증가는 연안 인구의 증가, 활동의 증가로 연안 환경의 질이 떨어지고 생태계가 제 기능을 못하게 되기 때문이다. 많은 중요 종들과 생물들의 서식지 역할을 하는 연안은 연안재해에 대한 완충 지역의 역할을 하고 있는데 간척과 매립, 각종 연안의 농업, 양식 등 산업적 이용과 개발은 연안의 기능을 크게 저하시키고 있다. 기후변화로 인한 해수면 상승으로 연안이 침식하고 연안의 홍수와 각종 조절 기능이 변화되면서 재해 취약성이 높아져 기존의 취락과 도시에 위협을 주기도 한다.

역량(capability)과 관련하여서는 지역민들, 조직들 및 시스템이 재해에 대처하기 위하여 이용 가능한 기술과 자원을 활용하는 능력을 의미한다. 이를 위하여 지속적인 인식의 제고, 자원과 상품의 관리 등이 평상시와 재해 시에 잘 이루어져야 한다. 이것이 재해의 위험을 줄이는 데 크게 기여한다. 이에 입각하여 취약 지역에 가능한 재해에 대한 정보가 잘 제공되고 위험과 위기 관리 계획들이 형성되어 시행된다면, 재해의 영향도 크게 감소할 수 있다. 지역의 인식도를 높이고 관련 시민들의 참여를 촉진시키는 것이 중요한 재해관리의 포인트이다.

### (2) 재해 대비 및 완화책(hazard preparedness and mitigation)의 개발

다음 단계는 재해 대비계획을 수립하는 것이다. 그 주요 목적은 재해의 여파로 인한 희생자를 도와주는 것이고 계획에 따라 지역의 회복과 일상적인 업무로 돌아가도록 하려는 것이다. 이를 위해 단계별로 보면 다음과 같다.

첫째, 가용자원, 기존 역량, 재해 반응 메커니즘의 효과를 고려하는 능력의 평가를 하는 것이고 이는 범위 상 제도적인 것이다. 역량 평가는 기존계획에서 주요 부족한 점들을 확인하는 데 있어 중요하고, 계획을 수립하는 조직이 이를 조정할 조치들을 개발하는 데 집중하게 될 것이다.

둘째, 지역의 재해관리에 있어 관련 기관들과 협력하여 계획 수립을 맡은 조직의 문제이다. 이 조직은 전문가들을 모아 계획을 수립하되 이해관계자들로부터 수집된 피드백 자료들을 모두 반영하여야 한다. 이것이 의견의 일치와 산업의 적극적 참여를 제공하여 성공적인 계획 수행에 중요한 요소가 된다.

셋째, 계획 수립은 계획 시행을 지속하기 위하여 꼭 필요하다. 계획은 정식 인가기관의 승인과 지역 시행기관에 의해 채택된 공적 문서이다. 이의 시행은 협동적인 공적 및 사적 활동이다.

재해 대비 계획은 지역의 크기와 복잡성과도 관련되어 있고 모든 관련 재해를 고려하여야 한다. 관련 산업체들이 이를 받아들이기 위해서는 모든 협력되는 지역 기관들, 그룹들의 역할과 책임들을 명확히 그리고 간결하게 설명하여야 한다. 재해에도 여러 가지 관리 사이클이 있는데 이것은 방지(prevention), 대비(preparedness), 대응(response) 및 복구(recovery) 등으로 이러한 모든 단계의 비상 지원 기능들이 다 포함되어야 한다.[1085] 기술적인 내용들은 최소화하고 지역이 준비해야 하는 모든 주요 단계는 다 포함되어야 한다. 다른 절차들보다 조기경보시스템(early warning system), 비상조치들의 활성화 내지는 비활성화 방안들, 주요 접근로 및 탈출구 등을 포함한 소개(evacuation), 피난처, 비상 인력 및 자원들의 운영 절차들을 포함하여야 한다. 또 지역 비상센터나 부수적인 명령체계 등이 명백히 기술되어야 한다.

〈표 12-6〉 재해 대비 방안

| 대비 종류 | 내용 | 기후변화와의 관계 |
|---|---|---|
| 방지(prevention) | 재해나 관련 재난의 부정적 영향의 회피 | |
| 완화(mitigation) | 〃        〃      의 완화나 제한 | ● |
| 대비(preparedness) | 재해의 영향에 효과적으로 대응하기 위해 개발된 지식과 역량 | |
| 적응(adaptation) | 재해를 줄이기 위하여 예상되는 기후의 변화 등에 대응, 자연 혹은 인간 시스템을 재조정 | ● |
| 대응(response) | 인명과 재산 손실을 줄이기 위해 재난 중 혹은 그 이후에 비상서비스나 공적 구조를 제공 | |
| 복구(recovery) | 재난에 영향을 받은 공동체의 생계나 생활 조건, 시설 등의 복구, 개선 등 | |

자료: ISDR/UNEP et al., op. cit., pp.50-51.

미국의 기후변화에 대한 적응계획을 보면 다양한 형식들이 있지만 공통적으로 나타나는 요인들은 다음과 같다.

---

[1085] 미국의 경우는 대비, 대응, 복구 및 완화 등을 중심으로 재해 완화 등 재해관리(Hazard Mitigation Program, HMP)를 시행하고 있고 재해관리의 목표는 재해 취약성의 감소에 있다. 그리고 이를 위해 예측, 예보 및 조기 경보 등에 관점을 두어 최신 자료를 수집하는 USGS, NOAA 등 각 기관별로 역할을 나누어 완화 계획을 시행하고 있다. 이를 위하여 재해관리 그랜트프로그램(Hazard Mitigation Grant Program, HMGP)도 운영하여 재해관리 기금의 일정 부분을 따로 두어 미래 취약성 감소를 위한 프로젝트에 쓰고 있다. http://www.yoto98.noaa.gov/yoto/meetinghazard_316.html(2013. 4. 22)

〈표 12-7〉 미국 기후변화 적응계획의 공통 요소들

| 취약성의 평가 |
|---|
| · 취약성 평가는 적응 능력과 더불어 영향에 대한 노출도와 민감도에 초점을 맞추고 정책 결정 시 이러한 요구가 늘어난다. |

| 모니터링 및 지표들 |
|---|
| · 자연적인 및 인간적인 스트레스의 효과, 과학적인 정보, 이들의 추세변화 등 다양한 정보 전달
· 시행 진도, 적응 정책이나 활동들의 시행 결과의 효과성 등 제공
· 연구, 관측, 모델링 등이 기후변화의 예측력을 개선하고 적응 노력에 정보를 제공 |

| 역량 강화,교육 및 연구 적용 |
|---|
| · 이 과정에서의 다양한 이해관계자의 참여는 지식, 기술, 재원조달을 늘리게 하고 계획에 대한 시민들의 지지 증대 |

| 규제적 및 프로그램의 변동 |
|---|
| · 법률, 규제 및 프로그램의 변동은 적응에 대한 장벽을 없애나 법과 정책은 과학과 기후변화에 대한 이해에 따라 변화해 나가야 한다.
· 정부는 기후변화에 대한 정부 규제를 바꾸기 위해 기존 권한을 쓰거나 혹은 행정령과 같은 새로운 정책을 채택하기도 한다. |

| 시행 전략들 |
|---|
| · 시행을 위한 요소들을 포함시켜 계획을 진행시킨다. |

| 부문별 전략 |
|---|
| · 전체적인 전략하에 대중보건, 서식지/자연자원관리, 수질관리, 농림업, 교통, 에너지, 인프라, 연안지역관리 등 부분별 전략들로 나누어 시행한다.
· 이러는 가운데 부문간의 연계가 어려워지는 경우도 발생한다. |

자료: USA Government, *op. cit.*, p.103.

실제로 미국에서는 재해 완화의 5가지 핵심 영역에 노력하고 있다.[1086] 1) 재해 확인 및 위험 평가, 2)응용연구 및 기술 이전, 3)대중 인지도 증진, 교육, 훈련, 4)인센티브 및 자원들, 5)리더십 및 기관 간 조정 등이다.

(3) 대비 계획의 시행(implementation)

계획 시행은 대응의 주요 부족한 점을 찾아내고 전체 비상관리시스템, 인력, 장비 및 다른 자원들과 관련된 어떠한 도전도 찾아내야 한다. 계획은 모듈별로 혹은 전체 규모에서 시뮬레이션이 이루어져야 하고 특별한 조달계획

---

[1086] http://www.yoto98.noaa.gov/yoto/meetinghazard_316.html(2013. 4. 22)

(logistics)이 요구되는 훈련도 필요하다. 모든 유형별로, 그리고 규모별로 훈련을 하여 조직의 원칙들, 협력과 계획 필수요건들의 시행을 위해 필수요원들의 훈련이 이루어져야 한다. 지식, 경험 및 학습이 시뮬레이션 훈련과 실제 계획 시행의 주요 요인들이며 실제로 얻은 교훈들은 사후 분석에서 토의되고 조정되어야 한다. 이것이 미래의 재해 위험을 줄이고 복원력(resilience)을 높이는 기본적인 단계이다.

대중들에게는 계획의 수립과 시행에서 정보가 잘 전달되어져야 하고 교육도 잘 이루어져야 한다. 재해관리 계획자들이 흔히 대중의 교육과 지도의 중요성을 과소평가하는 경향이 많다. 연안 지역민들은 계획의 목표들과 필수요건들에 대하여 잘 교육될 필요가 있다.

(4) 계획 시행의 모니터링, 평가 및 수정

계획의 수행 이후에는 그것이 제대로 수행되었는지 다시 과학적으로 모니터링하고 평가하며 수정 계획을 수립하여 앞의 과정으로 피드백 해야 할 것이다. 이를 위하여 여러 가지 과학기술적인 방법론이 동원되어야 할 것이다.

### 4) 연안재해 방호 대책

(1) 일반적인 대책 내용

연안의 재해는 상당 부분 기후변화에 기인하여 일어나고 있다. 따라서 이산화탄소를 줄이기 위한 완화(mitigation) 방안과 더불어 온난화에 대비한 적응(adaptation) 방안이 필요한데 후자는 재해 저감을 위한 방안이기도 하여 이에 대하여도 검토하고자 한다.

적응은 기후변화의 나쁜 영향들을 줄이기 위한 적정한 조치들을 취하는 것을 의미한다. 적응은 기대가 되는 측면과 대응적인 측면이 있다. 다음 표와 같이 기후변화 관련 재해에서 기대되는 측면은 기후변화가 초래하는 미래 위협에 가급적 노출을 줄이는 것에 목적을 두고 있고 반면, 대응적인 측면은 이미 관측된 기후변화 영향에 대한 대응으로서 수행되는 행위들이다.

〈표 12-8〉 **기후변화에 따른 재해 관련 측면과 대책들**

| 기대되는 측면 | 대응적인 측면 |
|---|---|
| 자연 시스템 ||
| · 생태계 관리 증대<br>· 생물다양성 보존<br>· 산호초, 맹그로브, 씨그라스, 연안수초 등의 보호와 보존<br>· 연안 보호를 위한 법제도적인 개발<br>· 연안과 연안생태계의 연구와 모니터링 | · 늘어나거나 줄어든 계절<br>· 습지의 이동<br>· 생태계의 변화<br>· 산호초, 맹그로브, 씨그라스, 연안수초 등의 보호와 보존 |
| 인간 시스템 ||
| · 새로운 건축 규제 도입(홍수 재해에 유리한 주택)<br>· 재해보험 가입<br>· 조기경보시스템 설치<br>· 개선된 위험관리 및 연안관리계획 수립<br>· 향상된 수자원관리<br>· 재녹화, 조림(그린벨트), 경화구조물(필요시) 등을 통한 연안 방어망 개선<br>· 통합연안관리<br>· 건축후퇴선 도입 | · 주택의 이동<br>· 직업의 변경<br>· 보험 프레미엄의 변경<br>· 에어콘의 구입<br>· 보상 및 보조금의 제공<br>· 강화된 건축 조례의 시행<br>· 양빈 사업<br>· 경제적 구조물의 보호<br>· 연안과 해안 생태계 보호를 위한 대중의 인식도 제고 |

자료: ISDR/UNEP et al., op. cit., p.57. 원전: UNEP presentation at regional training, 'Applying Project Cycle Tools to Support Integrated Coastal Zone Management', Semarang, Indonesia, 2008.

대부분의 기후변화 영향은 앞으로 변동성이 커지고 극단의 현상으로 나타날 것으로 예상된다. 따라서 기후변화 적응 대책과 재해 저감 대책은 목적과 전략에서 상당 부분 겹칠 것으로 예상된다. 이러한 측면에서 이들 두 가지 대책은 하나의 통합된 어젠다로 추진되어야 할 것이다.

연안에서 적응을 위한 전략은 연안 시설에 대한 보호(protection), 배후 후퇴(retreat), 순응(accomodation) 등 세 가지 유형으로 나뉘며 그 내용은 다음 표와 같다.

〈표 12-9〉 기후변화에 따른 연안 시설 적응 전략들

| 보호(protection) | 배후 후퇴(retreat) | 순응(accomodation) |
|---|---|---|
| ·해수면 상승(Sea Level Rise, SLR)으로부터 기존 자산들과 생계를 보호<br>·재해를 없애려고 노력 | ·직접적 영향을 제거하려고 SLR 회피<br>·재해 취약지역에서 인간의 활동 배제 | ·SLR을 받아들여 전체 재해의 강도를 줄임<br>·인간 활동과 재해의 병존을 허용 |
| ·하드 구조물-방조제, 방파제, 파제제 등 재해 방지 설비 설치<br>·소프트구조물-사구 및 습지 복원 및 창조, 양빈, 그린벨트, 생물다양성 보존<br>·지역 전래의 나무, 돌 혹은 코코넛 잎 등의 기둥, 조림 | ·건축후퇴선 설치<br>·위험이 높은 건물 재배치<br>·위험에 노출된 지역의 개발 배제<br>·고지대식의 완충공간 설치<br>·토지 이용권 구입 | ·조기경보 및 소개 시스템/인식도 제고<br>·재해 보험<br>·염수 피해에 강한 농작물 등 새로운 농법 도입<br>·신건축 조례<br>·제염화 시스템 도입 |

자료: ISDR/UNEP et al., op. cit., p.58. 원전: UNEP presentation at regional training, op. cit., 2008.

이 중에서도 전통적으로 소프웨어적인 비구조적인(non-structural) 자연재해 대책으로는 다음과 같은 것들이 있다.[1087]

· 구조와 소개 계획들을 포함한 재해 대응책
· 재해지역 지도화 및 용도구역 지정(홍수 취약 혹은 연안재해 취약 구역 등 지정)
· 재해경보시스템 확립
· 시민 재해 대응 훈련 및 계획 수립
· 하구역 계획 수립 등
· 연안 건축물 보험료 등 강화

전통적으로 하드웨어적인 구조적인(structural) 자연재해 대책으로는 다음과 같은 것들이 있다[1088].

· 저수지와 댐의 안전성 확보
· 강과 기수역의 방조제 설치
· 연안 및 강 하구의 침식 보호
· 기수역과 항포구의 준설
· 염수대 침입 방지

---

1087) Huang, Shue-e, Natural Disaster Reduction in Coastal Lowland Areas(ppt files), Feb. 2006: http://www.yoto98.noaa.gov/yoto/meetinghazard_316.html(2013. 4. 22)
1088) Huang, Shue-e, op. cit., Feb. 2006.

· 새로운 홍조조절 방조제
· 건축코드의 시행으로 연안 건축물 규제 강화

<그림 12-4> 연안의 재해 대비 대책들

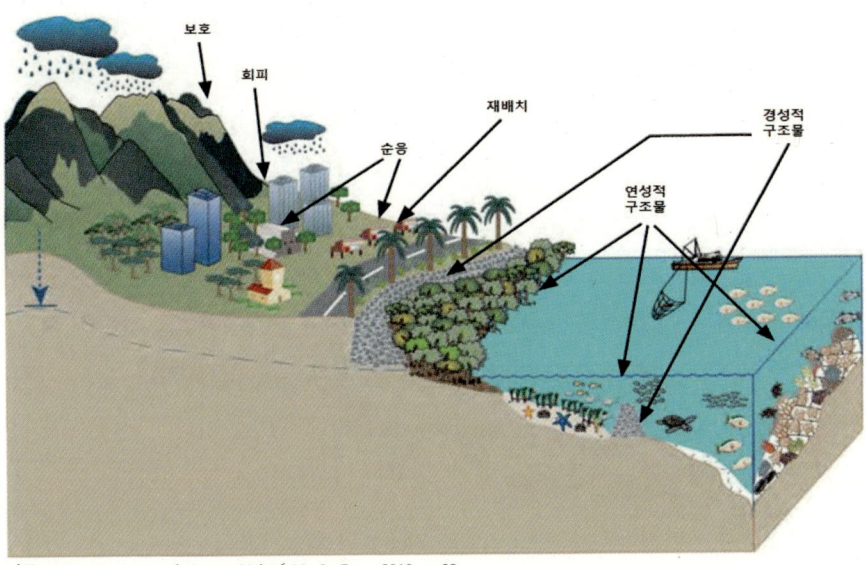

자료: PEMSEA, *Tropical Coasts*, Vol.16 No.2, Dec. 2010, p.39.

   이외에도 대기, 연안, 강 등 관련 전문가들의 활용도 필요한데 이들은 극한 재난들의 가능성을 확인하고 모니터링하며 이들의 주요 요인들을 이해할 수 있다.[1089] 위험이 증가한 취약지구를 확인하고 재해에 대한 컴퓨터 모델을 개발하여 예보와 경보의 개선을 이룰 수 있다. 지역과 중앙정부가 협력하여 연구 및 모델을 통하여 위험 평가를 하여 조기에 경보시스템과 재해 지도를 갖출 수 있다.

   이러한 일들을 위하여 리모트센싱 기술이 많이 응용된다. 리모트센싱 데이터셋, 기술과 도구들을 통하여 자연재해의 위험 평가 작업을 할 수 있고 주민들에게 재해 시 취약지 관련 지도를 그려낼 수 있고 재해 시 해야 할 일을 알 수 있게 된다. 위성자료는 보험사가 연안 취약 지역의 보험료 산정에도 이용될 수 있다.

---

1089) Huang, Shue-e, *op. cit.*, Feb. 2006.

조기경보시스템의 설치도 필수적인데 이의 목적은 1)공공기관에서 행동역량의 급속한 제고와 계획 수립, 2)인도주의적 및 비상관리 능력과 함께 자연재해에 대한 가능한 기술적 역량과 연계를 시켜준다. 이로써 지역의 재해 경보 발령 능력을 높이고 실무가와 기관들 간에 잠재적인 네트워크를 수립하고 지역적인 훈련과 조정 목적의 미팅을 시행한다. 또한 실무가와 기관들을 위하여 중간 정보적 자료를 개발하고 영향을 받는 지역을 지원해 줄 수 있다.

자연재해의 예측과 모니터링에 대한 연구를 발전시켜야 한다. 극한의 자연시스템(폭풍우, 너울, 태풍 등)을 보다 더 이해하고 이들을 잘 예측하기 위한 기상 및 해양 컴퓨터 모델의 개발도 필요하다. 또한 연안의 기후변화에 대응할 수 있는 각종 도구(tools)의 개발과 이용이 필수적이다. 이미 문제 영역별로 다양한 문제 해결을 위한 도구들이 개발되어 이를 각각 용도, 접근 기반, 도구의 정교성, 특수성 등에 따라 분류하고 있다. 지역 사정을 고려하여 대응 내용에 따라 이를 적절하게 응용할 수 있어야 할 것이다.

〈표 12-10〉 기후변화 적응을 위한 도구 개발 추세의 사례

| 개발 추세 | 유형 | 도구(tool) |
|---|---|---|
| 다양성 | 서식지 모델링 | Sea Level Affecting Marshes Model |
| | 게임기반 참여 | Coastal Ranger MS |
| 접근성 | Climate Downscaling | ClimateWizard |
| | Scenario Planning | Coastal Resilience Tool for New York /Connecticut |
| 도구의 정교성 | 다중 스트레서 | Nonpoint Source Pollution and Erosion Comparison Tool(NSPECT) |
| | 다중 군집종 | Climate Change Atlas |
| | 다중 서식지 | Marxan |
| 도구 이용의 정교성 | Communication and Engagement | CommunityViz(Placeways), NatureServe Vista, NOAA Community Vulnerability Assessment Tool |
| 도구의 특수성 | 유류오염 방제 | Climate Assessment and Proactive Response Initiative(CAPRI) |
| | 물 이용 | Climate Resilience Evaluation and Awareness Tool(CREAT) |
| | 지역생태계 기후 영향 | San Francisco Bay Sea-level Rise Tool |

자료: USA Government, op. cit., p.116.

아울러 연안 해수면 상승이나 재해 방지를 위해서는 연안에 대한 상시 모니터링 체계가 구축되어야 하고 연안에 대한 취약성 평가도 이루어져 이에

따라 취약 지역에 대해 각종 대책이 수립되어야 한다. 현재 세계적으로는 기후변화 취약성 평가를 위해 평가도구로 'DIVA(Dynamic Integrated Vulnerability Assessment)' 등의 다양한 평가도구들이 만들어져 활용되고 있으나 아직 우리나라에 맞는 정도로 활용하기에는 자료 등의 적용이 미흡하여 추가적인 보완이 필요하다는 평가이다.[1090]

### (2) 시설 및 공간별 적응대책과 정책들

앞에서도 언급된 바와 같이 기후변화에 따른 해수면 상승에 따른 연안 침식이나 높아지는 태풍 등의 파도에 대비하기 위한 연안 적응대책으로는 앞에서 언급한 바와 같이 UNEP가 1996년에 제시한 적응 전략과 유사하게 이주(managed retreat), 순응(accommodation), 방어(protection) 등의 전략이 있다.[1091] 이를 자세하게 풀어 보면 다음과 같다.

먼저 이주(retreat)는 해수면 상승으로 침수가능성이 높은 지역의 토지나 구조물을 포기하고 그곳의 주민을 점진적으로 다른 곳으로 이주시키는 방안이다. 남태평양 국가 투발루의 경우 해수면 상승으로 2001년부터 뉴질랜드로 1만 명의 국민들을 이주시켰고 키리바시도 '주민 대피계획'을 마련하여 유사한 정책을 펴고 있다.[1092] 영국 요크셔 주의 이스트 라이딩(East Riding) 지역의 캠핑 캐러번 파크도 해안 침식이 급속히 진행되자 파크 소유주들이 영국 환경청과 공조해 해안 침식이 없는 내륙으로 옮기기도 하였다.[1093] 이 경우에는 위험이 높은 지역 내 자산에 대한 포기를 수반해야 하므로 토지나 건물주에 대한 설득과 이전을 위한 금전적·세제적 지원이 요망된다. 소극적인 방법으로는 개발 시부터 해안선에서 일정 거리를 두고 건축물 축조를 제한하는 건축선 후퇴(setback) 방식도 많이 활용되고 있다.[1094] 아울러 토지 내

---

[1090] 해양환경관리공단(KOEM), 『해양과 기후변화』, 2010. 11, p.75. 우리나라 갯벌, 모래 갯벌, 해안선 등의 추가적인 고려가 요망된다고 한다.
[1091] 해양환경관리공단(KOEM), 전게서, p.76; 한국환경정책평가연구원, 『해수면 상승에 따른 취약성 분석 및 효과적인 대응 정책 수립 I : 해안침식 영향 평가』, 2009. 12, 88; 조광우 등, 「우리나라 해수면 상승 대응방향에 대한 소고」, 『한국해양환경공학회지』, Nov. 2007, p.232.
[1092] 해양환경관리공단(KOEM), 전게서, p.76.
[1093] 해양환경관리공단(KOEM), 전게서, p.86.
[1094] 영국은 계획정책지침(Planning Policy Statement)을 통하여 재해 취약지역 내 개발 제한, 미국(노스캐

구조물의 이전, 토지의 구역 재조정(rezoning), 토지의 인수(buyout, land acquisition) 등 다양한 방식으로 연안 구조물 규제나 토지이용계획 변경이 이루어질 수 있다.

앞에서 본 이주는 피해 발생이 예상되는 지역에 대하여 실시하는 것이 원칙이나 피해가 일어난 지역을 재조정하여 일정 거리 이상 건축선을 후퇴하는 방식으로 대처할 수도 있다. 우리나라 거제시 일운면 와현 마을은 태풍 매미가 2003년 9월 이곳에 도래한 이후 마을이 거의 소실되는 피해를 입어 전방 지역에 모래 완충 지역을 만들고 배후지로 마을 전체를 후퇴시켜 재개발한 대표적인 사례이다.[1095]

순응(accommodation) 정책은 해수면 상승에 따른 연안 침식 위험 지역에 해안 침식을 유발하지 않는 개발사업 계획만을 허용하는 개발제한 방안이다. 침식 지역에 주택보다는 주차장과 같이 경제적 가치가 높지 않고 인명 피해를 줄일 수 있는 구조물을 건축하거나, 양식장이나 염전과 같이 해수와 밀접한 시설물을 유치하는 것 등은 기후변화에 적응하기 위한 것이다.

때로는 연안재해에 대비하여 건물에 대한 침수, 지반의 유지·강화 등을 위하여 1층 등 저층에는 단단하게 기둥을 박아 침수와 너울에 대비하고 2층에서부터 주거용으로 사용하는 등 건물 바닥 레벨의 상승과 같이 강화된 기준으로 기존 연안 근접 구조물을 고치거나 개량하는 방법도 활용된다. 또한 조수에 따라 유입된 물의 배수구를 설치하는 등 다양한 소규모 작업들로 침수 등 재해에 대비하여 연안 구조물을 바꾸기도 한다.

방어(protection)는 가장 전통적인 해수면 상승에 따른 해안 침식 적응 대책으로, 해일 및 해수 범람으로부터 연안지대를 보호하기 위하여 방파제나 방어벽을 설치하는 것 등이 대표적이다. 이를 위해서는 먼저 연안관리법, 연안관리계획, 전략 평가 등을 통하여 해안 침식을 보수(repair), 복원(restore), 유지(maintain)할 수 있는 계획의 수립도 필요하다.[1096]

---

롤라이나 주은 연평균 침식률을 기준으로 배후지역 후퇴(setback) 개발, 캐나다(뉴브런스윅 주)는 바다와 접한 연안지역은 완충공간(Buffer Zone)으로 설정.
1095) 남정호 등, 『기후변화 대응을 위한 연안지역 레질리언스(Resilience) 강화 방안』, 2009. 12, pp.95-100.
1096) 한국환경정책평가연구원, 전게서, p.89.

방어 방식에는 방파제와 같은 단단한 구조물을 이용하여 방어하는 경성공법과 모래사장 조성, 습지 복원과 같이 자연적이고 연한 물질로 방어하는 연성공법이 있다. 과거에는 전자를 많이 활용하였으나 경성공법은 바다의 흐름 변화를 일으켜 사후에 침식이 가속화되고 해양생태계에 영향이 많은 등 2차 피해가 심하여 최근에는 연성공법이 많이 이용되기 시작하고 있다. 해사 공급과 같은 소프트한 접근도 가능하지만, 해변의 상황을 유지하기 위해서는 상당히 반복적인 사업 실시가 필요하여 아직도 하드웨어적인 기법이 많이 사용된다. 적절한 영향 파악과 저감 대책이 수립되면 이들 계획을 통한 관리 방안으로 주변 해역의 준설 위치 및 기준 설정, 식생 보전역 등 설정, 방파제 길이 제한, 준설 규모 및 깊이 조정, 완경사 호안이나 연안류 차단 방지 구조물 도입, 보상 및 복원(양빈, 치환, 자연식생 복원, 바람막이 조성 등) 등의 방안을 포함할 수 있다.

특히 해수면 상승에 따른 해난 재해에 대비하기 위한 선진 각국의 사례를 보면 연안 표사계 관리(영국), 대규모 양빈(네덜란드), 연안 건설 제어선 및 완충대 도입(미국, 호주 등), 사빈을 연안 방어 시설로 정의(일본)한 것 등을 들 수 있다.[1097]

침수가 잦은 이탈리아 베니스의 경우에도 베니스 석호 관문 주변에 바닷물의 범람을 막아줄 거대한 철제 방벽, 이른 바 '모세의 방벽' 계획을 2003년부터 세워 시행하고 있다.[1098] 과거 1950년부터 1970년 사이에 12cm나 땅이 가라앉아 그리 심하지 않은 범람에도 도시가 쉽게 침수 위기에 빠져 들었기 때문이다. 수문은 바다를 넘나드는 도시가 세워진 석호의 통로 3곳에 78개가 세워져 수문 내부에 평소 물이 채워져 있다가 유사시 압축공기가 주입되면 수문은 30분 만에 10층 높이 댐이 된다.[1099] 바닷물이 빠지면 다시 수문은 15분 만에 가라앉는다.

인도네시아 자카르타 시는 전체 면적의 40%가 해수면보다 낮아 강이 자주

---

[1097] 한국환경정책평가연구원, 전게서, p.91.
[1098] 해양환경관리공단(KOEM), 전게서, pp.88-90; 조선일보, 2012. 11. 7.
[1099] 이영완, 「물에 빠진 도시를 구하라」, 조선일보, 2012. 11. 7.

범람하였는데, 2013년에만 33만 명이 대피하고 수해 피해액과 복구액이 6억 달러에 달하였으며 30년 후에는 시 면적의 25%가 바다에 잠길 것으로 예상되어 32km의 거대한 방조제 건설을 계획하고 있다.[1100]

이러한 방법과는 달리 오히려 자연에 맡겨 해일 등 바닷물이 들이 닥칠 곳은 비워 완충지대(buffer zone)를 만들고 나머지는 자연의 힘에 의해 맡기자는 방안도 있다. 일본의 도호쿠대 이와무라 교수의 안에 따르면 먼저 해안 방벽은 현재의 6m보다 더 높은 7.2m까지만 높이고 그 뒤에는 200~400m 폭으로 20~30km에 걸쳐 방수림을 조성한다고 한다.[1101] 숲은 바람도 모래도 막아 주는 역할을 하기 때문이다. 방수림과 해안도로 사이에는 공장과 사무실만 허용하고 주택은 대피가 늦기 때문에 금하도록 한다. 해안도로 안쪽의 도시 접경지대에는 주택만 허용하되 1층은 주차장으로 쓰고 2층만 사람이 쓰는 형태로 바뀐다. 실제로 2004년 인도네시아 해일 당시 맹그로브 숲으로 이루어진 해안 지역이나 2010년 일본의 지진해일 시 해안 조림 지역은 피해가 작았다는 사실은 이러한 완충지대의 필요성을 말해 준다.

이러한 여러 가지 방안들은 방어 개념의 적응대책으로 모두 막대한 비용과 기술이 소요되므로 계획 시 예산 등을 고려하여 적절한 계획이 수립되어야 할 것이다.

또한 재해취약지구에 대한 공적 부조 개념도 도입되어야 한다. 현재 우리나라의 재해보험은 임의보험인 풍수해보험으로 주로 주택·온실·축사 등 소규모 시설물이 대상이고 연안의 산업단지, 상업시설 등은 재해 시 피해 규모가 막대하여 재해보험 대상에서 제외되고 있다. 그나마 최근에는 60%까지 보험 지원을 하던 국가의 피해 지원 규모도 축소되거나 중지되고 있다.[1102] 그러나 호주, 미국 등에서는 중앙정부의 보험 보조를 통해 해양 재난에 대비하거나 피해 보험 등을 제공하여 피해 시 해결할 수 있게 하고 있다.[1103] 재

---

1100) Adalberto Vallega, *op. cit.*, p.38; 조선일보, 2014. 10. 17. 제10장 2절의 관련 내용을 참조하기 바람.
1101) 조선일보, 2012. 11. 7.
1102) 육근형, 『연안의 기후변화 대응능력 평가 및 제고 방안 연구』, KMI기본연구보고서, 2012. 12, p.252. 최대 2억원 → 5천만 원으로 하향 조정.
1103) 해양환경관리공단(KOEM), 전게서, pp.87-88.

해에 취약한 연안에서 살 경우 강제보험을 들게 하면 연안에서의 거주 비용을 증대시켜 연안보다 내륙 안쪽에 가서 살도록 유도하는 메커니즘으로 작동하기도 한다. 미국의 경우 홍수 위험지역으로 지정될 경우 토지개발 규제가 있고 아울러 보험 가입이 의무화되어 있다. 사전적으로 거주 시 보험 의무가 있게 되면 취약 지역 거주를 기피하여 이주 촉진의 효과를 갖게 되고 피해 시 보험이 복구를 지원하는 역할을 하게 된다. 이 경우 취약 지역에서 보험은 재해 대비를 위한 사전적 및 사후적 기능을 동시에 갖는다.

### (3) 해양생태계를 이용한 대책

해외의 한 자료에 따르면 2030년까지 연간 1,000억 달러가 기후변화 적응에 소요될 것으로 전망하고 있다.[1104] 해양이 건강하고 낮은 이산화탄소 농도를 가지고 있어야 기후변화 적응에 더 큰 효과를 발휘할 수 있을 것이다. 이러한 기후변화에 대응하여 해야 할 일들은 다음과 같다.[1105]

• 연안 및 해양보호구역(MPA)의 증대

연안 및 해양보호구역의 확대는 해양생물다양성을 보전하고 생태적 재앙을 중화시키며 장기적 어업자원 관리 능력을 높이고 기후변화에의 대응 효과를 높인다. 그래서 광역해양생태계(Large Marine Eco-system, LME)의 구조적 건강성(Structural Integrity)을 유지하고 지속가능한 연안관리계획을 수립하여 시행하는 것이 필수적이다.

• 연안 해양생태계의 가치를 제대로 알고 평가하기

한 연구에 따르면 산호초 지역의 경제적 가치는 ha당 연간 1.2백만 달러이고 맹그로브는 ha당 12,392달러라는 추정도 있을 정도로 유익한 자원들이다.[1106] 따라서 이들을 잘 유지하고 지키는 것이 전체 생태계와 인간에게 모

---

[1104] Nicole Glineur, "Healthy Oceans, Adaptation to Climate Change and Blue Forests Conservation", *Ocean 101: Current Issues and Our Future*(WOF Series 1), World Ocean Forum, 2010-, p.49.
[1105] Nicole Glineur, *op. cit.*, pp.51-52.
[1106] Nicole Glineur, *op. cit.*, p.50.

두 유익한 것이므로 연안 생태계를 잘 유지하고 보존한다.

- 지역 현실에 따라 제도적 거버넌스를 맞추어 시행

해양의 가치는 잘 보이지 않으므로 사회적 인식이 낮아 투자 우선순위가 떨어진다. 그래서 해양의 기능과 그 서비스에 대한 인식을 강화하여 지역에 맞게 법, 제도, 기구, 해양거버넌스 체제를 강화하고 투자의 우선순위를 높이고 투자 금액을 늘리도록 해야 한다. 이렇게 함으로써 기후변화에 대응하기 위한 해양의 건강성 유지와 지속가능한 이용개발이 이루어지도록 해야 한다.

## 3. 해외 사례

### 1) 유럽과 영국의 사례

유럽에서는 2000년부터 Water Framework Directive(WFD)를 만들어 수자원 환경의 보호와 지속가능한 이용을 위한 통합적 접근법인 강유역 관리계획(river basin management plan)을 채택하여 보호구역의 보존, 홍수의 효과 완화 등을 목적으로 시행하고 있다.[1107]

최근 유럽에서는 기후변화에 의한 영향이 심각하다. 영국의 경우, 남부와 동부는 연간 2mm씩 침하하고 있고 북부와 스코틀랜드는 바다로부터 융기하는 등으로 해수면이 상승하여 침식이 이루어지고 있다. 이에 따라 너울과 폭풍우 등 각종 재해로 저지대의 범람이나 홍수가 극심해지는 등 영국 해안의 30%가 침식을 겪고 있다.[1108]

이에 대해 영국에서는 '해안 방어(coastal defense)'를 침식과 이에 따른 연안

---

[1107] Richard Kenchington, Bob Pokrant and John Glasson, "International approaches to sustainable coastal management and climate change", Sustainable Coastal Management and Climate Adaptation, 2012, CSIRO Publishing Co., Australia Collingwood VIC 3068, p.60.
[1108] Richard Kenchington, Bob Pokrant and John Glasson, *op. cit.*, p.61.

보호(coastal protection), 토지 홍수의 방지인 해양 방어(sea defence), 기수역에서의 조류 방어(tidal defence in estuaries) 등 세 가지로 나누어 대책을 검토하고 있다. 관리를 담당하는 주관부처에 있어서도 2000년 이전에는 연안 보호(coastal protection)는 영국 농수산식품부(Ministry of Agriculture, Fishery and Food)가, 해양 방어(sea defence)는 환경청(Environmental Agency, EA)이 맡았으나 2001년 이후 '환경, 식품 및 농촌부(DEFRA)'가 만들어지면서 한군데로 통합되었다.1109) 또한 홍수에 대한 위험관리 차원에서 '수자원 구역 설치계획(Making Space for Water, DEFRA, 2005)'을 만들어 이러한 문제들에 대처하고 있다.1110) 특히 기후변화에 대비하기 위해 방어벽을 만들기보다는 홍수 수량의 저장에 중점을 둔 조치들을 개발하고 있다. 이를 통해 앞서 언급된 유럽의 WFD와 같이 전체 강 유역 혹은 전체 해안선 접근법을 쓰고 전체 이해관계자들을 참여시키고 있다. 아울러 2006년에 Planning Policy Statement 25(PPG25)를 만들어 시행하며 홍수 위험지역에 대해서는 모든 계획단계에서 기후변화로 인한 홍수에 대응하기 위한 지침을 제공해 주고 있다. 또한 연안에 대하여는 보조적으로 연안보완계획(Coastal Supplement to PPG25(DCLG 2010))을 만들어 이를 통해 시간에 따른 연안의 변화 이해에 초점을 두고 취약 지역의 부적절한 개발을 피하고 기존 연안 개발들에 대한 위험을 관리하도록 하고 있다.

이에 부가하여 행정 부처에 따라 연안 관리 전략들을 수립하였는데 예를 들면 영국 환경, 식품 및 농촌부(DEFRA)가 2008년 만든 '영국 연안의 통합적 관리를 촉진하기 위한 전략(A Strategy for Promoting an Integrated Approach to the Management of Coastal Areas in England)'가 대표적이다. 특히 영국과 유럽의 다른 국가들에서 발전하고 있는 개념은 '건설해서 보호'한다는 개념으로부터 '관리된 재배치(managed realignment)'의 개념으로 변경하여 홍수 시 연안 습지들을 자연 상태로 두어 홍수로 인한 영향을 흡수하도록 바꾸어 나가고 있다. 이러한 방법은 '다이나믹한 연안과정에 맡긴다'는 관점으로 이해되고 있다.1111)

---

1109) J. S. Potts, D. Carter and J. Taussik, "Shoreline management: The Way Ahead", *Managing Britain's Marine and Coastal Environment*, 2005, p.241.
1110) Richard Kenchington, Bob Pokrant and John Glasson, *op. cit.*, p.62.
1111) Richard Kenchington, Bob Pokrant and John Glasson, *op. cit.*, p.63.

이에 따라 영국 정부는 침식과 홍수에 대비하기 위하여 비법정 '해안선관리계획(The Shoreline Management Plan, SMP)'을 연안계획의 주요수단으로 삼고 있다.1112) 현재 영국 해안을 커버하는 관리 목적을 위한 구역 설정을 통해 57개소의 SMP가 설정되어 있어 연안재해에 대비하기 위한 각종 계획이 시행되고 있다. 또한 1990년대에 시작된 각종 정책 방안들이 재검토되어 새로운 관리 방안들이 모색되고 있다. 예를 들어 적극적인 개입의 금지(No intervention), 기존의 해안선 고수(Hold the line), 해안선의 전진(Advance the line, 해양 쪽 방어물 설치와 함께), 관리된 해안선 재배치(Management realignment) 등을 통하여 해안선 시설의 전진이나 후퇴 등을 고려하고 있다.1113) 아울러 2009년에 도입된 「해양·연안출입에 관한 법(MCAA, Marine and Coastal Access Act)」을 입법하여 해양 지역의 지도화(mapping)를 유도하여 활동들이 일어나는 지역을 확인하고 각 활동들과 시설들의 면허 제도를 도입하며 이들의 집행과 해양의 중요 계획들을 검토·자문할 해양관리기구(MMO, Marine Management Organization)를 설립하였다.1114)

### 2) 미국 사례

미국 정부에서는 연안재해에 대한 대책으로 조세나 시장적 접근법도 도입하고 있다. 예를 들어, 취약한 토지를 보존하기 위한 보존 지역권(conservation easement), 상부지역 개발을 위한 개발밀도 보너스 또는 이전 가능한 개발권(transferable development rights), 건축물의 복원력을 향상하도록 올려짓기를 원하는 건축주들에게 주는 조세 리베이트 등 다양한 인센티브 제도들도 시행하고 있다.1115)

미국은 연방재난관리청(Federal Emergency Management Agency, FEMA)이

---

1112) *Ibid.*
1113) 남정호 등, 『기후변화대응을 위한 연안지역 레질리언스(Resilience) 강화 방안』, KMI기본연구보고, 2009. 12, p.107.
1114) Richard Kenchington, Bob Pokrant and John Glasson, *op. cit.*, p.63.
1115) USA Government, *op. cit.*, p.118.

재난관리를 총괄하고 해양대기청인 NOAA 등은 이에 보조를 맞추고 있다. NOAA는 연안에 대한 모니터링, 연안재해 취약성 평가 프로그램(Risk and Vulnerability Assessment Tool) 및 연안 레질리언스 지표(Coastal Resilience Index) 개발 등을 통하여 연안재해의 취약성을 지역마다 스스로 평가하도록 유도하고 있다.1116) FEMA는 국가홍수보험프로그램(National Flood Insurance Program, NFIP)을 도입하여 여기에서 나온 홍수보험 점수제를 근거로 지역마다 취약성을 평가하여 보험요율을 조정하여 통제하기도 하고 재난 대비 핵심 실행 주체인 주나 및 지자체와의 파트너십을 통해 재난 역량 강화를 위한 각종 프로그램을 시행하고 있다.1117)

또한 미국 정부와 주 정부는 규제적인 정책, 조세 및 시장 정책, 지출 정책, 계획 수립 등 다양한 정책으로 기후변화로 인한 재해에 대비하고 있다. 장기적으로 도로나 하수처리장 등의 공공자산이 기후변화에도 복원력(resilience)을 갖추어 잘 보존될 수 있도록 기후변화를 고려한 의사결정을 하고 있다. 메릴랜드 주의 경우 연안 공공투자 시 반드시 중요 시설을 보호해야 할 필요가 있다는 것을 계획 단계부터 반영하고 있다. 캘리포니아와 같은 다른 여러 주들에서는 연안자원을 보호하기 위해 공공기금을 활용하여 취약한 토지의 구입, 해수면 상승에 따라 생태계가 연안 안쪽으로 들어올 수 있는 공간 확보, 인프라를 위한 완충공간 확보, 기존 활동을 중지하도록 취약한 소유물을 구입하는 방안 등을 검토하고 있다.

동시에 연안 지역에 대한 다양한 정책적 규제도 시행하고 있다. 규제적인 정책들로는, 해안선으로부터의 추가적인 후퇴를 위하여 토지 용도지역제의 도입 또는 밀도 제한(density restriction), 토지의 분할화(clustered divisions), 빌딩의 크기 규제 등이 있다.1118) 메릴랜드 주에서는 연안 토지 주인에게 연안선 개선에 대해 가벼운 대안들을 쓸 수 있도록 하는 Living Shorelines Protection Act를 통해 규제적 조치를 취하고 있다.1119) 어떤 주들은 연안 토

---
1116) 남정호 등, 전게서, pp.111-112.
1117) 남정호 등, 전게서, pp.113-114.
1118) USA Government, op. cit., p.118. 원전: NOAA, 2010.
1119) Ibid.

지가 말라있는 동안만 사용할 수 있고 물이 들어왔을 때 매립하여 사용하지는 못하게 하는 지역권, 소위 rolling easement를 토지 주인들에게 주기도 한다. 실제로 오레곤, 텍사스, 사우스캐롤라이나, 로드아일랜드, 매사추세츠, 메인 등에서 이러한 제도를 활용하여 연안공간에 대한 규제를 하고 있다.1120) 하와이 주의 경우 연안 침식에 대한 전략으로 연안 양빈(Beach nourishment), 40피트의 해안선 후퇴(shoreline setback), 홍수구역(flood zones)으로 지정 시 홍수보험이 필수인 특별관리 지역제(Special Management Area) 등을 도입하고 있다.1121)

## 4. 우리나라의 해양재해와 관련 정책

### 1) 우리나라 해양재해 현황과 대비 방안

최근 동아시아 지역의 재난·재해 피해액은 1983년 6억 달러(약 6,108억 원)에서 2013년에는 537억 달러(약 54조 6,666억 원)로 87배 가까이 늘어나 같은 기간 전 세계의 그것(7배)에 비해 크게 늘어난 것으로 나타났다.1122) 이렇게 재해가 늘어난 것은 우리나라가 속한 동아시아 지역이 경제개발에 따른 연안에의 인구 집중 및 기후변화와 더불어 늘어난 해양 재난, 지진의 빈발 등으로 각종 재해에 취약한 '재해의 고리'가 되었기 때문이다. 이하에서는 우리나라 「재난관리법」이 태풍, 해일, 지진, 적조 등을 자연재해로 분류하고 해난사고, 유류오염사고 등은 사회적 재해로 분류하여 대응하고 있는 것을 감안하여 그 현황을 살펴보고자 한다.

---
1120) Ibid.
1121) Gielito Habito, Stephen de Mora et al., "Innovative Techniques toward reaching Sustainable Development Goals", Tropical Coasts Vol. 17 No. 1, July 2011, p.89. 자세한 것은 연안환경 장의 연안 정비 사업의 절을 참고하기 바람.
1122) 조선일보, 2014. 10. 10. 세계 피해액은 167억 달러(약 17조 6억 원)에서 1,184억 달러(약 120조 5,312억 원)로 7배 정도 늘어났다. 원전: 서울대 박수진 교수팀.

〈그림 12-5〉 한반도 주변 재해 위험 요인들

자료: http://9bong.com/142 (2015. 12. 18)을 고려하여 필자 보완, 원전: 미지질조사국(USGS)

먼저 열대성 저기압인 태풍의 경우 기후온난화로 크기와 강도에서 변화가 감지되고 있다. 2013년 말 필리핀에 불어 닥친 초속 65m/s(시속 234km) 이상의 '하이옌'과 같은 슈퍼태풍이 우리나라에도 내습할 가능성이 예견되는 만큼 이에 대한 대비가 필요하다.[1123] 하이옌으로 사망·실종 약 8천 명의 대규모 인명 피해가 난 것은 해안가의 부실 시공된 건물에서 많은 사람들이 집단 거주하고, 심지어 태풍대피소 건물마저 부실했던 것이 큰 원인이었다.[1124] 따라서 연안의 각종 시설물에 대한 건축 강도와 취약 지역에서의 건축물 이전 등 다양한 조치가 요망된다.

---

[1123] 최소 초속 65m/s 이상, 순간 최대 풍속이 85m/s에 이를 정도로 풍속이 굉장히 높다. 하루 강수량이 1,000~1,400mm까지 내리기도 한다. 1959년 태풍 사라호 때는 10분 평균으로 70m/s(일본 기상청), 1분 평균으로는 85m/s에 달하는 슈퍼급 태풍이었다. 위키백과.

[1124] 목진용, 「우리나라 슈퍼태풍 내습 가능성과 해양 분야 대응」, 행복한 바다 포럼, 한국해양수산개발원, 2014. 6. 17, pp.9-10; 당시 피해는 약 6천 4백억 페소(14조 8,200억 원) 규모로 필리핀 GDP의 5%가 증발하였다고 한다. 자료: 강기룡, 상게서, p.7; 인명 피해: 사망 6,009명, 실종 1,779명(나무위키백과).

북서태평양에서 발생한 슈퍼태풍은 1975년~1993년 사이 연 2.9개 발생했으나 1994~2012년에는 4.4개로 52% 증가하였다. 한반도에 영향을 미친 슈퍼태풍은 동기간 연 평균 0.58개에서 0.68개로 18% 증가하였고 그 도달 위도도 점차 북상 중이다.[1125] 2000년도를 기준으로 한반도에 영향을 미치는 태풍의 수는 대체로 감소하는 경향을 보이나 중심기압은 감소하였고, 평균 최대 풍속은 증가하여 전반적으로는 태풍의 강도가 증가하고 있다.[1126] 최근 태풍 매미 등 초속 60m급 태풍이 우리나라에도 자주 내습하고 있으며 앞으로 온난화가 더 진행되면 태풍의 크기는 더욱 커질 것으로 예상된다. 이에 따라 연안 및 내륙의 태풍 대비가 크게 강화되어야 할 것이다.

〈표 12-11〉 역대 국내외 주요 태풍과 피해지역

| 태풍명 | 국가(발생연도) | 순간최대풍속(m/초) |
|---|---|---|
| 하이옌 | 필리핀(2013년) | 105 |
| 낸시 | 일본(1961년) | 95 |
| 아이다 | 일본(1958년) | 90 |
| 팁 | 일본(1979년) | 85 |
| 매미 | 한국(2003년) | 60 |
| 쁘라삐룬 | 한국(2000년) | 58 |
| 루사 | 한국(2002년) | 57 |

자료: 조선닷컴, 2013. 11. 11.

2010년 일본의 쓰나미와 같은 재난을 일으키는 해양 지진도 문제가 되고 있다. 최근 한반도 주변에서 일어나는 지진의 빈도가 많아지고 그 규모도 더 커지고 있다는 점은 우려할 대목이다. 2013년 한반도 지진 발생 회수는 총 93회로 한반도 평균 40회의 2배를 넘기고 있는 등[1127] 2011년 동일본 대지진 이후 한반도 지진도 급증하고 있다. 이처럼 작은 지진이 많아질수록 큰 지진 발생 확률이 높아진다고 한다. 특히 5.0 이상의 지진이 최근 해저 등에서 자주 발생하고 있어 앞으로 한반도 지진의 규모도 더 커질 수 있을 것이다.

---

1125) 목진용, 상게서, pp.6-9.
1126) 강기룡, 「재난으로부터 안전한 해양과 연안」, 제7차 해양비전포럼 프로시딩, 2014. 7. 4, p.17.
1127) 박영석, 「지진 위험 한반도, 내진 건축 시급하다」, 조선일보, 2014. 4. 2.

〈표 12-12〉 지진의 규모와 피해 정도

| 진도 범위 | 느끼거나 피해 정도 | 폭발력 (TNT/각 진도 규모별) |
|---|---|---|
| 1.0~2.0 | 지진계가 감지할 수 있는 정도 | 15kg |
| 2.1~4.9 | 땅이 조금 흔들리는 정도 (여진) | 15kg~480t |
| 5.0~5.9 | 전봇대가 파손되는 정도 | 480t~15kt |
| 6.0~6.9 | 땅이 뚜렷하게 흔들리고 주택 등이 무너지는 정도 | 15kt~480kt |
| 7.0~8.9 | 땅이 심하게 흔들리는 정도, 아파트 등 큰 빌딩이 무너지는 정도 | 480kt~480Mt |
| 9.0~9.9 | 땅이 넓게 갈라지고 지면이 파괴되는 정도 | 480Mt~15Gt |

자료: 위키백과, 참고로 히로시마 원폭(리틀 보이)는 TNT 20kt급.

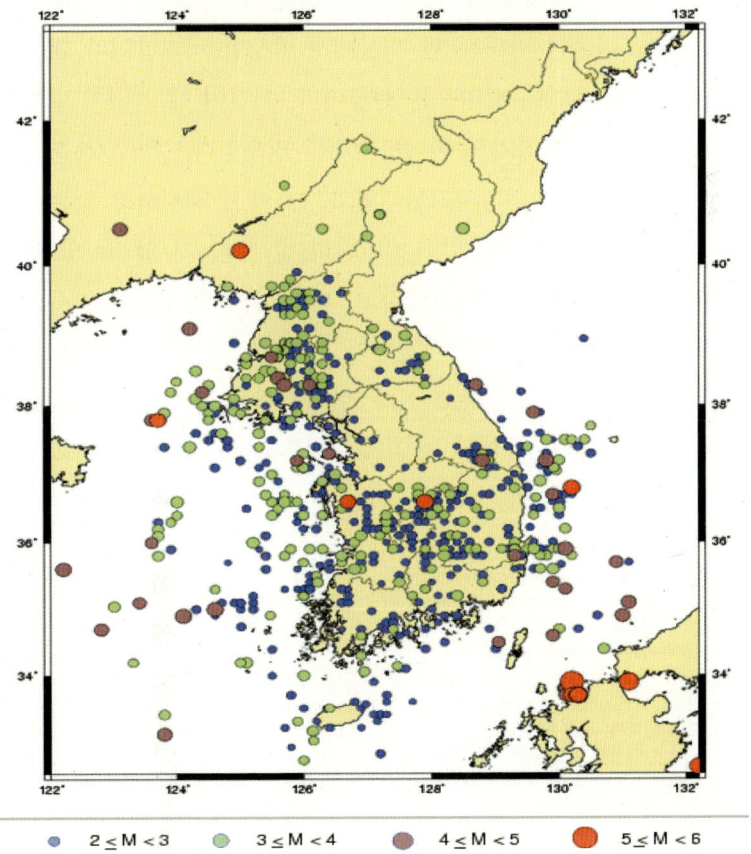

〈그림 12-6〉 한반도에서 발생한 지진의 진앙 분포도(1978-2016. 1월 현재)

자료: 호남 기상청 호남기상위험정보센터, http://hcis.kma.go.kr/sub03/sub03_05_04.php (2016. 1. 7)

과거 진도 크기 5위까지 드는 지진 중 3개가 2003년 이후 일어난 것이고 모두 5.0 이상이라는 점을 주목할 필요가 있다.[1128] 이런 추세라면 앞으로 진도 6.0 이상이 일어날 가능성도 있다. 일본 후쿠시마에서처럼 이러한 지진이 연안 가까운 해저에서 발생하면 해일이 일어나 우리 연안을 덮칠 수도 있게 된다. 이에 대비하여 원자력발전소 등 산업 시설과 연안 도시의 시설 보완, 국내 건축물의 내진 설계 강화[1129] 등의 보완이 요구된다. 아울러 지진 재난 시 국민의 생명과 시설의 안전을 담보할 수 있는 방안이 보다 더 적극적으로 모색되어야 할 것이고, 쓰나미에 대비하여 연안 방재 시설을 강화할 것도 요망된다.

최근에는 동해안, 서해안에 갑자기 다가오는 너울성 파도로 많은 피해가 일어나고 있다. 너울성 파도는 먼 해상에서 발생한 저기압이나 태풍권 안에서 일어난 풍랑이 해안에 밀려오는 현상이다. 이것이 예고 없이 발생하여 연안에 닥치기 때문에 예기치 못한 큰 피해를 일으킨다.[1130] 2005-2009년 사이에 너울성 파도로 인한 인명사고를 〈표 12-13〉에서 제시하고 있는데 여기에서 보면 방파제 안전사고가 얼마나 빈번히 발생하는지 알 수 있다. 따라서 연안을 관측하여 이의 발생을 예측하고 비상조치를 할 수 있는 시스템을 만들어 나가야 한다. 기상청에서는 해안가, 방파제, 갯바위 등의 출입 시 이러한 파도를 조심할 것을 권고하고 있다. 안전시설을 제대로 갖추지 않은 방파제의 설치, 관리상 하자가 있는 경우 주의의무를 소홀히 한 국가와 지자체의 책임을 물어 이들의 손해배상 패소 판결도 나온 사례도 있어[1131] 각종 방재

---

[1128] 조선일보, 2014. 4. 1.
[1129] 박영석, 전게 자료, 조선일보, 2014. 4. 2. 우리나라 내진 설계 기준이 규제 완화로 6.0에서 5.5로 내려갔다고 한다. 이는 점증하는 한반도 지진의 크기를 볼 때 우려할만한 기준 완화이다. 국내 내진 건축물은 5.4%에 불과하다.
[1130] 너울성 파도는 긴 주기를 가지고 반복되는 큰 파도다. 일반적인 파도가 5-10초의 주기를 보이지만, 너울성 파도는 15-20초로 길어진다. 또 10분 이상으로 길어질 수도 있다. 너울성 파도는 눈에 잘 띄지 않아 더 위험하다. 넓은 바다에서 바람에 의해 시작된 작은 파도가 밀어닥치는 것이기 때문에 해안에서는 바람이 잔잔할 경우에도 나타날 수 있다. 큰 파도가 수심이 얕은 해안에 밀려오면서 속도가 갑자기 빨라지고, 높이도 몇 m까지 높아진다. 파도에 비해 밀고 오는 바닷물의 양도 몇 배나 된다. 한꺼번에 솟구치는 엄청난 양의 바닷물로 인해 갯바위나 방파제에서 낚시하는 사람들은 속수무책으로 당하게 된다. 먼 바다에서 이동하면서 큰 파도로 합쳐지는 너울성 파도는 주기도 길고 완만한 형태를 갖추고 있어 눈으론 잘 보이지 않고 위험을 사전에 감지하기도 어렵다. 너울성 파도의 의미 등, http://tip.daum.net/question/62258024/62263873?q=%EB%84%88%EC%9A%B8%EC%84%B1+%ED%8C%8C%EB%8F%84(2015. 1. 31)

대비시설 설치 등 공공기관이 방재 의무를 다할 필요가 있다. 그리고 우리나라의 바닷가 해안선에 근접하여 건물을 짓는 경우 이러한 너울성 파도에 의해 피해를 볼 가능성이 높아 연안 건축선 후퇴, 연안의 완충지역 설정이나 적극적인 방재 시설들의 도입도 요망된다.

〈그림 12-7〉 너울의 원리와 현상

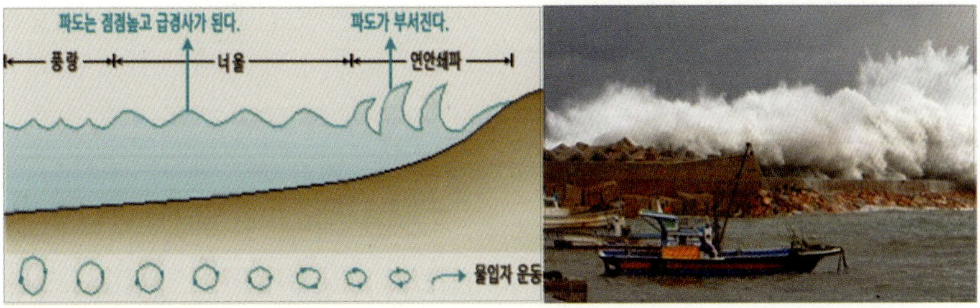

자료: 사천시 홈페이지, http://safety.sacheon.go.kr/sub/02_03_01_03_03.php (2016. 2. 20, 좌): 국민안전처(우)

〈표 12-13〉 너울성 파도로 인한 사망자 수(2005-2009)

| 일시 | 위치 | 피해현황 |
| --- | --- | --- |
| 2005. 10. 22 | 강릉 주문진항 방파제<br>울산정자항 방파제<br>포항항 방파제 | 사망 4명 |
| 2006. 10. 24 | 강원고성 봉포항 방파제 | 사망 1명 |
| 2008. 2. 24 | 강릉시 아목항 방파제 | 사망 3명 |
| 2008. 5. 4 | 충남도 보령시 죽도해안 | 사망 9명 |
| 2009. 1. 10 | 강릉시 주문진항 방파제 | 사망 3명 |
| 합 계 | | 사망 20명 |

자료: http://news.naver.com/main/read.nhn?mode=LSD&mid=sec&sid1=102&oid=003&aid=0003171195 (2015. 1. 31), 원전: 국토해양부

최근 기후온난화로 하계에 바닷물의 온도가 올라가면서 적조도 빈발하여 피해를 많이 끼치고 있다. 적조에 관련된 내용에 대해 대해서는 해양 환경관련 장을 참고하기 바란다.

아울러 바다에서는 인간의 대비 부족으로 인해 발생하는 사회적 재난도

---

1131) 뉴시스, 2010. 4. 5.
    http://news.naver.com/main/read.nhn?mode=LSD&mid=sec&sid1=102&oid=003&aid=0003171195(2015. 1. 31)

급부상하고 있는데 하인리히 법칙1132)에서 시사하고 있듯이 무슨 사고든지 발생 전에 전조가 있게 마련이고 이때에 대비를 잘 해야 대형 사고를 막을 수 있다.

2014년의 세월호 사건으로 해양 사고, 해양 재해·재난 등의 예방이 사후 대책보다 더욱 중요하게 대두되고 있다. 세월호 사고가 일어난 맹골군도 인근처럼 우리나라에서 조류와 파도가 가장 센 곳에서는 재난 시 구조 활동조차도 쉽지 않아 특수 구조 훈련 등 평소부터 보다 강화된 재난 대책이 요망된다. 세월호 이후에 안전관리 제도 변경, 화물 등의 포박 강화, 노후 중고선박 도입 기간 조정 및 도입 시의 개조 금지 등 관련 제도 개선, 선박공유제 도입 시도, 항로의 독점권 폐지에 의한 경쟁제도 도입 등 관련 안전 제도의 개선이 이루어져 왔다. 이와 같은 안전 제도의 수립과 시행은 평소에도 꾸준히 이루어져야 할 것이다.

### 2) 제도 현황 및 개선 방안

우리나라에서는 재해의 사전 예방을 위해서 재난관리의 기본 사항을 규정하는 「재난 및 안전관리기본법」이 있고 세부적인 재해의 예방 및 복구 등에 관한 사항은 「자연재해대책법」에 따르도록 되어 있다. 해양재난은 국가안전처의 해양경찰이, 일반재난은 시도 및 시군구에서 맡되 중앙에서는 국가안전처 등 관련 중앙부처들이 이에 대응하게 되어 있다.1133) 특히 해안이나 연안에서는 항만법에 의한 재해 대책, 연안관리법에 의한 연안정비계획에 의해 이러한 재해에 일부 대비하고 있다. 우리나라 연안에서의 개괄적인 재난 대비 내용을 보면 다음과 같다.

---

1132) 1930년대 초 미국의 한 보험회사 관리인, H.W. 하인리히. 조영탁『행복한 경영이야기』제2434호, 2014. 5. 8. 미국의 어느 보험사에서 하인리히라는 사람이 고객 상담을 통해 사고를 분석해 본 결과, 노동재해가 발생하는 과정에 중상자 한 명이 나오면 그 전에 같은 원인으로 발생한 경상자가 29명, 또 운 좋게 재난은 피했지만 같은 원인으로 부상을 당할 뻔한 잠재적 상해자가 300명이 있었다고 한다. 즉 '1대 29대 300의 법칙'이라는 하인리히 법칙이 발견되었다.
1133) 남정호 등, 전게서, pp.64-70. 과거에 일반 재난은 소방방재청이 담당했음.

〈표 12-14〉 연안재해 시의 중점 추진 과제들

| 분야 | 해야 할 일 | 관련 부서/조치 | 비고 |
|---|---|---|---|
| 연안공간 보전 및 복원 분야 | -기능을 고려한 자연재해관리목표제 및 복원 사업<br>-연안완충구역제 도입<br>-적응능력 강화를 위해 법 개정 | -해양수산부<br>-연안관리법 개정 | |
| 토지이용 분야 및 도시계획 분야 | -자연재해 취약성 평가 및 침수예상도 작성 의무화<br>-기후변화를 고려한 공간관리 및 계획 수립 체제 구축<br>· 자연취약성 반영 도시기본계획 수립 및 취약지역 토지 매입<br>· 기후변화 영향 고려한 도시관리계획 지구 지정 | -재해지도와 도시기본계획 상 기초조사 연계<br>-의무적 자연재해 취약지역 방재지구 지정<br>-개발밀도관리구역 지정 대상 기반 시설에 방재 시설 포함 | -중앙도시계획(위)<br>-시·도 도시계획(위) |
| 재난관리 분야 | 〈사전 예방〉<br>-연안지역별 자연재해 예측 모델 개발<br>-연안지역 재해영향 평가<br>-연안재해보험 도입/기금 마련<br>〈긴급대응 및 대피〉<br>-연안지역 조기 경보시스템 및 대피체계 구축<br>-연안재해 현장 대응 지휘체계 확립 및 역량 강화<br>-지속적인 훈련/홍보 강화, 자율방재 조직 활성화<br>〈피해 복구〉<br>-복구계획 수립과정에 지역이해 당사자 참여 제도화<br>-적응적, 생태적 재개발 방식의 복구 체계<br>-지역별 사전회피, 대응노력에 따른 복구재원 배분 차등화 | -해양수산부, 연안지자체<br>-해양수산부, 관련금융기관<br>-국가안전처( 구 소방방재청 등 중앙부처(지자체 포함)<br>-<br>〃<br>-지방자치단체(국가안전처의 소방방재 기능, 해양수산부)<br>-<br>〃<br>-정부 합동 | -연안정비 사업실시 |

자료: 남정호 등, 전게서, pp.203, 224.

현재 우리나라 연안은 일부 해안림, 어부림 등의 시설에 의해 해안이 보호되고 있으나 기후변화에 따른 해수면 상승과 각종 인공구조물 등의 난립으로 해안 침식이 날로 증대되고 있는 실정이다. 따라서 연안 침식이 가속화되는 곳에 대해서는 지역을 광범위하게 정해 관련 과학적 모델링을 실시하여 대책을 마련하고 이에 따라 침식 방지 사업을 실시해야 한다. 그러나 빈발하는 침식이 배후지를 위협하는 지역에 대해서는 연안관리제도에서 2013년 도입된 '연안침식관리' 개념으로 이러한 문제를 해결하여야 한다. 특히 기존의 연안 산림과 해안림($296.8km^2$), 어부 보안림 및 비사방비림($47.2km^2$), 해안방재림($37.2km^2$), 연안습지($2,489km^2$), 해안사구(33개소), 자연해안($9,247.2km^2$) 등[1134]도 이러한 구역에 편입시켜 연안의 자연도 보전되게 하여야 할 것이다. 실제로 2004년 인도양 허리케인 내습 시 연안의 맹그로브가 잘 보전된 지역[1135]이나 일본 후쿠시마 해일 시 해안림이 있었던 지역은 피해가 적었다는 보고도 있다. 최근 연안관리법에 이 부분이 반영되어 연안 침식 관리구역 배후에 완충관리구역이 설정됨으로써 연안재해를 막는 데 크게 기여할 것으로 예상된다. 이에 대해서는 연안 관리 관련 장을 참고하기 바란다.

연안 침수(flooding)에 대하여 몇 가지 적응 방안을 고려한다면 침수가 자주 일어나는 구역은 연안침수구역이나 방재구역으로 지정할 필요가 있다. 문제는 이러한 지역으로 지정되면 재산권 행사에 문제가 있어 지역민들의 반발이 있을 수 있으므로 이에 대한 대비책과 홍보도 필요하다.

현재 우리나라의 「자연재해대책법」에서는 취약성 평가를 위해 과거의 '침수흔적도',[1136] 미래의 '침수예상도'를 활용하도록 되어 있으나 이 정도만 가지고는 대응하는 데 한계가 있다. 따라서 연안개발사업의 재해영향평가를 강화하고, 연안의 변화를 고려하여 지역 및 해안별 자연재해 예측 모델 수립을 통하여 침수 예상을 함으로써 이에 대비하여야 할 것이다. 취약성이 높은 지구에 대하여는 보전 목적의 용도지역·용도구역으로 지정되도록 하되, 최대한 개발 행위를 제한하는 '방재지구'로의 용도지구 지정이 필요하다.[1137]

앞에서 본 바와 같이 미국에서는 홍수 취약 지구 등 방재지구를 정하여 여기에 시설을 하거나 거주하면 의무적 보험 가입으로 거주 비용을 증대시켜 방재 지구에서의 거주나 시설 설치를 가급적 줄이도록 노력하고 있다. 아울러 기반시설도 갖추어 주지 않음으로써 이용하거나 거주하는 자가 불편하도록 하여 타 지역으로의 이주를 유도하기도 한다. 이와 같이 우리나라도 좀 더 강력한 방재지구 설정과 방재지구에서의 시설 시 보험 가입을 의무화하고, 나아가 기금 마련을 통한 재해 예방, 복구 사업의 강화도 요망된다.[1138]

---

1134) 남정호 등, 전게서, p.203. 원전: 육근영·최희정·정지호·장정인, 『연안완충공간의 보전 및 이용에 관한 연구』, 한국해양수산개발원, 2008. 자연해안은 2004년 당시 전체 연안선(11,351km)의 81%라 함.

1135) 남정호 등, 전게서, pp.145-146. 원전: F. Dahdouh-Guebas et al., "How effective were mangroves as a defence against the recent tsunami", Curr. Bio. Vol.15, 2005, R443.

1136) 「자연재해대책법」에 의해 의무적이나 아직 미완료되었고 침수 예상도는 의무적인 작성 사항이 아니어서 문제임. 남정호 등, 전게서, p.218.

1137) 남정호 등, 전게서, pp.221-222.

폭풍, 태풍, 해일 등 재난 시 침수 부분은 주로 연안 배후 육지에서 일어나는데 이 지역은 지자체나 신설 국가안전처의 관할 구역이라서 해양수산부 등에서는 대응에 한계가 있을 수 있다. 이에 대해 해양수산부에서는 특히 침수 등 피해 지역은 복구 시 앞에 제시된 여러 해외 사례 등을 적용하여 연안정비사업 계획 등에 반영해야 한다.

특히 연안정비사업 등의 연안관리 계획 수립 시에 침수흔적도나 침수예상도 등을 이용하여 연안의 상습 침수가능 지역을 찾아내, 여기에 침수를 고려한 시설을 설치하여 침수가 줄어들거나 방지되도록 해야 할 것이다. 특히 연안에서 모래 채취나 매립, 항구, 어항 등 연안 공사들은 침식이나 침수를 유발할 수 있으므로 여기에서 거두는 점사용료나 환경비용 등을 모아 연안재해에 대비한 특별기금으로 활용되어야 할 것이다.

---

1138) 현재 연안재해는 소방방재청의 「풍수해대책법」에 의해 사업시설은 제외하고 농사시설, 축사, 양식장, 주택 등을 5,000만 원 한도 내에서 보상하고 있으나 이는 임의적인 것이라서 방재 정책으로는 한계가 있다(남정호 등, 전게서, pp.78-79).

# V부 해양 거버넌스

# 13

해양 거버넌스와 국가 해양정책

# 제13장
# 해양 거버넌스와 국가 해양정책

## 1. 새로운 통합 해양 거버넌스의 필요

### 1) 필요성

바다는 자원의 보고이자 21세기 마지막 프런티어로서 그 중요성이 높아지고 있고 이에 따라 해양관할권에 대한 세계 각국의 관할권 경쟁도 심화되고 있다. 1994년 바다의 헌법이라 할 수 있는 유엔해양법협약이 발효되어 영해 이외에 200해리 배타적경제수역(EEZ) 제도가 시행되면서 해양자원 개발을 둘러싼 연안국 간의 마찰이 더욱 심화되고 있다. 현재 세계에는 152개 연안국이 있으며 이들이 모두 200해리 EEZ 선포 시, 해양의 36%, 어장의 90%, 석유매장량의 90%가 연안국에 귀속되는 것으로 나타나고 있다.[1139] 현재 425개 해역에 잠재 해양경계선이 있으며 이 중 119개 해역에서만 분쟁이 해결되어 앞으로 각종 해양 분쟁이 늘어날 것으로 예상된다.[1140] 이외에도 세계 각국은 아직 주인이 없는 EEZ 밖의 공해상의 해양자원 개발 및 선점을 위한 경쟁도 가속화되고 있다.

이러한 해양의 중요성을 이해하는 많은 국가들은 해양 문제를 적절히 대처하기 위하여 새로운 해양관리 체제(Ocean Governance)를 구축하고 있다.[1141] 특히 1992년 리우회의 때에 발표된 어젠다(Agenda) 21의 제17장(Chapter)에서

---

[1139] 국토해양부, 『제2차 해양수산발전계획 수립 연구』, 2009. 11, p.29.
[1140] Ibid.
[1141] 이러한 해양관리 체제를 Ocean Governance라고 하며 주로 해양관리에 관련되는 여러 정책을 포괄적으로 의미한다.

해양에서의 지속가능한 개발(Sustainable Development, SD)과 이를 수행하기 위한 방안의 일환으로 해양과 연안의 통합적 관리(Integrated management of Ocean and Coasts, IM)가 주창되었다. 이후 2002년 남아공 요하네스버그 세계 지속가능회의(World Summit on Sustainable Development, WSSD)에서도 지속 가능한 개발(SD, Sustainable Development)에 대한 분야별 이행계획 수립 및 이행 등이 지속적으로 촉구되어지고 있다. 2012년 'Rio+20'에서는 1992년 리우 회의 때 제창된 SD 개념과 관련하여 지속적인 해양 거버넌스의 통합 방안 등이 거론되었다.

〈표 13-1〉 시대별 해양 이슈의 변화

| 관련 요인들과 과정들 | 1970년초부터 1990년대 초까지 | 1990년대 초 이후 |
| --- | --- | --- |
| 국제적 제도적인 구조틀 | · UN Conference on the Human Environment (1972)<br>· UNEP의 지역해 프로그램들 시작<br>· UNCLOS 채택: 1982 | · Agenda 21, Chapter 17 (UNCED, 1992)<br>· UNCLOS 발효: 1994 · |
| 과학 | · 물리적 과학 영역<br>· 물리적 및 생물학적 과학의 통합 기조 | · 자연과학(물리, 생물 등)과 사회과학의 통합 기조 |
| 모니터링 | · landsat과 seasat 인공위성 시스템<br>· 해양의 물리적 속성 모니터링 | · 전지구해양관측시스템(GOOS)<br>· 전체 생태계시스템으로서 모니터링 |
| 관리 | · 연안관리<br>· 심해 보호를 위한 지역해 프로그램 관리 | · 통합연안관리<br>· 연안과 심해관리의 통합<br>· 지역해 관리의 이행<br>· 소규모도서 관리 |
| 정착 | 전지구적 규모로 도시 발전, 선진국의 연안 발전지역(MIDAs)의 확산, 도시의 항만 재배치와 워터프런트 개발 | 연안메가시티 발전 및 확산, 현대적 항구에 물류기지 확산, 전 세계적으로 연안발전지역(MIDAs)의 확산 |
| 사회적 인식 | 미지세계로 이해, 오염되기 쉬운 곳, 지구적 변화의 한계지역, 무한한 자원 보고 | 지구의 역동적인 요소, 보호되어야 할 생태계의 한 부분, 기후변화에 크게 영향, 유한한 자원의 보고 |

자료: Adalberto Vallega, *Sustainable Ocean Governance: a Geographical Perspective*, Routledge, London, 2001, p.16.

이에 따라 세계 각국은 해양관리 체제(Ocean Governance System)를 통합적으로 운영하기 시작하고 있다. 그중에서도 가장 핵심을 이루는 것은 통합 해양정책(Integrated Ocean Policy)으로 해양 관련 기본법 제정, 해양개발 및 관리 계획, 해양관리 전담 조직 신설 등이 골자를 이룬다. 이는 과거에 각국의 해양 분야가 수산, 해운항만, 기상, 환경 등 다양한 분야에서 부문별로, 그리고 소규모로 관리 행정과 개발이 이루어져 통합적인 해양 관리와 개발이 미흡함으로써 각종 비효율과 갈등을 유발하였다는 반성에 따른 것이다.

예를 들어 연안에서 관련 기관의 조정과 참여 없이 무분별하게 공장이 허가되어 개발되면 이것이 연안 바다를 오염시키게 된다. 이것은 바다가 육지와 달리 유동성, 이동성이 강하고 광역적이어서 이를 처음부터 통합적으로 고려하지 않으면 유동성이 강한 바다를 통해 한 각종 활동의 영향이 광역적으로 미치기 때문이다. 개발 시에 관련 부서들의 의견이 조정되지 못하므로 결국 바다 오염이 크게 늘어 이것을 줄이기 위한 행정 노력이 사후적으로 이루어져 예산과 노력의 낭비가 이루어진다. 이처럼 내만에서 공장 폐수 방류 결정이나 해사 채취 허가 등 해양에서의 각종 의사 결정은 인근 양식장, 비치, 해수 환경, 경관 등 모든 면에 영향을 미치게 된다. 처음부터 관련 기관의 통합된 의견 조정과 통합된 계획 수립 시 통합된 참여가 이루어지면 이러한 부작용을 크게 줄이거나 없앨 수 있는 것이다.

따라서 해양 이용에 관한 의사결정을 하기 전에 관련자들의 합의에 의한 통합된 의사결정이 이루어져야 바다와 연안의 통합적 관리가 비로소 가능하게 된다. 다만 이와 같은 내용들이 어떻게 통합적으로 제도화될 것인가가 향후 해양 거버넌스의 과제이다.


### 2) 해양 시스템의 특성

연안과 해양환경의 성격은 육상과 달리 다양하며 이에 따른 거버넌스 적합성을 분석하고 이를 통해 거버넌스의 개선과 해야 할 일들의 우선순위를 결정할 수 있게 된다. 먼저 연안과 해양환경의 성격은 다음과 같다.[1142]

---

[1142] Bruce Galvovic, "Ocean and Coastal Governance for Sustainability: Imperatives for Integrating Ecology and Economics", *Ecological Economics of the Oceans and Coasts*, 2008, pp.318-320.

해양 및 연안시스템은 생물적 측면에 있어 극지에서 열대까지 그리고 해안가에서 심해에 이르기까지 다양하며, 시스템 크기도 지역시스템에서 상호 연계된 전 지구적 수준의 시스템까지 큰 차이가 난다. 각 해양에서도 이에 관여하는 인간 집단은 크게 다양하기 때문에 해양자원을 관리하는 거버넌스도 크게 차이가 난다.

해양은 다양한 규모와 수준에서 상호작용한다. 특히 생지화학적 사이클은 해양, 육상, 대기와 연계되어 있다. 해양은 지역 수준에서 전 지구적 수준까지 확장되어 교류가 일어난다. 해양은 동적(dynamic)이어서 항상 움직이고 일정한 흐름이 있으며 매일 조류의 교환에서부터 계절별, 장기적 변화도 있어 항상 유동적이다. 우리가 해양이나 그 시스템에 대하여 아는 것은 제한적이고 해양생물의 역사나 분포, 그 생태적 역할 등에 대한 지식, 어업 통계 등 통계적인 지식의 제약성으로 인해 해양에 대한 지식의 불확실성(uncertainty) 또한 크게 높다. 해양시스템은 이처럼 특이한 성격들이 복합적으로 작용하기 때문에 '복합시스템(complex system)'이라고 불리기도 한다.

광대한 해양은 그래도 끝이 있고 인간의 영향에 취약하다. 기후변화 등 다양한 환경 변화가 상당 시간을 거쳐 일어나면서 이것이 해양에 영향을 주며 해양은 이에 대하여 복원력(resilience)을 발휘하지만 일정 한계를 넘어서면 서서히 변화하게 된다. 해양과 연안은 지구의 생명유지시스템으로서 역할을 하고 나아가 인류의 생계를 충족시켜 주고 있어 인류의 공용자산이라고 할 수 있다.

## 2. 해양 거버넌스

### 1) 정의

거버넌스(governance)는 넓은 개념의 용어이다. 원래 '거버넌스'는 공식적 혹은 비공식적 규정들(arrangements), 제도들, 그리고 자원이나 환경에 활용되는 방향, 활동이 용인 가능한지 여부를 결정하는 정책 방향, 자원과 환경의 활용 패턴에 영향을 미치는 규정과 제약들에 관한 것이다. 좋은 거버넌스는 협동(collaboration), 협력(cooperation) 및 정식적인 협의안--예를 들어 Agenda 21 등-- 등에 기반한 '활동 영역(sphere of activity)'에서 나오는 과정이다. 보다 종합적인 정의는 다음과 같다.

"거버넌스란, 공공, 개인들, 및 시민단체들이 결정을 내리고 연안자원들에 대한 책임과 의무, 그리고 권한 등을 배분하기 위하여, 스스로 조직하여 서로 협력하는 과정들이다(The governance, the processes in which public, private, and civil society actors organize themselves and coordinate with each other to make decisions and distribute rights, obligations, and authority for the use of shared coastal resources)."[1143]

'거버넌스'는 단순히 정부 홀로 주도하는 것이 아니라 관리자와 관리되는 자 사이에 상호작용의 총화로 자체가 목표 달성을 위하여 이루어지는 하나의 상호작용이라는 것이다.[1144] 그리고 '거버넌스'는 어떠한 집단의 공동이익과 목표를 실현하는 데 필요한 결정의 집행 과정으로 정의할 수 있다.[1145] 이는 거버넌스를 원칙적이고(principled), 상호작용적(interactive)이고, 이해관계자 위주(stakeholder-driven)의 것으로 보므로 과거의 단일적이고(unitary), 권위주의이고(authoritarian), 도구적인(instrumental) 관점과는 크게 차이가 난다.

거버넌스 체계는 계획 수립과 의사결정의 기반이 되는 기본 목표들, 제도적 과정과 구조에 관심을 두고 있다. 거버넌스는 정부 내의 자원 이용, 문제 분석,

---

[1143] Jannelle Kennedy, Arhur J. Hanson, and Jack Mathias, "Ocean Governance in the Artic: A C anadian Perspective", *Securing the Oceans: Essays on the Ocean Governance*, Chua Thia-Eng, Gunnar Kulleberg, and Danilo Bonga (eds.), Jan. 2008, GEF/UNDP/IMO, p.657. 원전: CRC(Coastal Resource Center), A World of learning: A portfolio of coastal resources management program experience and products. University of Rhode Island, Coastal Resources Center. Narragansett, Rhode Island, US., 2002, p.32.
[1144] Donald R. Rothwell & Tim Stephans, *The International Law of the Sea*, 2010, Oxford UK, Hart Publishing, 2010, p.462.
[1145] 봉영식, 「글로벌 해양레짐과 거버넌스」, 『해양의 국제법과 정치』, 한국해로연구회 편, 서울, 2011, p.39, 원전: Adreas Hasenclever *et al.*, *Theories of International Regimes*, Cambridge, Cambridge Univ. press, 1997, p.2.

허용가능한 행위 및 제재 등을 구조화하는 규정들(arrangements)과 그 이상의 것들을 포함하고 정부를 넘어 자발적 조직들, 사적인 시장들, 그리고 교육훈련 기관들도 거버넌스 관리의 대안을 제공해 줄 수 있다.1146) 따라서, 거버넌스 체계는 전체적인 관리(management)가 일어나는 무대를 규정짓고 제도적 구조 내에서 목표를 이루기 위하여 인적·물적 자원이 조직화되는 관리 과정이다. 거버넌스의 개념으로 첫째 어떠한 집단을 대상으로 고려할 것인가? 둘째 고려 해야 할 목표는 무엇인가? 등을 생각하여야 한다.1147) 셋째 거버넌스는 집행 과정으로서 결정에 대하여 누가 어떤 근거에서 집행을 하며 결정의 객체는 왜 그러한 결정을 수용(compliance)하는지 등에 대하여 고려해야 한다.1148)

이러한 측면에서 해양 거버넌스(ocean governance)는 해양정책을 포함하여 해양정책이 일어나는 무대를 설정하는 것이다. 즉 해양 거버넌스(ocean governance)는 해양정책을 수립하고 실행하며 이것을 관리하는 과정 능력이라 고 할 수 있다. 해양 거버넌스에 대하여 Elizabeth Mann Borgese는 다음과 같이 정의하고 있다.

"해양 거버넌스 간 국내외의 법, 정책 그리고 관습, 전통, 문화 그리고 이들 이 제도화한 것과 과정들을 통하여, 정부, 지역사회들, 산업들, 비정부기구 및 이해당사자들이 해양문제를 관리하는 여러 수단들로 정의되어질 수 있다."1149)

### 2) 해양 거버넌스(ocean governance)의 법적 구성 과정

현재 해양 거버넌스는 1982년에 타결된 유엔해양법협약(UNCLOS)과 유엔 환경회의(UNCED, 1992)들에 기초한 복잡한 국제적인 컨벤션들과 국가적 입 법 규제들에 근거하여 유지되고 있다. 이러한 과정들은 해양 거버넌스의 목

---

1146) Richard Burroughs, *Coastal Governance*, Island Press, 2011, p.15.
1147) 봉영식, 「글로벌 해양레짐과 거버넌스」, 『해양의 국제법과 정치』, 한국해로연구회 편, 서울, 2011, p.40
1148) *Ibid.*
1149) Gunnar Kullenberg, "The Freedom of the Sea", *Securing the Oceans: Essays on the Ocean Governance*, Chua Thia-Eng, Gunnar Kulleberg, and Danilo Bonga (eds.), Jan. 2008, GEF/UNDP/IMO, p.11. 원전: Elizabeth Mann Borgese, *Ocean Governance and the United Nations*, Dalhousie University, Center for Foreign Policy Studies, Nova Scotia, 1995.

적들을 도출하고 이러한 목적들의 달성을 위한 법적, 제도적 및 기술적 도구들을 형성하였으며, 일반적인 방식을 따라 해양관리의 기본 원칙들을 형성하였다. 해양 거버넌스는 많은 전략들, 프로그램들, 그리고 계획들의 추진 동력(driving force)으로서 뿐만 아니라, 이들을 통해 현대적 해양문화 건설을 위한 필요조건들을 만들어 왔다.

〈표 13-2〉 UNCLOS의 구조 틀

| 주제들 | 조항들 | | | |
|---|---|---|---|---|
| | 조에서 | 조까지 | 조항 수 | 점유율(%) |
| 국가 관할권하의 수역 | | | | |
| 영해, 접속수역, 국제항해용 해협, 군도국가, 배타적경제수역, 대륙붕 | 2 | 85 | 84 | 30 |
| 국제적인 체제의 수역 | | | | |
| 공해, 도서들의 체제, 폐쇄 및 반폐쇄만, 내륙국 | 86 | 191 | 106 | 38 |
| 환경 보호 | | | | |
| 전지구적 및 지역적인 협력, 기술지원, 모니터링 및 환경평가, 집행, 안전, 쇄빙지역, 책임과 의무, 주권 면책 | 192 | 237 | 46 | 17 |
| 자연과학조사 | | | | |
| 국제적협력, 기술이전 | 238 | 278 | 41 | 15 |

자료: Adalberto Vallega, *Sustainable Ocean Governance: a Geographical Perspective*, Rautledge, London, 2001, p.62.

이러한 건설 과정은 해양관리에 대한 법적, 환경적 및 경제적 접근법들의 결합체로서 볼 수 있다. 환경적 문제는 1972년 스톡홀름회의와 UNCLOS의 추가적인 협의로부터 발전되어 왔고 1992년 리우회의에서 채택된 통합적 접근법(holistic approach)에서 절정에 달한다. 특히 UNCLOS가 1972년부터 10년의 협상을 거쳐 1982년에 타결되고 1994년에 UNCLOS가 발효된 이후 각국은 영해 확대, EEZ 설정 등 자신의 해양관할권의 지역적 설정을 서둘렀고 이것이 해양 거버넌스에 지대한 영향을 미쳤다.

유엔해양법협약(UNCLOS)의 278개 조항, 특별 이슈들에 대한 42개 조항, 그리고 많은 부속서들은 〈표 13-2〉와 같이 3개의 주요 특성을 보여 주고 있다.

첫째로는 채택 시(1982)에 운용된 법적 구조들의 요약인데 이것들은 대륙붕 협약, 영해 및 접속수역, 공해, 공해상의 어업 및 생물자원 보존 등 4개의 협약으로 이루어진 1958년의 1차 UNCLOS, 그리고 1966년 UNCLOS 2차 회의에 기반한 것이다. 둘째로는, 국가와 국제적 관할권 한계의 정의를 통한 신 국제해양법의 이행에 관련된 것이다. 셋째는, 해양환경 보호와 해양 연구에 관한 다양한 조항들이 통합된 것으로 이는 생태적 목적들과 종합적인 관리 접근법에 맞추어 이루어진 법적 도구의 필요성을 반영한 것이다. 이와 같이 1982년의 UNCLOS가 다양한 범위의 사항을 취급함으로써 해양 거버넌스에 대한 법적 사상의 총집합이 이루어졌다고 볼 수 있다.

이 UNCLOS는 효과적인 해양 거버넌스의 근거로서 이해될 수 있으며 다음 두 가지 점에서 주목할 가치가 있다. 기후변화와 지구시스템에 영향을 미치는 생지화학적 과정(biogeochemical process)과 이에 따른 후속적인 변화 등에 있어서 해양 환경은 작은 소규모 문제 해결 위주로만 접근하는 지나치게 단순화된 축소지향주의적 입장을 취하여 접근되었고 주로 물리적이고 화학적인 요소들에 기반하였다. 따라서 먹이사슬과 생물군집 등은 부차적이고 이차적인 역할을 하는 것으로 이해되었다. 이러한 접근법은 1992년 리우에서의 유엔환경회의(UNCED)에서 뒤집혔고, 이때에는 전 지구적 변화와 생물학적 차원이 정치적 및 관리적 프로그램의 기초로서 채택이 되었다. 이러한 이유로 UNCLOS보다는 UNCED가 최근 해양 거버넌스의 기본적 선언으로 볼 수도 있을 것이다.

이러한 해양 거버넌스를 위한 개념적인 기반의 변화에 따라 이후 타결된 기후변화와 생물다양성 등 두 개의 협약에서도 이것이 그대로 나타나고 있다. 국가나 국제 수역 그리고 소규모 도서 등의 거버넌스와 관련하여, 특별한 가이드라인들은 리우회의 어젠다21의 17장(137 Paragraphs)에 그대로 나타난다. 그러나 두 협약과 어젠다21 사이에 커다란 차이가 있다. 협약은 완전한 의미에서 법적인 툴(legal tools)이고 이들은 UNCED 참여자들에 의해 채택되고 각국이 비준(ratified)하여 발효된 것이다. 반면, 어젠다21은 기술적인 문서로서 컨퍼런스에 참여한 모든 국가들이 승인은 하였으나 강제적인 문서로

〈표 13-3〉 UNCED의 산출물들

| 문서 | paragraph수 | 조항수 | 원칙들 | 역할 |
|---|---|---|---|---|
| 환경과 개발에 관한 리우선언(UNCED) | - | - | 27 | 전체 UNCED가 기초하는 원칙들 선언 |
| 모든 산림에 대한 비강제적원칙 선언문 | - | 15 | - | 산림보호를 위한 목표과 유용한 원칙들 선언 |
| 유엔 기후변화협약 (UNFCCC) | - | 26 | - | 인간 기원 대기질 하락 완화와 이를 막는 개념과 원칙들 제시 |
| 생물다양성협약 (CBD) | - | 42 | - | 생태계 보호와 지속가능 이용의 개념과 원칙 |
| 어젠다21 | 1,425 | - | - | 지속가능 개발 관리를 채택하고 이행하기 위한 가이드라인 |

자료: Adalberto Vallega, op. cit., p.63.

의 법적 성격은 획득하지 않았다. 이러한 법적인 한계에도 불구하고, 어젠다 21은 정부 간 기구와 각국 정부들에 심대한 영향을 미쳐 이것이 주요 논의의 초점이 되어 왔다.

이와 같은 관점에서 UN이 창출한 UNCLOS 등 법적 구조는 여러 규모에서 다양한 보조적 법규를 만들어냈다. 즉 국제적인 협약들은 전 지구적인 규모에서 해양관리 부문들을 규제하기 위하여 채택되었고 지역 협약들은 공동 해양영역들을 보유한 국가들 간의 협력을 수립하는 협약들의 형태로 널리 확산되었다. 그리고 많은 국가들은 국제적 레짐에 따라 국가 법률이나 지역 규정들을 수립하여 시행하였다.

〈표 13-4〉 해양 관리에서 협력의 구조 틀

| 과학적 접근의 규모 | 의사결정의 수준 | | | |
|---|---|---|---|---|
| | UN 시스템 | 다른 국제적 기구들 | 국가 부처 및 기구들 | 지자체 및 소구역 기구들 |
| 전지구적 | ☆☆☆ | ☆☆ | ☆ | |
| 다국적 | ☆ | ☆☆☆ | ☆☆ | |
| 국가 | ☆ | ☆☆ | ☆☆☆ | ☆ |
| 소지역 | ☆ | ☆ | ☆☆ | ☆☆☆ |

자료: Adalberto Vallega, op. cit., p.20. ☆☆☆; 공동협력의 강도가 크다, ☆☆; 중간, ☆; 약하다.

〈표 13-5〉 해양과 관련된 법적 구조의 틀

| 법적 도구 | 지리적 규모 | | | |
|---|---|---|---|---|
| | 전지구적 (global) | 지역적 (regional) | 국가적 (national) | 지방적 (local) |
| 국제적 해양법 | | | | |
|   국제적 컨벤션들 | ● | | | |
|   지역적 컨벤션들 | | ● | | |
| 국가 입법 구조 | | | | |
|   국가 법 | | | ● | |
|   지방 규정들 | | | | ● |

자료: Adalberto Vallega, op. cit., p.65.

1970년대와 1980년대 사이에는 주 목적들이 오염을 통제하는 것이었고 따라서 생태계의 비생물적(abiotic) 요소들을 통제하는 데 관심이 집중되었다. 해양 기인 오염에서는 선박으로부터 기인하는 오염 방지 협약(The Convemtion on the Prevention of Pollution from Ships, 일명 MARPOL, 1973년 채택, 1978년 시행)이 이런 예의 하나로 시행되었다. UNEP의 지역해 프로그램(Regional Sea Programme)에 의해 채택된 많은 지역협약들은 육상기인 오염을 통제하기 위해 수립된 사례들이다. 국가들 수준에서는 연안관리, 오염 저감, 보호구역(공원, 보호지역, 유보구역 등) 등을 수립하고 멸종 위기종들을 보호하는 수많은 입법들이 이루어졌다.

1990년대부터 국제해양법은 두 가지 방향의 목표를 향하였다. 첫째는, 환경보호로 생물다양성 개념과 병행하여 오염과 서식지 및 종의 보호가 총체적으로 생태계를 다루려는 상황과 일치되게 구조화되었다. 둘째로는, 바다의 이용과 특히 생물자원의 이용은 지속가능한 개발과 생물다양성 보호의 개념에 맞게 이루어지도록 요구되었다. 국가와 지방 수준에서는 통합연안관리 및 오염 등 생태계의 비생물적 요소들의 보호를 추구하는 국제적인 법률들이 국가 혹은 지역적으로 입법화된 것이 특징이다.

3) 해양 거버넌스(ocean governance) 구성 요소들

해양 거버넌스(ocean governance)의 성공적인 수행을 위한 필수 구성요소는 ① 통합해양정책(integrated ocean policy), ②기구 간 조정(institutional arrangements), ③정책 조정 능력(coordination and cooperation), ④지지층(Constituency)의 형성 등이 거론된다.1150) 이들 각각의 내용을 구체적으로 살펴보면 다음과 같다.

〈그림 13-1〉 해양 거버넌스 구성요소들

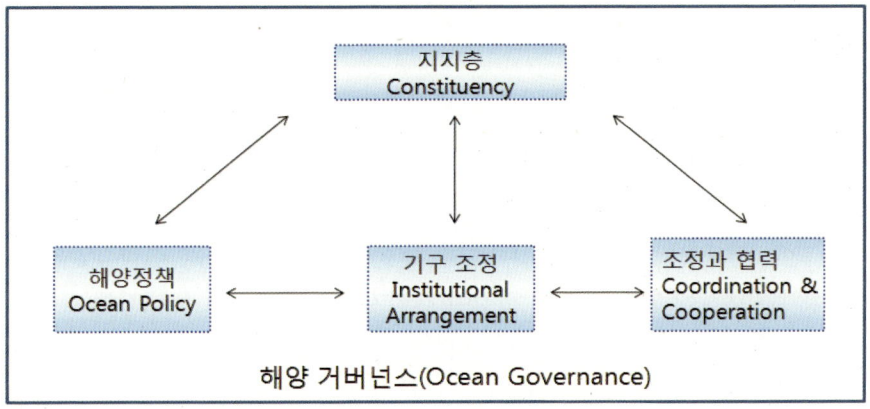

자료: Dong Oh Cho, "Evaluation of the ocean governance system in Korea", *Marine Policy* Vol. 30. 2006, pp.570-579; Sung Gwi Kim, "The impact of institutional arrangement on ocean governance: International trends and the case of Korea", *Ocean and Coastal Management*, Aug. 2012, p.48.

(1) 통합해양정책(integrated ocean policy)

많은 학자들이 앞에서 언급한 1992년 UNCED의 Agenda 21 등의 권고에 따라 해양 거버넌스를 위해 통합해양정책(integrated ocean policy)을 정의하고 채택을 권고하고 있다. 그러나 그 정의 내용은 기존의 분파적이거나(sectoral) 편린적인(fragmented) 관리 체계와는 다른 것이 분명하다.

최근까지 미국을 포함하여 세계적으로도 해양정책은 잘 통합되지 못하였고 그 내용은 부문적이고 단편적이었다. 그래서 해양과 연안지역들을 고려할 때 다른 부문들 간의 상호작용과 의존도를 고려하여 시스템적 사고방식

---

1150) Dong Oh Cho, "Evaluation of the ocean governance system in Korea", *Marine Policy* Vol. 30, 2006, pp.571-573.

이 도입되기 시작되었다. 이러한 사고방식이 도입된 것은 앞에서 언급한 대로 바다는 육지와 달리 유동성, 이동성이 강하고 상호 연계되어 있어서 이를 효과적으로 관리하기 위해서는 통합적으로 고려하지 않으면 안 되는 특성이 강하기 때문이다.[1151]

앞에서 언급한 것처럼 1992년 리우 유엔환경회의(UNCED)의 Agenda 21에서는 해양 지역에서의 강력한 통합된 해양 관리 접근법을 요구하였다.[1152] 그 이후 자원과 환경 이용 시 '지속가능한 개발(sustainable development)'과 육지와 연안, 기능 간, 사업 간의 '통합적 관리(integrated management)'가 주목되고 이것이 해양환경과 연안공간 관리 등 해양정책에 적극 반영되기 시작하였다. 특히 통합에서는 그동안 편린화되었던 정책의 통합(integration of policy)과 흩어진 해양 기능 간 통합(functional integration)이 중요한 과제로 대두되었다.[1153]

통합적 해양관리의 개념은 '연안역·해양 공간 및 자원의 지속가능한 사용·개발·보전을 위한 다양한 결정이 내려지는 지속적이고 동태적인 과정'으로 정의된다.[1154] 이것은 다양한 연안역·해양 이용과 그것이 잠재적으로 영향을 줄 수 있는 환경 간에 존재하는 상호 관계를 인식하고, 전통적인 영역별 해양관리에 내재하는 분파주의(sectoralism)를 극복하기 위해 고안된 것이다.

1992년 UNCED 리우회의의 Agenda 21에서 제시된 통합된 해양 및 연안관리 개념에서, 통합은 공간 통합, 즉 육상과 해양의 통합, 또 관리주체의 통합, 즉 육상관리, 해양관리 주체의 통합, 관리 단계의 통합, 즉 법률-정책-계획-이행의 통합, 과학과 정책의 통합 등을 의미한다.[1155] 통합의 대상에는 이같이 여러 부문이 있지만 먼저 '관리주체의 통합'이 있다. 다시 관리주체의 통합은

---

1151) Moritaka Hayashi, "The Rebirth of Japan as an Ocean State: The Basic Act on Ocean Policy and Its Impact", *Peaceful Orders in the World Oceans: Essays in Honor of Satya Nandan*, Jan. 2014, p.97. 여기에 'the LOS Convention emphasizes in the preamble that "the problems of ocean space are closely interrelated and need to be considered as a whole'이라고 인용되어 있음.
1152) *Ibid.*
1153) Janet Pawlak, Gunnar Kullenberg and Chua Thia-Eng., "Securing the Oceans: Executive Summary", *Securing the Oceans: Essays on the Ocean Governance,* Chua Thia-Eng, Gunnar Kullenberg, and Danilo Bonga (eds.), Jan. 2008, GEF/UNDP/IMO, p.7.
1154) 일본해양정책연구재단편/김연빈 역, 『해양문제 입문』, 서울, 2010, 청어, p.181.
1155) 고철환, 「해양환경과 생태계 보전」, 『신해양시대 신국부론』, 2008. 1, pp.377-378.

법률, 정책, 계획, 인사, 예산의 통합을 의미하게 된다. 이러한 통합이 정부의 해양정책이나 기존의 통합연안관리(Integrated Coastal Management, ICM) 시스템이나 각종 해양생태관리의 기본 개념(컨셉트)이 되어 오고 있다.

통합의 일차 목적은 효율성에 있다. 그러므로 기존 조직의 구조나 기능을 보고 이에 맞는 통합 체제가 무엇인지를 고민하여야 할 것이다. 이러한 통합된 연안 및 해양정책에서는 계획 수립, 경제적 개발, 해양자원의 관리, 갈등 해소, 대중의 안전 확보 및 공공수역과 연안의 소유권 확정 등을 포함하게 된다.

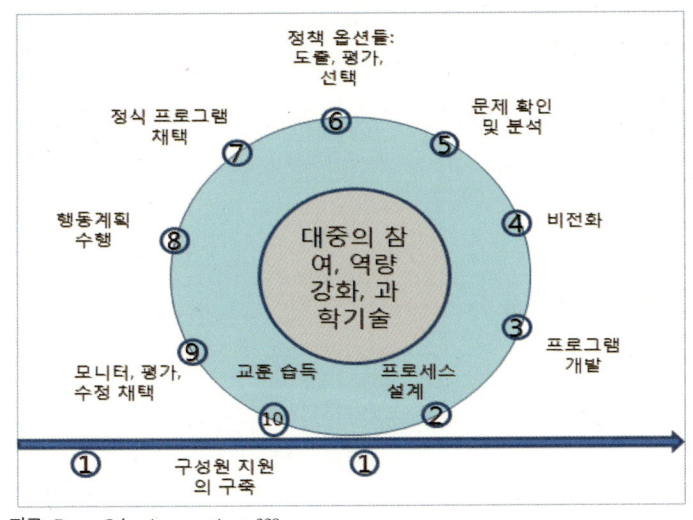

〈그림 13-2〉 통합적인 연안 및 해양정책의 사이클

자료: Bruce Galvovic, op. cit., p.329.

아울러 이러한 기능들은 정형화된 정책 사이클을 거치게 된다.[1156] 이 사이클은 먼저 정책적 비전화와 문제의 확인을 통한 정책 옵션화 및 프로그램 채택, 시행, 모니터링 및 평가, 재설계 등의 과정을 거치게 된다. 특히 이 경우 이해 관계자의 참여가 요청되며 이때 가급적 모든 분야 참여자가 다 참여하는 포괄성이 있어야 하고, 이들에 대한 효과적인 역량 강화를 통하여 의사결정의 질을 높이고, 이들에게 적정한 과학적 지식, 사회적 가치들, 전통 지

---

[1156] Richard Burroughs, op. cit., pp.13-15. 여기에서는(solution) 탐색, 대안의 선택(selection), 선택된 프로그램 시행(implementation), 평가(evaluation) 등의 정책 사이클로서 문제(problems) 인식, 해결대안들로 제시가 되고 있다.

식들이 주어지도록 시민적 과학(civic science)이 주어져야 한다.[1157] 이러한 정책 사이클은 시간을 따라 진행되어 가고, 참여자들의 인식과 의식 수준을 높이고 많은 광범위한 문제들을 포괄하며 기본적이고 철학적인 개념이 진화·발전해 나가게 된다. 따라서 이러한 사이클은 동적이며 국가나 지역의 상황에 따라 적응해 나가게 된다.

〈표 13-6〉 각국의 통합 해양정책 내용

| 국가 | 해양정책 내용 | 비고 |
|---|---|---|
| 미국 | 해양법(The Ocean Act, 2000), 해양블루프린트(Ocean Blue Print, 2004), 해양실천계획(Ocean Action Plan, 2004), 국가해양정책 및 전략계획(National Ocean Policy and Strategic Action Plan, 2010) | |
| 캐나다 | 해양법(The Ocean Act, 1997), 캐나다 해양전략( Canada's Oceans Strategy, COG, 2002), 해양실천계획(The Oceans Action Plan, 2005) | |
| 일본 | 해양기본법(The Basic Ocean Law, 2007), 제1, 2차 해양기본계획(The Basic Ocean Plan, 2007, 2013) | |
| 호주 | 호주 해양법(Australia Ocean Act, 1997), 호주 해양정책(Australian Oceans Policy, AOP, 1998) | |
| EU | EU해양비전(The European Vision for the Oceans and seas, 2006), EU 해양정책(The Maritime Policy with the Marine Strategy, 2006) | EU Commission |
| 영국 | 해양보호전략(Safe-guarding Our Seas, 2002), 해양백서(Marine Bill White Papers, 2007), 해양·연안접근법(Marine and Coastal Access Act, 2009), 해양정책 선언(The Marine Policy Statement, 2011) | |
| 한국 | 해양수산발전기본법(The Ocean and Fishery Act, 2002), 해양수산발전계획(The Ocean and Fishery Development Plan, 제1차 2001, 제2차 2011) | |
| 중국 | 전국 해양경제발전 강요(The Comprehensive Marine Development Plan, 2008년), 제12차 5개년 국가발전계획(12·5계획, 2011-2015) | 2006-2010 |
| 포르투갈 | 국가해양전략(National Strategy for the Ocean /ENM(Estratégia Nacional para o Mar), 2006) | |
| 인도네시아 | 인도네시아 국가해양정책(The Indonesia Ocean Policy, 2012말 현재 수립 중) | |
| 베트남 | 2020년을 향한 국가해양전략(National Strategy of the Seas toward Year 2020, 2007) | |
| 말레이지아 | 해양전략플랜 2040(MMST 2040, Malaysia Maritime Strategic Plan 2040) | 2011. 12 |

자료: Sung Gwi Kim, "The impact of institutional arrangement on ocean governance: International trends and the case of Korea", Journal of Ocean and Coastal Management, Aug. 2012, pp.47-55.

이러한 추세에 따라 세계 각국은 통합 해양정책 수립에 많은 노력을 기울여 오고 있다. 이에 따라 미국은 2000년의 해양법(The Ocean Act)과 2004년 해양정책 위원회 보고서, 2010년 오바마 행정부의 해양정책 태스크포스 팀 보고서가 발표되었으며 이들에서는 이러한 정책적 통합 노력이 크게 나타나

---

1157) Galvovic, Bruce, op. cit., 2008, pp.328-329.

고 있다. 호주에서는 호주 해양정책(Australia Ocean Act and Ocean Strategy, AOP)이 1997년에 발표되었고 캐나다에서는 해양기본법 (Ocean Act, 1997) 및 캐나다 해양전략(Canada's Oceans Strategy, COG), 해양실천계획(2005) 등이 발표되었다. 이러한 내용들을 전 세계적으로 종합해 보면 〈표 13-6〉과 같다.

### (2) 기구 간 조정(Institutional Arrangements)

대부분의 나라에서 해양관리는 흩어진 해양 관련 기관들에 의해 부문 별로 관리되는 게 일반적이다. 따라서 해양 기관들의 통합이 통합 해양 거버넌스와 깊게 관계되고 이것이 해양관리의 필수 요소 중의 하나가 된다. 이러한 이유로 해양 관련 기구들 간의 개편 필요성이 크게 제기되어 왔다.

〈표 13-7〉 각국의 해양관리 기구의 내용

| 국가 | 해양 관리 기구의 내용 | 비고 |
|---|---|---|
| 미국 | 해양대기청(NOAA, 상무성 산하, 1972), 국가해양위원회(National Ocean Council, 2010) | |
| 캐나다 | 수산해양부(Department of Fisheries and Oceans, DFO, 1985) | |
| 일본 | 해양정책본부(Division of Ocean Policy, 2008) | |
| 호주 | 국가해양장관위원회(National Oceans Ministerial Board, OBOM, 1998), 국가해양청(National Oceans Office, NOO, 환경부 산하, 1999) | |
| 노르웨이 | 왕립 수산연안부(The Royal Norwegian Ministry of Fisheries and Coastal Affairs, 2004) | 2004년, 수산부(Ministry of Fisheries)확대 |
| 한국 | 해양수산부(Ministry of Maritime Affairs and Fishery, 1996-2008)(Ministry of Ocean and Fishery, 2013~) | |
| 영국 | 해양관리청(Marine Management Office, MMO, 2010), 환경식품농촌부(DEFRA) 산하 | |
| 중국 | 국가해양국(The State Oceanic Administration, 2006), 해양위원회(2013 창설) | 조정 기구 |
| 포르투갈 | 해양장관위원회(Inter-ministrial Commission for Sea Affairs, CIAM, 2006) | |
| 인도네시아 | 해양수산부(The Ministry of Maritime Affairs and Fishery, MMAF, 1999), 인도네시아 해양위원회(National Ocean Council, 2007) | |
| 베트남 | 베트남해양도서청(Vietnamese Administration of Seas and Islands, VASI, 2007) | 환경자원부 산하 |
| 필리핀 | 국가연안경비시스템(The National Coast Watch System, NCWS, 2011) | 해양연안위원회(CMOA) 대체 |
| 말레이시아 | 해양청(Malaysian Maritime Enforcement Agency) | 2005년 창설 |

자료: Sung Gwi Kim, op. cit., pp.47-55.

미국의 경우 1970년대 해양관리의 주요 기능들이 각 기관에 흩어져 있어 주요 해양정책 결정이 비효율적이라는 스크랜턴 위원회(Scranton Commission)의 권고에 따라 해양대기청(NOAA)이라는 완벽한 통합은 아니지만 상당히 통합된 해양행정 관리 기구가 탄생하였다.[1158]

호주는 중앙정부와 지방정부의 갈등을 완화시키고 호주의 해양정책(AOP)을 효율적으로 집행하기 위하여 범부처 장관들로 구성된(환경장관이 의장) 국가해양장관위원회(National Oceans Ministrial Board, OBOM)가 구성되었다. 캐나다에서도 1985년 해양 관련 기관들이 통합된 수산해양부(Department of Fisheries and Oceans, DFO)이 설립되어 해양 관리의 선도기관 지정을 받아 캐나다 통합해양정책(COG)이 보다 효율적으로 수행되게 되었다. 일본에서는 2008년에 수상이 본부장이 되고 관련 각료들이 위원인 해양정책본부가 내각에 설치되어 통합 해양관리의 기틀이 되고 있다.

이러한 내용들을 전 세계적으로 통합하여 보면 〈표 13-7〉과 같고 이들의 유형에 관하여는 다음 절에서 자세히 살펴보고자 한다.


### (3) 조정 및 협력 시스템 (coordination and cooperation system)

해양정책은 광범위하고 다부문적이라서 해양 기관 통합 후에도 관련 정부기관 간 조정과 협력이 너무도 중요하다. 미국에서는 NOAA 설치 후에도 많은 연방정부 기관들이 여전히 해양 관련 문제들을 다루고 있으나 스크랜턴 위원회는 이런 문제 때문에 의사결정이 비효율적이라고 지적하고 있다. 캐나다도 수산해양부(DFO) 설립 후에도 이와 비슷한 문제가 존재하고 있어 DFO에 의한 통합 해양관리를 어렵게 하고 있다. 그래서 많은 국가들이 관련 부처들로 구성된 해양정책위원회(committee 혹은 commission) 등 조정기구를 설치하여 조정과 협력을 유도하고 있다.

미국에서는 2002년 기존 해양위원회가 정부 부처 간 조정과 정책적 일치에 역부족이라고 판단하여 2004년에 해양위원회가 설치되었다. 그러나 이 기

---

1158) 김성귀 등, 『국제 해양문제 주도권 확대 방안 연구(I)』, 2009. 12, p.74.

능도 약하다고 판단하여 2010년에는 정책 조정 기능을 보다 더 강화한 국가해양위원회(National Ocean Council)를 신설하여 통합적인 의사결정과 분쟁해결 절차 등을 강화하였다.[1159]

### (4) 지지층(Constituency)의 형성

해양정책은 공공정책이다. 따라서 일반 대중이 해당 정책에 대해 지지해야 정책이 성공할 수 있다. 이렇게 하여 해양정책 수립과 시행에서도 해양관리에 대한 일반 지지자(constituency) 확보가 필수적이다. 사회 각 계층으로 구성된 지지 계층이 없으면 정책 실효성이 떨어지고 지지 계층이 없으므로 관련 정책 시행자들이나 전문가들은 좌절에 빠지게 되기 쉽다. 따라서 이러한 지지 계층들이 해양정책에 영향을 미치게 되고 국민의 인식도가 해양정책의 기반이 되므로 지지층 형성은 해양관리에도 필수적인 요소가 된다. 특히 해양환경 관리 등에서 대중의 인식(awareness) 제고가 정책 수행에 큰 도움이 된다는 것은 잘 알려진 사실이다. 그리고 모든 문제의 해결에 이해관계자(stakeholder)의 참여가 필수적이다.

## 4) 해양관리 조직화(Institutional arrangements) 유형[1160]

### (1) 해양행정 통합

1992년 리우회의에서 통합 해양정책을 추구하자는 권고안이 채택된 이후 이를 위하여 많은 국가들이 해양기본법 및 관련 기본계획 수립 추진 등 다양한 시도를 하고 있는 중에 특히 해양행정의 조직화 및 기능 통합화(Integration)를 지향하고 있다.[1161] 이것은 유엔해양법 채택 이후 EEZ, 대륙붕 등 넓어진 바다

---

1159) 한국해양수산개발원,『미국의 해양정책: 백악관 해양정책팀 최종 권고안』, 2010. 7, p.4.
1160) 이하의 내용은 주로 다음 논문을 필자가 재정리한 것임. Sung Gwi Kim, op.cit,, 2012, pp.47-55.
1161) 정세욱,「21세기 해양수산행정조직에 관한 연구」,『해양21세기』(김진현·홍승용 공편), 나남출판, 서울, 1998. 10, p.67.

관리를 효율적으로 추진하고 늘어나는 자원 수요를 해양에서 효율적으로 해결하기 위해서도 필요한 조치들이다. 실제로 〈그림 13-3〉에 나타난 것처럼 이러한 해양 관련 조직의 정비는 통합된 해양정책의 수립·시행을 가능케 하고 조정 기능을 강화하여 이용자 간 상충이나 갈등을 줄이면서 각종 문제 해결을 가능케 할 수 있다. 이를 통해 국민들의 해양정책에 대한 인식과 지지도를 높일 수 있게 된다.

〈그림 13-3〉 해양행정 조직 통합과 미통합 시의 효과

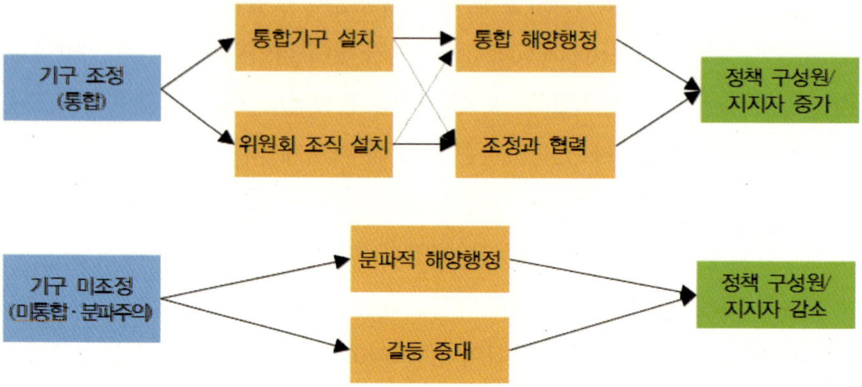

자료: Sung Gwi Kim, op. cit., p.49.

### (2) 해양행정 통합 유형

현실적으로 통합의 정도에는 조직 간 협의 수준의 약한 통합, 조직 간 강한 통합, 위원회, 자문단, 거버넌스 등의 매개적인 통합 등 현실에서는 여러 가지 통합의 단계가 있다.[1162] 실제로 세계 각국이 쓰는 해양행정 조직의 모델은 다음 5가지 정도로 분류될 수 있다.[1163]

① 공동의 목표 없이 독립적으로 운영되는 개별 해양 부문 모델

---

[1162] 고철환, 「해양환경과 생태계 보전」, 『신해양시대 신국부론』, 2008. 1, pp.377-378.
[1163] The Australian Commonwealth Department of Primary Industries and Energy, "Best Practice Mechanism for Marine Use Planning" (Ausralia's Ocean Policy: Ocean Planning & Management Issues Paper 3), Sept. 1997, pp.29-32.

개별 부문들은 개별 부문의 최적화만을 지향하고 타 부문에 무관심하며 상호 조정하거나 소통하는 네트워크가 전무함
② 일치된 목표는 있으나 독립적으로 운영되는 개별 해양 부문 모델
공동의 목표를 만들어 이의 달성에 전념하나 조직 성격이 느슨하여 이를 달성하는 수단들은 각 부문의 재량에 따름
③ 가상적인 조직 모델(즉, 파트너십, 위원회 구조, 공동관리 규약 등)
느슨하게 조직화된 부문들이나 기관들의 네트워크로서 공동의 비전, 목표 행동규범을 가지고 이를 성취하고 상호 협의하며 소통하기 위해 노력하거나, 공동의 협력안(Initiatives)들을 갖는 위원회 등의 조직으로 새롭고 비용이 드는 행정조직에 의존하지는 않음. 협상이 과정의 중요한 요소임.
④ 종합적인 조정 모델
특정 부서들로부터 독자적으로 존재하고 전반적인 조정 및 촉진을 도모하는 독립적인 행정청이나 기구로서 직접적인 관리 책임을 갖지는 않으나 정책 입안, 촉진, 연구 및 기금 제공 등이 주 기능. 감시(Auditing)나 유보된 권력(Reserve power)를 보유하기도 함. 자원 계획과 관리의 큰 그림을 그릴 수 있음.
⑤ 총괄적인 조직 구축 모델
총괄 관리 책임을 갖는 새로운 기구 창설로 기존 부문들과 새로운 기능 부문들에 대한 관리 책임을 보유. 공동의 목표와 수단들을 보유하고 부문 간 통합과 조정 능력이 향상됨.

이러한 해양행정 조직 모델은 ①과 같이 전혀 집중성이 없는 모델로부터 ⑤와 같이 완전히 집중화된 조직까지 다양한 유형이다. 특히 우리의 관심을 끄는 것은 ③, ④, ⑤의 통합성이 강한 해양행정 조직 모델이라 볼 수 있다. 이하에서는 세계의 해양 선진국들이 이러한 모델 중 통합 시에는 어떤 유형을 채택하고 있는지를 구체적으로 살펴보고자 한다.

### (3) 각국의 해양행정 통합 유형

각국의 해양행정 통합화를 유형별로 나누어 보면 먼저 ⑤번 모델로서 캐나다의 수산해양부, 인도네시아 및 과거 한국의 해양수산부(구 MOMAF) 등 구체적으로 통합화된 해양 조직 유형이 있다. 가장 강력한 해양행정조직이라고 판단되고 실행력도 높은 수준으로 이루어질 수 있게 된다. 미국의 NOAA, 영국에서 최근에 통합성을 강화한 MMO(Marine Management Organization)도 이러한 통합성을 강화한 조직이나 ④와 같은 청 단위 수준으로 앞서의 강력한 해양행정 통합 조직보다는 다소 작은 통합 조직이다.

그러나 이것이 불가능한 경우에는 이보다 통합도는 다소 떨어지나 ③번 모델과 같이 새로운 통합위원회 조직을 통하여 해양정책 조정과 통합을 이루려는 경우도 많이 나타나고 있다. 미국은 오바마 행정부에서 최근 강화한 국가해양위원회(National Ocean Council), 일본이 최근에 도입한 '해양정책본부'는 이러한 조정기구의 형태이다. 이것은 통합적인 해양부서나 기구를 물리적으로 만들기 어렵다고 판단되는 경우에 취하는 형태로 나타난다. 이러한 조직은 실행 기능을 갖추는 것보다는 종합적인 해양 조정 기능을 중시하는 것이다. 이외에 여러 부처에 분산된 해양행정 조직을 갖는 나라들도 최근 이러한 기능 등을 통합·조정하는 기능을 설치하려는 움직임을 보이고 있다.

한국의 경우에는 통합형인 해양수산부(구 MOMAF) 체제를 1996년부터 유지하다가 2008년에 국토해양부와 농림수산부로 나누어지게 되어 통합력이 떨어지고 갈등이 생겨도 조정 능력도 없게 되는 조직으로 변모되었다. 실제로 두 부처는 여러 현안 문제를 놓고 갈등을 벌여 왔다.[1164] 이는 당시 한국 해양행정 기능이 분리되면서 조정 기능도 사라진 형태가 되었기 때문이다.

이러한 내용들을 바탕으로 세계적으로 활용되고 있는 해양 거버넌스를 위한 해양행정 조직 형태를 정리해 보면 대략 5가지 유형으로 대별된다. 이러한 조직 형태는 각 국가마다 모든 해양 기능을 한데 모은 것을 의미하지는 않는다.

---

1164) 수협 수산경제연구원은 「해양수산부 해체에 따른 수산업 업무애로 분야 검토 연구보고서」에서 어업인들이 해양환경 관리 및 어선검사행정 이원화 등으로 불편을 겪는 11가지를 선정했다. 한국수산회, 『수산 소식』 제79호, 2008. 10, p.2.

미국, 캐나다처럼 통합 후에도 일부 해양 기능은 여전히 타부서에 있어서 정책 조정이 지속적으로 필요하다. 따라서 어느 한 국가에 어떤 유형의 조직 개편이나 기구 조정이 유리한지는 일의적으로 말할 수는 없다. 다만 그 나라의 정치 형태나 정치적 역학 관계 등 다양한 요인들과 관점이 반영되어야 최선의 해양 거버넌스 조직 형태가 이루어질 수 있을 것이다. 따라서 각국마다의 상황을 반영하여 거기에 맞는 합당한 거버넌스 조직 구조를 찾아내야 할 것이다.

Type 1(해양관련위원회): 일본, 호주, 포르투갈, 필리핀
Type 2(부처산하 해양청): 영국, 베트남
Type 3(해양관련위원회+부처산하 해양관련청): 미국, 중국
Type 4(해양부처): 캐나다, 노르웨이, 한국(1996-2008, 2013~)
Type 5(해양관련위원회+해양부처): 인도네시아(~2013)

〈그림 13-4〉 **유형별 해양부서 조직**

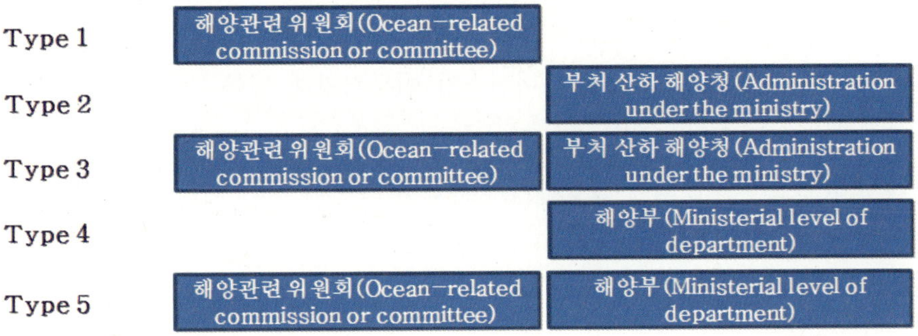

| | | |
|---|---|---|
| Type 1 | 해양관련 위원회(Ocean-related commission or committee) | |
| Type 2 | | 부처 산하 해양청(Administration under the ministry) |
| Type 3 | 해양관련 위원회(Ocean-related commission or committee) | 부처 산하 해양청(Administration under the ministry) |
| Type 4 | | 해양부(Ministerial level of department) |
| Type 5 | 해양관련 위원회(Ocean-related commission or committee) | 해양부(Ministerial level of department) |

자료: Sung Gwi Kim, op.cit., 2012, p.50.

Type 1은 부처간 장관들의 위원회 형태로 이루어지는 경우로서 이 경우에는 해양 기능이 분산된 조직 체계이지만 보다 흩어진 기능들의 조정과 협력을 통하여 해양정책의 수립과 이행이 보다 쉽게 이루어지도록 하는 경우이다. 해양 거버넌스를 위해 새로운 기구 설립이 어렵거나 이에 대한 반대가 많은 경우에 이용될 수 있는 유형이다.

Type 2는 해양 거버넌스를 위해 부처 산하에 일부 해양 기능을 다소 통합

한 단독기관이 설립되는 경우인데 Type 4와 유사하나 아무래도 부처 산하 기관으로서 해양 관련 기능의 통합이 소폭으로 이루어지고 부처 산하 기관이기에 부처 간 조정 기능도 역할은 약하거나 한계가 있을 수밖에 없다. 이 경우도 새로운 통합 조직의 필요성은 인정되나 독립된 부처 단위로 만들기 어려운 경우에 취하는 형태라고 볼 수 있다.

Type 3은 해양 거버넌스를 위해 부처 산하에 단독기관이 설립되면서 동시에 해양 관련 위원회가 조정 기능을 수행하는 구조이다. 따라서 Type 2보다는 원활한 계획 수립과 수행, 정책 조정이 가능하게 된다. 해양 관련 위원회에서 조정 기능을 행사할 수 있는 구조가 되어 두 기구가 상호 보완적으로 역할을 하게 된다.

Type 4는 해양 관련 기관을 통합하여 독립 부처로 만드는 것으로서 약간의 외부 관련 기관의 도움만 수반되면 나머지는 내부적으로 조정되어 어느 정도 강력한 통합 기능을 수행할 수 있다. 그러나 외부 부처에 해양 관련 기능이 많이 남아 있는 경우에는 통합 조정 능력이 떨어지게 된다.

Type 5는 Type 4를 보완하여 행정 통합 부처 설치와 조정의 기능이 동시에 이루어져 강력한 통합 해양 거버넌스가 이루어지게 된다.

실제로 보면 Type 1, Type 2, Type 4 등이 많이 활용되고 있는데 이는 하나의 조직으로만 구성되어 설립하기가 유리한 측면이 있기 때문으로 풀이된다. 특히 해양 관련 기능들이 포함되어 새로운 기구가 설립되는 Type 2, Type 4의 경우에는 포함되는 기능의 다과에 따라 해양정책 통합도가 많이 달라지게 된다.

이러한 새로운 해양 기구를 만들 경우에도 두 가지 유형이 있는데 먼저는 각 부처에 흩어진 기능들을 모아 새로이 기구를 창설하는 신설 방식과 기존 조직에 타 부처 기능을 모으는 기존 조직 확대 방식이 있을 수 있다. 한국의 과거 해양수산부(MOMAF)는 전자의 방식이며 노르웨이나 캐나다의 방식은 수산부서에 연안 기능 등을 강화하여 확대 부처를 만드는 등 후자의 방식을 취한 것이다.

## 3. 각국의 해양 거버넌스 체계 및 내용

### 1) 일본

일본은 육지 면적이 38만km²(세계 60위 수준)이고 1994년 유엔해양법 발효 이후 육지의 12배인 447만km²(세계 6위)의 관할 해역(영해 + EEZ)을 갖는 해양관할권(영토) 강국으로 부상하여 이러한 통합적 관리의 시급성과 필요성이 그 어느 나라보다도 높았던 것으로 판단된다.[1165]

그러나 그동안 해양행정의 각종 문제점을 인식한 일본의 정치권은 통합해양정책 추진을 위해 내각에 '종합해양정책본부' 및 '해양정책 담당 장관' 지정을 골자로 하는 「해양기본법」을 제정(2007.4)하고 「해양기본계획(2008. 3)」을 수립하여 시행하고 있다. 종합해양정책회의의 의장은 총리대신이 되며 국토성 장관이 해양정책 담당 장관으로서의 임무를 수행하게 되어 전보다 통합적인 해양정책이 이루어질 수 있는 체제를 갖추게 되었다.[1166]

최근 〈표 13-8〉에서 보는 것과 같이 이러한 과정에서 일본은 해양을 보다 효율적으로 관리하고 특히 영해, EEZ 등의 관리를 강화하는 입법 조치 등을 추진해 오고 있다. 2008년에만 1조 7,845억 엔의 해양 관련 예산을 책정한 일본은 이로써 4대 분야인 규범·조직·예산·국가계획을 포함하는 일련의 해양제도 정비를 마무리 하였다.

일본은 2008년 수립된 기본계획에 의거하여 산업적인 측면에서 해양자원 개발에 앞장서고 있는데 일본 정부의 조직적인 대응은 2008년 경제산업성에서 '해양에너지광물자원 개발계획안'을 작성하여 일본의 배타적경제수역 범위 내에 있는 해양자원 개발의 일정을 확정하면서부터이다. 이에 따르면 연

---

[1165] 일본해양정책연구재단편/김연빈 역, 전게서, pp.191-192.
[1166] 2007년 7월 신설된 일본의 종합해양정책본부는 종합적인 해양정책이나 담당부처가 없어 주변국과의 해양경계 획정, 주변수역의 개발과 이용, 해양환경의 보전과 관리가 미흡하다는 비판이 제기됨에 따라 미국, 캐나다, 호주, 영국, EU, 중국, 러시아, 한국의 해양관리시스템을 참고해 만들어졌다.
http://koreadokdo.kr/center/center.html?boardName=board_freeboard&mode=view&t_num=1395

〈표 13-8〉 일본 해양정책의 주요 내용

| 중점 추진 정책 | 주요 내용 | 비고 |
|---|---|---|
| 해양자원 개발 및 이용 | -수산자원의 보존 및 관리<br>-에너지~광물자원 개발 추진 | 2009. 3 |
| 해양환경 보전 | -생물다양성의 확보, 환경 부하 저감을 위한 제도<br>-해양환경보전을 위한 계속적 조사·연구 추진 | |
| EEZ 등의 해양 개발 | -배타적경제수역 등에서 개발 등의 원활한 추진<br>-해양자원의 계획적 개발 등의 추진 | |
| 해상수송의 확보 | -외항 해운업에서 국제경쟁력 및 일본 선적, 일본인 선원 확보<br>-선원 등의 육성·확보<br>-해상수송 거점 정비<br>-해상수송의 질적 향상 | |
| 해양 안전 확보 | -평화와 안전 제도 확보<br>-해양기인 자연재해 대책 | |
| 해양조사 | -해양조사 및 해양관리에 필요한 기초정보의 수집 및 정비<br>-해양에 관한 정보의 일원적 관리·제공-국제연대 | |
| 해양과학기술 연구개발 | -기초연구 추진<br>-정책과제 대응형 연구개발 추진<br>-연구기반 정비<br>-연대 강화 | |
| 해양산업 진흥 및 국제 경쟁력 강화 | -경영기반 강화<br>-새로운 해양산업 창출<br>-해양산업 동향 파악 | |
| 연안지역 종합 관리 | -육지지역과 일체적으로 이루어지는 연안지역 관리<br>-연안지역 이용 및 조정<br>-연안지역 관리에 관한 연대체제 구축 | |
| 낙도의 보전 | -낙도의 보전·관리<br>-낙도 진흥 | 2009 |
| 국제협력 및 진흥 | -해양 질서 형성·발전<br>-해양에 관한 국제적 연대 및 국제 협력 | |
| 해양에 관한 국민 이해 증진과 인재 육성 | -해양에 관한 관심 제고 및 청소년 등의 해양에 관한 이해 증진<br>-새로운 해양입국을 뒷받침하는 인재 육성 | 2008 |
| 기타 | -해양구축물 등에 관한 안전수역 설정 등에 관한 법률 제정 | 2007. 4 |

자료: 사단법인 이어도 연구회, 『이어도 바로알기』, 2011. 11. 29, p.228; 한국해양수산개발원, 『동북아 주요국의 해양관할권 확대 전략과 우리나라 대응방안』, 2008.

도별로 수역별 조사계획을 수립하고, 이 자원 조사의 결과에 따라 2018년까지 해저에서 가스하이드레이트의 추출 기술을 확립하고 해저 열수광상의 상업 생산을 개시하기로 하였다.

이외에도 2008년 수립된 해양기본계획에 의거하여 해양보호구역(MPAs)의 지정을 확대하기 위한 해양생물다양성 보전전략(Marine Biodiversity Conservation

Strategy, 2009), 5년 내 줄어드는 외항 국적선대를 2배로 늘리기 위한 톤세제 도입을 위한 조세법 개정(2009)과 선원법 개정(2009), 해양과학조사를 위한 제도 개선과 자료 집중화를 위한 새로운 해양정보청산소(Marine Information Clearinghouse, 2010) 설치, 해로 보호를 위한 관련 국가들과의 협력 강화(2007), 「영해에서의 외국적선의 항해에 관한 법」(2008) 제정, 「해적활동에 관한 처벌과 조치에 관한 법」(2009), 「배타적경제수역과 대륙붕 유지와 개발 촉진을 위한 저조선 보호와 이도(remote islands)의 인프라 개발에 관한 법」(2010) 등을 제개정하여 시행해 오고 있다.1167)

〈표 13-9〉 제1차 해양기본계획과 제2차 계획(초안) 내용 비교

| 구분 | 제1차(2008년 발표) | 제2차 |
|---|---|---|
| 해양안전 확보 | - 해상보안청, 자위대 관련 기술 없음 | - 해상보안청과 자위대 장비 정비 |
| 낙도 보전(保全) | - 낙도 감시, 경계체제 기술 없음 | - 요나구니지마에 육상자위대 배치, 조기경보기 운영을 위한 나하기지 경계 태세 확충 |
| 해양자원 개발 | - 향후 10년 동안 가스하이드레이트 상업화 달성<br>- 희토류 관련 기술 없음 | - 2018년까지 가스하이드레이트 상업화 달성<br>- 2013년부터 3년간 희토류 매장량 조사 |

자료: 이정아, 「일본, 제2차 해양기본계획 초안 발표」, 『KMI 해양산업동향』 제85호, 2013. 3. 5, p.5.

2012년 12월 5일, 일본 정부는 종합해양정책본부 회의를 열고 향후 5년(2013~2017년) 동안 바다의 안전과 해양자원 확보 방안을 결정하는 새로운 제2차 해양기본계획(안)의 골자를 발표했다.1168) 이 계획에서 강화된 주요 내용은 다음과 같다.1169)

첫째, 해양행정의 조정 기능을 담당하고 있는 종합해양정책본부의 기능과 기획력을 강화했다. 둘째, 해양자원을 활용한 개발과 이용 정책이 크게 확대되었다. 일본은 연안지역의 원자력 발전 시설 파손으로 야기된 에너지 공급 능력을 해양자원을 통해 보완·확대한다는 구상이다. 셋째, 배타적경제수역과 대륙붕 등 해양영토에 관한 이용을 확대하고 센카쿠 열도 등 국경 도서에

---

1167) Moritaka Hayashi, op. cit., pp.111-113.
1168) 박광서, 「일본의 해양기본계획(2013-2017), 해양권익 확보와 해양자원 개발강화」, KMI 해양산업 동향 제80호, 2012. 12. 12, p.3.
1169) 김경신, 「일본의 제2차 해양기본계획」, 해양연맹 홈페이지,
http://seapower.or.kr/xe/index.php?document_srl=19707&mid=notice (2013. 5. 20)

대한 국가 관리를 강화한다는 전략이다. 넷째, 새로운 해양산업의 육성과 이를 뒷받침하기 위한 해양과학기술의 고도화를 추진한다. 전통적 해양산업인 수산업·해운업·조선업의 구조 개혁을 지원하고 해양자원 개발, 해양 정보, 해양바이오, 수중 유적 등 해양관광 분야의 산업을 중점 육성한다는 계획이다. 다섯째, 해양교육과 해양에 관한 이해를 높이기 위한 국가의 역할이 크게 강화되었다.

### 2) 미국

미국은 1970년대 당시 스크랜턴위원회의 권고에 따라 상무성 산하기관으로 부 단위가 아닌 청 단위 정도로 통합된 해양대기청(NOAA)를 만들어 운영 중인데, NOAA는 기상 분야가 첨가되어 순수한 해양기구라고 보기는 어렵지만 아무튼 소규모로 통합된 형태에 가깝다.[1170] 미국은 이와 같이 1970년 설립된 NOAA를 통해 통합 해양행정을 펼치고 있다.[1171] 이 기구는 미국 내무부의 수산업, 국가과학재단의 씨그랜트 사업, 상무부의 해양환경 업무를 통합한 조직이다. 최근에는 기후변화로 인한 연안재해, 해양산성화 등의 장단기 위협을 극복하기 위해 NOAA 내에 기후국(NCS)를 설치하고, NOAA의 차세대 전략 계획을 수립했다.

그리고 지난 2000년 해양관리법(The Ocean Act)을 제정해 국가적인 해양정책이 추진과 이를 수립하는 연방해양정책위원회(The Commission on Ocean Policy, US COP)를 설치하였다.[1172] 또 이 위원회는 2004년 '21세기 해양 블루 프린트(An Ocean Blue Print)' 전략을 수립하여 대통령에게 보고하여, 국제적인 역할 증대와 해양과학기술 개발 강화 등의 전략을 추진해 왔다. 미국은

---

[1170] 김성귀 등, 전게서, 2009. 12, p.74. 당시 해양 분야에서 중요한 일을 하던 미국 연안경비대(US Coast Guard)와 수로, 습지 관리 등을 담당하는 미 육군 공병단(US Army Corps of Engineering) 등은 빠져 통합 기능이 약했다.
[1171] 부산일보, 2011. 11. 21.
[1172] Moritaka Hayashi, op. cit., p.99.

복잡한 해양 문제를 특정 부서에서만 처리하는 것이 현실적으로 힘들다는 판단에 따라 2004년에 범 부처 해양정책 조정 기구로 정부 부처 수준의 해양위원회(Cabinet-level Committee on Ocean Policy)를 설치하여 정부 정책의 조정과 일관성이 유지되게 하고 하위의 전문가 위원회(expert commission) 등도 운영하였다.1173)

그러나 최근 미국의 오바마 행정부의 해양정책 작업반에서 보다 강화된 국가해양위원회(National Ocean Council, NOC)를 두어 행정의 조율과 통합 기능을 강화하는 방향으로 나가고 있다.1174) 즉 2009년부터 정부 간 작업반을 구성하여, 미국 오대호와 연안지역 및 해양에 새롭게 적용할 통합 해양정책(The Interagency ocean Policy)을 준비해 왔다. 여기에서 제시된 신 해양정책에 따라 기존 해양위원회 조직의 기능을 대폭 강화하여 2010년 국가해양위원회(NOC)를 신설하는 한편, 미국에서 수립되고, 집행되는 모든 해양정책을 총괄적으로 개발하고, 조정할 수 있는 권한을 부여했다.1175) 새로 설치된 국가해양위원회는 연안 및 해양공간계획 수립(Coastal and Marine Spatial Plan)에 관한 기본적인 지침은 물론 해당 지역의 계획을 최종적으로 승인하는 권한을 갖고 있다. 또한 강력한 부처 간 조정 기능도 가져 미국 해양정책에 관한 조정과 통제 권한을 보다 강력하게 행사할 수 있을 것으로 보인다.

2012년 1월에는 해양, 연안, 5대호의 건강성을 개선하기 위한 국가 목표와 이를 달성하기 위한 연방정부 차원의 50여 개 실천 목록이 실행계획(Implementation Plan)으로 발표되었다. 아울러 국가해양위원회에서는 세부적인 지역 해양계획 가이드(Marine special planning guide)가 발표되었다.1176) 앞으로 국가해양위원회는 9개 계획수립 지역과 모든 개별 주 및 통치령(territories)들의 계획 수립을 주관하게 된다.1177)

미국은 또한 2030년 대비 해양 연구와 사회적 니즈를 위한 인프라 구축

---
1173) Moritaka Hayashi, op. cit., p.100.
1174) 최재선, 「미국 '신해양정책' 나왔다」, KMI-해사신문 공동기획 '글로벌 해양 포커스'(58), 2010. 7. 29.
1175) 상게 자료.
1176) KMI, 독도단신, 2013. 7. 22.
1177) Benjamin S. Halpern, et al., "Near-term priorities for the science, policy and practice of Coastal and Marine Spatial Planning (CMSP)", Marine Policy 36, 2012, p.203.

(Critical Infrastructure for Ocean Research and Societal Needs in 2030) 계획을 2011년에 수립하였다. 그리고 국가과학기술위원회(NSTC)를 설치하여 해양과학기술 R&D 수요 대비 전략을 추진하고 있다. 특히 IT·BT의 융합기술 개발 및 해양신소재, 해양에너지 등 신산업 분야에 대한 투자를 확대하고 있다.

〈표 13-10〉 **국가해양정책 실행계획**(National Ocean Policy Implementation Plan)**의 정책 목표**

1) 생태계기반관리(Ecosystem-based Management)
2) 해양·연안에 대한 이해 증진 및 홍보(Inform Decision and Improve Understanding)
3) 해양관측 및 지도 제작, 정보관리기반(Observation, Mapping and Infrastructure)
4) 조율과 지원(Coordinate and Support)
5) 지역별 생태계 보호 및 복원(Reginal Ecosystem Protection and Restoration)
6) 기후변화와 해양산성화 대응 및 복원력 확보(Resiliency and Adaptation to Climate Change and Ocean Acidification)
7) 해수 수질과 육상에서의 지속가능한 실천사항(Water Quality and Sustainable Practice on Land)
8) 북극해 환경변화(Changing Conditions in the Artic)
9) 연안·해양공간계획(Coastal and Marine Spatial Planning)

자료: 국토해양부, 『연안통합관리 이행 체제 연구』, 2012. 11, pp.14-15.

한편 미국은 2014년 7월 워싱톤 DC에서 열린 Our Oceans에서 자국의 향후 실천계획인 Our Ocean Action Plan(8개 과제)을 다음과 같이 발표하였다.[1178]

- 지속가능한 수산자원(2): 2020년까지 해양에서 남획 종결, IUU방지, 2020년까지 선박톤수 100톤 이상의 선박에 대한 추적 시스템 강화(IMO와 협력), 역량 강화를 위해 지역차원 야생생물기구 및 인터폴과 협력
- 해양오염(2): 영양염 오염 감소(2025년까지 육상기인 영양염 20% 감소), 2025년까지 플라스틱 해양 유입 저감
- 해양산성화(2): UNFCCC 틀 안에서 신규 합의를 통해 해양산성화 증가 억제, 2020년까지 전 지구 해양산성화 관측망을 구축하고 이를 위해 인력 양성

---

[1178] 남정호, 미국 방문 자료(KMI), 2014. 7, pp.8-12.

- 해양보호(2): 2020년까지 연안 해양 면적의 10%를 보호구역으로 관리, 2020년까지 연안생태계의 20% 이상을 보호(이를 통해 주요 생태계 서비스를 제공하는 생태계 보호)

특히 여기에서 주목되는 것은 해양보호구역(MPA)을 현재보다 10배 가까이 대폭적으로 확대한다는 것과 불법어업(IUU)를 확실하게 통제한다고 발표한 대목이다. 이는 미국이 국제적인 해양 주도권을 잡기 위한 포석으로 풀이되며 특히 불법어업(IUU) 강화에 따른 원양업계의 대처가 요망된다.

### 3) 캐나다

캐나다는 1867년에 해양수산부(Department of Marine and Fisheries)로 시작된 기관을 1987년에 보다 강화된 수산해양부(The Department of Fisheries and Oceans, DFO)로 만들었는데, 이는 선도적인 통합 해양 거버넌스의 사례이다. 1996년에 제정된 캐나다의 해양법(The Oceans Act)은 DFO를 선도기관으로 지정하여 2002년에 캐나다 해양전략(Canada's Oceans Strategy, COG)을 수립하였고 이를 통하여 해양의 관리, 개발, 계획 수립, 해양보호구역 등의 관리를 하도록 하고 있다.[1179] 캐나다는 2005년에는 해양실천계획(The Ocean Action Plan)을 수립하여 6개 부처의 18개 안을 담고 있다.[1180] 특히 이는 여러 가지 측면에서 해양 통합개발 및 관리의 가이드 역할을 하고 있다. 첫째는 지역적인 문제들을 다루는 연안관리지역들에 관련된 것이고 둘째는 캐나다 연안의 다섯 개 광역 해양관리지역(Large Ocean Management Areas, LOMAs)을 다루기 위한 계획안들이다.[1181] 이 중 가장 선진화된 광역 해양관리지역(LOMA) 계획안으로 'East Scotian Shelf Integrated Management Initiative'와 'Gulf of St.

---

1179) Moritaka Hayashi, op. cit., p.98.
1180) Ibid.
1181) East Scotian Shelf, Gulf of St. Laurence, Placentia Bay, the Grand Banks, the Beaufort Sea, the Pacific North Coast 등이 있다. Sylvie Guenette, Jackie Alder, "Lessons from Marine Protected Areas and Integrated Ocean Management Initiatives in Canada", Coastal Management 35, 2007, p.65.

Laurence Integrated Management Initiative'가 성안되어 시행되고 있다. 이와 같이 캐나다는 입법, 기본 정책 원칙 수립, 실행할 해양전략들의 형성 등에서 타국의 귀감이 되고 있다.[1182]

### 4) 호주

호주는 1992년 리우회의 이후에 주로 생태계의 지속가능성(Ecological Sustainable Development, ESD)에 초점을 두어 호주 연안정책(Commonwealth Coastal Policy)과 국가 연안행동프로그램(National Coastal Action Program) 등을 1995년에 발표하였으나 국가 차원의 대응보다는 주로 주와 지방정부 차원에서 대응을 해 오고 있다. 즉 주나 지방 차원에서 연안 생태계 고려에 초점을 두면서 홍수, 침수, 재난 등 기후변화에 순응하기 위한 지역별 연안관리에 치중하고 있다.

〈표 13-11〉 호주의 지속가능한 연안관리 및 기후변화 대책들

| 1970년대 | 1992년 이후 | 1990년대 | 1994-2006년 | 2004년 이후 |
|---|---|---|---|---|
| 연안 침식 기간 이후에 연안보호 법안 | 리우회의 이후 지속가능한 연안관리접근법과 국가 ESD 전략 | 연안의 기후변화 순응을 취한 초기 대응: SA(1991) 및 국가취약성(1995) | 1994년 세계연안컨퍼런스 이후 통합연안관리(ICM) 접근법을 쓰다가 2006년 국가통합연안관리(ICZM)접근법으로 종결 | IPCC AR4(2007)에 따라 연안의 기후변화 순응 대책 도입 |

자료: Richard Kenchington, Bob Pokrant and John Glasson, "International approaches to sustainable coastal management and climate change", *Sustainable Coastal Management and Climate Adaptation*, 2012, CSIRO Publishing Co., Australia Collingwood VIC 3068, p.95.

1995년 호주는 연방연안정책(The Commonwealth Coastal Policy)를 발표하여 연안관리에 대한 정부의 입장을 밝히고 연안관리를 개선하기 위한 정부 안들의 개요를 제시하였다.[1183] 호주의 해양정책은 과거부터 분파적인 해양행

---

1182) Moritaka Hayashi, *op. cit.*, p.98. 일본이 이 모델을 따라 2007년 이후 해양관리법, 정책, 계획을 수립하고 있다고 한다.
1183) Laura Stoker, *et al*, "Sustainable coastal management", *Sustainable Coastal Management and Climate Adaptation,* (ed. by Richard Kenchington, *et al.*), 2012, CSIRO Publishing Co., Australia Collingwood VIC 3068, p.32.

정이 많아 이익 그룹과 중앙정부와 지방 정부 사이 등에 갈등이 항상 존재하였다. 이를 타개하기 위하여 호주는 1997년에 호주 해양법(Australia Ocean Act)을 만든 후, 1998년에 연방정부의 해양 관련 장관들(환경유산부가 사무국)과 산업계, 자원, 수산, 과학, 관광 및 해운 등을 망라하는 범분야 국가해양장관위원회(National Oceans Ministerial Board, NOMB)를 설치하였고[1184] 국가해양사무소(National Ocean Office, NOO)가 설치되어 그 사무국 역할을 하였다.[1185] 이를 통해 호주 해양자원 관리와 보호의 통합적 관리에 초점을 두고 있다. 이러한 기구의 설치를 계기로 1998년에는 '호주의 해양정책(The Australian Oceans Policy, AOP)'을 수립하여 해양관리가 보다 효율적이고 통합적으로 이루어지도록 하고 있다. 특히 이 정책은 생태적으로 지속가능한 연방수역 관리를 위한 기본 틀이 되며, 광역해양생태계(LME)에 기반을 둔 지역적인 해양계획(Regional Marine Plans, RMPs)들이 해양정책의 중심이 되고 모든 중앙 기관에 대해 법적 구속력을 갖게 된다.[1186] 또한 2002년에는 국가연안정책(National Coastal Policy)이 다시 만들어지고 2004년에는 첫 지역 해양계획(RMPs)인 남동지역해양플랜(The South East Regional Marine Plan)이 수립되었다.[1187]

호주에서는 2004년에 국가해양장관위원회(NOMB)가 해체되고 환경유산부 장관(Minister of the Environment and Heritage)이 해양 업무의 주관부처가 되어 관련 기관과의 협의를 통하여 호주의 해양정책을 추진하도록 하였다.[1188] 그리고 기존의 국가해양사무소(NOO)는 환경유산부(Department of the Environment and Heritage)의 새로운 해양국(Marine Division)으로 통합되었다.[1189]

---

[1184] 위원장은 Ministry of the Environment and Heritage의 장관이며 수상에게 보고할 의무가 있다. Moritaka Hayashi, "The Rebirth of Japan as an Ocean State: The Basic Act on Ocean Policy and Its Impact", *Peaceful Orders in the World Oceans: Essays in Honor of Satya Nandan*, Jan. 2014, p.99.
[1185] *Ibid.*
[1186] Laura Stoker, *et al*, op. cit., p.32.
[1187] Jonna Vince, "The South East Regional Marine Plan: Implementing Australia's Oceans Policy", *Marine Policy* Vol.30, 2006, p.420.
[1188] Moritaka Hayashi, op. cit., p.99.
[1189] *Ibid.*

## 5) EU

27개국으로 구성된 EU(유럽연합)는 해안선의 길이가 68,999km에 달하는데 기존의 각종 개발로 연안의 생태계가 대단히 오염되어 있고 일부 지역에서는 생태계 파괴가 심각하다. EU는 특히 발틱해를 구하기 위하여 GEF, World Bank 및 다른 기관들의 협조로 헬싱키협약(Helsinki Convention, 1992)을 체결하여 운영 중이다.[1190] 이와 유사하게 다뉴브 유역(Danube catchment)과 흑해(Black Sea)를 구하기 위한 프로그램도 진행 중이다. 이들 지역들은 빈발하는 유해성 적조, 산소 고갈, 서식지 파괴 등으로 몸살을 앓고 있다.

EU(유럽연합)는 ①2005년 3월 채택한 미래해양정책(Towards a future Maritime Policy for the Union: a European vision for the oceans and the sea), ②2006년 채택한 유럽연합 통합해양정책(An Integrated Maritime Policy for the European Union), ③2007년 통합 해양행정을 위한 해양정책비전(Blue Book for the Maritime Policy) 등과 〈표 13-12〉와 같이 새로운 정책들을 수립해 유럽 해양정책의 새로운 방향들을 제시하고 있다.[1191]

〈표 13-12〉 EU의 최근 주요 해양 선언들

| 년도 | 선언 제목 | 내용 |
| --- | --- | --- |
| 2007 | Blue Book on an Integrated Maritime Policy for the EU | 해양 문제들에 대해, 서로 다른 정책 영역 간 조정 증대와 보다 일관된 접근법 |
| 2008 | Marine Strategy Framework Directive | 2020년까지 EU의 좋은 환경 상태(Good Environmental Status, GES)를 달성하기 위한 IMP의 환경적인 지주 역할 |
| 2012 | Blue Growth | EU의 블루 이코노미를 개발하기 위한 필수적 부분 |
| 2012 | Limassol Declaration | 해양 및 해사 분야에서 성장과 일자리를 만들기 위한 EU 일정 |
| 2013 | Common Fisheries Policy | 수산 및 양식이 환경적으로, 경제적으로 사회적으로 지속 가능하여 EU 시민들에게 건강한 식품을 제공하기 위한 공동 어업 정책 |

자료: Sebastian Rodriguez, "Fisheries and Maritime Research in EU Framework Programme", 1st Korea-Spain Ocean Forum Proceedings, Las Palmas Spain, July 17 2014, p.54.

---

[1190] Richard Kenchington, Bob Pokrant and John Glasson, op. cit., p.60.
[1191] KMI, 『국제해양문제 주도권 확대 방안 연구(Ⅰ)』, 2009, p.108.

이러한 해양정책은 지속가능한 개발이란 관점에서 해양 거버넌스와 해양 환경, 해양과학, 해운 및 항만, 연안관리 등 해양 관련 모든 분야를 망라하고 있다. 유럽은 유럽행동프로그램(European Action Programmes, EAPs)의 일환으로 특히 환경 분야에서 목적과 전략들을 도출하고 있는데 특히 개발 사업들에 대하여는 환경영향평가제(Environmental Impact Assessment, EIA)를, 그리고 높은 수준의 계획과 프로그램들에서는 전략적 환경평가제(Strategic Environmental Assessment, SEA)를 도입하며 지속가능한 통합 연안관리제(Integrated Coastal Zone Management, ICZM)를 도입하려고 노력하고 있다.[1192] 과거 EU에서는 ICZM에 대한 가이드라인 등의 제시가 있었으나 그다지 관심을 끌어오지 못하였고[1193] ICZM 도입 촉진을 도모하기 위하여 2008년에 EU 통합 해양정책(An Integrated Maritime Policy for the European Union, IMP)을 채택하고, 이어서 동년 해양환경 분야의 지주가 될 Maritime Strategy Framework Directive(MSFD)를 제정하였다.[1194]

MSFD의 목표는 2020년까지 좋은 환경상태(good environmental status, GES)를 달성하는 것이고 이를 위해 해양생태계에 대한 일련의 질적인 기준을 정의해 놓고 있다. 이 중 하나로 생태계 보존을 위하여 Natura 2000 Initiative[1195] 하에서 특별보전구역(Special Areas of Conservation, SACs)과 특별보호구역(Special Protection Areas, SPAs)들의 새로운 네트워크를 육상과 해양에서 구축해 나가고 있다.[1196] MSFD는 해양공간계획(marine special planning, MSP)의 도입도 촉진하기 위한 종합적인 접근법으로 바다의 합리적 이용과 지속가능한 이용을 발전시켜 나가려고 하고 있다.

현재 유럽의 몇몇 나라들이 이러한 MSP를 도입하여 기후변화, 풍력발전

---

[1192] Richard Kenchington, Bob Pokrant and John Glasson, op. cit., pp.60-61.
[1193] Laurence Mee, "Life on the edge: managing our coastal zones", Troubled Waters, Geoff Holland, David Pugh ed., 2010, Cambridge, p.199.
[1194] Richard Kenchington, Bob Pokrant and John Glasson, op. cit., p.61.
[1195] Natura 2000은 EU의 생태보호구역 네트워크이다. 1992월에 EU 정부가 전체 지역의 서식지와 종들을 보호하기 위하여 입법하였다. 이것은 Habitats Directive라고 불리며 1979년에 채택된 Birds Directive도 보완한다. 이 두 법이 the Natura 2000 network 보호 구역 지정의 기본이 되고 있다. 현재 EU의 18%가 이 보호구역으로 지정되어 있다. http://en.wikipedia.org/wiki/Natura_2000 (2014. 2. 28)
[1196] Richard Kenchington, Bob Pokrant and John Glasson, op. cit., p.61; Mee, Laurence, op. cit., p.199.

단지 건설, 유류 및 가스 개발, 자연 보전, 해안선 관리, 해운과 어업 등 다양한 활동과 이로 인한 각종 영향들에 대처해 나가고 있다. 유럽의 MSP 위원회 로드맵(European Commission Roadmap on MSP)도 MSP가 이러한 활동들의 영향에 대비하고 갈등 조정 등에 대단히 유익한 것으로 평가하고 있다.

MSFD는 유럽의 Water Framework Directive(WFD), Common Fishery Directive(CFD) 등 유럽의 다른 중요 환경협약들과도 연계되고 있다.[1197] Water Framework Directive(WFD)는 2000년부터 수자원 환경의 보호와 지속가능한 이용을 위한 통합적 접근법인 강유역 관리(river watershed management), 보호구역의 보존, 홍수의 역할 완화 등을 목적으로 하고 있다.[1198]

유럽에서 1983년에 도입된 어족자원협약(Common Fishery Policy, CFP)의 경우에는 유럽해역에서의 자원 고갈 문제를 해결하기 위하여 총어획량제, 어구 및 어획노력량 제한 등 다양한 노력을 하고는 있으나 그다지 성공적으로 평가받지는 못하고 있다.[1199] 이에 따라 2013년 다시 개정안을 마련하여 최대지속가능한 생산량(Maximum Sustainable Yield, MSY)에 근거하여 어획 쿼터를 설정하고 23%에 달하는 부수어획(Bycatch)을 적극 방지하는 등 새로운 개정안을 마련하여 추진 중이다.[1200]

EU는 2013년에 Directive Marine Spatial Planning & ICZM을 제정하여 서로 다른 목적의 다양한 활동들을 해양공간에서 수용하기 위한 계획 수립을 하고 있다.[1201] 이를 통하여 통합되고 전체적인 관리(Integrated and holistic management)와 갈등 해결을 하되 그 규범적 지침은 생태계기반관리(EBM)에 의하도록 하고 있다.[1202]

또한 EU는 북해관리협약으로 공해상 보호구역을 지정하고 있다. 또 EU는

---

[1197] Laurence Mee, op. cit., pp.188-199.
[1198] Richard Kenchington, Bob Pokrant and John Glasson, op. cit., p.61.
[1199] Donald R. Rothwell & Tim Stephans, The International Law of the Sea, 2010, Oxford UK, Hart Publishing, 2010, p.484.
[1200] 한덕훈, 「EU공동수산정책, 타사지석으로 삼아야」, 『KMI 글로벌수산포커스』, Vol. 65, 2012. 7. 11.
[1201] EU 학자 Ronan Long(아일랜드 출신)의 언급임.
[1202] Ronan Long, "EU Ecosystem-based Management and Navigational Rights", Proceedings of Global Challenges and Freedom of Navigation(2013 Seoul Conference on the Law of the Sea by GOLF, Univ. of Virginia & KMI), May 2013, Seoul, p.39.

과학기술 분야에서는 3대 위험요소(기후변화, 해양산성화, 외래종 유입) 등과 3대 전략(오믹스연구, 대양연구, 생물자원관리)등을 중심으로 연구를 진행하고 있다.[1203]

EU는 2014년 4월 네덜란드 헤이그에서 식량안보와 청색성장를 주제로 전지구 해양행동정상회의(The Global Oceans Action Summit for Food Security and Blue Growth)를 개최하였다.[1204] 이 회의에서는 서식지 변화, 오염, 남획 등의 3대 현안과 관련하여 전 지구적·지역적·국가차원의 연계협력을 통해 식량안보와 해양환경·자원 문제 해결 필요성에 대하여 논의하였다.

### 6) 영국[1205]

영국도 해양행정의 통합을 추진하고 있는 대표적인 나라이다. 영국은 2002년에 해양생태계 보전과 해양산업의 지속가능성을 달성하는 것을 목표로 'Safe-guarding Our Seas' 전략을 수립하였다. 최근까지만 해도 영국은 해양 이용의 관리와 해양 보존에 관한 새로운 사안은 관계 법규만 조금씩 개정, 추가하는 형태로 다루어 왔다. 그러나 지속적 개발, 생태계 접근법, 예방적 접근법, 생물다양성의 보호를 효과적으로 이행하기 위해서는 어업, 항만 개발, 광물자원 추출, 에너지 생산 시설 설비 등 해양관리에 관한 모든 법률들을 일괄적으로 개정하여 관련 기관들이 일관성 있게 해양관리를 이행할 수 있도록 할 필요가 있었다. 이에 따라 영국 정부는 새 법과 기구의 설립을 통해 일관성 있는 개정과 이행을 하는 것이 보다 신속하고 효율적이라 판단하여 2009년에 「해양·연안접근법(MCAA, Marine and Coastal Access Act)」을 제정하고 해양관리기구(Marine Management Organization, MMO)를 설립하였다.

해양·연안접근법(MCAA)에서는 보다 현대화된 새로운 해양관리 체제를 도

---

1203) 권문상, 「과학적 연안관리를 통한 해양창조경제 실현」, 연안가치 창조를 위한 스마트 연안관리(프로시딩), 2013. 6. 7, p.10.
1204) 남정호, 미국 출장복명자료(KMI), 2014. 7, p.7.
1205) 다음 내용의 일부를 필자가 재정리, 한국해양수산개발원, 『영국의 해양관리 기구』, 2010.

입하였는데, 앞서 언급하였듯이 새 해양관리 체제 중 가장 중요한 정책이 해양정책안의 성안과 이에 따라 수립된 해양개발계획에 의한 해양관리라는 점을 고려한 것이었다. 해양관리를 위해 우선 정부 차원의 포괄적인 해양정책안(Marine Policy Statement)이 수립되어야 했다. 정책안은 잉글랜드의 환경·식품·농어촌부(DEFRA, Department of Environment, Food and Rural Affairs) 및 웨일즈, 스코틀랜드, 북아일랜드의 관련 기관장들이 각각의 관할 해역에 대하여 수립하며, 해양정책안이 수립된 후에 이 안에 포함된 목적 및 방향에 따라 관련 정부 부처 및 해양관리기구와 같은 기구들이 구체적인 분야별 해양계획(Marine Plan)을 수립하고 이행하게 된다. 해양개발계획은 해양의 경제적 이용, 과학조사 또는 환경 보호와 관련된 계획을 의미하며 소구역별로 수립된다.

2009년에 「해양·연안접근법(MCAA)」이 채택되고 2010년에 해양관리기구(MMO)가 설립되기까지 해양관리기구 설립 책임부서는 환경·식품·농어촌부(DEFRA)였다.[1206] 그러나 새로이 출범한 영국 해양관리 조직인 해양관리기구(MMO)는 여러 정부 기관들이 이 기관에 흡수되거나 해양관리 관련 권한을 이 기관에 이전하여 2010년 4월 1일 DEFRA 산하에 설치되었고, 이로써 이 기관이 영국의 해양관리 정책 전반에 관한 대표 이행기관이 되었다. 이 기관은 「해양·연안접근법(MCAA)」에 의거하여 잉글랜드의 영해와 잉글랜드, 웨일즈, 스코틀랜드 및 북아일랜드의 배타적경제수역에서의 해양 이용 및 보존에 관한 정책을 이행하는 기구이다.[1207] 이 기관이 설치되기 전에 해양관리 정책을 시행하였던 여러 정부기관들이 이 기관에 흡수되거나 해양관리 관련 권한을 이 기관에 이전하고 새로이 개편되기도 하였다. 이러한 해양 관련 정부기관들의 권한 이동, 조직 개편 등은 MCAA의 관련 조항에 따른 것이다.

이 법에 따라 조직 전체가 해양관리기구(MMO)에 흡수된 대표적인 기관은 해양·어업청(Marine Fisheries Agency: MFA)이며, 기존의 여러 관련 정부부처의 업무, 예를 들어 환경·식품·농어촌부(DEFAA)가 수행하던 면허 발급 권

---

[1206] 한국해양수산개발원, 상게서, 2010, p.3.
[1207] 웨일즈, 스코틀랜드 및 북아일랜드 영해의 관리 및 보존은 각 지방 정부의 관계 기관이 담당한다. 그래서 이들 기능은 MMO의 기능에서 제외되었다.

한 및 이행에 관한 업무가 해양관리기구(MMO)로 이전되었다.

　MCAA에 명시된 DEFRA 산하 해양관리기구(MMO)의 주요 업무는 해양계획, 어업관리, 해양면허, 환경보전 등이고 통합연안관리(ICZM)의 원칙도 이 법안에 포함되었다.[1208] 해양관리기구(MMO)는 2010년 4월에 설립되어 2012년부터는 MCAA 등의 관련법이 부과한 모든 기능을 이행할 수 있도록 인력 수급 및 조직 구조를 확충하는 데 주력하고 있다. MCAA에 의해 수여된 권한만을 고려하면 이 해양관리기구(MMO)의 가장 중요한 업무는 기존의 복잡한 해양관리업무를 잘 조율하고, 정리하며, 일관성 있게 하는 역할을 하여 영국 정부가 지속적 발전 및 생태계 접근법 등의 대원칙을 성공적으로 이행하도록 조정자 역할을 하는 것이다.[1209]

　이와 같이 영국은 2009년「해양·연안접근법(MCAA)」, 2010년 통합 해양관리기구(MMO) 발족, 2011년 해양정책안(Ocean Policy Statement) 등의 발표를 통해 해양 거버넌스를 강화하고 있다.

　한편 영국 해안의 경우 남부와 동부는 연간 2mm씩 침하하고, 북부와 스코틀랜드는 바다로부터 융기하는 등 연안재해의 위험성이 높아지고 있다. 너울과 폭풍우 등 각종 재해로 저지대의 범람이나 홍수가 극심해지는 등 영국 해안의 30%가 침식을 겪고 있다.[1210] 이로 인해 영국 정부는 침식과 홍수에 대비하기 위하여 해안선관리계획(The Shoreline Management Plan, SMP)을 연안계획의 주요수단으로 삼고 있다.[1211] 현재 영국 해안을 커버하는 관리 목적을 위한 구역 설정을 통해 57개소의 SMP가 설정되어 있어 연안재해에 대비하기 위한 각종 계획이 시행되고 있다.

　또한 해양산업의 전략적 틀(Marine Industries Strategic Framework)을 수립하여 2020년까지 미래 해양산업 발전을 위한 5대 전략 목표를 제시하였다. 이 전략적 틀을 중심으로 영국 해양산업 성장 전략(A Strategy for Growth for the UK Marine Industries)을 제시하였다.

---

1208) Richard Kenchington, Bob Pokrant and John Glasson, *op. cit.*, p.63.
1209) 한국해양수산개발원, 전게서, 2010, p.76.
1210) Richard Kenchington, Bob Pokrant and John Glasson, *op. cit.*, p.60.
1211) Richard Kenchington, Bob Pokrant and John Glasson, *op. cit.*, p.63.

## 7) 기타 유럽국

북유럽의 해양강국인 노르웨이는 지속가능한 해양 이용을 위해 기존의 수산부를 확대 개편하여 2004년 수산연안부(The Ministry of Fishery and Coastal Affairs)를 설립해 통합해양관리 체제를 강화하고 있다.1212) 수산연안부는 수산과 양식업은 물론 수산물 안전, 해상교통, 항만관리와 해양안전, 해양오염 방제 등 해양이용 관리 업무를 통합 관리한다.

독일은 북해에서 배타적경제수역까지의 공간계획을 설정하는 움직임을 보이고 있다.1213) 아울러 세계 해양산업에서의 주도권을 높이기 위해 북극해 개발 전략 수립, 제3세계 국가와의 협력체계 구축 등 활발한 사업을 추진 중이다.1214) 아일랜드는 통신해양자원부에서 해양정책을 총괄하고 있고, 이미 2010년에 정보통신기술을 접목한 해양산업의 혁신적 발전을 도모하기 위해 'Smart Ocean Strategy"를 수립하여 시행해 오고 있다.1215)

## 8) 중국

중국은 시대별로 해양정책의 초점이 달라지면서 발전되어 왔다. 이를 요약해 보면 〈표 13-13〉과 같다. 중국은 1964년 국토자원부 산하에 설립된 국가해양국(State Oceanic Adminstration, SOA)이 연안과 해양 관련 문제들에 대하여 관리와 다양한 해양 문제를 다루고 있다.1216) 1996년 5월 중국은 UNCED(1992)에 자극받아 지속가능한 해양개발 전략을 담은 중국 해양 어젠다 21(China's Ocean Agenda 21)을 비준하여 시행해 왔다. 2002년에는 해양공간과 자원 이용 등 연안과 해양의 이용에 관한 종합적인 방안들을 담은 「연안해역 이용 관리에 관

---

1212) Sung Gwi Kim, "The impact of institutional arrangement on ocean governance: International trends and the case of Korea", *Journal of Ocean and Coastal Management*, Volume 64, August 2012, p.51.
1213) 홍승용, 「해양강국 실현을 위한 대한민국의 선택」, 차기 정부의 해양강국 실현을 위한 정책 토론회(프로시딩), 2012. 7. 17, p.20.
1214) 부산일보, 2011. 11. 21.
1215) Sung Gwi Kim, *op. cit.*, p.51.
1216) Moritaka Hayashi, *op. cit.*, p.101.

한 법(Act on the Management of Use of Coastal Marine Areas)」을 제정하여 시행하고 있다.[1217] 이 법에 의거하여 EEZ와 대륙붕을 포함한 해양 공간을 10개 기능구로 나누어 활용하는 행정령을 2002년에 발하여 시행해 오고 있다.

〈표 13-13〉 중국 해양정책의 시기별 이슈 및 키워드

| 시기 | 정책 이슈 및 키워드 | 주요 조치 및 정책 | 정책의 최종 목표 |
|---|---|---|---|
| 1950년대 (건국 초기) | · 해양 방위<br>· 해군력<br>· 영해 | · 중화인민공화국에 관한 성명 | 해양방위 강화를 통한 국가 안전 보장 |
| 1980-1990년대 | · 실용위주<br>· 경제발전<br>· 해양자원 선점<br>· 국제협력<br>· 지속가능한 이용<br>· 해양환경 보호 | · 해양사업 발전<br>· 중국EEZ 및 대륙붕법<br>· 국민경제와 사회발전 10년 계획과 8·5강요<br>· 6차 5개년계획에 대한 보고<br>· 중국해양 21세기 의정<br>· 해양사업 발전강요<br>· 해양환경보호법(제정) | 자원개발 및 확보를 통한 국가경제 성장에 기여 |
| 2000년대 | · 해양환경관리<br>· 해양경제<br>· 해양과학기술개발<br>· 신해양산업<br>· 해양환경 보호<br>· 해양 권익<br>· 해양 의식 | · 중국해역사용관리법<br>· 전국해양경제발전계획요강<br>· 국가해양사업발전계획요강<br>· 전국과학기술흥해실시요강<br>· 해양투기관리조례<br>· 해양환경보호법(개정) | 해양경제성장 강화 및 해양강국 건설 |

자료: 주현희, 「중국해양정책에 관한 연구」, 한국해사법학회 발표논문, 2012. 2. 28.

이러한 단계들을 거쳐 중국은 2006년 세운 제11차 5개년 국가발전계획(일명 11·5계획)에서 해양산업을 새로운 장으로 국가 계획에 신설하고[1218] 이후 2008년 '국가해양사업 발전계획 요강'을 공포하여 2020년까지 해양경제를 GNP의 11% 수준으로 끌어올린다는 목표를 제시했다. 또한 국토자원부 보호·수색·구조 업무의 해감총대, 어선을 지도·감독하는 어정국, 연안의 법 집행을 위한 공안부의 변방국, 세관 업무의 해관 업무 등 여러 부처에 분산된 해양집행 업무를 국토자원부 산하 외청인 국가해양국(State Ocean Administration, SOA)으로 통합하여 종합 조정하도록 2008년 7월에 행정 체계를 개편하였다.[1219] 2013년에는 최근 일어나고 있는 센카쿠 분쟁, 남지나해

---

[1217] Ibid.
[1218] 제26장 해양과 기후자원의 합리적 이용의 독립된 장으로 설정됨.

분쟁 등 해양주권 수호를 강화하기 위하여 공안부 변방관리국, 세관밀수단속국, 국가해양국 해양감찰총대, 농어업부 어정국 등 해양법률 집행기관들을 통합한 중국해양경찰국(中國海警局, China Coast Guard)과 해양사무 조정협의체인 국가해양위원회(國家海洋委員會)를 신설하였다.[1220] 특히 국가해양국은 중국해경국의 자격으로 해상에서의 권리를 지키고 법을 집행하며, 업무에 있어 공안부의 지도를 받도록 개편되었다.[1221]

〈표 13-14〉 **중국 해양 발전 계획의 주요 내용**

| 해양정책(계획) | 주요 내용 |
|---|---|
| 중국해양 21세기 의정('96) | - 국가해양국 신설<br>- 중국해양산업의 지속가능한 발전전략 제시<br>- 국가 해양권익 수호, 해양자원의 합리적인 개발 이용, 해양생태 환경 보호<br>- 해양자원, 환경의 지속가능한 발전을 실현 |
| 중국 해양산업 발전 (1998년) | - 총 6개 장으로 구성된 중국의 해양 지속가능한 발전 전략<br>- 해양지원의 합리적인 개발 및 이용, 해양환경과 안전과 보호<br>- 해양과학기술 발전과 교육, 해양 종합관리 등 명시 |
| 전국 해양경제발전 강요(2003년) | - 해양강국을 목표로 국방 역량 촉진과 해양 경제의 고속 성장 추진<br>- 국가 해양국 및 22개 해양관련 부문, 11개 연안성시 자치구 등의 합동 편제<br>- 해양경제 산업을 국민 경제의 신성장 동력으로 제시 |
| 제11차 5개년 국가발전계획 (11·5계획) (2006~2010) | - 해양분야가 처음으로 1개의 독립된 장으로 편성(총14편 49개 장)<br>- 해양의식 강화, 해양권익 보호(영해 및 배타적 경제수역 내 주권활동 강화, 분쟁도서에 대한 주권관리 강화, 자원에 대한 권익 수호), 해양생태 보호, 해양자원의 개발, 해양종합관리 실시(해양행정의 통합) |
| 전국 해양경제발전 강요(2008년) | - 11·5계획(2006~2010)기간 해양종합관리체계의 지속적 개선<br>- 해양경제의 고성장을 통한 국민경제 및 사회 기여도 향상<br>- 2010년 해양생산총액의 11%로 확대, 연평균 일자리 100만개 창출<br>- 해양과학기술 혁신체제를 개선, 해양경제에 대한 기여도를 50%로 향상 |
| 제12차 5개년 국가발전계획 (12·5계획) (2011~2015) | - 해양경제발전 과학적 기획, 자원의 합리적 개발이용<br>- 해양오일가스, 해상운송, 해양어업, 연안관광 산업 적극 발전<br>- 해양생물의약, 해수이용, 해양장비 등 신산업 집중육성/산동, 광동, 저장 등 지역 해양산업 육성<br>- 해양과학기술 수준 제고 및 활용 등<br>- 도서 보호·이용 등 관리 강화<br>- 해양환경 및 생태시스템, 해난 재해관리 강화<br>- 해양조사, 해양법 정책 완비, 국제업무 추진 강화 |

자료: 한국해양수산개발원 각종 자료 및 사단법인 이어도 연구회, 전게서, p.227.

[1219] 김석균, 『바다와 해적』, 오션&오션, 서울, 2014. 2, p.426.
[1220] KMI, 『해양산업동향』 제86호, 2013. 3. 19, p.6. 중국해양경찰국은 총인원 6만여 명, 각종 선박 1,500척에 달하는 방대한 해양경찰 조직을 구축할 예정이라 함. 권문상, 「과학적 연안관리를 통한 해양 창조경제 실현」, 연안가치 창조를 위한 스마트 연안관리(프로시딩), 2013. 6. 7, p.9.
[1221] KMI, 『독도단신』, 2013. 7. 22.

아울러 해양에서의 자원 획득과 해양산업 진흥을 도모하기 위하여 국가 경제 계획에 새로이 해양 부문을 신설하고 영해 기점의 주류를 이루는 「무인도서법」을 2009년 12월에 제정하였다.[1222] 특히 2011년부터 시작된 제12차 국가발전계획(2011~2015년)에서는 지난 11차 계획의 '해양과 자원의 합리적 이용'을 넘어 '해양경제의 발전'으로 전환해 이 계획에 따른 「전국 해양 경제 발전 5개년 계획(2011~2015)」을, 그리고 2016년부터는 「제3차 국가발전계획 및 해양경제 발전계획(2016-2020)」을 각각 수립·시행하여 해양 전략을 크게 강화하고 있다. 최근에는 해양인재 육성계획, 해양과학기술 개발계획, 해양플랜트산업 혁신 발전전략(2011-2020), 해양플랜트산업 중장기발전계획 등 부문별 계획을 수립하고 실행하는 데 주력하고 있다. 아울러 연안별로 해양특구를 지정, 지방정부와 함께 해양산업은 물론 연안신산업 육성에도 힘쓰고 있다. 동시에 '전국 해양기능구 개발계획(2011-2020)'에 해역의 특성이나 이용 행위 등을 고려한 8개 해양기능구 제도를 도입하고 기능구별 관리 사항을 적시하며 발해, 황해, 동중국해 등 5대 해구, 29개 중점 해역별로 구분한 후 그 관리 방향을 제시하고 있다.[1223]

〈표 13-15〉 중국의 주요 해양자원

| 구분 | 주요 내용 |
| --- | --- |
| 해양신재생에너지<br>- 개발가능 자원 | 15억 8천 만kW<br>6억 6천 만kW |
| 바다 모래 자원량 | 4,797m$^3$(91곳, 면적 약 30만km$^2$) |
| 연안 습지자원 | 693억 헥타르(1957년 대비 57% 감소) |
| 연안 양식자원 | 170만 헥타르(방류구역 109곳, 인공어초 구역 182곳) |
| 연안해역 수자원 | 연안지역 52개 도시 중 90%가 물 부족, 그중 38개소는 심각한 수준 |
| 해안선과 도서 | 대륙 해안선 길이 19,057km, 도서 10,312개 |

자료: 박문진, 「중국, 대규모 근해 해양환경자원 조사사업 완료」, 『KMI 해양산업동향』 제77호, 2012. 11. 06.

---

[1222] 일본해양정책연구재단편/김연빈 역, 전게서, p.249.
[1223] 국토해양부, 『연안통합관리 이행 체제 연구』, 2012. 11, pp.18-23. 해양기능구는 농어업구, 공업 및 도시구, 관광 및 에너지구, 관광휴가오락구, 해양보호구, 특별이용구, 보존구 등 총 8가지로 분류되고 이에 맞는 해수 수질, 해양침적물 기준, 해양생물 기준 등 환경 기준도 제시됨. 권문상, 「과학적 연안관리를 통한 해양창조경제 실현」, 연안가치 창조를 위한 스마트 연안관리(프로시딩), 2013. 6. 7, p.9.

최근에는 근해 해양환경 자원조사 사업[1224]을 실시하여 〈표 13-15〉와 같이 중국 근해에 관련된 각종 자원 실태를 새로이 파악하고 해양개발과 관리의 기본 자료를 확보하였다.

### 9) 러시아

러시아는 지질·지리적 탐사와 연구를 통하여 북극해 심해저를 영토화하기 위하여 2007년 해저 4,000여m에 있는 '로마노프 해령'에 자국 국기를 설치하였다. 또한 당시 메드베데프 대통령은 러시아 정부의 북극지역 개발전략을 발표하고 국가적 차원에서 본격적인 북극개발에 착수하였다. 또한 북극해 대륙붕 연장의 추진과 북극해 인접 국가들과 영유권 분쟁 문제를 해결하려고 노력하고 북극해 항로 개발 및 선점을 위한 조선·해양플랜트 산업 육성을 강화하고 있다. 북극해 개발 전략으로 러시아 탄화수소, 해양생물자원 등 수요 충족을 위한 자원 공급기지 확대를 서두르고 있다.[1225] 푸틴은 또 신동방 정책을 추진하여 동러시아 연안의 발전에도 노력하고 있다.

### 10) 인도네시아

인도네시아는 1999년 우리나라 해양수산부를 벤치마킹해 해양수산부를 설립하였는데 이에는 수산 업무, 연안 환경 등 해양관리 업무가 포함되었다. 한국을 국가 해양정책 부문의 모범 사례로 보고 이를 본 딴 것이다. 인도네시아는 이후 통합 해양정책의 효과적인 추진을 위해 지난 2007년 대통령을 위원장으로 하는 해양위원회를 설립해 운영 중이며 인도네시아 국가해양정

---

[1224] 908 프로젝트라 하며 총 23억 6천 위안(한화 약 1조원) 소요, 2004-2012 실시. 박문진, 「중국, 대규모 근해 해양환경자원 조사사업 완료」, 『KMI 해양산업동향』 제77호, 2012. 11. 06.
[1225] 홍승용, 「해양강국 실현을 위한 대한민국의 선택」, 「차기 정부의 해양강국 실현을 위한 정책 토론회(프로시딩)」, 2012. 7. 17, p.19.

책(The Indonesia Ocean Policy, 2011년 2월 초안 수립) 등을 수립하여 동남아시아의 해양대국으로 발돋움하려는 강한 의지를 보이고 있다.

2014년 말 취임한 조코 위도도 대통령 정부에서는 기존의 해양수산부에 항만 등 해양교통을 포함하여 그 해 10월 해양조정부(The Coordinating Ministry of Maritime Affairs)를 설치하였는데, 산업, 역사, 통상 등 7개 부문을 아우르는 인도네시아 정부의 핵심 부서이다.[1226] 이 정부에서는 경제개발계획의 일환으로 해양 고속도로를 설치하려는 계획을 발표하였는데 이는 앞으로 5년 동안 574억 달러를 투자해 인도양과 태평양을 사이에 두고 1만 8천여 개 섬으로 이어진 군도를 바닷길로 연결하는 프로젝트이다.[1227] 2015년 1월부터 대통령령 발령 후 바로 착수해 2019년 전면 개통을 목표로 하는 이 사업은 서부의 수마트라 섬에서 동부의 파푸아 주(州)까지 항만시설과 이어지는 도로를 정비하는 등 교통 인프라 개선이 주요 목적이다. 이를 통해 27%인 현재의 인도네시아 국내총생산(GDP) 대비 물류비용을 태국과 유사한 15% 수준으로 만들고 자바 등 서부 위주의 개발을 동부 지역에도 확산시켜 균형 발전을 꾀하려 하는 것이다. 해양 고속도로는 메단(북부 수마트라주), 자카르타, 수라바야(동부 자바주), 마카사르(남부 술라웨시주), 소롱(서부 파푸아주) 등 5대 국제항구를 포함해 상업용 항구 24개를 개보수해 인도네시아 서부와 동부를 한 축으로 연결하는 프로젝트이다.

### 11) 필리핀 등 기타 국가

필리핀도 국가 해양정책을 총괄하는 해사해양위원회(CMOA)를 지난 2007년 대통령실 산하에 설치, 운영하다가 2011년에는 이 기능을 강화하여 국가연안경비시스템(The National Coast Watch System, NCWS, 2011)을 만들고 산

---

1226) 자카르타 경제신문, 2015. 10. 23. 해양조정부 선임 장관 산하에 교통부, 해양수산부, 에너지광물자원부 등이 포함되어 해양 강국 건설의 국정지표를 추진(주 인도네시아 대사관 자료)
1227) 연합뉴스 및 국제신문 재인용, 2014. 11. 24,
   http://kookje.co.kr/news2011/asp/newsbody.asp?code=00&key=20141124.99002234007 (2015. 1. 23)

하에 관련 장관으로 구성된 국가연안위원회(The National Coastal Committee)를 설치하였다.[1228]

이러한 해양 국가들 외에 바다와 접하지 않은 몽골도 해양 관련 부서로서 도로교통부 내에 해운과를 운영 중이다. 석탄 등 세계적인 자원이 풍부하지만 중국에 가로막혀 있는 수출길을 시베리아 횡단열차와 연결된 블라디보스토크나 인근의 바다로 수송하려는 계획을 진행하기 위한 조직이다. 이에 따라 몽골은 정부 차원에서 선박을 구매하고 한국과도 해운합작선사를 설립하기로 하기로 하고 자국의 전용 부두를 확보하려고 노력하는 등 적극적인 해양 진출 의지를 밝히고 있다.[1229]

위에서 본 바와 같이 바다에 접해 있는 국가들은 각국의 상황에 맞게 다양한 해양정책을 수립하여 운영해 오고 있다. 각국의 해양과 관련한 상황이 다르기 때문에 이들이 주안점을 두는 분야도 다소 다르게 나타나고 있다. 미국은 해양생태계관리, 해안습지를 포함한 해안관리, 해상 교통관리에 우선순위를 높게 잡았고 일본은 EEZ와 도서 관리, 해저자원 개발, 해상교통, 재해관리 등을, 그리고 중국은 해역 이용 관리, 해양산업 육성, 도서 관리를 정책의 우선순위로 삼고 있다.[1230]

---

1228) Sung Gwi Kim, *op. cit.*, 2012, p.50.
1229) 해양수산부 보도자료, 「내륙국가 몽골 광물자원 해상수송 우리가 맡는다」, 2014. 1. 8.
1230) 해양수산부, 『Ocean Policy Forum』, 2007, pp.1-339. 재인용: 고철환, 「해양환경과 생태계 보전」, 『신해양시대 신국부론』, 2008. 1, p.380.

# 14

한국 해양 거버넌스와 평가

# 제14장
# 한국 해양 거버넌스와 평가

## 1. 해양 거버넌스 시스템

### 1) 해양 거버넌스 시스템 구조

해양에 대한 현재 거버넌스의 약점 혹은 결점을 평가해 보면 다음과 같다.[1231] 해양시스템은 복잡하고 다양하나 거버넌스적 접근은 단일 차원에서의 접근 또는 대응이 대부분이었으나 향후 복수의 다양한 대응들이 요망된다. 해양의 활동은 공간의 경계를 넘어 상호작용이 이루어지지만 행정적 경계의 제약으로 문제 해결이 어려울 수 있으며 환경오염 등 외부 효과의 차단도 쉽지 않다. 변화에 대한 대응은 관성(inertia)과 관료주의적 비유연성 때문에 벽에 막히곤 한다.

해양의 미래는 깊은 불확실성과 단기적인 생각, 그리고 현안 문제들이 산적하여 간과되기 쉽다. 해양과 연안의 문제는 다양하고 복잡한데 과거에는 이를 부분적으로 나누어 소규모 해법들로 전체의 문제를 해결하려고 하는 축소지향적(reductionistic) 사고가 팽배하였으나, 향후에는 전체 시스템을 보아 통합 정책이 전개되어야 한다.

해양의 문제는 일정 단계를 넘어서면 한계를 극복하지 못하고 파괴적 붕괴(어종 멸종, 생태계 붕괴 등)에 이르게 된다. 그럼에도 불구하고 우리는 해양자원 이용에 무지하고 오만하여 서부 개척자와 같이 해양이란 누구도 제약이 없이 이용할 수 있고 대체가능한 것처럼 생각하기 쉽다. 공유자산에 대

---
1231) Bruce Galvovic, op. cit., pp.329-333.

한 집단행동(collective action)을 통하여 '공유자산의 비극'이라는 문제가 바다에서도 역시 발생할 수 있다.

이러한 다양한 문제들에 대한 대처 방안이 필요하다.[1232] 먼저 다양한 해양의 문제별로 서로 다른 특성과 변화 사항을 고려한 맞춤형 긴급 대책(contingency plans)들이 요망된다. 해양의 문제들은 기본적으로 다양한 기관들이 관리하는 인간 시스템이라서 이에 입각한 대책이 요망된다. 해양생태계 시스템은 동적이라서 인간 시스템도 이에 맞게 대응하여야 하고 거버넌스도 환경 변화에 유연하게 대처해야 한다. 이를 위하여 리더십과 전략적 의사결정도 요구되는데 이것이 불확실성과 근시안적 의사결정을 뛰어넘어 협력, 갈등 해소, 새로운 안에 대한 지원, 새로운 환경에 대한 순응을 이끌어 낼 수 있어야 한다. 축소지향적이거나 분파적인 사고는 전체주의(holism)로 대체되어야 하고 과학도 시민들이 이해할 수 있도록 전환시키고 이것이 지역적인 전통이나 지식들과도 통합되어야 한다. 그리고 이것이 사회적으로도 상호 공유되어야 해양의 지속가능성을 높이는 데 도움이 된다. 해양에 대한 주인의식(stewardship)은 지속가능성에 대한 최소한의 윤리적 요구이므로 이를 고양시키도록 하여야 한다. 공유자원의 비극과 집단행동의 문제들을 방지하기 위해서는 거버넌스 과정에 이해관계자를 적극적으로 참여시켜 이들에게 혜택이 되는 제도 도입과 더불어 인식의 제고와 제도를 지킬 수 있는 능력도 함께 기르도록 해야 한다.

이러한 문제들을 해결하기 위하여 활동들의 우선순위가 설정되어야 한다.[1233] 상황에 맞게 상황과 긴밀히 관련된 제도, 규칙들의 도입이 필요하다. 아울러 모든 해양의 이용 경계에 맞게 프로그램을 짜고 외부비경제 효과를 유발하지 않게 이용자들에게 적정한 비용이 청구되는 시스템이 갖추어져야 한다.

또한 거버넌스 의사결정이 해양 변화에 유연하게 잘 대응하기 위해서는 설명 가능성과 투명성이 보장되어야 한다. 대중들은 미래지향적 비전을 가질 수 있도록 리더십을 발휘하고 불확실성이 존재하는 경우에는 사전 예방

---

1232) Bruce Galvovic, op. cit., pp.334-336.
1233) Bruce Galvovic, op. cit., pp.336-338.

적 접근법(precautionary approach)이 활용되도록 해야 한다. 전체주의적 관점의 접목, 과학과 전통지식의 접목 등을 통하여 대중들이 참여적 대화와 숙고(deliberation)의 시간을 가질 수 있어야 하고 이들의 참여에 의한 공동의 문제 해결 노력도 요망된다.

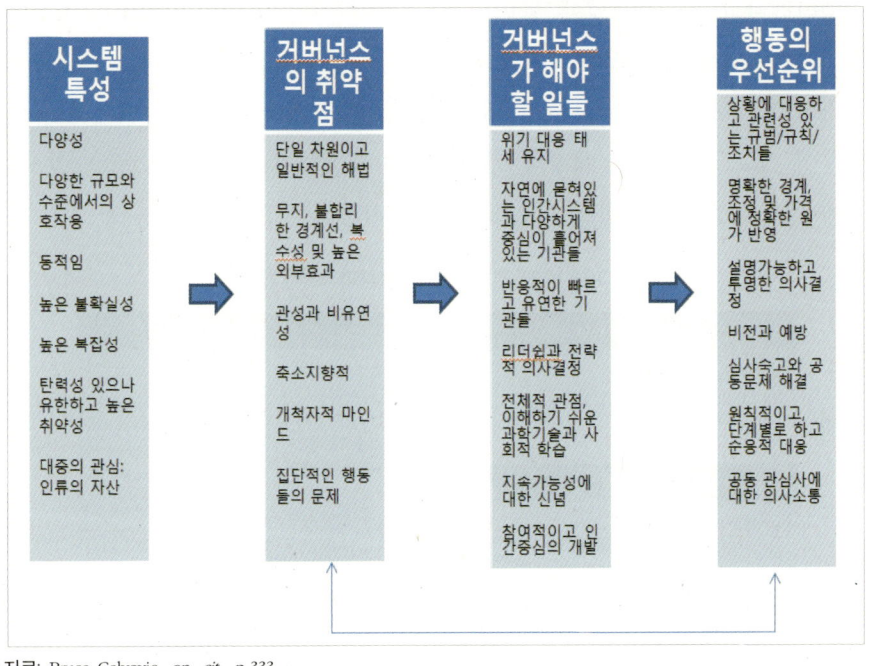

〈그림 14-1〉 해양 거버넌스 시스템에 대한 대처 방안

자료: Bruce Galvovic, *op. cit.*, p.333.

현재의 약탈적인 자원 이용을 막고 자원과 환경에 대하여 복원력 있는(resilient) 사회를 만들려면 이용자 모두가 최소한의 주인의식을 가져야 하고 공동으로 모여서 정보를 나누고 단계적으로 적응해 나가면서 지속가능성과 복원력을 가질 수 있게끔 해야 한다. 이를 위하여 '공통의 관심사'에 대한 소통 노력으로 신뢰를 키워야 하고 이로써 공유된 이해와 규범이 커가게 된다. 이리하여 '집단적 정신(community spirits)'을 키우면 이것이 사회적 자산(social capital)이 되어 협력과 순응적 거버넌스를 용이하게 할 것이다.

## 2) 해양정책 요소 변화와 평가

정책에는 여러 가지 요소들이 있다. 정책은 개인들이나 집단들의 변화를 모색하는데 이때에 변화시켜야 할 대상이 곧 '타깃(target)'이다. 예를 들어 연안의 질소 부하를 줄이기 위해 육상에서 농민들에게 비료를 줄이는 정책을 시행하겠다고 한다면, 그때 농어민들은 '타깃 그룹'이 된다. 법과 규정들을 통해 이를 수행할 기구가 있어야 하고 지방해양수산청이 그 일을 하는 조직이라면 지방해양수산청은 이를 담당할 조직기구가 된다. 이 정책에서 농어민들이 비료를 안 쓰면 재정적 인센티브를 제공하기로 방향을 잡았다면, 그 인센티브는 정책의 해법을 도출하기 위해 사용되는 도구(tools)가 될 것이다.

〈그림 14-2〉 정책 변화: 배경과 메커니즘

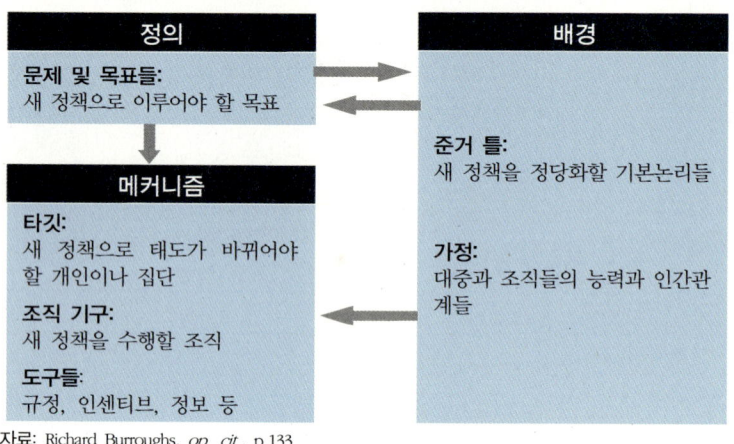

자료: Richard Burroughs, op. cit., p.133.

생태계기반관리(Ecosystem Based Management, EBM) 등 새로운 개념의 정책 도입 등으로 정책 변화가 필요한 경우가 있다. 이러한 경우에는 세 가지 단계의 정책 변화를 생각할 수 있다.[1234]

첫째는 전통적인 관리 시스템을 유지하면서, 즉 부문별 관리접근법(sectoral management)의 특성을 유지하면서 단순히 새로운 정책 목표를 달성하기 위한 기법만을 도입하거나 개선하는 것이다. 이것은 과거 기능 간 소통의 부재나

---

[1234] Richard Burroughs, Coastal Governance, Island Press, 2011, pp.131-132.

조정의 기능이 없어 급격한 해양오염 등의 문제 해결에 그다지 좋은 결과를 가져 오지 못했다. 그래서 부문 간 소통을 활성화시키자는 것이다.

둘째는 점진적인 변화를 하는 단계적 접근법(incremental approach)이다. 이것은 소규모로 기존 정책 시스템의 일부들을 바꾸어 그 결과를 평가하고 또 다른 변화 조치들을 도입하는 방식이다. 리스크를 줄이면서 부분적으로 시스템을 바꾸는 방식이다. 대부분의 정책 변화 시스템들은 이러한 방식을 취한다. 미국 등 선진국에서도 과거 1950년대에는 연안 석유·가스 개발 등 개발 중심으로 정책을 추진하다가 1970년대 들어 연안관리법 도입, 국가환경정책법(The National Environmental Policy Act), 수정된 대륙붕법(The revised Outer Continental Shelf Lands Act) 등을 통하여 환경 영향을 고려하는 방향으로 의사결정이 이루어진 바 있다.[1235]

〈표 14-1〉 미국에서의 주요 연안의 문제들과 관련 법률들

| 문제들 | 법률 | 목적 |
|---|---|---|
| 수질 | Clean Water Act | 국가 수역의 환경 온전성 유지 및 회복 |
| 쓰레기 | " | 인간의 건강과 환경 보호 |
| 준설 | " /Water Resources Development Act | 준설 물질들의 환경적으로 적절한 처리 및 비용 분담 |
| 연안 습지 | Clean Water Act | 연안습지의 순손실 방지 |
| 석유·가스·풍력 | Outer Continental Shelf Lands Act | 자연과 사회시스템과 조화된 에너지 개발 |
| 유류 오염 | Oil Pollution Act | 유류 오염 시 책임 당사자의 의무 이행 |
| 연안 개발 | Coastal Zone Management Act | 계획화와 용도구역을 통한 연안 보호와 개발 |
| 자연 재해 및 환경보호 | Coastal Barrier Resources Act, Flood Disaster Protection Act | 외곽 방파제 역할 도서의 개발을 억제 |
| 수산업 | Fishery Conservation and Management Act | 지속가능한 어획과 서식지 보호 |
| 유역(watershed) | Clean Water Act, Coastal Zone Management Act | 연안 수역에 영향을 미치는 토지 이용들을 통제 |

자료: Richard Burroughs, op. cit., p.25.

셋째로는 정책의 혁신적인 변화(fundamental change)를 가져오는 것이다. 이것은 문제의 성격이 강력한 해법을 요구하거나, 목표의 변화로 단계적 접근법을 넘어설 필요성이 제기되는 경우에 쓰인다. 이러한 것은 미국의 대공황, 인간의 달

---
[1235] Richard Burroughs, op.cit., pp.131-132.

착륙 등과 같이 기존 개념으로 수행키 어려운 일을 해야 할 경우에 채택된다.

공공정책 수행에 있어 정부가 관여(involvement)하는 수준은 여러 가지 형태를 띠게 된다.[1236] 첫째, 공공성이 높아 정부의 관여가 강한 곳에서는 규제를 하거나 허가를 내주거나 자세한 활동들을 감시할 수 있다. 때로는 하수종말처리시설처럼 서비스를 제공하기 위해 자체적인 기구를 설치하는 형태를 띠기도 한다. 둘째로는, 혼합적인 형태로 정부의 관여와 아울러 개인의 행태를 바꾸려는 비정부기구적인 수단과 혼합된다. 즉 보조금, 양여금, 조세 등이 활용되거나 교육, 정보, 서비스, 계약 등으로 개인들을 계도하려고 한다. 셋째로는 자율적인 것을 활용하는 방안으로 시장 등의 경제적 과정을 통해 바람직한 방향으로 행동이 변화되게 하거나 가족, 지역사회, 혹은 자발적 기구들을 통해 연안에 이익을 주는 방향으로 정책적인 유도를 하기도 한다. 이런 기제들이 잘 작동되는 환경을 조성하거나 이러한 정책 도구들을 익숙하게 다루는 것이 연안 문제들의 해결에 선결 요건이 되기도 한다.

정책의 평가는 뒤의 해양수산발전계획의 실행력 평가에서 보듯이 프로그램의 효율성(efficiency), 효과성(effectiveness) 및 형평성(equity) 등으로 이루어진다.[1237] 효율성은 단위당 원가 등의 척도로 평가되며 목표 달성에 어느 정도 노력이 투입되었는가를 평가하는 반면, 효과성은 프로그램의 영향력, 즉 목표 달성도로 평가된다. 해양 수질의 측면에서 보면 효율적 프로그램은 제거된 오염 단위당 얼마나 낮은 비용이 투입되었는가를 평가하고 효과적 프로그램은 수질 오염이 어느 정도 원하는 수준만큼 제거하였는가를 보는 것이다. 형평성은 이 경우 이러한 비용이나 혜택이 사회 전체에 어느 정도 균형되게 배분되었는가를 보는 것이다. 예를 들어, 수질오염 제거로 혜택을 보는 사람과 지불하는 사람은 동일한 부담과 혜택을 보아야 한다는 사회적 정의를 반영하기도 한다.

평가는 프로그램의 성과(outcomes)와 산출물(output)로 평가된다.[1238] 성과

---

[1236] Richard Burroughs, op. cit., p.17.
[1237] Richard Burroughs, op. cit., pp.26, 131-132.
[1238] Richard Burroughs, op. cit., p.27.

는 프로그램으로 인하여 얻는 효과로서 예를 들어 연안환경 관리의 경우 개선된 수질이 중요한 성과가 될 수 있다. 산출물은 규정, 계획, 정부 조직의 설치, 허가 등으로 바람직한 결과를 얻기 위해 정부나 기구가 취한 조치들을 의미한다. 이하에서는 한국의 해양 거버넌스 변화를 이러한 해양정책 요소들의 관점들에서 평가해 보고자 한다.

## 2. 한국의 시기별 해양 거버넌스 평가

### 1) 기구 통합 시기[1239]

우리나라의 해양관리 체제는 1996년도에 해양수산부가 발족함으로써 통합적인 체계로 변하였다. 우리나라는 대부분의 해양관리 기구들을 모아 하나의 기관인 해양수산부로 탄생시켰다. 즉 해운항만청, 수산청, 해양경찰청, 교통부 수로국 및 기타 다른 기관들을 통합한 것이다. 당시 정부는 정부 조직법(Government organization act)을 바꾸어 해양수산부가 수산, 해운, 항만, 해양환경 보전, 해양조사, 해양자원 개발, 해양과학기술 조사 및 개발, 해양 안전과 심판 등과 같은 기능을 맡도록 하였다. 이러한 정부 조직법에 의하여 해양수산부는 해양환경 관리 기능을 환경부로부터 받고 해양공간 관리와 매립 정책을 교통부로부터 받았다. 아울러 해양에서 경찰 기능과 해양 유류 오염을 막는 기능의 해양경찰청을 해양수산부 산하기구로 두게 하였다. 또한 새로운 기구로 해양정책 수립과 해양정책 조정 기능 등이 새로이 추가되었다.

#### (1) 통합해양정책

해양수산부가 1996년도 창설되면서 종합적인 해양정책을 수립하기 위하여

---

1239) 이러한 해양수산부 기능은 당시 활동한 '통합해양행정을 위한 워킹 그룹'에 의해 제시된 결과이었다.

해양과학기술 정책 위주로 구성된 해양개발기본법을 폐지하고 해양수산발전기본법을 2002년에 제정하였다. 이 법을 기반으로 해양수산부가 주도하여 2000년에 기 수립된 해양발전기본계획을 확대 발전시켜 범부처적인 제1차 해양수산발전계획(소위 Ocean Korea 21, OK21이라고 불림)을 수립하여 2004년부터 시행하였다. 이 계획은 2010년까지의 실천계획과 2030년까지의 비전을 담고 있다.

(2) 해양 지지계층 형성

해양수산부 설립 직전 292명이 사망한 1993년의 서해 페리호 사건, 1997년 1만 톤의 벙커 C-유를 유출시킨 여수 앞 바다 씨프린스호 사건, 1995년의 대형 적조 발생 등 많은 사건으로 인하여 해양수산 거버넌스의 개편 요구가 높았다. 이에 따라 1996년에 해양수산부가 창설은 되었으나 국민들의 해양에 대한 이해는 굉장히 피상적이었다. 이 때문에 해양수산부의 정책도 대중의 호응과는 거리가 멀었다.

1994년에 완공된 '시화호 매립지'는 시화공단에서 유출되는 각종 유해물질과 미처리 하수의 지속적인 유입으로 호수의 수질 환경 문제가 크게 발생하면서 정부와 환경단체, 지역민 간의 갈등이 심해졌다. 이어서 세계 최대인 33km의 방조제로 물막이를 마무리 지으려는 전북 '새만금 매립지'에 대하여 환경단체와 중앙정부, 지방정부, 학계 간의 갈등이 생기기 시작했다. 이러한 갈등은 점증하였고 연일 언론의 집중적인 조명을 받게 되었다. 이러한 과정에서 대중들은 해양환경의 중요성을 깨닫게 되었고 이러한 해양오염과 갈등들이 다시는 생기지 않게 체계적으로 해양환경을 보호해야 한다는 것을 자각하게 되었다.

이처럼 국민의 변화된 사고방식은 2007년 12월 씨프린스 호 사건 후 약 한 달 반 동안에 100만 명의 대중이 사고 현장에서 환경 정화를 위한 봉사활동에 자발적으로 참여함으로서 절정에 달하였다. 이와 함께 일반 대중의 해양영토에 대한 수호 의지와 제고된 인식도 독도 방문[1240] 등의 다양한 방식으

---

1240) 독도 관광 루트가 2005년 개설된 이래 2013년 4월 19일 현재까지 100만 명 돌파. 조선, 2013. 4. 19.

로 표출되고 있다. 이들은 우리나라에서도 해양정책에 대한 대중의 지지층이 상당히 많이 형성되고 있음을 보여주는 사례들이다. 따라서 과거에 비해 상당 부분의 해양정책이 대중의 지지와 합의 형성 속에서 이루어지는 부분이 늘어나고 있다.

### (3) 조정 능력 강화

1996년 해양수산부 설치 후 각 부처들과의 정책 조정은 해양수산부를 중심으로 원만히 이루어져 온 것으로 판단된다. 특히 국가 해양정책의 기본으로 해양 관련 부처가 참여하여 만든 해양수산기본법과 해양수산발전계획을 근간으로 하여 항만 개발, 어항어촌 개발, 수산진흥계획, 해양과학기술기본계획, 연안관리계획, 해양환경관리종합계획, 환경관리해역계획, 공유수면매립 기본계획, 연안정비계획, 해양관광진흥기본계획 등을 해양수산부가 수립하여 시행하였다.

〈표 14-2〉 해양행정 기능 관련 부처간 기능 이관 요구 내용

| 해양행정 관련 기능 | 기능 갈등 부처 현황 ||
|---|---|---|
| | 담당 부처 | 이관·요구 부처 |
| 대륙붕 및 EEZ의 석유·가스 등 해양자원 개발 | 산업자원부 | 해양수산부 |
| 조선산업 | 〃 | 〃 |
| 해양관광산업 | 문화관광부 | 〃 |
| 해상국립공원 지정 및 관리 | 환경부 | 〃 |
| 기상 행정 | 기상청 | 〃 |
| 수입수산물 검사 | 식품의약안전청 | 〃 |
| 도서 개발 | 행정자치부 | 〃 |
| 어업생산통계 | 통계청 | 〃 |
| 근해어업 허가 | 지방자치단체 | 〃 |
| 항만 건설 | 해양수산부 | |
| 해양환경 보전 | 〃 | 환경부 |
| 습지보전관리 | 〃 | 〃 |
| 수산 행정 | 〃 | 〃 농림부 |
| 내수 및 수출 수산물 검사 | 〃 (수산물품질검사원) | 식품의약안전청 |
| 경정 | 문화관광부 | 해양수산부 |

자료: 임승빈, 「해양경제시대의 해양수산행정」, 『신해양시대 신국부론』, 나남, 2008. 1, p.494.

특히 해양환경관리종합계획, 환경관리해역계획 등은 해양수산부, 환경부, 지역 정부, 대학 등의 협조로 잘 이루어져 왔고 강, 호수, 바다 등에서의 유류 오염 등도 해양수산부와 환경부가 양해각서를 체결하여 운영해 왔다. 크루즈 관광, 요트 및 마리나 개발 등을 둘러싸고 해양수산부와 문화관광부가 대립하였으나 당시 해양수산부는 문화관광부와 양해각서를 체결하여 이 부분에서 역할 분담이 잘 이루어지게 되었다. 그러나 2008년 해양수산부가 국토해양부와 농림수산식품부 등으로 갈라지면서 부처 간 기능 이관에 대한 갈등도 노정되었다.

### 2) 해양수산부(MOMAF) 해체 시기(2008~2012)의 평가[1241]

2008년도에 이명박 정부가 들어서면서 해양수산부는 정보통신부, 과학기술부 등과 함께 새로운 부처로 통폐합되어 수산은 농림수산식품부로, 나머지 기능은 국토해양부로 흡수되었다. 이로 인한 이명박 정부 기간 해양 거버넌스 상의 변화는 다음과 같다.

#### (1) 통합 해양정책

통합 해정정책의 구현은 주로 해양수산발전계획으로 이루어졌는데 2008년 해양수산부 해체로 수산 분야가 빠짐으로서 해양정책은 농림수산식품부, 국토해양부로 이원화되었다. 국토해양부가 관할하는 「해양수산기본법」 제6조에 해양수산 분야의 기본계획으로 매 10년마다 해양수산발전기본계획을 수립·시행하도록 되어 있다. 그러나 이 법안에서 수산 진흥 관련 조항(제25조), 수산 기술 진흥(제26조), 어촌의 개발(제27조)은 2008년에 해양수산부가 없어지면서 삭제되었다. 2009년 5월에 「농어촌기본법」이 개정되면서 수산어촌계획은 농어촌기본계획에 포함되어 수립되는 것으로 바뀌었다. 따라서 당

---

[1241] 필자가 다음 글을 중심으로 재정리한 것임. Sung Gwi Kim, "The Impact of Institutional Arrangement on Ocean Governance: International trends and the Case of Korea", *Ocean & Coastal Management* Vol.64, Aug.2010, pp.47-55.

시 국토해양부가 성안한 제2차 해양수산발전기본계획에서 수산업 분야는 빠진 채 2010년 12월 국무회의를 통과하여 제2차 해양수산발전계획(2011-2020)이 확정되었다. 즉 수산 부분은 빠진 채로 국가 해양계획이 시행되고 수산업은 「농어촌기본법」에 의해 농어촌 등과 함께 별도의 계획에 포함되어 이원화된 채로 시행되게 되었다.

(2) 지지 계층 형성

해양수산부 시절 매년 5월 31일 해양의 날 행사는 해양수산부 해체 후에는 국토해양부에서만 시행되었고 농림수산식품부에서 새로이 만든 어업인의 날(4월 1일)과 분리되어 열리게 되었다. 2012년 여수엑스포 등의 국제적 행사도 거의 국토해양부 주도하에 거의 일방적으로 추진되었다. 각종 해양단체, 수산단체도 양 부처가 나누어 관할하도록 하여 정책적 지지층의 결집력을 잃게 되었다.

(3) 조정 능력

2008년 해양수산부(MOMAF) 해체 이후 강력한 해양위원회 등의 조정 조직이 부재하여 부처 간 갈등이 심해졌다. 해양환경, 해양생물종 관리, 습지 정책 등 각종 정책에서 다음과 같이 부처 간 갈등이 나타났다.

가. 부처 간 해양 업무 갈등

해양환경은 국토해양부에 그 기능이 있고 해경에서 오염 방제에 관한 업무를 하고 있으나 당시 수산을 맡은 농림수산식품부에서 그 기능의 이관을 요구하였다. 그 이유는 수산자원 관리가 해양환경과 밀접하게 연관되어 있기 때문이라고 주장했다. 특히 국토해양부에서는 해양폐기물 정화사업 등의 일을, 그리고 농림수산식품부에서는 쓰레기 수거 등 연안 어장 환경 개선 사업, 어장 정화사업을 시행하여 이러한 사업이 부분적으로 중복되어 갈등이 심하였다. 따라서 농림수산식품부는 해양환경이 궁극적으로 수산자원을 잘 관리하기 위한 것이라며 전체 해양환경 사업 이관을 요구하였다.

〈표 14-3〉 해양 부처 분할에 따른 부처 간 갈등 내용(2008초~2013초)

| 해양정책 갈등 내용 | | |
|---|---|---|
| 분야 | 농림수산식품부 | 국토해양부 |
| 해양(어장) 환경 보전 | 양식장, 구획 어장, 근해 어장 | 항만, EEZ 해양 환경 관리 |
| 해양(어장) 환경 개선 | 연근해 조업 어장 폐어망 수거 | 조업중 인양한 해양폐기물 수거 |
| 해양자원 관리 | 「농어업유전자관리법」을 「농수산생명자원의 보존·관리 및 이용에 관한 법률」로 개정(2011) | 「해양생명자원의 확보·관리 및 이용 등에 관한 법률」 제정(2012) |
| 바이오매스 활용 | 해조류 바이오매스 활용 및 R&D 추진 | 해양생물(미세조류, 해조류) 바이오매스 활용 및 R&D 추진 |
| 연안 모래 채취 허가 | 반대(어장 보전 위해) | 찬성 |

자료: 여러 자료를 필자가 정리

유사하게 갯벌과 습지관리에 있어서도 농림수산식품부에서는 「수산업법」에 따라 갯벌에 대해 마을어업권 등을 부여하고 있다. 그러나 국토해양부에서 「습지보전법」에 따라 갯벌을 습지보호지역으로 지정·관리하고 있어 갯벌의 합리적인 이용과 개발 정책에서 상당한 중복과 갈등이 노정되었다.

해양자원을 둘러싼 갈등도 노정되었다. 국제적으로 해양자원의 바이오매스 이용과 유전자원 등의 활용을 규율하기 위하여 생물다양성협약, 특히 당시에는 해양바이오 유전자원의 국제적 규율을 위한 「나고야 의정서」가 시행되기 직전이었다. 따라서 이러한 자원의 활용에 따른 국내 규정을 만들고 이행해 나가기 위한 국내 대비가 필요하였다. 이에 대하여 국토해양부와 농림수산식품부가 「해양생명자원관리법」, 「수산생명자원법」을 각각 제·개정하면서 부처 간 대립이 심각하게 일어났다.

나. 해양수산부 각종 정책의 위축 및 관련 조직의 입지 축소

해양 분야는 거대 부처인 국토해양부에 소속되면서 국토 이용 및 건설, 교통, 부동산 등 국가의 거대 정책 부서들과 합쳐지면서 정책의 우선순위가 이들에게 밀려 정책적 입지가 크게 좁아지는 처지가 되었다. 아울러 부서에 있어서도 해운항만은 물류항만국 소속으로 물류와 함께 편성되어 순수한 의미

의 해양 조직으로서의 특색은 퇴색되었다. 또한 순수하게 해양으로 남아있는 부분은 해양정책, 해양환경, 해양연구개발, 해양신산업개발 등이나 당시 정부에서 부동산 대책, 국책 사업인 4대강 사업 등 굵직한 현안 때문에 해양은 예산 및 조직 우선순위에서도 밀려났다.

농림수산식품부로 이관된 수산의 경우도 거대 산업인 농업, 식품 등의 위세에 눌려 각종 예산 사업 및 조직 우선순위에서 밀려났다.

정부의 인식 측면에서도 해양 분야에 대한 인식은 크게 떨어졌다. 즉 당시 새 정부 들어 없어진 부서로는 해양수산부를 포함하여 과학기술부, 정보통신부 등이 있었는데, 이 후자들은 모두 예산 조정권을 갖는 과학기술위원회, 정보통신위원회 등으로 부활하여 관련 분야의 통제 및 조정력을 발휘할 수 있는 체계를 다시 갖추었다. 그러나 해양 분야에서는 전혀 이러한 조정·통제 능력을 갖는 기구가 만들어지지 못하여 언급된 바와 같이 해양 분야를 둘러싼 갈등이 부처 간에 지속되거나 업무 중복 등이 계속 일어났다. 이러한 측면에서 최근 미국이 시행한 것과 같이 강력한 국가해양위원회 등 종합조정기구의 필요성도 제기되었다.

국토해양부나 농림수산식품부와 같이 다기능으로 이루어진 행정기관으로 개편되면서 해양과 수산의 비중은 예산과 조직 측면에서 크게 낮아졌는데 특히 예산이 지속적으로 줄어들었다.

〈표 14-4〉 년도별 해양수산 예산 변화

| Year | 해양부문*(십억 원, 국토해양부(MLTM) 전체 대비(%)) | 수산부문(십억 원, 농림수산식품부(MIFAFF) 전체 대비(%)) | 비고 |
| --- | --- | --- | --- |
| 2007 | 2,098.3(10.5%) | | MOMAF 당시 |
| 2008 | - | 1,413.3 (MIFAFF 전체 예산중 10.3%) | MLTM & MIFAFF |
| 2009 | 2,124.6(11.4%) | 1,333.0 | MLTM & MIFAFF |
| 2010 | 1,856.5(10.8%) | 1,357.1 | MLTM & MIFAFF |
| 2011 | 1,606.3(10.4%) | 1,298.8 (MIFAFF 전체 예산중 8.7%) | MLTM & MIFAFF |

자료: 해양부문은 국토해양부 예산자료(http://www.mltm.go.kr/USR/budget/m_90/lst.jsp), 수산은 SEA& 2011. 11, p.56. 참고. *; (해운·항만+해양환경)의 수치임.

앞서 언급한 대로 2010년 시행이 확정된 제2차 해양수산발전계획(Ocean Korea 21, 2011-2020)에서 수산 관련 계획(어장관리기본계획, 수산진흥종합대책, 어촌·어항 발전기본계획 등)은 제외되었다. 따라서 제2차 OK21의 실효성이 전보다 많이 떨어질 수밖에 없었다.

과거 해양수산부 체제하에서는 이런 문제가 최소화되었으므로 따라서 해양 조직의 재통합화가 요구되었던 것이다.

〈표 14-5〉 해양수산 분야의 통합 전후 해양관리 내용 비교

| 해양관리 요소들 | 해양수산부 시절 (1996-2007) | 해양수산부 해체 후(2008-2012) |
|---|---|---|
| 해양정책<br>(Ocean policy) | - 해양수산발전기본법이 모든 해양 활동 포함.<br>- 제1차 해양수산발전계획에 모든 해양 활동 포함하여 계획 수립·시행<br>- 대부분의 하위 해양수산발전계획들을 해양수산부가 계획 수립·시행 | - 해양수산발전기본법에서 수산업 제외<br>- 제2차 해양수산발전계획에 수산업 제외하고 계획 수립·시행<br>- 하위계획이 국토해양부와 농림수산식품부 사이에 나누어 계획 수립·시행 |
| 조정과 협력<br>(Coordination & cooperation) | 관련 기관들 중에 협력과 조정 증진 | 갈등 증가 특히 해양환경, 해양바이오자원, R&D정책 등에서 갈등과 충돌 증가 |
| 지지층 형성<br>(The constituency) | 공동의 지지층이 형성되고 해양의 날을 공동으로 지킴 | 지지층과 기관이 수산업과 해양 쪽으로 나누어지고 지지층 감소, 어업인의 날 별도로 설정 |
| 기구 조정<br>(Institutional arrangement) | - 해양행정조직 유형은 4번째 유형(Type 4)으로 수산업, 해양산업, 연안관리 등으로 통합 구성되어 통합 해양관리에 긍정적임<br>- 기존 조직 확장보다 새로운 형태의 해양수산부 창설 형식 | 기능이 다시 분산되어 법, 제도, 계획 등의 분할과 상호 갈등 및 여러 가지 상충 요인 증대 |

필자가 각종 자료를 종합하여 작성함.

(4) 문제점

한국은 정부 구조가 5년 단위 단임 대통령제도라서 5년마다 새로운 대통령을 뽑으면서 정부 구조 개편이나 조정을 실시하고 있다. 따라서 모든 정부 부처는 5년마다 재평가를 받는 구조이다. 그래서 기존의 해양수산부와 같이 부처의 정체성이나 업무의 내용이 타부서와 중복되거나 빈약한 경우에는 통폐합의 대상이 될 가능성이 대단히 높다.

따라서 당시에는 해양부처를 2-Track으로 하여 통합된 해양부서의 신설이 이루어지거나 이것이 어려운 경우에는 조정 기능이 높은 해양위원회 제도 운영이 필요해 보였다. 해양수산부가 재설치된 지금으로서는 1차적으로는 해양 핵심 기능과 새로운 필수 기능들의 발굴 등 지속적인 해양수산부의 업무 영역 확대와 혁신이 이루어져야 5년마다의 정권교체 시에도 생존할 수 있을 것이다.

## 3. 해양수산발전계획의 내용과 평가

본 절에서는 세계 각국의 해양 관련 계획과 대비하여 우리나라 해양수산 발전 계획 내용을 살펴보고 기존 시행 결과를 평가하고자 한다.

### 1) 국가별 해양수산계획의 유형과 특성[1242]

EU는 2006년경부터 해양환경 보호를 위한 해양전략과 EU 해양 이용 관리를 위한 통합 해양정책(Integrated Maritime Policy for EU) 개발에 노력해 왔다. 특히 해양환경 정책 분야에서 멤버 국가들에게 공동체의 행동강령이 되고 지정된 책임과 의무들, 그리고 지켜야 할 시간 계획 등을 담은 행동 계획인 Marine Strategy Framework Directive(MSFD)를 2008년에 제정하였다.

캐나다는 2002년 캐나다의 해양전략(Canada's Ocean Strategy, COG)을 발표한 후인 2005년 6월 해양행동계획(Ocean Action Plan, OAP)을 발표하여 두 가지 수준에서 통합관리의 개발을 위한 가이드라인을 제공하였다. 하나는 지역의 문제를 다루는 연안관리지역(Coastal Management Areas)이고, 하나는 '동스코시아 대륙붕 통합관리안(East Scotian Shelf Integrated Management Initiative)'와 같이 보다 더 크고 복잡한 해양 이용 지역들에 대한 통합관리에 대처하고자 하는 5개의 해

---

[1242] 본 절은 다음 논문을 중심으로 정리한 것임: Sung Gwi Kim, *op. cit.*, pp.47-55.

양관리지역들(Large Ocean Management Areas, LOMAS)에 대한 관리 계획들이다.

2010년 7월, 미국 대통령은 「행정명령 13547」에 사인하였는데, 이는 그의 해양정책 태스크포스로부터의 권고안을 수용하고 생태기반 '연안 및 해양 공간계획(Coastal and Marine Spatial Plan, CMSP)' 수립을 요구하는 등 국가 해양정책 수립에 관한 것이었다. 새로이 2010년 설립된 미국의 국가해양위원회(National Ocean Council, NOC)는 CMSP를 지도, 조정 및 통제하고 국가 해양정책 이행 계획 및 해양 공간계획 가이드 등을 발표하였다. 이 위원회는 9개 지역 계획, 모든 개별 주와 미국령 영지들(territories)의 계획을 조정하고 통제할 책임이 있다.

호주는 1998년에 호주 해양정책(Australia's Ocean Policy, AOP)를 발표한 후 이 AOP에 따라 주 등 지역의 해양 계획 수립 과정을 포괄하는 다수의 연안 및 해양 계획안들을 연달아 수립하였다. 남동지역 해양 계획(South East Regional Marine Plan)은 2004년에 AOP하에서 시행된 첫 지역 해양 계획이었다.

일본은 2007년에 해양개발기본법 제정에 이어 2008년에 1차 해양개발기본계획을 수립하고, 해양에너지 및 광물자원 개발계획, 원격 도서관리 기본계획, 해양교육계획 등 부문별 계획을 수립하였다. 2013년에는 2차 해양개발기본계획이 수립되었다.

중국은 2006년 제11차 국가발전계획(2006-2010)과 제1차 해양계획, 2011년 제12차 국가발전계획(2011-2015)과 제2차 해양계획(2011-2015)을, 2016년 제3차 국가발전계획 및 해양계획(2016-2020)을 각각 재수립하여 시행하고 있다.

우리나라도 제1차 해양수산발전계획이 2000년 이후 수립되어 이에 의거한 각종 부문별 세부계획에 의해 시행되고 있고 2011년 이후부터 제2차 계획이 시행 중이다. 이와 같이 세계의 해양 개발 계획은 2가지 유형으로 대별된다.

첫째 유형은 국가연합인 EU와 미국, 호주, 캐나다와 같은 연방국가들의 경우에는 지도적인 정령(directive), 전략 혹은 MSFD(EU), AOP(호주), OAP(캐나다), CMSP 가이드(미국) 등과 같은 전략이나 전반적인 전략 지침들에 의해 주도되고 있다. 이들은 대개 EBM, MSP, ICM, MPA 등 각종 해양환경 관리 도구(tool)들이 기본이 되고 해양산업이 부수적으로 포함되기도 한다. 이러한 전략이나 계획 지침들에 의해 미국의 주, EU 국가들, 캐나다나 호주의 광역 해양관리계획(LOMA)들이 자체적인 계획들을 수정해 나가고 있다.

둘째 유형은 한·중·일처럼 중앙정부의 권한이 강한 국가들이 스스로 자국의 법령이나 지도 지침에 의거하여 기본적인 해양개발계획을 수립하여 시행하는 유형이다. 특히 이러한 기본적인 계획에 따라 부처별 혹은 부문별 세부 계획을 수립하여 시행해 나가는 것이 특징이다. 부문별 계획의 경우에는 해양산업 진흥, 해양자원 개발, 연안관리, 해양 R&D 계획 등이 주도하며 부가적으로 해양환경계획도 함께 시행된다. 중국의 경우에는 해양 계획과 더불어 연안의 해양 특구 혹은 전국 연안 기능구 개발 계획도 추가되어 공간 계획이 같이 활용되고 있다. 해양 영역에서 세계의 계획 수립 유형을 요약하여 살펴보면 다음과 같다.

유형 1) 국가연합, 연방국가들의 계획 지침들 : EU, 미국, 호주, 캐나다
    주 및 지역별로 하위 계획을 수립하여 시행하는 유형
유형 2) 중앙정부 주도의 종합 해양계획 수립 :
    유형 2-1) 일본, 한국: 종합 계획하에 부문 계획 수립 시행
    유형 2-2) 중국 : 종합 계획하에 부문 계획과 공간 계획 병행 수립 시행


## 2) 우리나라 해양수산발전계획의 기본 성격과 제1·2차 계획

### (1) 계획의 성격

해양정책은 비전의 수립과 문제들의 확인, 정책 옵션, 계획 프로그램의 채택, 시행과 재평가 등의 과정 사이클을 거쳐 이루어진다는 것은 이미 언급된 바와 같다. 우리나라에서는 대표적인 해양 계획 프로그램으로 해양수산발전계획(OK21)이 있다. 이는 국가의 향후 10년간의 해양개발의 근간이 되는 계획이고 해양정책의 기본 방향을 제시하는 계획으로, 「해양수산발전기본법」 제6조에 의거하여 만들어진 계획이다. 제1차 계획은 기본적으로 2001년부터

2010년까지 적용되었으며 제2차 계획은 2010년 말 국무회의를 통과하여 2011년부터 2020년까지 적용된다. 관계부처는 이 계획에 따라 매년 연동계획을 작성하여 시행하여야 한다. 또한 이 계획에 따라 정부는 다음 〈그림 14-3〉과 같이 각종 하위 계획들을 작성하여 시행하여야 한다.

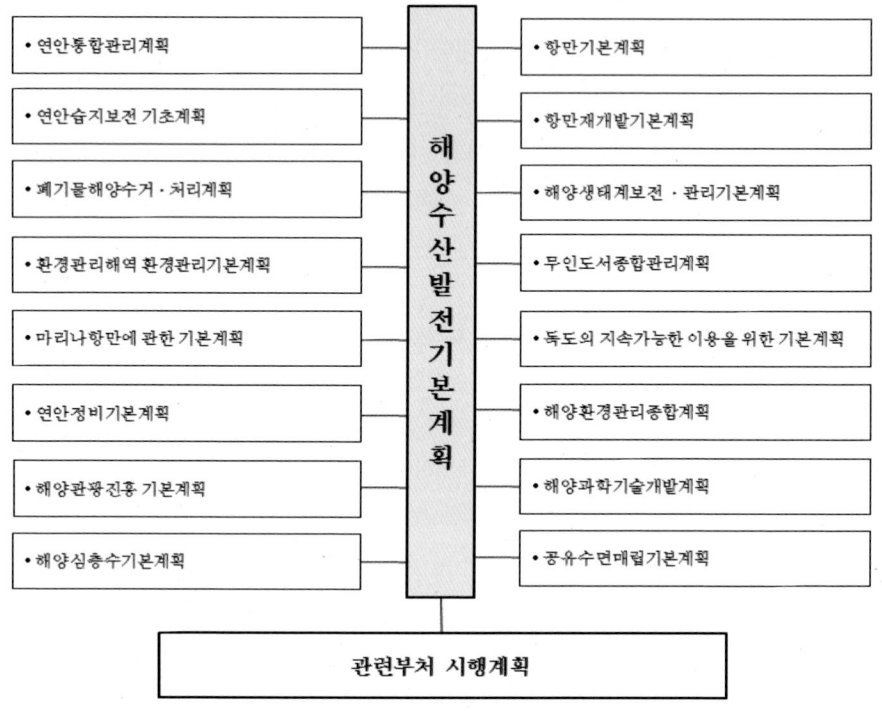

〈그림 14-3〉 제2차 해양수산발전계획과 다른(혹은 하위) 계획과의 관계

자료: 국토해양부, 「제2차 해양수산발전계획」(2011-2020), 2010. 12, p.6.

(2) 1차 해양수산발전계획(2001~2010)[1243]

과거 1차 계획 시에는 여러 가지 분야에서 주요 업적들이 많이 이루어졌다. 해운항만 분야에서는 당시 동북아 물류중심국가를 달성하기 위하여 부산신

---

[1243] 당시 해양수산부 차관이었던 홍승용 박사(전 인하대/덕성여대/중부대 총장)가 주도하여 각계 전문가들과 함께 계획을 수립함.

항, 광양항 등의 건설에 힘을 기울였고 아울러 선박기금 및 톤세 제도 도입, 평택항, 대산항, 군산항 등 서해안 시대에 대비한 서해 항만들의 건설 강화 등 항만 개발 사업들이 많이 이루어졌다. 수산 분야에서는 지역별 목장화 사업을 도입하여 자원의 증식에 크게 기여를 하였고, 한·중·일 어업협정 체결에 따른 근해 어선 감척, 소득 증대를 위해 어촌 체험관광을 도입하고 어항어촌의 다기능화 전환, 수산물의 남북 교류 등이 이루어졌다.

해양정책 분야에서는 연안환경의 개선을 위하여 육상기인 오염을 통제하기 위하여 마산만 오염총량제 도입, 2000년 습지보전법 제정에 따른 연안갯벌의 보존지역 확장, 해양생태계보전에 관한 법률 제정 등 새로운 제도의 도입과 보완이 이루어졌다. 그리고 제1차 연안관리계획이 수립·시행되어 중앙연안관리계획에 따라 각 시군이 지역연안관리 지역계획을 수립하여 시행하였고 2008년에 「무인도서 관리에 관한 법」을 제정하여 무인 도서를 용도에 따라 보존과 관리할 수 있는 체계를 조성하였다.

〈표 14-6〉 제1차 해양수산발전계획(OK21)의 성과

| 분야 | 성과 |
| --- | --- |
| 체계적인 해양영토 관리 기반 구축 | - 도서, 배타적경제수역(EEZ), 해외거점 해양기지 등 우리 해양영토의 실효적 관리 기반 구축하고 해양주권을 강화<br>*연안의 지속가능한 개발을 위해 통합 관리체제를 구축하고 깨끗하고 쾌적한 해양환경 관리를 위한 제도적 기반 확충 |
| 동북아 물류중심 항만 선점 및 기반 확충 | - 급증하는 동북아 물동량 흡수를 통한 동북아 물류중심 실현을 위하여 부산·광양항을 동북아 물류허브항만으로 집중 육성<br>- 국내 항만의 국제경쟁력 제고를 위해 항만물류시스템을 선진화 |
| 지속가능한 수산업 및 어촌활성화 기반 마련 | - 수산자원 회복 등을 통해 지속가능한 어업 여건을 마련하고, 안정적 식량자원 확보를 위한 원양산업 발전 기반 구축<br>- 수협 구조조정 등 수산업 경영안정을 지원하고 어촌관광 활성화를 통한 새로운 소득원 개발 및 수산식품의 안전성 관리 강화 |
| 해운서비스산업 및 해양안전관리시스템 선진화 | - 선박 조세, 금융 등 국내 해운제도의 선진화를 통해 세계적으로 개방화된 해운산업의 국제 경쟁력을 지속적으로 강화<br>- 선진 해양안전 관리체제 구축을 위한 인프라를 구축하고 해사안전 분야 세계화 기반 조성 |
| 고부가가치 해양산업 창출기반 조성 | - 해양과학기술(MT) 확보를 위한 국가 장기 로드맵을 수립하고 인력, 장비 등 해양과학기술 인프라를 지속적으로 확충<br>※ 해양과학기술 개발계획 : 2004년~2013년간 3조 1천억 원 투자<br>- 고부가가치 신해양산업으로 해양관광 활성화를 위한 단초를 마련하고, 전 국민적 해양의식 함양에 주력 |

자료: 국토해양인재개발원, 해양정책 교육자료, 2012, pp.51-52.

해양문화관광 분야에서는 부산, 제주도 등에 국제 크루즈 전용항을 건설·조성하고 「마리나항만 개발에 관한 법」을 제정하여 마리나 개발의 기틀을 닦았다. 아울러 부산에 국립해양박물관 조성 작업에 착수하였고, 갯벌 체험, 철새, 고래 등 연안 생태관광, 어촌 체험관광 등 다양한 해양관광의 기초를 조성하였다. 아울러 해양교육 시범학교 지정 및 운영, 2012 여수 해양엑스포 유치 및 준비 등 다양한 해양교육, 문화, 홍보 및 의식 강화 사업을 시행하였다.

(3) 제2차 해양수산발전계획(2011~2020)의 내용[1244]

제2차 해양수산발전계획은 예상되는 미래 10년간의 여러 가지 여건에 맞추어 새로운 계획이 성안되도록 하였다. 특히 높아져 가는 고령화 추세, BRICs 등의 등장과 자원 수요 폭증, 수출의 대미 의존도 감소와 대중 의존도 증대에 따른 물류산업 구조의 변화, 3만 달러 시대 도래에 따른 웰빙산업 증대 및 고급 해양레포츠 증대 등 다양한 여건 변화를 반영하여 계획이 수립되었다.

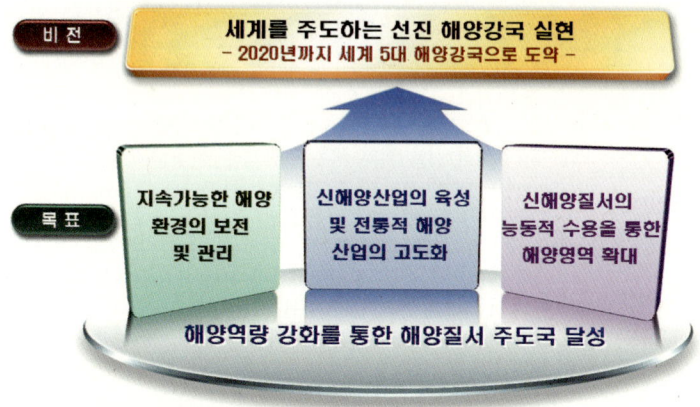

〈그림 14-4〉 제2차 해양수산발전계획의 비전과 목표

자료: 국토해양부, 『제2차해양수산발전계획』, 2010. 12.

앞에서 언급한 바와 같이 제1차 계획에서는 수산 분야가 포함되었으나 2008년 신(新) 정부가 해양수산부를 폐지함에 따라 국토해양부가 관할하는 「해양

---

[1244] 본 절의 내용은 국토해양부(『제2차 해양수산발전계획 연구』, 2010)의 내용을 중심으로 정리한 것임. 본 2차 계획은 필자가 연구를 주도하였으며 여기에 그 내용을 간단히 소개함.

수산발전기본법」에서 수산 분야가 빠지면서 2차 해양수산발전계획에서도 수산 계획은 제외되었다.

제2차 OK21 계획에서는 세계를 주도하는 해양강국으로서 2006년 기준 12위[1245]의 해양강국에서 장차 '세계 5대 해양강국'이 되는 비전을 설정하고 이를 위해 '지속가능한 해양환경의 보전 및 관리', '신해양산업 육성과 전통적 해양산업의 고도화', '신해양질서의 능동적 수용을 통한 해양 영역 확대' 등의 3대 목표를 설정하였다.

이를 달성하기 위한 5대 전략은 다음과 같았다.

- 건강하고 안전한 해양 관리·이용
- 신성장동력 창출을 위한 해양과학기술 발전
- 미래형 고품격 해양문화관광의 육성
- 동아시아 경제 부상에 따른 해운항만 산업의 선진화
- 해양관할권 강화 및 글로벌 해양기지 개척

5대 추진 전략에 따른 5대 분야의 중점 추진 과제는 〈표 14-7〉과 같고 그 분야별 내용은 아래와 같다.

먼저 건강하고 안전한 해양 관리·이용을 위하여 과거 1차 계획에서 육상기인 오염원 중 공장폐기물 및 생활하수 처리율이 80% 가까이 이루어져 이제는 육상 비점 오염원의 통제에 주력하고 적조, 청조(산소결핍증) 등에 대비한 새로운 해양환경 보전 사업에도 주력하고자 하였다. 또한 현재 국토의 10%에 달하는 해양보호구역을 2020년까지는 20% 정도로 높이고 각종 모니터링, 조사 등을 통하여 실효적으로 해양환경이 관리되도록 하고자 하였다. 1차 계획 시 수립된 통합연안관리(Integrated Coastal Management, ICM) 계획은 실효성을 높이기 위하여 매립, 해역 점사용 등을 줄이고 훼손된 자연해안을 복원하는 등 자연해안의 비율을 제고하려는 자연해안 관리목표제 도입, 토지와 같이 적성 평가를 통하여 특화된 이용이 가능케 하는 19개 연안기능구 도입

---

[1245] 해양수산부/미국 Arthur D. L.사, 『미래 국가 해양전략』, 2006.

등 신제도를 도입하여 실효성을 강화하도록 하였다.

또한 기후변화와 관련하여 해수면 상승에 따른 연안 침식과 침수 등 연안재해에 대비하기 위한 대책 수립, 연안 완충구역 설치, 연안 취약지구 관리 등의 대책이 수립되도록 하고 있다. 아울러 해상 안전을 도모하기 위하여 e-navigation, 효율적인 해상교통관제시스템(VTS) 도입 등을 통하여 해상안전관리 분야의 선진화, 첨단화 및 국제화 등이 계획되고 있다.

해운항만 분야에 있어, 한·미주 간 교역 물량 비중이 높았던 과거에 비해 최근에는 동아시아 간 교역 물량이 훨씬 커지게 되어 항만의 건설 개념도 이에 맞추어져 동아시아 지역 간 교역을 지원하는 시스템으로 바뀌게 되었다. 이에 따라 종전에는 동북아 물류중심국가를 구축하기 위하여 주로 부산신항, 광양항 등 컨테이너 항만시스템 구축에 주안점을 두었으나 2차 계획에서는 각 지역 항만을 곡물, 유류(울산, 여수 등), 철광석 등 특화된 항만 시스템으로 조성해 나가는 데 주력하는 것으로 계획되었다. 아울러 지방 항만의 효율적 운영을 위하여 1차 기간에 구축된 지방항만공사를 더욱 효율화를 하는 데 노력하고 과거에는 항만 건설·운영을 중앙 정부에서 도맡았으나 향후에는 항만 건설은 중앙정부에서, 그리고 운영은 지방정부에서 맡도록 이원화함으로써 지방정부의 항만 운영 능력 제고를 위한 방안이 계획되었다. 항만의 정비와 재개발, 그리고 효율적인 활용을 위하여 항만 정비와 친수공간 조성, 배후 물류단지 확대 조성 등도 계획하였다.

해양과학기술 분야에서는 선진국과 약 8년 정도의 기술격차가 나고 선진국들에 비해 80%의 기술력을 보유하는 데 그치고 있어, 향후 10년 내에 기술력 수준을 90%까지 도달하도록 목표를 설정하였다. 이에 맞게 분야별 기술력을 강화하되 이산화탄소 배출을 줄이는 녹색기술, 기후변화 대비 기술 등이 해양과학기술과 접목되도록 계획하였다. 특히 해양신자원 개발을 위하여 해저자원 개발, 망간단괴, 해저 가스하이드레이트 등 광물자원 개발, 파력, 풍력, 조력 등 해양신에너지 개발 등을 통한 신성장 동력 발굴이 해양과학기술 개발을 통해 보다 강화되는 것으로 계획되었다.

해양문화관광 분야에서는 국내에 있는 다양한 해양관광 자원인 섬, 갯벌,

<표 14-7> 분야별 중점 추진 과제 현황

| 분 야 | 중점 추진 과제(수) |
|---|---|
| 해양 관리·이용 분야 | 1. 해양오염원의 통합적 관리체제 정착(4)<br>2. 해양생태계 서비스 질적 제고 방안 마련(4)<br>3. 통합적인 연안·해양 공간관리 기반 구축(3)<br>4. 연안지역 기후변화 적응-복구 체제 구축(3)<br>5. 해상안전관리체제의 선진화 및 첨단화(6) 및 해사안전 분야 국제화(3) |
| 해운항만산업 분야 | 1. 세계해운시장 주도 및 국제협력강화(3)<br>2. 경쟁력 있는 항만물류기업 육성(2)<br>3. 녹색 해운·항만의 실현(2)<br>4. 세계 초일류 허브항만 구축(5)<br>5. 친환경 레저 도시형 부가가치 항만개발(2)<br>6. 항만의 지방 이관에 따른 항만개발관리 시스템 구축(2)<br>7. 항만운영의 효율화 추진(4) 및 해사 인력 양성(2) |
| 해양과학기술 분야 | 1. 미래 해양자원 개발(4)<br>2. 해양산업의 핵심기술 개발(3)<br>3. 녹색성장을 위한 해양환경 보전 및 탐사 핵심기술 개발(4)<br>4. 해양과학의 기술개발 역량 강화(5) |
| 해양문화관광 분야 | 1. 다양화 해양레저활동 발굴 및 육성(3)<br>2. 해양관광자원의 보전과 이용(3)<br>3. 해양관광 공간의 조성(3)<br>4. 해양관광정책의 통합적 추진체계 구축(1) 및 해양문화 콘텐츠의 다양화(3) |
| 해양관할권 분야 | 1. 국제 환경변화에 대응한 해양관할권 강화(3)<br>2. 해양영토 개척 통한 글로벌 해양경영 강화(4)<br>3. 남북한 해양협력 강화를 위한 기반 조성(1) |

자료 : 상동, *( )안에 중점 추진 과제 수, 이하 동일

철새, 연안 경관, 낚시자원 등의 보전과 관리, 그리고 이러한 자원을 해양관광으로 이용하기 위한 레저공간 개발이 검토되었다. 특히 해양관광 활동을 다양화하기 위하여 크루즈를 위한 6개 항의 9개 전용 터미널 개발, 요트·모터보트 이용을 위한 45개소의 마리나 개발, 지역 해양박물관 조성, 해양생태관광지 조성, 무인도서 개발 등 다양한 연안 레저공간과 기반시설 조성을 적극적으로 추진하도록 계획하였다.

해양관할권 분야에서는 앞으로 있을 한·중·일 EEZ 협상에 대비하여 독도 등 연안 기점이 되는 도서 지역들에 이어도와 같이 각종 해양과학기지를 설치하는 등의 해양영토 관리 방안 강구 등이 계획되었다. 아울러 해외와 북극, 북한 등의 해저석유·가스·수산자원 개발을 위한 각종 방안 등을 수립하여 해외 해

양기지의 건설과 적극적인 해외 해양자원 이용·개발을 도모하도록 하였다. 이를 통해 이루어지는 2020년도의 해양한국의 미래상은 다음과 같다.

- 해양산업 부가가치(GDP 대비) 증대 5.6%(2009) ⇒ 7.6%(2020)
- 전 연안을 쾌적하고 안락한 국민의 고품격 휴식처로 개선
- 해양과학기술을 최첨단 선진국의 90% 수준으로 발전
- 해운물류산업의 선진화로 세계 물류시장에서의 주도적 입지 확립
- 국제 크루즈, 마이 요트 시대에 걸맞는 해양문화관광 기반 구축
- 200해리 광역 해양체제에 적합한 해양영토 관리와 글로벌 해양 개발 전진 기지 구축

〈표 14-8〉 해양수산 분야별 2020 지표

| 구분 | 2008 | 2010 | 2015 | 2020 |
|---|---|---|---|---|
| 인구(만 인)1) | 4,861 | 4,888 | 4,927 | 4,933 |
| 실질 GDP(십억 달러)2) | 896.0 | 911.1 | 1,174.1 | 1,368.7 |
| 1인당 GDP(달러) | 18,432 | 18,640 | 23,851 | 27,745 |
| 컨테이너 화물(천TEU)3) | 17,927 | 19,935(2011) | 25,525 | 32,731 |
| 기타 화물(백만톤)4) | 1,139 | 1,128(2011) | 1,266 | 1,412 |
| 어업 생산량(천톤)<br>· 원양<br>· 연근해<br>· 양식<br>· 내수면 | 3,362<br>665<br>1,286<br>1,382<br>29 | 3,411<br>658<br>1,318<br>1,406<br>30 | 3,740<br>703<br>1,408<br>1,587<br>42 | 3,940<br>720<br>1,450<br>1,720<br>50 |
| 해양레저보트 척 수(척)5) | 2,808(2008) | 3,833 | 6,410 | 10,461 |
| 국내외 크루즈 수요(천인)6) | 75(2008) | 122 | 188 | 275 |
| 해양과학기술력7) | 70.8 | 72.8 | 82.1 | 88.0 |
| 연안·해양보호구역 면적8) | 10.0(2009) | - | 11.5 | 13 |
| 연안지역 하수처리율(%) | 79.4% | 80 | 85 | 90 |
| 해양분야 신재생에너지9) 목표치 (천TOE) | 0<br>(0.0)(2009) | 70<br>(0.9) | 393<br>(3.3) | 907<br>(5.2) |

주: 1) 인구 : 통계청, 장래 인구 추계 결과, 2006. 11.
    2) 실질 및 1인당 GDP는 2005년 불변 가격 기준(단위는 US$)
    3), 4) KMI 내부 자료.(2009년 3월 기준)
    5) 수상레저보트 사업자와 개인이 보유한 레저보트 수 추정치,「국토해양부(2008) 마리나 개발 수요추정 및 활성화 방안」참고
    6) 부산광역시 및 항만관광공사 내부 자료 참고
    7) 한국과학기술정보연구원(2008),「미래유망기술세미나 2008」, pp. 45-55에 의거하여 최고선진국=100으로 환산하고 추세를 연장한 것임.
    8) 국토면적=100으로 한 비율(%)
    9) ( ) 안은 전체 신재생 에너지 대비 비율임. 지식경제부「제3차 신재생 에너지 기술개발 및 이용·보급 기본계획」(2008. 12)을 인용함.
자료: 국토해양부,『제2차해양수산발전계획』, 2010. 12.

이러한 사업과 계획이 실현되려면 적절한 예산 지원과 관련 인력의 훈련, 국민들의 해양의식 고양과 적절한 해양교육 등이 요망된다. 따라서 계획의 강력한 시행을 지원하기 위하여 본 계획에서는 R&D, 인력 개발, 법제도 정비 등 지원 체제의 강화도 계획되었다. 이를 통하여 2010년 현재 국민경제에서 5.6%를 차지하고 있는 해양산업의 비중이 향후에는 7.6%로 높아질 것으로 전망하면서, 〈표 14-8〉과 같이 2020년도의 각종 해양 부문별 지표도 전망하였다.

### (4) 해양수산발전계획의 실행력(Implementing Power) 평가[1246]

해양수산발전계획은 장기 기본계획이므로 주로 해양 분야의 방향 설정과 전략 및 장기과제 수립 등에 초점이 맞추어져 있다. 그리고 예산이나 조직, 인력 등 수행 내용에 대한 부분은 실행계획(Action Plan, AP)에 위임되어 있다. 따라서 기본계획의 실행력 판단은 이를 지원하는 실행계획이 얼마나 잘 짜여 있는가에 달려 있다. 이하에서는 이러한 해양수산발전 기본계획의 실행력을 하위계획인 실행계획(AP)을 중심으로 판단해 보고자 한다. 특히 이러한 실행계획도 법정 실행계획(legal action plan)이 있을 수 있고 비법정 실행계획이 있을 수 있다. 법으로 정한 법정계획인 경우 법으로 정한 사업들을 수행하기 위하여 계획 수립 후 예산, 인력, 조직 확보 등이 용이하여 지속적인 실행력이 있게 되나 비법정 계획의 경우 계획의 실행을 위한 예산이나 조직 체계의 확보 등이 어려워 계획도 단기적이고 변동성이 높다. 본서에서는 주로 법정 실행계획을 중심으로 OK21의 실행력을 판단하고자 한다.

계획의 실행에 대한 성과 평가는 주로 목표 달성의 정도를 나타내는 효과성(the effectiveness), 같은 목표라도 얼마나 적은 비용과 희생으로 달성하였는가를 보는 효율성(the efficiency), 그리고 부문 간 실행력의 형평성(the equity) 등에 의거하게 되고 아울러 전체를 수행하는 데 따르는 제약 요인(constraints)이 무엇인가를 평가해 볼 필요가 있다.

---

[1246] 본 절의 내용은 Sung Gwi Kim, "The Evaluation of the 2nd Ocean Plan in Korea: Focused on the Implementing Power of the Plan", *Journal of Coastal Management* Volume 64, August 2013, pp.470-480)의 논문을 정리하여 작성한 것임.

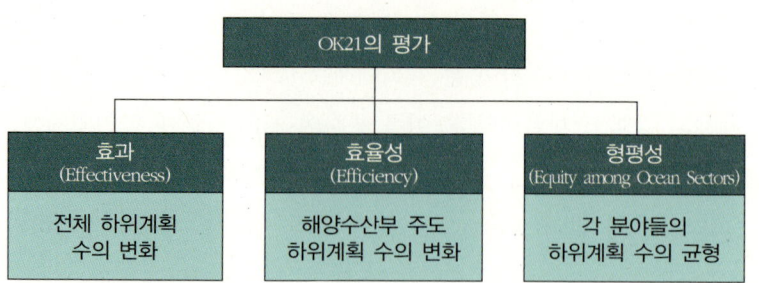

〈그림 14-5〉 OK21의 시행력 평가의 틀

자료 : Sung Gwi Kim, "The Evaluation of the 2nd Ocean Plan in Korea: Focused on the Implementing Power of the Plan", *Journal of Coastal Management* Volume 64, August 2012, pp.47-55.

목표 달성 효과(Effectiveness)를 평가하기 위해서는 여러 가지 지표들을 쓸 수 있는데, 실행계획(AP)으로 평가할 경우 과거보다 실행계획의 숫자가 늘어나면 하위 목표 달성가능성이 높아지고 결과적으로 전체 목표 달성의 가능성이 높아진다. 따라서 실행 전후 실행계획의 숫자를 비교·평가하여 계획의 효과성을 검토할 수 있다.

효율성(Efeeiciency)의 경우에는 각 실행계획(AP)의 수행이 용이하게 이루어지고 저비용으로 이루어지면 효율성이 높아졌다고 할 수 있다. 특히 간단하게 이를 평가하는 방법은 각 실행계획마다 참여기관의 수가 적을수록 통합된 의사결정과 수행 절차가 간소화되어 사업 수행이나 목표 달성이 비교적 쉽게 이루어질 수 있다. 여러 기관이 참여하더라도 의사결정을 위한 조정절차나 조정 기구가 설치되어 있으면 보다 효율적으로 움직일 수 있어 이것도 평가 시 검토할 수 있다.

한편 해양 분야에는 해운항만, 수산업, 해양문화관광, 해양과학기술, 해양환경 등 다양한 하위 분야들이 있다. 이들 하위 분야에 적절한 법정 실행계획(AP)들이 배치되어 수행된다면 각 부문 간의 균형적 발전이 이루어져 부문 간의 형평한 목표 달성이 쉬워질 것이다.

이하에서는 이러한 관점에서 각 부분의 실행 내용을 1, 2차 OK21계획을 비교하여 평가하고자 한다. 먼저 OK21의 법정 하위 실행계획들을 검토해 보면 〈표 14-9〉와 같이 나타난다.

<표 14-9> 해양 분야별 하위 실행계획(AP) 현황

| 해양 분야 | 하위계획의 구조 (계획 차수, 시작년도) | 하위계획 수 1차 계획 초 (시행 중 도입) | 하위계획 수 2차 계획 수립 후 |
|---|---|---|---|
| 해운항만<br>(Maritime and port development) | - 해운항만<br>• 해운산업 장기발전계획 (3차, 2011)<br>• 해사안전계획 (1차, 2012)<br>- 항만개발<br>• 전국 항만기본계획 (3차, 2011)<br>• 항만재개발기본계획 (2차, 2012) | 2(1)* | 4 |
| 해양환경<br>(Marine environment) | • 해양환경종합계획 (4차, 2010)<br>• 해양환경관리해역기본계획 (1차, 2008/2차, 2013)<br>• 습지보전기본계획 (1차, 2007/2차, 2012)<br>• 해양쓰레기관리 국가기본계획 (1차, 2009)<br>• 해양생태계 보전·관리 국가기본계획 (1차, 2009) | 1(4)* | 5 |
| 해양 및 연안 정책<br>(Ocean and coastal policy) | • 연안통합관리계획 (2차, 2011)<br>• 연안정비계획 (2차, 2010)<br>• 공유수면매립기본계획 (3차, 2011)<br>• 무인도서종합관리계획 (1차, 2010)<br>• 독도지속가능이용기본계획 (1차, 2006/2차, 2011) | 3(2)* | 5 |
| 기후변화<br>(Climate change) | • 기후변화대응 국토 및 해양 계획 (3차, 2008)<br>• 국가 CCS 종합추진계획 (1차, 2010) | 1(1)* | 2 |
| 해양신산업<br>(New Marine Industry) | • 해상풍력발전개발 로드맵 (1차, 2008)<br>• 해양심층수 기본계획 (1차, 2009)<br>• 심해저광물개발기본계획 (1차, 2009) | (2)* | 3 |
| 해양과학기술<br>(Marine R&D) | • 해양과학기술(MT) 개발계획(로드맵) (2차, 2009)<br>• 해양생명공학(해양바이오(Marine-Bio) 2016)육성 기본계획 (1차, 2008) | (2)* | 2 |
| 해양관광 및 문화<br>(Marine tourism and culture) | • 마리나항만개발계획 (1차, 2010) | (1)* | 1 |
| 총 계 | | 7(13)* | 22 |

*( ) 안의 숫자는 1차 OK21(2001-2010) 중에 수립된 계획의 수.
자료: Sung Gwi Kim, 「The Evaluation of the 2nd Ocean Plan in Korea: Focused on the Implementing Power of the Plan」, Journal of Coastal Management Volume 64, August 2013, pp.47-55.

법정 하위계획을 수적으로 평가해 보면 제1차 계획에서는 7개에 불과하였으나 1차 계획 시행 중간에 13개가 수립되었고, 2011년 이후에 2개 계획 등이 추가 수립되었다. 따라서 2010년 수립된 제2차 OK21계획에서는 이를 지원하는 하위 실행계획(AP)이 총 22개로 나타났다. 이로써 과거 1차 계획 수립 초기보다 법정 하위 실행계획의 수가 거의 3배 이상으로 늘어 OK21 계획의 실행력은 제2차 계획 시 크게 향상되어 이를 통해 계획의 목표 달성 가능성이 보다 더 높아질 것으로 기대된다.

1차 계획 시에는 표에서 보듯이 해양수산부 1개 부처에서 거의 모든 실행계획(AP)을 주도하여 효율적인 실행이 쉽게 이루어질 수 있는 체계이었다. 최근에는 습지보전계획 등 2개 계획이 해양수산부 주도로 이루어졌고, 국내외적으로 요구되는 기후변화 관련 범정부 계획과 같은 다부처에 걸친 계획들도 협의나 조정에 큰 문제가 없이 수행되고 있어 실질적으로 계획 집행의 효율성이 떨어지거나 효율성의 손상이 이루어지지 않은 채로 시행되고 있다. 따라서 2차 계획 시에도 집행의 효율성은 전과 거의 같은 수준을 유지하는 것으로 평가될 수 있다.

〈표 14-10〉 하위 실행계획(AP)의 집행 책임 부서 현황

| 계획 명 | 단일 부처 책임 | 두 부처의 책임 | 셋 이상 부처 책임 | Total |
|---|---|---|---|---|
| 제1차 OK21 | 6 |  | 1 | 7 |
| 제2차 OK21 | 14 (MOF)<br>2 (MKE)<br>계 16 | 2 (MOF 주도)<br>2 (MOE와 MOF이 대등한 책임)<br>계 4 | 2 | 22 |

자료: Sung Gwi Kim, op. cit., pp.47-55. MOF: 신설 해양수산부, MOE: 환경부, MKE: 구 지식경제부(산업통상부)

부문 간의 형평성을 검토하기 위하여 실행계획(AP)을 분야별로 나누어 보면 〈표 14-9〉와 같이 나타난다. 1차 계획 초기 당시에는 해운항만, 해양환경, 해양정책, 기후변화 등의 부문에만 실행계획(AP)이 있었으나 2차 계획 시에는 해양과학기술, 해양신산업, 해양관광 등 각 분야에 새로운 실행계획(AP)들이 첨가되어 부문별 해양정책 수행 폭이 크게 다양해진 것으로 평가된다. 다만 해양문화관광 등의 분야에서는 그 크기에 비하여 아직도 법정 실행계획이 1개에 불과하여 이 분야에서 더 많은 법정 실행계획의 수립과 시행이 요구된다.

이러한 제2차 해양수산발전계획의 제약요인으로는 수산 부문이 빠져서 계획의 실행성이 크게 떨어질 수 있을 것으로 판단된다. 다만 해양수산부 부활 이후 2016년 제2차 해양수산발전계획의 수정이 추진되며 수산 부문 계획이 포함되면 해양 기본계획으로서의 실효성은 크게 높아질 전망이다. 2016년 말에 제2차 해양수산발전계획의 수정안이 나오면 보다 종합적인 계획이 될 것이다. 해양수산부는 2014년 수산까지 포함된 '2020 해양 비전'을 발표한 바 있으나 「해양수산법」에 근거한 법적 성격보다는 비전적이고 상징적 성격이 강한 편이다.

## 4. 해양 거버넌스 추진을 위한 인재 및 전문가 양성

각종 해양사업의 추진에는 관련 인력의 양성이 중요하다. 해기사 등 해운 인력, 수산인력 등 관련 산업의 인력은 이미 관련 대학에서 체계적으로 양성되어 오고 있다. UNCLOS, UNCED 이후에는 해양을 관리하는 전문인력의 양성이 크게 요구되고 있다.

이와 관련하여 최근 일본은 동경대학, 요코하마대학 등에서는 해양정책 석박사 과정을 개설하여 해양관리에 관한 전문가 양성을 촉진하고 있다. 도쿄해양대의 석사과정 '해양관리정책학' 프로그램은 해양 분야의 다학제적 교육을 통한 사회적 요구에 맞는 해양정책 전문가 양성을 목표로 특히 다음과 같은 세 가지 접근방식에 따라 교육과정을 구성하고 있다.

- 해양관리정책과 관련된 다학제적 교육
- 국제적 관점에서의 교육
- 사례연구(case study)와 현장실습을 통한 실용적 교육

특히 도쿄해양대의 해양관리정책학 석사프로그램은 2년 과정, 공통과목, 실습과목, 해양정책 전문 분야 과목, 해양이용관리 전문분야 과목 등 크게 4분야의 과목으로 구성된다. 아울러 일본 요코하마국립대학교의「통합적 해양관리 프로그램」의 커리큘럼(박사 과정)에서도 〈그림 14-6〉과 같이 복합적인 하이브리드형 해양인재 교육을 위한 박사과정을 개설하여 해양 인력을 키우고 있다.

〈그림 14-6〉 **요코하마국립대학교의 종합적 해양관리 프로그램 (박사과정)**

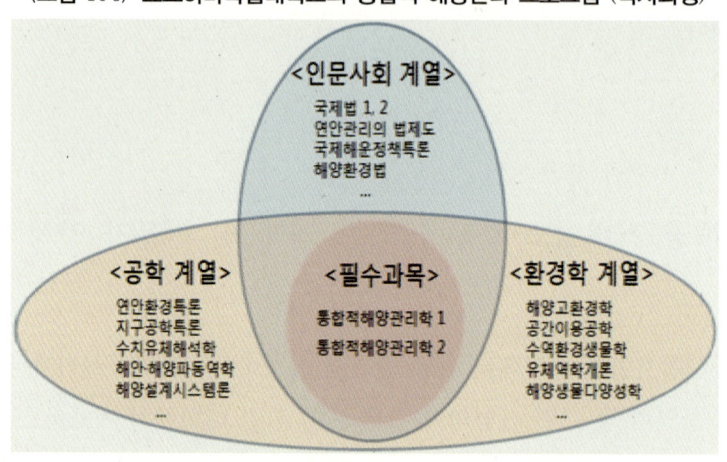

자료: 황기형,「일본 대학들, 해양정책 리더 양성을 위한 교육과정 신설」,『해양산업동향』(연도 미상, p.6.)

미국에서는 워싱턴 주립대학, 델라웨어 주립대학, 로드아일랜드 주립대학 등에서 해양관리 석박사 과정을 통하여 해양정책 및 관리에 대한 전문가들을 양성하고 있다. 중국에서는 산동성의 청도해양대학을 중국해양대학으로 개편하여 각종 일반 해양교육 과정과 해양정책 과정을 개설하여 해양정책 전문가 양성 교육을 강화하고 있다.

우리나라에서도 해양을 중시하는 국제적 흐름에 대응하기 위하여 시급히 독립적인 해양정책 인력 양성 교육을 강화해야 할 것이다. 특히 선진국들과 같이 국가적인 해양정책대학이나 대학원 과정을 신설하는 등 해양전문가 양성을 위한 해양정책 교육을 강화해 나가야 할 것이다.

세계적인 학연 모델도 주요한 해양과학 인재 양성의 요람이다. 현재 미국에서는 MIT대학과 WoodsHole 해양연구소, UCSD(캘리포니아대학 샌디에이고 분교)와 Scripps 해양연구소, 그리고 영국 리버풀대학의 Proudman해양연구소가 연계하여 공동학위 과정과 공동연구를 수행하고 있다.[1247] 우리나라에서는 2011년에 「한국해양과학기술원법」을 제정하여 한국해양연구원(KORDI)과 한국해양대학교가 연계하여 한국해양과학기술원(KIOST, Korea Institute of Ocean Science and Technology)을 설립하여 공동으로 해양과학기술 전문대학원을 설치, 해양과학 위주의 석박사 양성 프로그램을 운영[1248]하기 시작하여 새로운 해양과학 인재 양성을 시작하고 있다. 향후 이에 대한 시행 평가를 통해 지속적으로 보완해 나가야 할 것이다.

---

[1247] 한국해양과학기술진흥원(KIMST), 『해양과학기술』 Vol. 5, 2012 가을호, p.23.
[1248] 위키백과.

# 15

글로벌 해양 레짐과
해양 관련 국제기구

# 제15장
# 글로벌 해양 레짐과 해양 관련 국제기구

## 1. 글로벌 해양 레짐과 운영 메커니즘

### 1) 레짐(regime)

일반적으로 '거버넌스(governance)'란 어떠한 집단의 공동이익과 목표를 실현하는 데 필요한 결정의 집행 과정으로 정의할 수 있다.[1249] 이러한 거버넌스의 추구와 실현에서 가장 중심적인 수단은 제도나 기구들(institutions)이다. 국제관계학에서 제도라는 개념은 폭넓게 사용되고 있으며, 레짐(regime)이라는 개념으로 대체되어 사용되기도 한다. 국제관계 분석에서 레짐은 어떤 이슈에 관련하여 행위자들(국가, 국제기구, NGO, 비국가집단)의 행동 기준이 되는 일체의 규칙, 규범 가치와 체계를 일컫는다.[1250] 보통 어떠한 이슈에 관한 국제 레짐이라 할 때 그 레짐은 특정 국제기구나 국제조약에 국한된 것이 아니라 그것을 포괄하는 넓은 의미로 사용되어진다.

이러한 레짐 이론(regime theory)은 국제 관계 분야에서 주권을 주장하고 힘과 영향력을 끼치려는 국가들이 새로운 레짐을 통하여 행위의 규범을 만들고 강제화 하기 위하여 어떻게 협력하는지를 설명하려고 하는 것이다.[1251] 이러한 레짐(regime)의 기본 정의[1252]는 "모든 관련자에게 관심이 되는 문제

---

[1249] 봉영식, 「글로벌 해양레짐과 거버넌스」, 『해양의 국제법과 정치』, 한국해로연구회 편, 서울, 2011, p.39. 원전: Adreas Hasenclever et. al, Theories of International Regimes, Cambridge, Cambridge Univ. press, 1997, p.2.
[1250] 봉영식, 상게서, p.41.
[1251] Catarina Grilo et. al, "Prospects for Transboudary Marine Protected Areas in East Asiat", Ocean Development & International Law, 43, 2012, p.244.
[1252] Jannelle Kennedy, Arthur J. Hanson, and Jack Mathias, "Ocean Governance in the Artic: A Canadian Perspective", Securing the Oceans: Essays on the Ocean Governance, Chua Thia-Eng, Gunnar

에 대하여 행위자의 행위를 조정하기 위하여 행위자의 기대가 수렴하는 일련의 원칙들(외재적이든 내재적이든), 규범들, 규칙들 및 의사결정 절차들"로서 정의된다. (a basic definition of regime is that it is a set of principles(explicit or implicit), norms, rules and decision-making procedures around which the actors' expectations converge in order to coordinate actors' behavior with respect to an issue of concern to them all)

레짐은 '기본적인 인과관계의 변수들(가장 강력하게는 힘, 이익 등), 그리고 그 결과들과 행위들에 끼어드는 변수'들로서 작동하며, 이렇게 하여 주어진 지역 문제들과 관련하여 국제적 영역의 행위자들 사이에서 조정을 용이하게 한다.[1253] 즉 특정 이슈들에 관하여 국가들이 상호작용하는 것에 대한 예측을 가능케 하는 토대를 제공한다.

레짐의 형성(formation)은 문제들에 대한 국가들의 힘(power)과 능력이며, 그들의 특정한 이익, 상황과 이슈에 대한 지식과 인식 등으로 설명되어진다고 한다. 이런 힘과 이익, 지식, 상황 등이 레짐 형성에 도움이 될 수 있다는 것이다. 또한 국가들이 레짐을 형성하여 이익을 얻을 수 있는 상황일 경우 레짐 형성을 촉발할 수 있다. 다른 상황에서 국제적 압력이 레짐 형성에 자극을 줄 수도 있다. 이럴 때 기존의 국제 질서에 따르지 않은 국가들로부터 이러한 압력이 생길 수도 있다.[1254]

레짐의 주요 기능은, 지역 내에서 실질적인 중요한 문제들에 대한 특정 협약안(specific agreements)들의 성안을 용이하게 하는 것이다. 국제적인 레짐은 국가들의 기대가 다른 국가들의 그것과 일치되게 만드는 것을 도와줌으로써 거래비용(transaction cost)을 줄여 준다. 국가들의 행위에 관한 정보의 질과 양을 개선시켜 불확실성을 없애 주기도 한다. 레짐이 개발되는 것은 부분적으로는 이러한 협약들을 통하여 국가나 세계나 지역의 정치 행위자들에게 상호 혜

---

Kullenberg, and Danilo Bonga (eds.), Jan. 2008, GEF/UNDP/IMO, pp.638. 원전: E. B. Haas, "Regime decay: Conflict management and international organizations, 1945-1981", *International Organization* 37, Spring 1983, p.193.
1253) Catarina Grilo *et al.*, *op. cit.*, p.244.
1254) Catarina Grilo *et al.*, *op. cit.*, p.246.

택이 되고, 이것이 없으면 어떤 목적을 이룰 수 없다고 믿기 때문이다.

레짐의 요소들은 다음과 같다.1255) 즉 레짐의 원칙(principles)들은 사실(facts), 인과관계, 사실에 대한 믿음(beliefs of facts)이고, 규범(norms)은 권리와 의무로 정의된 행위 규범들이다. 그리고 레짐의 규칙들(rules)은 행위들에 대한 사전 혹은 사후의 특정한 지침이고, 의사결정 과정은 집합적인 선택을 만들고 이행하기 위한 실행 관습이다.

지역적인 레짐의 형성이 좋은 것은 지역에서 다른 것들과의 제도적인 기능 중복을 회피하고, 의무 조항 설정, 시간 일정(timeline) 및 목표(target)의 설정, 국가들의 문제에 대한 신중한 고려를 가능케 하고, 보다 큰 정치적 이행 약속(commitment), 기금화(funding) 문제, 의제(agenda) 설정, 사무국 설치 등을 가능케 하기 때문이다.1256) 이러한 것을 통하여 다양한 지역의 해양 문제들이 다루어지고 해결되어 질 수 있게 된다. 효과적인 레짐 형성을 위하여 잘 조정되고 의사결정이 이루어지는 조직체 구성이 필요하다. 특히 해양의 문제를 다루기 위하여 다양한 세계적 혹은 지역적인 조약, 협약, 기구 등으로 이루어진 레짐(regime)이 존재한다. 각종 협약 사무국이나 북극위원회(The Artic Council) 등이 이러한 종류에 속한다.

## 2) 글로벌 해양 레짐

### (1) 해양 레짐의 형태

글로벌 해양 레짐은 전 세계에 걸쳐 존재하는 해양과 해양자원의 이용과 보호, 개발에 관련하여 제반 주권국가들과 여타 집단들이 상호간의 갈등과 충돌을 최소화하면서 사적 이익과 인류 공영의 집단 이익을 조화하는 제도적 틀(framework)이라고 할 수 있다.

---

1255) *Ibid.*
1256) Jannelle Kennedy, Arthur J. Hanson, and Jack Mathias, *op. cit.*, p.639.

이러한 해양 관련 레짐들은 상당히 다양한 형태로 운영된다. 이러한 국제 질서의 근간을 이루는 레짐은 경성법(hard law)이나 연성법(soft law)을 통하여 이루어질 수 있다. 이들은 법적인 강제 효력이 높은 '경성법(hard law)' 형태로 운영되는 것과 느슨한 '연성법(soft law)' 형태로 운영되는 것 등으로 나누어진다. 그런데 법적으로 구속력이 있는 경성법은 컨벤션(convention), 프로토콜(protocol), 협약(agreement) 등으로 불린다. 참여 국가들은 이러한 법적 도구에 의해 협력하고 규정들에 순응해야 한다.

반면 연성법에 의하면 협력은 강제적이라기보다 자발적으로 일어나며 성격상 비구속적이긴 하나 그래도 법적인 관련성은 있고 그러면서 법과 정치적 영역 사이에 있는 '국제적인 규범(international norms)'에 의존한다.[1257] 예를 들면, 선언(declaration), 행위규범(code of conduct), 행동계획(plan of action) 등이 그것이다. 이들은 강제적 요건이 없어 국가 등 각 당사자들은 자발적 정신에서 협력하고 선의(goodwill)에 입각한 메커니즘에 의해 요청된 문제를 다루게 된다.

이 두 가지 접근에는 각기 장단점이 있다.[1258] 경성법은 강력한 프레임워크(framework)를 가지며, 거래비용(transaction cost)을 줄이고, 국가들의 약속이행(commitment)을 강화시키고, 이용 가능한 정책적 전략을 늘리며, 불완전한 계약의 문제를 해결한다. 그러나 이것도 상당한 비용을 수반하는데, 당사자 간에 협의안을 이끌어내는 것이 느리고 어렵기 때문이다.

반면 연성법은 이것이 전체적인 국제 규범들 체계를 불안정하게 할 수 있고 더 이상 이들의 목적에 도움이 되지 않는 도구로 전락될 수 있다. 아울러 더 견고하고 만족스러운 법률적 체계화로 나가는 중간 단계에 불과할 수도 있다. 이러한 비판에도 불구하고 연성법은 국제적 참여자들에 의해 선호되기도 하는데 이는 경성법이 가지고 있지 않은 장점들을 연성법이 많이 갖고 있기 때문이다. 즉, 연성법은 더 유연성이 크고 긴급한 문제를 해결하기 위

---

[1257] Shih-Ming Kao et al., "Regional Cooperation in the South China Sea: Analysis of Existing Practices and Prospects", *Ocean Development & International Law*, 43, 2012, p.285.
[1258] *Ibid.*

한 빠른 방법으로 경성법보다 합의안에 이르기 쉽다. 또한 불확실성에 대처하기 용이하고 각기 다른 의견을 갖는 당사자들 간에 쉽게 타협안에 이르도록 한다.

해양영토, 해양환경이나 생물자원 보호 등과 같은 문제들을 다루는 데 있어서 해양의 국제적 헌법이라고 할 수 있는 유엔해양법협약(UNCLOS), 국제해사기구(IMO), UNESCO 산하 정부간해양위원회(IOC)와 같은 전 지구적인 레짐들이 있다. 반면 지역의 관리 가능한 특정 문제를 다루는 경우에는 지역 기구들도 있어 지역 국가 간 공동의 이익과 유사한 관심 사항들을 다루는 지역 레짐들도 있다. 이러한 예는 UNEP의 지역해 프로그램(Regional Sea Program, RSPs)이나 지역 수산관리기구(regional fisheries management organization, RFMOs) 등이 있으며 이들은 효율적인 지역 접근 방식의 레짐들이다.[1259]

특히 UNEP에서 운영되는 18개 지역해 프로그램(Regional Sea Program)을 분석해 보면 대체적으로 이들이 구성되고 운영되는 형태를 이해할 수 있다. 14개의 지역해 프로그램은 3개의 변형된 형태를 띠는 지역 협약(regional conventions)에 기초하고 있다. 이 중 11개 지역해 프로그램은 지역 협약(regional conventions) 체계와 이에 따른 부속 의정서들(protocols) 형태를 가지고 있다. 지역 협약들(regional conventions)은 지역에서의 협력을 위한 전반적인 체계를 갖추고 이에 따른 목적들(objectives), 원칙들(principles), 그리고 사무국, 보조기구, 회원들의 모임(meetings)과 같은 제도적 구조를 갖추고 있다.

반면 의정서(protocols)는 특정 문제 영역에 대한 규칙들(rules)과 표준(standards)들을 제시한다. 소위 「생물다양성협약(Convention on the Biodiversity, CBD)」과 생물자원 이용에 따른 이익공유 등을 세부적으로 밝힌 「나고야 의정서(Nagoya Protocol)」가 이런 구조의 대표적인 사례이다. 기타 지역 협약(regional conventions) 체계와 해양오염 및 보전 관심사를 언급하는 부속서들(annexes)로 이루어진 형태, 「남극조약」 체계와 같이 주요 협약을 맺고 시기에 따라 이 협약에 추가하여 가는 형태도 있다.

---

1259) *Ibid*.

〈표 15-1〉 UNEP의 지역해 프로그램의 운영 형태

| 형태 | | 지역 기구 명 | 기구 수 |
|---|---|---|---|
| 구속력이 있는 (Legally Binding) 지역 협약 프로그램 | 지역 협약 (regional conventions) 체계와 이에 따른 부속 의정서들 (protocols) 형태 | Black Sea, Caspian Sea, Eastern Africa, ROPME (Kuwait 등), Mediterranean, North-East Pacific, Red Sea & Gulf of Aden, South-East Pacific, South Pacific, West & Central Africa, Wider Caribbean | 11 |
| | 지역 협약 (regional conventions) 체계와 해양오염 및 보전 관심사를 언급하는 부속서들(annexes)로 이루어진 형태 | Baltic Sea, North-East Atlantic | 2 |
| | 점진적 협약 시스템(incremental treaty system): 주요 협약이나 협정 (agreement)을 먼저 정하고 때에 따라 여기에 협약을 보완해 나가는 시스템 | 남극협약(1959)이 체결된 이후 남극해양생물자원, 물범보호, 광물자원 탐사 및 이용, 환경보전 등의 협약을 후에 추가 | 1 |
| 비구속적인(non-legally binding) 문서에 의한 지역해 프로그램 | | East Asian Seas, South Asian Seas, North-West Pacific, Artic Seas (1996년 북극 8개국이 지역선언을 하고 Artic Council과 working group을 설치하여 운영) | 4 |

자료: David L. VanderZwaag, "Overview of Regional Cooperation in Coastal and Ocean Governance", *Securing the Oceans: Essays on the Ocean Governance*, Chua Thia-Eng, Gunnar Kullenberg, and Danilo Bonga (eds.), Jan. 2008, GEF/UNDP/IMO, pp. 200-201. Baltic Sea, North Sea, Caspian Sea, Antartic, Artic Sea 같은 경우는 UNEP의 파트너 프로그램으로 분류됨.

비구속적인(non-legally binding)인 형태로는 「북극 선언」[1260]과 같이 '소프트(soft)'하고 느슨한 형태로서 구속력이 없는 경우도 있다. 이러한 비구속적인 소프트한 선언 정도로 이루어진 East Asian Seas, South Asian Seas, North-West Pacific, Artic Seas 등 지역해의 프로그램은 보다 더 구속력이 있는 협약으로의 전환이 요망된다. 이 경우의 장단점은 〈표 15-2〉와 같은데 이로 인해 회원국들의 지지가 있어야 협약 전환이 가능할 것이다.

1992년 UNCED의 Agenda 21, Chapter 17은 국제적으로 통합 해양행정의 근간을 이루는 중심 텍스트이지만 경성법보다는 보다 동적이고 즉각 대응적인 연성 방식으로 이루어졌다. 이러한 연성법의 활용은 해양 거버넌스가 빠르게 변해 갈 수 있는 변화 가능한 '개방적 개념'이라는 것을 의미한다.[1261]

---

[1260] 1996년 오타와 선언을 계기로 북극의 지속가능한 개발과 환경 보호 목적으로 만들어진 북극이사회(Arctic Council)는 현재 북극해 캐나다, 미국, 러시아, 노르웨이, 덴마크, 핀란드, 아이슬란드, 스웨덴 등 8개국(A8)이 회원국이고, 6개 원주민 기구가 정회원이다.

〈표 15-2〉 구속력 있는 협약으로 변경 시 장단점

| 구분 | 내용 |
| --- | --- |
| 구속력 있는 협약 전환 시 장점 | -보다 큰 정치적이고 관료들의 약속(commitments)<br>-보다 확고한 제도적 및 재정적 기초<br>-자꾸 변화하는 정부들의 관점과 바뀌는 인원들의 문제를 넘어 섬<br>-환경의 원칙과 표준들에 법적인 힘을 줌<br>-지역의 도전과제들과 협력의 필요에 대한 대중적인 협력과 참여를 높임<br>-분쟁의 해결을 가능케 함 |
| 구속력 있는 협약 전환 시 단점 | -협약(agreement)들에 대한 정치적 컨센서스를 얻는데 어려움<br>-길고 비용이 드는 준비와 협상 과정을 요함<br>-최저의 공동 표준을 법제화할 위험<br>-정치적 및 관료적 유연성을 변화시킴<br>-이미 분편화된(fragmented) 많은 다자간 환경협정에 복잡성만 더할 뿐임<br>-모든 회원국이 새로이 타결된 의무들을 받아들일 가능성이 적음 |

자료: David L. VanderZwaag, op. cit., p.208.

〈표 15-3〉은 국제적인 해양관리 기구들이나 체제를 표시한다. 분야별로 기능에 차이가 나지만 지역마다 겹치는 것들이 많고 이들 간에 중복된 기능을 갖는 것들도 많아 상호간에 적절한 조정과 협조가 크게 필요하다. 따라서 해양과 연안의 지속가능한 이용을 위해서는 ①이들 간에 충분한 정책 조정과 협조를 통하여 외부 효과(externalities)[1262]를 제거하고 ②영역 간의 다양한 행동과 다양한 이용자들의 욕구와 이익 제고에 따른 외부 효과를 최소화하거나 제거하기 위한 종합적인 생태계 관리 접근법의 채택이 요망된다. 아울러 ③상당히 많은 국제기구나 협약이 절대적인 운영기금(funds)의 부족으로 문제가 많이 되고 있어 상호간의 협력과 긴밀한 조정이 상시적으로 필요하다. ④참여하는 국가들이 재정적 부족, 자료 부족, 정치적 의지 미흡, 법제도 정비 미흡, 대중의 인식 부족, 전문가 부족, 장비 부족 등 다양한 문제들로 인하여 협약의 이행 등에 상당한 걸림돌이 되므로 국제기구들의 공동 노력도 요망된다.[1263]

---

1261) Donald R. Rothwell & Tim Stephans, *The International Law of the Sea*, 2010, Oxford UK, Hart Publishing, 2010, p.470.
1262) 한 정책이 다른 이용자에게 비용을 부과하거나 환경오염 등을 일으킴으로써 비용을 전가하는 결과가 발생됨. 이를 제거하기 위해 발생하는 비용을 외부 비용이라 함.
1263) Peter M. Haas, "Evaluating the Effectiveness of Marine Governance", *Securing the Oceans: Essays on*

〈표 15-3〉 국제 해양 관리 체제들

| 영역 | 노력들 |
|---|---|
| 해양의 유류 오염 | International Maritime Organization (IMO) Regimes, International Convention for the Prevention of Pollution from Ships(MARPOL) |
| 육상기인 오염 | Med Plan, UNEP Guidelines, Agenda 21 Chapter 17, Ramsar Convention on Wetlands (Ramsar), Global Programme of Action for the Protection of the Marine Environment from Land-based Activities (GPA) |
| 해양생물자원 | International Convention for the Conservation of Atlantic Tunas(ICCAT), North Atlantic Salmon Conservation Organization(NASCO), North Altlantic Fisheries Organization (NAFO), FAO fisheries arrangements, regional fisheries agreements, UN Fish Stocks Agreement, International Convention for the regulation of Whaling(Whaling Convention), Commission fo the Convention for the Conservation of Antartic Marine Living Resources(CCAMLR), Convention on International Trade in Endangered Species of Wild Fauna and Flora(CITES), Convention on Biological Diversity(CBD), Convention on Migratory Species(CMS), Ramsar, Marine Mammals Guidelines |
| 해양오염 | UNEP Regional Seas Programmes, Baltic Sea, North Sea, Caspian Sea, London Convention, MARPOL, IMO Funds |
| POP 및 독성 물질(Toxics) | Stockholm Convention on Persistent Organic Pollutants (Stockholm Convention), Rotterdam Convention on the Prior Informed Consent (PIC) Procedure for certain Hazaduos Chemicals and Pesticides in International Trade (Rotterdam Convention), Basel Convention on the Control of Transboudary Movements of Hazadous Waters and Their Disposal (Basel Convention), FAO Prior Informed Consent (PIC) Guidelines |

자료: Peter M. Haas, op. cit., p.255.

## (2) 해양 레짐 형성 촉진 방안

지역의 국제기구나 협약 등 지역의 해양협력체 구성이 지역 레짐(regime)으로 형성되는 데 있어서 방해가 되는 요소로는 제한된 관리 기구, 효과적인 집행력 부재, 회원국 간의 의견 불일치, 자금의 부족, 훈련된 인력과 장비의 부족, 정보의 부족 등이 있다. 해양의 경우 관할권의 위임에 따른 문제, 빈번한 담당의 교체, 장기적 문제보다 단기적 성과를 원하는 관료주의 습성 등 다양한 문제들로 지역에서의 새로운 레짐 형성에 걸림돌이 될 수 있다.[1264]

---

the Ocean Governance, Chua Thia-Eng, Gunnar Kullenberg, and Danilo Bonga (eds.), Jan. 2008, GEF/UNDP/IMO, pp.255-266.

[1264] Mark J. Valencia, "Regional Maritime Regime Building in Northeast Asia", Securing the Oceans: Essays on the Ocean Governance, Chua Thia-Eng, Gunnar Kullenberg, and Danilo Bonga (eds.), Jan. 2008,

이처럼 해양관리를 위한 지역의 기구나 협력체 구성에서는 이웃나라 간에 해양 경계 문제나 다른 여러 문제로 인해 복잡한 이해관계가 걸려 있는 경우가 많아 협력체 형성을 위해 대개 2단계 접근법(two track approach)이 많이 활용된다.1265) 먼저 일차적으로 지역 국가 간에 실무적이거나 학문적인 미팅을 통하여 문제를 확인하고 신뢰 관계를 구축하여 상호 이해와 협력의 틀과 대화의 창구를 마련하는 것이 중요하다. 두 번째 단계에서는 이를 바탕으로 실질적이고 법적인 지역 협력체나 지역 기구를 구성해 나가는 것이다. 이러한 단계에서 UN의 기구 등 신뢰성 있는 기관이 지도력을 발휘하면 지역적 협력기구 설치가 보다 용이하게 이루어질 수 있다.1266)

각국에서는 고위 의사 결정자가 참여할 수 있게 하여야 지역 레짐(regime)으로서 운영되기 쉽고 운영자금의 조달이 쉽게 된다. 또한 대중의 참여도가 높을수록 이러한 협력체들의 활동이 보다 적극적으로 이루어질 수 있다.

지역의 레짐을 만드는 과정은 전문가 그룹의 예비 작업(preparatory work)을 거치고, 협상을 하면서 외교적 포럼 회의(diplomatic forum)에서 초안을 채택한다.1267) 이후 발효시키기 위하여 일정 수 국가들의 비준(ratification)을 거치면서 효력이 발생되어 이행(implementation)이 되는데 이 과정은 대개 수년이 걸린다. 예를 들면 UN해양법은 1982년에 채택되었고 가이아나의 60번째 비준으로 거의 12년 만인 1994년 11월에 발효되었다.1268)

현재 많은 지역의 해양 관련 기구들의 역할이나 기능이 중복되고 있다1269)는 비판이 많아 레짐 형성 시부터 기존 기구들의 반대가 높을 수 있다. 즉 레짐의 활동 성격이나 기능은 기존 지역기구나 UN기구들과 중복이 되거나 충돌될 가능성이 높아 이들의 반대가 예상될 경우 가급적 경쟁이 없는 활동 영

---

GEF/UNDP/IMO, p.314.
1265) Mark J. Valencia, op. cit., pp.315-316.
1266) Mark J. Valencia, op. cit., p.317.
1267) Mark J. Valencia, op. cit., p.319.
1268) 이 회의는 1973년부터 1982년까지 9년간, 16차례의 회기, 총 93주간이라는 인류역사상 가장 길었던 준비적 국제회의(Preparative Committee)를 거쳐서, 1982년 12월 10일 자메이카의 몬티고베이에서 서명식을 갖고, UN해양법협약(UNCLOS)을 탄생시켰다. 이와 같이 국가 간 협상을 거쳐 1982년 4월 30일 채택하고 1994년 11월 16일 발효되었다(자료: 위키백과 사전). 2011년 11월 현재 161개국이 비준 혹은 가입함.
1269) David L. VanderZwaag, op. cit,, pp.197-206.

역을 선택하고 기존 레짐들과는 지원적이거나 보조적인 성격을 띠게 하여야 한다. 아울러 변화하는 여건에 따라 역할과 기능이 변화될 수 있도록 유연성(flexibility)을 최대한 높여야 한다.

### (3) 해양 레짐의 의사결정 지원 시스템

지역의 레짐(regime)들이 효과적인 실행 프로그램이 되려면 행동의 기반이 되는 지식이나 자료 체계(knowledge, information or DB system)가 종합적이고 정확할 수 있도록 강력한 의사결정 지원시스템(decision-support system)이 요청된다. 이를 위하여 작동되고 있는 유력하고 신뢰성이 있는 프로그램이 UNESCO 산하 정부간해양위원회(IOC)가 세계기상기구(WMO)등과 공동으로 운영을 주도하는 전지구해양관측시스템(Global Ocean Observing System, GOOS)이다.[1270]

이렇게 GOOS에서 통합된 정보는 미 해양대기청(NOAA)이 관리하는 통합된 해양정보시스템(integrated marine information system)으로 모아지고 육상을 포함하는 전 지구에 대한 관측자료를 총괄하는 '지구관측시스템 정보센터(Global Observing System Information Center)'와 연계된다.[1271] GOOS는 어떤 특정 조건하에서 앞으로 어떻게 변할지에 대한 예측 도구를 포함하고 있고, 이는 전 지구적인 지식 네트워크로서 지역 프로그램들을 도우며, 생태계기반관리(EBM)의 능력을 고양하고, 지역과 국제간의 환경적 연계(예, 해양 조류, 및 지역 오염 등)를 이루게 한다.

또한 세계기상기구(WMO)와 IOC가 공동위원회(JCOMM)를 구성하여 해양학과 해양기상학 간의 기술적인 협력을 도모하는 사업도 추진하고 있는데, JCOMM 지원하에 국제적인 프로그램으로 전 지구 해수면 관측 시스템(Global Sea Level Observing System, GLOSS)을 확대하여 바다 290개 정점에서 바다 해수면을 관측하고 있다.[1272] 또한 GOOS-Africa, GOOS-South Pacific, MedGOOS

---

1270) Jannelle Kennedy, Arthur J. Hanson, and Jack Mathias, op. cit., pp.651-652.
1271) 남정호 등,『기후변화대응을 위한 연안지역 레질리언스(Resilience) 강화 방안』, KMI기본연구보고, 2009. 12, p.126.

(지중해) 등 지역적으로도 연계된 지역 단위 프로그램들이 있고 우리나라도 우리나라 주변 지역을 관측하는 NEAR-GOOS라는 북동아시아 지역 관측(Northeast Asia Regional GOOS)에 참여하고 자체적으로 한국해양관측시스템(KOOS: The Korea Ocean Observing System)을 구축하고 있다.

UNESCO 산하 IOC는 전 세계적으로 해양과학 연구에서 주요한 역할을 하고 있다. 이를 위하여 지역별로 하위위원회(Subcommittee)를 가지고 있고 그중의 하나로서 서태평양소위원회(Subcommission for the Western Pacific, WESTPAC)가 동북아시아 지역해와 20여 개의 연안 국가들을 포괄하고 있다.[1273] IOC는 이외에도 위원회(committees), 프로그램 관리자(program officers), 프로젝트 관리자(project officers) 등을 보유하여 지역별 해양과학연구 프로그램, GOOS와 같은 해양관측 및 서비스, 자료 및 정보관리, 기타 역량 강화 등을 시행하고 있다.[1274]

## 2. 해양관리에 관한 국제적인 추세 변화

### 1) UN에서의 전체적 해양 거버넌스 레짐

#### (1) 유엔해양법 채택 전후

1972년 이후 국제사회는 다양한 국제협약을 통하여 많은 환경문제에 대처하고자 하였다. 1977년에 국제연합인간환경회의(UN World Commission on Environment and Development, WCED)의 인간환경선언(Declaration on Human Environment)인 스톡홀름선언[1275]이 있었고, 이후 이를 이어받아 최초의 전

---

1272) 남정호 등, 상계서, p.124.
1273) Mark J. Valencia, op. cit., p.299. Shih-Ming Kao et al., op. cit., p.287.
1274) IOC 홈페이지 및 Shih-Ming Kao, et al., op. cit., p.287.
1275) 1972년 스웨덴 스톡홀름에서 열렸던 국제연합인간환경회의(UN World Commission on Environment and Development, WCED)의 인간환경선언(Declaration on Human Environment).

지구적 차원의 인간환경선언 정신을 충분히 반영한 유엔해양법협약이 1982년에 이어지게 된다. 특히 1982년에 조인된 유엔해양법협약(UNCLOS Ⅲ)에서 해양환경의 보호가 중요한 의제로 등장한 것은 특기할 만하다. 유엔해양법협약은 XII부 '해양환경의 보호와 보전'(192조부터 237조까지)의 상세한 조항은 물론이고 심해저와 대륙붕 및 어족자원 관련 조항에도 많은 환경보호 조항을 두고 있다.

그 외에도 1970년대에는 해양오염, 철새 등 야생자연의 보호를 위해 중요한 「MARPOL」이나 「LONDON 덤핑협약」, 습지보존을 위한 「람사협약(Ramsar Convention)」 등 많은 국제환경협약이 체결되었다.

〈표 15-4〉 시대별 해양 이슈의 변화

| 관련 요인들과 과정들 | 1970년대 초부터 1990년대 초까지 | 1990년대 초 이후 |
|---|---|---|
| 국제적 제도적인 구조틀 | · UN Conference on the Human Environment 1972<br>· UNEP의 지역해 프로그램들 시작<br>· UNCLOS 채택: 1982 | · Agenda 21, Chapter 17(UNCED, 1992)<br>· UNCLOS 발효: 1994 |
| 과학 | · 물리적 과학 영역<br>· 물리적 및 생물학적 과학의 통합 기조 | · 자연과학(물리, 생물 등)과 사회과학의 통합 기조 |
| 모니터링 | · landsat과 seasat 인공위성 시스템<br>· 해양의 물리적 속성 모니터링 | · 전지구해양관측시스템(GOOS)<br>· 전체 생태계시스템으로서 모니터링 |
| 관리 | · 연안관리<br>· 심해 보호를 위한 지역해 프로그램 관리 | · 통합연안관리<br>· 연안과 심해관리의 통합<br>· 지역해 관리의 이행<br>· 소규모도서 관리 |
| 정착 | 전지구적 규모로 도시 발전, 선진국의 연안발전지역(MIDAs)의 확산, 도시의 항만 재배치와 워터프런트개발 | 연안 메가시티 발전 및 확산, 현대적 항구에 물류기지 확산, 전 세계적으로 연안발전지역(MIDAs)의 확산 |
| 사회적 인식 | 미지세계로 이해, 오염되기 쉬운 곳, 지구적 변화의 한계지역, 무한한 자원 보고 | 지구의 역동적인 요소, 보호되어야 할 생태계의 한 부분, 기후변화에 크게 영향, 유한한 자원의 보고 |

자료: Adalberto Vallega, op. cit., p.16.

(2) 유엔해양법협약(UNCLOS) 채택과 세계 해양 거버넌스 발전과정

유엔해양법이 발효한 이후 세계 해양 거버넌스의 헌법적 기초는 글로벌

및 지역적 협약들, 유엔해양법에 따르는 연성법들에 의해 세워져 왔다. 여기에도 두 가지 분야가 주도하여 왔는데 수산업 분야와 해양환경 분야이다. 먼저 유엔해양법협약(United Nations Convention on the Law of the Sea, UNCLOS)은 각국에 고래를 포함한 해양 포유류와 국가 간 왕래어족과 고도회유성 어족자원들(straddling and highly migratory fisheries)의 관리 의무를 부과하였고 지역적으로 수산업 위원회와 다른 규정들을 수립하여 운영 체제를 만들어 나갔다. 특히 「유엔어족자원협정(Fishery Stock Agreement, FSA)」을 만들어 이를 통해 회원국들로 하여금 예방적 접근법, 생태계접근법 등을 채용하게 함으로써 지속가능성하에서 최대 어족자원 이용을 가능하게 하였는데 이는 해양 거버넌스 측면에서 아주 큰 중요성을 갖고 있다.[1276]

또 하나는 유엔해양법의 부속서 XII에서 대기, 해양 오염과 해양 투기로부터 해양환경을 보호하고 보전하는 부분인데 이것은 대부분 IMO의 다양한 협약들과 오염 발생에 대한 가이드라인들을 통해 채택된 부가적인 규칙들이나 표준들을 통해 기능하게 된다. 이외에도 해운노동자들에 대한 노동 표준에서부터 CBD하에서 해양생물다양성을 보호하거나 1973년의 CITES(멸종위기에 처한 동식물종의 국제거래에 관한 협약)까지 다양한 지역적 및 다자간 협약들이 존재한다.

2000년에 유엔총회가 채택한 새천년개발목표(Millennium Development Goals, MDGs)는 몇 가지 목표들과 이러한 목표들을 달성하기 위한 특정한 목표(targets)들이 있는데 이는 해양 거버넌스와 깊이 관련된다.[1277] 예를 들어 Goal 1, Target 3는 2015년까지 기아 수준을 반으로 줄이자는 것인데 이는 연안 수산자원의 생산성과 크게 의존하고 있다. 또한 Goal 8, Target 4는 개발이 가장 낙후된 내륙국들의 특별한 수요에 대처하자는 것이고, Goal 7, Target 1 과 2는 각 나라 정책과 프로그램에 지속가능한 개발원칙을 통합하여 넣자는 것이다.

유엔해양법에서 해양환경의 보호와 보전을 위한 해양 거버넌스의 주요 원칙들로서는 이미 각국의 법률이나 규칙들에 반영된 것으로서 지속가능한 이용

---

1276) Donald R. Rothwell & Tim Stephans, op. cit., p.471.
1277) Donald R. Rothwell & Tim Stephans, op. cit., p.473.

(sustainable use), 예방적 접근법(precautionary approach), 통합해양관리(integrated ocean management) 등이 있고, 공해(high seas)와 관련하여 월경성 위해 방지의 원칙(the principles of preventing transboudary harms), 협력의 원칙(the principles of cooperation), 인류공동유산의 원칙(the common heritage of humankind principle) 등이 있다.1278) 부가적으로 해양환경 보전을 위하여 오염자 부담 원칙(polluters pay principle), 생태계접근법(ecosystem approach), 환경영향평가(environmental impact assessment), 그리고 지속가능한 개발(sustainable development) 등이 있으며 특히 생태계접근법(ecosystem approach)은 유엔해양법협약에는 단 한 번 언급되고 있으나 나중에 Agenda 21 Chapter 17의 기본이 되는 원칙으로 간주되게 되었다.1279)

1992년 리우회의(UNCED) 이후 UN 시스템은 전 지구적, 국가적, 지역적 수준에서 지구정상회의(Earth Summit)의 협약들을 이행하고 Agenda 21의 효과적인 후속 조치를 확보하기 위하여 재빨리 조치를 취하기 시작하였다. 1992년 12월에 53개국으로 구성된 지속가능개발위원회(CSD, Commission on Sustainable Development)가 유엔경제사회이사회(UN Economic and Social Council) 산하에 생겼다. 이 CSD가 위임받은 권한의 주요 요소는 다음과 같다.1280)

- UNCED 최종안에 포함된 각종 권고와 약속의 이행에 대하여 전 지구적, 국가적 그리고 지역 차원에서 검토하는 것
- UNCED의 후속조치를 취하고 지속가능개발(SD, Sustainable Development)의 달성을 위하여 미래에 취해야 할 정책 가이드와 옵션들을 만들어 내는 것
- SD를 향하여 나감에 있어서 역할을 해야 할 정부들과 주요 비정부 행위자들 간에 SD를 위한 대화를 촉진하고 파트너십을 형성해 나가는 것

---

1278) Donald R. Rothwell & Tim Stephans, op. cit., pp.474-476.
1279) Donald R. Rothwell & Tim Stephans, op. cit., p.476.
1280) Gunnar Kullenberg and Ulf Lie, "Sustainable Development and the Ocean", Securing the Oceans: Essays on the Ocean Governance, Chua Thia-Eng, Gunnar Kullenberg, and Danilo Bonga (eds.), Jan. 2008, GEF/UNDP/IMO, pp.33-34.

〈그림 15-1〉 Agenda 21 관련한 UN 기구들 사이의 관계

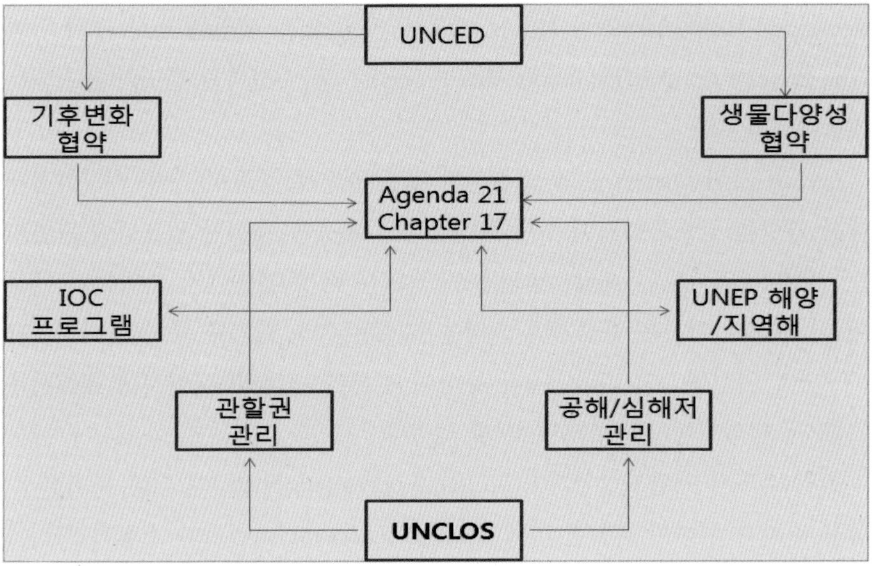

```
                        UNCED
            ┌─────────────┴─────────────┐
     기후변화                              생물다양성
      협약                                  협약
         │                                    │
         ↓                                    ↓
                    Agenda 21
                    Chapter 17
         ↑    ↑              ↑    ↑
      IOC                              UNEP 해양
     프로그램                            /지역해

       관할권                          공해/심해저
        관리                              관리
         ↑                                    ↑
         └─────────────┬─────────────┘
                      UNCLOS
```

자료: Adalberto Vallega, op. cit., p.17.

    1993년부터, CSD는 Agenda 21의 주요 장들을 검토하였다. 특히 해양(Oceans and Seas)을 다룬 17장(Chapter 17)은 1999년 UN의 경제사회부(The Department of Economic and Social Affairs of the UN), CSD 7에서 검토되었다. 이 검토 보고서는 연안과 해양지역들, 해양생물자원, 해양오염 등의 여건에 대한 요약된 내용을 제공하고 있다. 이는 또한 주로 육상기인 오염을 다루는 GPA(Global Programme of Action for the Protection of the Marine Environment from the Land-based Activities)의 시행, 어족자원관리 개선의 필요성 및 국제적인 협력과 조정의 강화를 요구하였다.[1281]

    UNCED는 1992년의 컨퍼런스 후에도 다른 방식으로 그 과정이 이어졌고 여러 가지 추가적인 국제적 도구들이 UN 내의 회원국 정부들에 의하여 합의되었다. 이 중에 예를 들면 '공해상의 이동 및 고도회유성 어족자원의 보존과 관리에 관련된 1982년 UNCLOS 조항의 이행에 대한 협약안(The Agreement on

---

[1281] Gunnar Kullenberg and Ulf Lie, op. cit., p.34.

the Implementation of the Provisions of the Management of Straddling Fish Stocks and Highly Migratory Fish Stocks)'과 '책임 있는 어업을 위한 행위 규범 (The Code of Conduct for Responsible Fisheries)' 등 수산자원 관리와 관련되는 것들이었다.1282)

Agenda 21의 Chapter 17에 포함되지 않은 것으로 중요한 것은 해양환경에 대한 영향을 극소화하기 위하여 육상에서의 활동을 제어할 필요성에 관련되는 것이다. 왜냐하면 해상오염의 80% 정도는 육상 활동에서 기인하기 때문이다. 그래서 이것은 육상기인 오염을 다루는 GPA 회의를 통하여 관리되고 1995년의 워싱턴(DC) 컨퍼런스를 통하여 결론이 내려졌다. 이것에 대해서는 UNEP가 책임이행기관이 되어 맡게 되었다.

한편 소도서 개발도상국가(Small island developing states)에 대한 특별한 조치를 취하기 위하여 1994년 바베이도스(Barbados) 컨퍼런스가 소집되었고 이를 통해 '소규모 개발도상국가들의 지속가능한 개발을 위한 바베이도스 행동 프로그램(The Barbados Programme of Action for the Sustainable Development of Small Island Developing States)'이 합의되었다.1283)

이와 같이 UNCLOS와 더불어, 1992년 리우회의(UNCED)에서 채택된 모든 협약안들과 컨벤션들은 전체적으로 해양에 대한 꽤 완비된 헌법을 구성하였다고 볼 수 있다. 그러나 이들을 이행하는 데 있어서 이행 과정이나 재무적인 문제, 기관 간의 중복 등 다양한 문제들이 발생하고 있다. 이러한 문제들에 대처하고 기구나 국가 간 조정, 협력, 그리고 폭넓은 참여를 확보하기 위하여 유엔총회(UN General Assembly)는 1999년 11월 '개방적인 비공식 자문절차(open-ended informal consultative process, 약칭 UNICPOLOS 혹은 ICP)'를 수립하였다.1284) 이는 사무총장이 매년 해양과 UN해양법에 대한 연차 보고를 할 때 국제 간 혹은 기구들 간에 협력과 조정이 증가되어야 할 분야에 중점

---

1282) *Ibid.*
1283) Gunnar Kullenberg and Ulf Lie, *op. cit.*, p.34.
1284) Gunnar Kullenberg and Ulf Lie, *op. cit.*, pp.34-35; Richard Kenchington, Bob Pokrant and John Glasson, "International approaches to sustainable coastal management and climate change", *Sustainable Coastal Management and Climate Adaptation*, 2012, CSIRO Publishing Co., Australia Collingwood VIC 3068, pp.58.

을 두면서, 해양에서 새로이 발전된 것들에 대해 매년 총회 검토가 효과적이고 쉽게 이루어지도록 하려는 것이다. 이러한 절차는 나중에 '해양법을 위한 공개 포럼(Open-ended Forum for the Law of the Sea)'이라고 하여 회원국들과 국제협약들, 그리고 해양에서 관련되는 단체들도 참여토록 개방되었다.

매년 유엔해양법협약 당사국회의(State Parties to the United Nations Convention on the Law of the Sea, SPLOS)도 열려 유엔해양법재판소(ITLOS), 국제해저기구(ISA), 대륙붕한계위원회(CLCS) 등의 활동을 검토하고 유엔해양법에 대해 사무총장이 총회에 보고할 연차보고서[1285] 내용과 협약 및 관련 기구 운영 예산 등 주로 행정적인 차원의 검토도 이루어진다.[1286] 이외에 유엔해양법협약에 대한 발전이나 기타 일반적인 사항들에 대하여도 검토가 이루어질 수 있다.

또한 총회는 위와 유사한 보조기구(subsidiary bodies)로서 해양생물 다양성의 보존과 지속가능 이용 관련 문제의 비공식 워킹 그룹(Ad Hoc Open-ended Informal Working Group to Study Issues Relating to the Conservation and Sustainable Use of Marine Biological Diversity)이나 전 지구적 해양환경 평가보고를 위한 정규 과정(A Regular Process for Global Reporting and Assessment of the State of the Marine Environment Including Scio-Economic Aspects, 일명 RP process) 등을 설치하였다.[1287] 유엔사무총장은 해양법사무국(Division for Ocean Affairs and the Law of the Sea, DOALOS)을 조직 내에 두고 해양법이나 유엔어족자원협정(FSA) 등에 대한 자문과 조언 등을 국가나 국제기구에 할 수 있도록 하여 해양 거버넌스에 대한 이해의 개선, 법적 수용력 제고, 일정한 적용과 효과적 실행에 노력하고 있다.[1288]

UN의 이러한 활동들은 전 세계적인 해양 거버넌스의 점진적 발전에 커다란 발걸음을 내딛게 하는 것이었다고 Mann Borgese는 지적하였다.[1289] 해양

---

[1285] Donald R. Rothwell & Tim Stephans, op. cit., p.479.
[1286] Donald R. Rothwell & Tim Stephans, op. cit., pp.21, 479-480. 1993년에 유엔총회에서 사무총장은 매년 해양법협약에 대한 보고를 하도록 정하였다.
[1287] Donald R. Rothwell & Tim Stephans, op. cit., p.481.
[1288] Donald R. Rothwell & Tim Stephans, op. cit., p.480.
[1289] Gunnar Kullenberg and Ulf Lie, op. cit., pp.34-35. 원전: E. Mann Borgese, The UNCLOS-UNCED process:

의 문제는 워낙 복잡하게 얽혀있는 문제들로서 이를 적절히 고려하고자 한 것이었다. 어차피 해양의 문제는 전 지구적 문제이므로 UN이 책임을 질 수밖에 없고 그것은 총회(The General Assembly)의 몫이다. 따라서 이러한 UN의 개방적인 '비공식 자문절차(ICP)'는 지구의 모든 문제를 지역과 국가들을 포함하여 전 세계적 수준의 문제까지 포괄하여 다룰 수 있는 해양 거버넌스 시스템의 필수 요소이다.

Mann Borgese는 언급하길, 지속가능개발(SD)이 형평(equity)과 빈곤 퇴치를 가능케 하는 컨벤션과 협약들의 공통적 목표를 도출하였으며 이를 달성하기 위한 공동의 수단은 통합연안·해양관리(IOCM)라고 하였다. 통합연안·해양관리(IOCM)는 해양 모니터링, 조사, 통제, 실행 등을 포함하고 과학기술의 발전, 인적자원 개발, 적절한 재정적 수단의 도입 등을 포괄하고 있다. 그러나 이러한 것들이 동아시아해양환경협력기구(PEMSEA)와 같은 새로운 지역기구의 탄생, 해양에의 인식 전환, 교육 강화, 기후변화, 생물다양성 등 일부 진전도 시켰지만 지속가능한 개발의 상위 목표인 가난 퇴치, 기금의 조달, 정치적 실행 의지의 강화 등에서의 진전에 대해서는 다소 회의적이다.[1290]

이하에서는 UNCLOS 도입 이후에 발전되어 최근까지 해양 관련 정신과 개념이 계승 발전되고 있는 1992년 리우(Rio) 유엔인간환경회의(United Nations Conference on the Human Environment), 2002년 남아공 요하네스버그에서의 지속가능발전을 위한 세계정상회의(WSSD 혹은 Rio+10), 2012년의 리우(Rio)+20회의 등의 발전 동향에 대해 논하고자 한다. 1992년 리우회의를 통해 나온 생물다양성협약(CBD)은 생태 관련 장에서 나온 내용을 참고하고 교토협약 등 기후변화협약 관련 내용은 기후변화 관련 장을 참고하기 바란다.

### (3) UNCLOS 이후 레짐

① 리우회의(1992)

---

*A comparative study of eight documents,* International Ocean Institute, Canada and Dalhousie Univ., Halifax, N, S., Canada, 2000.
1290) Gunnar Kullenberg and Ulf Lie, *op. cit.,* p.35.

1992년에는 세계의 정상들이 브라질 리우데자네이로에 다시 모여 환경과 개발, 빈곤 퇴치 등 지속가능한 개발에 관한 문제들을 논의하였다. '지구정상회의(Earth Summit)' 혹은 리우회의라고 불리기도 하는 이 회의의 정식 명칭은 유엔의 결의에 따라 이루어지는 UNEP 주관의 '유엔 지속가능 발전회의(United Nations Conference on Sustainable Development, UNCSD)'이다.

1992년 리우 정상회의에서는 '지속가능한 개발(SD, Sustainable Development)'을 주창하여 '환경과 개발에 관한 리우 선언'이 발표되고 이것을 달성하기 위한 행동계획인 'Agenda 21'을 채택하였다. 이후 '지속가능한 연안 개발'이 해양분야에서 화두가 되어 왔다.[1291] 연안관리는 환경적으로 지속가능하여야 하고 경제적으로도 지속가능하여야 하며 사회적 시스템을 지속가능하게 할 수 있는 것이어야 한다는 것이 요지이다. 이 Agenda 21은 25개 장으로 구성되어 있는데 대기·삼림·생태계·농업·생물다양성·담수자원·폐기물 등과 함께 제17장(chapter 17)에서 해양에 대하여 거론하고 있다. 유엔해양법협약은 XII부 '해양환경의 보호와 보전'(192조부터 237조까지)의 상세한 조항에 해양환경에 대하여 언급되어 있으며 이 해양환경 보호에 관한 유사한 조항이 Agenda 21의 제17장에 포함되어 있다.[1292]

이 제17장은 '해양과 연안역의 보호 및 이들 생물자원의 보호, 합리적 이용 및 개발(Protection of the oceans, all kinds of seas, including enclosed and semi-enclosed seas and coastal areas and the protection, rational use and development of their living resources)'을 다룬다.[1293] 이 Agenda 21 제17장은 각국 해양정책의 틀을 정하고, 유엔해양법협약하에서의 해양관리를 정책 측면에서 보완하는 중요한 역할을 담당하고 있다. 특히 제17장에서는 해양관리의 분야를 통합적으로 관리하고 다음과 같은 7개 분야로 나누어 장래를 위하여 선제적인 행동을 요구하고 있다.[1294]

---

[1291] 조정제, 이지현, 「연안통합관리를 통한 연안의 지속가능한 개발」, 『해양 21세기』, p.447. 이외에 리우회의 결과로 생물다양성협약(CBD), 기후변화협약(Framework on Climate Change, FCCC) 등의 협약이 발표됨.
[1292] Geoffrey Till/배형수 역, 『21세기 해양력』, 한국해양전략연구소, 서울, 2011. 6, p.587.
[1293] Gunnar Kullenberg and Ulf Lie, op. cit., pp.31-32; 일본해양정책연구재단/김연빈 역, 전게서, pp.231-233.
[1294] 일본해양정책연구재단/김연빈 역, 전게서, pp.231-232.

(a) 연안역 및 배타적 경제수역을 포함한 해역의 통합적 관리 및 지속가능한 발전
(b) 해양환경 보호
(c) 공해 해양생물자원의 지속가능한 이용 및 보전
(d) 영해 내의 해양생물자원의 지속가능한 이용 및 보전
(e) 해양환경의 관리 및 기후변동에 관한 불확실한 대응
(f) 지역협력을 포함한 국제협력 및 조정의 강화
(g) 소규모 도서의 지속가능한 발전

상기 7개 프로그램에 대하여 목표·행동·실시수단 등의 행동계획을 상세하게 규정한 이 제17장은 오늘에 이르기까지 해양문제에 대처할 국제적인 기본 틀로서 자리매김하고 있다. Agenda 21의 전체적 성격은 협약과 같이 경성 법적인 성격의 강제성을 갖는 것은 아니며 다만 '책임 있는 행동을 위한 행위 규범(code for responsible conduct)'의 성격을 띠고 있다.[1295]

이 리우회의는 그 후속으로 기후변화협약(FCCC), 생물다양성협약(CBD, Convention on Biological Diversity), 사막화방지협약 등 3개의 국제협약들을 탄생시키는 계기도 되었다. 이후 기후변화협약은 1997년 선진 38개국의 온실가스 감축을 위한 교토의정서(Kyoto Protocol)로 발전하였다. 그러나 협약의 이행이 지지부진하여 2012년까지의 협약 시한은 2017년까지 5년 연장되었고[1296] 2015년 파리당사국회의(COP21)에서 파리협정서(Paris Agreement)를 맺고 이에 따라 각국은 승인된 감축계획을 2030년까지 이행하기로 하였다.[1297] 앞으로 2020년까지 매년 1천억 달러의 녹색기후기금(GCF)[1298] 설치, 이사국 및 사무국 선정 등이 이루어졌다. 우리나라도 2013년 녹색기후기금(GCF) 사

---

[1295] Gunnar Kullenberg and Ulf Lie, op. cit., p.32.
[1296] 남아공 더반에서 열린 유엔기후변화협약 당사국총회(UNFCCC COP 17), 2011년 11월. 협약 시한은 연장되었으나 2001년 미국 외에 중국, 인도 등 주요 대상국이 빠진데다 최근 일본, 러시아, 캐나다 등 주요 배출국들이 탈퇴하여 협약의 실효성이 크게 의문시되고 있다.
[1297] 서울신문, 2015. 9. 16.
[1298] 개발도상국 산림자원 보호조치를 지원하고 청정에너지 기술을 개도국에 이전하는 용도 등으로 사용될 것임.

무국의 인천 송도 유치를 통하여 이 분야를 주도해 나가고 있다.

〈표 15-5〉 Agenda 21 및 Chapter 17의 프로그램들과 부문별 접근법

| 부문별 이슈 | 프로그램 영역들 | | | | | | |
|---|---|---|---|---|---|---|---|
| | A<br>통합연안<br>지역관리<br>(EEZ 포함) | B<br>해양환경<br>보호 | C<br>해양생물<br>자원<br>(공해) | D<br>연안<br>해양생물<br>자원 | E<br>기후변화<br>대비 | F<br>국제적/지<br>역적 협력<br>방안 | G<br>소규모<br>도서<br>개발 |
| 행동의 기초 | | | | ☼ | | | |
| 목적들 | | | | ☼ | | | |
| 행동들<br>· 관리 관련<br>· 자료 및 정보<br>· 국제적 및 지역적 협력 | ☼<br>☼<br>☼ | ☼<br>☼<br>☼ | ☼<br>☼<br>☼ | ☼<br>☼<br>☼ | ☼<br>☼<br>☼ | ☼<br>☼<br>☼ | ☼<br>☼<br>☼ |
| 이행 수단들<br>· 자금조달/연안 평가<br>· 과학/기술적 수단들<br>· 인간자원 개발<br>· 역량 개발 | ☼<br>☼<br>☼<br>☼ | ☼<br>☼<br>☼<br>☼ | ☼<br>☼<br>☼<br>☼ | ☼<br>☼<br>☼<br>☼ | ☼<br>☼<br>☼<br>☼ | ☼<br>☼<br>☼ | ☼<br>☼<br>☼<br>☼ |

자료: Adalberto Vallega, *op. cit.*, p.19.

생물다양성 보호를 위한 국제적 대책과 관련 국가 간의 권리 · 의무 관계를 규정하기 위해 체결된 국제협약인「생물다양성협약(CBD, Convention on Biological Diversity)」[1299]은 2010년「생물유전자원의 이익 공유에 관한 나고야 의정서」[1300]을 탄생시켜 해양 분야에도 지속적으로 영향을 미치는 주요 국제 어젠다가 되고 있다.

---

1299) 1992년 6월 5일 브라질 리우데자네이루 국제연합환경개발회의(UNCED)에서 채택된 생물다양성보존 협약은 1993년 12월 29일 발효되어 2008년 6월 현재 191개국이 가입해 있다. 한국은 1994년 10월에 가입했다. 협약 내용은 각국의 생물자원에 대한 주권적 권리를 인정하면서 회원국은 생물종의 파괴 행위를 규제하고, 생물다양성의 보전과 합리적 이용을 위한 국가전략을 수립하도록 하고 있다. 또한 유전자원 제공 국가와 이를 이용하여 이윤을 창출하는 국가와의 공평한 이익 배분 및 유전자 변형 생물체(LMOs)의 국제적 안전관리 등에 관한 규정을 두고 있다(자료: Daum 백과).

1300) 나고야 의정서란 2010년 10월 일본 나고야에서 열린 생물다양성협약(CBD) 당사국 총회에서 채택된 '유전자원의 접근 및 공평한 이익공유(ABS, Access to genetic resources and Benefit-Sharing)에 관한 국제규범'을 이르는 별칭. 이에 따르면 다른 나라의 생물자원을 활용해 의약품 · 식품 · 신소재 등을 개발할 경우 반드시 자원 제공국의 승인을 받아야 하고 사전에 합의된 조건에 따라 이익을 공유해야 한다. 2008년 4조5000억원 규모였던 국내 바이오산업 시장의 약 70%가 외국 생물자원을 원료로 사용했던 것을 감안하면 ABS 발효는 국내 관련 산업에 엄청난 영향을 미칠 것임.
http://k.daum.net/qna/view.html?category_id=QFE005&qid=4gzXQ&q=%EC%83%9D%EB%AC%BC%EB%8B%A4%EC%96%91%EC%84%B1%ED%98%91%EC%95%BD (2012. 8. 17)

또한 Agenda 21 Chapter17에 따라 연안과 해양의 지속가능한 통합관리를 위하여 육상기인 오염을 통제하기 위한 UNEP GPA 프로그램(Global Programme of Action for the Protection of the Marine Environment from the Land-based Activities), CBD 목표에 따라 지속가능한 개발과 관리로 연안과 해양의 생물다양성 유지를 위한 「자카르타 결의안(Convention on the Biological Diversity's Jakarta Mandate 혹은 Jakarta Ministerial Statement)」 등의 협약 혹은 프로그램이 도입되었다.[1301]

### ② 지속가능한 발전에 관한 세계정상회의(WSSD)

리우정상회의 이후 10년이 지난 2002년 UN은 남아프리카 요하네스버그에서 지속가능한 발전(SD)에 관한 세계정상회의(World Summit on the Sustainable Development, WSSD)를 개최하였다. WSSD에서는 리우정상회의 이후 10년간의 노력을 평가하고 향후의 지속가능한 발전에 대해 토의한 결과, '지속가능한 발전(SD)'이 국제적인 중심 협의 사항임을 재확인하고, Agenda 21을 더욱 구체적으로 추진하기 위한 WSSD 실행계획(Implementation Plan)과 민간이 파트너가 되어 노력하는 'Type Ⅱ' 파트너십 이니셔티브를 채택했다.[1302]

WSSD 실행계획에서는 해양에 관해 거듭 유엔해양법협약 및 Agenda 21이 해양에 관한 기본적인 법적·정책적 틀임을 확인하고, 각국에 가입의 촉진과 이의 실행을 재촉구하였다. 또한 해양 및 연안의 통합적 관리의 촉진 등 포괄적인 문제를 포함하여 어업, 생물다양성과 생태계 보호, 해양오염(특히 육상기인), 해상수송의 안전과 환경 보호, 해양환경과 과학 및 소도서국에서의 지속가능한 발전 등에 대한 구체적인 실행사항을 다루었다.

---

1301) Murray Patternson, "Towards an Ecological Economics of the Oceans and Coasts", *Ecological Economics of the Oceans and Coasts*, p.6; Bruce Galvovic, *op. cit.*, p.324.
1302) 일본해양정책연구재단/김연빈 역, 전게서, p.233. 2002년 요하네스버그 정상회의 해양 분야 합의 사항은 ①2015년까지 고갈 어족자원 회복 ②2010년까지 생물다양성 상실 추세 감소 ③유전자원 활용 관련 국제 레짐 협상 ④2012년까지 해양보호구역(MPAs) 네트워크 구축 ⑤2010년까지 해양 관리를 위한 생태시스템(ecosystem) 접근법 적용 촉진 등이다. Gunnar Kullenberg and Ulf Lie, *op. cit.*, pp.36-37.

아울러 빈곤, 물, 위생 등 분야별 이행계획(Implementation Plan)이 나왔다. 이 중에서도 10개 이상의 사항에 대해서는 목표 달성 기한(time limits for the implementation of several actions)을 명시하여 구체적으로 실행을 촉진토록 하고 있다.1303) 즉 앞에서 언급한 바처럼 2004년까지 불법, 비보고, 비규정된 어업(IUU Fishing)의 근절, 2015년까지 지속가능한 어업 생산을 위한 자원관리 능력 제고, 2010년까지 어업에 생태계기반관리(EBM) 접근법 도입, 2012년까지 효율적이고 대표성 있는 MPA 네트워크의 형성 등 'Type I'에서의 성과를 약속하기 위한 계획들이었다.1304)

Agenda 21 Chapter 17의 정규적인 검토를 위해서 유엔 차원에서는 앞에서 언급된 UN총회 해양 및 해양법 비공식 자문기구(Informal Consultative Process on Oceans and the Law of the Sea, ICP)를 설치하여 매년 자문 과정을 지속하고 있다.1305)

### ③ 리우(Rio)+20 회의 및 그 이후

2012년 6월 리우에서 세계의 정상들이 모여 환경, 빈곤 퇴치 등에 대하여 논의하였는데, 이 회의는 1992년 같은 장소에서 개최된 유엔 환경개발회의를 기념하여 'Rio+20'이라는 약칭으로 불린다. 이 회의는 1992년의 유엔환경개발회의의 10주년을 기념하여 2002년 남아공 요하네스버그에서 열린 지속가능발전 세계정상회의(WSSD) 결과의 실행 상황을 평가하기 위한 모임이었다.

Rio+20 회의 주요 의제1306)는 지속가능한 발전과 빈곤 퇴치 맥락에서의 녹색경제이며, 지속가능한 발전을 위한 제도적 틀을 검토하고 그 우선 분야는 일자리, 도시 문제, 물, 해양, 재난 대응 등이었다. 이를 위하여 녹색경제가

---

1303) 일본해양정책연구재단/김연빈 역, 전게서, p. 233: Gunnar Kullenberg and Ulf Lie, op. cit., p.37.
1304) Murray Patternson, op. cit., p.325.
1305) Richard Kenchington, Bob Pokrant and John Glasson, op. cit., p.58: Gunnar Kullenberg and Ulf Lie, op. cit., pp.34-35.
1306) 이하 Rio+20 회의 주요 의제 내용과 Ocean Compact의 내용은 KIOST 김경진(「Rio+20 결과, 시사점 및 대응 전략」, 해양정책 및 해양과학기술의 환경변화와 Rio+20 결과 및 후속대책 세미나 프로시딩, 2012. 10)의 내용을 참고하여 정리한 것임.

지속가능한 발전을 위한 중요한 도구임을 유엔 최초로 명시하였고 지속가능한 목표(SDGs)를 설정하였으며 이를 위해 유엔 지속가능위원회 고위급 정치 포럼을 신설하고 유엔환경계획(UNEP)의 역할을 강화하고자 하였다.[1307]

2012년 '리우+20' 회의는 지속가능한 발전의 실질적 이행을 위한 수단으로 '녹색경제(Green Economy)'를 의제로 채택하였다.[1308] 녹색경제는 기후변화의 주범인 탄산가스 배출량을 줄이고 자원의 효율성을 높이면서 사회적 통합을 지향하는 새로운 경제모델을 말한다. 녹색경제는 자연자원 보호 및 그 토대를 강화하고, 자원 자원의 효율성을 높이며, 지속가능한 소비와 생산을 확대하여야 함을 의미한다. 현 세계는 녹색경제의 필요성에 대해서는 모두가 공감하지만 구체적인 이행방안을 놓고 선진국과 개도국 간에 견해 차이가 존재하고 있다. 선진국은 녹색경제를 위한 국제사회의 공동책임과 참여를 강조하지만, 개도국은 차등책임론을 내세우고 있는 것이다.

리우+20 회의에서 도출된 가장 중요한 성과는 지속가능한 발전 목표들(Sustainable Development Goals, SDGs)에 합의했다는 것이다. 이 SDGs는 2015년 종료되는 UN의 새천년개발목표(MDGs) 이후 2030년까지 전 세계의 새로운 개발 이정표라 할 수 있다. SDGs은 2000년대 초 UN이 설정한 MDGs(Millenium Development Goals)의 폐기 및 대체가 아닌 확대 버전으로, 빈곤 퇴치와 지속가능발전을 달성하기 위한 부문별 목표 및 지표는 2014년 7월에 SDG에 관한 UN총회 Open Working Group(UN OWG)이 만들어서 총회에 제출하였고 2015년 9월 70회 UN총회에서 채택되었다. 이것은 17개 목표들(Goals)과 169개 타깃(Targets)으로 구성되었고 이 중 해양에 관하여는 제14목표[1309]로 '지속가능한 개발을 위한 대양(Oceans), 소해양(Seas)의 보존과 지속가능 이용'이 제시되었다. 아울러 빈곤 퇴치(제1 목표), 지속가능한 도시와 촌락(제11 목표), 기후변화 조치(제13 목표), 목표들을 위한 파트너십 형성(제17 목표) 등이 다음 표와 같이 제시되었다.[1310]

---

[1307] 뉴스1코리아, 2012. 6. 25.
[1308] 연합뉴스, 2012. 6. 20.
[1309] Mark L. Miller, "The UN Post-2015 Regime and Consideration for the Targets of Sustainable Coastal and Marine Tourism Governance", 9th World Ocean Form(proceedings), Oct.2015, pp.100-101.

〈표 15-6〉 SDG 제14 목표의 내용들

14.1 2025년까지 모든 종류의 육상에서 유입되는 해상 오염을 크게 감소시킨다.
14.2 2020년까지 건강하고 생산적인 해양 보호를 포함한 해양 환경의 악화를 방지할 수 있도록 지속가능하게 관리한다.
14.3 모든 수준에서의 과학적 협력을 통해 해양 산성화를 최소화한다.
14.4 IUU(불법, 미보고, 비규제) 어업을 효과적으로 규제·감독하고 과학기반 관리방법을 도입하여 어족자원을 가능한 짧은 시간 내에 생태적 특성에 맞게 복원 가능한 수준으로 회복시킨다.
14.5 2020년까지 현재 활용 가능한 과학적 지식을 바탕으로 최소한 10%의 해양, 해안을 국제법, 국내법이 규정하는 보호구역으로 지정하여 보호한다.
14.6 2020년까지 어족자원 남획을 촉진하는 특정 형태의 보조금과, IUU를 지원할 수 있는 모든 종류의 어업보조금을 철폐하며, 개도국에 대한 특별한 지위를 WTO 협상 시 인정한다.
14.7 2030년까지 소규모 도서국가(SIDS) 및 개도국이 어업, 양식, 관광을 포함한 해양의 지속가능한 활용을 통해 얻는 이익을 극대화한다.
14.a IOCC(Intergovernmental Oceanographic Commission Criteria) 권고에 따라 해양과학 연구개발 투자와 해양과학기술의 개도국 이전을 늘려 해양환경을 개선하고 해양생태계 종 다양성을 증진시켜 남태평양도서국(SIDS)와 개도국 발전에 기여한다.
14.b 영세전통어민이 해양자원과 시장에 활발히 참여할 수 있도록 한다.
14.c UNCLOS(United Nations Convention on the Law of the Sea)에서 규정된 해양보호를 위한 국제법은 적용 가능한 모든 해역에서 적용하고, 실천될 수 있도록 한다.

자료 : 장봉희, 「세계농수산 ODA」, 『세계 식품과 농수산』 제618호, 2015. 6, p.88.

Rio+20 회의에서는 총 14개의 과제가 논의되었는데 그중 7개가 핵심 이슈로 선정되었으며 핵심 7대 의제 중 '해양 및 소규모 도서국가(Oceans and Small Island Developing States)'에 관한 내용도 이에 포함된다.[1311] 이 회의에서 제시한 결과문서인 'The Future We Want'는 총 5개 장 283개 항으로 구성되었는데, 이 중 'Oceans and Seas' 분야에 20개 항목, 'Small Island Developing States' 분야에 3개 항목이 할애되었다.[1312] 이러한 의제들은 앞으로 10년간

---

[1310] Jungho Nam and Kiwon Han, "Post-2015 regime and its implication for SD in marine and coastal sectors", 9th World Ocean Forum(proceedings), Oct. 2015, p.13.
[1311] 황기형, 「유엔지속가능회의(Rio+20)에서의 해양 의제」, 『KMI 해양산업동향』, 2012. 5. 25 및 국토해양부, 『연안통합관리 이행 체제 연구』, 2012. 11, p.10.
[1312] 국토해양부, 『연안통합관리 이행 체제 연구』, 2012. 11, p.11: Chang Ik Zhang, "Ecosystem-based

세계의 해양정책을 이끌어갈 주요 의제들이므로 우리나라에서도 각별히 검토하여 대처해야 할 것이다.

〈표 15-7〉 유엔 지속가능발전회의(Rio+20) 결과문서 시안 중 '해양 및 소규모 도서국가' 관련 내용

| 절 번호 | 주요내용 |
|---|---|
| 78 | 해양의 중요성 |
| 79 | 2014년 완료 예정인 세계해양평가(Global Marine Assessment) 사업 지지 |
| 80 | 유엔해양법협약 체제에서 국가관할권 이원 해역의 생물다양성 보호에 관한 이행협약 논의 촉구 |
| 81 | 육상 활동으로부터 해양환경 보호를 위한 글로벌 실행 프로그램에 각국의 적극적 참여 해양쓰레기 및 해양오염 문제에 대응하기 위한 글로벌 실행계획 도출 |
| 82 | 해양산성화 관측을 위한 글로벌 네트워크 구축 |
| 83 | 고갈이 진행 중인 어족자원의 회복을 위한 노력 강화 |
| 84 | 불법·비보고·비통제 어업의 규제를 위한 각국의 노력 강화 |
| 85 | 소규모 도서 개발도상국(SIDS)의 취약성 |
| 86 | SIDS의 지속가능한 발전을 위한 지원 강화 |

자료: 황기형, 「유엔지속가능회의(Rio+20)에서의 해양 의제」, 『KMI 해양산업동향』, 2012. 5. 25.

Rio+20에서 설치하기로 거론된 고위급 정치 포럼의 역할은 지속가능한 발전을 위한 정치적 지도력, 지침 및 권고, 주기적 논의 상황 파악, 의제 결정을 통한 지속가능한 발전의 증진을 위한 역동적 기반을 제고하려는 것이었다. 또한 Agenda 21을 비롯한 UN회의 결과에 포함된 지속가능발전(SD) 공약의 이행 진전 상황에 대한 검토와 후속조치를 취하였다. 그리고 과학·정책 간 인터페이스 강화, 분산된 정보 및 평가를 취합하고자 하였으며 여기에는 전 지구적 지속가능한 발전에 대한 보고서 형태도 포함된다. 아울러 개도국의 데이터를 수집하여 분석하고 지속가능개발 역량 강화에도 노력하고자 했다.

또한 2012년 67차 유엔총회에서 UNEP의 역할을 강화하는 결의안 채택을 요청하고 있다. 여기에서는 UNEP 집행이사회 내에 보편적 회원 자격을 부여하고, UN 기본예산 지원 확대 및 자발적 기부금을 지원하며 UN 조정기구 내에 UNEP 참여를 확대하고 조정 위임사항 이행 능력을 강화한다는 내용도 포

Assessment and Management for Sustainable Fisheries", 해양정책 및 해양과학기술의 환경변화와 Rio+20회의 결과 및 향후 대책(2차 세미나 자료), 2012. 12. 3.

함되어 있다. 지구환경 전망을 포함하여 과학과 정책 간의 인터페이스를 구축하고 대중 인식 증진 및 국가들 역량 강화와 이를 위한 지원을 제공하고 아울러 나이로비에 본부의 기능을 통합하고 지역별로 지역적 역량도 강화한다는 것이다. 나아가 다자간 환경 협약 및 관련 분야의 UN 체계 간 협력 및 조정을 증진시키도록 하겠다는 것이다. 이와 같이 Rio회의에서 UNEP 기능 강화 등에 합의하였으나 이를 전문기구화 하는 것은 결국 향후 유엔총회에서 논의하기로 하였다.

즉, 지속가능한 발전의 제도적 장치를 마련하는 차원에서 최근 거론된 새로운 국제환경기구 창설 문제에 대해서도 선진국과 개도국 간에 서로 견해가 다르다. 환경문제를 전담할 새 국제기구를 만들자는 주장은 '리우+20' 회의 개최에 앞서 꾸준히 제기돼 왔으나 아직 합의에 이르지는 못하고 있다.

Rio+20회의 해양 분야에서 논의된 주요 내용 중 지속가능한 해양 개발을 위한 개도국 역량 배양을 위한 국제적인 협력의 필요성도 강조되었다. 그리고 유엔에서 제정된, 사회경제적 측면을 포함한 전 세계 해양환경의 상태(The State of Marine Environment) 평가 및 보고(reporting)를 위한 세계 해양평가인 「정규 프로세스(Regular process)」[1313]를 지지하였다.[1314] 2014년까지 전 세계 해역을 대상으로 통합된 해양환경 상태 1차 평가 과정(일명 RP process)의 완료를 통해, 평가 결과를 적절한 수준에서 반영할 것을 촉구하였다. 또한 EEZ 이외의 지역에서 해양생물다양성 보존 및 지속가능한 이용의 중요성을 인지하였다. IMO를 통한 해양폐기물 감축, 해양 외래침입종 유입 방지, GPA 이니셔티브 후속 조치 등 해양 오염 감축 활동을 수행하도록 하였다. 나아가 기후변화에 따른 해수면 상승 및 해안침식 방지를 위해 노력하기

---

[1313] 2002년 요하네스버그 이행계획에 따라 UN 차원에서 '사회·경제적 측면을 포함한 현재와 가까운 미래의 해양환경상태에 대한 전지구적 보고와 평가를 위한 정규과정(Regular Process for global reporting and assessment of the state of the marine environment, including socio-economic aspects, 이후 Regular Process로 지칭함)'이라는 새로운 해양환경평가제도임. UN은 전 세계 해양환경보호를 위하여 2010년부터 '세계해양환경평가'를 정기적으로 실시할 예정이다. 이는 기존의 국가별·지역별 해양환경평가 자료를 기초로 전 세계 해양의 환경 상태를 종합적으로 평가하여, 향후 주요 해양환경관련 정책 결정 과정에 유용한 정보를 제공하고자 하는 것을 목적으로 한다. 현재 2014년을 목표로 1차 주기 평가가 이루어졌다. 국토해양부, 『해양수산백서 2006-2008』, 2010, p.122.

[1314] 국토해양부, 『연안통합관리 이행 체제 연구』, 2012. 11, pp.11-12.

로 하였다. 기후변화 영향과 해양산성화를 해결하기 위한 이니셔티브 지원을 촉구하고, 해양산성화 및 취약한 해양생태계에 대한 해양과학 연구, 모니터링 및 감독을 지원하기 위한 협력 필요성도 강조하였다.[1315]

아울러 해양 시비(ocean fertilization)에 대해서는 우려를 표명하였고 '요하네스버그 이행계획'에서 합의된 2015년 최대 지속가능생산을 가능케 하는 목표를 달성하기 위한 노력을 강화하기로 하였다. FAO를 중심으로 수산자원량 보존 및 회복을 위한 수산 관리, 불법어업 방지, 수산보조금 폐지를 촉구하였다. 그리고 개도국에서 생산된 수산제품의 시장 접근 향상을 위해 개도국 지원 전략을 2014년까지 파악하고 그 강화를 촉구하였다.

또한 산호초와 맹그로브 생태계를 보존하는 국제 협력을 지지하였다. 아울러 2020년까지 해양 및 연안 지역의 생물다양성 및 생태계 서비스의 중요성이 부각되는 지역의 10%가 해양보호구역 등으로 효과적으로 관리되어야 한다는 목표에 유의하였다. 그밖에 국가관할권 이원해역(Areas Beyond National Jurisdiction, ABNJ)의 생물다양성 보호, 해양쓰레기 및 해양오염 문제, 어족자원 보호, 불법(Illegal)·비보고(Unreporting)·비통제(Uncontrolled) 어업(소위 IUU어업이라고 함) 규제, 산호·맹그로브의 취약성과 경제적·사회적·환경적 기여도, 소규모 도서국의 취약성 및 지속가능한 발전 지원 등의 문제를 다루었다.[1316]

기타 주요 결과로는 World Bank 주도로 '해양을 위한 전 지구적 파트너십(Global Partnership for Oceans, GPO)'을 설립하기로 하였는데 이는 해양환경 보호와 지속가능한 이용 도모를 위한 전 세계적 협력프로그램으로서 개도국으로 해양관련 기술 이전을 하고자 하는 것이다.[1317] 우리나라도 여기에 적극적으로 참여하기로 정부에서 공약하였다.[1318] 아울러 모로코에 '해양산성

---

1315) 국토해양부, 상게서, 2012. 11, p.12.
1316) 국토해양부, 상게서, 2012. 11, p.12.
1317) Global Partnership for Oceans (GPO)는 지난 Rio+20회의에서 건강하고 생산적이며 복원력이 있는 해양 구축을 위한 새로운 해양 이니시어티브 발표 - 세계 100여개 국가, 국제기구, 민간기업, 시민사회, 연구소, UN 협약 등 참여. 우리나라도 Rio+20 회의에서 국토해양부 해양환경정책관이 서명 동의. 주요 주제로는 지속가능한 상업어업과 양식 활동에 의한 식량 및 생계유지, 중요한 연안·해양 서식지 및 생물다양성 보전, 오염 감소 등이다.
1318) 뉴스1코리아, 전게 자료.

화 국제협력센터'를 설립하기로 하였다. 우리나라도 당시 개도국 녹색성장을 위하여 2013-2020년 그린(Green) ODA 총액을 50억 달러 이상으로 확대하기로 공약하였다.

2012년 6월 20일 '리우+20' 회의 개막에 앞선 6월 16일에는 '해양의 날' 행사가 개최되어 46개국, 169개 기관의 375명이 참석하였다. 이 자리에서는 통합연안·해양관리(IOCM) 확대 노력 강화, 유엔기후변화협약(UNFCCC) 이슈에 대해 대응하는 통합 접근 방식 개발, 해양보호구역(MPAs) 네트워크를 통한 해양생물의 다양성 보호, 식품 안전과 사회경제적 혜택을 위한 수산업 강화, 소도서국가 개발(Small Island Developing States, SIDS)와 개발도상국의 기후변화 대처 및 해양자원 관리 능력 향상, 모든 해양오염원의 관리 강화, Blue Economy로의 이동 등에 대해 더욱 강력하고 즉각적인 조치를 요구하는 '해양선언(Ocean Declaration)'이 의장 공동성명으로 발표되었다.[1319]

④ Ocean Compact

반기문 유엔사무총장의 발의로 이루어진 Ocean Compact는 해양에 관하여 Rio+20회의 결과를 계승하는 전략적 비전을 확립하기 위하여 수립된 이니셔티브이다. 반기문 유엔사무총장은 2012년 8월 여수엑스포가 끝나는 시점에 발표된 여수 선언문을 통해 이러한 구상을 밝혔으며[1320] 그 내용은 (Ri+20) 회의에서 나온 것과 유사하므로 앞의 내용을 참고하기 바란다.

이를 수행하기 위해 DOALOS(유엔해양법 사무국), FAO, IOC, UNEP, World Bank, IMO, WMO, UNDP, ISA, IAEA 등을 포함하여 UN Oceans라는 연합 조직을 구성하였으며, 현재 UNDP가 조정자(coordinator) 역할을 수행하고 있다.

---

[1319] 내용은 박광서(리우+20 해양선언의 내용과 시사점, KMI 해양산업동향, 제68호, 2012. 7. 3, pp.3-4)의 발표 내용을 정리·인용한 것임.
[1320] 여수선언문, 여수엑스포 조직위원회, 2012. 8: Awni Behnam, "The Economy beyond 30 years of UNCLOS", Conference Proceedings, 2-8 Nov. 2012, pp.11-14.

## 2) 최근 추세의 함의

앞에서 본 바와 같이 Rio+20회의의 의제나 UN에서 주창되는 Ocean Compact의 내용은 상호 연계되어 있다. 따라서 앞으로 이러한 과제들이 국제사회의 주요 이슈가 될 것이므로 이들 이슈들에 주의를 기울여 해양 관리 강화로 국익 증진을 도모해야 할 것이다. 이를 중심으로 우리나라가 향후 나아갈 방향을 살펴보면 다음과 같다.

먼저 UNEP의 위상 강화에 대비하는 것으로 이미 UNEP는 우리의 주변 해역에서 그 하부 조직인 NOWPAP, COBSEA 등을 통해 활동을 하고 있고 우리나라도 참여하고 있으나 앞으로 UNEP의 기치 아래 더욱 많은 활동이 벌어질 것으로 기대된다. 그리고 해양과 관련하여 World Bank, UN DOALOS, FAO, IOC 등 관련 기관들의 활동도 대폭 증가할 것으로 예상되어 이에 대한 체계적 대비가 요망된다.

앞으로 전 세계적으로 해양시비(ocean fertilization), 산호 및 맹그로브 보전, MPA 확대 등의 사업이 활발히 일어나고 기후변화에 따른 해양 재해 대비 사업, 취약성 평가, 해양산성화 등에 따른 해양 모니터링 사업이 활성화 될 전망이다. 따라서 우리나라에서도 이에 대한 연구와 협력을 강화하여야 한다. 아울러 Regular process 평가, World Bank의 GPO 등 UN과 관련국제 기구가 주도하는 각종 사업에 적극적으로 참여할 필요가 있다. 또한 UN 주도 부문에서 ODA 자금 등을 활용하여 개도국 지원에 앞장 서는 등 우리의 해양 역량을 극대화해야 할 것이다.

이러한 여러 가지 변화들에 대하여 학자들은 다양한 현안 문제들이 해결되어야 한다고 주장한다. 아울러 Johnston과 Van der Zwaag(2000)은 다음과 같은 7가지 문제들을 향후의 현안으로 들고 있다.[1321]

---

[1321] Bruce Galvovic, "Ocean and Coastal Governance for Sustainability: Imperatives for Integrating Ecology and Economics", *Ecological Economics of the Oceans and Coasts*, 2008, p.327, 원전: D. M. Johnston and D. L. VanderZwaag, "The ocean and international environmental law: swimming, sinking, and treading water at the millennium", *Ocean and Coastal Management*, Vol.43, 2000, pp.141-161.

- 협상된 도구들의 확산에 노력하는 것
- 환경 협약들(commitments)에 대한 정치적 반대를 이겨 내는 것
- 국제적인 환경법을 잘 엮어내는 것
- 환경 윤리, 과학 및 법규들 사이의 관계를 잘 해결하는 것
- 지속가능한 개발(SD)의 원칙들을 잘 만들어 내는 것
- 국제적 책무들의 수행 시 실무적인 대처를 잘 하는 것
- 미래 해양 거버넌스의 비전을 제시하는 것

반면에 Friedheim(2000)은 해양 거버넌스에서 국제적인 조직에는 문제가 없으나 다음과 같은 과제들을 해결해야 한다고 하였다.[1322]

- 행동명령들(action mandates)
- 결정을 보다 확고하게 하기 위한 권한 부여
- SD를 이루기 위한 약속(commitments)
- 이행에 따른 문제들을 줄이기 위한 공동의 규범들
- 효과적인 내부의 의사결정 메커니즘, 개방적이고 투명한 참여
- 적절한 전문 지식과 경험, 적정한 자원 배분, 효과적인 분쟁해결 절차

이외에도 특별한 대책들이 요구되는 것들이 있는데 과도한 어획 능력과 어획 노력에 대한 대책 등 어업의 근본적인 문제 처리, 현재 공해상의 어업에 대한 국제적인 협약의 체결, 공해상의 트롤 어업(high seas bottom trawling)에 대한 UN 총회의 중단 조치 확보, 지역 수산기구(RFMOs, Regional Fishery Management Organizations)의 개혁, 공해상의 보존관리(high seas area conservation management)의 개선, 인류의 이익을 위한 해양탐사 촉진 등 주로 기존의 레짐에서 잘 다루지 못했던 공해상의 어업 자원 관리와 관련되는 문제들의 보완과 개선이 요구되고 있다.[1323]

---

1322) Bruce Galvovic, op. cit., p.327, 원전: R. Friedheim, "Designing the ocean policy future: an essay in how I am going to do that", Ocean Development and International Law, Vol. 31, 2000, pp.183-195.

## 3. 해양관리 국제기구들과 활동 내역

### 1) UN 관련

#### (1) UNEP

UNEP는 1972년 스톡홀름에서 열린 '유엔 인간환경회의'의 결정에 따라 1973년 설립되어 케냐 나이로비에 본부를 두고 있다. UNEP는 인간 행동에 의한 환경오염을 막을 수 있도록 인식을 제고하고, 협약 및 선언을 주도하며 행동계획을 작성하여 실행하기 위해 만들어진 정부 간 기구이자 집행기구이다. 특히 UNEP는 1972년 열린 인간환경에 관한 UN회의(UN Conference on the Human Environment, 일명 Stockholm Conference)에서 지역적인 해양 보전을 위해 세계적으로 지역해 프로그램(Regional Sea Programme, RSP)을 만들었다.[1324]

이를 통해 UNEP는 1974년부터 점진적으로 시작하여 2009년 4월 기준으로 전 세계 13개 지역해 프로그램과 5개의 파트너 프로그램[1325]을 포함하여 총 18개 프로그램을 운영 중이며 세계의 143개 국가가 이에 참여하고 있다.[1326] 한·중·일·러 간에 진행하고 있는 북서태평양보전실천계획(NOWPAP)은 이러한 13개 지역 중 하나인 북서태평양을 대상으로 하는 사업이다. 반면에 동아시아지역해조정기구(COBSEA)는 13개 지역 중 하나인 동아시아해를 대상으로 하는 사업으로서 1994년 설립되었다.[1327] UNEP는 이러한 지역해 사업을 통하여 연안관리, 해양생태계 관리, 해양오염 관리 등 다양한 활동과 사업들

---

1323) Bruce Galvovic, *op. cit.*, pp.327-328.
1324) Terttu Melvasalo, "Perspectives and Experience of the UNEP Regional Seas Programme", *Securing the Oceans: Essays on the Ocean Governance*, Chua Thia-Eng, Gunnar Kulleberg, and Danilo Bonga (eds.), Jan. 2008, GEF/UNDP/IMO, p.230.
1325) Terttu Melvasalo, *op. cit.*, p.231. Baltic Sea, North Sea, Caspian Sea, Antartic, Artic Sea 같은 경우는 UNEP의 파트너 프로그램으로 분류됨.
1326) 2009년 4월 기준, KMI, 『국제 해양문제 주도권 확대방안 연구(Ⅰ)』, 2009. 12, p.187: Terttu Melvasalo, *op. cit.*, p.231.
1327) 호주, 중국, 한국 등 10개국이 참여하고 있다. 중점 사업으로 '해양 및 육상기인 오염원 관리', '연안해양 서식지 보존', '연안재해대응 및 관리' 분야의 사업을 수행 중이다. 자료: 국토해양부, 『동아시아 다자간 해양환경 국제협력사업(제1차)』, 2012. 3, p.10.

을 하고 있다. 지역해 프로그램은 프로그램, 실행계획(action plan), 정치적 수준에서의 이행(Implementation) 등으로 구성된다. 그리고 지역 실행계획은 지역의 관련 UN기구들과의 협력하에 지역에 있는 기구들에 의해 수행된다.

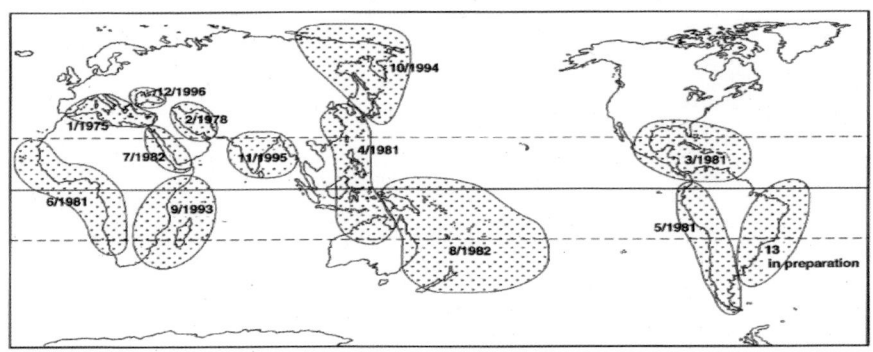

〈그림 15-2〉 UNEP 13개 지역해 프로그램 위치도

자료: Adalberto Vallega, op. cit., p.200.

유엔환경계획(UNEP)는 어류 자원 감소, 육상기인 오염 등이 해양환경과 관련하여 중요한 문제로 대두됨에 따라 1995년부터 산하기구인 「육상 활동으로부터 해양 환경 보호를 위한 범지구적 실천계획(GPA, Global Programme of Action for the Protection of the Marine Environment from the Land-based Activities)」[1328]를 통해 이러한 문제들을 다루어 왔다. GPA의 목적은 육상기인 오염원 확인, 이를 저감하기 위한 지역적 및 국가적 우선순위별 행동계획 마련, 이를 수행하기 위한 지역적 협력을 목적으로 한다. 특히 이 프로그램은 UNEP의 지역해 프로그램과 긴밀히 협력하며 연안관리와 함께 담수와 해수를 통합하는 통합 연안관리 및 유역 프로그램(integrated coastal areas and watershed management approaches)을 활용하고자 하였다.[1329]

---

[1328] Global Programme of Action for the Protection of the Marine Environment from the Land-based Activities. GPA는 UNEP의 산하기구로 사무국은 네덜란드 헤이그에 있으며, UNEP 지역해 프로그램 뿐만 아니라 2002년 지속가능 세계정상회의(WSSD)에서 채택한 '이행계획'에서도 GPA를 주요 해양환경관리 수단으로 설정하고 있다. GPA의 9가지 관리항목은 하수, 영양염류, 지속성 유기오염물질, 중금속, 유류, 폐기물, 서식지의 물리적 변형, 방사성물질, 퇴적물 이동임. 자료: 남정호, 「NOWPAP 해양환경 보전 활동에서 우리나라의 주도적 위치 확보 필요」, 『월간 해양수산』, 제1165호, 2004. 12. 31, pp.2-8.

〈표 15-8〉 UNEP 지역해 프로그램 활동 분야

| 구 분 | 주요 활동 분야 | 세부 내용 | 국내 관련성 |
|---|---|---|---|
| 연안관리 | 연안관리 | 연안통합관리, 자원인벤토리, 해양보호구역, 연안역 특수성 반영한 개발 계획, 환경영향평가, 오염원 통제, 공공교육 및 홍보 등 | 높음 |
| | 연안개발 | 연안개발에 의한 자연해안선 손실과 자연성 훼손. 연안과 해양자연자원의 보호와 환경질 개선 | 높음 |
| 생태계 및 생물다양성 | 산호초 | 생산성이 높고 다양한 자연적인 생태계로 다양한 해양생물의 서식지 역할 보호 | 있음 |
| | 해양 포유류 | 고래, 돌고래, 듀공, 북극곰, 바다표범 등 보호를 위한 서식지 변화/훼손, 해양소음, 오염원 관리 등 | 있음 |
| | 해양보호 구역 | 해양보호구역 지정과 관리 활동 | 높음 |
| | 해양 침입종 | 외래 침입종 관리 | 있음 |
| | 광역해양 생태계 | 지역해 내 해양학적으로 구별되는 광역해양생태계에 대한 관리 | 있음 |
| 육상기인 오염원 | - | 유역관리를 통한 해양환경관리(해양오염원의 80%) | 높음 |
| 해양쓰레기 | - | 난분해성 해양쓰레기에 대한 수거·처리, 발생원 저감 | 높음 |
| 해운 및 해양기인 오염원 | - | 선박의 쓰레기 배출, 사고 및 개발에 의한 유류 오염 등 관리 | 있음 |
| 군소도서 | - | 기후변화나 오염에 취약한 군소도서 환경 관리 | 낮음 |

자료: KMI, 『국제 해양문제 주도권 확대방안 연구(Ⅰ)』, 2009. 12, p.187.

특히 최근 급격하게 증가하고 있는 비료 사용, 화석 연료 사용 증가 등 육상기인 오염원에 의한 해양오염 문제, 그리고 기후변화가 미치는 영향에 대해서 주목하여 유엔총회(UN General Assembly, UNGA)는 2005년 Regular Process를 향한 전단계로서 'Assessments of Assessment(AoA라고도 함)'를 시작하였고(resolution 60/30), 이의 시행 감독을 위한 임시 그룹(Ad Hoc Steering Group)과 전문가 그룹(Group of Experts)을 만들었다.[1330] 이들과 함께 UNEP와 UNESCO

---

1329) Salif Diop, "The UNEP's contribution to the oceans and marine science", *Troubled Waters*, 2010, Cambridge, p.271.
1330) Salif Diop, *op. cit.*, p.272.

산하 정부간해양위원회인 IOC는 2014년까지 Regular Process(Assessments of Aessessment, AoA라고도 함)라고 하는 전 지구적 통합 해양 평가를 1차 종료하였다.1331) UNEP는 Regular Process 등 다양한 사업을 통하여 해양과 연안의 환경 조건과 동향에 대한 정보와 분석을 제공하고 있다.

2006년에는 부적절한 오폐수 처리에 대한 위협과 이에 대처하기 위한 적절한 자금 확보를 위해 '도시, 산업 및 농어업의 오폐수 처리를 포함한 점원 및 비점원 오염(point and non-point pollution)에 대처하기 위한 자금 조달과 추가적인 노력에 매진할 것'을 다짐하는 「북경 선언(Beijing Declaration)」을 채택하였다.1332)

(2) UNDP

UNDP는 1965년 유엔특별기금(UNSF)과 확대기술원조계획(EPTA)을 통합한 뒤 유엔의 개발원조계획을 조정하는 것을 목적으로 1966년에 설립되었다.1333) 그 후 UN에서 2000년 9월 빈곤 퇴치, 에너지 및 환경 문제, 인권 등을 개선하기 위한 '새천년 선언문(Millenium Declaration)'을 채택함에 따라 이를 담당할 기구로 UNDP가 지정되었다.1334)

UNDP는 생태계 및 생물다양성 사업을 위해 2008년 말 기준으로 120,000개의 보호구역을 지정하였는데 이는 전 세계 육지의 12.2%, 영해의 5.9%에 해당된다. UNDP의 국제수역 보호사업은 주로 지구환경기금(GEF)을 통해 지원된다. 특히 이를 통해 전 세계 광역해양생태계(Large Marine Ecosystem, LME)에 대한 지원을 하고 있다. 미국의 NOAA와 다른 기관들은 전 세계의 해양을 경제적·사회적 조건보다 특이한 수심(bathymetry), 수로(hydrography), 해양 생산성(productivity), 영양에 의존하는 군집(trophic-dependent populations) 등 4개 차원

---

1331) 한국해양연구원,『해양과학기술동향, 연구정책·지원사업 과제「2009 선진 해양연구 동향」의 정책자료 09-06 해양과학기술정책동향 모음집』, 2009, p.149. 재인용: 정서영,『주요국의 해양정책 동향 및 해양관리 체제 분석』최종보고서, 2011, p.11.
1332) David L. VanderZwaag, op. cit., p.215.
1333) 국토해양부, 전게서, 2012. 3, p.12.
1334) Ibid.

으로 분석하여 약 64개의 광역해양생태계(Large Marine Ecosystem, LME)가 있음을 확인하였다.1335) 이들 광역해양생태계(LME)의 면적은 200,000km² 정도 혹은 그 이상의 크기인데 강 하구역부터 대륙붕이나 주요 해류의 외곽 한계 해역까지 포함된다.

이러한 광역해양생태계(Large Marine Ecosystem, LME)의 확인은 중요한 발전으로 여겨진다. 특히 전 세계 어업 생산량의 80%가 이곳에서 생산되고 있고 LME가 지속가능한 개발(SD)에 초점을 맞추고1336) 경제적 효율성(efficiency)과 사회적 형평(equity)을 이루는 전제조건으로 생태계의 온전성(integrity)을 유지하는 방향으로 나가고 있기 때문이다.1337) 따라서 인도네시아에서 열린 2009년 세계해양컨퍼런스에서 LME 등 MPA의 중요성을 강조하여 이를 확대하자는 「마나도 선언(Manado Declaration, 비구속적인 선언)」이 79개 국가들의 지지를 받아 채택되기도 하였다.1338) UNDP 지구환경기금(GEF)는 각 LME 지역에서 월경성 관리 문제(transboudary management problems)에 대처하기 위하여 관련 이슈를 확인하여 사업을 우선순위화하고 전략적 행동계획(SAPs)을 세우기 위하여 월경성 종합진단보고서(Transboundary Diagnostic Analysis) 작성을 실시하도록 도와 왔다.1339)

우리나라 인근에서는 '황해광역해양생태계보전사업(YSLME, Yellow Sea Large Marine Ecosystem)'과 동아시아해양환경협력기구(PEMSEA)의 '동아시아 해양환경 보호 및 관리를 위한 파트너십(Building Partnership in Environmental Protection and Management of the Sea of East Asia)' 사업이 UNDP 지구환경기금(GEF)에 의해 지원되고 있다.

UNDP는 특히 주요 개도국들에서 역량 강화(Capacity Building) 훈련 등을 많이 제공하는 한편 지구환경기금(GEF)을 통해 연안관리 프로젝트에 기금을 제공하는 원천이 되고 있다.1340)

---

1335) David L. VanderZwaag, op. cit., p.203, p.228(LME 목록 있음); 및 Shih-Ming Kao et al., op. cit., p.287. 황해도 그중 하나의 LME로 관리 중이고, 미국에는 10개의 LME(그중 북극해 3개)가 있음.
1336) Salif Diop, op. cit., p.272.
1337) Jannelle Kennedy, Arthur J. Hanson, and Jack Mathias, op. cit., p.650.
1338) Donald R. Rothwell & Tim Stephans, op. cit., p.463.
1339) David L. VanderZwaag, op. cit., p.203.

### (3) UNESCO IOC

유엔교육과학문화기구(UNESCO)는 1954년 조직되어 과학과 관련되는 활동으로 널리 알려진 생물권보전지역(Biosphere Reserve) 지정 활동과 같이 생태계 보전에 관한 활동도 하고 있지만,[1341] 해양 분야에서도 국제적으로 중요한 활동을 하고 있다. 특히 1960년 UNESCO 제11차 총회의 결의에 따라 그 산하기구로 설립된 정부간해양위원회인 IOC(Intergovernmental Oceanographic Commission)는 해양에 관한 제 문제를 정부 차원에서 토의하는 유엔 산하의 정부 간 위원회로 그동안 해양에서의 과학적 발전을 위하여 다양한 기능을 수행하여 왔다. IOC는 1961년 10월 프랑스 파리의 유네스코 본부에서 제1차 회의가 개최되었고, 우리나라를 비롯한 미국·영국·프랑스·노르웨이·인도·일본 등 현재 130여 개국이 가입하고 있다. IOC의 주된 임무는 해양에 대한 국제공동조사 활동을 주관하고, 각국의 해양 및 그 자원에 대한 과학적인 조사·연구 활동을 지원하는 것이다. 또한 가맹국과의 공동 조사활동을 통해서 해양의 자연현상 및 자원에 관한 많은 지식을 얻어 이를 정책수립 자료로 활용하고 있다.[1342]

〈표 15-9〉 IOC의 각종 프로그램들의 내용들

| 구분 | 내용 | 관련 기구 |
|---|---|---|
| 해양생물센서스<br>(CoML, Census of Marine Life)<br>프로그램 | 2000년부터 2010년, 전 세계 25개 바다에서 80여개 국가의 과학자들이 참여 | 정부간 초대형 프로그램 |
| GOOS | 1990년 초부터 기존의 TOGA, WOCE, JGOBS 등을 대체하여 전 세계적으로 시작 | WMO와 협력 |
| International Bathymetric Chart(IBC) | -1997년 이전에는 기존 데이터를 등심거리를 써서 표시<br>-1997년부터 디지털화된 해저지도 자료화 | 국제수로기구(IHO) 협력 |
| HAB(Harmful Algae Blooms) | -1960년대 말 덴마크, 노르웨이가 산발적 연구 시작<br>-1992, IOC가 Intergovernmental Panel on HAB (IPHAB)를 만들어 GEOHAB 프로그램으로 연구 시작 | FAO와 공동 연구 |
| Regular Process(Assessments of Aesessment, AoA) | 2014까지, 제1차 전지구적 통합 해양 평가 | UNEP와 공동으로 |

자료: Geoff Holland, David Pugh(ed.), *Troubled Waters*, 2010, Cambridge, p.93 등

---

[1340] Terttu Melvasalo, op. cit., p.237.
[1341] 남정호 등, 『기후변화대응을 위한 연안지역 레질리언스(Resilience) 강화 방안』, KMI 기본 연구보고, 2009. 12, p.123.
[1342] 두산백과.

IOC는 각종 국제적 해양조사·연구, 해양오염 감시, 해양자료 교환, 해양에 관한 교육·훈련 및 상호협력 등의 사업을 시행하고 있는데, 이 중 특기할 만한 것으로는 FAO 등과 협력하여 실시한 인도양, 카리브해, 서태평양 해역 등에 대한 공동 조사를 들 수 있다.1343) 최근 IOC는 〈표 15-9〉 같은 연구와 조사 프로그램 등을 관련 국제기구들과 공동으로 혹은 단독으로 수행해 오고 있다.

이외에도 개발도상국이 해양과학에 대한 자력적인 능력을 갖출 수 있도록 지원하는 사업을 벌이거나, 태평양, 인도양과 같은 지역해 차원에서 쓰나미 조기경보시스템 개발과 같은 사업, 군소 도서국가의 지속가능한 발전을 위하여 지원하고 있다.1344)

UNESCO 차원에서는 기후변화에 대하여 취약지역 역량 강화에 많이 기여하고 있으며, 특히 개발도상국의 군소 도서에 대해 적극 관여하여 1994년에 바베이도스에서 '개발도상 군소 도서의 지속가능한 발전을 위한 전 지구 회의'를 개최하여 물 문제, 연안 개발, 에너지 문제, 자연보전 문제, 자연재해, 해수면 상승 등의 문제를 다루는 성과를 거두었다.1345) 이후 2004년에는 도서의제인 'Island Agenda 2004'를 발표하여 도서의 빈곤 문제, 양성 평등, HIV/AIDS에 대한 대응, 전통지식, 대중관광과 생태관광과 같이 새로운 도서 문제들을 제시하기도 하였다.1346)

(4) 국제해사기구(IMO)

국제해사기구(International Maritime Organization, IMO)는 1948년 2월 스위스 제네바에서 열린 UN 해사위원회에 이어 그해 3월 미국, 영국 등 12개국이 국제해사기구조약을 채택함으로써 탄생된 기구다. 1948년 설립 당시의 명칭은 정부 간 해사자문기구(Inter-Governmental Maritime Consultative Organization, IMCO)였으나, 1982년에 현재의 명칭으로 바꾸었고 본부는 영국 런던에 두고 있으며, 168개 국가가 정회원으로, 3개 국가가 준회원으로 가입되어 있다.1347)

---
1343) *Ibid.*
1344) 남정호 등, 전게서, 2009. 12, p.124.
1345) 남정호 등, 전게서, 2009. 12, pp.126-127.
1346) 남정호 등, 전게서, 2009. 12, p.127.

우리나라는 1962년 정회원으로 가입하여 활동 중이고 2001년 11월 이래 현재까지 A그룹 이사국으로 활동하고 있다.

IMO의 활동 목적은 해양오염 방지, 해양안전, 선박적재화물 계량단위 규격화, 각국 해운회사의 불공정한 제한조치 규제 등이다. 구체적으로는 해운문제 심의, 정보 교환, 조약 작성이나 권고가 주 임무이다. 이와 관련하여 현재까지 60개의 국제협약, 1,750여 종의 결의서를 채택하였다.[1348]

〈표 15-10〉 IMO 주요 이사국 현황(2013. 12-2015. 11)

| 구 분 | 구 성 | 국 명 |
|---|---|---|
| A그룹<br>(10개국) | 주요 해운국 | 대한민국, 일본, 중국, 이태리, 그리스, 영국, 미국, 파나마, 러시아, 노르웨이 |
| B그룹<br>(10개국) | 주요 화주국 | 아르헨티나, 방글라데시, 브라질, 캐나다, 프랑스, 독일, 인도, 네덜란드, 스페인, 스웨덴 |
| C그룹<br>(20개국) | 지역 대표국 | 싱가포르, 터키, 남아공, 인도네시아, 사이프러스, 멕시코, 필리핀, 칠레, 호주, 덴마크, 말레이시아, 벨기에, 몰타, 모로코, 페루, 태국, 바하마, 라이베리아, 케냐, 자메이카 |

자료: 해양수산부, 『해양수산 업무편람』, 2014. 3, p.404.

IMO가 제정한 주요 국제 규칙으로는 「선박안전에 관한 협약(SOLAS)」, 「선박기인 해양오염방지협약(MARPOL) 73/78」, 「국제충돌예방규약 (COLREG)」, 「전 세계 해난구조 및 안전제도(GMDSS)」, 「선박안전에 관한 규칙(ISM Code)」, 「선원의 교육 훈련 및 자격기준을 정한 협약(STCW)」, 「승무원의 후생복지 문제를 규정한 국제노동기구(ILO) 규칙」, 「만재흘수선에 관한 국제협약(Load Lines Convention, 1966)」 등이 있다.[1349] 아울러 선주들이 안전에 대해 태만히 할 수 있어 다양한 환경 및 안전 규제를 시행 중인데 특히 항만 당국 검사관이 선박의 안전 실태를 검사하여 결함이 있을 때는 시정을 지시하거나 출항을 정지시키는 등의 제재를 가하는 「항만국 통제(Port State Control, PSC)」 제도를 채택하여 시행하고 있다.[1350] 항만국 통제는 당해 항만국의 통제관(PSC Officers)이, 선박의 안전 향상과 해양환경 보호를 위해, 입항한 외국적 선박에 대하여 자국

---

1347) Daum 백과.
1348) 해양수산부, 『해양수산 업무편람』, 2014. 3, p.404.
1349) 이경호·정승건, 『바다와 국가의 정책』, 학현사, 서울, 2001. 9, p.488.
1350) Ibid.

의 법규 및 자국이 비준한 국제 규칙 및 기준1351)을 충족하고 있는지를 확인하기 위하여 당해 선박에 승선하여 임검하는 행위를 말한다. 이때에 상기의 주요 협약들이 항만국 통제 실시의 주요 기준이 된다. 이러한 여러 의제와 더불어 현재 IMO에서 논의 중인 주요 의제는 다음과 같다.1352)

안전 분야에서 주요 의제는 여객선 안전(Passenger ship safety), 해상보안(Measures to enhance maritime security), 목표기반 신조선 구조 기준(Goal based new ship construction standards), 선박설계 및 의장(HSC Code 개정 등), Flag state implementation(기국시행, 해양조사 코드 개정 등), 산적 액체 및 가스(Bulk liquids and gases), 항해 안전, 복원성 및 만재흘수선, 위험물, 고체화물 및 컨테이너, 방화(화재안전설비의 성능시험 및 승인 기준, FTP Code 검토 등), 선원 훈련 및 당직, 무선통신 및 수색/구조, 인적요인을 고려한 기준 제정, 공식 안전성평가(Formal safety assessment) 등이다. IMO에서 다루고 있는 환경보전 분야에서는 선박으로부터의 대기오염 방지, 밸러스트 수의 유해 수중 물질, 선박 재활용, OPRC 협약 및 OPRC HNS 의정서의 시행, Flag state implementation(밸러스트 수 교환협약 지침 개발 등), 산적 액체 및 가스(선박 오수 배출 기준, NOx Code 검토 등), 특별 민감해역 지정, 선박의 유해 방오 도료 등이 있다.

〈표 15-11〉 국제 해운 온실가스 감축 규제

| 규제 | 주요 내용 |
| --- | --- |
| 기술적 | 에너지효율설계지수(EEDI, Energy Efficiency Design Index): 톤·마일 화물수송 원단위 탄소배출량 허용기준으로 건조시 설계단위에서 선종 톤수별 탄소배출량(g/ton·mile) 제한(신조선 적용) |
| 운항적 | 에너지효율관리계획(SEEMP, Ship Energy Management Plan): 선박운항 중 에너지 절약과 이용 효율화를 통한 저탄소 운항관리 체계화(신조선 및 현존선 적용), 에너지효율운항지수(EEOI, Energy Efficiency Operational Indicator) 개선 |

자료: 해양수산부, 『해양수산 업무편람』, 2013. 8, p.375; 홍기훈, 「해양환경 보호」, 『해양의 국제법과 정치』, 한국해로연구회 편, 서울, 2011, p.236.

---

1351) 주로 어로, 세관, 출입국관리, 검역 및 국가 안보, IMO 등의 국제협약 및 국내 법규 등의 준수 여부 임검. 방호삼, 「항만국 통제」, 『해양의 국제법과 정치』, 한국해로연구회 편, 서울, 2011, pp.299-300.
1352) 해양수산부, 『IMO를 활용한 해양강국 도약전략 연구』, 2007. 2, pp.48-49.

특히 기후변화와 관련하여 IMO에서는 국제항행 선박에 대하여 기후변화에 따른 교토의정서에 입각, 부속서1 국가들에 대하여 온실가스 배출 감축 정책을 실시하고 관련 규제를 마련 중이다.[1353] 〈표 15-11〉과 같이 총톤수 400G/T 이상인 선박에 대하여 기술적, 운항적 규제를 시행하고 있다.

아울러 국제해운 부문의 추가적 온실가스 감축을 위해, 온실가스 배출량에 대한 비용 부담 제도(탄소세, 배출권 거래제 등) 등의 시장기반적 규제(Market Based Measures, MBM)를 2017년경까지는 도입할 예정이다.[1354] 또한 선박으로부터 이산화탄소($CO_2$), 아황산($SO_x$), 질산($NO_x$) 등의 배출 규제를 강화하여 청정연료 활용, eco-ship 도입 강화 조치를 취해나가고 있다.[1355]

IMO와는 직접적인 연관은 없지만 국제적으로 유류오염의 손해배상 및 보상에 관한 규율에서도 국제적인 공조가 이루어지고 있다. 대표적으로 1992년에 체결된 「민사책임협약(CLC)」과 「유류오염손해배상기금협약(IOPC FUND)」이 있고, 우리나라는 이 두 협약 및 「추가기금협약(Supplementary Fund)」의 체약국이다.[1356] 또한 일반선박의 연료유 오염에 의한 사고에 대하여는 「선박연료유협약(Bunker Convention)」이 발효되었고 우리나라도 체약국이다.[1357]

또한 국제적으로 해상 수색구조에 대한 협력도 이루어지고 있는데 이는 해상에서 조난을 당한 선박이나 사람의 위치를 찾아 안전한 곳으로 이동시키는 행위를 말한다.[1358] 이에는 사법상의 해난구조와 공법상의 수색구조가 있으며 전자는 '의무 없이 행하는 구조'와 '계약구조' 등으로 나누어진다.[1359] 해난구조는 국제조약으로 「해난구조협약(International Convention on Salvage, 1989)」이 있고 한편으로 난파물처리 비용에 관한 국제협약인 「난파물제거협약(Wreck Removal Convention)」이 제정되어 발효를 기다리고 있다.[1360] 반면 전 세계에서 어디에서 사고가 발생하더라도 구조 작업이 체계적으로 이루어지게 하기

---

[1353] 홍기훈, 「해양환경 보호」, 『해양의 국제법과 정치』, 한국해로연구회 편, 서울, 2011, p.236.
[1354] 해양수산부, 『해양수산업무편람』, 2013. 8, p.375.
[1355] 제3장의 IMO 부분 참조 요망.
[1356] 김인현, 「해양사고 및 해양수색구조」, 『해양의 국제법과 정치』, 한국해로연구회 편, 서울, 2011, p.145.
[1357] *Ibid.*
[1358] 김인현, 전게서, p.146.
[1359] 김인현, 전게서, p.147.
[1360] 김인현, 전게서, p.148.

위하여 1979년 「해상수색 및 구조에 관한 협약(International Convention of Maritime Search and Rescue, SAR)」이 제정되어 국제적으로 운영되고 있다.1361)

### (5) 해양법 관련 기구들

1982년에 타결되고 1994년 발효된 유엔해양법에 의해 해양분쟁 심판기구인 국제해양법재판소(International Tribunal of the Law of the Sea, ITLOS), 인류 유산인 심해저 개발을 관장하는 국제해저기구(International Seabed Authority, ISA), 유엔해양법에 관련된 문제를 다루는 UN 내의 해양법사무국(UN DOALOS) 등이 있다.

### (6) UN 식량농업기구(FAO)

FAO는 식량 문제 차원에서 수산·어업자원 관리 문제를 다루고 있다. 특히 수산위원회를 산하에 두고 사업의 계획·집행 및 감독, 국제협약 및 지역 수산관리기구들(RFMOs) 관리를 하고 있다.

## 2) UN 이외의 해양 관련 기구들

### (1) 아·태 경제협력체(APEC)의 해양 관련 활동1362)

아시아·태평양 경제협력체(Asia-Pacific Economic Cooperation, APEC)는 1989년에 환태평양 12개 국가들이 모여 경제적·정치적 결합을 목적으로 설립되어 현재는 아시아, 대양주, 북남미 등 태평양 연안 총 22개 역내 국가들이 참여하고 있다. 현재 전 세계 양식이 90%, 어선어업의 75%가 이 지역에서 이루어지고 있다.1363) 1997년 APEC은 지속가능한 해양환경전략(A Strategy for the Sustainability of the Marine Environment)을 수립하여 통합 연안관리, 해양환경오

---

1361) 김인현, 전게서, p.149.
1362) 국토해양부, 『동아시아 다자간 해양환경 국제협력사업(제1차)』, 2012. 3, pp.19-20.
1363) Donald R. Rothwell & Tim Stephans, op. cit., p.485.

염 감소, 해양자원의 지속가능한 관리를 달성하는 데 노력하기로 하였다.1364) 2002년에는 한국이 제안한 APEC 해양장관회의(Ocean-Related Ministerial Meeting)를 개최하고 생태계기반관리(EBM)를 국가 및 지역적 수준에서 채택하는 것을 골자로 하여 해양정책 발전을 도모하는 '서울 선언문(Seoul Declaration)'을 채택하였다.1365)

2005년 제2차 해양장관회의에서는 발리 행동계획(Bali Plan of Action)인 'Towards Healthy Ocean and Coasts for the Sustainable Growth and Prosperity of the Asia-Pacific Community'을 채택하기도 하였다.1366) 2007년에는 지역 내 멸종위기에 있는 산호초의 중요성을 인정하여 'The Coral Triangle Initiative on Coral Reef, Fisheries, and Food Security(CTI)'를 채택하였고 바로 이어 이를 위한 로드맵(Roadmap for the establishment of a comprehensive CTI Plan of Action)도 실무진들에 의해 수립되었다.1367) 실제로 CTI 지역은 520만km²로서 인도네시아, 필리핀, 말레이시아, 파푸아뉴기니, 솔로몬제도, 동티모르 등이 속해 있는 광대한 지역이다.1368)

최근 개최된 제3차 APEC 해양장관회의(2010, 페루 파카라스)에서 '파카라스 선언문(Paracas Declaration)'과 이를 위한 행동계획(Action Plan)이 채택되었다. 여기에서는 '해양환경의 지속가능한 보호 및 개발'이 '기후변화 대응' 등과 함께 채택되었다. 또한 1990년에 해양자원 보존 실무그룹(MRCWG, Marine Resource Conservation Working Group), 1991년에는 수산실무그룹(FWG, Fisheries Working Group)을 설치하여 운영하여 오다가 2011년 이를 통합하여 해양·수산 실무그룹(OFWG, Ocean Fisheries Working Group)을 구성하여 운영 중에 있다.1369)

---

1364) *Ibid.*
1365) *Ibid.*
1366) David L. VanderZwaag, *op. cit.*, p.206.
1367) Donald R. Rothwell & Tim Stephans, *op. cit.*, p.485. 이 지역은 인도네시아, 필리핀 등 6개국 570만 km²가 대상으로서 CTI action plan도 채택되었다. Richard Kenchington, Bob Pokrant and John Glasson, *op. cit.*, p.67.
1368) Richard Kenchington, Bob Pokrant and John Glasson, *op. cit.*, p.60.
1369) 국토해양부, 전게서, 2012. 3, p.20.

## (2) 국제 비정부기구(Non-Governmental Organization, NGO)[1370]

자연보호를 위해 활동하는 대표적인 국제 비정부기구로는 세계자연보존연맹(International Union for Conservation of Nature, IUCN)과 세계자연보호기금(World Wildlife Fund, WWF) 등이 있다. 이들의 기능과 해양 관련 활동은 〈표 15-12〉와 같다. 해양환경 등과 관련하여 활발한 활동을 하고 있는 세계자연보존연맹(International Union for the Conservation of Nature(IUCN)의 해양 프로그램은 공해상에서의 조건부 활동의 자유, 해양환경의 보호와 보전, 국제적 협력, 관리를 위한 과학적 접근법, 대중의 정보 이용, 투명하고 개방된 의사결정 과정, 예방적 접근법(precautionary approach), 생태적 접근법(ecosystem approach), 지속가능하고 형평한 이용, 해양환경 보호자로서의 국가 책무 등, 공해와 관련하여 이 기구가 제시한 10가지 거버넌스 원칙들과 직접적으로 연관되어 있다.[1371]

〈표 15-12〉 해양환경과 관련되는 국제 비정부기구

| 기구 | 목적 | 해양관련 기능 | 비고 |
|---|---|---|---|
| 국제자연보호연맹 (International Union for Conservation of Nature) | · 1948년 세계 최초, 최대의 범지구적 환경 기구<br>· 해양생물다양성, 기후변화, 지속가능한 에너지, 생활환경 개선, 녹색경제 등 사업 | · Mangroves for the Future(MFF): IUCN 및 UNDP 주도, 2004년 인니 쓰나미 및 해양 재해 대비로 시작<br>· Seamounts Projects: 공해의 해산에 대한 수산 및 생태계 보존 위한 접근 시도 | · 세계자연보호기금(WWF), 멸종위기에 처한 야생동식물종의 국제거래에 관한 협약(CITES, 1973) 설립 등에 기여<br>· UNESCO 세계자산목록 작성에 기여<br>· 1980 지속가능발전(SD) 용어 제안 |
| 세계자연보호기금 (World Wildlife Fund, WWF) | · 1961년 설립<br>· 생물다양성 보존, 지속가능한 자원 이용, 오염 감소 등 | · Coral Triangle Programme: 2009, 동남아·서태평양 6개 정부 참여, 10개년 지역시행 계획 수립 등<br>· 말레이지아 툰 무스타파 해양공원(Tun Mustapha Marine Park): 수산물 남획, 환경파괴, 비계획적 개발 등에 대응, zoning을 통해 해양서식지 및 수산업 보호 목적 | · 생물다양성과 생태 발자국에 촛점 |

자료: 국토해양부, 『동아시아 다자간 해양환경 국제협력사업(제1차)』, 2012. 3.

---

1370) 국토해양부, 전게서, 2012. 3, pp.20-26.
1371) Donald R. Rothwell & Tim Stephans, op. cit., pp.481-482.

### 3) 동북아 및 동남아에서의 해양환경 협력

바닷물은 국경을 이동하고 해양생물 자원이나 오염물질도 국가 간 상호 이동하므로 한 국가의 힘만으로 이러한 해양환경 보전과 해양생태계 보호가 이루어지기는 어렵다. 따라서 이러한 문제의 해결을 위해서 인접 국가들의 상호 협력과 협조가 무엇보다 긴요하다. 유엔환경계획(UNEP)는 현재 전 세계의 해양오염을 막으려는 노력의 일환으로 지중해, 카리브해, 남동태평양, 흑해 등 전 세계에서 지역해 관리프로그램(Regional Seas Programme)을 운영 중이다.

유엔환경회의(UNEP)는 특히 한·중·일·러 등 북동아시아 주변 각국과 NOWPAP(Northwest Pacific Action Plan)[1372]을 통해, 그리고 동남아시아에서는 주로 COBSEA[1373]를 통해 이러한 국제적인 노력을 진전시키고 있다. 또 동아시아에서는 UNDP가 지원하는 동아시아해양환경협력기구(PEMSEA) 프로그램이 실시되고 있어, 정부 간 회의와 함께 전문가회의가 정기적으로 열리고 있다.

이외에 현재 UNDP는 지구환경기금(GEF)을 통해 전 세계 64개 해역 해양생태계 보전사업을 추진 중이며, 이 가운데 하나인 황해를 대상으로 한·중 간에 황해광역해양생태계보전사업(Yellow Sea Large Marine Ecosystem, YSLME)이 진행되고 있다. YSLME 사업은 우리나라, 중국, 북한 및 UNDP가 공동 협력하는 가운데 자원 남획, 과도한 연안개발 등으로 인해 훼손된 황해 환경의 개선 및 지속가능한 이용 도모를 목적으로 한다. YSLME 사무국은 우리나라 한국해양과학기술원(KIOST) 내에 설치되어 제1기 사업(2005-2010)을 주도적으로 추진하여 황해 해양생태계 종합진단보고서(TDA: Transboundary Diagnostic Analysis)를 작성하고 지역전략계획(SAP: Strategic Action Plan, 2010-2020)을 수립해 왔다.[1374] 제2기 사업은 2013년부터 시행되고 있다.[1375]

---

[1372] NOWPAP은 유엔개발계획(UNEP)이 연안 및 해양자원 이용개발 및 관리를 위하여 1974년부터 추진해 온 13개 지역해 프로그램(Regional Seas Programmes)의 하나이며, 현재 NOWPAP에는 한국, 중국, 일본, 러시아 4개국이 참여하고 있다.

[1373] COBSEA는 유엔환경계획(UNEP)이 1974년 시작한 전 세계 지역해 프로그램 중 동아시아 지역을 대상으로 한 지역해 관리프로그램이라 할 수 있는데, 현재 우리나라와 중국을 포함하여 총 10개국이 회원국으로 가입되어 있다. COBSEA는 동아시아 지역해 환경관리 및 생태계 보전을 위한 의사결정 기구라 할 수 있고, 동 기구의 사무국은 EAS/RCU(East Asian Seas Regional Coordinating Unit)이다.

이외에 동아시아지역에서는 앞에서 언급한 APEC 해양장관회의 등 다양한 창구가 만들어지고 있다. 따라서 우리나라도 이러한 각종 국제 협조 기구와 프로그램들에 적극적으로 참여하는 것도 필요하고 나아가 우리나라의 국익에 맞게 이들 기구의 어젠다를 이끌어 나갈 필요가 있다.

〈표 15-13〉 해양환경 분야 주요 국제협력사업

| 주요 국제협력사업 | 관련 국제기구 | 참가국 |
|---|---|---|
| 동아시아<br>해양환경협력기구(PEMSEA) | UNDP<br>(국제법인격화) | 회원 국가(11): 한국,중국,일본,북한,캄보디아,필리핀,싱가포르,베트남,인도네시아,라오스,동티모르<br>옵저버 국가(3): 브루나이,·태국, 말레이시아 |
| 북서태평양보전실천계획<br>(NOWPAP) | UNEP | 한국, 중국, 일본, 러시아 |
| 황해광역해양생태계보전사업(YSLME) | UNDP/GEF | 한국, 중국, 북한 |

자료: 국토해양부, 「우리의 바다, 우리의 미래: 연안·해양환경 관리 주요정책과 활동들」(홍보 팜플렛), 2012. 7, p.35.

이러한 지역 기구 중에 주목을 끄는 것은 동아시아해양환경협력기구(PEMSEA)로서 이는 동남아의 아세안지역 국가들을 중심으로 1994년부터 주로 폐쇄성·반폐쇄성 해역의 해양오염 대책이나 통합연안관리(ICM) 위주로 발전하여 왔다.[1376] 이 기구에는 최근 중국, 한국, 북한, 동티모르 등이 참여함으로써 지역의 국제기구로서 공인받으면서 동아시아 지역의 대표적이고 활성화된 해양환경기구로서 자리 매김하고 있다.

이 지역 기구는 2003년 말레이시아 동아시아해양회의(East Asian Seas Congress, EASC)에서 푸트라자야 선언(Putrajaya Declaration)을 통해 동아시아 12개국이 서명하면서 발족하였다.[1377] 이 선언에서는 지역 연안의 월경성 해양 문제 등 다양한 문제의 해결을 목표로 하고 이러한 지역의 여러 문제를 해결하기 위하여 동아시아해의 지속가능 개발전략인 SDS-SEA(The Sustainable

---

[1374] 홍순배, 「해양환경 국제협약」, 해양정책실무과정 교재, 국토해양인재개발원, 2009, p.101.
[1375] 국토해양부, 「우리의 바다, 우리의 미래: 연안·해양환경 관리 주요정책과 활동들」(홍보 팜플렛), 2012. 7, p.35.
[1376] Richard Kenchington, Bob Pokrant and John Glasson, op. cit., p.67; 일본해양정책연구재단/김연빈 역, 전게서, pp.234-239.
[1377] Kem Lowry & Chua Thia-Eng, op. cit., p.344.

Development Strategy for the Seas of the East Asia) 도입을 결의하였다. 이를 통해 20개 목표, 228개 구체적 행동계획을 제시하면서 관련국의 자발적인 실시를 요청하고 있다.

2007년에는 하이커우 선언(the 2006 Haikou Partnership Agreement)을 통해 지역 프로그램에서 지역적인 협력 기구로 전환되었다.1378) 이후 2007년에는 각국 정부·지방자치단체·시민사회·민간 섹터·연구교육기관·국제기구, 그 밖의 동아시아 해역의 모든 관계자가 참여하는 파트너십 체제임과 동시에 SDS-SEA1379) 실시를 위한 UNDP 산하 지역협력기구로 인정을 받아, 독자적인 사무국을 갖는 등 지속적인 발전을 위한 동아시아의 장기적인 지역협력 메커니즘으로서 재편·강화되었다.

〈그림 15-3〉 2007년 이후의 PEMSEA 운영 체제

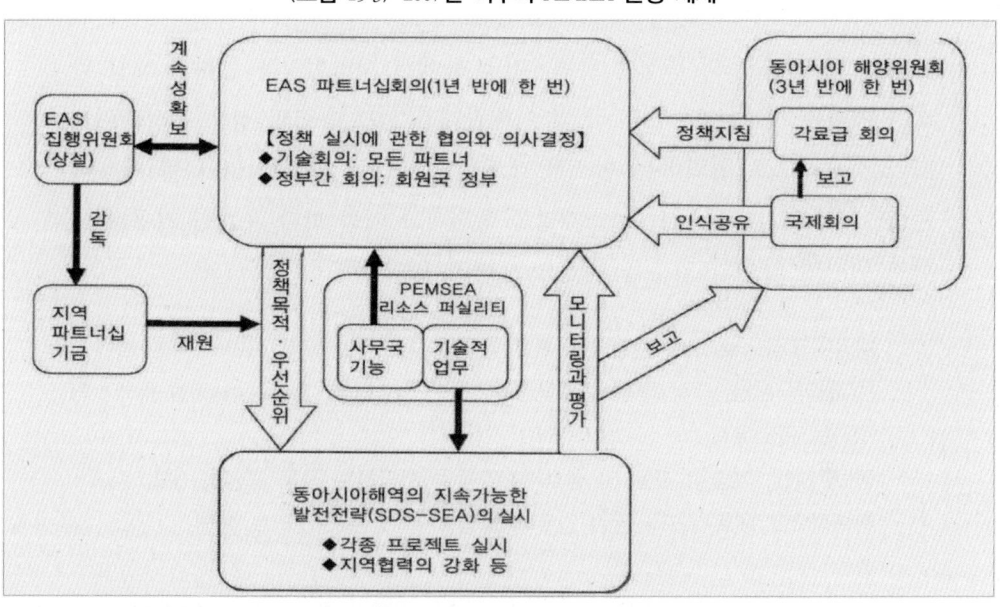

자료: 일본해양정책연구재단/김연빈 역, 『해양 문제 입문』, 2010. 6, 서울, p.239.

---

1378) Kem Lowry & Chua Thia-Eng, op. cit., p.346.
1379) SDS-SEA : Sustainable Development Strategies for the Seas of East Asia, 동아시아 해역의 발전 전략인 '동아시아해역 지속가능발전전략(SDS-SEA)'을 의미함(Richard Kenchington, Bob Pokrant and John Glasson, op. cit., p.60).

운영체제로는 3년에 한번 개최되면서 SDS-SEA 실시를 위한 정부정책 지침을 논의하는 총회격인 동아시아해양회의(East Asian Seas Congress, EASC)가 있고, 여기에서 정책 지침이 결정되어, 동아시아(EAS) 파트너십 회의에 권고된다. 아울러 정책 실시에 관한 협의와 의사결정을 하는 EAS파트너십 회의, 동회의 의장과 정부 간 회의 및 기술회의, 의장 및 사무국장으로 구성되는 EAS 집행위원회, 사무국·기술적 업무를 하는 PEMSEA 리소스퍼실리티(resource facility), 국가와 국제기구 및 지역 기부기관으로부터 자주적인 재정적 공헌을 받는 '지역 파트너십 기금'으로 구성된다.

특히 3년마다 열리는 PEMSEA의 총회격인 동아시아해양회의(EAS)는 2009년 마닐라에 이어 2012년 5월 한국 창원에서 성황리에 열려 14개국에서 1,000여 명 이상이 참여한 가운데 창원 선언문(The Changwon Declaration)을 결의하는 등 우리나라의 해양 위상 제고에 크게 기여한 바 있다.

이 PEMSEA 활동의 특징은 유럽·미국 등에서 지역협약을 통하여 해양 관리가 행하는 것과는 달리, 각국 및 이해관계자가 그 능력과 정책 우선순위에 따라 자주적으로 협력하는 협조적 네트워크(collaborative network)를 채용하는 점이다. 여기에서 네트워크 개발을 촉진하고 이를 보다 유효한 기구로 만들기 위하여 다음의 업무를 핵심으로 하고 있다.[1380]

- 네크워크의 구성원들이 협력을 위한 목표와 이를 달성하기 위한 전략을 공유
- 문제들과 과업들, 그리고 의사결정 과정들에 관한 정식의 협약(agreement)을 통하여 협력하는 구조 유지
- 정보, 자원, 기술적 자문 및 상호 원조 등을 자극하는 공동 규범을 개발
- 계속적으로 네트워크와 관련 업무에 몰입할 수 있는 인센티브 개발

특히 2003년부터 동아시아해 지속가능발전계획인 SDS-SEA가 채택되어 각국의 해양정책 수립에 크게 기여하였다. 예를 들면 필리핀의 필리핀 군도 어젠다(Philippines Archipelagic Agenda), 말레이시아의 연안정책(Coastal Policy of Malaysia), 필리핀의 연안정책(Coastal Policy of the Philippines), 일본의 해

---

[1380] Kem Lowry & Chua Thia-Eng, op. cit., p.347.

양정책(The Ocean policy of Japan), 타이의 해양정책(The Thai Sea Policy) 등이 그것이다.[1381] PEMSEA는 지역적으로 주로 지역 연안관리 프로젝트를 중심으로 많은 일을 해 왔다. 특히 초기에 중국의 샤먼(Xiamen), 필리핀 바탕가스(Batangaas) 지역의 통합연안관리(ICM, Integrated Coastal Management)가 성공적으로 시작되고 이를 바탕으로 타 지역에 전파하기 위하여 시범지역(demonstration sites)을 만들었다. 여기에는 발리(Bali, 인도네시아), 촌부리(Choburi, 태국), 다낭(Danang, 베트남), 남포(북한), 포트 클랑(Port Klang, 말레이시아), 시아누크빌(Sihanoukville, 캄보디아), Cavate(필리핀), Quang Nam(베트남), Sukabumi(인도네시아), 시화호(한국) 등이 포함되고 이외에 중국 10개소, 인도네시아 발리 지역 3개소 등이 포함된다.[1382] 이와 같이 각국의 공동프로그램하에서 각국이 주체적으로 협조하는 방식은 현재 아시아의 현실에 적합하고, 관계자 간의 구심력을 유지할 수 있는 조건(가령 환경보호와 경제발전의 양립 등)도 갖추어, 해양환경 관리 수단으로서 뛰어난 능력을 발휘할 수 있을 것으로 보고 있다.[1383] 이외에도 동남아지역에는 멸종 위기의 산호초를 중심으로 지역 협력 프로그램인 Coral Triangle Initiative(CTI)가 있어 인도네시아, 말레이시아, 파푸아뉴기니, 필리핀, 솔로몬군도, 동티모르 등이 참여하고 있다.[1384]

〈표 15-14〉 PEMSEA 단계별 사업 추진내용

| 사업단계 | 사업내용 |
| --- | --- |
| 1단계(1994~1999) | • 중국 샤먼, 필리핀 바탕가스(Batangas) 연안통합관리 시범지역으로 지정<br>• ICM 프로그램 및 실행체제 개발 |
| 2단계(1999~2007) | • 동아시아 6개 지역에 ICM 시범해역 지정<br>• 한국 시화호 및 필리핀 바탄(Bataan) ICM 비교해역으로 지정 |
| 3단계(2007~2017) | • 동아시아해 SDS-SEA 이행·환경 추진<br>• PEMSEA의 독립적 국제기구 전환 지원 |

자료: PEMSEA 홈페이지 내용 정리, 재인용 : 국토해양부, 『동아시아 다자간 해양환경국제협력사업』(1차년도), 2012. 3.

---

[1381] Kem Lowry & Chua Thia-Eng, op. cit., p.355.
[1382] Kem Lowry & Chua Thia-Eng, op. cit., p.360.
[1383] 일본해양정책연구재단/김연빈 역, 전게서, p.239.
[1384] Richard Kenchington, Bob Pokrant and John Glasson, op. cit., p.60.

동북아의 해양환경 보전과 협력을 위해 유엔환경계획(UNEP)가 주관하여 한국을 비롯하여 중국, 일본, 러시아의 동북아시아를 관할 해역으로 하는 기구가 '북서태평양보전실천계획(이하 NOWPAP)'이다.

<표 15-15> NOWPAP의 주요 기능과 주요 지역센터 현황

| 구분 | | 현재 기능 | 향후 역할 |
|---|---|---|---|
| 사무국 | 부산 | 과학 및 기술 지원, 법제도, 출판을 기본 행정 업무로 하며 육상 활동으로부터 해양환경을 보호하고, 해양활동 기인 오염 방제, 지역해 법제도 조사 | |
| | 토야마 | 작업계획 및 예산 이행에 대한 전반 사항, 지역실행센터(Regional Activity Center, RAC) 조정 및 지원, 재정 및 자원 동원, 홍보 등 | |
| 지역실행센터(RAC) | POMRAC (러시아, 블라디보스토크) | ●모니터링<br>-대기오염 물질이 해양 및 연안환경 유입<br>-하천기인 오염물질의 해양 및 해양환경 유입 | -연안통합관리<br>-연안 및 강유역이 통합관리<br>-지속가능발전<br>-선박기인 오염 |
| | CEARAC (일본 토야마) | ●모니터링 및 평가<br>-유해적조(HAB)<br>-원격탐사(RS)<br>-역내 부영양화 모니터링<br>-해양쓰레기 관련 활동 | -육상기인 오염 활동<br>-해양환경 모니터링<br>-유해화학물질<br>-해양 및 연안쓰레기(MERRAC과 공동) |
| | DINRAC (중국 북경) | ●데이터 및 정보관리<br>-해양생물다양성 보고서 편집<br>-해양자연보존 DB구축, 워크숍<br>-연안 오염원/영양염 메타DB구축 | -생물다양성협약<br>-생태계기반관리<br>-생물다양성자료관리<br>-외래종 관리(MERRAC과 공동) |
| | MERRAC (한국 대전) | ●유류 유출 및 대응<br>-유류/위험물 오염방제계획 수립<br>-기름/HNS 유출사고계획 관련 활동<br>-해상기인 해양쓰레기 활동 | -해양활동기인 해양오염<br>-유류 및 화학 긴급상황 대비 및 대응<br>-해양 및 연안쓰레기(CERRAC과 공동)<br>-밸러스트 및 외래종(DINRAC과 공동)<br>-유류사고 책임 및 배상 |

자료: 남정호, 「NOWPAP 해양환경보전 활동에서 우리나라의 주도적 위치 확보 필요」, 『월간 해양수산』 제1165호, 2004년 12월 31, pp.2-7; 홍순배, 「해양환경 국제협약」, 해양정책실무과정 교재, 국토해양인재개발원, 2009, p.99.

NOWPAP는 한국, 일본, 중국, 러시아 4개국이 위도 33°N-52°N와 경도 121°W-143°W에 속하는 해역을 대상으로 1993년 UNEP 지역해의 한 프로그램인 북서태평양보전실천계획(NOWPAP: Action Plan for the Protection, Management and Development of the Marine and Coastal Environment of the Northwest Pacific Region)에 합의함으로써 출발하였다.[1385] 북한은 아직 가입하지 않은 상태이다.

이후 각국에 4개 센터가 개소되었고 이어 2004년 11월에는 북서태평양보전실천계획(NOWPAP)의 부산 및 일본 토야마 사무국이 설치되어 해양환경 보전 활동을 체계적으로 수행할 수 있는 여건을 마련하였다. 관련 4개국이 협력하여 주요 사업들이 실시되고 특히 사무국의 주요 활동은 해양오염 방제, 육상 활동 관리, 해양쓰레기에 관한 회원국 간의 조정과 협력을 증진하는 것에 초점을 맞추고 있다. 그런데 이러한 NOWPAP의 프로그램과 YSLME를 운영하는 UNDP/GEF 프로그램의 유사성이 높아 조정이 필요하다는 요청도 있다.[1386]

또한 동북아지역의 해양기구로서 UNESCO의 정부간해양위원회(International Oceanographic Commission, IOC) 산하 서태평양소위원회(Subcommission for the Western Pacific, WESTPAC)가 동북아시아 지역해와 연안 국가들을 포괄하여 활동하고 있다.[1387] WESTPAC은 해양과 연안지역의 생물다양성과 자원에 관한 지속가능한 관리, 연안 거주인구에 대한 보호 및 생태계 서비스 상태 유지에 관한 일들을 각 국이 그 우선순위와 필요에 따라 시행할 수 있도록 돕고 있다.[1388] 이로써 서태평양 및 그 인접 지역의 각 국가, 연구기관과 학자 간의 해양 연구에 관한 협력을 도모하고 있다.

이외에 해양과학 분야에서 북태평양해양과학기구(PICES, North Pacific Marine Science Organization)는 북위 30도 이북에 위치한 북태평양의 어족 보호 및 관리의 필요성이 증대되어 이를 위해 해양연구 촉진, 국제적 협력 강화를 목표로 창설된 정부 간 협의체이다.[1389] 즉 북태평양 및 인근 해역에 대한 해양연구를 촉진하고 조정하기 위한 국제기구로 북태평양 주변 6개 국가(한국, 중국, 미국, 캐나다, 러시아, 일본)가 회원국으로 활동 중이다. 2004년 PICES는 급변하고 있는 동해에 대한 장기적인 연구가 필요하다고 인정하여 'EAST(East Asian Seas Time-seires)-Ⅰ'이라는 이름의 CREAMS/PICES 프로젝트를 공식 프로그램으로 탄

---

1385) 홍기훈, 전게서, p.209.
1386) Mark J. Valencia, op. cit., p.305.
1387) Mark J. Valencia, op. cit., p.299.
1388) Wenxi Zhu,, "Advancing Marine Science Cooperation for Sustainability in the Northwestern Pacific and Adjacent Regions", The 8th World Ocean Forum Proceedings(Summary), Busan, 2014. 9, pp.121-125.
1389) 김경렬, 「과학으로 동해를 지키는 EAST-Ⅰ 연구: 동해가 빠르게 변하고 있다」, 『해양과학기술』 Vol.1, KIMST, 2011. 10월호, pp.18-19.

생시켰다.

이외에도 해양환경 관련 국제프로그램은 〈표 15-16〉에 나타난 바와 같이 다양한데 그 성격에 따라 국가적으로 대응하여야 할 것이다.

〈표 15-16〉 해양환경 전략적 대응 방안

| 구 분 | 목 표 | 비 고 |
|---|---|---|
| 국제협약 | -단기: 국익 극대화 및 부정적 국내 영향 차단 혹은 최소화<br>-장기: 해양환경 선진국가 실현 | 유엔해양법, 람사협약, 생물다양성, 기후변화, 런던협약 등 |
| 다자간 협력 프로그램 | 개도국 협력, 주변국 간 현안 문제 해결 국제 공조 | NOWPAP, PEMSEA, YSLME, COBSEA 등 |
| 양자간 협력 | 한반도 주변국 간 현안 문제 해결 | 중국, 일본, 러시아, 북한, 동북아 각국 등 |
| 기타 협의체 | 선제적 의제 발굴을 통해 주도권 확보 | 세계지속가능발전정상회의, 아·태경제협력체 해양보전 등 |

자료: 노재욱, 「해양환경 정책」, 해양정책실무과정 교재, 국토해양인재개발원, 2009, p.139.

# 참고문헌

## 국내문헌

강기룡,「태풍의 한반도 위협과 대책」,『KMI 제7차 해양비전포럼 자료집』, 2014. 7.
강미희,「생태관광과 보호구역」,『해양환경교육』, 해양수산부, 2002, pp.598-637.
강성길,「국내 CO2 해양지중 저장 기술개발 현황 및 실용화 계획」,『2010년도 한국해양과학기술협의회 공동학술대회 프로시딩』, 2010. 6.
_____,「기후변화 대응을 위한 해양 CCS 실용화 방안」,『해양환경 부문 기후변화 대응정책 마련을 위한 전문가 세미나』, 2010. 5. 13, pp.45-59.
_____,「포스트교토체제하의 온실가스 감축을 위한 $CO_2$ 해양 지중 저장 기술개발」,『KMI 세미나 자료』, 2011. 7. 20.
강창구,「해양쓰레기 실태 및 대책」,『해양환경교육』, 해양수산부, 2002, pp.311-328.
강성균 등,「해양바이오수소가 새로운 에너지 시대를 연다」,『해양과학기술』, KIMST, 2012. 1월호.
강헌중,「해양천연물신약이 천연물신약을 재편한다」, 해양과학기술, KIMST, 2012 봄호, pp.42-45
고광오 등,「해양신재생에너지, 에너지 아일랜드로 효율성 문제 풀다」,『해양과학기술』, KIMST, 2012. 1월호, pp.26-29.
_____,「초대형 부유식 구조물을 활용한 에너지 아일랜드」,『물과 미래』, VOL.43 NO.1, 2010. 1, pp.49-54.
고철환,「해양생태계 보전과 갯벌 관리」,『해양21세기』(김진현·홍승용 공편), 나남출판, 서울, 1998. 10, pp.455-476.
_____,「해양환경과 생태계 보전」,『신해양시대 신국부론』, 2008. 1, pp.359-366.
곡금량(曲金良)/김태만·안승웅·최낙민 역,『바다가 어떻게 문화를 만드는가: 21세기 중국의 해양문화 전략』, 산자니, 부산, 2008. 9. 1.
곽승준, 유승훈, 장정인,「산업연관분석을 이용한 해양산업의 국민경제적 파급효과 분석」,『해양정책연구』, 제17권 제1호, 한국해양수산개발원, 2002.
국립수산과학원,『해양환경조사연보』, 해당년도.
국립해양조사원,「우리바다 실시간 정보 제공」,『해양수산정부3.0 민관 토론회 프로시딩』, 2013. 10. 8, p.64.
국무총리실 외,『제1차 국가에너지기본계획(2008~2030)』, 2008.
국토인재개발원,『해양환경정책과정 교재』, 2012.
국토해양부,『동아시아 다자간 해양환경 국제협력사업(제1차)』, 2012. 3.
_____,「우리의 바다, 우리의 미래: 연안·해양환경 관리 주요정책과 활동들」(홍보 팜플렛), 2012. 7.
_____,『제1회 한-중남미 해양과학기술협력 워크숍 자료』, 2008. 9.
_____,『기후변화 대응 국토해양분야 종합대책』, 2008. 5.
_____,『나고야의정서 대응 및 지원 연구』, 2012. 10.
_____,『보호대상 해양생물 지정·관리 방안 수립 연구』, 2012. 4.
_____,『선진연안관리제도』, 정책설명회 자료, 2010. 1.
_____,『제2차 해양수산발전계획 수립연구(2011-2020)』, 2009. 11.

, 『제2차 해양수산발전계획(2011-2020)』, 2010. 12.
　　　　　　, 『제2차 연안통합관리계획(안)』, 2010.
　　　　　　, 『제3차 공유수면매립기본계획(2011-2020)』, 2011. 1.
　　　　　　, 『제4차 해양환경종합계획』, 2011. 9.
　　　　　　, 『한국해양조사연보』, 각년도.
　　　　　　, 『해양수산백서 2006-2008』, 2010.
　　　　　　, 『해양생명공학육성기본계획』, 2008.
　　　　　　, 『해양생태산업 체제 구축 방안』, 2012. 4.
　　　　　　, 『해양정책실무과정』, 2009.
　　　　　　, 『해양환경종합계획(2011-2020)』(최종보고안), 2010. 10.
　　　　　　, 『동아시아 다자간 해양환경 국제협력사업(제1차)』, 2012. 3.
　　　　　　, 『연안통합관리 이행 체제 연구』, 2012. 11.
국토해양부 등, 「녹색기술로 여는 저탄소 녹색성장」, 『제3회 기후변화 대응 연구개발사업 범부처 합동 워크샵 프로시딩』, 2009. 1.
국토해양부 보도자료, 2009. 2. 10.
국토해양인재개발원, 『해양정책 교육자료』, 2012.
　　　　　　　　　　, 『해양정책 실무과정 교재』, 2009.
권개경, 「우리나라 갯벌의 미생물」, 『해양환경교육』, 해양수산부, 2002, pp.161-191.
권문상, 「과학적 연안관리를 통한 해양창조경제 실현」, 『연안가치 창조를 위한 스마트 연안관리 포럼 프로시딩』, 2013. 6. 7, pp.3-24.
　　　, 「신해양질서와 해양관할권 분쟁, 어떻게 풀어야 할 것인가?」, 『신해양시대 신국부론』, 2008. 1, pp.112-148.
　　　, 「해양경계 획정과 우리의 대응」, 『해양과학기술』 Vol.3, KIMST, 2012 봄호, pp.8-11.
　　　, 「해양과학기술과 주요과제 추진제안」(토론회 발표자료), 한국해양연구원, 2010. 11. 1.
김경렬, 「과학으로 동해를 지키는 EAST-Ⅰ 연구: 동해가 빠르게 변하고 있다」, 『해양과학기술』 Vol.1, KIMST, 2011. 10월호, pp.16-19.
　　　, 『화학이 안내하는 바다탐구』, 자유아카데미, 2009. 12.
김경진, 「Rio+20 결과, 시사점 및 대응 전략」, 『해양정책 및 해양과학기술의 환경변화와 Rio+20 결과 및 후속대책 세미나 프로시딩』, 2012. 10.
김기순, 「남극과 북극의 Governance」, 『KMI 워크숍 자료』, 2012. 10. 10.
김길영, 「21세기 최첨단 시추선을 이용한 해양탐사로 바다 밑 지각의 비밀을 캐고 인간의 생명과 재산을 보호한다」, 『해양과학기술』 Vol.4, KIMST, 2012 여름호, pp.40-43.
김남원, 「해양생태계 보전 및 관리」, 『해양정책 실무과정』 교재, 국토해양인재개발원, 2009.
김대영, 「세계 수산업 현황과 2030 전망: World Bank 보고서를 중심으로」, 『계간 수산관측 리뷰』, Vol.1 No.1, June 2014, pp.38-50.
김만응, 「풍력산업의 시장 전망과 발전 전략」, 『선급 자료』, 2012.
김명기, 「국제법상 이어도의 법적 지위에 관한 기초적 연구」, 『제3회 전국 해양문학자대회 발표자료집(4분과 자료)』, 2012. 8, pp.125-140.
김민수, 「해양기상 융합정책 필요성 및 가치 확산」, 『기상기술정책』, 2012 하반기.
　　　, 「유럽, 2021년에 세계 해상풍력시장 점유율 63.4% 예상」, 『KMI 해양 산업동향』, 제79호, 2012. 12. 4.
김석구, 『해양환경정책론』, 서울, 서울기획문화사, 2002. 7.

김석균, 『바다와 해적』, 오션&오션, 서울, 2014. 2.
김성귀, 『해양관광론』, 향학사, 서울, 2007.
＿＿＿＿, 『해양정책 교재』, 국토인재개발원, 2012.
김성귀, 남정호 등, 「Legislative support for Integrated Coastal Management in ROK」, 『World Ocean Forum 발표자료』, 중국 샤먼, 2010. 11.
김세권, 「바다를 통해 세계 바이오 혁신 기술의 중심에 서다」, 『해양과학기술』 Vol 3, KIMST, 2012 봄호, pp.64-67.
김연빈 역, 일본해양정책연구재단편, 『해양문제 입문』, 서울, 청어, 2010.
김영섭, 「글로벌 수산시장 진출을 위한 성공 전략」, 『2013 KMI 수산전망대회 자료집』, 2013. 1, pp.3-19.
김웅서, 「해양과학」, 『KMI 해양아카데미 2010(제4기교재)』, KMI, 2010.
＿＿＿＿, 「인류에게 바다란?」, 『해양과 인간』, KIOST, 2012, p.15.
＿＿＿＿, 「심해 유인잠수정 개발」, 『행복한 바다 포럼 자료』, 2014. 7. 10.
김윤미, 「바다의 인구조사 해양생물 센서스 나왔다」, 『해양과학기술』, KIMST, 2012 여름호, pp.18-21.
김은수 등, 「해양일반 및 환경」, 『KMI 해양아카데미 2010(제4기 교재)』, KMI, 2010.
＿＿＿＿, 「해양일반 및 환경」, 『KMI 해양아카데미 2010(제5기 교재)』, KMI, 2010.
김인현, 「해양사고 및 해양수색구조」, 『해양의 국제법과 정치』, 한국해로연구회 편, 서울, 2011, pp.139-150.
김일회, 「동해안 기수호의 생태」, 『해양환경교육』, 해양수산부, 2002, pp.420-438.
김재철 등 공편, 「해양한국의 국가전략」, 『신해양시대 신국부론』, 나남, 서울, 2008. 1, pp.94-111.
＿＿＿＿＿＿＿, 『신해양시대; 신국부론』, 나남, 서울, 2008. 1.
김정은, 「한반도 주변 수역에서의 이산화탄소 해저지중 저장에 대한 국제법적 규제에 관한 소고」, 『2009 지해 해양학술상 논문 수상집』, 한국해양수산개발원, 2010. 10.
김진한, 「바다와 새」, 『해양환경교육』, 해양수산부, 2002, pp.280-310.
김철균, "Feasibility of Successful Biofuels: Economic Analysis of Current Technology", *Proceedings of the 2nd VASI-KMI Ocean Forum*, Hanoi, 2012. 2.
남성현, 『바다에서 희망을 보다』, 이담, 2012.
남성현·김윤배, 『동해, 바다의 미래를 묻다』, 푸른행성지구시리즈, 이담, 파주, 2013. 3.
남송우, 「해양인문학의 모색과 해양문화콘텐츠의 방향」, 『해안과 해양』 Vol.6 No.2, 한국해안·해양공학회, 2013. 9, pp.24-27.
남정호, 「NOWPAP 해양환경보전 활동에서 우리나라의 주도적 위치 확보 필요」, 『월간해양수산』 제1165호, 2004. 12. 31, pp.2-8.
＿＿＿＿, 「데드존(deadzones)의 현황과 우리나라 해양환경관리 시사점」, 『월간해양수산』, 2004년 4월호, pp.9-106.
＿＿＿＿, 「미국 출장 복명자료」, KMI, 2014. 7.
남정호 등, 「기후변화 대응을 위한 연안지역 레질리언스(Resilience) 강화 방안」, 『KMI 기본연구보고』 2009. 12.
＿＿＿＿＿, 「연안 공공이익 침해 방지를 위한 공유수면 관리체제 개선 방안」, 한국해양수산개발원, 2010. 12.
＿＿＿＿＿, 「육상활동으로부터 해양환경보호를 위한 국가실천전략 수립 연구」, 『KMI 기본과제 요약』, 2006.
노영재, 「해양과학기술의 발전과 해양서비스 강화」, 「미래창조과학으로서 해양과학기술의 역할」, 『해양정책학회 등 6개 학회 연합 심포지엄 프로시딩』, 2013. 2. 6.
노재옥, 「해양환경 정책」, 『해양정책 실무과정 교재』, 국토해양인재개발원, 2009.
니콜라스 스턴, 『스턴 보고서』, 2006.
네오앤비즈, 「해양환경기술개발로 국내 독보적 벤처기업이 되다」, 『해양과학기술』, KIMST, 2012. 1월호, pp.62-63.
동아사이언스팀, 「태풍의 실체는 바다가 알고 있다」, 『해양과학기술』 Vol.4, 한국해양과학기술원(KIMST),

2012 여름호, pp.84-87.
류정곤 등,『기후변화대비 해조류 바이오 산업화를 위한 전략 및 정책 방향』, 2009. 12.
매경 이코노미 1467호, 2008. 8. 6.
마린디지텍,「기술사업화 사업 수행으로 경쟁력을 강화한 강자가 되다」,『해양과학기술』, KIMST, 2012. 1월호, pp.61-62.
목진용,「우리나라 슈퍼태풍 내습 가능성과 해양분야 대응」,『행복한 바다 포럼』, 한국해양수산개발원, 2014. 6. 17, pp.6-12.
_____,「해양환경정책 및 관리」,『해양환경정책과정 교재』, 국토인재개발원, 2012.
문일주(제주대 해양학과), 분석 자료, 2011. 6.
박광서,「해양플랜트와 해양플랜트 산업」,『KIOST 발표 자료』, 2012. 11.
_____,「국내 해양산업 육성전략과 과제」,『항만산업CEO포럼 발표자료』, 2012. 11. 23.
_____,「노틸러스 사, 세계 최초로 해저광물 상업생산 계약 체결」,『KMI 웹진』, 2012. 6.
_____,「리우+20 해양선언의 내용과 시사점」,『KMI 해양산업동향』제68호, 2012. 7. 3.
_____,「일본의 해양기본계획(2013-2017), 해양권익 확보와 해양자원 개발강화」,『KMI 해양산업 동향』제80호, 2012. 12. 12, p.3.
_____,「일본, 해저 메탄하이드레이트 상업화 박차」,『KMI 해양산업동향』제79호, 2012. 12. 4, p.7.
박광서 등,「OSV 시장전망과 국부 창출 연계 방안」,『KMI 2012 기본보고서』, 2012. 12.
박광서·황기형,「세계 각국의 해양정책과 Blue Economy에 관한 소고」,『해양정책연구』제4권 2호, 2009 겨울.
박광순,「해양시대의 동반자, 한국과 중국」,『해양과학기술』, KIMST, 2012 봄호.
박광순 등,「해양과학조사 및 예보기술의 결정체: 운용해양예측시스템 KOOS」,『해양과학기술』Vol.4, KIMST, 2012 여름호, pp.29-32.
박광순, 최진용 등,「세월호 침몰사고 수색구조작업 지원을 위한 해양환경예측: 운용해양예보시스템」,『한국연안방재학회지』Vol. 1 No.3, 2014. 7, pp.135-142.
박문진,「중국, 대규모 근해 해양환경자원 조사사업 완료」,『KMI 해양산업동향』제77호, 2012. 11. 06.
박성욱,「해양과학기술과 에너지 개발」,『해양의 국제법과 정치』, 한국해로연구회 편, 서울, 2011, pp.163-174.
박성준,「그린 카본에서 블루 카본으로」,『해사신문』, 2009. 12.
박성쾌,『바다의 SOS』, ㈜수협문화사, 2007. 9.
박수진,「해양환경부문 기후변화 대응 방안에 관한 연구(요약)」,『2010 기본과제 중간보고(요약집)』, 한국해양수산개발원, 2010. 7.
_____,「21세기 신성장동력 해양유전자원의 개발」,『해양국토21』, 한국해양수산개발원, 2009, p.61.
박수진 등,『해양환경부문 기후변화 대응 방안에 관한 연구』, 한국해양수산개발원, 2010. 12.
박영규,「기후를 조절하는 바다: 바다와 기후는 어떻게 연결되나?」,『해양과학기술』Vol. 3, KIMST, 2012 봄호, pp.31-33.
박원규,「수산자원 조성사업 발전 방안」,『2015 국회 수산자원 심포지엄 프로시딩』, 2015. 2. 3, pp.65-67.
박정기,「해양자원개발」,『해양정책실무과정 교재』, 국토해양인재개발원, 2009.
박진선,「바다를 통해 미래를 보다」,『해양과학기술』, KIMST, 2012. 1월호.
박한산,「해수면 상승과 태평양도서국가」,『제5차 해성국제윤리문제연구소 세미나 자료집』, 2011. 12. 23.
방호삼,「항만국 통제」,『해양의 국제법과 정치』, 한국해로연구회 편, 서울, 2011, pp.299-308.
배성환,「람사협약 및 국제협약의 동향」,『해양환경교육』, 해양수산부, 2002, pp.560-577.
백진현,「한국해로연구의 현황과 의의」,『해양의 국제법과 정치』, 한국해로연구회 편, 서울, 2011, pp.17-24.
변상경,「해양강국으로 도약할 계기를 마련하고 싶습니다」,『해양과학기술』Vol. 1, KIMST, 2011. 10,

pp.58-61.
봉영식, 「글로벌 해양레짐과 거버넌스」, 『해양의 국제법과 정치』, 한국해로연구회 편, 서울, 2011, pp.39-48.
사단법인 이어도 연구회, 『이어도 바로알기』, 2011. 11. 29.
사라 치룰 저/김미화역, 『심해전쟁(Der Kamp Um Die Tief Zee)』, 엘도라도, 2011. 11.
(사)한국해양산업협회, 『SEA&』, 2011. 11월호.
홍성인, 『해양구조물분야의 시장 확대와 대응전략』, 산업연구원, 2006. 7.
삼성경제연구소, 「활동영역을 넓혀가는 바이오기술」, 『CEO Information』 652호, 2008. 4.
신승식, 「해양플랜트 개발, 선택이 아닌 필수」, 『해양과학기술』 Vol.5, KIMST, 2012 가을호, pp.30-33.
신창훈, 「국제해양법」, 『해양정책 실무과정 교재』, 국토해양인재개발원, 2009.
신홍렬, 「바다, 발견과 탐험」, 『해양과 인간』, KIOST, 2012, pp.39-40.
안요한, 「해양플랜트 서비스산업 활성화 방안」, 『KMI 제4차 해양수산비전 포럼』, 2012. 10. 31, pp.1-29.
＿＿＿, 「세계 부유식생산설비 시장 전망」, 『KMI Offshore Business』, 2012. 12. 3, p.2.
＿＿＿, 「세계풍력발전 설비량 급증」, 『KMI 해양산업동향』, 2011. 8. 9, p.12.
안유환, 「위성의 눈으로 해양을 관측한다」, 『해양과학기술』 Vol.1, KIMST, 2011. 10월호, pp.32-36.
양희철, 「해양영토 확보와 국가 해양정책」, 『미래창조과학으로서 해양과학기술의 역할(프로시딩)』, 2013. 2. 6.
여수엑스포 조직위원회, 「여수선언문」, 2012. 8.
염기대, 「해양과학기술의 미래」, 『신해양시대; 신국부론』, 나남, 서울, 2008. 1, pp.385-386.
오거돈·김학소 외, 『글로벌물류시장과 국부 창출』, 블루&노트, 서울, 2012.
유기준, 「해양플랜트서비스산업」, 『제2차 해양비전포럼 프로시딩』, 2011. 9.
오태광(한국생명공학연구원), 「해양생물기반기술」, 『Bioin Special Zine』 2009년 12호.
유엔 국제기후패널(UN IPCC)/기상청 역, 「제5차 평가보고서(요약)」, 스웨덴 스톡홀름, 2013. 9.
유해수, 「우리나라 EEZ자원개발 현황 및 정책」, 『독도연구저널』 Vol. 6, 2009, pp.72-74.
육근형, 「연안, 해양 부분 기후변화 영향과 적응 전략」, 『해양국토21』, KMI, 2009. 5.
윤석현, 「적조 피해 현황과 대책」, 『제7차 해양비전포럼 프로시딩』, 2014. 7. 4, pp.39-53.
윤성순 등, 「연안침식관리를 위한 관리구역 도입 방안」, 『2012 해양환경관리학회 추계학술대회 발표논문집』, 2012. 11.
윤성순, 「연안정비를 통한 연안가치 제고」, 『연안가치 창조를 위한 스마트 연안관리 포럼(프로시딩)』, 2013. 6. 7, pp.113-125.
윤종호, 「안전한 연안조성을 위한 정책 방향」, 안전한 연안, 활력있는 동해」, 『제4회 연안발전포럼 프로시딩』, 속초, 2014. 9. 3, pp.25-42.
＿＿＿, 「연안의 효율적 관리를 위한 정책」, 『연안가치 창조를 위한 스마트 연안관리 포럼(프로시딩)』, 2013. 6. 7.
윤진숙 등, 「해양생태계 관리 방안 연구」, 『KMI 기본과제 요약』, 2006.
윤형식, 「천리안 위성 개발과 활용: 나사(NASA), 그들도 놀랐다!」, 『해양과학기술』 Vol.4, KIMST, 2012 여름호, pp.24-27.
우한준, 「해안사구」, 『해양환경교육』, 해양수산부, 2002, pp.124-125.
육근형, 「연안, 해양 부분 기후변화 영향과 적응 전략」, 『해양국토21』, KMI, 2009. 5.
이경호·정승건, 『바다와 국가의 정책』, 학현사, 서울, 2001. 9.
이광수, 「해양에너지 개발 현황과 전망」, 『제2회 연안발전포럼 프로시딩스』, 2012. 4. 4, pp.99-123.
이기택, 「동해에서 지구와 해양의 운명을 가늠한다」, 『해양과학기술』 Vol.1, KIMST, 2011. 10, p.38.
＿＿＿, 「질소순환 변화로부터 바다 지키는 파수꾼, 해양환경 연구, 장기적이고 종합적인 지원 필요」, 『해

양과학기술』, KIMST, 2012. 1월호, pp.48-51.
이동원, 「동북아의 해양질서와 분쟁지역」, 『제3회 전국해양문학자대회 발표자료집(4분과 자료)』, 2012. 8, pp.141-146.
이영완, 「물에 빠진 도시를 구하라」, 조선일보, 2012. 11. 7.
이희일, 「우리나라 해양과학기술의 현주소와 발전을 위한 제언」, 『차기정부의 해양강국 실현을 위한 정책 토론회(프로시딩)』, 2012. 7. 17, pp.100-102.
이준권, 「해양심층수의 비밀」, 『해양과학기술』, KIMST, 2012 봄호, p.89.
이재균, 「海外建設과 海洋強國의 꿈」, 『한국해양수산개발원 해양정책포럼 104회 자료』, 2011. 12. 6.
이재영, 「기후변화와 해양환경」, 『해양정책 실무과정 교재』, 국토해양인재개발원, 2009.
이정아, 「일본, 제2차 해양기본계획 초안 발표」, 『KMI 해양산업동향』 제85호, 2013. 3. 5, p.5.
이정현, 「해양생명공학의 현재와 미래」, 『Bioin 스페셜 zine』, 2009. 12.
이정환 등, 『해양·정책·미래』, 블루&노트, 2010. 3.
이종석, 김종욱, 『창조경제와 물 산업』, 한국과학기술평가기회연구원(KISTEP), 2013.
이준권, 「해양심층수의 비밀」, 『해양과학기술』, KIMST, 2012 봄호.
이판묵, 「해저세계를 정밀탐사하는 수중 로봇」, 『해양과학기술』 Vol.4, KIMST, 2012 여름호, pp.56-59.
이홍met, 「이산화탄소 포집 및 장치 기술」, 『Machinery Industry』, 2014. 12, pp.78-85.
일본해양정책연구재단/김연빈 역, 『해양문제 입문』, 서울, 청어, 2010.
임관창, 「해양재해와 기후변화 감시를 위한 국가해양관측망 구축 및 운영」, 『해양 부문 기후변화 대응 능력 강화를 위한 워크숍』, 2010. 1. 20.
임번삼, 『해양바이오산업(기술뉴스브리프)』, 한국과학기술정보연구원(KISTI), 2004.
임승빈, 「해양경제시대의 해양수산행정」, 『신해양시대 신국부론』, 나남, 2008. 1.
임종관, 「해운부문 환경 규제가 해운 시장에 미치는 영향」, 『2016년 세계 해운 전망(프로시딩)』, 2015. 11. 11, pp.1-32.
\_\_\_\_, 「북극항로 시대의 국제적 이행관계와 우리나라의 역할」, 『해양과학기술』 Vol.5, KIMST, 2012 가을호, pp.12-15.
임진수, 「인류의 미래, 해양에 있다」, 『미래정책 포커스』, 2011. 7. 8.
임진수 외, 『해양기반 신국부 창출 전략(I)』, 한국해양수산개발원, 2009.
에너지경제연구원, 『에너지통계연보 2010』, 2010.
에너지관리공단, 『신·재생에너지 보급통계』, 2010, 2009.
장경일, 「해양기인 중장기 기후 변동의 역학적 연구와 예측 기술 개발」, 『해양 부문 기후변화 대응 능력 강화를 위한 워크숍 프로시딩』, 2010. 1. 20.
장봉희, 「농수산 ODA」, 『세계의 식품과 농수산』 제168호, 2015. 6, pp.84-89.
장창익(Chang Ik Zhang), 「Ecosystem-based Assessment and Management for Sustainable Fisheries」, 『해양정책 및 해양과학기술의 환경변화와 Rio+20회의 결과 및 향후 대책(2차 세미나 자료)』, 2012. 12. 3.
전상덕, 「해양자원을 활용한 동해연안 발전 방안」, 『안전한 연안, 활력있는 동해: 제4회 연안발전포럼 프로시딩』, 2014. 9. 3, 속초, pp.107-116.
전중균·변희국, 「바다의 먹거리와 건강」, 『해양과 인간』, 최형태·김웅서 엮음, KIOST, 2012.
전승민, 「심해잠수정 얼마나 깊이 내려가야 하나?」, 『해양과학기술』 Vol.5, KIMST, 2012 가을호, pp.6-9.
전승수, 「해양과 퇴적환경」, 『해양환경교육』, 해양수산부, 2002.
전재천, 「2014년 해양플랜트 약세 전환」, 대신증권, 2014.
정강성, 「바닷물에서 21C 노다지를 캔다」, 『해양과학기술』 Vol. 1, KIMST, 2011. 10, pp.42-45.

정봉민, 「해양산업 부가가치 생산 전망」, 월간 『해양수산』, 제188호, 한국해양수산개발원, 2000.
정부부처 합동, 『제4차 해양환경종합계획』, 2011. 9.
정서영, 『주요국의 해양정책 동향 및 해양관리 체제 분석』, KMI, 2011.
정석중 외, 『해양관광론』, 2004.
정세욱, 「21세기 해양수산행정조직에 관한 연구」, 『해양21세기』(김진현·홍승용 공편), 나남출판, 서울, 1998, 10, pp.53-72.
정승건, 『해양정책론』, 1999.
제종길, 『바다와 생태 이야기』, 각, 서울, 2007. 8.
조광우, 『해수면 상승에 따른 취약성 분석 및 효과적인 대응 정책 수립 I : 해안침식 영향 평가』, 한국환경정책평가연구원, 2009.
_____, 『국가 해수면 상승: 사회·경제적 영향 평가 I』, 한국환경정책평가연구원, 2011.
조광우 등, 「우리나라 해수면 상승 대응방향에 대한 소고」, 『한국해양환경공학지』, Nov. 2007, pp.227-234.
조영탁, 「조영탁의 행복한 경영이야기」 제2434호, 2014. 5. 8.
조정제, 이지현, 「연안통합관리를 통한 연안의 지속가능한 개발」, 『해양 21세기』(김진현·홍승용 공편), 나남출판, 서울, 1998, 10, pp.425-453.
조찬연, 「해양생태계의 중요성」, 『해양환경정책과정 교재』, 국토인재개발원, 2012.
주세종, 「기후변화의 남행권역 해양 생태계 영향 및 기능 평가: 해수 온난화와 산성화가 남해 및 제주도 연안 생태계에 미칠 영향」, 『해양 부문 기후변화 대응 능력 강화를 위한 워크숍』, 2010. 1. 20.
주현희, 『중국해양정책에 관한 연구』, 한국해사법학회 발표 논문, 2012. 2. 28.
지식경제부, 『제6차 전력수급 기본계획(2013~2027)』, 2013. 2.
_____, 『신·재생에너지 기술개발 및 이용·보급 기본계획(2009~2030)』, 2009. 1.
_____, 『셰일가스 선제적 대응을 위한 종합 전략 발표 자료』, 2012. 9. 7.
_____, 『해양플랜트산업 현황과 발전전략(세미나 발표 자료)』, 2010. 10.
_____, 『제3차 신·재생에너지 기술개발 및 이용·보급 기본계획』, 2008.
지식경제부 보도자료, 2009. 2. 26.
_____, 「해양플랜트 제2의 조선산업으로 키운다!」, 2012. 5. 9.
지식경제부·에너지기술평가원, 『그린에너지 전략로드맵 2011 : 풍력』, 2011.
지오시스템, 「해양과학조사 및 수치모형실험분야를 선도하다」, 『해양과학기술』, KIMST, 2012. 1월호, pp.64-65.
진재율, 「모래 침식 원인과 대응」, 『연안가치 창조를 위한 스마트 연안관리 포럼(프로시딩)』, 2013. 6. 7, pp.43-58.
_____, 「연안정비사업 선진화 방안」, 『안전한 연안, 활력있는 동해: 제4회 연안발전포럼 프로시딩』, 2014. 9. 3, 속초, pp.65-79.
차철표 등, 「외해양식 제도의 도입을 위한 입법방안 연구」, 『한국해양수산교육연구회지』 Vol.21, No.3, 2009, pp.335-336.
최명범, 「Policy Direction for Marine Biotechnology in Korea」, 『World Ocean Forum Proceedings』, June 2012.
최용석, 「미국, 해양관측조사선 공동협력 및 관리 확대」, 『KMI 독도연구 저널』, Summer 2013, Vol.22, pp.40-42.
최재선, 「대한민국 해양산업 비래비전」, 『해양정책 및 해양과학기술의 환경변화와 Rio+20회의 결과 및 향후 대책(2차 세미나 자료)』, 2012. 12. 3.
_____, 「미국 '신해양정책' 나왔다」, KMI-해사신문 공동기획 '글로벌 해양 포커스'(58), 2010. 7. 29.
최재선 등, 『국제해사기구(IMO)의 해양환경 오염규제 대응 방안 연구』, KMI기본과제, 2004. 12.

최정인, 「미·중·일 및 한국의 해양과학 R&D 투자동향」, 『해양과학기술』, KIMST, 2012. 1월호, pp.22-25.
최태진, 「지구기후시스템과 북극의 기후변화」, 『북극해를 말하다』, KMI 및 극지연구소(KOPRI) 편, 2012. 12.
최한석, 「해양엔지니어링과 설치사업 진출 서둘러야」, 『KMI Offshore Business』, 2012. 9. 3, pp.2-3.
최형태·김웅서 엮음, 『해양과 인간』3판, KIOST, 안산, 2012. 7.
최희정, 「미국의 해양공간계획(MSP) 정책방향과 시사점」, 『해양국토21』 Vol. 1, 2010.
\_\_\_\_\_, 「국토해양인재개발원 강의자료」, 2011.
최희정 등, 『해양자원의 최적이용을 위한 해양공간계획 수립 연구: 해양공간계획 체계 정비방향을 중심으로』, KMI 기본연구과제, 2011. 12.
크리스토프 자이들러/박미화 옮김, 『북극 쟁탈전』, 더 숲, 2010. 1.
표희동, 「지속가능한 글로벌 해양거버넌스」, 『해양정책 및 해양과학기술의 환경변화와 Rio+20회의 결과 및 향후 대책(2차 세미나 자료)』, 2012. 12. 3.
하기옥, 『패키지 디자인 레시피』, 다산북스, 2014. 1. 3.
한국과학기술기획평가원(KISTEP), 「온실가스 대응 및 저탄소 녹색성장을 위한 중점 녹색기술로서의 이산화탄소 포집저장(CCS) 기술 현황과 정책동향」, 『동향브리프』, 2010. 1.
한국선진화포럼 및 KMI, 『미래 국부 창출을 위한 '북극해' 전략 토론회 프로시딩』, 2011. 11.
한국수산회, 『수산 소식』 제79호, 2008. 10.
한국수출입은행, 「세계 신재생에너지 동향 및 풍력산업 해외진출 전략」, 『한국수출입은행 해외경제연구소 내부 자료』, 년도 미상.
한국해양과학기술원(KIOST), 『해양플랜트산업지원센터 구축 및 운영계획(안)』, 2012.
\_\_\_\_\_, 『R&D』, 제10호, 2014. 8.
한국해양과학기술진흥원(KIMST), 「핵심기술 브리핑: 해양환경 조사, 분석 및 예측의 선두 주자」, 『해양과학기술』 Vol.5. 2012 가을호, pp.60-61.
\_\_\_\_\_, 『해양산업 분류체계 수립 및 해양산업의 역할과 성장 전망분석을 위한 기획 연구』, 2011. 10.
\_\_\_\_\_, 『주요국의 해양 R&D 투자동향 분석(내부 자료)』, 2012. 1.
\_\_\_\_\_, 『2020 해양과학기술로드맵(MTRM)』, 2010.
\_\_\_\_\_, 『Ocean Insight』, 2015. 1.
\_\_\_\_\_, 『2009 MT산업 동향보고』, 2010. 2.
\_\_\_\_\_, 『해양과학기술』 Vol.1, 2011. 10-2012 가을.
한국해양과학기술협의회, 『2010년도 한국해양과학기술협의회 공동학술대회 프로시딩』, 2010. 6.
한국해양수산개발원(KMI), 『공유수면관리제도 개선에 관한 연구』, 2008.
\_\_\_\_\_, 『국제 해양문제 주도권 확대 방안 연구(Ⅰ)』, 2009. 12.
\_\_\_\_\_, 『국제 해양주도권 확대 방안 연구(Ⅱ)』, 2010. 12.
\_\_\_\_\_, 『국제 해양문제 주도권 확대 방안 연구(Ⅲ)』, 2011. 12.
\_\_\_\_\_, 『글로벌수산포커스』 Vol. 65, 2012. 7. 11.
\_\_\_\_\_, 『글로벌 해양전략 수립 연구』, 2009. 12.
\_\_\_\_\_, 『독도단신』, 2013. 7. 22.
\_\_\_\_\_, 『동남아지역 한계유정 현황 및 해양플랜트 운영사업 진출방안』, 2011. 8. 10.
\_\_\_\_\_, 『동북아 주요국의 해양관할권 확대 전략과 우리나라 대응방안』, 2008.
\_\_\_\_\_, 『미국의 해양정책: 백악관 해양정책팀 최종 권고안』, 2010. 7.
\_\_\_\_\_, 『바다 이야기』, 서울, 2014. 12.

_____, 『북극해 소식』 제5-8호, 2013 8/9/10/11월호.
_____, 『수산·해양환경통계』, 각년도.
_____, 『공유수면관리제도 개선에 관한 연구』, 2008.
_____, 『동남아지역 한계유정 현황 및 해양플랜트 운영사업 진출방안』, 2011. 8. 10.
_____, 『연안 공공이익 침해방지를 위한 공유수면 관리체제 개선 방안』, 2010. 12.
_____, 『연안·해양관리 통합시스템 구축 연구』, 2012. 12.
_____, 『영국의 해양관리기구』, 2010.
_____, 『영문 뉴스레터』, 2010. 10월호.
_____, 『해양학술 SOC 중장기 확충방안(안)』, 2012. 8.
_____, 『해양산업동향』, 각호.
_____, 해양수산정책 Paper 『이슈와 진단』, 2014. 10.
_____, 『해외수산정보』 Vol.1, 2014. 4. 20.
_____, 『해양기반 신국부창출 전략』, 2009. 12.
_____, 『해양생물 관련 국제협약의 체계적 대응방안 연구』, 2012. 6.
_____, 『해양총생산(GOP) 추계 및 증대 방안 연구』, 2011. 12.
_____, 『해양학술 SOC 중장기 확충방안(안)』, 2012. 8.
_____, 『Offshore Business』 Vol. 14, 2013 11 1/Vol. 9, 2013 6/2012 12 3/
_____, 해양수산 연구개발 정책(행복한 바다 포럼 프로시딩), 2014. 2월 및 9월.
_____, 해양수산정책 Paper 『이슈와 진단』, 2014. 10.
한국해양수산개발원(KMI) 및 극지연구소(KOPRI), 『북극해를 말하다』, 2012. 12.
한중해양과학연구센터, 『뉴스레터』, 각호.
한국해양연구원, 『09-06 해양과학기술정책동향 모음집』, 2009.
해양수산부, 『한 눈에 보는 우리의 연안』, 2015. 4.
_____, 『IMO를 활용한 해양강국 도약전략 연구』, 2007. 2.
_____, 『해양수산 신산업 창출을 위한 투자 유치 설명회』, 2014. 9. 29.
_____, 『해양수산 업무편람』, 2013. 8 및 2014. 3.
_____, 『창조경제 실현을 위한 해양수산 신산업 육성 종합대책(안)』, 2013. 12.
_____, 『연안기본조사』, 2015. 1.
_____, 『한 눈에 보는 우리의 연안』, 2015. 4.
_____, 『해양수산 주요 용어 및 통계』, 2014. 3.
_____, 『해양환경교육』, 2002.
해양수산부/미국 Arthur D. L.사, 『미래국가해양전략』, 2006.
해양산업협회, 『SEA&』 Vol. 55호, 2012. 1월호.
해양환경관리공단(KOEM), 『해양과 기후변화』, 2010. 11.
홍기훈, 「해양환경 보호」, 『해양의 국제법과 정치』, 한국해로연구회 편, 서울, 2011, pp.187-241.
홍성인, 「해양구조물분야의 시장확대와 대응전략」, 산업연구원, 2006. 7.
홍승용, 「해양강국 실현을 위한 대한민국의 선택」, 『차기 정부의 해양강국 실현을 위한 정책 토론회(프로시딩)』, 2012. 7. 17.
\_\_\_\_\_, 「해양강국을 위한 제언」, 『신해양시대 신국부론』, 나남, 2008. 1, pp.532-551.
한덕훈, 「EU공동수산정책, 타사지석으로 삼아야」, 『KMI 글로벌 수산포커스』 Vol. 65, 2012. 7. 11.
황기형, 「성장과 고용 창출을 위한 유럽 연합이 해양 부문 의제」, 『KMI 해양산업동향』 제79호, 2012. 12. 4.

_____, 「해양신산업의 정의 및 특징」, 『2011 해양산업 전망과 정책 대응 세미나』, 2011. 1. 20.
_____, 「해양신산업 현황과 정책 방향」, 『제2차 해양비전 포럼 자료집』, KMI, 2011. 9, pp.30-49.
_____, 『해양부문 신산업 발전을 위한 기반 구축 연구』, KMI 수시연구과제, 2012. 12.
_____, 「해저 열수광 개발 동향과 과제」, 『해양국토21』 창간호, 한국해양수산개발원, 2009.
_____, 「유엔지속가능회의(Rio+20)에서의 해양 의제」, 『KMI 해양산업동향』, 2012. 5. 25.
_____, 「해양의 보호와 이용을 통한 신국부 창출」, 『신국토해양 정책방향 세미나』, 2012. 11. 5.
_____, 『해양 분류체계 수립 및 해양산업의 역할과 성장 전망 분석을 위한 기획 연구』, 한국해양과학기술진흥원, 2011. 10.
_____, 『해양산업 분류체계 및 해양산업의 역할과 성장전망 분석을 위한 기획 연구』, KMI 중간보고자료, 2011. 6.
_____, 「심해저광물자원 개발사업의 추진체계 개선 방안」, 『KMI 해양수산동향』, 2001. 5.
(사)해양산업협회, 『SEA&』 Vol. 49호, Vol. 53 및 Vol. 55호, 2011. 7월/11월 및 2012. 1월.
형기성, 「해저 광물탐사 지역에 분포하는 '대형저서생물의 종 분류 표준화' 관련 국제동향」, 『국제해양과학기술동향』 Vol. 1 (초판), KIOST, 2015년, pp.13-20.
Chang Ik Zhang, 「Ecosystem-based Assessment and Management for Sustainable Fisheries」, 『해양정책 및 해양과학기술의 환경변화와 Rio+20회의 결과 및 향후 대책(2차 세미나 자료)』, 2012. 12. 3.
Geoffrey Till 저/배형수 역, 『21세기 해양력』, 한국해양전략연구소, 서울, 2011. 6.
IPCC/기상청 역, 『제5차 평가보고서(요약)』, 스웨덴 스톡홀름, 2013. 9.
IUCN, 『새로운 시대의 자연보전』(한글판), 2009. 12.
Richard A. Muller/장종훈 역, 『대통령을 위한 에너지 강의(Energy for Future President)』, 살림, 2014. 8. 5.
SERI, 「미래의 자원으로 각광받는 미세조류」, 『SERI 경영노트』 제170호, 2012. 11. 8.
_____, 「해양자원 개발의 현재와 미래」, 『SERI 경영노트』, 2011. 12. 8.
_____, 「한국 해양개발산업 경쟁력 제고 방안」, 『SERI 경영노트』 제151호, 2012. 5. 24.
_____, 「급부상하는 중국해양플랜트산업」, 『SERI China Review』 제11-8호, 2011. 5. 10.
Tom Garrison 저/강효진 등 역, 『해양학(Oceanography)』, ㈜시그마프레스, 서울, 2002. 1.

## 서양문헌

ARSU(The Regional Planning and Environmental Research Group), "Guideline on sustainable wetlands tourism(funded by EU)", May 2001.
Ballinger, Rhoda C., "A sea change at the coast: The contemporary context and future prospects of integrated coastal management in the UK", *Managing Britain's Marine and Coastal Environment*, 2005, pp.186-216.
Behnam, Awni, "The Economy beyond 30 years of UNCLOS", Conference Proceedings, 2-8 Nov. 2012.
Boating, Sept. 2005.
Brigham, Lawson W., "International Cooperation in Artic Marine Transportation, Safety and Environmental Protection", *The Arctic in the World* (North Pacific Artic Conference Proceedings edited by Oran R. Young, Jong Deog Kim, Yoon Hyung Kim), 2013, pp.115-136.

Burroughs, Richard, *Coastal Governance*, Island Press, 2011.
Burrows, Michael T., David S. Schoeman et al., "The Pace of Shifting Climate in Marine and Terrestrial Ecosystems", *Science 4*, November 2011, pp.652-655.
Cater, Carl, Erlet Cater, *Marine Ecotourism*, CabiPublishing Co., MA USA, 2007.
Charlebois, Patricia, Richard Sykes, et. al., "STEERING THE COURSE TO WARD SCLEANER SEAS", *Tropical Coasts* Vol. 17 No.1, July 2011, p.5
Cho, Dong Oh, "Evaluation of the ocean governance system in Korea", *Marine Policy* Vol.30, 2006, pp.570-579.
Choi, Yungsok, "Recent Development in Exploitation of Deep Seabed Resources and Directions of Korean Policies", *Dokdo Research Journal* Vol. 24, 2013 Autumn, pp.73-80.
Chua, Thia-Eng, Gunnar Kullenberg, and Danilo Bonga (eds.), *Securing the Oceans: Essays on the Ocean Governance*, GEF/UNDP/IMO, Jan. 2008.
Coenen, Renè, "Ocean Science and shipping: IMO's contribution", *Troubled Waters*, Cambridge, 2010, pp.264-268.
Constanza, R. et al., "The value of world ecosystem services and natural capital", *Nature*, Vol.387, 1997, pp.253-260.
Corell, Robert W., "Consequences of the Changes across the Artic on World Order, the North Pacific Nations and Regional and Global Governance", *The Arctic in the World Affairs* (2011 North Pacific Artic Conference Proceedings edited by Robert W. Corell, James Seong-Cheol Kang, Yoon Hyung Kim), 2013, pp.17-57.
_____, "Our Common Future: The Artic in Global Perspectives", Artic Policy seminar proceedings, 2013.
Corell, Robert W., Yoon Hyung Kim & James Seong-Cheol Kang, "Artic Transformation: Introduction and Overview", *The Arctic in the World Affairs* (2011 North Pacific Artic Conference Proceedings edited by Robert W. Corell, James Seong-Cheol Kang, Yoon Hyung Kim), 2013, pp.1-14.
Cross, Alizabeth, "Non-governmental international marine science organizations", *Troubled Waters*, GeoffHolland, David Pugh ed., 2010, Cambridge, pp.138-148.
Desombre, Elizabeth R. & J. Samuel Barkin, "International Trade and Ocean Governance", *Securing the Oceans: Essays on the Ocean Governance*, Chua Thia-Eng, Gunnar Kullenberg, and Danilo Bonga (eds.), Jan. 2008, GEF/UNDP/IMO, pp.159-196.
Dexter, Peter, "Ocean observations: the Global Ocean Observing System", *Troubled Waters*, GeoffHolland, David Pugh ed., 2010, Cambridge, pp.151-166.
Diop, Salif, "The UNEP's contribution to the oceans and marine science", *Troubled Waters*, 2010, Cambridge, p.271.
Edvardsen, Torgeir, "Cooperation for Growth: The Case of the European Aquaculture Technology and Innovation Platform", 2014 Korea Ocean Week proceedings, Las Palmas Spain, July 16. 2014, pp.39-54.
Enevoldsen, Henrik, "Harmful algae: a natural phenomenon that became a societal problem", *Troubled Waters*, Geoff Holland, David Pugh ed., 2010, Cambridge, pp.124-137.
EPS, Northern Territory, Australia, Interim Report: Seabed Mining in the Northern Territory, November 2012.

Field, John G., Gotthilf Hempel, Colins P. Summerhayes, OCEANS2020: *Science, Trends, and the Challenge of the Sustainability*, WA, D.C. USA, Island Press, 2002.

Fluharty, David Lincoln. "Eco-Based Management of the Ocean", *Ocean 101: Current Issues and Our Future*(WOF Series1), World Ocean Forum, 2010-, pp.24-37.

Galvovic, Bruce, "Ocean and Coastal Governance for Sustainability: Imperatives for Integrating Ecology and Economics", *Ecological Economics of the Oceans and Coasts*, 2008, pp.313-338.

Gibson, John, "Coastal zone law in the UK: Lessons for the new millenium", *Managing Britain's Marine and Coastal Environment*, 2005, pp.171-185.

Glineur, Nicole, "Healthy Oceans, Adaptation to Climate Change and Blue Forests Conservation", *Ocean 101: Current Issues and Our Future*(WOF Series1), World Ocean Forum, 2010-, pp.47-59.

Gomez, Edgardo D., Rodrigo U. Fuentes, Osamu Matsuda *et al.*, "Treasuring our Heritage, Banking in our Future", *Tropical Coasts* Vol.17 No.1, July 2011, pp.4-29.

GORF, Proceedings of Global Challenges and Freedom of Navigation(2013 Seoul Conference on the Law of the Sea by GORF), Univ. of Virginia & KMI), Seoul, May 2013.

Griffiths, Ray C., "The Food and Agriculture Organization", *Troubled Waters*, Geoff Holland, David Pugh ed., 2010, Cambridge, pp.249-255.

Grilo, Catarina *et al.*, "Prospects for Transboundary Marine Protected Areas in East Asia", *Ocean Development & International Law* 43, 2012, pp.243-266.

Guenette, Sylvie, Jackie Alder, "Lessons from Marine Protected Areas and Integrated Ocean Management Initiatives in Canada", *Coastal Management* 35, 2007, pp.51-78.

Haas, Peter M., "Evaluating the Effectiveness of Marine Governance", *Securing the Oceans: Essayson the Ocean Governance*, Chua Thia-Eng, Gunnar Kulleberg, and Danilo Bonga(eds.), Jan. 2008, GEF/UNDP/IMO, pp.253-282.

Habito, Cielito, Stephen de Mora *et al.*, "Innovative Techniques toward reaching Sustainable Development Goals", *Tropical Coasts* Vol.17 No.1, July 2011, pp.82-97.

Halpern, Benjamin S. *et al.*, "Near-term priorities for the science, policy and practice of Coastal and Marine Spatial Planning (CMSP)", *Marine Policy* 36, 2012, pp.198-203.

Hayashi, Moritaka, "The Rebirth of Japan as an Ocean State: The Basic Act on Ocean Policy and Its Impact", *Peaceful Orders in the World Oceans: Essays in Honor of Satya Nandan*, Jan. 2014, pp.95-114.

Herzig, Peter Micheal, "Metals from the Deepsea: Risks and Opportunity", World Ocean Forum Proceedings, June 2012, pp.5-24.

Holland, Geoff, David Pugh, *Troubled Waters*, Cambridge, 2010.

IEA, *World Energy Outlook* 2012, 2012.

Isaacs, Moenieba, "Understanding Small Scale Fisheries Contribution to Food Security and Nutrition in Africa", 6th KORAFF proceedings, Las Palmas Spain, July 17. 2014, pp.53-62.

Jean-Michel, Cousteau, "The Great Ocean Adventure", World Ocean Forum Proceedings, June 2012, pp.1-4.

Jia, Jiasan, "Contribution of Fisheries and Aquaculture to Food Security", 6th Korea International Conference on Cooperation in Ocean sand Fisheries(KICCOF) proceedings, Las Palmas Spain, July 17. 2014.

Jones, Janis Searles & Steve Ganey, "Building the Legal and Institutional Framework", *Ecosystem-Based Management for the Oceans*, ed. by Karen Mcleod & Heather Leslie, Island Press, 2009, pp.162-179.

Johnston, Mike, "A Private sector perspective on the future for deep seabed mining", Proceedings of Global Challenges and Freedom of Navigation(2013 Seoul Conference on the Law of the Sea by GOLF, Univ. of Virginia & KMI), May 2013, Seoul.

Ju, Se-Jong, "Environmental Consideration for Seafloor Massive Sulfide Mining: A Case Study of Tonga EEZ", Proceedings of Global Challenges and Freedom of Navigation(2013 Seoul Conference on the Law of the Sea by GOLF, Univ. of Virginia & KMI), May 2013.

Kao, Shih-Ming et al., "Regional Cooperation in the South China Sea: Analysis of Existing Practices and Prospects", *Ocean Development & International Law*, 43, 2012, pp.283-295.

Kenchington, Richard, Bob Pokrant and John Glasson, "International approaches to sustainable coastal management and climate change", Sustainable Coastal Management and Climate Adaptation, ed. by Richard Kenchington et al., 2012, CSIRO Publishing Co., Australia Collingwood VIC 3068, pp.57-73.

Kennedy, Jannelle, Arthur J. Hanson, and Jack Mathias, "Ocean Governance in the Artic: A Canadian Perspective", *Securing the Oceans : Essays on the Ocean Governance*, Chua Thia-Eng, Gunnar Kullenberg, and Danilo Bonga(eds.), Jan. 2008, GEF/UNDP/IMO, pp.629-667.

Kim, Suam, "Effects of Climate Change an fishery in the Northwestern Pacific and suggestion for its Sustainability", The 8th World Ocean Forum Proceedings(Summary), Busan, 2014. 9, pp.91-92.

Kim, Sung Gwi, "The evolution of coastal wetland policyin developed countries and Korea", *Ocean & Coastal Management* Vol.53 No.10, Sept. 2010, pp.562-569.

Kim, Sung Gwi, "The impact of institutional arrangement on ocean governance: International trends and the case of Korea", *Ocean and Coastal Management*, Aug. 2012, pp.47-55.

Kim, Sung Gwi, "The Evaluation of the 2nd Ocean Plan in Korea: Focused on the Implementing Power of the Plan", *Journal of Coastal Management* Volume 64, August 2013, pp.470-480.

Krivastav, S. K., "Managing Natural Disasters in Coastal Areas-an overview", India Meterological Department, 년도 미상.

Kullenberg, Gunnar, "Other Ocean Resources", *Securing the Oceans: Essays on the Ocean Governance*, Chua Thia-Eng, Gunnar Kullenberg, and Danilo Bonga(eds.), Jan. 2008, GEF/UNDP/IMO, pp.83-93.

_____, "The Coast and Beyond: Multiple Use, Conflicts and Management Challenge", *Securing the Oceans: Essays on the Ocean Governance*, Chua Thia-Eng, Gunnar Kullenberg, and Danilo Bonga(eds.), Jan. 2008, GEF/UNDP/IMO, pp.131-154.

_____, "The Freedom of the Sea", *Securing the Oceans: Essays on the Ocean Governance*, Chua Thia-Eng, Gunnar Kulleberg, and Danilo Bonga(eds.), Jan. 2008, GEF/UNDP/IMO, pp.11-22.

_____, "Weather, Climate, Forecasting and Climate Change", *Securing the Oceans: Essays on the Ocean Governance*, Chua Thia-Eng, Gunnar Kullenberg, and Danilo Bonga(eds.), Jan. 2008, GEF/UNDP/IMO, pp.95-130.

Kullenberg, Gunnar, & Ulf Lie, "Sustainable Development and the Ocean", *Securing the Oceans: Essays on the Ocean Governance*, Chua Thia-Eng, Gunnar Kullenberg, and Danilo Bonga(eds.), Jan. 2008, GEF/UNDP/IMO, pp.23-40.

Lee, Tai-Sup *et al.*, "Marine Environmental and Resources: Critical Moment of the Earth's Energy and the Role of Marine Resources", *Ocean 101: Current Issues and Our Future* (WOF Series1), World Ocean Forum, 2010-, pp.1-23.

Lie, Ulf, "Food from the Ocean: Will it Be Enough", *Securing the Oceans : Essays on the Ocean Governance*, Chua Thia-Eng, Gunnar Kulleberg, and Danilo Bonga(eds.), Jan. 2008, GEF/UNDP/IMO, pp.65-82.

LLyoid, Greg *et al.*, "EU Maritime Policy and Economic Development of the European Seas", *The Ecosystem Approach to Marine Planning and Management*, 2011, MPG Books, UK London, pp.68-91.

Long, Ronan, "EU Ecosystem-based Management and Navigational Rights", Proceedings of Global Univ. of Virginia & KMI, Global Challenges and Freedom of Navigation, 2013 Seoul Conference on the Law of the Sea by GOLF, Seoul, May 2013.

Lowry, Kem & Chua Thia-Eng, "Building Vision, Awareness and Commitment: The PEMSEA Strategy for Strengthening Regional Cooperation in Coastal and Ocean Governance", *Securing the Oceans: Essays on the Ocean Governance*, Chua Thia-Eng, Gunnar Kullenberg, and Danilo Bonga(eds.), Jan. 2008, GEF/UNDP/IMO, pp.343-369.

Maes, Frank, "The international legal framework for marine spatial planning", *Marine Policy* 32, 2008, pp.797-810.

McLean, L. Karen, & Heather M. Leslie, "Why Ecosystem-Based Management?", *Ecosystem-Based Management for the Oceans*, ed. by KarenL. McLean and Heather Leslie, Washington, Island Press, 2009, pp.3-12.

McNEeil, Ben, "Global Ecology of the Oceans and Coasts", *Ecological Economics of the Oceans and Coasts*, 2008, pp.27-50.

Mee, Laurence, "Life on the edge: managing our coastal zones", *Troubled Waters*, Geoff Holland, David Pughed., 2010, Cambridge, pp.188-199.

Melvasalo, Terttu, "Perspectives and Experience of the UNEP Regional Seas Programme", *Securing the Oceans: Essays on the Ocean Governance*, Chua Thia-Eng, Gunnar Kullenberg, and Danilo Bonga(eds.), Jan. 2008, GEF/UNDP/IMO, pp.229-249.

Miller, Marc L., "The UN Post-2015 Regime and Consideration for the Tanets of Sustainable Coastal and Marine Tourism Governance in the Context of the Mandate of Heaven", The 9th World Ocean Forum: Re-architecting Marine Policy under the UN Post-2015 Regime(Proceedings), Oct. 2015, pp.79-122.

Nam, Jungho & Kiwon Han, "Post-2015 regime and its implication for SD in Marine and coastal sectors", 9th World Ocean Forum: Re-architecting Marine Policy under the UN Post-2015 Regime(Proceedings), Oct. 2015, pp.7-20.

Oliounine, Iouri, *et al.*, "Oceanographic data: from paper to pixels", *Troubled Waters*, (Geoff Holland, David Pugh, ed.), 2010, Cambridge, pp.167-182.

The Australian Commonwealth Department of Primary Industries and Energy, Best Practice Mechanism for

Marine Use Planning (Australia's Ocean Policy: Ocean Planning & Management Issues Paper 3), Sept. 1997, pp.29-32.

OECD, *The Ocean Economy in 2030*, OECD Publishing, Paris, 2016.

Patil, Pawan, "World Bank's Engagement in the Ocean as a Member of the Global Partnership", 2014 Korea Ocean Week proceedings, Las Palmas Spain, July 16 2014, pp.59-69.

Patternson, Murray, "Towards an Ecological Economics of the Oceans and Coasts", *Ecological Economics of the Oceans and Coasts*, 2008, pp.1-23.

Patternson, Murray, Garry McDonald, Keith Probert & Nicola Smith, "Biodiversity of the Oceans", *Ecological Economics of the Oceans and Coasts*, 2008, pp.51-73.

Pawlak, Janet, Gunnar Kullenberg and Chua Thia-Eng., "Securing the Oceans: Executive Summary", *Securing the Oceans: Essays on the Ocean Governance*, Chua Thia-Eng, Gunnar Kullenberg, and Danilo Bonga(eds.), Jan. 2008, GEF/UNDP/IMO, pp.3-8

PEMSEA, *Tropical Coasts* Vol.16 No.2, Dec. 2010.

Plater, Andrew J. et al., "Review of Existing International Approaches to Fisheries Management: The Role of Sciencein Underpinninging the Ecosystem Approach and Marine Spatial Planning", *The Ecosystem Approach to Marine Planning and Management*, 2011, MPG Books, UK London, pp.131-204.

Pugh, David, "UK marine science at the millennium", *Managing Britain's Marine and Coastal Environment*, 2005, pp.20-35.

Raavymakers, Steve, "Deep seabed Mining in the South Pacific: Opportunity and Challenges for Island", World Ocean Forum Proceedings, June 2012, pp.154-155.

Rodriguez, Sebastian, "Fisheries and Maritime Research in EU Framework Programme", 1st Korea-Spain Ocean Forum proceedings, Las Palmas Spain, July 17 2014, pp.45-55.

Rothwell, Donald R., "International Straits and Trans-artic Navigation", *Ocean Development & International Law*, 43, 2012, pp.267-282.

Rothwell, Donald R. & Tim Stephans, *The International Law of the Sea*, 2010, Oxford UK, Hart Publishing, 2010.

Sam, Smith, "A Private Sector Perspective on the Future for Deep Seaebd Mining(Ⅰ)", Proceedings of Global Challenges and Freedom of Navigation(2013 Seoul Conference on the Law of the Sea by GOLF, Univ. of Virginia & KMI), May 2013, Seoul.

Sandel, B., L. Arge, B. Dalsgaard, R. G. Davies, K. J. Gaston, W. J. Sutherland, and J.-C. Svenning, "The Influence of Late Quaternary Climate-Change Velocity on Species Endemism", *Science* 4, November 2011, pp.660-664.

Satrina, Arif, "Prospects and Issues on Southeast Asian Fisherie Market", 2013 KMI 수산전망대회자료집, 2013. 1, pp.43-77.

Sharp, Basil, & Chris Batstone, "Neoclassical Frameworks for Optimizing the Value of Marine Resources", *Ecological Economics of the Oceans and Coasts*, 2008, pp.95-118.

Sherman, Kenneth, "The Large Marine Ecosystem network approach to WSSD targets", *Ocean and Coastal Management* 49, 2006, pp.640-648.

Stoker, Laura, et al., "Sustainable coastal management", *Sustainable Coastal Management and Climate Adaptation*, (ed. by Richard Kenchington, et al.), 2012, CSIRO Publishing Co., Australia Collingwood

VIC 3068, pp.29-56.

Sue, Kidd et al., "The Ecosystem Approach and Planning Management of the Marine Environment", *The Ecosystem Approach to Marine Planning and Management*, 2011, MPG Books, UK London, pp.1-33.

The Australian Commonwealth Department of Primary Industries and Energy, "Best Practice Mechanism for Marine Use Planning", *Australia's Ocean Policy: Ocean Planning & Management Issues Paper 3*, Sept. 1997, pp.29-32.

UN Millenium Ecosystem Assessment, *Ecosystem and human-welling being: Synthesis*, Washington, DC: Island Press, 2005a.

USA Government, *Coastal Impacts, Adaptation, and Vulnerability: 2012 Technical Input Report to the 2013 National Climate Assessment* (Revised Version), 13 Dec. 2012.

Valencia, Mark J., "Reguional Maritime Regime Building in Northeast Asia", *Securing the Oceans: Essays on the Ocean Governance*, Chua Thia-Eng, Gunnar Kullenberg, and Danilo Bonga(eds.), Jan. 2008, GEF/UNDP/IMO, pp.283-342.

Vallega, Adalberto, *Sustainable Ocean Governance: a Geographical Perspective*, Routledge, London, 2001.

VanderZwaag, David L., "Overview of Regional Cooperation in Coastal and Ocean Governance", *Securing the Oceans: Essays on the Ocean Governance*, Chua Thia-Eng, Kullenberg, Gunnar, & Danilo Bonga (eds.), Jan. 2008, GEF/UNDP/IMO, pp.197-227.

Vince, Jonna, "The South East Regional Marine Plan: Implementing Australia's Oceans Policy", *Marine Policy* Vol.30, 2006, pp.420-430.

Wilson, Matthew & Shuang Liu, "Non-Market Value of Ecosystem Services Provided by Coastal and Nearshore Marine Systems", *Ecological Economics of the Oceans and Coasts*, 2008, pp.119-139.

World Ocean Council, "International Ocean Governance: Marine Planning Brief", 2014.

Zhu, Wenxi, "Advancing Marine Science Cooperation for Sustainability in the Northwestern Pacific and Adjacent Regions", The 8th World Ocean Forum Proceedings(Summary), Busan, 2014. 9, pp.121-125.

# 찾아보기

## 1~9

2020 해양 비전 ▶ 597
21세기 해양 블루 프린트 ▶ 548
3D프린터 ▶ 404

## A

Acciona ▶ 305
Agenda 21 ▶ 138, 142, 164, 166, 210, 218, 236, 524, 527, 533, 534, 608, 610, 616, 617, 618, 621, 622, 623, 624, 625, 628
AMAP ▶ 436
anoxia ▶ 120, 121
AoA ▶ 636, 637
AOP ▶ 584
APEC ▶ 644, 645, 648
Arctic Oscillation ▶ 457
ARGO ▶ 83, 86, 87, 88, 91
Argotheraphy ▶ 339
Arthur D. Little사 ▶ 383
AUV ▶ 95, 360, 361, 362, 364, 404
Avoided Cost ▶ 159

## B

barophile ▶ 318
Bali Plan of Action ▶ 645
BAU(Business As Usual) ▶ 468
beach nourishment ▶ 227
biodiversity ▶ 163, 164, 167, 168, 170, 186, 187, 189, 190, 191, 204, 214, 218, 314, 323, 426, 497, 498, 505, 530, 532, 546, 557, 615, 620, 621, 623, 624, 629, 630, 636, 637, 646, 653, 654
biogeochemical process ▶ 530
Bioinfomatics ▶ 320
biological carbon pump ▶ 421, 426
bioprospecting ▶ 478
Biosphere Reserve ▶ 639
bleaching ▶ 441
Blue Carbon Sink ▶ 426
Blue Economy ▶ 375, 378, 631
Blue-Bio 2016 ▶ 321
BMPP ▶ 369
BP ▶ 318
BRICs ▶ 54, 466, 588
Bruntland Report ▶ 137, 138
BT ▶ 40, 313, 319, 320, 550
Buffer zone ▶ 226
Bunker-C油 ▶ 119, 120

## C

carbonic acid ▶ 440
C-C zone ▶ 274, 275
C-C(Clarion-Cliperton)해역 ▶ 256
carbon export ▶ 421
cap and trade ▶ 131
Cavate ▶ 651
CBD ▶ 142, 164, 168, 179, 189, 190, 218, 607, 615, 620, 623, 624
CCCL ▶ 229
CCS ▶ 472, 473, 474, 475, 476
CFC ▶ 418
CFP ▶ 556
Challenger Report ▶ 63
Chesapeake Bay Programme ▶ 216
Circum-Antartic Ridge ▶ 258
CITES ▶ 195
Clarion-Clipperton ▶ 41, 275
CLCS ▶ 49, 619
cloud-seeding ▶ 479
CMS ▶ 195
CMSP ▶ 584
$CO_2$ 저장고 ▶ 23
coastal defense ▶ 506
COBSEA ▶ 242, 634, 647, 654
Cochlodinium ▶ 120, 127
COD ▶ 114, 124, 128, 129, 135
COG ▶ 583
COLREG ▶ 641
CoML ▶ 79, 639
Constanza ▶ 23, 160, 313
continental drift ▶ 101
COP15 ▶ 464

COP17 ▶ 465
COP18 ▶ 464
COP21 ▶ 465, 622
Coral Triangle ▶ 434
Coriolis effect ▶ 415
CREAMS/PICES 프로젝트 ▶ 654
CSD ▶ 616, 617
CTD(Conductivity-Temperature-Depth) ▶ 91
CTI ▶ 645
CVM법(Contingent Valuation Method) ▶ 159

### D

dead zone ▶ 121, 122, 440
DeBeer 사 ▶ 266
Deep Sea Drilling Project(DSDP) ▶ 66
DEFRA ▶ 507, 537, 558, 559
DFO ▶ 245, 537, 538, 551
DHA ▶ 26, 29, 319
Do nothing ▶ 228
DOALOS ▶ 48, 619, 631, 632, 644
Douglas-Westwood ▶ 270, 361
Drill ship ▶ 346, 347, 348, 351, 356, 357, 358
DSDP ▶ 64, 66, 67, 68, 70
DSV ▶ 360
DW ▶ 360

### E

e-내비게이션 사업 ▶ 382
EA ▶ 168, 169, 170
EASC ▶ 648, 650
EAST ▶ 653
EAST-1 ▶ 74
EBM ▶ 132, 137, 142, 166, 167, 170, 171, 172, 175, 176, 177, 178, 234, 235, 238, 239, 240, 245, 487, 572, 612, 625, 645, 652
ECA ▶ 119
eco-ship) ▶ 119, 343, 643
echo sounder ▶ 64
ecosystem approach ▶ 142, 168, 616, 646
EEDI ▶ 118, 466
EEOI ▶ 467
EEZ ▶ 49, 213, 234, 236, 239, 240, 241, 251, 264, 265, 268, 271, 274, 389, 408, 523, 529, 539, 545, 561, 566, 591, 629
Eisai ▶ 315
Elizabeth Mann Borgese ▶ 528
ENSO(El Nino Southern Oscillation) ▶ 444

environmental status indicator ▶ 217
EPOCA(European Project on Ocean Acidification) ▶ 441
EPTA ▶ 637
Eribulin ▶ 315
externalities ▶ 609

### F

FAO ▶ 631, 632, 639, 640, 644
FEMA ▶ 508, 509
Ferrel Cell ▶ 414
Flag state implementation ▶ 642
flood zones ▶ 510
FPSO ▶ 346, 347, 348, 350, 351, 354, 356, 357, 358
FSA ▶ 615, 619

### G

gabions of stones ▶ 227
GCF ▶ 465, 466, 622, 623
GCOS ▶ 75
GEF ▶ 218, 235, 236, 244, 554, 637, 638, 647, 653
genome bank ▶ 318
geological oceanography ▶ 100
GEOSS ▶ 77
geo-tube ▶ 227
GMDSS ▶ 641
GODAE ▶ 87
Goldwind ▶ 301
GOOS ▶ 75, 76, 77, 78, 79, 82, 86, 87, 99, 245, 389, 612
GPA ▶ 113, 116, 218, 610, 617, 624, 629, 635
GPA 회의 ▶ 113, 116, 618
GPO ▶ 630, 632
Greenhouse Effect ▶ 417
greenhouse gas ▶ 436
grid parity ▶ 294, 302
Grossman ▶ 130
GS칼텍스 ▶ 398

### H

HAB ▶ 120, 121, 652
Harding ▶ 154
Hedonic Valuation ▶ 158
hydrography ▶ 243, 637
Hyogo Framework for Action, HFA ▶ 490
hypoxia ▶ 121, 440

## I

IAEA ▶ 631
IAPO ▶ 65
IAPSO ▶ 65
ICES ▶ 78
ICM ▶ 167, 179, 207, 208, 212, 216, 217, 218, 219, 239, 244, 245, 535, 552, 584, 589, 648, 651
ICZM ▶ 238, 404, 552, 555, 556, 559
limited intervention ▶ 226
ILC ▶ 46
IM ▶ 524
IMCO ▶ 640
IMO ▶ 118, 119, 183, 382, 408, 463, 477, 550, 615, 629, 631, 640, 641, 642, 643
Integrated Maritime Policy for EU ▶ 583
IOC ▶ 65, 66, 74, 75, 76, 78, 79, 87, 234, 607, 612, 613, 631, 632, 637, 639, 640, 653
IOCM ▶ 620, 631
IODE ▶ 78, 79
IODP ▶ 64, 66, 69, 70, 389
IOT ▶ 404
IPC ▶ 218
IPCC ▶ 64, 222, 419, 431, 435, 440, 451, 463, 468, 478
IPSO ▶ 432, 433
ISA ▶ 256, 265, 267, 268, 274, 275, 278, 619, 631, 644
Island Agenda 2004 ▶ 640
ISM Code ▶ 641
IT ▶ 403
ITLOS ▶ 619
IUCN ▶ 180, 181, 182, 218, 646
IUGG ▶ 65, 66
IUU어업 ▶ 630
IWCO ▶ 376

## J

Jack-up 식 ▶ 348
Jacuzzi ▶ 370
JCOMM ▶ 75, 77, 612
JGOFS ▶ 74, 75
JOGMEC ▶ 263, 279
John Maury ▶ 63
JOIDES Resolution호 ▶ 68, 69, 70
Juan de Fuca ▶ 259, 260
Jules Under Sea Lodge ▶ 370

## K

kelp forests ▶ 203
KIGAM ▶ 276, 399, 400
KIMST ▶ 394
KIOST ▶ 91, 92, 99, 276, 325, 327, 337, 387, 398, 407, 599, 647
KOEM ▶ 133
KOOFS ▶ 99
KOOS ▶ 79, 82, 83, 99, 613
KORDI ▶ 367, 599
Krueger ▶ 130

## L

Landsat ▶ 64, 72
LIG넥스원 ▶ 392
Living Shorelines Protection Act ▶ 509
LME(Large Marine Ecosystem) ▶ 172, 219, 236, 241, 243, 244, 245, 505, 553, 637, 638
LNG ▶ 120, 272, 346, 357
LNG-FPSO ▶ 357
LNG-FSRU ▶ 357
LNG선 ▶ 356, 357
LONDON 덤핑협약 ▶ 614

## M

Mann Borgese ▶ 376, 619, 620
Mare Clausum ▶ 46
Mare Liberum ▶ 46
Marine Alliance ▶ 238
MARPOL ▶ 117, 133, 179, 183, 532, 610, 614, 641
MARPOL 73/78 ▶ 115
Marxan(공간계획 의사결정 툴) ▶ 240
Mauna Loa 관측소 ▶ 420
Maximum Sustainable Yield, MSY ▶ 556
MCAA ▶ 557, 558, 559
MDGs (Millenium Development Goals) ▶ 615, 626
Mediterranean Action Plan ▶ 208
Mega-Float ▶ 368
Milankovitch cycle ▶ 417
Millenium Declaration ▶ 637
Mission Specific Platform ▶ 69
MIT대학 ▶ 599
MMO ▶ 508, 537, 542, 558, 559
Modec ▶ 354
MOMAF ▶ 542, 544, 578, 579, 581
MPA ▶ 142, 167, 168, 174, 175, 179, 180, 182, 183, 217, 218, 505, 546, 551, 584, 625, 632, 638

MPAs ▶ 624, 631
MSFD ▶ 583
MSP ▶ 167, 179, 180, 189, 209, 234, 235, 236, 237, 238, 239, 240, 555, 556, 584
MSY ▶ 169, 170, 556
MT ▶ 384, 385

## N

N-Tox ▶ 401
NASA ▶ 72, 88
Natura 2000 Initiative ▶ 555
Nature지 ▶ 448, 478
NEAR-GOOS ▶ 79, 99, 613
NFIP ▶ 509
NGO ▶ 211, 218, 219, 603, 646
NOAA ▶ 72, 92, 217, 243, 266, 448, 509, 538, 542, 548, 612, 637
NOC ▶ 549, 584
NOWPAP ▶ 632, 634, 635, 647, 648, 652, 653, 654
NSF ▶ 80, 388, 449

## O

Ocean Compact ▶ 631
Ocean Drilling Program(ODP) ▶ 66
ocean fertilization ▶ 477, 479, 630
Ocean Korea 21 ▶ 576, 582
oceanography ▶ 63, 65, 66, 72, 75, 81, 85, 100, 314, 405, 484, 612
OceansSITES ▶ 86
ocean thermohaline circulation ▶ 74, 423, 427, 431, 442
ODP ▶ 68, 69, 70
OIF ▶ 478, 479
OILPOL ▶ 115
OK21 ▶ 576, 585, 589, 593, 594, 595, 596
OOI ▶ 80, 81, 449
OPRC HNS 의정서 ▶ 642
OPRC 협약 ▶ 642
OSV ▶ 351
Our Ocean Action Plan ▶ 550

## P

Paris Agreement ▶ 465, 622
PEMSEA ▶ 215, 218, 244, 620, 632, 638, 647, 648, 649, 650, 651, 654
physical oceanography ▶ 100
PICES ▶ 653
piezophile ▶ 318

Planning Policy Statement 25(PPG25) ▶ 507
plate tectonics ▶ 101
Polar Cell ▶ 414
polar vortex ▶ 457
polluters pay principle ▶ 136, 212, 616
POSCO ▶ 43, 399, 400
POST-2012 ▶ 464
precautionary approach ▶ 136, 140, 616, 646
Principia ▶ 59
Proudman 해양연구소 ▶ 599
PSC ▶ 641
Putrajaya Declaration ▶ 648

## Q

Quang Nam ▶ 651

## R

rain forests ▶ 426
rare species ▶ 163
Ramsar Convention ▶ 116, 195, 196, 614, 654
regime theory ▶ 603
resilience ▶ 164, 496, 509, 526, 571
RFS ▶ 398
Rio+10 ▶ 64, 620
Rio+20 ▶ 64, 524, 625, 627, 628, 629, 630, 631, 632
rock oil ▶ 269
rolling easement ▶ 510
ROV ▶ 35, 94, 360, 361, 362, 365
RPS제도 ▶ 295
RSP ▶ 113, 207, 219, 241, 242, 245, 524, 532, 607, 608, 614, 634, 635, 636

## S

SACs ▶ 555
Safe-guarding Our Seas ▶ 557
SCOR ▶ 66
Scranton Commission ▶ 538
Scripps 해양연구소 ▶ 599
SD ▶ 52, 136, 137, 138, 139, 140, 141, 142, 149, 164, 165, 166, 209, 214, 218, 524, 532, 534, 555, 587, 608, 615, 616, 620, 621, 624, 626, 633, 638
SDGs ▶ 626
SDR(International Strategy for Disaster Reduction) ▶ 490
SDS-SEA ▶ 648, 649, 650
seafloor spreading ▶ 20, 22, 67, 68
sea level rise ▶ 222

Seasat ▶ 64, 72, 88
Seawater Greenhouse ▶ 334
Semi-submersible ▶ 348
Seoul Declaration ▶ 645
shoreline setback ▶ 510
SIDS ▶ 631
SK에너지 ▶ 399
SK케미칼 ▶ 398
SLR ▶ 435, 498
SMD ▶ 362
SMP ▶ 229, 230, 559
SOLAS ▶ 641
solubility carbon pump ▶ 421, 423
Southern Oscillation ▶ 444
South Ocean Iron Release Experiment(SOIREE) ▶ 478
SPAs ▶ 555
SST ▶ 443
storm surge ▶ 446, 447
STX ▶ 307, 309
Strategic Environmental Assessment, SEA) ▶ 555
Sukabumi ▶ 651
swell ▶ 446

## T

The Artic Council ▶ 605
The Ocean Act ▶ 548
The Conservation Foundation ▶ 194
thermohaline conveyor belt ▶ 20, 73, 74, 74, 442
tidal wetlands ▶ 203
tier III 규제 ▶ 119
Tongling사 ▶ 264
trace elements ▶ 29
tragedy of commons ▶ 154
tsunami ▶ 51, 61, 81, 446, 483, 484, 485, 488, 512, 514, 640

## U

UCSD(캘리포니아대학 샌디에이고 분교) ▶ 599
UMC ▶ 362
UN Oceans ▶ 631
UNCED ▶ 142, 218, 236, 524, 528, 530, 531, 533, 534, 560, 597, 608, 616, 617, 618
UNCLOS ▶ 64, 529, 530, 531, 597, 614, 617, 618, 620
UNCSD ▶ 621
UNDP ▶ 218, 244, 631, 637, 638, 647, 653
UNEP ▶ 113, 116, 189, 207, 218, 236, 241, 242, 244, 439, 442, 463, 501, 532, 607, 618, 621, 624, 626, 628, 632, 634, 635, 636, 637, 647, 652
UNESCO ▶ 65, 75, 137, 195, 234, 607, 612, 613, 636, 639, 640, 653
UNFCCC ▶ 463
UNICPOLOS ▶ 218, 618
UNIDO ▶ 218
UN해양법 ▶ 611, 618
US COP ▶ 548

## V

Vaderland 호 ▶ 33
Valley of Death ▶ 396
Vestas ▶ 301, 305, 312
via Salaria ▶ 284
Virgin Oceanic ▶ 365
VLCC ▶ 119
VLFS ▶ 343, 346, 368
VOS ▶ 79
VTS ▶ 590
Vulcanus호 ▶ 33

## W

Water Framework Directive(WFD) ▶ 506, 556
Water Quality Index, WQI ▶ 124, 125
WCED ▶ 137, 138, 613
Wegener ▶ 64
WESTPAC ▶ 653
WFD ▶ 506, 507, 556
WMO ▶ 75, 631, 639
WOCE계획 ▶ 75
WODC ▶ 66
wooden stacks ▶ 227
Woods Hole 해양연구소 ▶ 81, 259, 335, 408, 599
World Bank ▶ 554, 630, 631, 632
WSSD ▶ 64, 113, 133, 142, 166, 218, 524, 620, 624, 625, 635
WWF ▶ 180, 376, 646

## X

xerophile ▶ 318

## Y

YSLME ▶ 244, 638, 647, 648, 653

## Z

Zoning System ▶ 212

# ㄱ

가거도 ▶ 83, 91, 460
가거초 종합해양과학기지 ▶ 91
가나 ▶ 270
가다랑어 ▶ 455
가덕신공항 ▶ 368
가로림조력 ▶ 294
가리비 ▶ 455
가봉 ▶ 270
가스하이드레이트 ▶ 20, 31, 251, 262, 263, 271, 272, 273, 279, 332, 375, 590
가시파래 ▶ 122
가역성(reversible) ▶ 178
가열법 ▶ 263
가이마스 ▶ 260
가이아 ▶ 147
가포 해수욕장 ▶ 109
각염법(榷鹽法) ▶ 285
간빙기(inter-glacial periods) ▶ 417, 419, 421
간수 ▶ 286
갈라파고스 ▶ 61, 259
갈라파고스 거북 ▶ 29
갈룸 ▶ 284
감압법 ▶ 263
감압실 ▶ 370
강유역 관리계획(river basin management plan) ▶ 506
강화 갯벌 ▶ 196
강화조력 ▶ 294
갯녹음현상 ▶ 323, 455, 456, 457
거래비용(transaction cost) ▶ 604, 606
건중량(dry weight) ▶ 150
걸프 해류(Gulf Stream) ▶ 73
게랑드 소금 ▶ 286
경성공법(hard-engineering) ▶ 228, 503
경성법(hard law) ▶ 606, 607, 608
경성적 접근법(hard approach) ▶ 214
경제관(economical lens) ▶ 131
계류선(mooring line) ▶ 86
고유가치(existence value) ▶ 156
고지혈증 ▶ 28, 339
고흥군청 ▶ 399
곤파스 ▶ 459
공급적 서비스(provisioning service) ▶ 155
공유수면의 관리 및 매립에 관한 법률 ▶ 136, 179
공유자산 ▶ 569
공유자산의 비극 ▶ 570

공유재의 비극(tragedy of commons) ▶ 154
공학적 접근법(engineering approach) ▶ 214
공해 ▶ 46
과정 지표(process indicator) ▶ 217
과학기술부 ▶ 581
과학기술위원회 ▶ 581
관리 연안해역 ▶ 221
관리된 재배치(managed realignment) ▶ 507
관상동맥경화증 ▶ 28
광양만 ▶ 128
광양항 ▶ 586, 590
광역해양생태계(LME) ▶ 219, 236, 243, 505, 553, 636, 637, 638
광합성 ▶ 23, 70, 71, 100, 121, 150, 151, 203, 312, 324, 421, 427
교토의정서 ▶ 463, 464, 465, 467, 468, 622, 643
구글 ▶ 366
구름씨 뿌리기(cloud-seeding) ▶ 479
구운소금 ▶ 286
국가 CCS 종합추진계획 ▶ 475
국가 해양데이터센터 ▶ 78
국가과학기술위원회(NSTC) ▶ 550
국가관할권 ▶ 47, 279, 630
국가안전처 ▶ 516, 517, 519
국가어항 ▶ 123, 220, 460
국가연안관리계획 ▶ 219
국가연안정책(National Coastal Policy) ▶ 553
국가해양관측망 ▶ 83, 96, 97, 98
국가해양국(State Ocean Administration, SOA) ▶ 561
국가해양위원회 ▶ 542, 549, 562, 581
국가해양정보시스템 ▶ 99
국가홍수보험프로그램(National Flood Insurance Program, NFIP) ▶ 509
국립수산과학원 ▶ 91, 92, 96, 322, 387, 450
국립해양박물관 ▶ 588
국립해양생물자원관 ▶ 179, 191, 323
국립해양조사원 ▶ 92, 96, 450
국민당 ▶ 285
국방과학연구소 ▶ 92
국방연구소 ▶ 362
국영석유회사(NOCs) ▶ 355
국제공동해저시추프로그램(IODP) ▶ 64, 66, 69, 70, 389
국제지구관측년(International Geophysical Year, IGY) ▶ 66
국제법위원회 ▶ 46
국제에너지기구(IEA) ▶ 291
국제적 해양탐사의 10년 ▶ 66
국제충돌예방규약 (COLREG) ▶ 641

국제크루즈 전용항 ▶ 587
국제학술연합(International Council of Scientific Union, ICSU) ▶ 65
국제해사기구 ▶ 256, 367
국제해사기구(IMO) ▶ 117, 183, 367, 466, 607, 640
국제해양과학협회(IAPSO) ▶ 65
국제해양물리학협회(IAPO) ▶ 65
국제해양법재판소 ▶ 4, 644
국제해양연구위원회(Scientific Committee on Ocean Research, SCOR) ▶ 66
국제해양지학ㆍ지구물리연합(International Union of Geodesy and Geophysics, IUGG) ▶ 65
국제해양탐구위원회 ▶ 78
국제해저기구(ISA) ▶ 267, 268, 275, 619, 644
국토교통부 ▶ 475
국토해양부 ▶ 367, 399, 476, 542, 550, 578, 579, 580, 581
군도수역제 ▶ 46
군산항 ▶ 587
군집생태학 ▶ 148
그로티우스 ▶ 46
그리드 패리티(grid parity) ▶ 294, 302
그린(Green) ODA ▶ 631
그린란드 ▶ 335, 423
그린카본(Green Carbon) ▶ 426, 427
극한 생물(xerophile) ▶ 318
극한성 균주 ▶ 316
글로마 챌린저호 ▶ 67, 68
금호석유화학 ▶ 399
기계염 ▶ 285, 286
기국주의(旗國主義) ▶ 46
기상청 ▶ 91, 92, 96, 514
기성 세균(aerobic bacteria) ▶ 121
기수역 ▶ 102, 151, 153, 161, 172, 203, 204, 214, 426, 498, 507
기압장(pressure field) ▶ 446
기후국(NCS) ▶ 548
기후변화 ▶ 20, 21, 22, 38, 42, 53, 74, 78, 79, 80, 81, 83, 88, 92, 100, 101, 175, 179, 189, 192, 204, 212, 218, 223, 224, 226, 232, 238, 252, 300, 323, 326, 329, 333, 382, 398, 413, 414, 417, 418, 419, 421, 425, 426, 428, 429, 431, 432, 433, 434, 435, 436, 437, 438, 440, 441, 445, 446, 449, 451, 455, 463, 464, 466, 468, 469, 470, 471, 472, 478, 479, 483, 486, 487, 488, 492, 494, 496, 497, 500, 501, 502, 505, 506, 507, 510, 517, 526, 530, 548, 552, 555, 557, 590, 595, 596, 620, 626, 629, 630, 631, 632, 636, 640, 643, 645, 654
기후변화 대응 종합기본계획 ▶ 468
기후변화에 관한 정부간 협의체(IPCC) ▶ 222, 418, 429, 463, 478
기후변화협약 ▶ 4, 138, 463, 464, 465, 468, 531, 620, 622, 631
기후온난화 ▶ 419, 442, 445, 511, 515
기후조절 기능 ▶ 21, 22
꼬막 ▶ 455

## ㄴ

나고야 의정서 ▶ 179, 186, 190, 580, 607, 623
나고야 협약 ▶ 40, 322
나미비아 ▶ 254
나시디 터비나타 ▶ 315
나이지리아 ▶ 270
난류성 어종 ▶ 453, 454, 455
난센 ▶ 63
난파물제거협약 ▶ 643
남극조약 ▶ 607
남극해양생물자원보존협약 ▶ 169, 243
남동지역해양플랜(The South East Regional Marine Plan) ▶ 553
남반구 진동(Southern Oscillation) ▶ 444
남지나해 분쟁 ▶ 562
남포 ▶ 651
낸시 ▶ 512
냉동법 ▶ 331
냉와류 ▶ 457
너울 ▶ 500, 502, 506, 514, 515, 559
너울성 파도 ▶ 514, 515
네오앤비즈 ▶ 400
네이처(Nature)지 ▶ 448, 478
넵튠 미네랄(Neptune Mineral) ▶ 264
노선(櫓船) ▶ 32
노틸러스(Nautilus Minerals)사 ▶ 264
노틸호 ▶ 94, 363, 364
녹색경제 ▶ 382, 625, 626, 646
녹색기후기금(GCF) ▶ 465, 466, 622, 623
농림수산식품부 ▶ 578, 579, 580
농어촌기본계획 ▶ 578
농어촌기본법 ▶ 578, 579
뉴턴 ▶ 59
니스테드(Nysted) 해상풍력 ▶ 311
니켈수소 전지 ▶ 281, 282
닐암스트롱 호 ▶ 365

## ㄷ

다금속성 코발트 크러스트 ▶ 255
다낭 ▶ 651
다단계 증발 방식(MSF) ▶ 331
다단계 효용 방식(MED) ▶ 331
단백질체학(Proteomics) ▶ 320
단파복사열 ▶ 417
대구 ▶ 109, 110, 453
대기기인(大氣起因) 오염 ▶ 111
대륙 표류·이동설(continental drift) ▶ 101
대륙붕 ▶ 46, 47, 49, 68, 94, 213, 234, 241, 243, 245, 251, 270, 271, 272, 274, 279, 363, 408, 539, 547, 561, 564, 583, 614, 638
대륙붕한계위원회(CLCS) ▶ 49, 619
대륙이동설 ▶ 20, 22, 64, 67, 68
대사체학(Metabolomics) ▶ 320
대산항 ▶ 587
대산호초 관리공원(The Great Barrier Reef Marine Park Authority, GBRMPA) ▶ 216
대서양 시대 ▶ 44
대수층(aquifers) ▶ 437
대우조선해양 ▶ 307, 357, 359, 369
대중 참여 원칙(the principle of public involvement) ▶ 212
대체비용 방법론(Cost-Based Method) ▶ 159
대체비용법 ▶ 159
대합조개 ▶ 29
데드 존(dead zone) ▶ 121, 122, 440
델라웨어 ▶ 408
델라웨어 주립대학 ▶ 598
도암만 ▶ 127
도쿄해양대 ▶ 597, 598
독도 ▶ 591
독도 종합해양과학기지 ▶ 91
독립적인 세계해양위원회(IWCO) ▶ 376
독성 해조류 ▶ 120
돈 월쉬 ▶ 19
돌제(突堤) ▶ 227
동경대 ▶ 408, 597
동력선(動力船) ▶ 32
동물성 플랑크톤 ▶ 31, 148, 442
동북아 물류중심국가 ▶ 586, 590
동아시아해양환경협력기구(PEMSEA) ▶ 215, 244, 620, 638, 647, 648
동아시아지역해조정기구(COBSEA) ▶ 634
동아시아해양회의(EAS) ▶ 650
동아시아해조정기구(Coordinating Body on the Seas of East Asia, COBSEA) ▶ 242
동일본 대지진 ▶ 512
동티모르 ▶ 651
동해-1 가스전 ▶ 272
동해가스전 ▶ 476
두산중공업 ▶ 305, 307, 331, 332
두성호 ▶ 81, 358
둥하이 대교 ▶ 304
드론 ▶ 404
드리프터 ▶ 85
드릴리그 ▶ 351
드릴쉽(drillship) ▶ 346, 347, 351, 356, 357, 358
득량만 ▶ 127
디트마 ▶ 63
딥서치(Deepsearch) ▶ 366
딥플라이트 챌린저호 ▶ 365
따개비 ▶ 61

## ㄹ

라니냐 ▶ 443, 444, 445
람사협약(Ramsar Convention) ▶ 116, 195, 196, 614, 654
랑스 조력발전소 ▶ 292
러시아 키슬라야 조력발전소 ▶ 292
런던 덤핑협약 ▶ 115
레질리언스(resilience) ▶ 164
레짐 이론(regime theory) ▶ 603
레짐(regime) ▶ 603, 605, 610, 611, 612
로드아일랜드 ▶ 510
로드아일랜드 주 ▶ 237
로드아일랜드대학 ▶ 408, 598
로마노프 해령 ▶ 564
로마클럽 보고서 ▶ 38, 137
로봇 ▶ 404
로사톰(Rosatom) ▶ 298
로스비파 ▶ 449
루사 ▶ 459, 512
루이지애나 ▶ 193
루쳐스 주립대학 ▶ 81
리버풀대학 ▶ 599
리우+20 ▶ 133, 626, 629, 631
리우선언 ▶ 140, 531
리우회의 ▶ 4, 52, 89, 137, 138, 142, 166, 207, 210, 523, 524, 529, 530, 534, 539, 552, 616, 618, 620, 621, 622
리차드 브랜슨 ▶ 365
리튬 ▶ 43, 281, 282, 283, 288, 392, 395, 399, 400
리튬이온 전지 ▶ 281, 282

## ㅁ

마그네슘 ▶ 30, 43, 280, 287, 288
마나도 ▶ 243
마나도 선언 ▶ 243, 638
마리나항만 개발에 관한 법 ▶ 588
마리아나 해구 ▶ 19, 366
마린디지텍 ▶ 392
마린바이오21 사업 ▶ 321, 392
마산만 ▶ 128
마산만 오염총량제 ▶ 587
마셜 군도 ▶ 48, 437
마셜제도 ▶ 258
마젤란 해역 ▶ 258
마우나 로아(Mauna Loa) 관측소 ▶ 420
마주로 환초 ▶ 437
마카사르 ▶ 565
마텍 ▶ 318
만리장성 ▶ 284
만재흘수선에 관한 국제협약(Load Lines Convention, 1966) ▶ 641
말미잘 ▶ 454
망간단괴 ▶ 20, 41, 63, 255, 256, 257, 258, 265, 274, 275, 276, 277, 279, 590
망간크러스트 ▶ 255, 258, 261
매미 ▶ 459, 512
매사추세츠 ▶ 510
매튜 머리 ▶ 62
맹골군도 ▶ 516
맹그로브 ▶ 151, 152, 203, 426, 427, 483, 504, 505, 518, 630, 632
머스크 ▶ 118, 345
먹이사슬 ▶ 149, 150, 151, 208, 434, 440, 530
메가플로트 ▶ 343, 368
메단 ▶ 565
메드베데프 ▶ 564
메릴랜드 주 ▶ 509
메인 ▶ 510
메탄 ▶ 418, 436
메탄하이드레이트 ▶ 24, 263, 546, 547
메테오르호(the Meteor)호 ▶ 63
멕시코만 원유 유출사고 ▶ 42
멸종위기에 처한 야생동식물종의 국제거래에 관한 협약 ▶ 195
멸치 ▶ 453
명령통제제도(command and control) ▶ 131
명태 ▶ 443, 453
모세의 방벽 ▶ 503

몬산토 ▶ 318
몬트리올 의정서 ▶ 116, 419
몰디브 ▶ 43, 370, 371, 437
몽골 ▶ 566
무산소증(anoxia) ▶ 120, 121
무생물설(Azoic theory) ▶ 70
무안 갯벌 ▶ 196
무어테라피(Moortheraphy) ▶ 339
무역풍 ▶ 415, 416, 443, 444, 445
무인도서의 보전 및 관리에 관한 법률 ▶ 136, 179, 587
무인자율잠수정(AUV) ▶ 94, 95, 360, 362
무인잠수정 ▶ 94, 95, 321, 360, 361, 364, 390, 392
문전 운송 ▶ 34
문화관광부 ▶ 578
문화적 서비스(cultural service) ▶ 155
물리해양학 ▶ 62
물벼룩 독성측정기기(NDI 100) ▶ 401
미 국립빙설데이터센터(NSIDC) ▶ 457
미국 국가해양위원회(The National Ocean Council) ▶ 237
미나미토리(南鳥) 섬 ▶ 265
미내로 ▶ 277
미래창조부 ▶ 475
미량원소(trace elements) ▶ 29
미르1,2호 ▶ 94, 363
미르호 ▶ 364
미세조류 ▶ 191, 317, 318, 319, 323, 324, 326, 398, 580
미크로네시아 ▶ 258
미해군조사실 ▶ 92
믹스식 최고온도계 ▶ 60
민사책임협약(CLC) ▶ 643
밀도 제한(density restriction) ▶ 509
밀란코비치 사이클(Milankovitch cycle) ▶ 417

## ㅂ

바누아투 ▶ 264, 437
바다숲 ▶ 457
바다숲 조성 사업 ▶ 456
바다의 물리지리학 ▶ 62
바베이도스 ▶ 640
바베이도스(Barbados) 컨퍼런스 ▶ 618
바스프 ▶ 318
바위 기름 ▶ 269
바이오 디스플레이 ▶ 40
바이오 에탄올 ▶ 40, 314, 323
바이오 화장품 ▶ 40, 314
바이오디젤 ▶ 317, 318, 319, 324, 325, 327, 328, 398, 402
바이오매스 ▶ 120, 152, 267, 291, 323, 324, 580

바이오부탄올 ▶ 398
바이오센서 ▶ 314
바이오에너지 의무사용비율(RFS) ▶ 398
바이오에탄올 ▶ 324, 398, 399, 402
바이오테크마린(BiotecMarin) ▶ 317
바이오플라스틱 ▶ 316, 318, 322
바이올시스템즈 ▶ 398, 399
바젤협약 ▶ 116
바탕가스(Batangaas) ▶ 651
바티스카프 호 ▶ 363, 364
바하마 ▶ 370
반기문 ▶ 631
반폐쇄해 ▶ 125, 127, 236
발광박테리아 ▶ 401
발리 ▶ 651
발리 행동계획(Bali Plan of Action) ▶ 645
발전제어관리시스템 ▶ 392
발틱해 ▶ 244, 554
방사열 수지(radiation budget) ▶ 417
방수림 ▶ 504
방재지구 ▶ 517, 518
방제적 조치 원칙(principle of preventive action) ▶ 212
방파제 ▶ 227, 228, 437, 438, 460, 502, 503, 514
배출권 거래제 ▶ 131, 464, 643
배타적경제수역(EEZ) ▶ 47, 48, 51, 79, 251, 256, 258, 545, 547, 558, 560,
백련어(白鰱魚, silver carp) ▶ 28
백화병 ▶ 441
백화현상 ▶ 441, 455, 456
버진 그룹 ▶ 365
범선(帆船) ▶ 32
법정 실행계획(legal action plan) ▶ 593
베그너 ▶ 20, 68
베니스 ▶ 44, 45, 503
변상경 ▶ 389
보상을 받아들이고자 하는 의지(Willingness to Accept, WTA) ▶ 159
보하이만 ▶ 119
보호 연안해역 ▶ 221
보홀 주 ▶ 399
복사열 ▶ 418
복원력(resilience) ▶ 496, 509, 526, 571
볼라벤 ▶ 459
봉합실 ▶ 317
부경대 ▶ 398
부산 연안 ▶ 128
부산신항 ▶ 586, 590

부수어획(Bycatch) ▶ 556
부영양화 ▶ 107, 122, 124, 129, 652
부유식 인공섬 ▶ 437
부유식 해상 구조물 ▶ 437
부유식 화력발전소(BMPP, Barge Mounted Power Plant) ▶ 369
부이 ▶ 66, 77, 83, 85, 88, 97
북경 선언 ▶ 114, 637
북극 감시 및 평가 프로그램(AMAP) ▶ 436
북극 선언 ▶ 608
북극 수염고래 ▶ 29
북극과학위원회 ▶ 436
북극위원회(The Artic Council) ▶ 605
북극진동(Arctic Oscillation) ▶ 457
북극해 ▶ 41, 48, 63, 245, 270, 316, 408, 435, 457, 560, 564
북극해 탐사 ▶ 63
북극해 항로 ▶ 564
북서태평양보전실천계획(NOWPAP) ▶ 242, 634, 648, 652, 653
북태평양 공동조사(NORPAC) ▶ 66
북태평양해양과학기구 ▶ 653
불법어업(IUU) ▶ 551
붉은 바다성게 ▶ 29
붕소 ▶ 288
뷰포트 척도(Beaufort scale) ▶ 447
브롬 ▶ 30, 43, 267, 280, 287
브룬트란트 보고서(Bruntland Report) ▶ 138
블라디보스토크 ▶ 566
블랙스모커 ▶ 259, 261, 316
블루 골드(Blue Gold) ▶ 329
블루 바이오테크놀로지 ▶ 316
블루이코노미 ▶ 378
블루카본 ▶ 426, 427
블루카본 싱크(Blue Carbon Sink) ▶ 426
비공식 자문절차(ICP) ▶ 620
비글호(The Beagle) ▶ 61, 64
비배제성(non-excludability) ▶ 154
비법정 실행계획 ▶ 593
비사용가치(non-use value) ▶ 156, 157, 160
비시장 기법(non-market evaluation methods) ▶ 158
비의무대상국(Annex II) ▶ 468
비점오염원 ▶ 113, 114, 125, 135
빅데이터 ▶ 404
빙하 해빙(ice sheet loss) ▶ 436
빙하기(glacial periods) ▶ 417, 421
쁘라삐룬 ▶ 512

# ㅅ

사라 ▸ 459
사라고사 조약 ▸ 45
사막화방지협약 ▸ 622
사용가치(use value) ▸ 156, 157, 160
사우스캐롤라이나 ▸ 510
사이클론 ▸ 416, 448
사전예방적 원칙(the precautionary principle) ▸ 212
사주섬(barrier islands) ▸ 228
사치재 ▸ 130
사파이어 에너지 ▸ 318
사하라 포레스트 프로젝트 ▸ 334
사회적-생태적 동반시스템 ▸ 172
산소결핍증 ▸ 589
산업통상자원부 ▸ 475
산업혁명 ▸ 419, 420
산호섬 ▸ 61
산호식물(micro coralline algea) ▸ 441
산호초 ▸ 86, 150, 151, 152, 153, 180, 203, 204, 315, 426, 427, 428, 432, 433, 434, 441, 442, 497, 505, 630, 636, 645, 651
산호초 삼각지대(Coral Triangle) ▸ 434
산화 가능 카본(oxidizable carbon) ▸ 436
산화물선(bulk carrier) ▸ 32, 33
살라리아 가도(via Salaria) ▸ 284
삼성중공업 ▸ 305, 307, 357, 359
삼호그린인베스트먼트 ▸ 399
상속가치(bequest value) ▸ 109, 156
상하이 박람회장 ▸ 304
상한거래제 ▸ 131
상호연계성(interconnectedness) ▸ 165
새만금 ▸ 83, 132, 133, 198, 576
새천년 선언문(Millenium Declaration) ▸ 637
새천년개발목표(MDGs) ▸ 615, 626
새천년생태계 평가 ▸ 153, 155
새천년생태계 평가보고서 ▸ 163, 166
샌드트랩(sand trap) ▸ 226
샌디에이고 ▸ 238
생명자원의 확보·관리 및 이용 등에 관한 법률 ▸ 136, 179, 580
생물권보전지역(Biosphere Reserve) ▸ 639
생물다양성(biodiversity) ▸ 163, 164, 167, 168, 170, 186, 187, 189, 190, 191, 204, 214, 218, 314, 323, 426, 497, 498, 505, 530, 532, 546, 557, 615, 620, 621, 623, 624, 629, 630, 636, 637, 646, 653, 654
생물다양성협약 ▸ 4, 40, 138, 142, 164, 179, 180, 186, 189, 321, 322, 463, 580, 607, 620, 622, 623, 652
생물정보학(Bioinfomatics) ▸ 320
생물주권 ▸ 40
생물학적 탄소 펌프(biological carbon pump) 421, 426
생산기술연구원 ▸ 362
생지화학적 과정(biogeochemical process) ▸ 530
생지화학적 사이클 ▸ 526
생태 세금(ecological tax) ▸ 131
생태계 서비스 ▸ 136, 137, 153, 174, 177, 178, 188, 203, 487, 492, 551, 591, 630, 653
생태계 접근법(ecosystem approach) ▸ 140, 243
생태계기반관리(EBM) ▸ 132, 137, 142, 166, 167, 170, 171, 172, 175, 176, 177, 178, 234, 235, 238, 239, 240, 245, 487, 572, 612, 625, 645, 652
생태계생태학 ▸ 148
생태관(ecological lens) ▸ 131
생태적 완충지대 ▸ 226
생태적 접근법(ecosystem approach) ▸ 142, 168, 616, 646
샤먼(Xiamen) ▸ 651
서울 선언문(Seoul Declaration) ▸ 645
서울대 ▸ 91, 362
서해 페리호 사건 ▸ 576
석호 ▸ 503
석회조류 ▸ 456, 457
선박 배출가스 규제지역 ▸ 119
선박기금 ▸ 586
선박안전에 관한 규칙(ISM Code) ▸ 641
선박안전에 관한 협약(SOLAS) ▸ 641
선박제어시스템 ▸ 392
선박제조연비지수 ▸ 118
선박평형수 협약 ▸ 117
선박평형수(밸러스트) 사업 ▸ 382
선박효율관리계획(Ship Efficiency Management Plan) ▸ 467
선원의 교육 훈련 및 자격기준을 정한 협약(STCW) ▸ 641
성장의 한계(Limits of Growth) ▸ 137
세계 문화 및 자연 유산의 보호에 관한 협약 ▸ 195
세계기상기구(WMO) ▸ 74, 75, 79, 87, 419, 463, 612
세계에너지기구(IEA) ▸ 472
세계자연보존연맹(IUCN) ▸ 180, 646
세계자연보호기금 ▸ 646
세계해양대순환실험(WOCE) ▸ 74
세계해양생태계프로그램(IPSO) ▸ 432
세계해양컨퍼런스 ▸ 243, 638
세계해양학자료센터(WODC) ▸ 66
세월호 사건 ▸ 516

센카쿠 열도 ▶ 288, 547
센카쿠 열도 분쟁 ▶ 266, 561
셀든 ▶ 46
셰브론 ▶ 349
셰일가스 ▶ 252, 262, 270
소금길 ▶ 284
소금 전매제 ▶ 284, 285
소금산업진흥법 ▶ 285
소도서국가 개발 ▶ 631
소득효과 ▶ 130
소롱 ▶ 565
소형표층어류(SPF) ▶ 443
손실의 확률(probability of a loss) ▶ 489
솔라와(Solawa) 1광구 ▶ 264
솔라자임 ▶ 318
솔로몬군도 ▶ 651
솔릭스 ▶ 318
쇄국정책 ▶ 44
쇼트래커 볼락 ▶ 29
수라바야 ▶ 565
수로(hydrography) ▶ 243, 637
수로국 ▶ 96, 575
수마트라 ▶ 565
수산물의 남북 교류 ▶ 587
수산생명자원법 ▶ 580
수산시험장 ▶ 96
수산어촌계획 ▶ 578
수산업법 ▶ 580
수에즈 운하 ▶ 33
수온/유기수은분석기기(NOMA 1000) ▶ 401
수자원 구역 설치계획(Making Space for Water, Defra, 2005) ▶ 507
수중 글라이더 ▶ 85
수중 항만공사용 로봇 ▶ 362
수중데이터 다중 송수신네트워크 ▶ 392
수중무선통신시스템 ▶ 392
수중음향장비(echo sounder) ▶ 64
수직 지각 운동 ▶ 61
수질환경 모니터링 로봇물고기 ▶ 362
순응적 거버넌스 ▶ 571
순응적 관리 ▶ 140
순천 해룡산단 ▶ 287
순천만 갯벌 ▶ 196
슈미트 ▶ 366
슈퍼태풍 ▶ 416, 447, 448, 449, 459, 511, 512
스베드럽 ▶ 63
스엔1호(實驗1호) ▶ 365

스웰(swell) ▶ 446
스코틀랜드 ▶ 506
스크랜턴위원회 ▶ 538, 548
스크립스(Scripps) 해양연구소 ▶ 81, 408
스톡홀름 유엔 인간환경회의 ▶ 186
스톡홀름회의 ▶ 529
스톰웰 ▶ 66
스트레스 감소 지표(stress reduction indicator) ▶ 217
습지보전법 ▶ 136, 179, 183, 185, 580, 587
습지보호법 ▶ 196
시민적 과학(civic science) ▶ 536
시아노박테리움 ▶ 187
시아투크빌 ▶ 651
시워터 그린하우스(Seawater Greenhouse) ▶ 334
시장가치(market evaluation) ▶ 158
시장기반적 규제(Market Based Measures, MBM) ▶ 643
시장유인제도(market based instruction) ▶ 131
시장조건부 가치평가법(CVM, Contingent Valuation Method) ▶ 158
시쿨리아크 호 ▶ 365
시화 조력발전소 ▶ 54, 294, 296
시화호 ▶ 122, 132, 296, 297, 402, 576, 651
식물성 플랑크톤 ▶ 23, 121, 148, 187, 313, 419, 421, 427, 444, 445, 456, 477, 478, 479
신세틱지노믹스 ▶ 318
신안증도 갯벌 ▶ 196
신재생에너지 ▶ 39, 252, 291, 294, 295, 296, 302, 306, 361, 375, 380, 395, 409, 479
신카이 6500 ▶ 363, 364
실크로드 ▶ 32, 44
실행계획(AP) ▶ 593, 594, 596
심바스텔라 후페리 ▶ 315
심층 해류순환 ▶ 73
심층류 대순환 ▶ 66
심해 굴착 프로젝트 ▶ 67
심해 열수구 ▶ 68
심해 유인잠수정 ▶ 70, 72, 94, 364
심해원유 ▶ 270
심해유전 ▶ 42, 351
쓰나미(tsunami) ▶ 51, 61, 81, 446, 483, 484, 485, 488, 512, 514, 640
쓰시마 난류 ▶ 450
씨그래스 ▶ 203, 426, 427
씨그랜트 사업 ▶ 388, 405, 548
씨그랜트 프로그램 ▶ 406
씨그랜트사업단 ▶ 406
씨프린스호 기름 유출 사건 ▶ 132, 576

## ㅇ

아라온호 ▶ 93
아사히 맥주 ▶ 336
아이다 ▶ 512
아토피 ▶ 314, 337, 339
안데스 산맥 ▶ 61
알긴산 ▶ 314
알다부라자이언트 거북 ▶ 29
알래스카 ▶ 263
알래스카대 ▶ 365
알류샨 해구 ▶ 258
알파-리놀렌산 ▶ 29
알프레드 마한 ▶ 45
앙골라 ▶ 270
앨빈 1호 ▶ 364
앨빈 2호 ▶ 363
앨빈 토플러 ▶ 36
앨빈호 ▶ 70, 71, 94, 335, 363
앵글로골드 아샨티(AngloGold Ashanti) ▶ 266
약탈적인 자원 이용 ▶ 571
양빈 ▶ 232, 497, 498, 503, 510
어식국가 ▶ 143
어업인의 날 ▶ 579
어젠다21 ▶ 21, 138, 523, 530, 531
어족자원협약(Common Fishery Policy, CFP) ▶ 556
어촌 체험관광 ▶ 587, 588
에너지효율 설계지수(EEDI: Energy Efficiency Design index) ▶ 466
에너지효율 운항지수(EEOI: Energy Efficiency Operational Indicator) ▶ 467
에드워드 포브스 ▶ 70
에밀 렌즈 ▶ 60
에코-라벨(eco-label) ▶142, 168
에코쉽(eco-ship) ▶ 119, 343, 643
에클로탄닌 ▶ 314
엑슨 모빌 ▶ 318
엘니뇨 ▶ 74, 79, 88, 443, 444, 445
엘리너 오스트롬 ▶ 36
여수 가막만 ▶ 122
여수 선언문 ▶ 631
여수엑스포 ▶ 579, 588, 631
여행비용법 ▶ 159
여행비용을 평가하는 기법(Travel Method) ▶ 158
역삼투압(RO) 방식 ▶ 331, 334
역삼투압법 ▶ 332
연방재난관리청(FEMA) ▶ 508
연방해양정책위원회(US COP) ▶ 548
연성공법(eco-friendly soft-engineering) ▶ 228, 503
연성법(soft law) ▶ 606, 608, 615
연안 기능구 제도 ▶ 219
연안 보호(coastal protection) ▶ 507
연안 생태관광 ▶ 588
연안 양빈 ▶ 510
연안 용도해역 ▶ 221
연안 침수 ▶ 222, 230, 518
연안 침식 ▶ 209, 222, 223, 224, 226, 228, 230, 435, 436, 437, 438, 483, 485, 486, 491, 501, 502, 510, 517, 518, 590
연안건설제어선(CCCL) ▶ 229
연안관리계획 ▶ 587
연안관리법 ▶ 136, 203, 208, 214, 217, 219, 220, 221, 232, 502, 516, 518, 573
연안기능구 ▶ 589
연안보완계획(Coastal Supplement to PPG25(DCLG 2010)) ▶ 507
연안생태계 ▶ 21, 107, 121, 160, 203, 551
연안습지 ▶ 185, 194, 195, 220, 517
연안습지보호지역 ▶ 196
연안오염 총량관리제 ▶ 109, 128, 133, 135
연안재해 ▶ 82, 99, 204, 212, 451, 470, 483, 485, 492, 496, 498, 502, 508, 509, 517, 518, 519, 548, 559, 560
연안취약지역 평가(Coastal Vulnerability Assessment)법 ▶ 222
연안침식 관리구역 ▶ 222
연안해역 적성평가 ▶ 219
연직관측용뜰개 ▶ 85
연직대순환 ▶ 61
열교환 시스템 ▶ 416
열수 광화 용액(mineralised water) ▶ 258
열수광상 ▶ 71, 252, 254, 255, 259, 260, 261, 262, 263, 264, 265, 266, 267, 273, 277, 278, 316, 326, 327, 363, 364, 395
열수분출공 ▶ 70, 71
열염분 컨베이어벨트(thermohaline conveyor belt) ▶ 20, 73, 74, 74, 442
염생습지 ▶ 152, 161, 426
염수층 ▶ 437
염업법 ▶ 285
염화마그네슘 ▶ 286
염화할로겐탄소 ▶ 418
영구빙(permafrost) ▶ 436
영국왕립학회(The Royal Society) ▶ 60, 63
영양염 ▶ 477, 478

영양염류 ▶ 120, 127, 335, 635
영해 ▶ 46, 47, 49, 115, 213, 220, 234, 239, 240, 251, 260, 264, 274, 523, 529, 530, 545, 547, 563, 637
예방적 접근법(precautionary approach) ▶ 136, 140, 616, 646
오레곤 ▶ 213, 510
오레곤 주립대학 ▶ 81
오렌지 라피 ▶ 29
오메가3 지방산(DHA-EPA) ▶ 26
오믹스(Omics) ▶ 320
오바마 ▶ 318, 549
오분자기 ▶ 455
오염 방지 협약 ▶ 532
오염 총량관리 ▶ 135
오염자 부담 원칙(polluters pay principle) ▶ 136, 212, 616
오염총량관리제 ▶ 128
오일메이저(IOCs) ▶ 355
오일쇼크 ▶ 38
오존층 ▶ 116, 418
오징어 ▶ 453
오크니(Orkney) 섬 ▶ 293
오호츠크 해 ▶ 263
온난화 가스(greenhouse gas) ▶ 436
온누리호 ▶ 365
온실가스 ▶ 118, 328, 416, 417, 418, 420, 421, 430, 435, 436, 438, 439, 449, 464, 465, 466, 467, 468, 469, 472, 473, 622, 642, 643
온실효과 ▶ 262, 417, 418
와티 오레오 ▶ 29
와편모조류 ▶ 120
완도 ▶ 127
완도조력 ▶ 294
완충지대(buffer zone) ▶ 486, 504
완화정책(Mitigation Policy) ▶ 469
왕돌초 ▶ 335
왕립지리학회 ▶ 62
외부 효과(externalities) ▶ 609
요소소득법(Factor Income) ▶ 59
요코하마대학 ▶ 408, 597
욘델리스 ▶ 315
용도구역제(Zoning System) ▶ 212
용도지역제 ▶ 509
용도해역제 ▶ 219, 404
용승(upwelling) ▶ 121, 127, 335, 442, 443, 444, 478
용해도 탄소펌프(solubility carbon pump) ▶ 421, 423
용해된 무기탄소(dissolved inorganic carbon, DIC) ▶ 427
우라늄 ▶ 21, 30, 43, 253, 287, 288

우라시마Ⅱ ▶ 362
우뭇가사리 ▶ 24, 314, 323, 327
우월종(dominant species) ▶ 163
우즈홀(Woods Hole) 해양연구소 ▶ 81, 259, 335, 408
운동 법칙(law of motion) ▶ 59
운용해양시스템 ▶ 81, 82, 99
운용해양학 ▶ 77, 87, 97
울돌목조류 ▶ 294
울릉분지 ▶ 476
울산 연안 ▶ 128
워싱턴 주립대학 ▶ 598
워터비스 ▶ 338
원격제어 무인잠수정(ROV) ▶ 94, 360, 361, 364, 365
원격탐사 ▶ 82, 85
월경성 대중분석(Transboundary Diagnostic Analysis) ▶ 244
월터 롤리(Walter Raleigh) ▶ 54
웰빙산업 ▶ 131, 588
위그선 ▶ 367, 402
윙쉽테크놀러지 ▶ 367
유글레나 ▶ 318
유기탄소 미립자(Particulate Organic Carbon) ▶ 478
유니레버 ▶ 318
유니슨 ▶ 307
유독성해파리 ▶ 122
유럽행동프로그램(European Action Programmes, EAPs) ▶ 555
유레테라(Elethera) ▶ 370
유류 오염 ▶ 123, 573, 575, 578, 636
유류 오염 대비, 대응 및 협력에 관한 협약 ▶ 117
유류오염방지협약(OILPOL) ▶ 115
유류오염손해배상기금협약(IOPC FUND) ▶ 643
유보광구 ▶ 275
유엔어족자원협정(FSA) ▶ 615, 619
유엔특별기금(UNSF) ▶ 637
유엔해양법 ▶ 236, 408
유엔해양법재판소(ITLOS) ▶ 619
유엔해양법협약(UNCLOS) ▶ 46, 47, 108, 243, 251, 256, 389, 477, 523, 528, 607, 611, 614, 615, 616, 621, 624
유엔환경계획(UNEP) ▶ 113, 189, 439, 463, 626, 635, 647, 652
유엔환경회의 ▶ 211, 236, 528, 530, 534, 647
유인잠수정 ▶ 19, 70, 72, 94, 335, 363, 364, 389, 390
유전자 풀(gene pool) ▶ 187
유전적 다양성(genetic diversity) ▶ 187
유전체학(Genomics) ▶ 320
유해 방오 도료 규제협약 ▶ 117

육상기인 오염 ▶ 111, 113, 116, 122, 125, 126, 135, 532, 587, 589, 610, 617, 618, 624, 635, 636
육상풍력 ▶ 301, 303, 305, 307, 308, 310
윤진숙 ▶ 166, 185
은하3호 ▶ 362
음이온 ▶ 339, 340
의무부담의 원칙 ▶ 463
이동성 야생동물종 보전 협약 ▶ 195
이명박 ▶ 578
이사부호 ▶ 365
이산화탄소 저장력 ▶ 424
이산화탄소의 포집 및 저장 통합시스템 ▶ 472
이심이 ▶ 364
이안제(離岸堤) ▶ 227
이어도 ▶ 50, 83, 90, 97, 274, 591
이어도 종합해양과학기지 ▶ 91
이용 연안해역 ▶ 221
이타 해저 레스토랑(Ithaa Underwater Restaurant) ▶ 371
인공지능(AI) ▶ 404
인공해안 ▶ 222
인광석 ▶ 280
인도-오스트렐리아판 ▶ 261
인도네시아 해일 ▶ 504
인도양 항로 ▶ 44
인류공동유산의 원칙(the common heritage of humankind principle) ▶616
인산노듈(phosphorite nodule) ▶ 63
인산염암 ▶ 279, 280
인천만조력 ▶ 294
일반재난 ▶ 516

## ㅈ

자리돔 ▶ 454
자연재해대책법 ▶ 516, 518
자연적인 변이 ▶ 187
자연해안 ▶ 221, 222, 229, 230, 517, 589
자연해안 관리목표제 ▶ 219, 222, 589
자염법(煮鹽法) ▶ 286
자오룽 ▶ 94, 363, 364
자오룽호 ▶ 364
자유해 원칙 ▶ 47
자율적 어족자원 관리 ▶ 169
자이언트 클램(jaint clams) ▶ 71
자주개발률 ▶ 253, 388
자카르타 ▶ 437, 438, 503, 565
자카르타 결의안 ▶ 624
자쿠치(Jacuzzi, 물치료 시설) ▶ 370

자크 아탈리 ▶ 36
잠수로봇 ▶ 94, 360
장강 삼각주 ▶ 119
장파 방출(long-wave radiation) ▶ 417
재난 및 안전관리기본법 ▶ 516
재난관리법 ▶ 486, 510
재해영향평가 ▶ 518
쟈크 피카르 ▶ 19
저산소증(hypoxia) ▶ 121, 440
저생(底生) 미세조류 ▶ 191
적도 태평양 공동조사(EQUAPAC) ▶ 66
적응정책(Adaptation Policy) ▶ 469, 470
적자생존(natural selection) ▶ 61
적조 ▶ 81, 82, 107, 109, 111, 114, 120, 121, 126, 127, 128, 132, 133, 143, 151, 188, 192, 217, 314, 445, 453, 458, 485, 486, 510, 515, 554, 576, 589
전 세계 해난구조 및 안전제도(GMDSS) ▶ 641
전지구관측시스템(GEOSS) ▶ 77
전지구기후관측시스템(GCOS) ▶ 75
전지구해양관측시스템(GOOS) ▶ 75, 76, 78, 87, 245, 524, 612, 614
전국 해양기능구 개발계획 ▶ 563
전기투석법 ▶ 331
전략광물 ▶ 253, 264
전략금속 ▶ 41, 275
전략적 환경평가제(Strategic Environmental Assessment, SEA) ▶ 555
전자기파 방사선(electromagnetic radiation) ▶ 89
점오염원 ▶ 113, 114
접속수역 ▶ 46, 251, 530
정보통신부 ▶ 581
정보통신위원회 ▶ 581
정부간해양위원회(IOC) ▶ 65, 66, 74, 75, 87, 234, 607, 612, 637, 639, 653
정부 부처 수준의 해양위원회(Cabinet-level Committee on Ocean Policy) ▶ 549
정제염 ▶ 285, 286
제1차 해양법 회의 ▶ 46
제1차 해양생명공학육성기본계획 ▶ 321
제1차 해양수산발전계획(2001-2010) ▶ 134
제2차 해양수산발전계획(2011-2020) ▶ 134
제3차 산업혁명 ▶ 403
제4차 산업혁명 ▶ 403
제4차 해양환경종합계획(2011-2020) ▶ 134
제임스 Ⅰ세 ▶ 46
제임스 Ⅱ세 ▶ 60
제임스 러브록 ▶ 147

제임스 로스 ▶ 60
제임스 카메론 ▶ 19, 366
제임스 쿡 ▶ 60
제주 월정 해상풍력 ▶ 310
제트기류 ▶ 415, 416, 449, 457
조간대 습지(tidal wetlands) ▶ 203
조기경보시스템 ▶ 494, 500
조네 호 ▶ 365
조력발전 ▶ 292, 295, 296, 381
조류발전 ▶ 296, 297, 381
조절적 서비스(regulating service) ▶ 155
조지 데콘 ▶ 64
조코 위도도 ▶ 565
존스톤제도(미국령) ▶ 258
종 다양성 ▶ 20, 40, 163, 164, 165, 171, 440, 454, 627
종의 기원 ▶ 61
종합해양과학기지 ▶ 83, 90, 98
주강 삼각주 ▶ 119
죽염 ▶ 286
준옵션 가치(quasi-option value) ▶ 157
중국 공산당 ▶ 285
중국 지앙시아발전소 ▶ 292
중국 해양 어젠다 21(China's Ocean Agenda 21) ▶ 560
중국해양경찰국(China Coast Guard) ▶ 562
중국해양대학 ▶ 408, 598
중수 ▶ 43
중앙해령 ▶ 101, 274, 279
중탄산염($HCO_3^-$) ▶ 438, 440
증발법 ▶ 332
증발식 ▶ 334
지구 해양행동정상회의 ▶ 557
지구온난화 ▶ 20, 262, 263, 325, 333, 417, 418, 419, 423, 425, 428, 429, 430, 432, 433, 436, 441, 443, 447, 448, 454, 455, 457, 464, 483
지구정책연구소(Earth Policy Institute, EPI) ▶ 27
지구환경기금 ▶ 235, 244, 637, 638, 647
지놈뱅크(Genome bank) ▶ 318
지면 효과익선(Wing In Ground effect ship) ▶ 367
지불의사(Willingness to Pay, WTP) ▶ 159
지속가능개발위원회(CSD, Commission on Sustainable Development) ▶ 616
지속가능한 개발(SD) ▶ 52, 136, 137, 138, 139, 140, 141, 142, 149, 164, 165, 166, 209, 214, 218, 524, 532, 534, 555, 587, 608, 615, 616, 620, 621, 624, 626, 633, 638
지역 해양계획(RMPs) ▶ 553

지역 협약(regional conventions) ▶ 607
지역별 목장화 사업 ▶ 587
지역해 프로그램(RSP) ▶ 113, 207, 219, 241, 242, 245, 524, 532, 607, 608, 614, 634, 635, 636
지원 모선 ▶ 72
지원적 서비스(supporting service) ▶ 155
지중해행동프로그램(Mediterranean Action Plan) ▶ 208
지진 ▶ 81, 101, 446, 484, 485, 486, 492, 510, 512, 513, 514
지진 기인 파도 ▶ 446
지진해일 ▶ 90, 91, 388, 504
지질해양학(geological oceanography) ▶ 100
지큐호 ▶ 69, 70
진시황 ▶ 284
진해만 ▶ 109, 110, 122
진화생태학 ▶ 148
집단가치법 ▶ 159

## ㅊ

착탄거리설(着彈距離說) ▶ 46
찰스 다윈 ▶ 61
참다랑어 ▶ 455
참치 ▶ 453, 455
창원대 ▶ 362
채광 코드(Mining Code) ▶ 267
채광로봇 ▶ 277
챌린저 딥(Challenger Deep) ▶ 19, 366
챌린저호 ▶ 62, 256
천안함 사태 ▶ 362, 385
천일염 철분 시비(施肥) 282, 285, 286
철분 비옥화(Ocean Iron Fertilization, OIF) ▶ 478
철분 시비(施肥) ▶ 478
청도해양대학 ▶ 408, 598
청색 성장(Blue Growth) ▶ 379
청색경제 ▶ 380
청정개발체제(CDM: Clean Development Mechanism) ▶ 464
청조 ▶ 121, 127, 589
체사피크만 프로그램(Chesapeake Bay Programme) ▶ 216
총인(TP) ▶ 125
총질소(TN) ▶ 125
총합 운송사(Through Transport Operator) ▶ 34
최대지속가능한 생산량(Maximum Sustainable Yield, MSY) ▶ 556
춘부리 ▶ 651
추가기금협약(Supplementary Fund) ▶ 643
충남 천수만 ▶ 122
충선왕 ▶ 285

친수공간 ▶ 232, 590
침수예상도 ▶ 518
침수흔적도 ▶ 518
침식관리구역 ▶ 223

## ㅋ

카네기(1909–1920)호 ▶ 63
카라긴산 ▶ 314
카리브해 ▶ 237
카메룬 ▶ 270
카본 싱크(Carbon Sink) ▶ 426
칸쿤 합의 ▶ 464, 465
칼슘카보네이트 ▶ 425
커쉐호 ▶ 365
컨테이너선 ▶ 33
케이프 혼 ▶ 32
케플러 ▶ 59
켈트인 ▶ 284
켈프 숲(kelp forests) ▶ 203
코리올리 효과(Coriolis effect) ▶ 415
코발트 ▶ 24, 30, 252, 254, 256, 257, 258, 275, 288
코클로디니움 ▶ 120, 127
콩고 ▶ 270
쿠로시오 ▶ 66, 74, 82, 292, 415, 450
크레타 ▶ 32
크루센스턴 ▶ 60
크루즈 ▶ 409, 591
크루즈선 ▶ 33
클라리온–클리퍼톤 해역 ▶ 41, 275
클로로필 ▶ 88, 90, 124
키 라르고(Key Largo) ▶ 370
키리바시 ▶ 48, 227, 501

## ㅌ

타깃 그룹 ▶ 572
타이타닉 호 ▶ 363
탄산염(carbonic acid) ▶ 440
탄산염이온($CO_3^{2-}$) ▶ 440
탄산칼슘($CaCO_3$) ▶ 440, 441, 455, 456
탄소 수출(carbon export) ▶ 421
탄소세 ▶ 643
탄소순환 ▶ 422
탐보라 화산 ▶ 479
태안 기름 유출 사건 ▶ 123, 143
태양중공업 ▶ 399
태풍 ▶ 82, 83, 90, 204, 223, 310, 415, 416, 424, 431, 445, 446, 447, 448, 459, 483, 484, 485, 486, 487, 500, 501, 502, 510, 512, 514, 519
텍사스 ▶ 510
토네이도 ▶ 484
토르데시야스 조약 ▶ 45
토지의 분할화(clustered divisions) ▶ 509
톤세 ▶ 586
톰슨 경 ▶ 63
통가 ▶ 264
통영 북신만 ▶ 122
통합연안관리(ICM) ▶ 179, 207, 208, 212, 216, 217, 218, 241, 487, 497, 524, 532, 535, 552, 559, 589, 614, 648, 651
통합연안해양관리(IOCM) ▶ 620, 631
통합해양관리(integrated ocean management) ▶ 616
통합해양정책(integrated ocean policy) ▶ 533, 538, 575
통항세(tolls) ▶ 45
튜브형 벌레(tubeworms) ▶ 71
트라이튼 36,000 ▶ 366
트라이튼 서브머린사 ▶ 366
트리에스테 ▶ 19
트리에스테 2호 ▶ 364
특별 민감해역 ▶ 642
특별관리 지역제(Special Management Area) ▶ 510
특별관리해역 ▶ 127, 128, 129, 135
특별보존구역(Special Areas of Conservation, SACs) ▶ 555
특별보호구역(Special Protection Areas, SPAs) ▶ 555
특수 연안해역 ▶ 221
팁 ▶ 512

## ㅍ

파괴적 붕괴 ▶ 569
파나마 운하 ▶ 33
파랑돔 ▶ 454
파력발전 ▶ 293, 294, 296
파르마마르(PharmaMar) ▶ 315
파리 기후변화 당사국회의 ▶ 465
파리협정서(Paris Agreement) ▶ 465, 622
파푸아 ▶ 565
파푸아뉴기니 ▶ 264, 268, 277, 278, 651
판구조론 ▶ 67
팔라우 ▶ 258, 399
팡고테라피 ▶ 339
펀디만 조력발전소 ▶ 292
페니키아 ▶ 32
펠라미스 파력 컨버터(Pelamis Wave Energy Converter) ▶ 294
편서풍 ▶ 310, 415
평균고조선(mean high tide) ▶ 213

평균저조선(mean low tide) ▶ 213
평택항 ▶ 587
폐쇄해 ▶ 47, 236
폐쇄해론(Mare Clausum) ▶ 46
포브스 ▶ 63
포세이돈 해중리조트 ▶ 370
포스코 ▶ 283, 392
포스텍기술투자 ▶ 399
포트 클랑 ▶ 651
폭풍 해일(storm surge) ▶ 483, 485
폴 케네디 ▶ 36
표층 해류 ▶ 73, 415
표층뜰개 ▶ 85
표층수 ▶ 124, 335, 336, 424
푸트라자야 선언(Putrajaya Declaration) ▶ 648
퓨어테크피엔티 ▶ 399
프램(the Fram)호 ▶ 63
프레드훼리야드호 ▶ 61
프레온가스 ▶ 418
프린시피아(Principia) ▶ 59
플레이트 판구조(plate tectonics) ▶ 101
피조개 ▶ 455
피지 ▶ 43, 274, 370
피카르 ▶ 363

## ㅎ

하이브리드 방식 ▶ 332
하이브리드 차 ▶ 281
하이양6호(海洋6호) ▶ 365
하이옌 ▶ 511, 512
하이커우 선언(the 2006 Haikou Partnership Agreement) ▶ 649
하인리히 법칙 ▶ 516
한·중·일 어업협정 ▶ 587
한계생산 추계법 ▶ 159
한국가스공사 ▶ 354
한국기초과학연구원 ▶ 283
한국남부발전 ▶ 369
한국석유공사 ▶ 354
한국어촌어항협회 ▶ 123
한국지질연구원 ▶ 392
한국지질자원연구원(KIGAM) ▶ 276, 399, 400
한국해상풍력(주) ▶ 308
한국해양과학기술원(KIOST) ▶ 91, 92, 99, 276, 325, 327, 337, 387, 398, 407, 599, 647
한국해양과학기술원법 ▶ 599
한국해양과학기술진흥원(KIMST) ▶ 394
한국해양관측시스템 ▶ 79
한국해양대학교 ▶ 599
한국해양연구원(KORDI) ▶ 92, 95, 276, 367, 599
한류성 어종 ▶ 453
한볼락 ▶ 29
한천 ▶ 314
한화 ▶ 392
할리 ▶ 60
함평만 ▶ 127
항만국 통제(Port State Control, PSC) ▶ 641
항법 연구용 SUUV-1 ▶ 362
항해 자유 ▶ 45
항해감시장비시스템 ▶ 392, 393
해금정책 ▶ 44
해난구조협약 ▶ 643
해대(海臺) ▶ 258
해령 ▶ 94, 255, 259, 363
해류의 컨베이어벨트 ▶ 423, 442
해미래 ▶ 94, 95, 360, 364
해빈 침식 ▶ 226, 228
해산 ▶ 94, 258, 363
해상 덤핑 ▶ 114
해상 부유식 소형 원자력발전소 ▶ 298
해상 원전 ▶ 298
해상교통관제시스템(VTS) ▶ 590
해상기인 오염 ▶ 134
해상수색 및 구조에 관한 협약 ▶ 644
해상풍력 ▶ 35, 42, 291, 294, 302, 303, 304, 305, 306, 307, 308, 309, 310, 311, 359, 381, 402
해상풍력발전 ▶ 299, 300, 303, 304, 305, 306, 307, 310, 380
해수 담수화 ▶ 42, 298, 329, 330, 331, 333, 334
해수 수질 평가지수(Water Quality Index, WQI) ▶ 124, 125
해수 온실 ▶ 334
해수면 상승 ▶ 22, 86, 101, 109, 192, 193, 223, 226, 228, 232, 428, 429, 430, 431, 432, 433, 435, 436, 437, 438, 449, 450, 451, 458, 470, 471, 483, 486, 487, 488, 498, 500, 501, 502, 503, 509, 517, 590, 629, 640
해수면 상승(sea level rise) ▶ 222
해수산성화 ▶ 455
해수용존물 ▶ 280
해안 방어(coastal defense) ▶ 506
해안보전구역 ▶ 229
해안사구 ▶ 226, 517
해안선 후퇴(shoreline setback) ▶ 510
해안선관리계획(SMP) ▶ 229, 508, 559

해양 거버넌스 ▶ 5, 6, 45, 48, 49, 53, 238, 523, 525, 526, 528, 529, 530, 533, 537, 542, 543, 544, 545, 551, 555, 559, 569, 575, 578, 597, 608, 613, 614, 615, 619, 620, 633
해양 고속도로 ▶ 565
해양공간계획(MSP) ▶ 179, 234, 237, 239, 240, 549, 555
해양 방어(sea defence) ▶ 507
해양 비옥화(ocean fertilization) ▶ 479
해양 시비(ocean fertilization) ▶ 477, 630
해양 열염분 순환(ocean thermohaline circulation) ▶ 29, 74, 423, 427, 431, 442
해양 저장시설 ▶ 472
해양 조석(ocean tides) ▶ 60
해양 투기에 관한 런던협약 및 의정서 ▶ 477
해양 G5 ▶ 383
해양·연안접근법(MCAA) ▶ 557, 558, 559
해양강국 ▶ 44, 45, 321, 560, 589
해양경비대 ▶ 92
해양경찰 ▶ 123, 516
해양계획 핸드북(Marine Planning Handbook) ▶ 237
해양과 연안의 통합적 관리 ▶ 524
해양과학 ▶ 50, 100, 101, 389, 391, 405, 407, 408, 555, 598, 599, 630, 640, 653
해양과학기술 ▶ 54, 77, 84, 101, 264, 363, 380, 382, 383, 384, 385, 388, 389, 390, 391, 392, 405, 407, 548, 550, 563, 575, 576, 590, 594, 596
해양관리법(The Ocean Act) ▶ 548
해양기반형 ▶ 379
해양기인 오염 ▶ 111, 114
해양기후요법 ▶ 339
해양대순환설 ▶ 63
해양력 ▶ 36, 37, 44, 45, 46, 383, 390, 621
해양물리학(physical oceanography) ▶ 100
해양바이오 ▶ 35, 40, 187, 312, 313, 314, 319, 320, 361, 393, 395, 398, 403, 548, 580
해양바이오매스 ▶ 236, 323, 328
해양발전기본계획 ▶ 576
해양법사무국 ▶ 619, 644
해양보호구역 ▶ 174, 175, 179, 180, 182, 183, 184, 185, 189, 217, 220, 240, 434, 505, 546, 551, 589, 630, 631, 636
해양산성화 ▶ 424, 425, 433, 438, 439, 440, 441, 455, 471, 548, 550, 557, 628, 630, 632
해양산성화 국제협력센터 ▶ 631
해양생명공학사업 ▶ 321
해양생명자원관리법 ▶ 580

해양생명자원법 ▶ 322
해양생물센서스(CoML, Census of Marine Life) ▶ 79
해양생물자원 ▶ 39, 185, 188, 313, 321, 381, 434, 564
해양생물학(marine biology) ▶ 100
해양생태계 ▶ 6, 23, 36, 107, 109, 129, 132, 136, 147, 148, 150, 153, 154, 157, 160, 164, 167, 169, 173, 175, 177, 178, 179, 188, 237, 239, 240, 242, 313, 365, 432, 433, 434, 436, 439, 440, 456, 457, 470, 479, 503, 505, 555, 557, 570, 630, 634, 647
해양생태계보전법 ▶ 148, 183, 185, 188
해양생태계의 보전 및 관리에 관한 법률 ▶ 136, 179
해양수산기본법 ▶ 578
해양수산발전계획 ▶ 5, 134, 383, 574, 576, 577, 578, 579, 582, 583, 584, 585, 586, 587, 588, 589, 593, 597
해양수산발전기본법 ▶ 96, 576, 582, 586, 588
해양수산법 ▶ 597
해양수산부 ▶ 4, 5, 96, 123, 132, 179, 196, 208, 277, 321, 399, 401, 405, 468, 476, 519, 542, 544, 575, 576, 577, 578, 579, 580, 581, 582, 583, 596, 597
해양신산업 ▶ 5, 6, 35, 377, 380, 382, 383, 384, 392, 393, 394, 396, 397, 398, 401, 402, 403, 407, 595, 596
해양신에너지 ▶ 35, 382, 590
해양심층수 ▶ 35, 43, 335, 336, 338, 340, 409
해양심층수센터 ▶ 337
해양쓰레기 ▶ 112, 113, 123, 630, 636, 653
해양영토 ▶ 547, 591, 607
해양오염 ▶ 46, 81, 82, 90, 99, 109, 111, 112, 115, 122, 125, 127, 143, 157, 191, 550, 560, 573, 576, 607, 614, 617, 624, 630, 634, 636, 640, 641, 647, 648, 653
해양오염방지법 ▶ 115, 133
해양오염방지협약(MARPOL) ▶ 133, 641
해양온도차발전 ▶ 292
해양위원회 ▶ 583
해양유동연구(JGOFS) ▶ 74, 75
해양의 날 ▶ 579
해양의약품 ▶ 35
해양자료 동화실험 ▶ 87
해양자유론(Mare Liberum) ▶ 46
해양재난 ▶ 53, 516
해양정책 ▶ 50, 51, 52, 53, 55, 175, 238, 405, 407, 408, 523, 524, 528, 533, 534, 535, 536, 538, 539, 542, 543, 544, 545, 548, 553,

555, 560
해양정책대학원 ▶ 405, 408
해양정책본부 ▶ 542
해양테라피 ▶ 339
해양퇴적물 화석 ▶ 61
해양프리알트(prialt) ▶ 40, 315
해양플랜트 ▶ 35, 252, 270, 306, 343, 344, 345, 346, 347, 348, 349, 350, 351, 352, 353, 354, 355, 356, 358, 361, 362, 379, 380, 395, 407, 408, 409, 476, 563, 564
해양학(oceanography) ▶ 63, 65, 66, 72, 75, 81, 85, 100, 314, 405, 484, 612
해양화학(chemical oceanography) ▶ 100
해양환경 오염 ▶ 107, 108, 133, 136
해양환경관리공단(KOEM) ▶ 133
해양환경관리법 ▶ 115, 127, 133, 185, 476
해외자원개발 기본계획 ▶ 253
해운 물류 ▶ 34
해일 ▶ 204, 262, 431, 437, 471, 486, 502, 504, 510, 514, 518, 519
해일고 ▶ 460
해저 수심도 ▶ 64
해저 열수광상 ▶ 39, 41, 42, 255, 258, 259, 262, 263, 264, 265, 274, 278, 288, 327, 546
해저 이산화탄소 저장 산업 ▶ 35
해저 전신망(telegraph cable) ▶ 62, 95
해저 탄소저장 ▶ 100
해저 확장(seafloor spreading) ▶ 20, 22, 67, 68
해저광물자원개발 기본계획 ▶ 253
해저광상 ▶ 41
해저산 ▶ 258, 279
해저석유 ▶ 268, 269
해저유전 ▶ 252, 269, 271, 361
해저지형도 ▶ 62
해저통신망 ▶ 62
해저판(sea floor) ▶101
해저화산 ▶ 261, 279
해저확장설 ▶ 67, 68
해조요법(Argotheraphy) ▶ 339
해중 레스토랑 ▶ 370
해초강 ▶ 315
해파리 ▶ 188, 442, 453
행위관(behavioral lens) ▶ 131
행정명령 13547 ▶ 584
허리케인 ▶ 424, 448, 518
허브 항만 ▶ 34
헤도닉가격법 ▶ 159, 160

헤도닉법(Hedonic Valuation) ▶ 158
헬싱키협약 ▶ 554
현대자동차 ▶ 399
현대중공업 ▶ 305, 307, 357, 359
호모타우린 ▶ 314
호산성(acidophile) ▶ 317
호수 철갑상어 ▶ 29
호염기성 ▶ 317
호주 해양법(Australia Ocean Act) ▶ 553
홋카이도 아바시리시 ▶ 263
홍기훈 ▶ 107, 137
홍수구역(flood zones) ▶ 510
홍수림(rain forests) ▶ 426
홍해 ▶ 43, 183, 244, 259, 370
화물감시시스템 ▶ 392, 393
화산분출구 ▶ 94, 363
화석연료 ▶ 41, 251, 252, 291, 326, 419, 420
화학적 산소요구량(COD) ▶ 124, 125, 128
화학합성(Chemo-synthesis) ▶ 71
확대기술원조계획(EPTA) ▶ 637
환경 상태 지표(environmental status indicator) ▶ 217
환경보전해역 ▶ 127, 184
환경부 ▶ 475
환경영향 완화(mitigation) 원칙 ▶ 194
환경영향평가 ▶ 132, 133, 555, 616, 636
환경정책기본법 ▶ 132
환경쿠즈네츠 곡선 ▶ 130
황금의 삼각지대 ▶ 270
황기형 ▶ 379
황산철 ▶ 479
황해광역해양생태계보전사업(YSLME) ▶ 244, 638, 647, 648
황해 중부 부이 ▶ 91
회피비용법(Avoided Cost) ▶ 159
효고 행동 프레임워크(HFA) ▶ 490
효성 ▶ 305, 307
후앙 드 후카(Juan de Fuca) 해령 ▶ 259, 260
후자이라 발전담수 플랜트 ▶ 332
후코이단 ▶ 314
후쿠시마 원전 사고 ▶ 25, 26, 302
후후이주 카우차리 염호 ▶ 281
흑해 ▶ 244
희귀종(rare species) ▶ 163
희망봉 ▶ 32
히타치플랜트 ▶ 318